国家出版基金项目
NATIONAL PUBLICATION FOUNDATION

中国植物保护百科全书

百科全书

农药卷

一 三

中国林业出版社

J

几丁聚糖　chitosan

甲壳素的脱乙酰产物。可与细胞表面的负电荷残基之间的质子化氨基基团通过静电相互作用，发挥抗菌活性，抑制多种真菌和细菌的生长。

其他名称　稻臻金、太抗、甲壳素、甲壳质、壳聚糖。

化学名称　β-(1,4)聚-2-乙酰胺基-D-葡萄糖；poly(beta-(1,4)-2-amino-2-deoxy-D-glucose)。

IUPAC名称　methyl-N-[(2S,3R,4R,5S,6R)-5-[(2S,3R,4R,5S,6R)-3-amino-5-[(2S,3R,4R,5S,6R)-3-amino-5-[(2S,3R,4R,5S,6R)-3-amino-5-[(2S,3R,4R,5S,6R)-3-amino-5-[(2S,3R,4R,5S,6R)-3-amino-4,5-dihydroxy-6-(hydroxymethyl)oxan-2-yl]oxy-4-hydroxy-6-(hydroxymethyl)oxan-2-yl]oxy-4-hydroxy-6-(hydroxymethyl)oxan-2-yl]oxy-4-hydroxy-6-(hydroxymethyl)oxan-2-yl]oxy-4-hydroxy-6-(hydroxymethyl)oxan-2-yl]oxy-2-[(2R,3S,4R,5R,6S)-5-amino-6-[(2R,3S,4R,5R,6R)-5-amino-4,6-dihydroxy-2-(hydroxymethyl)oxan-3-yl]oxy-4-hydroxy-2-(hydroxymethyl)oxan-3-yl]oxy-4-hydroxy-6-(hydroxymethyl)oxan-3-yl]carbamate。

CAS登记号　9012-76-4。

EC号　618-480-0。

分子式　$(C_6H_{11}NO_4)_n$。

相对分子质量　161.16（单体）。

结构式

开发单位　1859年Rouget发现，1894年Hoppe-Seyler测定并命名为Chitosan（脱乙酰壳多糖，即几丁聚糖）。

理化性质　几丁聚糖化学稳定性好，无毒，不溶于水和碱溶液，可溶于稀酸，如1%乙酸溶液生成黏稠透明的几丁聚糖盐胶体溶液，这也是几丁聚糖最重要最有用的性质之一。此时溶液中的H即与分子中的氨基结合，生成带正电荷的高分子物质，具有许多独特性能。几丁聚糖溶液呈典型的亲水胶体体系。其黏度与温度、pH值有关，而其溶解性与脱乙酰度又密切相关。脱乙酰度在60%以下的几丁聚糖只有部分离析溶解于稀乙酸溶液中，80%以上的则以油性状清澈地溶于稀乙酸溶液中。由于几丁聚糖分子中含有游离的羟基和氨基等极性基团，使其具有极强的吸湿性。其吸湿性高于几丁质，仅次于甘油，高于乙二醇和山梨醇。有螯合离子交换等作用，其主链可发生水解反应，生成氨基葡萄糖。

毒性　鼠急性经口LD_{50}＞4640mg/kg。鼠急性经皮LD_{50}＞2150mg/kg。低毒。无皮肤刺激性、皮肤过敏性、诱变性。

作用方式及机理　几丁聚糖作为植物防卫反应的有效激发因子，能迅速激发植物的防卫反应，启动植物的防御系统，使植物产生酚类化合物、木质素、植保素等抗病物质，进而抑制病原菌的侵入或扩展。几丁聚糖可提高作物的抗寒冷、抗高温、抗旱涝、抗盐碱、抗肥害、抗气害、抗营养失衡等抗逆性，促进植物生长，对多种病害有特效，并且无残留，对环境友好。已广泛应用于土壤处理、作物浸种、果蔬保鲜、抗性诱导、病虫害防治等。

剂型　0.5%悬浮种衣剂，2%、5%水剂。

使用方法

黄瓜　用2%水剂600～800倍液喷雾，可调节生长，提高抗病能力，提高产量。对于黄瓜霜霉病，0.5%水剂用药量7.5～12.5g/hm²喷雾。对于黄瓜白粉病，0.5%水剂100～500倍液喷雾。

小麦　几丁聚糖处理小麦，均能提高种子发芽率和发芽势，增加幼苗干物重、株高和叶绿素含量，提高种子胚乳α-淀粉酶活性和幼苗几丁质酶活性。

苦瓜　将苦瓜种子在0.75%～1%的几丁聚糖溶液中浸泡24小时后，催芽播种，可明显提高苦瓜种子的活力和发芽率，促进幼苗生长。

茶树　在茶树生长期，喷施100～150mg/kg的几丁聚糖药液，隔7～10天重喷施1次，可促进茶树芽叶萌发和生长，提高茶叶产量。

番茄　对于番茄病毒病，0.5%水剂用药量7.5～12.5g/hm²喷雾。对于番茄晚疫病，2%水剂用药量30～45g/hm²喷雾。

月季　月季苗扦插后每隔10天，0.5%水剂500倍液喷雾，共施药3次，可有效控制月季霜霉病。

注意事项　不能与碱性农药混用。不能任意减少稀释倍数，以免对幼苗产生药害。该品为生物制剂，开封后谨防染菌。

与其他药剂的混用　43%戊唑醇·2%几丁聚糖悬浮剂，64～90mg/kg喷雾使用，可防治苹果斑点落叶病。45%咪鲜胺·1%几丁聚糖水乳剂，184～230mg/kg浸果使用，可防治柑橘果实炭疽病。1%几丁聚糖·15%嘧菌酯悬浮剂喷雾使用，可防治黄瓜霜霉病。12.5%噻唑膦·2.5%几丁聚糖颗粒剂，2250～3375g/hm² 撒施使用，可防治黄瓜根结线虫。可作为医用药物。

参考文献

王禾，杨铭铎，2000. 几丁质/几丁聚糖的开发及研究进展[J]. 黑龙江商学院学报，16（3）：18-23.

张兴，2011. 生物农药概览[M]. 北京：中国农业出版社.

（撰稿：刘西莉；审稿：张博瑞）

几丁质合成酶　chitin synthase, CHS

一种膜结合的糖苷转化酶，在它的作用下，几丁质前体物尿苷二磷酸酯 -N- 乙酰氨基葡萄糖（UDP-GlcNAc）能被生物合成几丁质。

生理功能　几丁质（chitin）是自然界中最重要的多聚糖之一，广泛存在于真菌、昆虫、甲壳动物等多种生物组织中，是真菌细胞壁、昆虫外骨骼中最主要的成分。干扰其合成或代谢是防治真菌、昆虫等有害生物的一个重要途径。几丁质的合成是一个非常复杂的生物过程，昆虫通过内匕糖激酶、磷酸己糖异构酶、谷氨酰胺转氨酶、磷酸葡糖胺转乙酰酶、乙酰辅酶 A 合成酶、乙酰葡糖胺磷酸变位酶等多种酶的作用下合成几丁质。其中，几丁质合成酶承担了这一系列反应的最后一步，即将尿苷二磷酸酯 -N- 乙酰氨基葡萄糖催化合成几丁质。如果昆虫不能正常合成几丁质将导致其发育畸形、丧失行动能力乃至死亡。

作用药剂　包括苯甲酰脲类杀虫剂，如除虫脲、氟虫脲、乙螨唑等；噻二嗪类杀虫剂，如噻嗪酮；抗生素类的多氧霉素 D 和尼可霉素等。

杀虫剂作用机制　核苷肽抗生素类药剂可以核苷部分为结合位点，与几丁质合成酶的特定部位结合，抑制该酶的活性。其中多氧霉素 D 和尼可霉素分别对白粉蝶的幼虫和赤拟谷盗表现出较好的杀虫效果。苯甲基脲类药剂是目前市面上较为主流的几丁质合成酶抑制剂，在二斑叶螨和小菜蛾的研究中发现该类药剂与几丁质合成酶存在互作效应，但其作用机制还有待进一步研究。与之类似，噻嗪酮也可以抑制昆虫几丁质的合成，但具体的作用机制尚不明了。

靶标抗性机制　以几丁质合成酶为靶标的抗性机制研究还相对较少。但随着基因组测序及基因敲除等研究方法的不断改进，目前已有研究证实二斑叶螨、黑腹果蝇以及小菜蛾等几丁质合成酶基因上的点突变可导致其对苯甲酰脲类杀虫剂不敏感。

相关研究　利用分子克隆或高通量测序的研究手段，多种节肢动物的几丁质合成酶基因序列已经得到了完整的注释。通过对蜱螨和昆虫的已知基因组进行分析，发现绝大多数的物种中均具有两条编码几丁质合成酶的基因。此外，也在如豌豆蚜等部分物种中发现只有一条几丁质合成酶编码基因的情况。这些基因组信息为推进研究抑制几丁质合成类药剂的作用机制奠定了基础。Van Leeuwen 等基于二斑叶螨基因组数据，明确了苯甲酰脲类杀虫剂乙螨唑的靶标就是几丁质合成酶基因（CHS1），并且在二斑叶螨对乙螨唑的抗性品系中发现其 CHS1 上存在一个点突变 I1017F 可以使得靶基因对药剂不敏感，从而导致二斑叶螨对乙螨唑的抗药性。随后 Douris 等在小菜蛾中验证了该点突变与乙螨唑的关系，并利用基因编辑技术证明 CHS1 是乙螨唑和噻嗪酮的直接作用靶标。相关研究极大地增进了对作用于几丁质合成通路药剂靶标抗性的了解，但是在药剂与靶标的互作机制方面还有待进一步研究。

参考文献

ABO-ELGHAR G E, FUJIYOSHI P, MATSUMURA F, 2004. Significance of the sulfonylurea receptor (SUR) as the target of diflubenzuron in chitin synthesis inhibition in *Drosophila melanogaster* and *Blattella germanica*[J]. Insect biochemistry and molecular biology, 34: 743-752.

CANDY D J, KILBY B A, 1962. Studies on chitin synthesis in the desert locust[J]. Journal of experimental biology, 39: 129.

DOUCET D, RETNAKARAN A, 2012. Insect chitin: metabolism, genomics and pest management[J]. Advances in insect physiology, 43: 437-511.

DOURIS V, STEINBACH D, PANTELERI R, et al, 2016. Resistance mutation conserved between insects and mites unravels the benzoylurea insecticide mode of action on chitin biosynthesis[J]. Proceedings of the National Academy of Sciences of the United States of America, 113: 14692-14697.

GLASER L, BROWN D H, 1957. The synthesis of chitin in cell-free extracts of *Neurospora crassa*[J]. Journal of biological chemistry, 228: 729-742.

VAN LEEUWEN T, DEMAEGHT P, OSBORNE E J, et al, 2012. Population bulk segregant mapping uncovers resistance mutations and the mode of action of a chitin synthesis inhibitor in arthropods[J]. Proceedings of the National Academy of Sciences of the United States of America, 109: 4407-4412.

（撰稿：申光茂、何林；审稿：杨青）

几丁质合成抑制剂　chitin synthetase inhibitors

几丁质合成酶是几丁质生物合成中的关键酶，能抑制昆虫几丁质的生物合成，使昆虫和螨类不能正常蜕皮而死亡，从而用于害虫防治，此类物质称为几丁质合成抑制剂。

几丁质的代谢是昆虫生长发育过程中至关重要的，若不能正常合成几丁质，则使昆虫发育畸形，对外界环境适应力降低，甚至失去行动能力而死亡，因此几丁质合成酶可以作为害虫控制的靶标。

几丁质合成抑制剂是一种高效而又安全的"理想环境化合物"，具有如下优点：①选择毒性。由于几丁质是节肢动物和真菌细胞壁的主要成分，所以它对非节肢动物尤其是哺乳动物没有毒性。②缓解抗性。与传统的以神经系统为靶标的杀虫剂的作用机理不同，它可用于防治对神经毒剂有抗性的害虫。③环境安全。由于它的作用效果类似于激素，故活性较高，使用量低，对天敌和有益生物无害。④作用谱广。对鳞翅目、半翅目、鞘翅目害虫效果好，有的品种还有良好的杀螨作用。⑤促进绿色食品生产。由于它是针对昆虫的生理发育，对人和高等动物无害，因此，已被纳入无公害农业生产措施之中，取代旧的神经毒性杀虫剂，可促进绿色食品生产，有助于全人类的身体健康。

但几丁质合成剂类杀虫剂对水栖生物有毒，特别是对甲壳类（虾、蟹幼体）有毒害，应注意避免污染养殖水域；几丁质合成抑制剂虽然为低毒农药，但持效期长，应注意避免在作物近成熟期使用，要遵守安全间隔期；害虫易产生抗药性，一般该类药剂在一个地区连续使用 2 年药效即显著降低，因此需要考虑与其他广谱性、速效性常规杀虫剂混合使用，既可弥补不足，亦可延缓害虫抗药性的产生。

参考文献

杨华铮，邹小毛，朱有全，等，2013. 现代农药化学[M]. 北京：化学工业出版社：22-39.

（撰稿：杨吉春；审稿：李森）

几丁质和纤维素合成　chitin and cellulose synthesis

几丁质是真菌细胞壁的主要组成成分。在几丁质合成过程中，几丁质合酶催化的糖基转移反应是关键步骤，即通过催化 UDP-GlcNAc 上的糖基 GlcNAc 转移到受体的寡糖链上。同时，几丁质合酶作为膜蛋白，一般由 3 个结构域组成：N- 端结构域、保守的 GT-2 催化结构域和 C 端跨膜结构域。其中，催化结构域和 C 端跨膜结构域与几丁寡糖的合成和跨膜转运过程有关。因此，多抗霉素等几丁质合酶抑制剂能够通过抑制几丁质合成有效地抑制真菌的生长发育。

纤维素是卵菌细胞壁的最主要组成成分之一。而纤维素合酶是一类包含多个跨膜结构域的蛋白，其属于糖基转移酶家族 2，是一类进行性多糖合酶，催化糖基转移反应，即将糖基从活化的供体分子尿苷二磷酸葡萄糖（UDPG）转移到受体分子正在延伸的多聚糖链上，在纤维素的合成中发挥着重要作用。致病疫霉和辣椒疫霉中的 4 个纤维素合酶蛋白（CesA1、CesA2、CesA3 和 CesA4）均参与了纤维素生物合成。双炔酰菌胺和烯酰吗啉等羧酸酰胺类杀菌剂（CAAs）通过作用于疫霉菌和霜霉菌的 CesA3 蛋白，进而抑制了纤维素的生物合成。不同羧酸酰胺类杀菌剂之间存在正交互抗药性，因此国际杀菌剂抗性委员会（FRAC）将 CAAs 杀菌剂均归于纤维素合成抑制剂。

（撰稿：刘西莉；审稿：王治文）

几丁质酶　chitinase

催化几丁质水解生成 N- 乙酰葡糖胺反应的酶。

生理功能　昆虫的变态发育过程中必须要经历蜕皮的过程，该过程涉及旧表皮的溶解和新表皮的合成。几丁质是昆虫外骨骼中最主要的成分，因此在昆虫蜕皮时及时分解旧表皮中的几丁质对其顺利完成变态发育至关重要。几丁质酶属于糖基水解酶 18 家族（GH18），主要起着降解几丁质的作用，此类酶的 C 端存在几丁质结合位点，可以对底物进行识别，随后利用催化活性区域催化几丁质的降解。此外，几丁质酶还在消化、免疫以及昆虫翅的发育等多种生理过程中起作用。由于几丁质酶在昆虫发育过程中不可或缺，因此几丁质酶抑制剂被认为是开发高效、低毒农药的一个主要发展方向。

作用药剂　包括阿洛菌素及其衍生物、精氨酚、阿尔加定、甲基黄嘌呤衍生物等。

杀虫剂作用机制　目前开发的几丁质酶抑制剂一般从自然界中分离获得。如阿洛菌素及其衍生物就是从一种放线菌的菌丝中分离出来的，该类化合物可占据几丁质酶活性位点，从而有效抑制具有 GH18 家族特性的几丁质酶。精氨酚和阿尔加定则是从两种真菌的发酵培养液中分离获得，它们的作用方式和阿洛菌素较为类似，均是在几丁质酶活性中心和底物存在竞争结合位点，由此对酶活性产生抑制效果。此外，甲基黄嘌呤衍生物类化合物则是在分析几丁质酶结构特性的基础上，人工合成的几丁质酶活性抑制药物。

靶标抗性机制　尚不明确。

相关研究　基因组分析显示，昆虫体内存在大量编码几丁质酶的基因，如黑腹果蝇、赤拟谷盗以及冈比亚按蚊体内分别有 16、22、20 条几丁质酶基因。这些基因在不同发育阶段和组织部位的表达模式存在差异。根据蛋白结构域的数量和特点可将昆虫的几丁质酶分为 8 种类型，不同类型的几丁质酶虽各有特点，但均含有一个催化几丁质水解的活性中心。昆虫几丁质酶的功能研究始于赤拟谷盗，利用 RNAi 的方法沉默其几丁质酶基因的表达后可有效阻断卵的孵化、幼虫化蛹以及羽化等发育过程。通过解析不同物种中几丁质酶蛋白晶体结构可发现它们催化域的整体结构比较相似，但是参与不同功能的几丁质酶在底物结合位点上存在较大的差异。目前几丁质酶抑制剂的开发思路一般从几丁质酶的功能和结构入手，先利用 RNAi 的方法筛选出具有致死效果的特异几丁质酶基因，然后分析该基因编码蛋白的晶体结构，确定其活性中心的位置和结构，进而有针对性地筛选、合成能够抑制该酶的化合物。此外，由于几丁质也是昆虫中肠围食膜的主要成分，研究发现利用几丁质酶可降解围食膜中的几丁质，造成中肠穿孔，进而提高 Bt 毒蛋白等微生物杀虫剂的防治效果。

参考文献

DOUCET D, RETNAKARAN A, 2012. Insect chitin: metabolism, genomics and pest management[J]. Advances in insect physiology, 43: 437-511.

ZHU Q S, ARAKANE Y, BEEMAN R W, et al, 2008. Functional specialization among insect chitinase family genes revealed by RNA interference[J]. Proceedings of the National Academy of Sciences of the United States of America, 105: 6650-6655.

（撰稿：申光茂、何林；审稿：杨青）

几率值分析法　probit analysis

测定致死中量 LD_{50} 和毒力回归线这两个药剂对生物效力的代表值采用的一种统计分析方法。

任何一个昆虫种群中，各个个体对杀虫剂的抵抗性（或敏感性）是不同的，有些个体容易被杀死，有些个体具有较大的抵抗力，多数个体处于中间状态。在一个种群中，昆虫个体对杀虫剂的抵抗性程度的频度分布是一个近乎正态曲线，而略有偏度。根据不同剂量（或浓度）与相应的死亡率在坐标纸上作图，画出剂量（或浓度）- 死亡率毒力曲线（S 形曲线）。Bliss 提出将 S 形曲线转化为直线，再求致死中量，既方便又准确，即将剂量（或浓度）转换为对数，将死亡率转换为几率值，即得剂量（或浓度）对数 - 死亡率几率值直线（此直线可用毒力回归线 toxicity regression line $y = a + bx$ 表示）。从几率值 5 处作一条与横坐标平行的直线与回归直线相交的对数值，查反对数，即为半数致死量（LD_{50}）。

适用范围　适用于杀虫剂毒力测定。

主要内容　几率值分析法的统计步骤如下。

①将剂量或浓度转换成常用对数（x）。

②如对照组有死亡，则用 Abbott 公式对死亡率进行校正，根据死亡率或校正死亡率查死亡几率值转换表得死亡率几率值。

③根据剂量或浓度对数值和死亡几率值，计算得临时毒力回归线。

④由该回归线计算各 x 值所对应的期望几率值（Y）。

⑤根据期望几率值（Y）查表得权重系数、工作几率系数，再由公式 $y = y_0 + Kp$ 求得相应的工作几率值（式中 y 为工作几率值，p 为死亡百分率，y_0 和 K 为工作几率值系数）。

⑥计算 $\sum nw$，$\sum nwx$，$\sum nwy$，……一系列值及 a，b 值，求得校正后的回归方程式 $y = a + bx$。

⑦进行卡方检验。以上所得到的 $y = a + bx$ 是否符合实际，须经卡方（χ^2）进行适合性测定。只有 χ^2 达显著或极显著差异时，说明 $y = a + bx$ 符合实际，用它来求 LD_{50} 值是可行的。

⑧求 LD_{50} 值。求出回归方程并经卡方检测验后，即可将几率值 5 代入回归方程式，得 LD_{50} 的对数值，再查反对数即可得 LD_{50}。

⑨LD_{50} 的标准差。由于试验设备、供试材料操作技术和环境条件的影响，有效中量必定有它的偏差，可用标准差（S_m）来表示。由几率值 y 查权重系数 w 表得出相应的权重系数。LD_{50} 实际应为 $LD_{50} \pm S_m$。标准差的计算公式：

$$S_m = \sqrt{\frac{1}{b^2}\left(\frac{1}{\sum nw} + \frac{(m - \bar{x})^2}{\sum nw(x - \bar{x})^2}\right)}$$

目前可以应用计算机统计分析软件进行结果分析，只需向计算机输入系列浓度，各浓度的供试虫数及相应的死亡数，就可得到相应的数据。

参考文献

陈年春, 1991. 农药生物测定技术[M]. 北京：北京农业大学出版社.
沈晋良, 2013. 农药生物测定[M]. 北京：中国农业出版社.

（撰稿：袁静；审稿：陈杰）

基于碎片的分子设计　fragment based molecular design, FBMD

将基于经验的随机筛选与基于结构的合理设计相结合，通过小分子片段之间的连接、叠合或者衍生构建先导化合物。基于碎片的分子设计其目标是筛选得到一个或者多个碎片集，将集合中碎片对靶标蛋白某一位点进行结合验证，选择最佳的可以与该位点结合的碎片，最后根据它们的空间位置进行连接获得具有一定活性的化合物；或者是从一个集合中选出最佳的碎片，然后逐步衍生出有一定活性的化合物。而所谓的碎片是指通过对化合物的结构分析，将其分解成为独立的化学结构砌块。碎片结构主要有环体系、连接臂、侧链基团以及骨架结构，骨架结构是指化合物分子中由环体系与连接臂构成的简单单元。这些化合物碎片具有相对分子质量相对较小，结构复杂程度低，与靶标结合能力相对较弱等特点。

利用碎片进行药物研发与创制的理念早在 20 世纪 80 年代初期就已经出现，但直到 20 世纪 90 年代中期，随着检测弱结合力片段技术的进步，这一理念才被付诸实践。该技术从应用之初就受到广泛关注与重视，并取得了令人鼓舞的成果。世界上许多公司都为该技术的发展提供了技术与理论支持，并积极投身于该技术的开发与应用。例如 Astex 公司将 X- 射线晶体学、核磁共振波谱学、等温量热法与药物分子碎片设计和一整套计算方法结合起来而建立的用于筛选分子

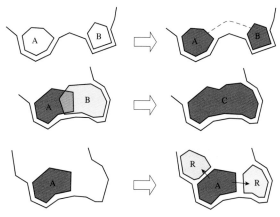

基于碎片的分子设计策略

碎片的 Pyramid™ 技术平台；以及其提出的与类药性五原则相似的碎片筛选三原则：相对分子质量＜ 300，分子中氢键的受体或者供体数＜ 3，lg$P$ ≤ 3。

FBMD 与高通量筛选（high throughput screening，HTS）皆为重要的活性化合物发现手段，但两者之间具有根本的差别：FBMD 是通过将以合适构象与靶标位点结合的碎片逐步增加的方式构建候选先导化合物；而 HTS 则试图寻找一个或多个相当成熟的起始化合物。因此通过 FBMD 所获得化合物在随后的先导化合物优化过程中具有更大的发展空间。而且最初用于筛选的化合物或碎片通常是来自商业购买，这必然会面对一些知识产权的问题，但是通过 FBMD 获得的化合物会包含其他药效碎片和许多连接碎片，其知识产权问题会由于碎片独特排列组成方式（组成安排方式）而避免。此外，新的碎片核心结构可以通过多个碎片化合物的药效团叠合实现骨架跃迁来获得。

参考文献

WERMUTH C G, 2008. The practice of medicinal chemistry[M]. 3rd ed. Massachusetts: Academic Press.

ZARTLER E R, SHAPIRO M J, 2009. Fragment-based drug discovery: a practical approach[M]. New York: Wiley.

（撰稿：邵旭升、周聪；审稿：李忠）

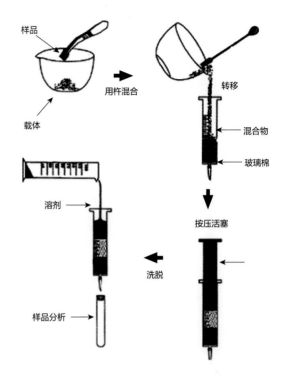

典型基质固相分散法操作步骤

基质固相分散　matrix solid-phase dispersion, MSPD

类似于固相萃取（SPE）的一种提取、净化、富集技术。

基本原理　MSPD 是在常规 SPE 基础上发展起来的，所用填料与 SPE 相同，但是作用的方式不同。MSPD 是在样品与固相分散剂研磨过程中，利用剪切力将样品组织分散。键合的有机相将样品组分分散在载体表面，大大地增加了萃取样品的表面积。样品在载体表面的分散状态取决于其组分的极性大小。

适用范围　可用于黏性、半固体或固体样品，适用于农药多残留分析，特别适合于进行一类化合物或单个化合物的分离。

基本内容　MSPD 的萃取是将小量样品（0.5 ~ 2g）与固相分散剂一同放入玻璃研钵中研磨，达到完全分散。研钵和杵应用玻璃或玛瑙制品，用瓷或其他多孔渗水材料有可能造成目标化合物的损失。混匀之后，将所形成的半固态物质转移到底部预先垫上一柱塞板（或玻璃棉）的玻璃柱中后，在其上部再垫上一层柱塞板，以防止样品外漏。装好后用合适大小的活塞轻轻按压，使得混合物中间没有裂痕。最后用一定体积、合适极性的溶剂将目标分析物淋洗下来，操作步骤见图。

注意事项及影响因素　①固相分散剂性质。固相分散剂载体的孔径对于 MSPD 结果没有太大的影响，但是其粒径比较重要，粒径太小（3 ~ 20μm）会使洗脱液流速很慢，甚至滞留；粒径太大会使表面积减小，吸附能力减弱。大多使用 40μm 粒径的载体，使 MSPD 净化效果更好。②样品

基质的影响。由于目标化合物和共萃取物的相对极性不同，用不同溶剂淋洗，可以将其分离，并除去这些潜在干扰因素。③洗脱液的种类及其添加顺序。洗脱液的种类及其添加顺序是使 MSPD 成功的最重要因素。洗脱溶剂的选择与分析物和固定相的性质密切相关。理想的洗脱溶剂应该是具有足够的强度，使尽量多的目标分析物流出，更多的基质留在柱中，而且溶剂应与后续的检测方法相适应。因此，可以通过改变洗脱分布模式或采用更进一步的净化方式以获得好的分离效果。

参考文献

钱传范, 2010. 农药残留分析原理与方法[M]. 北京: 化学工业出版社.

（撰稿：刘新刚；审稿：郑永权）

极谱分析法　polarographic analysis method

一种特殊形式的电解方法，它可使可还原物质或可氧化物质在滴汞电极上电解，由浓差极化形成电流 - 电压极化曲线，根据电流 - 电压曲线进行定性、定量分析。又名以滴汞电极为极化电极的"伏安法"。

基本装置　极谱分析基本装置如图所示，主要由 3 部分组成：①电解池部分。电解池内有两个电极，一个是面积相对较大的参比电极和一个面积很小的滴汞电极。滴汞电极上端为一储汞瓶，下端连接一根毛细管。在汞柱压力下，汞滴由毛细管的末端有规则地滴入电解池中。②电压测量装置，可变电阻 AB 与电源 D 相连，构成电位计线路。接触键 C 在 AB 之间滑动，以调节 AC 间的电位差，并从电位计

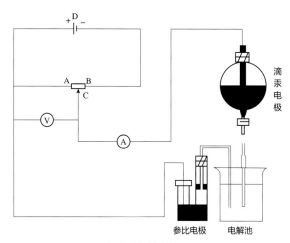

极谱分析基本装置

上读出，此电压即为电解池电压。③电流测量装置，即检流计。

极谱定量分析　扩散电流与滴汞电极上进行电极反应的物质浓度之间的定量关系即为扩散电流方程式，也称尤考维奇方程：

$$i_d = 607nD^{1/2}m^{2/3}t^{1/6}C_0$$

式中，n 为电极反应转移的电子数；D 为待测组分之测定形式的扩散系数（cm^2/s）；m 为汞滴流速（mg/s）；t 为时间（s）；C_0 为待测物质浓度（mol/L）。

尤考维奇方程为极谱定量分析的依据。实际工作中首先绘制电流 - 电压极化曲线（即极谱图），然后测量极谱波相对波高或峰高，通过标准曲线法或标准加入法进行定量分析。

波高测量　①平行法。对于波形较好的极谱波，残余电流与极限电流的延长线基本平行，这两条平行线的垂直距离即为波高。②交点法（又名三切线法）。即分别通过残余电流、极限电流和完全扩散电流作三直线，所形成的两个交点间的垂直距离即为波高。

定量方法　①直接比较法。将浓度为 C_s 的标准溶液及浓度为 C_x 的未知溶液在相同的实验条件下，分别作出极谱图，测得其波高。由式 $h_s = KC_s$ 及 $h_x = KC_x$ 两式相除得 $C_x = h_xC_s/h_s$ 可求浓度。②工作曲线法。配制一系列含有不同浓度的被测离子的标准溶液，在相同实验条件下作极谱图，测得波高。以波高为纵坐标，浓度为横坐标作图，可得工作曲线。然后在上述条件下测定未知溶液的波高，从标准曲线上查得溶液的浓度。③标准加入法。先测定体积为 V_x（浓度为 C_x）的被测物质的极谱波高 h；再在电解池中加入浓度为 C_s，体积为 V_s 的被测物的标准液；同样条件下测得极谱波高 H。则：

$$h_x = KC_x$$
$$H = k(V_sC_s + V_xC_x)/(V_s + V_x)$$
$$C_x = C_sV_sh/[H(V_s + V_x) - hV_x]$$

极谱定性分析　极谱波方程就是描述极谱电流与滴汞

电极电位之间关系的数学表达式。

$$E_{de} = E_{1/2} + \frac{RT}{2F}\ln\frac{i_d - i}{i}$$

式中，E_{de} 为滴汞电极的电位；$E_{1/2}$ 为半波电位；R 为气体常数；T 为温度；F 为法拉第常数；i_d 为溶液中扩散电流；i 为极限扩散电流；$i_d - i$ 为生成物中扩散电流。

当 $i = 1/2\, i_d$ 时，

$$de = E_{1/2} = E^0 + \frac{RT}{2F}\ln\frac{D_a^{1/2}}{D_s^{1/2}}$$

式中，E^0 为标准电极电势；D_a 为物质在生成物中的扩散系数；D_s 为物质在溶液中的扩散系数。

此时的电位为半波电位，为极谱波的中点，是一常数。

一般情况下，不同的物质具有不同的半波电位，且不随浓度的变化而改变，故可利用半波电位进行定性分析。

其他极谱分析技术

极谱催化波法　极谱催化波是一种动力波，是一类在电极反应过程中决定于电极周围反应层内进行的化学反应速度的极谱电流。根据有关化学反应的情况，可以将其分为 3 种类型：①平行催化波。一般是指在氧化剂存在下无机变价离子的催化波。它是由氧化剂氧化高价态反应物还原成的低价态产物使反应物再生，导致极谱电流增加。②催化氢波。包括铂元素和有机化合物的催化氢波。它是由铂族元素、蛋白质、生物碱和含氮含硫有机物等的存在降低了氢的过电位，加速了氢的阴极放电，在比底液正常氢波的电位稍正的位置所产生的氢还原波，有很高的分析灵敏度。③吸附催化波。某些金属络合物能吸附于电极表面，并能产生灵敏度较高的极谱波。中国的极谱吸附波研究始于 20 世纪 60 年代初期，70 年代后中国电分析化学工作者做了大量的工作，提出了许多灵敏的体系。这些体系在地质、矿山、冶金、环境保护、生物化学、食品、医药等方面的分析测试工作中得到了广泛的应用，而且随着科学技术的发展，应用范围还在不断扩大。

直流示波极谱法　根据极谱分析原理而建立起来的一种快速极谱测定方法。普通极谱法加在电解池两电极间的极化电压是一个慢变化的直流电压，而对于每一滴汞来说，它的电位可看作是不变的，因此这种方法也称为恒电位极谱法，又名经典极谱法。其测量的是扩散电流，扫描速率一般为 200mV/min，获得一个极谱波需要用数十滴汞，分析速度慢，一般需要 5～15 分钟；方法灵敏度较低；分辨率较小，峰电位差 200mV 可分辨。为克服这些缺点，J. K. B. Randles 和 L. Airey 等人提出了直流示波法。在汞滴形成后期，将一锯齿形脉冲电压加在电解池的两电极上进行电解，并用阴极射线示波器来记录电流—电压极化曲线。其测量的是峰值电流，扫描速度一般为 0.25V/s，比经典直流极谱快；检测灵敏度高，测定下限达 $10^{-7}mol/L$；分辨率大，峰电位差 40mV 可分辨。

交流极谱及方波极谱法　交流极谱法是在普通极谱法的极化电压上，叠加一个小振幅正弦波交变电压（频率 5～50Hz，振幅 15～30mV）而得到的。灵敏度比普通极谱

法稍高，检测下限一般在 $10^{-4}\sim10^{-5}$ mol/L 范围内；分辨率大，峰电位差 40mV 可分辨。交流极谱法具有一定的优点，但充电电流较大，为克服这一缺点，提出了方波极谱法，即将交流极谱法中的正弦波交变电压变换成方波电压。灵敏度高，检测下限一般在 $10^{-7}\sim10^{-8}$ mol/L 范围内，但分析试剂必须提纯；分辨率较大。

脉冲极谱法 为进一步提高灵敏度和改进方波极谱法的缺点，提出了脉冲极谱法。在滴汞电极的生长末期，在给定的直流电压或线性增加的直流电压上叠加振幅逐渐增加或等振幅的脉冲电压，并在每个脉冲后期记录电解电流所得到的曲线，称为脉冲极谱。按施加脉冲电压和记录电解电流方式的不同，可分为常规脉冲极谱和微分（示差）脉冲极谱。常规脉冲极谱扫描电压是恒定电压 + 振幅渐次增加矩形脉冲（振幅增加速率为 0.1V/min，扫描范围在 $0\sim2$V，宽度 $40\sim60$）。微分（示差）脉冲极谱扫描电压是线性增加电压 + 恒定振幅的矩形脉冲（振幅恒定，扫描范围在 $5\sim100$mV 内，宽度 $40\sim80$ms）。其灵敏度高，检测下限一般在 $10^{-8}\sim10^{-9}$ mol/L 范围内；分辨率高，峰电位差 25mV 可分辨。

溶出伏安法 以恒电位电解富集和伏安法相结合的一种极谱新方法。它是首先将待测物质在适当的电位下进行恒电位电解，并富集在固定表面积的特殊电极上，然后反向改变电位，让富集在电极上的物质重新溶出，同时记录电流 - 电压极化曲线。然后根据溶出峰电流的大小进行定量分析。方法灵敏度高，检测下限一般在 $10^{-8}\sim10^{-9}$ mol/L 范围内。

应用 极谱法可测定元素周期表中的大部分元素。常用极谱法分析的元素有 Cr、Mn、Fe、Co、Ni、Cu、Zn、Cd、In、Tl、Sn、Pb、As、Sb、Bi、Se、U、Eu 等。Pb、Cr、Au 常在强碱性溶液中测定；As、Sb、Bi 在强酸性溶液中测定。Ti、V、Nb、Ta、Cr、Mo、W、Mn、Re、Co、Rh、Ir、Pt、Pd 可用催化极谱波法测定。Cl⁻、Br⁻、I⁻、CN⁻、S²⁻、SO₃²⁻ 等阴离子也可用极谱法测定。

凡能在电极上进行氧化或还原反应的有机物，就可用极谱法测定，其中有卤代物、醌类化合物、醛、酮、维生素、甾体、激素、疏基化合物、硝基和亚硝基化合物、偶氮和偶氮烃基化合物、不饱和烃化合物以及许多其他化合物。在农药化工方面，六六六、滴滴涕、敌百虫、某些硫磷类、有机氯类和二硫代甲酸盐类农药也可用极谱法测定。

参考文献

朱明华, 胡坪, 2007. 仪器分析[M]. 北京: 高等教育出版社: 150-187.

（撰稿：韩丙军；审稿：韩丽君）

极细链格孢激活蛋白   plant activator protein

从天然微生物经发酵提取的一种生物活性蛋白质，能促进植物根茎叶生长，提高叶绿素含量，提高作物产量，目前白菜上已有登记。

化学名称 207 肽蛋白质。

分子式 $C_{963}H_{1564}N_{280}O_{342}S_3$。

相对分子质量 22 590。

开发单位 丰汇华农（北京）生物科技股份有限公司生产。

理化性质 是经极细链格孢菌发酵、提取的一种具有生物活性的、单一、稳定的蛋白质，该蛋白质是由 207 个氨基酸组成，其理论相对分子质量（2005 年新原子量标准）为 M_r= 22 590。等电点为 4.43。易溶于水。在 pH4～10 稳定，遇强碱和强氧化剂易分解；耐高温，100℃沸水中煮 30 分钟仍然稳定，自然光照下 2 天对效果不产生影响，常温储存 2 年稳定。

毒性 低毒。大鼠急性经口 LD_{50}＞25g/kg；急性经皮 LD_{50}＞22.15g/kg。兔皮肤无刺激性、眼睛有轻度刺激性。豚鼠皮肤变态反应试验结果为弱致敏物。3 项致突变试验：Ames 试验、小鼠骨髓细胞微核试验、小鼠睾丸细胞染色体畸变试验均为阴性，未见致突变性。

剂型 3% 可湿性粉剂。

质量标准 外观为土黄色粉末，pH4.5～7，润湿时间≤120 秒，悬浮率≥68%，细度：95% 通过 45μm 试验筛。

作用方式及机理 是从天然微生物经发酵提取的一种生物活性蛋白质，当接触到植物器官表面后，与植物细胞膜上的受体蛋白结合，引起植物体内一系列相关活性，激发植物体内的一系列代谢调控过程，促进植物根茎叶生长，提高叶绿素含量，提高作物产量。

使用对象 白菜等。

使用方法 用药量为 3% 可湿性粉剂加水稀释 1000～1200 倍液进行喷雾处理。一般于白菜 3 叶 1 心期开始使用，每隔 20 天左右喷 1 次药，生育期内喷雾 3～4 次，对白菜具有一定的生长促进作用和增产效果。在推荐使用剂量范围内对白菜安全，未见药害产生。

注意事项 处理 4 天后，植物表面已基本不存在激活蛋白，因此安全间隔期为 4 天。

参考文献

李玲, 肖浪涛, 谭伟明, 2018. 现代植物生长调节剂技术手册[M]. 北京: 化学工业出版社:53.

（撰稿：徐佳慧；审稿：谭伟明）

急性参考剂量   acute reference dose, ARfD

人类在 24 小时或更短时间内，通过膳食或饮水摄入某物质，而不产生可检测到的危害健康的估计量，以每千克体重可摄入的量表示，单位为 mg/kg bw。

农药 ARfD 是农药残留短期膳食摄入健康风险评估中的关键数据。农药残留短期膳食摄入健康风险问题的提出比较晚，直至 20 世纪 90 年代初才引起关注。1994 年 FAO/WHO 的农药残留联席会议（JMPR）确定了"急性参考剂量"这一术语。1998 年，JMPR 发布了 ARfD 的定义，此后又在 2002 年对定义进行完善，该定义得到国际社会的广泛认可。随着研究的推进，国际上逐步建立了 ARfD、短期膳食摄入量估算等技术原则和方法，农药残留短期膳食

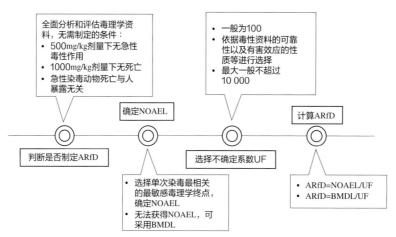

急性参考剂量的制定流程图

摄入健康风险评估和 ARfD 制定工作也越来越受到各国的重视，一些国家和国际组织已将相关工作纳入农药管理范畴。

急性参考剂量的制定 ARfD 是在评价农药毒理学数据和相关资料的基础上，根据一定的原则推导获得的。须注意的是，应先根据毒理学资料来评价和判断是否需要制定该农药的 ARfD。经过评价认为需要制定 ARfD 时，可按照确定未观察到有害作用剂量水平（NOAEL）、选择不确定系数（UF）和计算 ARfD 等步骤进行。

判断是否需要制定急性参考剂量　根据农药的毒理学数据及相关资料对农药的毒理学特征进行全面分析和评估，掌握农药的全部毒性信息。在此基础上判断是否需要制定 ARfD。不需要制定 ARfD 的情况包括：剂量达 500mg/kg 时，没有出现急性染毒相关的毒性作用；单次经口染毒试验中，剂量达 1000mg/kg 时，没有出现染毒相关的死亡；急性染毒试验中，动物仅发生死亡，但是死亡的原因与人类暴露不相关。

确定未观察到有害作用剂量水平（NOAEL）　在全面评价毒性的基础上，选择与 1 次（或 1 天）染毒最相关的毒理学终点，如临床体征变化、体重变化、摄食和饮水量变化、死亡、高铁血红蛋白症、神经毒性、致畸作用和发育毒性等。根据相关终点选择合适的试验，该试验中的相关终点应进行了充分的检查和评价，以判定与人最相关的最敏感终点。根据最敏感终点，确定相应的 NOAEL，作为制定 ARfD 的基础。

在某些情况下，如有合适的剂量—反应模型，或无法确定 NOAEL，或农药短期膳食暴露量与 ARfD 接近时，可用基准剂量法（BMD 法）来推导 ARfD。一般用基准剂量可信下限（BMDL）代替 NOAEL。

选择不确定系数　在推导 ARfD 时，存在实验动物数据外推和数据质量等因素引起的不确定性，常用一个量化的系数，即不确定系数（UF），来处理这些因素造成的不确定性。

不确定系数一般为 100，包括从实验动物数据外推到一般人群（种间差异）的系数 10 和从一般人群推导到敏感人群（种内差异）的系数 10。选择不确定系数时，除种间差异和种内差异外，还要考虑毒性资料的质量和可靠性以及有害效应的性质等因素，再结合具体情况和有关资料，对不确定系数进行适当的放大或缩小。如：未获得 NOAEL，仅得到观察到的最小可见损害作用水平（LOAEL）时，增加 10 倍系数；出现严重毒性，增加 10 倍系数；试验数据不完整，增加 10 倍系数；但是当有可靠资料，如可靠的人群资料时，可以根据实际情况将种间差异的不确定系数适当降低。

选择不确定系数时，应针对每种农药的具体情况进行分析和评估，并充分利用专家的经验。虽然存在多个不确定性因素，甚至在数据严重不足的情况下，不确定系数最大一般也不超过 10 000。

计算急性参考剂量　用未观察到有害作用剂量水平（或基准剂量可信下限）除以不确定系数即可得到急性参考剂量。计算公式为 ARfD = NOAEL/UF 或 ARfD = BMDL/UF。

制定急性参考剂量时应注意几个问题　①一般情况下，1 种农药制定 1 个 ARfD。在有些情况下，可能需要针对不同人群制定相应的 ARfD。②某些情况下，可能还要针对作物中出现并且被包含在残留定义中，或在人体中出现但在毒理学动物试验中没有检测到的主要代谢物（如这些代谢物可能出现急性毒性，且与母体化合物的毒性特性不一致）制定相应的 ARfD。③若推导出的 ARfD 低于已经制定的 ADI，则应该考虑是否需要修订 ADI。如经过评价后认为没有理由修订 ADI，则取 ADI 值作为 ARfD 值。④当所制定的 ARfD 比较保守，且经过短期膳食风险评估后认为存在健康风险，可考虑对 ARfD 进行精确化，如补充特定的急性染毒毒性试验等。

急性参考剂量的制定流程如图所示。

急性参考剂量的应用 ARfD 在农药管理工作中主要是用于农药残留短期膳食摄入健康风险评估，同时也为农药残留限量标准制定提供数据支撑。中国的农药残留短期膳食摄入健康风险评估工作还处于起步阶段，新修订的《农药管理条例》和相关配套规章的发布实施，标志着农药残留短期膳食摄入健康风险评估成为农药管理工作的常规和重要内容之一。农药残留短期膳食摄入健康风险评估中，依据国家卫生行政部门发布的中国居民营养与健康状况监测调查，或相关参考资料的数据，基于每餐或 1 天内膳食结构和具体食品特征，结合残留化学评估推荐的规范残留试验中值（STMR）或最高残留值（HR），计算国家估算短期摄入量（NESTI）；当国家估算短期摄入量低于 ARfD 时，认为相应的农药残留不会产生不可接受的健康风险。

参考文献

中华人民共和国农业部，2015. 中华人民共和国农业部公告第 2308 号 食品中农药残留风险评估指南[EB]. 2015年10月8日.

中华人民共和国农业部，2017. 中华人民共和国农业部公告第 2586 号 农药急性参考剂量制定指南[EB]. 2017年9月30日.

SOLECKI R, DAVIES L, DELLARCO V, et al, 2005. Guidance on setting of acute reference dose (ARfD) for pesticides[J]. Food and chemical toxicology, 43: 1569-1593.

（撰稿：张丽英；审稿：陶传江）

己唑醇　hexaconazole

一种三唑类杀菌剂。对真菌尤其是担子菌门和子囊菌门引起的病害有广谱性的保护和治疗作用。

其他名称　安福。

化学名称　(RS)-2-(2,4-二氯苯基)-1-(1H-1,2,4-三唑-4-基)-己-2-醇；(RS)-2-(2,4-dichlorophenyl)-1-(4H-1,2,4-triazole-4-yl)hexan-2-ol。

IUPAC名称　(RS)-2-(2,4-dichlorophenyl)-1-(1H-1,2,4-triazol-1-yl)hexan-2-ol。

CAS 登记号　79983-71-4。

EC 号　616-763-3、413-050-7。

分子式　$C_{14}H_{17}Cl_2N_3O$。

相对分子质量　314.21。

结构式

理化性质　纯品为白色晶体。熔点 111℃。沸点 379℃。燃点 239℃。相对密度 1.29（25℃）。蒸气压 1.73×10^{-2}mPa（25℃）。$K_{ow}\lg P$ 3.59（25℃）。Henry 常数 1.69×10^{-4}Pa·m³/mol（25℃）。水中溶解度 0.018mg/L（20℃）；有机溶剂中溶解度（g/L，20℃）：甲醇 246、甲苯 59、己烷 0.8。稳定性，室温（40℃以下）至少 9 个月内不分解，酸、碱性（pH5，7～9）水溶液中 30 天内稳定。

毒性　雄、雌大鼠急性经口 LD_{50} 分别为 2.19g/kg 和 6.07g/kg。大鼠急性经皮 LD_{50} > 2g/kg。对兔皮肤无刺激作用，但对眼睛有轻微刺激作用。山齿鹑急性经口 LD_{50} > 2g/kg。鱼类 LC_{50}（96 小时，mg/L）：鲤鱼 5.94、虹鳟 > 76.7。蜜蜂急性接触 LD_{50} > 100μg/ 只；无致变作用。

剂型　5%、10%、25%、30%、40%、50% 悬浮剂，50% 可湿性颗粒剂，5% 微乳剂，10% 乳油。

质量标准　5% 悬浮液外观为白色液体，有微弱气味，pH5～8，相对密度 1（20℃），黏度 314.3mPa·s（20℃）。5% 微乳剂外观为淡黄色液体，具有刺激性气味，蒸气压 0.039mPa（25℃），pH5～7，相对密度 1（20℃），闪点 34.7℃，无爆炸性。

作用方式及机理　具有保护、治疗和铲除作用的内吸性杀菌剂，经植物根和叶吸收，可在新生组织中迅速传导。通过杂环上的氮原子与病原菌细胞内羊毛甾醇 14α 脱甲基酶的血红素 - 铁活性中心结合，抑制 14α 脱甲基酶的活性，从而阻碍麦角甾醇的合成，最终起到杀菌的作用。

防治对象　对真菌尤其是担子菌和子囊菌引起的病害有广谱性的保护和治疗作用，如对白粉病、锈病、黑星病、褐斑病、炭疽病等有很好的防效。

注意事项　不得与碱性农药等物质混用。对鱼类及水生生物有毒，应远离水产养殖区施药，禁止在河塘等水体中清洗施药器具；药液及其废液不得污染各类水域、土壤等环境，施药后剩余的药液和空容器要妥善处理，可烧毁或深埋，不得留做他用。使用时应穿防护服、戴手套，避免皮肤、眼睛接触和吸入药液。施药期间不可吃东西和饮水，施药后应及时清洗手和脸。孕妇及哺乳期妇女禁止接触。

与其他药剂的混用　与三环唑混用防治水稻稻瘟病；与多菌灵混用防治葡萄炭疽病；与噻呋酰胺或甲基硫菌灵或井冈霉素 A 或苯醚甲环唑混用防治水稻纹枯病；与醚菌酯或唑菌胺酯混用防治黄瓜白粉病；与氰烯菌酯混用防治小麦白粉病、赤霉病和纹枯病；与丙森锌混用防治苹果褐斑病；与多抗霉素 B 混用防治苹果斑点落叶病。

允许残留量　GB 2763—2021《食品中农药最大残留限量标准》规定己唑醇最大残留限量见表。ADI 为 0.005mg/kg。谷物按照 GB 23200.8、GB 23200.113、GB/T 20770 规定的方法测定；蔬菜、水果按照 GB 23200.8、GB 23200.113、GB/T 20769 规定的方法测定。

部分食品中己唑醇最大残留限量（GB 2763—2021）

食品类别	名称	最大残留限量（mg/kg）
谷物	糙米	0.10
	小麦	0.10
蔬菜	番茄	0.50
	黄瓜	1.00
水果	苹果	0.50
	梨	0.50
	葡萄	0.10
	枸杞（鲜）	0.50
	猕猴桃	3.00
	西瓜	0.05
干制水果	枸杞（干）	2.00

参考文献

刘长令,2006.世界农药大全:杀菌剂卷[M].北京:化学工业出版社.

农业部种植业管理司和农业部农药检定所,2015.新编农药手册[M].2版.北京:中国农业出版社.

TURNER J A, 2015. The pesticide manual: a world compendium [M]. 17th ed. UK: BCPC.

（撰稿：陈凤平；审稿：刘鹏飞）

挤压造粒　extrusion granulation

将农药活性成分的粉末用适当的黏合剂制备成软材之后，用强制挤压的方式使其通过具有一定大小筛孔的孔板或者筛网而制备颗粒的方法。

原理　挤压造粒原理是将农药活性成分的粉末捏合制成软材，利用物料具有可塑性的特性，在外加的挤压力如利用辊子、螺旋、回转叶片等将混合好的原料从多孔板中挤出的过程。物料通过多孔板时根据孔的大小与形状成型，可以制得粒径范围为 0.3~30mm 的颗粒。根据使用的设备分为螺旋挤压式、旋转挤压式和摇摆挤压式。挤压造粒是利用压力使固体物料进行团聚的干法造粒过程。通过将物料由两个反向旋转的辊轴挤压，辊轴由偏心套或液压系统驱动。固体物料在受到挤压时，首先排除粉粒间的空气使粒子重新排列，以消除物料间的空隙。物料被挤压时，部分粒子被压碎，细粉充填粒子间的空隙，在此情况下，新产生的表面上的自由化学键如不能迅速被来自周围大气的原子或分子所饱和，新生成的表面相互接触，就会形成强有力的重组键。当塑性物料被挤压时，粒子就会变形或流动，产生强有力的范德华引力。在挤压过程的最后阶段，由压力产生能量，在粒子间的接触点上形成热点，而使物料熔融，当物料冷却时，就会形成固定桥。挤压生成的大片厚 5~20mm，表面密度为进料的 1.5~3 倍，大片再经打片、破碎、筛分后得到需要的颗粒产品。造粒过程：原料与辅助用料混合—捏合—挤压制粒—干燥—筛分—产品。

特点　挤压式造粒具有以下特点：①颗粒的粒度由筛网的孔径大小调节，粒子形状为圆柱形，粒度的分布较窄。②挤压压力不大，可制成松软的颗粒，适合压片。③制备的颗粒截面规则，均一，生产量大。④挤压造粒适宜于热敏性物质。⑤适宜于生产多种规格的产品，方便切换。⑥挤压制粒的过程经过混合、制软材（捏合）等，加工程序多，而且劳动强度大，不适合大批量和连续生产颗粒产品。⑦制备小粒径的颗粒产品时筛网的寿命短。⑧随着造粒时间增加，模具磨损增加，颗粒的长度和端面形状不能精确控制。

在挤压造粒过程中，制软材是关键步骤，配方中的黏合剂的选择和用量很重要，当用量较多时，软材被挤压成条状，并重新黏合在一起；黏合剂用量少时不能制成完整的颗粒，而是呈粉状。因此，在制软材的过程中选择适宜的黏合剂以及用量非常重要。

设备　挤压造粒的设备有螺旋挤压造粒机、篮式叶片挤压造粒机、环模式辊压挤压制粒机和摇摆挤压造粒机。

应用　在农药加工领域中，挤压造粒可以用于水分散粒剂、颗粒剂和水溶性粒剂产品的制备。

（撰稿：李洋；审稿：遇璐、丑靖宇）

加拿大卫生部PMRA农药管理网站　Canada PMRA Website for Pesticide Management

PMRA（pest management regulatory agency）成立于 1995 年，主要负责农药法规制定，基于科学评审的农药产品登记和再评审。通过该网站可查询原药和制剂登记标签，各类农药登记信息（新登记、历史登记、现有登记、重新登记、小作物登记等），也可以根据商品名和有效成分名称查询相关产品信息。

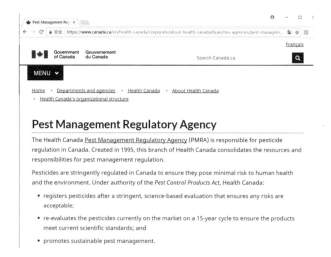

具体网址：https://www.canada.ca/en/health-canada/corporate/about-health-canada/branches-agencies/pest-management-regulatory-agency.html。

（撰稿：韩书友；审稿：杨新玲）

加州红蚧性信息素　sex pheromone of *Aonidiella aurantii*

适用于柑橘的昆虫性信息素。最初从加州红蚧（*Aonidiella aurantii*）虫体中提取分离，主要成分为（3*S*，6*R*）-3- 甲基 -6- 异丙烯基 -9- 癸烯 -1- 醇乙酸酯与（*Z*）-3- 甲基 -6- 异丙烯基 -3,9- 癸二烯 -1- 醇乙酸酯。

其他名称　Red Scale Down。

化学名称　（3*S*,6*R*）-3- 甲基 -6- 异丙烯基 -9- 癸烯 -1- 醇乙酸酯；(3*S*,6*R*)-3-methyl-6-isopropenyl-9-decen-1-ol acetate；(*Z*)-3- 甲基 -6- 异丙烯基 -3,9- 癸二烯 -1- 醇乙酸酯；(*Z*)-3-methyl-6-isopropenyl-3,9-decadien-1-ol acetate。

IUPAC名称　(3*S*,6*R*)-3-methyl-6-isopropenyl dec-9-en-1-yl acetate；(*Z*)-3-methyl-6-isopropenyl deca-3,9-dien-1-yl acetate。

CAS 登记号　67601-07-4［（3S,6R）-酯］；66348-55-8［（Z）-酯］。

分子式　C_{16}H_{28}O_2［（3S,6R）-酯］；C_{16}H_{26}O_2［（Z）-酯］。

相对分子质量　252.39［（3S,6R）-酯］；250.38［（Z）-酯］。

结构式

（3S,6R）-3甲基-6-异丙烯基-9-醇乙酸酯

（Z）-3甲基-6-异丙烯基-3,9-癸二烯-1-醇乙酸酯

生产单位　2004 年，由 HBB Partnership 在美国登记。

理化性质　无色液体，略带甜味。沸点 320℃（101.32kPa，预测值）［（3S, 6R）-酯］；323℃（101.32kPa，预测值）［（Z）-酯］。相对密度 0.89（25℃）（3S, 6R）-酯）。蒸气压 27mPa［（3S, 6R）-酯］。K_{ow}lg$P$ 6.08［（3S, 6R）-酯］。难溶于水，溶于丙酮、氯仿、乙酸乙酯等有机溶剂。

毒性　大鼠急性经口 LD_{50} > 5000mg/kg［（3S, 6R）-酯］。兔急性经皮 LD_{50} > 2000mg/kg［（3S, 6R）-酯］。对兔眼睛与皮肤有轻微刺激［（3S, 6R）-酯］。

剂型　可回收的聚合物基质分散剂。

作用方式　主要用于干扰加州红蚧的交配。

防治对象　适用于柑橘树，防治加州红蚧。

参考文献

马克比恩 C，2015. 农药手册[M]. 胡笑形，等译. 北京：化学工业出版社.

（撰稿：钟江春；审稿：张钟宁）

家蝇磷　acethion

一种有机磷杀虫剂。

其他名称　Acetoxon、Azethion、Propoxon、Prothion。

化学名称　O,O-二乙基-S-(羰乙氧基甲基)二硫代磷酸酯。

IUPAC 名称　ethyl [(diethoxyphosphinothioyl)thio]acetate。

CAS 登记号　919-54-0。

分子式　C_8H_{17}O_4PS_2。

相对分子质量　272.32。

结构式

开发单位　1955 年以法国专利发表。

理化性质　浅黄色黏稠液体。沸点 92℃（1.33Pa）。相对密度 d_4^{20}1.176。折射率 n_D^{20}1.4992。难溶于水，易溶解于大多数有机溶剂。

毒性　对温血动物毒性低。大鼠急性经口 LD_{50} 105～110mg/kg。

作用方式及机理　为选择性杀虫剂，对家蝇有良好的作用，杀蝇效果及选择性均比马拉硫磷好。

参考文献

王振荣，李布青，1996. 农药商品大全[M]. 北京：中国商业出版社：52.

朱永和，王振荣，李布青，2006. 农药大典[M]. 北京：中国三峡出版社：45-46.

（撰稿：吴剑；审稿：薛伟）

家蝇性信息素　sex pheromone of *Musca domestica*

适用于室内外灭蝇的昆虫性信息素。最初从家蝇（*Musca domestica*）雌虫体中提取分离，主要成分为（Z）-9-二十三碳烯。

其他名称　诱虫烯、muscalure、*cis*-tricos-9-ene。

化学名称　（Z）-9-二十三碳烯；(Z)-9-tricosene。

IUPAC 名称　(Z)-tricos-9-ene。

CAS 登记号　27519-02-4。

分子式　C_{23}H_{46}。

相对分子质量　322.61。

结构式

生产单位　1975 年在美国首次登记，由 Bedoukian、Denka、Intrechem、International Specialty、华通（常州）等公司生产。

理化性质　无色或淡黄色油状物，有轻微的、甜的芳香气味。沸点 170℃（13.32Pa）。相对密度 0.8（20℃）。蒸气压 0.064mPa（20℃）。K_{ow}lg$P$ 4.09。Henry 常数 > 5.2 × 10^3Pa·m^3/mol（20℃，计算值）。在水中溶解度（mg/L，20℃）：< 4 × 10^{-6}；溶于石油醚、乙醇、丙酮、乙酸乙酯等有机溶剂。

毒性　大鼠急性经口 LD_{50} > 10 000mg/kg。大鼠急性经皮 LD_{50} > 2000mg/kg。兔急性经皮 LD_{50} > 2000mg/kg。大鼠急性吸入 LC_{50}（4 小时）> 5.71mg/L 空气（原药，诱虫烯含量 85%）。虹鳟（96 小时）在水中最大浓度范围内无毒。水蚤（48 小时）在水中最大浓度范围内无毒。

剂型　干拌剂。

作用方式　主要用于引诱家蝇、厩蝇等。

防治对象　适用于室内外，防治家蝇。

使用方法　作为雌、雄家蝇的引诱剂。

与其他药剂的混用　可以与杀虫剂灭多威一起使用，诱杀家蝇、厩蝇等。

参考文献

马克比恩 C, 2015. 农药手册[M]. 胡笑形, 等译. 北京: 化学工业出版社.

吴文君, 高希武, 张帅, 2017. 生物农药科学使用指南[M]. 北京: 化学工业出版社.

（撰稿：钟江春；审稿：张钟宁）

甲胺磷　methamidophos

一种具有内吸、触杀、胃毒和一定熏蒸作用的有机磷酸酯类杀虫剂。

其他名称　马达松、多灭磷、克螨隆、托马隆、灭虫螨胺磷、亚西发甲、Methamidofos、Acephate-met、Bayer 71628、Chevron 9006、Monitor（奇弗龙）、Ortho 9006、SRA5172、Tamaron(拜耳)、Nitofol、Hamidop。

化学名称　O,S-二甲基氨基硫代磷酸酯；O,S-dimethyl phosphoramidothioate。

IUPAC 名称　(RS)-(O,S-dimethyl phosphoram idothioate)。

CAS 登记号　10265-92-6。

EC 号　233-606-0。

分子式　$C_2H_8NO_2PS$。

相对分子质量　141.13。

结构式

开发单位　1969年由谢富隆化学公司和Bayer Leverkusen推广。由于毒性强，在日本等国家已禁用，中国从2007年起亦公告停止生产及使用。

理化性质　纯品为白色针状晶体。熔点44.5℃。工业品为淡黄色多黏稠油状液体，有臭味。相对密度1.322（25℃）。易溶于水，20℃时溶解度＞2kg/L，可溶于醇、丙酮、二氯甲烷、二氯乙烷等，室温下，在煤油中的溶解度低于1%，在苯或二甲苯中溶解度不超过10%，在醚和汽油中溶解度很小。30℃时蒸气压为0.4Pa。在碱性或强酸性介质中分解，在弱酸弱碱中水解不快。常温储存稳定，在100℃以上，随温度升高而加快分解，150℃以上全部分解。在pH9和37℃时半衰期为120小时，在pH2和40℃时半衰期为140小时。它不能进行蒸馏。工业品和浓溶液对软钢和含铜合金有轻微腐蚀性，溶液不能储存在软钢容器中。

毒性　对人剧毒。纯品急性经口LD_{50}：大鼠29.9mg/kg，小鼠30mg/kg，兔10～30mg/kg。雄大鼠急性经皮LD_{50} 50～110mg/kg。大鼠急性吸入LC_{50}（4小时）0.2mg/L空气。对兔皮肤无刺激性，对眼睛有轻度刺激性。工业品甲胺磷对大鼠急性经口LD_{50} 18.9～21mg/kg。短尾鹌鹑急性经口LD_{50} 57.5mg/kg，母鸡急性经口LD_{50} 25mg/kg。鱼类LC_{50}（96小时）：鲑鱼51mg/L、金鱼、鲤鱼10mg/L、虹鳟40mg/L、圆腹雅罗鱼47.7mg/L。水蚤LC_{50}（48小时）0.27mg/L。鸟类急性经口LD_{50}：美洲鹑10～11mg/kg，野鸭29.5mg/kg。饲喂5天LC_{50}：野鸭1302mg/kg饲料，美洲鹑42～92mg/kg饲料。对蜜蜂有毒。（+）-甲胺磷对大型溞的急性毒性（48小时）约为（-）-甲胺磷的7.0倍，外消旋的毒性介于两对映体之间。对母鸡饲喂（+）-、（-）-、外消旋-甲胺磷后，仅（+）-甲胺磷对神经病靶酯酶的活性有抑制作用，（+）-甲胺磷对钙蛋白酶的活性有激发作用，研究表明（+）-甲胺磷可能会导致迟发性神经毒性。

剂型　25%、50%乳油，5%、7.5%细粒剂，2%粉剂，60%可溶性固体等。

质量标准　①50%乳油。浅黄色透明均相液体，相对密度1.19（25℃），蒸气压为21.3kPa（30℃），水分含量＜0.3%，酸度（以H_2SO_4计）≤0.5%，乳液稳定性合格。②2%粉剂。有效成分含量≥2%，细度（200筛目）≥95%，水分含量≤1.5%，pH5～8。

作用方式及机理　对害虫和螨类具有内吸、触杀、胃毒和一定的熏蒸作用，对螨类还有杀卵作用。持效期较长，对蚜、螨可持续10天左右，对飞虱、叶蝉约15天。对鳞翅目幼虫胃毒作用小于敌百虫，而对蝼蛄、蛴螬等地下害虫防效优于对硫磷。杀虫机理是抑制昆虫体内胆碱酯酶活性。（-）-甲胺磷对乙酰胆碱酯酶的抑制能力是（+）-甲胺磷的8～12.4倍。（-）-甲胺磷对母鸡血浆中的BChE的抑制率大于（+）-甲胺磷。（-）-甲胺磷对鸡淋巴细胞神经病靶酯酶的抑制活性是（+）-甲胺磷的6倍。（+）-甲胺磷对鸡脑组织乙酰胆碱酯酶的抑制活性是（-）-甲胺磷的7倍。

防治对象　广谱性高效杀虫剂、杀螨剂。能有效防治粮、棉等作物上的蚜虫、红蜘蛛、螨、粉虱、飞虱等刺吸式口器害虫和夜蛾科咀嚼式口器害虫，对钻蛀性害虫及蝼蛄、蛴螬等地下害虫及对有机磷产生抗性的害虫都有良好的防治效果。

使用方法

防治水稻害虫　①防治水稻二化螟、三化螟的枯心，在卵孵高峰前1～2天用药，防治白穗掌握在5%～10%破口露穗时用药。用50%乳油1.5～2L/hm²，兑水喷雾。②防治稻纵卷叶螟，重点在水稻穗期，于幼虫一、二龄高峰期施药。一般年份用药1次，大发生年份用药一、二次并适当提早第一次施药时间。用50%乳油1～1.5L/hm²，兑水喷雾。③防治稻飞虱、稻叶蝉，在二、三龄若虫期施药，用50%乳油1.5～2L/hm²，兑水喷雾或泼浇。由于甲胺磷对褐稻虱的天敌蜘蛛等杀伤作用较大，连续施药后易导致褐稻虱的再猖獗，因此，应尽量与氨基甲酸酯类农药交替使用。④防治稻蓟马，在稻蓟马卵孵高峰到叶片出现初卷时，使用50%乳油0.75～1L/hm²，兑水常量喷雾，药效期7～10天。

防治棉花害虫　①防治棉蚜、红蜘蛛、蓟马、盲蝽叶蝉等，用50%乳油2000倍液或用0.75～1L/hm²兑水常量喷雾。②防治棉铃虫、棉红铃虫、斜纹夜蛾等，于卵孵盛期用50%乳油1～1.5L/hm²兑水喷雾。

防治地下害虫　①防治蝼蛄、蛴螬等地下害虫，用50%乳油75～100ml，加水5kg，拌玉米、高粱、小麦等种子50kg，堆闷1小时，吸干药液后播种。②防治蟋蟀，用50%乳油450～750ml/hm²拌麦麸40kg拌毒饵，或用药1.5～2L/hm²与细土600kg拌成毒土撒施。

防治大豆害虫　防治大豆蚜虫、红蜘蛛、造桥虫、尺蠖、蓟马、豆天蛾、多种夜蛾等，用 50% 乳油 1000～1500 倍液或用 1～1.5L/hm² 加水喷雾。

防治其他害虫　①防治观赏植物上的蚜虫、红蜘蛛、介壳虫、蓟马、卷叶蛾、粉虱等，用 50% 乳油 800～1000 倍液喷雾。②防治玉米螟，用 3% 颗粒剂 15～22.5kg/hm² 撒于玉米心叶。防治麻类作物苗期蚜虫用 3% 颗粒剂 45～60kg/hm²，拌细土 750kg，撒于播种沟并覆土。③防治桃小食心虫的越冬幼虫或脱果幼虫，用 3% 颗粒剂 150kg/hm² 撒施地面。

注意事项　高毒农药，不能用于蔬菜、烟草、茶叶及中草药材上。使用中应严格执行农药安全使用所规定的安全间隔期及高毒农药安全操作规程。高温季节不宜采用低容量或超低容量喷雾，以免中毒。拌种时，对某些高粱品种的种子发芽率有影响，使用前应先试验。

与其他药剂的混用　除不能与碱性药剂混用外，可与其他农药混用。

允许残留量　① GB 2763—2021《食品中农药最大残留限量标准》规定甲胺磷最大残留限量见表。ADI 为 0.004mg/kg。谷物按照 GB 23200.113、GB/T 5009.103、GB/T 20770 规定的方法测定；油料和油脂按照 GB 23200.113、GB/T 5009.103 规定的方法测定；蔬菜、水果按照 GB 23200.113、GB/T 5009.103、NY/T 761 规定的方法测定；茶叶按照 GB 23200.113 规定的方法测定。② FAO/WHO 规定，甲胺磷在菜花、芹菜、番茄上最大允许残留量为 2mg/kg，在黄瓜、洋白菜、茄子上为 1mg/kg，牛羊肉中为 0.01mg/kg。

部分食品中甲胺磷最大残留限量（GB 2763—2021）

食品类别	名称	最大残留限量（mg/kg）
谷物	糙米	0.50
	麦类、旱粮类、杂粮类	0.05
油料和油脂	棉籽	0.10
蔬菜	鳞茎类蔬菜、芸薹属类蔬菜、叶菜类蔬菜、茄果类蔬菜、瓜类蔬菜、豆类蔬菜、茎类蔬菜、根茎类和薯芋类蔬菜（萝卜除外）	0.05
	萝卜	0.10
	水生类蔬菜、芽菜类蔬菜、其他类蔬菜	0.05
水果	柑橘类水果、仁果类水果、核果类水果、浆果和其他小型水果、热带和亚热带水果、瓜果类水果	0.05
饮料类	茶叶	0.05

参考文献

林坤德, 2006. 几种典型手性农药对映体的拆分及其生物毒性研究[D]. 杭州: 浙江大学.

孙家隆, 2015. 新编农药品种手册[M]. 北京: 化学工业出版社.

王鹏, 2006. 手性农药对映体分析及土壤中选择性降解行为研究[D]. 北京: 中国农业大学.

王振荣, 李布青, 1996. 农药商品大全[M]. 北京: 中国商业出版社.

EMERICKGL, EHRICH M, JORTNER B S, et al, 2012. Biochemical, histopathological and clinical evaluation of delayed effects caused by methamidophos isoforms and TOCP in hens: ameliorative effects using control of calcium homeostasis[J]. Toxicology, 302 (1): 88-95.

EMERICKGL, OLIVEIRA R V, BELAZ K R A, et al, 2012. Semipreparative enantioseparation of methamidophos by HPLC - UV and preliminary in vitro study of butyrylcholinesterase inhibition[J]. Environmental toxicology and chemistry, 31 (2): 239-245.

EMERICKGL, DEOLIVEIRAG H, OLIVEIRA R V, et al, 2012. Comparative in vitro study of the inhibition of human and hen esterases by methamidophos enantiomers[J]. Toxicology, 292 (2): 145-150.

LIN K, ZHOU S, XU C, et al, 2006. Enantiomeric resolution and biotoxicity of methamidophos[J]. Journal of agricultural and food chemistry, 54 (21): 8134-8138.

（撰稿：王鸣华；审稿：薛伟）

甲拌磷　phorate

一种剧毒二硫代磷酸酯类杀虫剂、杀螨剂。

其他名称　西梅托、拌种磷、伏螟、Thimet（American Cyanamid）、ET 3911。

化学名称　O,O-二乙基-S-乙硫基甲基二硫代磷酸酯；O,O-diethyl S-ethylmercaptomethyl dithiophosphate。

IUPAC 名称　O,O-diethyl S-ethylmercaptomethyl dithiophosphate。

CAS 登记号　298-02-2。

EC 号　206-052-2。

分子式　$C_7H_{17}O_2PS_3$。

相对分子质量　260.38。

结构式

开发单位　1954 年由美国氰胺公司开发。

理化性质　无色油状液体。熔点 < −15℃。沸点 118～120℃（0.11kPa）。相对密度 1.167（原药，25℃）。折射率 1.5349（25℃）。蒸气压 85mPa（25℃）。在室温水中溶解度 50～60mg/L，可溶于多数有机溶剂和脂肪油。25℃下稳定 2 年，pH5～7 稳定性最佳，水解速度取决于温度和 pH 值。

毒性　原药急性经口 LD_{50}：大鼠 3.7mg/kg（雄）、1.6mg/kg（雌），野鸭 0.62mg/kg，野鸡 7.1mg/kg。急性经皮 LD_{50}：大鼠 6.2mg/kg（雄）、2.5mg/kg（雌），豚鼠（24 小时接触甲拌磷的丙二醇溶液）20～30mg/kg。根据有效成分的浓度、载体类型、试验方法和动物种类，急性经皮 LD_{50}：雄大鼠 137mg/kg（5% 颗粒剂，有效成分）、98mg/kg（10% 颗粒剂，有效成分），雄兔 93～245mg/kg（5% 颗粒剂，有效成分）、116mg/kg（10% 颗粒剂，有效成分）。以原药 6mg/kg 饲料喂养大鼠 90 天，胆碱酯酶无变化。鱼类 LC$_{50}$（96 小时）：虹鳟 0.013mg/L，黏鱼 0.28mg/L。对蜜蜂的 LD$_{50}$ 为 0.01mg/只。

剂型 26% 粉剂，3% 或 5% 颗粒剂，30% 细粒剂，55% 乳油。

质量标准 60% 的甲拌磷乳油外观为黄色恶臭的油状液体，在碱性介质中容易分解，酸度（以 H$_2$SO$_4$ 计）≤ 1.5%，常温下储存两年不失去效果，乳液稳定性合格。5% 的甲拌磷颗粒剂外观为褐红色松散颗粒，相对密度 1.5，水分含量≤ 1%，粒度（通过 20～24 目筛）≥ 95%。

作用方式及机理 高毒性、高效、广谱的内吸性触杀杀虫剂。具有触杀、胃毒以及熏蒸活性，进入植物体后，会转化成为毒性更大的氧化物，昆虫取食后乙酰胆碱酯酶活性受到抑制，破坏正常的神经冲动传导而导致中毒死亡。

防治对象 用于根用植物和大田作物、棉花、十字花科植物和咖啡，使其不受刺吸式口器害虫、咀嚼式口器害虫、螨类和某些线虫的危害，也可用来防治玉米和甜菜的土壤害虫。

使用方法 因其毒性很高，禁止喷洒，只准种子处理。

棉花害虫的防治 可以采用浸种、闷种和拌种等方法。①浸种。60% 的甲拌磷乳油 0.5kg，加水 100kg 稀释后，浸泡 50kg 棉籽 12～24 小时。浸泡期间，每隔 1～2 小时翻种一次，浸完后捞出，堆闷 8～12 小时，等种子有 1/3 萌动时，即可播种。②闷种。每 50kg 棉籽先用温汤浸泡后，用 60% 的甲拌磷乳油 0.5kg 加水 12～25kg 稀释搅拌，再堆闷 8～12 小时即可。③拌种。先将棉籽浸泡、闷种，播种前喷洒少量水将棉籽润湿，按照 50kg 棉籽用 30% 粉粒剂 1.5～3kg 拌种后堆闷 3～4 小时。若以颗粒剂拌种，每 50kg 棉籽用 5% 的颗粒剂 7.5～12.5kg（有效成分 375～625g），拌种方法同上。

甜菜害虫的防治 每 50kg 甜菜种子用 60% 的甲拌磷乳油 350ml（有效成分 210g）加水 10kg，用喷雾器喷洒，边喷洒边拌种。均匀后，摊开晾干或者堆闷数小时后晾干，然后播种，也可采用 60% 的乳油 20～350ml 加水 50kg 稀释后浸泡种子。24 小时后阴干播种，若用 30% 的粉粒剂拌种，先将种子按 50kg 种子用水 7.5～10kg 喷拌种湿润后，再用 1.5～2kg（有效成分 450～600g）拌匀，堆闷 1～2 小时后晾干后播种。

小麦、高粱等害虫的防治 处理小麦种子，每 50kg 种子可用 30% 的粉粒剂 1～1.5kg（有效成分 300～400g）。先将种子润湿后再拌种。30% 的粉粒剂拌种防治灰飞虱、麦蚜，也可兼治金针虫。防治高粱蚜虫时，用 5% 的颗粒剂 3kg/hm^2（有效成分 150g），掺细沙 15～20kg，在高粱地中，每隔垄施药 1 垄，可熏蒸蚜虫。

油菜害虫的防治 用 30% 的粉粒剂拌种，用 0.9～1.2kg/hm^2（有效成分 270～360g），先用少量水润湿种子，以便药剂黏附，拌种要混拌均匀。

注意事项 ①泄漏应急处理。迅速撤离泄漏污染区，严格限制出入。切断火源，不要直接接触泄漏物。小量泄漏：用沙土或其他不燃材料吸附或吸收。大量泄漏：构筑围堤或挖坑收容；用泡沫覆盖，降低蒸气灾害。用泵转移至槽车或专用收集器内，回收或运至废物处理场所处置。若是固体，用洁净的铲子收集于干燥、洁净、有盖的容器中。若大量泄漏，收集回收或运至废物处理场所处置。②急性中毒时，立即使患者脱离现场，脱去被污染的衣服，全身污染部位用肥皂水或碱溶液彻底清洗，如系口服者，应用 2% 碳酸氢钠或淡盐水洗胃，不可使用高锰酸钾液洗胃（因会使该品氧化为毒性更高的化合物），并服用片剂解磷毒（PAM）或阿托品 1～2 片。眼部污染可用苏打水或生理盐水冲洗。应注意穿戴可靠的防毒、防护用品，防止人身中毒。③不可用手直接接触药剂。④短期内大量接触（口服、吸入、皮肤、黏膜）引起急性中毒。表现有头痛、头昏、食欲减退、恶心、呕吐、腹痛、腹泻、流涎、瞳孔缩小、呼吸道分泌物增多、多汗、肌肉震颤等。重者出现肺水肿、脑水肿、昏迷、呼吸麻痹。部分病例可有心、肝、肾损害。少数严重病例在意识恢复后数周或数月发生周围神经病。个别严重病例可发生迟发性猝死。血胆碱酯酶活性降低。

允许残留量 ① GB 2763—2021《食品中农药最大残留限量标准》规定甲拌磷最大残留限量见表。ADI 为 0.0007mg/kg。谷物按照 GB 23200.113 规定的方法测定；油料和油脂参照 GB 23200.113 规定的方法测定；蔬菜、水果、糖料按照 GB 23200.113、GB 23200.116 规定的方法测定；茶叶按照 GB 23200.113、GB/T 23204 规定的方法测定。②在粮食中不允许有甲拌磷的残留，在棉籽中最大允许残留限量应小于 0.05mg/kg（FAO/WHO）。

部分食品中甲拌磷最大残留限量（GB 2763—2021）

食品类别	名称	最大残留限量（mg/kg）
油料和油脂	棉籽、大豆、花生油	0.05
	花生仁	0.10
谷物	麦类、旱粮类（玉米除外）	0.02
	稻谷、糙米、玉米、杂粮类	0.05
蔬菜	鳞茎类蔬菜、芸薹属类蔬菜、叶菜类蔬菜、茄果类蔬菜、瓜类蔬菜、豆类蔬菜、茎类蔬菜、根茎类和薯芋类蔬菜、水生类蔬菜、芽菜类蔬菜、其他类蔬菜	0.01
水果	柑橘类水果、仁果类水果、核果类水果、浆果和其他小型水果、热带和亚热带水果、瓜果类水果	0.01
糖料	甘蔗	0.01
饮料类	茶叶	0.01

参考文献

《环境科学大辞典》编辑委员会，1991. 环境科学大辞典[M]. 北京: 中国环境科学出版社: 354-355.

农业大词典编辑委员会，1998. 农业大词典[M]. 北京: 中国农业出版社: 770.

王翔朴，王营通，李珏声，2000. 卫生学大辞典[M]. 青岛: 青岛出版社: 362.

中国农业百科全书总编辑委员会农药卷编辑委员会, 中国农业百科全书编辑部, 1993. 中国农业百科全书: 农药卷[M]. 北京: 农业出版社: 133-134.

朱永和, 王振荣, 李布青, 2006. 农药大典[M]. 北京: 中国三峡出版社: 1113-1115.

（撰稿: 谢丹丹; 审稿: 薛伟）

甲苯氟磺胺　tolylfluanid

一种磺酰胺类广谱保护性杀菌剂。

其他名称　Elvaron M（Bayer CropScience）、Euparen M（Bayer CropScience）、Euparen Multi（Bayer CropScience）、甲抑菌灵、对甲抑菌灵、地甲抑菌灵、双甲抑菌灵、对甲抑草灵。

化学名称　N-(二氯氟甲)硫基-N-对甲苯基-N',N'-二甲基硫酰(二)胺; 1,1-dichloro-N-[(dimethylamino)sulfonyl]-1-fluoro-N-(4-methylphenyl)methanesulfenamide。

IUPAC 名称　N-dichlorofluoromethylthio-N',N'-dimethyl-N-p-tolylsulfamide。

CAS 登记号　731-27-1。

EC 号　211-986-9。

分子式　$C_{10}H_{13}Cl_2FN_2O_2S_2$。

相对分子质量　347.26。

结构式

开发单位　拜耳作物科学。

理化性质　无色结晶性粉末, 无特殊气味。熔点 93℃±0.2℃。相对密度1.52（20℃）。蒸气压0.2mPa（20℃）。$K_{ow}lgP$ 3.9（20℃）。Henry常数 $7.7×10^{-2}Pa·m^3/mol$（25℃）。水中溶解度0.9mg/L（20℃）; 其他有机溶剂中溶解度（g/L, 20℃）: 正己烷54, 异丙醇22, 二甲苯190, 二氯甲烷、丙酮、乙腈、二甲基亚砜、乙酸乙酯＞250。稳定性: 水解DT_{50}（22℃）12天（pH4）、29小时（pH7）、＜10分钟（pH9）; 在自然条件下, 水解速度要比光解速度快得多。

毒性　中等毒性。大鼠急性经口LD_{50}＞5000mg/kg, 急性经皮LD_{50}＞5000mg/kg。大鼠吸入LC_{50}（4小时）0.16~1mg/L（取决于粒径大小）。对兔皮肤和眼睛有刺激作用。对豚鼠有皮肤致敏现象。NOEL: 大鼠（2代试验）12mg/（kg·d）（欧盟, 2004）; 大鼠（2代试验）7.9mg/（kg·d）（美国, 1995）; 大鼠（2年）3.6mg/（kg·d）（JMPR）。ADI/RfD: （JMPR）0.08mg/kg（安全系数50）（2002, 2003）;（EC）0.1mg/kg（安全系数100）（2006）;（EPA）cRfD 0.026mg/kg（2006）。无诱变性, 无致畸性, 非一级致癌性, 对繁殖无

不良影响。毒性等级: U（a.i., WHO）; Ⅱ（制剂, EPA）。山齿鹑急性经口LD_{50}＞2000mg/kg, 饲喂LC_{50}（5天）＞5000mg/kg饲料。虹鳟LC_{50}（96小时, 静态）0.045mg/L。水蚤LC_{50}（mg/L）: 0.69（48小时, 静态）, 0.19（48小时, 流动）。近具刺链带藻E_rC_{50}（72小时）＞0.1mg/L。蜜蜂急性LD_{50}: ＞197μg/只（经口）, ＞196μg/只（接触）。赤子爱胜蚓LC_{50}＞1000mg/kg干土。

剂型　水分散粒剂。

作用方式及机理　非特异性硫醇反应物, 为多作用位点的保护性杀菌剂。

防治对象　主要用于防治果蔬的病害, 如苹果和梨的黑星病, 草莓以及葡萄、啤酒花、蔬菜等的灰霉病, 对白粉病和红蜘蛛也有一定的作用。也可作为木材防腐剂使用（含量0.3%~0.8%）。

使用方法　在苹果、葡萄和浆果上的使用剂量最高为$2.5kg/hm^2$。在葡萄上使用时, 可与对葡萄白粉、葡萄霜霉和灰霉病有效的杀菌剂轮用。在蔬菜上使用, 如防治番茄灰霉病、霜霉病和白粉病时, 使用剂量为$6~1.5kg/hm^2$。

注意事项　甲苯氟磺胺的代谢物二甲基磺酰胺, 可在供水过程中转化为有毒物质亚硝胺, 应禁止在饮用水相关的领域使用。与液态杀虫剂（EC和OD剂型）和碱性物质（如波尔多液、石硫合剂）不兼容。

允许残留量　GB 2763—2021《食品中农药最大残留限量标准》规定甲苯氟磺胺最大残留限量见表。ADI为0.08mg/kg。蔬菜、水果按照GB 23200.8规定的方法测定; 饮料类、调味料参照GB 23200.8规定的方法测定。

部分食品中甲苯氟磺胺最大残留限量（GB 2763—2021）

食品类别	名称	最大残留限量（mg/kg）
蔬菜	韭葱	2.00
	结球莴苣	15.00
	番茄	3.00
	辣椒	2.00
	黄瓜	1.00
水果	仁果类	5.00
	黑莓	5.00
	加仑子（黑、红、白）	0.50
	醋栗（红、黑）	5.00
	葡萄	3.00
	草莓	5.00
饮料类	啤酒花	50.00
调味料	干辣椒	20.00

参考文献

马克比恩 C, 2015. 农药手册[M]. 胡笑形, 等译. 北京: 化学工业出版社: 1013-1014.

（撰稿: 蔡萌; 审稿: 刘西莉、刘鹏飞）

甲苯酞氨酸　benzoic acid

一种植物生长调节剂，可用于番茄、白扁豆、樱桃、梅等，能促使植物多开花，增加坐果率。

其他名称　Duraset、Tomaset。

化学名称　2-(3-甲基苯基氨基甲酰基)安息香酸。

IUPAC名称　2-[(3-methylphenyl)carbamoyl]benzoic acid。

CAS登记号　85-72-3。

EC号　201-626-9。

分子式　$C_{15}H_{13}NO_3$。

相对分子质量　255.27。

结构式

开发单位　由美国橡胶公司开发，其后在以色列马克西姆-阿甘公司生产。

理化性质　白色粉末，25℃时水中溶解度为0.1g/L，丙酮中为130g/L。熔点152℃。

毒性　大鼠急性经口 LD_{50} 5230mg/kg。

剂型　粉剂。

质量标准　制剂有20%可湿性粉剂。

作用方式及机理　内吸性植物生长调节剂，有防止落花和增加坐果率的作用。在不利的气候条件下可增加花朵，并防止花和幼果的脱落。

使用对象　用于番茄、白扁豆、樱桃等，能促使植物多开花，增加坐果率。

使用方法　果树在开花80%时喷药。施药浓度为0.01%～0.02%。蔬菜则在开花最盛期喷药，如在番茄花簇形成初期喷0.5%浓度药液，剂量为500～1000L/hm²，可增加坐果率。在高温度气候条件下，喷药宜在清晨或傍晚进行。

注意事项　施药切勿过量，勿与其他农药合用。该品低毒，采取一般防护。无专用解毒药，如出现中毒，采取对症治疗。可与杀虫剂、杀菌剂、叶面肥混用，但不能与碱性物质混用。

与其他药剂的混用　无相关报道。

允许残留量　中国尚未制定最大残留限量值。

参考文献

孙家隆, 2015. 新编农药品种手册[M]. 北京: 化学工业出版社:931.

（撰稿：谭伟明；审稿：杜明伟）

甲草胺　alachlor

一种氯酰胺类选择性除草剂。

其他名称　拉索、草甲胺、草不绿、灭草胺。

化学名称　α-氯-2′,6′-二乙基-N-甲氧基甲基乙酰替苯胺。

IUPAC名称　2-chloro-2′,6′-diethyl-N-methoxyme-thy-lace-tanilide。

CAS登记号　15972-60-8。

EC号　240-110-8。

分子式　$C_{14}H_{20}ClNO_2$。

相对分子质量　269.77。

结构式

开发单位　孟山都公司开发。

理化性质　白色结晶。相对密度1.133（25℃）。熔点39.5～41.5℃。沸点100℃（2.67Pa）、135℃（40Pa）。105℃时分解。蒸气压2.9mPa（25℃）。水中溶解度242mg/L（25℃），能溶于丙酮、乙醇、苯、氯仿、乙醚等有机溶剂。

毒性　低毒。鼠急性经口 LD_{50} 930mg/kg。兔急性经皮 LD_{50} 1330mg/kg。大鼠急性吸入 LC_{50}（4小时）＞1.04mg/L。对兔眼睛和皮肤中度刺激。亚慢性饲喂试验 NOEL[mg/(kg·d)]：大鼠2.5，小鼠260。试验剂量下未见致畸、致突变作用。对鱼毒性高，鱼类 LC_{50}（96小时，mg/L）：虹鳟1.8，蓝鳃鱼2.8。对鸟低毒，鹌鹑急性经口 LD_{50} 1536mg/kg，饲喂 LC_{50}（5天）：野鸭和鹌鹑＞5620mg/kg饲料。

剂型　43%、480g/L乳油。

质量标准　甲草胺原药（HG 3298—2002）。

作用方式及机理　杂草发芽过程中吸收甲草胺后，可被禾本科植物胚芽鞘或阔叶植物下胚轴吸收，吸收后向上传导；杂草出苗后，药剂主要靠根吸收向上传导。甲草胺进入植物体内抑制蛋白酶活动，使蛋白质无法合成，造成芽和根停止生长。如果土壤水分适宜，杂草幼芽期不出土即被杀死。如土壤水分少，随着降雨及土壤湿度增加，杂草出土后吸收药剂，禾本科杂草心叶卷曲，阔叶杂草叶皱缩变黄，整株逐渐枯死。大豆对甲草胺有较强的耐受性。

防治对象　马唐、千金子、稗草、蟋蟀草、藜、反枝苋等杂草。对铁苋菜、苘麻、蓼科杂草及多年生杂草防效差。

使用方法

防治玉米田杂草　播种后出苗前，春玉米每亩用480g/L甲草胺乳油350～400g（有效成分168～192g），夏玉米每亩用43%甲草胺乳油250～300g（有效成分120～144g），兑水40～50L，均匀喷雾。

防治大豆田杂草　大豆播种后出苗前，春大豆每亩用480g/L甲草胺乳油350～400g（有效成分168～192g），夏大豆每亩用43%甲草胺乳油250～300g（有效成分120～144g），兑水40～50L，均匀喷雾。

注意事项　①该药与其他土壤处理剂一样，用药量随土壤质地和有机质含量不同而异。②适宜的土壤墒情是保证甲草胺药效发挥的必要条件。中等土壤湿度或施药后轻度降雨（1～2cm），有利于该药发挥理想药效。在干旱而无灌溉的条件下，应采用混土法施药。

与其他药剂的混用　可与异丙甲草胺、莠去津等混用，扩大杀草谱，降低环境风险。

允许残留量　GB 2763—2021《食品中农药最大残留限量标准》规定甲草胺最大残留限量见表。ADI 为 0.01mg/kg。谷物按照 GB 23200.9、GB 23200.113、GB/T 20770 规定的方法测定；油料和油脂按照 GB 23200.113 规定的方法测定。

部分食品中甲草胺最大残留限量（GB 2763—2021）

食品类别	名称	最大残留限量（mg/kg）
谷物	糙米	0.05
	玉米	0.20
油料和油脂	花生仁	0.05

参考文献

刘长令, 2002. 世界农药大全: 除草剂卷[M]. 北京: 化学工业出版社.

马克比恩 C, 2015. 农药手册[M]. 胡笑形, 等译. 北京: 化学工业出版社.

中国农业百科全书总编辑委员会农药卷编辑委员会, 中国农业百科全书编辑部, 1993. 中国农业百科全书: 农药卷[M]. 北京: 农业出版社.

SHANER D L, 2014. Herbicide handbook[M]. 10th ed. Lawrence, KS: Weed Science Society of America.

（撰稿：李香菊；审稿：耿贺利）

甲草醚　attackweed

一种二苯醚类除草剂。

其他名称　HE314、RH8378。

化学名称　对硝基苯基间甲苯基醚；p-nitrophenyl m-tolyol ether。

IUPAC 名称　1-methyl-3-(4-nitrophenoxy)benzene。

CAS 登记号　2303-25-5。

分子式　$C_{13}H_{11}NO_3$。

相对分子质量　229.23。

结构式

理化性质　褐色固体。25℃时水中溶解度 5mg/L，烃类溶剂的溶解度约为 25%。

毒性　鼠急性经口 LD_{50} 1.7g/kg。鲤鱼 LC_{50}（48 小时）1.2mg/L。正常使用不会对鱼造成危害。

剂型　10% 颗粒剂，25% 乳剂。

防治对象　用于棉花、大豆、麦类、花生、向日葵、马铃薯、果树、蔬菜、茶树及水稻田等一年生杂草的防除。从杂草发芽到 2 叶期均有效。可叶面处理，也可土壤处理，对水稻比较安全，有良好的选择性。在水稻生育期使用不易产生药斑，但对根的发育有较强的抑制作用。

使用方法

旱田使用　棉花播种前或播种后出苗前，每亩用 50% 可湿性粉剂 100～150g 或加水 30kg 均匀喷雾于地表，或混细土 20kg 均匀撒施，然后混土 3cm 深，可有效防除一年生单、双子叶杂草。花生、大豆播种前或播种后出苗前，每亩用 50% 可湿性粉剂 100～150g，兑水 30kg，均匀喷雾土表。谷子播后出苗前，每亩用 50% 可湿性粉剂 50g，加水 30kg，土表喷雾。

麦田使用　于麦苗 2～3 叶期，杂草 1～2 叶期，每亩用 50% 可湿性粉剂 75～100g，加水 30～50kg，作茎叶喷雾处理，可防除繁缕、看麦娘等杂草。胡萝卜、芹菜、大蒜、洋葱、韭菜、茴香等在播种时或播种后出苗前，每亩用 50% 可湿性粉剂 100g，加水 50kg 土表均匀喷雾，或每亩用 50% 赛果可湿性粉剂 50g 与 25% 除草醚乳油 200ml 混用，效果更好。

果树、茶园、桑园使用　在一年生杂草大量萌发初期，土壤湿润条件下，每亩用 50% 可湿性粉剂 250～300g，单用或减半量与甲草胺、丁草胺等混用，加水均匀喷布土表层。

稻田使用　水稻移栽后 5～7 天，每亩用 50% 可湿性粉剂 20～40g，或 50% 赛果可湿性粉剂加 25% 除草醚可湿性粉剂 400g，拌湿润细沙土 20kg 左右，充分拌匀，在稻叶露水干后，均匀撒施全田。施药时田间保持 3～5cm 浅水层，施药后保水 7～10 天。水稻移栽后 20～25 天，眼子菜叶片由红变绿时，北方每亩用 50% 可湿性粉剂 65～100g，南方用 25～50g，拌湿润细土 20～30kg 撒施。水层保持同前。

注意事项　大面积使用时，要注意对鱼的危害。有机质含量低的砂质土壤，容易产生药害，不宜使用。施药后半月内不要任意松土或耘稻，以免破坏药层影响药效。

与其他药剂的混用　每亩以 50% 可湿性粉剂 100～150g 与 50% 赛果可湿性粉剂 100g 混用，加水 30kg 均匀喷雾于地表，或混细土 20kg 均匀撒施，然后混土 3cm 深，可有效防除棉花田一年生单、双子叶杂草。

参考文献

朱永和, 王振荣, 李布青, 2006. 农药大典[M]. 北京: 中国三峡出版社: 795-796.

（撰稿：王大伟；审稿：席真）

甲呋炔菊酯　proparthrin

一种具有触杀和击倒作用的拟除虫菊酯类杀虫剂。

其他名称　Kikuthrin、甲基炔呋菊酯、呋炔菊酯。

化学名称　2-甲基-5-(2-丙炔基)-3-呋喃基甲基(1RS)

cis,trans- 菊酸酯；2-methyl-5-(2-propynyl)-3-furylmethyl(1*RS*) *cis,trans*-chrysanthemate。

IUPAC 名称　[2-methyl-5-(prop-2-ynyl)-3-furyl]methyl (1*RS*,3*RS*; 1*RS*,3*SR*)-2,2-dimethyl-3-(2-methylprop-1-enyl)cyclopropanecarboxylate。

CAS 登记号　27223-49-0。

分子式　$C_{19}H_{24}O_3$。

相对分子质量　300.39。

结构式

开发单位　1970年由日本吉富医药工业公司合成并开发。

理化性质　淡黄色透明油状液体，沸点 144.8℃（14kPa）。20℃时的蒸气压 0.08Pa，熔点 32～34℃。折射率 n_D^{20}1.5048。能溶于多种有机溶剂而不溶于水（水中溶解度计算值为 3mg/L）。在强烈日光照射下能分解，在碱性乙醇溶液中亦容易水解；但在水悬液的状态下，它的水解速度相对较慢。在该品中加入 1%BHT 后，在储存条件下可保持有足够的稳定性。用该品加工的蚊香，1 年内仍相当稳定。

毒性　急性经口 LD_{50}：大鼠 14g/kg，小鼠 8g/kg。对受孕小鼠喂食 0.25～5g/（kg·d），6 天没有或有微小的致畸作用。有时增加了胎鼠的死亡率，对兔子、狗、小鼠呼吸循环和中枢神经系统的药剂效应比丙烯除虫菊小，对兔子皮肤无刺激，对敏感豚鼠也无抗原性作用。当吸入浓度＞ 1g/m³ 时，有几只小鼠肺上出现急性肺炎和轻微退化；在用同剂量的烯丙菊酯试验中，亦有相同情况出现。该品（含有效成分 92% 和 BHT1%）对大鼠和小鼠均无任何致畸作用。

剂型　蚊香，电热蚊香片，气雾剂。

作用方式及机理　具有强烈的触杀活性和较高的击倒作用，而对动物非常低毒。在防治蚊、蝇、蟑螂等室内害虫，药效优于烯丙菊酯。不像炔呋菊酯那样容易挥发，但稳定性差，在制剂中必须与抗氧剂或其他稳定剂合用。

防治对象　防治家蝇、蚊子幼虫和蟑螂。

使用方法　用直接接触施药法，该品对家蝇药效比烯丙菊酯高 3 倍，对德国小蠊比烯丙菊酯高 1.3 倍。在乳液配方中，该品对蚊幼虫的药效又比烯丙菊酯高 13.7 倍。加工成蚊香或电热蚊香片后，对蚊成虫的迅速击倒和杀死作用大大超过烯丙菊酯。含该品 0.3%、增效酯 1.5% 和 BHT1% 的油基型气雾剂，与标准气雾剂（胺菊酯 0.3%＋增效醚 1.5%）相比，对家蝇有同等击倒活性，而杀死作用更高。

注意事项　低毒，使用时参考除虫菊素采取一般防护。但储存时必须注意密闭包装和避光、避热。

参考文献

朱永和, 王振荣, 李布青, 2006. 农药大典[M]. 北京: 中国三峡出版社.

（撰稿：薛伟；审稿：吴剑）

甲呋酰胺　fenfuram

一种具有内吸作用的呋喃酰胺类杀菌剂。可用于拌种。

其他名称　Fenfurame、PESTANAL、黑穗胺、酚菌氟来、Pano-ram。

化学名称　2- 甲基呋喃 -3- 甲酰替苯胺；2-methyl-*N*-phenyl-3-furancarboxamide。

IUPAC 名称　2-methyl-3-furanilide。

CAS 登记号　24691-80-3。

EC 号　246-421-5。

分子式　$C_{12}H_{11}NO_2$。

相对分子质量　201.22。

结构式

开发单位　壳牌研究有限公司发现，并由克诺达公司（现拜耳公司）研发的杀菌剂。

理化性质　原药为乳白色固体。纯度 98%，熔点 109～110℃。纯品为无色结晶状固体，蒸气压 0.02mPa（20℃）。Henry 常数 4.02×10^{-5}Pa·m³/mol。水中溶解度 100mg/L（20℃）；有机溶剂中溶解度（g/L，20℃）：丙酮 300、环乙酮 340、甲醇 145、二甲苯 20。对光和热稳定，中性介质稳定，但在强酸和强碱中易分解。土壤中半衰期为 42 天。

毒性　急性经口 LD_{50}（mg/kg）：大鼠 12 900，小鼠 2450。大鼠急性吸入 LC_{50}（4 小时）＞ 10.3mg/L 空气。对兔皮肤有轻度刺激作用，对眼睛有严重刺激作用。NOEL：2 年喂养试验大鼠为 10mg/（kg·d）；90 天喂养试验狗为 300mg/（kg·d）。推荐剂量下对蜜蜂无毒害作用。大鼠口服药剂 16 小时内 83% 经尿排出。

剂型　25% 乳油，干拌种剂，种子处理液剂。

作用方式及机理　具有内吸作用，可代替汞制剂的拌种剂，杀菌剂抗性行动委员会将其归为 SDHI（琥珀酸脱氢酶抑制剂）类杀菌剂。

防治对象　可用于防治种子胚内带菌的小麦和大麦散黑穗病、小麦光腥黑穗病和网腥黑穗病、高粱丝黑穗病和谷子粒黑穗病。

使用方法　主要用作种子处理。防治小麦、大麦散黑穗病：每 100kg 的种子用 25% 乳油 200～300ml 拌种。防治小麦光腥黑穗病和网腥黑穗病：每 100kg 的种子用 25% 乳油 300ml 拌种。防治高粱丝黑穗病：每 100kg 的种子用 25% 乳油 200～300ml 拌种。可兼治散黑穗病和坚黑穗病。防治谷子粒黑穗病：每 100kg 的种子用 25% 乳油 300ml 拌种。

参考文献

李良孔, 袁善奎, 潘洪玉, 等, 2011. 琥珀酸脱氢酶抑制剂类 (SDHIs) 杀菌剂及其抗性研究进展[J]. 农药 (3): 165-169.

刘长令, 2005. 世界农药大全[M]. 北京: 化学工业出版社: 275-

276.

TURNER J A, 2015. The pesticide manual: a world compendium [M]. 17th ed. UK: BCPC: 69-70.

（撰稿：刘西莉；审稿：张博瑞）

甲氟磷　dimefox

一种内吸性杀虫剂、杀螨剂。

其他名称　Terrasytam、BFE、CR 409、Hanane、Pestox XIV、Terra- Sytam、Wacker S14/10、DIFO、DMF、ENT-19109、BFPO。

化学名称　双（二甲氨基）氟代磷；bis(dimethylamino) fluorophosphine。

IUPAC名称　N-[dimethylamino(fluoro)phosphoryl]-N-methylmethanamine。

CAS登记号　115-26-4。

分子式　$C_4H_{12}FN_2OP$。

相对分子质量　154.12。

结构式

开发单位　1949年Pest Control公司开发，1953年墨菲化学公司开发。

理化性质　无色液体，沸点67℃（0.533kPa）。在25℃时蒸气压48Pa。折射率n_D^{20} 1.4171。可与水和大多数溶剂混溶。遇碱不水解，遇酸水解，强氧化剂能使其慢慢氧化，氯能使其迅速氧化。先用酸处理，然后用漂白粉处理能消除甲氟磷引起的污染。

毒性　大鼠急性经口LD_{50} 1～2mg/kg。大鼠急性经皮LD_{50} 5mg/kg。它的蒸气毒性很高。

剂型　500g/L甲氟磷液剂［含有八甲磷和三（二甲基氨基）膦化氧（170g/L）］。

作用方式及机理　内吸性杀虫剂和杀螨剂。

防治对象　主要用于防治啤酒花田中的蚜虫和红蜘蛛。

使用方法　蛇麻栽培中进行土壤处理。啤酒花田土壤处理。

注意事项　①储运远离生活区。储存于阴凉、通风的仓库内。远离火种、热源。保持容器密封。防潮、防晒。作业时轻拿轻放，防止包装及容器破损。②泄漏处理时，应急处理人员须做好安全防护，严禁触摸泄漏物。在安全的前提下应尽量堵漏。喷水减少泄漏物的挥发。少量泄漏用沙土吸附置于带盖的容器中，待处理；大量泄漏时，用围堤处理。残留物可用酸处理，然后用漂白粉处理，以消除该品引起的污染。③火灾时，消防人员须做好安全防护，用雾状水、二氧化碳、干粉、泡沫等灭火。④急救措施。皮肤和眼睛接触，用流动水冲洗15分钟以上。将吸入患者移至新鲜空气处，呼吸困难时输氧，呼吸停止时进行人工呼吸。误服立即

催吐，并口服1%～2%苏打水洗胃，送医救治。特效解毒药有解磷定、阿托品等。

与其他药剂的混用　可与多种农药混用。

参考文献

马世昌，1999. 化学物质辞典[M]. 西安：陕西科学技术出版社：229.

张维杰，1996. 剧毒物品实用技术手册[M]. 北京：人民交通出版社：247-249.

朱永和，王振荣，李布青，2006. 农药大典[M]. 北京：中国三峡出版社：101.

（撰稿：吴剑；审稿：薛伟）

甲磺胺磺隆　mesosulfuron-methyl

一种磺酰脲类除草剂。

其他名称　世玛、Mesomaxx（+吡唑解草酯）、阔世玛（+甲基碘磺隆钠盐）、甲基二磺隆、mesosulfuron、AE F130060。

化学名称　2-[(4,6-二甲氧基嘧啶-2-基胺甲酰基）胺磺酰基]-α-（甲磺酰胺基）对甲苯甲酸甲酯；methyl 2-[[[[(4,6-dimethoxy-2-pyrimidinyl)amino]carbonyl]amino]sulfonyl]-4-[[(methylsulfonyl)amino]methyl]benzoate。

IUPAC名称　methyl 2-[(4,6-dimethoxypyrimidin-2-ylcarbamoyl)sulfamoyl]-α-(methanesulfonamido)-p-toluate。

CAS登记号　208465-21-8；400852-66-6（甲基二磺隆）。

分子式　$C_{17}H_{21}N_5O_9S_2$。

相对分子质量　503.51。

结构式

开发单位　于1996年发现，并由安万特公司（现拜耳公司）开发。由E. Hacker等报道。

理化性质　原药含量≥93%。纯品为奶油色固体。熔点195.4℃（原药189～192℃）。蒸气压$1.1×10^{-8}$mPa（25℃）。$K_{ow}lgP$ 1.39（pH5）、-0.48（pH7）、-2.06（pH9）。Henry常数$2.434×10^{-10}$Pa·m^3/mol（pH5，20℃）。相对密度1.48。水中溶解度（g/L，20℃）：$7.24×10^{-3}$（pH5）、0.483（pH7）、15.39（pH9）；有机溶剂中溶解度（g/L，20℃）：己烷<0.2、丙酮13.66、甲苯0.013、乙酸乙酯2、二氯甲烷3.8。稳定性：对光稳定。非生物水解作用DT_{50}（天，25℃）3.5（pH4）、253（pH7）、319（pH9）。pK_a4.35。

毒性　大鼠急性经口LD_{50}＞5000mg/kg。大鼠急性经皮LD_{50}＞5000mg/kg。对兔眼睛有轻微刺激作用，对兔皮肤无刺激作用，对豚鼠皮肤无致敏现象。大鼠吸入LC_{50}（4小时）＞1.33mg/L（空气）。NOAEL：小鼠（18个

月）800mg/kg；狗（1年）16 000mg/kg。无诱变性。野鸭和山齿鹑急性经口 $LD_{50} > 2000$mg/kg。野鸭和山齿鹑饲喂 $LC_{50} > 5000$mg/kg 饲料。蓝鳃翻车鱼、虹鳟、羊头原鲷 LC_{50}（96 小时）100mg/L。水蚤急性 EC_{50}（静态）> 100mg/L。藻类 EC_{50}（96 小时）0.21mg/L。浮萍 EC_{50}（7 天）0.6μg/L。蜜蜂 LD_{50}（72 小时，μg/只）：5.6（经口），> 13（接触）。蚯蚓 LC_{50}（14 天）> 1000mg/kg 土壤。

剂型　3% 油悬浮剂，水分散粒剂。

作用方式及机理　选择性内吸传导型除草剂，为乙酰乳酸合成酶（ALS 或 AHAS）抑制剂。杂草根和叶吸收其成分后，在植株内传导，通过抑制必需氨基酸缬氨酸和异亮氨酸的生物合成，使细胞分裂和杂草停止生长而后枯死。吡唑解草酯选择性地提高了谷物中这类除草剂的代谢。

防治对象　防除冬小麦、春小麦、硬质小麦、黑小麦及黑麦田的禾本科杂草和牛繁缕等部分阔叶杂草。小麦正常成熟收获后，播种下茬作物水稻、玉米、大豆、棉花和花生均无不良影响。

使用方法　芽后早期到中期使用，剂量为 15g/hm²。与吡唑解草酯混合使用，剂量为 45g/hm²。3% 甲磺胺磺隆油悬浮剂对春小麦、冬小麦田中的一年生禾本科杂草和部分阔叶杂草有较好的防效。用 9～15.75g/hm²（有效成分），配药时加入药液质量 0.2%～0.5% 的非离子表面活性剂。使用方法为小麦苗后早期茎叶喷雾处理，最佳喷药时期为小麦 3～6 叶期，杂草 2～5 叶期。该药作用缓慢，药后 1～2 个月后显出最佳防效。各种杂草的敏感性有差异，对禾本科杂草如看麦娘、硬草、棒头草、节节草等，以及牛繁缕等部分阔叶杂草有较好防效，对雀麦草、野燕麦的用药量应选择上限。施药时期在返青拔节时要适当增加用药量。

注意事项　甲磺胺磺隆以杂草茎叶吸收为主，使用时应严格按推荐的施用剂量、时期和方法均匀喷施，不可超量、超范围使用，严禁"草多处多喷"，不重喷、漏喷；在遭受冻、涝、盐、病害的小麦田中不得使用；小麦拔节或株高达 13cm 后不得使用。

与其他药剂的混用　阔世玛水分散粒剂是甲磺胺磺隆（世玛）与甲基碘磺隆钠盐（使阔得）的复配剂，含质量分数为 3% 的甲磺胺磺隆和质量分数为 0.6% 的甲基碘磺隆钠盐，甲磺胺磺隆和甲基碘磺隆钠盐均为磺酰脲类除草剂，残效期较长。

制造方法　4- 氰基甲苯经硝化、氧化、酯化、催化氢化、甲磺酰化、氯磺化、氨化后制得 2- 磺酰胺 -4- 甲磺酰氨基甲苯甲酸甲酯后，再与 4,6- 二甲氧基嘧啶 -2- 氨基甲酸苯酯反应制取。

允许残留量　最大残留量（mg/kg），中国（GB 2763—2021）：小麦 0.02（临时限量）。ADI 为 1.55mg/kg。日本：小麦 0.03，牛肉、猪肉、家禽肉 0.01，可食用内脏（哺乳动物、家禽）0.01，家禽蛋 0.01，牛奶 0.01。澳大利亚：肉类（哺乳动物、家禽）0.01，可食用内脏（哺乳动物、家禽）0.01，鸡蛋 0.01，牛奶 0.01。新西兰：小麦 0.01。

参考文献

刘安昌，丁莉莉，赵慧平，等，2011. 新型除草剂甲磺胺磺隆[J]. 武汉工程大学学报, 33 (10)：1-3.

马克比恩 C, 2015. 农药手册[M]. 胡笑形，等译. 北京: 化学工业出版社: 652-653.

（撰稿：王宝雷；审稿：耿贺利）

甲磺草胺　sulfentrazone

一种三唑啉酮类除草剂。

其他名称　磺酰唑草酮、F6285、Fmc97285、Authority、Boral、Capaz。

化学名称　N-[2,4- 二氯 -5-(4- 二氟甲基 -4,5- 二氢 -3- 甲基 -5- 氧代 -1H-1,2,4- 三唑 -1- 基) 苯基] 甲磺酰胺；N-[2,4-dichloro-5-[4-(difluoromethyl)-3-methyl-5-oxo-4,5-dihydro-1H-1,2,4-triazol-1-yl]phenyl]methanesulfonamide。

IUPAC 名称　2′,4′-dichloro-5′-[4-(difluoromethyl)-4,5-dihydro-3-methyl-5-oxo-1H-1,2,4-triazol-1-yl]methanesulfonanilide。

CAS 登记号　122836-35-5。

分子式　$C_{11}H_{10}Cl_2F_2N_4O_3S$。

相对分子质量　387.19。

结构式

开发单位　富美实公司。

理化性质　原药外观为棕色固体，熔点 121～123℃，蒸气压 1.3×10^{-4}mPa（25℃）。K_{ow}lgP 1.48。相对密度 1.21（20℃）。溶解度（mg/g, 25℃）：水 0.11（pH6）、0.78（pH7）、16（pH7.5）；可溶于丙酮和其他有机极性溶剂（丙酮 640 000、乙腈 186 000、甲苯 66 600、己烷 110mg/L）。水解稳定，光解速度快（半衰期 < 0.5 天）。

毒性　大鼠急性经口 $LD_{50} > 2855$mg/kg；兔急性经皮 $LD_{50} > 2000$mg/kg；急性吸入 LC_{50}（4 小时）> 4.14mg/L。对兔眼睛具有轻微刺激性，对兔皮肤无刺激性。对鸟类、鱼类、水蚤类、藻类毒性较低，均为低毒。

剂型　47% 水分散粒剂。

质量标准　92.2% 的纯样品或者 39.6% 可流动液体样品。

作用方式及机理　属原卟啉原氧化酶抑制剂。通过抑制原卟啉原氧化酶，使植物细胞中产生过量原卟啉 IX，后者是光敏剂，导致细胞内产生活性氧，最终导致细胞膜、液泡膜等破裂，细胞内溶物渗出，干枯死亡。

防治对象　玉米、高粱、大豆、花生等田中防治牵牛、反枝苋、藜、曼陀罗、马唐、狗尾草、苍耳、牛筋草、香附子等一年生阔叶杂草、禾本科杂草和莎草等。

使用方法　大豆播后苗前用 350～400g/hm²（有效成分）均匀喷于土表面，或拌细潮土 40～50kg 施于土壤表面。

注意事项　对下茬禾谷类作物安全，但对棉花和甜菜有一定的药害。

与其他药剂的混用　56.3% 甲磺草胺（46.9%）·氯嘧磺隆（9.4%）水分散粒剂，用于大豆田；75% 甲磺草胺（47%）·赛克津（28%）干悬浮剂；47.18% 甲磺草胺（5.7%）·草甘膦异丙胺盐（41.48%）。

允许残留量　GB 2763—2021《食品中农药最大残留限量标准》规定甲磺草胺在甘蔗上的最大残留限量为 0.05mg/kg。（临时限量）。ADI 为 0.14mg/kg。美国规定甲磺草胺在部分商品中的残留限量见表。

美国规定部分食品中甲磺草胺的最大残留限量

名称	最大残留限量（mg/kg）
芸薹属绿叶蔬菜	0.60
奇亚籽	0.15
树坚果	0.15
茎类蔬菜	0.15
画眉草饲料	0.50
画眉草谷物	0.15
画眉草干草	0.30
画眉草秸秆	1.50
芸薹属头茎类蔬菜	0.20

资料来源：食品伙伴网。

参考文献

张元元, 孙永辉, 史跃平, 等, 2013. 除草剂甲磺草胺的合成[J]. 农药, 52 (4) : 260-262.

（撰稿：杨光富；审稿：吴琼友）

甲磺隆　metsulfuron-methyl

一种磺酰脲类选择性除草剂。

其他名称　合力、甲黄隆、甲氧嗪磺隆。

化学名称　3-(4- 甲氧基 -6- 甲基 -1,3,5- 三嗪 -2- 基)-1-(2- 甲氧基甲酰基苯基) 磺酰脲；methyl 2-[[[[(4-methoxy-6-methyl-1,3,5-triazin-2-yl)methylamino]carbonyl]amino]sulfonyl]benzoate。

IUPAC 名称　methyl 2-(4-methoxy-6-methyl-1,3,5-triazin-2-ylcarbamoylsulfamoyl)benzoate。

CAS 登记号　74223-64-6。

EC 号　616-063-8。

分子式　$C_{14}H_{15}N_5O_6S$。

相对分子质量　381.36。

结构式

开发单位　杜邦公司开发。

理化性质　无色晶体。相对密度 1.447（25℃）。熔点 158℃。蒸气压 3.3×10^{-7} mPa（25℃）。溶解度（g/L）：水 1.1（pH5）、9.5（pH7），丙酮 36，二氯甲烷 121，乙醇 2.3，己烷 0.79，甲醇 7.3，二甲苯 58。

毒性　大鼠急性经口 $LD_{50} > 5000$ mg/kg，兔急性经皮 $LD_{50} > 2000$ mg/kg。大鼠急性吸入 LC_{50}（4 小时）> 5 mg/L。饲喂试验 NOEL（2 年，mg/kg）：大鼠 500，狗 500（雄）和 5000（雌）。对鱼、蜂、鸟低毒。虹鳟和翻车鱼 LC_{50}（96 小时）> 150 mg/L，水蚤 LC_{50}（48 小时）> 12.5 mg/L。野鸭急性经口 $LD_{50} > 2510$ mg/kg，饲喂 LC_{50}（8 天）> 5620 mg/kg 饲料。蜜蜂 $LD_{50} > 25\mu g/$ 只。

剂型　10% 可湿性粉剂，60% 水分散粒剂。

质量标准　甲磺隆原药（DB13/ 358—1998）。

作用方式及机理　通过植物根、茎、叶吸收，在体内向上和向下传导。抑制乙酰乳酸合成酶活性，导致缬氨酸、亮氨酸和异亮氨酸合成受阻，影响植物细胞有丝分裂，造成杂草停止生长，最后死亡。耐药的作物如小麦吸收后，在体内进行苯环羟基化作用，羟基化合物与葡萄糖形成轭合物，从而丧失活性而表现选择性。甲磺隆在土壤中通过水解与微生物降解而消失，半衰期 4 周左右，在酸性土壤中分解较快。

土壤对甲磺隆吸附作用小，淋溶性较强，其持效期根据不同土壤类别、pH 和温湿度而变化。

防治对象　防除小麦田一年生阔叶杂草，如播娘蒿、荠菜、麦瓶草、藜、地肤、鼬瓣花、麦家公、荞麦蔓、钝叶酸模、猪毛菜、繁缕、苣荬菜、堇菜等。对部分禾本科杂草如黑麦草、菵草等及多年生杂草如刺儿菜也有一定防效。部分草原和路边杂草及树木，如白蜡树、槭树、矢车菊、车轴草、蒲公英等对甲磺隆敏感。

使用方法　小麦播种后出苗前或苗后早期，每亩施用 10% 甲磺隆可湿性粉剂 4～8g（有效成分 0.4～0.8g），加水 30L 茎叶喷雾。

注意事项　①仅限于长江流域及其以南、酸性土壤（pH < 7）、稻麦轮作区的冬小麦田冬前使用。②禁止在低温、少雨、pH > 7 的冬小麦田使用。③使用过甲磺隆的田块后茬不宜作为水稻秧田与直播田，也不能种植其他作物，只能种植移栽水稻或抛秧水稻，移栽稻安全间隔期 150 天。④施药时防止药液飘移到近邻敏感的阔叶作物上，也勿在间种敏感作物的麦田使用。⑤严格掌握使用剂量，不能超量施药。⑥农业部规定，自 2015 年 12 月 31 日起，禁止甲磺隆单剂产品在中国销售和使用。自 2017 年 7 月 1 日起，禁止甲磺隆复配制剂产品在中国销售和使用。保留甲磺隆的出口境外使用登记。

与其他药剂的混用　与乙草胺、苄嘧磺隆、噻吩磺隆等混用起到增效和降低土壤残留的作用。

允许残留量　GB 2763—2021《食品中农药最大残留限量标准》规定甲磺隆最大残留限量见表。ADI 为 0.25mg/kg。谷物按照 SN/T 2325 规定的方法测定。

部分食品中甲磺隆最大残留限量（GB 2763—2021）

食品类别	名称	最大残留限量（mg/kg）
谷物	麦类	0.01
	稻类	0.01

参考文献

刘长令, 2002. 世界农药大全: 除草剂卷[M]. 北京: 化学工业出版社.

马克比恩 C, 2015. 农药手册[M]. 胡笑形, 等译. 北京: 化学工业出版社.

中国农业百科全书总编辑委员会农药卷编辑委员会, 中国农业百科全书编辑部, 1993. 中国农业百科全书: 农药卷[M]. 北京: 农业出版社.

SHANER D L, 2014. Herbicide handbook[M]. 10th ed. Lawrence, KS: Weed Science Society of America.

（撰稿: 李香菊; 审稿: 耿贺利）

甲基胺草磷　amiprofos-methyl

一种磷酰胺酯类选择性除草剂。

其他名称　甲基消草磷、NTN80、Tokunol-M、amiprophos-methyl。

化学名称　O-甲基-O-(2-硝基-4-甲基苯基)-N-异丙基硫逐磷酰胺酯; phosphoramidothioic acid, N-(1-methylethyl)-, O-methyl O-(4-methyl-2-nitrophenyl)ester。

IUPAC名称　O-methyl O-(4-methyl-2-nitrophenyl)(RS)-isopropylphosphoramidothioate。

CAS 登记号　36001-88-4。

EC 号　252-829-4。

分子式　$C_{11}H_{17}N_2O_4PS$。

相对分子质量　304.30。

结构式

开发单位　1974 年由日本特殊农药公司开发。

理化性质　原药为淡黄色固体, 微臭。熔点 64～65℃。能溶于苯、醇、酯等有机溶剂, 在水中溶解度 10mg/L。在通常条件下稳定。

毒性　急性经口 LD_{50}: 大鼠 1200mg/kg, 小鼠 570mg/kg。鲤鱼 LC_{50} 1.8mg/L。

剂型　60% 可湿性粉剂。

作用方式及机理　是一种选择性芽前土壤处理除草剂, 具有内吸和抑制作用。可以通过减少微管蛋白 RNA 而直接

干扰植物微管合成的特异性药物, 其作用类似秋水仙素, 能抑制植物细胞有丝分裂时纺锤丝的形成, 但其更能专一性地抑制植物微管蛋白的聚合, 通过破坏正常细胞有丝分裂而起到杀灭杂草的作用。主要经过杂草的幼芽、幼根等吸收, 抑制其生长。

防治对象　适用于水稻、番茄、莴苣、甘蓝、洋葱、胡萝卜、黄瓜、草莓、花生等水旱田作物, 防除稗草、马唐、看麦娘、早熟禾、马齿苋、牛毛毡、鸭舌草、节节草、陌上菜等一年生禾本科杂草和阔叶杂草。

使用方法　每公顷有效成分 2～3kg 用量, 用于作物播后苗前或中耕松土后杂草萌发盛期施用, 喷雾或毒土处理。该药物对作物安全, 持效期约 45 天。施药后降雨或灌溉可提高防效。用于蔬菜地除草安全性好。

注意事项　①如果吸入, 请将患者移到新鲜空气处。如呼吸停止, 进行人工呼吸。②皮肤接触, 用肥皂和大量的水冲洗。③眼睛接触, 用水冲洗眼睛作为预防措施。④误食, 切勿给失去知觉者通过口喂任何东西, 用水漱口。

参考文献

黄海泉, 江帆, 尹风英, 等, 2007. 甲基胺草磷诱导蚕豆染色体结构与蛋白质组分变化[J]. 农业环境科学学报, 26(5): 1806-1811.

农业部种植业管理司, 农业部农药检定所, 海关总署政法司, 等, 2006. 中国农药进出口商品编码实用手册[M]. 北京: 中国农业出版社.

史志诚, 1997. 中国草地重要有毒植物[M]. 北京: 世界图书出版公司.

席德清, 2009. 粮食大辞典[M]. 北京: 中国物资出版社.

张殿京, 程慕如, 1987. 化学除草应用指南[M]. 北京: 农村读物出版社.

（撰稿: 贺红武; 审稿: 耿贺利）

甲基苯噻隆　methabenzthiazuron

一种取代脲类选择性除草剂。

其他名称　Tribunil、噻唑隆、冬播隆、科播宁、Bayer 74283。

化学名称　1-(1,3-苯并噻唑-2-基)-1,3-二甲基脲; 1-苯并噻唑-2-基-1,3-二甲基脲; N-2-benzothiazolyl-N,N'-dimethylurea。

IUPAC名称　1-(1,3-benzothiazol-2-yl)-1,3-dimethylurea; 1-benzothiazol-2-yl-1,3-dimethylurea。

CAS 登记号　18691-97-9。

EC 号　242-505-0。

分子式　$C_{10}H_{11}N_3OS$。

相对分子质量　221.28。

结构式

开发单位　1968 年报道, 由拜耳公司开发在德国上市。

H. Hack 报道其除草剂。

理化性质　无色无味晶体。熔点119~121℃。蒸气压5.9×10^{-3}mPa（20℃），1.5×10^{-2}mPa（25℃）。K_{ow}lg$P$ 2.64。Henry常数2.21×10^{-5}Pa·m^3/mol（20℃，计算值）。溶解度：水中59mg/L（20℃）；丙酮115.9、甲醇65.9、N,N-二甲基甲酰胺约100、二氯甲烷＞200、异丙醇20~50、甲苯50~100、己烷1~2（g/L，20℃）。强酸强碱中不稳定；DT$_{50}$（22℃）＞1年（pH4~9）。直接光解速率非常慢（DT$_{50}$＞1年），腐殖质能提高光降解速率。

毒性　急性经口LD$_{50}$（mg/kg）：大鼠＞5000，小鼠和豚鼠＞2500、兔、猫和狗＞1000。大鼠急性经皮LD$_{50}$ 5000mg/kg。不刺激兔皮肤和眼睛。大鼠吸入LC$_{50}$（4小时）5.12mg/L空气（粉尘）。NOEL（2年）：大鼠和小鼠150mg/kg，狗200mg/kg饲料。鱼类LC$_{50}$（96小时）：虹鳟15.9mg/L，金圆腹雅罗鱼29mg/L。水蚤LC$_{50}$（48小时）30.6mg/L。对蜜蜂无毒。

剂型　70%可湿性粉剂。

作用方式及机理　光合作用电子传递抑制剂，作用于光系统Ⅱ受体位点，通过抑制植物光合作用中的希尔反应而致效。选择性除草剂，主要通过根部吸收，其次通过叶部吸收。

防治对象　用于小麦、豌豆等谷类和豆类及洋葱、蔬菜等作物田中防治阔叶杂草和禾本科杂草。

使用方法　在禾本科杂草和阔叶杂草的生长初期使用效果最佳。对于防除禾本科杂草，特别是鼠尾看麦娘，以芽前处理为宜；对于阔叶杂草则以芽后处理更有效。麦田除草用药量1.5~2.25kg/hm^2，豆田除草用药量1.43~2.85kg/hm^2。也与其他物质混用于葡萄等果园。在不同剂量和施用时机下适用作物对商品甲基苯噻隆耐受性较强。

注意事项　由于药剂主要通过根部吸收，所以在芽前施药时土壤须有足够的湿度并精耕细作。药剂的防治效果不仅取决于土壤的温湿度，还取决于土壤的种类，越是重质土，用药量越高，最好不要在高有机质土（有机质含量＞5%）和极轻质砂土中使用。若不耕坏含有除草剂的土层，噻唑隆的持效可达3~6个月。当使用氰氨钙后，需在氰氨钙的活性释放完后施用。对由根系繁殖的杂草无效。不宜施用于春大麦。不能与尿素或其他液体肥混用。

与其他药剂的混用　噻唑隆与苯氧基烷基羧酸类桶混施用有明显的增效作用；与2,4-滴丙酸混配成为一商品化制剂。春季芽后处理可与植物生长抑制剂桶混，但对于相应作物应选择较低浓度的生长抑制剂。亦可与三唑酮混用。秋季芽前处理时可与硝酸铵及尿素桶混施用。

允许残留量　最大残留量（mg/kg），日本：大麦、小麦、玉米等谷物类0.1，大米0.05，豆类0.05，豌豆0.1，杏、桃、李、樱桃、油桃0.05，葡萄0.1，番茄、韭葱、洋葱0.05，洋蓟0.05，大蒜0.1，马铃薯0.1，向日葵籽0.1。澳大利亚：大蒜0.05，韭葱0.05，鳞茎洋葱0.05，大葱0.2，青葱0.2。韩国：大麦0.1，大蒜0.1，洋葱0.1。新西兰：豌豆0.05，芦笋0.05，鳞茎类蔬菜0.05，马铃薯0.05。

参考文献

马克比恩 C, 2015. 农药手册[M]. 胡笑形, 等译. 北京: 化学工业出版社: 669-670.

石得中, 2008. 中国农药大辞典[M]. 北京: 化学工业出版社: 226.

张玉芬, 1986. 广谱除草剂——噻唑隆[J]. 农药译丛, 8 (6)：55-57.

朱良天, 2004. 农药[M]. 北京: 化学工业出版社: 410-411.

（撰稿：王宝雷；审稿：耿贺利）

甲基吡啶磷　azamethiphos

一种含吡啶并异噁唑酮的有机磷杀虫剂、杀螨剂。

其他名称　加强蝇必净、甲基吡噁磷。

化学名称　S-[(6-氯-2-氧[1,3]唑[4,5-b]吡啶-3(2H)-基)甲基]-O,O-二甲基硫代磷酸酯；S-[(6-chloro-2-oxo[1,3]oxazolo[4,5-b]pyridin-3(2H)-yl)methyl]-O,O-dimethyl thiophosphate。

IUPAC名称　6-chloro-3-(dimethoxyphosphorylsulfanylmethyl)-[1,3]oxazolo[4,5-b]pyridin-2-one。

CAS登记号　35575-96-3。

EC号　252-626-0。

分子式　$C_9H_{10}ClN_2O_5PS$。

相对分子质量　324.68。

结构式

开发单位　汽巴－嘉基公司。

理化性质　白色或类白色结晶性粉末，有异臭。熔点89℃。蒸气压4.9×10^{-3}mPa（20℃）。20℃时的溶解度：苯130g/kg、甲醇100g/kg、二氯甲烷610g/kg、水1.1g/kg。20℃时水解反应半衰期：800小时（pH5）、260小时（pH7）和4.3小时（pH8）。

毒性　大鼠急性经口LD$_{50}$ 1180mg/kg。大鼠急性经皮LD$_{50}$ 2150mg/kg。对兔皮肤无刺激作用，但对眼睛有轻度刺激。90天饲喂NOEL：大鼠20mg/kg饲料（每天2mg/kg），狗10mg/kg（每天0.3mg/kg）。鱼类LC$_{50}$（96小时）：虹鳟0.2mg/L，鲤鱼6mg/L，蓝鳃鱼8mg/L。对蜜蜂有毒，对日本鹌鹑无毒。

剂型　颗粒剂：100g，含有效成分1g。可湿性粉剂：含甲基吡啶磷10%和诱致剂0.05%。

质量标准　熔点88~93℃，纯度≥95%，水分≤0.1%。

作用方式及机理　高效、低毒的新型有机磷杀虫剂。主要以胃毒为主，兼有触杀作用。

防治对象　除对成蝇外，对蟑螂、蚂蚁、跳蚤、臭虫等也有良好杀灭作用。主要用于杀灭厩舍、鸡舍等处的成蝇；也用于居室、餐厅、食品工厂等地灭蝇、灭蟑螂。对苹果蠹蛾、螨、蚜虫、叶蝉、梨小食心虫、马铃薯甲虫等都具有良好的防治效果。

使用方法　甲基吡啶磷颗粒剂：撒布于成蝇、蟑螂聚集处，每平方米集中投撒 2g。甲基吡啶磷可湿性粉剂：喷洒，用水配成 10% 混悬液，每平方米地面、墙壁、天花板等处喷洒 50ml。涂抹，选用含有甲基吡啶磷（10%）的可湿性粉剂 100g，加水 80ml 制成糊状物，于地面、墙壁、天花板等处每 2m² 涂一个点（约 13cm × 10cm）。剂量为 0.56~1.12kg/hm² 时，喷雾，可防治苹果蠹蛾、螨、蚜虫、叶蝉、梨小食心虫、马铃薯甲虫等。

注意事项 ①属低毒类，对眼有轻微刺激性，喷雾时动物虽可留于厩舍，但不能向动物直接喷射，饲料亦应转移别处。②对鲑鱼有高毒，对其他鱼类也有轻微毒性，使用过程中不要污染河流、池塘及下水道。对蜜蜂亦有毒性，禁用于蜂群密集处。③药物加水稀释后应当天用完。混悬液停放 30 分钟后，宜重新搅拌均匀再用。

与其他药剂的混用 如与诱致剂配合，能提高诱致苍蝇的能力 2~3 倍。

允许残留量 ①日本规定甲基吡啶磷最大残留限量见表 1。②澳大利亚规定甲基吡啶磷最大残留限量见表 2。

表 1 日本规定部分食品中甲基吡啶磷的最大残留限量（mg/kg）

食品名称	最大残留限量	食品名称	最大残留限量
大麦	0.10	其他谷类籽粒	0.10
荞麦	0.10	其他家禽食用内脏	0.05
鸡蛋	0.05	其他家禽蛋	0.05
鸡肥肉	0.05	其他家禽肥肉	0.05
鸡肾	0.05	其他家禽肾	0.05
鸡肝	0.05	其他家禽肝	0.05
鸡瘦肉	0.05	其他家禽瘦肉	0.05
玉米	0.10	水稻（糙米）	0.10
小麦	0.10	黑麦	0.10

表 2 澳大利亚规定部分食品中甲基吡啶磷的最大残留限量（mg/kg）

食品名称	最大残留限量	食品名称	最大残留限量
粮谷	0.10	可食用家禽内脏	0.05
蛋	0.05	未加工小麦糠	0.50
家禽肉	0.05		

参考文献

胡功政, 李荣誉, 许兰菊, 2006. 新全实用兽药手册[M]. 3版. 郑州: 河南科学技术出版社: 189-190.

（撰稿：吴剑；审稿：薛伟）

甲基代森镍　propykel

以甲基化乙撑双二硫代氨基甲酸镍为基本结构特征的代森系广谱保护性有机硫杀菌剂。

其他名称 异丙镍、Propikel、propylenebis[dithiocarbamato]-Nickel。

化学名称 nickel,[[2-[(dithiocarboxy)amino]-1-methylethyl]carbamodithioato(2-)-κS,κS']-。

IUPAC 名称 [[2-[(dithiocarboxy)amino]-1-methylethyl]carbamodithioato(2-)-κS,κS']- nickel。

CAS 登记号 12151-98-3。

分子式 $C_5H_8N_2NiS_4$。

相对分子质量 283.10。

结构式

单体　　　　　　　　聚合物

开发单位 德国拜耳公司。

理化性质 纯品为褐色无味结晶，难溶于水和有机溶剂，遇强酸或强碱分解。

毒性 大鼠急性经口 LD_{50} > 2500mg/kg。对鱼毒性低。

作用方式及机理 保护作用杀菌剂。二硫代氨基甲酸盐类的杀菌机制是多方面的，但其主要为抑制菌体内丙酮酸的氧化，和参与丙酮酸氧化过程的二硫辛酸脱氢酶中的硫氢基结合，代森类化合物先转化为异硫氰酯，其后再与硫氢基结合，主要的是异硫氰甲酯和二硫化乙撑双胺硫代甲酰基，这些产物的最重要毒性反应也是蛋白质体（主要是酶）上的 -SH 基，反应最快最明显的辅酶 A 分子上的 -SH 基与复合物中的金属键结合。

防治对象 防治水稻白叶枯病。

参考文献

中国农业百科全书总编辑委员会农药卷编辑委员会, 中国农业百科全书编辑部, 1993. 中国农业百科全书: 农药卷[M]. 北京: 农业出版社.

（撰稿：徐文平；审稿：陶黎明）

甲基毒虫畏　dimethylvinphos

一种具有强力触杀活性的有机磷杀虫剂。

其他名称 Rangado、虫畏磷、甲基杀螟威、SD8280、SKI-13。

化学名称 O,O-二甲基-1-(2,4-二氯苯基)-2-氯-乙烯基磷酸酯；O,O,dimethyl-1-(2,5-dichlorophenyl)-2-chloro-vinyl phosphate。

IUPAC 名称 (Z)-2-chloro-1-(2,4-dichlorophenyl)vinyl dimethyl phosphate。

CAS 登记号 67628-93-7。

分子式 $C_{10}H_{10}Cl_3O_4P$。

相对分子质量 331.52。

结构式

理化性质 浅白色晶状固体。熔点 69～70℃。蒸气压 13 mPa（25℃）。K_{ow}lg$P$ 3.12（25℃）。相对密度 1.26（25℃）。溶解度：水 130mg/kg（20℃）；二甲苯 300～350、丙酮 350～400、环己酮 450～500g/L（20℃）。水解 DT_{50} 40 天（pH7, 25℃）。日光下不稳定。

毒性 急性经口 LD_{50}（mg/kg）：大鼠 155～210，小鼠 200～220。大鼠急性经皮 LD_{50} 1360～2300mg/kg。雄大鼠吸入 LC_{50}（4 小时）970～1186，雌大鼠＞4900mg/m³；鲤鱼 LC_{50}（24 小时）2.3mg/L。水蚤 LC_{50}（24 小时）0.002mg/L。

剂型 15% 乳剂，5% 可湿性粉剂。

作用方式及机理 乙酰胆碱酯酶抑制剂，强触杀性杀虫和杀螨剂，无内吸作用，但有一定的内渗效果。

防治对象 稻三化螟和抗性棉蚜、螨。对棉铃虫、黏虫、稻蓟马、麦蚜、斜纹夜蛾等多种害虫也有一定兼治效果。

使用方法 剂量 0.6～0.8kg/hm² 喷雾，有效防治水稻上的卷叶蛾和二化螟。

注意事项 ①操作注意事项。密闭操作，局部排风。防止蒸气泄漏到工作场所空气中。操作人员必须经过专门培训，严格遵守操作规程。建议操作人员佩戴过滤式防毒面具（半面罩），戴化学安全防护眼镜，穿防毒物渗透工作服，戴乳胶手套。远离火种、热源，工作场所严禁吸烟。使用防爆型的通风系统和设备。在清除液体和蒸汽前不能进行焊接、切割等作业。避免产生烟雾。避免与氧化剂接触。配备相应品种和数量的消防器材及泄漏应急处理设备。倒空的容器可能残留有害物。②储存注意事项。储存于阴凉、干燥、通风良好的库房。远离火种、热源。防止阳光直射。寒冷季节要注意保持库温在结晶点以上，防止冻裂容器及变质。包装必须密封，切勿受潮。应与氧化剂、食用化学品分开存放，切忌混储。配备相应品种和数量的消防器材。储区应备有泄漏应急处理设备和合适的收容材料。③泄漏处理。迅速撤离泄漏污染区人员至安全区，并进行隔离，严格限制出入。切断火源。建议应急处理人员戴自给式呼吸器，穿防毒服。不要直接接触泄漏物。尽可能切断泄漏源。防止流入下水道、排洪沟等限制性空间。小量泄漏：用沙土或其他不燃材料吸附或吸收。大量泄漏：构筑围堤或挖坑收容。用泵转移至槽车或专用收集器内，回收或运至废物处理场所处置。④急救措施。皮肤接触：立即脱去被污染的衣着，用肥皂水及流动清水彻底冲洗被污染的皮肤、头发、指甲等，就医。眼睛接触：提起眼睑，用流动清水或生理盐水冲洗，就医。吸入：迅速脱离现场至空气新鲜处，保持呼吸道通畅，如呼吸困难，给输氧，如呼吸停止，立即进行人工呼吸，就医。食

入：饮足量温水，催吐，用清水或 2%～5% 碳酸氢钠溶液洗胃，就医。

与其他药剂的混用 可与其他普通农药混用。

参考文献

王振荣，李布青，1996. 农药商品大全[M]. 北京：中国商业出版社：26.

朱永和，王振荣，李布青，2006. 农药大典[M]. 北京：中国三峡出版社：21.

（撰稿：吴剑；审稿：薛伟）

甲基毒死蜱 chlorpyrifos-methyl

一种具有触杀、胃毒和熏蒸活性的有机磷杀虫剂。

其他名称 Reldan、Dowco 214、甲基氯蜱硫磷、OMS 1155、ENT 27520。

化学名称 O,O- 二甲基 -O-(3,5,6- 三氯 -2- 吡啶基) 硫逐磷酸酯；O,O-dimethyl-O-(3,5,6-trichloro-2- pyridyl)phos-phorothioatee。

IUPAC 名称 O,O-dimethyl O-(3,5,6-trichloro-2-pyridinyl)phosphorothioate。

CAS 登记号 5598-13-0。

分子式 $C_7H_7Cl_3NO_3PS$。

相对分子质量 322.53。

结构式

开发单位 1949 年 Pest Control 公司开发，1953 年墨菲化学公司也开发。

理化性质 纯品为白色结晶，有轻微硫醇味。熔点 45.5～46.5℃。25℃蒸气压 3mPa。相对密度 1.64（23℃）。在 20℃水中溶解度 2.6mg/L，易溶于多种有机溶剂。45℃下蒸气压 5.6mPa。在一般储存条件下和中性介质中比较稳定，在碱性（pH8～10）和酸性（pH4～6）介质中都会水解，碱性介质里水解更快。

毒性 急性经口 LD_{50}：大鼠＞3g/kg，小鼠 1100～2250mg/kg，豚鼠 2250mg/kg，兔 2g/kg。急性经皮 LD_{50}：兔 72g/kg，大鼠 3.7g/kg。对皮肤和眼睛无刺激。大鼠急性吸入 LC_{50}（4 小时）＞0.67mg/L。根据血浆胆碱酯酶含量，对狗和大鼠 2 年饲喂试验 NOEL，每天为 0.1mg/kg。小鸡急性经口 LD_{50}＞7950mg/kg（胶囊施药）。野鸭 LC_{50}（8 天）2.5～5g/kg 饲料。虹鳟 LC_{50}（96 小时）0.3mg/L。对蜜蜂有毒，LD_{50}（接触）0.38μg/ 只。水蚤 LC_{50}（24 小时）0.016～0.025mg/kg。对甲壳纲动物有毒，小龙虾 LC_{50}（36 小时）0.004mg/L。

剂型 25% 乳油，0.24～0.48kg/L 乳油，可湿性粉剂。

作用方式及机理　触杀、胃毒、熏蒸，抑制胆碱酯酶活性。

防治对象　具有高效广谱的杀虫活性，可防治蚊、蝇，作物害虫，家庭住宅和仓库害虫以及水中幼虫等。5～15mg/L剂量处理仓库储粮，能有效控制米象、玉米象、咖啡豆象、拟谷盗、锯谷盗、长角扁谷盗、土耳其扁谷盗、麦蛾、印度谷蛾等10多种常见害虫。10mg/L剂量的甲基毒死蜱具有与20mg/L剂量的防虫磷（高纯度马拉硫磷）同样的防治效果。在甲基毒死蜱中加入少量的溴氰菊酯混合使用，对有机磷一类产生交互抗性的虫种的效果特别好。

使用方法　①对有机械输送设备的粮库可于入仓库时在输送带上按4～10mg/kg剂量对粮流喷雾，无机械输送装置可按同量人工喷雾拌和粮食，或用药剂砻糠载体拌和粮食。②对粮袋、仓墙可按0.5～1g/m²喷雾处理。③卫生害虫、作物害虫可采用喷雾处理。④该药剂用在原粮储藏上，适用于农村防治储粮害虫，也适用于有条件的国家粮库防治储粮害虫。可有效防治储粮中的主要害虫，如玉米象、杂拟谷盗、锯谷盗、赤拟谷盗，但对谷蠹和螨类、书虱防效差。该药剂可采用机械喷雾和砻糠载体两种施药方法，施药量为每1000kg稻谷喷1000ml 40%乳油，施药浓度农药、水和粮食的比例为1∶5∶100。采用边倒粮食边喷（撒）药的方法。

注意事项　①被处理粮食水分在安全储藏标准以内，并于害虫发生初期施药。②安全防护。参加喷雾拌粮和药物载体制作人员，应戴橡胶手套及防毒口罩进行操作，工作完毕，用肥皂水洗净手、脸及其他部位后，方可饮水、吸烟和进食。③中毒症状。开始有头痛、多涎、昏睡等感觉，继而恶心、呕吐、腹痛，可能出现胸闷、呼吸困难、瞳孔缩小、视力模糊等。若中毒严重，全身痉挛、不省人事。有中毒症状者，应立即送医院治疗。按有机磷农药中毒治疗方案，对症处治。④按规定剂量施药；仅限用于原粮，成品粮上不能使用。

与其他药剂的混用　可与多种农药混用。

允许残留量　① GB 2763—2021《食品中农药最大残留限量标准》规定甲基毒死蜱最大残留限量见表。ADI为0.01mg/kg。谷物按照GB 23200.9、GB 23200.113规定的方法测定；油料和油脂按照GB 23200.113规定的方法测定；蔬菜按照GB 23200.8、GB 23200.113、GB/T 20769、NY/T 761规定的方法测定。② WHO/FAO推荐的最高残留限量：玉米、高粱、小麦10mg/kg；麸皮20mg/kg；面粉、全麦粉、面包2mg/kg；白面包0.5mg/kg；糙米0.1mg/kg。

部分食品中甲基毒死蜱最大残留限量（GB 2763—2021）

食品类别	名称	最大残留限量（mg/kg）
谷物	稻谷、麦类、旱粮类、杂粮类、成品粮	5.00*
油料和油脂	棉籽	0.02*
	大豆	5.00*
蔬菜	结球甘蓝	0.10*
	薯类蔬菜	5.00*

*临时残留限量。

参考文献

马世昌, 1990. 化工产品辞典[M]. 西安: 陕西科学技术出版社: 104.

王运兵, 吕印谱, 2004. 无公害农药实用手册[M]. 郑州: 河南科学技术出版社: 135-136.

王振荣, 李布青, 1996. 农药商品大全[M]. 北京: 中国商业出版社: 75.

徐元贞, 2005. 新全实用药物手册[M]. 郑州: 河南科学技术出版社: 1316.

朱永和, 王振荣, 李布青, 2006. 农药大典[M]. 北京: 中国三峡出版社: 71-72.

（撰稿：吴剑；审稿：薛伟）

甲基对硫磷　parathion-methyl

一种具有内吸、触杀、胃毒以及熏蒸活性的有机磷杀虫剂。

其他名称　甲基1605、Dalf、Folidol—M、Metalidi、Nitiox 80 Ekatex、Dypar、Gearphes、Mepaton、Meptox、Metafos、A-Gro、Bafer 11405、Bay-e-601、dimethyl parathion、E 601、ENT-17292、Fosfero no M50、Metaphose、Methyl folidol、Methyl fosferno、Methyl niran、Metron、Niletar、Partron M、Tekwaisa、Wofatox(ISO；BSI)、methyl parathion(ESA,JMAF)、metaphos(USSR)。

化学名称　O,O-二甲基-O-对硝基苯基硫逐磷酸酯；O,O-dimethyl-O-(4-nitrophenyl)phosphorothioate。

IUPAC名称　O,O-dimethyl-O-4-nitrophenyl-phosphorothioate。

CAS登记号　298-00-0。

EC号　206-050-1。

分子式　$C_8H_{10}NO_5PS$。

相对分子质量　263.21。

结构式

开发单位　1949年由Bayer Leverkusen推广。

理化性质　纯品为白色晶体（工业品为黄色或棕黄色油状液体）。熔点35～36℃。$d_4^{25}1.5515$。25℃水中溶解度55～60mg/kg，微溶于石油醚和矿油。工业品纯度为80%，约在29℃结晶，$d_4^{20}1.2～1.22$。易溶于乙醇、丙酮、苯等有机溶剂。蒸气压$1.29×10^{-2}$Pa（20℃），在中性或弱酸性介质中比较稳定，但遇碱则迅速分解，水解比对硫磷快，加热时容易异构化。可与大多数农药混用。

毒性　对人畜的毒性相当于对硫磷的1/3，但仍属剧毒农药。急性经口LD_{50}：大鼠约3mg/kg，雄小鼠约30mg/kg，雌、雄兔19mg/kg。雌、雄大鼠急性经皮LD_{50}约45mg/kg（24小时）。

对兔皮肤和眼睛无刺激，对皮肤无致敏作用。大鼠急性吸入 LC_{50}（4 小时）约 0.17mg/L 空气（气溶胶）。饲喂试验 NOEL：大鼠（2 年）2mg/kg 饲料，小鼠（2 年）1mg/kg 饲料，狗（1 年）0.3mg/（kg·d）。野鸭 LC_{50}（5 天）1044mg（EC480）/kg。鱼类 LC_{50}（96 小时）：虹鳟 2.7mg/L，金色圆腹雅罗鱼 6.9mg/L。对蜜蜂有毒。水蚤 LC_{50}（48 小时）0.0073mg/L。

剂型　90% 原药，80% 溶液，50% 乳油，2.5% 粉剂。

质量标准　甲基对硫磷原药，国家 GB 9548—1999 标准：外观淡黄色至浅棕色液体或固体，无外来杂质（表 1）。

50% 甲基对硫磷乳油，国家 GB 9550—1999 标准：棕色至褐色透明液体（表 2）。

表 1 甲基对硫磷原药质量标准（GB 9548—1999）

指标名称	优等品	一级品	合格品
有效成分含量（%）≥	92.0	90.0	85.0
酸度（以 H_2SO_4 计）（%）≤	0.2	0.2	0.3
丙酮不溶物（%）≤	0.3	0.4	0.5
游离对硝基酚≤	1.3	1.7	2.0
水分含量（%）≤	0.2	0.2	0.2

表 2 50% 甲基对硫磷乳油质量标准（GB 9550—1999）

指标名称	指标
有效成分含量（%）	50.0±1.0
水分含量（%）≤	0.2
酸度（以 H_2SO_4 计）（%）≤	0.3
游离对硝基酚≤	0.9
乳液稳定性	合格

作用方式及机理　内吸、胃毒、触杀和熏蒸，杀虫谱广。乙酰胆碱酯酶抑制剂。

防治对象　可防治粮、棉、果树等的蚜虫、红蜘蛛、水稻螟虫、稻叶蝉、稻纵卷叶螟、玉米螟、果树食心虫、苹果卷叶蛾等病虫害。

使用方法

防治棉花害虫　用 50% 乳油 1000～1500 倍液，或亩用 75～100ml 兑水喷雾。

防治稻虫　防治螟虫枯心苗和白穗、萍螟、萍灰螟等亩用 50% 乳油 100～125ml，兑水 400～500kg 泼浇。防治稻象甲、大螟用 50% 乳油 1000 倍液喷雾。2.5% 粉剂用于防治水稻和棉花害虫，亩用 0.5～1kg 喷粉。

注意事项　中毒后可用阿托品、解磷定治疗。

允许残留量　①GB 2763—2021《食品中农药最大残留限量标准》规定甲基对硫磷最大残留量见表 3。ADI 为 0.003mg/kg。谷物按照 GB 23200.113、GB/T 5009.20 规定的方法测定；油料和油脂参照 GB 23200.113 规定的方法测定；蔬菜、水果、糖料按照 GB 23200.113、NY/T 761 规定的方法测定；茶叶按照 GB 23200.113、GB/T 23204 规定的方法测定。②澳大利亚规定甲基对硫磷的最大允许残留量见表 4。

③FAO/WHO 建议每日允许摄入量为 0.001mg/kg。

表 3 中国规定部分食品中甲基对硫磷最大残留限量（GB 2763—2021）

食品类别	名称	最大残留限量（mg/kg）
谷物	稻谷、麦类、旱粮类、杂粮类	0.02
油料和油脂	棉籽油	0.02
蔬菜	鳞茎类蔬菜、芸薹属类蔬菜、叶菜类蔬菜、茄果类蔬菜、瓜类蔬菜、豆类蔬菜、茎类蔬菜、根茎类和薯芋类蔬菜、水生类蔬菜、芽菜类蔬菜、其他类蔬菜	0.02
水果	仁果类水果	0.01
	核果类水果、浆果和其他小型水果、热带和亚热带水果、瓜果类水果、柑橘类水果	0.02
糖料	甜菜、甘蔗	0.02
饮料类	茶叶	0.02

表 4 澳大利亚规定部分食品中甲基对硫磷最大允许残留限量

食品名称	最大允许残留（mg/kg）	食品名称	最大残留限量（mg/kg）
棉籽	1.000	奶类	0.050
棉籽油	0.050	奶制品类	0.050
水果类	1.000	蔬菜类	1.000
肉类	0.050	水	0.006

参考文献

澳大利亚国家食品管理局, 1995. 澳大利亚食品标准法规汇编[M]. 本书翻译委员会, 译. 北京: 中国轻工业出版社: 83-120.

高鸿宾, 1997. 实用有机化学辞典[M]. 北京: 高等教育出版社: 878.

王翔朴, 王营通, 李珏声, 2000. 卫生学大辞典[M]. 青岛: 青岛出版社: 363.

王振荣, 李布青, 1996. 农药商品大全[M]. 北京: 中国商业出版社: 28-29.

朱永和, 王振荣, 李布青, 2006. 农药大典[M]. 北京: 中国三峡出版社: 24-25.

（撰稿：吴剑；审稿：薛伟）

甲基立枯磷　tolclofos-methyl

一种有机磷杀菌剂。

其他名称　Rizolex、利克菌。

化学名称　O-(2,6-二氯-4-甲苯基)O,O-二甲基硫代磷酸酯；O-(2,6-dichloro-4-methylphenyl)O,O-dimethyl phosphorothioate。

IUPAC 名称　O-(2,6-dichloro-p-tolyl) O,O-dimethyl phosphorothioate。

CAS 登记号　57018-04-9。

EC 号　260-515-3。

分子式　$C_9H_{11}Cl_2O_3PS$。

相对分子质量　301.13。

结构式

开发单位　日本住友化学公司。

理化性质　原药为浅褐色晶体。纯品为无色晶体。熔点 78～80℃。蒸气压 57mPa（20℃）。$K_{ow}lgP$ 4.56（25℃）。水中溶解度 1.1mg/L（25℃）；有机溶剂中溶解度：正己烷 3.8%，二甲苯 36%，甲醇 5.9%。对光、热和潮湿稳定。在酸碱介质中分解。闪点 210℃。

毒性　微毒。大鼠急性经口 LD_{50} 5000mg/kg。大鼠急性经皮 LD_{50} > 5000mg/kg。对兔皮肤和眼睛无刺激作用。大鼠急性吸入 LC_{50}（4 小时）> 3320mg/m³。狗 NOEL（6 个月）600mg/L（50mg/kg）。ADI（mg/kg）：（EC）0.064 ［2006］，（JMPR）0.07 ［1994］，（EPA）0.05 ［1992］。野鸭和山齿鹑急性经口 LD_{50} > 5000mg/kg，大翻车鱼 LC_{50}（96 小时）> 720μg/L。

剂型　50% 可湿性粉剂，5%、10%、20% 粉剂，20% 乳油和 25% 悬浮剂。

作用方式及机理　通过抑制磷酸的生物合成，从而抑制孢子萌发和菌丝生长。具保护和治疗性的非内吸性杀菌剂。在叶片处理时由于其蒸发作用，可发现有很弱的内吸性。吸附作用强，不易流失，在土壤中也有一定持效期。

防治对象　对半知菌类、担子菌类和子囊菌类等各种病菌均有很强的杀菌活性。可有效地防治由丝核菌属、小菌核属和雪腐病菌引起的各种土壤病害，如马铃薯黑痣病和茎溃病，棉苗绵腐病、甜菜根腐病、冠腐病和立枯病，花生茎腐病，观赏植物的灰色菌核腐烂病以及草地或草坪的褐芽病等。对菌核和菌丝亦有杀菌活性；对五氯硝基苯产生抗性的苗立枯病菌也有效。

使用方法　可作为种子、块茎或球茎处理剂，也可通过毒土、土壤洒施、拌种、浸渍、叶面喷雾和喷洒种子等方法施用。

防治马铃薯茎腐病和黑斑病　有效成分 5～10kg/hm² 拌土处理或拌种有效成分 100～200kg/1000kg。

防治棉花苗期立枯病、炭疽病、根腐病、猝倒病　20% 乳油按种子质量的 1% 拌种。

防治棉花黄枯萎、瓜类枯萎、茄子黄萎、棉花角斑病可用 20% 乳油 200～300 倍液发病初期喷施，7～10 天后再补喷 1 次，或者用 20% 乳油 300～400 倍液灌根，每株灌药液 200～300ml。

注意事项　对水稍有危害，不要让未稀释或大量的产品接触地下水、水道或者污水系统，若无政府许可，勿将材料排入周围环境。

与其他药剂的混用　可与咪鲜胺、福美双、多菌灵等复配。

允许残留量　GB 2763—2021《食品中农药最大残留限量标准》规定甲基立枯磷最大残留限量见表。ADI 为 0.07mg/kg。谷物按照 GB 23200.9、GB 23200.113、SN/T 2324 规定的方法测定；油料和油脂按照 GB 23200.113 规定的方法测定；蔬菜按照 GB 23200.8、GB 23200.113 规定的方法测定。

部分食品中甲基立枯磷最大残留限量（GB 2763—2021）

食品类别	名称	最大残留限量（mg/kg）
谷物	糙米	0.05
蔬菜	结球莴苣	2.00
	叶用莴苣	2.00
	萝卜	0.10
	马铃薯	0.20
油料和油脂	棉籽	0.05

参考文献

TURNER J A, 2015. The pesticide manual: a world compendium [M]. 17th ed. UK: BCPC: 1135-1136.

（撰稿：刘长令、杨吉春；审稿：刘西莉、张灿）

甲基硫环磷　phosfolan-methyl

一种高效、内吸、广谱、持效期长的新型有机磷杀虫剂、杀螨剂。

其他名称　棉安磷。

化学名称　2-(二甲氧基磷酰亚氨基)-1,3-二硫戊环。

IUPAC名称　dimethyl 1,3-dithiolan-2-ylidenephosph oramidate。

CAS 登记号　5120-23-0。

分子式　$C_5H_{10}NO_3PS_2$。

相对分子质量　227.25。

结构式

开发单位　山西省化肥农药研究所。

理化性质　原油为浅黄色透明油状液体。相对密度 d_4^{20} 1.39。沸点 100～150℃（0.133Pa）。溶于水，易溶于丙酮、苯、乙醇等有机溶剂，常温下储存较稳定，遇碱易分解，光和热也能加速其分解。35% 甲基硫环磷乳油由有效成分、乳化剂和溶剂等组成，外观为淡黄色油状液体，相对密度 d_4^{13} 1.1，乳液稳定性（稀释 1000 倍，25～30℃，1 小时）：在标准硬水（342mg/kg）中测定无浮油和沉淀，水分含量≤0.5%，酸度（以 H_2SO_4 计）≤0.1%，热稳定性试验（50℃±1℃，14天）有效成分相对分解率为5%，有特殊的臭味。

毒性 属高毒杀虫剂。急性经口 LD_{50}：雌大鼠27～50mg/kg，雄小鼠72～79mg/kg。雄大鼠急性经皮最小致死量低于0.02ml/（m^2·kg），在试验条件下，未见致突变、致畸作用。大鼠经口 NOEL 为0.46mg/（kg·d）。

剂型 35% 乳油。

质量标准 黄色透明油状液体，若遇冷有结晶析出。将该品在20℃放置24小时，应呈单相透明液体。

作用方式及机理 具触杀、胃毒、内吸作用的有机磷杀虫剂，具有高效、广谱、持效期长、残留限量低的特点。其作用机制是抑制害虫的乙酰胆碱酯酶。

防治对象 棉花、小麦、水稻、大豆、甜菜、果树、茶等作物害虫。对蚜虫、红蜘蛛、蓟马、甜菜象甲、枣尺蠖、地老虎、蝼蛄、蛴螬等均有良好的防治效果。

使用方法 根据作物和防治对象可采用拌种、喷雾、灌浇和涂茎等不同施药方法。拌种常用于防治地下害虫和苗期害虫；灌浇、涂茎、喷雾常用于防治作物生长期害虫。

拌种 ①小麦拌种。用35%甲基硫环磷乳油1kg（有效成分350g）加水50kg，均匀喷洒在500kg麦种上，搅拌均匀后播种，可防治蛴螬、蝼蛄，对控制苗期蚜虫也有较好效果，持效期可达35天。②棉花拌种。用35%甲基硫环磷乳剂1kg（有效成分350g），加水15kg，均匀喷洒在35kg干棉种上，边喷边拌，堆闷24～26小时后播种。或按4～5kg干棉籽，用3%颗粒剂1kg的比例，在棉种催芽至顶门时，拌种后立即播种。③甜菜拌种。35%乳油0.6～1.1kg，用20kg水稀释后，用喷雾器喷洒在50kg种子上，拌匀，堆闷4小时，摊开晾干后播种。

喷雾 应用35%乳油1000～2000倍液（有效成分350～175mg/L）喷雾，可防治麦蚜、棉红蜘蛛。

涂茎 防治棉蚜，可用35%乳油稀释100～150倍液（有效成分3500～2333mg/L）涂茎。也可与久效磷混用，效果更佳。苹果绵蚜发生区可按药:黄泥:水1:25:25的比例拌成药浆，结合冬春刮树皮后，将药浆涂抹于树干上，效果很好。

沟施 用3%颗粒剂75～225kg/hm²（有效成分2.25～4.5kg/hm²）与种子一起沟施，可在作物生长期防治蝼蛄、蛴螬等地下害虫。

注意事项 ①拌种时应严格掌握药量和拌种均匀，以免引起药害。棉花拌种后，出苗偏晚，但对棉花生长有促进作用，产量不受影响。该药属高毒农药，必须严格遵守农药安全使用规定。应在阴凉干燥处储存该品，以免因吸潮引起分解。勿与碱性农药混用。②35%甲基硫环磷乳油能通过食道、呼吸道和皮肤引起中毒。中毒症状有头痛、呼吸困难、流泪、呕吐、瞳孔缩小等，遇有类似症状应立即去医院治疗，可按一般有机磷处理，选用阿托品和解磷定。

与其他药剂的混用 可与多种农药混用。

允许残留量 GB 2763—2021《食品中农药最大残留限量标准》规定甲基硫环磷最大残留限量见表。谷物、油料和油脂、糖料、茶叶参照 NY/T 761 规定的方法测定；蔬菜、水果按照 NY/T 761 规定的方法测定。

部分食品中甲基硫环磷最大残留限量（GB 2763—2021）

食品类别	名称	最大残留限量（mg/kg）
谷物	稻谷、麦类、旱粮类、杂粮类	0.03*
油料和油脂	棉籽、大豆	0.03*
蔬菜	鳞茎类蔬菜、芸薹属类蔬菜、叶菜类蔬菜、茄果类蔬菜、瓜类蔬菜、豆类蔬菜、茎类蔬菜、根茎类和薯芋类蔬菜、水生类蔬菜、芽菜类蔬菜、其他类蔬菜	0.03*
水果	柑橘类水果、仁果类水果、核果类水果、浆果和其他小型水果、热带和亚热带水果、瓜果类水果	0.03*
糖料	甜菜、甘蔗	0.03*
饮料类	茶叶	0.03*

* 临时残留限量。

参考文献

朱永和, 王振荣, 李布青, 2006. 农药大典[M]. 北京: 中国三峡出版社: 54.

（撰稿：吴剑；审稿：薛伟）

J

甲基硫菌灵 thiophanate-methyl

一种苯并咪唑类广谱、内吸性杀菌剂。

其他名称 Topsin M、Aimthyl、Alert、托布津 M、甲基托布津、甲基统扑灵、桑菲钠。

化学名称 4,4'-(邻亚苯基)双(3-硫代脲基甲酸)二甲酯。

IUPAC名称 dimethyl 4,4'-(o-phenylene)bis(3-thioallophanate)。

CAS登记号 23564-05-8。

EC号 245-740-7。

分子式 $C_{12}H_{14}N_4O_4S_2$。

相对分子质量 342.39。

结构式

开发单位 日本曹达公司。

理化性质 纯品为无色晶体。熔点172℃（分解）。蒸气压0.0095mPa（25℃）。$K_{ow}\lg P$ 1.5。不溶于水（23℃）；有机溶剂中溶解度（g/kg，23℃）：丙酮58.1，环己酮43，甲醇29.2，氯仿26.2，乙腈24.2，乙酸乙酯11.9，微溶于正己烷。稳定性：室温下，在中性溶液中稳定，在酸性溶液中相当稳定，在碱性溶液中不稳定，DT_{50} 24.5小时（pH9，22℃）。

毒性 急性经口 LD_{50}（mg/kg）：雄大鼠7500，雌大鼠

6640，雄小鼠 3510，雄兔 2270。雄、雌大鼠急性经皮 LD_{50}（mg/kg）＞ 10 000。对大鼠皮肤和眼睛中等刺激性。大鼠急性吸入 LC_{50}（4 小时）1.7mg/L。NOEL（2 年）：大鼠和小鼠 160mg/kg 饲料，狗 50mg/kg 饲料。日本鹌鹑急性经口和经皮 LD_{50} ＞ 5000mg/kg。鱼类 LC_{50}（48 小时，mg/L）：虹鳟 7.8，鲤鱼 11。水蚤 LC_{50}（48 小时）20.2mg/L。海藻 EC_{50}（48 小时）0.8mg/L。对蜜蜂无害，LD_{50}（局部）：＞ 100μg/ 只。

剂型 50%、70% 和 80% 可湿性粉剂，10%、36%、48.5% 和 50% 悬浮剂，70%、80% 糊剂，70%、80% 水分散粒剂。

质量标准 70% 甲基硫菌灵可湿性粉剂外观为无定型灰棕色或灰紫色粉剂，可通过 300 目筛以上，密度为 0.13～0.23g/cm³，悬浮率＞ 70%，正常储存条件下稳定性 2 年以上。36% 甲基硫菌灵悬浮剂外观为淡褐色黏稠悬浊液，密度为 1.1～1.3g/cm³，悬浮率 ≥ 90%，平均粒径 3～5μm，pH6～8，常温储存稳定 2 年。70% 甲基硫菌灵水分散粒剂外观呈灰白色固体颗粒，无刺激性气味。密度 0.655g/ml（20℃），非易燃，非腐蚀性物质，与非极性物质不混溶。

作用方式及机理 广谱、内吸性苯并咪唑类杀菌剂。具有预防和治疗作用。它在植物体内先转化为多菌灵，再干扰菌的有丝分裂中纺锤体的形成，进而影响细胞分裂。

防治对象 用于水稻稻瘟病、纹枯病、麦类赤霉病、小麦锈病、白粉病、油菜菌核病、瓜类白粉病、番茄叶霉病、果树和花卉黑星病、白粉病、炭疽病、葡萄白粉病、玉米大斑病、小斑病、高粱炭疽病、散黑穗病等。

使用方法

果树 病害发生初期，用 70% 可湿性粉剂 1000～1500 倍液，均匀喷雾，间隔 10～15 天，共喷 5～8 次，可防治苹果和梨黑星病、白粉病、炭疽病和轮纹病等。

蔬菜 病害发生初期，用 70% 可湿性粉剂有效成分 385g/hm²，加水喷雾，间隔 7～10 天，再喷 1 次，可防治油菜菌核病；用 70% 可湿性粉剂 482～723g/hm²，加水喷雾，间隔 7～10 天喷 1 次，共喷 2～3 次，可防治瓜类白粉病；用 70% 可湿性粉剂有效成分 536～804g/hm²，加水喷雾，间隔 7～10 天喷药 1 次，连喷药 3～4 次，可防治番茄叶霉病；用 36% 悬浮剂 692g/hm²（有效成分），加水喷雾，间隔 7～10 天喷药 1 次，连喷药 3～5 次，可防治甜菜褐斑病等病害。

棉花 播种前，用 70% 可湿性粉剂 714g，拌 100kg 种子，可防治棉花苗期病害。

麦类 播种前，70% 可湿性粉剂 143g，加水 4kg，拌 100kg 种子，或用有效成分 156g，加水 156kg，浸 100kg 麦种，也可每次用 562.5～750g/hm²（有效成分）喷雾，喷 2 次，可防治黑穗病等。

水稻 发病初期或幼穗形成期至孕穗期，用 70% 可湿性粉剂 1500～2143g/hm²（有效成分），加水喷雾，可防治稻瘟病、纹枯病等。

花卉 发病初期，用 50% 可湿性粉剂 1200～1875g/hm²（有效成分），加水喷雾，可防治大丽花花腐病、月季褐斑病、海棠灰斑病、君子兰叶斑病及各种炭疽病、白粉病和茎腐病等。

葡萄 用 70% 可湿性粉剂 1000～1500 倍液喷雾，可防治葡萄白粉病、黑痘病、褐斑病、炭疽病和灰霉病等。

柑橘 用 70% 可湿性粉剂 1000～1500 倍液喷雾，可防治疮痂病。

甘薯 用 500～1000mg/L（有效成分）药液浸种薯 10 分钟，或用 200mg/L（有效成分）药液浸薯苗基部 10 分钟，可控制苗床和大田黑斑病等。

油菜 盛花期，用 70% 可湿性粉剂 1065～1335g/hm²（有效成分），加水均匀喷雾，间隔 7～10 天再喷药 1 次，可防治油菜菌核病。

甜菜 病害盛发期，用 70% 可湿性粉剂 804～1335g/hm²（有效成分），加水均匀喷雾，间隔 10～14 天再喷药 1 次，可防治甜菜褐斑病。

大豆 大豆结荚期，用 70% 可湿性粉剂 855～1065g/hm²（有效成分），加水均匀喷雾，间隔 10 天再喷药 1 次，可防治大豆灰斑病。

注意事项 甲基硫菌灵不宜与碱性及无机铜农药混用。长期单一使用甲基硫菌灵易产生抗性，应与其他杀菌剂轮换使用或混合使用。与苯并咪唑类有交互抗性。甲基硫菌灵属于中等毒性杀菌剂，配药和施药人员应注意安全防护。

与其他药剂的混用 71.2% 甲基硫菌灵和 8.8% 腈菌唑混用，有效成分用药量为 727.3～1000mg/kg 进行喷雾用来防治苹果轮纹病。13.5% 甲基硫菌灵和 15.6% 福美双混用，有效成分用药量为 675～843.75g/hm² 进行喷雾用来防治番茄灰霉病。14% 甲基硫菌灵、25% 福美双和 31% 硫黄混用，有效成分用药量为 1575～2100g/hm² 进行喷雾用来防治小麦赤霉病。52.5% 甲基硫菌灵和 12.5% 乙霉威混用，有效成分用药量为 454.5～682.5g/hm² 进行喷雾用来防治番茄灰霉病。

允许残留量 GB 2763—2021《食品中农药最大残留限量标准》规定甲基硫菌灵最大残留限量见表。ADI 为 0.09mg/kg。谷物按照 GB/T 20770、NY/T 1680 规定的方法测定；油料和油脂参照 NY/T 1680 规定的方法测定；蔬菜、水果按照 GB/T 20769、NY/T 1680、SN/T 0162 规定的方法测定。

部分食品中甲基硫菌灵最大残留限量（GB 2763—2021）

食品类别	名称	最大残留限量（mg/kg）
谷物	糙米	1.0
	小麦	0.5
油料和油脂	花生仁	0.1
	油菜籽	0.1
蔬菜	番茄	3.0
	茄子	3.0
	辣椒	2.0
	甜椒	2.0
	黄秋葵	2.0
	芦笋	0.5
	甘薯	0.1
水果	苹果	5.0
	梨	3.0

参考文献

刘长令, 2006. 世界农药大全: 杀菌剂卷[M]. 北京: 化学工业出版社: 281-282.

农业部种植业管理司, 农业部农药鉴定所, 2013. 新编农药手册[M]. 2版. 北京: 中国农业出版社: 235-239.

MACBEAN C, 2012. The pesticide manual: a world compendium [M]. 16th ed. UK: BCPC.

（撰稿：侯毅平；审稿：张灿、刘西莉）

甲基嘧啶磷　pirimiphos-methyl

一种含嘧啶杂环的有机磷杀虫剂。

其他名称　Actellic（安得利）、Actellifog、Blex、Silosan、虫螨磷、PP511、甲基灭定磷、安定磷、OMS1424。

化学名称　*O,O*-二甲基-*O*-(2-二乙基氨基6-甲基嘧啶-4-基)硫逐磷酸酯；*O,O*-dimethyl-*O*-(2-diethylamino-6-methylpyrimidin-4-yl)phosphorothioate。

IUPAC 名称　*O*-[2-(diethylamino)-6-methylpyrimidin-4-yl] *O,O*-dimethyl phosphorothioate。

CAS 登记号　29232-93-7。

EC 号　249-528-5。

分子式　$C_{11}H_{20}N_3O_3PS$。

相对分子质量　305.33。

结构式

开发单位　1970 年由 ICI 公司推广，随后由 Plant Protection 公司推广。获有专利 BP 1019227；1204552。

理化性质　原药（90%）为黄色液体，纯化合物为淡黄色液体。常温下几乎不溶于水（30℃水中溶解约 5mg/L），易溶于多数有机溶剂。在 30℃时蒸气压为 0.015Pa。可被强酸和碱水解，对光不稳定。溶剂可混溶（醇、酮、氯化碳、氯化物、芳香烃等），在强酸和强碱中水解。不腐蚀黄铜、不锈钢、尼龙、聚乙烯及铝，对裸露铁及镀锌铁皮易腐蚀。对未加保护的马口铁和中碳有轻微的腐蚀性。

毒性　对高等动物毒性较低。急性经口 LD_{50}：大鼠雌性 2050mg/kg，小鼠雄性 1180mg/kg，豚鼠雌性 1～2g/kg，兔雄性 1150～2300mg/kg，猫雌性 575～1150mg/kg，狗雄性 1150mg/kg。雌大鼠急性经皮 LD_{50} > 4592mg/kg。对兔皮肤和眼睛有轻微刺激。对豚鼠皮肤无致敏作用。大鼠急性吸入 LC_{50}（4 小时）> 5.04mg/L。大鼠 2 年饲喂试验 NOEL 为 10mg/kg。无致畸作用。对鸟类毒性较大，LD_{50}：黄雀 200～400mg/kg，鹌鹑 140mg/kg，母鸡 30～50mg/kg。慢性毒性较小，饲料中 90 天 NOEL：大鼠 8mg/kg，狗 20mg/kg。将狗置于饱和蒸气中 3 周，每周接触 5 天，日接触时间 6 小时，未见有害影响。40mg/kg（体重）剂量对皮肤无妨碍，也未发现对皮肤有刺激性过敏反应。工业品中含有数种杂质。但动物试验表明，所含杂质毒性均低于甲基嘧啶磷，所以对甲基嘧啶磷的应用无不良影响。鱼类 LC_{50}（96 小时）：虹鳟 0.64mg/L，鲤鱼（48 小时）1.4mg/L。对蜜蜂有毒。水蚤 EC_{50}（48 小时）1.4mg/L；EC_{50}（21 天）0.08μg/L。

剂型　2% 粉剂，25% 和 50% 乳油。

质量标准　50% 乳油由有效成分和乳化剂、溶剂组成，外观为浅黄色液体，闪点 38℃，易燃，能溶于水，乳化性能好，常温下储存稳定在 2 年以上。

作用方式及机理　是一种对储粮害虫、害螨毒力较大的有机磷杀虫剂，作用机理是抑制生物体内胆碱酯酶的活性。具有胃毒、触杀和一定的熏蒸作用，也能浸入叶片组织，具有叶面输导作用，是一种广谱性杀虫药剂，可防治多种作物害虫。用药量低，对防治中虫和蛾类有较好的效果，尤其是对防治储粮害螨药效较高，所以又名虫螨磷。

防治对象　对储粮甲虫、象鼻虫、蛾类和螨类都有良好的药效。唯对谷蠹效果较差。作为储粮保护剂使用，可防治在粮食粒内部发育的各个阶段的害虫，防治对马拉硫磷有抗性的赤拟谷盗也有效。作为保护剂用于储粮，药效持久。在 30℃和相对湿度 50% 条件下，药效可达 45～70 周。用 25% 甲基嘧啶磷乳油 4mg/kg 拌入小麦、大麦中，原始及第 1、2、3 个月的残留限量分别为 3.29mg/kg、3.19mg/kg、2.7mg/kg、2.63mg/kg，至第 6 个月取出粮食放入赤拟谷盗、银谷盗、谷象、锈赤扁谷盗接触 4 天，4 种储粮害虫死亡率分别为 100%、99%、100%、100%，用 2% 的甲基嘧啶磷粉剂以 4mg/kg 的剂量拌入粮食中，能完全控制粗脚粉螨、粉尘螨、腐食酪螨及普通肉食螨。甲基嘧啶磷对于抗有机磷杀虫剂的赤拟谷盗品系的毒力也较其他一些杀虫剂为佳。

使用方法　主要有机械喷雾法、奢糠载体法、超低量喷雾法、粉剂拌粮等。甲基嘧啶磷在中国目前还处于试用阶段，作为粮食保护剂，剂量为 5～10mg/kg，农户储粮应用，剂量可增加 50%。甲基嘧啶磷按每平方米有效成分 250～500mg 的药量处理麻袋，6 个月内可使袋中粮食不受锯谷盗、赤拟谷盗、米谷蠹、粉斑螟和麦蛾的侵害。倘以浸渍法处理麻袋，则有效期更长。以喷雾法处理的聚乙烯粮袋和建筑物都有良好的防虫效果。甲基嘧啶磷处理种子，即使用药量高达 300mg/kg，对稻谷、小麦、玉米、高粱的发芽力也无影响。作为储粮保护剂使用时，在有机械输送设备的粮库，可采用喷雾法处理入库粮流；在无机械输送设备的粮库，可采取谷壳载体的方法。澳大利亚曾以硅藻土作为载体，按 6～7mg/kg 的药量处理小麦，可有效防治米象和玉米象 9 个月，以其乳油和粉剂处理粮食后，降解速度无明显差别。

注意事项　①解毒药为阿托品或解磷定。该药有毒、易燃，应将该药剂储放在远离火源和儿童接触不到的地方。②施用甲基嘧啶磷，粮食水分要符合安全标准，要求虫口密度应属基本无虫粮。③除使用奢糠载体法外，直接喷雾施药后，应经一安全间隔期后，才能加工供应。一般剂量在 10mg/kg 以下者间隔 3 个月，15mg/kg 间隔 6 个月，20mg/kg

间隔 8 个月后方能加工供应。必要时应按规定方法对粮食中药剂残留进行测定。④药剂应储存在阴凉干燥处，不宜久储，乳剂加水稀释后，应 1 次用完，不能储存，以防药剂分解失效。⑤在碱性介质中易分解，应避免与碱性药物混用。⑥应将该品存放在阴凉干燥处，远离火源。勿让儿童接近。施用该品后应立即清洗手和脸等裸露部位皮肤。⑦使用该品时应有相应的防护措施，戴口罩、手套等，避免皮肤接触或口鼻吸入。⑧禁止在池塘等水域清洗施药器械。⑨孕妇、哺乳期妇女及过敏者禁用，使用中有任何不良反应请及时就医。⑩用过的容器应妥善处理，不可做他用，也不可随意丢弃。

与其他药剂的混用　1.8% 甲基嘧啶磷 + 0.2% 溴氰菊酯混用（粉剂），在用量为 4～5mg/kg 时拌粮，可防治稻谷原粮中的赤拟谷盗、谷蠹以及玉米象等害虫。此外，还可与高效氯氰菊酯、高效氯氟氰菊酯等拟除虫菊酯类农药混用，作为卫生害虫杀虫剂，防治蜚蠊等卫生害虫。

允许残留量　① GB 2763—2021《食品中农药最大残留限量标准》规定甲基嘧啶磷最大残留限量见表。ADI 为 0.03mg/kg。谷物按照 GB 23200.113、GB/T 5009.145 规定的方法测定；调味料参照 GB 23200.113 规定的方法测定。② FAO/WHO 规定谷物中为 10mg/kg。

部分食品中甲基嘧啶磷最大残留限量（GB 2763—2021）

食品类别	名称	最大残留限量（mg/kg）
谷物	稻谷、小麦、全麦粉	5.0
	糙米、小麦粉	2.0
	大米	1.0
调味料	果类调味料	0.5
	种子类调味料	3.0

参考文献

王振荣，李布青，1996. 农药商品大全[M]. 北京：中国商业出版社：77-78.

朱永和，王振荣，李布青，2006. 农药大典[M]. 北京：中国三峡出版社：73-75.

（撰稿：吴剑；审稿：薛伟）

甲基内吸磷　demeton-methyl

一种棉田用兼有内吸和触杀作用的有机磷杀虫剂。

其他名称　甲基一〇五九、Metasystox、Bay 15203。

化学名称　O,O-二甲基-O-[2-(乙硫基)乙基]硫代磷酸酯；O,O-dimethyl-O and S-[2-(ethylthio)ethyl] phosphorothioate。

IUPAC 名称　reaction mixture of O-[2-(ethylthio)ethyl] O,O-dimethyl phosphorothioate and S-[2-(ethylthio)ethyl] O,O-dimethyl phosphorothioate。

CAS 登记号　8022-00-2。

分子式　$C_6H_{15}O_3PS_2$。

相对分子质量　230.29。

结构式

demeton-O-methyl

demeton-S-methyl

开发单位　拜耳公司登记生产，目前已经停产。

理化性质　纯品为淡黄色油状液体，具有特殊的蒜臭味。工业品含有两种异构体，硫酮式异构体占70%，硫醇式异构体占30%，均为淡黄色至深褐色油状液体。沸点78℃（26.7Pa），74℃（20Pa）。蒸气压0.61Pa。水溶解度为330mg/L，易溶于多数有机溶剂。但遇碱易分解失效。

毒性　甲基内吸磷对人、畜毒性低于内吸磷。硫酮式内吸磷：大鼠急性经口 LD_{50} 180mg/kg。大鼠急性经皮 LD_{50} 300mg/kg。空气中中毒极限值为 500μg/m³（皮肤）。硫醇式内吸磷：急性经口 LD_{50}：雌大鼠80mg/kg，雄大鼠57～106.5mg/kg。雄大鼠急性经皮 LD_{50} 302.5mg/kg。大鼠静脉注射致死最低量40mg/kg。

剂型　50%、25% 乳油。

作用方式及机理　内吸、触杀、胃毒和熏蒸。

防治对象　棉蚜、红蜘蛛、棉叶蝉、棉盲蝽、蓟马、柑橘吹棉蚧、糠片蚧、锈壁虱、潜叶蛾等。

使用方法　兼具有内吸和触杀作用。叶面或土壤施药都能在植物体内传导，高浓度对多种作物害虫有显著防效。低浓度对多种作物害虫和蚜虫、红蜘蛛有效。该药一般主要用于棉花害虫的防治。对棉铃虫、红铃虫、造桥虫用50%乳油 750～1125ml/hm²（有效成分 375～560g/hm²）兑水 900～1125kg 喷雾。棉蚜、蓟马、红蜘蛛、盲蝽用50%乳油 1500～2500 倍液（有效成分 225～375g/hm²）喷雾，用 900～1125g/hm² 药液。该药在植物中的持效期较长，须在作物收获前 20 天停用。

注意事项　不能与碱性农药混用。配药和施药人员需要身体健康，操作时要戴防护眼镜、防毒口罩和乳胶手套，并穿工作服。严格防止污染手、脸和皮肤，万一有污染应立即清洗。操作时切忌抽烟、喝水和吃东西。工作完成后应及时清洗防护用品，并用肥皂洗脸、手和可能被污染的部位。该药通过食道、呼吸道和皮肤引起中毒，中毒症状有头痛、恶心、呼吸困难、呕吐、痉挛、瞳孔缩小等，遇到这类状况应立即送医院治疗。施药后，各种工具应认真清洗，污水和剩余药液要妥善保存和处理，不得随意倾倒，以免污染水源和土壤。空瓶要及时回收并妥善处理，不得作为他用。药剂应储存在干燥、避光和通风良好的仓库中。

与其他药剂的混用　可与非碱性杀虫剂、杀菌剂混用。

允许残留量　日本规定甲基内吸磷最大残留限量：①苹果、芦笋、鳄梨、竹笋、香蕉、大麦、豆类、青花菜、卷心菜、胡萝卜、花椰菜、芹菜、大白菜、柑橘、玉米、黄瓜、茄子、苦菊、大蒜、葡萄、无头甘蓝、莴苣、瓜、洋葱、油桃、蘑菇、土豆、茄属蔬菜、桃、花生、甜椒、马铃薯、大米、茼蒿、菠菜、草莓、甜菜、番茄、小麦为 0.4mg/kg。②可可豆、咖啡豆、棉花籽、油料种子、油菜籽、甘蔗、向日葵籽、茶叶为 0.05mg/kg。

参考文献

孙家隆, 2015. 新编农药品种手册[M]. 北京: 化学工业出版社.

王振荣, 李布青, 1996. 农药商品大全[M]. 北京: 中国商业出版社.

（撰稿: 王鸣华; 审稿: 吴剑）

甲基三硫磷 methyl trithion

一种含硫醚结构的非内吸性杀虫性。

其他名称 Tri-Me。

化学名称 S-4-氯苯基硫代甲基 O,O-二甲基二硫代磷酸酯；S-4-chlorophenylthiomethyl O,O-dimethyl phos-phorodithioate。

IUPAC 名称 S-[[(4-chlorophenyl)thio]methyl]O,O-dimethyl phosphorodithioate。

CAS 登记号 953-17-3。

分子式 $C_9H_{12}ClO_2PS_3$。

相对分子质量 314.81。

结构式

开发单位 1958 年斯道夫化学有限公司推广。

理化性质 浅黄色至琥珀色液体，具有中度的硫醇气味。工业品的凝固点约 -18℃。在 25℃时的蒸气压为 0.4Pa。相对密度 1.34～1.35。折射率 1.613。室温下，在水中的溶解度约为 1mg/L；它可与大多数有机溶剂混溶。该品对热为中度稳定，由于它在水中溶解度低，故能抗水解。

毒性 急性经口 LD_{50}: 雄大鼠 157mg/kg，雄小鼠 390mg/kg。兔急性经皮 LD_{50} 2420mg/kg。

剂型 480g/L 乳剂。

作用方式及机理 非内吸性杀螨剂和杀虫剂。

使用方法 一般使用剂量为 50～100g/100L 有效成分，该品无药害。

注意事项 ①操作注意事项。密闭操作，局部排风。防止蒸气泄漏到工作场所空气中。操作人员必须经过专门培训，严格遵守操作规程。建议操作人员佩戴过滤式防毒面具（半面罩），戴化学安全防护眼镜，穿防毒物渗透工作服，戴乳胶手套。远离火种、热源，工作场所严禁吸烟。使用防爆型的通风系统和设备。在清除液体和蒸气前不能进行焊接、切割等作业。避免产生烟雾。避免与氧化剂接触。配备相应品种和数量的消防器材及泄漏应急处理设备。倒空的容器可

能残留有害物。②储存注意事项。储存于阴凉、干燥、通风良好的库房。远离火种、热源。防止阳光直射。寒冷季节要注意保持库温在结晶点以上，防止冻裂容器及变质。包装必须密封，切勿受潮。应与氧化剂、食用化学品分开存放，切忌混储。配备相应品种和数量的消防器材。储区应备有泄漏应急处理设备和合适的收容材料。③泄漏处理。迅速撤离泄漏污染区人员至安全区，并进行隔离，严格限制出入。切断火源。建议应急处理人员戴自给式呼吸器，穿防毒服。不要直接接触泄漏物。尽可能切断泄漏源。防止流入下水道、排洪沟等限制性空间。小量泄漏：用沙土或其他不燃材料吸附或吸收。大量泄漏：构筑围堤或挖坑收容。用泵转移至槽车或专用收集器内，回收或运至废物处理场所处置。④急救措施。皮肤接触立即脱去被污染的衣着，用肥皂水及流动清水彻底冲洗被污染的皮肤、头发、指甲等，就医。眼睛接触：提起眼睑，用流动清水或生理盐水冲洗，就医。吸入时迅速脱离现场至空气新鲜处，保持呼吸道通畅，如呼吸困难，给输氧，如呼吸停止，立即进行人工呼吸，就医。食入时饮足量温水，催吐。用清水或 2%～5% 碳酸氢钠溶液洗胃，就医。

与其他药剂的混用 可与其他普通农药混用。

参考文献

王振荣, 李布青, 1996. 农药商品大全[M]. 北京: 中国商业出版社: 51.

朱永和, 王振荣, 李布青, 2006. 农药大典[M]. 北京: 中国三峡出版社: 44.

（撰稿: 吴剑; 审稿: 薛伟）

甲基杀草隆 methyldymron

一种苯基脲类除草剂。

其他名称 Methyldimuron、Stacker、Dimelon-methyl。

化学名称 N-甲基-N'-(1-甲基-1-苯乙基)-N-苯基脲；N-methyl-N'-(1-methyl-1-phenylethyl)-N-phenylurea。

IUPAC 名称 1-methyl-1-phenyl-3-(2-phenylpropan-2-yl)urea。

CAS 登记号 42609-73-4。

分子式 $C_{17}H_{20}N_2O$。

相对分子质量 268.35。

结构式

理化性质 纯品为无色无味晶体。相对密度 1.1～1.2；熔点 72℃。$K_{ow}lgP$ 3.01。溶解度：在水中 120mg/L（20℃）、丙酮 913g/L、已烷 8.2g/L、甲醇 637（g/L, 20℃）。稳定性：对热和光稳定。

毒性 急性经口 LD_{50}（mg/kg）：雄小鼠 5000，雌小鼠

5269，雄大鼠 5852，雌大鼠 3948。大鼠急性经皮 LD_{50} > 2000mg/kg，吸入 LC_{50} > 4.85mg/L。ADI：（JMPR）1.0mg/kg 溴化物离子［1966］；1.0mg/kg 溴离子［1988］。水蚤 LC_{50}（3 小时）> 40mg/L。鱼类 LC_{50}（48 小时）：鲤鱼 14mg/L。

剂型　50%、75% 可湿性粉剂，7% 颗粒剂。

作用方式及机理　为选择性传导型除草剂，主要通过植物根部吸收，该药不似其他取代脲类除草剂能抑制光合作用，而是细胞分裂抑制剂。抑制根和地下茎的伸长，从而抑制地上部的生长。

防治对象　主要用于防除异型莎草、牛毛草、日照飘拂草、香附子等莎草科杂草，对稻田稗草也有一定的效果，对其他禾本科杂草和阔叶杂草无效。

使用方法　水稻苗前和苗后早期除草，仅适宜与土壤混合处理。土壤表层处理或杂草茎叶处理均无效。使用剂量为 450~2000g/hm²。旱地除草用药量比水田用量应高 1 倍。防除水田牛毛草，用量为 0.75~1.5kg/hm²。在犁、耙前将每亩药量拌细土 15kg，撒到田里，再耙田，还可以在稻田耘稻前撒施，持效期 40~60 天。水稻秧田使用防除异型莎草、牛毛草等浅根性莎草：先做好粗秧板，用 50% 杀草隆可湿粉 1.5~3kg/hm²，拌细潮土 300kg，制成毒土均匀撒施在粗秧板上，然后结合做平秧板，把毒土均匀混入土层，混土深度为 2~5cm，混土后即可播种。若防除扁秆蔗草等深根性杂草或在移栽水稻田使用，必须加大剂量，用 50% 可湿性粉剂 5~6kg/hm²。制成毒土撒施于翻耕后基本耕平的土表，并增施过磷酸钙或饼肥，再混土 5~7cm，随后平整稻田，即可做成秧板播种或移栽。

注意事项　该药只能混土处理，土壤表层处理或杂草茎叶处理无效。杀草隆使用量与混土深度应根据杂草种子与地下茎、鳞茎在土壤中的深浅而定。杀草隆对莎草科杂草具有特效，但对其他杂草基本无效，若需兼治，可与其他除草剂混用。

（撰稿：王忠文；审稿：耿贺利）

甲基胂酸　methanearsonic acid

一批有机砷类农药的统称，可用作除草剂、杀菌剂。

其他名称　MAMA（WSSA 单钠盐）、MAA（WSSA）、methylarsonic acid（E-ISO 起草的提议替代英文通用名）。

化学名称　甲基胂酸；methylarsonic acid。

IUPAC 名称　methylarsonic acid。

CAS 登记号　124-58-3。

EC 号　204-705-6。

分子式　CH_5AsO_3。

相对分子质量　139.97。

结构式

$$
\begin{array}{c}
O \\
\parallel \\
-As-OH \\
\mid \\
OH
\end{array}
$$

甲基胂酸氢钠　MSMA

化学名称　甲基胂酸氢钠; monosodium methylarsonate。

IUPAC 名称　sodiumhydrogen methylarsonate。

CAS 登记号　2163-80-6。

EC 号　218-495-9。

分子式　CH_4AsNaO_3。

相对分子质量　161.96。

甲基胂酸铁铵　ammonium iron methylarsonate

其他名称　MAFA、ammonium ferric methylarsonate、neo-asozin。

化学名称　甲基胂酸铁铵。

IUPAC 名称　ammonium iron(3+)methylarsonate。

CAS 登记号　35745-11-0；曾用 87176-72-5。

甲基胂酸氢钙　CMA

化学名称　甲基胂酸氢钙; calciumhydrogen methylarsonate。

其他名称　calcium acid methanearsonate、CAMA。

IUPAC 名称　calcium bis(hydrogen methylarsonate)。

CAS 登记号　5902-95-4。

EC 号　227-598-8。

分子式　$C_2H_8As_2CaO_6$。

相对分子质量　318.02。

开发单位　甲基胂酸氢钠和甲基胂酸二钠由安索化学公司（现在的 Ancom Crop Care Sdn Bhd）、大洋公司（后来的 ISK Biosciences Corp.）和温兰化学公司引入市场。

理化性质　甲基胂酸纯品为白色固体。熔点 161℃。在水中溶解度 0.256kg/L（HSDB），溶于乙醇，水溶液是一种中强酸。加热时，该物质分解生成氧化砷有毒烟雾。

甲基胂酸氢钠　甲基胂酸氢钠形成倍半水合物，原药含量 51% 甲基胂酸氢钠。无色晶体（水合物）。原药为淡黄色透明液体。熔点 130~140℃（HSDB），113~116℃（倍半水合物），沸点 110℃±2℃。蒸气压 $1×10^{-2}$mPa（25℃）。$K_{ow}lgP$ < 0。相对密度 1.535（25℃）。在水中溶解度 1.4kg/kg（无水盐）（20℃）；溶于甲醇，不溶于大多数有机溶剂。稳定性：水解稳定，在强氧化剂和还原剂存在下分解。pK_a9.02。

甲基胂酸铁铵　三价铁和铵是非化学计量的。

毒性　甲基胂酸 IARCF 分级为 1（把砷化合物作为一个整体来评价，不是对组分中的单个化合物的评价）。大鼠急性经口 LD_{50} 2833mg/kg。对兔皮肤有轻度刺激作用。大鼠吸入 LC_{50}（4 小时）2.2mg/L。NOEL：（2 年）雄小鼠 200mg/kg，雌小鼠 50mg/kg；（12 个月）狗 2mg/（kg·d）。ADI/RfD（EPA）aRfD 0.1，cRfD 0.03mg/kg［2006］；毒性等级：III（a.i.，WHO）。EC 分级：未指定，但是一般（有例外）砷化合物被认为是 T；R23/25 | N；R50，R53 | 取决于浓度。鹌鹑急性经口 LD_{50} 425mg/kg。鹌鹑饲喂 LC_{50}（8 天）1667mg/kg 饲料，野鸭 > 2866mg/kg 饲料。水蚤 LC_{50}（48 小时）101.7~206mg/L。蜜蜂经口 LD_{50} 68μg/ 只，局部 NOEL 36μg/ 只。

甲基胂酸氢钠　幼年鼠急性经口 LD_{50} 900mg/kg。对兔

眼睛和皮肤有轻度刺激作用。吸入 LC_{50}（4 小时）＞ 20mg/L。NOEL（2 年）：大鼠 3.2mg/kg（EPA Tracking）。ADI/RfD（EPA）0.01mg/kg［1994］；毒性等级：III（制剂，EPA）。EC 分级：未指定，但是一般（有例外）砷化合物被认为是 T；R23/25 | N；R50，R53 | 取决于浓度。鹌鹑急性经口 LD_{50}：425.2g/kg。鹌鹑饲喂 LC_{50}（5 天）1667mg/kg 饲料，野鸭＞ 2866mg/kg 饲料。蓝鳃翻车鱼 LC_{50}（96 小时）＞ 51mg/L，鳟鱼＞ 167mg/L。最大无作用浓度 NOEC：蓝鳃翻车鱼 93.2mg/L。水蚤 LC_{50}（48 小时）77.5mg/L。月牙藻（51% 甲基胂酸氢钠）EC_{50}（5 天）7.6mg/L。其他水生生物（51% 甲基胂酸氢钠）膨胀浮萍 EC_{25}（4 天）107.3mg/L，EC_{50}（14 天）145.9mg/L，蜜蜂 LD_{50} 68μg/ 只，NOEL 36μg/ 只。

剂型 甲基胂酸氢钠：可溶液剂。

防治对象 除了甲基胂酸铁铵是杀菌剂，其他都是有选择性的触杀除草剂，并有一些内吸性。

使用方法

甲基胂酸氢钠 用于防除禾本科杂草，棉田使用剂量 $2.24kg/hm^2$，甘蔗田使用剂量 $3.3kg/hm^2$；对树类作物直接定向喷雾使用；也可用于非作物领域。

甲基胂酸铁铵 用于防治水稻纹枯病和葡萄熟腐病。

甲基胂酸氢钙 苗后处理防除杂草，如用于草坪防除马唐、稗草、黍和狐尾草。

参考文献

马克比恩 C，2015. 农药手册[M]. 胡笑形，等译. 北京：化学工业出版社：681-683.

（撰稿：赵毓；审稿：耿贺利）

甲基胂酸二钠　disodium methanearsonate

中国开发的一种有机胂类化学杀雄剂。

其他名称 甲基胂酸钠、化学杀雄剂 2 号、DSMA。

化学名称 甲基胂酸二钠。

IUPAC 名称 disodium; methyl-dioxido-oxo-λ^5-arsane。

CAS 登记号 144-21-8。

EC 号 218-495-9。

分子式 $CH_3AsNa_2O_3$。

相对分子质量 183.93。

结构式

$$Na^+ \quad O-\overset{\overset{O}{\|}}{\underset{|}{As}}-O^- \quad Na^+$$

开发单位 中国科学院广州化学研究所。

理化性质 纯品为无色棱柱状结晶，有吸湿性，通常带有 5 个或 6 个结晶水，六水合物的熔点为 132～139℃，无水甲基砷酸二钠的熔点＞ 355℃，密度为 $1.04g/cm^3$。在水和甲醇中溶解，水中溶解度 300g/L（25℃），在乙醇中稍溶。在丙酮、苯、三氯甲烷中不溶。400℃以上分解。对酸碱稳定。但在碱性环境下结晶水不稳定，往往不足 6 个分子。

毒性 低毒。急性经口 LD_{50}：大鼠 821mg/kg，小鼠 1150mg/kg。小鼠腹腔注射 LD_{50} ＞ 1000mg/kg。兔急性经皮 LD_{50} 10 000mg/kg。

剂型 粉剂。

质量标准 95% 可湿性粉剂。

作用方式及机理 处理后打破水稻花药内源激素的平衡状态，引起 IAA 和 GA_3 含量的降低，而 ABA 含量上升。同时维管束发育异常，水分和养分的正常分配遭破坏，引起花粉母细胞营养底物和能量供应的不足。最终导致花粉败育，水稻育性发生改变。

使用对象 油菜、水稻杀雄。

使用方法 甘蓝型油菜单核期以 0.015%～0.020% 的浓度，15ml/ 株的药剂量 1 次喷施。水稻最佳处理浓度为 0.05%，花粉内容充实期施用。

注意事项 施药有效期短，易受气候影响。

参考文献

陈新军，戚存扣，张洁夫，等，2002. 化学杀雄剂2号在甘蓝型油菜上的应用[J]. 江苏农业科学(6): 19-21.

侯国裕，黄景航，王增骐，等，1979. 甲基胂酸钠作为水稻化学杀雄剂的研究[J]. 化学通讯(2): 17-23.

张凯，乔新荣，2016. 化学杀雄剂2号诱导水稻雄性不育花药的内源激素变化特性[J]. 江苏农业科学，44(8): 95-97.

（撰稿：谭伟明；审稿：杜明伟）

甲基胂酸锌　zinc acid methanearsonate

一种杀菌剂，主要防治水稻纹枯病。

其他名称 稻脚青。

化学名称 甲基胂酸锌。

CAS 登记号 51952-65-9。

分子式 $CH_3AsO_3Zn \cdot H_2O$。

相对分子质量 221.35。

结构式 $CH_3AsO_3Zn \cdot H_2O$。

理化性质 白色粉末。在 400℃以下不熔。难溶于水和有机溶剂，溶于过量的氢氧化钠溶液。性质稳定，遇光、热不分解。与强酸作用生成甲基胂酸。

毒性 小鼠经口急性经口 LD_{50} 349.7～446.9mg/kg。

注意事项 储存于阴凉、通风的库房。远离火种、热源。包装密封。应与氧化剂、食用化学品分开存放，切忌混储。配备相应品种和数量的消防器材。储区应备有合适的材料收容泄漏物。

防治对象 防治水稻纹枯病等。

（撰稿：刘长令、杨吉春；审稿：刘西莉、张灿）

甲基乙拌磷　thiometon

一种具有内吸性的有机磷杀虫剂。

其他名称 Ekatin、Thiotox、Luxistelm、Ekavit、Ekotan、Intrathion、forstenon、Bayer 23129、Dithiometasystox、二甲硫吸磷。

化学名称 *S*-2-乙基硫代乙基 *O*,*O*-二甲基二硫代磷酸酯；*S*-2-ethylthioethyl *O*,*O*-dimethylphosphorodithi-oate。

IUPAC 名称 *S*-(2-(ethylthio)ethyl)*O*,*O*-dimethyl phosphorodithioate。

CAS 登记号 640-15-3。

分子式 $C_6H_{15}O_2PS_3$。

相对分子质量 246.35。

结构式

开发单位 1953 年由拜耳公司发展。1952 年由 W. Loreni 和 G. Schrader 首先合成（DBP 917 668）；K. Luti 等也同时独立制得（Swiss P 319579）。

理化性质 无色油状物，具有特殊气味。沸点 110℃（13.3Pa）。20℃时的蒸气压 39.9mPa。相对密度 d_4^{20} 1.209。折射率 n_D^{20} 1.5515。在 25℃于水中的溶解度 200mg/L；难溶于石油醚，但能溶于大多数有机溶剂。纯品的稳定性较低，但它的二甲苯和氯苯溶液则稳定。其制剂稳定（20℃时货架寿命约 2 年）。该品在碱性介质中水解比酸性介质中迅速。DT_{50} 90 天（pH3），83 天（pH6），43 天（pH9）（5℃）；25 天（pH3），27 天（pH6），17 天（pH9）（25℃）。

毒性 急性经口 LD_{50}：雄大鼠 73mg/kg，雌大鼠 136mg/kg。急性经皮 LD_{50}：雄大鼠 1429mg/kg，雌大鼠 1997mg/kg。对皮肤无刺激。大鼠急性吸入 LC_{50}（4 小时）1.93mg/L 空气（制剂）。2 年饲喂试验 NOEL：狗 6mg/kg 饲料，大鼠 2.5mg/kg 饲料。人 ADI 0.003mg/kg。急性经口 LD_{50}（14 天）：雄野鸭 95mg/kg，雌野鸭 53mg/kg，雄日本鹌鹑 46mg/kg，雌日本鹌鹑 60mg/kg。鱼类 LC_{50}（96 小时）：鲤鱼 13.2mg/L，虹鳟 8.0mg/L。对蜜蜂有毒；LD_{50}（经口）0.56μg/只。蚯蚓 LC_{50}：7 天 43.9mg/kg 土壤，14 天 19.92mg/kg 土壤。水蚤 LC_{50}（24 小时）8.2mg/L。绿藻 EC_{50}（96 小时）12.8mg/L。

剂型 25%、50% 乳油（加进蓝色染料和抗味添加剂），15% 超低容量喷雾剂。

作用方式及机理 内吸性。

防治对象 以 280～420ml/hm²（有效成分）剂量能防治所有作物上的刺吸性害虫、主要的蚜类和螨类，在这个浓度范围内，其内吸活性可持续 2～3 周。在植物体内可代谢为水溶性的亚砜、砜和硫代磷酸酯类似物。

使用方法 用 50% 乳油 2000～3000 倍液喷雾，可防治棉花蚜虫、红蜘蛛、蓟马、水稻叶蝉、飞虱等；25% 乳油 1500～2000 倍液可防治介壳虫；50% 乳油 200 倍液涂抹棉茎，防治棉蚜和红蜘蛛效果好。

注意事项 粮食作物收获前 21 天禁止使用。稀释液务须当天配制当天使用，不得放置过久，以防失效。其他注意事项见甲基内吸磷。

允许残留量 ①日本规定的最大残留限量标准：麦、杂粮类为 0.02mg/kg，果品为 0.05mg/kg，蔬菜为 0.1mg/kg，薯类为 0.01mg/kg。②澳大利亚规定的最大允许残留限量见表。

澳大利亚规定甲基乙拌磷的最大允许残留限量

食品	最大残留限量（mg/kg）	食品	最大残留限量（mg/kg）
水果类	1.00	家禽肉	0.05
羽扇豆	0.50	豌豆（干豆）	0.10
肉类	0.05	糖甘蔗	0.05
奶类	0.05	粮谷类	1.00
奶制品类	0.05	蛋类	0.05
油籽类	0.05	蔬菜类	1.00

参考文献

澳大利亚国家食品管理局, 1995. 澳大利亚食品标准法规汇编[M]. 本书翻译委员会, 译. 北京: 中国轻工业出版社: 83-120.

《环境科学大辞典》编辑委员会, 1991. 环境科学大辞典[M]. 北京: 中国环境科学出版社: 356.

马世昌, 1999. 化学物质辞典[M]. 西安: 陕西科学技术出版社: 231.

（撰稿：吴剑；审稿：薛伟）

甲菌利 myclozolin

一种触杀性酰亚胺类杀菌剂。

其他名称 Myclozoline。

化学名称 3-(3,5-二氯苯基)-5-甲氧基甲基-5-甲基-1,3-噁唑烷-2,4-二酮；3-(3,5-dichlorophenyl)-5-(methoxymethyl)-5-methyl-2,4-oxazolidinedione。

IUPAC 名称 (*RS*)-3-(3,5-dichlorophenyl)-5-methoxymethyl-5-methyl-1,3-oxazolidine-2,4-dione。

CAS 登记号 54864-61-8。

EC 号 259-379-8。

分子式 $C_{12}H_{11}Cl_2NO_4$。

相对分子质量 304.13。

结构式

理化性质 纯品为无色结晶固体。熔点 111℃。蒸气压 5×10^{-2}mPa（20℃）。水中溶解度（mg/L，20℃）：6.7；有机溶剂中溶解度（g/L，20℃）：氯仿 400、乙醇 20。稳定性：在酸性条件下相对稳定，在碱性条件下易水解。

毒性 按照中国农药毒性分级标准，属低毒。大鼠急性经口 LD$_{50}$ > 5000mg/kg。大鼠急性经皮 LD$_{50}$ > 2000mg/kg。

防治对象　对灰葡萄孢属、丛梗孢属、核盘菌属引起的病害有特效。用于防治莴苣、油菜、观赏植物、大豆、黄瓜、葡萄、石榴、草莓、向日葵和番茄上由灰葡萄孢菌、丛梗孢属、核盘菌属引起的病害。

参考文献

马克比恩 C, 2015. 农药手册[M]. 胡笑形, 等译. 北京: 化学工业出版社: 1095.

（撰稿：刘圣明；审稿：刘西莉）

甲硫氨酸合成酶　methionine synthase

氨基酸是蛋白质的基本组成单位。其中甲硫氨酸（蛋氨酸）是一种含硫的必需氨基酸，它与蛋白质合成、生物体内各种含硫化合物的代谢密切相关，还可通过生成 s- 腺苷甲硫氨酸（sAM）调控细胞内多种生理过程。甲硫氨酸合成酶又名蛋氨酸合成酶，可与辅酶 B$_{12}$ 结合，催化 N5- 甲基四氢叶酸的甲基转移到半胱氨酸上生成甲硫氨酸。如果甲硫氨酸合成酶被抑制，就会导致甲硫氨酸以及体内蛋白质合成受阻，造成机体损害。已有研究表明，离体条件下，苯胺基嘧啶类药剂的主要作用机制为抑制菌体内甲硫氨酸的生物合成，从而抑制菌丝的生长。

（撰稿：刘西莉；审稿：王治文）

甲硫芬　mesulfen

一种医用抗疥螨药、止痒药。

化学名称　2,7- 二甲基噻蒽；2,7-dimethylthianthrene。

UPAC 名称　2,7-dimethylthianthrene。

CAS 登记号　135-58-0。

EC 号　205-202-4。

分子式　C$_{14}$H$_{12}$S$_2$。

相对分子质量　244.38。

结构式

理化性质　密度 1.236g/cm^3。熔点 123℃。沸点 382.1℃（101.32kPa）。蒸气压 1.41mPa（25℃）。闪点 191.3℃。折射率 1.685。

防治对象　抗疥螨药，止痒药。

参考文献

康卓, 2017. 农药商品信息手册[M]. 北京: 化学工业出版社.

（撰稿：郭涛；审稿：丁伟）

甲硫磷　GC-6506

一种具有触杀和内吸活性的有机磷杀虫剂。

其他名称　ENT-25734、甲虫磷。

化学名称　二甲基4-(甲基硫代)苯基磷酸酯；dimethyl-4-(methylthio)phenylphosphate。

IUPAC 名称　dimethyl 4-(methylthio)phenylphosphate。

CAS 登记号　3254-63-5。

分子式　C$_9$H$_{13}$O$_4$PS。

相对分子质量　248.24。

结构式

开发单位　1963 年由联合化学（农业分部）公司开发。

理化性质　无色液体。在 269～284℃分解。相对密度 d_4^{21}1.273。折射率 n_D^{25}15 349。室温下水中的溶解度 987mg/L，丙酮 890g/L，二噁烷 540g/L，四氯化碳 580g/L，乙醇 860g/L，二甲苯 > 1kg/L。在 pH9.5、温度 37.5℃的条件下，遇碱水解。

毒性　雄大鼠急性经口 LD$_{50}$ 6.5～7.5mg/kg。兔急性经皮 LD$_{50}$ 46～50mg/kg。以含 0.35mg/kg 甲硫磷的饲料喂大鼠 10 天，处理组与对照组之间未观察到对胆碱酯酶有显著影响。对蜜蜂高毒。

剂型　25% 可湿性粉剂，749.4g/L 乳剂，10% 颗粒剂。

作用方式及机理　触杀和内吸。

防治对象　用作农用杀虫剂、杀螨剂，防治半翅目、双翅目、鳞翅目害虫和螨类。

使用方法　在 0.3～1.1kg/hm^2 有效成分剂量下，对防治多种蚜、螨和鳞翅目幼虫是有效的。在 1.1kg/hm^2 有效成分剂量进行土壤浸透，能起到内吸防治作用。在有效杀虫剂量范围内，对所试的大多数作物无损害。以 4.5kg/hm^2 有效成分剂量使用，对棉花种子萌芽无影响，但以 2.2kg/hm^2 有效成分剂量，使菜豆和马铃薯的发芽率有所降低。

注意事项　操作时不得吸烟、喝水、进食。不能与粮食、食品、种子、饲料、各种日用品混装混运。储存于阴凉通风库房中，专人保管。用雾状水、干粉、二氧化碳、泡沫、沙土等灭火，消防人员必须穿戴防毒面具和防护服。急救措施：应首先吸入患者脱离现场至新鲜空气处。呼吸困难时输氧；呼吸停止时，立即进行人工呼吸。眼睛接触立即用清水冲洗至少 15 分钟，就医。皮肤接触立即脱去并隔离被污染的衣物，用大量水冲洗，再用肥皂彻底洗涤。误服者给饮足量温水，催吐，并服 1%～2% 苏打水洗胃，急送医院救治。特效解毒药有解磷定、阿托品等。

参考文献

张维杰, 1996. 剧毒物品实用技术手册[M]. 北京: 人民交通出版社: 408-409.

朱永和, 王振荣, 李布青, 2006. 农药大典[M]. 北京: 中国三峡出版社: 20-21.

（撰稿: 吴剑; 审稿: 薛伟）

甲硫威　methiocarb

一种氨基甲酸酯类杀虫剂。

其他名称　灭虫威、灭梭威、Baysol、Draza、Mes-urol、Grandslam、Methiocarb Fogger、Bay37344、H321、Shaughnessy100501、OMS93、ENT25726。

化学名称　甲基氨基甲酸4-甲硫基-3,5-二甲苯酯。

IUPAC名称　3,5-dimethyl-4-(methylthio)phenyl methylcarbamate。

CAS号　2032-65-7。

EC号　217-991-2。

分子式　$C_{11}H_{15}NO_2S$。

相对分子质量　225.31。

结构式

开发单位　1962年该杀虫剂由 G. Unterstenhofer 报道，拜耳公司和 Mobay Chemistry 公司推广，获有专利 FR 1275658、DE 1162352。

理化性质　纯品为白色结晶粉末。熔点119℃。20℃时蒸气压0.015mPa。相对密度1.236（20℃）。溶解度（20℃）：水27mg/L、二氯甲烷＞200g/L、异丙醇53g/L、甲苯33g/L、己烷1.3g/L。在强碱介质中不稳定。水解 DT_{50}（22℃）＞1年（pH4），＜35天（pH7），6小时（pH9）。

毒性　急性经口 LD_{50}：雌、雄大鼠约20mg/kg，小鼠52～58mg/kg，豚鼠约40mg/kg，狗25mg/kg。大鼠急性经皮 LD_{50}＞5g/kg。对兔皮肤和眼睛无刺激。大鼠急性吸入 LC_{50}（4小时）＞0.3mg/L空气（烟雾剂）；约0.5mg/L（灰尘）。大鼠2年饲喂试验的 NOEL：大鼠和小鼠67mg/kg饲料，狗5mg/kg饲料。雄野鸭急性经口 LD_{50} 7.1～9.4mg/kg，日本鹌鹑急性经口 LD_{50} 5～10mg/kg。鱼类 LC_{50}（96小时）：蓝鳃鱼0.754mg/L，虹鳟0.436～4.7mg/L，金色圆腹雅罗鱼3.8mg/L。对蜜蜂无毒。

剂型　国外加工剂型：50%、75%可湿性粉剂、3%粉剂、4%小药丸等。

作用方式及机理　触杀和胃毒，当进入动物体内，可产生抑制胆碱酯酶的作用，杀软体动物主要是胃毒作用。

防治对象　杀虫谱广，适合于防治鳞翅目、鞘翅目和半翅目害虫，如蚜虫、蓟马、玉米螟、蚧类、叶蝉、棉铃虫、埃及金刚钻、棉红蜘蛛、菜青虫、小菜蛾、菜螟、豌豆象、菜心野螟、豆荚小卷叶蛾、马铃薯叶甲、菠菜潜叶蝇、庭园叶蛹蛾、苹果花象、果树卷叶蛾、苹果小卷叶蛾、梨小食心虫、舞毒蛾、果树红蜘蛛、观赏植物粉蚧、粉虱和红蜘

蛛等；各种蜗牛和蛞蝓。

使用方法　防治棉虫用量为有效成分 $1.0～2.0kg/hm^2$；果树、蔬菜和观赏植物浓度为0.05%～0.1%；防治蜗牛和蛞蝓的5%毒饵 $3～5kg/hm^2$，每平方米内20～30粒，兼治土鳖、马陆和蜈蚣等，防治对有机磷有抗性的螨类也有一定效果。对苹果有一定的疏果作用，须在花前施药。

注意事项　不能与碱性农药混用，稻田施药的前10天内不能使用敌稗。当使用该品时，按照一般农药的防护措施，工作后必须使用肥皂和水洗手、脸及身体的露出部分。脱去防护服方能进食。如发生中毒，可在医生指导下用大治疗剂量的硫酸阿托品，必要时须反复使用至允许极限。

允许残留量　GB 2763—2021《食品中农药最大残留限量标准》规定甲硫威最大残留限量见表。ADI 为0.02mg/kg。美国最高残留限量：樱桃、越橘25mg/kg；桃15mg/kg；玉米饲料和草料、玉米0.03mg/kg；柑橘类水果0.02mg/kg。

部分食品中甲硫威的最大残留限量（GB 2763—2012）

食品类别	名称	最大残留限量（mg/kg）
谷物	小麦、大麦、玉米	0.05[*]
	豌豆	0.10[*]
油料和油脂	油菜籽、葵花籽	0.05[*]
蔬菜	洋葱、韭菜	0.50[*]
	结球甘蓝	0.10[*]
	抱子甘蓝	0.05[*]
	花椰菜	0.10[*]
	结球莴苣	0.05[*]
	甜椒	2.00[*]
	食荚豌豆	0.10[*]
	朝鲜蓟、马铃薯	0.05[*]
水果	草莓	1.00[*]
	甜瓜类水果	0.20[*]
坚果	榛子	0.05[*]
糖料	甜菜	0.05[*]

* 临时残留限量。

参考文献

王振荣, 李布青, 1996. 农药商品大全[M]. 北京: 中国商业出版社.
朱永和, 王振荣, 李布青, 2006. 农药大典[M]. 北京: 中国三峡出版社.

（撰稿: 李圣坤; 审稿: 吴剑）

甲咪唑烟酸　imazapic

一种咪唑啉酮类除草剂。

其他名称　百垄通、甲基咪草烟、高原。

化学名称　(RS)-2-(4-异丙基-4-甲基-5-氧-2-咪唑啉-2-基)-5-甲基烟酸。

IUPAC名称　2-[(RS)-4-isopropyl-4-methyl-5-oxo-2-imidazolin-2-yl]-5-methylnicotinic acid。

CAS 登记号　104098-48-8。

EC 号　600-521-9。

分子式　$C_{14}H_{17}N_3O_3$。

相对分子质量　275.30。

结构式

开发单位　美国氰胺公司开发。

理化性质　灰白色固体。熔点 204~206℃。蒸气压 < $1×10^{-5}$Pa（25℃）。溶解度（25℃，g/L）：水 2.15、丙酮 18.9。

毒性　低毒。大鼠急性经口 LD_{50} > 5000mg/kg，兔急性经皮 LD_{50} > 4000mg/kg，大鼠急性吸入 LC_{50}（4 小时）4.83mg/L。对兔皮肤无刺激。无致畸、致突变作用。对鱼、蜜蜂、鸟低毒。大翻车鱼、虹鳟 LC_{50}（96 小时）100mg/L。蜜蜂 LD_{50}（接触）> 25μg/ 只。

剂型　240g/L 水剂。

质量标准　甲咪唑烟酸原药（Q_370783WXD 023—2016）。

作用方式及机理　选择性内吸、传导型茎叶处理剂。通过抑制植物的乙酰乳酸合成酶，阻止支链氨基酸如缬氨酸、亮氨酸、异亮氨酸的生物合成，从而破坏蛋白质的合成，干扰 DNA 合成及细胞分裂与生长，最终造成植株死亡。

防治对象　大部分阔叶杂草，一年生禾本科杂草及莎草等。

使用方法　常用于花生田和部分甘蔗田苗后早期喷施，对稷属杂草、草决明、播娘蒿等具有很好的活性。

花生田　花生苗后 2~4 片羽状复叶期，大部分杂草 3 叶期前，每亩用 240g/L 甲咪唑烟酸水剂 20~30g（有效成分 4.8~7.2g），兑水 30L 茎叶喷雾。

甘蔗田　甘蔗苗后早期、大部分杂草 3 叶期前，每亩用 240g/L 甲咪唑烟酸水剂 20~30g（有效成分 4.8~7.2g），兑水 30L 茎叶喷雾；或苗前每亩用 240g/L 甲咪唑烟酸水剂 30~40g（有效成分 7.2~9.6g），兑水 40L 土壤喷雾。

注意事项　①该品偶尔会引起花生轻微的褪绿或生长暂时受到抑制。②保持适当的土壤湿度有利于药效发挥，当土壤湿度不够理想时，中耕应在施药 14 天以后进行。③间套或混种有禾本科作物的田块，不能使用该品。④该药在土壤中残留时间长，应合理安排后茬作物，仅限于花生和小麦及甘蔗、花生轮作区使用。⑤该药对蜜蜂、鱼类等水生生物、家蚕有毒，施药期间应避免对周围蜂群的影响，禁止在植物花期、蚕室和桑园附近使用。远离水产养殖区、河塘等水域施药。赤眼蜂等天敌放飞区域禁用。

允许残留量　GB 2763—2021《食品中农药最大残留限量标准》规定甲咪唑烟酸在花生仁中的最大残留限量为 0.1mg/kg。ADI 为 0.7mg/kg。

参考文献

刘长令, 2002. 世界农药大全: 除草剂卷[M]. 北京: 化学工业出版社.

马克比恩 C, 2015. 农药手册[M]. 胡笑形, 等译. 北京: 化学工业出版社.

中国农业百科全书总编辑委员会农药卷编辑委员会, 中国农业百科全书编辑部, 1993. 中国农业百科全书: 农药卷[M]. 北京: 农业出版社.

SHANER D L, 2014. Herbicide handbook[M]. 10th ed. Lawrence, KS: Weed Science Society of America.

（撰稿: 李香菊; 审稿: 耿贺利）

甲醚菊酯　methothrin

一种新型卫生用拟除虫菊酯类杀虫剂。

其他名称　甲苄菊酯、对甲氧甲菊酯。

化学名称　4-甲氧甲基苄基(R,S)顺,反-2,2-二甲基-3-异丁烯基环丙烷羧酸酯；4-(methoxymethyl)benzyl(R,S)cis,trans-2,2-dimethyl-3-(2-methyl-1-propenyl)cyclopropane carboxylate。

IUPAC 名称　4-(methoxymethyl)benzyl (1RS,3RS;1RS,3SR)-2,2-dimethyl-3-(2-methylprop-1-enyl)cyclopropanecarboxylate。

CAS 登记号　34388-29-9。

分子式　$C_{19}H_{26}O_3$。

相对分子质量　302.41。

结构式

开发单位　1968 年日本首先报道，1970 年由中国华东师范大学和南京大学合成，并分别在无锡电化厂和扬州农药厂投产。

理化性质　工业品为（±）顺、反 4 种异构体的混合物，棕黄色油状液体。纯品为无色油状液体，沸点 142~144℃（2.666Pa）、150~151℃（133.3Pa）、350℃（$1.01×10^{-5}$Pa）。相对密度约 0.9。折射率 n_D^{20}1.5132。能溶于丙酮、乙醇、苯、甲苯、煤油等多种有机溶剂；难溶于水。常温下储存稳定，有效成分含量变化不大，对光不稳定，遇碱易分解，紫外线和热也能加速其分解。

毒性　低毒。急性经口 LD_{50}：大鼠 > 5000mg/kg（4040mg/kg），小鼠 2296mg/kg（1747mg/kg）。豚鼠皮肤涂药未见变化，兔眼结膜囊内滴甲醚菊酯 0.1ml 后，2 分钟可见结膜轻度充血。24 小时后消失，眼球作病理组织学检查，无特殊现象发现。在动物体内没有明显的蓄积毒性。大鼠经口 NOEL 为 53.88mg/kg。兔无作用浓度为 43mg/m³。在试验条件下，未见致突变作用。在空气中的安全浓度为 9mg/m³。

剂型　20% 乳油。

质量标准　20% 甲醚菊酯乳油由有效成分、乳化剂、增效剂和溶剂等组成，外观为黄棕色透明油状液体，

pH4～6，乳液稳定性（稀释 20 倍，30℃，1 小时）在标准硬水（342mg/kg）中测定无浮油和沉淀，常温下储存，有效成分含量变化不大。

作用方式及机理　是一种新型卫生用拟除虫菊酯类杀虫剂，对蚊、蝇、蟑螂等害虫有快速击倒作用。杀灭效果优于胺菊酯。该药剂蒸气压较低。对害虫熏杀效果不好。

防治对象　该品和胺菊酯对淡色库蚊幼虫的 LC_{50} 值分别为 0.36mg/kg 和 0.62mg/kg，LC_{95} 分别为 1.36mg/kg 和 1.4mg/kg。它们对家蝇的 LD_{50} 值，雌蝇分别为 0.00872μg/ 只和 0.01312μg/ 只，雄蝇分别为 0.00523μg/ 只和 0.01677μg/ 只。对德国小蠊的 LD_{50} 值，雌蠊分别为 0.02788μg/ 只和 0.02291μg/ 只，雄蠊分别为 0.03198μg/ 只和 0.03198μg/ 只。甲醚菊酯蚊香中一般含有效成分 0.35%～0.4%，并加有八氯二丙醚作增效剂。作为煤油喷射于室内杀灭蚊蝇，喷甲醚菊酯 5mg/m³ 对淡色库蚊成虫的 KT_{50} 为 10 分钟，对家蝇为 10.9 分钟，其死亡率分别为 80.3% 和 72.5%，接近胺菊酯。

使用方法　该产品是加工蚊香用的乳油，也是电热驱蚊片的主要原料。使用时将一定量的乳油加适量的水搅成白色乳液，再倒入蚊香干基料中搅拌均匀，即可加工成蚊香。一般用量为每吨蚊香干基料加 20% 甲醚菊酯乳油 20kg。制成的蚊香含 0.4% 的有效成分。以甲醚菊酯为主要成分，可配成不同剂型的卫生用杀虫剂。

0.5% 复方乙醇制剂　取甲醚菊酯 3g，氯菊酯 2g，巴沙 5g，八氯二丙醚 6g，香料 1g，加到 989ml 乙醇中混溶，可用于直接喷雾。

甲醚菊酯 0.8% 复方油剂　取甲醚菊酯 3g，八氯二丙醚 6g，香料 1g，加去臭煤油 985ml 混溶，直接喷雾使用。

甲醚菊酯水剂　取甲醚菊酯 3g，氯菊酯 3g，八氯二丙醚 6g，香料 1g，溶于 20g 乙醇中，然后加入表面活性剂 60g，充分相溶后，加入脱氯自来水 907ml，使之充分混匀得到透明状液体，可直接喷雾使用。

注意事项　根据动物试验，推荐甲醚菊酯的安全浓度为 9mg/m³，按照实际的使用情况，空气中甲醚菊酯的浓度不会超过此值，所以应严格按照规定使用。施药时需注意防止污染手、脸和皮肤，如有污染应立即清洗。如误服应用大量水洗胃，并服用活性炭。若出现呼吸障碍、痉挛等中毒症状时，应采用给氧、进行人工呼吸并给镇静剂等措施进行治疗。20% 甲醚菊酯乳油应储存在干燥、避光和通风良好的仓库中。

参考文献

彭志源，2006.中国农药大典[M]. 北京：中国科技文化出版社.

朱永和，王振荣，李布青，2006. 农药大典[M]. 北京：中国三峡出版社.

（撰稿：薛伟；审稿：吴剑）

甲脒类杀虫剂　formamidine insecticides

一类化学结构属于甲脒类化合物的农药，其代表产品有杀虫脒（chlordimeform）以及双甲脒（amitraz）。前者于 1962 年瑞士汽巴公司合成，但由于其慢性毒性即对哺乳动物的致癌作用，中国于 1992 年停止生产和使用。

双甲脒，又名螨克，化学名 N- 甲基双（2,4- 二甲苯亚氨基甲基）胺。1969 年被首次合成，1974 年英国布兹公司投产，中国于 1985 年投入工业化生产，其纯品为白色针状结晶，熔点 86～87℃，易溶于丙酮和二甲苯，微溶于甲醇和乙醇等极性溶剂，难溶于水，不易挥发。在酸性介质中，暴露在日光及高温下极易水解，碱性介质较稳定。双甲脒是一种广谱杀螨剂、杀虫剂，同时也是牲畜体外寄生虫的特效杀虫剂，广泛用于驱杀牛、羊、猪体外的寄生虫。双甲脒作用方式主要是具有触杀、拒食、驱避与胃毒作用，也有一定的熏蒸和内吸作用；对叶螨科各个发育阶段的虫态都有效，但对越冬的卵效果较差。

双甲脒对人畜较为安全，在农产品中残留量很少，在动物体内经代谢降解为 4- 氨基 -3- 甲基苯甲酸，随后经尿液排出体外。由于双甲脒具有与有机磷以及氨基甲酸酯不同的杀虫机理，因此可有效地控制对此两种杀虫剂产生抗药性的昆虫，为农业生产提供了极大的帮助。

杀虫脒

双甲脒

目前对甲脒类杀虫剂的作用机制有两种较为明确的认识：①轴突膜局部的麻醉作用。②β- 型章鱼胺受体的激活作用，此外酪胺受体作为另外一种神经递质，近年来才被广泛关注，甲脒类杀虫剂也可作用于酪胺受体从而影响昆虫生长。双甲脒还具有抑制螨虫和蜱虫体内代谢神经递质的单胺氧化酶的活性。

章鱼胺受体（octopamine receptors，简称 OARs）仅存在于无脊椎动物体内，因此可以利用这一靶标来探索并合成新型、高选择性、安全的杀虫剂品种。章鱼胺（OA）是昆虫体内的一个多功能性物质，在无脊椎动物神经组织中可作为神经递质、神经激素或神经调节剂，储存在小泡内。当电信号到达时，一部分章鱼胺从小泡释放出来，激活突触后膜上的章鱼胺受体同时使腺苷酸环化酶（ACE）活化，而 ACE 将三磷酸腺苷（ATP）转化为环腺苷酸（cAMP），cAMP 的产生活化了蛋白激酶，进而使得各类蛋白酶活化，产生各种生化反应。另一部分章鱼胺释放后进入血淋巴中，作为神经递质和神经调节因子调节远处的神经、肌肉和其他器官的生理反应。

参考文献

李加强，王淑洁，1988. 甲脒类农药神经毒理作用的研究现况[J]. 国外医学（卫生学分册）(3): 141-145.

刘源发，徐振元，1980. 双甲脒合成研究初报[J]. 陕西化工 (4): 18-22.

吴顺凡，郭建洋，黄佳，等，2010. 昆虫体内章鱼胺和酪胺的研究进展[J]. 昆虫学报 (10): 1157-1166.

许丹倩, 严巍, 徐振元, 1995. 合成双甲脒新工艺的研究[J]. 浙江工业大学学报 (1): 8-15.

徐振元, 许丹倩, 严巍, 1998. 甲脒类农药特点及其合成研究[J]. 广东化工 (3): 17-19.

（撰稿：徐晖、张媛媛；审稿：杨青）

甲嘧磺隆　sulfometuron-methyl

一种磺酰脲类选择、内吸性除草剂。

其他名称　Oust、嘧磺隆、DPX-5648、森草净、傲杀。

化学名称　2-(4,-二甲基嘧啶 -2-基氨基甲酰基氨基磺酰基)苯甲酸乙酯；N-(4-甲氨基-6-乙氧基-1,3,5-三嗪-2-基)-N'-(2-甲酯基苯磺酰基)脲。

IUPAC 名称　methyl 2-(4,6-dimethylprimidin-2-ylcarbamoylsulfamoyl)benzoic acid；2-[3-(4,6-dimethylpyrimidin-2-yl) ureidosulfonyl]benzoate。

CA 名称　methyl 2-[[[[4,6-dimethyl-2-pyrimidinyl)amino]carbonyl]amino]sulfonyl] benzoate。

CAS 登记号　74222-97-2。

分子式　$C_{15}H_{16}N_4O_5S$。

相对分子质量　364.38。

结构式

开发单位　由杜邦公司在 1982 年商业化推广。生产企业为杜邦，江苏瑞东，江苏瑞邦。

理化性质　原药含量＞93%，无色固体。熔点 203～205℃。25℃蒸气压 7.3×10^{-11} mPa。K_{ow}lgP 1.18（pH5），-0.51（pH7）。25℃时 Henry 常数 1.2×10^{-13} Pa·m³/mol。25℃时溶解度：水 8mg/L（pH5）、244mg/L（pH7），丙酮 3.3g/kg、乙酸乙酯 650mg/kg、乙醚 60mg/kg、己烷＜1mg/kg、甲醇 550mg/kg、乙腈 1.8g/kg、甲苯 240mg/kg、二氯甲烷 15mg/kg、辛醇 140mg/kg、二甲基亚砜 32g/kg。稳定性：pH7～9 时，水悬浮液不易水解，DT_{50} 约 18 天。相对密度 1.48。pK_a 为 5.2。

毒性　雄大鼠急性经口 $LD_{50} > 5000$mg/kg。兔急性经皮 $LD_{50} > 2000$mg/kg。对兔皮肤和眼睛有轻微刺激性，对豚鼠皮肤有轻微刺激性但无致敏性。大鼠吸入 LC_{50}（4 小时）＞11mg/L（空气）。NOEL：大鼠（2 年）50mg/kg 饲料。大鼠 2 代繁殖 NOEL 为 500mg/kg 饲料。致畸性影响浓度，大鼠 1000mg/kg 饲料，兔 300mg/kg 饲料。ADI/RfD（EPA）aRfD 和 cRfD（饮用水）0.275mg/kg。野鸭急性经口 $LD_{50} > 5000$mg/kg，山齿鹑 $LD_{50} > 560$mg/kg。虹鳟和蓝鳃翻车鱼 LC_{50}（96 小时）＞12.5mg/L。蜜蜂急性接触 $LD_{50} > 100\mu$g/ 只。

剂型　主要有 10% 可溶性粉剂，10% 胶悬剂，75% 水分散颗粒。

防治对象　是支链氨基酸生物合成抑制剂，具体靶标为乙酰乳酸合成酶（AHAS 或 ALS），通过抑制必需的缬氨酸、亮氨酸和异亮氨酸的生物合成来阻止细胞分裂和植物生长。属于选择性内吸传导型除草剂，一般作为林业除草剂。用于针叶树林，如短叶松、多脂松、沙生松、湿地松等林地防除一年生和多年生禾本科杂草和阔叶杂草。不可在需要的树木和植物附近施药。苗前或苗后使用，用量 26～420g/hm²。

环境行为　在动物体内代谢成羟基化甲嘧磺隆。土壤中通过微生物作用和水解降解。土壤 DT_{50} 约 4 周。

分析　产品分析用 HPLC/UV 测定。植物、土壤和水中残留用 HPLC 分析或用免疫分析法。

参考文献

马克比恩 C, 2015. 农药手册[M]. 胡笑形, 等译. 北京: 化学工业出版社: 946-947.

孙家隆, 2015. 新编农药品种手册[M]. 北京: 化学工业出版社: 795-796.

（撰稿：王建国；审稿：耿贺利）

甲萘威　carbaryl

氨基甲酸酯类杀虫剂中第一个大量生产的品种。

其他名称　西维因、Sevin、胺甲萘、西维因粉剂。

化学名称　1-萘基-N-甲基氨基甲酸酯；1-naphthalenol methylcarbamate(9CI)。

IUPAC 名称　1-naphthyl methylcarbamate。

CAS 登记号　63-25-2。

EC 号　200-555-0。

分子式　$C_{12}H_{11}NO_2$。

相对分子质量　201.22。

结构式

开发单位　H. L. Haynes 等报道该杀虫剂，1953 年由美国联碳公司的 J. A. 兰布雷奇合成并于 1956 年开发。

理化性质　纯品为白色结晶。熔点 145℃。相对密度 1.232（20℃）。蒸气压 0.666Pa（25℃）。溶解度：二甲基甲酰胺＞45%、丙酮＞20%、环己酮＞20%、甲乙酮＞15%、氯仿＞10%、乙醇＞5%、甲苯＞1%，水 40mg/L（30℃）。对光、热较稳定，遇碱性物质迅速分解失效，对金属无腐蚀作用。工业品略带灰色或粉红色，熔点 142℃。

毒性 中等毒性除草剂。急性经口 LD_{50}：雄大鼠 850mg/kg；雌大鼠 500mg/kg。急性经皮 LD_{50}：大鼠 4000mg/kg，兔 > 2000mg/kg。大鼠 2 年饲喂试验的 NOEL 为 200mg/kg 饲料。对蜜蜂有毒。

剂型 25% 可湿性粉剂，3% 粉剂。

质量标准 目前中国登记的有 85% 可湿性粉剂，99% 原药，5% 颗粒剂。

作用方式及机理 具有触杀及胃毒作用，能抑制害虫神经系统的胆碱酯酶使其致死。可加工成可湿性粉剂或胶悬剂，用于防治水稻稻飞虱、稻叶蝉、棉花红铃虫、大豆食心虫和果树害虫。

防治对象 用于防治棉铃虫、卷叶虫、棉蚜、造桥虫、蓟马和稻叶蝉、稻纵卷叶螟、稻苞虫、稻蓟马及果树害虫，也可防治菜园蜗牛、蛞蝓等软体动物。

使用方法 主要以可湿性粉剂或悬浮剂兑水喷雾。

注意事项 西瓜对甲萘威敏感，不宜使用。其他瓜类应先作药害试验，有些地区反映，用甲萘威防治苹果食心虫后，促使叶螨发生，应注意观察。对蜜蜂高毒，不宜在开花期或养蜂区使用。该品不可与碱性农药混配使用。

与其他药剂的混用 可与氰戊菊酯混用。例如 20% 氰·萘威悬浮剂：外观为灰色可流动悬浮液，含氰戊菊酯 1%、甲萘威 19%，平均粒径 2mm，悬浮率 ≥ 90%，黏度 ≤ 1Pa·s，pH6～7，相对密度 1.02。常温储存稳定期 2 年。它具有触杀和胃毒作用，兼有速效、持效的特点，主要用于防治棉花、蔬菜作物上的害虫。

允许残留量 GB 2763—2021《食品中农药最大残留限量标准》规定甲萘威最大残留限量见表。ADI 为 0.008mg/kg。谷物、油料和油脂按照 GB 23200.112、GB/T 5009.21 规定的方法测定；蔬菜按照 GB 23200.112、GB/T 5009.145、GB/T 20769、NY/T 761 规定的方法测定。

部分食品中甲萘威最大残留限量（GB 2763—2021）

食品类别	名称	最大残留限量（mg/kg）
谷物	大米	1
油料和油脂	大豆、棉籽	1
蔬菜	叶菜类蔬菜、大白菜、茄果类蔬菜、瓜类蔬菜、豆类蔬菜、茎类蔬菜、根茎类和薯芋类蔬菜、水生类蔬菜、芽菜类蔬菜、其他类蔬菜、鳞茎类蔬菜、芸薹属类蔬菜（结球甘蓝除外）	1
	结球甘蓝	2

参考文献

农业大词典编辑委员会, 1998. 农业大词典[M]. 北京: 中国农业出版社.

（撰稿：张建军；审稿：吴剑）

甲哌鎓 mepiquat chloride

一种植物生长延缓剂，可以抑制赤霉素的生物合成，抑制细胞伸长，延缓营养体生长，使植株矮化，株型紧凑，生产上主要用于棉花、甘薯、马铃薯等作物控制生长。

其他名称 缩节胺、助壮素、壮棉素、皮克斯、调节安、调节胺。

化学名称 1,1-二甲基哌啶鎓；1,1-dimethylpiperidinium；mepiquat 1-二甲基哌啶鎓氯化物；1,1-dimethyl-piperidiniuchloride。

IUPAC 名称 1,1-dimethylpiperidin-1-ium；1,1-dimethyl-piperidiniuchloride。

CAS 登记号 15302-91-7；24307-26-4。

EC 号 604-881-8；246-147-6。

分子式 $C_7H_{16}N$；$C_7H_{16}ClN$。

相对分子质量 114.21；149.66。

结构式

开发单位 德国巴斯夫公司。

理化性质 纯品为白色结晶，无气味。熔点 285℃（分解）。蒸气压 < 1×10^{-5}Pa（20℃）。20℃时溶解度：乙醇 16.2%，氯仿 1.1%，丙酮、乙醚、环己烷、乙酸乙酯、橄榄油均 < 0.1%，水 > 100%。

毒性 不燃，无腐蚀，对呼吸道、皮肤、眼睛无刺激。在动物体内蓄积性较小，在试验条件下，未见致突变、致畸和致癌作用。对蜜蜂、鸟类无明显毒性。如发生中毒，应做胃肠清洗。毒性分级：中等毒性。急性经口 LD_{50}：大鼠 1490mg/kg，小鼠 428mg/kg。大鼠急性经皮 LD_{50} 7800mg/kg，大鼠急性吸入 LC_{50}（7 小时）> 3.2mg/L。蓝鳃鱼 LC_{50} > 250mg/L，鳟鱼 LC_{50} 750mg/L。

剂型 8%～98% 可溶性粉剂，18%～45% 水剂。

质量标准 96% 原药。

作用方式及机理 为内吸性植物生长延缓剂，能抑制赤霉素的生物合成，抑制细胞伸长，延缓营养体生长，使植株矮化，株型紧凑，并能增加叶绿素含量，提高叶片同化能力。主要用于棉花生长调节，由棉花的叶子吸收而起作用。不仅抑制棉株高度，而且对果枝的横向生长有抑制作用，可在棉花生长全程使用。棉花应用甲哌鎓后 3～6 天棉花叶色浓绿，能协调营养生长与生殖生长关系，延缓纵向与横向生长，使得株型紧凑，减少蕾铃的脱落，集中开花结铃，增加伏前桃与伏桃比例，衣分、衣指、籽指、铃重及籽棉产量都有增加，对皮棉质量无不良影响。生产上采用系统化控，一般每亩使用甲哌鎓原药 8～10g，可使棉花增产 10% 以上。

使用方法

棉花 对生长旺盛的棉花，在种子处理、苗期至盛花期都可以使用甲哌鎓进行生长控制，具体使用方法如下：①浸种。一般以每 1kg 棉种用 1g，加水 8kg，浸种约 24 小时，捞出晾至种皮发白播种。若无浸种经验，建议在苗期（2～3 叶期）每亩用 0.1～0.3g，加水 15～20kg 喷雾。可以提高种子活力，抑制下胚伸长，促进壮苗稳长，提高抗逆性，防止高脚苗。②蕾期。每亩用 0.5～1g，加水 25～30kg 喷雾。可以保根壮苗，定向整型，增强抗旱、抗涝能力。③初花期。每亩 2～3g，加水 30～40kg 喷雾。可以抑制棉株旺长，塑造理想株型，优化冠层结构，推迟封行，增结优质铃数，简化中期整枝。④盛花期。每亩用 3～4g，加水 40～50kg 喷雾。可以抑制后期无效枝蕾生长，防贪青迟熟，增结早秋桃、增加铃重。

薯类作物　甘薯茎叶喷施 200～300mg/L 的甲哌鎓溶液，施用两次间隔 15 天后，甘薯的营养生长受到抑制，藤蔓的增长明显减缓，浓度越高，蔓长增长越慢；甲哌鎓处理促进甘薯光合产物向生殖器官转移，能显著增加甘薯的大块茎个数和产量，对甘薯品质无不良变化。甲哌鎓也可以用于马铃薯的调节生长。

番茄等蔬菜　在移苗前和初花期 2 次用 100mg/L 甲哌鎓喷洒，用药液 6kg/100m²，能有效控制腋芽，增加前期花量，促进早期坐果，减少落花落果，增产 20% 以上。

注意事项　该剂在水肥条件好、棉花徒长严重的地块使用时，增产效果明显。使用甲哌鎓应遵守一般农药安全使用操作规程，避免吸入药雾和长时间与皮肤、眼睛接触。甲哌鎓易潮解，要严防受潮。潮解后可在 100℃ 左右温度下烘干。该剂虽毒性低，但储存时还需妥善保管，勿使人、畜误食。不要与食物、饲料、种子混放。小麦、水稻、辣椒、马铃薯等作物每亩地用量均不得高于 5g，以防出现药害。

允许残留量　作为温和的植物生长调节剂，用在作物花期，不影响作物的花朵，没有副作用，不易出现药害，残留问题较小。

参考文献

李玲，肖浪涛，谭伟明，等，2018. 现代植物生长调节剂技术手册[M]. 北京：化学工业出版社.

孙家隆，2015. 新编农药品种手册[M]. 北京：化学工业出版社:933.

中国农业百科全书总编辑委员会农药卷编辑委员会，中国农业百科全书编辑部,1993. 中国农业百科全书: 农药卷[M]. 北京: 农业出版社: 137.

（撰稿：黄官民；审稿：谭伟明）

甲氰菊酯　fenpropathrin

一种拟除虫菊酯类杀虫剂。

其他名称　Danitol、Fenpropanate、Herald、Meothrin、Ortho Danitol、Rody、灭扫利、阿托力、甲扫灭、解除愁、果奇、痛歼、剿螨巢、灭虫螨、农联手、都克、易敌、扫灭净、斯尔绿、祥宇盛、盖胜、吉大利、欢腾、中西农家庆、富农宝、银箭、爱国、稼欣、韩乐村、莱星帮办、农螨丹（混剂）、杀螨菊酯、芬普宁、FD-706、WL-41706、OMS-1999、S-3206、SD-41706、XE-938。

化学名称　(R,S)-α-氰基-3-苯氧苄基-2,2,3,3-四甲基环丙烷羧酸酯;(R,S)-α-cyano-3-phenoxybenzyl-2,2,3,3-tetramethyl cyclopropanecarboxylate。

IUPAC名称　(RS)-α-cyano-3-phenoxybenzyl 2,2,3,3-tetramethylcyclop ropanecarboxylate。

CAS 登记号　39515-41-8；64257-84-7（外消旋体）。

分子式　$C_{22}H_{23}NO_3$。

相对分子质量　349.42。

结构式

开发单位　1981 年 Y. Fujita 报道该杀虫剂，1973 年日本住友化学公司提出的品种，并由美国谢富隆化学公司和国际壳牌公司在其他一些国家共同开发。获专利 GB1356087，US3835176。

理化性质　纯品为白色结晶固体。熔点 49～50℃。原药为棕黄色液体或固体，有效成分含量在 90% 以上。相对密度 1.15（25℃）。熔点 45～50℃。闪点 205℃。蒸气压 1.3mPa（25℃）。几乎不溶于水，不溶于二甲苯、环己烷等有机溶剂。可与丙酮、环己酮、甲基异丁酮、乙腈、二甲苯、氯仿和二甲基甲酰胺混溶，溶于甲醇和正己烷。在脂肪烃、氯代烃、芳烃中的溶解度 > 35%，室温下水中溶解度为 0.34mg/L（计算值为 0.2mg/L）。除甲醇和乙基纤剂外，在大多数有机溶剂中稳定，在大多数矿物稀释剂和载体中亦稳定。它在日光、热和潮湿条件下稳定，但在碱性溶液中不稳定。可与除碱性物质以外的大多数农药混用。常温储存稳定性 2 年以上。

毒性　中等毒性杀虫剂。急性经口 LD_{50}：雄大鼠 164mg/kg，雌大鼠 107mg/kg。急性经皮 LD_{50}：雄大鼠 600mg/kg，雌大鼠 870mg/kg。大鼠急性吸入 LC_{50} > 96mg/m³。大鼠亚急性经口 NOEL 300mg/kg，慢性经口 NOEL：雌鼠 25mg/kg，雄鼠 > 500mg/kg。未见致突变、致畸、致癌作用。对鱼高毒，鱼类 LC_{50}（96 小时）：鲇鱼 5.5μg/L，蓝鳃鱼 2.5μg/L，虹鳟 2.3μg/L，蓝鳃鱼 LC_{50}（48 小时）1.95μg/L。对鸟低毒，对禽鸟 LC_{50}（8 天喂食）：鹌鹑和野鸭 > 10g/kg 饲料；绿头鸭 9g/kg 饲料，野鸭急性经口 LD_{50} 1089mg/kg。对蜜蜂高毒，蜜蜂经口 LD_{50} 0.05μg/ 只。水蚤 LC_{50}（48 小时）0.0019mg/L。

剂型　10%、20% 和 30% 乳油，5% 可湿性粉剂，2.5% 和 10% 悬浮剂，10% 微乳剂。

质量标准　灭扫利 20% 乳油外观为棕黄色液体，含量 20%±1%，相对密度 0.93（25℃），沸点 137～140℃，闪点 28℃，蒸气压 5.33～6kPa（20℃）。乳化性能良好，可与碱性物质以外的大多数农药混用。常温储存稳定性 2 年以上。灭扫利 20% 乳油大鼠急性经口 LD_{50} 76～78mg/kg，兔急性经皮 LD$_{50}$ 2500mg/kg。

作用方式及机理　是一种广谱、高效、兼具杀虫、杀螨活性的新型菊酯类农药，具有触杀和驱避作用，胃毒和熏蒸作用不显著。该药克服了同类菊酯农药杀虫不杀螨的弱点，具有杀虫谱广，持效期长，对多种叶螨及蚜虫、食心虫等果树害虫有良好防治效果，对人、畜低毒，是目前防治果树害虫的理想药剂。能杀幼虫、成虫和卵。对多种螨类有效，但不能杀锈壁虱。在田间有中等程度的持效期，在低温下药效更好。

防治对象　可用于果树、棉花、茶树、蔬菜等农作物上防治鳞翅目、半翅目、双翅目和鞘翅目等害虫及多种害螨。尤其在害虫、害螨并发时施用可虫螨兼治。

使用方法

防治果树害虫　①桃小食心虫。于卵盛期、卵果率达1%时施药，使用2000～3000倍液喷雾。施药次数为2～4次，每次间隔10天左右。②蚜虫。于发生期施药，使用4000～6000倍液喷雾。也可用于防治苹果棉蚜和桃蚜。③山楂红蜘蛛、苹果红蜘蛛。于害螨发生始盛期施药，使用20%乳油2000～3000倍（有效成分67～100mg/kg）喷雾，持效期10天左右。④柑橘潜叶蛾。在新梢放出初期3～6天，或卵孵化期施药，使用20%乳油4000～10 000倍（有效成分20～50mg/kg）喷雾。根据蛾卵量隔10天左右再喷1次，杀虫、保梢效果良好。⑤柑橘红蜘蛛。于成、若螨发生期施药，使用20%乳油2000～4000倍（有效成分50～100mg/kg）喷雾，持效期10天左右。⑥橘蚜。于成、若螨发生期施药，使用20%乳油4000～8000倍（有效成分25～50mg/kg）喷雾。⑦荔枝椿象。3月下旬至5月下旬，成虫大量活动产卵期和若虫盛发期各施药1次，使用20%乳油3000～4000倍液（有效成分50～67mg/kg）喷雾。

防治棉花害虫　①棉铃虫。于卵孵化盛期施药，每亩用20%乳油40～50ml（有效成分8～10g）喷雾，持效期10天左右。②棉红铃虫。于第二、三代卵孵盛期施药，使用剂量及使用方法同棉铃虫。每代用药2次，持效期7～10天。同时可兼治伏蚜、造桥虫、卷叶虫、棉蓟马、玉米螟、盲蝽等其他害虫。③棉叶螨。于成、若螨发生期施药，使用剂量及方法同棉铃虫。

防治蔬菜害虫　①小菜蛾。二、三龄幼虫发生期施药，用20%乳油300～450ml/hm²（有效成分60～90g/hm²），加水50～75kg，均匀喷雾，持效期为7～10天。但对已产生抗性的小菜蛾效果不好。②菜青虫。于成虫高峰期1周后，幼虫三龄前施药，用量及方法同小菜蛾。③温室白粉虱。于若虫盛发期施药，用20%乳油150～375ml/hm²（有效成分30～75g/hm²），加水80～12kg，均匀喷雾。持效期在10天左右。④二点叶螨。于茄子、豆类等作物上的成、若螨盛发期施药，使用剂量与方法同小菜蛾。

防治茶树害虫　防治茶尺蠖等，于幼虫二、三龄期施药，使用20%乳油8000～10 000倍（有效成分20～25mg/kg）喷雾，此剂量还可防治茶毛虫及茶小绿叶蝉。

防治花卉害虫　防治花卉介壳虫、榆兰金花虫、毒蛾及刺蛾幼虫，在害虫发生期使用20%乳油2000～8000倍（有效成分25～100mg/kg）均匀喷雾。

注意事项　①由于无内吸作用，因而喷药要均匀、周到。②为延缓抗药性产生，一种作物生长季节内施药次数不要超过2次，或与有机磷等其他农药轮换使用或混用。在生产实践中，有个别地方反映在防治某些螨类方面，随使用次数增加，效果不如前次，但未见系统正式报道有关抗性情况。③在低温条件下药效更高、持效期更长，提倡早春和秋冬施药。此药虽有杀螨作用，但不能作为专用杀螨剂使用，只能做替代品种，最好用于虫螨兼治。④除碱性物质外，可与各种药剂混用。⑤对鱼、蚕、蜂高毒。施药时要注意避免在桑园、养蜂区施药或药液流入河塘。⑥对皮肤有刺激性，在作业时应避免药液直接接触人体。老、弱、病、残及孕妇应避免施药。中毒症状同其他菊酯类，若不慎溅到眼睛和皮肤上，应立即用大量清水冲洗。误服，立即送医院，可用30～50g活性炭放入85～120ml水中服用，然后用硫酸钠或硫酸镁0.25g/kg体重的剂量加入30～170ml水中作为泻剂服用，这是最好方法。⑦最后1次施药距收获期（安全间隔期）棉花为21天，苹果为14天。

与其他药剂的混用　可以与多种杀虫剂混用，以增效或扩大杀虫谱。可以与辛硫磷、阿维菌素、乙酰甲胺磷、哒螨灵、噻螨酮等杀虫剂、杀螨剂混用。

允许残留量　GB 2763—2021《食品中农药最大残留限量标准》规定甲氰菊酯最大残留限量见表。ADI为0.03mg/kg。谷物、油料和油脂按照GB 23200.9、GB 23200.113、GB/T 20770、SN/T 2233规定的方法测定；蔬菜、水果按照GB 23200.8、

部分食品中甲氰菊酯最大残留限量（GB 2763—2021）

食品类别	名称	最大残留限量（mg/kg）
谷物	小麦	0.1
油料和油脂	棉籽	1.0
	大豆	0.1
	棉籽毛豆	3.0
蔬菜	韭菜	1.0
	结球甘蓝	0.5
	菠菜	1.0
	普通白菜	1.0
	莴苣	0.5
	芹菜	1.0
	大白菜	1.0
	番茄	1.0
	茄子	0.2
	甜椒	1.0
	腌制用小黄瓜	0.2
	萝卜	0.5
水果	柑橘类水果	5.0
	仁果类水果	5.0
	核果类水果	5.0
	浆果和其他小型水果	5.0
	热带和亚热带水果	5.0
	瓜果类水果	5.0
饮料类	茶叶	5.0
调味料	干辣椒	10.0

GB 23200.113、NY/T 761、SN/T 2233 规定的方法测定；茶叶按照 GB 23200.113、GB/T 23376 规定的方法测定；调味料、饮料类参照 GB 23200.113 规定的方法测定。

参考文献

彭志源, 2006.中国农药大典[M]. 北京: 中国科技文化出版社.

朱永和, 王振荣, 李布青, 2006. 农药大典[M]. 北京: 中国三峡出版社.

（撰稿：薛伟；审稿：吴剑）

甲醛　formaldehyde

一种无色有刺激性气味的具有消毒、杀菌、防腐作用的化合物。

其他名称　蚁醛、福尔马林。

化学名称　甲醛。

IUPAC 名称　formaldehyde。

CAS 登记号　50-00-0。

EC 号　200-001-8。

分子式　CH_2O。

相对分子质量　30.03。

结构式

O
‖
H—C—H

理化性质　无色水溶液或气体，有刺激性气味。能与水、乙醇、丙酮等有机溶剂按任意比例混溶。液体在较冷时久储易混浊，在低温时则形成三聚甲醛沉淀。蒸发时有一部分甲醛逸出，但多数变成三聚甲醛。该品为强还原剂，在微量碱性时还原性更强。在空气中能缓慢氧化成甲酸。蒸气相对密度 1.081～1.085（空气 = 1），相对密度 0.82（水 = 1）。折射率 n_D^{20} 1.3755～1.3775。闪点 56℃（气体）、83℃（37% 水溶液，闭杯）。沸点 -19.5℃（气体）、98℃（37% 水溶液）。熔点 -92℃，自燃温度 430℃。蒸气压 13.33kPa（-57.3℃），极限空气中爆炸 7%～73%。易溶于水和乙醚，水溶液浓度最高可达 55%。其蒸气与空气形成爆炸性混合物，遇明火、高热能引起燃烧爆炸。在一般商品中，都加入 10%～12% 的甲醇作为抑制剂，否则会发生聚合。pH2.8～4。闪点 60℃。

毒性　大鼠急性经口 LD_{50} 800mg/kg。兔急性经皮 LD_{50} 2700mg/kg。大鼠急性吸入 LC_{50} 590mg/m³。

作用方式及机理　35%～40% 的甲醛水溶液俗称福尔马林，具有防腐杀菌性能，可用来浸制生物标本，给种子消毒等，但是由于使蛋白质变性的原因易使标本变脆。甲醛能与生物体蛋白质上的氨基发生反应而具有防腐杀菌性能。

参考文献

MACBEAN C, 2012. The pesticide manual: a world compendium [M]. 16th ed. UK: BCPC.

（撰稿：侯毅平；审稿：张灿、刘西莉）

甲噻诱胺　methiadinil

一种噻二唑类植物免疫激活功能杀菌剂。

化学名称　N-(5-甲基-1,3-噻唑-2-基)-4-甲基-1,2,3-噻二唑-5-甲酰胺；4-methyl-1,2,3-thiadiazole-5-carboxylic acid 5-methyl-thiazol-2-yl amide。

IUPAC 名称　4-methyl-N-(5-methylthiazol-2-yl)-1,2,3-thia-diazole-5-carboxamide。

CAS 登记号　908298-37-3。

分子式　$C_8H_8N_4OS_2$。

相对分子质量　240.31。

结构式

开发单位　南开大学创制，2016 年由利尔化学股份有限公司开发成功。

理化性质　纯品为黄色结晶固体。熔点：升温至 232.8℃样品分解。溶解度：微溶于水（23.3mg/L，20℃），易溶于 N,N-二甲基甲酰胺，能溶于甲醇（2806mg/L，20℃）、正辛醇（1728mg/L，20℃）、乙醇，微溶于丙酮、氯仿、乙醚和苯中，难溶于正己烷（< 1.19mg/L，20℃）和石油醚。

毒性　急性经口毒性试验：对雌、雄 SD 大鼠急性经口 LD_{50} > 5000mg/kg。急性经皮毒性试验：对雌、雄 SD 大鼠急性经皮 LD_{50} > 2000mg/kg。对 SD 雌、雄大鼠 13 周亚慢性经口的 NOEL：雄性 300mg/kg 饲料，雌性 300mg/kg 饲料〔相当于化学品摄入量：雄性 26.8mg/（kg·d）±2.1mg/（kg·d），雌性 28mg/（kg·d）±3mg/（kg·d）〕。96% 甲噻诱胺原药细菌回复突变试验结果为阴性；对小鼠无诱发骨髓嗜多染红细胞微核率增高作用。在一般毒性方面，96% 甲噻诱胺原药对亲代雄鼠的 NOAEL 400mg/kg 饲料，对亲代雌鼠的 NOAEL 25mg/kg 饲料；对后代雄鼠的 NOAEL 400mg/kg 饲料，对后代雌鼠的 NOAEL 100mg/kg 饲料。对 SD 雄雌大鼠未见明显致肿瘤作用。

剂型　单剂如 25% 悬浮剂，混剂如 24% 的甲噻诱胺 + 盐酸吗啉胍悬浮剂。

作用方式及机理　植物免疫系统促进剂，在离体试验中，稍有抗微生物活性。处理水稻、番茄、水果和烟草等粮食、蔬菜和经济作物，促进植物抗病相关基因、酶和病程相关蛋白的表达，保护作物免受稻瘟病菌和纹枯病及病毒病菌的侵染。

适宜作物　水稻、番茄、水果和烟草。

防治对象　稻瘟病、纹枯病、病毒病、细菌性病害。

使用方法　通常在移植前以 30～200mg/L 有效成分喷施或种子处理或土壤处理，具有促进作物生长和防御植物病害的能力，并减轻作物病害发生的程度。

（撰稿：范志金；审稿：张灿、刘鹏飞）

J

甲霜灵　metalaxyl

一种酰基丙氨酸类杀菌剂，影响核苷酸代谢。

其他名称　Ridomil、Metamix、Coopxil、阿普隆、雷多米尔。

化学名称　N-(2-甲氧乙酰基)-N-(2,6-二甲苯基)-DL-α-氨基丙酸甲酯。

IUPAC名称　methyl N-(methoxyacetyl)-N-(2,6-xylyl)-DL-alaninate。

CAS登记号　57837-19-1。

EC号　260-979-7。

分子式　$C_{15}H_{21}NO_4$。

相对分子质量　279.33。

结构式

开发单位　汽巴-嘉基公司（现为先正达公司）。

理化性质　纯品为白色粉末。熔点63.5～72.3℃（原药）。沸点295.9℃。相对密度1.2（20℃）。蒸气压0.75mPa（25℃）。$K_{ow}\lg P$ 1.75（25℃）。Henry常数 1.6×10^{-5}Pa·m³/mol（计算值）。水中溶解度8.4g/L（22℃）；有机溶剂中溶解度（g/L，25℃）：乙醇400、丙酮450、甲苯340、正己烷11、辛醇68。稳定性：300℃以下稳定。室温下，在中性和酸性介质中稳定，水解DT_{50}（计算值）（20℃）>200天（pH1）、115天（pH9）、12天（pH10）。

毒性　按照中国农药毒性分级标准，甲霜灵属低毒。原药对雄性大鼠急性经口LD_{50} 633mg/kg，对大鼠急性经皮LD_{50}>3100mg/kg。对兔皮肤和眼睛有轻微刺激作用。在动物体内代谢排出较快，无明显蓄积现象。试验条件下无致突变、致畸和致癌现象。虹鳟、鲤鱼LC_{50}（96小时）>100mg/L；蜜蜂LD_{50} 20μg/只；鹌鹑LD_{50} 798～1067mg/kg；野鸭LD_{50} 1450mg/kg。

剂型　35%甲霜灵拌种剂，58%甲霜·锰锌可湿性粉剂。

作用方式及机理　主要作用于RNA聚合酶复合体Ⅰ，抑制病原菌RNA的聚合作用，从而影响RNA的合成。具有保护和治疗作用的内吸性杀菌剂，可被植物的根茎叶吸收，并随植物体内水分运输而转移到植物的各器官。可作茎叶处理、种子处理和土壤处理。

防治对象　马铃薯晚疫病、葡萄霜霉病、啤酒花霜霉病、甜菜疫病、油菜白锈病、烟草黑胫病、柑橘脚腐病、黄瓜霜霉病、番茄疫病、谷子白发病、芋疫病、辣椒疫病以及由疫霉菌引起的各种猝倒病和种腐病等。

使用方法

种子处理　谷子用35%拌种剂200～300g干拌或湿拌100kg种子，可防治谷子白发病。大豆用35%拌种剂300g干拌100kg种子，可防治大豆霜霉病。

喷雾　用25%可湿性粉剂480～900g/hm²，加水750～900kg喷施，可防治黄瓜、白菜霜霉病。用25%可湿性粉剂2.25～3kg/hm²，加水750～900kg喷施，可防治马铃薯晚疫病和茄绵疫病。

土壤处理　用5%颗粒剂30～37.5kg/hm²或25%可湿性粉剂2kg/hm²加水喷淋苗床，可防治烟草黑胫病、蔬菜和甜菜猝倒病。

啤酒花　以有效成分1g/L浓度在春季剪枝后喷药，可防治啤酒花霜霉病。

注意事项　使用甲霜灵应遵守中国控制农产品中农药残留的合理使用准则（GB/T 8321.1—2000）。长期单一使用甲霜灵易使病原菌产生抗药性，应与其他杀菌剂轮换使用或混合使用，生产上常与代森锰锌、福美双等保护性杀菌剂混配使用。不能与石硫合剂或波尔多液等强碱性物质混用。

允许残留量　GB 2763—2021《食品中农药最大残留限量标准》规定甲霜灵最大残留限量见表。ADI为0.08mg/kg。

部分食品中甲霜灵最大残留限量（GB 2763—2021）

食品类别	名称	最大残留限量（mg/kg）
谷物	糙米	0.10
	麦类、旱粮类	0.05
油料和油脂	棉籽	0.05
	花生仁	0.10
	葵花籽	0.05
蔬菜	洋葱	2.00
	结球甘蓝	0.50
	抱子甘蓝	0.20
	花椰菜	2.00
	青花菜	0.50
	菠菜、结球莴苣	2.00
	番茄、辣椒、黄瓜	0.50
	西葫芦	0.20
	笋瓜	0.20
	食荚豌豆、芦笋、胡萝卜、马铃薯	0.05
水果	柑橘类水果	5.00
	仁果类水果	1.00
	醋栗（红、黑）	0.20
	葡萄	1.00
	荔枝	0.50
	鳄梨、西瓜	0.20
	甜瓜类水果	0.20
糖料	甜菜	0.05
饮料类	可可豆	0.20
	啤酒花	10.00
调味料	种子类调味料	5.00

参考文献

化工部农药信息总站, 1996. 国外农药品种手册 (新版合订本)[M]. 北京: 化学工业出版社: 82-84.

农业部种植业管理司, 农业部农药检定所, 2015. 新编农药手册[M]. 2版. 北京: 中国农业出版社: 295-297.

TOMLIN C D S, 2000. The pesticide manual: a world compendium [M]. 12th ed. UK: BCPC: 603.

（撰稿：刘西莉；审稿：张博瑞、张灿）

甲酸　methanoic acid

一种有机酸，可用于防治疥螨。

其他名称　蚁酸。

化学名称　甲酸；formic acid。

IUPAC名称　formic acid; methanoic acid。

CAS 登记号　64-18-6。

EC 号　200-579-1。

分子式　CH_2O_2。

相对分子质量　46.03。

结构式

$$\underset{H}{\overset{\displaystyle O}{\underset{\displaystyle}{\parallel}}}\!\!-\!\!\overset{\displaystyle O}{\underset{\displaystyle}{C}}\!\!-\!\!OH$$

理化性质　易燃。能与水、乙醇、乙醚和甘油任意混溶，和大多数的极性有机溶剂混溶，在烃中也有一定的溶解性。燃烧热 54.4kJ/mol。临界温度 306.8 ℃。临界压力 8.63MPa。闪点 68.9℃。密度 1.22g/ml，相对蒸气密度 1.59（空气＝1），饱和蒸气压（24℃）5.33kPa。

毒性　甲酸对人体的毒性除了刺激黏膜，还会抑制线粒体中的细胞色素 C 氧化酶活性，导致呼吸链中断，代谢产物堆积，细胞坏死。急性毒性：$LD_{50} > 1100mg/kg$（大鼠经口），LC_{50} 15 000mg/m³（大鼠吸入，15 分钟）。

注意事项　禁与强氧化剂、强碱、活性金属粉末混用。其蒸气与空气形成爆炸性混合物，遇明火、高热能引起燃烧爆炸。

防治对象　抗疥螨药。

参考文献

康卓, 2017. 农药商品信息手册[M]. 北京: 化学工业出版社.

（撰稿：郭涛；审稿：丁伟）

甲羧除草醚　bifenox

一种二苯醚类除草剂。

其他名称　茅毒、Modown、Herbicidei、治草醚、甲酯除草醚、MC-4379、MCTR-1-79、MCTR-12-79。

化学名称　5-(2,4-二氯苯氧基)-2-硝基苯甲酸甲酯；methyl 5-(2,4-dichlorophenoxy)-2-nitrobenzoate。

IUPAC名称　methyl-5-(2,4-dichlorophenoxy)-2 nitrobenzoate。

CAS 登记号　42576-02-3。

EC 号　255-894-7。

分子式　$C_{14}H_9Cl_2NO_5$。

相对分子质量　342.13。

结构式

开发单位　美孚化学公司和陶氏益农公司。

理化性质　黄色或浅褐色结晶。熔点 84～86 ℃。分解温度 290 ℃。相对密度 1.155。蒸气压 2×10^{-4}Pa。25 ℃时溶解度：乙醇＜5%，丙酮 40%，二甲苯 30%，氯苯 35%～40%，苯 4%，水 0.36mg/L。对光稳定，在土壤中半衰期为 7～14 天。

毒性　大鼠急性经口 $LD_{50} > 6400mg/kg$。兔急性经皮 $LD_{50} > 20\ 000mg/kg$。无严重吸入毒性，对眼睛无刺激。高剂量饲喂大鼠和狗不产生病理学及组织学变化。无致畸、致癌、致突变作用。对鱼及水生物高毒，虹鳟 LC_{50}（96 小时）> 0.18mg/L，鲤鱼 LC_{50}（48 小时）> 1.22mg/L，虾 LC_{50} 0.065mg/L。对蜜蜂低毒，急性接触 $LD_{50} > 1000\mu g/$ 只。对鸟类低毒，鹌鹑急性经口 $LD_{50} > 5000mg/kg$。

剂型　10% 颗粒剂，21% 乳油，25% 可湿性粉剂。

质量标准　茅毒 48% 悬浮剂由有效成分甲羧除草醚、丙二醇、悬浮剂和水组成。外观为乳白色液体，80% 的颗粒小于 10μm，直径中值为 3～4μm，相对密度 1.165～1.185。悬浮率（在放置 30 分钟后）> 80%。茅毒 48% 悬浮剂对大鼠急性经口 $LD_{50} > 5000mg/kg$。兔急性经皮 $LD_{50} > 2000mg/kg$。大鼠急性吸入 $LC_{50} > 1.14mg/L$。对皮肤有轻度刺激作用，对眼睛有中等或严重的刺激作用。无致敏作用。

作用方式及机理　是原卟啉原氧化酶抑制剂，能被叶片较快地吸收，但在植物体内传导速度较慢。它是芽前除草剂，主要用于大豆除草。触杀型芽前土壤处理剂，具有杀草谱广，施药量少，土壤适应性强，不受气温影响等特点。药剂被杂草幼芽吸收，破坏杂草的光合作用。

防治对象　适用于大豆、水稻、高粱、玉米、小麦等作物防除稗草、千金子、鸭跖草、苋菜、本氏蓼、藜、马齿苋、苘麻、苍耳、鸭舌草、泽泻、龙葵、地肤等杂草。

使用方法　如水稻使用于移栽本田，在移栽后 4～6 天，用 7% 颗粒剂 24～28.5kg/hm² 或 80% 可湿性粉剂 2.2～2.5kg/hm²，制成毒土撒施。施药时灌浅水层，施药后保持水层 3～4 天。推荐用药量为 1～2kg/hm²（有效成分）。

注意事项　在大豆播前或播后苗前作土壤处理。此产品为触杀型，施药应均匀。

与其他药剂的混用　草甘膦 5%～40% 和甲羧除草醚 0.5%～30% 组合物可以配制成农药制剂中的悬浮剂、可湿性粉剂、水分散粒剂。其除草谱广，既提高药效又延长了持效期，大大降低使用成本。是有效防除果园、柑橘园、非耕地、铁路杂草的复配除草剂，为中国的农林业生产提供了新的除草剂品种。

参考文献

朱永和, 王振荣, 李布青, 2006. 农药大典[M]. 北京: 中国三峡出版社: 801-802.

（撰稿: 王大伟; 审稿: 席真）

甲维盐　emamectin benzoate

一种新型高效半合成抗生素杀虫剂，它具有超高效、低毒（制剂近无毒）、低残留、无公害等生物农药的特点，广泛用于蔬菜、果树、棉花等农作物上的多种害虫的防治。

其他名称　因灭汀、因灭汀苯甲酸盐、埃玛菌素苯甲酸盐。

化学名称　甲氨基阿维菌素苯甲酸盐; 4″-deoxy-4″-(methylamino)-avermectinb(4″r)-avermectinbbenzoate(salt)。

IUPAC 名称　4″-deoxy-4″-epi-N-(methylamino)avermectin B$_1$ benzoate。

CAS 登记号　155569-91-8; 137512-74-4。

EC 号　240-505-5。

分子式　C$_{56}$H$_{81}$NO$_{15}$ (emamectinB$_{1a}$ benzoate) + C$_{55}$H$_{79}$NO$_{15}$ (emamectinB$_{1b}$ benzoate)。

相对分子质量　1008.26(emamectinB$_{1a}$ benzoate)+ 994.23 (emamectinB$_{1b}$ benzoate)。

结构式

开发单位　美国默克公司。

理化性质　白色或淡黄色结晶粉末，溶于丙酮和甲醇，微溶于水，不溶于己烷。熔点 141~146℃，在通常储存的条件下稳定。

毒性　具有超高效、低毒（制剂近无毒）、低残留、无公害等生物农药的特点。

剂型　目前在中国登记的有 0.2%、0.5%、0.8%、1%、1.5%、2%、2.2%、3%、5%、5.7% 等多种含量，还有 3.2% 甲维氯氰复制制剂。

作用方式及机理　可以增强神经质如谷氨酸和 γ- 氨基丁酸（GABA）的作用，从而使大量氯离子进入神经细胞，使细胞功能丧失，扰乱神经传导，幼虫在接触后马上停止进食，发生不可逆转的麻痹，在 3~4 天内达到最高致死率。由于它和土壤结合紧密、不淋溶，在环境中也不积累，可以通过 Translaminar 运动转移，极易被作物吸收并渗透到表皮，有较长持效期，在 10 天以上又出现第二个杀虫致死率高峰，同时很少受环境因素如风、雨等影响。

防治对象　对很多害虫具有其他农药无法比拟的活性，对鳞翅目昆虫的幼虫、螨类及其他许多害虫的活性极高，尤其对菜青虫、小菜蛾（吊丝虫）、红（白）蜘蛛、棉铃虫、甜菜夜蛾、红带卷叶蛾、烟草叶蛾、烟草天蛾、斜纹夜蛾、黏虫、菜心螟、甘蓝横条螟、甘蓝银纹夜蛾、番茄天蛾、美洲斑潜蝇、马铃薯甲虫、二化螟、墨西哥瓢虫等有很好的效果。也适用于蔬菜、果树、棉花、水稻、大豆、玉米、茶叶、烟草等经济作物。

使用方法　常用兑水喷雾方法。具体方法见表。

emamectin B$_{1a}$ benzoate (major component)

emamectin B$_{1b}$ benzoate (minor component)

甲维盐使用方法

作物	防治对象	商品用药量（ml/亩）	使用方法
棉花	红（白、黄）蜘蛛、棉铃虫	8～10	喷雾
果树	红（白、黄）蜘蛛、梨木虱、瘿螨	8～10	喷雾
瓜果	蚜虫、食蝇、青虫、钻心虫	8～10	喷雾
茶叶、烟叶	茶小绿叶蝉、茶毛虫、烟蚜夜蛾、烟草天蛾	8～10	喷雾
水稻、大豆	二化螟、三化螟、卷叶螟、稻飞虱、大豆夜蛾等	8～10	喷雾

注意事项 施药时要有防护措施，戴好口罩等。对鱼高毒，应避免污染水源和池塘等。对蜜蜂有毒，不要在开花期施用。

与其他药剂的混用 经过大量临床发现，使用时添加菊酯类农药可以提高速效性，在作物的生长期内间隔使用效果较好。受到酸度过高或者过低、光照等因素影响，甲维盐很容易降解。研究中发现，在含有甲维盐的产品中，加入0.35%的抗分解剂 wgwin©D902，可以有效防止甲维盐的分解，同时能提高甲维盐对鳞翅目、螨类、鞘翅目及半翅目害虫的活性，提高药效。

允许残留量 GB 2763—2021《食品中农药最大残留限量标准》规定甲维盐最大残留限量（mg/kg）：糙米0.02，油菜籽0.005，大白菜0.05，梨、山楂0.02，蘑菇类（鲜）0.05。ADI 为0.0005mg/kg。谷物、油料和油脂参照 GB/T 20769 规定的方法测定；蔬菜、水果、食用菌按照 GB/T 20769 规定的方法测定。

参考文献

彭志源, 2006. 中国农药大典[M]. 北京: 中国科技文化出版社.

中华人民共和国农业部国家食品药品监督管理总局, 2016. 食品安全国家标准食品中农药最大残留限量新版发布[J]. 中国食品工业 (12): 8.

IKEDA H, MURA S, 1997. Avermectin biosynthesis[J]. Chemical reviews, 97 (7): 2591-2610.

（撰稿：张建军；审稿：吴剑）

甲酰胺磺隆 foramsulfuron

一种磺酰脲类选择性内吸传导型除草剂。

其他名称 Equip、Tribute、MaisTer（+甲基碘磺隆钠盐+双苯噁唑酸乙酯）、Meister（+甲基碘磺隆钠盐）、Cornstar、康施它、甲酰氨磺隆、甲酰氨基嘧磺隆、AEF 130360、AVD44680H（与甲基碘磺隆钠盐和安全剂的混合物）。

化学名称 1-(4,6-二甲氧基嘧啶-2-基)-3-[2-(二甲基氨基羰基)-5-甲酰氨基苯基磺酰基]脲；2-[[[[(4,6-dimethoxy-2-py-rimidinyl)amino]carbonyl]amino]sulfonyl]-4-(formylami-no)-N,N-dimethylbenzamide。

IUPAC 名称 1-(4,6-dimethoxypyrimidin-2-yl)-3-[2-(di-methylcarbamoyl)-5-formamidophenylsulfonyl]urea。

CAS 登记号 173159-57-4。

分子式 $C_{17}H_{20}N_6O_7S$。

相对分子质量 452.44。

结构式

开发单位 1955年第一次合成并由安万特公司（现拜耳作物科学）开发。由 B. Collins 于2001年报道。

理化性质 原药纯度≥94%。浅米色固体。熔点199.5℃。蒸气压$4.2×10^{-8}$mPa（20℃）。20℃ K_{ow}lg$P$ 1.44（pH2）、0.603（pH5）、-0.78（pH7）、-1.97（pH9）、0.6（蒸馏水，pH5.5～5.7）。相对密度1.44（20℃）。20℃时溶解度（g/L）：水0.04（pH5）、3.3（pH7）、94.6（pH8）；丙酮1.925，乙腈1.111，二氯乙烷0.185，乙酸乙酯0.362，甲醇1.66，己烷和对二甲苯<0.01g/L。对光稳定，20℃非生物水解DT_{50} 10天（pH5）、128天（pH7）、130天（pH8）。pK_a4.6（21.5℃）。

毒性 大鼠急性经口LD_{50}>5000mg/kg。大鼠急性经皮LD_{50}>2000mg/kg。对兔皮肤无刺激，对眼睛有中等刺激，对豚鼠皮肤无致敏性。大鼠吸入LC_{50}（4小时）>5.04mg/L。无致突变性。山齿鹑和野鸭经口LD_{50}>2000mg/kg。山齿鹑和野鸭饲喂LC_{50}>5000mg/kg 饲料。蓝鳃翻车鱼和虹鳟LC_{50}（96小时）>100mg/L。水蚤EC_{50}（48小时）100mg/L。绿藻EC_{50}（96小时）86.2，蓝绿藻8.1，海藻>105mg/L。浮萍EC_{50}（7小时）0.65µg/L。蜜蜂LD_{50}：经口>163µg/只，接触>1.9µg/只。蚯蚓LC_{50}>1000mg/kg 土壤。使用剂量45g/hm²时可100%杀死烟蚜茧蜂，对其他有益节肢动物毒性较小。

剂型 油悬浮剂，水分散颗粒剂。

作用方式及机理 为选择性内吸传导型除草剂。通过叶面和根吸收，甲酰胺磺隆传递到植物体内，尤其传递到分生组织区，使其变黄、坏死，然后叶片变黄、坏死，上述症状在48小时内出现。该除草剂为乙酰乳酸合成酶（ALS 或 AHAS）抑制剂，能被杂草根和叶吸收，在植株体内迅速传导，阻碍缬氨酸、异亮氨酸、亮氨酸合成，抑制细胞分裂和生长，使幼芽和根迅速停止生长，幼嫩组织变黄，随后枯死。因代谢率快而在玉米上具有选择性。在玉米中，通过减少母体甲酰胺磺隆传递使双苯噁唑酸乙酯（isoxadifen-eth-yl）增加选择性。

防治对象 主要用于玉米田，对许多一年生或多年生禾本科杂草和阔叶杂草均有优异的活性。禾本科杂草如稗草、千金子、马唐、野燕麦、雀麦、假高粱、早熟禾、看麦娘、黑麦草、蟋蟀草、狗尾草等，阔叶杂草如苍耳、荷麻、龙葵、猪殃殃、马齿苋、反枝苋、铁苋菜、刺儿菜、苣荬菜、鸭跖草、荮草、藜、酸模叶蓼、柳叶刺蓼、卷茎蓼、水

J

蓼、丁香蓼、蒲公英、遏蓝菜、荠菜、曼陀罗、繁缕、萹蓄、田旋花等。

使用方法　苗后茎叶处理，对刚出苗至 7～10 叶期杂草均有效，最佳施药期为杂草刚出苗至 4～6 叶期。甲酰胺磺隆单剂使用剂量通常为 30～60g/hm² （有效成分）。在中国春玉米田推荐剂量为 49.5～61.5g/hm² （有效成分），夏玉米推荐使用剂量为 40.5～51g/hm² （有效成分）。

注意事项　谷物类如玉米（夏玉米、春玉米）等在高于推荐剂量 2 倍下使用，个别玉米品种会出现短暂白化或蹲苗现象，但很快（2～3 周）恢复正常生长，对产量和质量无影响。对后茬作物如小麦、大麦、燕麦、棉花、大豆、豌豆、油菜、甜菜、马铃薯等安全。

与其他药剂的混用　与碘甲磺隆钠盐混用可增加防除阔叶杂草的种类（包括苘麻、藜、苍耳、豚草、蔊菜和刺儿菜等）。该药通常与安全剂双苯噁唑酸乙酯联合使用。

制造方法　以对硝基甲苯为原料，经磺化、氧化、酰氯化、酯化、氨化、加氢还原、甲酰基化后，再与三氟乙酸反应制得相应的磺酰胺化合物，随后与 4,6- 二甲氧基嘧啶氨基甲酸苯酯缩合制得。

允许残留量　GB 2763—2021《食品中农药最大残留限量标准》规定甲酰胺磺隆最大残留限量（mg/kg，临时限量）：玉米和鲜食玉米 0.01。ADI 为 0.25mg/kg。

参考文献

刘长令，2001. 玉米田除草剂甲酰胺磺隆 (foramsulfuron)[J]. 农药，40 (11)：46-47.

马克比恩 C，2015. 农药手册[M]. 胡笑形，等译. 北京：化学工业出版社：507-508.

石得中，2008. 中国农药大辞典[M]. 北京：化学工业出版社：237-238.

张宗俭，马宏娟，罗艳梅，等，2002. 新型玉米田苗后除草剂——甲酰胺磺隆[J]. 世界农药，24 (5)：47-48.

（撰稿：王宝雷；审稿：耿贺利）

甲氧苄氟菊酯　metofluthrin

一种低毒拟除虫菊酯类杀虫剂。

化学名称　2,3,5,6-四氟-4-(甲氧基甲基)苄基-3-(1-丙烯基)-2,2-二甲基环丙烷羧酸酯；cyclopropanecarboxylicacid, 2,2-dimethyl-3-(1-propenyl)-[2,3,5,6-tetrafluoro-4-(methoxymethyl)phenyl]-methyl ester。

IUPAC 名称　2,3,5,6-tetrafluoro-4-(methoxymethyl)benzyl (1RS,3RS；1RS,3SR)-2,2-dimethyl-3-[(EZ)-prop-1-enyl]cyclopropanecarboxylate。

CAS 登记号　240494-70-6。

分子式　$C_{18}H_{20}F_4O_3$。

相对分子质量　360.35。

结构式

开发单位　日本住友化学公司。

理化性质　原药为微黄色透明油状液体，几乎可溶于所有的有机溶剂，易与甲醇、乙醇和丙醇发生酯交换反应，水中溶解度 0.73mg/L （20℃）。相对密度 d_4^{20} 1.21。蒸气压 1.96mPa （25℃）。运动黏度 19.3mm²/s （20℃）。闪点 178℃（克利弗兰得开口杯法）。

毒性　大鼠急性经口 LD_{50}：雄性＞2000mg/kg，雌性 2000mg/kg。大鼠和小鼠急性经皮 LD_{50}＞2000mg/kg。大鼠急性吸入 LC_{50}：雄性 1936mg/m³，雌性 1080mg/m³。狗急性经口 LD_{50}：雄、雌均＞2000mg/kg。

剂型　可通过与固体载体、液体载体和气体载体或饵剂混合进行配制加工，或浸渍进入蚊香或用于电热熏蒸的蚊香片的基料中，可加工成油溶剂、乳油、可湿性粉剂、悬浮剂、颗粒剂、粉剂、气雾剂，挥发性剂型如电热器上用的蚊香、蚊香片和电热器上用的液剂，热熏蒸剂如易燃的熏蒸剂、化学熏蒸剂和多孔的陶瓷熏蒸剂、涂敷于树脂或纸上的不加热挥发性剂型、烟型、超低容量喷布剂和毒饵。

参考文献

张梅凤，崔蕊蕊，张秀珍，2008. 新型拟除虫菊酯类杀虫剂——甲氧苄氟菊酯[J]. 山东农药信息 (6)：47.

（撰稿：薛伟；审稿：吴剑）

甲氧丙净　methoprotryne

一种三嗪类选择性除草剂。

其他名称　格草净、盖草净、G36393、Lumeton、Gesaran。

化学名称　2- 异丙氨基-4-(3- 甲氧丙基氨基)-6- 甲硫基-1,3,5- 三嗪；2-isopropylamino-4-(3-methoxypropylamino)-6-methylthio-1,3,5-triazine。

IUPAC 名称　N^2-isopropyl-N^4-(3-methoxypropyl)-6-(methylthio)-1,3,5-triazine-2,4-diamine。

CAS 登记号　841-06-5。

EC 号　212-664-0。

分子式　$C_{11}H_{21}N_5OS$。

相对分子质量　271.38。

结构式

开发单位　诺华公司。

理化性质　纯品甲氧丙净为结晶固体。熔点 68～70℃。25℃时溶解度：水 0.32g/L，溶于大多数有机溶剂。蒸气压 0.038Pa（20℃）。在通常状态下稳定。可与大多数其他农药混配。无腐蚀性。

毒性　原药急性经口 LD_{50}（mg/kg）：大鼠＞5000，小鼠 2400。大鼠连续 5 天皮肤涂敷 150mg/kg 该药，无刺激与中毒症状，以 60mg/（kg·d）对大鼠饲喂 13 周无毒害作用；而 300mg/（kg·d）为临界值。对鱼低毒。

剂型　目前中国未见相关制剂产品登记。制剂主要有 5% 的可湿性粉剂，1.5% 颗粒剂。

质量标准　可湿性粉剂外观为可自由流动的粉状物，无可见外来物质及硬块。

作用方式及机理　植物光合作用抑制剂。其分子中的 —NH 和 —C≡N— 基团容易与参与光合作用的酶形成氢键而抑制其活性。由于这种酶被抑制干扰了植物叶绿体水光解过程，使植株不再释放氧气及吸收二氧化碳，从而起到杀草作用。

防治对象　甲氧丙净用于小麦、大麦、玉米、亚麻、苜蓿等田地，防除早熟禾、蒿蓄、卷茎蓼、繁缕、婆婆纳等一年生杂草。

使用方法　1～2kg/hm²（有效成分）于作物苗后 4～5 叶或杂草芽前施用。

注意事项　不要吸入粉尘。万一接触眼睛，立即使用大量清水冲洗并送医诊治。接触皮肤之后，立即使用大量皂液洗涤。

与其他药剂的混用　与西玛津、2 甲 4 氯丙酸的混合制剂。

允许残留量　德国规定在所有植物性食物上最大残留限量为 0.1mg/kg。

参考文献

林维宜，2002. 各国食品中农药兽药残留限量规定[M]. 大连：大连海事大学出版社.

（撰稿：杨光富；审稿：吴琼友）

甲氧虫酰肼　methoxyfenozide

一种双酰肼类杀虫剂。

其他名称　Faclon、Intrepid、Prodigy、Runner、雷通、RH-2485、RH-112485、甲氧酰肼。

化学名称　N-叔丁基-N′-(3-甲氧基-2-甲苯甲酰基)-3,5-二甲基苯甲酰肼；N-tert-butyl-N′-(3-methoxy-o-toluoyl)-3,5-xylohydrazide。

IUPAC 名称　N-tert-butyl-N′-(3-methoxy-o-toluoyl)-3,5-xylohydrazide。

CAS 登记号　161050-58-4。

分子式　$C_{22}H_{28}N_2O_3$。

相对分子质量　368.47。

结构式

开发单位　由 D. P. Le 报道并由罗姆 - 哈斯公司（现陶氏益农公司）开发于 1999 年上市。

理化性质　原药含量≥97%，纯品为白色粉末。熔点 206.2～208℃（原药 204～206.6℃）。蒸气压＜1.48×10^{-3}mPa（20℃）。$K_{ow}\lg P$ 3.7（摇瓶法）。Henry 常数＜1.64×10^{-4} Pa·m³/mol（计算值）。水中溶解度 3.3mg/L；有机溶剂中溶解度（20℃，g/100g）：二甲基亚砜 11、环己酮 9.9、丙酮 9。在 25℃下储存稳定，pH5、7、9 下水解。

毒性　大鼠、小鼠急性经口 LD_{50}＞5000mg/kg。大鼠急性经皮 LD_{50}＞5000mg/kg。对眼睛无刺激，对兔皮肤有轻微刺激，对豚鼠皮肤无致敏性。大鼠吸入 LC_{50}（4 小时）＞4.3mg/L。NOEL［mg/（kg·d）］：大鼠（2 年）10，小鼠（1.5 年）1020，狗（1 年）9.8。Ames 试验和一系列诱变和基因毒性试验中呈阴性。山齿鹑急性经口 LD_{50}＞2250mg/kg。野鸭和山齿鹑饲喂 LC_{50}（8 天）＞5620mg/kg 饲料。鱼类 LC_{50}（96 小时，mg/L）：大翻车鱼＞4.3，虹鳟＞4.2，红鲈鱼＞2.8，黑头呆鱼＞3.8。水蚤 LC_{50}（48 小时）3.7mg/L。羊角月牙藻 EC_{50}（96 和 120 小时）＞3.4mg/L。对蜜蜂在 100μg/ 只（经口和接触）均无毒。蚯蚓 LC_{50}（14 天）＞1213mg/kg 土壤。对大部分有益生物物种无毒。

剂型　24%、240g/L 悬浮剂。

作用方式及机理　一种非固醇型结构的蜕皮激素，模拟天然昆虫蜕皮激素——20-羟基蜕皮激素，激活并附着蜕皮激素受体蛋白，促使鳞翅目幼虫在成熟前提早进入蜕皮过程而又不能形成健康的新表皮，从而导致幼虫提早停止取食、最终死亡。鳞翅目幼虫摄食甲氧虫酰肼后的反应是快速的。一般摄食 4～16 小时后幼虫即停止取食，出现中毒症状。甲氧虫酰肼与鳞翅目激素受体蛋白的亲合力大约是虫酰肼与蜕皮激素受体蛋白亲合力的 6 倍，是 20-羟基蜕皮酮本身的 400 倍，因此甲氧虫酰肼对鳞翅目幼虫有较高的杀虫活性；同样由于甲氧虫酰肼对非鳞翅目幼虫的蜕皮受体蛋白亲合力较低（如与黑尾果蝇的亲合力仅为 20-羟基蜕皮酮与该蜕皮激素受体亲合力的一半），因而对非鳞翅目昆虫杀虫活性较低。对于双酰肼类杀虫剂的杀虫机理，Retnakaran 等以虫酰肼（tebufenozide）为例，使用电子显微镜观察了正常的蚜虫和受药的蚜虫蜕皮过程，分别测定了 20-羟基蜕皮激素与虫酰肼的含量对蚜虫蜕皮过程的影响。正常蜕皮过程，20-羟基蜕皮激素随着时间的增长而增加，诱使某些早期基因表达，在大约开始 6.5 天时到达浓度最高点（25pg/ml），随后含量开始急剧下降，到 8 天时降为 0。对蚜虫表皮蛋白非常重要的 mRNA 在没有 20-羟基蜕皮激素时才能表达出来。而甲氧虫酰肼进入昆虫体后，在昆虫蜕皮开始时的含量很高，随着昆虫的新陈代谢而含量持续降低，到 3 天时蚜虫停止进食与排泄，致使甲氧虫酰肼基本保持衡量（20mg/ml），这使得 mRNA 无法表达，羽化激素没有产生，因此蜕皮缺乏桥环薄层，无法骨质化和暗化，从而导致蚜虫死亡。

甲氧虫酰肼具有根部内吸活性，特别是对于水稻和其他的单子叶植物。稻苗用甲氧虫酰肼溶液浸根处理 24 小时后转移至没经药剂处理的土壤中，结果对粉夜蛾有持续 48 天的残留活性。然而像绝大多数双酰肼杂环化合物一样，甲氧虫酰肼无明显叶面内吸活性。

甲氧虫酰肼以高剂量应用（为使 90% 靶标害虫死亡剂量的 18～1500 倍）仍然对非鳞翅目昆虫如鞘翅目昆虫、半翅目昆虫、螨、线虫很安全。同样在正常田间剂量下，不会对非鳞翅目益虫（如蜜蜂）和捕食性昆虫造成危害。因而甲氧虫酰肼和虫酰肼一样对鳞翅目害虫有高度的选择性，有利于害虫综合治理。

防治对象　鳞翅目害虫，尤其对幼虫和卵有特效。对益虫、益螨安全。具有触杀、根部内吸等活性。

使用方法

防治夜蛾类害虫　甲氧虫酰肼对秋季白菜上甜菜夜蛾有突出的防治效果，药量 300ml/hm²，药后 24 小时防效就达到 90%，以后逐天提高，第 7 天达到 98%。24% 甲氧虫酰肼悬浮剂 4000 倍液喷雾防治甜菜夜蛾，药后 1 天和 7 天防效都在 80% 以上，药后 3 天达到防治高峰，防效均在 90% 以上。

防治水稻害虫　24% 甲氧虫酰肼悬浮剂 225～450ml/hm² 对稻纵卷叶螟和二化螟均有良好的控制效果。24% 甲氧虫酰肼悬浮剂 225ml/hm² 防治稻纵卷叶螟药后 20 天保叶效果为 89.7%；24% 甲氧虫酰肼悬浮剂 300ml/hm²、375ml/hm² 的保叶效果，药后 7 天分别为 76.7% 和 79.9%，药后 15 天分别为 88.8% 和 90.8%。24% 甲氧虫酰肼悬浮剂 450ml/hm² 可较好控制二化螟的危害，保苗效果为 75.3%～97.6%。24% 甲氧虫酰肼悬浮剂 225ml/hm² 保苗效果为 95.1%，螟害率降低到 0.2%。

防治苹果害虫　24% 甲氧虫酰肼悬浮剂对苹果棉褐带卷蛾越冬出蛰幼虫和第一代幼虫均有很好的药效，其 3000～8000 倍液处理防治效果在 87%～99%，田间有效控制期达 15 天，尤其是甲氧虫酰肼对卷叶虫苞内的各龄幼虫均有很好的杀灭作用，即使在棉褐带卷蛾幼虫危害盛期田间大量形成虫苞以后使用，也能获得理想的效果。在一般虫口密度条件下，于苹果花后越冬幼虫出蛰末期和第一代幼虫危害盛期各喷施 1 次，可有效控制其全年危害。从经济、药效等各方面考虑，推荐使用剂量以 5000～6000 倍液为宜。

与其他药剂的混用　① 20% 甲氧虫酰肼和 20% 氰氟虫腙混配，以 225～300ml/hm² 喷雾用于防治水稻稻纵卷叶螟；10% 甲氧虫酰肼和 10% 氰氟虫腙混配，以 600～750ml/hm² 喷雾用于防治水稻稻纵卷叶螟，以 450～600ml/hm² 喷雾用于防治水稻二化螟。② 15% 甲氧虫酰肼和 5% 阿维菌素混配，以 300～450ml/hm² 喷雾用于防治水稻二化螟；8% 甲氧虫酰肼和 2% 阿维菌素混配，以 450～750ml/hm² 喷雾用于防治水稻二化螟。③ 15% 甲氧虫酰肼和 9% 三氟甲吡醚混配，以 315～435ml/hm² 喷雾用于防治甘蓝小菜蛾。④ 2% 甲氧虫酰肼与 5% 吡蚜酮混配，以 6.75～12kg/hm² 撒施用于防治水稻稻飞虱和二化螟。⑤ 20% 甲氧虫酰肼和 15% 茚虫威混配，以 120～225ml/hm² 喷雾用于防治甘蓝甜菜夜蛾。⑥ 5% 甲氧虫酰肼和 5% 甲氨基阿维菌素苯甲酸盐混配，以 180～225ml/hm² 喷雾用于防治水稻二化螟；18% 甲氧虫酰肼和 2% 甲氨基阿维菌素苯甲酸盐混配，以 112.5～187.5ml/hm² 喷雾用于防治甘蓝小菜蛾，以 450～600ml/hm² 喷雾用于防治水稻二化螟。⑦ 28.3% 甲氧虫酰肼和 5.7% 乙基多杀菌素混配，以 300～360ml/hm² 喷雾用于防治大葱甜菜夜蛾、甘蓝斜纹夜蛾、水稻稻纵卷叶螟和二化螟。⑧ 8% 甲氧虫酰肼和 16% 溴虫腈混配，以 300～375ml/hm² 喷雾用于防治甘蓝甜菜夜蛾。

允许残留量　GB 2763—2021《食品中农药最大残留限量标准》规定甲氧虫酰肼最大残留限量见表。ADI 为 0.1mg/kg。谷物按照 GB/T 20770 规定的方法测定；蔬菜、水果按照 GB/T 20769 规定的方法测定。

部分食品中甲氧虫酰肼最大残留限量（GB 2763—2021）

食品类别	名称	最大残留限量（mg/kg）
谷物	稻谷	0.2
	糙米	0.1
蔬菜	结球甘蓝	2.0
水果	苹果	3.0

参考文献

刘长令, 2017. 现代农药手册[M]. 北京: 化学工业出版社: 556-558.

（撰稿：杨吉春；审稿：李淼）

甲氧除草醚　chlomethoxyfen

一种二苯醚类除草剂。

其他名称　氯硝醚、X-52、甲氧醚。

化学名称　2,4-二氯-1-(3-甲氧基-4-硝基苯氧基)苯；2,4-dichloro-1-(3-methoxy-4-nitrophenoxy)benzene。

IUPAC 名称　2,4-dichloro-1-(3-methoxy-4-nitrophenoxy)benzene。

CAS 登记号　32861-85-1。

EC 号　251-266-1。

分子式　$C_{13}H_9Cl_2NO_4$。

相对分子质量　314.13。

结构式

开发单位　1969 年由日本三井东亚公司开发。

理化性质　纯品为黄色结晶。熔点 113～114℃。相对密度 1.37。沸点 260℃。水中溶解度 15℃ 时为 0.3mg/L，20℃ 时为 0.39mg/L。可溶于丙酮、乙醇、苯等有机溶剂。

毒性　大鼠、小鼠急性经口 LD_{50} 10g/kg，鼠急性经皮 LD_{50} 2g/kg。慢性毒性试验，饲料对贝类毒性低，甲氧除草醚颗粒剂对鲤鱼的 TLm（48 小时）为 237mg/L，原药对鲤鱼的 TLm（48 小时）为 1.9mg/L。

剂型　7% 颗粒剂，70% 可湿性粉剂。

作用方式及机理　是原卟啉原氧化酶抑制剂。甲氧除草醚在土壤中不发生除草作用，而是在土壤表面形成药剂处理层，当杂草幼芽通过此处理层时与药剂接触而中毒。由于甲氧除草醚施于土壤表面可形成稳定的处理层，不向下移动，且不会被根吸收，所以对水稻安全。甲氧除草醚在稻田施用，药效快，持效期 3～4 周，土壤中半衰期 6～19 天。

防治对象　主要用于水稻，也可用于小麦、花生、甘蔗、菜豆、马铃薯和萝卜、白菜等蔬菜田中防除鸭舌草、益母草、繁缕、稗、节节菜、马唐、看麦娘、具芒碎米莎草、异型莎草、瓜皮草、紫萍、泽泻、藜、牛毛毡等杂草。

使用方法

水稻插秧本田除草　用药量视具体草情而定，一般情况下，用 7% 甲氧除草醚颗粒剂 22.5～37.5kg/hm²（含有效成分 1.6～2.6kg/hm²），或用 27% 甲氧除草醚颗粒剂 7.5～9.75kg/hm²（含有效成分 2～2.6kg/hm²），或用 20% 甲氧除草醚乳油 10～15L/hm²（含有效成分 2～3kg/hm²），加水 750kg 喷雾。在杂草发芽之前和发芽初期，最好在水田耙地后的 1 周施药，也可在插秧当天到第 3 天施药。用手或撒粒机直接均匀撒布颗粒剂，或将规定药量与过筛田土 225～450kg 混合均匀后撒施。水稀释法：将乳油与水按 1∶8 充分混匀后洒施。施药后田间应保持 3～5cm 的水层，3～4 天后进行正常水管理。

对防除发芽初期的稗草、莎草、鸭舌草、节节菜、萤蔺、碱草、陌上菜、牛毛草、田繁缕、瓜皮草等水田一年生杂草有显著效果。当杂草 1 叶期后，药效显著下降。

蔬菜地除草　萝卜、茴香、白菜在播种后 2～3 天，用 20% 甲氧除草醚乳油 7.5～15L/hm²（含有效成分 1.5～3kg/hm²），兑水 600kg，土表喷雾或与细土 225～300kg 拌匀后堆放几小时撒施，对马齿苋、莎草、马唐、稗草等杂草有效。

注意事项　水稻上施用甲氧除草醚的安全间隔期为 39 天。施用甲氧除草醚要在插秧田保水状态下进行，至少保水 3～4 天，田土不得露出水面，不要缺水或一边灌一边排。对小秧苗要注意水层不宜太深。在白菜、甘蓝地使用甲氧除草醚，应避免喷到作物上，以免产生药害。

甲氧除草醚颗粒剂应放在干燥处保存，以免受潮，影响药效。

与其他药剂的混用　可与灭草松、2 甲 4 氯、西草净、禾草特及丁草胺混用。

允许残留量　日本环卫厅 1978 年公布大米中甲氧除草醚最大允许残留量为 0.01mg/kg。

参考文献

朱永和, 王振荣, 李布青, 2006. 农药大典[M]. 北京: 中国三峡出版社: 799-800.

（撰稿：王大伟；审稿：席真）

甲氧滴涕　methoxychlor

一种具有触杀和胃毒作用的有机氯杀虫剂。

其他名称　Marlate、甲氧滴滴涕、甲氧氯、DMDT。

化学名称　1,1,1-三氯-2,2-双对甲氧苯基乙烷；1,1,1-tri-chloro-2,2-bis(p-methoxyphenyl)-ethane。

IUPAC 名称　4,4′-(2,2,2-trichloroethane-1,1-diyl)bis (methoxybenzene)。

CAS 登记号　72-43-5。

分子式　$C_{16}H_{15}Cl_3O_2$

相对分子质量　345.65。

结构式

开发单位　1944 年由 P. Lauger 等报道杀虫活性，1945 年由汽巴 - 嘉基和杜邦公司开发推广。

理化性质　纯品为白色晶体。熔点 89℃。具有水果香气味。难溶于水，微溶于乙醇、石油，易溶于芳香有机溶剂。对光、碱性比滴滴涕稳定。

毒性　急性经口 LD_{50}：大鼠 6000mg/kg，小鼠 1550mg/kg。兔急性经皮 LD_{50} ＞ 6000mg/kg。对皮肤无刺激。以 300mg/（kg·d）喂狗 1 年，未见有害作用。以 200mg/kg 饲喂大鼠 2 年无影响。但以 1600mg/kg 饲料则表现出生长慢。对野鸭急性经口 LD_{50} ＞ 2g/kg。鹌鹑和环颈野鸡 LC_{50}（8 天）＞ 5g/kg 饲料。鱼类 LC_{50}（24 小时）：虹鳟 0.052mg/L，蓝鳃鱼 0.067mg/L，水蚤 LC_{50}（48 小时）0.00078mg/L。

剂型　50% 可湿性粉剂，25% 乳油，粉剂，气溶胶。

作用方式及机理　具有触杀和胃毒作用，无内吸性和熏蒸作用。

防治对象　其杀虫活性与滴滴涕相似，杀虫范围广泛。主要用于防治大田作物、果树、蔬菜等害虫。由于其在动物脂肪中积累，因此也常用于防治卫生害虫。

使用方法　50% 可湿性粉剂 200～300 倍液或 25% 乳油 150～200 倍液喷雾，可防治果树食心虫、苹果蠹蛾、日本金龟子、小象甲、天幕毛虫、果实蝇、叶蝉、椿象、蔬菜叶跳甲、菜螟、黄守瓜、种蝇、豆象、造桥虫、豌豆象等。50% 可湿性粉剂 1kg 加入过筛的细土颗粒，配成 5kg 颗粒剂，45～60kg/km² 施于玉米心叶，可防治玉米螟。用 0.3%～0.5% 浓度药液喷洒房屋墙壁和畜舍，可防治家蝇和厩蝇。

注意事项　在收获前 21 天禁用。

与其他药剂的混用　可与马拉硫磷、对硫磷等混用。

允许残留量　GB 2763—2021《食品中农药最大残留限量标准》规定甲氧滴涕在部分食品中的最大残留限量均为 0.01mg/kg。ADI 为 0.005mg/kg。

参考文献

朱永和, 王振荣, 李布青, 2006. 农药大典[M]. 北京: 中国三峡出版社.

（撰稿：吴剑；审稿：宋宝安）

甲氧基丙烯酸酯类杀菌剂　strobilurins

基于具有杀菌活性的天然抗生素甲氧基丙烯酸酯 A 为先导化合物开发的新型杀菌剂，因此又名嗜球伞果素类杀菌剂。1969 年，Musilek 等发现一种蘑菇中甲氧基丙烯酸酯抗菌素的杀菌活性以后，1996 年巴斯夫和捷利康（先正达）分别开发了醚菌酯（kresoxim methyl）和嘧菌酯（azoxystrobin），之后世界各大农药公司陆续开发了多种甲氧基丙烯酸酯类杀菌剂。根据药效活性基团的不同，可分为以下几类。①甲氧基丙烯酸酯类。先正达开发的嘧菌酯、啶氧菌酯；沈阳化工研究院开发的烯肟菌酯；浙江化工研究院开发的苯醚菌酯。②甲氧基氨基甲酸酯类。巴斯夫开发的唑菌胺酯（pyraclostrobin）。③肟基乙酸酯类。巴斯夫开发的醚菌酯，先正达开发的肟菌酯。④肟基乙酰胺类。日本盐野义的苯氧菌胺，巴斯夫的醚菌胺和肟菌酯，沈阳化工研究院的烯肟菌胺。⑤肟基二嗪类。拜耳公司开发的氟嘧菌酯。此外，咪唑啉酮类杀菌剂由于作用机制相近，也归为甲氧基丙烯酸酯类杀菌剂。巴斯夫公司开发的唑菌胺酯，是目前活性最高的甲氧基丙烯酸酯类杀菌剂。

优点：①具有很高的选择性，对作物安全，具有良好的环境相容性。②广谱、高效，对卵菌、子囊菌、担子菌和半知菌都具有较高的生物活性。③具有保护、内吸和治疗的活性，符合预防为主、综合治理的植保方针。④具有独特的作用机制，通过与病原菌细胞线粒体中 cytb 和 c1 复合体 Q_o 部位的结合而抑制线粒体的电子传递，破坏能量生成而对病菌发生作用，属线粒体呼吸抑制剂。因此，对 14-脱甲基化酶抑制剂、苯基酰胺类、二甲酰亚胺类和苯并咪唑类产生抗性的菌株有效。⑤具有显著的延缓衰老，促进植物生长的作用，提高植物农产品产量和品质。

由于作用位点单一，且作用靶标自发突变频率高，在药剂的高选择压力下，病原菌容易产生抗药性群体。室内抗药性研究表明，这类杀菌剂具有中等抗药性风险。但是，该类杀菌剂 1996 年在欧洲开始用于小麦白粉病的防治，1998 年在德国北部 3 个地区检测到抗性个体，抗性倍数 > 500。1999 年，在德国的其他地区及法国、比利时、英国和丹麦也检测到了抗性菌株。国际杀菌剂抗性行动委员会于 1997 年成立了 QoI 杀菌剂活性与抗性工作组（STAR），该类杀菌剂具有高抗药性风险，并制订了该类杀菌剂的治理方针和推荐使用守则。因此，这类杀菌剂在使用中，多与其他类型杀菌剂混用，主要是为避免和延缓抗药性的发生。

参考文献

华乃震, 2013. Strobilurin类杀菌剂品种、市场、剂型和应用 (I) [J]. 现代农药 (3) : 6-11.

刘长令, 2006. 世界农药大全: 杀菌剂卷[M]. 北京: 化学工业出版社: 117-121.

徐汉虹, 2007. 植物化学保护学[M]. 北京: 中国农业出版社: 157-160.

（撰稿：王岩；审稿：刘西莉）

甲氧隆　metoxuron

一种脲类选择性除草剂。

其他名称　Dosanex、Investt、SAN 6915H、SAN 7102H。

化学名称　3-(3-氯-4-甲氧基苯基)-1,1-二甲基脲；N'-(3-chloro-4-methoxyphenyl)-N,N-dimethylurea。

IUPAC 名称　3-(3-chloro-4-methoxyphenyl)-1,1-dimethylurea。

CAS 登记号　19937-59-8。

EC 号　243-433-2。

分子式　$C_{10}H_{13}ClN_2O_2$。

相对分子质量　228.68。

结构式

开发单位　1968 年 W. Berg 报道该除草剂。由山德士公司（现先正达公司）开发并引入市场。

理化性质　无色晶体。熔点 126～127 ℃。蒸气压 4.3mPa（20 ℃）。K_{ow}lg$P$ 1.6 ± 0.04（23 ℃）。相对密度 0.8（20 ℃）。水中溶解度 678mg/L（24 ℃）；溶于丙酮、环己酮、乙腈和热乙醇，中等溶于乙醚、苯、甲苯和冷乙醇，在石油醚中几乎不溶。在正常储存条件下稳定，在 54 ℃储存 4 周稳定。在强酸和强碱条件下水解。水解 DT_{50}（50 ℃）：18 天（pH3）、21 天（pH5）、24 天（pH7）、> 30 天（pH9）、26 天（pH11）。在溶液中，见紫外线分解。

毒性　大鼠急性经口 LD_{50} 3200mg/kg。急性经皮 LD_{50}：白化大鼠 > 2000mg/kg、兔 > 2000mg/kg。大鼠吸入 LC_{50}（2 周）> 5mg/L（空气）。NOEL：在 90 天的饲喂试验中，大鼠接受 1250mg/kg 饲料，狗 2500mg/kg 饲料，未见不良反应。在 42 天的饲喂试验中，鸡接受 1250mg/kg 饲料，未见显著异常。虹鳟 LC_{50}（96 小时）18.9mg/L。水蚤 LC_{50}（24 小时）215.6mg/L。对蜜蜂无毒，LD_{50}（经口）850mg/kg。蚯蚓 LC_{50} > 1000mg/kg 土壤。

剂型　悬浮剂，可湿性粉剂，颗粒剂，水分散粒剂。

作用方式及机理　选择性除草剂，通过叶子和根部吸收，在植物体内传输。光合电子传递抑制剂，作用于光系统 II 受体部位。

防治对象　用于冬小麦、冬大麦、冬黑麦、部分品种春小麦和胡萝卜田中防除禾本科杂草（剪股颖属、看麦娘、野燕麦、长颖燕麦、贫育雀麦、黑麦草属）和一年生阔叶杂草。

使用方法　苗前或苗后处理，使用剂量 2.4～4kg/hm²。也可用于破坏马铃薯茎秆，用于大麻、亚麻和番茄收获前落叶。

注意事项　可能会对某些品种的谷物产生药害。

制造方法　由 3-氯-4-甲氧基异氰酸苯酯与二甲胺反应制取。

参考文献

马克比恩 C, 2015. 农药手册[M]. 胡笑形, 等译. 北京: 化学工业出版社: 698-699.

石得中, 2008. 中国农药大辞典[M]. 北京: 化学工业出版社: 239.

（撰稿：王宝雷；审稿：耿贺利）

甲氧咪草烟　imazamox

一种咪唑啉酮类除草剂。

其他名称　金豆。

化学名称　(RS)-2-(4-异丙基-4-甲基-5-氧-2-咪唑啉-2-基)-5-甲氧基甲基烟酸。

IUPAC 名称　2-[(RS)-4-isopropyl-4-methyl-5-oxo-2-imidazolin-2-yl]-5-methoxymethylnicotinic acid。

CAS 登记号　114311-32-9。

EC 号　601-305-7。

分子式　$C_{15}H_{19}N_3O_4$。

相对分子质量　305.33。

结构式

开发单位　美国氰胺公司。

理化性质　灰白色固体。相对密度 1.39（20℃）。熔点 166～166.7℃。蒸气压 1.3×10^{-5}Pa（25℃）。溶解度（25℃，g/L）：水 4.16、丙酮 29.3、甲醇 67、乙酸乙酯 10。在 pH5～9 时稳定。

毒性　低毒。大鼠急性经口 $LD_{50}>5000$mg/kg，兔急性经皮 $LD_{50}>4000$mg/kg，大鼠急性吸入 LC_{50}（4 小时）6.3mg/L。对兔眼睛有中等刺激，对兔皮肤无刺激。无致畸、致突变作用。对鱼、鸟低毒。虹鳟 LC_{50}（96 小时）122mg/L。鹌鹑急性经口 LD_{50}（14 天）>1846mg/kg。蜜蜂 LD_{50}（接触）$>25\mu g/$ 只。

剂型　4% 水剂。

质量标准　甲氧咪草烟原药（Q_JMHX30—2020）。

作用方式及机理　选择性内吸、传导型茎叶处理剂。通过抑制植物的乙酰乳酸合成酶，阻止支链氨基酸如缬氨酸、亮氨酸、异亮氨酸的生物合成，从而破坏蛋白质的合成，干扰 DNA 合成及细胞分裂与生长，最终造成植株死亡。

防治对象　大部分阔叶杂草，一年生禾本科杂草及莎草。如苘麻、铁苋菜、田芥、藜、狼杷草、猪殃殃、牵牛花、宝盖草、田野勿忘我、蓼、龙葵、婆婆纳等。也可防除禾本科杂草和莎草科杂草如野燕麦、雀麦、早熟禾、千金子、稷、看麦娘、细弱马唐、灯芯草、铁荸荠等。

使用方法　常用于大豆田苗前喷施。大豆田春大豆播后苗前，每亩用 4% 甲氧咪草烟水剂 75～83g（有效成分 3～3.32g），兑水 40L 土壤喷雾。

注意事项　①保持适当的土壤湿度有利于药效发挥。②间套或混种有禾本科作物的田块，不能使用该品。③该药在土壤中残留时间长，应合理安排后茬作物，间隔 4 个月后播种冬小麦、春小麦、大麦；12 个月后播种玉米、棉花、谷子、向日葵、烟草、西瓜、马铃薯、移栽稻；18 个月后播种甜菜、油菜（土壤 pH ≥ 6.2）。④该品对蜜蜂、鱼类等水生生物、家蚕有毒，施药期间应避免对周围蜂群的影响，禁止在植物花期、蚕室和桑园附近使用。远离水产养殖区、河塘等水域施药。赤眼蜂等天敌放飞区域禁用。

允许残留量　GB 2763—2021《食品中农药最大残留限量标准》规定甲氧咪草烟在小麦中的最大残留限量为0.05mg/kg。ADI 为 3mg/kg。

参考文献

刘长令, 2002. 世界农药大全: 除草剂卷[M]. 北京: 化学工业出版社.

马克比恩 C, 2015. 农药手册[M]. 胡笑形, 等译. 北京: 化学工业出版社.

中国农业百科全书总编辑委员会农药卷编辑委员会, 中国农业百科全书编辑部, 1993. 中国农业百科全书: 农药卷[M]. 北京: 农业出版社.

SHANER D L, 2014. Herbicide handbook[M]. 10th ed. Lawrence, KS: Weed Science Society of America.

（撰稿：李香菊；审稿：耿贺利）

甲氧去草净　terbumeton

一种三嗪类除草剂。

其他名称　特丁通、甲氧乙特丁嗪。

化学名称　2-甲氧基-4-乙氨基-6-叔丁氨基-1,3,5-三嗪。

IUPAC 名称　N^2-tert-butyl-N^4-ethyl-6-methoxy-1,3,5-triazine-2,4-diamine。

CAS 登记号　33693-04-8。

EC 号　251-637-8。

分子式　$C_{10}H_{19}N_5O$。

相对分子质量　225.29。

结构式

理化性质　无色透明至浅褐色黏稠液体。熔点 25℃。沸点 275℃。相对密度 1.129（20℃）。蒸气压 19.2mPa（25℃）。水中溶解度 1.1g/L（25℃）；可与丙酮、乙腈、氯仿、环己酮、二氯甲烷、甲醇、甲苯等相混。常温下储存至少 2 年，50℃可保存 3 个月。

毒性　大鼠急性经口 LD_{50} 433mg/kg；大鼠急性吸入

LC_{50}（4 小时）> 10 000mg/m³。

作用方式及机理　通过叶和根部吸收的除草剂，可有效防除一年生和多年生禾本科杂草和阔叶杂草，可用于 3 年生柑橘园。

防治对象　适用于禾本科杂草和阔叶杂草。

与其他药剂的混用　与特丁津混用，芽后防除苹果园、柑橘园、葡萄园杂草。

允许残留量　无，已被欧盟禁用。

参考文献

DEAN J R, WADE G, BARNABAS I J. 1996. Determination of triazine herbicides in environmental samples[J]. Journal of chromatography A, 733: 295- 335.

（撰稿：杨光富；审稿：吴琼友）

甲氧噻草胺　thenylchlor

一种氯乙酰胺类除草剂。

其他名称　Kusamets（＋苄嘧磺隆）、Alherb、NSK-850。

化学名称　2- 氯 -N-(3- 甲氧基 -2- 噻酚基)-2′,6′- 二甲基乙酰苯胺。

IUPAC 名称　2-chloro-N-(3-methoxy-2-thenyl)methyl-2′,6′-dimethylacetanilide。

CAS 名称　2-chloro-N-(2,6-dimethylphenyl)-N-[(3-methoxy-2-thienyl)methyl]acetamide。

CAS 登记号　96491-05-3。

分子式　$C_{16}H_{18}ClNO_2S$。

相对分子质量　323.84。

结构式

开发单位　1985 年由日本 Tokuyama 开发。

理化性质　白色固体，有轻微硫黄气味。原药含量≥95%。熔点 72～74℃。沸点 173～175℃（66.5Pa）。蒸气压 $2.8×10^{-2}$mPa（25℃）。K_{ow}lg$P$ 3.53（25℃）。相对密度 1.19（25℃）。在水中溶解度 11mg/L（20℃）。稳定性：260℃分解。紫外线照射下分解（400nm，8 小时）。pH3～8 的酸或碱中稳定。闪点 224℃。

毒性　大鼠和小鼠急性经口 LD_{50} > 5000mg/kg。大鼠急性经皮 LD_{50} > 2000mg/kg。大鼠吸入 LC_{50}（4 小时）> 5.67mg/L。大鼠 NOEL 6.84mg/（kg · d）。山齿鹑 LD_{50} > 2000mg/kg。鲤鱼 TLm（48 小时）0.76mg/L。水蚤 LC_{50}（3 小时）> 100mg/L。蜜蜂 LD_{50} > 1000μg/ 只。蚯蚓 LC_{50}（14 天）> 1000mg/kg 土壤。

剂型　乳油，颗粒剂，可湿性粉剂。

作用方式及机理　通过阻断蛋白质的合成，抑制细胞分裂。

防治对象　用于水稻田芽前防除一年生禾本科杂草和阔叶杂草，特别用于防除 2 叶龄的稗草。

使用方法　使用剂量270g/hm²，种植后施药对作物（水稻）无药害。

参考文献

马克比恩 C, 2015. 农药手册[M]. 胡笑形, 等译. 北京: 化学工业出版社: 988.

（撰稿：许寒；审稿：耿贺利）

甲氧杀草隆

一种苯基脲类除草剂。

化学名称　N- 甲氧基 -N′-(1- 甲基 -1- 苯乙基)-N- 苯基脲；N-methoxy-N′-(1-methyl-1-phenylethyl)-N-phenylurea。

IUPAC 名称　1-methoxy-1-phenyl-3-(2-phenylpropan-2-yl)urea。

CAS 登记号　56760-11-3。

分子式　$C_{17}H_{20}N_2O_2$。

相对分子质量　284.35。

结构式

理化性质　纯品为无色无味晶体。相对密度 1.073～1.193。熔点 75.2℃。pK_a13.7 ± 0.46。K_{ow}lg$P$ 3.648。稳定性：对热和光稳定。

剂型　50% 可湿性粉剂，50% 浓乳剂。

作用方式及机理　为选择性传导型除草剂，主要通过植物根部吸收，该药不似其他取代脲类除草剂能抑制光合作用，而是细胞分裂抑制剂。抑制根和地下茎的伸长，从而抑制地上部的生长。

防治对象　主要用于防除牛毛毡、稗草、阔叶杂草，对香附子等莎草科杂草也有一定的效果。

使用方法　水稻苗前和苗后早期除草，仅适宜与土壤混合处理。土壤表层处理或杂草茎叶处理均无效。使用剂量为 2500g/hm² 时，对牛毛毡、稗草、阔叶杂草能够完全杀死，对于水稻苗无影响。出苗前土壤处理试验的结果表明，对于大部分的旱地杂草都具有较好的清除效果，比如马唐、藜、稗草，但是对于水稻和玉米苗也有毒害作用，对于棉花和花生苗的影响较小。旱地除草用药量比水田用量应高 1 倍。水稻秧田使用防除异型莎草、牛毛草等浅根性莎草。若防除扁秆藨草等深根性杂草或在移栽水稻田使用，必须加大剂量。

注意事项　该药只能混土处理，土壤表层处理或杂草茎叶处理无效。杀草隆使用量与混土深度应根据杂草种子与地下茎、鳞茎在土壤中的深浅而定。杀草隆对莎草科杂草具有特效，但对其他杂草基本无效，若需兼治，可与其他除草剂混用。

（撰稿：王忠文；审稿：耿贺利）

甲乙基乐果　Bopardil RM60

一种有机磷类杀虫剂。

化学名称　*O*-甲基-*O*-乙基-*S*-(*N*-甲基氨基甲酰甲基)二硫代磷酸酯。

IUPAC 名称　*O*-ethyl *O*-methyl *S*-(2-(methylamino)-2-oxoethyl)phosphorodithioate。

CAS 登记号　3547-35-1。

分子式　$C_6H_{14}NO_3PS_2$。

相对分子质量　243.28。

结构式

开发单位　1965 年由意大利伯瑞尼公司开发。

理化性质　可溶于大多数有机溶剂，水中溶解度 8.4g/L。熔点 61～62℃。

毒性　对温血动物的接触、呼吸毒性低。

剂型　粉剂，可湿性粉剂，乳剂。

防治对象　蚜、螨。

使用方法　0.1%～0.15% 防治苹果蚜虫和菜赤螨；0.2% 防治梨小食心虫，还能防治橄榄实蝇和樱桃实蝇的幼虫。

注意事项　①使用前药液要振摇均匀，若有结晶需全部溶解后使用；使用时，分两次稀释，先用 100 倍水搅拌成乳液，然后按需要浓度补加水量；高温时稀释倍数可大些，低温时稀释倍数可小些，啤酒花、菊科植物、高粱有些品种及烟草、枣树、桃、杏、梅、橄榄、无花果、柑橘等作物，对稀释倍数在 1500 倍以下乳剂敏感，使用时要先做药害试验，再确定使用浓度。②对牛、羊、家禽的毒性高，喷过药的牧草在 1 个月内不可饲喂，施过药的田地在 7～10 天不可放牧。食用作物上施药后 7 天方可采收食用。③不可与碱性药剂波尔多液、石硫合剂等混用，其水溶液易分解，应随配随用。④易燃，远离火种。⑤中毒后的解毒剂为阿托品。中毒症状：头痛、头昏、无力、多汗、恶心、呕吐、胸闷、流涎，并造成猝死。口服中毒可用生理盐水反复洗胃，接触中毒应迅速离开现场，换掉染毒衣物，用温水洗手、洗脸，同时加强心脏监护，防止猝死。

参考文献

朱永和，王振荣，李布青，2006. 农药大典[M]. 北京：中国三峡出版社：50.

（撰稿：吴剑；审稿：薛伟）

歼鼠肼　bisthiosemi

一种经口氨基硫脲类损害肺部的有害物质。

化学名称　*N'*,*N'*-甲叉二 (氨基硫脲)。

CAS 登记号　39603-48-0。

分子式　$C_3H_{10}N_6S_2$。

相对分子质量　194.28。

结构式

理化性质　熔点 171～174℃。白色结晶。不溶于水和有机溶剂，可溶于二甲基亚砜。在水中逐渐分解。在酸性和碱性介质中，分解加速。

毒性　对雄小鼠、雌小鼠、雄豚鼠、雌豚鼠的急性经口 LD_{50} 分别为 30.4mg/kg、36mg/kg、32mg/kg、36mg/kg。速效杀鼠剂。

作用方式及机理　是一种速效杀鼠剂，杀鼠作用很快。中毒的鼠肺水肿和出血。

使用情况　在中国无正式登记或已禁止使用。

使用方法　堆投，毒饵站投放。

参考文献

连召斌，黄艳，曹玲华，2004. *N*-糖基-2-取代-氨基硫脲及*N*-糖基-*N'*-取代-联二硫脲类化合物的合成[J]. 有机化学(11): 1396-1402.

（撰稿：王登；审稿：施大钊）

坚强芽孢杆菌　*Bacillus firmus*

一种烟草、番茄、玉米等田用生物杀线虫剂。

其他名称　鑫暴线、Poncho/Votivo、Bionem-WP、BioSafe-WP 和 Chancellor 等。

开发单位　江西顺泉生物科技有限公司于 2018 年获得产品登记；拜耳作物科学公司将坚强芽孢杆菌 I-1582 与噻虫胺复配，2012 年在美国登记为种衣剂 Poncho/Votivo，用于玉米包衣防控线虫和早期害虫；Agro Green 公司在以色列将坚强芽孢杆菌登记为 Bionem-WP、BioSafe-WP 和 Chancellor 3 个杀线产品。

理化性质　为活体微生物，无化学式、结构式、分子式、相对分子质量等。

毒性　坚强芽孢杆菌（菌株 CX10）经口灌胃和腹腔注射的小鼠急性毒性试验，低剂量组（$1.5×10^4$CFU/ml）、中剂量组（$1.5×10^6$CFU/ml）和高剂量组 $1.5×10^8$CFU/ml），连续灌胃和腹腔注射 3 天，每天 2 次，7 天后各组小鼠无中毒反应和死亡，小鼠的精神状态、食欲和行为等在一般健康等级中处于 I 级，剖检小鼠脏器均未见病变；低、中、高剂量组与对照组小鼠体增重、血液学指标、血生化指标以及脏器指数差异不显著；对主要脏器进行病理组织切片观察，镜检结果显示，坚强芽孢杆菌 -CX10 对小鼠主要脏器均无明显致病理变化。

剂型   100 亿芽孢 /g 可湿性粉剂，48.4%Poncho/Votivo 水溶性膏剂。

质量标准   100 亿芽孢 /g 可湿性粉剂的芽孢数量≥ 100 亿芽孢 /g，悬浮率、储存稳定性良好；48.4%Poncho/Votivo 水溶性膏剂中坚强芽孢杆菌 I-1582 的含量 8.1%，每升种衣剂中含有 0.1kg 的坚强芽孢杆菌（每毫升菌落形成单位最小值为 2×10^9），其外观为浅褐色液体，pH4.7～6.7，密度为 1.24g/ml。

作用方式及机理   产品施入土壤后能定殖、繁殖，在根部周围形成一个活的微生物保护屏障，阻止早期线虫的侵入。一方面，孢子萌发产生菌丝寄生于根结线虫的卵，使得虫卵不能孵化、繁殖；另一方面，能产生大量次生代谢产物和分泌蛋白（如胞外酶、胞外蛋白质等），对线虫及线虫卵和二龄幼虫产生作用，阻止线虫卵和幼虫的生长、发育，同时破坏线虫角质层，使其外层表皮脱落，形成裂痕，从而防控线虫。

防治对象   烟草根结线虫、番茄根结线虫等。

使用方法

防治烟草根结线虫   烟草定植前进行穴施 1 次。细土拌匀，穴施覆土，施药前确保药剂与细干有机肥或细干土混合均匀。

防治番茄根结线虫   番茄移栽、定植前后或根结线虫发病初期施药，视情况可追施 1 次，间隔期为 10～14 天。

注意事项   ①不可与含铜物质、碱性农药或物质混合使用，但可与其他作用机制不同的杀线虫剂轮换使用。②施药要穿防护服，戴防护手套、面罩等，避免皮肤接触及口鼻吸入。使用中不可吸烟、饮水及进食，使用后及时清洗手、脸等暴露部位皮肤并更换衣物。孕妇和哺乳期妇女避免接触此药。③用过的容器应妥善处理，不可做他用，也不可随意丢弃。④在水产养殖区、河塘等水体附近禁用，禁止在河塘等水域清洗施药器具。⑤大风天或预计 1 小时内降雨，请勿施药。⑥该品每季最多使用 2 次。

参考文献

刘维娣，张博，王相晶，等，2012. 新颖杀线虫种衣剂-Poncho/Votivo[J]. 世界农药，34（1）：56-57.

申继忠，2020. 杀线虫剂概述[J]. 世界农药，42（10）：13-23.

（撰稿：戚仁德；审稿：陈书龙）

间位叶蝉散   hercules 5727

一种氨基甲酸酯类杀虫剂。

其他名称   间位异丙威、虫草灵、IIPFC Hercules 5727、ENT 25500、AC—5727、UC10854。

化学名称   3-异丙基苯基 -N- 氨基甲酸甲酯。

IUPAC 名称   3-isopropylphenyl N-methylcarbamate。

CAS 登记号   64-00-6。

EC 号   200-572-3。

分子式 $C_{11}H_{15}NO_2$。

相对分子质量   193.24。

结构式

开发单位   1961 年美国联碳公司推荐作为除草剂，试验代号 UC10854，同时赫古来公司以 H5727 推荐。

理化性质   白色结晶粉末，无味。熔点 70℃。30℃时水中溶解 85mg/kg，不溶于环己酮和精制煤油，在丙酮中溶解 50%，在二甲基甲酰胺中溶解 60%，在异丙醇中溶解 40%，甲苯中溶解 20%，在二甲苯中溶解 10%。对光和热稳定，但不能与碱性物质混用。

毒性   急性经口 LD_{50}：大鼠 41～36mg/kg，豚鼠 10mg/kg。急性经皮 LD_{50}：大鼠 113mg/kg；兔 40mg/kg。大鼠静脉注射 LD_{50} 3.2mg/kg，肌肉注射 LD_{50} 14mg/kg。

剂型   2%、4% 粉剂，20% 乳油，75%、50% 可湿性粉剂。

作用方式及机理   杀虫剂，兼有杀螨作用，并能用作除草剂。对哺乳动物的作用机制和其他氨基甲酸酯类杀虫剂类似，使 ChE 氨基甲酰化，抑制 ChE 活性。氨基甲酸酯杀虫剂通过抑制昆虫体内乙酰胆碱酯酶 AchE，阻断正常神经传导，引起整个生理生化过程的失调，使昆虫中毒死亡。

防治对象   对防治各种蚊的成虫有良好的持效性。对棉花、果树、蔬菜、玉米等上的害虫亦有效，如棉铃虫、稻飞虱、黄瓜条叶甲幼虫等。

使用方法

防治飞虱、叶蝉   在若虫高峰期，用 2% 粉剂 30～37.5kg/hm²（有效成分 600～750g/hm²），直接喷雾或混细土 200kg，均匀撒施；或用 20% 乳油 2.25～3L/hm²（有效成分 450～600g/hm²）。

防治柑橘潜叶蛾   在柑橘放梢时用 20% 乳油兑水 500～800 倍（有效成分 250～400mg/kg）喷雾。

注意事项   对薯类有药害，不宜在薯类作物上使用。施用前、后 10 天不可使用敌稗。应在阴凉干燥处保存，勿靠近粮食和饲料，勿让儿童接触。不可与碱性物质混用。

参考文献

王振荣，李布青，1996. 农药商品大全[M]. 北京：中国商业出版社.

张宗炳，1987.杀虫药剂分子毒理学[M]. 北京：农业出版社.

朱永和，王振荣，李布青，2006. 农药大典[M]. 北京：中国三峡出版社.

（撰稿：李圣坤；审稿：吴剑）

检测限   limit of detection, LOD

用某一方法可以确证样品基质中含有某化合物的最小

浓度。常用信噪比法确定检测限，用 LOD 表示。LOD 指仪器产生 3 倍基线噪声信号的某物质的浓度，用于定性分析的限度，可用 mg/kg、μg/kg 等单位表示。

见定量限，是衡量仪器或方法灵敏度的重要指标。具体可见灵敏度。

参考文献

NY/T 788—2018 农作物中农药残留试验准则.

（撰稿：董丰收；审稿：郑永权）

交互抗药性　cross-resistance

昆虫的一个品系由于受相同或相似抗性机理、类似的化学结构的药剂选择，产生了抗性，对选择药剂以外的其他从未使用过的一种或一类药剂也产生抗药性的现象。近 20 年来交互抗药性现象十分普遍，如抗溴氰菊酯棉蚜，由于抗击倒机理（Kdr）和多功能氧化酶（MFO）的变化，因此对同属拟除虫菊酯类杀虫剂的氰戊菊酯、氯氰菊酯、氟氯氰菊酯、氯氟氰菊酯、甲氰菊酯和联苯菊酯等均产生了交互抗性。同时发现高抗氰戊菊酯棉蚜品系，还对吡虫啉、灭多威、硫丹和氧乐果产生不同程度的交互抗性。抗吡虫啉棉蚜，对同属于新烟碱类的啶虫脒、烯啶虫胺、噻虫胺、噻虫嗪、噻虫啉和呋虫胺也均产生了交互抗性。具有交互抗性的药剂间不宜轮换使用和混合使用。交互抗药性现象是制约新药剂创新的首要问题，也是轮换用药和混合用药措施是否奏效的关键所在。

（撰稿：王开运；审稿：高希武）

矫味剂　flavor agent

能够掩盖和改善农药口味的助剂。在农药制剂中加入矫味剂后能够掩盖不愉快的感官感受或提高愉快的感官感受，吸引害虫和有害鼠类进食，达到捕杀的目的。

作用机理　矫味剂的作用就是提高味觉、嗅觉、触觉等感受的愉快性，主要作用：①掩盖原有制剂中不愉快的感官感受。②提高制剂愉快的感官感受。

分类和主要品种　矫味剂一般包括甜味剂、芳香剂、胶浆剂和泡腾剂 4 类。①甜味剂。矫正原有的咸涩苦味，分为天然和合成的两类。天然甜味剂，主要是蔗糖、单糖浆及橙皮糖浆、枸橼糖浆、樱桃糖浆等芳香糖。合成甜味剂为糖精钠、甲醇、乙醇等醇类。②芳香剂。改善制剂气味的香料或香精，分为天然和合成两类。天然芳香剂如柠檬、薄荷等，合成香精为苹果香精、橘子香精等。③胶浆剂。具有黏稠、缓和干扰味觉的作用。常用的有阿拉伯胶、明胶、海藻酸钠等。④泡腾剂。主要是二氧化碳麻痹蕾味矫味。主要是碳酸氢钠与有机酸混合，遇水产生二氧化碳作用。

使用要求　掌握害虫或鼠类的生理结构、生活习性等，

才能够选择合适的矫味剂。

应用技术　主要应用于防治害虫和鼠类的农药制剂中。

参考文献

罗明生，高天慧，2003. 药剂辅料大全[M]. 2版. 成都：四川科学技术出版社.

（撰稿：卢忠利；审稿：张宗俭）

接触角　contact angle

液滴在物体表面上所形成的半球形液面与物体表面之间的夹角。通常用通过球面周边某一观察点的半球截面上的切线对于物体表面的夹角（θ）来表示（图 1 ①）。测定药液在植物叶片或昆虫体表面上的接触角，可借以判断药液的黏附能力，并作为选择适用助剂的依据。

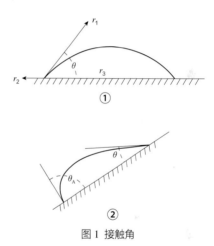

图 1　接触角

形成原理　液滴同物体表面接触后，形成液 / 固 / 气三相交接体系。在此体系中形成 3 种力的平衡：γ_1、γ_2、γ_3。γ_1 是液滴的表面张力（或液体与气体之间的界面张力），γ_2 是固体与气体之间的界面张力，γ_3 是固体与液体之间的界面张力。γ_1 与 γ_3 的合力使液滴产生收缩力，从而使液滴的接触角趋于增大，而 γ_2 则使液滴容易在固体表面上展开而形成较小的接触角。当药液的表面张力小而与物体表面的亲和力较大时，则药液容易在物体表面上发生湿润和展开，使接触角变小。在 γ_2 与 γ_1、γ_3 的合力平衡时，接触角便确定，即

$$\gamma_2 = \gamma_3 + \gamma_1 \cos\theta$$

$$\cos\theta = \frac{\gamma_2 - \gamma_3}{\gamma_1}$$

所以，减小 γ_1 和 γ_3 均可有利于形成较小的接触角。往药液中加入适量的润湿剂便可降低 γ_1 和 γ_3。

种类　有前进角与后退角两种。①前进接触角（或推进接触角，θ_A）。把药液滴加到物体表面上时所形成的接触角，或物体表面发生倾斜时液滴流动，在液滴流动的前沿

所形成的接触角（图1②）。②后退接触角（或退缩接触角，θ_R）。把已沉积在表面上的液滴吸去一部分，液滴的周边退缩后所形成的接触角，或物体表面发生倾斜时液滴流动后，在后缘部所形成的接触角（图1②）。前进接触角可用于表达药液的展开能力并用以计算展开系数；后退接触角用于表达药液的润湿能力。此外，因为植物体或昆虫体的任何部分都没有绝对的水平面，研究液滴的前进接触角和后退接触角对于液滴的持留能力和稳定性可提供分析依据。一种不湿润的液体其前进接触角和后退接触角均很大，因此在表面上处于不稳定状态而很容易发生滚落。在表1中的（$\theta_A-\theta_R$）差值越小即表示液滴越不稳定。

表1 液体在不同表面上的接触角

各种测试表面	液体种类	表面张力（γ）	液体密度（ρ）	θ_A	θ_B	（$\theta_A-\theta_R$）
乙酸纤维	水	74.0	1.000	74	13	61
乙酸纤维	1%Teepol水溶液	0.1	1.002	59	1	58
乙酸纤维	汞	48.5	13.65	146	129	17
玻璃	汞	48.5	13.65	131	125	6
紫丁香	水	74.0	1.000	90	6	84
酸模	水	74.0	1.000	86	15	71
车前草	水	74.0	1.000	84	20	64
藦菜	水	74.0	1.000	148	131	17
咖啡	水	74.0	1.000	96	29	67
咖啡	0.5%铜素杀菌剂水悬液	71.9	1.002	96	18	78
咖啡	2%铜素杀菌剂水悬液	63.5	1.012	102	13	89

接触角与展开系数 接触角大小表示液体对物体表面的亲合能力和展开能力的大小。接触角大表示亲合力和展开能力弱。反之，则表示亲合力和展开能力强，药液容易黏附在物体表面上，而且具有较强的覆盖能力。液滴展开后所形成的液斑面积与展开前液滴的投影面积之比值称为展开系数（spreading coefficient，F）：

$$F = D/d$$

式中，D 为液斑直径；d 为展开前的液滴之投影直径。

展开系数与接触角呈负相关（表2）。展开系数大表明液滴在表面上的覆盖面积大，这一特性对于低容量和超低容量喷雾方法至关重要。在每公顷10L的超低容量喷雾情况下，选用250μm的雾滴细度时，若其接触角为90°则每单位表面面积内被液滴所湿润的面积之比例（称为覆盖比）为0.0095，如使接触角缩小为35°，则同样细度同样喷雾量的药液，覆盖比提高到0.025，可显著提高药剂的防治效果。

表2 接触角与展开系数的相关性

接触角（θ°）	5	10	20	35	60	75	90	110	130	150
展开系数（F）	3.90	3.12	2.48	2.07	1.61	1.43	1.26	1.04	0.79	0.51

测定方法 有两种：①投影法。利用显微投影原理，把显微镜调整到卧式，载有液滴的小型平台置于物镜前方的光路中，使液滴的侧影通过显微镜而投射在置于目镜前方的屏幕上，并对液滴与物体表面的接触部分对焦。用量角仪直接测量接触角，或量取球面半径和弦长、球面顶端离物体表面的高，计算出接触角。②接触角测量仪测定法。是根据投影法的原理而设计的专用仪器，投影部分改为在镜筒目镜中观察，在镜筒中设计有游动标尺，可根据接触角的实际情况调节游标而直接读出接触角。测定接触角时的技术关键是要防止液滴蒸发，否则所测得的往往是后退接触角。在接触角测定仪中已设计了防止蒸发的装置（图2）。

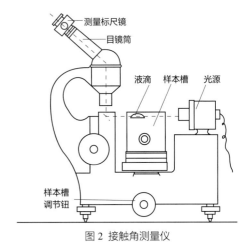

图2 接触角测量仪

参考文献

中国农业百科全书总编辑委员会农药卷编辑委员会，中国农业百科全书编辑部，1993. 中国农业百科全书：农药卷[M]. 北京：农业出版社.

（撰稿：何雄奎；审稿：李红军）

结构化学衍生 structural chemistry derivative

对化合物进行结构修饰或衍生，常见的是局部结构改造，又名局部修饰（local manipulation）。结构化学衍生的方式有多种，如取代基位置与性质改变，同系物变换，不饱和基团的引入或去除，大位阻基团的引入、替换或去除，开环与关环的转换。

取代基位置与性质改变 取代基包括单取代和多取代，取代基需满足以下要求：①从疏水性、电性和空间性等方面考虑要满足化合物的物理化学性质。②有可靠的合成资源，包括但不仅限于易于合成。③确保目标化合物稳定。早在1972

年，Topliss 根据取代基疏水性、电性等理化性质的不同，提出了取代基的经验设计方案，因而又名"Topliss 方案"。

取代基变换或取代位置变换均对分子生物活性有一定影响。基团的改变能通过诱导效应和共轭效应改变分子电荷分布，进而导致化合物的理化性质发生改变，对活性产生重大影响。其中值得注意的是卤素因具有立体效应、电性效应和阻断效应而广泛应用于农药创制中。

同系物变换　同系物分子间的差异是若干个亚甲基。先导优化中常见的主要包括：单烷基衍生化，碳原子数目不同的脂环同系物。单烷基衍生化是在先导化合物中逐个增加或减少亚甲基个数来实现优化；脂环同系物则是用不同的脂肪环实现优化。

不饱和基团的引入或去除　在活性分子中插入不饱和键，会增大分子刚性，影响分子构象、构型等的立体结构，进而引起理化性质的改变，体现出不同的活性。

大位阻基团的引入或去除　大位阻基团的引入往往能控制化合物的构型，使与酶或受体的相互作用改变，从而改变生物活性，或者大位阻基团的引入能够使农药分子与靶标作用受阻，改变生物活性。

开环与关环　饱和脂肪链环合成脂环化合物，或者脂环化合物开环成脂肪化合物是农药先导化合物常用的策略之一。开环与关环的相互转化，可使分子的形状、构象以及表面积发生改变，影响与靶标的结合，从而体现出不同的活性。

参考文献

陈进宜, 2006. 药物化学[M]. 北京: 化学工业出版社.

郭宗儒, 2012. 药物设计策略[M]. 北京: 科学出版社.

仇缀百, 2008. 药物设计学[M]. 2版. 北京: 高等教育出版社.

叶德泳, 2015. 药物设计学[M]. 北京: 高等教育出版社.

TOPLISS J G, 1972. Utilization of operational schemes for analog synthesis in drug design[J]. Journal of medicinal chemistry, 15: 1006-1011.

（撰稿：邵旭升、栗广龙；审稿：李忠）

结合残留　bound residue

农药使用进入环境后，通过化学、物理、生物作用与环境基质产生牢固结合，基质中的农药不能被化学溶剂所提取，即形成结合残留。由于常规的分析方法无法测定结合态农药的残留，土壤或植物体中结合态农药残留的性质及其生物有效性、毒性和环境归宿等仍需进一步系统研究。农药结合残留的形成，一方面可作为农药在环境中的解毒机制，然而另一方面结合态农药可能在环境中产生再释放，造成对生态环境的次生污染。因此，研究农药的结合残留对于深入了解农药的环境行为，评价农药对环境的影响具有重要意义。

结合残留是指农药母体或代谢物与土壤中的腐殖质，动植物体的木质素、纤维素等通过化学键合或物理结合作用，牢固结合形成的农药残留。结合残留既可以是农药母体化合物，也可以是其代谢产物。结合残留主要存在于环境介质中具有多种官能基团的网状结构组分中（如土壤腐殖质和植物木质素），其与介质的结合包括化学键合、吸附及物理镶嵌等作用。

形成　农药结合残留的形成，是伴随着农药吸附、迁移、代谢等过程同时发生的。几乎所有农药在环境介质中都有可能形成结合残留物，其形成机制是复杂的。农药结合残留的形成不仅取决于农药本身的分子结构、类型、化学性质及其在介质中的转化，而且与介质的类型、理化性质、所含物质的官能团种类数量与其他环境条件密切相关。

共价键结合　含氯代芳香族化合物与土壤有机质通过酶促氧化还原反应，产生共价键结合，从而缓解环境污染物的毒性。某些农药与腐殖质具有相似的官能团，因而在化学以及酶促反应的作用下能与土壤有机质共价结合，形成稳定的且不可逆转的结合物质。

离子键结合　根据农药的理化性质及其在土壤、水分中的行为，可把农药分为离子型和非离子型。离子型农药在一定的 pH 介质中可离子化，与腐殖质的羧基或酚羟基相互结合，从而形成较为稳定的结合态物质。Maqueda 等采用远红外光谱研究离子型农药杀虫脒与胡敏酸的相互作用，证实了结合物中离子键的存在（见图）。此过程中，农药自身的化学性质与环境介质体系的pH值对离子键合作用影响较大。另外，土壤腐殖物质中的阳离子也能影响对于农药的键合能力。

电荷转移复合物　腐殖质的缺电子部分如醌基或富电子中心如联苯酚能与具有供电子或受电子特性的农药分子通过电子供受机理形成电荷转移复合物。腐殖物质中所含羧基越少，醌基越多，越有利于农药与腐殖物质间电荷转移作用的发生。农药和土壤腐殖物质间的电荷转移作用会导致体系中游离基浓度的增加。

配位体交换　农药分子中的羧基、氨基等是良好的配位体，它们可以和土壤中部分多价阳离子周围的弱配位体（如水）发生置换，农药分子也因配位体交换而被这部分阳离子所络合。农药分子越小，配位性越强；阳离子价态越高，配位性也越强。

疏水性结合　土壤有机质表面存在着一些疏水性基团，如脂肪、树脂、腐植酸和富啡酸的脂肪族支链、高含碳量木质素衍生物等，非极性分子倾向于向这些表面聚集。低溶解度或疏水性的非极性农药与土壤溶液是不混溶的，但能与上述疏水基结合。Leenheer 等研究发现，对硫磷与有机质表面的亲和力主要依赖于表面的疏水性，滴滴涕以及其他有机氯农药与土壤有机质和腐殖质均有着重要的疏水性作用。

螯合作用　非极性和疏水性农药化合物在土壤中随着滞留或老化时间的延长，能够与土壤产生螯合作用。螯合作用可以被视作快速吸附作用之后的一种缓慢而稳定的反应机理，吸附过程发生在物质加入数分钟内，而螯合则需很长时间。由于螯合物位于土壤基质内的微小结构内，难以直接进行机理的研究，而仅是通过土壤中"老化"的有机化合物的吸附作用模型的辅助，以揭示螯合作用的相关机理。

氢键相互作用　氢键可能是非离子型的极性农药结合残留物形成最重要的机理。当土壤腐殖物质和农药分子发生氢键作用时，通常与土壤腐殖物质中 C═O 部位进行作用，腐殖物质的羧基、酚羟基、醇羟基等官能团也可与农药分子中 N-H 基反应发生氢键。含有大量氧和羟基功能团的腐殖

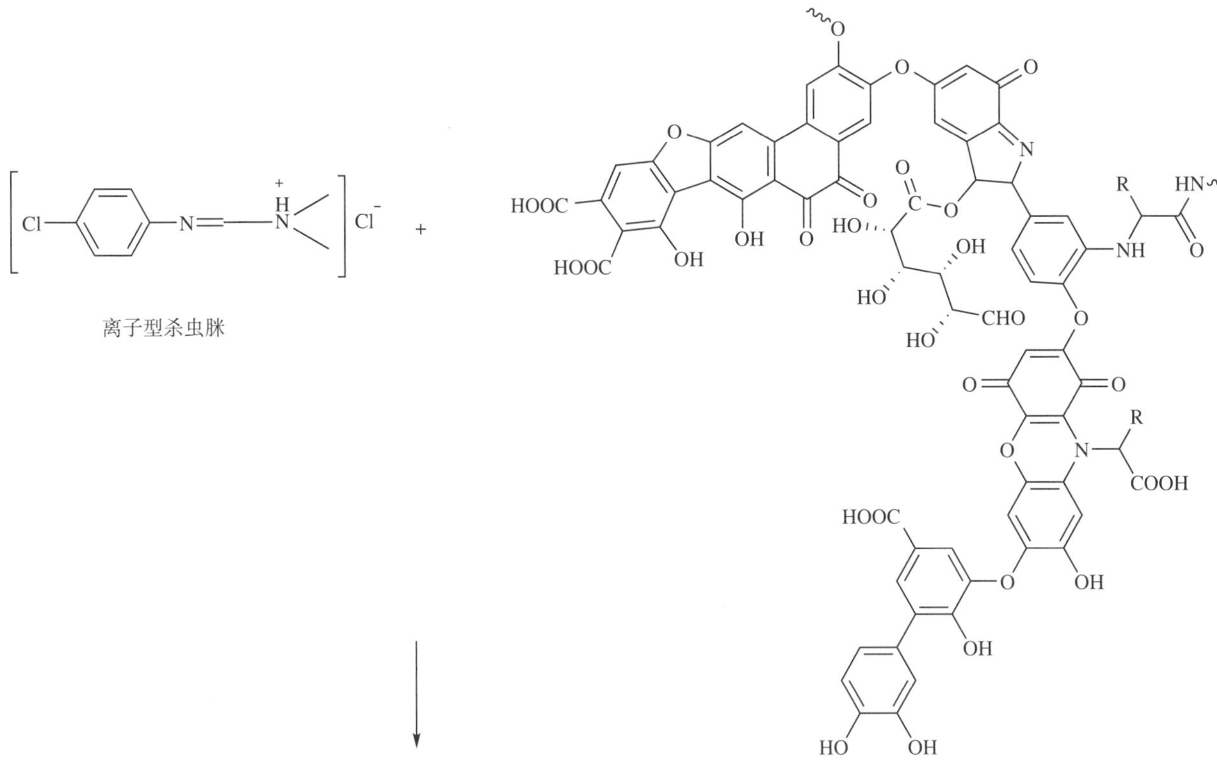

离子型杀虫脒

结合态杀虫脒　　　　　　　　胡敏酸

离子键结合

质容易与农药分子中相应功能团形成氢键结合，同时农药分子能够与水分子竞争结合位点。

范德华力　范德华力存在于所有吸附剂和吸附质之间的相互作用中，它包括弱的短距离偶极和诱导偶极相互作用。由于范德华力随距离的增大而迅速减弱，所以它对吸附的贡献只有在一些离子与吸附表面近距离接触时才会达到最大，或者通过近距离接触被邻近的吸附离子所保留。Khan等研究表明，毒莠定和2,4-滴与土壤有机质的作用中，范德华力表现为一种较为重要的吸附机理。

需要指出的是，某一种农药分子残留物与土壤有机质的相互作用中，上述两种或多种机理有时会同时发生，但并非所有机理同时存在，这取决于农药分子与有机质的功能团类型以及介质的酸碱度。总之，农药残留物优先与何种有机物质组分结合以及结合的强弱，与农药残留物本身的结构和介质组分的理化特性等均有密切的关系。

毒性　土壤中结合态的农药母体及降解代谢产物，在一定条件下可因土壤动物、微生物的活动或其他环境因子的变化而逐渐转化为游离态残留物，进而被土壤中的植物、动物、微生物所吸收并产生毒性，影响土壤动物和后茬农作物的正常生长，最终形成次生迟发性的环境污染问题。游离出的结合残留物通过食物链可被动物和人类吸收，并且向血管释放毒性碎片。因此，测量尿液和胆汁中的放射能可以用于判定结合残留经血管及肝循环与动物产生的接触。另外，结合残留的生物有效性也取决于生物体中与之相结合的大分子的消化能力。

土壤中结合残留的生物有效性　土壤中结合态农药残留主要是农药及其降解产物与土壤腐殖质结合而产生的。土壤结合态农药残留的释放和消解受到土壤类型、土壤上种植的作物、土壤处理过程以及土壤中微生物活动等要素的影响，其中土壤中微生物的活动被认为是结合态农药残留释放和消解的主要影响因素。由于土壤中的动植物和微生物的作用，部分以结合态存在的农药残留物会被重新释放，从而被微生物、动植物吸收利用，产生生物有效性。Gevao等用甲醇、二氯甲烷充分提取土壤中结合态农药残留，结果发现莠去津、异丙隆和麦草畏3种农药在土壤中的结合残留分别为总量的18%、70%和67%，而在结合残留中有0.02%～0.2%的农药被蚯蚓所吸收。

植物中结合残留的生物有效性　植物吸收农药残留后，在植物组织中经传导与植物成分结合，形成结合残留。关于植物结合态农药残留，国外进行了相当多的相关研究，研究主要集中在农药施用后，作物中结合态农药残留存在形式、对人的毒理作用及其潜在风险评价。

植物中的结合残留主要以以下3种形式存在：①农药分子与生物分子（如氨基酸、糖类等）产生结合作用，并降解成小碳链分子。②农药分子与生物分子中的相应基团产生化学作用，形成结合残留，再通过其他化学反应进行释放（如酶水解或酸/碱水解）。③农药分子与植物基质（如纤维素、木质素等）产生物理包覆或结合作用，经碱性细胞增溶溶解进而释放出部分结合残留。土壤中的芥子植物、谷类作物等都会吸收农药，形成结合残留。植物中结合态农药残留的生物有效性约为结合态农药总量的1%～5%，表明这些被吸收到植物体内的残留农药能够重新与植物组织形成结合残留。

Singh 等研究发现，储存处理的小麦上甲基毒死蜱结合态残留达到 5.1～5.3mg/kg。Shimabukuro 等研究阿维菌素 B_{1a} 处理后的芹菜，发现占总残留量 5% 的阿维菌素 B_{1a} 残留与芹菜的木质素结合，形成结合残留。在酸性条件下，芹菜组织中葡萄糖能释放约占总残留量 5% 的结合态阿维菌素 B_{1a} 残留。

分析与检测

同位素示踪技术　放射性同位素标记示踪技术以其独特的优势成为国际公认的研究农药环境行为及其残留污染等最有效的方法之一，利用该技术进行农药的环境影响评价是新农药创制和注册登记的必要手段，这一技术在国外已普遍应用。在国际著名的《农业与食品化学》（*Journal of Agriculture and Food Chemistry*）上发表的有关农药残留和代谢的研究文献，近 2/3 是应用放射性同位素标记示踪技术完成的。联合国粮食及农业组织与国际原子能机构联络处（FAO/IAEA）制定的《土壤中农药结合残留量测定的标准方案》中表明："应用放射性标记化合物是目前定量分析结合残留的唯一行之有效的方法。"中国自 20 世纪 60 年代开始利用放射同位素标记农药进行有关农药残留与代谢方面的研究，迄今该技术仍然是中国用于检测结合态农药残留的最主要手段，绝大部分关于结合农药残留的研究都是利用该技术完成的。

超临界萃取技术　最早应用于结合态农药残留分析的超临界法是甲醇法，即用超临界甲醇法提取样品中的结合残留物。Capriel 用超临界甲醇法提取样品中的结合残留物，但是由于形成超临界状态的甲醇必须处于高温高压状态（250℃，1.5×10^7Pa），在这种条件下易导致被提取的结合残留物化学性质发生改变。鉴于超临界状态的甲醇具有的一系列缺点，目前主要用 CO_2 替代。超临界 CO_2 不仅临界值低（$T_C = 31.1$℃，$P_C = 73.8 \times 10^5$Pa），而且具有一系列优点：化学性质不活泼，不易与溶质反应，无毒、无嗅、无味，不含二次污染；沸点低，易从萃取后的馏分中除去，前处理较简单，无须加热，较适合萃取热不稳定的化合物。Nourooz-Zadeh 用超临界 CO_2 萃取有机质土壤中莠去津、扑草净的结合残留回收率分别为 89.4%、91.4%，矿质土壤中的莠去津、敌草隆和 2,4-滴的结合残留回收率分别为 96.8%、91.5% 和 78.3%。

强酸、强碱水解法　强酸、强碱水解可用于释放土壤中的结合态农药，用 50% 的氢氧化钠碱解可将 80% 的结合态农药从腐植酸中释放出来，也可采用盐酸、甲基化试剂 CH_2N_2 或三氟化硼—甲醇酸解。虽然这些方法不能萃取与腐植酸紧密结合的结合残留，但是它们可有效地释放那些不易被酸、碱降解的农药的结合残留。

总燃烧法　包含结合态 ^{14}C 的土壤在一个生物样品氧化剂的作用下燃烧成 $^{14}CO_2$，然后用一定体积的溶剂吸收，进行同位素分析测定。此法只能得到结合态 ^{14}C 残留总量，不能确定各种结合态残留物的化学形态及其各自的量。

研究方法

结合残留的分离确证研究　农药结合残留的定性及确证研究采用以下过程：用 ^{14}C 标记目标农药，通过完全燃烧得出总 ^{14}C-农药残留的含量。若总 ^{14}C-残留量 ≤ 10μg/L，则无须进行结合残留的研究。若总 ^{14}C-残留量 > 10μg/L，则采用有机或水体系溶剂进行提取，分别获得 ^{14}C-可提取残

留及不可提取残留的浓度。对于不可提取的部分，当其浓度达到或高于 0.05mg/L 或 10% 的总残留时，需进一步进行结合残留的定性及确证。若不可提取残留浓度低于 0.05mg/L 或 10% 的总残留时，则无须进行确证研究。

结合残留的处理方法包括：①采用 6mol/L 的酸或 10mol/L 的碱溶液回流提取，可用于分析结合残留的最终水解产物。②选择合适的酶超声提取结合残留，可用于分析标记糖类、氨基酸等。③采用表面活性剂可以释放出结合残留中物理包裹或膜结合态的部分。这些方法的采用，可以释放出所有以化学 - 结合形式存在的具有放射性的结合残留农药分子。为了确证释放活性物质的组成成分，需将该物质的色谱行为与母体物质及代谢物进行比较，以确定释放的活性物质与母体分子之间是否存在差异。

结合残留在土壤环境中的分布研究　研究结合残留在土壤中的分布，可以得到有关结合残留化学特性及生物有效性的相关信息。大量研究表明，土壤中结合残留主要分布于土壤腐殖质中，至于优先与何种腐殖质组分结合则取决于残留物本身的化学结构和土壤性质。结合态农药能够与土壤中的胡敏酸、富里酸和胡敏素结合，且随着滞留时间延长，结合残留物质在胡敏酸和富里酸中的分布增多。由于富里酸是一种天然的低相对分子质量、高水溶性的有机电解质，也是地表水及田间条件下土壤溶液中所存在的主要有机组分，因此，存在于富里酸中的结合残留的水溶性和生物有效性较大，从而引起了更多的关注。

结合残留在环境中的释放研究　结合残留与有机质相互作用的类型是决定其释放几率和速率及分子移动形式的重要因子。由于农药在土壤中形成结合态残留的形式和机制不同，结合态农药具有的释放能力也有所差异。农药结合残留在环境有机质内或黏土矿物颗粒之间进行扩散后会发生物理诱陷，由此可解释众多研究过程中所观察到的双相脱附动力学现象。快脱附相涉及易脱附物质的质量变化，而慢脱附相是土壤有机质构象，可阻止脱附的诱陷或不可逆分隔作用。结合残留部分用溶剂提取后，其母体分子的回收也可说明有机质内扩散所产生的物理诱陷作用。设定某种土壤有机质"颗粒"的大小，就可估计出这种结合残留通过扩散形式释放的潜力。除了物理诱陷之外，结合残留还涉及范德华力和电荷转移作用，其释放概率可能与母体分子有关，但只有当有机质发生降解或氧化时，农药结合残留才会发生明显的释放。

氯磺隆

甲磺隆

此外，土壤中动植物及微生物的相关效应，也会使农药结合残留物重新释放出来。研究发现，在一定条件下，氯磺隆结合残留物能重新释放出来，以可提取态存在于土壤溶液中。徐建民等采用分级方法研究了甲磺隆结合残留在土壤的分布，发现土壤中大部分是活性较高的松结态甲磺隆残留物，而稳结态和紧结态的含量较少，说明其具有较大的潜在释放能力。土壤中青霉（*Penicillium* sp.）的存在，也有利于松结态甲磺隆尤其是松结态富里酸甲磺隆的降解。

结合残留形成的影响因素研究　①农药浓度及其化学结构特性。结合残留形成的百分比随着农药初始施用量的增加而降低，并且农药的重复施用会阻碍结合残留的形成，提高挥发降解和代谢产物形成的比例。农药的化学结构特性，如芳香环等基团的数量和结构、整体分子电荷分布、疏水基团和亲水基团的空间结构等，同样会影响结合残留的形成。②土壤理化性质。土壤化学成分、空间结构、土壤颗粒的物理特性等，尤其是土壤有机质和矿物质与农药及其代谢产物所产生的相互作用是一个关键因素。"老化"被认为是化学物从弱结合点位转向较强吸附点位、缓慢化学吸附转向螯合的再分布过程，或者说是土壤中化学物和有机质共价键合的形成过程。从一些农药，尤其是苯胺类除草剂的降解过程中证实了化学物与土壤有机质之间的共价作用，一方面导致这些化学物质稳定结合残留物的形成，另一方面产生了对降解转化作用的抗性。土壤有机肥料的施用促进了土壤中有机化学物的扩散和结合残留物的形成，可能的原因是有机肥料促进了土壤微生物的活动性，因而结合残留形成的比例有所增加。③土壤植物、动物和微生物。土壤植物的根系发生和分泌物会影响土壤中动物和微生物的活动，进而影响农药的分解程度和速度。土壤动物对于结合残留的影响主要表现为对于土壤结构等物理性质的改变而产生的间接影响。土壤微生物的活动也是由于影响了土壤的理化性质而对农药结合残留的产生造成了一定的影响。④农药施入土壤的方式。农药在土壤中均衡混合，使得因挥发和径流引起的流失显著降低，有助于更多的化学物进入深层土壤，因而促进了易为土壤所结合的母体化学物和代谢产物的形成。土壤中形成的结合残留物的量随着化学物的施用方式而变化，当化学物均衡地与土壤混合时，可形成更高比例的结合残留物，而表面施用则相反。

参考文献

郭江峰, 孙锦荷, 1996. 土壤中结合残留农药的研究方法[J]. 农业环境保护, 15(6): 270-273.

郭江峰, 孙锦荷, 叶庆富, 2000. [14]C-氯磺隆结合残留物的微生物释放[J]. 核技术, 23(4): 243-246.

陆贻通, 朱江, 周培, 2005. 影响土壤中农药结合残留的因素及其环境效应[J]. 科技通报, 21(3): 287-293.

欧晓明, 樊德方, 2006. 农药结合残留的研究现状及问题[J]. 农药, 45(10): 660-664.

单正军, 1998. 农药的结合残留及其环境意义[J]. 农药译丛, 20(6): 51-54.

苏允兰, 莫汉宏, 杨克武, 等, 1999. 土壤中结合态农药环境毒理研究进展[J]. 环境科学进展, 7(3): 45-52.

谢显传, 王冬生, 2005. 结合态农药残留及其环境毒理研究进展(综述)[J]. 上海农业学报, 21(1): 74-77.

徐建民, 汪海珍, 谢正苗, 等, 2002. 甲磺隆结合残留物在土壤结合态腐殖物质中的分布[J]. 中国环境科学, 22(1): 1-5.

袁红梅, 明东风, 2007. 土壤中农药结合残留的形成机理及其生态意义[J]. 农药研究与应用, 11(4): 12-16.

NY/T 1667. 6—2008 农药登记管理术语第6部分: 农药残留中华人民共和国农业行业标准.

CAPRIEL P, HAISCH A, KHAN S U, 1986. Supercritical methanol: an efficatious technique for the extraction of bound pesticide residues from soil and plant sample[J]. Journal of agriculture and food chemistry (34): 70-73.

DEC J, HARDER K, BENESI A, et al, 1997. Use of a silylation procedure and 13C-NMR spectroscopy to characterize bound and sequestered residues of cyprodinil in soil[J]. Environment science technology (31): 1128-1135.

FUHR F, MITTELSTAEDT W, 1980. Plant experiments on the bioavailability of unextracted methabenzthiazuron residues from soil[J]. Journal of agriculture and food chemisitry (28): 122-125.

GEVAO B, ORDAUNT C M, SEMPLE K T, 2001. Bioavailalility of nonextractable pesticide residues to earthworms[J]. Environmental science and technology (35): 501-507.

HARVEY. J, HAN J C-Y, 1978. Decomposition of oxamyl in soil and water[J]. Journal of agriculture and food chemistry (26): 536-541.

HATCHER P G, BORTIATYNSKI J M, MINARD R D, et al, 1993. Use of high-resolution 13C NMR to examine the enzymatic covalent binding of 13C-labeled 2,4-dichlorophenol to humic substances[J]. Environmental science and technology (27): 2098-2103.

HELLING, C S, 1976. Dinitroaniline Herbicide Bound Residues in Soils[J]. ACS symposium series (29): 366-367.

HUSSAIN A, et al, 1986. Bound residues of ^{14}C-carbofuron in soil, In: IAEA, Quantification nature and bioavailability of bound ^{14}C-pesticide residues in soil, plants and food[J]. Vienna, 23-29.

KAMAL S, HAIDER K, 1993. Nature and bioavailability of nonextractable (bound) residues in stored wheat treated with chlorpyrifos-methyl[J]. Journal of agriculture and food chemistry (41): 2421-2425.

KAN A T, CHEN W, TOMSON M B, 2000. Desorption kinetics from neutral hydrophobic organic compounds from field-contaminated sediment[J]. Environment pollution (108): 81-89.

KHAN S U, IVARSON K C, 1981. Microbiological release of unextracted residues from an organic soil treated with promelryn[J]. Journal of agriculture and food chemistry (29): 301-311.

KHAN S U, 1982. Bound pesticide residues in soil and plants[J]. Residue reviews (84): 1-25.

LEENHEER J A, ALRICHS J L, 1971. Divisions-2-soil chemistry soil[J]. Science Society American Processing (35): 700-705.

LOUIS S, WILLIAM F F, 1995. Fate of emamectin benzoate in head lettuce[J]. Journal of agriculture and food chemistry (43): 3075-3087.

MAQUEDA C, PEREZ RODRIGUEZ J L, MARTIN F A, 1983. Study of the interaction between chlordimeform and humic acid from a typic chromoxerert soil[J]. Soil science (136): 75-81.

NOUROOZ-ZADEH J, TAJADDINI-SARMADI J, Wolff S P, 1995. Measurement of hydroperoxides in edible oils using the ferrous oxidation in xylenol orange assay[J]. Journal of agriculture and food chemistry (43): 17-21.

PRINTZ H, BURAUEL P, FUHR F, 1995. Effect of organic amendment on degradation and formation of bound residues of methabenzthiazuron in soil under constant climatic conditions[J]. Journal of environmental science health B (30): 435-456.

SCHOEN S R, WINTERLIN W L, 1987. The effects of various soil factor and amendments on the degradation of pesticide mixtures[J]. Journal of environmental science health B, 22(3): 347-377.

SENESI N, TESTINI C, 1980. Adsorption of some nitrogenated herbicides by soil humic acids[J]. Soil science (10): 314-320.

SUSS A, GRAMMPP B, 1973. The uptake of absorbed monolinuron in the soil by mustard plants[J]. Weed research (13): 254-266.

WHITE J C, KELSEY J W, HATZINGER P B, Alexander M, 1997. Factor affecting sequestration and bioavailability of phenanthrene in soils[J]. Environmental toxicology and chemistry (16): 2040-2045.

WOROBY B L, WEBSTER G R B, 1982. Hydrolytic release of tightly complexed 4-chloroaniline from soil humic acids: an analytical method[J]. Journal of agriculture and food chemistry (30): 161-164.

（撰稿：薛佳莹；审稿：花日茂）

解草安　flurazole

一种噻唑酸类除草剂安全剂，可保护高粱免受甲草胺、异丙甲草胺的损害。

其他名称　Screen、Mon-4606。

化学名称　苄基2-氯-4-三氟甲基-1,3噻唑-5-羧酸酯；benzyl-2-chloro-4-trifluoromethylthiazole-5-carboxylate。

CAS登记号　72850-64-7。

分子式　$C_{12}H_7ClF_3NO_2S$。

相对分子质量　321.70。

结构式

开发单位　美国孟山都公司，获有专利US 4251261（1981），DE 2919511（1980）。

理化性质　纯品为具淡香味的无色结晶，工业品纯度98%，黄色至深棕色固体。熔点51～53℃，25℃蒸气压3.9×10^{-2}mPa，密度0.96g/cm^3（工业品）。25℃在水中的溶解度为0.5mg/L，能溶于很多有机溶剂。93℃以下稳定，闪点392℃（工业品，Tag闭杯）。

毒性　大鼠急性经口LD$_{50}$＞5g/kg，兔急性经皮LD$_{50}$＞5.01g/kg。对兔皮肤无刺激，对兔眼睛有轻微刺激。对豚鼠皮肤不过敏，90天饲喂试验NOEL：狗≤300mg/（kg·d），大鼠≤5000mg/（kg·d）饲料。鱼类LC$_{50}$（96小时）：鲤鱼1.7mg/L，虹鳟8.5mg/L，蓝鳃鱼11mg/L。鹌鹑

急性经口LD$_{50}$＞2510mg/kg，鹌鹑和野鸭LC$_{50}$（5天）＞5620mg/kg饲料。水蚤LC$_{50}$（48小时）6.3mg/L。

使用方法　以2.5g/kg种子拌高粱种子，可保护高粱免受甲草胺、异丙甲草胺的损害。

参考文献

朱永和, 王振荣, 李布青, 2006. 农药大典[M]. 北京: 中国三峡出版社: 913-914.

（撰稿：张弛；审稿：耿贺利）

解草胺腈　cyometrinil

一种肟醚类除草剂安全剂。

其他名称　Comcep、CGA 43089。

化学名称　(Z)-氰基甲氧基亚氨基(苯基)乙腈；(Z)-cyanomethoxyimino(phenyl)acetonitrile。

IUPAC名称　(Z)-N-(cyanomethoxy)benzimidoyl cyanide。

CAS登记号　63278-33-1。

分子式　$C_{10}H_7N_3O$。

相对分子质量　185.18。

结构式

开发单位　汽巴-嘉基公司（现为先正达公司）。

理化性质　纯品为无色晶体，熔点55～56℃，20℃时蒸气压46.5mPa，密度1.26g/cm^3。20℃时水中溶解度95mg/L，苯550g/kg、二氯甲烷700g/kg、甲醇230g/kg、异丙醇74g/kg。300℃以上分解。

毒性　大鼠急性经口LD$_{50}$＞2277mg/kg，急性经皮LD$_{50}$＞3100mg/kg，对兔皮肤和眼睛无刺激作用。90天饲喂试验NOEL：狗为100mg/kg［3.1mg/（kg·d）］饲料。鱼类LC$_{50}$（96小时）：虹鳟5.6mg/L，鲤鱼1.7mg/L，蓝鳃鱼10.9mg/L。对鸟有轻微毒性。

作用方式及机理　作用机理尚不明确。结构活性论（QSAR）和谷脱甘肽轭合论是两种最为普遍的机制解释。

使用对象　高粱、大麦。

参考文献

朱永和, 王振荣, 李布青, 2006. 农药大典[M]. 北京: 中国三峡出版社: 912.

（撰稿：张弛；审稿：耿贺利）

解草啶　fenclorim

一种嘧啶类除草剂解毒剂。

其他名称　Sofit（直播水稻）（+丙草胺）（先正达公司）；Sofit N（直播水稻）（+丙草胺）（先正达公司）。

化学名称　4,6-二氯-2-苯基嘧啶。

IUPAC 名称　4,6-dichloro-2-phenylpyrimidine。

CAS 登记号　3740-92-9。

分子式　$C_{10}H_6Cl_2N_2$。

相对分子质量　225.07。

结构式

开发单位　J. Rufener、M. Quadranti 报道，瑞士汽巴-嘉基公司推广。

理化性质　纯品为无色结晶。熔点 96.9℃。蒸气压 12mPa（20℃）。$K_{ow}lgP$ 4.17（25℃）。Henry 常数 1.1Pa·m^3/mol（计算值）。溶解度（20℃）：水 2.5mg/L、丙酮 14%、环己酮 28%、二氯甲烷 40%、甲苯 35%、二甲苯 30%、己烷 4%、甲醇 1.9%、正辛醇 4.2%、异丙醇 1.8%。稳定性：在中性、酸性和弱碱性介质中稳定，400℃以下稳定。

毒性　大鼠急性经口 LD_{50} > 5000mg/kg，经皮 LD_{50} > 2000mg/kg，吸入 LC_{50}（4 小时）2931mg/m^3，对兔皮肤刺激轻微，眼睛刺激极小。它与丙草胺（pretilachlor）的混合毒性，对大鼠急性经口 LD_{50} 3196mg/kg，经皮 LD_{50} > 2000mg/kg，吸入 LC_{50} 没有测出，对兔皮肤和眼睛有刺激性，对哺乳动物有中等程度的危险（Ⅱ级危险），皮肤接触可引起过敏。对鱼有害，对禽类无毒。

剂型　和多种除草剂配成乳油、颗粒剂、可湿性粉剂、悬浮剂等。

丙草胺/解草啶（颗粒剂）　施药量为 1000g/hm^2+500g/hm^2 时，对水稻的毒性较低，对杂草的防除效果也较好。

苄嘧磺隆+丙草胺+解草啶　适用于杂草种类多、萌发早、出苗期长、发生量大的秧田、直播田、抛秧田等轻型栽培田中的除草剂。

和多种除草剂混配　如吡嘧磺隆、乙草胺、异丙甲草胺等配制成乳油、可湿性粉剂及悬浮剂，作为秧田和直播田的除草剂。

30% 扫弗特乳油　为选择性芽前处理剂，可通过植物下胚轴、中胚轴和胚芽鞘吸收，根部略有吸收，直接干扰杂草体内蛋白质合成，并对光合及呼吸作用有间接影响。

作用方式及机理　除草剂安全剂，通过水稻种子的根芽迅速吸收，保护湿播水稻不受丙草胺的侵害。经研究表明，水稻幼苗用同位素 ^{14}C 丙草胺处理 48 小时后，解草啶显著减少水稻根对此同位素的吸收，但不影响此种同位素在水稻体内的输导作用由根输导至叶部。由薄层分析法的结果，在水稻根及地上部可测得 5 种丙草胺的代谢物。丙草胺能抑制水稻叶原生质中和脂质等先驱物之拌和作用。解草啶与丙草胺共同处理也有相同现象。解草啶单独施用可提高水稻幼苗中的 GSH 含量。解草啶与丙草胺共同处理并未提高

水稻苗体内 GSH 含量，但加快植株 GSH 还原酶和 GSH-H-转移酶（GST）等的合成，随着解草啶浓度增加，水稻苗体内与丙草胺产生共轭结合也明显提高。因此解草啶能促进与丙草胺共轭结合，导致丙草胺的代谢作用，这可能就是解草啶保护直播水稻免受丙草胺伤害的作用机制。

使用对象　直播水稻田的丙草胺解毒剂。

参考文献

马克比恩 C，2015. 农药手册[M]. 胡笑形，等译. 北京: 化学工业出版社: 415-416.

吴应多，1998. 用于稻田的复配型除草剂: CN1203025[P].

徐克华，2002. 一种用于水稻湿直播田的混配型除莠剂: CN01134069 [P].

朱永和，王振荣，李布青，等，2006. 农药大典[M]. 北京: 中国三峡出版社: 916.

（撰稿：张弛；审稿：耿贺利）

解草腈　oxabetrinil

一种除草剂解毒剂，使高粱免受甲草胺、异丙甲草胺和毒草胺的毒害。

其他名称　ComcepII（先正达公司）、CGA92194。

化学名称　(Z)-(1,3-二氧戊环-2-基甲氧)亚氨基(苯基)乙腈；(Z)-[(1,3-dioxolan-2-ylmethoxy)imino]benzene acetonitrile。

CAS 登记号　74782-23-3。

分子式　$C_{12}H_{12}N_2O_3$。

相对分子质量　232.24。

结构式

开发单位　瑞士汽巴-嘉基公司，获专利 EP 11047。1982 年由 T. R. Dill 等报道该除草剂解毒作用。

理化性质　纯品为无色结晶体，熔点 77.7℃，20℃时蒸气压 0.53mPa，密度 1.33g/cm^3（20℃）。20℃下溶解度：水 20mg/L、丙酮 250g/kg、环己酮 300g/kg、二氯甲烷 450g/kg、甲醇 30g/kg、己烷 5.6g/kg、正辛醇 12g/kg、甲苯 220g/kg、二甲苯 150g/kg。在 ≤240℃下稳定。pH5~9 时 30 天内不水解。

毒性　大鼠急性经口 LD_{50} > 5000mg/kg，大鼠急性经皮 LD_{50} > 5000mg/kg，大鼠吸入 LC_{50}（4 小时）约 1.45mg/L 空气。对鸟有微毒。对兔皮肤和眼睛有很小刺激，对皮肤无致敏作用。90 天饲喂试验 NOEL：大鼠 1500mg/kg［118mg/（kg·d）］，狗 250mg/kg［9.4mg（kg·d）］。鸟类 LD_{50}：日本鹌鹑 > 2500mg/kg；饲喂 LC_{50}（8 天）：鹌鹑 > 5g/kg 饲料，北京鸭 > 1g/kg 饲料。鱼类 LC_{50}（96 小时）：虹鳟 7.1mg/L，蓝鳃鱼 12mg/L。蜜蜂 LD_{50}（经口，24 小时）> 20μg/只，（接触）> 1g/kg。水蚤 LC_{50}（48 小时）8.5mg/L。

剂型　70% 可湿性粉剂。

分析方法　残留量分析用气相色谱测定。

使用方法　使高粱免受甲草胺、异丙甲草胺和毒草胺的毒害。低温下对杂交高粱的保护作用有所降低。用量1～2g/kg（有效成分）种子。

环境行为　［动物］大鼠摄入后，解草腈被快速分解，并通过尿液排出体外。［植物］打开二氧戊环的环、羟基化、糖基化后变成水溶性配合物。

参考文献

朱永和, 王振荣, 李布青, 2006. 农药大典[M]. 北京: 中国三峡出版社: 913.

（撰稿：张弛；审稿：耿贺利）

解草嗪　benoxacor

一种除草剂安全剂。

其他名称　Bicep H Magnum（+莠去津+精异丙甲草胺）（Syngenta）、Camix（+精异丙甲草胺+硝磺草酮）（Syngenta）、Dual II Magnum（美国）（+精异丙甲草胺）（Syngenta）、benoxacore[（m）F-ISO]。

化学名称　(RS)-2,2-二氯-1-(3-甲基-2,3-二氢-4H-1,4-苯并噁嗪-4-)乙酮；(RS)-4-二氯乙酰基-3,4-二氢-3-甲基-2,H-1,4-苯并噁嗪（±)-4-(dichloroacetyl)-3,4-dihydro-3-methyl-2H-1,4-benzoxazine。

IUPAC名称　2,2-dichloro-1-(3-methyl-2,3-dihydro-1,4-benzoxazin-4-yl)ethanone。

CAS登记号　98730-04-2。

分子式　$C_{11}H_{11}Cl_2NO_2$。

相对分子质量　260.12。

结构式

开发单位　先正达公司。

理化性质　白色无味晶体状粉末。熔点104.5℃。蒸气压1.8mPa（25℃）。$K_{ow}lgP$ 2.6（25℃）。Henry常数 1.2×10^{-2}Pa·m³/mol（25℃，计算值）。相对密度1.49（21℃）。溶解度：水38mg/L（25℃）；丙酮270、二氯甲烷460、乙酸乙酯200、己烷6.3、甲醇45、正辛醇18、甲苯120g/L（25℃）。约260℃热分解。酸性介质中稳定，碱性介质中分解；约50天（pH7），13～19天（pH9、11）。水溶液见光迅速分解（DT_{50}＜1小时，pH7，自然日光）。

毒性　大鼠急性经口 LD_{50}＞5000mg/kg。兔急性经皮 LD_{50}＞2010mg/kg。不刺激兔眼睛和皮肤。对豚鼠皮肤可能致敏。大鼠吸入 LC_{50}（4小时）＞2mg/L（空气）。NOEL：（2年）大鼠 0.5mg/（kg·d），（18个月）小鼠 4.2mg/（kg·d）。

毒性等级：U（a.i.，WHO）。EC等级：（R43）。急性经口 LD_{50}：绿头野鸭＞2150mg/kg，山齿鹑＞2000mg/kg。鱼类 LC_{50}（96小时）：虹鳟2.4mg/L，鲤鱼10mg/L，蓝鳃翻车鱼6.5mg/L，鲷鱼1.4mg/L。水蚤 EC_{50}（48小时）11.5mg/L。近具刺链带藻 EC_{50}（72小时）0.63mg/L；铜绿微囊藻 EC_{50}（96小时）39mg/L，舟形藻15.7mg/L。蜜蜂 LD_{50}（48小时）（经口和接触）＞100μg/只。蚯蚓 LC_{50}（14天）＞1000mg/kg土壤。

剂型　乳油，悬浮剂。

作用方式及机理　解草嗪本身无除草活性，主要是诱导产生谷胱甘肽S-转移酶。主要通过幼苗嫩芽吸收，加速玉米中异丙甲草胺和精异丙甲草胺的解毒过程。

使用对象　用作除草剂安全剂，提高通常条件下和不利条件下玉米对异丙甲草胺和精异丙甲草胺的耐受性。不提高异丙甲草胺和精异丙甲草胺的活性。只能与异丙甲草胺或精异丙甲草胺混用。

环境行为　动物体内解草嗪代谢为水溶性配合物，然后芳环被羟化、脱乙酰化和还原脱氯。植物体内找到的主要代谢产物，同时也在动物代谢研究中观察到，还有几种次要代谢物。在土壤中解草嗪快速消解为不可萃取的残留物（103天后为67%～79%，36天后降为54%～57%），最后被微生物矿化（365天后最高达48%～49%）。土壤中 DT_{50}（20℃）1～5天。平均 K_{oc}218ml/g（42～340ml/g），说明具有中等迁移性。在水体系中，解草嗪通过在沉积层中生成不可萃取的残留物而消解（64%～77%），其中 DT_{50} 为2.4天。

参考文献

马克比恩 C, 2015. 农药手册[M]. 胡笑形, 等译. 北京: 化学工业出版社: 76-77.

（撰稿：祝冠彬；审稿：徐凤波）

解草烷　MG 191

一种高效硫代氨基甲酸酯类除草剂的安全剂。

化学名称　2-二氯甲基-2-甲基-1,3-二噁茂烷；2-dichloromethyl-2-methyl-1,3-dioxolane。

IUPAC名称　2-(dichloromethyl)-2-methyl-1,3-dioxolane。

CAS登记号　96420-72-3。

分子式　$C_5H_8Cl_2O_2$。

相对分子质量　171.02。

结构式

开发单位　匈牙利科学院化学中心研究院和氮化制药厂发现并开发。

理化性质　无色液体，沸点91～92℃（4kPa）。溶解度：水中为9.75g/L，溶于极性和非极性有机溶剂。在54℃储存

24 小时后分解率＜ 1%；在 25℃ /10 000lx 强光下，4 周后分解率＜ 1%；在 pH 分别为 4、6、8 的溶液时，4 周后分解率＜ 20%。

毒性 原药大鼠急性经口 LD_{50}：雄 465mg/kg，雌 492mg/kg。大鼠急性经皮 LD_{50}：雄 652mg/kg，雌 654mg/kg。对鱼类低毒。

作用方式及机理 解草烷经玉米根部逐渐吸收，其在植株内易传导。茵达灭能促进该解毒剂由根向芽传递。通过提高谷胱甘肽含量、激活谷胱甘肽 S- 转移酶和谷胱甘肽还原酶，来提高玉米对硫代氨基甲酸酯类的解毒能力。

使用对象 玉米。

注意事项 解毒活性取决于浓度，在浓度高于 $0.1\mu mol$ 时发现有明显的活性，解毒剂浓度高于 $3\mu mol$ 时可完全保护玉米（取决于所研究的玉米品种）。当解草烷单独施用时，对玉米无药害，直到浓度超过正常用量的 100 倍为止。在玉米中的半衰期不超过 1 周，在土壤中为 1 周（由土壤类型而定）。

与其他药剂的混用 $0.2kg/hm^2$ 剂量的解草烷与扑草灭、苏达灭同时施用可保护作物免受药害。

参考文献

杨华铮，邹小毛，朱有全，等，2013. 现代农药化学[M]. 北京: 化学工业出版社: 824.

朱永和，王振荣，李布青，等，2006. 农药大典[M]. 北京: 中国三峡出版社: 913.

（撰稿：张弛；审稿：耿贺利）

解草酯 cloquintocet-mexyl

一种除草剂解毒剂，专门和除草剂炔草酯配合使用。

其他名称 Celio、Topik。

化学名称 1- 甲基己基(5- 氯 -8- 喹啉氧基) 乙酸酯；1-methylhexyl[(5-chloro-8-quinolinyl)oxyl]acetate。

IUPAC 名称 (RS)-1-methylhexyl(5-chloroquinolin-8-yloxy)acetate。

CAS 登记号 99607-70-2。

EC 号 619-447-3。

分子式 $C_{18}H_{22}ClNO_3$。

相对分子质量 335.83。

结构式

开发单位 由 J. Amrein 等发现，由汽巴 - 嘉基公司（现先正达公司）生产推出，第一次上市是在 1990 年。

理化性质 外观为无色晶体。熔点 69.4℃。密度 $1.05g/cm^3$（20℃）。溶解度：水 0.54（pH5）、0.6（pH7）、0.47（pH9）

（mg/L，25℃）；乙醇 190、丙酮 340、甲苯 360、正己烷 0.14、正辛醇 11（g/L，25℃）。稳定性：DT_{50}（25℃）133.7 天（pH7）。$pK_a 3.5\sim 4$，弱碱。

毒性 对大鼠和小鼠急性经口 $LD_{50} > 2000mg/kg$。老鼠急性经皮 $LD_{50} > 2000mg/kg$。不刺激眼睛和皮肤（兔）。可能引起皮肤过敏（豚鼠）。鼠急性吸入 LC_{50}（4 小时）＞ 0.935mg/L 空气。

剂型 乳油，可湿性粉剂。

质量标准 解草酯质量分数≥ 97%；水分≤ 0.5%；酸度（以 H_2SO_4 计）≤ 0.3%；丙酮不溶物≤ 0.3%。

作用方式及机理 加速炔草酯在谷物中的解毒作用，改善植物对除草剂炔草酯的接纳度。

使用对象 作为一个基层除草剂的安全剂组合，对小五谷杂粮田中的一年生禾本科杂草进行控制。

使用方法 一般和除草剂炔草酯复配，按解草酯:炔草酯 1:4 的比例复配成制剂使用，能够有效提高小粒谷物的耐药性，防止炔草酯对小粒谷物的药害，扩大炔草酯的适用范围。

注意事项 避免与氧化剂等禁配物接触。避免眼和皮肤的接触，避免吸入蒸气。

与其他药剂的混用 作为安全剂与炔草酯使用，不单独使用。

允许残留量 GB 2763—2021《食品中农药最大残留限量标准》暂未规定解草酯的允许残留量。美国环境保护局（EPA）规定其在大麦及其秸秆、小麦及其秸秆、小麦饲料、小麦干草中的残留限量分别为 0.1mg/kg、0.1mg/kg、0.2mg/kg 和 0.5mg/kg。

参考文献

应冰如, 一种生产解毒喹的方法. 中国: CN 201310119197[P]. 2013-7-10.

张全国, 杨利华, 董金皋, 等, 2010. 解草酯及二氯丙烯胺对烟嘧磺隆和硝磺草酮药害的解毒效应研究[J]. 河北农业科学, 14 (9)：63-65.

PROC. B R, 1989. Crop Protection[J]. Conference. -weeds, 1:71-76.

（撰稿：杨光富；审稿：吴琼友）

解草唑 fenchlorazole-ethyl

一种三唑类除草剂安全剂。

化学名称 1-(2,4- 二氯苯基)-5- 三氯甲基-1,2,4- 三唑-3- 羧酸；ethyl 1-(2,4-dichlorophenyl)-5-(trichloromethyl) -1H-1,2,4-triazole-3-carboxylate。

IUPAC 名称 ethyl 1-(2,4-dichlorophenyl)-5-trichloromethyl-1H-1,2,4-triazole-3-carboxylate。

CAS 登记号 103112-35-2。

EC 号 401-290-5。

分子式 $C_{12}H_8Cl_5N_3O_2$。

相对分子质量 403.48。

结构式

开发单位　安万特公司。

理化性质　固体。熔点 108～112℃。蒸气压 0.09mPa。

毒性　急性经口 LD_{50}：大鼠＞500mg/kg，小鼠＞2g/kg。大鼠、小鼠急性经皮 LD_{50}＞2g/kg。对兔皮肤和眼睛无刺激作用。90 天饲喂试验的 NOEL：大鼠 1280mg/kg 饲料，雄小鼠 80mg/kg 饲料，雌小鼠 320mg/kg 饲料，狗 80mg/kg 饲料。1 年饲喂试验的 NOEL：狗 80mg/kg 饲料。无致突变、致畸性。

作用方式及机理　可被植物的茎和叶吸收。

使用对象　三唑类除草剂安全剂，与噁唑禾草灵混用能加速其在作物植株中的解毒作用。

使用方法　解草唑与噁唑禾草灵一般按照 1∶2～1∶4 的比例进行混用。

注意事项　选择晴天高温时段用药；适当增加药量；合理选用适宜冬季施用的农药；延长作物的安全间隔期；注意每桶稀释的药溶液水。

与其他药剂的混用　一般与噁唑禾草灵混用。

参考文献

林晶, 陈景文, 张思玉, 等, 2008. 常用缓冲溶液对解草唑水解的催化效应研究[J]. 环境科学 (9)：2542-2547.

吴吉生, 江慧, 黄菲, 等, 2015. 解草唑解除乙草胺对油菜药害的解毒作用[J]. 长江大学学报 (自然科学版), 12 (9)：20-23, 4-5.

（撰稿：杨光富；审稿：吴琼友）

解偶联剂　uncoupler

一类能抑制偶联磷酸化的化合物。

生理功能　在氧化磷酸化过程中，由于线粒体复合物 Ⅰ、Ⅲ、Ⅳ具有质子泵的功能，将质子从线粒体内膜基质侧（M 侧）泵至膜间隙（胞质侧或 C 侧），使原有的外正内负的跨膜电位增高，由此形成的电化学质子梯度成为质子动力，进一步通过质子动力及 ATP 合成酶的偶联作用产生 ATP，而解偶联剂则通过消除线粒体内膜两侧的质子梯度，破坏偶联反应，导致氧化磷酸化可以正常传递电子但不生成 ATP。

作用药剂　溴虫腈、二硝酚。

杀虫作用机制　解偶联剂一般带有可解离的弱酸基团，该基团在线粒体内膜外与质子形成复合物，穿透内膜进入基质后释放质子，消除内膜两侧质子梯度；或直接作为一种离子载体改变内膜的通透性，从而消除质子梯度，导致 ATP 酶无法从质子的流动中获得能量合成 ATP。

靶标抗性机制　尚未有相关报道。

相关研究　具有解偶联作用的杀虫杀螨剂较少，具有代表性的药剂为溴虫腈，该药剂本身不具有破坏质子梯度的酸性氢，但进入生物体后，在多功能氧化酶的作用下发生脱烷基化，进而发挥活性。已有报道表明二斑叶螨、小菜蛾、蔷薇斜条卷叶蛾等对溴虫腈产生了不同程度的抗药性，相关抗性机制在于表皮抗性及代谢抗性方面，如 Van Leeuwen 等研究表明二斑叶螨表皮通透性的降低及 GSTs 和 CarE 解毒代谢能力的增强介导了其对溴虫腈的抗性，但尚未有靶标突变的相关报道。

参考文献

AHMAD M, HOLLINGWORTH R M, 2004. Synergism of insecticides provides evidence of metabolic mechanisms of resistance in the obliquebanded leafroller *Choristoneura rosaceana* (Lepidoptera: Tortricidae) [J]. Pest management science, 60: 465-473.

BLACK B C, HOLLINGWORTH R M, AHAMMADSAHIB K I, et al, 1994. Insecticidal action and mitochondrial uncoupling activity of AC-303, 630 and related halogenated pyrroles[J]. Pesticide biochemistry and physiology, 50: 115-128.

ERNSTER L, ZETTERSTROM R, 1956. Bilirubin, an uncoupler of oxidative phosphorylation in isolated mitochondria[J]. Nature, 178: 1335-1337.

MOHAMMAD G, KOWLURU R A, 2010. Matrix metalloproteinase-2 in the development of diabetic retinopathy and mitochondrial dysfunction[J]. Laboratory investigation, 90: 1365-1372.

OZAKI S, KANO K, SHIRAI O, 2008. Electrochemical elucidation on the mechanism of uncoupling caused by hydrophobic weak acids[J]. Physical chemistry chemical physics, 10: 4449-4455.

VAN LEEUWEN T, STILLATUS V, TIRRY L, 2004. Genetic analysis and cross-resistance spectrum of a laboratory-selected chlorfenapyr resistant strain of two-spotted spider mite (Acari: Tetranychidae) [J]. Experimental and applied acarology, 32: 249-261.

（撰稿：冯楷阳、何林；审稿：杨青）

金核霉素　aureonucleomycin

金链霉菌苏州变种 SP371（*Streptomyces aureus* var. *suzhouensisn* Yen et al.）的产生物，属链霉菌属菌种。

其他名称　SPRI-371。

分子式　$C_{16}H_{19}N_5O_9$。

相对分子质量　425.35。

结构式

开发单位　由上海市农药研究所科研人员于 1981 年 6 月在中国江苏苏州东山地区采集的土壤中分离而得。

理化性质　原药为无色针状或片状结晶，在水中结晶物为含 1 分子结晶水。熔点 146～148℃。不溶于多数有机溶剂，但易溶于水、二甲基甲酰胺、四氢呋喃，微溶于甲醇、乙醇、丙酮。在酸性条件下稳定，但在碱性条件下易分解。

毒性　原药与制剂对人畜均十分安全。原药对大、小鼠急性经口 $LD_{50} > 5000mg/kg$；急性经皮 $LD_{50} > 2000mg/kg$。对兔、豚鼠的皮肤和眼睛无刺激和致敏作用。30% 可湿性粉剂对鹌鹑 LD_{50}（7天）为 240.1mg/kg，为低毒；对斑马鱼 LC_{50}（48 小时）为 5.06mg/L。对蜜蜂 LC_{50}（48 小时）为 72.7mg/L，为中等风险性。但对家蚕 LC_{50}（二龄）为 12.9mg/kg 桑叶，属高风险性，使用时应注意避免药剂飘移到桑树上。

剂型　94% 原药，30% 可湿性粉剂。

防治对象　防治由黄单胞菌属引起的农作物病害，如柑橘溃疡病、水稻细菌性条斑病以及水稻白叶枯病等，特别对甜橙、年橘、椪橘、红橙、血橙、广柑、柠檬等芸香科植物的溃疡病有效。

使用方法　对叶、茎、梢、果实均十分安全，同时还具有使病斑叶复绿的功能。一般使用浓度为 150～300mg/L。

注意事项　对扬花期的水稻有一定的药害，主要症状为白穗，故在扬花期不得使用。

参考文献

陶黎明, 徐文平, 2005. 新颖微生物源杀菌剂——金核霉素[J]. 世界农药 (3)：45-46.

（撰稿：周俞辛；审稿：胡健）

浸移磷　amiphos

一种内吸性杀虫剂、杀螨剂。

化学名称　S-2-乙酰胺基乙基 O,O-二甲基二硫代磷酸酯；S-(2-(acetylamino)ethyl phosphorodithioate。

IUPAC 名称　S-(2-acetamidoethyl)O,O-dimethyl phosphorodithioate。

CAS 登记号　13265-60-6。

分子式　$C_6H_{14}NO_3PS_2$。

相对分子质量　243.00。

结构式

开发单位　1965 年由日本曹达公司开发。

理化性质　纯品为无色晶体，工业品为浅棕色液体。熔点 22～23℃。折射率 1.5269。在 13.33Pa 时沸点 110℃。不溶于水，溶于有机溶剂。

毒性　鼠急性经口 LD_{50} 438mg/kg。鼠经皮 LD_{50} 472mg/kg。不易被人的皮肤吸收，用量超过规定范围，达到高剂量时，会引起人的胸腺萎缩。

剂型　40%、60% 乳剂，5% 粉剂。

作用方式及机理　具有速效和特效的内吸性杀虫剂、杀螨剂。

防治对象　蔬菜、果树上的蚜、螨类等刺吸式口器害虫。对柑橘介壳虫有特效。

参考文献

王振荣, 李布青, 1996. 农药商品大全[M]. 北京: 中国商业出版社: 59-60.

朱永和, 王振荣, 李布青, 2006. 农药大典[M]. 北京: 中国三峡出版社: 53-54.

（撰稿：吴剑；审稿：薛伟）

浸渍法　dipping method

将供试昆虫直接浸蘸药液使其中毒，以测定杀虫剂触杀毒力大小的生物测定方法。

适用范围　用于测定杀虫剂对多种昆虫或螨类触杀毒力的大小，包括化合物的筛选及商品化杀虫剂的活性测定。是联合国粮食及农业组织（FAO）推荐的蚜虫与螨类抗药性测定的标准方法。

主要内容　将试虫浸入药液一定时间（蚜虫、螨类 2～5 秒，棉铃虫、黏虫等 5～10 秒）后，用吸水纸除去虫体表面多余药液，转移到干净器皿中，于正常条件下饲养一定时间（如 24 或 48 小时）后观察并记录死亡情况，计算致死中浓度。具体测试方法因昆虫种类而异：棉铃虫、黏虫等中、大型昆虫可直接浸入药液，或将试虫放入铜纱笼再浸药；蚜虫等小型昆虫可放入附有铜网底的指形管浸药；蚜虫、叶螨和介壳虫也可连同寄主植物一起浸药；叶螨类也可用 FAO 推荐的玻片浸渍法（slidedip method）。

该方法操作简单，无需特殊仪器，适用范围广。但不够精确，不能计算每头试虫或每克虫体重所获得的药量。浸渍时部分药液可能通过消化道或气管系统进入虫体，测定结果可能不是单纯的触杀毒力。

参考文献

中国农业百科全书总编辑委员会农药卷编辑委员会, 中国农业百科全书编辑部, 1993. 中国农业百科全书: 农药卷[M]. 北京: 农业出版社.

（撰稿：梁沛；审稿：陈杰）

茎叶喷雾法　foliar spray method

根据一定浓度范围的植物生长调节剂浓度与促进（或抑制）植株生长呈正相关的原理来比较这类物质活性的生物测定方法。

适用范围　用于对植株生长具有促进或抑制的植物生长调节剂的生物测定。

主要内容　选取盆钵采用直播或育苗移栽方式盆栽培养试材。试材于人工气候箱或可控日光温室常规培养。根据需要，一般选择苗期在可控定量喷雾设备中进行茎叶喷雾处理。试验药剂和对照药剂各设 5～7 个系列剂量。按试验设计从低剂量到高剂量顺序进行茎叶喷雾处理。每处理不少于 4 次重复，并设相应不含药剂的空白对照处理。处理后待试材表面药液自然风干，移入人工气候箱或可控日光温室常规培养，进行常规管理。处理后定期观察记载试材的生长状态。根据药剂的类型在不同处理的效果出现差异后进行调查，调查植株的株高或地上部鲜物质质量，并记录试材生长状态。根据植株的株高或地上部鲜物质质量计算促进率或抑制率：

$$R = |X_0 - X_1| / X_0 \times 100\%$$

式中，R 为生长促进率或抑制率（%）；X_1 为处理植株株高（或地上部鲜物质质量）（cm 或 g）；X_0 为对照植株株高（或地上部鲜物质质量）（cm 或 g）。

应用标准统计软件（如 SAS、SPSS、DPS 等），建立植株株高（或地上部鲜物质质量）促进率或抑制率的几率值与药剂浓度对数值间的回归方程，计算活性物质浓度。

参考文献

陈年春, 1991. 农药生物测定技术[M]. 北京: 北京农业大学出版社.

黄国洋, 2000. 农药试验技术与评价方法[M]. 北京: 中国农业出版社.

沈晋良, 2013. 农药生物测定[M]. 北京: 中国农业出版社.

（撰稿：许勇华；审稿：陈杰）

腈苯唑　fenbuconazole

一种三唑类杀菌剂，对多种作物的真菌病害有效。

其他名称　苯氰唑、应得、唑菌腈、分菌氰唑。

化学名称　4-(4-氯苯基)-2-苯基-2-(1H-1,2,4- 三唑-1-基甲基) 丁腈；α-[2-(4-chlorophenyl)ethyl]-α-phenyl-1H-1,2,4-triazole-1-propanenitrile。

IUPAC 名称　4-(4-chlorophenyl)-2-phenyl-2-(1H-1,2,4-triazol-1-ylmethyl)butyronitrile。

CAS 登记号　114369-43-6。

EC 号　601-308-3；406-140-2。

分子式　$C_{19}H_{17}ClN_4$。

相对分子质量　336.82。

结构式

理化性质　纯品为无色晶体。熔点 125℃。沸点 423℃。燃点 284℃。相对密度 1.18。蒸气压 5×10^{-3}mPa（25℃）。K_{ow}lg$P$ 3.23（25℃）。Henry 常数 0.428Pa·m³/mol（25℃）。水中溶解度（25℃）0.2mg/L；有机溶剂中溶解度（mg/L，20℃）：丙酮 250、乙酸乙酯 132、二甲苯 26、庚烷 0.68。稳定性：300℃以下稳定，不易水解（黑暗，DT$_{50}$）：> 2210 天（pH7）、3740 天（pH7）、1370 天（pH9）。

毒性　雄大鼠急性经口 LD$_{50}$ > 2g/kg。大鼠急性经皮 LD$_{50}$ > 5g/kg。对兔眼睛和皮肤无刺激作用。原药大鼠急性吸入 LC$_{50}$（4 小时）> 2.1mg/L 空气。饲喂 LC$_{50}$（8 天）：北美鹌鹑 4g/kg 饲料，野鸭 2.1g/kg 饲料。蓝鳃鱼 LC$_{50}$（96 小时）0.68mg/L。蜜蜂 LD$_{50}$（96 小时）> 0.29mg/ 只。

剂型　24% 悬浮剂。

质量标准　24% 悬浮剂外观为白色液体，密度 1.05g/ml，pH8～9，细度 3～5μm，悬浮率 90% 以上，黏度 500～1200mPa·s，闪点 > 93℃，稳定性好。

作用方式及机理　具有保护、治疗和铲除作用的内吸性杀菌剂，经植物根和叶吸收，可在新生组织中迅速传导。通过杂环上的氮原子与病原菌细胞内羊毛甾醇 14α 脱甲基酶的血红素 - 铁活性中心结合，抑制 14α 脱甲基酶的活性，从而阻碍麦角甾醇的合成，最终起到杀菌的作用。

防治对象　用于防治谷类、水果、蔬菜和观赏植物病害。对多数子囊菌、担子菌和无性态菌物有效。如锈病、黑粉病、白粉病、黑星病等。

使用方法　叶面喷药是主要有效施药手段。对水稻稻曲病的防治剂量为 54～72g/hm²。

注意事项　不同作物上安全间隔期不同，注意使用时间间隔，香蕉树上为 42 天，每个作物周期最多使用 3 次。对鱼类等水生生物有毒，应远离水产养殖区施药。禁止在河塘等水体中清洗施药器具；避免药液流入湖泊，河流或鱼塘中污染水源。应摇匀后使用，废旧容器及剩余药液应妥善处理。使用时应穿戴防护服和手套，避免吸入药液，施药期间不可吃东西和饮水，施药后应及时冲洗手、脸及裸露部位。用过的容器妥善处理，不可做他用或随意丢弃，可用控制焚烧法或安全掩埋法处置包装物或废弃物。避免孕妇及哺乳期妇女接触。

允许残留量　GB 2763—2021《食品中农药最大残留限量标准》规定腈苯唑最大残留限量见表。ADI 为 0.03mg/kg。谷物按照 GB 23200.9、GB 23200.113、GB/T 20770 规定的方法测定；蔬菜、水果按照 GB 23200.8、GB 23200.113、GB/T 20769 规定的方法测定；油料和油脂、坚果参照 GB 23200.113 规定的方法测定。

部分食品中腈苯唑最大残留限量（GB 2763—2021）

食品类别	名称	最大残留限量（mg/kg）
谷物	糙米、小麦	0.10
	大麦	0.20
	黑麦	0.10
油料和油脂	油菜籽、葵花籽	0.05
	花生仁	0.10
蔬菜	黄瓜	0.20
	西葫芦	0.05
	辣椒	0.60
水果	桃、杏	0.50
	樱桃、葡萄	1.00
	香蕉	0.05

（续表）

食品类别	名称	最大残留限量（mg/kg）
水果	甜瓜类水果	0.20
	柑橘类水果（柠檬除外）	0.50
	柠檬	1.00
	仁果类水果	0.10
	李子	0.30
	蓝莓	0.50
	越橘	1.00
干制水果	柑橘脯	4.00
调味料	干辣椒	2.00
坚果		0.01

WHO 推荐腈苯唑 ADI 为 0～0.03mg/kg。最大残留量（mg/kg）：香蕉 0.05，大麦 0.2，樱桃 1，鸡蛋 0.01，桃 0.5，花生 0.1，小麦 0.1。

参考文献

刘长令, 2006. 世界农药大全: 杀菌剂卷[M]. 北京: 化学工业出版社.

农业部种植业管理司和农业部农药检定所, 2015. 新编农药手册[M]. 2版. 北京: 中国农业出版社.

TURNER J A, 2015. The pesticide manual: a world compendium [M]. 17th ed. UK: BCPC.

（撰稿：陈凤平；审稿：刘鹏飞）

腈吡螨酯　cyenopyrafen

一种新型丙烯腈类触杀型杀螨剂。

其他名称　Starmite、Valuestar。

化学名称　(1E)-2-氰基-2-[4-(1,1-二甲基乙基)苯基]-1-(1,3,4-三甲基-1H-吡唑-5-基)烯基 2,2-二甲基丙酸酯；(1E)-2-cyano-2-[4-(1,1-dimethylethyl)phenyl]-1-(1,3,4-trimethyl-1H-pyrazol-5-yl)ethenyl 2,2-dimethylpropanoate。

IUPAC 名称　(E)-2-(4-tert-butylphenyl)-2-cyano-1-(1,3,4-trimethylpyrazol-5-yl)vinyl 2,2-dimethylpropionate。

CAS 登记号　560121-52-0。

分子式　$C_{24}H_{31}N_3O_2$。

相对分子质量　393.52。

结构式

开发单位　日本日产化学工业公司开发，2008 年在日本和韩国获得登记，2009 年上市。2017 年在中国取得登记。

理化性质　纯品为白色固体，纯度＞96%。熔点 106.7～108.2℃。蒸气压 $5.2×10^{-4}$mPa（25℃）。K_{ow}lg$P$ 5.6。Henry 常数 $3.8×10^{-5}$Pa·m³/mol（计算）。相对密度 1.11（20℃）。水中溶解度（20℃）0.3mg/L。54℃下 14 天内稳定。水溶液 DT_{50} 0.9 天（pH9，25℃）。

毒性　属微毒杀螨剂。大鼠急性经口 LD_{50}＞5000mg/kg。大鼠急性经皮 LD_{50}＞5000mg/kg。大鼠吸入 LC_{50}（4 小时）＞5.01mg/L。大鼠 NOEL 5.1mg/（kg·d）。山齿鹑急性经口 LD_{50}＞2000mg/kg。虹鳟 LC_{50}（96 小时）18.3μg/L。水蚤 LC_{50}（48 小时）2.94μg/L（极限溶解度）。绿藻 E_bC_{50}（72 小时）＞0.03mg/L。蜜蜂 LD_{50}（48 小时）＞100μg/ 只（经口和接触）。蚯蚓 LD_{50}（14 天）＞1000mg/kg 土壤。

剂型　25%、30% 悬浮剂。

作用方式及机理　触杀型杀螨剂。通过代谢成羟基形式活化，产生药性。这种羟基形式在呼吸电子传递链上通过扰乱复合物Ⅱ（琥珀酸脱氢酶）达到抑制线粒体的效能。

防治对象　柑橘、苹果、梨、茶、玫瑰、葡萄、草莓、辣椒、西瓜等作物上的各类害螨、红蜘蛛、食心虫。

使用方法　30% 腈吡螨酯悬浮剂防治苹果树二斑叶螨和红蜘蛛，使用剂量为 2000～3000 倍液（1500～2250g/hm²），持效期 10～15 天。

与其他药剂的混用　与哒螨灵、溴虫腈、乙螨唑等杀螨剂的混配制剂：23% 腈吡螨酯·乙螨唑悬浮剂（腈吡螨酯 20% + 乙螨唑 3%），16.5% 腈吡螨酯·哒螨灵悬浮剂（腈吡螨酯 10% + 哒螨灵 6.5%），25% 腈吡螨酯·哒螨灵悬浮剂（腈吡螨酯 20% + 哒螨灵 5%），24% 腈吡螨酯·溴虫腈悬浮剂（溴虫腈 4% + 腈吡螨酯 20%）。

参考文献

刘长令, 2012. 世界农药大全: 杀虫剂卷[M]. 北京: 化学工业出版社: 769-771.

马克比恩 C, 2015. 农药手册[M]. 胡笑形, 等译. 北京: 化学工业出版社: 229-230.

杨国璋, 2014. 新型吡唑类杀螨剂——腈吡螨酯[J]. 世界农药, 36 (6): 56.

（撰稿：杨吉春；审稿：李淼）

腈菌唑　myclobutanil

一种三唑类杀菌剂，对多种作物的真菌病害有效。

其他名称　迈克尼、灭克落。

化学名称　2-(4-氯苯基)-2-(1H,1,2,4-三唑-1-甲基)己腈；α-butyl-α-(4-chlorophenyl)-1H-1,2,4-triazole-1-propanenitrile。

IUPAC 名称　2-p-chlorophenyl-2-(1H-1,2,4-triazol-1-yl-methyl)hexanenitrile；2-(4-chlorophenyl)-2-(1H-1,2,4-triazol-1-ylmethyl)hexanenitrile。

CAS 登记号　88671-89-0。

EC 号　618-198-8；410-400-0。

分子式　$C_{15}H_{17}ClN_4$。

相对分子质量　288.78。

结构式

开发单位　由 C. Orpin 等报道，美国罗姆-哈斯公司（现在的美国陶氏益农公司）开发，1989 年首次引入市场。

理化性质　纯品为白色无味结晶固体，原药为浅黄色固体。熔点 70.9℃。沸点 382℃。燃点 235℃。蒸气压 1.98×10^{-1} mPa（20℃）。K_{ow} lg P 2.94（pH7~8，25℃）。Henry 常数 4.33×10^{-4} Pa·m³/mol（pH7）。水中溶解度（mg/L，20℃）：124（pH3）、132（pH7）、185（pH9~11）；有机溶剂中溶解度（g/L，20℃）：丙酮、乙酸乙酯、甲醇、二氯乙烷＞250，二甲苯 270，正庚烷 1.02。稳定性：在 25℃、pH4~9 的水中稳定，不易光解。

毒性　急性经口 LD_{50}（g/kg）：雄大鼠 1.6，雌大鼠 1.8。兔急性经皮 LD_{50}＞5g/kg。不刺激兔皮肤，刺激兔眼。对豚鼠皮肤不致敏。大鼠吸入 LC_{50} 5.1mg/L。NOEL [mg/（kg·d）]：狗（饲喂 90 天）56，大鼠生殖 16。对大鼠和兔无致畸性。各种致突变性试验均为阴性。鹌鹑急性经口 LD_{50} 0.51g/kg。鹌鹑和野鸭饲喂 LC_{50}（8 天）＞5g/kg 饲料。鱼类 LC_{50}（96 小时，mg/L）：虹鳟 2，蓝鳃翻车鱼 4.4。水蚤 LC_{50}（48 小时）1.7mg/L。近具刺链带藻 EC_{50}（96 小时）0.91mg/L。

剂型　5%、6%、10%、12%、12.5%、25% 乳油，40% 可湿性粉剂。

质量标准　25% 乳油外观为棕褐色液体，相对密度 0.96，酸碱度中性，常温条件下储存 2 年稳定。40% 可湿性粉剂外观为棕褐色粉末，pH5.5~8，悬浮率 80%~100%，常温储存 2 年稳定。

作用方式及机理　具有保护、治疗和铲除作用的内吸性杀菌剂，经植物根和叶吸收，可在新生组织中迅速传导。该杀菌剂通过杂环上的氮原子与病原菌细胞内羊毛甾醇 14α 脱甲基酶的血红素-铁活性中心结合，抑制 14α 脱甲基酶的活性，从而阻碍麦角甾醇的合成，最终起到杀菌的作用。

防治对象　杀菌谱广，对多数子囊菌、担子菌、无性态菌物均有效。如葡萄白粉病；麦类白粉病、锈病、纹枯病、散黑穗病、坚黑穗病、网腥黑穗病、小麦茎枯病、大麦条纹病和网斑病以及由镰刀菌引起的种传病害；梨果和核果类的黑星病、白粉病、穿孔病、花腐病、炭疽病和锈病；瓜类白粉病；观赏植物白粉病和锈病；牧草锈病；储藏期病害如柑橘青霉病等。

使用方法　主要是叶面喷施和种子处理。叶面喷施剂量通常为 30~140g/hm²；种子处理剂量为 0.1~0.2g/kg 种子；浸渍处理用约 100mg/L 药液处理采后果实。

注意事项　不可与碱性农药混用。对水生生物、家蚕有毒，施药期间在蚕室和桑园附近禁用；远离水产养殖区施药，禁止在河塘等水体中清洗施药器具。使用时应穿戴防护服和手套，避免吸入药液，施药期间不可吃东西和饮水，施药后应及时冲洗手、脸及裸露部位。用过的容器妥善处理，不可做他用或随意丢弃，可用控制焚烧法或安全掩埋法处置包装物或废弃物。避免孕妇及哺乳期妇女接触该品。

与其他药剂的混用　与甲基硫菌灵混用防治苹果轮纹病、苹果炭疽病、番茄叶霉病；与代森锰锌混用防治黄瓜白粉病、梨黑星病；与福美双混用防治黄瓜黑星病、黄瓜白粉病、梨黑星病；与咪鲜胺混用防治香蕉叶斑病；与戊唑醇混用防治小麦全蚀病和玉米丝黑穗病；与三唑酮混用防治小麦白粉病。

允许残留量　GB 2763—2021《食品中农药最大残留限量标准》规定腈菌唑最大残留限量见表。ADI 为 0.03mg/kg。谷物按照 GB 23200.113、GB/T 20770 规定的方法测定；蔬菜、水果、干制水果按照 GB 23200.8、GB 23200.113、GB/T 20769、NY/T 1455 规定的方法测定；饮料类按照 GB23200.113 规定的方法测定。

部分食品中腈菌唑最大残留限量（GB 2763—2021）

食品类别	名称	最大残留限量（mg/kg）
谷物	麦类	0.10
	玉米、粟、高粱	0.02
蔬菜	黄瓜	1.00
水果	柑、橘	5.00
	苹果、梨	0.50
	桃	3.00
	李子	0.20
	葡萄、草莓	1.00
	荔枝	0.50
	香蕉	2.00
干制水果	李子干	0.50
饮料类	啤酒花	2.00

WHO 推荐腈菌唑 ADI 为 0~0.03mg/kg。最大残留量（mg/kg）：樱桃为 3，鸡蛋 0.01，果实类蔬菜 0.2，葡萄 0.9，桃 3，草莓 0.8，番茄 0.3。

参考文献

刘长令, 2006. 世界农药大全: 杀菌剂卷[M]. 北京: 化学工业出版社.

农业部种植业管理司和农业部农药检定所, 2015. 新编农药手册[M]. 2 版. 北京: 中国农业出版社.

TURNER J A, 2015. The pesticide manual: a world compendium [M]. 17th ed. UK: BCPC.

（撰稿：陈凤平；审稿：刘鹏飞）

精 2 甲 4 氯丙酸　(R)-mecoprop

一种苯氧酸类除草剂。

化学名称 (R)-2-(4-氯邻甲基苯氧基)丙酸。

IUPAC 名称 (R)-2-(4-chloro-o-tolyloxy)propionic acid.

CAS 登记号 16484-77-8；曾用 18221-59-5 和 94596-45-9。

精 2 甲 4 氯丙酸 -2- 乙基己酯

化学名称 (R)-2-(4-氯邻甲基苯氧基)丙酸 2-乙基己酯。

IUPAC 名称 2-ethylhexyl(R)-2-(4-chloro-o-tolyloxy)propionate。

CAS 登记号 861229-15-4。

分子式 $C_{18}H_{27}ClO_3$。

相对分子质量 326.86。

精 2 甲 4 氯丙酸丁氧基乙酯

化学名称 (R)-2-(4-氯邻甲基苯氧基)丙酸-2-丁氧基乙酯。

IUPAC 名称 2-butoxyethyl(R)-2-(4-chloro-o-tolyloxy)propionate。

CA 名 2-butoxyethyl(+)-(R)-4-cloro-2-methylphenoxy)propanoate。

CAS 登记号 97659-39-7。

EC 号 307-443-1。

分子式 $C_{16}H_{23}ClO_4$。

相对分子质量 314.80。

精 2 甲 4 氯丙酸二甲铵盐

其他名称 混剂：OpticaTrio（+精 2,4-滴丙酸二甲铵盐 +2 甲 4 氯二甲铵盐）（Nufarm Ltd）。

CAS 登记号 66423-09-4。

分子式 $C_{12}H_{18}ClNO_3$。

相对分子质量 259.73。

精 2 甲 4 氯丙酸钾

其他名称 Optica（Nufarm UK）。

CAS 登记号 66423-05-0。

分子式 $C_{10}H_{10}ClKO_3$。

相对分子质量 252.74。

开发单位 精 2 甲 4 氯丙酸作为 2 甲 4 氯丙酸（外消旋体）的具有除草活性的立体异构体由 M. Matell、B. Aberg 和 W. O. G. Nuyken 等报道。BASF AG 于 1987 年在德国引入，2004 年该业务转移给 Nufarm 公司。

理化性质 精 2 甲 4 氯丙酸：白色晶体，有微弱内在的气味。熔点 94.6～96.2℃（原药 84～91℃）。蒸气压 0.23mPa（20℃）。20℃时 $K_{ow}lgP$ 1.43（pH5）、0.02（pH7）、-0.18（pH9）。Henry 常数 $5.7×10^{-5}Pa·m^3/mol$（计算值）。相对密度 1.31(20℃)。20℃溶解度：水 860mg/L（pH7）；丙酮、乙醚、乙醇＞1000，二氯甲烷 968，甲苯 330，己烷 9g/kg。对热、光稳定，pH3～9 时稳定。光解 DT_{50} 680 小时（pH5）、1019 小时（pH7）、415 小时（pH9）。比旋光度 $[\alpha]_D$+35.2°（丙酮）、-17.1°（苯）、+21°（氯仿）、+28.1°（乙醇）（M.Matell, Ark.Kemi, 1953, 6, 365），简单的盐为左旋，精 2 甲 4 氯丙酸钠 $[\alpha]_D$-14.1°（同上）。pK_a3.68（20℃）

精 2 甲 4 氯丙酸丁氧基乙酯：熔点 -71℃。沸点＞399℃。蒸气压 1.5mPa（20℃）。$K_{ow}lgP$ 4.36。Henry 常数 $0.175Pa·m^3/mol$。相对密度 1.096（20℃）。水中溶解度 2.7mg/L（pH7，25℃）。

精 2 甲 4 氯丙酸 -2- 乙基己酯：熔点＜20℃。沸点＞230℃。蒸气压 $2.4×10^{-1}mPa$（20℃）。$K_{ow}lgP$＞3.77（pH7）。相对密度 1.0489（20℃）。溶解度＜0.17mg/L（21.5℃）。

剂型 乳油，可溶液剂。

毒性 精 2 甲 4 氯丙酸：IARC 分级，根据生产的流行病学，氯苯氧除草剂属于 2B 等级。大鼠急性经口 LD_{50} 431～1050mg/kg。大鼠急性经皮 LD_{50}＞400mg/kg。对眼睛有严重刺激，对皮肤无刺激，无皮肤致敏性。大鼠吸入 LC_{50}（4 小时）＞5.6mg/L。大鼠 NOEL（2 年）1.1mg/（kg·d）。ADI/RfD（EC）0.01mg/kg ［2003］，（EPA）最低 aRfD 0.5，cRfD 0.01mg/kg ［2007］。无致癌性，无致肿瘤性，无致突变性，无致畸性。鹌鹑急性经口 LD_{50} 497mg/kg。山齿鹑饲喂 LC_{50}（5 天）＞4630mg/kg 饲料。鳟鱼 LC_{50}（96 小时）150～220，蓝鳃翻车鱼＞100mg/L。水蚤 EC_{50}（48 小时）＞100mg/L，NOEC（21 天）50mg/L。近头状伪蹄形藻 EC_{50}（72 小时）270mg/L，羊角月牙藻 500mg/L，水华鱼腥藻 23.9mg/L。青萍 EC_{50}（14 天）1.6mg/L。对蜜蜂无毒，LD_{50}（接触和经口）＞100μg/ 只。蚯蚓 LC_{50}（14 天）494mg/kg 土壤。对土鳖虫和隐翅甲无影响。

精 2 甲 4 氯丙酸甲铵盐：山齿鹑饲喂 LC_{50}＞5600mg/kg。蜜蜂 LD_{50}（48 小时）＞25μg/ 只。

作用方式及机理 合成生长素（作用类似吲哚乙酸）。选择性、内吸性、激素型除草剂，通过叶吸收并传输到根部。

防治对象 苗后处理剂。用于防除小麦、大麦、燕麦、牧草作物和草地的阔叶杂草，特别是猪殃殃、繁缕、苜蓿和大蕉。

使用方法 通常与其他除草剂混合使用，使用剂量 1.2～1.5kg/hm²。对冬黑麦有轻微药害（仅是暂时的）。

环境行为 哺乳动物经口摄入精 2 甲 4 氯丙酸后以共轭物形式从尿液排出。在植物体内，精 2 甲 4 氯丙酸的甲基羟基化形成 2- 羟甲基 -4- 氯苯氧基丙酸，并进一步代谢（羟基化）为芳香酸环。土壤中主要通过微生物降解为 4- 氯 -2- 甲基苯酚，然后在环的 6- 位羟基化和开环代谢。土壤 DT_{50}（有氧）3～13 天。

参考文献

马克比恩 C, 2015. 农药手册[M]. 胡笑形, 等译. 北京: 化学工业出版社: 642-644.

（撰稿：朱有全；审稿：耿贺利）

精吡氟禾草灵 fluazifop-P-butyl

一种选择性内吸传导型芳氧苯氧基丙酸酯类除草剂。精吡氟禾草灵是除去了非活性部分（即 S- 体）的精制品（即 R- 体）。

其他名称 精稳杀得、SL-236。

化学名称 (R)-2-[4-[(5-三氟甲基吡啶-2-基)氧基]苯氧基]丙酸丁酯; butyl-(2R)-2-[4-(5-trifluoromethyl-2-pyridyloxy)phenoxy]propionic。

IUPAC名称 butyl(R)-2-[4-(5-trifluoromethyl-2-pyridyloxy)phenoxy]propionic。

CAS登记号 79241-46-6。

EC号 617-435-2。

分子式 $C_{19}H_{20}F_3NO_4$。

相对分子质量 383.36。

结构式

开发单位 日本石原产业公司研发。

理化性质 纯品为褐色液体。相对密度1.22（20℃）。沸点154℃。蒸气压4.14×10^{-2}Pa（25℃）。水中溶解度1.1mg/L（20℃）；溶于二甲苯、甲苯、丙酮、乙酸乙酯、甲醇、己烷、二氯甲烷等有机溶剂。在正常条件下稳定。

毒性 低毒。大鼠急性经口LD_{50}（mg/kg）：4096（雄）、2712（雌）。兔急性经皮LD_{50} 2000mg/kg。大鼠急性吸入LC_{50}（4小时）5.24mg/L。对兔眼睛无刺激，对兔皮肤轻微刺激。亚慢性和慢性饲喂试验的NOEL［mg/（kg·d）］：大鼠9（90天）、1（2年），狗25（1年）。试验剂量下对动物无致突变、致畸、致癌作用。对鱼中毒。虹鳟LC_{50}（96小时）1.3mg/L。蜜蜂经口LD_{50} > 100μg/只。野鸭急性经口LD_{50} 3500mg/kg。对蚯蚓、土壤微生物未见影响。

剂型 150g/L、15%乳油。

质量标准 精吡氟禾草灵原药（GB/T 34760—2017）。

作用方式及机理 选择性内吸传导型芽后茎叶处理剂。施药后可被杂草茎叶迅速吸收，传导到生长点及节间分生组织，抑制乙酰辅酶A羧化酶，使脂肪酸合成停止，细胞生长分裂不能正常进行，膜系统等含脂结构被破坏，杂草逐渐死亡。由于药剂能传导到地下茎，故对多年生禾本科杂草也有较好的防治效果。一般在施药后2~3天杂草停止生长，15~20天死亡。

由于吡氟禾草灵结构中α-碳原子为不对称碳原子，所以有R-体和S-体两种光学异构体，其中S-体没有除草活性。精吡氟禾草灵除去了没有杀草活性的S-异构体，只含具有杀草活性的R-异构体，因而杀草效力大幅度提高。

防治对象 大豆、花生、油菜、甜菜、棉花、马铃薯等阔叶作物田防除禾本科杂草，如稗、马唐、牛筋草、狗尾草、画眉草、千金子、野高粱、野黍、芦苇等。

使用方法 苗后茎叶喷雾。

防治大豆田杂草 防除禾本科杂草，大豆2~3片三出复叶期，禾本科杂草3~5叶期，每亩用15%精吡氟禾草灵乳油50~67g（有效成分7.5~10g），兑水30L茎叶喷雾。防除芦苇时，在草高20~50cm以下，每亩用15%精吡氟禾草灵

乳油83~130g（有效成分12.5~19.5g），兑水30L茎叶喷雾。

防治花生田杂草 防除禾本科杂草，禾本科杂草3~5叶期，每亩用15%精吡氟禾草灵乳油50~67g（有效成分7.5~10g），兑水30L茎叶喷雾。

注意事项 ①精吡氟禾草灵药效表现较迟，不要在施药后1~2周内效果不明显时重喷第二次药。②杂草叶龄大时，可提高施药量，但需保证作物安全。③土壤湿度较高时，除草效果好；在高温干旱条件下施药，杂草茎叶未能充分吸收药剂，此时要用剂量的高限或添加助剂。

与其他药剂的混用 可与灭草松、氟磺胺草醚、草甘膦等桶混使用。

允许残留量 GB 2763—2021《食品中农药最大残留限量标准》规定精吡氟禾草灵最大残留限量见表。ADI为0.004mg/kg。

部分食品中精吡氟禾草灵最大残留限量（GB 2763—2021）

食品类别	名称	最大残留限量（mg/kg）
油料和油脂	大豆	0.5
	花生仁、棉籽	0.1
糖料	甜菜	0.5

参考文献

刘长令, 2002. 世界农药大全: 除草剂卷[M]. 北京: 化学工业出版社.

马克比恩 C, 2015. 农药手册[M]. 胡笑形, 等译. 北京: 化学工业出版社.

中国农业百科全书总编辑委员会农药卷编辑委员会, 中国农业百科全书编辑部, 1993. 中国农业百科全书: 农药卷[M]. 北京: 农业出版社.

SHANER D L, 2014. Herbicide handbook[M]. 10th ed. Lawrence, KS: Weed Science Society of America.

（撰稿: 李香菊；审稿: 高希武）

精噁唑禾草灵 fenoxaprop-P-ethyl

一种选择性内吸传导型芳氧苯氧基丙酸酯类除草剂。为手性化合物。

其他名称 精彪马（含安全剂Hoe 070542）、威霸、Hoe 046360。

化学名称 (R)-2-[4-(6-氯-2-苯并噁唑氧基)苯氧基]丙酸乙酯; ethyl(2R)-2-[4-[(6chloro2-benzoxazolyl)oxy]phenoxy]propanoate。

IUPAC名称 ethyl(R)-2-[4-[(6-chloro-2-benzoxazolyl)oxy]phenoxy] propanoate。

CAS登记号 71283-80-2。

EC号 615-273-7。

分子式 $C_{18}H_{16}ClNO_5$。

相对分子质量 361.78。

结构式

开发单位 德国赫斯特公司。

理化性质 纯品为无色固体，相对密度 1.3（20℃），熔点 89～91℃，蒸气压 5.3×10^{-4} mPa（20℃）。水中溶解度 0.9mg/L（25℃）；有机溶剂中溶解度（20℃，g/L）：丙酮 200，环己烷、乙醇、正辛醇＞10，乙酸乙酯＞200，甲苯 200。

毒性 急性经口 LD_{50}（mg/kg）：雄大鼠 3040，雌大鼠 2090，小鼠＞5000。大鼠急性经皮 LD_{50}＞2000mg/kg，大鼠急性吸入 LC_{50}（4 小时）＞1.224mg/L。亚急性试验 NOEL［90 天，mg/（kg·d）］：大鼠 0.75，小鼠 1.4，狗 15.9。未见致畸、致突变和致癌作用。对鱼类高毒，LC_{50}（96 小时）：虹鳟 0.46mg/L，翻车鱼 0.58mg/L。对其他水生生物中等毒。水蚤 LC_{50}（48 小时）7.8mg/L。对鸟类低毒。鹌鹑 LD_{50}＞2000mg/kg。

剂型 6.9%、7.5%、69g/L 水乳剂，6.9%、8.5%、10%、80.5g/L 乳油。

质量标准 精噁唑禾草灵原药（GB 22616—2008）。

作用方式及机理 选择性内吸传导型芽后茎叶处理剂。有效成分被茎叶吸收后传导到叶基、节间分生组织和根的生长点，迅速转变为芳氧基游离酸，抑制脂肪酸生物合成，损坏杂草生长点和分生组织，施药后 2～3 天内停止生长，5～7 天心叶失绿变紫色，分生组织变褐，然后分蘖基本坏死，叶片变紫逐渐死亡。在耐药性作物中逐渐分解成无活性代谢物而解毒。

有效成分中加入安全剂的产品，可用于小麦田防除禾本科杂草。未加安全剂的产品适用于油菜、大豆、花生、棉花等阔叶作物田防除禾本科杂草。

防治对象 小麦、大豆、花生、油菜、烟草、菠菜等作物田防除禾本科杂草，如看麦娘、日本看麦娘、野燕麦、菵草、稗、马唐、牛筋草、狗尾草、画眉草、千金子等。

使用方法 常为苗后茎叶喷雾。

防治小麦田杂草 小麦苗后早期、禾本科杂草 2 叶期至分蘖期前，每亩用 69g/L 精噁唑禾草灵水乳剂 40～50g（有效成分 2.76～3.45g），加水 30L 茎叶喷雾。

防治大豆田杂草 大豆 2～3 片三出复叶、杂草 2 叶期至分蘖期前，夏大豆每亩用 69g/L 精噁唑禾草灵水乳剂 50～60g（有效成分 3.45～4.14g），春大豆每亩用 69g/L 精噁唑禾草灵水乳剂 60～80g（有效成分 4.14～5.52g），加水 30L 茎叶喷雾。

防治油菜田杂草 油菜 3～5 叶期、禾本科杂草 3～5 叶期，冬油菜田每亩用 69g/L 精噁唑禾草灵水乳剂 40～50g（有效成分 2.76～3.45g），春油菜每亩用 69g/L 精噁唑禾草灵水乳剂 50～60g（有效成分 3.45～4.14g），加水 30L 茎叶喷雾。

防治直播或移栽棉花田杂草 棉花苗期，杂草 2 叶期至分蘖期前，每亩用 69g/L 精噁唑禾草灵水乳剂 50～60g（有效成分 3.45～4.14g），加水 30L 茎叶喷雾。

注意事项 ①不含安全剂的产品不能用于小麦田。②杂草叶龄大，该药效果差。小麦田冬前杂草叶龄小施药比冬后叶龄大施药除草效果理想，对小麦的安全性也好。冬后施药可能造成个别小麦品种叶片暂时性失绿现象。③干旱条件下施药，在药液中加入喷雾助剂可提高除草效果。④小麦田除草，在平均气温低于 5℃时效果不佳。⑤施药时土壤干旱或禾本科杂草叶龄超过 3 叶期时，应采用上限剂量。小麦田防除硬草、碱芽等敏感性较差的杂草，应加大用药量至每亩有效成分 5.52～6.9g，并做定向喷雾。⑥该药对鱼类等水生生物有毒。施药时避开水产养殖区，禁止在水体中清洗施药器具。杂草叶龄大时该药效果差，应在杂草出齐苗后提早施药。

与其他药剂的混用 可与氯氟草酯、炔草酯、异丙隆、草除灵等桶混使用。

允许残留量 GB 2763—2021《食品中农药最大残留限量标准》规定精噁唑禾草灵最大残留限量见表。ADI 为 0.0025mg/kg。谷物、油料和油脂、蔬菜按照 NY/T 1379 规定的方法测定。

部分食品中精噁唑禾草灵最大残留限量（GB 2763—2021）

食品类别	名称	最大残留限量（mg/kg）
谷物	糙米	0.10
	小麦	0.05
油料和油脂	棉籽	0.02
	花生仁	0.10
	油菜籽	0.50
蔬菜	花椰菜	0.10

参考文献

刘长令, 2002. 世界农药大全: 除草剂卷[M]. 北京: 化学工业出版社.

马克比恩 C, 2015. 农药手册[M]. 胡笑形, 等译. 北京: 化学工业出版社.

中国农业百科全书总编辑委员会农药卷编辑委员会, 中国农业百科全书编辑部, 1993. 中国农业百科全书: 农药卷[M]. 北京: 农业出版社.

SHANER D L, 2014. Herbicide handbook[M]. 10th ed. Lawrence, KS: Weed Science Society of America.

（撰稿：李香菊；审稿：耿贺利）

精高效氯氟氰菊酯 γ-cyhalothrin

一种手性高效拟除虫菊酯类杀虫剂。

其他名称 功夫、功夫菊酯、PP321、三氟氯氰菊酯、空手道、日高、红箭、菜茶帮手、金菊、百劫、功到、瞬杀、菜歌、赛镖、统杀、大康、高福、功力、锐宁、天菊、

Karate、Grenade、Cyhalon、Cyhalon Kung Fu、PP-321、OMS-3021、PP-563、ICI-A0321、ICI-146814、OMS-2011、JF-289。

化学名称 α-氰基-3-苯氧基苄基-3-(2-氯-3,3,3-三氟丙烯基)-2,2-二甲基环丙烷羧酸酯；α-cyano-3-phenoxybenzyl-3-(2-chloro-3,3,3-trifluoropropenyl)-2,2-dimethyl cyclopropanecarboxylate。

IUPAC名称 (S)-α-cyano-3-phenoxybenzyl (1R,3R)-3-[(Z)-2-chloro-3,3,3-trifluoroprop-1-enyl]-2,2-dimethylcyclopropanecarboxylate。

CAS登记号 76703-62-3。

EC号 618-753-4。

分子式 $C_{23}H_{19}ClF_3NO_3$。

相对分子质量 449.85。

结构式

开发单位 由 Pytech Chemicals Gmbh（最初是陶氏益农和科麦农的合资公司；现为科麦农的全资子公司）开发，2009年后所有权转给科麦农。

理化性质 原药为单独异构体，纯度 ≥ 98%，白色晶体。熔点 55.6℃。蒸气压 3.45×10^{-4}mPa（20℃）；K_{ow}lg$P$ 4.96（19℃），相对密度1.32。在水中溶解度（20℃）2.1×10^3mg/L。在245℃时分解，DT_{50} 1155天（pH5）、136天（pH7）、1.1天（pH9），水解 DT_{50} 10.6天。

毒性 急性经口 LD_{50}（mg/kg）：雄大鼠 > 50，雌大鼠55。急性经皮 LD_{50}（mg/kg）：雄大鼠 > 1500，雌大鼠1643mg/kg。豚鼠皮肤致敏物。吸入 LC_{50}：雄大鼠 0.040mg/L，雌大鼠 0.028mg/L。山齿鹑急性经口 LD_{50} > 2000mg/kg。饲喂 LC_{50}：野鸭 4430mg/kg 饲料，山齿鹑 2644mg/kg 饲料。鱼类 LC_{50}（96小时，mg/L）：虹鳟 72.1～170，蓝鳃翻车鱼 35.4～63.1。水蚤 EC_{50}（48小时）45～99 ng/L；羊角月牙藻 EC_{50}（96小时）> 285mg/L。蜜蜂 LD_{50}（接触）0.005μg/只。蚯蚓 LC_{50}（14天）60g/kg 土壤。

剂型 1.5%悬浮剂。

作用方式及机理 见氯氟氰菊酯。杀虫广谱、高效、作用快；持效期长，对作物无药害。具有触杀、胃毒作用，无内吸作用。活性高，药效迅速，喷施后有耐雨水冲刷的优点，但长期使用害虫易对其产生抗药性。对有益昆虫毒性较低。

防治对象 适用于防治棉花、花生、大豆、果树、蔬菜、烟草上鳞翅目、鞘翅目、半翅目、双翅目等多种害虫、害螨。也可用来防治多种地表和公共卫生害虫。还可用于防治牲畜寄生虫，如牛身上的微小牛蜱和东方角蝇，羊身上的虱子、蜱、蝇等害虫，对刺吸式口器害虫也有一定防效，杀虫广谱。对鳞翅目中的蛀果蛾、卷叶蛾、潜叶蛾、毛虫、尺蠖、菜粉蝶、小菜蛾、甘蓝夜蛾、切根虫、斑螟、烟青虫、金斑蛾；半翅目中的蚜虫、叶蝉、粉虱、蝽类；鞘翅目中的蓝光丽金龟、象鼻虫、叶甲、瓢虫；双翅目的瘿蚊；膜翅目的叶蜂以及蓟马等害虫均有效。

使用方法

防治棉铃虫、红铃虫 于2～3代卵孵盛期施药，用2.5%乳油。

防治棉蚜 于发生期施药，用2.5%乳油150～300ml/hm²，伏蚜用量增加到300～450ml/hm²。

防治棉花蜘蛛 按常规剂量可控制发生量，但效果不稳定，一般不将此药用作杀螨剂，只能在杀虫的同时兼治害螨。

防治玉米螟 于卵孵盛期施药，用2.5%乳油5000倍液稀释喷雾，效果良好。

防治柑橘蚜虫 于发生期防治，使用浓度为2.5%乳油5000～10 000倍液。

防治桃小食心虫 于卵孵盛期，用2.5%乳油3000～4000倍液加水均匀喷雾。

防治小菜蛾 用2.5%乳油2000～4000倍液加水喷雾，此剂量同样可以防治菜青虫。

该品对棉褐带卷蛾等的防效高于氯氰菊酯、氰戊菊酯、氟氯戊菊酯、氟胺氰菊酯等，详见表1和表2。

喷洒后能在叶茎表面长期残存而显示其药效，为此，不仅对喷洒时已经发生的虫害有效，而且还可防止施药后迁飞来的害虫危害。以规定浓度喷洒对各种作物几乎无药害，故可安全使用。以稀释2000～3000倍的低浓度使用 cyhalon 可湿性粉剂时，一般对果实表皮和茎叶不会产生污染。该品

表1 对小菜蛾等害虫的毒力

药剂名称	浓度（mg/kg）	棉褐带卷蛾（五龄幼虫）	斜纹夜蛾（三龄幼虫）	小菜蛾（三龄幼虫）	桃蚜
四溴菊酯（1.5%乳油）	10	9.1	20.4	10.5	27.0
氟氰戊菊酯（5%乳油）	50	4.5	2.9	6.7	192.3
氯氰菊酯（6%可湿性粉剂）	60	13.6	28.6	9.4	24.0
氟胺氰菊酯（20%可湿性粉剂）	200	4.5	2.5	7.1	327.9
醚菊酯（20%乳油）	200	2.0	16.7	4.2	12.5
氰戊菊酯（10%乳油）	200	16.7	15.4	22.0	105.3
cyhalon（5%可湿性粉剂）	25	17.8	28.7	22.7	53.2

注：数据为使用浓度，即 LC_{50}（mg/kg）；桃蚜为无翅胎生雌成虫。

表 2　对棉褐带卷蛾等 4 种害虫的 LC$_{50}$ 值（mg/kg）

药剂名称	棉褐带卷蛾（五龄幼虫）	斜纹夜蛾（三龄幼虫）	小菜蛾（三龄幼虫）	桃蚜
四溴菊酯（1.5% 乳油）	1.1	0.49	0.95	0.37
氟氰戊菊酯（5% 乳油）	11.0	17.00	7.50	0.26
氯氰菊酯（6% 可湿性粉剂）	4.4	2.10	6.40	2.50
氟胺氰菊酯（20% 可湿性粉剂）	4.4	79.00	28.00	0.61
醚菊酯（20% 乳油）	100.0	12.00	48.00	16.00
氰戊菊酯（10% 乳油）	12.0	13.00	9.10；4.30*	1.90
cyhalon（5% 可湿性粉剂）	1.4	0.87	1.10	0.34

注：桃蚜为无翅胎生雌成虫。

* 试验时间不一样，氰戊菊酯 LC$_{50}$ 4.3，可信界限（3.0～7.3）。

在收获前较短日期内仍可施药；如对黄瓜、茄子等食果蔬菜，有可能在收获前 2～3 天使用，苹果、梨、桃子、柿子等果树，可在采收前 7 天使用。此外，还可用于防治牲畜体外寄生虫，如牛身上的微小牛蜱和东方角蝇，羊身上的虱和羊蜱蝇。施药方法：每 21 天以 70mg/L 浓度给牛体洗浴或在牛圈喷施。

　　注意事项　①注意喷洒时期。该剂具有速效、高效的杀虫作用，故在卷叶蛾卷叶子前或蛀果蛾、潜叶蛾侵入果实或蚕食叶子前喷药最为适宜。②均匀喷洒。该剂无内吸传导和气化作用，而是通过接触和摄食而发挥作用，故将药液均匀喷于叶背或下部叶子就十分重要。③施药浓度。一般情况下 5% 可湿性粉剂稀释 2000～3000 倍，5% 乳油稀释 2000 倍。杀虫谱广，1 次喷洒可同时防治多种害虫。④避免连用，注意轮。过度连续使用该剂会导致害虫敏感性下降，故应与有机磷类和氨基甲酸酯类杀虫机理不同的其他药剂轮用。⑤与其他拟除虫菊酯类杀虫剂一样，该剂对鱼贝类影响颇大，属 C 级鱼毒性。由于对蚕有长时间的毒性，故绝不能在蚕桑地区使用。无采蜜忌避活性，但直接喷洒对工蜂成虫有较强的杀灭作用，且对种群会产生影响，故应十分注意。不要污染鱼塘、河流、蜂场、桑园。⑥应很好注意标签说明，并按规定使用。⑦不要与碱性物质混用，不要做土壤处理。⑧如药液溅到皮肤和眼睛上，立即用大量清水冲洗，如误服，立即引吐，并迅速就医。⑨安全间隔期为 21 天。

　　与其他药剂的混用　可以与多种杀虫剂混用，以增效或扩大杀虫谱。如与辛硫磷、阿维菌素、乙酰甲胺磷、哒螨灵、噻螨酮等杀虫剂、杀螨剂混用。

　　允许残留量　GB 2763—2021《食品中农药最大残留限量标准》规定精高效氯氟氰菊酯最大残留限量见表 3。ADI 为 0.02mg/kg。谷物按照 GB 23200.9、GB 23200.113、GB/T 5009.146、SN/T 2151 规定的方法测定；油料和油脂、坚果、糖料、调味料参照 GB 23200.9、GB/T 5009.146、SN/T 2151 规定的方法测定；蔬菜、水果、干制水果、食用菌按照 GB/T 5009.146、NY/T 761 规定的方法测定；茶叶按照 GB 23200.113 规定的方法测定。

表 3　部分食品中精高效氯氟氰菊酯最大残留限量（GB 2763—2021）

食品类别	名称	最大残留限量（mg/kg）
谷物	糙米	1.00
	小麦	0.05
	大麦	0.50
	燕麦、黑麦、小黑麦、玉米	0.05
	鲜食玉米	0.20
油料和油脂	花生仁、棉籽	0.05
	大豆、棉籽油	0.02
蔬菜	韭菜	0.50
	鳞茎类蔬菜（韭菜除外）	0.20
	结球甘蓝	1.00
	花椰菜	0.50
	菠菜、普通白菜、莴苣	2.00
	芹菜	0.50
	大白菜	1.00
	茄果类蔬菜（番茄、茄子、辣椒除外）	0.30
	番茄、茄子、辣椒	0.20
	瓜类蔬菜	0.05
	豆类蔬菜	0.20
	芦笋、马铃薯	0.02
水果	柑、橘、苹果	0.20
	桃、油桃、杏	0.50
	李子	0.20
	樱桃	0.30
	猕猴桃	0.50
	橄榄	1.00
	荔枝	0.10
	杜果	0.20
	瓜果类水果（甜瓜除外）	0.05
干制水果	李子干	0.20
	葡萄干	0.30
坚果		0.01
糖料	甘蔗	0.05
饮料类	茶叶	15.00
食用菌	蘑菇类（鲜）	0.50
调味料	干辣椒	3.00

参考文献

彭志源, 2006. 中国农药大典[M]. 北京: 中国科技文化出版社.

朱永和, 王振荣, 李布青, 2006. 农药大典[M]. 北京: 中国三峡出版社.

（撰稿：薛伟；审稿：吴剑）

精甲霜灵　metalaxyl-M

一种高效内吸杀菌剂，是普通甲霜灵的 *R* 异构体。

其他名称　甲霜林 -M。

化学名称　*N*-(2,6- 二甲苯基)-*N*-(甲氧基乙酰基)-D- 丙氨酸甲酯; methyl *N*-(methoxyacetyl)-*N*-2,6-xylyl-D-alaninate。

CAS 登记号　70630-17-0。

分子式　$C_{15}H_{21}NO_4$。

相对分子质量　279.33。

结构式

开发单位　先正达公司。

理化性质　纯品为黄色至淡棕色均相油状物。熔点 -38.7℃。沸点 270℃。相对密度 1.125（20℃）。水中溶解度为 26mg/L（25℃），与丙酮、乙酸乙酯、甲醇、二氯甲烷、甲苯和正辛醇互溶。在酸性和中性条件下稳定。

毒性　按照中国农药毒性分级标准，精甲霜灵属低毒。大鼠急性经口 LD_{50} ＞ 2000mg/kg，急性经皮 LD_{50} 667mg/kg；对兔皮肤无刺激，对眼睛有强烈的刺激；无致畸、致癌、致突变现象。虹鳟 LC_{50}（96 小时）＞ 100mg/L；水蚤 LC_{50}（48 小时）＞ 100mg/L。

剂型　35% 乳剂。

质量标准　35% 精甲霜灵种子处理乳剂，产品粒度范围 297～1680μm，pH6～9。热稳定性合格。持久气泡（1 分钟）≤ 25ml。

作用方式及机理　精甲霜灵为具有立体旋光活性的杀菌剂，是甲霜灵杀菌剂两个异构体中的一个。具保护和治疗作用的内吸性杀菌剂，具有双向传导性，可被植物的根、茎、叶吸收，并随植物体内水分运转而转移到植物的各器官，可以作茎叶处理、种子处理和土壤处理。

防治对象　对于霜霉、疫霉和腐霉等卵菌所致的蔬菜、果树、烟草、油料、棉花、粮食等作物病害具有很好的防效。杀菌谱与甲霜灵一致，但在获得同等防效的情况下只需甲霜灵用量的一半，具有更快的土壤降解速度，这有助于减少药量和施药次数，延长施药周期，并增加对使用者的安全性和与环境的相容性。

使用方法

防治大豆根腐病、棉花猝倒病、花生根腐病　种子包衣（种子公司使用）或拌种（农户使用）。拌种的方法：每 100kg 大豆种子用 35% 种子处理乳剂 40～80g（有效成分 14～28g）拌种，将药浆与种子充分搅拌，直到药液均匀分布到种子表面，晾干后即可播种。

防治水稻烂秧病　拌种或浸种。拌种是每 100kg 水稻种子用 35% 种子处理乳剂 15～25g（有效成分 5.25～8.75g）拌种，先用水将推荐用量稀释至 1～2L，将药浆与种子充分搅拌，直到药液均匀分布到种子表面，晾干即可。浸种则用 35% 种子处理乳剂 400～600 倍液（有效成分 58.3～87.5mg/L）浸种，晾干播种。

防治向日葵苗期霜霉病　每 100kg 种子用 35% 种子处理乳剂 100～300g（有效成分 35～105g）均匀拌种，待晾干再播种。

注意事项　长期单一使用精甲霜灵易使病原菌产生抗药性，应与其他杀菌剂轮换使用或混合使用，生产上常与代森锰锌、福美双等保护性药剂混配使用。精甲霜灵虽属低毒，但仍应按农药安全使用操作规定使用，需注意防止污染手、脸和皮肤，如误食药剂，在病人神志清醒情况下给予活性炭催吐。目前尚无特效解毒剂，只能送医院对症治疗。

与其他药剂的混用　68% 精甲霜灵·锰锌水分散粒剂，外观为干燥、可自由流动的黄色疏松柱状颗粒。对包装材料无腐蚀性，无爆炸性。按照中国农药毒性分级标准，68% 精甲霜灵·锰锌水分散粒剂属低毒。雌、雄大鼠急性经口 LD_{50} 分别为 5620mg/kg 和 6810mg/kg，急性经皮 LD_{50} ＞ 5000mg/kg。防治黄瓜、花椰菜和葡萄霜霉病，辣椒和西瓜疫病，番茄和马铃薯晚疫病和烟草黑胫病。发病初期开始施药，每次每亩用 68% 精甲霜灵·锰锌水分散粒剂 100～120g（有效成分 68～82g）加水喷雾，间隔 7～10 天喷 1 次，连续喷施 3～4 次。番茄、辣椒安全间隔期为 5 天，一季最多使用 4 次。黄瓜安全间隔期为 4 天，一季最多使用 3 次。西瓜、马铃薯、烟草，安全间隔期为 7 天，一季最多使用 3 次。花椰菜安全间隔期为 3 天，一季最多使用 3 次。葡萄安全间隔期为 7 天，一季最多使用 4 次。防治荔枝霜疫霉病，发病初期开始施药，用 68% 精甲霜灵·锰锌水分散粒剂 800～1000 倍液（有效成分 680～850mg/L）整株喷雾，间隔 7～10 天喷一次，连续喷施 3～4 次，安全间隔期为 7 天，一季最多使用 4 次。

允许残留量　GB 2763—2021《食品中农药最大残留限量标准》规定精甲霜灵最大残留量见表。ADI 为 0.08mg/kg。

部分食品中精甲霜灵最大残留限量（GB 2763—2021）

食品类别	名称	最大残留限量（mg/kg）
谷物	糙米	0.10
	麦类、旱粮类	0.05
油料和油脂	棉籽	0.05
	花生仁	0.10
	葵花籽	0.05

（续表）

食品类别	名称	最大残留限量（mg/kg）
蔬菜	洋葱	2.00
	结球甘蓝	0.50
	抱子甘蓝	0.20
	花椰菜	2.00
	青花菜	0.50
	菠菜、结球莴苣	2.00
	番茄、辣椒、黄瓜	0.50
	西葫芦、笋瓜	0.20
	食荚豌豆、芦笋	0.05
	胡萝卜、马铃薯	0.05
水果	柑橘类水果	5.00
	仁果类水果	1.00
	醋栗（红、黑）	0.20
	葡萄	1.00
	荔枝	0.50
	鳄梨	0.20
	甜瓜类水果、西瓜	0.20
糖料	甜菜	0.05
饮料类	可可豆	0.20
	啤酒花	10.00
调味料	种子类调味料	5.00

参考文献

曹爱华, 李义强, 孙惠青, 等, 2007. 烟草及土壤中精甲霜灵残留分析方法和降解规律研究[J]. 中国烟草科学, 28 (3) : 35-37.

农业部种植业管理司, 农业部农药检定所, 2015. 新编农药手册[M]. 2版. 北京: 中国农业出版社: 291.

张希跃, 吴迪, 2016. 液相色谱法测定黄瓜和土壤中精甲霜灵的残留[J]. Hans journal of agricultural sciences, 6 (2) : 16.

（撰稿：刘西莉；审稿：张灿）

精密度　precision

在规定条件下，独立测试结果间的一致程度。其量值用测试结果的标准差来表示。

精密度又分为重复性和再现性。

重复性　在同一实验室，由同一个操作者使用相同仪器设备、按相同的测定方法，并在短时间内从同一被测对象取得相互独立测试结果的一致性程度。重复性要做 3 个水平的试验，每个水平重复次数不少于 5 次，通常，实验室内相对标准偏差符合表 1 要求。

再现性　在不同实验室，由不同操作者按相同的测试方法，从同一被测对象取得相互独立测试结果的一致性程度。

试验应在不同实验室间进行，实验室个数不能少于 3 个，再现性需要做 3 个添加水平试验，其中一个水平必须是

定量限，每个水平不少于 5 次重复，实验室间的相对标准偏差应该符合表 2 要求。

表 1　实验室内相对标准偏差

被测组分含量（mg/kg）	相对标准偏差（%）
$x \leqslant 0.001$	$\leqslant 36$
$0.001 < x \leqslant 0.01$	$\leqslant 32$
$0.01 < x \leqslant 0.1$	$\leqslant 22$
$0.1 < x \leqslant 1$	$\leqslant 18$
$x > 1$	$\leqslant 14$

表 2　实验室间相对标准偏差

被测组分含量（mg/kg）	相对标准偏差（%）
$x \leqslant 0.001$	$\leqslant 54$
$0.001 < x \leqslant 0.01$	$\leqslant 46$
$0.01 < x \leqslant 0.1$	$\leqslant 34$
$0.1 < x \leqslant 1$	$\leqslant 25$
$x > 1$	$\leqslant 19$

参考文献

NY/T788—2018 农作物中农药残留试验准则.

（撰稿：董丰收；审稿：郑永权）

精确喷粉　precision dusting

将杀虫剂药粉按所需用量精确、均匀喷施到试虫体表以测定杀虫剂触杀毒力大小的喷粉方法。1948—1949 年 M. D. 法勒（M. D. Farrar）和 S. E. A. 麦卡兰（S. E. A. Mac Callan）研制的真空喷粉钟罩可实现对靶定量、均匀、全面喷粉，试虫腹面也可受药。

适用范围　此法测定结果接近田间实际效果，常见昆虫均可采用该方法处理。

主要内容　将直径 30～40cm、顶上开孔带塞的玻璃钟罩安装在垫有橡皮、中心处有通风管的平台上，即构成真空喷粉钟罩。在钟罩顶的塞孔上，覆有带小管的金属圆盖，盖下有橡皮薄片以使塞孔同盖片密合。小管从盖片中心突出约 1cm，并可用橡皮塞密封。盖片的下方固定有两根金属支柱，从钟罩塞孔向下伸入罩内。两根支柱的下端固定一个直径稍小于钟罩塞孔直径的金属凹形圆片，用于盛装药粉。金属盖片和连在一起的支柱、凹形圆片及小管可以从塞孔放入和取出。

喷粉操作时，将试虫放进玻璃钟罩，将定量的药粉放入盖片下的凹形圆片中，通过平台下的抽气管将罩内抽到一定负压（与抽气管相连的负压表有显示），然后将盖片小管上的橡皮塞拔开，罩外空气立即从小管进入钟罩并将凹形圆片中间药粉吹散于罩内，经过一定时间等药粉完全沉降后，取出试虫。以未喷粉处理的试虫为对照。于正常条件下饲养，定期观察并记录死亡情况，计算致死中量。

参考文献

中国农业百科全书总编辑委员会农药卷编辑委员会, 中国农业百科全书编辑部, 1993. 中国农业百科全书: 农药卷[M]. 北京: 农业出版社.

（撰稿: 梁沛; 审稿: 陈杰）

精确喷雾法 precision spraying

将杀虫剂药液按所需用量精确、均匀喷施到试虫体表以测定杀虫剂触杀毒力大小的生物测定方法。1941年波特C.（C. Potter）发明了Potter精确喷雾塔（Potter spray tower, 由英国Burkard公司生产, 见图）, 其喷头主要通过气流使药液雾化, 喷出的雾滴大小一致, 散布均匀, 喷雾压力为$0 \sim 2.0 kg/cm^2$, 在生物测定中应用广泛。

适用范围 此法测定结果接近田间实际效果, 常见昆虫均可采用该方法处理。也可用于残留喷雾, 在物体表面形成药膜。

英国Burkard公司生产的
Potter精确喷雾塔

主要内容 用丙酮等有机溶剂将杀虫剂原药（或原液）溶解配成母液, 再用0.01%的Triton X-100水溶液等比稀释配制成系列浓度, 利用Potter喷雾塔将定量的药液均匀喷施于置于喷雾塔下端载物台上的试虫体表, 使昆虫与药膜接触而中毒。以0.01%的Triton X-100水溶液喷雾处理的试虫为对照。喷雾处理的试虫置于正常条件下饲养, 定期观察并记录死亡情况, 计算致死中浓度LC_{50}。

对于活动能力强的试虫可经过冷冻或麻醉后再喷雾, 注意所有试虫冷冻处理的温度和时间保持一致; 麻醉处理时所用麻醉剂的剂量和处理时间一致。避免因冷冻或麻醉造成试虫死亡, 影响生物测定结果。载物台上最大可放直径9cm、高度小于5cm的容器。

参考文献

中国农业百科全书总编辑委员会农药卷编辑委员会, 中国农业百科全书编辑部, 1993. 中国农业百科全书: 农药卷[M]. 北京: 农业出版社.

（撰稿: 梁沛; 审稿: 陈杰）

精异丙甲草胺 S-metolachlor

一种氯酰胺类选择性除草剂。

其他名称 金都尔、稻乐思、杜耳、甲氧毒草胺。

化学名称 (α-RS,1R)-2-氯-6-乙基-N-(2-甲氧基-1-甲基乙基)乙酰-邻-替苯胺; (R)2-chloro-N-(2-ethyl-6-methylphenyl)-N-(2-methoxy-1-methylethyl)acetamide。

IUPAC名称 (α-RS,1R)-2-chloro-6-ethyl-N-(2-methoxy-1-methylethyl)aceto-o-toluidide。

CAS登记号 87392-12-9。

EC号 618-004-1。

分子式 $C_{15}H_{22}ClNO_2$。

相对分子质量 283.79。

结构式

开发单位 诺华公司（现先正达公司）。

理化性质 淡黄色至棕色液体。相对密度1.117（20℃）。熔点-61.1℃。沸点334℃。蒸气压$3.7 \times 10^{-3} Pa$（25℃）。水中溶解度480mg/L（25℃）; 易溶于苯、甲苯、二甲苯、甲醇、乙醇、辛醇、丙酮、环己酮、二氯甲烷、二甲基甲酰胺等有机溶剂。

毒性 低毒。大鼠急性经口LD_{50} 2672mg/kg, 兔急性经皮$LD_{50} > 2000mg/kg$, 大鼠急性吸入LC_{50}（4小时）2.91mg/L。对兔眼睛和皮肤无刺激性。对鱼中等毒性。鱼类LC_{50}（96小时, mg/L）: 虹鳟1.2, 翻车鱼3.2。对蜜蜂、鸟低毒。蜜蜂LD_{50}（μg/只）: 经口85, 接触> 200。山齿鹑和野鸭经口$LD_{50} > 2510mg/kg$, 饲喂（8天）$LC_{50} > 5620mg/kg$饲料。蚯蚓LC_{50}（14天）570mg/kg土壤。

剂型 960g/L乳油, 40%微囊悬浮剂。

质量标准 精异丙甲草胺原药（HG/T 5425—2018）。

作用方式及机理 异丙甲草胺的活性异构体。对异丙甲草胺进行化学拆分, 除去非活性异构体（R体）, 而得到精制的活性异构体（S体）, 其S-体含量80%～100%, R-体仅含0～20%, 作用机制同异丙甲草胺。

防治对象 马唐、千金子、稗草、蟋蟀草、藜、反枝苋、鸭舌草、泽泻、母草、藻类、异型莎草等。对铁苋菜、苘麻、蓼科杂草及多年生杂草防效差。

使用方法 用于玉米、大豆、花生、油菜、芝麻、向日葵、马铃薯、棉花、甜菜、甘蔗、亚麻、红麻、某些蔬菜及果园、苗圃等旱田防除一年生禾本科杂草。

防治玉米田杂草 夏玉米田除草。夏玉米播后苗前, 每亩用960g/L精异丙甲草胺乳油50～85g（有效成分48～81.6g）, 兑水40～50L均匀喷雾。

防治大豆、花生、棉花田杂草 大豆播前或播后苗前进行土壤处理。北方地区每亩用960g/L精异丙甲草胺乳油80～120g（有效成分76.8～115.2g）, 南方地区每亩用960g/L精异丙甲草胺乳油60～85g（有效成分57.6～81.6g）, 兑水40～50L均匀喷雾。

防治西瓜田杂草 西瓜移栽后, 每亩用960g/L精异丙甲草胺乳油40～65g（有效成分38.4～62.4g）, 兑水40～50L均匀喷雾。

防治大蒜田杂草　每亩用 960g/L 精异丙甲草胺乳油 50～65g（有效成分 48～62.4g），兑水 40～50L 均匀喷雾。

注意事项　①旱作物田施药前后，土壤宜保持湿润，以确保药效。东北地区干旱、无灌水的条件下，可采用混土法施药，混土深度以不触及作物种子为宜。②在质地黏重的土壤上施用时，使用高剂量；在疏松的土壤上施用时，使用低剂量。③该药剂在低洼地或砂壤土使用时，如遇雨，容易发生淋溶药害，需慎用。④该品对鱼中等毒，施药时应远离鱼塘或沟渠，施药后的田水及残药不得排入水体，也不能在养鱼、虾、蟹的水稻田使用该剂。

与其他药剂的混用　可与莠去津、乙氧氟草醚、硝磺草酮、烟嘧磺隆等混用，扩大杀草谱，降低环境风险。

允许残留量　GB 2763—2021《食品中农药最大残留限量标准》规定精异丙甲草胺最大残留限量见表。ADI 为 0.1mg/kg。谷物按照 GB/T 19649 规定的方法测定；油料和油脂按照 GB/T 5009.174 规定的方法测定；蔬菜、糖料参照 GB/T 19649 规定的方法测定。

部分食品中精异丙甲草胺最大残留限量（GB 2763—2021）

食品类别	名称	最大残留限量（mg/kg）
谷物	糙米	0.1
	玉米	0.1
油料和油脂	大豆	0.5

参考文献

刘长令，2002.世界农药大全:除草剂卷[M].北京:化学工业出版社.

马克比恩 C，2015.农药手册[M].胡笑形，等译.北京:化学工业出版社.

中国农业百科全书总编辑委员会农药卷编辑委员会，中国农业百科全书编辑部，1993.中国农业百科全书:农药卷[M].北京:农业出版社.

SHANER D L，2014. Herbicide handbook[M]. 10th ed. Lawrence, KS: Weed Science Society of America.

（撰稿：李香菊；审稿：耿贺利）

精准喷雾　precise spraying

精准施药的技术思想是在认定田间病虫草害相关因子差异性的基础上，充分获取农田小区病虫草害存在的空间与时间差异性信息，即获取地块中每个单元或小区（每平方米或每百平方米）病虫草害发生的相关信息，采取技术上可行、经济上有效的施药方案，准确地在每一个小区上喷洒适量的农药。改变传统的大面积、大群体平均投入的农药浪费型做法，区别对待，实行按需、定位、定量施药，即"处方施药"，也称变量施药。

传统农药使用方法是对病虫草害发生区域采取相同的施药处理，这种忽视病虫草害时空差异性的方法导致农药投入成本加大，污染环境。而精准施药有利于促进人类社会的可持续发展，可以带动相关产业链的发展，可以提高农林生产效率。

技术原理　变量精准施药技术在依靠信息技术和计算机图像处理技术的基础上，能够根据田间土壤和病虫草害的分布特点，按需喷施。其最大的优势就是能够有效地提高农药使用效率、减少农药使用量，从而最大限度地减少农药对环境的污染。

基本内容　变量喷施系统，从喷施量的决策信息来源可以分为基于地图信息的可变量技术和基于实时传感器的可变量技术。从变量喷雾控制系统的变量实现方式可以分为 3 类：基于药液的流量式／压力式控制系统；药剂注入式的控制系统；药剂和水并列式控制系统。另外，还有一种变量喷雾系统，直接通过各种变量喷头体来直接实现。目前，在各种类型的变量喷施系统中，精确农业中用到的可变量实施系统绝大多数是基于地图信息的，而基于实时传感器和各类变量喷头基本还处于实验室研究阶段，要全面应用于实际农业生产中还有许多问题需要解决。精准施药技术主要分为以下 4 种。

注入式变量施药系统　喷雾机的药液配制与剩余农药的处理是关系农药安全使用的重要问题。由于电子技术的发展，使直接注入式混药系统更加可靠、更加成熟，在保护环境、人身安全和经济效益上有突出的优点。直接注入式系统具备独立的农药容器和一个大的水箱，提前设定系统的水流量为一稳定值，药剂由一个精确计量泵依据设定的计量抽入大水箱中混合，或是利用专用药箱的刻度来计量加入的药量，用非计量泵抽入水箱中，或把药液放入一个专门加药箱内，加水时利用一个混药器按一定比例自动把药液吸入水中与水混合，通过液体搅拌系统把药液搅匀。这种系统采用控制器来控制原药计量泵的工作，而溶剂则以稳定的流量与原药混合，系统中注入的原药根据地面速度和使用量的要求而变化。计量泵把药剂注入软管中，在达到喷杆之前进行混合。在这种变量施药系统中，农药有效成分单独存放，避免操作者混药时与药液直接接触，降低人身污染程度，提高操作者的安全性。系统中的药液计量泵，能够直接测量农药的使用量，在喷药结束后，不会产生药箱中的农药剩余等问题。但不论是通过调整混合药液总体流量改变喷施量的变量喷施系统，还是通过改变药剂注入量改变喷施量的变量喷施系统，药液浓度变化远远滞后于系统的要求，系统的时间延时导致误喷（图 1）。

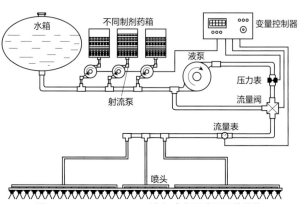

图 1　MidTech TASC6300 注入式变量喷雾系统结构

压力式变量施药系统　压力式变量施药是采用连续的空气压力调节以改变收缩阀进液通道流通面积进而控制单个喷头喷雾压力的方法调节喷量，主要用于大多数以液体形式使用的农药和化肥的喷施。增加通过横截面的液体压力就会增加流量，而流量是压力的平方根，流量提高1倍，压力必须增加到4倍，这种关系限制了采用标准固定喷孔来改变流量的范围。同时，为了得到合适大小的雾滴和满意的分布质量，喷头的流量变化范围被限定。收缩阀是变量喷头或电磁阀的一个替代物（图2）。

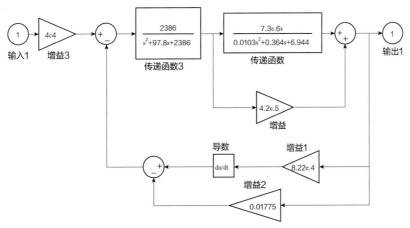

图 2　压力式变量施药系统仿真模型

基于地理信息系统变量施药系统　基于地理信息系统的精确喷雾技术是应用全球定位系统（GPS）确定田间位置坐标，根据预先准备的变量施药图进行喷雾作业，从而实现针对病虫害区域的农药喷施。工作原理：GPS用来获得喷雾处方图的各个信息，对于病虫害而言，主要是获得与位置信息相关的病虫害空间分布信息；RS遥感系统可利用高分辨率传感器，在不同的作物生长期实施全面检测，根据光谱信息进行空间定性、定位分析，为定位处方农作物提供大量时间和空间上的变化信息；GIS用来完成实时数据和历史数据的分析和处理，主要是建立自然条件、作物苗情、病虫害发生发展趋势等空间信息数据库和进行空间信息地理统计处理、图形转换与表达等，为分析差异性和实施调控提供决策方案。在实施喷雾作业时，计算机控制台根据GPS对装备的定位信息、实时传感器传输的信息以及决策生成的信息，形成喷雾指令控制信号。控制信号经驱动电路放大后驱动下级执行机构动作，从而达到精准喷雾的要求（图3）。

基于实时传感器技术变量施药系统　基于实时传感器技术的变量施药系统的靶标探测器主要有超声传感器、图像传感器、光电传感器等。采用光谱或图像的办法获取大量丰富的靶标信息，识别作物的不同部位、形态和病虫草害，为变量施药的精准定位控制提供了控制决策信息。

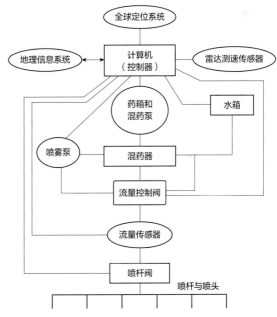

图 3　基于地理信息系统变量施药原理

影响

精准施药促进人类社会的可持续发展　农林可持续发展需要不断提高农林劳动生产率和资源利用率，以最佳的投入配比，降低投入成本，提高产量和品质，同时减少由于使用农药所造成的环境污染，达到经济、生态与社会效益同步发展。减少农药使用量有两种途径：①仅对受害区施药。②全田块以较低用量全面施药而在受害区加大施药量。研究表明，根据病虫草害为害程度改变施药量和用常规喷雾施药，均可获得期望的病虫草害控制效果，但改变施药量在达到同样防治效果的同时，减少了农药使用量。因此农林可持续发展必须与先进的病虫草害防治技术相结合。中国人多地少，依靠单纯地扩大再生产的潜力已很有限，靠大量投入农林资源获得增产的粗放式经营已不能满足社会需求，因此农林发展将更依赖于科技进步，以及解决社会—经济—资源—环境之间的矛盾。精准使用农药是农林可持续发展的必然选择。

精准施药技术的推广可以带动相关产业链的发展　农药精准使用技术的实施牵涉众多产业，如植保机械、高效低毒农药和生物农药、"3S"集成技术、传感器、喷雾控制器以及信息产业等。

在美国，农药精准使用的研究和应用已为大量相关技术的工业公司提供了进入农业市场的机会。例如，Ag-Chem

公司开发了用于农药精确使用的 Selection System，包括控制器及其软件、产品计量控制、地面速度传感器、导航系统及其反馈系统等。该公司还开发了一套能处理 5 种土壤类型和 5 种不同施用液体的喷雾机。Midwest Technologies 公司开发了一系列用于农药精准使用的系列控制系统。Concord 公司开发了 Detect spray 系统，该系统包括各类传感器、主控单元、配有电磁阀的喷头等。

精准施药技术的推广可提高农林生产效率　长期以来，农业生产结构单一，资源利用不合理，造成地力下降、植被破坏等。自然生态遭严重破坏，影响了农林生产乃至整个农林经济的发展。促进精准施药的推广，农林生产结构调整和升级，传统的高耗、低效型农林生产结构方式将被低耗、高效型的农林生产结构方式所代替，促进农林生产过程的自动化、信息化；同时对劳动力就业结构、农民生活方式以及新兴产业兴起产生影响，可加快农村市场体系的培育和农林产业化经营。

现有的农林病虫草害防治技术使农药有效利用率很低，对环境的负面影响和对资源的浪费很惊人。据对 6 省 29 基地县的调查，粮食农药检出率为 60.1%，残留超标率 1.12%。一些大城市郊区蔬菜农药检出率超过 50%。

随着信息技术的发展，尤其是有关农田信息的不断收集和积累，农药精确使用必将变得越来越精准，在节约农药和降低能耗的基础上，大大提高了农药的使用技术水平和作物的单位面积产量，更好地满足人类对农林产品日益增长的需求。

参考文献

何雄奎, 2012. 高效施药技术与机具[M]. 北京: 中国农业大学出版社.

（撰稿：何雄奎；审稿：李红军）

精准喷雾机　precision sprayer

依据病虫草的严重程度，由设备自动判断施药液量并实施变量喷施的喷雾机。

工作原理

注入式变量施药系统　直接注入式系统如图 1 所示，具有独立的农药容器和一个大的水箱，提前设定系统的水流量为一个稳定值，药剂由一个精确计量泵依据设定的计量抽入大水箱中混合，或是利用专用药箱的刻度来计量加入的药量，用非计量泵抽入水箱中，或把药液放入一个专门加药箱内，加水时利用一个混药器按照一定比例自动把药液吸入水中与水混合，通过液体搅拌系统把药液搅匀。这种系统采用控制器来控制原药计量泵的工作，而溶剂则以稳定的流量与原药混合，系统中注入的原药根据地面速度和使用量的要求而变化。计量泵把药剂注入软管中，在到达喷杆之前进行混合。在这种变量施药系统中，农药有效成分单独存放，避免了操作者混药时与药液直接接触，降低人身污染程度，提高了操作者的安全性。系统中的药液计量泵，能够直接测量农药的使用量，在喷药结束后，不会产生药箱中的农药剩余等

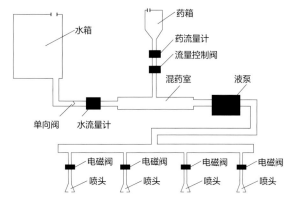

图 1 雾机混药装置结构示意图

问题。但使用这些方式，药液浓度变化远远滞后于系统的要求，系统的时间延时导致误喷。

压力式变量施药系统　压力式变量施药是采用连续的空气压力调节以改变收缩阀进液通道流通面积进而控制单个喷头喷雾压力的方法调节喷头的流量，主要用于大多数以液体形式使用的农药和化肥的喷施。增加通过横截面的液体压力就会增加流量，而流量是压力的平方根，流量提高 1 倍，压力就必须增加到 4 倍，这种关系限制了采用标准固定喷孔来改变流量的范围。同时，为了得到合适大小的雾滴和满意的分布质量，喷头的流量变化范围被限定。

脉宽调制（pulse width moderation,PWM）变量喷雾系统　PWM 变量喷雾系统如图 2，由 PWM 发生控制器、放大电路和电磁阀组成。PWM 发生控制器产生一定频率不同占空比的 PWM 信号，经放大电路控制电磁阀的开闭时间比，从而达到控制流量的目的。PWM 信号频率在 10～30Hz，占空比设置范围为 0～100%，当信号为高电频时，电磁阀打开，喷头喷雾；当信号为低电频时，电磁阀关闭，停止喷雾。

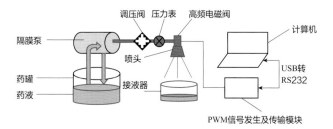

图 2 PWM 变量控制喷雾系统

基于地理信息系统的变量施药系统　基于地理信息系统的精确喷雾技术是应用全球定位系统（GPS、北斗）确定田间位置坐标，根据预先准备的变量施药图进行喷雾作业，从而实现针对病虫草害区域的农药喷施。GPS 用来获得喷雾处方图的各个信息，对于病虫害而言，主要是获得与位置信息相关的病虫害空间分布信息；RS 遥感系统可利用高分辨率传感器，在不同的作物生长期实施全面检测，根据光谱信息进行空间定性、定位分析，为定位处方农作物提供大量时间和空间上的变化信息；GIS 用来完成实时数据和历史数据的分析和处理，主要是建立自然条件、作物苗情、病虫害发生发展趋势等空间信息数据库和进行空间信息地理统计处

理，图形转换与表达等，为分析差异性和实施调控提供解决方案。在实施喷雾作业时，计算机控制台根据 GPS 对装备的定位信息、实时传感器传输的信息以及决策生成的信息，形成喷雾指令控制信号。控制信号经驱动电路放大后驱动下级执行机构动作，从而达到精准喷雾的要求。

基于实时传感器技术的变量施药系统

①基于超声、红外光电探测传感器技术的变量施药系统。超声波探测系统可以探测到树冠的尺寸和具体位置信息并实时传给计算机。红外光电传感器则可以实时探测树冠的有无。控制系统根据这些信息和行驶速度、亩施药量等信息计算施药量的大小并传给执行单元。

②基于机器视觉技术的变量施药系统。变量施药系统通过机器视觉技术捕获、处理和分析田间图像，利用图像中所包含的作物、杂草和背景的形状、纹理或颜色信息进行分类，实施针对性农药喷施作业。该方法杂草识别率较高，但传感面积较小、成本高，距离实际应用还有一段距离。

③基于光探测激光搜索技术（light detection and ranging, LIDAR）的变量施药系统。LIDAR 传感器可以同时发射一束或多束 904nm 红外激光，当激光遇到障碍物发生反射并被传感器捕捉时，根据激光飞行时间（TOF）可以探测到该障碍物距传感器的距离。同时光束围绕传感器做一定角度转动，因此 LIDAR 传感器可以探测到周围环境的二维点云。当传感器以一定速度运动时就可以探测到该角度内的三维点云图像。目前，LIDAR 传感器可以做到角分辨小于 0.25°，扫描频率大于 50Hz，每秒获得超过 27 万个点。LIDAR 作为高精度树冠探测器已经成为精准喷雾机探测系统的重要部件。

适用范围　适用于果树高度在 5m 以下的果园。

主要工作部件组成　精准喷雾机，主要由信息采集系统、自动控制系统和执行系统组成，结构如图 3 所示。

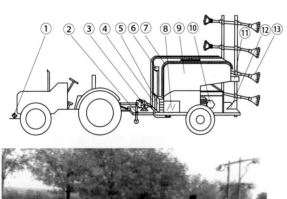

图 3　一种精准喷雾机总体结构

①速度传感器；②蜗杆支撑轮；③隔膜泵；④变压器；⑤单片机信号控制板；⑥激光传感器；⑦线缆拖链；⑧驱动系统；⑨药液箱；⑩发电机组；⑪电磁阀；⑫喷雾机架；⑬雾化单元（独立风机+雾化喷头）

信息采集处理系统　通过各类传感器采集拖拉机作业关键参数，比如速度传感器、压力传感器、流量传感器、定位系统、LIDAR 等。信息采集系统将关键参数传输给控制系统，再由控制系统计算出喷雾量。

自动控制系统　自动控制系统由高性能处理器及外围电路组成，功能是根据获取的靶标特征等信息，计算出相应的变量控制量，传送到控制器上，调节变频器改变液泵转速或者电磁阀开闭时间比，从而改变施药量。

执行系统　执行系统主要由电磁阀、无刷风机或者转速可调的液泵等组成。主要用来执行控制系统发出的指令，实时改变施药量。

施药质量影响因素　常规因素，如温度、风速等。操作者因素，如喷头堵塞、机械故障、行驶速度过快等。

注意事项　精准喷雾机的结构组成一般比较复杂，需要及时检修以及耐心维护。防止传感器受损以及电路短路等故障产生。操作者应熟知植保机械作业的气象条件，精准喷雾机也应遵循这些原则。

参考文献

何雄奎, 2013. 药械与施药技术[M]. 北京: 中国农业大学出版社.

李龙龙, 何雄奎, 宋坚利, 等, 2017. 基于变量喷雾的果园自动仿形喷雾机的设计与试验[J]. 农业工程学报, 33(1): 70-76.

刘志壮, 徐汉虹, 洪添胜, 等, 2009. 在线混药式变量喷雾系统设计与试验[J]. 农业机械学报, 40(12): 93-96.

袁会珠, 2011. 农药使用技术指南[M]. 2版. 北京: 化学工业出版社.

（撰稿：何雄奎；审稿：李红军）

精准施药技术实施原则　principle of precision chemical application

实施农药精确使用就是要根据采集的农林生物（包括病虫草害等）和环境信息，进行信息分析和决策，并将决策结果通过电子控制系统，向农药喷雾机械发送控制指令，实时调整喷雾机向目标喷洒农药的喷量，达到精确施药目的。由于中国人多地少、丘陵山区面积大、生产条件复杂、经营农户分散、劳动力资源相对过剩、劳动者文化素质低，从而使农药精确使用技术的推广有较大难度。因此，实施时不应该盲目学习其他国家的模式，而是要在同样的追求提高效果、降低成本和减少污染的总体思路引导下，遵循以下原则逐步开展中国农药精确使用技术的推广并带动其他相关产业的发展。

操作实用性原则　农药精确使用技术是以信息技术和人工智能为基础的微观农林管理思想，必须要求一定的可操作性，也就是要面向农林生产实际活动，落实到具体的病虫草害防治实践中。

要求各技术环节中的各项技术具有很好的实用性。随着计算机技术、"3S"集成技术的发展和图像传感器性价比的提高，农药精确使用技术将会逐步实用化。

通过相关技术专家的协同攻关，研究有中国特色的农药精确使用技术体系，友好的使用界面，仅用少量的外界变量就可满足要求，一般工人便可操作运用。

中国农业技术人员对农药精确使用了解甚少，但最终必须要由他们实施，所以有必要开展培训工作，掌握相关的实用技术。

渐进阶段性原则 迄今农药精确使用技术有不到 10 年的应用试验研究历史，相关的应用基础研究还比较薄弱，尚处于发展初期，其支撑技术产品仍在不断开发过程中，其应用与发展依赖于传感技术、GIS 和可变量控制技术等的进步和农艺措施的有机结合。使用技术体系应是开放灵活的，应便于进行修改和扩充。

应客观科学地分析中国病虫草害发生状况、农林经济、农药使用者素质的实际，有针对性地选择条件成熟的区域结合害虫综合管理体系（IPM），发展农药精确使用技术。不同的区域实施的重点与角度要不一样。因此，首先要战略定位，依区域特点选择适合的实施方式。如华北平原、长江中下游等大平原，已有一定程度的规模化经营与机械化作业，生产力水平高、经济较发达，在地块集中连片地区，可以优先实施信息化、机械化和自动化的农药精确使用技术，利用 VRT 喷雾设备，实现自动测控功能，充分利用已成熟的GIS 与 RS、GPS 和专家系统等各项技术措施逐步实现农药使用精确化操作控制和管理，然后试验示范和组织实施。对于尚不具备条件的丘陵地区或城市园林等，可以开展具有单项实用性较强的农药精确使用系统，仅对单项或几项因子的时空变化进行决策喷雾，如在行道树喷雾过程中，仅需根据目标是否存在来控制喷头的开关，不需应用可变量控制系统。中国的包产到户和家庭联产责任制，田块分割破碎，每户自家地块之间土壤性状差异减少了，而户与户之间的地块差异却增大了。因而农田信息的面积单元不必精确到以平方米为单位，可以相对精确到农户责任田的面积。另外，信息数据处理与采取农作物措施的实时程度也可降低，这样不仅降低了技术实施的难度，减少研究的时间，而且符合中国国情，便于在中国推广。

由于农药精确使用技术的不确定性，全面支持这项技术是一个渐进过程。目前 GPS 接收器还不足以准确地为动态实测时空的精确农药使用提供足够准确的位置信息，GIS软件又较复杂，而且由于病虫草害的不确定性和难以长期定点预报，因此目前农药精确使用技术建议采用实时机器视觉等传感手段采集目标，通过特征识别控制对靶喷雾为宜。如在杂草防除过程中，从作物中识别出杂草也还存在相当的难度，而喷药时在杀灭杂草的同时不能损伤邻近的作物。因此还存在若干技术环节的不完善和一些技术难点，有待于技术的成熟才能实施全自动化、信息化的农药精确使用技术。

实施对象的各状态变量是动态发展过程，因此必须根据环境条件与病虫草害发生状态设计一套技术指标来确定防治过程中可变量投入的精确实施。

整体协调性原则 农林生产系统是一个复杂的巨系统，农药精确使用技术的实施必须遵循系统内部结构与功能的协调原理。

农药精确使用技术涉及农林科学、化工、机电、生态等多学科的理论和技术，需要各学科的单项技术、学科内技术组合、学科间技术组合才能完成其技术体系，也需要农林、信息、植保等相关部门的协同作战。

农药精确使用系统的信息采集、信息处理、决策环节、实施环节和各相关组件被同时组合在一台农药喷雾机上构成一个整体，各组件的控制和受控制精度与反应速度决定整个农药喷雾实施过程的高效性和精确性。所有组件在计算机（控制器）统一指挥下，形成具有感知、识别和动作的统一体，才能完成系列农药精确喷雾作业环节。

（撰稿：何雄奎；审稿：李红军）

井冈霉素 jinggangmycin

一种链霉菌产生的氨基糖苷类抗生素。

其他名称 井岗霉素、有效霉素、病毒光、鞘斑净、纹闲、纹时林、validacin、Valimon。

化学名称 N-[(1S)-(1,4,6/5)-3-羟甲基-4,5,6-三羟基-2-环己烯基][O-$β$-D-吡喃葡萄糖基-(1→3)]-1S-(1,2,4/3,5)-2,3,4-三羟基-5-羟甲基环己基胺。

IUPAC 名称 (1R,2R,3S,4S,6R)-2,3-dihydroxy-6-hydroxymethyl-4-[(1S,4R,5S,6S)-4,5,6-trihydroxy-3-hydroxymethyl-cyclohex-2-enylamino]cyclohexyl $β$-D-glucopyranoside。

CAS 登记号 37248-47-8（井冈霉素 A）。

EC 号 609-372-4（井冈霉素 A）。

分子式 $C_{20}H_{35}NO_{13}$（井冈霉素 A）。

相对分子质量 497.49（井冈霉素 A）。

结构式 （井冈霉素 A）

开发单位 上海市农药研究所 1971 年开发。

理化性质 井冈霉素是由吸水链霉菌井冈变种产生的水溶性葡萄糖苷类抗生素，共有 6 个组分。其主要活性物质为井冈霉素 A，其次是井冈霉素 B。纯品为白色粉末。无一定熔点，95～100℃软化，约在 135℃分解。易溶于水，可溶于甲醇、二氧六环、二甲基甲酰胺，微溶于乙醇，不溶于丙酮、氯仿、苯、石醚等有机溶剂。吸湿性强。在 pH4～5的水溶液中较稳定。在 0.1mol 浓度硫酸中 105℃ 10 小时分解，能被多种微生物分解失去活性。

毒性 低毒。纯品大、小鼠急性经口 LD_{50} > 20g/kg，大、小鼠皮下注射 LD_{50} > 15g/kg。大鼠静脉注射 LD_{50} 25g/kg，小鼠静脉注射 LD_{50} 10g/kg。用 5g/kg 涂抹大鼠皮肤无中毒反应。大鼠 90 天喂养试验的 NOEL > 10g/kg。鲤鱼 LC_{50} > 40mg/L。对人畜安全。

剂型　3%、5%、10% 水剂，2%、3%、4%、5%、10%、12%、15%、17%、20% 水溶性粉剂，0.33% 粉剂，10%、20% 可溶性粉剂，2.5% 高渗水剂。

质量标准　3%、5% 井冈霉素由有效成分、防腐剂和水等组成。外观为棕色透明液体，无臭味。pH2～4，密度大于 1mg/cm^3，无微生物生长，无气体产生，有效期 2年。2%、3%、4%、12%、15%、17% 井冈霉素水溶性粉剂由有效成分和填料组成。外观为棕黄色或棕色疏松粉末，pH5.5～6.5。质量保证期为 2 年。3% 井冈霉素水溶性小鼠急性经口 LD$_{50}$ > 10g/kg，15% 水溶性粉剂雄性小鼠急性经口 LD$_{50}$ > 5g/kg。0.33% 井冈霉素粉剂由有效成分和载体等组成。外观为褐色疏松粉末，细度（通过 200 目筛）≥ 95%，水分含量 ≤ 3.5%，pH4～7，储存较稳定。

作用方式　井冈霉素为多组分抗生素，共有 A、B、C、D、E 等 6 个组分，其中 A 和 B 的比例较大，产品的主要活性物质为井冈霉素 A 和井冈霉素 B。井冈霉素是内吸作用极强的农用抗菌素，易被菌体细胞吸收并在其内迅速传导，干扰和抑制菌体细胞正常生长发育，并导致死亡，从而起到治疗作用。

防治对象及使用方法　对水稻纹枯病菌有特效，并可防治稻曲病、小麦纹枯病，蔬菜、豆类、人参立枯病等。井冈霉素是防治水稻纹枯病的特效药，50mg/L 浓度的防效可达 90% 以上，相当于或超过化学农药稻脚青，而且持期可达 20 天，在水稻任何生育期使用都不会引起药害。主要用于防治稻纹枯病。

防治水稻纹枯病　从发病率达 20% 左右开始施药，视气候与病情变化而定，一般间隔 10 天左右喷 1 次，通常喷药两次，每次用 5% 可溶性粉剂 1.5～2.25kg/hm^2 或 5% 水剂 1.5～2.25L/hm^2（其他剂型按此类推），兑水 1125～1500kg，喷于水稻中下部。亦可兑水 6000kg 进行泼浇。或每次用 0.33% 粉剂 22.5～37.5kg/hm^2 用机动喷雾粉。采用泼浇施药时，田里保持 3～5cm 水层。

防治水稻稻曲病　孕穗期用 5% 水剂 1.5～2.25L/hm^2，兑水 750～1125kg 喷雾。

防治麦类纹枯病　采用拌种法，100kg 麦种用 5% 水剂 600～800ml，兑少量的水，用喷雾器均匀喷在麦种上，边喷边拌，拌完后堆闷几小时播种。采用药剂包裹种子法，用 5% 水剂 2.25L/hm^2，与一定量的黏质泥浆均匀混和，将麦种倒入泥浆内混和，然后撒入干细土，边撒边搓，待麦粒搓成赤豆粒大小晾干后播种。井冈霉素包裹种子可以减轻因纹枯病引起的烂芽，提高出苗率。3 月下旬，田间麦纹枯病病株率达到 30% 左右，病株明显增多时，用 5% 水剂 1.5～2.25L/hm^2 兑水 900～1125kg 喷雾，重病田隔 15～20 天再喷 1 次。药液应喷于植株茎部。

防治棉花立枯病　在棉花播种后用 5% 水剂 500～1000 倍液灌根，每平方米苗床用药液 3L。

防治黄瓜立枯病　黄瓜播种后用 5% 水剂 1000～2000 倍液浇灌苗床，每平方米用药液 3～4L。

防治其他作物病害　可用 10% 水溶性粉剂加水 1000～2000 倍药液浇灌土壤，防治棉花、蔬菜、豆类、人参、柑橘苗的立枯病。

注意事项　①可与多种杀虫剂混用，安全间隔期 14 天。②施药时应保持稻田水深 3～6cm。③粉剂在晴朗的天气可早晚两头趁露水未干时喷粉，夜间喷粉效果尤佳，阴雨天可全天喷粉。风力大于 3 级时不宜喷粉。粉剂及水溶性粉剂都必须存放于干燥的仓库中，严禁受潮。④如有中毒事故发生，无特效解毒剂，可采用对症处理。⑤需存放于阴凉、干燥的仓库中并注意防霉、防腐防冻。运输和储存应有专门的仓库和车皮，不得与食物及日用品一起运输和储存。⑥施药后 4 小时降雨不会影响药效。⑦制剂有多种含量规格，配制药液时，要根据产品具体含量认真计算后进行稀释。⑧长期大量使用病菌可产生抗药性，提倡隔年使用或与其他杀菌剂混用。

与其他药剂的混用　可与强碱性农药以外的大多数药剂混用。

参考文献

纪明山，2011. 生物农药手册 [M]. 北京: 化学工业出版社.

孙家隆，2015. 新编农药品种手册 [M]. 北京: 化学工业出版社.

王运兵，吕印谱，2004. 无公害农药实用手册 [M]. 郑州: 河南科学技术出版社.

中国农业百科全书总编辑委员会农药卷编辑委员会，中国农业百科全书编辑部，1993. 中国农业百科全书: 农药卷 [M]. 北京: 农业出版社.

（撰稿：徐文平；审稿：陶黎明）

警示剂　warning agent

在农药加工中添加的可以使农药显示颜色的物质。通常称为染色剂（dyeing agent）或染料（dyestuff）。

作用机理　在农药液体剂型或固体剂型加工中都常使用一些染料，染料在剂型加工中主要有 3 个作用：①防伪。染料有很复杂的化学结构，即使同一种色谱染料的结构也有很大差别，剂型加工过程中可以根据所加入的染料作为一种防伪手段，因此，加入的染料一定记录其化学结构。②美饰。作为商品，在保证其应用性能的前提下，美观也是必不可少的，如不加染料，固体制剂多以灰、白、褐色为主，特别是加入深色助剂后更是如此。为了改变其外观，加入一些染料可以使产品有美观效果。③警示。有些颗粒剂、种衣剂、拌种用粉剂等农药制剂属高毒农药，为了防止发生意外的人、畜中毒事故，常常在农药生产时加入染料。农药种衣剂无论低毒还是高毒，生产时普遍加入染料，使色衣后的种子显色，表明这些种子是用药剂处理过的，不能用来食用和做饲料。

分类与主要品种　染料的类别很多，但在农药加工中可以分为水溶性和油溶性两大类。水溶性染料在使用时遇水后可以显色，使用时可以加水溶解，多用于水基类剂型加工中。固体剂型和液体剂型均可以加入此类染料，主要以酸性染料、碱性染料、直接染料、中性染料、阳离子染料、食品染料为主。油性染料主要用于各种溶剂类型中，农药的溶剂多以苯、醇、酮、醚、植物油类为主，油溶性染（颜）料在溶剂中的溶解情况并不多，选用时应查看《染料品种手册》，以了解其应用性能。

使用要求　农药中使用染料时，要注意染色剂自身的酸碱性。另外不同剂型选择的染料种类不同，如水剂要用水溶性染料，粉剂需要加入水不溶的颜料或分散染料，乳油类要选择极性相近的溶剂染料。

应用技术　染料一般在农药生产过程中直接加入，或者预先用水稀释成母液，再加入农药中充分混合均匀。

参考文献

刘广文, 2013. 现代农药剂型加工技术[M]. 北京: 化学工业出版社.

（撰稿：张春华；审稿：张宗俭）

静电喷雾　electrostatic spraying

通过高压静电发生装置使喷出的雾滴带电的喷雾方法。是在控制雾滴技术和超低容量技术基础上结合静电理论而进一步发展的一种新型农药应用技术。近年来，静电喷雾技术的应用日益受到重视，研发经济适用的农药静电喷雾技术具有重要的经济效益和社会效益。

作用原理　静电喷雾过程包括药液雾化、雾滴荷电、雾滴输送和荷电雾滴沉降过程。带电雾滴在电场方向力的作用下，会沿电场方向即电力线运动。静电喷雾时，将高压静电发生器产生的高压负电加在喷头附近，在喷头和靶标之间建立静电场，根据静电感应原理，地面上的靶标将引起和喷头极性相反电荷，并在两者之间形成静电场。农药液体流经喷头雾化后，药液被充上负电荷，由于荷电雾滴带有和喷头极性相同的电荷，受到喷头同性电荷的排斥，在目标表面异性电荷的吸引下，带电雾滴受电场力推动将沿着电力线向靶标运移，电力线分布于靶标的各个部位，从而使荷电雾滴被吸向靶标的各个部位而对靶标产生包抄效应，不仅能吸附到目标的正面，而且能吸附到目标的背面。

适用范围　静电喷雾技术具有雾滴大小均匀、沉积性能好、飘移损失少、沉降分布均匀、穿透性强等特点，尤其是在植物叶片背面也能附着雾滴等优点。通过多种静电油剂的应用，本项技术可适用于棉花、小麦、蔬菜、果树、林木等作物上的病虫害防治。如棉花虫害：棉铃虫和烟青虫幼虫、伏蚜和螨等；小麦病虫害：黏虫、麦叶蜂、麦蚜、白粉病和锈病、小麦吸浆虫等；蔬菜病虫害：菜青虫、大棚白粉虱、黄瓜霜霉病、黄瓜白粉病、拉美斑潜蝇和美洲斑潜蝇等；果林虫害：枣尺蠖、枣黏虫、枣食心虫、枣红蜘蛛、枣龟蜡蚧、枣霜霉病、枣缩果病、尺蠖类、舞毒蛾、顶梢卷叶蛾、旋纹潜叶蛾、苹果蚜、苹果红蜘蛛等。

主要内容

雾滴的充电过程　雾滴的充电方法主要有电晕充电、感应充电和接触充电3种。

在电晕充电中，高压静电发生器尖端放电，通过电离其周围的空气使雾滴带电。一般尖端电极上的电压超过2×10^4V才能获得所需要的电场。这种充电方式是药液雾化后在喷头外部充电，高压绝缘性好，可直接应用于现有的普通喷头上。

感应充电时，在雾滴形成区附近，利用电极与药液射流之间的电场使雾滴充电。液体可以接地，药液箱不需要绝缘，但电极必须与药液绝缘。感应充电电压较低，只需几千伏。也可直接应用于现有普通喷头上。

接触充电时，高压静电发生器直接连到液体或金属喷头上，这样液体和大地之间形成了类似于电容器的两个极板，产生电场，电荷在药液上积累，使雾滴带电。由于充电药液和大地之间距离较大，所以要求充电电压较高，一般2×10^4V最适宜。

雾滴充电效果评定参数及测量方法　雾滴的荷电量与雾滴质量之比称为荷质比。荷质比是衡量喷雾器对雾滴充电的重要指标。荷质比越大，则喷雾效果越好，当荷质比为$3 \sim 5$mC/kg时，带电雾滴就有较强的静电效果。荷质比测定的方法和手段目前主要有3种：模拟目标法、网状目标法和法拉第筒法。

①模拟目标法。即实物模拟，是用金属材料制造模拟实物模型。如通过聚四氟乙烯使除靶标外的所有部分保持有效低电位，并将一尖端插头压进植物茎管，然后通过同轴电缆与电荷集电计连通。当含有标准示踪液的荷电雾滴沉降至靶标上时，通过集电计读出电流值，用荧光分析仪等测得靶标药液沉积量，从而计算出荷质比。

②网状目标法。是利用收集沉积雾滴测出流量和微电流值的原理来研究荷质比的方法，即当带电雾滴穿过一系列不同数目的金属筛网时，通过与金属网直接连接的电流表测量电流的方法确定电荷量，同时测出附着在筛网上的沉积量，即可算得荷质比。

③法拉第筒法。是传统荷质比测量方法，根据静电感应，利用内外相互绝缘的金属筒，测量电压、电容，计算带电量，同时测量带电体的质量，计算出荷质比。

喷雾效果的影响因素　静电喷雾的效果受喷雾药剂的理化性质、静电喷雾的气象条件、雾滴荷电水平、喷雾作业参数等多种因素影响。

药剂的理化性质　静电喷雾中药剂的电导率直接影响雾滴的荷电水平，从而决定荷电雾滴在靶标上的沉积量和包抄效果。此外，静电喷雾药剂的表面张力、黏度等对喷雾液在靶标上的沉积、附着和铺展效果影响显著。

气象条件　气象条件对静电喷雾效果影响巨大，雨天或湿度较大的天气喷雾将影响静电吸附效果，最好不要进行静电喷雾。较高的温度和较大的风速将促进药液的蒸发和飘移，不利于喷雾药液向靶标的沉降和药效的发挥。

雾滴荷电水平　同一喷雾药剂的荷电水平受荷电方式与荷电电压影响。随着雾滴荷质比的提高，雾滴所受静电力越大，沉积吸附和包抄效果越明显。

作业参数　静电喷雾的喷雾雾滴大小、喷雾高度、速度等都将影响喷雾效果。雾滴粒径过大，影响沉降过程中的包抄吸附，粒径过小不利于雾滴沉降下落，建议喷雾粒径为$40 \sim 80$μm，喷雾高度为$30 \sim 50$cm，喷雾速度为$0.3 \sim 0.75$m/s。作业参数的选择可根据作业对象、药剂种类、药液浓度和作业的环境条件做相应调整。

注意事项　静电喷雾不适用于无导电性的各种农药制剂；另外，静电喷雾器械结构较复杂，对材料要求高，成本相对也高；同时对操作人员的要求也较高。

参考文献

何雄奎，2012.高效施药技术与机具[M].北京：中国农业大学出版社.

（撰稿：何雄奎；审稿：李红军）

静电喷雾机　electrostatic sprayer

应用高压静电技术的新一代植保施药机械。在作静电喷淋时，喷出的药液雾滴带有静电荷，对被喷淋物有较强的吸附作用，具有良好的抗风性能，不易流失，也不易被雨水冲刷掉，可延长持效期，减少喷药次数，节省农药30%～50%，同时减少了被喷淋物上和土壤中的农药残留，有较好的环保作用。

工作原理　静电喷雾机主要由手持式超低量喷雾器和高压静电发生器两部分组成。其工作原理是应用高压静电在喷头与作物之间形成一个高压静电场，当药液经过喷头时产生了高压静电，从喷头喷出后变成带有静电荷的雾滴。在静电场的作用下，雾滴作定向运动，且喷洒均匀，叶子正背面和枝干上都能均匀地吸附雾滴。

适用范围　主要用于水稻、小麦、棉花、蔬菜、苗木及果树病虫防治；植物生长调节剂、液态肥料的喷洒；家禽、家畜等养殖场的防疫消毒；医院、宾馆和公园等公共场所的防疫消毒。

主要工作部件　电喷雾机的种类多样，有不同的充电方式、不同的雾化方式、不同的机具结构。按照使用方式可分为手持式静电喷雾机、背负式静电喷雾机、果园静电喷雾机和航空静电喷雾机等。静电喷雾机主要由蓄电池、隔膜泵、高压静电发生器、喷杆、喷头和药箱组成。

静电喷雾机的优点　①功效高。由于喷雾用药量大为减少，与一般同类机型相比可提高功效10倍。对暴发性、暴食性害虫和流行性病虫害予以及时的防治。②效果好。由于防治功效高且及时，药液覆盖均匀，附着性好，持效期长，防治效果普遍好于一般喷雾机。③污染少。由于荷电的互相吸引作用，静电喷雾的雾滴很少被风吹到大气中或落在地表，有90%以上的药落在植物表面上，大大减少了使用农药对环境、水源和土壤的污染。④用途广泛。具有一机多用的功能。省药。在农业上，静电喷雾在作物上的沉积量比常规法多2～3倍。⑤结构紧凑，具有静电喷雾及超低容量喷雾双重功能。只要不使喷头接上高压静电，则静电喷雾机本身就是一台电动低容量喷雾机。

注意事项　每次作业完毕，应倒尽剩余药液，将清洗液经滤网倒入桶体内，对喷雾机进行3～5分钟清洗性喷雾。

在不进行喷淋操作时，喷枪应搁挂在药桶挂钩上，以保证人身和设备的安全。

锂电池是静电喷雾机中价格较高的重要部件之一，正确使用、维护和保养将极大地影响电池的使用寿命，请按如下要求操作：使用喷雾机时如果发现喷洒力减弱，应立即关机。应使用随机配置的充电器进行充电。

故障及处理

常见故障	产生原因	维修方法
喷头无药液喷出，或药液流量小，喷淋不正常	桶体内底部小滤网堵塞清	洗小滤网
	桶盖透气孔堵塞	用细钢丝将桶盖透气孔穿透
	喷嘴堵塞	拆下喷嘴对内部进行清理
	输液管堵塞	由专业人员检修
	隔膜泵无泵液功能	由专业人员检修
	电池无电或电量不足	充电或更换电池
喷射或雾化不正常	喷头损坏	更换喷头
	喷嘴未调整好	重新调整
	隔膜泵或电池电量问题	由专业人员检修或电池充电
静电效果不明显	静电发生器故障	由专业人员检修
	弥雾式喷淋雾化效果不好	调节喷嘴，加强雾化效果
	有漏液发生	由专业人员检修
药液滴漏	药液桶盖未拧紧	检查桶口、密封阀和单向阀
	输液管接头处漏液	根据滴漏位置确定原因，由专业人员检修，确定原因后采取相应措施

参考文献

何雄奎，2012.高效施药技术与机具[M].北京：中国农业大学出版社

刘广文，2013.现代农药剂型加工技术[M].北京：化学工业出版社.

（撰稿：何雄奎；审稿：李红军）

静电喷雾油剂　electrochargeable liquid, ED

适用于农药静电喷雾技术专用的均相油溶液剂型。由农药原药、溶剂油、导电剂及助溶剂等组成。在溶剂油中具有一定溶解度的、毒性较低的农药原药均可配制静电油剂，而采用高沸点的溶剂油挥发性低、黏度低、闪点高、相对密度接近1、对人畜和作物安全。静电油剂加工工艺简单，在反应釜中经过简单搅拌溶解即可获得均匀、透明、流动性好的制剂。静电油剂的挥发性低于30%，开口闪点地面静电喷雾高于40℃、航空静电喷雾高于70℃，黏度小于10mPa·s，电导率在10^{-6}～10^{-9}S/cm，低温相容性在−5℃下48小时不析出结晶，有效成分热储分解率低于5%，对靶标植物安全，无药害。

静电油剂是静电喷雾技术的专用剂型，采用静电喷雾机进行喷雾，雾滴粒径45µm左右，雾滴均匀度在0.7～0.9，喷液量0.5～2.5L/hm²。

公元前600多年，人类就开始认识静电现象，但直到20世纪70年代，A. Coffee成功地把静电技术应用于农业喷雾，由此开发了农业静电喷雾技术，其适配剂型静电油剂由此而

生。中国从 20 世纪 70 年代开始静电喷雾的研究。静电油剂具有如下特点：①药液带有电荷，在静电力的作用下，带电雾滴高效沉积到靶标上，农药利用率达到 90% 以上，是农药使用技术中农药利用率最高的。②药液无须稀释，直接喷雾，省去取水配药等环节，特别适合于干旱少雨地区及缺水的山区、林地。③静电油剂黏着力强，耐雨水冲刷，对生物表面渗透性强，防治及时、持效期长。④在静电场的作用下，静电喷雾的雾滴具有包抄效应、穿透效应、尖端效应，对靶标作物覆盖均匀，药剂的沉积量高，药效好。⑤受气象条件影响大，湿度大、风力大于 3m/s 不适宜进行静电喷雾。

（撰稿：陈福良；审稿：黄啟良）

久效磷　monocrotophos

一种高效、高毒、广谱、速效水溶性有机磷杀虫剂，具有杀螨性能。

其他名称　Azodrin、Monocron、ENT-27129、纽瓦克、SD-9129 乳剂。

化学名称　O,O-二甲基-2-甲基氨基甲酰基-1-甲基乙烯基磷酸酯；dimethyl(E)-1-methyl-2-(methylcarbamoyl)vinyl phosphate。

IUPAC 名称　dimethyl (2E)-4-(methylamino)-4-oxobut-2-en-2-yl phosphate。

CAS 登记号　6923-22-4。

EC 号　230-042-7。

分子式　$C_7H_{14}NO_5P$。

相对分子质量　223.16。

结构式

开发单位　汽巴公司和壳牌化学公司共同开发。

理化性质　熔点 54～55℃。沸点 125℃（66.66mPa）。

毒性　毒性极高。急性经口 LD_{50}：雄大鼠 18mg/kg，雌大鼠 20mg/kg。兔急性经皮 LD_{50} 130～250mg/kg，雄大鼠经皮 LD_{50} 126mg/kg；雌大鼠经皮 LD_{50} 112mg/kg。对兔眼睛和皮肤无刺激。大鼠急性吸入 LC_{50}（4 小时）0.08mg/L 空气。WHO 确定 2 年饲喂试验的 NOEL：大鼠 0.5mg/kg 饲料（每天 0.025mg/kg），狗 0.5mg/kg 饲料（每天 0.0125mg/kg）。鸟类急性经口 LD_{50}（14 天）：野鸭 0.94mg/kg；鸽子 2.8mg/kg；家麻雀 1.5mg/kg；山鹑 6.5mg/kg；小鸡 6.7mg/kg；鱼类 LC_{50}（48 小时）：虹鳟 7mg/L。对蜜蜂高毒，LD_{50}（经口）0.028～0.033mg/ 只。水蚤 LC_{50}（24 小时）0.24μg/L。

剂型　40%、50% 乳油，20%、40%、50%、60% 水剂，5% 颗粒剂。

质量标准　40% 久效磷乳油，外观为棕色或红棕色黏性液体，酸度（以 H_2SO_4 计）≤ 2%，水分≤ 0.4%，乳液稳定性（稀释 500 倍）、低温稳定性和热储稳定性合格。50% 久效磷水剂，外观为红棕色液体，相对密度 1.11，酸度 ≤ 2.5%，稀释稳定性（20 倍）、低温稳定性和热储稳定性合格。可溶解时间为 5 秒，水不溶物为 0.1%。40% 水溶剂，外观为红棕色液体，相对密度 1.06～1.12。闪点 39～48℃。pH1.5～3。常温稳定储存期两年。

作用方式及机理　以内吸为主，可以被植物的根部和叶部吸收，作用机制为抑制昆虫体内的乙酰胆碱酯酶活性。兼具触杀和胃毒作用。速效性好，持效期长。

防治对象　可用于防治棉花蚜虫、红蜘蛛、叶蝉、造桥虫、蓟马和水稻二化螟、三化螟、纵卷叶螟、飞虱、苞虫以及潜叶蝇、斜纹夜蛾等害虫。

使用方法

防治棉铃虫、棉红铃虫、棉造桥虫、斜纹夜蛾、棉蓟马等　用 40% 乳油 750～1200ml/hm²，兑水 1125kg 均匀喷雾。

防治棉蚜、棉红蜘蛛　用 40% 乳油 375～563ml/hm²，兑水 600～900kg 喷雾。

防治三化螟、二化螟　在蚁螟孵化高峰前后 3 天内施药，用 40% 乳油 750～1500ml/hm²，兑水 3750～4500kg 泼浇，一般需施药 2 次，间隔为 7～10 天。

防治稻飞虱、稻叶蝉　用 40% 乳油 750ml/hm²，兑水 1500kg 喷雾。

防治稻纵卷叶螟　在幼虫一、二龄高峰期，用 40% 乳油 600～900ml/hm²，兑水 900～1125kg 喷雾。

注意事项　①久效磷对高粱和桃易产生药害，不宜使用。因对蜜蜂有毒，应避免在作物开花期施药。②皮肤接触：立即脱去被污染的衣着，用肥皂水及清水彻底冲洗污染的皮肤、头发、指甲等，就医。眼睛接触：立即提起眼睑，用流动清水冲洗 10 分钟或用 2% 碳酸氢钠溶液冲洗。吸入：迅速脱离现场至空气新鲜处。呼吸困难时给输氧。呼吸停止时，立即进行人工呼吸，就医。食入：误服者给饮大量温水，催吐，可用温水或 1∶5000 高锰酸钾液彻底洗胃，或用 2% 碳酸氢钠反复洗胃，就医。③储存于阴凉、通风仓库内。远离火种、热源。防止阳光直射。保持容器密封。应与氧化剂、碱类、食用化工原料分开存放。不可混储混运。搬运时要轻装轻卸，防止包装及容器损坏。分装和搬运作业要注意个人防护。

允许残留量　GB 2763—2021《食品中农药最大残留限量标准》规定久效磷最大残留限量（mg/kg）：谷物 0.02，大豆 0.03，棉籽油 0.05，蔬菜和水果 0.03，糖料 0.02，ADI 为 0.0006mg/kg。

参考文献

朱永和, 王振荣, 李布青, 2006. 农药大典[M]. 北京: 中国三峡出版社.

（撰稿：汪清民；审稿：吴剑）

久效威　thiofanox

一种内吸性氨基甲酸酯类杀虫剂、杀螨剂。

其他名称　虫螨肟、肟吸威、己酮肟威、特氨叉威、DS-15647、Thiofanocarb、Dacamox、DF15647。

化学名称　3,3-二甲基-1-(甲硫基)-O-[(甲氨基)羰基]-2-丁酮肟；(EZ)-3,3-dimethyl-1-methylthiobutanone-O-methylcarbamoyloxime。

IUPAC名称　(EZ)-1-(2,2-dimethyl-1-methylthiomethyl-propylidemeaminooxy)-N-methylformamide。

CAS登记号　39196-18-4。

EC号　254-346-4。

分子式　$C_9H_{18}N_2O_2S$。

相对分子质量　218.32。

结构式

开发单位　R. L. Schauer报道该杀虫剂，T. A. Magee和L. E. Limpel报道化学结构和生物活性之间的关系，由钻石三叶草化学公司（后为罗纳-普朗克公司）开发。

理化性质　白色结晶固体，有刺激性气味。熔点56.5～57.5℃。蒸气压22.6mPa（25℃）。闪点136℃。22℃时水中溶解度0.52g，易溶于氯化烃、芳香烃、酮类和极性溶剂，微溶于脂肪烃。常温下对热稳定；在pH5～9、温度低于30℃的水中稳定。

毒性　剧毒。大鼠急性经口LD_{50} 8.5mg/kg，10%颗粒剂大鼠经口LD_{50} 64.5mg/kg。兔急性经皮LD_{50} 39mg/kg；对兔眼无刺激反应。兔急性吸入LC_{50} 0.07mg/L空气。用含有1000mg/kg久效威的饲料喂大鼠90天，不影响大鼠体重的增长。大鼠连续3代喂食含久效威3mg/kg、6mg/kg和12mg/kg的饲料，6mg/kg和12mg/kg组大鼠的交配能力、妊娠、生活能力和产幼鼠量都下降；3mg/kg组的繁殖能力无变化，也不影响后代的生长发育。诱变研究结果为阴性。对禽急性经口LD_{50}：野鸭109mg/kg，北美鹑43mg/kg。鱼类TLm（96小时）：大翻车鱼0.33mg/L，虹鳟0.13mg/L。按规定剂量使用，对蜜蜂无害。

剂型　5%、10%、15%颗粒剂。

作用方式及机理　高毒性的胆碱酯酶抑制剂，它在动物体内的毒力机制和同类型的内吸性氨基甲酸酯类杀虫剂、杀螨剂涕灭威等是相同的。当该品被鼠和狗口服后，即迅速抑制红细胞和原生质胆碱酯酶的活性，1.5小时内可达到最大的抑制作用；在8小时内活性能恢复到原来的90%，24小时后可完全正常。鼠的脑胆碱酯酶的活性比红细胞或原生质受到的抑制作用轻，对抑制的反应也稍微迟滞。

防治对象　具有内吸性，可防治棉花、马铃薯、花生、油菜、甜菜、甘蔗、水稻、谷类作物、烟草、咖啡、茶树以及观赏植物上的多种食叶害虫和螨虫。

使用方法　豆类（扁豆、大豆、豌豆）作物，用有效成分1～2kg/hm²沟施，可防治瓢虫、叶蝉、蓟马、红蜘蛛。棉花害虫，用0.5～1kg/hm²有效成分沟施，可防治蓟马、蚜虫、叶蝉、红蜘蛛、叶跳蝉；在1～3kg/hm²有效成分，防治棉叶夜蛾、暗褐蝽、蓟马、叶蝉、叶跳蝉。花生害虫，用1～3kg/hm²有效成分沟施，可防治蓟马类害虫。马铃薯害虫，用1～3kg/hm²有效成分沟施，可防治薯蚜、叶蝉、马铃薯叶甲跳甲类。甜菜害虫，用0.4～1kg/hm²有效成分沟施，可防治蚜虫、甜菜蝇、甜菜叶甲、甲虫类、千足虫；茶害虫，用1kg/hm²有效成分，撒施于植株周围，可防治红蜘蛛、蓟马；烟草害虫，用1～2kg/hm²有效成分，苗床期撒施、移植时沟施，可防治潜叶蝇、蚜虫、粉虱。

注意事项　避免与皮肤和眼接触，勿吸入粉尘，并要穿着防护服。药品存放在远离食物和饲料的场所，勿让儿童接近。如有中毒，可用硫酸阿托品解毒，勿用2-PAM或Pralidoxime chloride（2-PAM Chloride）。

允许残留量　瑞典制定最高残留限量：水果、蔬菜（除马铃薯外）、香料0.01mg/kg，乳和乳制品、肉和肉制品0.01mg/kg。

参考文献

孙家隆, 2014. 新编农药产品手册[M]. 北京: 化学工业出版社.

朱永和, 王振荣, 李布青, 2006. 农药大典[M]. 北京: 中国三峡出版社.

（撰稿：张建军；审稿：吴剑）

局部施药法　localized application

对植物体的一个部分或作物生长地段的某些区段施药，而获得总体防治效果的施药方法。局部施药法可大幅度降低农药的用量，减轻对环境的污染并且有利于保护天敌和有益生物。

作用原理　局部施药法是针对病虫害危害部位，利用药剂的扩散性能及对于害虫的引诱作用，也可以利用有害生物的某些特殊行为来缩小药剂施用范围，通过药剂在植物体或作物生长地段的扩散来达到防治目的。

适用范围　局部施药法适于防治果树和林木病虫害，主要针对常规喷雾方法不易喷到或不易与害虫发生有效接触的情形施药。常见有包扎法、注射法、涂抹法，也有针对农田药剂处理带和非处理带交替间隔的条带状施药法。

主要内容

包扎法　把含有农药的吸水性材料包在树干周围使药剂通过树皮而进入树干内的局部施药法。此法仅适用于果树和某些树木。特别是对于介壳虫以及较隐蔽的害虫，常规的喷雾方法不易喷到，或不易同害虫发生有效接触，选用具有良好内吸输导作用的药剂，采取包扎法施药，可以获得较好效果。包扎的部位通常是主干部。把老死干裂的树皮刮去一圈，用吸水性强的材料如吸水性的纸、棉布、泡沫塑料等把经过处理的树干部包起来，外面再用塑料布裹住、用绳扎紧。把计算好用量的药液灌入吸水性材料层中。

注射法　通过适当的注射工具用压力把药液注入到植物体内或让药液通过针管自行进入植物体内的局部施药法。此法主要适用于果树和高大乔木。可分为压力注入法和自流注入法两种：①压力注入法。用机械泵或手压泵迫使药液通过针管注入树干。所用的药械在树干内应具有良好的输导能力。压力注射法速度较快，数分钟即可处理完毕，压力因树种而异，可达 0.196～0.98MPa。注射法也可以在根区进行，即根端注入法。把树根端部截断，让切口与输液管道连接，切口直径约 1cm。用压力把药液从根的截断处通过一连接管而压入树干。这种方法药液进入较快，因为药液可直接进入导管的蒸腾液流中。对于很大的树和贵重的古树，可在近地面暴露的基干上进行注射。根据情况每隔约 50cm 钻一孔。用螺圈把注射器头部旋紧在注射孔上，并用垫圈防止注射时漏出药液。用压缩式喷雾器把药液通过注射孔压入树干，剂量根据树的大小和药剂种类而定。②自流注入法。选用适当形状和尺寸的针管插入树干，与供试装置如药液容器、储药管的排液口连接，药液通过针管缓缓进入树干内。从一个针管进入的药剂在树干内的向上运动的路线是螺旋式的，因此药剂在树干内和树干的上下分布并不均匀。维特（J.P.Vite）曾提出一种插刀式注射器，从刀状的向上刃口中可呈带状排出药液，在树干内向上绕行运动，可以获得比较好的分布。

涂抹法　药剂施用在病虫害集中为害部位或集中栖息部分的局部施药法。此法仅适用于果树和树木。对于在树皮下潜藏的病虫，在树干表面用适宜的农药制剂进行涂抹，把树干表面覆盖起来，可以直接杀死病原菌和害虫。这种方法常与防止日光灼烧的刷白剂混合使用。用消毒剂涂抹树干的

受创面。例如苹果树腐烂病的刮治，在刮去病部树皮后，暴露部分需用消毒剂处理，通常均采取药液涂抹法。在树干的基部涂抹一圈触杀性杀虫剂，可以使害虫向树干爬行时通过涂药带而发生接触中毒，从而防止害虫爬上树冠危害。涂抹用的药剂须能比较牢固地附着在树干表面，通常须配加适当的黏着剂。

条带状施药法　农田施药时使药剂处理带与不处理带交替间隔的局部施药法。主要意义在于保存田间的害虫天敌，使天敌能够在不处理带继续找到食物或寄生害虫。经过一段时间使处理带与不处理带互换。在农药中加用害虫引诱剂后也可以采取条带状施药法，使不处理带的害虫被引诱到处理带。对于宽行距的作物施药，采取适当的喷雾机具可使农药集中喷洒在作物行上，而使行间空隙不受药。这种条带状施药法对于未封垄的作物田具有普遍意义。采用拖拉机喷杆喷雾时，通常可调节喷头间距以适应行距要求，同时调节扁扇喷头的角度和喷头离地高度以配合作物的宽度，以取得良好的条带状喷雾效果。

此外，利用某些物质的引诱作用，与药剂混合使用后具有引诱害虫来取食的特殊效果，因此药剂可以相对集中地使用，不必全面喷施，这也是一种局部施药法。

影响因素

药剂的内吸活性　采用局部施药法对药剂的内吸活性要求较高，内吸性好的药剂适用于局部施药法；反之，内吸性较差的药剂由于其在植物体内运输传导差，不利于药效发挥，不宜用于局部施药法。

蒸腾拉力　包扎法及注射法是利用农药的内吸性和植物体蒸腾液流的输送作用来施药，药剂通过幼嫩树皮进入树干木质部或维管束，随植物体的蒸腾流向树木顶端运输。因此植物体蒸腾拉力大，便于药剂的运输传导。

注意事项　使用涂抹法施药时，通常需要加入黏着剂，以便于药剂牢固黏附在植物表面。使用涂抹法进行杂草防除时必须保证除草剂具有高效、内吸传导性，杂草与作物在空间上有一定的位差，且除草剂浓度要大，使杂草能够接触足够药量。涂抹时操作要快，做到涂抹均匀。进行树干涂抹时药液浓度则不宜过大；非全株性病虫，主干不用施药，只抹树梢。衰老果园更不宜用涂抹法防治病虫。

包扎法虽然简便易行，但若使用不当，往往易对树干产生药害，因此在使用前一定要先进行少量试验，待有经验后再大量实施。同时还应注意以下几点：刮老树皮的深度不宜过深，涂抹包扎时间以春季和秋初树木生长旺盛季节为好，果树包扎处理的时间至少在采果前 70 天以上，以防止果实内农药残留量超标。

运用树干注射技术防治林木果树病虫害、矫治缺素症、调节生长发育，必须掌握好施药器械、农药选用、农药配制、施药适期、注射位置和注射量等关键技术。

参考文献

袁会珠，2011. 农药使用技术指南[M]. 2版. 北京: 化学工业出版社.

HARTLEY G S, GRAHAM—BRYCE I J, 1980. Physical principles of pesticide behavior Vol. 2[M]. London and New York:

苹果腐烂病及局部施药防治苹果树腐烂病（周洋洋摄）

Academic Press.

MATTHEWS G A, 1982. Pesticide application methods[M]. London and New York: Longman.

（撰稿：孔肖；审稿：袁会珠）

桔花巢蛾性信息素　sex pheromone of *Prays citri*

适用于苹果、梨等果树的昆虫性信息素。最初从桔花巢蛾（*Prays citri*）虫体中提取分离，主要成分为（Z）-7-十四碳烯醛。

其他名称等见橄榄巢蛾性信息素。

作用方式　主要用于干扰桔花巢蛾的交配，引诱桔花巢蛾雄虫。

防治对象　适用于苹果、梨等果树，防治桔花巢蛾。

使用方法　将含有桔花巢蛾性信息素的缓释装置间隔安放在果园中，使性信息素扩散到整个果园。

参考文献

马克比恩 C, 2015. 农药手册[M]. 胡笑形, 等译. 北京: 化学工业出版社.

（撰稿：钟江春；审稿：张钟宁）

菊胺酯　bachmedesh

中国自主研发的一种生长促进剂，具有特殊分子结构及显著的生物活性。其分子中配位键具有电子诱导功能，能量可以诱导作物种子细胞分裂，使生根细胞的有丝分裂及蛋白质的生物合成能力增强，可用于促进根系的生长，促进植物健康生长。现已在小麦上登记。

其他名称　增产菊胺酯、WD-5 菊乙胺酯。

化学名称　N,N-二乙胺基乙基-4-氯-α-异丙基苄基羧酸酯盐酸盐。

英文名称　benzeneacetic acid、bachmedesh。

CAS 登记号　172351-12-1。

分子式　$C_{17}H_{27}Cl_2NO_2$。

相对分子质量　348.31。

结构式

开发单位　武汉大学和湖北省化工研究设计院共同创制。

理化性质　纯品为黄色油状物，其盐酸盐为白色粉剂，易溶于水，熔点 157～160℃。

毒性　低毒。原药对大鼠和小鼠经口 LD_{50} 均 > 500mg/kg，原药急性经皮 LD_{50} 均 > 2500mg/kg。致突变试验呈阴性。

剂型　可溶性粉剂。

作用方式及机理　是一种具有特殊分子结构及显著的生物活性的创新化合物，分子中配位键具有电子诱导功能，其能量可以诱导作物种子细胞分裂，使生根细胞的有丝分裂及蛋白质的生物合成能力增强，在种子萌发过程中，生根点增加，因而植物发育幼期就可以充分吸收土壤中的水分和营养成分，为作物的后期生长奠定物质基础。当作物吸收该调节剂后，其分子进入植物的叶片，电子诱导功能逐步释放，其能量用以光合作用的催化，即光合作用增强，使叶绿素合成能力加强，通过叶片不断形成碳水化合物，作为作物生存的储备养分，并最终供给植物的果实。菊胺酯盐酸盐可由植物的根、茎、叶吸收。

使用对象　小麦。

使用方法

生根促根　灌根：30～50mg/L；滴灌：225g/hm²，冲施：450g/hm²。

壮苗、提高抗逆性　喷施：30～50mg/L；滴灌：150～300g/hm²，冲施：450g/hm²。

绿叶、防止早衰　喷施：30～50mg/L；滴灌：150～300g/hm²，冲施：450g/hm²。

适用于小麦分蘖期至灌浆期，稀释 10 000～20 000 倍茎叶喷雾，视小麦生长情况每隔 10 天左右施用 1 次，可连续使用 3 次。

注意事项　在小麦上的安全间隔期为 7 天，每个作物周期最多使用 3 次。不可与碱性农药等物质混合使用。

允许残留量　中国未规定最大残留限量，WHO 无残留规定。

参考文献

黄艳刚, 徐玫, 彭超美, 等, 2004. 菊乙胺酯(WD-5)原药对小麦增产效果试验[J]. 浙江化工, 35(7): 1-3.

黄艳刚, 徐玫, 宋瑞珉, 等, 2004. 植物生长调节剂菊乙胺酯的毒理试验[J]. 现代农药, 3(3): 30-32.

黄艳刚, 徐玫, 董小文, 等, 2003. 植物生长调节剂菊乙胺酯[J]. 现代化工, 23(增刊): 252-254.

徐玫, 黄艳刚, 董小文, 等, 2003. 菊乙胺酯 (WD-5) 对环境生物安全性评价[J]. 现代农药, 2(4) : 18.

（撰稿：谭伟明；审稿：杜明伟）

拒食效力测定　evaluation of antifeeding effect

通过拒食剂对昆虫取食行为的干扰作用，来测定其拒避效力的杀虫剂生物测定方法。昆虫的嗜食性基本上是由位于昆虫的触角、下颚须、下唇须上的感化器功能所决定的，感化器将食物的特性转变成电信号传入中枢神经系统，从而决定取食与否。昆虫拒食剂，就是可以干扰或抑制昆虫取食行为的物质，其作用可能正是干扰了这些感化器的正常功能。

适用范围　适用于能对昆虫取食行为产生干扰作用的杀虫剂毒力测定。

主要内容　主要的测定方法包括叶碟法及电信号法等。

叶碟法　常用于测定食量较大的食叶咀嚼式口器昆虫（如直翅目的若虫、成虫及鳞翅目幼虫等）的拒食性。

选择性拒食活性的测定：将处理叶碟和 2 张对照叶碟交错放入一个培养皿；在培养皿中央放进一头饥饿的试虫。要求试虫龄期一致、个体大小近似。

$$选择性拒食率 = \frac{对照取食面积 - 处理取食面积}{对照取食面积} \times 100\%$$

非选择性拒食活性的测定：将处理叶碟放在一个培养皿内，将对照叶碟放在另一培养皿内。在培养皿中央放进一头饥饿 2~4 小时的试虫。

$$非选择性拒食率 = \frac{对照取食面积 - 处理取食面积}{对照取食面积} \times 100\%$$

电信号法　最先由 McLean 和 Kinsey（1964）建立并首次用于豆蚜取食行为的研究，目前已广泛用于刺吸式口器昆虫取食行为的研究，亦是测定害虫拒食活性的常用方法之一。

取 1 条长 3cm、直径 15~25μm 的金丝，用银胶将金丝的一端粘在叶蝉中胸背板上，将试虫放在苜蓿上 30 分钟，以便试虫适应背上粘着的金丝。将试虫饥饿 30~40 分钟，金丝的另一端与取食测定仪的一极接通，同时把测定仪的另一极与植株接通，最后将取食仪与记录仪相接，便可记录昆虫的取食行为，每次记录 2 小时。

根据记录的波形图，可以区别昆虫是否取食，也能区分取食时是在分泌唾液还是在吸食植物汁液。最后根据处理植株与对照植株上记录到的取食时间长短计算拒食率，即可判断拒食活性。

$$拒食率 = \frac{对照植株上的取食时间 - 处理植株上的取食时间}{对照植株上的取食时间} \times 100\%$$

参考文献

沈晋良, 2013. 农药生物测定[M]. 北京: 中国农业出版社.

（撰稿：黄晓慧；审稿：袁静）

拒食作用　antifeedants action

药剂使用后，活性成分抑制了昆虫的味觉感受器功能，其正常的生理机能即对嗜好食物的识别被影响，找不到食物或憎恶食物，消除食欲，定向离开。尽管昆虫还能运动，但产生了不可逆转的拒食，最后因饥饿、失水而逐渐死亡或因摄取营养不够而不能正常发育。

昆虫的取食分为 4 步：寄主识别和定位；开始取食；持续取食；终止取食。凡是影响第二和第三步的物质就可称为有拒食作用的杀虫剂。引起昆虫拒食作用的机理是通过对昆虫的化学感觉器和对中枢神经系统双重作用的结果。一般认为初生拒食反应机理是对口器化学感受的影响，降低感受器上对取食刺激物产生作用的神经受体的敏感性，抑制引起食欲的神经元信号发放，拒食次生反应可作用于厌食性感觉受体，激活神经元引起厌食反应。

具有拒食作用的杀虫剂称为拒食剂。

常用拒食剂：三苯锡（fentin）、氟啶虫酰胺（flonicamid）、双胍辛盐（guazatine）、吡蚜酮（pymetrozine）、新喹唑啉（pyrifluquinazon）。

参考文献

刘长令, 2012. 世界农药大全: 杀虫剂卷[M]. 北京: 化学工业出版社.

徐汉虹, 2007. 植物化学保护学[M]. 4版. 北京: 中国农业出版社.

杨华铮, 邹小毛, 朱有全, 等, 2013. 现代农药化学[M]. 北京: 化学工业出版社.

ISHAAYA I, DEGHELLE D, 1998. Insecticides with novel modes of action, mechanism and application[M]. New York: Springer Verlag.

（撰稿：李玉新；审稿：杨青）

绝育磷　tepa

一种有机磷昆虫不育剂。

其他名称　NSC-9717、SK-3818、TEF、APO、Aphoxide。

化学名称　三-(1-氮杂环丙烯)氧化磷; tri-(1-aziridinyl) phosphineoxide。

IUPAC 名称　phosphoric tri(ethyleneamide)。

CAS 登记号　545-55-1。

分子式　$C_6H_{12}N_3OP$。

相对分子质量　173.15。

结构式

开发单位　1952 年由联邦德国 CarbicHoechst 公司开发。

理化性质　白色固体。

毒性　对大鼠急性经口 LD_{50} 37mg/kg。对皮肤有刺激作用。

作用方式及机理　有机磷酸酯化学不育剂。

参考文献

康卓, 2017. 农药商品信息手册[M]. 北京: 化学工业出版社: 174.

（撰稿：杨吉春；审稿：李淼）

绝育双　N,N'-1,2-ethanediylbis[P,P-bis(1-aziridinyl)-N-methyl(phosphinic amide)]

一种含氮丙啶的有机磷绝育剂。

化学名称　N,N'-(1,2-乙二基)双(P,P-二(氮丙啶)-N-甲基磷酰胺）；*N,N′*-(ethane-1,2-diyl)bis(*P,P*-di(aziridin-1-yl) -*N*-methylphosphinic amide)。

CAS 登记号　3773-02-2。

分子式　$C_{12}H_{26}N_6O_2P_2$。

相对分子质量　348.32。

结构式

（撰稿：杨吉春；审稿：李森）

缘开始枯死。杀草机理主要是抑制核酸代谢和蛋白质合成。

防治对象　玉米、棉花、苜蓿、菜豆、豌豆、亚麻、马铃薯、甜菜、向日葵、柑橘、菠萝、草莓、葡萄及观赏植物地里的阿拉伯高粱、葡匐冰草、稗、野燕麦、莎草、狗尾草等一年生杂草的幼芽和部分阔叶杂草如马齿苋、藜、繁缕等。

使用方法　1～3kg/hm²（有效成分）于作物播种前或播后芽前施用，用后应立即混土 5～8cm，严重干旱时可结合混土进行灌溉。

注意事项　由于其易挥发，施用后应立即混土。

参考文献

朱永和，王振荣，李布青，2006. 农药大典[M]. 北京：中国三峡出版社：781.

（撰稿：汪清民；审稿：刘玉秀、王兹稳）

菌达灭　eradicane

一种硫代氨基甲酸酯类除草剂。

其他名称　Eptam、Knoxweed、R-1608、丙草丹、扑草灭、茵草敌、EPTC。

化学名称　*S*-乙基二正丙基硫代氨基甲酸酯；*N,N*-二丙基硫代氨基甲酸 -*S*-乙基酯；苯基硫代氨基甲酸乙酯；*S*-乙基-*N,N*-二丙基硫代氨基甲酸酯。

IUPAC 名称　*S*-ethyl dipropylthiocarbamate。

CAS 登记号　759-94-4。

EC 号　212-073-8。

分子式　$C_9H_{19}NOS$。

相对分子质量　189.32。

结构式

开发单位　1954 年由 J. Antognini 等报道除草活性，斯道夫化学公司（现为捷利康公司）发展品种。

理化性质　具芳香气味液体，沸点 127℃（2.67kPa）。24℃蒸气压 13.3Pa。相对密度 0.9546（30℃）。25℃在水中溶解度 375mg/L，可与苯、异丙醇、甲醇、甲苯和二甲苯混溶。性质稳定，无腐蚀性。200℃以下稳定，闪点 110℃。

毒性　大鼠急性经口 LD_{50} ＞2g/kg，大鼠急性经皮 LD_{50} ＞2g/kg。兔急性经皮 LD_{50} 约 10g/kg。对兔眼睛有轻微刺激，对豚鼠无刺激。急性吸入 LC_{50}（4 小时）：雄大鼠 4.3mg/L，雌大鼠 3.8mg/L。

剂型　72% 浓乳剂，2.3%、10% 颗粒剂。

作用方式及机理　选择性芽前土壤处理剂，通过根及幼茎特别是芽鞘吸收并传导，主要在幼嫩组织中积累，它不抑制初生根生长和种子发芽，而是伤害芽鞘内发育的叶原基和幼小叶片，使叶子不能抽出，扭曲变形，阔叶杂草则沿叶

菌核净　dimethachlone

一种具有直接杀菌和治疗作用的内吸性酰亚胺类杀菌剂。

其他名称　Ohric、纹枯利、环丙胺。

化学名称　*N*-(3,5-二氯苯基)丁二酰亚胺；1-(3,5-dichlorophenyl)-2,5-pyrrolidinedione。

IUPAC 名称　1-(3,5-dichlorophenyl)pyrrolidine-2,5-dione。

CAS 登记号　24096-53-5。

分子式　$C_{10}H_7Cl_2NO_2$。

相对分子质量　244.07。

结构式

开发单位　日本住友化学公司。

理化性质　纯品为白色鳞片状结晶。熔点 137.5～139℃。易溶于丙酮、四氢呋喃、二甲基亚砜等有机溶剂，可溶于甲醇、乙醇，几乎不溶于水。原粉为淡棕色固体，常温下储存有效成分变化不大。稳定性：酸性条件下稳定，遇碱和阳光易分解。

毒性　低毒。急性经口 LD_{50}：雄大鼠 1688～2522mg/kg，雄小鼠 1601～1551mg/kg，雌小鼠 800～1321mg/kg。大鼠急性经皮 LD_{50} ＞5000mg/kg。大鼠急性经口 NOEL 为 40mg/kg。

剂型　40% 可湿性粉剂。

质量标准　可湿性粉剂为淡棕色粉末，热储存稳定性 50℃ ±1℃，4 周≤10%。

作用方式及机理　具有直接杀菌、内吸治疗、持效期长的特性。

防治对象　对油菜菌核病、烟草赤星病、水稻纹枯病、麦类赤霉病和白粉病以及工业防腐都具有良好的防效。

使用方法

防治油菜菌核病　在油菜盛花期开始施药，每亩用 40%

可湿性粉剂 100～150g（有效成分 40～60g），加水喷雾，每隔7～10天用1次，连续使用2～3次，重点喷洒植株中下部。

防治烟草赤星病　发病初期开始用药，每亩用 40% 可湿性粉剂 187.5～337.5g（有效成分 75～135g）兑水喷雾，每隔7～10天施用1次，连续使用2～3次。每季最多施药3次，安全间隔期21天。

防治水稻纹枯病　发病初期开始用药，每亩用 40% 可湿性粉剂 200～250g（有效成分 80～100g）兑水喷雾，每隔7～14天施用1次，连续使用2～3次。

注意事项　不能与强碱性的药剂混用。在烟草苗期和生长旺期使用会产生药害，须在烟草成熟打顶后使用，正反叶面喷雾。

与其他药剂的混用　与王铜复配使用具有预防、治疗作用，对烟草赤星病有较好防治效果。在烟草赤星病发病初期，每亩用 45% 王铜·菌核净可湿性粉剂（菌核净含量 20%，王铜含量 25%）80～125g 喷雾，视病情发生情况，隔7天喷1次，可连续用药2次，能够有效防止烟草赤星病。还可与福美双、戊唑醇等混用。

允许残留量　GB 2763—2021《食品中农药最大残留限量标准》规定菌核净在番茄上的最大残留限量为 0.2mg/kg（临时限量）。ADI 为 0.0013mg/kg。

参考文献

刘长令, 2008. 世界农药大全: 杀菌剂卷[M]. 北京: 化学工业出版社: 291-292.

农业部种植业管理司, 农业部农药检定所, 2015. 新编农药手册[M]. 2版. 北京: 中国农业出版社: 330.

（撰稿：刘圣明；审稿：刘西莉）

菌核利　dichlozoline

一种保护性酰亚胺类杀菌剂。

其他名称　Sclex、DDOD。

化学名称　N-(3,5-二氯苯基)-5,5-二甲基噁唑烷二酮；3-(3,5-dichlorophenyl)-5,5-dimethyl-2,4-oxazolidinedione。

IUPAC名称　3-(3,5-dichlorophenyl)-5,5-dimethyl-1,3-oxazolidine-2,4-dione。

CAS 登记号　24201-58-9。

分子式　$C_{11}H_9Cl_2NO_3$。

相对分子质量　274.10。

结构式

开发单位　1967 年日本住友公司开发。经研究发现该杀菌剂有致癌作用，于 1973 年停止生产和使用。通过结构与活性的关系，在菌核利的基础上相继发现了异菌脲、乙烯

菌核利和腐霉利。

防治对象　对核盘菌属和灰葡萄孢属引起的菌核病和灰霉病有极好的防治效果。

参考文献

马克比恩 C, 2015. 农药手册[M]. 胡笑形, 等译. 北京: 化学工业出版社: 1081.

（撰稿：刘圣明；审稿：刘西莉）

菌丝生长速率法　mycelium growth rate methods

利用病原菌菌丝在含有不同浓度药剂的培养基上生长速率的快慢，来确定药剂抑菌能力大小的杀菌剂毒力测定方法。最常见的菌丝生长速率法是采用琼脂平板培养法或干重测定法。所谓琼脂平板培养法，就是将药剂以某种形式添加到培养基中，观察对菌丝生长速率的影响；干重测定法，即将药剂加入到液体培养基中，通过测定在液体培养基中生长的菌丝体的干重评价药剂抑菌活性的方法。

适用范围　适用于不产孢子或产生孢子缓慢，而菌丝生长迅速、整齐、平伏于培养基上呈放射状生长的病原菌；也适用于对孢子萌发没有明显抑制作用的选择性杀菌剂。

主要内容

含梯度浓度药剂平板的制备　在无菌条件下，将待测药剂母液稀释成系列质量浓度药液；准确量取适量的药液加入已经冷却到50℃左右的培养基中，混匀后倒入灭菌的培养皿内，冷却后即为含药培养基平板。药液和培养基的体积比应该小于 1:10，否则，两者混合后将影响培养基的凝固。

菌碟制备、接种和调查　①菌碟制备。首先将从菌种保存箱中取出的供试菌株活化（转接到无药平板上 2～3 次，恢复到较好的生长势）后，接到培养基上，培养数天，于圆形菌落外周的 1/3 处用打孔器打制直径 5mm 的菌碟。②接种。用接种针将菌碟接种到含药培养基的中央，使气生菌丝面向下，每皿接种 1 个菌碟。③调查。当空白对照（不用药处理）的菌落接近长满平板时，开始检查结果。采用"十字交叉法"两次测量每个菌落的直径（精确到毫米），用其平均值代表每皿的菌落大小。

结果与分析　将数据代入生长抑制率公式，求出不同药剂处理的抑制率，然后将其转换成几率值，将药剂浓度转换成对数值，用 SAS（统计分析系统）或 DPS（数据处理系统）标准统计软件进行药剂浓度的对数与生长抑制率几率值之间的回归分析，计算抑制菌落生长 50% 的抑制中浓度（EC_{50}）、95% 置信限及相关系数 R。

$$生长抑制率 = \left(1 - \frac{处理菌落直径 - 菌碟直径}{对照菌落直径 - 菌碟直径}\right) \times 100\%$$

参考文献

沈晋良, 2013. 农药生物测定[M]. 北京: 中国农业出版社.

NY/T 1156.2—2006 农药室内生物测定试验准则 杀菌剂第2部分: 抑制病原真菌菌丝生长试验平皿法.

（撰稿：刘西莉；审稿：陈杰）

K

卡草灵　karbutilate

一种氨基甲酸酯类除草剂。

其他名称　特胺灵、FMC11092、NIA11092、特威隆、隆草特。

化学名称　3-(3,3-二甲基脲基)苯基叔丁基氨基甲酸酯；3-[[(dimethylamino)carbonyl] amino]phenyl(1,1-dimethylethyl) carbamate。

IUPAC名称　3-(3,3-dimethylureido)phenyl *tert*-butylcarbamate。

CAS 登记号　4849-32-5。

分子式　$C_{14}H_{21}N_3O_3$。

相对分子质量　279.34。

结构式

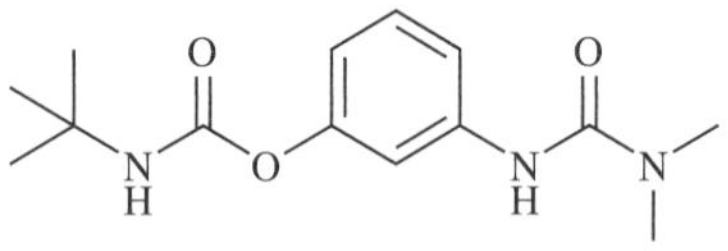

开发单位　由 J. H. Dawson 报道其除草活性，由富美实公司的农化部门开发，后由汽巴 - 嘉基公司开发。

理化性质　纯品为白色或浅灰白色无臭晶体。熔点 167～168℃（也有报道 176～177℃）。20℃ 蒸气压 < 2.64×10^{-2}mPa。25℃时的溶解度：水 325mg/L，在异丙醇、异氟尔酮或二甲苯中的溶解度 > 3%，在二甲基甲酰胺或二甲基亚砜中为 20%～25%。相对密度 1.188。在酸性介质中稳定，但在碱性水溶液中易水解。常温下不挥发，性质稳定，无腐蚀性。

毒性　大鼠急性经口 LD_{50} 5000mg/kg，大鼠急性经皮 LD_{50} > 15 400mg/kg。对兔眼睛有轻微刺激性，对皮肤无刺激性。NOEL：大鼠（90 天）1000mg/kg 饲料［70mg/（kg·d）］，狗 15mg/（kg·d）。以 1130mg/（kg·d）剂量饲喂鹌鹑 8 天无死亡发生，鱼类 LC_{50}：青鳃翻车鱼 > 75mg/L，虹鳟 > 135mg/L。对蜜蜂无毒。毒性等级：U（a.i.，WHO）（WHO 推荐分类为 O）；III（制剂，EPA）。

剂型　主要有 80% 可湿性粉剂，4%、10% 颗粒剂。

作用方式及机理　光合电子传递抑制剂，非选择性除草剂，主要通过根吸收，很少部分通过叶片吸收。

防治对象　用于防治玉米、甘蔗和非农作物区域一年生和多年生阔叶杂草和禾本科杂草，属于灭生性除草剂，还能防除一些非目标树木，使用剂量 12kg/hm²。

环境行为　土壤中主要代谢物是对应的苯酚（主要由酯键水解产生），也可发生二甲氨基的去甲基化反应：DT_{50} 20～120 天。

参考文献

马克比恩 C, 2015. 农药手册[M]. 胡笑形, 等译. 北京: 化学工业出版社: 609-610.

孙家隆, 2015. 新编农药品种手册[M]. 北京: 化学工业出版社: 772.

（撰稿：王建国；审稿：耿贺利）

开蓬　chlordecone

一种有机氯杀虫剂。

其他名称　Kepon、十氯酮、灭蚁灵。

化学名称　十氯代八氢 - 亚甲基 - 环丁异 [*cd*] 戊搭烯 -2- 酮；1,1a,3,3a,4,5,5,5a,5b,6-decachlorooctahydro-1,3,4-metheno-2*H*-cyclobuta[*cd*]。

IUPAC名称　perchloropentacyclo[5.3.0.0²,⁶.0³,⁹.0⁴,⁸]decan-5-one。

CAS 登记号　143-50-0。

分子式　$C_{10}Cl_{10}O$。

相对分子质量　490.64。

结构式

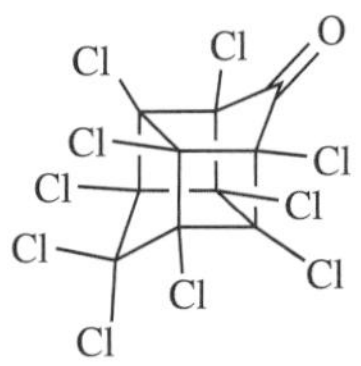

开发单位　1958 年由联合化学公司开发推广，1977 年停产。

理化性质　纯品为黄色或白色固体，工业品为奶黄色或淡灰色到白色的粉末，有刺激性气味，能使眼睛流泪。化学性质稳定，不溶于水，难溶于酒精、苯、二甲苯等有机溶剂，较易溶于石油类溶剂中。在碱性和酸性土壤中都可以使用。

毒性　急性经口 LD_{50}：大鼠 114～140mg/kg；兔 65～77mg/kg；雄大鼠 95mg/kg。兔急性经皮 LD_{50} 345～475mg/kg。以 14mg/（kg·d）剂量喂 20 只雄大鼠，其中 10 只死亡。对作物较安全。

剂型 5%、10% 粉剂，50% 可湿性粉剂，20% 乳油，5% 油剂。

作用方式及机理 对害虫有强烈的胃毒作用，也有一定的触杀作用。毒杀作用比较缓慢，而持效期则较长。

防治对象 棉花、果树、蔬菜及马铃薯病虫害，如种蝇、蝼蛄、地老虎、马铃薯甲虫以及白蚁等。对马铃薯和番茄早疫病、晚疫病、白菜霜霉病、叶斑病、洋葱霜霉病、猝倒病以及棉苗病害等均有良好防效。

使用方法

拌种 用 5% 粉剂 250～300g，拌玉米种或高粱种50kg；用 10% 粉剂 100～150g，拌小麦种 50kg，防治蝼蛄、种蝇，效果比乐果、氯丹还好，持效期较长。用 5% 粉剂1.5～2.5kg，拌蚕豆种 50kg，可防治根蛆。

喷雾 每平方米用 5% 油剂 50ml 喷雾，可有效防治白蚁。

毒砂 用 5% 粉剂 0.5kg，加细砂 25kg，搅拌均匀配成毒砂撒施，防治地老虎效果达 90% 以上。

土壤处理 用 10% 粉剂 22.5kg/hm²，进行土壤处理，防治地老虎等害虫效果很好。

注意事项 对眼有刺激作用，使用时要戴风镜和口罩，防止药粉侵入眼里或吸入口、鼻。储藏开蓬粉剂要密闭，放在干燥地方，防潮结块，影响作用。

参考文献

朱永和, 王振荣, 李布青, 2006. 农药大典[M]. 北京: 中国三峡出版社.

（撰稿：汪清民；审稿：吴剑）

糠氨基嘌呤 kinetin

一种嘌呤类天然的植物激素，外源施用可促进细胞分化、分裂、生长。用于蔬菜、水果可以诱导愈伤组织长芽，解除顶端优势，促进种子发芽，打破侧芽休眠以及延缓叶片衰老，调节营养物质的运输，促进结实，诱导花芽分化，调节叶片气孔张开等。

其他名称 激动素。

化学名称 N-(2-呋喃甲基)-1H-嘌呤-6-氨基。

CAS 登记号 525-79-1。

EC 号 208-382-2。

分子式 $C_{10}H_9N_5O$。

相对分子质量 215.21。

结构式

开发单位 1955 年密勒和斯柯格从酵母 DNA 中分离提取出结晶，并进行人工合成。江苏激素研究所实验品，湖北省天门易普乐农化有限公司生产。

理化性质 纯品为白色片状结晶。从乙醇中获得的结晶，熔点 266～267℃；从甲苯、甲醇中获得的结晶，熔点214～215℃。加热到 220℃升华。它难溶于水、乙醇、乙醚和丙酮。可溶于稀酸或稀碱及冰乙酸。最大紫外光吸收光谱268nm，最小为 233nm。分子在加压下能被 1mol/L 硫酸分解为腺嘌呤和乙酰丙酸。常压或常温下分子稳定。

毒性 纯品毒理学数据未见报道，在微生物、植物体内含有，对人、畜安全。另外，含有糠氨基嘌呤的细胞激动素混合液的大鼠急性经口 $LD_{50} > 5000mg/kg$。

剂型 0.4% 水剂。

作用方式及机理 是一种嘌呤类天然的植物激素，可被作物的叶、茎、子叶和发芽的种子吸收，移动缓慢。促进细胞分化、分裂、生长；诱导愈伤组织长芽；解除顶端优势；促进种子发芽、打破侧芽的休眠；延缓叶片衰老及植株的早衰；调节营养物质的运输；促进结实；诱导花芽分化；调节叶片气孔张开等。

使用对象 广谱，可应用于多种作物、蔬菜和果树等。

使用方法 在作物的不同生育时期，可以采用浸种、浇灌和喷雾等施药方法。最早以 0.5mg/L 放入愈伤组织培养基内（需生长素的配合）诱导长出芽。用 20mg/L 激动素喷洒多种作物的幼苗有促进生长的作用。300～400mg/L 处理开花苹果，可促进坐果。以 40～80mg/L 处理玉米等离体叶片，延缓叶片变黄的时间。芹菜、菠菜、莴苣以 20mg/L 喷洒叶片，保绿，延长存放期。白菜、结球甘蓝以 40mg/L 喷洒叶片，延长存放期。以 4～6.7mg/L 喷雾处理水稻，调节生长，提高产量。

注意事项 在生产上的应用报道较少。激动素只有与其他促进型激素混用，应用效果才更为理想。

参考文献

李玲, 肖浪涛, 谭伟明, 2018. 现代植物生长调节剂技术手册[M]. 北京: 化学工业出版社:45.

孙家隆, 2015. 新编农药品种手册[M]. 北京: 化学工业出版社:934.

（撰稿：谭伟明；审稿：杜明伟）

糠菌唑 bromuconazole

一种三唑类杀菌剂，能很好地抑制霉菌毒素。

其他名称 Granit（Sumitomo Europe）、Vectra（Sumitomo Europe）；Soleil（+ 戊 唑 醇）（Sumitomo Europe）、bromoconazole（试验代号）、LS 860263（试验代号）、LS 850646（试验代号）、LS 850647（试验代号）。

化学名称 1-[(2RS,4RS:2RS,4SR)-4-溴-2-(2,4-二氯苯基)四氢呋喃]-1H-1,2,4-三唑。

IUPAC 名 称 1-[(2RS,4RS:2RS,4SR)-4-bromo-2-(2,4-dichlorophenyl)terahydrofurfuryl]-1H-1,2,4-triazole。

CAS 登记号 116255-48-2。

EC 号 408-060-3。

分子式 $C_{13}H_{12}BrCl_2N_3O$。

相对分子质量 377.06。

结构式

开发单位 R. Pepin 等报道其杀菌剂。罗纳 - 普朗克农化公司（现拜耳公司）开发，并于 1992 年首次在法国上市。2006 年剥离给日本住友化学公司。

理化性质 产品为 LS 850646 和 LS 850647 两个非对映异构体的混合物，通常比例为 54∶46。原药纯度＞96%。白色至米色粉末。熔点 84～92℃。蒸气压 LS 850646：3×10^{-3}mPa；LS 850647：1×10^{-3}mPa（均为 25℃下）。$K_{ow}lgP$ 3.24（20℃）。Henry 常数 LS 850646：1.05×10^{-5}Pa·m^3/mol；LS 850647：1.57×10^{-2}Pa·m^3/mol（均为 25℃）。相对密度 1.72（20℃）。溶解度：水中，LS 850646（单独）72mg/L；（在 LS 860263 中）49mg/L；LS 850647（单独）24mg/L；（在 LS 860263 中）24mg/L（25℃）。DT_{50} 18 天（pH4 的无菌缓冲液，模拟日光）。

毒性 急性经口 LD_{50}（mg/kg）：大鼠 365，小鼠 1151。大鼠急性经皮 LD_{50}＞2000mg/kg。不刺激兔眼睛和皮肤。对豚鼠皮肤不致敏。大鼠吸入 LC_{50}（4 小时）＞5mg/L 空气（只经鼻腔）。NOEL：雌大鼠最低相关 NOAEL（2 年）20mg/kg［1.1mg/（kg·d）］。ADI/RfD（EC）0.01mg/kg［2010］；（EPA）0.009mg/kg［1995］。Water GV MAC 50.3μg/L。小鼠微核试验中无致突变性。Ames 试验中无致突变性。毒性等级：Ⅱ（a.i.，WHO）。山齿鹑、绿头野鸭急性经口 LD_{50}＞2150mg/kg。山齿鹑、绿头野鸭 LC_{50}（8 天）＞5000mg/kg 饲料。蓝鳃翻车鱼 LC_{50}（96 小时）3.1mg/L，虹鳟 1.7mg/L。水蚤急性 LC_{50}（48 小时，流动）＞8.9mg/L；Granit 制剂（48 小时，静态）0.086mg/L。藻类 E_bC_{50} 0.061mg/L。E_rC_{50} 0.169mg/L。分别接触 500μg/ 只或经口 100μg/ 只时对蜜蜂无毒。赤子爱胜蚓急性 LC_{50}（14 天）＞500mg/kg 干土。慢性毒性 NOEC（8 周）37.2mg/kg 干土。制剂对非靶标节肢动物如寄生蜂（烟蚜茧蜂）、捕食性螨（梨盲走螨）、叶栖捕食性动物无害。含量最大为 0.667mg/kg 干土时对微生物的碳矿化或氮转化能力无重大影响。

剂型 乳油，悬浮剂。

作用方式及机理 杀菌剂。甾醇脱甲基化（麦角甾醇生物合成）抑制剂。

防治对象 用于小麦、燕麦、黑小麦，防治眼斑病菌、小麦壳针孢菌、颖枯壳针孢菌、白粉菌、镰刀菌等引起的病害。能很好地防治霉菌毒素（如 DON）。

使用方法 喷雾最大剂量一般在 200g/hm^2。

参考文献

马克比恩 C，2015. 农药手册[M]. 胡笑形，等译. 北京：化学工业出版社：119-120.

（撰稿：闫晓静；审稿：刘鹏飞、刘西莉）

糠醛菊酯 furethrin

一种拟除虫菊酯类杀虫剂。

其他名称 抗虫菊酯

化学名称 (1R,S)-顺,反式-2,2-二甲基-3-(2-甲基-丙-1-烯基)-环丙烷羧基-(R,S)-2-甲基-3-(2-糠基)-4-氧代-环戊-2-烯-1-基酯。

IUPAC 名称 (RS)-3-(2-furylmethyl)-2-methyl-4-oxocyclopent-2-enyl (1RS,3RS；1RS,3SR)-2,2-dimethyl-3-(2-methyl-prop-1-enyl)cyclopropanecarboxylate。

CAS 登记号 17080-02-3。

分子式 $C_{21}H_{26}O_4$。

相对分子质量 342.42。

结构式

开发单位 1952 年首先由日本 Matsui 等人合成。

理化性质 工业品为浅黄色油状液体。沸点 187～188℃（5.33Pa）。折射率 1.5202。不溶于水，可溶于精制煤油中。

毒性 大鼠急性经口 LD_{50} 700mg/kg。

剂型 乳油。

作用方式及机理 性质和作用与除虫菊素相似，但它的稳定性稍差。

防治对象 对家蝇有快速击倒作用，杀虫活性约和除虫菊素相当，但对家蝇的药效，要比烯丙菊酯差。

使用方法 防治果树蚜虫、叶蝉等害虫，用 3% 糠醛菊酯乳油 22.5～37.5g/hm^2（有效成分）兑水喷雾。亦可用除虫菊花粉（干花粉碎）1kg、中性肥皂 0.6～0.8kg、水 400～600L 制剂后喷雾。方法：先用少量热水把肥皂溶化后，加入除虫菊粉，然后加足水量，搅拌均匀后使用，可防治多种蚜虫、叶甲、蟓等害虫。

注意事项 见光易分解，喷洒时间最好选在傍晚进行。不能与石硫合剂、波尔多液、松脂合剂等碱性农药混用。商品制剂需在密闭容器中保存，避免高温、潮湿和阳光直射。该品是强力触杀性药剂，施药时药剂一定要接触虫体才有效，否则效果不好。

与其他药剂的混用 未见混配药剂。

参考文献

朱永和, 王振荣, 李布青, 2006. 农药大典[M]. 北京: 中国三峡出版社: 208-209.

（撰稿：陈洋；审稿：吴剑）

抗病毒剂生物测定　antiviral agent bioassay

以发现或者研究供试样品的抗植物病毒活性或者检测抗病毒活性物质含量为目的的测定方法。采用植物试材，将供试样品作用于植物、病毒体系，根据发病程度或者病毒量来评价药剂活性或者测定物质含量。

抗病毒剂生物测定中药剂的使用方法有浸渍法、组织培养法、涂布法、撒布法、土壤处理、喷雾法等。

抗病毒剂生物测定中药效多根据发病的病斑数、病斑大小、发病程度、发病所需时间等来评价。也可采用生物、物理或者化学的方法，对药剂处理后病毒表达量进行定量测定，以病毒表达量的多少来评价药效。

抗病毒剂生物测定试验采用的病毒（靶标）要求操作简便，病毒生物学性质清楚。通常采用烟草花叶病毒（TMV）为测试靶标。常用枯斑品种烟草作为寄主植物，如珊西烟、心叶烟等。通过匀浆、离心等步骤从病叶中得到病毒悬浮液。采用摩擦接种、叶面撒布金刚砂（500 目）、用毛笔蘸取病毒液在全叶面沿支脉方向轻擦接种的方法将病毒接种到健康的烟草叶片上，使病毒在寄主植物中传染、表达、扩增，满足试验需求。

测试用植株应注意水肥管理，培育成青绿柔软的叶片为宜。选用健康无病的烟草植株为材料，3～5 叶期为适龄。病毒接种浓度以每个叶片发病斑 15～40 个为宜。

烟草花叶病毒可以从病叶中分离得到。病叶称重加等量 0.5mol/L 磷酸 - 磷酸盐缓冲液（pH7.2），0.1% 乙二胺四乙酸二钠（EDTA-2Na），捣碎过滤，弃渣。滤液在电磁搅拌下缓缓加入 8% 正丁醇，再搅拌 15 分钟，离心 30 分钟（10 000r/m），弃沉淀。取上清液加 4% 聚乙二醇，再在电磁搅拌下逐加 5% 聚乙二醇辛基苯基醚，搅拌使聚乙二醇溶解，离心 15 分钟（10 000r/m），弃上清液。沉淀用 20% 0.01mol/L 磷酸 - 磷酸盐缓冲液（pH7.2）悬浮，组织匀浆器匀浆，离心 15 分钟（10 000r/m），上清液加氯化钠和聚乙二醇 6000 各 4%，搅拌 10 分钟后，再离心 15 分钟。沉淀用原液量 5% 的 0.01mol/L 磷酸 - 磷酸盐缓冲液（pH7.2）悬浮，匀浆后离心 5 分钟，上清液即为提纯的 TMV 悬浮液。取样稀释后，用 UV-200 紫外分光光度计测 OD_{260} 和 OD_{280} 的光密度值，计算病毒浓度。测定浓度后的病毒提取液在 4℃下冷藏备用。病毒质量浓度（mg/L）= A_{260} × 稀释倍数 3.1。

抗病毒剂生物测定分为室内筛选、田间小区筛选和田间药效试验 3 个阶段。室内筛选阶段常用的有半叶枯斑法、系统诱导活性、治疗活性、钝化活性、保护活性等几种方法。

参考文献

陈年春, 1991. 农药生物测定技术[M]. 北京: 北京农业大学出版社.

王力钟, 李永红, 于淑晶, 等, 2013. 2种抗TMV活性筛选方法在农药创制领域的应用[J]. 农药, 52(11): 829-831.

（撰稿：李永红、王力钟；审稿：陈杰）

抗虫威　thiocarboxime

一种氨基甲酸酯类杀虫剂、杀螨剂。

其他名称　Talcord、SD17250、WL-21959。

化学名称　1-(2- 氰基乙基硫代) 乙叉胺 N- 甲基氨基甲酸酯。

IUPAC 名称　2-cyanoethyl (EZ)-N-[(methylcarbamoyl)oxy]thioacetimidate。

CAS 登记号　25171-63-5。

分子式　$C_7H_{11}N_3O_2S$。

相对分子质量　201.24。

结构式

开发单位　1969 年由英国壳牌石油公司开发。

理化性质　白色结晶。熔点 90～92℃。

毒性　斑色鱼 LC_{50}：24 小时 3.5mg/L，48 小时 2mg/L，96 小时 1.5mg/L，3 个月 0.5mg/L。

剂型　颗粒剂，可湿性粉剂，粉剂等。

作用方式及机理　有效的内吸性杀软体动物剂，并能杀螨和某些害虫，有较长持效期。是较强的抗胆碱酯酶化合物。

防治对象　以种子重量 0.2% 的该品处理麦种，在冬小麦地里可以有效防治灰蛞蝓。也可以防治麦二叉蚜、烟蚜、夜蛾、红叶螨、苹果红蜘蛛、爪叶螨以及阿拉伯叶螨等。

使用方法　使用方法灵活，以有效成分为 0.28kg/hm² 的剂量做叶面喷射能防治高粱上的麦二叉蚜。在棉田用 0.01% 浓度的该品可以防治烟蚜、夜蛾。

注意事项　使用时必须穿着防护服、戴面罩和橡胶手套。勿吸入药雾，并避免药液接触皮肤。身体的露出部分如沾到药液，应立即用肥皂和清水冲洗。药品储存在低温、干燥和通风库房内，远离食物和饲料，勿让儿童接近。中毒时使用硫酸阿托品。

参考文献

马克比恩 C, 2015. 农药手册[M]. 胡笑形, 等译. 北京: 化学工业出版社.

朱永和, 王振荣, 李布青, 2006. 农药大典[M]. 北京: 中国三峡出版社.

（撰稿：李圣坤；审稿：吴剑）

抗倒胺　inabenfide

一种植物生长延缓剂，可抑制水稻植株赤霉素的生物合成，缩短稻秆长度及上部叶长度，有较强的抗倒伏作用。

其他名称　Seritard。

化学名称　N-[4- 氯 -2-(羟基苄基) 苯基] 吡啶 -4- 甲酰胺；

4′- chloro-2′-(α-hydroxypbenzyl)isonicotinanilide。

IUPAC 名称 (RS)-4′-chloro-2′-(α-hydroxybenzyl)isonicotinanilide。

CAS 登记号 82211-24-3。

分子式 $C_{19}H_{15}ClN_2O_2$。

相对分子质量 338.79。

结构式

开发单位 由 K. Nakamura 报道，1986 年由日本中外制药公司开发。

理化性质 淡黄色至棕色或无色、无味、棱柱形结晶。熔点 210～212 ℃，蒸气压 0.063mPa。30 ℃时溶解度：甲醇 2.35g/L，水 1mg/L，乙酸乙酯 1.4g/L，苯 110mg/L，丙酮 3.6g/L，二硫化碳 8mg/L，二甲苯 580mg/L，乙醇 1.61g/L，己烷 0.8mg/L，氯仿 590mg/L，二甲基甲酰胺 6.72g/L，四氢呋喃 1.15g/L，乙腈 580mg/L，二氯甲烷 880mg/L。

毒性 大、小鼠（雄、雌）急性经口 LD_{50} > 215g/kg，腹腔注射 LD_{50} > 25g/kg，急性经皮 LD_{50} > 25g/kg。大鼠急性吸入 LC_{50}（4 小时）0.46mg/L 空气。对兔皮肤和眼睛无不良反应，对豚鼠无过敏性。对大鼠和狗饲喂 6 个月和 2 年的亚慢性和慢性试验研究中，无明显异常反应。对大鼠的生殖研究（3 代繁殖）和对大鼠和兔的致畸试验中，未发现明显异常。鱼类 LC_{50}（48 小时）：鲤鱼 30mg/L，白眼棱鱼 11mg/L，鲹鱼 26mg/L，鲻鱼 11mg/L。水蚤 LC_{50}（3 小时）30mg/L。

剂型 5% 或 6% 颗粒剂，50% 可湿性粉剂。

作用方式及机理 抑制植物赤霉素的生物合成，对水稻等作物有很强的选择性抗倒伏作用，而且无药害。

使用对象 水稻等。

使用方法 在漫灌条件下，以 1.5～2.4kg/hm² 施用于土表后，能极好地缩短稻秆长度及上部叶长度，从而提高其抗倒伏能力。应用该品后，每穗谷粒减少，但谷粒成熟率提高，单位面积千粒重和穗数增加，使实际产量增加。

参考文献

孙家隆，2015. 新编农药品种手册[M]. 北京：化学工业出版社:935.

朱永和，王振荣，李布青，2006. 农药大典[M]. 北京：中国三峡出版社.

（撰稿：徐佳慧；审稿：谭伟明）

抗倒酯 trinexapac-ethyl

一种环己烷羧酸类植物生长调节剂，能降低赤霉素的生物合成从而延缓作物生长，生产上常被用于禾本科作物，控制茎节的伸长，防止倒伏，也可用于草坪草的生长控制。

其他名称 Modus、Omega、Primo、Vision、挺立。

化学名称 4-环丙基(羟基)亚甲基-3,5-二酮环己烷羧酸乙酯。

IUPAC 名称 (1RS,4EZ)-4-[cyclopropyl(hydroxy)methylene]-3,5-dioxocyclohexanecarboxylic acid。

CAS 登记号 95266-40-3。

EC 号 600-551-2。

分子式 $C_{13}H_{16}O_5$。

相对分子质量 252.27。

结构式

开发单位 瑞士汽巴 - 嘉基（现先正达公司）开发，1992 年由先正达首次在瑞士上市。

理化性质 纯品外观为白色粉末，无色结晶。熔点 36 ℃，蒸气压 1.6mPa（20 ℃）。溶解度：水 27g/L（pH 7），甲醇 > 1g/L，乙醇、丙酮、甲苯、正辛醇为 100%，己烷为 5%。稳定性：沸点以下稳定，在正常储存下稳定，水解和光解稳定（pH6～7，25 ℃），碱性条件下不稳定。闪点 100 ℃（101.32kPa），解离常数 4.57。

毒性 低毒。大鼠急性经口 LD_{50} > 2000mg/kg，大鼠急性经皮 LD_{50} > 4000mg/kg，大鼠吸入 LC_{50}（48 小时）> 5.69mg/L。对兔皮肤有轻微刺激性，眼睛有中度刺激性。对豚鼠皮肤无致敏性。虹鳟 LC_{50}（96 小时）68mg/L。鹌鹑 LD_{50} > 2250mg/kg。蜜蜂急性接触 LD_{50}（48 小时）115.4μg/ 只，急性经口 LD_{50}（48 小时）293.4μg/ 只。对鸟类、鱼类、蚤类、藻类、蜜蜂、蚯蚓等环境生物毒性均较低。

剂型 25% 微乳剂，25% 可湿性粉剂，250g/L 乳油，11.3% 可溶液剂。

作用方式及机理 抑制植物体内赤霉素的生物合成，从而抑制作物旺长，防止倒伏。可被植物茎、叶迅速吸收并传导，通过抑制茎的伸长、缩短节间长度来降低株高、增加茎秆强度、促进根系发达来防止玉米倒伏。可提高植株体内叶绿素、蛋白质、核酸的含量，提高光合速率和过氧化物酶的活性，促进植株的碳、氮代谢，增强植株对水肥的吸收和干物质的积累，调节体内水分平衡，增强作物的抗逆能力，从而达到增产、增质的效果。

使用对象 高羊茅草坪、玉米、小麦。

使用方法 施于叶部，可转移到生长的枝条上，减少节间的伸长。在禾谷类作物、蓖麻、水稻、向日葵上施用，可明显抑制生长。使用剂量通常为 100～500g/hm²。以 100～300g/hm² 用于禾谷类作物和冬油菜，苗后施用可防止倒伏和改善收获效率。以 150～500g/hm² 用于草坪，可减少修剪次数。以 100～250g/hm² 用于甘蔗，作为成熟促进剂。

注意事项 ①选择晴朗无风天气施药，叶面均匀喷雾，施药后 4 小时内遇雨影响药效。②严格按照标签和说明书的使用方法操作，勿随意加大施药剂量，每季作物最多使用 1 次。

允许残留量　GB 2763—2021《食品中农药最大残留限量标准》规定抗倒酯在小麦中的最大残留限量为 0.05mg/kg。ADI 为 0.3mg/kg。欧盟规定 ADI 为 0.32mg/kg，最大残留量：柑橘类水果、坚果、仁果类、核果类、浆果、小水果及其他水果为 0.01mg/kg，大麦、燕麦、小麦 3.0mg/kg，荞麦、玉米、黍稷、水稻、高粱 0.02mg/kg，茶、咖啡、可可、草药、角豆、调料、啤酒花 0.05mg/kg。

参考文献

李玲, 肖浪涛, 谭伟明, 等, 2018. 现代植物生长调节剂技术手册[M]. 北京: 化学工业出版社: 60.

孙家隆, 2015. 新编农药品种手册[M]. 北京: 化学工业出版社:936.

许青青, 2014. 抗倒酯等植物生长调节剂对小麦生理效应及产量的影响[D]. 泰安: 山东农业大学.

（撰稿：王召；审稿：谭伟明）

抗坏血酸　ascorbic acid

即维生素 C，是 20 世纪研发预防坏血病的物质，也可作为植物生长调节剂使用，是植物体内有效的抗氧化剂，可用于玉米、水稻，增强其抗旱能力。

其他名称　L- 抗坏血酸、L- 维生素 C、抗坏血病因子、维生素 C。

化学名称　2,3,4,5,6- 五羟基 -2- 己烯酸 -4- 内酯。

CAS 登记号　50-81-7。

EC 号　200-066-2。

分子式　$C_6H_8O_6$。

相对分子质量　176.13。

结构式

理化性质　具有酸性和强还原性。抗坏血酸具有 L 型和 D 型两种立体构型，自然界存在的具有生物活性的是 L 型，D 型无生物活性。抗坏血酸为无色或白色结晶，性质稳定，极易溶于水，稍溶于丙酮和低级醇类，不溶于脂肪和其他脂溶剂。溶液中的抗坏血酸性质不稳定，在有氧、光照、加热、碱性物质、氧化酶及痕量的重金属离子（如 Cu^{2+}、Fe^{3+} 等）存在时，极易氧化成脱氢抗坏血酸。酸性或冷藏条件下保存食品时损失较少。

毒性　无毒。

剂型　水剂。

质量标准　6% 抗坏血酸水剂。

作用方式及机理　是玉米田、稻田用抗旱调节剂，也是植物体内有效的抗氧化剂，抗坏血酸在抗坏血酸过氧化物酶（APX）作用下与 H_2O_2 反应，H_2O_2 接受以谷胱甘肽（GSH）为中介的 NADPH 的电子还原成 H_2O，从而清除 H_2O_2 的毒性，同时抗坏血酸被氧化并形成单脱氢抗坏血酸（MDHA），部分 MDHA 进一步氧化形成脱氢抗坏血酸（DHA），DHA 在脱氢抗坏血酸还原（DHAR）的作用下以还原型谷胱甘肽（GSH）为底物生成 ASA，此反应所产生的氧化型谷甘（GSSG）又可在谷胱甘肽还原醇（GR）的催化下被还原成 GSH；另一部分 MDHA 则被单脱氢抗坏血酸还原酶（MDHAR）还原为抗坏血酸，再次参与 H_2O_2 的清除。

使用对象　可在多种农作物上使用。

使用方法　通常为叶面喷施。

允许残留量　中国尚未制定最大残留限量值。

参考文献

李玲, 肖浪涛, 谭伟明, 2018. 现代植物生长调节剂技术手册[M]. 北京: 化学工业出版社:62.

石永春, 杨永银, 薛瑞丽, 等, 2015. 植物中抗坏血酸的生物学功能研究进展[J]. 植物生理学报, 51(1): 1-8.

孙家隆, 2015. 新编农药品种手册[M]. 北京: 化学工业出版社:937.

王振, 张齐凤, 胡亚军, 等, 2013. 抗坏血酸与植物抗逆性关系[J]. 现代化农业(12): 31-32.

（撰稿：杨志昆；审稿：谭伟明）

抗几丁质合成剂生物测定　bioassay of anti-chitin synthesis agents

通过几丁质合成抑制剂或抗几丁质合成剂阻碍昆虫表皮几丁质形成，使昆虫致死以测定其毒力的生物测定。又名几丁质合成抑制剂生物测定。抗几丁质合成剂，指能够抑制几丁质的生物合成，使昆虫和螨类不能正常蜕皮而死亡的特异性杀虫剂、杀螨剂。该类药剂的作用机制是干扰幼虫、若虫及卵内胚胎发育过程中几丁质的合成，使幼虫、若虫不能正常蜕皮而死亡，使卵不能孵化。该类药剂不能杀死成虫，但能使成虫不育、产卵率下降或所产的卵不能孵化。以破坏昆虫表皮几丁质沉积为主要症状的抗几丁质合成剂主要包括：除虫脲、氟铃脲、氟啶脲、灭幼脲等具有苯甲酰脲类昆虫生长调节剂，以及噻嗪酮、灭蝇胺等不具有苯甲酰脲结构的昆虫生长调节剂。

适用范围　可用来评价抗几丁质合成剂的杀虫效力和筛选新型的抗几丁质合成剂。

主要内容　抗几丁质合成剂引起昆虫中毒的症状：活动减少、取食降低，旧表皮不能蜕掉或不能完全蜕掉而死亡；或形成的新表皮很薄，易裂开，体液外流；或老熟幼虫不能化蛹；或形成半幼虫半蛹；或半蛹半成虫畸形死亡。主要有以下几种测定方法。

胃毒法　用不同浓度的抗几丁质合成剂的丙酮溶液浸泡试虫喜食的食物或拌和人工饲料后喂饲试虫。

触杀法　将药剂的丙酮溶液直接喷布或滴加在供试昆虫体表，或将溶液定量喷雾或滴涂到玻璃器皿上形成药膜，经昆虫爬行接触一定时间后移至正常条件下饲养，观察蜕皮情况。

胃毒触杀联合毒力法　将含药的食物饲喂试虫，并允许试虫随时接触食物，观察试虫的变态发育、蛹羽化或成虫发育情况。

点滴法　将药剂用丙酮溶解，稀释至规定的实验浓度，用微量移液器取 $1\sim2\mu l$ 分别点滴于幼虫或若虫腹部背板，以丙酮做对照，处理后的试虫用新鲜饲料饲喂，记录试虫的死亡情况或处理前后体重变化情况。

消化酶活力测定法　昆虫取食抗几丁质合成剂后直接影响消化道的功能，或引起酶活力下降，从而使昆虫厌食、生长发育受阻；或引起神经内分泌的改变，从而抑制 DNA 的合成，阻碍昆虫变态，直到死亡。

参考文献

沈晋良, 2013. 农药生物测定[M]. 北京: 中国农业出版社.

（撰稿: 黄青春；审稿: 袁静）

抗螨唑　fenazaflor

一种非内吸性杀螨剂。

其他名称　NC 5016。

化学名称　5,6-二氯 -2- 三氟甲基苯并咪唑基 -1- 羧酸苯酯；phenyl 5,6-dichloro-2-(trifluoromethyl)-1H-benzimidazole-1-carboxylate。

IUPAC名称　phenyl 5,6-dichloro-2-trifluor omethylbenzi-midazole-1-carboxylate。

CAS 登记号　14255-88-0。

分子式　$C_{15}H_7Cl_2F_3N_2O_2$。

相对分子质量　375.13。

结构式

开发单位　1967 年由 D. T. Saggers 和 M. L. Clark 报道。由菲森斯害虫防治公司（先灵公司）开发。

理化性质　白色针状结晶。熔点 106 ℃。蒸气压 14.67mPa（25 ℃）。工业品为灰黄色结晶粉末，熔点约 103℃。难溶于水，25℃时 < 1mg/L。除丙酮、苯、二氧六环和三氯乙烯外，仅微溶于一般有机溶剂。水 / 环己烷的分配比为 1/15 000。干燥条件下稳定，但在碱性的悬浮液中将慢慢分解。在喷雾桶里不可放置过夜。

毒性　急性经口 LD_{50}（mg/kg）: 大鼠 283，小鼠 1600，鼹鼠 59，兔 28，鸡 50。大鼠急性经皮 LD_{50} > 4000mg/kg。鱼的 LC_{50}（24 小时）0.2mg/L。

作用方式及机理　非内吸性杀螨剂。

防治对象　对所有植食性螨类的各个时期（包括卵）都具有良好的防治效果，并有一定的持效期。在作物上可使控制期达 24 天以上，尤其对有机磷产生抗性的螨类，更显出良好的效果。对一般的昆虫和动物无害，可用于某些果树、蔬菜和经济作物的虫害防治。

参考文献

康卓, 2017. 农药商品信息手册[M]. 北京: 化学工业出版社: 175-176.

（撰稿: 杨吉春；审稿: 李淼）

抗霉素A　antimycin A

一类由链霉菌产生的大环内酯类天然抗生素。

其他名称　Fintrol。

化学名称　3-methylbutanoic acid 3[[3-(formylamino)-2-hydroxybenzoyl]amino]-8-hexyl-2,6-dimethyl-4,9-dioxo-1,5-dioxonan-7-ylester。

IUPAC 名称　(2R,3S,6S,7R,8R)-3-[(3-formamido-2-hydroxybenzoyl)amino]-8-hexyl-2,6-dimethyl-4,9-dioxo-1,5-dioxonan-7-yl 3-methylbutanoate。

CAS 登记号　1397-94-0；642-15-9；116095-18-2。

EC 号　211-380-4。

分子式　$C_{28}H_{40}N_2O_9$。

相对分子质量　548.62。

结构式

抗霉素A1: R=n-己基

抗霉素A3: R=n-丁基

理化性质　白色结晶。易溶于丙酮、乙酸乙酯、苯、氯仿和四氯化碳，溶于甲醇、乙醇和乙醚，微溶于己烷、环己烷，极微溶于石油醚，几乎不溶于水。

毒性　急性毒性: 小鼠经腹腔 LD_{50} 1800μg/kg。小鼠经皮下 LD_{50} 1600μg/kg。小鼠经静脉 LD_{50} 900μg/kg。《危险化学品安全管理条例》将其列入《剧毒化学品目录》。

剂型　链霉菌发酵产品 240ml 活性成分和 240ml 表面活性剂。

作用方式及机理　是典型的线粒体呼吸链细胞色素 bc1 复合物 Qi 位点抑制剂。与线粒体的电子传递体系相结合，可严重阻碍由 CoQ 向细胞色素 C 的电子传递。

防治对象　鱼类。具有抗昆虫、螨类和真菌等生物活性。

使用方法　全部致死：水体中施入 5～25μg/L 可杀死处理区全部鱼类。选择性致死：水体中施入 0.5～1μg/L 只杀死小鱼；施入 5～10μg/ml 可以杀死鲶鱼以外的其他有鳞鱼类。

注意事项　注意防火，燃烧产生有毒氮氧化物气体。库房应通风、低温干燥，与食品原料分开储运。

参考文献

程华，聂忍，汪万强，等，2017. 抗霉素A结构改造的研究进展[J]. 有机化学，37 (6)：1368-1381.

MOORE S, KULP M, ROSENLUND B, et al, 2008. Field manual for the use of antimycin a for restoration of native fish populations[M]. US Department of the Interior, National Park Service, Natural Resource Program Center.

（撰稿：周俞辛；审稿：胡健）

抗生素类杀菌剂　antibiotic fungicides

抗生素中用于抑制植物病原微生物的杀菌剂。抗生素农药是随着医药抗生素的发展而发展起来的一类生物农药。抗生素的早期概念是指微生物在新陈代谢过程中产生的具有抑制其他微生物生长或代谢作用的化学物质。其产生局限于微生物，其作用局限于抗菌作用。而后随着研究的不断深入和抗生素应用领域的不断扩大，抗生素的内涵也逐步扩大。按照现有抗生素的定义，除微生物外，植物和动物也能产生抗生素；抗生素的作用不仅仅是抗菌作用，还包括其他杀虫、除草、抗肿瘤、抗病毒、抑制免疫作用等多种生理功能。因此，把微生物生命活动过程中产生的对微生物、昆虫、螨类、线虫、寄生虫、植物等生物在很低浓度下显示特异性药理作用的天然有机化合物统称为农用抗生素。

抗生素类杀菌剂能抑制许多植物病原菌的生长和繁殖，具有内吸作用和内渗作用，易被植物吸收，能起到治疗作用，并且容易被生物体分解，残毒问题小，不污染环境。适于蔬菜无公害生产的应用，具有效果好、起效快、持效期长、耐雨水冲刷、应用成本低、未发现抗药性等优点。农用抗生素类农药还有一个突出的特点，即有效成分相对比较稳定，在生产、储存、使用等多个环节对温度、湿度等环境条件要求不像其他活体生物农药那样严格。

中国抗生素产生菌资源丰富，开发的农用抗生素杀菌剂品种日渐增多，已成为杀菌剂中的一个重要类别。作为农用杀菌剂的抗生素，根据其作用对象划分，可分为抗细菌病害的抗生素（如防治苹果火伤病、蔬菜软腐病、烟草野火病等有特效的链霉素，防治树细菌性穿孔病、柑橘溃疡病的农霉素-100，防治水稻白叶枯病的灭胞素等）、抗真菌病害的抗生素（如防治稻瘟病的灭瘟素 S、春雷霉素，防治水稻纹枯病的特效药剂井冈霉素、农抗 5102，防治烟草赤星病的多抗霉素等）和抗病毒病害的抗生素（如对多种植物病毒有特效的宁南霉素、月桂菌素、比奥罗霉素、阿博霉素等）。农用抗生素杀菌剂都属于广谱性抗生素类杀菌剂，为低毒杀菌剂，虽然对人、畜、环境都是友好的，但多数品种在农产品中的残留都有严格限制。所以，在使用时仍应按安全规则操作，并且要注意不能与碱性或酸性农药混用。

抗生素类杀菌剂常见作用机理

作用于病原菌细胞壁　多氧霉素（polyoxins）是首个被发现的几丁质酶合成抑制剂。多氧霉素 D 抑制由几丁质合成酶（chitinsynthase，CS）催化的由尿二磷 -N- 乙酰葡萄糖胺（UDP-GlcNAc）到几丁质（chitin）的反应。多氧霉素 D 及其类似物均与几丁质合成酶的底物尿二磷 -N- 乙酰葡萄糖胺结构类似，从而竞争性地抑制该酶活性，导致敏感细胞几丁质不能合成而起到杀菌作用。

作用于菌体细胞膜　细胞膜是一种半透性膜，是细胞的生物屏障。有些抗生素可作用于细胞膜，从而破坏其屏障功能。氨基糖苷类抗生素作用于细菌细胞膜，与细菌细胞膜的磷脂结合，损害细菌细胞膜，使细菌胞浆外漏。

作用于蛋白质合成系统　通过抑制菌体蛋白质合成过程中的肽键形成而起到防治细菌病害的作用。作用于蛋白质合成系统的农用抗生素较多，其作用机理也研究得比较深入。灭瘟素 S（blasticidin-S）、春雷霉素（kasugamycin）、放线酮、链霉素和氯霉素（chloramphenicol）等早期的农用抗生素是主要被研究品种。

作用于能量代谢系统　井冈霉素是目前中国农用抗生素产量最大、用量最多的品种，是当前防治水稻纹枯病最理想的生物农药。其作用机制主要是通过抑制水稻纹枯病菌的海藻糖酶活性，使得纹枯病菌的主要储存糖——海藻糖不能分解为葡萄糖，阻止了纹枯病菌从菌丝基部向顶端输送养分从而抑制菌丝体的生长发育。

抑制核酸合成　灰黄霉素作用于真菌的抗生素，在低于完全抑制病菌生长浓度时可引起菌丝螺旋形成等异常发育。

通过提高植物的抗病力而防病治病　通过提高植株自身的免疫抗病能力而起到防病治病作用。

抗生素类杀菌剂分离纯化的特点　①原料液中常存在可降解目标产物的杂质，如可水解目标产物的蛋白酶，因此要采用快速的分离纯化方法除去影响目标产物稳定性的杂质。②生物物质的生理活性大多是在体内的温度和条件下发挥作用的，对温度、pH 值和化学试剂非常敏感，常因环境条件的变化而降低活性或失活，因此对分离纯化提出了较为苛刻的要求。③生物大分子常存在着分子式或分子结构相同、理化性质极其相似的分子及异构体，造成了常用方法难以分离的混合物。因此要用特殊的高效分离技术纯化目标产物。④生物产品——农用抗生素一般与人类生命息息相关。因此要求分离纯化的过程必须除去原料中含有的热源及具有免疫性的异源蛋白等对人体有害的物质，并防止这类物质在操作过程中从外界混入，但允许无害的少量杂质存在，要根据目标产物的使用目的，完全除去妨碍其性能发挥的杂质，但不像电子材料和无机材料要求非常高的纯度。⑤原料中目标产物的浓度一般都很低，有时甚至是极其微量的，这样就有必要对原料进行高度浓缩，因此下游加工过程的成本显著增大，通常产品的成本和售价同产品的原始浓度成反比，生物产品分离纯化费用通常占制造总成本的 40%～60%。

⑥分离纯化困难，不少生物产品，由于没有开发出技术上先进、经济上可行的提取方法或提取收率太低、成本过高而不能投产。

参考文献

陈敏纯, 廖美德, 夏汉祥, 2011. 农用抗生素作用机理简述[J]. 世界农药, 33 (3) : 13-16.

商瑞, 曾会才, 毛佳, 2008. 农用抗生素分离纯化的研究进展[J]. 广东农业科学 (2) : 124-127.

吴文君, 高希武, 2004. 生物农药及其应用[M]. 北京: 化学工业出版社.

（撰稿：徐文平；审稿：陶黎明）

抗生素杀虫剂生物测定　bioassay of antibiotic insecticides

通过度量抗生素对昆虫、螨类等小动物产生效应大小的农药生物测定。抗生素类杀虫剂是一类利用微生物代谢产物来防治害虫的生物农药。其具有特异性强、防治效果好、对人畜安全、不破坏生态平衡、害虫不易产生抗药性等优点。常用的抗生素杀虫剂包括阿维菌素（avermectin）、埃玛菌素（emamectin）、多杀菌素（spinosad）等。

适用范围　用于评判抗生素的杀虫效应，为抗生素杀虫剂的合理使用提供科学依据。

主要内容　根据不同类型抗生素对昆虫的作用方式及测定昆虫对象和测定目的的不同，具体测定方法：①胃毒法。通过定量喷雾喷布或用微量点滴器定量点滴于食物表面给供试昆虫吞食，测定抗生素随食物被昆虫取食进入消化道引起的毒杀作用。昆虫吞食的食物多少可根据实验方法的不同，可以是定量的，也可以是不定量的。②触杀法。将抗生素施于昆虫体表的局部或全部，或将抗生素施于虫体及食物和容器表面等，测定抗生素通过体壁进入虫体所起的杀虫作用。③内吸法。将抗生素浸种、根系吸收、茎部或叶部施用抗生素，将未施抗生素的植物部分与供试昆虫接触或迫使昆虫取食，以测定抗生素在植物体经过吸收和传导后对昆虫的毒杀效力。④杀卵效力测定。将供试昆虫卵用抗生素作浸渍、喷雾或喷粉处理后，在幼虫孵化出壳前用丙酮和清水交替清洗，清除虫卵表面附着的残留药剂，以避免由于幼虫出壳时因咬食卵壳而致毒的作用。

（撰稿：黄青春；审稿：陈杰）

抗生素杀菌剂生物测定　antibiotic fungicide bioassay

采用生物测定的方法评价抗生素效价。

适用范围　适用于评价抗生素类杀菌剂的生物活性。

主要内容　抗生素生物活性的评价主要采用扩散法进行，基本原理是在预先接种病原真菌或者细菌的培养基上添加供试药剂，使病原菌与药剂接触，在适宜条件下培养一定时间后，测定供试药剂产生的抑菌圈（抑菌带）大小，利用抑菌圈大小与药剂浓度在某一范围内呈正相关的原理，来检测评价抗生素的毒力。

扩散法可分为水平扩散法和垂直扩散法，前者已广泛应用，而后者因抑菌带界限常不明显而使用较少。水平扩散法通常又名抑菌圈测定法，具体试验方法可见抑菌圈测定法。

参考文献

沈晋良, 2013. 农药生物测定[M]. 北京: 中国农业出版社.

（撰稿：刘西莉；审稿：陈杰）

抗蚜威　pirimicarb

一种强选择性氨基甲酸酯类杀蚜虫剂。

其他名称　灭定威、比加普、望蚜蚜、蚜宁、Pirimor（辟蚜雾）、Aphox、Ferons、Rapid、Abol、Aficida OMS1330、ENT-27766、PP062。

化学名称　5,6-二甲基-2-二甲氨基-4-嘧啶基二甲基氨基甲酸酯。

CAS 名称　5,6-dimethyl-2-dimethylamino-4-pyrimidinyldimethyl carbamate。

IUPAC 名称　2-dimethylamino-5,6-dimethylpyrimidin-4-yldimethylcarbamate。

CAS 登记号　23103-98-2。

EC 号　245-430-1。

分子式　$C_{11}H_{18}N_4O_2$。

相对分子质量　238.29。

结构式

开发单位　1969 年由 F. L. C. Baranyovits 和 R. Ghosh 报道该杀虫剂，由帝国化学公司植保部（现为捷利康农化公司）开发。获有专利 BP 1181657。

理化性质　无色无臭固体。熔点 90.5℃（工业品 87.3～90.7℃）。蒸气压 0.97mPa（35℃）。密度 1.21g/ml（25℃）。溶解度：20℃水中为 3g/L（pH7.4）；25℃丙酮 4g/L、乙醇2.5g/L、二甲苯 2.9g/L、氯仿 3.3g/L。溶于大多数有机溶剂，易溶于醇、酮、酯、芳烃、氯代烷烃。在一般条件下存放比较稳定，但遇强酸、强碱或在酸碱中煮沸分解。紫外光照易分解。同酸形成很好的结晶，并易溶于水，其盐酸盐很易吸潮。在应用中对一般金属设备不腐蚀。

毒性　急性经口 LD_{50}：大鼠 147mg/kg，小鼠 107mg/kg，家禽 LD_{50} 25～50mg/kg，狗 LD_{50} 100～200mg/kg。具有接触毒性和呼吸毒性：大鼠和兔急性经皮 LD_{50} 500mg/kg。兔以

500mg/(kg·d) 饲养 14 天，没表现出中毒症状。对兔皮肤无刺激、对兔眼睛有轻微刺激。对豚鼠皮肤无致敏作用。0.5% 工业品溶液对兔眼无刺激。大鼠放入含工业品的空气中，每天 6 小时，每周 6 天，共 3 周，未见中毒反应，其胆碱酯酶指数也未改变。家禽急性经口 LD_{50} 25～50mg/kg，野鸡急性经口 LD_{50} 17.2mg/kg，鹌鹑急性经口 LD_{50} 8.2mg/kg。鱼类 LC_{50}（96 小时）：虹鳟 29mg/L，蓝鳃鱼 55mg/L。对蜜蜂无毒，LD_{50}（24 小时）：经口 3.5μg/ 只（工业品），接触 51μg/ 只（工业品）。水蚤 LC_{50}（24 小时）0.08mg/L，绿藻 NOEC（96 小时）50mg/L。

剂型　25%、50% 可湿性粉剂，10% 发烟剂、乳剂、浓乳剂、气雾剂，50% 可分散微粒剂，5% 高渗可溶性液剂，25% 高渗可湿性粉剂，25%、50% 水分散粒剂。

质量标准　50% 可湿性粉剂（Pirimor 50WP），外观为蓝色粉末，在 50℃下稳定，密封储存稳定性可达 2 年以上。其水溶液见紫外光易分解。50% 分散性粒剂（Pirimor 50DG）外观为蓝色颗粒，密度 60～65g/ml，熔点 > 150℃，常温下储存有效期 2 年。

作用方式及机理　具有触杀、熏蒸和渗透叶面作用的氨基甲酸酯类选择性杀蚜虫剂，为植物根部吸收，可向上输导。但从叶面进入是由于穿透而非传导。和其他氨基甲酸酯类杀虫剂一样，是胆碱酯酶的抑制剂。能防治对有机磷杀虫剂产生抗性的、除棉蚜外的所有蚜虫。该药剂杀虫迅速，施药后数分钟即可迅速杀死蚜虫。具有触杀、熏蒸和叶面渗透作用。作用速度快，持效期短。对食蚜蝇、蚜茧蜂、瓢虫等蚜虫天敌无不良影响，因为保护了天敌，而可有效延长对蚜虫的控制期，是害虫综合防治的理想药剂。对蜜蜂安全，用于防治大白菜、萝卜等蔬菜制种田的蚜虫时，可提高蜜蜂授粉率，增加产量。

防治对象　为高效、中等毒性低残留的选择性杀蚜剂（包括对有机磷农药已产生抗性的蚜虫），在推荐浓度下不伤害蜜蜂和天敌，对双翅目害虫亦很有效。对多种作物无药害，可用于果树、谷类、浆果类、豆类、甘蓝、油菜、马尼拉草、甜菜、马铃薯、花卉及一些观赏植物上，有速效性，持效期不长。

使用方法　使用方法灵活。

防治白菜、甘蓝、豆类和蔬菜上的蚜虫　用可湿性粉剂 150～270g/hm²（有效成分 75～135g/hm²），兑水 450～750kg 喷雾。

防治烟草、苗床上的蚜虫　用 50% 可湿性粉剂 150～270g/hm²（有效成分 75～135g/hm²）。

防治油菜、花生和大豆上的蚜虫　用可湿性粉剂 90～120g/hm²（有效成分 45～60g/hm²），兑水 450～900kg 喷雾。

防治小麦、高粱上的蚜虫　用可湿性粉剂 90～120g/hm²（有效成分 45～60g/hm²），兑水 750～1500kg 喷雾。

注意事项　药效与温度关系紧密，20℃以上主要是熏蒸作用。15℃以下以触杀作用为主，基本无熏蒸作用。因此温度低时，打药要均匀，最好选择无风、温暖天气施药，效果较好。药后 24 小时，禁止家畜家禽进入施药区。同一作物一季内最多施用 3 次，安全间隔期为 10 天。中毒处理：中毒症状为头疼、恶心、失去协调的痉挛，严重时呼吸困难并导致呼吸停止。在确定是抗蚜威中毒后，先引吐，

再洗胃，出现严重中毒症状时，需立即肌注 1～4mg 阿托品，并每隔 30 分钟注射 2mg，或肌肉注射 1～2mg 硫酸颠茄碱。勿给病人用镇静剂。该品对棉蚜效果差，棉花不宜使用。

与其他药剂的混用　与异丙威混配的 25% 抗异烟剂防治黄瓜蚜虫；分别与吡虫啉、敌敌畏混用的 10% 吡·抗乳油、30% 敌敌畏·抗乳油，可防治小麦蚜虫；与二唑酮、多菌灵三元复配的 37.5%、43%、55% 多·抗·酮可湿性粉剂，可防治小麦蚜虫、白粉病和赤霉病；与乙酰甲胺磷复配成 30% 抗·可湿性粉剂，用于防治小麦和十字花科蔬菜蚜虫。

允许残留量　FAO/WHO 规定的最高残留限量如下：蔬菜 1mg/kg，谷类 0.05mg/kg，果树 0.05～1mg/kg，马铃薯 0.05mg/kg，大豆 1mg/kg。油菜籽 0.2mg/kg。收获前停止用药的安全间隔期为 7～10 天。GB 2763—2021《食品中农药最大残留限量标准》规定抗蚜威最大残留限量见表。ADI 为 0.02mg/kg。

部分食品中抗蚜威的最大允许残留限量（GB 2763—2021）

食品类别	名称	最大残留限量（mg/kg）
谷物	稻谷	0.05
	小麦、大麦、燕麦、黑麦	0.05
	鲜食玉米	0.05
	杂粮类	0.20
油料和油脂	油菜籽	0.20
	大豆	0.05
	葵花籽	0.10
蔬菜	洋葱、大蒜	0.10
	芸薹属类蔬菜（羽衣甘蓝、结球甘蓝、花椰菜除外）	0.50
	羽衣甘蓝	0.30
	结球甘蓝、花椰菜	1.00
	结球莴苣、叶用莴苣	5.00
	茄果类蔬菜	0.50
	瓜类蔬菜	1.00
	豆类蔬菜	0.70
	芦笋	0.01
	朝鲜蓟	5.00
	根茎类和薯芋类蔬菜	0.05
水果	柑橘类水果	3.00
	仁果类水果	1.00
	桃、油桃、李子、杏、樱桃	0.50
	枣（鲜）	0.50
	浆果及其他小型水果	1.00
	瓜果类水果（甜瓜类水果除外）	1.00
	甜瓜类水果	0.20
调味料	干辣椒	20.00
	种子类调味料	5.00

参考文献

马克比恩 C, 2015. 农药手册[M]. 胡笑形, 等译. 北京: 化学工业出版社.

朱永和, 王振荣, 李布青, 2006. 农药大典[M]. 北京: 中国三峡出版社.

（撰稿: 李圣坤; 审稿: 吴剑）

抗药性　resistance

害虫对农药的抗性问题最先引起人们的关注。1908 年 Melander 首次发现了梨圆蚧（*Quadraspidiotus pernicious*）对石硫合剂的抗药性问题, 但在之后的 30 多年内并未引起足够重视。直至 1946 年, 随着有机合成杀虫剂的广泛使用, 害虫抗药性发展速度明显加快, 抗性害虫的种类呈直线上升, 因此引起了人们的高度关注。20 世纪 80 年代以来, 多抗性现象日益普遍, 抗性发展速度进一步加快, 完全敏感的害虫种群反倒成为罕见现象。随着交互抗性和多抗性现象的日趋严重, 害虫对尚未使用的杀虫剂也可能会产生抗药性, 给新农药的开发带来了困难。

病原物抗药性发生的历史远远晚于害虫抗药性。20 世纪 50 年代中期, 美国 J. G. Horsfall 提出病原菌对杀菌剂敏感性下降的问题。由于当时长期使用非选择性多作用靶点保护剂, 病原物抗药性未成为农业生产上的重要问题。直至 60 年代末, 高效、选择性强的苯并咪唑类内吸杀菌剂被广泛用于植物病害的防治, 植物病原物才普遍出现了高水平抗药性, 并导致植物病害化学防治失败, 农业生产蒙受巨大损失。

害虫抗药性　害虫抗药性指害虫具有忍受杀死正常种群大多数个体药量的能力在其种群中发展起来的现象。这种抗药性是在多次用药后, 害虫对某种药剂的抗药力较原来正常情况有明显增加的现象, 是药剂选择的结果, 具有群体性且是可遗传的。自然耐药性是指一种昆虫在不同发育阶段、不同生理状态及所处的环境条件的变化对药剂产生不同的耐药力, 是随着条件的改变而消失, 不能遗传。

植物病原物抗药性　植物病原物抗药性是指本来对农药敏感的野生型植物病原物个体或群体, 由于遗传变异而对药剂出现敏感性下降的现象。目前已发现产生抗药性的病原物种类包括植物病原真菌、细菌和线虫, 其他病原物由于缺乏有效的化学防治手段, 因此还没有出现抗药性。其中, 真菌的抗药性是最常见的。

杂草抗药性　化学除草剂因具有高效、快速、经济、节省劳动力等优点而被普遍用于农业生产, 很大程度上替代了手工及机械除草。但由于长期过度使用除草剂, 导致杂草抗药性加速产生, 同时也导致农业生态系统环境恶化等问题越来越突出。杂草抗药性的产生不仅缩短了除草剂使用寿命, 导致除草剂产业面临穷途末路的危险, 更严重影响到农业生产。

抗药性的原理

害虫抗药性　害虫抗药性因其作用的方式不同又包括以下几个方面:

①生化机制。生化作用主要包括活化作用降低和解毒代谢作用增强。首先, 活化作用是指有些杀虫剂（如马拉硫磷）只有在多功能氧化酶（MFO）作用下变成更毒的杀虫剂（如马拉氧磷）, 才表现出高效的毒杀作用。而当活化作用降低时, 有效杀虫剂量会减少。其次, 昆虫体内 MFO、酯酶、谷胱甘肽转移酶和 DDT- 脱氯化氢酶等解毒酶的量或质的变化, 或质和量同时发生变化而对杀虫剂的代谢加速。昆虫体内代谢杀虫剂能力的增强是昆虫产生抗药性的重要机制。

②生理机制。由于昆虫生理作用原因引起的抗药性。第一, 表皮和神经膜穿透速率降低; 第二, 昆虫靶标部位对杀虫剂敏感性降低, 包括乙酰胆碱酯酶, 神经钠通道和其他靶标部位; 第三, 脂肪体等惰性部位储存杀虫剂的能力增强。

③行为机制。由于昆虫改变行为习性, 使其减少或避免与杀虫剂接触, 从而产生抗药性。

植物病原物抗药性　植物病原物抗药性因机制不同又分为以下几个方面:

①遗传机制。病原物抗药性性状是由遗传基因决定的。抗性基因可能存在细胞核中的染色体, 也可能存在细胞质中。病原物对某种农药的抗药性是由一个主基因控制的成为单基因抗药性, 或主效基因抗药性。目前已知大多数病原物抗药性都属于单基因抗药性。病原物对少数药剂的抗药性是由许多微效基因的突变引起的, 这些微效基因作用相互累加, 使抗性水平显著增加, 称为聚基因抗药性。

②生化机制。农药干扰病原物生物合成过程、呼吸作用、生物膜结构以及细胞核功能都等特异性的作用靶标。病原物质只要发生单基因和少数寡基因突变就可以导致病原物靶点结构的改变, 而降低对专化性药剂的亲和性。其次, 生理生化代谢发生改变, 如减少对药剂的吸收或增加排泄, 增加解毒或降低致死合成作用, 改变代谢途径或补偿作用等而表现抗药性。

害虫抗药性治理　害虫抗药性治理是指采取适当策略和措施防止和延缓抗药性的形成和发展, 提高现用农药的使用寿命和经济效益。抗药性治理的基本原理就是设法使药剂选择压降到最小。主要分为 3 个方面: ①降低抗药性等位基因频率。通过大量释放敏感昆虫, 以稀释抗药性性能, 直接降低抗药性等位基因频率, 但此策略费用昂贵, 目前尚未见实例。②减少抗药性显性。大量使用杀虫剂杀死杂合子, 使抗药性显性变为隐性。敏感个体的扩移和低抗药性基因频率, 对达到此目标是有利的。③减低抗药性遗传型适合度。一般采用: 维持敏感匀合子、减小杂合子和抗药性匀合子两种方法。具体的措施有很多种, 每种作用都是有限的, 甚至相互矛盾, 应综合应用。

参考文献

荷斯法尔 J G, 1962. 杀菌及作用原理[M]. 北京: 科学出版社.

徐汉虹, 2007. 植物化学保护学[M]. 4版. 北京: 中国农业出版社.

中国农业百科全书总编辑委员会农药卷编辑委员会, 中国农业百科全书编辑部, 1993. 中国农业百科全书: 农药卷[M]. 北京: 农业出版社.

（撰稿: 陈娟妮; 审稿: 丁伟）

抗药性测定　resistance determination

测定靶标有害生物对待测药剂的抗药性是否发生或发生严重程度。主要包括药剂特性及靶标生物交互抗性、靶标有害生物产生抗药性的潜能、田间抗药性产生的风险及抗性风险级别分析等方面。

适用范围　适用于测定农药对靶标有害生物的抗药性发生情况。

主要内容

药剂特性及靶标生物交互抗性　明确待评估药剂所属类型、作用方式、作用机制、使用的历史（含同类型药剂）、使用频率、同类药剂抗性现状、抗性治理措施及有效性等。依据同类型药剂抗性发生现状及毒力测定结果分析是否与已用药剂具有交互抗药性。

靶标病原菌产生抗药性的潜能　建立敏感基线，筛选室内抗性突变体，明确抗药性发生的概率、速度和程度、适合度，结合靶标生物学特性评价抗药性风险。

田间抗药性发生风险　评估在田间条件下，不采用抗性管理措施时靶标生物对药剂产生抗药性的风险。

抗性风险级别分析　依据农药的类别、靶标生物的特性、产生抗性的概率以及抗性发生可能导致的后果，将抗性风险分成高、中、低 3 个等级。

参考文献

NY/T 1859. 1—2010 农药抗性风险评估 第1部分: 总则.

（撰稿：刘西莉；审稿：陈杰）

抗药性机制　resistance mechanism

根据昆虫对杀虫剂的反应，抗药性产生的主要机制一般可分为生理、生化和行为 3 种抗药性机制。

生理机制　由于昆虫生理作用原因引起抗药。包括：①表皮和神经膜穿透作用降低，延缓杀虫剂到达靶标部位的时间，在这一时间内，抗药性昆虫比敏感昆虫有更多的机会来降解这些化合物，从而减少到达靶标部位的药量。②脂肪体等惰性部位储存杀虫剂的能力增强。③靶标部位对杀虫剂的敏感度降低，此类又名靶标或击倒抗药性。有机磷和氨基甲酸酯的靶标部位主要是乙酰胆碱酯酶（AChE），因此具有 AChE 敏感度降低的昆虫，对有机磷和氨基甲酸酯类杀虫剂可产生交互抗药性。滴滴涕和拟除虫菊酯的靶标部位是轴突的神经膜，因此具有神经膜敏感度降低的昆虫，对滴滴涕和拟除虫菊酯类杀虫剂可产生交互抗药性。

生化机制　农药在虫体内代谢过程中，生化作用引起抗药性。生化作用主要包括活化作用降低和解毒作用增强。活化作用是指马拉硫磷、对硫磷等有机磷杀虫剂，只有在多功能氧化酶（MFO）作用下变成更毒的马拉氧磷和对氧磷（即 $P=S$ 变成 $P=O$）时，才呈现有效的毒杀作用。当活化作用降低时，到达作用部位的有效杀虫剂的量便会减少。另一方面也可因 MFO、酯酶、谷胱甘肽转移酶（GST）和

DDT- 脱氯化氢酶等解毒酶的量或质的变化，或量和质同时发生变化而对杀虫剂的代谢加速。

行为机制　指杀虫剂对昆虫行为的有利性的选择，使昆虫减少或避免与杀虫剂接触造成抗药性。例如具有行为抗药性的蚊子对滴滴涕等杀虫剂具有过兴奋性，只要较低的剂量就能使某些个体产生兴奋作用，从而逃离处理区而存活，主要是这些昆虫的受体比敏感昆虫能更好地识别杀虫剂。

（撰稿：王开运；审稿：高希武）

抗药性监测和检测　resistance monitoring and resistance detection

抗药性监测是系统测定害虫抗药性频率和强度的时间和空间变化；抗药性检测是在农药对害虫种群防治失效的初期，及时诊断农药失效的原因和害虫对农药敏感性的变化。

概念　①抗药性风险评估（resistance risk assessment）。即根据以前的用药历史和抗药性种群动态的变化，对其抗药性的发展做出评估。②抗药性检测（resistance detection）。如要检测群体中是否出现抗药性个体，则首先要确立此种群对某种杀虫剂的敏感度基线（敏感品系对药剂的毒力回归线）。由此可获得杀死大部分敏感个体的剂量或浓度（常用 LD_{99} 或 $LD_{99.9}$ 表示）。以此剂量处理后可将敏感和抗药性个体区分开来，故称此剂量为诊断剂量。若经多次重复处理都有少量个体存活，则表示存在抗药性的可能性；若存活个体大于 20%，则表示已产生抗药性。鉴于上述测定需虫量大，耗时长，受各种环境因子的影响较大，尔后，科学家研究创造了生理生化和分子的早期诊断技术。③抗药性监测（resistance monitoring）。是指测定害虫在防治和不防治时对杀虫剂的敏感度和抗药性程度在时空上的变化，旨在了解害虫抗药性发生和发展的规律以及治理效果。抗药性风险评估、抗药性检测和抗药性监测，三者的目的、测试方法和试验内容设计等互不相同，但前后互相衔接，有时重叠。

抗药性风险评估　在新农药投入使用或已知农药用于新防治对象、作物或地区前，估计抗药性的产生和发展以及发展速度和强度。对于新化学结构或新作用机制的农药，在用于新地区、作物和防治对象时，并非了解其抗药性风险潜力。但是对于已知的农药及其类似物，可以根据乔治欧（G. P. Georghiou，1977）等影响抗药性风险的因子和控制药剂选择压有关的因素来评估。影响抗药性风险因子包括：害虫种类、生物学特性、地理区域、生态环境、用药历史背景和其他地区的害虫抗药性发生情况等。有关药剂选择压的因子包括：用药种类、剂量、局部用药和轮流用药等用药方式。这些数据及资料的取得，一是通过调查研究，二是与农药管理、生产、使用和研究部门进行信息交流和合作，对害虫抗药性的风险做出正确评估。

抗药性检测　在农药对害虫种群防治失效的初期，及时明确农药失效的原因和害虫对农药敏感性的变化，也称抗药性诊断。农药在某地区其防治效果下降时，在排除药剂质

量、使用时间、用量和方法以及气象因子后，应进行害虫抗药性的检测。从而获得抗药性起始和敏感基线（baseline）资料。

抗药性监测　系统测定害虫抗药性频率和强度的时间和空间变化，是一种常规、连续和随机的测试程序。抗药性监测积累的基本数据和资料是抗药性研究的基础，可用于抗性评价和检验，为延缓或防止抗药性的产生和发展而采取措施。有助于制定杀虫剂合理使用和综合防治策略。

测定方法　抗药性检测和监测方法有生物测定、生物化学试验、单克隆抗体测定等多种方法，但当前最常用的还是生物测定方法。生物测定法的步骤：①用同种害虫的正常（或敏感）品系，以生物测定技术测出它对农药的准确基线。正常品系应从未用或较少用杀虫剂防治的田间采集，并在室内饲养或经过遗传选汰出来的纯品系。②选取杀死正常昆虫99%或99.9%死亡率的剂量或浓度，作为"诊断剂量"（diagnostic doses）。③以此单一剂量或浓度，测定从田间采集并在室内饲养2~3代害虫的抗药性。如果诊断剂量杀死所测试机体的50%，可认为此群体的抗药性不太高。相反，此剂量仅杀死很少量的测试个体，则需要放宽剂量范围，配制高的有效成分剂量或浓度药液再测。④在与测定正常品系相同的方法和条件下，求出抗药性种群的对数剂量-死亡率几率反应回归线（log dosage-probit mortality reggression line，简称LD-p线）。⑤以抗药性种群的LD$_{50}$或LC$_{50}$与正常品系的LD$_{50}$或LC$_{50}$之比来表示抗药性程度或水平。一般认为，比值相差10倍以上者，为产生抗药性。毒力回归线的坡度（b值）可表明种群中抗药性和敏感性个体的比例。在抗药性开始产生时，田间种群是敏感个体较多的杂合群体，致使回归线趋于平坦。⑥进一步测定害虫对其他药剂的交互抗药性，以助于选择轮换的杀虫药剂。

最近对于识别与害虫抗药性有关的独特解毒酶系的生物化学试验，已被很好地用于抗药性个体和种群的调查。例如，可用滤纸法、电泳法和微滴度（microtiter）法，监测酯酶水解底物的活性与抗药性关系。此外，用单克隆抗体测定解毒酶的抗药性免疫试验的发展，以及DNA探针用于鉴定特异遗传基因顺序。这些生物技术将有望替代生物测定用于早期抗药性的监测。

（撰稿：王开运；审稿：高希武）

抗药性遗传　genetic of resistance to insecticide

从分子、细胞、个体和群体水平研究昆虫抗药性的遗传变异规律，主要包括抗药性的形成、遗传方式、连锁群、基因的相互作用、稳定性和共适应、染色体易位和倒位的影响、基因扩增、基因调控，以及基因在群体中的数量变异等。抗药性是通过个别基因组中的突变而产生的。这些突变主要是DNA碱基对取代。原先存在的抗药性基因扩增、易位和染色体倒位，或其他的DNA重排。其中DNA碱基对取代与靶标抗药性的关系较为密切，因为靶标大分子可发生变化，以致不再与杀虫剂结合；在代谢抗药性中，基因扩增

和DNA碱基对取代都是重要的。

遗传方式　主要包括抗药性的显隐性、性连锁、单因子和多因子遗传等。

显隐性及其测定　由于抗药性无形态特征，只能借助于对数剂量-死亡率几率值回归线（即LD-p线）和隐性标记品系来测定其遗传方式。F$_1$的显性度（D）可用以下公式求得：

$$D = \frac{2LC_{50}(RS) - LC_{50}(RR) - LC_{50}(SS)}{LC_{50}(RR) - LC_{50}(SS)}$$

式中，LC$_{50}$均为对数值。D = 1为完全显性；D = -1为完全隐性；D = 0为半显性；-1 < D < 0为不完全隐性；0 < D < 1为不完全显性。

性连锁及其测定　若互交F$_1$的雌雄比例无明显差异，则R因子位于常染色体。如果所有的雄性是抗药性的，所有的雌性是敏感的，则表明涉及性连锁，或涉及常染色体雄性决定因子（autosomal male-determining factor）。在涉及两个因子以上的多因子时，情况就更为复杂。难以用LD-p线的形状变化来推测。一般讲，若F$_2$的LD-p线几乎呈直线形状，则可视为多因子遗传。

连锁群分析　抗药性可涉及一个或几个遗传因子。如要确定抗药性基因在染色体上的位置及其连锁群，则必须应用标记品系。由于大多数昆虫遗传组成太复杂，特别是农业害虫，染色体数目多达50~60对，现在抗药性遗传的研究仅局限于双翅目的果蝇、家蝇和蚊虫等。

基因相互作用　两个基因结合时对抗药性水平的影响不是简单的相加而是倍增。其作用机制尚不清楚，但可肯定，R基因在染色体上的位置对抗药性水平影响很大。若R基因与其他基因无交换或交换率低，则抗药性就越高。

共适应与稳定性　共适应（coadaptation）是指通过选择作用和R基因的整合作用（integration）改善R基因的有害作用，使其逐步适应变化的环境。在抗药性形成的早期，抗药性不是升高，反而会下降。如作进一步选择，则抗药性变得更为稳定，即使停止药剂选择后仍较稳定。这就是共适应的结果。

染色体易位的影响　布莱克曼（R. L. Blackman）等在1978年分析了世界各地桃蚜的第Ⅰ和第Ⅲ染色体（A$_{1,3}$）之间的易位对有机磷抗药性的影响后，发现A$_{1,3}$易位和R基因是完全连锁的。易位可以通过抑制交换来维持其抗药性。另外，易位可使R基因产生有利的重排，把A$_{1,3}$上的基因带入同一连锁群。易位还可使异染色质（chromatin）因位置的改变而缩短了与R基因间的距离，从而对R基因产生一定的影响。

染色体倒位的影响　染色体倒位可加强这段染色体不含着丝点，则减数分裂的倒位和未倒位的染色体配对时会抑制这段染色体的交换。生物体常通过这种作用使一些功能相关的基因连锁起来成为一个基因群，从而加强它们对新陈代谢的作用。同一种生物，染色体倒位频率高的群体对环境的适应力要高于倒位频率低的群体。

基因扩增作用　基因扩增是指同一染色体上相同基因出现两次以上，即有两个以上的拷贝，故又名"串连重复"

（tandem duplication）。R 基因复增是抗药性进化中的一种普遍现象。桃蚜的抗药性和酯酶（E_4）活性呈正相关。后来德文希尔（A. L. Devonshire）和萨维斯基（R. M. Sawicki）在 1979 年发现桃蚜的 7 个无性系的 E_4 量，以级比为 1.91 的几何级数，从一个对有机磷敏感的无性系的 E_4 量为 1 单位，依次增加到高抗药性系的 64 个单位，首次用桃蚜证明了抗药性基因的扩增。

抗药性调控机制　与抗药性有关的突变基因既可是结构基因，也可是调节基因。有些结构基因的产物可以是酶、受体，或核糖体、微管蛋白等其他细胞组分。这些产物一般是药剂的靶标，而结构基因的突变能对基因产物产生一种至关重要的改变，如靶标部位敏感度降低，或增加代谢药剂的能力。调节基因的产物可控制结构基因转录的速率。还可识别并与药剂结合，从而控制对相应解毒酶的诱导作用。

（撰稿：王开运；审稿：高希武）

抗幼烯　R-20458

一种具有环氧乙烷结构、抗保幼激素作用的昆虫生长调节剂。

其他名称　JTC-1、ACR2022。

化学名称　1-(4′-乙基苯氧基)-6,7-环氧-3,7-二甲基-2-辛烯；1-(4′-ethylphenoxy)-6,7-epoxy-3,7-dimethyl-2-octene。

CAS 登记号　32766-80-6。

分子式　$C_{18}H_{26}O_2$。

相对分子质量　274.40。

结构式

理化性质　琥珀色油状液体。在沸点以下分解。水中溶解度 8.3mg/L（25℃），溶于丙酮、二甲苯、甲醇、乙醇、煤油。

毒性　大鼠急性经口 $LD_{50} > 4000mg/kg$，大鼠急性经皮 $LD_{50} > 4000mg/kg$。

作用方式及机理　为具有抗保幼激素作用的昆虫生长调节剂。

防治对象　对黄粉虫的蛹最有效。能阻止茧蜂的一龄雌若虫蜕皮。对厩螫蝇蛹的形态形成有作用，对幼虫、成虫均有效，对卵无效，并能抑制新孵化成虫的繁殖和发育。对棉红铃虫的幼虫也有效。

参考文献

康卓, 2017. 农药商品信息手册[M]. 北京: 化学工业出版社: 177.

（撰稿：杨吉春；审稿：李森）

颗粒剂　granule, GR

由农药原药、载体、填料及助剂配合经过一定的加工工艺而成，具有一定粒径范围可自由流动的粒状制剂。按粒度大小分为大粒剂（粒度范围为直径 2~9mm）、颗粒剂（粒度范围为直径 1.68~0.297mm，即 10~60 目）和微粒剂（粒度范围为直径 0.297~0.074mm，即 60~200 目）。

颗粒剂对粉剂和其他喷雾剂型具有较好的补充。由于粒度大，下落速度快，施用时受风影响小，可实现农药的针对性施用，如土壤施药、水田施药及多种作物的心叶施药等。可使高毒农药制剂低毒化，使颗粒剂可以采用直接撒施的方法施用。另外，颗粒剂粒径范围窄小，施用时没有粉尘问题，不会黏附在操作人员身上，也不会附着在作物的茎叶上，提高了使用安全性。颗粒剂为直接施用的农药剂型，有效含量一般不能太高（小于 20%），否则农药有效成分很难均匀分布。但当有效含量太低（小于 5%）时，又要考虑所用填料的经济性。颗粒剂的产品一般需要满足有效成分含量、粒度范围或粒径分布、粉尘、耐磨性、松密度和堆密度、热储稳定性等技术指标要求。

颗粒剂的加工对农药原药没有特殊要求，其配方组成和造粒方法可根据原药性状及理化性质选择。常用的加工方法有包衣法、浸渍法、捏合法 3 种。包衣法可以使用低吸附性的载体，药剂的释放速度可以通过选择黏结剂来控制。浸渍法和捏合法一般使用吸附性较好的载体，药剂大部分处于载体颗粒里面，施用后再缓慢释放出来，因此具有明显的缓释作用。

颗粒剂的研究在中国已具有较长的历史，工业化生产也初步形成体系，并具有了一定规模。特别是进入 21 世纪以来农药制剂粒性化发展得到普遍重视，粒状制剂质量得到较大提高，颗粒剂在精准施药技术体系中得到应用。这都将促进颗粒剂在中国的发展。

参考文献

屠予钦, 李秉礼, 2006. 农药应用工艺学导论[M]. 北京: 化学工业出版社.

中国农业百科全书总编辑委员会农药卷编辑委员会, 中国农业百科全书编辑部, 1993. 中国农业百科全书: 农药卷[M]. 北京: 农业出版社.

（撰稿：黄啟良；审稿：张宗俭）

颗粒体病毒　*Granulosis virus*, GV

寄生在昆虫中的一种杆状病毒，以蛋白质包涵体的形式存在，不同的颗粒体病毒对相应的害虫具有很好的致死作用。自 1926 年法国的 Paillot 发现昆虫颗粒体病毒以来，至今至少有 684 种昆虫被描述患有颗粒体病毒病，还只限于鳞翅目，其中特别像菜粉蝶、甘蓝菜粉蝶以及各种地老虎发生较为普遍。

其他名称　杨康、武洲 1 号、菜青虫颗粒体病毒、武大绿洲精准虫克、菜粉蝶 GV。

理化性质　与核型多角体病毒近似。颗粒体病毒不溶于水和一般的有机溶剂，如乙醚、乙醇、丙酮、二甲苯等，但遇强酸或强碱，包涵体会迅速溶解，并可使病毒粒子变性而失去侵染力。完整的颗粒体病毒在 70～75℃ 10 分钟一般尚能存活，但时间过长或温度更高能使其失活。紫外线或其他辐射线能使完整的病毒失活。在干燥状态下对未提纯的颗粒体病毒保存 4 年以上仍有感染力。将颗粒体用稀碱处理后可获得完整并具感染性的病毒粒子，通常可用 0.03～0.05 mol/L 的 Na_2CO_3，通过高速离心可分出具有或已不具外膜的病毒粒子。此种游离的病毒粒子如经注射进入易感虫体的血腔内，致病力很强，但在易感虫体的中肠内则迅速被破坏，必须大剂量口服才能致病。颗粒体和病毒粒子所含的氨基酸组分基本上和 NPV 的情况相似。

毒性　低毒（对特定宿主毒性高）。原药大鼠急性经口 LD_{50} 3174.7mg/kg，急性经皮 LD_{50} > 5000mg/kg。制剂大鼠急性经口 LD_{50} > 5000mg/kg，急性经皮 LD_{50} > 10 000mg/kg。只对靶标害虫有毒害作用，不影响其他有益昆虫，如蜜蜂和天敌昆虫，对人畜安全，不污染环境。

剂型　可湿性粉剂、悬浮剂、浓缩粉剂、PIB（Polyhedral inclusion body，多角体）1亿个/g 菜青虫颗粒体病毒可湿性粉剂、PIB 1000万个/mg 悬浮剂、PIB 40亿个/g 小菜蛾颗粒体病毒可湿性粉剂。

作用方式及机理　颗粒体病毒经口或卵传递感染，进入昆虫肠道后，在肠道将包涵体消化掉，释放病毒粒子。病毒粒子侵入真皮、脂肪组织、器官和中肠皮层，先进入细胞核，在核内繁殖，随后释放到细胞质内，形成只含 1 个病毒粒子的包涵体（颗粒体）。颗粒体病毒主要侵染脂肪体、表皮细胞、中肠上皮细胞、气管、血细胞、马氏管、肌肉、丝腺等组织。GV 感染寄主细胞后，幼虫病症和感染 NPV 后的很相似，有一个潜伏期，早期症状不明显，如食欲减退、行动迟缓、腹部肿胀。后期体色变淡，体液变混浊，内含大量的病毒粒子，刚死幼虫头部下垂，口腔内向外吐出黏稠液体。感病从取食到死亡，一般 4～25 天，死虫以"V"字形倒挂在植物上。被感染的害虫由于病毒粒子的大量繁殖，消耗昆虫的营养物质，使昆虫代谢紊乱而死亡。菜粉蝶幼虫得病后，体色由深绿色逐渐变为微黄色、黄绿色、乳黄色，腹部乳白色。稻纵卷叶螟幼虫感染颗粒体病毒后，体色变白或略带橙黄色，节间明显，可看到中肠青绿色粪便。后期体节肿胀，表皮全为乳白色，死虫躯体脆软易破，流出内含颗粒体病毒的淡黄白色脓液。病毒可通过病虫粪便或死虫感染其他健康幼虫，导致幼虫大量死亡。该病毒专化性强，只对靶标害虫有效，不影响害虫的天敌，不污染环境，持效期长。

防治对象　菜青虫、小菜蛾、银纹夜蛾、甜菜夜蛾、斜纹夜蛾、菜螟、棉铃虫等害虫。

使用方法

防治菜青虫　在卵孵高峰期、幼虫三龄前用药。每亩用粉剂 40～60g 稀释 750 倍，于阴天或晴天 16：00 后喷雾，持效期 10～15 天。虫尸可收集起来捣烂，过滤后将滤液兑水喷于田间仍可杀死害虫，每亩用五龄死虫 20～30 头即可。

防治小菜蛾　可防治小菜蛾、菜青虫、银纹夜蛾和大菜蝴蝶。每亩喷洒 500 亿～850 亿个颗粒体，杀虫效果为 66% 以上。病毒制剂加水稀释 800～1000 倍常规喷雾或按说明书使用即可。小菜蛾病毒还可与 Bt 混合使用，具有增效作用。

防治黄地老虎和警纹地老虎　每亩用病毒乳悬剂 20ml，在低龄幼虫阶段均匀喷雾。还可和细菌农药和化学农药混合使用，如病毒制剂 150g，杀螟杆菌 450g，敌百虫和乐果分别为 450g，施药 10 天后比单用病毒防效要高 17%；20 天后死亡率比单施敌百虫加乐果的高 59%。另外黄地老虎 GV 还可和青虫菌、敌百虫混合施用，防治大白菜上的黄地老虎，效果也明显。

防治棉褐带卷蛾　可防治夏季果树上的棉褐带卷蛾。在棉褐带卷蛾成虫产卵到 1 龄幼虫阶段，用病毒悬浮液均匀喷雾，每公顷使用的剂量是 10 万亿个包涵体。

防治苹果小卷蛾　可防治苹果和梨上的苹果小卷蛾。生产上使用的剂型是水乳剂和悬浮剂。在幼虫初孵期，每公顷使用的剂量是 10 万亿个包涵体，均匀喷雾；或每公顷使用剂量为 1 万亿个包涵体，每隔 1 周施药 1 次，根据虫情连续使用 2～4 次。

注意事项　不能和碱性农药和强氧化剂一起混用。施药期，以卵高峰期为最佳，不得迟于幼虫三龄前，虫龄大时防效差。喷药时叶片正反面均要喷到。GV 的循环利用：喷施 GV 后可收集田间感染的虫尸，捣烂，过滤后将滤液兑水喷于田间仍可杀死害虫，每亩用五龄死虫 20～30 条即可。储存在阴凉、干燥处，防止受潮，保期期一般 2 年。

与其他药剂的混用　与苏云金杆菌混用，每亩用 PIB 10 000/mg 菜青虫颗粒体病毒与 16 000IU/mg Bt 可湿性粉剂混合后 50～75g；或 PIB 1000 万 /ml 菜青虫颗粒体病毒与 200 万 IU/ml Bt 菌浮剂混合后 200～240ml 防治十字花科蔬菜菜青虫效果更佳。

参考文献

何永梅, 2009. 菜青虫颗粒体病毒杀虫剂在蔬菜生产上的应用[J]. 农药市场信息(17): 38.

王迪轩, 王佐林, 2016. 有机蔬菜生物防治病虫害技术[J]. 农药市场信息(22): 59-61.

魏艳敏, 2007. 生物农药及其应用技术问答[M]. 北京: 中国农业大学出版社.

周启, 王道本, 1995. 农用抗生素和微生物杀虫剂[M]. 北京: 中国农业出版社.

（撰稿：宋佳；审稿：向文胜）

可分散油悬浮剂　oil-based suspension concentrate, OD

早期的油悬浮剂定义：一种在非水介质中不溶的农药固体有效成分，依靠表面活性剂和其他添加物的作用，加工成微细颗粒悬浮在非水介质中，形成高度分散、相对稳定的悬浮液体制剂，用水或油（溶剂）稀释使用的液体剂型。2004 年 FAO 为了进一步明确定义，将用水稀释的油悬浮剂叫做可分散油悬浮剂（OD），而用油介质稀释的叫做油悬浮剂（OF）。

可分散油悬浮剂一般由原药、油基介质、乳化剂、分散剂、黏度调节剂等成分组成。一般来说，可加工成可分散油悬浮剂的农药原药必须是不溶于非水介质的固体，且在非水介质中稳定。可分散油悬浮剂产品质量指标类同于悬浮剂，包括有效成分含量、悬浮率、分散稳定性、pH 值、倾倒性、冷储和热储稳定性，外观通常为可流动液体，储存过程中允许少许分层。

可分散油悬浮剂与油悬浮剂的加工工艺类似，工艺流程一般分为配料、砂磨机或砂磨釜研磨、调制 3 步。主要的加工方法有直接砂磨法、砂磨乳化法、高压均质机法等，绝大多数都使用直接砂磨法，但直接砂磨法需要进行预分散形成 2~4μm 的匀浆再进行研磨。2010 年以来，高压均质机在可分散油悬浮剂加工方面的应用增加，主要是由于其压力高、制备粒度细、工艺方便等优点。

一些亲油性差的内吸性农药制备成可分散油悬浮剂可以提升药效，另外可改善一些在水中易分解农药的稳定性。可分散油悬浮剂的优点与悬浮剂类似，包括无粉尘产生，对操作者和使用者安全，低的毒性和刺激性，用油类作介质，同样降低对环境污染，是一种安全环保的优良剂型，在应用时具有较高药效。但同时也有加工难度大、非水介质筛选难、产品分层沉降多于悬浮剂、乳化剂用量大、成本高等缺点。

（撰稿：杜凤沛；审稿：黄啟良）

可溶粉剂　watersoluble powder, SP

由水溶性较大的农药原药、载体或填料、表面活性剂（润湿剂，分散剂）等经混合（吸附）、粉碎等加工工艺而制成的，有效成分在水中可形成真溶液的粉状制剂，可含有不溶于水的惰性成分。加工成可溶粉剂的农药原药一般要求具有足够的水溶性，即在兑水使用时有效成分可以形成真溶液。

可溶粉剂可以直接由农药原药、填料、助剂等组成，加工与生产工艺与可湿性粉剂类似，采用干法粉碎。在兑水使用时，有效成分能够溶于水形成真溶液的农药有效成分并不多，因此，有些农药可以通过预先成盐而加工成可溶粉剂。例如，草甘膦加工成草甘膦铵盐即可加工成可溶粉剂，但在登记时要明确标注其反离子。也正是由于可溶粉剂中农药有效成分具有较高的水溶性，所以其在采用干法粉碎加工工艺时，必须注意粉尘危害。例如，除草剂飘移带来的潜在药害风险，或者加工作业者的职业暴露风险等。

根据使用、储藏等多方面的要求，可溶粉剂必须具有好的润湿性、溶解稳定性。由于其有效成分具有较好水溶性，储存中容易吸潮结团而影响流动性，故要求控制水分含量，并保持包装的密封性。如果采用水溶性包装袋，包装袋应存放在一个密封防水的袋子、盒子或其他密封包装容器中。

可溶粉剂使用方便，便于包装运输。储存时化学稳定性好，加工、包装和储运成本相对较低，比可湿性粉剂、悬

浮剂乃至乳油更能充分发挥药效。该剂型不含有机溶剂，不会因溶剂对作物产生药害和造成环境污染，因而使用比较安全。

参考文献

刘步林, 1998. 农药剂型加工技术[M]. 2版. 北京: 化学工业出版社.

中国农业百科全书总编辑委员会农药卷编辑委员会, 中国农业百科全书编辑部, 1993. 中国农业百科全书: 农药卷[M]. 北京: 农业出版社.

（撰稿：黄啟良；审稿：张宗俭）

可溶胶剂　water soluble gel, GW

用水稀释后有效成分形成真溶液的胶状制剂。制剂外观为凝胶状，自发流动性差，但在较小外力作用下可发生塑性变形，兑水使用时可形成有效成分的水溶液。主要靠分散相分子之间强烈的相互作用形成的三维网状结构维持体系黏弹性及凝胶强度。农药有效成分在凝胶体系中可以两种状态存在，一是溶解状态，即农药有效成分以其分子或离子状态存在，要求农药有效成分或其盐易溶于水；二是分散状态，即农药有效成分以微米尺度的颗粒或被微米尺度的载体材料吸附的颗粒状态存在，农药有效成分不易溶于水。

分散相是可溶胶剂形成与稳定的关键，通常由大分子表面活性剂或聚合物及乳化剂等与水混合而成。根据加工需要，可以含有水不溶性的微细固体颗粒（如含有层状、管状或网状结构的黏土或二氧化硅）、大分子聚合物等。可溶胶剂主要基于种子处理或涂抹使用，可采用水溶性包装袋，减少使用的暴露风险。中国主要基于百草枯水剂的经口摄入导致的中毒和致死风险问题而研发并登记，拟通过制剂流动性及使用剂量的控制，降低经口摄入中毒风险。百草枯可溶胶剂主要由百草枯原药、助剂和水等组成。根据要求，一般还需添加适量臭味剂、催吐剂、警戒色等组分。

可溶胶剂的加工采用常规的液体制剂的混合搅拌工艺，但为了保持其生产及灌装过程中的流动性，通常通过加热或搅拌破坏其网状结构，打破凝胶状态。

可溶胶剂的使用方法与可溶液剂类似，农药有效成分在药液中完全溶解形成真溶液。制剂流动性差，可采用水溶性袋包装，大幅增加了使用中的安全性。

参考文献

邢平, 汤飞荣, 郭崇友, 2013. 百草枯可溶胶剂及其安全性简析[J]. 现代农药, 12(6): 6-7, 19.

（撰稿：黄啟良；审稿：张宗俭）

可溶粒剂　watersoluble granule, SG

由水溶性较大的农药原药、载体或填料、表面活性剂（润湿剂，分散剂）等经混合（吸附）、粉碎、造粒等加工工

艺而制成的，有效成分在水中可形成真溶液的粒状制剂。可含有不溶于水的惰性成分。加工成可溶粒剂的农药原药一般要求具有足够的水溶性，即在兑水使用时有效成分可以形成真溶液。

可溶粒剂可以由农药原药、填料、助剂等组成，大多采用干法造粒和湿法造粒加工工艺。干法造粒是将配方组分计量混合、粉碎，先得到规定细度的粉状制剂，然后再向制备的粉状制剂中加入适量的水，进行捏合，用旋流流化床造粒法或螺杆挤压造粒法造粒，最后经过适当的温度干燥和振动筛筛分即得所需粒径的可溶粒剂。湿法造粒是将配方组分计量混合、剪切分散形成预混物，然后预混物经砂磨机砂磨得到规定细度的悬浮体，悬浮体在适当温度下进行喷雾干燥造粒，经过适当振动筛筛分即得所需粒径的可溶粒剂。

与可溶粉剂类似，在采用干法粉碎加工工艺时，必须注意粉尘危害。根据使用、储藏等多方面的要求，可溶粒剂要求具有一定的粒度及粒度范围，颗粒应是均匀的、可流动的、基本无粉尘，溶解度和溶液稳定性要满足标准要求。另外，为了保证储存与运输过程中产品质量，产品还必须具有好的耐磨性和储存稳定性。

可溶粒剂中有效成分具有较好水溶性，储存中容易吸潮而影响颗粒流动性，故要求控制水分含量，并保持包装的密封性。如果采用水溶性包装袋，包装袋应存放在一个密封防水的袋子、盒子或其他密封包装容器中。

参考文献

刘步林, 1998. 农药剂型加工技术[M]. 2版. 北京: 化学工业出版社.

中国农业百科全书总编辑委员会农药卷编辑委员会, 中国农业百科全书编辑部, 1993. 中国农业百科全书: 农药卷[M]. 北京: 农业出版社.

（撰稿: 黄启良; 审稿: 张宗俭）

可溶片剂　watersoluble tablet, WT

由水溶性较大的农药原药、载体或填料、表面活性剂（润湿剂，分散剂）等经统一加工工艺而制成的，有效成分在水中可形成真溶液的片状制剂。可含有不溶于水的惰性成分，在水中可以迅速崩解和溶解后使用。可溶片剂在外观上具有统一形状和尺寸，通常是圆形的，有两个平面或凸面，两个面的距离要小于圆的直径。加工成可溶片剂的农药原药一般要求具有足够的水溶性，即在兑水使用时有效成分可以形成真溶液。

可溶片剂应是干燥、完整、无可见外来杂质、可自由流动的片剂。根据农药有效成分生物活性不同，一般含有 0.5%～10% 的农药有效含量；根据使用要求，单片重一般 1.0g±0.1g，具有一定的硬度和完整性，溶解度和溶液稳定性符合标准规定要求。经过热储稳定性试验，硬度合格，有效成分分解率应不高于 10%。

加工工艺上，可溶片剂与片剂基本类似。按配比将原药与助剂混合均匀后粉碎过筛，可经直接压制成片，也可进

行必要调制、捏合，再压制成片。在配方组分及应用技术方面，是在可溶粉剂与可溶粒剂基础上发展起来的。较好避免了可溶粉剂使用中的粉尘问题，也简化了可溶粒剂加工中成粒率等问题。

可溶片剂为干燥固体，质量稳定、剂量准确，使用中便于计量或定量投放。与可溶粉剂、可溶粒剂等其他制剂类似，因其中有效成分具有较好水溶性，储存中容易吸潮，故要求控制水分含量，并保持包装的密封性。

参考文献

刘步林, 1998. 农药剂型加工技术[M]. 2版. 北京: 化学工业出版社.

中国农业百科全书总编辑委员会农药卷编辑委员会, 中国农业百科全书编辑部, 1993. 中国农业百科全书: 农药卷[M]. 北京: 农业出版社.

（撰稿: 黄启良; 审稿: 张宗俭）

可溶液剂　soluble concentrate, SL

用水稀释后有效成分形成真溶液的均相液体制剂。农药有效成分在制剂及兑水形成的药液中都以分子或者离子状态存在，即农药制剂体系及兑水形成的药液分散体系都是真溶液。主要有两种类型，一是农药有效成分的水溶液（农药有效成分或其盐易溶于水），即中国所命名的水剂；另一种是农药有效成分的有机溶剂溶液（农药有效成分不易溶于水），即中国和国际上统称的可溶液剂（2017 年中国新修订的国家标准 GB/T 19378 农药剂型名称及代码中，将水剂合并到可溶液剂）。

可溶液剂通常由农药有效成分、溶剂（水或其他有机溶剂）、助剂（表面活性物质及增稠剂、稳定剂等）组成。外观为单相透明液体，无异物。主要兑水对茎叶喷雾使用，故其质量控制指标主要包括有效成分含量、稀释稳定性或与水互溶性、酸碱度或 pH 值、持久起泡性及储存稳定性等。

可溶液剂的加工工艺非常简单，通常采用混合搅拌溶解工艺。农药原药等配方组分在溶剂作用下，稍加搅拌即能自发形成透明溶液。

目前，可溶液剂研发及生产中也有利用农药有效成分结构特点进行增溶或化学改性而加工成可溶液剂的探索。主要是通过农药有效成分分子结构中酸性或碱性基团，利用碱性或酸性物质与之进行有机酸碱反应成盐，增加在水中溶解度而加工成可溶液剂。需要注意的是，这种制剂在登记时需要标明有效成分的存在形态，质量控制指标中也需要对反离子进行控制。

可溶液剂兑水使用时形成真溶液，具有高的分散度和生物利用度，但制剂中极性有机溶剂的使用，增加了使用及环境风险。

参考文献

刘步林, 1998. 农药剂型加工技术[M]. 2版. 北京: 化学工业出版社.

中国农业百科全书总编辑委员会农药卷编辑委员会, 中国农业

K

百科全书编辑部, 1993. 中国农业百科全书: 农药卷[M]. 北京: 农业出版社.

（撰稿: 黄启良; 审稿: 张宗俭）

可湿性粉剂　wettable powder, WP

由农药原药、载体或填料、表面活性剂（润湿剂, 分散剂）等经混合（吸附）、粉碎而成的, 有效成分在水中分散可形成悬浮液的粉状制剂。加工成可湿性粉剂的农药原药一般既不溶于水, 也不易溶于有机溶剂, 很难加工成乳油或其他液体剂型。常用杀菌剂、除草剂大多如此, 因此可湿性粉剂的品种和数量比较大, 是农药最基本剂型之一。

根据使用、储藏等多方面的要求, 可湿性粉剂必须具有好的润湿性、分散性、流动性以及高的悬浮率和热储稳定性。加水稀释可以较好润湿、分散并可搅拌形成相对稳定的悬浮液。这主要取决于配方中使用的润湿剂和分散剂是否合适。中国的可湿性粉剂质量随着助剂质量提高及加工设备改进, 大多数可湿性粉剂产品的技术指标接近或达到了 FAO 的标准, 制剂润湿时间小于 60 秒, 悬浮率达到 70% 或更高, 粉粒直径大多在 5μm 以下。可湿性粉剂常常含有较高的有效含量, 多数在 50% 或更高。有效含量的高低主要由填料数量决定, 如水合二氧化硅（白炭黑）, 具有较高的吸油率, 可以很好阻止农药颗粒在粉碎加工时熔和团聚和加工的产品在储存期间结块和聚集。当然, 由于水合二氧化硅非常耐磨, 配方中应尽可能少用, 否则, 除了加工机械的磨损, 喷雾机具的喷孔也会受到磨损而降低使用寿命。

与乳油相比, 可湿性粉剂的加工至少需要粉碎与混合设备, 而且一般需要气流粉碎才能达到较高质量水平, 能耗比较大; 但是, 因不用或很少用有机溶剂和乳化剂, 润湿剂和分散剂的用量也比较少（一般 5% 以下）, 整体加工成本要低。可湿性粉剂属于固体剂型, 易于包装与储运, 不易燃; 但是, 加工与使用过程中的粉尘飘移, 特别是除草剂, 又带来作物药害和操作者吸入的风险, 另外生产和储存时也必须保证原料和产品不受潮、受压, 以免结块。

为了避免可湿性粉剂使用过程中对操作者的危害, 适于手动喷雾器一次喷雾使用的小包装在一些地区发展起来, 有些农药生产企业甚至使用了水溶性塑料小包装袋对这种方便形式作了发展, 可以整个连包装一起加到喷雾器药桶中。另外, 为了充分发挥药效、降低成本, 尽可能提高制剂有效含量也是可湿性粉发展的主要方向。当然, 要想从根本上解决可湿性粉剂粉尘飘移带来的问题, 保留了其优点、克服了其缺点的水分散粒剂或许是发展的重要方向。

参考文献

屠予钦, 李秉礼, 2006. 农药应用工艺学导论[M]. 北京: 化学工业出版社.

中国农业百科全书总编辑委员会农药卷编辑委员会, 中国农业百科全书编辑部, 1993. 中国农业百科全书: 农药卷[M]. 北京: 农业出版社.

（撰稿: 黄启良; 审稿: 张宗俭）

克百威　carbofuran

一种具有触杀、胃毒和内吸作用的氨基甲酸酯类杀虫、杀线虫剂。

其他名称　Furadan、呋喃丹、卡巴呋喃、Brifur、Bripoxur、Carbodan、Chinufur、Crisfuran、Curaterr、Furacarb、Kenofuran、Yaltox、Bay 70143、D1221、ENT27164、FMC-10242、NIA10242、OMS 864。

化学名称　2,3-二氢-2,2-二甲基-7-苯并呋喃基-N-甲基氨基甲酸酯。

IUPAC 名称　2,3-dihydro-2,2-dimethylbenzofuran-7-ylmethylcarbamate。

CAS 名称　2,3-dihydro-2,2-dimethyl-7-benzofuranyl methylcarbamate。

CAS 登记号　1563-66-2。

EC 号　216-353-0。

分子式　$C_{12}H_{15}NO_3$。

相对分子质量　221.25。

结构式

开发单位　由富美实公司和拜耳公司开发, 获专利号 VS3474170。

理化性质　纯品为白色无味结晶体, 熔点 153～154℃, 工业品熔点 150～152℃, 180℃ 开始分解。相对密度 1.180（20℃）。20℃ 时蒸气压 0.031mPa。溶解度（25℃, g/g）: 二甲基甲酰胺 27%, 丙酮 15%, 乙腈 14%, 氯甲烷 12%, 环己酮 4%, 水 700mg/L。无腐蚀性, 不易燃。在中性、酸性介质中较稳定; 在碱性中不稳定。温度和碱性对水解速度的影响较大。温度大于 150℃ 时分解。

毒性　急性经口 LD_{50}: 大鼠约 8mg/kg 有效成分, 小鼠 14.4mg/kg, 狗约 15mg/kg。大鼠急性经皮 LD_{50} > 3000mg/kg。大鼠急性吸入 LC_{50}（4 小时）约 0.075mg/L 空气（气溶胶）。大鼠、小鼠 2 年饲喂试验的 NOEL 为 20mg/kg 饲料。狗 1 年饲喂试验的 NOEL 为 10mg/kg 饲料。野鸡、美洲鹌鹑、野鸭急性经口 LD_{50} 分别为 5.1mg/kg、8mg/kg 和 0.8mg/kg。鱼类 TLm（96 小时）: 虹鳟 0.28mg/L, 蓝鳃翻车鱼 0.24mg/L, 鲶鱼 0.21mg/L, 白鲢 1.18～2mg/L, 鲤鱼 0.8～1.1mg/L, 草鱼 0.88～2.44mg/L, 鲫鱼 9mg/L, 鳝鱼 0.9mg/L。克百威的 5% 颗粒剂对蜜蜂无害。

剂型　75% 母粉（供加工制剂用）（Furadan 75WP）, 35% 种子处理剂（Furadan 350ST）, 3% 颗粒剂（Furadan 3G）, 25% 多种子处理剂, 3% 微粒剂。

质量标准　75% 母粉: 外观为白色粉末, 相对密度 0.3, 常温储存稳定, 有效成分 75%, 分散性好, 细度 99% 以上过 320 目筛, 湿润时间 < 1 分钟。3% 颗粒剂: 外观紫色、

红褐色或淡黄色颗粒，无臭味，稳定，遇碱易分解，克百威含量（m/m）3%±0.15%，水分含量≤0.4%，粒度300~1500μm（50~11目筛）≥95%。

作用方式及机理　具有强烈的内吸和触杀作用，还有一定的胃毒作用。药剂通过植株的叶、茎、根或种子吸入植物体内。当害虫咀嚼和刺吸带毒植物的汁液或咬食带毒组织时，害虫体内胆碱酯酶受到抑制，引起害虫神经中毒死亡。

防治对象　为高效内吸广谱性杀虫、杀线虫剂，对多种刺吸式口器和咀嚼式口器害虫有效。广泛用于棉花、甘蔗、水稻、大豆、茶树、玉米、马铃薯、花生、谷物、香蕉、咖啡、烟草、苜蓿等作物害虫的防治。

使用方法

防治水稻害虫　防治三化螟、稻纵卷叶螟、稻乙虱、稻蓟马、稻叶蝉、稻瘿蚊、稻苞虫、黑尾叶蝉。①大田根区施药。施3%克百威颗粒剂22.5~30kg/hm²，均匀撒入田内，耙平后栽秧，药效期可维持25天左右。用量增加到37.5~45kg/hm²，药效期可延长到40~50天。②秧田根区施药。施3%克百威颗粒剂22.5~30kg/hm²，均匀撒在已整平的秧板上，轻搂入深3~4cm的土内，药效期可维持25天左右。若用量增加到37.5~45kg/hm²，药效期可达40~50天。③水面施药。施3%克百威颗粒剂22.5~30kg/hm²，加细土200~300kg，均匀拌好撒施水面，保持3~5cm水层2~3天，药效期为10~15天。④播种沟施药。在陆稻种植区，用3%克百威颗粒剂30~37.5kg/hm²施播种坑内。

防治棉花害虫　防治棉蚜、棉蓟马、地老虎及线虫等。①种子处理。用3%微粒剂拌种，用药量为干种子重量的1/4。先进行温水浸种，用微粒剂掺入半干土，随掺随播。35%种衣剂包衣处理。棉籽先经硫酸脱绒，再用干种子重量1%的药量（有效成分）进行处理。②播种沟施药。在棉花播种时，使用3%颗粒剂22.5~30kg/hm²，与种子同时施入播种沟内。药效期可达40~50天。③根侧追施。一般采用沟施和穴施方法。沟施用3%颗粒剂30~45kg/hm²，距棉株10~15cm沿垄开沟，深度为5~10cm，施药后覆土。穴施3%颗粒剂15~30kg/hm²。追施后如能浇水效果更好，一般施药4~5天后才有药效。④移栽期穴施。在棉花移栽时，施用3%颗粒剂15~30kg/hm²，开穴后将颗粒剂撒在穴内，再将营养钵棉苗栽入，施药后3~4天发挥药效，残效期可达1个月左右。

防治烟草害虫　防治烟根结线虫、烟草夜蛾、烟蚜、烟草潜叶蛾、小地虎及蝼蛄等。①苗床期施药。用3%颗粒剂15~30g/m²均匀撒施于苗床上面，然后翻入8~10cm土中。苗移栽前1周按上述用药量再施1次，施于土面，然后浇水，以便克百威有效成分淋洗到烟苗根区，起到保护烟苗移栽后期不受虫害。②本田施药。烟苗移栽时，在移栽穴内施3%颗粒剂1~1.5g，再移栽烟苗。

防治大豆、花生害虫　①防治大豆蚜虫、豆秆潜蝇、花生蚜虫等，在播种沟内施药，施用3%颗粒剂22.5~30kg/hm²，施药后覆土。②防治大豆孢囊线虫，用3%颗粒剂33~66kg/hm²，随种子施于播种沟内，施药后覆土。③防治花生根结线虫、斜纹夜蛾，施用3%颗粒剂60~75kg/hm²，在播种时采用带状施药法，带宽30~40cm，施药后翻入土

中10~15cm，在花生成株期，可于行侧开沟施药，每10cm长沟内施3%颗粒剂33g，然后覆土。④防治花生蛴螬，施3%颗粒剂30~37.5kg/hm²在花生行间，结合中耕培土锄入土中。若结合灌溉，效果更佳。

防治甘蔗害虫　防治蔗螟、金针虫、甘蔗棉蚜、甘蔗线虫及蓟马等，施3%颗粒剂33~66kg/hm²于种植沟内，然后覆土，残效期可达60天左右。

注意事项　①不能与碱性农药混用，不能与除草剂敌稗同时使用。施用敌稗应在施用克百威前3~4天或1个月后施用。克百威对人、畜有高毒。中国在棉花、水稻、甘蔗、花生上登记使用，严禁在蔬菜、中药材、饲料作物上使用。②稻田施药后禁止放鸭，管理好田水，不得流入邻近河塘等水域，施药后河内如出现死鱼虾严禁食用。③克百威必须按高毒农药规定使用，配戴安全防护具进行操作，严禁将克百威加水制成悬浮液直接喷施。④如发生中毒，可注射阿托品解毒，不能用2-PAM之类的解毒药。

允许残留量　国外规定的最大残留限量：牛肉、山羊肉、猪肉、马肉、绵羊肉、油、牛奶、香蕉、大麦、咖啡豆、莴苣、饲料甜菜、谷物（大麦、玉米、燕麦、高粱）、洋葱、桃子、花生果、梨树、草莓均为0.05mg/kg；含油种子、甘蔗、甜菜、番茄均为0.1mg/kg；花菜、大豆均为0.2mg/kg；圆白菜、胡萝卜、马铃薯均为5mg/kg；甜菜叶1mg/kg；球茎甘蓝2mg/kg；啤酒花（干）、苜蓿（新鲜）、玉米饲料（新鲜）及其他动物饲料均为5mg/kg；苜蓿（干）20mg/kg。GB 2763—2021《食品中农药最大残留限量标准》规定克百威最大残留限量见表。ADI为0.001mg/kg。

部分食品中克百威的最大残留限量（GB 2763—2021）

食品类别	名称	最大残留限量（mg/kg）
谷物	糙米	0.10
	麦类、旱粮类、杂粮类	0.05
油料和油脂	棉籽	0.10
	花生仁、大豆、花生油	0.20
蔬菜	芸薹属类蔬菜（羽衣甘蓝、结球甘蓝、花椰菜除外）、鳞茎类蔬菜、叶菜类蔬菜、茄果类蔬菜、瓜类蔬菜、豆类蔬菜、茎类蔬菜、根茎类和薯芋类蔬菜（马铃薯除外）、水生类蔬菜、芽菜类蔬菜、其他类蔬菜	0.02
水果	柑橘类水果、仁果类水果、核果类水果、浆果及其他小型水果、热带和亚热带水果、瓜果类水果	0.02
糖料	甜菜	0.10
饮料类	茶叶	0.02

参考文献

朱永和，王振荣，李布青，2006.农药大典[M].北京:中国三峡出版社.

（撰稿：李圣坤；审稿：吴剑）

KS: Weed Science Society of America.

（撰稿：李香菊；审稿：耿贺利）

克草胺　ethachlor

一种氯酰胺类选择性除草剂。

化学名称　N-(2-乙基苯基)-N-(乙氧基甲基)-氯乙酰胺；2-chloro-N-(ethoxymethyl)-N-(2-ethylphenyl)acetamide。

IUPAC名称　2-chloro-N-ethoxymethyl-2′-ethylacetanilide。

CAS登记号　51218-31-6。

分子式　$C_{13}H_{18}ClNO_2$。

相对分子质量　255.73。

结构式

开发单位　沈阳化工研究院。

理化性质　棕色油状液体，相对密度1.058（25℃），蒸气压2.67mPa。不溶于水，可溶于丙酮、乙醇、苯、二甲苯等有机溶剂。

毒性　低毒。急性经口LD_{50}（mg/kg）：雄小鼠774，雌小鼠464。对眼睛黏膜及皮肤有刺激作用。

剂型　47%乳油。

质量标准　克草胺原药（Q/JXZW 018）。

作用方式及机理　有效成分由杂草幼芽、种子和根吸收，然后向上传导，进入植物体内抑制蛋白质合成，使植物芽和根停止生长，不定根无法形成，最后死亡。持效期较乙草胺短。

防治对象　水稻移栽田防除稗草、牛毛草等，也可用于覆膜或有灌溉条件的玉米、棉花、花生等旱地作物田。

使用方法　防除一年生禾本科杂草。水稻移栽田于移栽后4~7天稻苗完全缓苗后，每亩用47%乳油75~100ml（东北地区）、50~75ml（其他地区），混土20kg均匀撒施。施药时田间保持3~5cm浅水层，药后保水5~7天，以后恢复正常水层管理。水层不能淹没水稻心叶。

注意事项　①不宜用于秧田、直播田及小苗、弱苗、漏水田。②由于克草胺的活性高于丁草胺，而对水稻的安全性低于丁草胺，因此在移栽田使用也应严格控制用药量。

参考文献

刘长令, 2002. 世界农药大全: 除草剂卷[M]. 北京: 化学工业出版社.

马克比恩 C, 2015. 农药手册[M]. 胡笑形, 等译. 北京: 化学工业出版社.

中国农业百科全书总编辑委员会农药卷编辑委员会, 中国农业百科全书编辑部, 1993. 中国农业百科全书: 农药卷[M]. 北京: 中国农业出版社.

SHANER D L, 2014. Herbicide handbook[M]. 10th ed. Lawrence,

克草敌　pebulat

一种氨基甲酸酯类选择性除草剂。

其他名称　Tillam、克草猛、克草丹、PEBC。

化学名称　S-丙基-N-乙基-N-丁基硫代氨基甲酸酯。

IUPAC名称　S-propyl butyl(ethyl)carbamothioate。

CAS登记号　1114-71-2。

EC号　214-215-4。

分子式　$C_{10}H_{21}NOS$。

相对分子质量　203.35。

结构式

开发单位　1954年由斯道夫化学公司推广，代号R-2061。

理化性质　产品为清亮液体，带有芳香味，沸点142℃（2.66kPa）。30℃蒸气压9.1Pa。21℃时在水中的溶解度9.2mg/L，可与丙酮、苯、异丙醇、煤油、甲醇和甲苯互溶。相对密度0.9458。性质稳定，无腐蚀性。

毒性　大鼠急性经口LD_{50} 1120mg/kg，兔急性经皮LD_{50}＞2936mg/kg。虹鳟LC_{50}（96小时）7.4mg/L。

剂型　70%乳剂，10%颗粒剂。

作用方式及机理　选择性芽前土壤处理除草剂。主要通过根吸收，并在体内传导。其选择性系敏感与抗性植物间在体内降解能力有差异，如抗性很强的绿豆在种子萌发中能迅速降解克草敌，随温度升高降解速度加快，同时降解速度十分稳定，低于10mg/kg也不受影响，而在敏感的小麦中降解作用很差，降解速度随克草敌浓度的增加而减少。

防治对象　在甜菜、番茄、烟草等作物田中防除一年生禾本科杂草及莎草和阔叶杂草。用量4~6kg/hm²。

使用方法　杂草出土前，作物播前或栽植前用药。用量2~6kg/hm²，施药后立即将药剂拌入土内，混土深度5~7cm。当气候特别干燥的时候结合拌土进行灌溉。

注意事项　克草敌可被干燥土壤吸附，容易被淋溶，在土壤中残留时间一般为30~90天。

参考文献

马丁 H, 1984. 农药品种手册[M]. 北京市农药二厂, 译. 北京: 化学工业出版社: 267-268.

张殿京, 程慕如, 1987. 化学除草应用指南[M]. 北京: 农村读物出版社: 293-294.

（撰稿：徐效华；审稿：闫艺飞）

克敌菊酯　kadethrin

一种拟除虫菊酯类杀虫剂。

其他名称　Spray-Tox、噻恩菊酯、硫茂苄呋菊酯、击倒菊酯、AI3-29117、ENT-29117、RU-15525、32271。

化学名称　右旋-顺-2,2-二甲基-3-(2,2,4,5-四氢-2-氧代-噻嗯-3-叉甲基)环丙烷羧酸(E)-5-苄基-3-呋喃甲基酯。

IUPAC 名称　5-benzyl-3-furylmethyl(1R,3S)-3-[(E)-(dihydro-2-oxo-3(2H)-thienylidene)methyl]-2,2-dimethylcyclopropanecarboxylate。

CAS 登记号　58769-20-3。

EC 号　261-433-0。

分子式　$C_{23}H_{24}O_4S$。

相对分子质量　396.50。

结构式

开发单位　1974 年由法国罗素–尤克福公司开发。

理化性质　其外观呈黄棕色黏稠油状液体，熔点 31℃。比旋光度 $[\alpha]_D^{20}+10°\sim+12°$（5% 乙醇溶液）。20℃时的蒸气压＜0.1mPa。工业品含量≥93%。能溶于乙醇、二氯甲烷、苯、丙酮、二甲苯和增效醚，微溶于煤油，而不溶于水（计算值 1mg/L）。对光和热不稳定，在碱液中能水解，在矿油中分解较慢。其制剂封于铝质或内层涂漆的金属容器中可长期储存；对马口铁有腐蚀性。

毒性　对眼睛、皮肤和呼吸道有轻微刺激作用，但吸入不会引起任何中毒症状。大鼠每日喂剂量为 12.5mg/kg 和 25mg/kg 的含药饲料，连续 90 天无影响。狗每日喂剂量为 3mg/kg 和 15mg/kg 含药饲料，连续 90 天，亦未出现中毒症状。对雌性小鼠、大鼠和兔均无致畸作用，对鱼和蜜蜂有毒。

剂型　气雾剂和喷射剂（多数与生物苄呋菊酯混配）。克敌菊酯主要先加工成 107 浓缩液，然后用以配制各种气雾剂和喷雾剂。

作用方式及机理　系触杀性药剂，对昆虫主要有较高的击倒作用，但亦有一定的杀死活性，故常和生物苄呋菊酯混用，以增进其杀死效力。此外对蚊虫有驱赶和拒食作用。但热稳定性较差，不宜用以加工蚊香或电热蚊香片。

防治对象　家蝇、埃及伊蚊成虫、蟑螂。

使用方法　该品点滴法对家蝇（雌）的毒力 LD_{50} 0.052~0.07μg/只；而除虫菊素、生物丙烯菊酯、S-生物丙烯菊酯、胺菊酯和生物苄呋菊酯则分别为 0.32~0.39μg/只、0.18~0.19μg/只、0.94~0.1μg/只、0.22~0.24μg/只 和 0.008~0.011μg/只。当用该品与生物苄呋菊酯（0.036∶0.054）加工的油基型气雾剂（剂量 0.109mg/m³）喷射，对家蝇的 KT_{95} 4.3 分钟，KT_{90} 14.5 分钟，24 小时的杀死率达 96%。该品对埃及伊蚊和四斑按蚊幼虫的 LD_{50} 0.005mg/kg，对埃及伊蚊成

虫以 5mg/L 剂量直接喷雾，开始击倒死亡（KT）时间为 5 分钟，杀虫率达 90%。当克敌菊酯浓度为 0.05%，对尖音库蚊的半数致死时间为 4.8 分钟；剂量为 0016mg/m³ 时，其击倒活性和杀死活性高出同剂量除虫菊素的 1 倍。以该品（0.02%）和生物苄呋菊酯（0.03%）复配的油基型气雾剂喷射蟑螂，KT_{50} 1 分钟；浓度增高 1 倍，则 KT_{95} 亦只 1 分钟，6 天的死亡率可达 100%。水基型气雾剂的击倒作用不如油基型的好，但死亡率相似。

注意事项　处理高浓度药液时宜着防护服和戴面罩，避免吸入药雾和接触皮肤。如误服，无专用解毒药，可按出现症状进行对症治疗。储存于低温通风房间，避免阳光照射，勿靠近热源，亦勿与食品、饲料等共置。

与其他药剂的混用　多数与生物苄呋菊酯混配。

参考文献

姜志宽，赵学忠，张应阔，等，1989. 克敌菊酯对蚊蝇和蟑螂的药效测定[J]. 医学动物防制 (3): 1-4.

朱永和、王振荣、李布青，2006. 农药大典[M]. 北京: 中国三峡出版社: 134-136.

NAKAGAWA S, OKAJIMA N, KITAHABA T, et al, 1982. Quantitative structure-activity studies of substituted benzyl chrysanthemates.1. Correlations between symptomatic and neurophysiological activities against American cockroaches[J]. Pesticicle biochemistry and physiology, 17 (3): 243-58.

（撰稿：陈洋；审稿：吴剑）

克菌丹　captan

一种具有保护和治疗作用的非内吸性酰亚胺类杀菌剂。

其他名称　Capone、Captaf、Criptan、Dhanutan、Merpan、Mycap、Enhance AW、开普顿。

化学名称　N-(三氯甲硫基)环己烯-4-基-1,2-二甲酰亚胺；3a,4,7,7a-tetrahydro-2-[(trichloromethyl)thio]-1H-isoindole-1,3(2H)-dione。

IUPAC 名称　N-[(trichloromethyl)thio]-3a,4,7,7a-tetrahydrophthalimide。

CAS 登记号　133-06-2。

EC 号　205-087-0。

分子式　$C_9H_8Cl_3NO_2S$。

相对分子质量　300.61。

结构式

开发单位　1949 年由美国标准石油公司开发，后由美国雪佛龙公司开发。1952 年 A. R. Kittleston 首次报道。

理化性质　纯品为无色晶体，原药为无色至米色无定

形固体，有刺激性气味。熔点178℃（原药175～178℃）。相对密度1.74（26℃）。蒸气压1.3mPa（25℃）。K_{ow}lg$P$ 2.8。Henry常数$3×10^{-4}$Pa·m³/mol（25℃）。水中溶解度（mg/L，25℃）：3.3；有机溶剂中溶解度（g/L）：乙醇2.9、异丙醇1.7、苯21、甲苯6.9、二甲苯20、丙酮21、环己酮23、氯仿70、乙醚2.5。稳定性：在中性介质中缓慢水解，在碱性介质中迅速分解；DT_{50}（20℃）：32.4小时（pH5）、8.3小时（pH7）、<2分钟（pH10）；热DT_{50}：>4年（80℃），14.2天（120℃）。在土壤中DT_{50}约为1天（25℃，pH4.5～7.2）。

毒性 低毒。大鼠急性经口LD_{50}>2000mg/kg。兔性经皮LD_{50}>4500mg/kg。对兔眼睛重度损伤，对兔皮肤中度刺激。大鼠吸入原药LC_{50}（4小时）>0.668mg/L。粉尘能引起呼吸系统损伤。NOEL[mg/（kg·d）]：大鼠（2年，饲喂）2000，狗（2年，饲喂）4000。无致畸、致突变、致癌作用。山齿鹑急性经口LD_{50} 2000～4000mg/kg，野鸭急性经口LD_{50}>5000mg/kg，野鸡急性经口LD_{50}>5000mg/kg。蓝鳃鱼LC_{50}（96小时）0.072mg/L，小丑鱼LC_{50}（96小时）0.03mg/L，美洲红点鲑LC_{50}（96小时）0.034mg/L。水蚤LC_{50}（48小时）7～10mg/L。蜜蜂经口LD_{50} 91μg/只，接触LD_{50} 788μg/只。对水生无脊椎动物中等毒性。

剂型 可加工成粉剂、干拌种剂、湿拌种剂、悬浮剂、水分散粒剂和可湿性粉剂。如50%、65%和80%可湿性粉剂，80%和90%水分散粒剂，40%悬浮剂，450g/L悬浮种衣剂。

质量标准 50%克菌丹可湿性粉剂为白色非晶体粉末，pH5～8.5，细度90%（200目筛），悬浮率≥60%，湿润时间≤60秒，水分≤0.4%，常温储存2年稳定。80%克菌丹水分散粒剂为浅米色空心，pH7～10，常温下储存稳定。

作用方式及机理 具有保护和治疗作用的非内吸性杀菌剂，是非特异性硫醇反应剂，抑制病原菌线粒体呼吸作用，阻碍呼吸链中的乙酰辅酶A的形成，影响病原菌能量的代谢，进而抑制孢子的萌发。

防治对象 可防治番茄灰霉病、叶霉病、早疫病和晚疫病，马铃薯早疫病、晚疫病和黑痣病，黄瓜炭疽病、辣椒炭疽病、草莓灰霉病、梨树黑星病、苹果轮纹病、葡萄霜霉病、观赏植物叶斑病，以及由腐霉菌、茎点霉菌和立枯丝核菌引起的多种作物病害。

使用方法

防治番茄叶霉病、番茄早疫病、黄瓜炭疽病、辣椒炭疽病 应在发病前预防、或田间零星发病时施药，每亩用50%可湿性粉剂125～187.5g（有效成分62.5～93.75g），加水喷雾，可连喷2～3次，根据发病条件每隔7～10天施药1次，安全间隔期5天，每季最多施药3次。

防治苹果轮纹病 发病初期开始用药，用50%可湿性粉剂400～800倍液（有效成分625～1250mg/kg）喷雾，每隔7～10天喷药1次，每季最多施用次数不超过3次。

防治马铃薯黑痣病 在播种时用50%可湿性粉剂100～120g/100kg种薯（有效成分50～60g/100kg种薯）进行拌种，拌种要均匀，拌好药剂的薯块自然阴干后播种。施药1次。

注意事项 对某些苹果（如蛇果、醇露）、梨树及莴苣种子易产生药害。高剂量时对芹菜和番茄种子有害。不能与碱性和油性的药剂混用。

与其他药剂的混用 可与多种杀菌剂复配、混合或先后使用。与苯醚甲环唑复配对苹果树斑点落叶病有较好的防效。在苹果树斑点落叶病发病初期或分别于春梢和秋梢生长期用50%苯甲·克菌丹水分散粒剂（克菌丹含量40%，苯醚甲环唑含量10%）2000～3000倍液喷雾，间隔7～10天喷1次，可连用2～3次。与唑菌胺酯复配，兼具治疗、叶片渗透传导作用，对苹果树褐斑病有较好的防治效果。苹果树褐斑病发病初期用60%唑醚·克菌丹水分散粒剂（克菌丹含量50%，唑菌胺酯含量10%）2000～2500倍液喷雾，每隔7～15天施药1次，安全间隔期为21天，每季作物最多使用3次。该药还可与多抗霉素、戊唑醇混用。

允许残留量 ADI为0.1mg/kg（GB 2763—2021）。

参考文献

刘长令，2008. 世界农药大全: 杀菌剂卷[M]. 北京: 化学工业出版社: 287-288.

马克比恩 C，2015. 农药手册[M]. 胡笑形，等译. 北京: 化学工业出版社: 135-136.

农业部种植业管理司，农业部农药检定所，2015. 新编农药手册[M]. 2版. 北京: 中国农业出版社: 215-216.

中国农业百科全书总编辑委员会农药卷编辑委员会，中国农业百科全书编辑部，1993. 中国农业百科全书: 农药卷[M]. 北京: 农业出版社: 162-163.

（撰稿：刘圣明；审稿：刘西莉）

克仑吡林 clenpirin

一种医用抗疥螨药，可用于治疗疥疮。

化学名称 N-(1-丁基-2-吡咯烷基)-3,4-二氯苯胺；N-(1-butyl-2-pyrrolidinylidene)-3,4-dichlorobenzenamine。

IUPAC名称 N-[(2E)-1-butyl-2-pyrrolidinyliden]-3,4-dichloranilin。

CAS登记号 27050-41-5。

EC号 248-190-6。

分子式 $C_{14}H_{18}Cl_2N_2$。

相对分子质量 285.21。

结构式

理化性质 密度1.252g/cm³。沸点394.3℃（101.32kPa）。蒸气压$2.8×10^{-9}$mPa（25℃）。蒸发焓64.4J/mol。闪点192.3℃±30.7℃。折射率1.58。摩尔折射性78cm³。

毒性 大鼠急性经口LD_{50}>3050mg/kg。

防治对象 抗疥螨药，用于治疗疥疮、皮肤瘙痒。

参考文献
朱永和, 王振荣, 李布青, 2006. 农药大典[M]. 北京: 中国三峡出版社.

（撰稿：郭涛；审稿：丁伟）

克罗米通 crotamiton

一种医用抗疥螨药，可用于治疗疥疮。

其他名称 优力肤。

化学名称 N-乙基-N-(2-甲基苯基)-2-丁烯酰胺；(2E)-N-ethyl-N-(2-methylphenyl)but-2-enamide。

IUPAC名称 (2E)-N-ethyl-N-(2-methylphenyl)-2-butenamid。

CAS登记号 483-63-6。

EC号 207-596-3。

分子式 $C_{13}H_{17}NO$。

相对分子质量 203.28。

结构式

理化性质 为无色至淡黄色油状液体，微臭，在低温下可部分或全部固化。在乙醇或乙醚中极易溶解，在水中微溶。密度0.987g/ml（25℃）。沸点153~155℃。折射率1.54。在正常温度和压力下稳定。蒸气压0.44Pa（25℃）。

毒性 大鼠急性经口 LD_{50} > 1500mg/kg。大鼠腹腔注射 LD_{50} > 318mg/kg。大鼠急性经皮 LD_{50} > 1630mg/kg。

防治对象 抗疥螨药，用于治疗疥疮、皮肤瘙痒。

参考文献
朱永和, 王振荣, 李布青, 2006. 农药大典[M]. 北京: 中国三峡出版社.

（撰稿：周红；审稿：丁伟）

克灭鼠 coumafuryl

一种经口羟基香豆素类抗凝血杀鼠剂。

其他名称 克鼠灵、呋杀鼠灵、薰草呋、克杀鼠。

化学名称 3-[1-(2-呋喃基)-3-氧丁基]-4-羟基香豆素。

IUPAC名称 3-[(1RS)-1-(2-furyl)-3-oxobutyl]-4-hydroxy-2H-chromen-2-one。

CAS登记号 117-52-2。

分子式 $C_{17}H_{14}O_5$。

相对分子质量 298.29。

结构式

理化性质 纯品呈白色或乳白色粉末。熔点121~123℃，沸点430.6℃，不溶于水，能溶于甲醇和乙醇等有机溶剂。可由4-羟基香豆素和1,1-亚糠基丙酮反应而制成，可燃，加热分解释放刺激性烟雾。

毒性 对大鼠、小鼠的急性经口 LD_{50} 分别为25mg/kg 和14.7mg/kg。

作用方式及机理 经口毒物。竞争性抑制维生素K环氧化物还原酶，导致活性维生素K缺乏，进而破坏凝血机制，产生抗凝血效果。

剂型 98%母粉。

使用情况 1952年德国推出的抗凝血杀鼠剂。该品使家畜间接中毒的危险性小，灭鼠时需连续投毒3~5次。主要用来防治褐家鼠、小家鼠、屋顶鼠及大仓鼠、黑线仓鼠、黑线姬鼠等。维生素 K_1 为其特效解毒剂。

使用方法 堆投，毒饵站投放0.025%~0.05%毒饵，0.005%~0.006%毒水。

注意事项 毒饵应远离儿童可接触到的地方，避免误食。误食中毒后，可肌肉注射维生素K解毒，同时输入新鲜血液或肾上腺皮质激素降低毛细血管通透性。

参考文献
田明祥, 1999. 国内外杀鼠剂研制的回顾与展望[J]. 辽宁化工, 28(1): 29–31.

US Environmental Protection Agency, 2008. Risk mitigation decision for ten rodenticides[S]. EPAHQ-OPP-2006-0955-0764, Washington, DC 60.

CHALERMCHAIKIT T, FELICE L J, MURPHY M J, 1993. Simultaneous determination of eight anticoagulant rodenticides in blood serum and liver[J]. Journal of analytical toxicology, 17(1): 56-61.

（撰稿：王登；审稿：施大钊）

克杀螨 thioquinox

一种非内吸性杀螨剂，同时还用来防治白粉病。

其他名称 Eradex、Bayer30686。

化学名称 1,3-二硫戊环并[4,5-b]喹喔啉-2-硫酮；1,3-dithiolo[4,5-b]quinoxaline-2-thione。

IUPAC名称 1,3-dithiolo[4,5-b]quinoxaline-2-thione。

CAS登记号 93-75-4。

EC号 202-272-8。

分子式 $C_9H_4N_2S_3$。

相对分子质量 236.34。

结构式

易于储存和运输。⑥活性物质与其敏感环境隔离，保护活性物质，扩大某些活性成分的应用范围。⑦控制释放体系使活性成分在一定的时间内维持其有效浓度，提高作用性能。

微胶囊是农药缓控释剂形式中最常见的一种制剂形式，其技术含量在目前农药制剂中是最高的一种（图1）。其基本原理就是将原药乳化分散成粒径为几个至几十个微米的微粒，然后通过相应的方法在原药微粒表面形成具有一定厚度和强度的聚合物膜，聚合物膜释放活性物质是通过渗透、扩散等方式，所以可以调节聚合物膜组成、厚度、强度和孔径等控制释放速度。微胶囊制剂因其壁材的包裹作用，使农药分解和损失大大降低，并显著地提高了其稳定性能；同时减少了有效成分的挥发，延长了活性物质的作用时间、提高了农药利用率、减少了施药量和施药频率，降低了高毒农药的危害。微胶囊中农药活性成分的释放通过3种机制实现：①通过选择合适的壁材，控制制备条件，利用囊膜的扩散渗透，具有控制释放的功能，这对于微胶囊而言最为本质和重要。②囊膜的破裂，促成局部胶囊中活性成分的完全释放，对于微胶囊杀虫剂和杀鼠剂也具有明显的意义，因为害虫和鼠类的咀嚼或践踏，造成部分囊膜破裂，有利于药效的充分发挥。③通过有意识地选择壁材和包裹方法，使囊膜受热、溶剂、酶、微生物等影响而破坏，释放所包裹的物质，可使芯材在指定的pH值、温度、湿度下释放。

微球是指药物分散或包埋在高分子材料中而形成的球状实体，是原药夹杂在载体高分子材料网络中而形成的复合球体，其粒径范围一般在 $1\sim250\mu m$。微球是一类均相分散体系，其有效成分均匀分散于整个球体的载体中。纳米囊和纳米球的粒径以纳米计，一般在 $1\sim100nm$，而一般的微囊和微球以微米计。微球中有效成分的释放机制：①在施药初期，分布在微球表面的活性成分直接扩散到环境中，是导致施药初期突释的主要原因。②微球进入环境后，载体材料因吸水会导致溶胀，聚合物的孔径变大，内部的活性成分会通过溶胀后产生的孔道扩散到环境中。③对于可降解的载体材料来说，聚合物的降解后释放是活性物质释放的主要方式，聚合物在环境中通过水解、微生物降解等途径逐渐分解，包

开发单位　由 G. Unterstenhfer 和 K. Sasse 报道，由拜耳公司开发。

理化性质　棕色无味粉末。熔点 180℃。蒸气压 $1.33\times10^{-2}mPa$（20℃）。它几乎不溶于水和大多数有机溶剂，微溶于丙酮、乙醇。工业品的熔点为 165℃。200℃时稳定，对光稳定。耐水解，但对氧化敏感。氧化成的 S- 氧化物的生物活性未降低。

毒性　对大鼠的急性经口 LD_{50} 3400mg/kg。大鼠的腹腔注射 LD_{50} 231.5mg/kg。经皮施用 3000mg/kg 不影响大鼠，但工业品在 8 个人的试验中，有 2 个人的前臂引起刺激作用。

作用方式及机理　非内吸性杀螨剂，对卵也有效。还是一种防治白粉病有特效的杀菌剂。

防治对象　防治蔬菜、果树、茶树上的成螨、幼螨及卵。有速效性，持效期长。对抗有机磷剂和杀螨酯的螨亦有效。兼治白粉病。

参考文献
康卓, 2017. 农药商品信息手册[M]. 北京: 化学工业出版社: 179-180.

（撰稿：赵平；审稿：杨吉春）

控制释放施药法　controlled release technology

将活性物质和基材（通常是高分子材料）系统地结合在一起，在预期的时间内控制活性物质的释放速率，使其在某种体系内维持一定的有效浓度，在一定时间内以一定的速率释放到环境中的技术。

作用原理　控制释放施药法的作用原理可分为两大类，即物理途径和化学途径。物理途径主要有溶解、扩散、渗透和离子交换等；化学途径则通过有效成分或者酶降解实现。物理途径中，溶解可分为包封溶解系统和基质溶解系统两大类，前者利用包覆有效成分的外壳载体逐步降解实现控制释放，有效成分释放速率与载体在环境介质中溶蚀速率有直接关系，其典型的缓释体系为胶囊；而后者则将有效成分均匀分散在载体基质中，随着载体的降解，药物有效成分逐渐被释放，而随着基质的缩小，药物有效成分的释放速率逐渐降低，因此后者的释药方式属于非零级药物有效成分释放，典型的释放体现为微球。

主要内容　控制释放体系较常规自由释放体系相比，有 7 个方面的显著优点：①能够有效延长活性物质的释放时间，降低其释放速率，进而增强作用效果。②控制释放体系可降低活性物质自身的挥发和降解等，从而减少了不必要的损失，有效提高其利用率。③可以有效地减少活性物质的使用含量和使用次数，从而降低对环境或生物体的污染和毒性。④掩蔽活性物质的不良性质，如刺激性气味等。⑤控制释放体系能够提高活性物质的物化稳定性能，

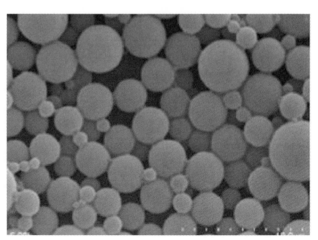

图 1　戊唑醇微胶囊电镜图

裹在聚合物内部的活性成分被缓慢释放出来。影响微球释放的影响因素有微球粒径、环境因素（土壤微生物、土壤pH值、土温、土壤水分等）。一般来说，释放时间与微球粒径呈正比，随着微球粒径增大，释放时间延长。其原因为微球的粒径越小，总比表面积增大，活性成分向外渗透的面积也增大，所以释药速度加快（图2）。

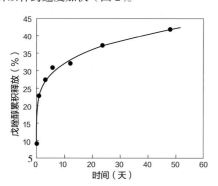

图2 戊唑醇微胶囊控制释放曲线

影响因素　环境条件对有效成分的释放速率具有较大的影响。环境因素影响载体的性能，使载体孔径变大，分子间作用力变弱等，使有效成分得以释放。环境湿度使载体产生渗透压，高湿度促使水分渗入载体中，导致载体内外产生浓度差，有效成分顺着浓度梯度进行扩散。通过分析缓释剂的释放机制，可以有选择地筛选载体，从而更好地对目标有效成分进行控制释放，提高有效成分利用率，延长农药的持效期。实际上，有效成分释放过程一般是溶出、扩散，溶蚀或扩散与溶出相结合的形式进行。

缓释剂有效成分释放速率测定的方法包括动态释放和静态释放。动态释放包括淋溶法，即将有效成分装载到柱中，通过洗脱液以一定的流速进行洗脱，定时取样分析有效成分的释放量。静态释放包括培养法、离心法和透析袋法。三者有共同之处，即将缓释制剂置于释放介质中，不同的是取样时培养法取出含药介质直接测定，并补足介质，此方法每次都会损失部分缓释剂；离心法是指将缓释剂介质进行离心取上清液测定并将沉淀物重新用介质悬浮的方法，此种方法反复离心、悬浮可能会破坏缓释体系本身，从而影响有效成分的释放；透析袋法将缓释剂置于透析袋中，每隔一段时间取外部介质进行测定，该方法缺点是透析袋会阻止有效成分的扩散。进行缓释制剂释放速率测定时，所用介质需满足有效成分释放的漏槽条件，即所用介质能够溶解3倍的制剂所含有效成分质量。

参考文献

陈福良，2015. 农药新剂型加工与应用[M]. 北京: 化学工业出版社.

李文明，秦兴民，李青阳，等，2014. 控制释放技术及其在农药中的应用[J]. 农药, 53(6): 394-398.

梁艳辉，梅向东，宁君，等，2011. 控制释放技术在植物病虫害防治中的应用[J]. 现代农药, 10(6): 1-6.

吴学民，徐妍，2014. 农药制剂加工实验[M]. 北京: 化学工业出版社.

（撰稿：王明；审稿：袁会珠）

扣尔磷　colep

一种硫代有机磷类杀虫剂。

其他名称　CP 40294。

化学名称　phosphonothioic acid,methyl-,O-(4-nitrophenyl)O-phenyl ester(9CI)。

IUPAC名称　methyl-(4-nitrophenoxy)-phenoxy-sulfanylidene-λ⁵-phosphane。

CAS登记号　2665-30-7。

分子式　$C_{13}H_{12}NO_4PS$。

相对分子质量　309.28。

结构式

开发单位　1961年由孟山都公司制得。目前已经停产。

理化性质　熔点78.5～80℃。相对密度1.37（20℃）。

作用方式及机理　乙酰胆碱酯酶抑制剂。

防治对象　对防治棉花象鼻虫、蔬菜、果树害虫（蚜虫）等高效。

（撰稿：吴剑；审稿：薛伟）

寇氏法　Karber's method

计算药物对生物半数致死量LD_{50}的概率统计方法。较为方便、准确，故为一般实验室常用。

寇氏法是在1931年由Karber提出，由于它计算复杂，当时并没有得到广泛推广。后经Finney改进，1958年顾汉颐又作了改进。1963年孙瑞元设计了合理的试验，进一步改进并发展了寇氏法，使其计算简化，即为LD_{50}的综合计算方法，后称之为点斜法或孙氏改良寇氏法。试验设计时，选择具代表性的敏感动物，要求品种纯正，个体健康正常，龄期相同。经过预养，随机分组，各剂量组动物数相等。大致有一半组数的动物死亡率在10%～50%，另一半在50%～100%。最大剂量组的死亡率为100%，最小剂量组的死亡率为0。在上述范围内，各组剂量之间呈比级数。结合不同试验对象，选用有关给药途径，观察记录规定时间内的死亡数，求出死亡率。根据试验结果计算LD_{50}及其可信限。主要计算公式：

$$\lg D_{50} = X_m - i(\sum p - 0.5)；$$

$$SE_{50} = i\sqrt{\frac{\sum p - \sum p^2}{n-1}}；\quad b = \frac{Y_h - y_1}{i(N-H)}$$

$$\lg D_k = \lg D_{50} - \frac{5 - Y_K}{b}；$$

$$SE_x = \sqrt{(SE_{50})^2 + \frac{2}{nH(N-H)}\left(\frac{5-Y_K}{b^2 i}\right)^2}$$

孙氏改良寇氏法在简洁度上优于累计法、寇氏法等方法，在精确度上亦较寇氏法有所进步，计算结果与 Bliss 机率单位法很接近。1974 年杨世洪将其运算过程进一步简化，缩减了计算量，推导出了新的公式：

$$\lg D_{50} = \lg^{-1}\left[X_n - i\left(\frac{2\sum m + h}{2n} - 0.75\right)\right];$$

$$SE_{50} = \frac{i}{n}\sqrt{\frac{n\sum m - \sum m^2}{n-1}};$$

95% 的平均可信限：$LD_{50} \pm 4.5 \times LD_{50} \times SE_{50}$

式中，X_n 为最高反应组剂量的对数；i 为相邻 2 组对数剂量之差值（即组距）；m 为各组动物反应数；$\sum m$ 为各组动物反应数的总和；$\sum m^2$ 为各组动物反应数的平方和；n 为每组动物数；h 为首末 2 组反应数的平均值。

寇氏法及其改良法都是根据结果直接按公式计算，不需要因为数据不精确而进行各种修改，省去了其他更复杂的统计计算。其计算结果精确，能求出标准误差，只是应用时必须满足 3 个条件：①反应量大致呈正态分布。②剂量必须按等比级数分布。③各组动物数相等。虽然有条件限制，但还是有很多研究者为能运用该法计算而合理地设计试验。因此，寇氏法仍是最常用的 LD_{50} 计算方法之一。

参考文献

杨世洪, 1974. 半数致死量LD₅₀速算方法[J]. 卫生研究(5): 73-78.

中国农业百科全书总编辑委员会农药卷编辑委员会，中国农业百科全书编辑部, 1993. 中国农业百科全书: 农药卷[M]. 北京: 农业出版社.

（撰稿：桂文君；审稿：蔡磊明）

枯草隆　chloroxuron

一种脲类内吸性除草剂。

其他名称　Tenoran、chloroxifenidim。

化学名称　3-[4-(4-氯苯氧基)苯基]-1,1-二甲基脲；N′-[4-(4-chlorophenoxy)phenyl]-N,N-dimethylurea。

IUPAC 名称　3-[4-(p-chlorophenoxy)phenyl]-1,1-dimethylurea。

CAS 登记号　1982-47-4。

分子式　$C_{15}H_{15}ClN_2O_2$。

相对分子质量　290.75。

结构式

开发单位　1961 年由瑞士汽巴 - 嘉基公司开发。

理化性质　无色结晶体。熔点 138～139℃。蒸气压 239mPa（25℃）。密度 1.34g/cm³。溶解性：水 4mg/L（20℃）；有机溶剂中溶解度（g/kg，20℃）：丙酮 44、二氯甲烷 106、甲醇 35、甲苯 4（g/kg，20℃）。稳定性：30℃在 pH1 或 13 时无明显水解。

毒性　大鼠急性经口 LD_{50} 3000mg/kg。大鼠急性经皮 $LD_{50} > 3000mg/kg$。鱼类 LC_{50}（48 小时）：虹鳟 > 100mg/L，鲤鱼 > 150mg/L，太阳鱼 28mg/L。

剂型　可湿性粉剂，颗粒剂。

作用方式及机理　苗后除草剂。通过植物根部和叶部吸收而致效。

防治对象　用于胡萝卜、芹菜、草坪、运动场、韭葱、洋葱、观赏植物和草莓田除草。

使用方法　蔬菜田、草坪、运动场等苗后除草。

制造方法　由异氰酸 4-（4- 氯苯氧基）苯酯与二甲胺反应制取。

允许残留量　日本规定最大残留限量（mg/kg）：玉米等谷物类 0.05，绿豆、大豆等豆类 0.05，苹果、香蕉、杏、梨、柑橘、橙子、葡萄、草莓、蓝莓、甜瓜等瓜果类 0.05，萝卜、马铃薯、黄瓜、花椰菜、芹菜、芦笋、青花菜、蘑菇、卷心菜等蔬菜类 0.05，肉类（哺乳动物、家禽）0.05，可食用内脏（哺乳动物、家禽）0.05，家禽蛋 0.05，坚果类 0.05，牛奶 0.05，油料种子 0.05，茶叶 0.1，蛇麻草 0.1。

参考文献

马克比恩 C, 2015. 农药手册[M]. 胡笑形, 等译. 北京: 化学工业出版社: 1077.

石得中, 2008. 中国农药大辞典[M]. 北京: 化学工业出版社: 272.

（撰稿：王宝雷；审稿：耿贺利）

枯草芽孢杆菌　*Bacillus subtilis*

一种应用最为广泛的、具有抗病促生作用的植物病害生防细菌。

开发单位　国内、国外数十家企业。

理化性质　枯草芽孢杆菌母药为 1000 亿～10 000 亿 CFU/g，外观为乳白色或微黄色粉体。

毒性　低毒。雌、雄大鼠急性经口 $LD_{50} > 5000mg/kg$，急性经皮 $LD_{50} > 5000mg/kg$，急性吸入 $LC_{50} > 2831mg/m^3$。对皮肤、眼睛无刺激性，无致病性。

剂型　1 亿～2000 亿 CFU/g 枯草芽孢杆菌可湿性粉剂、水剂、悬浮剂、微囊粒剂、颗粒剂、水分散性粒剂、水乳剂、可分散油悬浮剂、悬浮种衣剂。

质量标准　无霉变，无结块，pH8～9，水分含量 2%。

作用方式及机理　喷洒在作物叶片上后，利用叶面上的营养和水分在叶片上繁殖，迅速占领整个叶片表面，同时分泌具有杀菌作用的活性物质，达到有效排斥、抑制和杀灭病菌的作用。

防治对象　防治多种作物的多种真菌病害。

使用方法

防治辣椒枯萎病　发病前或发病初期灌根施用，每亩每次用 10 亿 CFU/g 枯草芽孢杆菌可湿性粉剂 200～300g，兑水混合均匀后灌根。

防治三七根腐病　发病初期施药，每亩每次用 10 亿 CFU/g 枯草芽孢杆菌可湿性粉剂 150～200g，兑水稀释喷雾，视发病情况施药 1～2 次。

防治水稻纹枯病　水稻分蘖末期至孕穗初期或发病初期施药，每次每亩用 10 亿 CFU/g 枯草芽孢杆菌可湿性粉剂 75～100g，兑水稀释喷雾，施药 1～2 次。

防治烟草黑胫病　发病前或发病初期施药，每亩每次用 10 亿 CFU/g 枯草芽孢杆菌可湿性粉剂 25～100g，兑水喷雾，每隔 7 天喷 1 次，连续施用 2～3 次。

防治草莓灰霉病和黄瓜灰霉病　发病前或发病初期施药，每亩每次用 1000 亿 CFU/g 枯草芽孢杆菌可湿性粉剂 35～60g，兑水喷雾，连续施用 2～3 次，每次间隔 7 天。

防治黄瓜白粉病　发病前或发病初期施药，每亩每次用 1000 亿 CFU/g 枯草芽孢杆菌可湿性粉剂 56～84g，兑水喷雾，连续施用 1～2 次，每次间隔 7 天。

注意事项　使用前要充分摇匀。勿在强阳光下喷雾，晴天傍晚或阴天用药效果最佳。不能与含铜物质或链霉素等杀菌剂混用。

与其他药剂的混用　可与防治真菌或卵菌病害的杀菌剂混用。混配制剂 20% 井冈·枯芽菌可湿性粉剂（武汉科诺生物科技股份有限公司），枯草芽孢杆菌含量 100 亿 CFU/g，井冈霉素 A 含量 20%，用于喷雾防治水稻稻曲病，用量 675～900g/hm²。

参考文献

纪明山, 2011. 生物农药手册[M]. 北京: 化学工业出版社: 38-42.
农业部种植业管理司, 农业部农药检定所, 2015. 新编农药手册[M]. 2版. 北京: 中国农业出版社: 366-367.

（撰稿：卢晓红、李世东；审稿：刘西莉、苗建强）

枯萎宁　experimental chemotherapeutant 1182

一种原药，为内吸性杀菌剂。

其他名称　Chlorodimethyphenoxyethanol。

化学名称　2-(4-氯 -3,5- 二甲苯氧) 乙醇; 2-(4-chloro-3,5-dimethyl phenoxy)ethanol。

CAS 登记号　5825-79-6。

分子式　$C_{10}H_{13}ClO_2$。

相对分子质量　200.67。

结构式

开发单位　美国联碳化学公司。

理化性质　乳白色晶体。熔点 39.5～41.5℃。沸点 100℃（2.67Pa）。蒸气压 2.9mPa（25℃）。相对密度 1.133（25℃）。水中溶解度 242mg/L（25℃），能溶于乙醇、乙醚、丙酮、氯仿等有机溶剂。分解温度 105℃，在强酸强碱条件下分解。

毒性　大鼠急性经口 LD_{50} 3800～6500mg/kg。该药剂影响高等动物的新陈代谢过程。

防治对象　用于土壤处理治疗维管束系统枯萎病，如荷兰石竹的枯萎病。

参考文献

孙家隆, 2015. 新编农药品种手册[M]. 北京: 化学工业出版社: 489-490.

（撰稿：毕朝位；审稿：谭万忠）

枯莠隆　difenoxuron

一种苯基脲类选择性除草剂。

其他名称　Pinoran、Diphenoxuron、Lironion、甲氧醚隆。

化学名称　N′-[4-(4- 甲氧基苯氧基) 苯基]-N,N- 二甲基脲; N′-[4-(4-methoxyphenoxy)phenyl]-N,N-dimethylurea。

IUPAC 名称　3-(4-(4-methoxyphenoxy)phenyl)-1,1-dimethylurea。

CAS 登记号　14214-32-5。

EC 号　238-068-0。

分子式　$C_{16}H_{18}N_2O_3$。

相对分子质量　286.33。

结构式

理化性质　白色结晶。熔点 138～139℃。蒸气压 1.293×10^{-6}mPa（20℃）。20℃在水中的溶解度 20mg/L，异丙醇 1mg/L，丙酮 63g/L，苯 8g/L，二氯甲烷 156g/L。

毒性　急性经口 LD_{50}: 大鼠 > 7750mg/kg，小鼠 > 10 000mg/kg。大鼠急性经皮 LD_{50} > 2150mg/kg。

剂型　50% 可湿性粉剂。

作用方式及机理　是一种可被根和叶面吸收的除草剂，对于洋葱、韭菜、芹菜以及观赏植物等，在移植前后使用。

防治对象　该品为选择性除草剂，主要用于防除葱类地杂草。

参考文献

马丁 H, 1979. 农药品种手册[M]. 北京市农药二厂, 译. 北京: 化学工业出版社: 341-342.

（撰稿：王忠文；审稿：耿贺利）

苦豆子生物碱　*Sophora alopecuroides* alkaloids

从苦豆子植物中提取的生物碱类杀虫剂、杀螨剂，具有触杀、拒食、胃毒、麻醉和抑制生长发育等多种作用方式。1997 年，罗万春研究报道了其对蚜虫的生物活性。2016 年，由鄂尔多斯市金驼药业有限责任公司开发 5% 可溶性液剂并曾登记（目前未检索出苦豆子生物碱作为农药产品的登记信息）。

其他名称　苦豆子总碱、苦豆子生物总碱。

化学名称　matrine（苦参碱）；aloperine（苦豆碱）；sophocarpine（槐果碱）。

IUPAC 名称　matrine 1*H*,5*H*,10*H*-dipyrido[2,1-f:3′,2′,1′-ij][1,6]naphthyridin-10-one,dodecahydro-,(7a*S*,13a*R*,13b*R*,13c*S*)-；aloperine 6,13-Methano-2*H*-dipyrido[1,2-a:3′,2′-e] azocine,1,3,4,6,6a,7,8,9,10,12,13,13a-dodecahydro-,(6*R*,6a*R*,13*R*,13a*S*)-；sophocarpine matridin-15-one,13,14-didehydro-,monohydrate(9Cl)。

CAS 登记号　519-02-8(苦参碱)；56293-29-9(苦豆碱)；145572-44-7(槐果碱)。

EC 号　610-750-6(苦参碱)；637-202-9(苦豆碱)。

分子式　$C_{15}H_{24}N_2O$(苦参碱)；$C_{15}H_{24}N_2$(苦豆碱)；$C_{15}H_{22}N_2O$(槐果碱)。

相对分子质量　248.36(苦参碱)；232.36(苦豆碱)；246.35(槐果碱)。

结构式

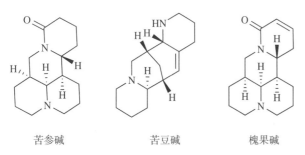

苦参碱　　　　　苦豆碱　　　　　槐果碱

开发单位　鄂尔多斯市金驼药业有限责任公司。

理化性质　苦豆子生物碱属于喹诺里西啶生物碱，在苦豆子种子中约为 8.2%，地上部分 6.23%～7.89%，由三价氮原子形成的稠合二哌啶环，又名双稠哌啶，属于哌啶或吡啶的衍生物。按其结构可分为 3 个类型：二环型羽扇豆碱，三环型金雀花碱，四环型鹰爪豆碱。目前，已分离鉴定的苦豆子生物碱有 20 余种。能溶于水、苯、氯仿、甲醇、乙醇，微溶于石油醚。主要成分的性质见表。

苦豆子生物碱主要成分的性质

苦豆子生物碱	分子式	相对分子质量	熔点（℃）
苦参碱	$C_{15}H_{24}N_2O$	248	75～76
氧化苦参碱	$C_{15}H_{24}N_2O_2$	264	207
槐果碱	$C_{15}H_{22}N_2O$	246	80
氧化槐果碱	$C_{15}H_{22}N_2O_2$	262	208～209
槐定碱	$C_{15}H_{24}N_2O$	248	106～108
槐胺碱	$C_{15}H_{20}N_2O$	244	162～163
苦豆碱	$C_{15}H_{24}N_2$	214	71～73
尼古丁	$C_{16}H_{14}N_2$	162	123～125

毒性　中等毒性。苦豆子生物碱氯仿萃取组分对小鼠 LD_{50} 178.89mg/kg，正丁醇萃取组分 LD_{50} 209.06mg/kg，脂溶性组分经灌胃 LD_{50} 471.17mg/kg。小鼠腹腔给药后精神萎靡、弓背收腹、懒动、四肢运动不协调，最终体温下降，死前有的小鼠身体剧烈抽搐。内脏器官病理剖检发现，死亡小鼠全身皮肤发绀，心腔积血、扩张，肝脏肿大、边缘钝圆、窦瘀血、出血、细胞变性；肾脏肿大，出血，肾小管上皮不完整，体积约为正常小鼠的 2～3 倍；肺脏肿大呈红色，肺泡壁毛细血管扩张充血、出血，肺间质增宽，结缔组织疏松呈网状。

剂型　5% 可溶性液剂，20% 母药。

作用方式及机理　苦豆子总碱可作为杀虫杀螨剂，具有触杀、拒食、胃毒、麻醉和抑制生长发育等多种作用方式。可对昆虫乙酰胆碱酯酶活性有明显的抑制作用，也可抑制昆虫 γ-氨基丁酸受体反应，阻断神经冲动传递，引起害虫死亡。此外，还抑制小菜蛾的生长发育。

防治对象　甘蓝蚜虫。

另据文献，以苦豆碱为主要原料的"杀线一号"防治松材线虫病已申请国家专利。苦豆子总碱对水果、蔬菜、茶叶、粮食等作物的鳞翅目、半翅目、鞘翅目和蜱螨目害虫，如蜡类、菜青虫、小菜蛾、桃小食心虫、稻飞虱、稻纵卷叶螟及红蜘蛛等均具有较好的毒杀作用，且对霜霉病、白粉病、灰霉病和疫病等多种病害也有兼治效果。

使用方法　5% 苦豆子生物碱可溶液剂喷雾防治甘蓝蚜虫，有效成分用药量 60～75g/hm²（折成 5% 苦豆子生物碱可溶液剂 80～100ml/ 亩）。

注意事项　①由于药效缓慢，可适当提早 1～2 天施药。②该药不能与碱性药剂混用。

参考文献

李生虎，何生虎，2009. 苦豆子生物碱的毒性研究[J]. 农业科学研究，30 (1): 27-29.

罗万春，李云寿，慕立义，等，1997. 苦豆子生物碱对萝卜蚜的毒力及其对几种酯酶的影响[J]. 昆虫学报，40(4): 358-365.

王伟轩，王愧，徐建美，等，2016. 半夏和苦豆子生物碱的抗线虫活性[J]. 天然产物研究与开发，28(5): 719-723, 744.

余永婷，2007. 苦豆子生物碱提取分离纯化及抑菌性研究[D]. 乌鲁木齐: 新疆农业大学.

（撰稿：胡安龙；审稿：李明）

苦楝　chinaberry

苦楝（*Melia azedarach* L.）又名苦苓、金铃子、栴檀、森树，是芸香目楝科楝族楝属植物，广泛分布于中国黄河以南地区。1983 年，中国著名昆虫毒理学家赵善欢院士等开始对苦楝提取物及其杀虫活性进行系统研究，发现其活性物质存在于果肉、种核和树皮中，主要为川楝素及苦楝酮、苦楝二醇、苦楝三醇等萜类化合物，对昆虫具有拒食、忌避、触杀和抑制生长发育的作用（目前尚未检索出苦楝作为农药登记的信息）。

苦楝中主要杀虫活性物质川楝素的相关信息见川楝素。

参考文献

张兴, 赵善欢, 1983. 楝科植物对几种害虫的拒食和忌避作用[J]. 华南农学院学报, 4 (3): 1-7.

张亚妮, 马志卿, 王海鹏, 等, 2007. 植物源杀虫剂川楝素对环境生物安全性评价[J]. 环境科学学报, 27 (3): 2038-2045.

（撰稿：胡安龙；审稿：李明）

苦皮藤素　celangulin

从卫矛科南蛇藤属多年生藤本植物苦皮藤中分离的植物源杀虫剂。主要杀虫活性成分为二氢沉香呋喃多元酯类化合物——苦皮藤素Ⅳ和Ⅴ，对鳞翅目、鞘翅目等害虫具有麻醉和胃毒作用。1988年吴文君等人首次研究报道苦皮藤素的杀虫生物活性，2013年，陕西麦克罗生物科技有限公司等开发0.2%、1%苦皮藤素水乳剂并登记。

其他名称　Angulatine、Kupitensu。

化学名称　苦皮藤素Ⅳ 1β,2β,6α-三乙酰氧基-8β,9α-二(β-呋喃甲酰氧基)-12-异丁酰氧基-4α-羟基-β-二氢沉香呋喃；苦皮藤素Ⅴ 1β,2β-二乙酰氧基-8α,12-二异丁酰氧基-9β苯甲酰氧基-4α,6α-二羟基-β-二氢沉香呋喃。

IUPAC名称　celangulin Ⅳ 2H-3,9a-methano-1-benzoxepin-4,5,6,7,9,10-hexol,5a-[(acetyloxy)methyl]octahydro-2,2,9-trimethyl-,4,6,7,10-tetraacetate-5-benzoate,3R,4R,5S,5aS,6R,7S,9S,9aS,10R)-。

CAS登记号　116159-73-0（苦皮藤素Ⅳ）。

分子式　$C_{32}H_{40}O_{14}$（苦皮藤素Ⅳ）。

相对分子质量　648.66（苦皮藤素Ⅳ）。

结构式

苦皮藤素 IV
CAS: 144409-63-2

苦皮藤素 V
CAS: 139979-81-0

开发单位　陕西麦克罗生物科技有限公司、成都新朝阳作物科学有限公司、山东圣鹏科技股份有限公司、河南新乡市东风化工厂。

理化性质　①苦皮藤素Ⅳ。白色粉末，沸点668.9℃。密度1.34g/cm³。熔点117～119℃。②苦皮藤素Ⅴ。对光、热均稳定；原药外观为棕黑色膏状固体，纯品为无色结晶，

熔点214～216℃；不溶于水，易溶于芳烃、乙酸乙酯等中等极性溶剂，能溶于甲醇等极性溶剂，在非极性溶剂中溶解度较小；中性或酸性介质中稳定，强碱性条件下易分解。

毒性　低毒。原药小鼠急性经口 LD$_{50}$ > 680mg/kg，急性经皮 LD$_{50}$ > 2000mg/kg；对兔皮肤无刺激，对眼睛有轻度刺激；对豚鼠弱致病性；对鱼、蜜蜂、家蚕、鸟、天敌（蝌蚪、瓢虫）、蚯蚓、土壤微生物均为低毒，对环境生物较安全，有轻度生物蓄积性，对生态环境影响较小。

剂型　0.2%、1%水乳剂，1%乳油，6%母药。

质量标准　6%母药外观为棕黑色液体，密度1.2g/cm³，闪点 > 150℃。

作用方式及机理　苦皮藤素活性成分包括以麻醉作用为主的苦皮藤素Ⅳ和以毒杀作用为主的苦皮藤素Ⅴ。

苦皮藤素Ⅳ麻醉机理为通过启动昆虫体内谷氨酸脱羧酶活性，使氨基丁酸含量升高，导致突触后膜 Cl⁻ 通道开放，引起突触后膜超极化，从而抑制神经-肌肉兴奋性接点电位，造成昆虫瘫软、麻痹，对外界刺激失去反应。还可能与昆虫肌质网上的受体结合而抑制肌质网膜上受体门控钙离子通道开放，阻止胞内钙库释放 Ca²⁺（内钙释放）；或与肌膜上受体结合而抑制电压门控钙信道开放，阻止胞外钙离子进入胞内（外钙内流），使肌细胞内钙离子浓度不能达到引起肌肉收缩的生理浓度，造成昆虫肌肉松弛，软瘫麻痹。

苦皮藤素Ⅴ只有胃毒作用，药物随害虫取食活动被摄入消化道，穿透围食膜进入肠腔和肠壁细胞质膜上的 V-ATPase H 亚基结合，阻碍 H 亚基和其他亚基组装成 V1 复合体，从而阻碍 V1 和 V0 复合体在杯状细胞顶膜组装成 V-ATPase 全酶，抑制了 V-ATPase 的活性，致使细胞膜失去固有的屏障作用，渗透失衡，细胞器破损，正常的生理功能丧失。微绒毛脱落导致细胞膜穿孔，血腔中的血淋巴穿过肠壁细胞流入肠腔，引起昆虫呕吐、泻泄，最终失去体液（返吐液及血淋巴）死亡。

防治对象　尺蠖、菜青虫、甜菜夜蛾、稻纵卷叶螟、小卷叶蛾、斜纹夜蛾、绿盲蝽等害虫。

使用方法

防治槐尺蠖　用0.2%苦皮藤素水乳剂有效成分1～2mg/kg喷雾。

防治茶尺蠖、葡萄绿盲蝽、水稻稻纵卷叶螟　用1%苦皮藤素水乳剂有效成分用量4.5～6g/hm²（折成1%苦皮藤素水乳剂30～40ml/亩）。

防治甘蓝菜青虫　有效成分用量7.5～10.5g/hm²（折成1%苦皮藤素水乳剂50～70ml/亩）。

防治芹菜甜菜夜蛾、豇豆斜纹夜蛾　有效成分用量13.5～18g/hm²（折成1%苦皮藤素水乳剂90～120ml/亩）。

防治猕猴桃小卷叶蛾　有效成分用量2～2.5g/hm²（折成1%苦皮藤素水乳剂13.3～16.7ml/亩）。

注意事项　①在害虫发生初期，低龄幼虫时用药效果更佳。②不宜与碱性农药、化肥混用。③应储存于阴凉通风干燥之处。④对皮肤有轻度刺激，对眼睛有中度刺激，田间使用时应做好防护措施。

与其他药剂的混用　可以与微生物农药 Bt 和增效磷（昆虫解毒酶抑制剂）混用。

参考文献

卢莉娜, 2016. 二氢沉香呋喃多元酯类杀虫活性化学物作用靶标的鉴定和验证[D]. 杨凌: 西北农林科技大学.

吴文君, 刘惠霞, 姬志勤, 等, 2001. 植物杀虫剂0.2%苦皮藤素乳油的研究与开发[J]. 农药, 40 (3): 17-19.

吴文君, 刘惠霞, 胡兆农, 等, 2008. 从天然产物到新农药创制——杀虫植物苦皮藤研究进展[J]. 昆虫知识, 45 (6): 845-851.

（撰稿: 尹显慧; 审稿: 李明）

苦参碱　matrine

从豆科植物苦参的植株、根及果实中提取的苦参总碱, 其主要成分有苦参碱、槐果碱、氧化槐果碱、槐定碱等多种生物碱, 以苦参碱、氧化苦参碱含量最高。也可从苦豆子果实及山豆中提取分离。具有触杀和胃毒作用的广谱性植物源杀虫剂。1993 年山西绿丹中草药有限公司首先开发 0.26% 苦参碱水剂并登记。

其他名称　绿宝清、绿宝灵、维绿特、母菊碱、苦甘草、苦参草、苦豆根、西豆根、苦平子、野槐根、山槐根、千人参、苦骨。

化学名称　苦参啶 -15- 酮; matridin-15-one。

IUPAC 名称　(7aS,13aR,13bR,13cS)-dodecahydro-1H,5H,10H-dipyrido[2,1-f:3',2',1'-ij][1,6]naphthyridin-10-one。

CAS 登记号　519-02-8。

EC 号　610-750-6。

分子式　$C_{15}H_{24}N_2O$。

相对分子质量　248.36。

结构式

开发单位　山西绿丹中草药有限公司、杨凌馥稷生物科技有限公司、江苏省南通神雨绿色药业有限公司等。

理化性质　纯品为白色针状结晶或结晶状粉末, 无臭、味苦, 密度 1.0888g/cm³。熔点 76℃。沸点 233℃。久置空气中遇热颜色变黄且变为油状物, 室温下放置又固化。能溶于水、苯、氯仿、甲醇、乙醇, 微溶于石油醚。

毒性　中毒。原药小鼠急性腹腔 LD_{50} 157.13mg/kg, 耐受剂量 > 80mg/kg。制剂低毒, 3% 苦参碱水剂对雌、雄性大鼠经口 LD_{50} 4640mg/kg; 经皮 LD_{50} > 2000mg/kg; 雌、雄大鼠吸入 LC_{50} > 2000mg/m³。

剂型　0.2%、0.3%、0.5%、0.6%、1%、1.3%、2% 水剂, 0.3%、0.36%、0.5%、1%、1.5% 可溶液剂, 0.3%、0.6% 乳油, 5% 母药。

质量标准　5% 母药棕黄色。制剂为深褐色液体, 储存稳定性良好, 热储 54℃ ±2℃, 14 天分解率 ≤5%, 0℃ ±1℃冰水溶液放置 1 小时无结晶, 无分层。

作用方式及机理　对害虫具有触杀和胃毒作用。苦参碱能使乙酰胆碱酯酶（AChE）活性下降, 可能的作用靶标是 γ - 氨基丁酸受体（GABA）, 抑制昆虫体内 GABA 基因的表达, 引起幼虫神经传递的阻断, 从而表现为抽搐, 不规则卷曲, 最终死亡。此外, 害虫接触药剂可堵死气孔, 使其窒息死亡。

防治对象　茶毛虫、菜青虫、小菜蛾、烟青虫、蚜虫等害虫。同时还能防控梨黑星病、葡萄炭疽病、黄瓜霜霉病、水稻条纹叶枯病、辣椒病毒病、马铃薯晚疫病等病害。

使用方法

防治茶毛虫、菜青虫、小菜蛾、烟青虫、蚜虫等害虫　在卵孵化盛期, 用 0.5% 苦参碱可溶性液剂有效成分 3.75～6.75g/hm²（折成 0.5% 苦参碱可溶性液剂 50～90ml/ 亩）稀释 800～1200 倍液均匀喷雾。

防治梨树黑星病、葡萄炭疽病、黄瓜霜霉病、水稻条纹叶枯病、马铃薯晚疫病等病害　在病害发生前或发生初期, 用 0.5% 苦参碱可溶性液剂有效成分 3.75～6.75g/hm²（折成 0.5% 苦参碱可溶性液剂 50～90ml/ 亩）稀释 500～800 倍液均匀喷雾。

注意事项　①严禁与碱性农药混用。②速效性差, 应根据虫情预测预报, 在害虫低龄期施药防治。③远离火源、热源。④避免与皮肤、眼睛接触, 防止由口、鼻吸入。

与其他药剂的混用　1.3% 苦参碱 500 倍液与 0.5% 丁子香酚 250 倍液混用对葡萄灰霉病具有增效作用; 苦参碱和多杀霉素以 1:2 混用可提高对蓟马的防效; 苦参碱与阿维菌素以 24:1 的比例混用对菜青虫、朱砂叶螨有良好的防治效果。

允许残留量　GB 2763—2021《食品中农药最大残留限量标准》规定苦参碱在结球甘蓝和黄瓜中的最大残留临时限量标准为 5mg/kg, 在柑橘类水果和梨中的最大残留临时限量标准分别为 1mg/kg 和 5mg/kg。ADI 为 0.1mg/kg。

参考文献

吉沐祥, 吴祥, 肖婷, 等, 2013. 多杀霉素与苦参碱复配对草莓蓟马的毒力测定与田间防效[J]. 江苏农业科学, 41(7): 101-103.

苏鹏, 樊斌琦, 王焱, 等, 2015. 4种生物农药对刘氏短须螨的毒力及苦参碱对相关酶活性的影响[J]. 中国森林病虫, 34(3): 41-43.

谢贵元, 2012. 3%苦参碱水剂急性毒性及致突变作用研究[D]. 长沙: 中南大学.

杨勇, 王建华, 吉沐祥, 等, 2016. 植物源农药丁子香酚与苦参碱及其混配对葡萄灰霉病的毒力测定及田间防效[J]. 江苏农业科学, 44(12): 160-163.

（撰稿: 龙友华; 审稿: 李明）

矿物源农药　mineral pesticides

由天然矿物原料的无机化合物或矿物油经加工制成的杀虫剂、杀菌剂、除草剂、杀鼠剂和杀螨剂等。其主要成分来源于矿产无机物和矿物油，它是农药发展过程中的一个重要的农药品种，是防治病虫草的一种基础性农药，对提高农作物产量，保护农作物，杀死影响农业丰收的病虫草和鼠起到重要作用。矿物源农药包括砷化物、硫化物、铜制剂、氟化物、磷化物等矿物无机物和矿物油等。矿物源农药可以有效减缓有机化学合成农药带来的污染，对保护生态环境及农业产品安全具有重要意义。

矿物源农药毒性较低，药效好，残存时间比较短，对人畜和天敌生物比较安全，并且对害虫的作用机理大多是物理（机械）作用，不容易产生抗性，如氢氧化铜、氧化亚铜（又名靠山）、碱式硫酸铜（又名三碱基硫酸铜、高铜）、氧氯化铜（又名王铜、碱式氯化铜）、波尔多液等铜制剂，石硫合剂、硫悬浮剂、硫黄可湿性粉剂等硫制剂，机油乳剂、煤油乳剂、柴油乳剂等矿物油乳剂，硫酸锌石灰液、索利巴尔（70% 可溶性粉剂，含多硫化钡）等。随着化学合成农药的广泛使用，矿物源农药的使用大量下降，毒性大、药效低、残留时间长的矿物源品种比如砷化物（砷酸铅、砷酸钙）和磷化物（磷化锌）等，已陆续被淘汰。

矿物源农药的发展　矿物源农药起源于铜制剂。公元前 4000 年，古埃及开始使用铜制剂，使用硫酸铜进行印染。公元前 400 年古希腊运用硫酸铜治疗疾病。随着人类对于粮食需求量不断增大，开始探索将铜制剂应用到农业，1761 年，硫酸铜用于种子消毒，防治植物病害，1807 年，硫酸铜用于小麦种子浸泡。此后，铜制剂在农业领域应用日益广泛。铜制剂中最著名的当属波尔多液。1878 年，一种名为"霉叶病"的植物病毒狂扫以种植葡萄著名的波尔多城。一位植物学家意外发现经由熟石灰与硫酸铜溶液的混合物能有效防治葡萄霉叶病，波尔多地区重新变成了"葡萄园世界"，后来这种农药以"波尔多液"命名，广泛应用于病菌的防治。波尔多液原理是熟石灰与硫酸铜起化学反应，生成碱式硫酸铜，具有很强的杀菌能力。随后，研制了许多铜制剂，如氢氧化铜、氧化亚铜、碱式硫酸铜、氧氯化铜，这些铜制剂，提高了农业产量，丰富了矿物源农药。

随着矿物油精制技术的发展以及在有机农业生产的病虫害防治技术上的作用机理和杀虫特点，发展出了矿物油乳剂。矿物油又名白色油、石蜡油。矿物油是指通过开采和初加工的石油经过物理蒸馏分馏出的特定成分，再通过精制乳化形成的一种矿物源农药。因其具有良好的性质，如低毒性、无抗性、防治广谱和环境友好型等特点在国际上广泛应用于农作物病虫害的综合治理，在中国长期应用于处于休眠期的果树等作物。矿物油历史悠久，早在 1865 年，许多国家已开始使用未经乳化的煤油防治柑橘介壳虫。矿物油进行乳化处理后使用，如肥皂水和 15% 的煤油混合应用在休眠期的作物上，杀虫效果明显。20 世纪初，研究表明含碳原子数较少的矿物润滑油（C14～C24）的杀虫效果比煤油的杀虫作用更有效；随后，又使用分子比较重的矿物油（C18～C24），发现其应用在作物上可获得更好的防治效果；20 世纪 90 年代，高纯度、低杂质和重量轻矿物油的提炼成功，拓宽了矿物油的防治范围，提高了杀虫效力，并降低了低纯度矿物油使用带来的系列问题。农业部第 1133 号公告取消了原来的机油乳剂、柴油乳剂和石蜡油的分类，将

其统称为矿物油。矿物油的综合防治效果取决于矿物油的纯度和质量，目前使用的矿物油大部分是由环烷和石蜡组成，石蜡对害虫具有良好的毒杀作用并对植被安全，而环烷组分的杀虫效果较弱且对植被伤害很大，因此矿物油要求石蜡含量要在 60% 以上。非黄化物值（UR）是矿物油的精炼程度的重要指标，也是评价其质量和环境风险的主要参数，它是指矿物油中不能被氧化或被氧吸收的组分所占总量的比例，一般农用矿物油的非黄化物要求不小于 92%，小于 95% 的不宜用于正处在生长期中的植物；倾点用来评价矿物油在低温条件下保持液态和流动态的能力，同时也用来判断石蜡的含量，石蜡含量影响矿物油的流动能力及杀虫效果，矿物油需保持液态，不适合在寒冷地带使用。中国矿物油的质量理化指数标准的碳原子数在 21～24 之间，碳原子数相差不大于 8，非黄化物值不应低于 92%。国际上矿物油分为混合油（如柴油乳剂）、农用矿物油（如机油乳剂）、精制园艺油（如 SK、加德士等矿物油）等，目前美国、澳大利亚等国家使用的矿物油已达到日用化学品甚至食品级标准，代表性的有韩国 SK（代表产品绿颖）、美国加德士等公司生产的高精炼度的矿物油。

矿物源农药等无机类杀虫、杀菌剂可谓是世界上最古老的农药之一，硫制剂、铜制剂等在农药历史上是众所周知的早期主要农药。虽然随着有机合成类农药的快速发展，这类矿物源农药的市场份额下降，但是至今仍在发挥其作用。

矿物源农药的分类　随着农药的发展与规范化使用，矿物源农药的使用数量逐渐降低，目前使用较多的品种主要为含硫制剂、含铜制剂、矿物油乳剂和磷化物，另外还有硫酸锌石灰液、索利巴尔（70% 可溶性粉剂，含多硫化钡）等无机农药。含硫制剂包括石灰硫黄合剂（又名石硫合剂）、硫悬浮剂、硫黄可湿性粉剂、硫黄粉等；含铜制剂包括氢氧化铜、氧化亚铜、碱式硫酸铜、氧氯化铜、波尔多液等；磷化物主要包括磷化锌和磷化铝这两类；矿物油乳剂又包括机油乳剂、煤油乳剂、柴油乳剂等。

（1）硫制剂　低毒、对天敌和蜜蜂较为安全的杀菌、杀螨和杀虫剂。以触杀为主，其硫黄蒸气兼具有一定的熏蒸作用，应用较多的是石硫合剂、硫悬浮剂和硫黄粉。

①石硫合剂。石硫合剂是石灰硫黄合剂的简称，是用硫黄、石灰、水经过高温熬制而成的一种药剂，有液体石硫合剂、固体石硫合剂，石硫合剂结晶等形式，硫黄、石灰、水三者的最佳比例是 1:2:10。其有效成分为多硫化钙（CaS_x）。石硫合剂为强碱性，性质非常不稳定，遇酸易分解，长时间储存易失效，在进行石硫合剂的熬制时，必须用瓦锅或生铁锅。具体熬制方法：首先称量好优质生石灰放入锅内，加入少量水使石灰消解，然后加足水量，加温烧开后，滤出渣子，再把热水调制好的硫黄糊自锅边慢慢倒入，搅拌，并记下水位线，加热沸腾 40～60 分钟，损失的水分要用热水补充，在停火前 15 分钟加足。当锅中溶液呈深红棕色、渣子呈蓝绿色时，停止加热，冷却过滤，清液即为石硫合剂母液。

石硫合剂特点：药效高。石硫合剂结晶是在液体石硫合剂的基础上经化学加工而成的固体新剂型，纯度高、杂质少，药效是传统熬制石硫合剂的 2 倍以上。药效持久。石硫

合剂药效可持续 15 天左右，7～10 天达最佳药效。低残留。产品分解后，有效成分不仅具有杀菌作用还具有杀螨的效果，残留部分为 Ca、S 等元素的化合物，这些化合物是植物生长所必需的中量元素，均可被植物的果、叶吸收。无抗药性。石硫合剂已有 100 多年的使用历史，无明显抗药性，是一种广谱廉价兼具杀菌、杀螨、杀虫作用的无机硫农药。

石硫合剂的作用机制：石硫合剂中的有效成分多硫化钙有较强的渗透和侵蚀病菌细胞壁和害虫体壁的能力，可直接杀死病菌和害虫。其药液喷洒到植物表面后，在氧气、二氧化碳、水的作用下，通过发生化学变化，最终形成细小的硫磺沉淀，并同时释放出硫化氢气体，从而达到灭菌、杀虫和保护植物的效果，病虫不易对其产生抗性。

石硫合剂的使用方法：喷雾法。苗木和草坪均喷雾。在果树休眠期和萌芽前，喷洒 3～5 波美度的石硫合剂，可铲除缩叶病、穿孔病、褐腐病、实腐病、炭疽病等越冬菌源，消灭桃球坚蚧、梨盾蚧、柿棉蚧、梨潜叶壁虱、苹果全爪螨的越冬卵及山楂叶螨的出蛰雌螨、葡萄瘿螨等；桃树花期后，喷洒 0.3～0.5 波美度的石硫合剂，对防治桃下心瘿螨引起的畸果病效果很好；生长季节喷洒 0.3 波美度的石硫合剂，可防治多种果树的细菌性穿孔病、白粉病、褐腐病、疮痂病，并可兼治山楂叶螨、苹果全爪螨。秋冬季节果树落叶后清园时，一般都要施用一次石硫合剂。涂干法。早春晚秋用水稀释 180～400 倍喷雾或用刷子均匀涂刷在树干上。如在休眠期树木修剪后使用石硫合剂涂刷紫薇、石榴树干和主枝，可消灭紫薇绒蚧的危害。伤口处理剂。涂伤口减少有害病菌的侵染，防止腐烂病、溃疡病的发生。涂白剂。石硫合剂 0.4kg、生石灰 5kg、食盐 0.5kg（可不加）、水 40kg 配制树木涂白剂。涂白剂可防日灼、冻裂，杀灭越冬虫卵，抑制和减少天牛、吉丁虫、透翅蛾、大青叶蝉等成虫在树干产卵，另外，白色对害虫具有一定趋避作用。涂白剂杀菌的主要机理：在树体表面形成严密保护层，使外来病菌难以侵入；树体表面形成高碱区，使病菌难以生存；阻止氧气进入，使病菌缺氧窒息死亡；形成相对干燥区，阻碍病菌的滋生及孢子萌发，达到防病作用。

使用石硫合剂的注意事项：石硫合剂因取材方便、价格低廉、效果好、对多种病害有抑杀作用等优点而广泛使用。但如果使用不当易产生药害，因此需注意：一是石硫合剂的浓度要随着气候条件及防治时期来确定，随配随用，配制石硫合剂的水温应低于 30℃，热水会降低效力。气温高于 38℃ 或低于 4℃ 均不能使用。气温达到 32℃ 以上时慎用，稀释倍数应加大至 1000 倍以上。冬季气温低，植株处于休眠状态，使用浓度可高些；夏季气温高，植株处于旺盛生长时期，使用浓度宜低。浓度过大或温度过高都易产生药害。树木、花卉休眠期一般在早春或冬季，此时喷施浓度应高些，一般为 3～5 波美度，而到了生长季节，温度升高，浓度应低些，果树生长期的使用浓度一般为 0.3～0.4 波美度，旺盛生长期低至 0.1～0.2 波美度。黄瓜、大豆、马铃薯、桃、李、梅、梨、葡萄、杏等对硫比较敏感的作物，要降低用药浓度和减少喷药次数。二是石硫合剂药剂呈碱性，忌与有机磷农药及其他忌碱农药如波尔多液、铜制剂、机械乳油剂、松脂合剂等及在碱性条件下易分解的农药混用。由于石硫合

剂和波尔多液均属碱性，混合会产生硫化铜沉淀，破坏有效成分，发生植物药害。因此在需要与波尔多液前后间隔使用时，先喷石硫合剂的，间隔 10～15 天后才能喷波尔多液；先喷波尔多液的，则要间隔 20 天后才可喷石硫合剂。三是桃和苹果在花期喷药，具有疏花、疏果作用；在李树上喷药，会抑制花芽分化，造成翌年减产。四是苹果生长期施用石硫合剂，易形成果面污斑。红蜘蛛严重的果园，不宜用石硫合剂，以免加速叶片干枯。五是使用前要充分搅匀，长期连续使用易产生药害，应当与其他农药交替使用。

②硫悬浮剂。硫悬浮剂是硫黄粉以表面活性剂等作为分散物质，经机械加工制成的一种含硫黄 50% 的胶悬剂，制成的悬浮剂呈中性，它和内吸性杀菌剂联用不仅可以延缓和防止内吸性杀菌剂抗药性的产生，而且可以在保留硫制剂优点的同时提高药效。

硫悬浮剂的特点：硫悬浮剂悬浮率大于 90%，其微粒直径为 1～6μm，黏着性好，药效期长，耐雨水冲刷，药效高于可湿性硫黄粉和硫黄粉，长期使用不易产生抗性，除了对捕食螨有一定影响，对其他天敌基本无害。硫悬浮剂以水作为介质，节省填充料和溶剂，生产过程中不会造成粉尘污染，不用或很少用乳化剂和有机溶剂等有机化学物质。硫悬浮剂对环境较安全，对农产品无污染，对人畜低毒，对作物较安全，可防治许多真菌病害和螨类。硫悬浮剂杀螨杀菌谱广，可能的杀菌机理是干扰病菌的正常氧化还原作用，硫悬浮剂作用于氧化还原体系，夺取电子，破坏细胞色素 b 和 c 之间电子传递过程。

硫悬浮剂的使用方法：悬浮剂的覆盖面积较大导致其单位面积用药量可比两种硫黄粉剂少约 50%。其产品有 45% 和 50% 硫悬浮剂两种。春季使用时用 50% 硫悬浮剂 200～300 倍液，夏、秋季用 400～500 倍液，可防治桃介壳虫、草履蚧、圆蜡蚧、柿棉蚧、梨黄粉蚜、红蜘蛛等螨类的成虫、若虫、幼虫及螨卵，及苹果、葡萄白粉病等。在设施内可将硫黄粉在熏蒸炉上直接熏蒸。硫悬浮剂主要对白粉病和瘿螨有很好的防治效果。

③硫黄粉。硫黄粉是将硫黄粉 200g 与干木屑 400g 混合经粉碎后制成的烟雾剂，是一种酸性化合物。药效比其他几种硫制剂差。主要用于喷粉，还可用于拌种和熏蒸。硫黄粉在花草、林木、果树上使用有灭菌防腐、调节酸碱性、促进伤口愈合、防治病害的作用，在大棚中使用硫黄粉熏蒸可以防治白粉病、蚜虫、白粉虱等温室病虫害。硫黄可湿性粉剂是硫黄、润湿剂和填料混合后经机械磨碎制得，呈中性或弱碱性。主要加水喷雾，药效不及石硫合剂和硫悬浮剂好，但药害比石硫合剂轻，可在桃、李生长季节使用。产品包括 50% 硫黄可湿性粉剂，一般用 100～300 倍液。

（2）铜制剂 依靠释放出铜离子与真菌体内蛋白质中

的—SH、—NH$_2$、—COOH、—OH 等基团起作用，导致病菌死亡的一种农药制剂。

①波尔多液。最早被发现和应用的植物保护剂，是应用最广泛的无机铜素杀菌剂，有效成分为碱式硫酸铜，能促使果树叶色浓绿、生长健壮，从而提高树体抗病能力。波尔多液是由硫酸铜和石灰以一定的配比制成的混合物，按照硫酸铜和生石灰的质量比例的不同，它可分为等量式、半量式、倍量式、多量式和少量式 5 类。等量式是指硫酸铜与生石灰的比例为 1∶1，半量式即将生石灰的量减半，硫酸铜∶生石灰＝1∶0.5，倍量式、多量式和少量式中硫酸铜与生石灰的比例依次是 1∶2、1∶3～1∶5、1∶0.25～1∶0.4。波尔多液中硫酸铜越多、生石灰越少，则杀菌力越强，但同时抵抗雨水冲刷力越弱、持效期越短；反之则杀菌力越弱，但同时抵抗雨水冲刷力越强、持效期越长。波尔多液是一种广谱保护性杀菌剂，广泛应用于果树、蔬菜和经济作物，对真菌引起的霜霉病、绵腐病、猝倒病等有良好防效。

波尔多液的特点：作为植物杀菌剂，波尔多液具有黏着性好、药效持久、不易产生抗药性的特点。该药杀菌谱广，对子囊菌、半知菌、担子菌引起的果树炭疽病、轮纹病、黑星病、褐腐病、霜霉病、褐斑病、锈病等均有良好的防效，对细菌性溃疡病也有一定的防效。黏着性好，由于波尔多液喷在植物表面形成的是水溶性很低的膜（耐雨水），所以它的杀菌作用时间（持效期）长，耐雨水冲刷，持效期长达 15～20 天。此外，波尔多液可以补充缺铜作物的铜元素，起到矫治作用。

波尔多液的作用机理：波尔多液的蓝色沉淀物是水合铜通过吸附硫酸钙稳定的氧化物。一般认为铜要具备杀菌活性必须溶于水形成水溶液。而对于新鲜制造的波尔多液，可以在其中检测到少量的可溶性铜，但是实际应用中会形成一层风干的薄膜，含铜量很少，已经发现从 0.2～0.3mg/L 和 0.5mg/L 量太小，并不能显著影响大多数真菌孢子萌发。波尔多液的杀菌机制主要是利用铜离子凝固原生质的方式使菌死亡，而释放铜离子的途径主要有 4 种：一是二氧化碳和其他"大气氛"；二是植物排泄物；三是真菌的分泌物或渗出物；四是认为孢子能吸收并从非常稀释的溶液中累积铜，从而积累有毒量。

植株叶片喷药后药液能在植物和病菌表面形成一层很薄的药膜，使可溶性游离铜离子浓度逐渐增加，铜离子进入病菌体内，使细胞中的原生质变性并使病菌死亡，从而有效阻止孢子发芽，防止病菌侵染，并提高抗病能力，对病害产生较好的预防效果。

使用波尔多液的注意事项：喷施波尔多液时要因树制宜，不同果树树种应采用不同的稀释倍数；相同果树的不同生长阶段使用的浓度也不尽相同。有些作物对铜离子或生石灰敏感，容易产生药害，不应施用波尔多液，例如苹果、梨等果树就对铜离子敏感，宜采用倍量式，尽可能降低铜离子浓度；而葡萄等果树对生石灰敏感，多采用半量式，尽可能减少生石灰的用量，此外，桃、李、梅、杏、中国梨等在生长期则不宜施用波尔多液。喷药时间也很重要，波尔多液主要起到保护性作用，发病前或发病初期施用效果最佳，这样不仅可以防止病原物侵入，也能起到防止病害扩散的作用，

药剂喷施要间隔 15～20 天，喷施波尔多液应在晴朗、没有露水的天气下进行。

②氢氧化铜。一类性能较为优异的铜基保护性杀菌剂，可以与其他杀菌剂、杀虫剂及叶面肥进行混用。常用剂型为氢氧化铜水分散颗粒剂、氢氧化铜可湿性粉剂。氢氧化铜水分散颗粒剂易于混用，使用方便，杀菌谱广，提供对细菌性及绝大多数真菌性病害的全面保护；不污染叶面及果面；刺激作物生长；增加果皮弹性，减少裂果。

氢氧化铜施用范围及使用方法：一般采用喷雾的形式，用于防治黄瓜细菌性角斑病，番茄青枯病、溃疡病、斑疹病，白菜软腐病，葡萄细菌病害如霜霉病等。

使用氢氧化铜的注意事项：温度高于 35℃时严禁使用。霜冻天气或过度潮湿条件下应谨慎使用。严禁使用 pH 值低于 6.5 或高于 9 的水来配制药液。

（3）矿物油乳剂　包括机油乳剂、煤油乳剂、柴油乳剂等。按分子组成来分，可分为 3 类，即异构烷烃（这类烷烃药效最佳），是石蜡类基础油的主要成分；环烷烃（比异构烷烃的药低），是环烷类基础油的主要成分；芳香烃（这类分子是导致植物药害的主要原因），是芳香类基础油的主要成分。现在的农用矿物油都是用石蜡类基础油为原料。

矿物油的作用机理：矿物油由于能够溶解昆虫体表蜡质层，封闭昆虫气孔从而达到控制昆虫危害的作用，而矿物油乳剂所形成的油膜既能窒息害虫，又能侵入虫体内，从而致死。

矿物油的特点：矿物油不刺激其他害虫发生，不易杀伤自然天敌，是综合防治的理想药剂；其性质属于物理窒息杀虫（螨），不同于神经毒剂；急性毒性低，对人、畜安全；同时对环境生物杀伤力低，且在短时间内由微生物分解成水和二氧化碳。作物和环境均无残留。

矿物油农药的应用：农用喷淋油级。农用喷淋油为石蜡基或经加氢降低芳烃含量的原基础油，其非黄化物含量高，色泽透明，碳数分布为 C21～C24，馏程范围在 7 以内，有良好的乳化性能。喷淋油具有毒性低、对环境无污染、残留低等特点，可用于蔬菜粮食作物的生长期和休眠期杀虫、杀菌等。柴油机级。柴油机级必须使用非回收的原基础油，产品碳数应在 C17～C30，颜色低于 5.5（ASTM D1500），由于柴油、机油乳油可能含有产生作物药害、引起农产品残留等的物质，所以一般用于柑橘等果树杀虫，且仅限于果树休眠期清园。

矿物油农药的使用，要与农作物的种类和使用时期紧密配合。针对矿物油的不同特性和农业生产使用时期、使用范围等实际情况，将矿物油分为两大类型：即单相或多相。所谓多相是指矿物油与水、乳化剂等加工而成。由于矿物油成分复杂，尽量不要与化学农药混配使用，同时由于矿物油施用于植物时受温度的影响比较大，要注意区分夏天和冬天使用的产品，夏天使用的矿物油农药，对矿物油沸程、烷烃的碳数范围有严格的要求，因温度较高，为了避免药害的发生，要限制高沸程的馏分；对冬天在农作物休眠期使用的矿物油产品，因温度较低，产生药害的可能性相对较小，为了保证其药效，主要限制低沸程的馏分。

（4）磷化物　磷化物价廉、杀虫效果好，已成为中国

主要的熏蒸杀虫剂，应用于仓库杀虫。它在农药的发展过程中发挥了一定的作用，在一定水平上提高了农业的生产。作为矿物源农药，其典型代表有磷化锌和磷化铝。

①磷化锌。即二磷化三锌，又名耗鼠尽。常被用作杀鼠剂（常适用于毒杀田鼠和家鼠）和粮食仓库的熏蒸剂。灰色结晶粉末，不溶于水和醇类，溶于酸、苯和二硫化碳。在1100℃氢气中升华。常温空气中发生磷臭味，遇水和潮湿空气会缓慢分解，遇酸则剧烈分解放出剧毒的磷化氢气体，易着火，与浓硝酸接触即被氧化并发生爆炸。

磷化锌的使用方法：常规使用以配制毒饵为主，防治家栖鼠种，宜选用1%～3%的有效成分含量；防治野栖鼠种，毒饵中有效成分含量可提高至2%～5%。在制备毒饵时，应选择鼠类喜食的饵料，以提高磷化锌毒饵的适口性。配制毒饵时常用约3%的植物油作为黏着剂（油也有诱鼠的作用），应避免在1年内重复使用，做到与其他杀鼠剂合理交替使用。

经研究发现磷化锌可由内脏器官吸收磷进入鱼体内，磷主要分布在内脏器官，鳃有少量分布并且磷化锌对鱼肌肉的蛋白质合成有抑制作用；磷化锌对全长35mm草鱼苗的LD_{50}为4.67mg/L（水）；对无附肢蝌蚪的LD_{50}为45mg/L（水），对有附肢蝌蚪的LD_{50}为49mg/L（水）；水中磷化锌对蛙卵的发育影响不明显，对蝌蚪和鱼类的肾脏、肌肉损害较大。

磷化锌的注意事项：磷化锌的储存方法。储存于阴凉、干燥、通风良好的库房。远离火种、热源；防止阳光直射；包装必须密封，切勿受潮；应与氧化剂、酸类、食用化学品等分开存放，切忌混储；配备相应品种和数量的消防器材。储区应备有合适的材料收容泄漏物。磷化锌中毒实为磷化氢中毒，磷化氢在体内迅速氧化成初级氧化产物亚磷酸，由于吸入、误服磷化锌可致磷化氢中毒，表现不同程度的胃肠症状，以及发热、畏寒、头晕、兴奋及心律失常等，严重者气急、少尿、抽搐、休克及昏迷等，并对环境尤其是水体造成严重的污染，因此磷化锌已被禁用。

②磷化铝。一种很古老的农药品种，也是中国目前使用最广的储粮熏蒸剧毒药剂，是用赤磷和铝粉烧制而成的。使用最多的是56%磷化铝片剂。与氨基甲酸铵的混合物是农药中的一种。

磷化铝的特点：磷化铝作为一种广谱性熏蒸杀虫剂，具有杀虫谱广、杀虫效率高、经济方便等特点，遇水、酸时迅速分解，放出吸收快、毒性剧烈的磷化氢气体，因此毒性很高。

磷化铝的使用范围：磷化铝主要用于熏杀货物的仓储害虫、空间的多种害虫、粮食的储粮害虫、种子的储粮害虫、洞穴的室外啮齿动物等。制剂产品可熏蒸原粮、成品粮、油料和薯干等。若熏蒸种子时，其水分因不同作物而要求不同。在密封的仓库或者容器里，可直接灭除各类储粮害虫，并能杀灭仓库内老鼠。对家庭、商店物品的螨类、虱、皮衣、羽绒类虫蛀，也可用磷化氢。在密封的温室、玻璃房、塑料大棚中使用，可直接杀死地下、地上害虫和老鼠，并可穿透到植物体内杀死钻蛀性害虫、根结线虫。用质地较厚的密封塑料袋和大棚，可处理露地花卉基地和出口盆栽花卉，杀死地下和植株内的线虫和植株上的各类害虫。

磷化铝的作用机制：磷化铝的杀虫原理主要是通过熏蒸与空气中的水进行化学反应产生高毒的磷化氢气体。通过昆虫（或者老鼠等动物）的呼吸系统进入体内，作用于细胞线粒体的呼吸链和细胞色素氧化酶，抑制其正常呼吸而致死。在无氧情况下磷化氢不易被昆虫吸入，不表现毒性，有氧情况下磷化氢可被吸入而使昆虫致死。昆虫在高浓度的磷化氢中会产生麻痹或保护性昏迷，呼吸降低。

磷化铝的注意事项：熏蒸时，在晴朗的天气下进行，不要在夜间进行。磷化铝在熏蒸中，遇空气中的过量水分会立即发生水解反应，生成剧毒的PH_3气体以及少量易燃的P_2H_4气体。因此，熏蒸场所不准使用明火。磷化铝熏蒸残渣彻底散气后才能集中深埋处理。

磷化铝可熏蒸粮食、药材、烟草、竹器等害虫，也可用于草原、列车灭鼠。不宜用磷化氢熏蒸的货物：含铜、铜合金、黄铜、金和银的一切仪器设备、装饰品、衣物及某些复写纸和未经冲洗的照相胶片等。磷化铝不适用于文物、文史档案、仪器设备及纺织品类熏蒸。

矿物源农药的现状和发展前景　矿物源农药包括近500个产品，主要是硫黄300个产品，主要区别在于剂型的不同，包括原药5个、可湿性粉剂188个、悬浮剂90个、水分散粒剂7个等剂型，其次有矿物油165个，全部是乳油。矿物源农药具有很多优点：一是多次使用未发现抗性出现，矿物源农药仍然保持良好的药性不会杀死害虫的天敌，也不会刺激其他害虫，是综合防治的理想农药；二是毒杀害虫的作用机制大部分属于物理性，对人畜安全；三是与化学合成农药相比对环境危害程度较小，如矿物油农药的毒性较低，已被国家列入AA级绿色食品生产允许使用的农药品种之一，成为21世纪农药发展的新方向。国内在册登记的含有乳油的农药产品大约有500个，其中大部分是复配生产出售，大大提高了药效，主要复配的农药品种有阿维菌素、高效氯氰菊酯、哒螨灵、氯吡硫磷、辛硫磷、三唑磷等。发展高质量的矿物源农药可以有效避免环境恶化和导致害虫出现抗性问题，其优点特性符合当代社会对农药发展和农业生产的期许，未来安全高效的矿物源农药必定占据一定的市场份额。

参考文献

柴全喜，张彦武，丁艳梅，2007. 如何区别波尔多液和石硫合剂[J]. 山西果树 (4): 57-58.

陈体先，2017. 矿物源农药在北方落叶果树病虫害防治中的应用[J]. 烟台果树 (1): 35-38.

葛文华，赵玉娟，金昌豹，2015. 石硫合剂实用新技术[J]. 陕西林业科技 (3): 140-142.

王海燕，程致燕，2016. 矿物油在有机农业生产中的应用前景浅析[C]//全国石油蜡及特种油产品技术交流会论文集: 263-268.

张权炳，2005. 矿物源农药在柑桔等果树病虫害无公害防治中的应用 (二)[J]. 中国南方果树, 34(6): 93-94.

BARKER B T P, GIMINGHAM C T, 1911. The Fungicidal Action of Bordeaux Mixtures[J]. Journal of agricultural science, 4(1): 76-94.

MAKSYMIEC W, 1997. Effect of copper on cellular processes in higher plants[J]. Photosynthetica, 34(3): 321-342.

MCCALLAN S E A, 1949. The nature of the fungicidal action of copper and sulfur[J]. Botanical review, 15(9): 629-643.

MILWARD A F, SKERRETT E J, 2010. Studies in phytotoxicity: the detection of incipient phytotoxic effects of sulphur preparations[J]. Pest management science, 2(1): 38-40.

（撰稿：沈旻君、陈美君；审稿：邵旭升）

喹禾灵　quizalofop

一种芳氧苯氧基丙酸酯类选择性内吸传导型除草剂。为手性化合物。

其他名称　禾草克、NC-302、盖草灵。

化学名称　(R,S)-2-[4-(6-氯-2-喹喔啉-2-基氧)-苯氧基]丙酸乙酯。

IUPAC名称　(RS)-2-[4-(6-chloroquinoxalin-2-yloxy)phe-noxy] propionicacid.

CAS 登记号　76578-14-8。

EC 号　616-351-3。

分子式　$C_{19}H_{17}ClN_2O_4$。

相对分子质量　372.80。

结构式

开发单位　由日本日产化学公司和美国陶氏益农公司研制。

理化性质　纯品为无色晶体。相对密度1.35（20℃）。熔点91.7～92.1℃。沸点220℃（26.664Pa）。蒸气压8.65×10^{-4}mPa（20℃）。水中溶解度（20℃）0.3mg/L；有机溶剂中溶解度（g/L）：丙酮110、二甲苯120、正己烷2.6。原药有效成分为白色或淡褐色粉末，含量不低于97%，正常条件下储存稳定。

毒性　低毒。原药雄、雌大鼠急性经口LD_{50}分别为1670mg/kg、1480mg/kg，雄、雌小鼠急性经口LD_{50}分别为2350mg/kg、2360mg/kg；大鼠和小鼠急性经皮LD_{50}均＞10 000mg/L，大鼠急性吸入LC_{50}（4小时）5.8mg/L。对皮肤无刺激作用，对眼睛有轻度刺激作用，但在短期内即可消失。在试验剂量内对动物无致畸、致突变、致癌作用。在3代繁殖试验中未见异常。狗6个月喂养试验NOEL为100mg/kg。大鼠2年喂养试验NOEL为25mg/kg。对鱼类毒性中等偏低，如虹鳟LC_{50}（96小时）10.7mg/L，蓝鳃翻车鱼LC_{50}（96小时）2.8mg/L。蜜蜂LD_{50}＞50μg/只。野鸭和鹌鹑LD_{50}均＞2000mg/kg。

剂型　喹禾灵10%乳油，精喹禾灵5%、8.8%、10%、20%乳油。

质量标准　喹禾灵原药（HG 3759—2004）。精喹禾灵原药（HG 3761—2004）。

作用方式及机理　选择性内吸传导型芽后茎叶处理剂。

施药后可被杂草茎叶吸收，传导到植物生长点及节间分生组织，抑制乙酰辅酶A羧化酶，使体内脂肪酸合成停止，杂草逐渐死亡。该药降解速度快，在土壤中半衰期1天之内，主要以微生物降解为主。

喹禾灵含 R- 和 S- 体，精喹禾灵只具有杀草活性的 R- 异构体，提高了植物吸收和传导速度，药效不易受降雨、湿度和温度等环境条件的影响。

在禾本科杂草与阔叶作物间有较高选择性，茎叶可在几个小时内完成对药剂的吸收作用，向植物体内上部和下部移动。杂草在24小时内药剂可传遍全株，主要积累在顶端及节间分生组织中，使其坏死。杂草受药后，2～3天新叶变黄，生长停止，4～7天茎叶呈枯死状，10天内整株枯死；多年生杂草受药后能迅速向地下根茎组织传导，使其节间和生长点受到破坏，失去再生能力。

防治对象　大豆、花生、油菜、烟草、菠菜、棉花等阔叶作物田防除禾本科杂草。如稗、马唐、牛筋草、狗尾草、画眉草、千金子、野高粱、野黍、芦苇等。

使用方法　苗后茎叶喷雾。

防治大豆田杂草　大豆封垄前，禾本科杂草3～5叶期，春大豆田每亩用5%精喹禾灵乳油60～100g（有效成分3～5g），夏大豆田每亩用5%精喹禾灵乳油50～80g（有效成分2.5～4g），兑水30L茎叶喷雾。

防治油菜田杂草　油菜出苗后，看麦娘等禾本科杂草出齐至1.5个分蘖期，每亩用5%精喹禾灵乳油50～70g（有效成分2.5～3.5g），兑水30L茎叶喷雾。

防治棉花田杂草　直播及移栽棉田，禾本科杂草3～5叶期，每亩用5%精喹禾灵乳油50～80g（有效成分2.5～4g），加水30L茎叶喷雾。

注意事项　①精喹禾灵药效表现较迟，不要在施药后1～2周内效果不明显时重喷第二次药。②在土地湿度较高时，除草效果好，在高温干旱条件下施药，杂草茎叶未能充分吸收药剂，此时要用剂量的高限或添加助剂。③抗雨淋性能好，但药后2～3小时内降雨需重喷。④高温、干旱条件施药，某些作物品种会出现轻微药害。

与其他药剂的混用　可与灭草松、氟磺胺草醚、草除灵、草甘膦等桶混使用。

允许残留量　GB 2763—2021《食品中农药最大残留限量标准》规定喹禾灵最大残留限量见表。ADI为0.009mg/kg。油料和油脂、蔬菜、糖料参照GB/T 20770、SN/T 2228规定的方法测定。

部分食品中喹禾灵最大残留限量（GB 2763—2021）

食品类别	名称	最大残留限量（mg/kg）
油料和油脂	大豆、花生仁	0.1*
糖料	甜菜	0.1*
蔬菜	菜用大豆	0.2*

* 临时残留限量。

参考文献

刘长令, 2002. 世界农药大全: 除草剂卷[M]. 北京: 化学工业出版社.

马克比恩 C, 2015. 农药手册[M]. 胡笑形, 等译. 北京: 化学工业出版社.

中国农业百科全书总编辑委员会农药卷编辑委员会, 中国农业百科全书编辑部, 1993. 中国农业百科全书: 农药卷[M]. 北京: 农业出版社.

SHANER D L, 2014. Herbicide handbook[M]. 10th ed. Lawrence, KS: Weed Science Society of America.

（撰稿：李香菊；审稿：耿贺利）

喹啉类杀菌剂　quinoline fungicides

喹啉（quinoline），又名苯并吡啶。属于杂环类的芳香化合物，分子式为 C_9H_7N，其结构特点是含有一个苯环和一个吡啶环。杂环类化合物因其具有低毒、高效、对环境友好和结构变化多样等特点，逐渐成为新农药研究的主流，而喹啉类化合物是一类重要的含氮杂环，其为新型高效低毒农药的研究提供了新的途径。现在，市面上已经有多个含有喹啉骨架的农药产品出现，这些化合物已应用于农业多个领域。

该类杀菌剂包含种类较多，由陶氏益农公司开发的商品化品种苯氧喹啉，对谷物类白粉病的防治有特效；由孟山都公司开发的商品化杀菌剂乙氧喹啉，主要用于防治储藏病害，如苹果和梨的灼烧病；8- 羟基喹啉是先正达公司开发的杀菌剂，主要用于防治蔬菜和观赏植物的灰霉病、土传病害和细菌性病害；喹菌酮是由日本住友化学公司开发的用作种子处理的杀菌剂，主要用于水稻种子处理，防治极毛杆菌和欧氏植病杆菌，其作用机理是抑制细胞分裂时必不可少的DNA复制而发挥其抗菌活性；由巴斯夫公司研发的二氯喹啉酸是一种高效低毒选择性好的除草剂；喹啉环是具有很强生物活性的一类杂环，在其结构中引入不同取代基将会改变或增强其活性。

参考文献

田俊锋, 刘军, 孙旭峰, 等, 2011. 具有生物活性的喹啉类化合物的研究进展[J]. 农药, 50(8): 552-557.

杨序丽, 陈娅芳, 於祥, 2019. 基于喹啉类化合物的农药研究现状[J]. 山东化工, 48(3): 38-39.

YU X, GANG F, HUANG J L, et al, 2016. Evaluation of some quinoline-based hydrazone derivatives as insecticidal agents[J]. RSC advances, 6: 30405-30411.

（撰稿：陈雨；审稿：张灿）

喹啉铜　oxine-copper

一种钳合态有机铜杀菌剂。具有高效、广谱、安全、低毒、低残留等特点，对真菌、细菌性病害都具有较好的防治效果。

其他名称　必绿、净果精。

化学名称　双(8- 羟基喹啉)铜；bis(8-quinolinolato-kN^1,kO^8)copper。

IUPAC名称　bis(quinolin-8-olato-O,N)copper(II)。

CAS 登记号　10380-28-6。

EC 号　233-841-9。

分子式　$C_{18}H_{12}CuN_2O_2$。

相对分子质量　351.85。

结构式

开发单位　美国 Darworth 公司。

理化性质　黄绿色结晶粉末，不挥发，不潮解，无嗅无味，难燃，高温下分解变黑。不溶于水和多数有机溶剂，微溶于冰乙酸。熔点240℃。密度 1.68g/cm³。

毒性　低毒。急性经口 LD_{50}：雌小鼠 3160mg/kg，雄小鼠 3830mg/kg。兔急性经皮 LD_{50} > 2000mg/kg。对兔眼睛和皮肤没有刺激性。对鱼高毒，翻车鱼 LC_{50} 21.6μg/L，虹鳟 LC_{50} 8.94μg/L。对蜜蜂无毒。

剂型　33.5% 悬浮剂，50% 可湿性粉剂。

作用方式及机理　喷施后在植物表面形成一层严密的保护药膜，与植物亲和力较强，耐雨水冲刷；药膜缓慢释放杀菌的铜离子，有效抑制病菌的萌发和侵入，从而达到防病治病的目的。

防治对象　喹啉铜适用于对铜离子不敏感的多种瓜菜，对多种真菌性和细菌性病害均具有很好的防治效果。目前生产中主要用于防治：番茄的晚疫病、细菌性溃疡病，辣椒的疫病、溃疡病、疮痂病、霜霉病，黄瓜的霜霉病、细菌性叶斑病，西瓜的霜霉病、炭疽病、细菌性果斑病，甜瓜的霜霉病、疫腐病、细菌性果腐病，马铃薯晚疫病等。

使用方法　未发病或发病初期施药，每隔 10～15 天用药 1 次。

防治番茄的晚疫病、细菌性溃疡病　防治晚疫病，从田间初见病斑时开始喷药，7 天左右喷 1 次，与治疗性杀菌剂交替使用，连喷 4～6 次。防治细菌性溃疡病，在每次整枝打杈前、后各喷药 1 次，或整枝打杈后立即伤口涂药。一般每亩使用 33.5% 悬浮剂 60～80ml，或 50% 可湿性粉剂 40～60g，兑水 45～60kg 喷雾。

防治辣椒的疫病、溃疡病、疮痂病、霜霉病　从田间初见病斑（株）时开始喷药，7 天左右喷 1 次，与相应治疗性杀菌剂交替使用，连喷 3～5 次。防治疫病时重点喷洒植株中下部，防治霜霉病时重点喷洒叶片背面。一般每亩使用 33.5% 悬浮剂 60～80ml，或 50% 可湿性粉剂 60～80g，兑水 60～75kg 喷雾。

西瓜的霜霉病、炭疽病、细菌性果斑病　从病害发生初期或初见病斑时开始喷药，7 天左右喷 1 次，连喷 2～4 次。防治霜霉病时重点喷洒叶片背面，防治细菌性果斑病时重点喷洒瓜的表面。一般每亩使用 33.5% 悬浮剂 60～80ml，或 50% 可湿性粉剂 40～60g，兑水 45～60kg 喷雾。

甜瓜的霜霉病、疫腐病、细菌性果腐病　从病害发生初期或初见病斑时开始喷药，7天左右喷1次，连喷2～4次。防治霜霉病时重点喷洒叶片背面，防治疫腐病时重点喷洒瓜的整个表面及其接近地面处，防治细菌性果腐病时重点喷洒瓜的表面。一般每亩使用 33.5% 悬浮剂 60～80ml，或 50% 可湿性粉剂 40～60g，兑水 45～60kg 喷雾。

马铃薯晚疫病　从田间初见病斑时开始喷药，7～10天喷1次，与治疗性杀菌剂交替使用，连喷4～6次。一般每亩使用 33.5% 悬浮剂 60～80ml，或 50% 可湿性粉剂 60～80g，兑水 45～60kg 均匀喷雾。

注意事项　该品在番茄上的安全间隔期为 15 天，每季最多使用 2 次。按照农药田间操作规程施药。对人、畜低毒，正常使用技术条件下对蜜蜂、鸟、蚕安全，对鱼有毒，请勿污染水源，不可在鱼塘等水源处清洗施药器具。使用该品时应穿防护服，戴手套和口罩，沿包装袋缺口撕开。施药期间不可吃东西和饮水，施药后应及时洗手和洗脸。建议与其他不同作用机制的杀菌剂轮换使用。用过的容器应妥善处理，不可做他用，不可随意丢弃。

与其他药剂的混用　可与大多数农药混用（pH 中性）。不能与强酸及碱性农药混用，也不能与含有其他金属离子的药剂混用。有些瓜类对铜离子敏感，使用时需先试验后应用。

允许残留量　GB 2763—2021《食品中农药最大残留限量标准》规定喹啉铜最大残留限量见表。ADI 为 0.02mg/kg。

部分食品中喹啉铜最大残留限量（GB 2763—2021）

食品类别	名称	最大残留限量（mg/kg）
蔬菜	番茄、黄瓜	2
水果	苹果	2

参考文献

朱永和，王振荣，李布青，2006. 农药大典[M]. 北京：中国三峡出版社：588.

（撰稿：杨光富；审稿：吴琼友）

喹硫磷　quinalphos

一种具有胃毒活性和触杀活性的有机磷杀虫剂、杀螨剂。

其他名称　ekalux。

化学名称　O,O-二乙基-O-喹喔啉-2-基硫代磷酸酯；O-ethyl O-8-quinolyl phenylphosphonothioate。

IUPAC 名称　O,O-diethyl O-quinoxalin-2-yl phosphothioate。

CAS 登记号　13593-03-8。

EC 号　237-031-6。

分子式　$C_{12}H_{15}N_2O_3PS$。

相对分子质量　298.30。

结构式

开发单位　1969 年由拜耳公司推广，获有专利 BelgP 681443，1972 年又为山德士公司推广；杀虫活性最早由 K. J. Schmidt 和 L. Hammann 发表于 Pflanzensch. Nachr.Bayer，1969，22，324.。

理化性质　纯品为白色结晶固体。熔点 31～32℃。沸点 142℃（4×10^{-2}Pa 分解）。相对密度 1.235。20℃时蒸气压 3.466×10^{-4}Pa。24℃时水中溶解度 22mg/kg，易溶于乙醇、甲醇、乙醚、酮类和芳烃溶剂。较易水解，遇酸和碱分解，对光稳定。23℃时，pH7 的水中半衰期 40 天。

毒性　中等毒性。纯品雄大鼠和小鼠急性经口 LD_{50} 分别为 71mg/kg 和 57mg/kg。雄大鼠急性经皮 LD_{50} 1750mg/kg。大鼠急性吸入 LC_{50}（4 小时）0.45mg/L 空气。原药大鼠急性经口 LD_{50} 195mg/kg，大鼠急性经皮 LD_{50} 2g/kg。对兔眼睛和皮肤无刺激作用。在动物体内蓄积性很小。在试验剂量内对动物未见致突变、致畸和致癌作用。2 年喂养试验 NOEL：大鼠 3mg/kg，狗 0.5mg/kg，未见迟发性神经中毒作用。该剂对鱼及水生动物毒性高，LC_{50}（96 小时）：鲤鱼 3.63mg/L，虹鳟 0.005mg/L。野鸭急性经口 LD_{50} 37mg/kg，鹌鹑 4.3mg/kg。鹌鹑 LC_{50}（8 天）66mg/kg 饲料，野鸭 LC_{50}（8 天）220mg/kg 饲料。对蜜蜂毒性高，急性经口 LD_{50} 0.07μg/ 只，（局部）0.17μg/ 只。蚯蚓 LC_{50}：7 天 220mg/kg 土壤，14 天 118.4mg/kg 土壤。水蚤 LC_{50}（48 小时）0.66μg/L。25% 喹硫磷乳油大鼠和小鼠急性经皮 LD_{50} 分别为 300mg/kg 和 108mg/kg；大鼠急性吸入 LC_{50} 20mg/L。对兔皮肤无刺激作用，对兔眼睛有轻度刺激性。5% 喹硫磷颗粒剂大鼠急性经皮 $LD_{50} >$ 10g/kg，大鼠急性吸入 $LC_{50} > 10g/m^3$。对兔皮肤无刺激作用，对兔眼睛有短暂的轻度刺激性。

剂型　25% 乳油，5% 颗粒剂，30% 超低溶（解）量油剂。

质量标准　25% 喹硫磷乳油含喹硫磷 25%，加入适量（约 4%）的稳定剂，外观为棕色油状液体，相对密度 0.98（20℃），水分 < 0.5%，pH5～8，乳液稳定性符合标准（国家标准 GB 3776.3—1983 及 FAO 标准），常温储存稳定 2 年。25% 喹硫磷乳油，喹硫磷 5% 颗粒剂含喹硫磷 5%，稳定剂约 0.9。外观为灰色至浅棕色的颗粒。

作用方式　有机磷杀虫剂、杀螨剂。具有胃毒和触杀作用，无内吸和熏蒸性能，在植物上有良好的渗透性。

防治对象　二化螟、三化螟、稻苞虫、稻纵卷叶螟、稻叶蝉、稻飞虱、柑橘蚜、柑橘介壳虫、柑橘潜叶蛾、菜青虫、斜纹夜蛾等；烟草害虫烟青虫、斜纹夜蛾、棉铃虫、小绿叶蝉、茶尺蠖、介壳虫、棉蚜、棉蓟马等。

使用方法

防治三化螟、二化螟、稻纵卷叶螟、稻瘿蚊、稻蓟马、稻螟蛉　每亩用 25% 乳油 120~133ml，兑水 75kg 喷雾。

防治棉蚜　每亩用 25% 乳油 50~60ml，兑水 60kg 喷雾；防治棉蓟马，每亩用 25% 乳油 70~100ml，兑水 60kg 喷雾；防治棉铃虫，每亩用 25% 乳油 150ml，兑水 75kg 喷雾。

防治玉米螟　每亩用 25% 乳油 80ml，兑水 150kg 灌玉米心叶。

防治柑橘潜叶蛾　在新叶被害率约 10% 时开始用药，每次用 25% 乳油 600~750 倍液，加 25% 杀虫双水剂 700 倍液喷雾。

防治烟青虫、黏虫、潜叶蝇、粉虱等　每亩用 25% 乳油 125ml，加适量水喷雾。

防治茶小绿叶蝉、茶尺蠖　在叶蝉若虫盛发期，尺蠖幼虫低龄期，用 25% 乳油 700~1000 倍液喷雾。每亩用 25% 乳剂 100~125g（配成 1000 倍液）对茶尺蠖、茶毛虫、茶蚜、蚧类、茶叶螨类、小绿叶蝉等多种茶树害虫有良好防治效果，可用以主治茶叶螨类、蚧类，兼治其他茶树害虫，持效期为 3~5 天。安全间隔期暂定 8~10 天。

防治菜青虫、斜纹夜蛾　于幼虫低龄期，每亩用 25% 乳油 60~80ml，兑水 50kg 喷雾。

注意事项　使用时要遵守操作规程，防止人、畜中毒。若不慎中毒，可服用解磷毒，亦可注射或口服阿托品解毒。对鱼、水生动物和蜜蜂高毒，不要在鱼塘、河流、养蜂场等处及其周围使用。对许多害虫的天敌毒力较大，施药期应避开天敌大发生期。

与其他药剂的混用　可与多种农药混用，30% 喹硫磷·辛硫磷乳油每公顷用制剂 405~495ml，加水 450~675kg，喷雾，可防治棉蚜。8% 甲氰菊酯·喹硫磷乳油，用 800~1000 倍液喷雾，用于防治柑橘红蜘蛛；5.5%、12.5% 喹硫磷·溴氰菊酯乳油，一般 0.9~1.2L/hm²，加水 750~1125kg，喷雾，可有效防治棉铃虫。16% 丁硫克百威·喹硫磷乳油，用制剂 200~300 倍液，喷洒枝干梢，可防治森林的松墨天牛。

允许残留量　GB 2763—2021《食品中农药最大残留限量标准》规定喹硫磷最大残留限量（mg/kg）：稻谷 2，大米 0.2，糙米 1，棉籽 0.05，柑、橘、橙 0.5，均为临时限量。ADI 为 0.0005mg/kg。

参考文献

农业大词典编辑委员会, 1998. 农业大词典[M]. 北京: 中国农业出版社: 901.

吴世敏, 印德麟, 1999. 简明精细化工大辞典[M]. 沈阳: 辽宁科学技术出版社: 807.

向子钧, 2006. 常用新农药实用手册[M]. 武汉: 武汉大学出版社: 71-73.

张堂恒, 1995. 中国茶学辞典[M]. 上海: 上海科学技术出版社: 161.

朱永和, 王振荣, 李布青, 2006. 农药大典[M]. 北京: 中国三峡出版社: 29-31.

（撰稿: 吴剑; 审稿: 薛伟）

喹螨醚　fenazaquin

一种非内吸性喹唑啉类杀螨剂。

其他名称　螨净、螨即死、Totem、Boramae、Demitan、Magister、Magus、Matador、EL-436、lilly 193136、XDE436、DE436。

化学名称　4-叔-丁基苯乙基喹唑啉-4-基醚; 4-[[4-(1,1-dimethylethyl)phenyl]ethoxy]quinazoline。

IUPAC 名称　4-*tert*-butylphenethyl quinazolin-4-yl ether。

CAS 登记号　120928-09-8。

EC 号　410-580-0。

分子式　$C_{20}H_{22}N_2O$。

相对分子质量　306.40。

结构式

开发单位　由 C. Longhurst 等报道。1993 年由 DowElanco（现属陶氏益农公司）开发。

理化性质　纯品无色晶体。熔点 77.5~80℃。蒸气压 $3.4×10^{-6}$Pa（25℃）。相对密度 1.16。$K_{ow}lgP$ 5.51（20℃）。Henry 常数 $4.74×10^{-3}$Pa·m³/mol（计算值）。水中溶解度（mg/L，20℃）：0.102（pH5、7），0.135（pH9）；其他溶剂中溶解度（g/L，20℃）：三氯甲烷 > 500、甲苯 500、丙酮 400、甲醇 50、异丙醇 50、乙腈 33、正己烷 33。水溶液中（pH7，25℃）DT_{50} 为 15 天。制剂外观为透明琥珀色液体，闪点 69℃，相对密度 0.99~1.01。有芳香烃气味，在酸性条件下不稳定。

毒性　急性经口 LD_{50}（mg/kg）：雄大鼠 134，雌大鼠 138，雄小鼠 2449，雌小鼠 1480。兔急性经皮 LD_{50} > 5000mg/kg。对兔眼睛轻度刺激，对皮肤无刺激、无致敏。大鼠吸入 LC_{50}（4 小时）1.9mg/L 空气。NOEL 0.5mg/kg。ADI:（BfR）0.005mg/kg；（EPA）aRfD 0.1，cRfD 0.05mg/kg。无明显致突变、致畸、致癌性。鸟急性经口 LD_{50}（mg/kg）：山齿鹑 1747，野鸭 > 2000。山齿鹑、野鸭急性饲喂 LC_{50} > 5000mg/kg 饲料。鱼类 LC_{50}（96 小时，μg/L）：虹鳟 3.8，大翻车鱼 34.1。水蚤 LC_{50}（48 小时）4.1μg/L。蜜蜂 LD_{50} 8.18μg/只（接触）。蚯蚓 LC_{50}（14 天）1.93mg/kg 土壤。

剂型　18% 悬浮剂，9.5%、95g/L 乳油。

作用方式及机理　具有触杀及胃毒作用，可作为电子传递体取代线粒体中呼吸链的复合体 I，从而占据其与辅酶 Q 的结合位点导致杀螨中毒。对成虫具有很好的活性，也具有杀卵活性，阻止若虫的羽化。药效发挥迅速，控制期长。

防治对象 对苹果害螨、柑橘红蜘蛛等害螨的各种螨态，如夏卵、幼若螨和成螨都有很高的活性。适用于果园、蔬菜等。可防治苹果二斑叶螨（白蜘蛛），尤其对卵效果更好。已知可用来防治苹果红蜘蛛、山楂叶螨、柑橘红蜘蛛等，在中国台湾等地喹螨醚主要用来防治二斑叶螨等。

使用方法 施药应选早晚气温较低、风小时进行，要喷洒均匀。在干旱条件下适当提高喷液量有利于药效发挥。晴天 8：00～17：00、空气相对湿度低于 65%、气温高于 28℃时应停止施药。在 10～25g/hm^2 剂量下可有效防治扁桃（杏仁）、苹果、柑橘、棉花、葡萄和观赏植物上的真叶螨、全爪螨和红叶螨以及紫红短须螨等。

防治苹果红蜘蛛 在若螨开始发生时，用 10% 喹螨醚 4000 倍液或每 100L 水加 10% 喹螨醚 25ml（有效成分 25mg/L）喷雾，有效期 40 天。

防治柑橘红蜘蛛 在若螨开始发生时，用 10% 喹螨醚 2000～3000 倍液或每 100L 水加 10% 喹螨醚 33～50ml（有效成分 33～50mg/L）喷雾。有效期 30 天左右。

注意事项 喹螨醚在土壤中 DT$_{50}$ 为 45 天，最好避免在植物花期和蜜蜂活动场所施药。若误入眼睛，应立即用清水连续冲洗 15 分钟，咨询医务人员；若误服应立即就医，是否需要引吐，由医生根据病情决定；若沾在皮肤上，应立即用肥皂和清水冲洗 15 分钟，如仍有刺激感，立即就医。

允许残留量 GB 2763—2021《食品中农药最大残留限量标准》规定喹螨醚在茶叶中的最大残留限量为 15mg/kg。ADI 为 0.05mg/kg。茶叶按照 GB 23200.13、GB/T 23204 规定的方法测定。

参考文献

刘长令, 2012. 世界农药大全: 杀虫剂卷[M]. 北京: 化学工业出版社: 756-758.

马克比恩 C, 2015. 农药手册[M]. 胡笑形, 等译. 北京: 化学工业出版社: 412-413.

（撰稿：赵平；审稿：杨吉春）

昆布素　laminarine

一种植物激活剂。

其他名称 Iodus 40。

CAS 登记号 9008-22-4。

EC 号 232-712-4。

分子式 C$_{18}$H$_{30}$O$_{14}$X$_2$。

相对分子质量 470.42。

结构式

M-series　　　　n=20～30

开发单位 法国 Goemar。

理化性质 橙色液体。易溶于水。20℃ pH3.6～4.1。

毒性 大鼠急性经口 LD$_{50}$ > 2000mg/kg。对皮肤无刺激性影响。

剂型 37g/L 昆布素。

作用方式及机理 Iodus 40 从海藻提取物过滤浓缩而得，昆布素是 Iodus 40 中的主要活性成分，可激活植物自身免疫系统，从而产生自然防御抵御病虫害的侵袭和不良环境的影响。Iodus 40 的预防作用持续时间为 40 天。

防治对象 用于防治小麦和大麦白粉病。

使用方法 秋季和春季小麦：1L/hm^2；秋季和春季大麦：1L/hm^2。

与其他药剂的混用 可以与除草剂等混合使用。

允许残留量 根据中国食品安全国家标准，豁免制定昆布素在食品中最大残留限量标准。

参考文献

RENARD-MERLIER D, RANDOUX B, NOWAK E, et al, 2007. Iodus 40, salicylic acid, heptanoyl salicylic acid and trehalose exhibit different efficacies and defence targets during a wheat powdery mildew interaction[J]. Phytochemistry, 68 (8) : 1156-1164.

（撰稿：范志金、赵斌；审稿：刘西莉）

昆虫保幼激素类　insect juvenile hormone, JH

由咽侧体合成并分泌到血淋巴中的生理活性物质，化学结构是一种半萜半烯类化合物。目前已发现 7 种天然保幼激素，它们分别是 JH 0、JH Ⅰ、JH Ⅱ、JH Ⅲ、4-methyl-JH Ⅰ、JH Ⅲ -bisepoxide 和 methyl farnesoate 等。保幼激素是节肢动物特有的激素，其他动物中尚未见有同类激素报道。保幼激素在昆虫体内的作用主要是保持幼虫形态、性状和促进生殖腺成熟两个方面。保幼激素在保持幼虫形态、性状作用时，主要是通过与蜕皮激素协同连续地作用来完成。以鳞翅目昆虫为例，在有保幼激素存在条件下，蜕皮激素分泌仅能使幼虫蜕皮形成幼虫不能化蛹，而到幼虫终龄期，当保幼激素在血液中行将消失，只要蜕皮激素分泌，就能引起化蛹蜕皮，此时即使给予再多的外源保幼激素也不能使虫体向幼虫蜕皮逆转。幼虫体内含有幼虫特有的表皮蛋白基因和蛹表皮蛋白基因，幼虫向幼虫型蜕皮时只合成幼虫型表皮蛋白质，而当终龄期决定化蛹时，则关闭幼虫型表皮蛋白基因，打开蛹型表皮蛋白质基因而合成蛹型表皮蛋白质。保幼激素的蜕皮激素影响表皮蛋白基因，幼虫蜕皮中 Lcp14、Lcp146 等表皮蛋白的合成因蜕皮激素作用而暂时受抑制，蜕皮后在保幼激素的存在下，幼虫型蛋白质再恢复合成，使幼虫形态特性得以保持；可是在幼虫蛹化决定后，当保幼激素减至一定水平，蜕皮激素的存在，使幼虫型表皮蛋白质完全停止合成，而促进蛹型表皮蛋白质的合成。就这样通过保幼激素和蜕皮激素巧妙的分泌、调控，使得幼虫型和蛹型的基因在不同时期表达，从而决定幼虫蜕皮或是化蛹蜕皮。保幼激素是成虫生殖腺成熟作用必需的内分泌激素，与幼虫期因保持幼虫形态、性状而与蜕皮激素协同作用不同，在成虫期，保幼激素是独立且直接作用的。保幼激素可促进雌虫脂肪体合成、分泌卵黄原蛋白质，并促进卵巢吸收卵黄原蛋白质。保幼激素在成虫期对生殖腺发育成熟的促进作用，主要是通过与细胞膜上的受体作用，引起蛋白激酶C和Ca^{2+}等信息传递而实现的。

目前具有保幼激素活性的杀虫剂按其结构和来源可分为3类：①保幼激素结构类似物。此类是以JH结构为先导模拟合成的具有一定活性的样品，如methoprere、烯虫炔酯（kinoprene）、吡丙醚（pyriproxyfen）等。②保幼激素活性类似物。是根据其JH活性来考虑，并且结构上完全不同于JH，如苯氧威（fenoxycarb）、哒嗪酮类化合物等。③植物源具保幼激素活性物。目前从植物中分离出具保幼激素活性的化合物超过16种。第一个被正式登记注册的保幼激素及其类似物杀虫剂是烯虫酯（methoprene）。

对保幼激素及其类似物杀虫剂的作用机制了解的并不是十分清楚，目前的研究主要是针对保幼激素。在许多种昆虫中保幼激素能调控特定基因的复制，推测保幼激素通过调控某些DNA结合蛋白来控制依赖保幼激素基因的表达。保幼激素影响较少的基因复制，但它作用时间较长，不仅在幼虫期也在成虫期影响基因复制。保幼激素可能调节目标细胞的细胞膜以及二级信号传导。它不仅作为信号在分子水平，同样在其他水平也存在作用。因此在雄性附属腺和卵母细胞信号传导膜水平显示保幼激素的多功能性。也有学者认为保幼激素的作用与线粒体有一定的关系。保幼激素类似物杀虫剂的毒理研究有待深入。

保幼激素类似物与常用杀虫剂一样，可以直接通过害虫表皮或取食后使害虫死亡。但害虫死亡比较缓慢，表现为控制害虫的生长发育，使虫态间变态受阻，形成超龄幼（若）虫，或形成蛹至成虫的中间态。这些畸形个体没有生命力或者不能繁殖后代，产生了间接不育的效果。有些保育激素类似物可以直接使雌虫不育，成为一类安全的化学不育剂。

参考文献

刘建涛, 赵利, 苏伟, 2006. 昆虫保幼激素及其类似物的应用研究进展[J].安徽农业科学, 34 (11): 2446-2448.

徐豫松, 徐俊良, 2001.昆虫保幼激素研究新进展[J].中国蚕业, 22 (1): 56-57.

（撰稿：杨吉春；审稿：李森）

昆虫报警信息素　insect alarm pheromone

昆虫对抗外来侵犯时，释放出的一种诱导同类个体产生聚集、防御或分散逃避行为的信息素。在农业生产中，将少量昆虫报警信息素与杀虫剂混合，在昆虫报警信息素的刺激下，使害虫从栖息地逃逸过程中主动触及杀虫剂，从而在动态中被杀灭。

参考文献

任顺祥, 陈学兴, 2011. 生物防治[M]. 北京: 中国农业出版社.

吴文君, 高希武, 张帅, 2017. 生物农药科学使用指南[M]. 北京: 化学工业出版社.

（撰稿：边庆花；审稿：张钟宁）

昆虫不育剂　insect chemostrilant

一类干扰和破坏生殖细胞，使昆虫不育而防治害虫的特异性杀虫剂。

1938年，尼普林（E. F. Knipling）提出向自然界释放γ-射线处理过的不育雄螺旋丽蝇来消灭害虫的方案。1947年，费边（G. Fabian）报道秋水仙素能使雌果蝇不育。1954年9月至1955年1月，在靠近委内瑞拉海岸的库拉索岛上，鲍姆霍弗（A. H. Baumhover）等进行了大规模释放不育雄螺旋丽蝇试验，1个月后，螺旋丽蝇在这个岛上绝迹。1960年，拉布雷克（G. C. La Brecque）等试验证明，2,4,6-三亚乙基亚氨基均三嗪和不孕啶能使家蝇不育，阐明了利用化学不育剂防治害虫的可能性，促进了化学不育剂的发展。20世纪60年代筛选出了一些较好的昆虫不育剂，在实际应用方面也获得一些成功。

依作用性质可分成：①烷基化剂。如绝育磷、不育特、绝育双等含氮丙啶环的有机磷化合物，具有活性高、广谱的特点。②抗代谢剂。如5-氟脲嘧啶、5-氟乳清酸等。③几丁质合成抑制剂。如除虫脲、氟啶脲也有使昆虫不育的作用。

不育剂不能很快杀死害虫个体，但能较快地减少昆虫子代种群数量，活着的不育害虫能在较长时间和一定范围内阻止新群体的形成。与其他药剂结合，有可能较彻底地消灭害虫。许多不育剂多为核酸代谢或细胞分裂的抑制剂，对人、畜可能有毒害，所以化学不育剂的使用必须慎重。

（撰稿：杨吉春；审稿：李森）

昆虫聚集素　insect aggregation pheromone

昆虫在特定场合释放出的、聚集大量同种两性个体栖息、交配、产卵与取食的信息素。例如，鞘翅目棘胫小蠹科的许多种都能释放昆虫聚集素，引诱同种个体向食物源聚集取食。应用昆虫聚集素可对害虫进行可持续治理。昆虫聚集素与杀虫剂联合使用，可有效防治害虫。

参考文献

任顺祥, 陈学兴, 2011. 生物防治[M]. 北京: 中国农业出版社.

吴文君, 高希武, 张帅, 2017. 生物农药科学使用指南[M]. 北京: 化学工业出版社.

（撰稿：钟江春；审稿：张钟宁）

昆虫生长调节剂　insectgrowth regulators, IGRs

以昆虫特有的生长发育系统为攻击目标的新型特异性

杀虫剂，亦是昆虫脑激素、保幼激素和蜕皮激素的类似物以及几丁质合成抑制剂等对昆虫的生长、变态、滞育等主要生理现象有重要调控作用的各类化合物的通称。昆虫生长调节剂并不是快速杀死昆虫，而是通过扰乱昆虫正常生长发育来减轻害虫对农作物的危害。昆虫激素类似物选择性高，一般不会引起抗性，且对人、畜和天敌安全，能保持正常的自然生态平衡而不会导致环境污染，是生产无公害农产品，尤其是无公害瓜果蔬菜产品应该优先选用的药剂。因此可以认为昆虫生长调节剂是指以破坏昆虫正常生长发育或生殖作用最终达到抑虫目的的化合物。它的杀虫作用一般都比较缓慢，但能较长时期地抑制害虫的种群增长，因此昆虫生长调节剂也称为抑虫剂（insectostic chemical）。这类化合物的杀虫机制复杂，无论在害虫综合治理中的应用还是在昆虫毒理学机制的研究中，都引起人们的兴趣。

昆虫生长调节剂被誉为第四代杀虫剂，是目前应用前景广泛的优良杀虫剂品种之一，其作用机理不同于以往作用于神经系统的传统杀虫剂，具有毒性低、污染少、持效期长的特点，对天敌和有益生物无明显不良影响，有助于可持续农业的发展，利用昆虫生长调节剂防治害虫已被纳入害虫生物防治的理论和技术体系。

参考文献

杨华铮，邹小毛，朱有全，等，2013.现代农药化学[M]. 北京：化学工业出版社.

（撰稿：杨吉春；审稿：李森）

昆虫生长调节剂作用机制　mechanism of insect growth regulators

昆虫脑激素、保幼激素和蜕皮激素的类似物以及几丁质合成抑制剂等，统称为昆虫生长调节剂（insect growth regulators，IGRs）。这些杀虫剂并不能够快速杀死昆虫，而是通过作用于昆虫生长和发育的关键阶段，干扰昆虫正常形态的形成，阻碍昆虫的正常发育而使其死亡。

保幼激素类似物（juvenile hormone analog，JHA） 主要为烯烃类化合物，可直接通过接触害虫表皮或被吞食后使害虫死亡。目前，保幼激素类似物的代表品种有双氧威（fenoxycarb）、灭幼宝（pyriproxyfen）等。保幼激素的作用机制主要为抑制变态和抑制胚胎发育。保幼激素从结构上可以分为脂肪族、芳香族及噻嗪酮类。保幼激素类似物具有活性高、选择性强、对人畜无毒或低毒、来源丰富等优点，在 IPM 中具有重要的地位的和作用，发展前景十分广阔。

蜕皮激素类似物（moulting hormone analog，MHA） 能干扰昆虫正常生长发育，促使昆虫提早蜕皮而死亡。蜕皮激素（moulting hormone，MH）和保幼激素协同作用，共同控制昆虫的生长与变态。由于此类物质提取困难，其结构复杂，不易合成。例如，虫酰肼（tebufenozide），可用于防治鳞翅目害虫。

几丁质合成抑制剂（chitin synthesis inhibitors，CSI） 属于昆虫生长调节剂的一种，其主要是抑制昆虫几丁质合成酶或加强害虫的几丁质分解酶的活性，阻碍几丁质合成，使幼虫在蜕皮时表皮不能几丁质化，从而阻碍新表皮的形成，使昆虫的蜕皮、化蛹受阻，活动减缓，取食减少，直至死亡。几丁质合成抑制剂的类型很多，包括杀虫剂、杀菌剂、昆虫不育剂等。目前用于害虫防治且具有经济意义的是噻嗪酮（buprofezin）及一些植物源物质。

参考文献

徐汉虹，2007. 植物化学保护学[M]. 4版. 北京：中国农业出版社.

中国农业百科全书总编辑委员会农药卷编辑委员会，中国农业百科全书编辑部，1993. 中国农业百科全书：农药卷[M]. 北京：农业出版社.

（撰稿：周红；审稿：丁伟）

昆虫蜕皮激素　insect molting hormone, MH

昆虫的蜕皮激素是甾醇类激素，在昆虫体内的活性形式为 20- 羟基蜕皮酮（20-hydroxyecdysone，20E）。在昆虫的正常发育过程中，昆虫的蜕皮、变态和繁殖受到蜕皮激素的调控。

核受体（nuclear receptor，NRs）是一类扩散并能与特异性配体结合的细胞内信号蛋白，它们是配体依赖性转录因子，通过与配体结合而调控基因表达。NRs 对机体的生长发育、新陈代谢等多种生理过程发挥重要功能。昆虫蜕皮激素受体（ecdysone receptor，EcR）和超气门蛋白（ultraspiracle，USP）均属于核受体超家族成员，在昆虫蜕皮、变态和繁殖等重要的生命过程中的级联反应启动位置，对昆虫的生长发育和繁殖的正常完成有着非常重要的作用。蜕皮激素是昆虫调控蜕皮及变态发育的重要激素，20E 的最早靶基因是蜕皮激素的受体 EcR/USP 复合体，MH 通过与 EcR 和 USP 的复合体结合，调控下游基因的表达，进而调控昆虫发育时期或组织对激素信号的特异生物学应答，称为 20E 信号途径。

蜕皮激素的主要作用是调节昆虫的蜕皮过程。昆虫幼虫或若虫期，由脑神经细胞分泌出脑激素，作用于前胸腺，使其分泌蜕皮激素；作用于咽侧体，则分泌保幼激素。在蜕皮激素和保幼激素的协调作用下，幼龄幼虫或幼小若虫经过几次蜕皮仍保持幼虫或若虫特征而长大发展到末龄幼虫，不再分泌保幼激素，在蜕皮激素作用下，幼虫蜕皮化成蛹，蛹或末龄若虫蜕皮化为成虫。将外源蜕皮激素施于蛹或幼虫，剂量较高时，能扰乱昆虫的正常代谢，使其提前蜕皮或变态，形成小成虫或畸形个体。

参考文献

王菁菁，胡琼波，2017.昆虫蜕皮激素受体研究进展[J].环境昆虫学报，39（3）: 721-729.

（撰稿：杨吉春；审稿：李森）

K

昆虫行为控制剂　insect behaviour regulator

通过控制昆虫行为（如取食、飞行、交配等）而达到保护作物免受昆虫危害的活性物质。主要包括昆虫信息素和昆虫驱避剂。

昆虫驱避剂（insect repellent）　由植物产生或人工合成的具有驱避昆虫作用的活性化学物质。驱避剂是可使害虫逃离的药剂，这些药剂本身虽无毒杀害虫的作用，但由于其具有某种特殊的气味，能使害虫忌避，或能驱散害虫。如天然香茅油和人工合成的避蚊胺能驱避蚊类叮咬，樟脑能驱避衣蛾等。

昆虫信息素（insect pheromone）　又名昆虫外激素。是由昆虫体内释放到体外，可引起同种其他个体某种行为或生理反应的微量挥发性物质。昆虫信息素具有易挥发、易被生物降解、毒性低、生物活性高、专一性强等特点。昆虫信息素根据生物活性，可分为昆虫性信息素、昆虫聚集素、昆虫报警信息素与昆虫追踪素。昆虫信息素主要用于农业生产，其中昆虫性信息素在害虫测报及防治中的应用最为广泛。

参考文献

吴文君, 高希武, 张帅, 2017. 生物农药科学使用指南[M]. 北京: 化学工业出版社.

中国大百科全书总编辑委员会, 2009. 中国大百科全书: 农业卷[M]. 2版. 北京: 中国大百科全书出版社.

（撰稿：钟江春、段红霞；审稿：张钟宁、杨新玲）

昆虫性信息素　insect sex pheromone

由成虫个体释放到体外，引诱同种异性个体进行交配行为的昆虫信息素。又名昆虫性外激素。昆虫性信息素用作农药主要有三方面的作用。①测报虫情。将微量昆虫性信息素吸附在载体内，制成诱捕器，根据诱捕某种害虫的数量，可测报虫情，确定施药适期。②诱杀害虫。在有昆虫性信息素的诱捕器中，添加杀虫剂或黏胶，可诱杀成虫。③迷向害虫。在一定区域内，大量释放昆虫性信息素，可扰乱害虫雌、雄成虫之间的求偶行为，减少交配繁殖的机会，从而减少害虫子代幼虫的发生量，保护作物免受虫害。

参考文献

吴文君, 高希武, 张帅, 2017. 生物农药科学使用指南[M]. 北京: 化学工业出版社.

中国大百科全书总编辑委员会, 2009. 中国大百科全书: 农业卷[M]. 2版. 北京: 中国大百科全书出版社.

（撰稿：钟江春；审稿：张钟宁）

昆虫追踪素　insect trail pheromone

昆虫外出时，沿途释放出一种做返巢路标的信息素。

目前，已鉴定出化学结构的有十多种，特点是挥发性较低，结构复杂，种间特异性强。例如，美洲白蚁中分离出的第一个高活性追踪素是（3Z,6Z,8E）-3,6,8- 十二碳三烯 -1- 醇。

参考文献

任顺祥, 陈学兴, 2011. 生物防治[M]. 北京: 中国农业出版社.

吴文君, 高希武, 张帅, 2017. 生物农药科学使用指南[M]. 北京: 化学工业出版社.

（撰稿：边庆花；审稿：张钟宁）

醌萍胺　quinonamid

一种适于水面（中）施用的除草剂，用来防治室外的藻类和温室内的藻类与苔藓。

其他名称　Nos Prasit、氯藻胺、Hoe2997。

化学名称　2,2- 二氯 -N-(3- 氯 -1,4- 二氢 -1,4- 二氧 -2- 萘酚基) 乙酰胺；2,2-dichloro-N-(3-chloro-1,4-dihydro-1,4-dioxo-2-naphthalenyl)acetamide。

IUPAC 名称　2,2-dichloro-N-(3-chloro-1,4-naphthoquinon-2-yl)acetamide。

CAS 登记号　27541-88-4。

EC 号　248-516-7。

分子式　$C_{12}H_6Cl_3NO_3$。

相对分子质量　318.53。

结构式

开发单位　由赫斯特公司开发。获有专利 DBPl 768 447。其生物活性见于 Hartz et al., Meded. Fae. landbouwwet. Rijksuniv. Gent, 1972, 37, 699。

理化性质　黄色无味针状结晶，熔点 212～213 ℃。23 ℃水中溶解度：pH4.6 时为 3.0mg/L，pH7 时为 60mg/L。蒸气压 20 ℃时为 0.011mPa，30 ℃时为 0.037mPa。溶于苯、丙醇、氯仿、二氧噁烷和热二甲苯等有机溶剂。在酸或碱中分解。

毒性　急性经口 LD_{50}：雄大鼠＞15g/kg，雌大鼠 11.7g/kg。大鼠90天 NOEL 为 2g/kg。虹鳟 LC_{50}（20 ℃，24 小时）5mg/L。

剂型　500g/kg（有效成分）可湿性粉剂，100g/kg（有效成分）颗粒剂。

防治对象　防治室外的藻类和温室内的藻类与苔藓。可用于苗床浸渍、栽培盆的处理等。对一般杂草防效差。

使用方法　防除紫萍时药剂在水中的浓度应为 2～8mg/L。

（撰稿：王大伟；审稿：席真）

醌肟腙   benquinox

一种主要用于种子拌种和土壤处理的杀菌剂。

其他名称   Ceredon、敌菌腙。

化学名称   苯甲酸-1-苯醌-4-肟;benzoic acid[4-(hydroxyimino)-2,5-cyclohexadien-1-ylidene]hydrazide。

IUPAC名称   2′-(4-hydroxyiminocyclohexa-2,5-dienylidene) benzohydrazide。

CAS 登记号   495-73-8。

EC 号   207-807-9。

分子式 $C_{13}H_{11}N_3O_2$。

相对分子质量   241.25。

结构式

开发单位   1951 年发现,1955 年由拜耳勒沃库森公司开发推广。

理化性质   产品为黄棕色粉末。在 195℃分解。从乙醇中可得到黄色晶体,在 207℃分解。不挥发,在 25℃水中的溶解度为 5mg/L;易溶于碱和有机溶剂,特别易溶于甲酰胺。

毒性   高毒。急性经口 LD_{50}:大鼠 100mg/kg,小鼠 100mg/kg。

防治对象   适用于保护种子和幼苗,防治腐霉和土壤真菌、稻苗绵腐病及其他苗期病害。

使用方法   10% 拌种剂 300g/kg 种子拌种,或用作土壤处理。

注意事项   高毒,现已停产。

(撰稿:陈雨;审稿:张灿)

K

L

蜡蚧轮枝菌　*Verticillium lecanii*

地理分布和寄主范围均比较广泛的昆虫病原真菌，可用于防治植物病虫害，是咖啡蜡蚧（*Lecacii coffeae*）的寄生菌。1861 年 Neitner 在斯里兰卡首次发现，1898 年 Zimmerman 对其进行了简单描述并正式命名为蜡蚧头孢霉。1925 年 Petch 对该菌和其他相关真菌进行了研究，并作了详细的描述。1939 年 Viegas 将蜡蚧头孢霉移入轮枝菌属，定名为蜡蚧轮枝菌。

毒性　低毒。对人、畜、环境安全，对眼睛和皮肤无刺激性。

剂型　粉剂（含 50 亿个活孢子 /g），可湿性粉剂。

作用方式及机理　蜡蚧轮枝菌孢子能分泌外源凝集素，这些凝集素黏液可使其黏附在寄主体壁上，随后孢子分泌胞外酶，如蛋白酶、*N*-乙酰氨基葡萄糖苷酶、几丁质酶，降解寄主表皮结构，有利于孢子芽管穿过寄主体壁，菌丝延伸并产生对寄主昆虫具有毒杀作用的活性物质，经毒素作用的昆虫，迅速瘫痪死亡。

防治对象　可用于防治温室蚜虫、介壳虫、白粉虱、松粉蚧和蓟马，防治效果达 85%。其发酵粗提物对白粉虱、桃蚜、瓜蚜、棉铃虫均有毒杀作用。此外，蜡蚧轮枝菌可以防治葫芦的白粉病，对菊花小长管蚜、杏圆尾蚜均有防效。

使用方法

防治蚜虫　用粉剂稀释到每毫升含 0.1 亿个孢子的孢子悬浮液喷雾。

防治温室白粉虱　用粉剂稀释到每毫升含 0.3 亿个孢子的孢子悬浮液喷雾。

防治湿地松粉蚧　用粉剂稀释到每毫升含 0.1 亿～0.3 亿个孢子的孢子悬浮液喷雾。

注意事项

要求较高的环境湿度　由于该菌孢子的萌发、菌丝的侵染以及该病的流行需要较高的相对湿度（如该菌在桃蚜种群中侵染与流行需要相对湿度达 100%。相对湿度为 93% 时，传染微弱，80% 时则完全不能侵染和产孢），因此，施用蜡蚧轮枝菌要求相对湿度高于 90%、持续时间长达 8～10 小时的环境，并且还要有 2～3 天时间有较大的水雾或露珠。

温水预湿孢子　由于大部分温室为日光型温室，夜间温室气温较低（大多为 6～15℃），对蜡蚧轮枝菌的孢子萌发与菌丝生长不利（孢子萌发与菌丝生长一般在 20～30℃下较好）。因此在施用蜡蚧轮枝菌可湿性粉剂时，先用 10～20℃温水预湿孢子 4～6 小时，加速孢子萌发，提高防治效果。

与其他药剂的混用　部分化学农药如灭螨猛和福美双等能抑制孢子萌发与菌丝生长。也有的化学农药如氟脲素（除虫脲）与蜡蚧轮枝菌混用有增效作用，使用时应注意。

参考文献

邓彩萍, 2012. 微生物杀虫剂的研究与应用[M]. 北京: 中国农业科学技术出版社.

王运兵, 2010. 无公害果园农药使用指南[M]. 北京: 化学工业出版社.

王运兵, 崔朴周, 2010. 生物农药及其使用技术[M]. 北京: 化学工业出版社.

万树青, 2003. 生物农药及使用技术[M]. 北京: 金盾出版社.

魏艳敏, 2007. 生物农药及其应用技术问答[M]. 北京: 中国农业大学出版社.

杨叶, 黄圣明, 胡美姣, 2009. 生物农药研究及品种介绍[M]. 哈尔滨: 黑龙江科学技术出版社.

（撰稿：宋佳；审稿：向文胜）

蜡质芽孢杆菌　*Bacillus cereus*

一种能够防治多种植物病害、提高作物抗性及促进作物生长的生物防治细菌。

开发单位　江苏辉丰农化股份有限公司，上海农乐生物制品有限公司，山东泰诺药业有限公司，山东惠民中联生物科技有限公司，江西禾益化工股份有限公司，江西田友生化有限公司。

理化性质　蜡质芽孢杆菌粉剂是活体吸附粉剂，外观是灰白色或浅灰色粉末，pH6.6～8.4。由于蜡质芽孢杆菌是活体，5% 的水分含量为最佳保存条件，且具有较强的耐盐性（能在 7% NaCl 中生长），在 50℃以上条件下不能生长。

毒性　低毒。其原液对大鼠急性经口、吸入 LD_{50} > 7000 亿 CFU/kg。大鼠经 90 天亚慢性喂养试验，剂量为 100 亿 CFU/（kg·d）未见不良反应。兔急性经皮和眼睛刺激试验用量 100 亿 CFU/kg 均无刺激性。豚鼠致敏试验用 1000 亿 CFU/kg，连续 7 天均未见致敏反应。

剂型　8 亿和 20 亿 CFU/g 可湿性粉剂，10 亿 CFU/ml 悬浮剂。

作用方式及机理　能通过体内的 SOD 酶调节作物细胞微生境，维持细胞正常的生理代谢和生化反应，提高抗逆性，加速生长，提高产量和品质。

防治对象　主要用于防治水稻稻曲病和纹枯病、小麦赤霉病和纹枯病、茄子青枯病、姜瘟病和番茄根结线虫病等。

使用方法

拌种　对油菜、玉米、高粱、大豆及姜，每 1kg 种子，用 20 亿 CFU/g 可湿性粉剂 150~200g 拌种。如浸种后拌种，需晾干再行播种。

喷雾　对油菜、大豆、玉米、油菜等作物，每亩用 20 亿 CFU/g 可湿性粉剂 150~200g，兑水 30~40L，均匀喷雾。

灌根　在水稻纹枯病和番茄根结线虫发病初期，每亩用 10 亿 CFU/ml 悬浮剂 4.5~6L，加足量水稀释后灌根，如病情严重 2 周后再行施药。

注意事项　该剂为活体细菌制剂，50℃以上易造成菌体死亡，保存时避免高温。该剂保质期不超过 2 年，应在有效期及时用完。

与其他药剂的混用　可与防治真菌或卵菌病害的杀菌剂混用。混配制剂井冈·蜡芽菌可湿性粉剂、悬浮剂和水剂，枯草芽孢杆菌含量 100 亿 CFU/g，防治水稻稻曲病和纹枯病，小麦赤霉病和纹枯病。

参考文献

纪明山，2011. 生物农药手册[M]. 北京: 化学工业出版社: 70-71.

（撰稿：卢晓红、李世东；审稿：刘西莉、苗建强）

辣椒碱　capsaicin

辣椒中具有辛辣刺激性的香草酰胺生物碱类物质，对害虫、鼠、兔等有害生物具有触杀、驱避作用，还具有抗菌、抗氧化、抗肿瘤和消炎镇痛等作用。1962 年，美国农业部首次将辣椒碱作为驱避剂登记；1984 年，美国杜邦公司开发 1% 辣椒碱微乳剂并登记；美国 EPA 在 1991 年将辣椒碱及其制品确定为生化农药。2004 年和 2006 年，福建省厦门南草坪生物工程有限公司曾将辣椒碱分别与烟碱、阿维菌素混配进行临时登记（但目前尚未检索出国内辣椒碱作为农药产品登记的相关信息）。

其他名称　森弗、五味源、辣椒素、8-methyl-N-vanillyl-6-nonenamide。

化学名称　反 -8- 甲基 -N- 香草基 -6- 壬烯酰胺；(E)-N-(4-hydroxy-3-methoxybenzyl)-8-methylnon-6-enamide。

IUPAC 名称　6-nonenamide,N-[(4-hydroxy-3-methoxyphenyl)methyl]-8-methyl-,(6E)-。

CAS 登记号　404-86-4。

EC 号　206-969-8。

分子式　$C_{18}H_{27}NO_3$。

相对分子质量　305.41。

结构式

开发单位　美国杜邦公司、福建省厦门南草坪生物工程有限公司。

理化性质　纯品为白色单斜长方形片状结晶，无毒，高温下易产生较强的刺激性气味。熔点 62~65℃。沸点 210~220℃。密度 $1.041g/cm^3$。易溶于乙醇、石油醚、苯、丙酮、氯仿等有机溶剂，萃取率较高；微溶于二硫化碳，难溶于冷水。可被水解为香草基胺和癸烯酸，因其具有酚羟基而呈弱酸性，并可以与斐林试剂发生显色反应。其化学性质较为稳定。

毒性　高毒。大鼠急性腹腔注射 LD_{50} 9.5mg/kg，小鼠急性经口 LD_{50} 47.2mg/kg，对皮肤和豚鼠眼睛有轻度刺激。

剂型　1% 微乳剂，9% 辣椒碱·烟碱微乳剂，1.2% 阿维菌素·辣椒碱微乳剂。

质量标准　9% 辣椒碱·烟碱微乳剂（辣椒碱质量分数为 0.7%，烟碱质量分数为 8.3%）、1.2% 阿维菌素·辣椒碱微乳剂（阿维菌素质量分数为 0.8%，辣椒碱质量分数为 0.4%）。

作用方式及机理　辣椒碱对害虫具有触杀、胃毒与驱避作用。害虫取食或接触辣椒碱后表现出麻痹、瘫痪症状，可抑制解毒酶系，影响消化吸收、干扰呼吸代谢，生理活动受阻而引致生理病变，影响生长发育而死亡。据报道，辣椒碱可作用于鼠类中枢神经和外周神经末梢，抑制乙酰胆碱的释放，阻碍突触神经传导，影响老鼠嗅觉和味觉反应，产生高度紧张、恐惧而仓皇逃离。

防治对象　菜蚜、菜青虫、桃蚜及卫生害虫，还可防治储粮害鼠。

使用方法　9% 辣椒碱·烟碱微乳剂有效成分用量 67.5~81g/hm²（折成 1% 印棟素乳油 50~60ml/ 亩）喷雾，可防治菜蚜和菜青虫。将辣椒碱配成 20mg/L 药液，对芥菜地桃蚜有良好的防控效果。含有 1% 辣椒碱驱避剂对储粮害鼠有良好的驱避效果。

注意事项　辣椒碱与高效氯氰菊酯有拮抗作用，不可混配，也不能与碱性农药混用。对鱼类、蜜蜂、桑蚕毒性大，禁止在相关环境使用。

与其他药剂的混用　辣椒碱与阿维菌素或三唑磷复配增效作用明显。

允许残留量　美国 EPA 免除辣椒碱及其制品在水果、蔬菜和谷物上残留量的限制。

参考文献

陈明杰，董本祥，2009. 辣椒碱的应用研究进展[J]. 化工时刊，23(1): 66-68.

冯纪年，付健，韩明理，2005. 辣椒碱的研究概述[J]. 西北农业学报，14 (1): 84-87.

刘菲菲，王兵，曹建新，2012. 辣椒碱应用研究进展[J]. 食品工业科技，33(16): 368-371.

（撰稿：尹显慧；审稿：李明）

狼毒素　neochamaejasmin

从狼毒（根）提取的黄酮类植物源杀虫剂，对半翅目害虫蚜虫、鳞翅目菜青虫等害虫具有胃毒、触杀作用。1997年由黄文魁首次研究报道；2008年，甘肃国力生物科技开发有限公司开发9.5%狼毒素母药并登记。

其他名称　chamaejasmin、(±)-chamaejasmine。

化学名称　[3,3′-双-4H-1-苯并吡喃]-4,4′-二酮,2,2′,3,3′-四氢-5,5′,7,7′-四羟基-2,2′-双(4-羟基苯基)；[3,3′-bi-4H-1-benzopyran]-4,4′-dione,2,2′,3,3′-tetrahydro-5,5′,7,7′-tetrahydroxy-2,2′-bis(4-hydroxyphenyl)-。

IUPAC名称　[3,3′-bi-4H-1-benzopyran]-4,4′-dione,2,2′,3,3′-tetrahydro-5,5′,7,7′-tetrahydroxy-2,2′-bis(4-hydroxyphenyl)-, (2R,2′R,3S,3′S)-rel-。

CAS登记号　69618-96-8。

分子式　$C_{30}H_{22}O_{10}$。

相对分子质量　542.49。

结构式

开发单位　甘肃国力生物科技开发有限公司、山西省平陆环球植保农药厂。

理化性质　原药含量95%~98%，外观为黄色结晶粉末，熔点278℃。密度$1.59g/cm^3 \pm 0.06g/cm^3$（预测值）。沸点932.6℃±65℃（预测值）。溶于甲醇、乙醇，不溶于三氯甲烷、甲苯。

毒性　狼毒（根）水提取物和醇提取物腹腔注射对小鼠的LD_{50}分别为275.9g/kg（生药）和171.96g/kg（生药）；对水生生物鱼类和蚤类高毒。

剂型　1.6%水乳剂，9.5%母药。

质量标准　制剂外观为棕褐色、半透明、黏稠状、无霉变、无结块固体，药液出现少量结晶不影响药效。

作用方式及机理　对害虫具有胃毒、触杀作用。药液通过体表吸收进入昆虫神经系统和体细胞，渗入细胞核，破坏新陈代谢，能使昆虫能量传递失调紊乱，导致昆虫肌肉非功能性收缩，直至死亡。

防治对象　适用于防治十字花科蔬菜的菜青虫。

使用方法　菜青虫低龄幼虫期，用1.6%狼毒素水乳剂有效成分用量12~24ml/hm²（折成1.6%狼毒素水乳剂50~100ml/亩），兑水40~50kg，搅拌2分钟后均匀喷雾。大风天或预计1小时之内有雨，请勿施药。

注意事项　①不宜与碱性农药混合使用，不作土壤处理剂使用。②禁止污染鱼塘、桑田、水源，远离水产养殖区、河塘等水体施药。禁止在河塘等水体中清洗施药器具。③误食可采用清水加2%碳酸氢钠催吐洗胃，也可用硫酸钠导泻等措施，并携带标签尽快就医。④不慎接触皮肤，应立即用肥皂和水洗净，眼睛沾染药液时应立即用清水冲洗至少15分钟。

与其他药剂的混用　狼毒素与苏云金杆菌、雷公藤生物碱、烟碱等农药合理混用可提高药效。

参考文献

丁文贵，陈爱红，2013. 高效无毒农药广谱型杀虫杀菌剂及其制备方法和使用方法[P]. CN 102007948 B.

侯太平，陶科，高嫚潞，等，2015. 瑞香狼毒素复配灭虫剂及其制备方法和用途[P]. CN 103300074 B.

黄文魁，张振杰，1979. 瑞香科狼毒中的双二氢黄酮——狼毒素(Chamaejasmine)的结构[J]. 科学通报，24 (1): 24-26.

尚涛，2007. 瑞香狼毒杀虫复配剂的研究[D]. 成都: 四川大学.

（撰稿: 李荣玉；审稿: 李明）

乐果　dimethoate

一种具有内吸活性的有机磷杀虫剂。

其他名称　大灭松、百敌灵、宇力、叼杀、剑灵、金隆、乐意、全聚消、年有余、绿乐、彪克、乐果、Perfekthion、Cygon、Dimethogen、Daphene、Demos-L40、Dimetate、EI12880、Ferkethion、FostioMM、L395、NC262、Rebelate、Rogor、Roxion、Trimeton、Ridmite、AC12880、Bi58、OMS94、OMS111、ENT24650。

化学名称　O,O-二甲基-S-(N-甲基氨基甲酰甲基)二硫代磷酸酯；O,O-dimethyl S-methylcarbamoyl methyl phosphorodithioate

IUPAC名称　O,O-dimethyl S-methylcarbamoylmethyl phosphorodithioate。

CAS登记号　60-51-5。

EC号　200-480-3。

分子式　$C_5H_{12}NO_3PS_2$。

相对分子质量　229.26。

结构式

开发单位　1956年由美国氰胺公司推广。同时也有P. A. Montecqfinis推广。获有专利BP791824；USP2 494283。

理化性质　纯品为无色结晶（工业品为白色至灰色结晶）。熔点49℃（工业品为43~45℃）。沸点117℃（13.3Pa）。25℃蒸气压0.25mPa。相对密度1.277（65℃）。溶解性（20℃）: 水23.3g/L（pH5）、23.8g/L（pH7）、25.0g/L（pH9）；能溶于大多数有机溶剂，苯、氯仿、二氯甲烷、酮类、甲苯>300g/kg，四氯化碳、饱和烃、亚辛醇>50g/kg。在pH2~7水介质中相对稳定，在pH9水解半衰期为12天。不能与碱性农药混用。遇热分解成 $O,S-$ 二甲基类似物。

毒性 中等毒性。急性经口 LD_{50}：大鼠 387mg/kg，小鼠 160mg/kg，兔 300mg/kg，豚鼠 350mg/kg。大鼠急性经皮 $LD_{50}>2g/kg$，对兔皮肤无刺激。大鼠急性吸入 LC_{50}（4 小时）$>1.6mg/L$ 空气。大鼠 2 年饲喂试验 NOEL 为 5mg/kg 饲料 [0.2mg/(kg·d)]。鸟类急性经口 LD_{50}：雄野鸡 15mg/kg，鹌鹑 84mg/kg，小鸡 108mg/kg，雄野鸭 40mg/kg。鱼类 LC_{50}（96 小时）：食蚊鱼 $40\sim60mg/L$，虹鳟 6.2mg/L，蓝鳃鱼 6mg/L。对蜜蜂有毒，LD_{50}（经口和局部）为 $0.1\sim0.2\mu g/$ 只。水蚤 LC_{50}（24 小时）4.7mg/L。

质量标准 GB 15583—1995（优等品、一等品、合格品）。40% 乳油：有效成分含量 $\geqslant0.5\%$，酸度 $\leqslant0.3\%$，乳液稳定性合格。96% 原粉：有效成分含量 $\geqslant96\%$，水分 $\leqslant40\%$，酸度 $\leqslant0.2\%$，丙酮不溶物 $\leqslant0.5\%$。乐果晶体：有效成分 $\geqslant98\%$，水分 $\leqslant0.3\%$，酸度 $\leqslant0.1\%$，丙酮不溶物 $\leqslant0.1\%$。优等品：有效成分 $\geqslant93\%$，水分 $\leqslant0.2\%$，酸度 $\leqslant0.3\%$，丙酮不溶物 $\leqslant0.1\%$。一等品：有效成分含量 $\geqslant90\%$，水分 $\leqslant0.3\%$，酸度 $\leqslant0.4\%$，丙酮不溶物 $\leqslant0.1\%$。合格品：有效成分含量 $\geqslant80\%$，水分 $\leqslant0.4\%$，酸度 $\leqslant0.4\%$，丙酮不溶物 $\leqslant0.2\%$。

剂型 12%、40%、50% 乳油，1.5% 粉剂。

作用方式及机理 内吸性有机磷杀虫剂。杀虫范围广，对害虫和螨类有强烈的触杀和一定的胃毒作用。在昆虫体内能氧化成毒性更高的氧乐果，其作用机制是抑制昆虫体内的乙酰胆碱酯酶，能阻碍神经传导而导致死亡。适用于防治多种作物上的刺吸式口器害虫。

防治对象 棉花、果树、蔬菜及其他作物上的多种蚜虫、红蜘蛛、叶跳甲、盲蝽、蓟马、潜叶蝇及水稻螟虫等。

使用方法

防治棉花害虫 ①棉蚜。应在蚜株率达 30%，单株蚜数平均近 10 头，卷叶率达 5% 时用药。用 40% 乐果乳油 750ml/hm²（有效成分 300g/hm²），或用 50% 乳油 600ml/hm²（有效成分 375g/hm²），加水 900kg 喷雾。②棉蓟马。在棉田 $4\sim6$ 真叶时，100 株有虫 $15\sim30$ 头时用药。用药量同棉蚜。③棉叶蝉。在 100 株虫数达到 100 头以上，或棉叶尖端开始变黄时防治，用药量同棉蚜。防治蚜虫和红蜘蛛要重点喷洒叶背，使药液接触虫体才有效。

防治水稻害虫 防治灰飞虱、白背飞虱、褐叶蝉、蓟马，用药 40% 乐果乳油 1125ml/hm²（有效成分 450g/hm²），或用 50% 乳油 750ml/hm²（有效成分 335g/hm²），加水 $1000\sim1500kg$ 喷雾。

防治蔬菜害虫 防治菜蚜、茄子红蜘蛛、葱蓟马、豌豆潜叶蝇，用 40% 乳油 750ml/hm²（有效成分 300g/hm²），或 50% 乳油 600ml/hm²（有效成分 375g/hm²），均加水 900kg 喷雾。

防治烟草害虫 防治烟蚜虫、烟蓟马、烟青虫，用 40% 乐果乳油 900ml/hm²（有效成分 360g/hm²）或 50% 乳油 750ml/hm²（有效成分 375g/hm²）均加水 900kg 喷雾。

防治果树害虫 ①苹果叶蝉、梨星毛虫、木虱。用 50% 乳油 $1000\sim2000$ 倍（有效成分 $500\sim250mg/L$）喷雾。②柑橘红蜡蚧、柑橘广翅蜡蝉。用 40% 乳油 800 倍液（有效成分 500mg/L）喷雾。

防治茶树害虫 对刺吸式口器害虫（尤其对茶蚜和小绿叶蝉）及部分咀嚼式口器害虫（茶梢蛾幼虫的蛀叶阶段）有良好效果。防治茶蚜和小绿叶蝉：每亩用 40% 乳剂 $40\sim75g$（配成 $2000\sim3000$ 倍液），也可兼治黑刺粉虱、茶长绵蚧、龟甲蚧、角蜡蚧；每亩用 40% 乳剂 $100\sim125g$（配成 1000 倍液），对茶叶螨类只能杀成螨、若螨，但对螨卵效果差，因此，在喷药后 7 天左右需再喷药 1 次，方可收到良好效果。安全间隔期为 10 天。

防治花卉害虫 ①瘿螨、木虱、实蝇、盲蝽。用 30% 可溶性粉剂 $1500\sim2000$ 倍液（有效成分 $533\sim266mg/L$）喷雾。②介壳虫、刺蛾、蚜虫。用 40% 乳油 $2000\sim3000$ 倍液（有效成分 $200\sim133mg/L$）喷雾。

注意事项 ①使用前药液要振摇均匀，若有结晶需全部溶解后使用；使用时，分两次稀释，先用 100 倍水搅拌成乳液，然后按需要浓度补加水量；高温时稀释倍数可大些，低温时稀释倍数可小些，对啤酒花、菊科植物、高粱有些品种及烟草、枣树、桃、杏、梅、橄榄、无花果、柑橘等作物，对稀释倍数在 1500 倍以下乳剂敏感，使用时要先做药害试验，再确定使用浓度。②对牛、羊、家禽的毒性高，喷过药的牧草在 1 个月内不可饲喂，施过药的田地在 $7\sim10$ 天不可放牧。在食用作物上施药后 7 天方可采收食用。③不可与碱性药剂混用（波尔多液、石硫合剂等），其水溶液易分解，应随配随用。④易燃，远离火种。⑤中国已在小麦、高粱、青菜、白菜、豆菜、萝卜、黄瓜、柑橘、苹果、茶叶和烟草上制定了 40% 乐果乳油安全使用标准。在推荐剂量下，各种作物上的最多允许使用次数如下：小麦 3 次，高粱 3 次，青菜 6 次，白菜 4 次，豆菜 5 次，萝卜 6 次，柑橘 3 次，苹果 2 次，茶叶 1 次，烟草 5 次。安全使用间隔期：小麦 10 天，高粱 10 天，青菜 8 天，白菜 10 天，豆菜 5 天，萝卜 15 天，黄瓜 2 天，柑橘 15 天，苹果 7 天，茶叶 7 天，烟草 5 天。中国规定，乐果安全间隔期：柑橘、萝卜 >15 天，小麦、高粱、白菜 >10 天，青菜、苹果、茶叶 >7 天，烟草、豆菜 >5 天，黄瓜 >2 天。⑥中毒后的解毒剂为阿托品。中毒症状：头痛、头昏、无力、多汗、恶心、呕吐、胸闷、流涎，并造成猝死。口服中毒可用生理盐水反复洗胃，接触中毒应迅速离开现场，换掉染毒衣物，用温水洗手、洗脸，同时加强心脏监护，防止猝死。

与其他药剂的混用 可与有机磷类农药，如敌敌畏、乙酰甲胺磷等混用，与菊酯类农药混用等。

允许残留量 ① GB 2763—2021《食品中农药最大残留限量标准》规定乐果最大残留限量见表。ADI 为 0.002mg/kg。谷物、油料和油脂按照 GB 23200.113、GB/T 5009.20 规定的方法测定；蔬菜、水果、食用菌、糖料按照 GB 23200.113、GB 23200.116、GB/T 5009.145、GB/T 20769、NY/T 761 规定的方法测定。② FAO/WHO 建议 ADI 为 0.02mg/kg。

部分食品中乐果最大残留限量（GB 2763—2021）

食品类别	名称	最大残留限量（mg/kg）
谷物	稻谷、小麦	0.05
	鲜食玉米	0.50
油料和油脂	大豆、植物油	0.05

（续表）

食品类别	名称	最大残留限量（mg/kg）
蔬菜	鳞茎类蔬菜、叶菜类蔬菜、茄果类蔬菜、瓜类蔬菜、豆类蔬菜、茎类蔬菜、水生类蔬菜、芽菜类蔬菜、其他类蔬菜	0.01
干制蔬菜		0.01
水果	热带和亚热带类水果、柑橘类水果、核果类水果、仁果类水果、浆果和其他小型类水果、瓜果类水果	0.01
糖料	甜菜	0.05
饮料类	茶叶	0.05
食用菌		0.01

* 临时残留限量。

参考文献

农业大词典编辑委员会, 1998. 农业大词典[M]. 北京: 中国农业出版社: 917.

王翔朴, 王营通, 李珏声, 2000. 卫生学大辞典[M]. 青岛: 青岛出版社: 446.

张堂恒, 1995. 中国茶学辞典[M]. 上海: 上海科学技术出版社: 160.

中国农业百科全书总编辑委员会农药卷编辑委员会, 中国农业百科全书编辑部, 1993. 中国农业百科全书: 农药卷[M]. 北京: 农业出版社: 179.

朱永和, 王振荣, 李布青, 2006. 农药大典[M]. 北京: 中国三峡出版社: 48-50.

（撰稿: 吴剑; 审稿: 薛伟）

乐杀螨 binapacryl

一种非内吸性杀螨剂。

其他名称 Acricid、Morocide、Endosan、Hoe 02784。

化学名称 2-仲丁基-4,6-二硝基苯基-3-甲基-丁烯 2-酸酯; 2-(1-methylpropyl)-4,6-dinitrophenyl 3-methyl-2-butenoate。

IUPAC名称 2-sec-butyl-4,6-dinitrophenyl 3-methyl-but-2-enoate。

CAS 登记号 485-31-4。

EC 号 207-612-9。

分子式 $C_{15}H_{18}N_2O_6$。

相对分子质量 322.31。

结构式

开发单位 由 L. Emmel 和 M. Czech 于 1960 年报道, 由赫斯特公司（现拜耳公司）开发。

理化性质 无色晶体粉末。熔点 66~67℃（原药 65~69℃）。蒸气压 13mPa（60℃）。相对密度 1.2（20℃）（原药 1.25~1.28）。水中溶解度约 1mg/L（pH5, 20℃）; 其他溶剂中溶解度（g/L, 20℃）: 正己烷约 0.4, 二氯甲烷、乙酸乙酯、甲苯＞500, 甲醇约 21。紫外光照射下缓慢分解; 碱性和浓酸条件下不稳定; 长期接触水会有微弱水解。

毒性 急性经口 LD_{50}（mg/kg）: 大鼠 150~225, 雄小鼠 1600~3200, 雌豚鼠 300, 狗 450~640。兔和小鼠急性经皮 LD_{50}（丙酮溶液）750mg/kg; 对眼睛有轻微的刺激。2 年饲喂试验 NOEL: 大鼠 500mg/kg 饲料、狗 50mg/kg 饲料条件下没有致病影响。鸡急性经口 LD_{50} 800mg/kg。鱼类最大耐受剂量（mg/L）: 孔雀鱼 0.5, 鲤鱼 1, 鲑鱼 2。对蜜蜂没有毒性。

作用方式及机理 触杀型非内吸性杀螨剂, 也可作为杀菌剂, 抑制孢子萌发, 从而阻止其再侵染。有触杀作用和选择性。

防治对象 非内吸性杀螨剂、杀菌剂。主要用于防治果树叶螨和白粉病, 也可防治柑橘红蜘蛛。对各个时期的螨都有效。

使用方法 主要用于防治苹果、梨、柑橘和棉花上的螨类和白粉病, 使用浓度 0.025%~0.05%（有效成分）。对幼小的番茄、葡萄和玫瑰有一些药害。收获前禁用期为 60 天。

注意事项 高温使用时易产生药害, 须使用低浓度; 茶的新梢嫩叶、番茄幼苗和葡萄幼苗易产生药害, 不宜使用。

与其他药剂的混用 可与杀虫剂和酸性杀菌剂混用, 但与有机磷化合物混用有药害。在印度禁用, 1995 年 3 月确定被列入 PIC 名单。

参考文献

康卓, 2017. 农药商品信息手册[M]. 北京: 化学工业出版社: 184.

（撰稿: 赵平; 审稿: 杨吉春）

累加抗性 cumulative resistance

抗性的形成是一种进化现象, 至少包括 3 个因素: 变异、遗传和选择, 其中选择起了定向的作用, 它使基因频率向一个方向发展, 逐代累加。累加抗性, 指抗性水平随着药剂选择压的提高而不断提高, 进而表现出累加效应的抗性。不同的基因决定了害虫不同的抗性性状, 不同的药剂选择不同的基因, 从而形成不同的抗性品系, 这些不同基因间的作用通过相互累加, 使抗药水平显著增加。对于由基因簇共同控制的抗性, 害虫体内基因簇中各成员对药剂的抗性具有累加作用。

累加抗性, 又名聚基因抗药性, 其抗性是由许多基因的突变引起的, 这些基因的作用可以相互累加, 使抗药水平显著增加。另外, 害虫的抗性还表现为寡基因抗性和多基因抗性。其中，寡基因抗性指抗药性是由一个或几个主效基因的变异引起的，其中任何一个基因发生突变即可表达抗药性。多基因抗性指抗药性是由不同类型的农药诱发不同的抗药性基因突变而表现的多重抗药性，其中各个基因的突变及其调控的生化机制是独立的，互不干扰。

通过剂量或浓度对数 LD-p 线来获得杀虫药剂对试虫的致死中量（LD_{50}）或致中浓度（LC_{50}），进而建立试虫群体对杀虫药剂的敏感性基线，来判定试虫抗性的累加情况（见图）。

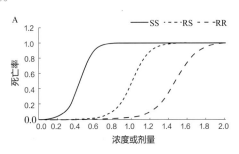

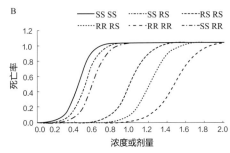

浓度（剂量）- 死亡率曲线的单基因模型
（A）和双基因模型（B）

参考文献

LEATHWICK D M, LUO D W, 2017. Managing anthelmintic resistance—variability in the dose of drug reaching the target worms influences selection for resistance?[J]. Veterinary parasitology (243): 29-35.

（撰稿：黄青春；审稿：陈杰）

累加抗药性　cumulative resistance

在长期害虫防治中，由于不同时期使用的杀虫剂种类和作用机制不同，每一时期害虫对所使用的杀虫剂都会产生一定程度的抗药性，而这种抗药性又有一定累加效应，抗药性水平不断提高，产生了累加抗药性。例如，20 世纪 90 年代，黄河流域棉花棉铃虫大暴发，就是因为 20 世纪 50~60 年代对棉铃虫连续使用了有机氯杀虫剂，70~80 年代连续大量使用了有机磷和氨基甲酸酯类杀虫剂，90 年代连续大量使用拟除虫菊酯类杀虫剂防治，棉铃虫产生了累加抗药性，导致化学防治近乎失效。目前，许多主要农业害虫、害螨都产生了累加抗药性，再换用以前曾使用的药剂防治，其防治效率都很低。

（撰稿：王开运；审稿：高希武）

类同合成　analogue synthesis

以一成功农药为出发点，分析其构效关系，确定活性基团，然后设计并合成新的农药分子的过程。又名衍生合成或周围合成。

运用类同合成进行分子设计主要有 3 种途径：一是保留原活性化合物的基本结构骨架，只进行个别取代基或亚结构的改变，得到原活性结构的同系列衍生物；二是采用活性亚结构拼接法将两种或多种已知的活性结构通过一定的方式连接起来，组成一个新的有机结合体，以增强或产生新的药效；三是利用生物电子等排的原理对原活性结构进行改变。通过这一原理设计出的新化合物在结构上可能有较大变化，但与原有结构仍存在共性联系，可能表现出相同或相似的生物活性，从而利于跳出原有结构的专利保护，开发新品种。

运用类同合成法进行新药开发的成功例子有很多，几乎每出现一类新型结构的先导化合物，都有很多研究者采用类同合成法来发现新的药物。例如日本住友化学公司根据电子等排原理从拟除虫菊酯中开发出不含三元环的氰戊菊酯。运用类同合成法进行新农药开发的成功例子很多，如氰戊菊酯、甲基硫菌灵、哌虫啶等。

类同合成的最大优点是方向明确，具有样板模型，能够少走弯路。虽然该方法较难获得具有独特生物活性的新结构，而且需要避开原化合物的专利保护，但由于这种合成策略最省力省钱，成功率较高，因而在农药研发中被普遍采用。

参考文献

陈万义, 1996. 新农药研究与开发[M]. 北京: 化学工业出版社: 30.

杨华铮, 2003. 农药分子设计[M]. 北京: 科学出版社.

COLLINS K C, TSUCHIKAMA K, LOWERY C A, et al, 2015. Dissecting AI-2-mediated quorum sensing through C5-analogue synthesis and biochemical analysis[J]. Tetrahedron, 72(25): 3593.

JENKINS T L, WYATT J K, ANTIBIOTIC C E, 2009. Analog synthesis via selective deletion of oxygen atoms and the incorporation of nitrogen[C]. American Chemical Society Southeast Regional Meeting.

ZHANG J P, QIN Y G, DONG, Y W, et al, 2017. Synthesis and biological activities of (E)-β-farnesene analogues containing 1,2,3-thiadiazole[J]. Chinese chemical letters, 28(2): 372-376.

（撰稿：邵旭升、韩醴；审稿：李忠）

冷冻干燥　freeze drying

将含有大量水分的物料先冻结至冰点以下，使水转变为冰，然后在高真空条件下加热，使水蒸气直接从固体中升华出来进行干燥的方法。因为利用升华达到去除水分的目的，所以也称为升华干燥。水分升华所需的热主要依靠固体的热传导，因此该干燥过程属于热传导干燥。

原理　冷冻干燥的原理可以用水的三相图来加以说明。

如图所示，图中 OL 线是水和冰的平衡曲线，在此线上，水和冰共存。OK 线是水和水蒸气的平衡曲线，在此线上，水和水蒸气共存。OS 线是冰和水蒸气的平衡曲线，在此线上冰和水蒸气共存。O 点是水、冰、水蒸气的平衡点，在这个温度和压力时水、冰、水蒸气共存，这个温度为 0.01℃，压力为 610.5Pa。从图中可以看出，当压力低于 610.5Pa 时，不管温度如何变化，水只以固态和气态存在，而不存在液态，当固态水（冰）受热时不经过液相直接变为气相，而气相遇冷时就会放热而直接变为冰。根据平衡曲线 OS，对于冰，升高温度或降低压力都可打破气固平衡，使整个系统向着冰转变为水蒸气的方向进行，冷冻干燥就是根据这个原理而进行的。

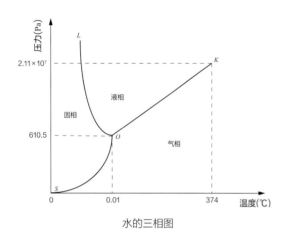

水的三相图

特点　冷冻干燥有以下特点：①由于在干燥过程中真空度高而温度低，许多热敏性的物质不会发生变性或失活，在低温下干燥时，物质中的一些挥发性成分损失很小，所以冷冻干燥适合于热敏性物料、易氧化物料、易挥发物料的干燥，可防止物料中有效成分的变质和损耗。②由于在冻结的状态下进行干燥，因此体积几乎不变，保持了原来的结构，不会发生浓缩现象。干燥后成品的体积与湿物料时基本相同，因此干燥后的产品成疏松、多孔、海绵状。冷冻干燥设备投资费用高、动力消耗大、干燥时间长、生产能力低。

设备　冷冻干燥机按系统分，由制冷系统、真空系统、加热系统和控制系统 4 个主要部分所组成。按结构分，由冻干箱、冷凝器、冷冻机、真空泵和阀门、电器控制元件等组成。习惯上将 1～10m² 的冻干机称为中型（生产型）冻干机；10～50m² 冻干机称为大型（生产型）冻干机；而 1m² 以下（如 0.4m² 或 0.6m²）冻干机称为小型（实验型）冻干机。台式和小型主要应用于实验室，大中型主要应用于工厂规模化生产等。实验型冷冻干燥机，适用于实验室使用或少量生产，可满足大多数实验室常规冻干的要求，体式结构设计，体积小、无外置法兰、使用方便、无泄漏，所有与产品接触的材料均使用惰性材料，满足良好实验室操作（GLP）的要求。生产型冷冻干燥机，一次可满足数百千克湿物料的冷冻干燥需要。

应用　目前在化工及制药工业领域，冷冻干燥工艺主要应用在生物制品生产中，包括抗生素、疫苗等药品的生产，在低温下干燥可保证其有效成分的活性。冷冻干燥工艺在食品加工领域也有较广泛的应用，如饮料、调料、零食、保健食品、食用菌、藻类等。采用冷冻干燥工艺生产食品，既可以保存好食品中所含的营养成分，又可保持食品所含的风味。

参考文献

黄伟东, 方桦, 2001. 速溶茶的真空冷冻干燥技术[J]. 冷饮与速冻食品工业, 7(2): 21-23.

（撰稿：高亮；审稿：遇璐、丑靖宇）

冷雾剂　cold fogging concentrate, KN

利用压缩气体使制剂分散成为细雾的水性制剂，可直接或经稀释后，在冷雾器械上使用的液体制剂。这里的雾包含液滴和颗粒。比较理想的液体剂型是乳油、水乳剂、微乳剂、悬浮剂、悬乳剂及以水为介质的可溶液剂。冷雾机械在常温条件下利用电动机和空气压缩机产生的高速气流通过特制的喷头把冷雾剂分散雾化成为直径约为 20μm 细雾，所形成的药雾能在室内空间悬浮较长时间。

冷雾剂由农药原药、溶剂、水及助剂组成。所述助剂包括但不限于润湿剂、分散剂、乳化剂、增稠剂、稳定剂、增效剂、消泡剂、防冻剂、防飘移剂和防止水分蒸发剂。目前联合国粮食及农业组织（FAO）和世界卫生组织（WHO）颁布的农药制剂标准中尚无农药冷雾剂产品的技术标准。根据冷雾剂的理化性质和实践经验，冷雾剂的外观要求为均相液体，黏度 $\geqslant 6 \times 10^{-3}$Pa·s，闪点 $\geqslant 80$℃，热储、冷储稳定性参考 FAO 对大多数农药乳油的规定。

冷雾剂加工工艺根据其剂型选择不同，加工方式多样。具体可参考乳油加工工艺、水乳剂加工工艺、微乳剂加工工艺、悬浮剂加工工艺和悬乳剂加工工艺。

冷雾剂的施用可以有效防治温室内病虫害。施用时形成的冷雾分散悬浮于空气中，具有见效快、效果优异、施用方便等特点。任何可供加水稀释喷雾用的农药制剂都可以按照一定要求用水稀释配制后使用。但应注意，冷雾法所使用的农药药液都是高浓度的水剂，一般比常规喷雾法所用的药液浓度高数十倍，因此采用常规农药制剂时必须仔细计算用药量和加水稀释倍数。冷雾雾滴粒径约 20μm，有利于药雾在温室内均匀分布，自行对靶标进行渗透，产生较好的沉积效果和渗透效果。但同样由于其粒径较小，很容易黏附在温室的内壁和棚顶，或在温室通风时逸出到温室外。此外，超细雾滴在温室空间长时间悬浮容易被人体吸入，对从事农业生产人员不安全。所以采用冷雾剂施药时除了劳动者必须佩戴安全用具以外，还必须对室内空气含药量进行检测，规定操作人员可以重新返回温室工作的时间间隔，并在已施药的温室门口张贴警示标牌。冷雾剂由于其特性，不适宜在敞露空间的大田使用。

参考文献

屠豫钦, 2007. 农药剂型与制剂及使用方法[M]. 北京：金盾出版社.

中华人民共和国农业部农药检定所, 2003. GB/T 19378—2003农药剂型名称及代码[S]. 北京：中国标准出版社.

（撰稿：李天一；审稿：遇璐、丑靖宇）

离心喷雾机　centrifugal sprayer

利用离心喷头高速旋转时的离心力，将药液分散成雾滴的喷雾器械。

历史　离心喷头是近 60 年来发展的一种喷头。最初用作航空超低量喷雾的雾化装置，以后才在农业生产中应用于地面超低容量和低容量喷雾，并相继生产出手持、背负和机引等多种形式的离心喷雾机。中国从 20 世纪 70 年代初引进手持电动离心喷雾机，后又将离心喷头配套于背负式气力喷雾机及安装在拖拉机悬挂的大型风送喷雾机上，进行地面超低容量喷雾，用来防治农作物害虫及部分病害。离心喷雾机也可用作低容量喷雾，防治田间杂草。

基本原理、结构和类型　主要由药液箱（或药液瓶）、输液管、控制进入喷头药液量的流量调节器、喷嘴、离心喷头及驱动喷头转动的电机及电源或风轮及风机等部件组成。当药液不靠重力输送时，还需配有液泵。离心喷头根据其旋转部件形状不同，可分为转盘式、转杯式和转笼式（图 1）。而转盘式又有单圆盘和双圆盘之分。

不论是转盘式或转杯式，其圆周外缘都有一圈相当数量的尖齿。当药液从药箱经流量调节器和喷嘴流至旋转部件的中心部位后，在旋转部件离心力作用下，药液分布到转盘周边并沿外缘齿尖甩出，形成细小雾滴。为方便起见，以下统用转盘来代表各种形式的旋转部件。

离心喷雾机按动力来源及携带状况可分为手持电动式、背负机动式和拖拉机牵引或悬挂式；根据是否有辅助气流输送雾滴又可分为非风送式和风送式两大类，前者产生的雾滴靠自然风输送，其转盘多由电机驱动。例如手持电动离心喷雾机就属于此类。后者则借助风机产生的高速气流驱动叶片旋转，带动转盘转动并辅助输送雾滴，背负机动离心喷雾机和悬挂离心喷雾机属于此类。

机具特点　药液流量范围适当时，离心喷头能产生大小较一致的均匀雾滴，有较窄的雾滴谱。

改变离心喷头旋转部件的转速，即可改变雾滴直径。在进行控滴喷雾时，离心喷雾机是目前唯一能用于生产的一种控滴喷雾机。为此，有些离心喷头装有调速电机，以便针对不同的防治要求选择转速，产生能取得最佳防治效果的雾滴粒径。

在离心喷头高转速条件下，能产生均匀的细小雾滴，在作超低容量喷雾（施药液量在 4.5L/hm² 以下）时，能保证有效雾滴覆盖密度，既省水，又可提高生产率。在干旱、缺水或山地使用尤为合适。

能喷施黏度较大的农药，例如油剂农药，而液力式喷头不能胜任。

雾滴直径影响因素　影响雾滴直径的因素主要有转盘转速、转盘直径、流量大小和药液的物理性质等。

①雾滴直径随转盘转速的升高而变小。但当转速高达一定值后，对雾滴直径的影响就减弱（图 2 ①）。②转盘直径越大，产生的雾滴直径越小。③雾滴直径一般是随流量加大而变大，且雾滴谱也随之变宽。在低转速时，流量减至很小时会有雾滴直径反而变大的现象。低转速时流量对雾滴直

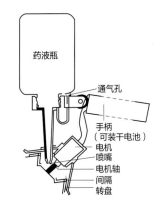

离心喷雾机结构图及转盘式离心喷头

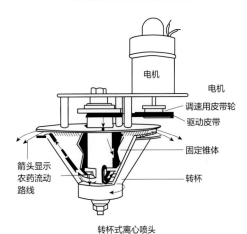

转杯式离心喷头

转笼式离心喷头

图 1　离心喷雾机及离心喷头类型

径的影响关系较之高转速时为大。在各种转速下，都有相应的流量对雾滴直径影响较小的"变化缓慢区"，可利用这一区段改变流量，以满足不同喷量的要求，又不致改变防治所需的最佳粒径范围（图 2 ②）。④表面张力大时，雾滴直径大、黏度大时，雾滴大小的均匀性差。如果在药液中加有一定量的湿润剂，能产生细而均匀的雾滴，改善雾化质量。

使用方法　离心喷雾机随喷施容量不同，其喷施方法也不同。

超低容量喷雾　离心喷雾机作超低容量喷雾时，转盘转速为 7000～15 000r/min，此时的雾滴直径大部分为40～70μm，应采用飘移累积性喷雾方法。进行飘移累积性喷雾时，喷头应高于作物顶端 0.5～1m，以保证雾滴随风分散均匀，并有一定喷幅。因雾滴小，较易蒸发且药液浓度

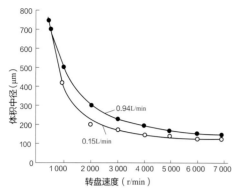

① 两种流量情况下转盘转速与雾滴
体积中径间的关系

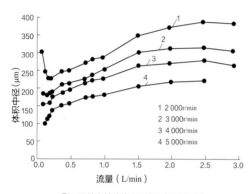

　1　2 000r/min
　2　3 000r/min
　3　4 000r/min
　4　5 000r/min

② 不同转盘转速情况下流量变化时雾滴
体积中径的变化关系

图 2　影响因素与雾滴体积中径之间的关系

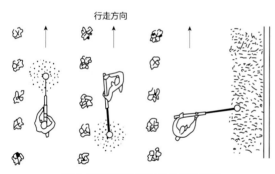

图 3　针对性喷雾时喷头的几种位置

大，应使用不易挥发的油剂农药或经专门配制、加有水溶性抑制水分蒸发剂的水剂农药，严禁使用剧毒农药。作业前要根据飘移累积的有效雾滴覆盖密度实测有效喷幅后，再确定行进速度。手持电动离心喷雾机因靠自然风力运送、分散雾滴，作业应在自然风力为 1～5m/s（1～3级风）条件下进行，且要随时注意转盘转速。当因电池电压降低而转盘转速严重下降时，应立即停止喷药。

　　低容量喷施除草剂　离心喷雾机应作针对性喷雾法，以防止药剂飘失而引起邻近地块敏感作物发生药害。要求雾滴直径较大，转盘转速可采用 2000～4000r/min，使产生的大部分雾滴直径为 100～300μm。作业时，喷头离杂草几厘米高。以手持电动离心喷雾机为例，喷头可有图 3 所示的几种位置。

　　注意事项　①作业时，为防止操作者受到药液雾滴的

污染，行进方向与风向之间的夹角应大于 45°（90° 最理想），行进路线及喷头位置都应考虑使雾滴远离操作者，作业中要随时注意风向和风速的变化，以便根据风向来改变喷向，风太大时应停喷，以防人身中毒和影响作业质量。②离心喷雾机转盘高速旋转时，其尖齿锋利如刀刃，手和皮肤不可触及，也不可使其碰到作物或其他物体，以防转盘损坏。③手持电动离心喷雾机如果长期停用，应将干电池取出，防止电池自行放电、锌皮穿孔、电液外流而腐蚀电路。

参考文献

何雄奎, 2012. 高效施药技术与机具[M]. 北京: 中国农业大学出版社.

何雄奎, 2013. 药械与施药技术[M]. 北京: 中国农业大学出版社.

全国农业技术推广服务中心, 2015. 植保机械与施药技术应用指南[M]. 北京: 中国农业出版社.

中国农业百科全书总编辑委员会农药卷编辑委员会, 中国农业百科全书编辑部, 1993. 中国农业百科全书: 农药卷[M]. 北京: 农业出版社.

（撰稿: 何雄奎; 审稿: 李红军）

离心雾化　centrifuge atomization

　　在离心力的作用下，将均匀分布到雾化装置边缘的药液在一定的速度下（8000～10 000r/min）高速行离心运动并在离心力的作用下飞离雾化装置边缘，然后经空气的摩擦与剪切作用分散成为均匀的细小雾滴的过程。离心雾化产生雾滴细且均匀，是低容量、超低容量与静电喷雾法经常采用的雾化方式。

　　作用原理　旋转圆盘离心式雾化装置如图 1 所示。这种雾化方法的雾滴细度取决于转盘的旋转速率和药液的滴加速度，转速越高、药液滴加速度越慢，则雾化越细。

　　离心喷头产生单个雾滴的直径可由 Walton 和 Prewett 提出的理论公式（1）计算:

$$d = k \frac{1}{w} \sqrt{\frac{r}{D\rho}} \tag{1}$$

　　式中，d 为雾滴的直径（μm）; k 为常数，通常这一经验平均数为 3.67; w 为角速度（r/s）; D 为转盘直径（mm）; r 为液体的表面张力气流速率; ρ 为液体密度（g/cm^3）。

　　离心喷头的主要形式有转盘式、转杯式、转笼式以及转刷式等。最早设计的转盘边缘不带齿，1970 年，"可控雾滴"

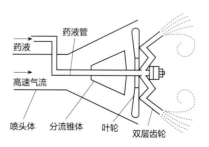

图 1　转盘式离心喷头工作原理示意图

理论的创始人 Bals，设计了一种边缘带齿的转盘，实现了以减少克服表面张力所需的力而产生较小的雾滴；Bals 在 1976 年发明了一种内表面带沟槽的转盘，给药液提供了一个均布流动的沟槽，使药液在到达转盘边缘之前先均匀分化成液丝，这种既有沟槽又有尖齿的转盘，产生的雾滴范围很窄，即雾滴非常均匀，因此可供"可控雾滴"施药技术之用。

转盘式离心喷头可以与风机结合使用，称为风助式转盘式喷头，产生的雾滴大小的上限，可由式（2）计算确定：

$$d = \frac{2kr}{\rho v^2} \tag{2}$$

式中，r 为液体的表面张力（mN/m）；v 为气流速度（m/s）；其他参数同式（1）。

适用范围　飞机上用的喷雾头，多是用金属丝网制成的转笼式离心喷头，转笼的后面有风轮，如图 2。飞行时，在气流的作用下带动转笼高速旋转，药液通过空心轴进入喷头，在离心力作用下通过丝网喷出。离心式喷头所形成的雾滴大小范围较窄，雾滴粒度的均匀性较好，雾滴的体积中值直径为 20～100μm。雾滴可以随风飘移并附着在植物的表面，附着性好，分布均匀。与其他液力喷头比较，不仅雾滴较细，而且节水省药。但受风力的影响较大，喷洒要求较为严格，在适用范围上有一定的局限性。

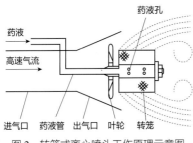

图 2　转笼式离心喷头工作原理示意图

参考文献

何雄奎, 2012. 高效施药技术与机具[M]. 北京: 中国农业大学出版社.

何雄奎, 2013. 药械与施药技术[M]. 北京: 中国农业大学出版社.

全国农业技术推广服务中心, 2015. 植保机械与施药技术应用指南[M]. 北京: 中国农业出版社.

中国农业百科全书总编辑委员会农药卷编辑委员会, 中国农业百科全书编辑部, 1993. 中国农业百科全书: 农药卷[M]. 北京: 农业出版社.

（撰稿：何雄奎；审稿：李红军）

梨豹蠹蛾性信息素　sex pheromone of *Zeuzera pyrina*

适用于多种果树的昆虫性信息素。最初从梨豹蠹蛾（*Zeuzera pyrina*）虫体中提取分离，主要成分为（2*E*,13*Z*）-2,13- 十八碳二烯 -1- 醇乙酸酯。

商品名称等见醋栗透翅蛾性信息素。

作用方式　主要用于干扰梨豹蠹蛾的交配，诱捕梨豹蠹蛾。

防治对象　适用于防治核桃、苹果、油梨等果树的梨豹蠹蛾。

使用方法　将含有梨豹蠹蛾性信息素的诱芯放置在诱捕器中，然后将诱捕器挂在果树上，诱捕梨豹蠹蛾。

参考文献

马克比恩 C, 2015. 农药手册[M]. 胡笑形, 等译. 北京: 化学工业出版社.

MUNOZ L, BOSCH M P, BATLLORI L, et al, 2011.Synthesis of allylic trifluoromenthy ketones and their activity as inhibitors of the sex pheromone of the Leopard moth, *Zeuzera pyrina* L. (Lepidoptera: Cossidae)[J]. Pest management science. 67: 956-964.

（撰稿：钟江春；审稿：张钟宁）

梨小食心虫性信息素　sex pheromone of *Grapholitha molesta*

适用于仁果类果树的昆虫性信息素。最初从未交配梨小食心虫（*Grapholitha molesta*）雌虫腹部末节提取分离，主要成分为（*Z*）-8- 十二碳烯 -1- 醇乙酸酯、（*E*）-8- 十二碳烯 -1- 醇乙酸酯与（*Z*）-8- 十二碳烯 -1- 醇。（*Z*）- 异构体酯:（*E*）- 异构体酯:醇为 100：7：30 时，具有最大引诱效力。

其他名称　Ecodian CM（用于迷向）（Isagro）、OFM Disrupt（干扰交配）（ChemTica）、RAK5（BASF）[混剂，（*Z*）- 异构体酯:（*E*）- 异构体酯（9：1）]、Checkmate OFM-F（喷雾剂）[混剂，（*Z*）- 异构体酯与（*E*）- 异构体酯的混合物 +（*Z*）-8- 十二碳烯 -1- 醇]（Suterra）、Disrupt OFM（喷雾制剂，美国、澳大利亚）[混剂，（*Z*）- 异构体酯与（*E*）- 异构体酯的混合物 +（*Z*）-8- 十二碳烯 -1- 醇]（Hercon）、Z8-12Ac、E8-12Ac、Z8DDA。

化学名称　（*Z*）-8- 十二碳烯 -1- 醇乙酸酯；(*Z*)-8-dodecen-1-ol acetate；(*E*)-8- 十二碳烯 -1- 醇乙酸酯；(*E*)-8-dodecen-1-ol acetate；(*Z*)-8- 十二碳烯 -1- 醇；(*Z*)-8-dodecen-1-ol。

IUPAC 名称　(*Z*)-dodeca-8-en-1-yl acetate；(*E*)-dodeca-8-en-1-yl acetate；(*Z*)-dodec-8-en-1-ol。

CAS 登记号　28079-04-1[（*Z*）- 异构体]；38363-29-0[（*E*）- 异构体]；40642-40-8（醇）。

EC 号　248-823-6[（*Z*）- 异构体]；253-904-4[（*E*）- 异构体]。

分子式　$C_{14}H_{26}O_2$（酯）；$C_{12}H_{24}O$（醇）。

相对分子质量　226.36（酯）；184.32（醇）。

结构式

(Z)-8-十二碳烯-1-醇乙酸酯

(E)-8-十二碳烯-1-醇乙酸酯

(Z)-8-十二碳烯-1-醇

生产单位　1985 年开始使用，由 Isagro、Hercon、BASF 等公司生产。

理化性质　无色或浅黄色液体，有特殊气味。沸点 102～103℃（266.64Pa）[（Z）- 异构体]；88～90℃（133.32Pa）（醇）。蒸气压 708mPa（20℃，计算值，用于干扰交配的混合物）。难溶于水，溶于氯仿、乙醇、乙酸乙酯等有机溶剂。

毒性　大鼠急性经口 LD_{50} > 5000mg/kg。最高测试吸入剂量水平下，对大鼠无毒性作用。细菌（17 小时）EC_{50}/LC_{50} > 1000mg/L。对眼睛与皮肤无毒性作用。

剂型　气雾剂，微囊悬浮剂，手工式控释分散器，管剂。

作用方式　主要用于干扰梨小食心虫的交配和诱捕。

防治对象　适用于仁果类果树，如苹果、梨、桃与杏等果树，防治梨小食心虫。

使用方法　将含有梨小食心虫性信息素的缓释型诱捕器置于果园的合适高度，按每公顷 500 个均匀分布于果园。使梨小食心虫性信息素扩散到空气中，并分布于整个果园。

与其他药剂的混用　可以与其他昆虫信息素混用，防治梨小食心虫、荔枝异形小卷蛾等。

参考文献

马克比恩 C, 2015. 农药手册[M]. 胡笑形, 等译. 北京: 化学工业出版社.

吴文君, 高希武, 张帅, 2017. 生物农药科学使用指南[M]. 北京: 化学工业出版社.

（撰稿：钟江春；审稿：张钟宁）

藜芦碱　veratrine

从百合科藜芦属和喷嚏草属植物中提取的藜芦甾体生物碱，主要成分为藜芦碱，由藜芦定、瑟瓦定、藜芦素、瑟瓦辛和沙巴定等生物碱的混合物。对昆虫具有触杀和胃毒作用。可用于防治家蝇、蜚蠊、虱等卫生害虫，也可用于防治菜青虫、蚜虫、叶蝉、蓟马和椿象等农业害虫。2015 年，杨凌馥稷生物科技有限公司开发 0.5% 藜芦碱可溶性液剂和 1% 母药并登记。

其他名称　虫敌、西伐丁、藜芦定、塞凡丁、sabadilla。

化学名称　3-veratroylveracevine(藜芦定)。

IUPAC 名称　cevane-3,4,12,14,16,17,20-heptol, 4,9-epoxy-, 3-(3,4-dimethoxybenzoate), $(3\beta,4\alpha,16\beta)$-。

CAS 登记号　8051-02-3（藜芦碱）；71-62-5（藜芦定）。

EC 号　617-100-0（藜芦碱）；200-758-4（藜芦定）。

分子式　$C_{36}H_{51}NO_{11}$（藜芦定）。

相对分子质量　673.79（藜芦定）。

结构式

开发单位　杨凌馥稷生物科技有限公司开发、河南省华鼎农药有限公司。

理化性质　纯品为片形针状结晶。熔点 205℃，213～214.5℃分解。1g 可溶于 15ml 乙醇或乙醚中，微溶于水、甘油，易溶于稀酸、苯、戊醇，不溶于石油醚。

毒性　高毒。腹腔注射 LD_{50}：大鼠 3.5mg/kg，小鼠 LD_{50} 1.35mg/kg，小鼠静脉注射 LD_{50} 0.42mg/kg。制剂低毒，0.5% 可溶性液剂对小鼠急性经口 LD_{50} 20 000mg/kg，对小鼠、大鼠均有致畸作用。

剂型　0.5% 可溶性液剂，1% 母药，0.6% 苦参·藜芦碱水剂。

作用方式及机理　具有触杀和胃毒作用。可经虫体表皮或吸食进入消化系统后，对胃肠道黏膜有很强刺激作用，出现反胃、呕吐和食管、胃肠炎症；引起大脑先兴奋而后出现抑制，产生腹痛和头晕昏迷等不安情绪；能提高迷走神经的兴奋性，引起心率变慢、血压下降，抑制呼吸而致害虫死亡。此外，藜芦碱还能启动害虫的 Na⁺ 通道，使害虫肌肉瘫痪、僵硬直至死亡。

防治对象　茶橙瘿螨、茶小绿叶蝉、菜青虫、棉铃虫、棉蚜、蚜虫、茶黄螨、红蜘蛛等害虫（登记作物：茶树、甘蓝、棉花、枸杞、草莓、辣椒、茄子、柑橘、枣树等）。

使用方法　喷雾法。

防治菜青虫、棉铃虫、棉蚜　在低龄幼虫期或卵孵化盛期用 0.5% 藜芦碱可溶性液剂有效成分用药量 5.63～7.5g/hm²（折成 0.5% 藜芦碱可溶性液剂 75.1～100ml/ 亩）。

防治辣椒、茄子、草莓、枣树红蜘蛛　在低龄若虫期或卵孵化盛期用 0.5% 藜芦碱可溶液剂有效成分用药量 9～10.5g/hm²（折成 0.5% 藜芦碱可溶液剂 120～140ml/ 亩）。

防治茶小绿叶蝉、茶黄螨　在低龄若虫期或卵孵化盛期用 0.5% 藜芦碱可溶性液剂有效成分用药量 5.4～6.75g/hm²（折成 0.5% 藜芦碱可溶性液剂 72～90ml/ 亩）。

注意事项　①安全间隔期 7～10 天，每季最多使用 1 次，建议与其他作用机制不同的杀虫剂轮换使用，以延缓抗性产生。②对蜜蜂、水生生物有毒，植物花期、水产养殖区禁用。③禁止儿童、孕妇及哺乳期妇女接触。

与其他药剂的混用　藜芦碱与苦参碱以 1∶1 混合成 0.6% 苦参·藜芦碱水剂，分别按有效成分用量 5.4～6.75g/hm²、4.5～6.3g/hm² 可防治茶小绿叶蝉和小菜蛾。

参考文献

安立娜, 赵鑫, 董立新, 等, 2014. 0.5% 藜芦碱可溶液剂对韭蛆的生物活性及安全性评价[J]. 农药, 53(12): 924-926.

刘庆鑫, 2012. 藜芦中三种甾体生物碱的微生物转化[D]. 福州: 福建中医药大学.

师红梅, 2010. 生物农药藜芦碱防治甘蓝蚜虫药效试验与应用技术研究[D]. 郑州: 河南农业大学.

张青春, 2014. 藜芦生物碱引起小鼠脑细胞DNA损伤的构毒关系研究[D]. 郑州: 河南大学.

（撰稿：李荣玉；审稿：李明）

李透翅蛾性信息素　sex pheromone of *Synanthedon pictipes*

适用于核果类果树的昆虫性信息素。最初从未交配的李透翅蛾（*Synanthedon pictipes*）雌虫产卵器提取分离，主要成分为（3*E*,13*Z*）-3,13- 十八碳二烯 -1- 醇乙酸酯与（3*Z*,13*Z*）-3,13- 十八碳二烯 -1- 醇乙酸酯。

其他名称　Isomate LPTB（美国）［（3*E*,13*Z*）- 异构体与（3*Z*,13*Z*）- 异构体的混合物］（Pacific Biocontrol、Shin-Etsu）、Sukashiba-con（日本）［（3*E*,13*Z*）- 异构体与（3*Z*,13*Z*）- 异构体的混合物］（Shin-Etsu）、FERSEX ZP（混剂，+2,13- 十八碳二烯）（SEDQ）。

化学名称　（3*E*,13*Z*）-3,13- 十八碳二烯 -1- 醇乙酸酯；(3*E*,13*Z*)-3,13-octadecadien-1-ol acetate；（3*Z*,13*Z*）-3,13- 十八碳二烯 -1- 醇乙酸酯；(3*Z*,13*Z*)-3,13-octadecadien-1-ol acetate。

IUPAC 名称　(3*E*,13*Z*)-octadeca-3,13-dien-1-yl acetate；(3*Z*,13*Z*)- octadeca-3,13-dien-1-yl acetate。

CAS 登记号　53120-26-6［（3*E*,13*Z*）- 异构体］；53120-27-7［（3*Z*,13*Z*）- 异构体］。

EC 号　258-373-2［（3*E*,13*Z*）- 异构体］。

分子式　$C_{20}H_{36}O_2$。

相对分子质量　308.50。

结构式

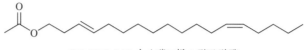

(3*E*, 13*Z*)-3.13-十八碳二烯-1-醇乙酸酯

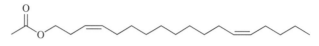

(3*Z*, 13*Z*)-3.13-十八碳二烯-1-醇乙酸酯

生产单位　由 Pacific Biocontrol、SEDQ、Shin-Etsu 公司生产，原药组成为 92%（质量分数）的（3*E*,13*Z*）- 异构体与 4%（质量分数）的（3*Z*,13*Z*）- 异构体。

理化性质　无色或浅黄色液体，有特殊气味。沸点 390℃（101.32kPa，预测值）［（3*E*,13*Z*）- 异构体］。相对密度 0.88（20℃，预测值）［（3*Z*,13*Z*）- 异构体］。难溶于水，溶于正庚烷、甲醇与苯等有机溶剂。

毒性　大鼠急性经口 LD_{50} > 5000mg/kg。

剂型　膜分散剂，缓释制剂。

作用方式　主要用于干扰李透翅蛾、桃蛀蛾等的交配，诱捕李透翅蛾与桃蛀蛾。

防治对象　适用于核果类果树，防治李透翅蛾、桃蛀蛾与樱桃透翅蛾。

使用方法　将含有李透翅蛾性信息素的缓释诱芯固定在果树上，使性信息素扩散到空气中，并分布于整个果园。每公顷使用的诱芯数目与释放速度有关。

参考文献

马克比恩 C, 2015. 农药手册[M]. 胡笑形, 等译. 北京: 化学工业出版社.

吴文君, 高希武, 张帅, 2017. 生物农药科学使用指南[M]. 北京: 化学工业出版社.

（撰稿：钟江春；审稿：张钟宁）

立体异构　stereoisomerism

在具有相同分子式的化合物分子中，原子或原子团互相连接的次序相同，但在空间的排列方式不同，与构造异构同属有机化学范畴中的同分异构现象。立体异构体是一种特别的异构体，它们可以有很相似的物理及化学性质，而同时又有十分不同的生物化学性质。立体异构又分为对映异构和非对映异构，其中非对映异构又分为顺反异构和构象异构。对映异构又名手性异构，任何一个不能和它的镜像完全重叠的分子就叫做手性分子，它的一个物理性质就是能使偏振光

L

的方向发生偏转，具有旋光活性。在有双键或小环结构（如环丙烷）的分子中，由于分子中双键或环的原子间的键的自由旋转受阻碍，存在不同的空间排列方式而产生的立体异构称为顺反异构。仅由于单键的旋转而引起的立体异构体称为构象异构体，有时也称为旋转异构体，由于旋转的角度可以是任意的，单键旋转 360° 可以产生无数个构象异构体，通常以稳定的有限几种构象来代表它们。

（撰稿：王益锋；审稿：吴琼友）

利谷隆　linuron

一种取代脲类选择、内吸传导型除草剂。

商品名称

其他名称　Afalon、Afalox、Linex、Linurex、Lorox、Siolcid、DPX-Z0326、AE F002810、Hoe 02810。

化学名称　3-(3,4-二氯苯基)-1-甲氧基-1-甲基脲；N'-(3,4-dichlorophenyl)-N-methoxy-N-methylurea。

IUPAC 名称　3-(3,4-dichlorophenyl)-1-methoxy-1-methylurea。

CAS 登记号　330-55-2。

EC 号　206-356-5。

分子式　$C_9H_{10}Cl_2N_2O_2$。

相对分子质量　249.09。

结构式

开发单位　K. Härtel 于 1962 年报道该除草剂，由杜邦公司和赫斯特公司（现拜耳公司）开发推广。

理化性质　原药含量≥94%。无色晶体。熔点 93～95℃。蒸气压 0.051mPa（20℃），7.1mPa（50℃）（EC 方法）。K_{ow}lg$P$ 3。Henry 常数 2×10^{-4}Pa·m^3/mol（20℃）。相对密度 1.49（20℃）。溶解度：水 63.8mg/L（20℃，pH7）；丙酮 500、苯 150、乙醇 150、二甲苯 130（g/kg，25℃），易溶于二甲基甲酰胺、氯仿和乙醚，适度溶于芳烃，难溶于脂肪烃。在熔点和在 pH5、7 与 9 的水溶液中稳定；在 pH 值为 5、7、9 时 DT$_{50}$＞1000 天。

毒性　大鼠急性经口 LD$_{50}$ 1500～5000mg/kg。急性经皮 LD$_{50}$：大鼠＞2000mg/kg，兔＞5000mg/kg（50% 可湿性粉剂）。对豚鼠皮肤无致敏性。大鼠吸入 LC$_{50}$（4 小时）＞4.66mg/L（空气）。NOEL：狗（1 年）25mg/kg（0.9mg/kg）。是大鼠的肿瘤促进剂。山齿鹑急性经口 LD$_{50}$ 940mg/kg。饲喂 LC$_{50}$（8 天，mg/kg 饲料）：野鸭 3083、＞5000（从不同研究结果获得数据），环颈雉 3438，日本鹌鹑＞5000。鱼类 LC$_{50}$（96 小时，mg/L）：虹鳟 3.15，鲶鱼＞4.9。水蚤 EAC 0.015mg/L（微观研究）。糠虾 LC$_{50}$（96 小时）3.4mg/L；NOEC 2.1mg/L。蜜蜂 LD$_{50}$（经口）＞1600µg/g。蚯蚓 LC$_{50}$＞

1000mg/kg 土壤。对地栖的有益节肢动物无害。

剂型　悬浮剂，乳油，50% 可湿性粉剂。

作用方式及机理　选择性、内吸传导型除草剂，主要通过根部吸收，但也通过叶面吸收，其后主要通过木质部向顶部传导。为光系统Ⅱ受体部位的光合作用电子传递抑制剂。

防治对象　苗前和苗后用于芦笋、朝鲜蓟、胡萝卜、欧芹、香菜、茴香、欧防风、块根芹、草药与香料、芹菜、洋葱、韭菜、大蒜、马铃薯、豌豆、蚕豆、大豆、谷物、玉米、高粱、棉花、亚麻、向日葵、糖甘蔗、观赏植物、成年葡萄树、香蕉树、木薯、咖啡、茶树、水稻、花生以及其他作物田中防除一年生禾本科杂草、阔叶杂草和一些多年生杂草。

使用方法　对于芦笋、菜豆、棉花、豌豆、玉米、马铃薯和大豆等芽前使用，对胡萝卜和冬小麦田等芽前和苗后使用。多在播种后至出苗前进行土壤处理，一般亩用 50% 利谷隆 100g，兑水喷洒土壤。

制造方法　由 3,4-二氯异氰酸苯酯与甲氧基甲基胺反应制取。

允许残留量　中国：欧芹 0.3mg/kg（临时限量）；ADI 为 0.003mg/kg（GB 2763—2021）。日本：大麦、荞麦、大米 0.1，小麦、玉米 0.2，绿豆 0.2，苹果、香蕉、杏、鳄梨、葡萄、黑莓、蓝莓、樱桃、木瓜、西瓜等 0.2，芦笋 7，青花菜、球芽甘蓝、黄瓜、蘑菇、卷心菜、芹菜、花椰菜等 0.2，胡萝卜 1，马铃薯类 1，可可豆、咖啡豆 0.02，猪肉、牛瘦肉 0.5，牛肥肉 1，可食用内脏（哺乳动物）1，家禽肉 0.05，家禽蛋 0.05，牛奶 0.05，山药 0.1，油料种子 0.2，茶叶 0.02。澳大利亚：粮谷 0.05，芹菜 0.05，根芹菜 0.5，韭菜 0.2，细叶芹 1，香菜（叶、茎、根）1，香菜籽 0.2，蔬菜（除芹菜、根芹菜、韭菜之外）0.05，肉类 0.05，可食用内脏（哺乳动物）1，鸡蛋 0.05，药草 1，芝麻 1，姜黄根 0.05，牛奶 0.05。韩国：大麦、小麦、玉米等谷物类 0.2，棉籽 0.2，大豆 1，胡萝卜 1，芹菜 0.5，芦笋 3，大蒜 1，青蒜 0.05，洋葱 1，马铃薯 1，山药 0.2，茶叶 0.05（均为 mg/kg）。

参考文献

马克比恩 C, 2015. 农药手册[M]. 胡笑形, 等译. 北京: 化学工业出版社: 619-621.

石得中, 2008. 中国农药大辞典[M]. 北京: 化学工业出版社: 285.

（撰稿：王宝雷；审稿：耿贺利）

粒径范围　particle range

表征农药颗粒状制剂产品（如颗粒剂、水分散粒剂等）的粒度在一定的尺寸区间内的分布情况。又名粒度范围。

粒径范围会影响产品与药械的匹配性，为了保证颗粒装制剂产品在标明的粒径范围有一定的比例，避免产品在运输和处置过程中大、小颗粒上下分离，确保机械施药时流速和施药量均匀而设定的指标。

颗粒状制剂产品应指定其在合适的粒径范围内的比例，

一般要求如下：

①粒径范围上下限一般设置为，下限与上限的尺寸之比不超过 1∶4。

②在指定的粒径范围内的试样质量与试样总质量之比，应在 85% 以上。

农药颗粒剂、水分散粒剂产品的粒径范围测定方法如下：CIPAC MT 59 Sieve analysis（筛分分析）/59.2Granular products（颗粒剂产品）：见 MT58；CIPAC MT 58 Dust content and apparent density of granular pesticide formulations（颗粒状农药制剂的含尘量和表观密度）；CIPAC MT 170 Dry sieve analysis of water dispersible granules（水分散粒剂的干法筛分）。

测定方法　将孔径为粒径范围下限的试验筛安装到底盘上，在其上部安装孔径为粒径范围上限的试验筛，组合完成后，准确称量一定量的试样，均匀撒布到最上层试验筛的筛网上，盖上顶盖。将组装好的试验筛组固定在振动筛机上，启动振筛机，以规定的频率振荡规定的时间，然后关闭振筛机，保持静置约 2 分钟以使颗粒沉降，然后打开顶盖，称量下部的孔径为粒径范围下限的试验筛中样品的质量，计算在规定的粒径范围内的试样质量与试样总质量之比。

参考文献

CIPAC Handbook F, MT 58, 1995, 173-176.

CIPAC Handbook F, MT 59, 1995, 177-182.

CIPAC Handbook F, MT 170, 1995, 420-425.

（撰稿：孙剑英、许来威；审稿：吴学民）

联苯　biphenyl

一种重要的有机原料，广泛用于医药、农药、染料、液晶材料等领域。

其他名称　苯基苯、Diphenyl Mixture、Diphenyl。

化学名称　联二苯；1,1'-biphenyl。

IUPAC 名称　biphenyl。

CAS 登记号　92-52-4。

分子式　$C_{12}H_{10}$。

相对分子质量　154.21。

结构式

理化性质　白色至浅黄色片状晶体，有刺鼻气味，稀释后有类似玫瑰的香气。熔点 70.5℃。沸点 256.1℃。联苯天然存在于煤焦油、原油和天然气中。不溶于水、酸及碱，但溶于醇、苯、醚等有机溶剂中。是最稳定的有机化合物，性质像苯，但比苯稳定。

毒性　低毒。对人有刺激性。其蒸气能刺激眼、鼻、气管，引起食欲不振、呕吐等，对神经系统、消化系统和肾脏有一定毒性。大鼠经口 LD_{50} 3280mg/kg。工作场所最高容许浓度＞1mg/m³（与联苯醚共存）。损害心脏、肝脏和肾脏，对人类和其他动物的生殖系统产生毒性影响。

防治对象　浸泡包装纸，防止柑橘寄生霉菌孢子萌发和菌丝生长。

参考文献

马克比恩 C, 2015. 农药手册[M]. 胡笑形, 等译. 北京：化学工业出版社：1072.

孙家隆, 2015. 新编农药品种手册[M]. 北京：化学工业出版社：493-494.

（撰稿：毕朝位；审稿：谭万忠）

联苯吡菌胺　bixafen

一种吡唑酰胺类，广谱内吸性杀菌剂。

其他名称　Aviator 235 Xpro（混剂）、Siltra Xpro（混剂）、Skyway Xpro（混剂）、BYF 00587（试验代号）。

化学名称　N-(3',4'-dichloro-5-fluorobiphenyl-2-yl)-3-(difluoromethyl)-1-methyl-1H-pyrazole-4-carboxamide。

IUPAC 名称　N-(3',4'-dichloro-5-fluoro[1,1'-biphenyl]-2-yl)-3-(difluoromethyl)-1-methyl-1H-pyrazole-4-carboxamide。

CAS 登记号　581809-46-3。

分子式　$C_{18}H_{12}Cl_2F_3N_3O$。

相对分子质量　414.21。

结构式

开发单位　拜耳作物科学公司。

理化性质　纯品为粉末。熔点 142.9℃。蒸气压 $4.6×10^{-5}$Pa（20℃）。$K_{ow}lgP$ 3.3。相对密度 1.51（20～25℃）。水中溶解度 0.49mg/L（20～25℃，pH7）。在光及水（pH4～9）中稳定，土壤 DT_{50} 22.5～25.5 天。

毒性　低毒杀菌剂。大鼠急性经口 LD_{50} ＞5000mg/kg。大鼠急性经皮 LD_{50} ＞2000mg/kg。对兔眼睛、兔皮肤无刺激，对鼠皮肤无致敏性。大鼠急性吸入 LC_{50} ＞5.383mg/L。NOAEL：大鼠 2mg/（kg·d），小鼠 6.7mg/（kg·d）。ADI/RfD 0.02mg/kg 按体重给药。鹌鹑急性经口 LD_{50} ＞2000mg/kg。鱼类 LC_{50}（96 小时）：虹鳟 0.095mg/L，黑头呆鱼 0.105mg/L，水蚤 LC_{50}（48 小时）1.2mg/L，羊角月牙藻 EC_{50}（72 小时）0.0965mg/L。蜜蜂 LD_{50}：急性经口＞121μg/ 只，急性接触＞100μg/ 只。蚯蚓 LC_{50}（14 天）＞1000mg/kg 土壤。

剂型　125g/L 乳油。

作用方式及机理　通过干扰病原菌线粒体呼吸电子传

递链中的复合体Ⅱ上的琥珀酸脱氢酶，抑制线粒体功能，阻止其产生能量，抑制病原菌生长，最终导致其死亡。具有内吸杀菌活性。

防治对象 具有广泛的杀菌谱，可有效防治谷类作物上由子囊菌、担子菌和半知菌引起的多种病害。对麦类作物上的小麦叶枯病、叶锈病、条锈病、眼斑病和黄斑病、大麦网斑病、柱隔孢叶斑病、云纹病和柄锈病等诸多病害有优异防效，并能有效防治对甲氧基丙烯酸酯类杀菌剂产生抗性的壳针孢属病菌引起的叶斑病。防治玉米叶枯病和灰叶斑病，大豆灰斑病、褐斑病和白腐病；谷物上由壳针孢菌引起的叶斑病、条锈病和茎锈病；马铃薯早疫病和白腐病；油菜白腐病；花生茎腐病、叶斑病、叶锈病和丝核菌引起的茎腐病。

使用方法 以叶面喷雾的方式用于小麦、黑麦、黑小麦、大麦和燕麦等，防治茎部和叶面病害。

与其他药剂的混用 与丙硫菌唑混用，用于防治对壳针孢菌引起的叶斑病、条锈病和茎锈病病害具有非常好的活性；与戊唑醇混用，用于防治苹果白粉病；与氟嘧菌酯混用，用于防治禾谷类作物叶斑病、颖枯病、褐锈病、条锈病、云纹病、褐斑病、网斑病以及白粉病。与螺环菌胺混用，用于防治小麦白粉病和各种锈病。

允许残留量 GB 2763—2021《食品中农药最大残留限量标准》规定联苯吡菌胺最大残留限量见表。ADI 为 0.02mg/kg。欧盟规定最大残留限量（mg/kg）：大麦 0.5，高粱 0.01。

部分食品中联苯吡菌胺最大残留限量（GB 2763—2021）

食品类别	名称	最大残留限量（mg/kg）
谷物	小麦、黑麦	0.05[*]
	大麦、燕麦	0.40[*]
油料和油脂	油菜籽	0.04[*]
	菜籽油	0.08[*]
动物源性食品	哺乳动物肉类（海洋哺乳动物除外）	2.00[*]
	哺乳动物内脏（海洋哺乳动物除外）	4.00[*]
	哺乳动物脂肪（海洋哺乳动物除外）	2.00[*]
	禽肉类	0.02[*]
	禽类内脏、脂肪	0.05[*]
	蛋类	0.05[*]
	生乳	0.20[*]
	乳脂肪	5.00[*]

[*] 临时残留限量。

参考文献

TURNER J A, 2015. The pesticide manual: a world compendium [M]. 17th ed. UK: BCPC: 120-121.

（撰稿：英君伍；审稿：司乃国）

联苯肼酯 bifenazate

一种非内吸性杀螨剂。

其他名称 满刹威、众双喜、镖贯、爱卡螨、戈螨、Mito-kohne、Acramite、Enviromite、Floramite、D2341、NC-1111。

化学名称 3-(4-甲氧基联苯-3-基)肼基甲酸异丙酯；1-methylethyl 2-(4-methoxy [1,1'-biphenyl]-3-yl)hydrazinecarboxylate。

IUPAC名称 isopropyl 3-(4-methoxybiphenyl-3-yl)carbazate。

CAS登记号 149877-41-8。

EC号 442-820-5。

分子式 $C_{17}H_{20}N_2O_3$。

相对分子质量 300.35。

结构式

开发单位 M. A. Dekeyser 等 1996 年首次报道，由美国尤尼鲁化学公司发现。由尤尼鲁化学公司和日本日产化学公司共同开发，于 2000 年首次上市。

理化性质 原药含量 > 95%。纯品为白色、无味晶体。熔点 123~125℃。在 240℃分解。蒸气压 3.8×10^{-4}mPa（25℃）。相对密度 1.31。K_{ow}lg$P$ 3.4（25℃，pH7）。Henry 常数 1.01×10^{-3}Pa·m³/mol。水中溶解度（20℃，pH 值不确定）2.06mg/L；其他溶剂中溶解度（g/L，25℃）：甲醇 44.7，乙腈 95.6，乙酸乙酯 102，甲苯 24.7，正己烷 0.232。在 20℃下稳定（储存期大于 1 年）；水溶液中 DT_{50}（25℃）：9.1 天（pH4），5.4 天（pH5），0.8 天（pH7），0.08 天（pH9）；光照 DT_{50} 17 小时（25℃，pH5）。pK_a12.94（23℃）。闪点 ≥ 110℃。表面张力（22℃）64.9mN/m。

毒性 大鼠急性经口 LD_{50} > 5000mg/kg。大鼠急性经皮 LD_{50}（24 小时）> 5000mg/kg，大鼠吸入 LC_{50}（4 小时）> 4.4mg/L。对兔眼睛和皮肤轻微刺激，对豚鼠皮肤无致敏性。NOEL［mg/（kg·d）］：（90 天）雄大鼠 2.7，雌大鼠 3.2，雄狗 0.9，雌狗 1.3；（1 年）公狗 1.014，母狗 1.051；（2 年）雄大鼠 1，雌大鼠 1.2；（78 周）雄小鼠 1.5，雌小鼠 1.9。Ames 阴性，对大鼠、兔无致突变、致畸，对大鼠、小鼠无致癌性。山齿鹑急性经口 LD_{50} 1142mg/kg，鸟饲喂 LC_{50}（5 天，mg/kg 饲料）：山齿鹑 2298，野鸭 726。鱼类 LC_{50}（96 小时，mg/L）：虹鳟 0.76，大翻车鱼 0.58。水蚤 EC_{50}（48 小时）0.5mg/L。中肋骨条藻 E_bC_{50}（72 小时）0.3mg/L，羊角月牙藻 E_rC_{50}（96 小时）0.9mg/L。东方牡蛎 EC_{50}（96 小时）0.42mg/L。蜜蜂 LD_{50}（48 小时，μg/只）：> 100（经口），8.5（接触）。蚯蚓 LC_{50}（14 天）> 1250mg/kg 土壤。联苯肼酯对淡水鱼和软体动物高急性毒性。联苯肼酯对捕食螨，如钝绥螨属、静走螨属无药害。对草蛉、丽蚜小蜂和步行虫无药害。

剂型 50% 水分散粒剂，43% 悬浮剂。

作用方式及机理 对螨类的中枢神经传导系统的一种

γ-氨基丁酸（GABA）受体的独特作用。非内吸性杀螨剂，主要是触杀作用，具有杀卵作用，具有长效性。与其他杀虫剂无交互抗性。

防治对象　主要防治活动期食叶类螨虫如全爪螨、二点叶螨的各个阶段。适用于柑橘、葡萄、果树、蔬菜、棉花、玉米和观赏植物等。

使用方法　用于柑橘、乔木果树、葡萄、啤酒花、坚果、蔬菜、观赏植物、棉花和玉米，防治植食性螨类（包括卵和虫体），推荐剂量0.15～0.75kg/hm²。使用叶面喷雾用，苹果树红蜘蛛，144.33～240mg/kg；柑橘树红蜘蛛，143.3～215mg/kg；辣椒茶黄螨，129～193.6g/hm²；木瓜二斑叶螨，143.3～215mg/kg。

注意事项　为了减少抗性的产生，请尽量减少用药次数，每季最多使用2次。在苹果上使用的安全间隔期为7天。开花植物花期，蚕室及桑园附近禁用，不得在食用花卉或同类作物上使用。建议与其他作用机制不同的杀螨剂轮换使用。对鱼高毒，避免药液流入河流水体，不要在鱼塘清洗沾有药液的器具。使用过的包装及废弃物应作集中焚烧处理，不可他用。避免其污染地下水、沟渠等水源。使用该品时应穿戴防护服、手套等，避免吸入药液；施药期间不可吃东西、饮水等；施药后应及时洗手、洗脸等。避免孕妇及哺乳期的妇女接触该品。

与其他药剂的混用　联肼·乙螨唑30%悬浮剂、40%悬浮剂、60%水分散粒剂，阿维·联苯肼33%悬浮剂、20%悬浮剂，联肼·螺螨酯36%悬浮剂、40%悬浮剂，四螨·联苯肼30%悬浮剂，苯丁·联苯肼30%悬浮剂，联肼·哒螨灵45%悬浮剂。

允许残留量　GB 2763—2021《食品中农药最大残留限量标准》规定联苯肼酯最大残留限量见表。ADI为0.01mg/kg。谷物、油料和油脂、坚果、饮料类、调味料参照GB 23200.8、GB/T 20769、GB 23200.34标准规定的方法测定；蔬菜、水果、干制水果按照GB 23200.8、GB/T 20769规定的方法测定。

部分食品中联苯肼酯最大残留限量（GB 2763—2021）

食品类别	名称	最大残留限量（mg/kg）
谷物	杂粮类	0.3
油料和油脂	棉籽	0.3
蔬菜	番茄	0.5
	辣椒	3.0
	甜椒	2.0
	瓜类蔬菜	0.5
	豆类蔬菜	7.0
水果	柑橘	0.7
	仁果类水果（苹果除外）	0.7
	苹果	0.2
	核果类水果	2.0
	黑莓	7.0
	露莓（包括波森莓和罗甘莓）	7.0

（续表）

食品类别	名称	最大残留限量（mg/kg）
水果	醋栗（红、黑）	7.0
	葡萄	0.7
	草莓	2.0
	瓜果类水果	0.5
干制水果	葡萄干	2.0
坚果		0.2
饮料类	啤酒花	20.0
调味料	薄荷	40.0

参考文献

刘长令, 2012. 世界农药大全: 杀虫剂卷[M]. 北京: 化学工业出版社: 773-775.

马克比恩 C, 2015. 农药手册[M]. 胡笑形, 等译. 北京: 化学工业出版社: 90-91.

（撰稿：赵平；审稿：杨吉春）

L

联苯菊酯　bifenthrin

一种含氟、具有联苯结构和一定杀螨活性的合成拟除虫菊酯杀虫剂。

其他名称　天王星、虫螨灵、氟氯菊酯、毕芬宁、Talstar、Brigade 等。

化学名称　(Z)-(1S)-反式-(2-甲基[1,1′-二苯基]-3-基)甲基3-(2-氯-3,3,3-三氟-1-丙烯基)-2,2-二甲基环丙烷甲酸酯。

IUPAC名称　(2-methylbiphenyl-3-yl)methyl (1RS,3RS)-3-[(Z)-2-chloro-3,3,3-trifluoroprop-1-enyl]-2,2-dimethylcyclopropanecarboxylate。

CAS登记号　82657-04-3。

分子式　$C_{23}H_{22}ClF_3O_2$。

相对分子质量　422.87。

结构式

(1R,3R)-acid

(1S,3S)-acid

开发单位　由美国富美实公司研发成功。

理化性质 浅棕色至琥珀色黏稠液体，结晶或蜡状固体。熔点 57～64.6℃。沸点 320～350℃（101.32kPa）。闪点151℃（闭杯法）、165℃（开口杯法），蒸气压（20℃）1.78×10^{-3}mPa。相对密度 1.21（20～25℃）。K_{ow}lg$P$＞6。水中溶解度（mg/L，20～25℃）＜0.001；有机溶剂中溶解度：可溶于丙酮、氯仿、二氯甲烷、乙醚、甲苯，微溶于正庚烷、甲醇。稳定性：在 25℃和 50℃（原药）稳定储存 2 年，DT_{50} 21 天（21℃，pH5～9），在自然光的照射下，DT_{50} 255 天。

毒性 中等毒性。原药大鼠急性经口 LD_{50} 54.5mg/kg，兔急性经皮 LD_{50}＞2000mg/kg。对皮肤和眼睛均无致敏和刺激作用。在试验剂量下对动物无致畸、致突变、致癌作用，在 3 代繁殖试验和神经毒性试验中未见异常。对鱼类、水生昆虫等水生生物高毒，对蜜蜂毒性中等，对鸟类低毒。

剂型 乳油，可湿性粉剂，悬浮剂。

作用方式及机理 具有触杀、胃毒作用，无内吸、熏蒸作用，杀虫谱广，作用迅速。可兼治螨类，因效果不稳定，易产生抗药性，不作为专用杀螨剂使用。喷雾要均匀，对钻蛀性害虫应在幼虫蛀入作物前施药，持效期一般为 7～15 天。

防治对象 防治棉铃虫、棉红蜘蛛、桃小食心虫、梨小食心虫、山楂叶螨、柑橘红蜘蛛、黄斑蝽、茶翅蝽、菜蚜、菜青虫、小菜蛾、茄子红蜘蛛、茶细蛾等 20 多种害虫，以及温室白粉虱、茶尺蠖、茶毛虫。

使用方法

防治棉花害虫 防治棉铃虫：卵孵盛期施药，每亩用10% 联苯菊酯乳油 23～40ml，加水 50～60kg 喷雾，药后 7～10天内杀虫保蕾效果良好。此剂量也可用于防治棉红铃虫。防治适期为第二、三代卵孵盛期，每代用药 2 次。防治棉叶螨：成、若螨发生期施药，每亩用 10% 乳油 30～40ml，加水 50～60kg 喷雾，持效期 12 天左右，可兼治棉蚜、造桥虫、卷叶虫、蓟马等（如专用于防治棉蚜时，使用剂量可减半）。

防治果树害虫 防治桃小食心虫：卵孵盛期施药，当卵果率达 0.5%～1% 时，用 10% 乳油 3300～4000 倍液喷雾。整季喷药 3～4 次，可有效控制其危害，持效期 10 天左右。防治苹果叶螨：苹果花前或花后，成、若螨发生期，当每片叶平均达 2 头螨时施药，用 10% 乳油 3300～5000 倍液喷雾。在螨口密度较低的情况下，持效期为 24～28 天。还可用于防治其他果树的潜叶蛾和红叶螨。

防治蔬菜害虫 防治白粉虱：白粉虱发生初期，虫口密度不高时（每株 2 头左右）施药，使用剂量：温室栽培的黄瓜、番茄每亩用有效成分 2～2.5g 加水 50kg 喷雾；露地栽培的每亩用有效成分 2.5～4g 加水 50kg 喷雾，可在 15 天内有效控制其危害。虫口密度高时，同样剂量防治效果不稳定。防治菜蚜：于发生期施药，用 10% 乳油 3000～4000 倍液喷雾，可控制危害，持效期 15 天左右。此剂量也可防治多种食叶害虫，如菜青虫、小菜蛾等。

注意事项 施药时要均匀周到，尽量减少使用剂量和使用次数，尽可能与有机磷、有机氮类杀虫剂轮用，以便减缓抗性的产生。低气温下更能发挥其药效，故建议在春秋两季使用。如发生吸入中毒或误服，应立即将患者移至空气清新的地方，并就医。

允许残留量 GB 2763—2021《食品中农药最大残留限量标准》规定联苯菊酯最大残留限量见表。ADI 为 0.01mg/kg。谷物按照 GB 23200.113、SN/T 2151 规定的方法测定；油料和油脂按照 GB 23200.113 规定的方法测定；蔬菜、水果按照 GB 23200.8、GB 23200.113、GB/T 5009.146、NY/T 761、SN/T 1969 规定的方法测定；饮料类按照 GB 23200.113、SN/T 1969 规定的方法测定；调味料参照 GB 23200.8、GB 23200.113、SN/T 1969 规定的方法测定。

部分食品中联苯菊酯最大残留限量（GB 2763—2021）

食品类别	名称	最大残留限量（mg/kg）
谷物	小麦	0.50
	大麦、玉米	0.05
	杂粮类	0.30
油料和油脂	棉籽	0.50
	大豆	0.30
	油菜籽	0.05
	食用菜籽油	0.10
蔬菜	芸薹属类蔬菜（结球甘蓝除外）	0.40
	结球甘蓝	0.20
	叶芥菜、萝卜叶	4.00
	番茄、辣椒	0.50
	茄子	0.30
	根茎类和薯芋类蔬菜	0.05
水果	柑橘、橙、柠檬、柚	0.05
	苹果、梨	0.50
	黑莓、露莓、醋栗、草莓	1.00
	香蕉	0.10
饮料类	茶叶	5.00
	啤酒花	20.00
调味料	干辣椒	5.00

参考文献

马克比恩 C, 2015. 农药手册[M]. 胡笑形, 等译. 北京: 化学工业出版社: 92-94.

中国农业百科全书总编辑委员会农药卷编辑委员会, 中国农业百科全书编辑部, 1993. 中国农业百科全书: 农药卷[M]. 北京: 农业出版社: 183-184.

TURNER J A, 2015.The pesticide manual: a world compendium[M]. 17th ed. UK: BCPC: 107-108.

（撰稿：陈洋；审稿：吴剑）

联苯三唑醇 bitertanol

一种三唑类杀菌剂。

其他名称 Baycor、Proclaim、灭菌醇、百科、比多农、别脱他、双苯三唑醇、双苯唑菌醇。

化学名称 1-(联苯-4-基氧基)-3,3-二甲基-1-(1*H*-1,2,4-

三唑-1-基）丁-2-醇；β-([1,1'-bipheyl]-4-yloxy)-α-(1,1-dimethylethyl)-1H-1,2,4-triazole-1-ethanol。

IUPAC名称　1-(biphenyl-4-yloxy)-3,3-dimethyl-1-(1H-1,2,4-triazol-1-yl)butan-2-ol。

CAS 登记号　55179-31-2。

EC 号　259-513-5。

分子式　$C_{20}H_{23}N_3O_2$。

相对分子质量　337.42。

结构式

开发单位　由拜耳公司开发。

理化性质　联苯三唑醇由两种非对映异构体组成的混合物：对映体 A：（1R，2S）+（1S，2R）；对映体 B：（1R，2R）+（1S，2S）；A∶B = 8∶2。原药为带有气味的白色至棕褐色结晶，纯品外观为白色粉末。熔点：A 138.6℃，B 147.1℃，A 与 B 共晶：118℃。蒸气压（均在20℃）：A 2.2×10^{-7}mPa，B 2.5×10^{-6}mPa，K_{ow}lg$P$（均在20℃）4.1（A），4.15（B）。Henry 常数（Pa·m^3/mol），均在20℃：2×10^{-8}（A），5×10^{-7}（B）。相对密度 1.16（20℃）。水中溶解度（mg/L，20℃，不受 pH 值影响）：2.7（A），1.1（B），3.8（混晶）。有机溶剂中溶解度（g/L，20℃）：二氯甲烷 >250，异丙醇 67，二甲苯 18，正辛醇 53（取决于 A 和 B 的相对数量）。稳定性：在中性、酸性和碱性介质中稳定；25℃时半衰期 >1 年（pH4、7 和 9）。

毒性　急性经口 LD$_{50}$（mg/kg）：大鼠 >5000，小鼠 4300，狗 >5000。大鼠急性经皮 LD$_{50}$ >5000mg/kg。对兔皮肤和眼睛有轻微刺激作用，无皮肤过敏现象。大鼠急性吸入 LC$_{50}$（4 小时）：>0.55mg/L 空气（浮质），>1.2mg/L 空气（尘埃）。大鼠和小鼠 2 年喂养 NOEL 为 100mg/kg。日本鹌鹑急性经口 LD$_{50}$ >10 000mg/kg，野鸭 >2000mg/kg。虹鳟 LC$_{50}$（96 小时）2.2～2.7mg/L。水蚤 LC$_{50}$（48 小时）>1.8～7mg/L。蜜蜂 LD$_{50}$：>104.4μg/只（经口）>200μg/只（接触）。对鱼类属于中毒级农药，在使用该药时远离水产养殖区施药，不得将喷药器械在河塘等水体中洗涤，以免对鱼类造成危害。

剂型　气雾剂，可分散液剂，干拌种剂，乳油，悬浮种衣剂，种子处理液剂，糊剂，悬浮剂，可湿性粉剂，湿拌种剂。

质量标准　25% 可湿性粉剂，在酸性和碱性介质中均较稳定，通常条件下储存稳定。

作用方式及机理　联苯三唑醇是类甾醇类去甲基化抑制剂。是具保护和治疗活性的叶面杀菌剂，对病害具有预防、治疗、铲除作用。通过抑制麦角固醇的生物合成，从而抑制孢子萌发、菌丝体生长和孢子形成。

防治对象　白粉病、叶斑病、黑斑病以及锈病等。

使用方法　防治水果的黑斑病，用药量有效成分 156～938g/hm^2。防治观赏植物锈病和白粉病，用药量有效成分

125～500g/hm^2。防治玫瑰叶斑病用药量有效成分 125～750g/hm^2。防治香蕉病害用药量有效成分 105～195g/hm^2。作为种子处理剂用于控制小麦（有效成分 4～38g/100kg）和黑麦（有效成分 19～84g/100kg）的黑穗病等病害。还可与其他杀菌剂混合防治萌发期种子白粉病。

注意事项　药品库房保持通风低温干燥，与食品原料分开储运。燃烧会产生有毒氮氧化物气体。使用时操作人员应穿戴好防护服和手套、防尘口罩等劳动保护用品，施药期间禁止吸烟、饮食，施药后及时清洗手和脸等。不宜与强酸性农药混合使用。清洗喷药器械或弃置废料时，切忌污染水源。安全间隔期：花生 20 天，作物每季最多施药 3 次。

与其他药剂的混用　不宜与强酸性农药混合使用。

允许残留量　GB 2763—2021《食品中农药最大残留限量标准》规定联苯三唑醇最大残留限量见表1。ADI 为 0.01mg/kg。谷物中联苯三唑醇残留量按照 GB 23200.9、GB/T 20770 规定的方法测定；油料和油脂参照 GB 23200.9、GB/T 20770 规定的方法测定；蔬菜、水果、干制水果按照 GB 23200.8、GB/T 20769 规定的方法测定。

英国对联苯三唑醇在部分食品中的残留限量规定见表2。

表 1　部分食品中联苯三唑醇最大残留限量（GB 2763—2021）

食品类别	名称	最大残留限量（mg/kg）
谷物	小麦、大麦、燕麦、黑麦、小黑麦	0.05
油料和油脂	花生仁	0.10
蔬菜	番茄	3.00
	黄瓜	0.50
水果	仁果类水果	2.00
	桃、油桃、杏	1.00
	李子	2.00
	樱桃	1.00
	香蕉	0.50
干制水果	李子干	2.00

表 2　英国规定部分食品中联苯三唑醇最大残留限量

食品类别	名称	最大残留限量（mg/kg）
动物源性食品	奶和乳制品	0.05
	肉，脂肪和预备肉制品	0.05
谷物	稻、荞麦、玉米、黑小麦、燕麦	0.05
饮料类	啤酒花	0.10

参考文献

刘长令, 2006. 世界农药大全: 杀菌剂卷[M]. 北京: 化学工业出版社: 192-193.

吴新平, 朱春雨, 张佳, 等, 2015. 新编农药手册[M]. 2版. 北京: 中国农业出版社: 272-273.

于建垒, 宋国春, 李瑞娟, 等, 2006. 联苯三唑醇在花生和土壤中残留动态[J]. 农药, 45 (8):554-555 .

L

TURNER J A, 2015. The pesticide manual: a world compendium[M]. 17th ed. UK: BCPC: 118-120.

（撰稿：刘鹏飞；审稿：刘西莉）

联氟螨　fluenetil

一种对非靶标生物毒性较大的杀螨剂。

化学名称　4-联苯乙酸-2-氟乙酯；2-fluoroethyl [1,1′-biphenyl]-4-acetate。

IUPAC 名称　2-fluoroethyl biphenyl-4-ylacetate。

CAS 登记号　4301-50-2。

分子式　$C_{16}H_{15}FO_2$。

相对分子质量　258.29。

结构式

理化性质　无色晶体。熔点 60.5℃。密度 1.125g/cm³。沸点 373.6℃（101.32kPa）。折射率 1.536。闪点 173.6℃。

毒性　急性经口 LD_{50}：大鼠 6mg/kg，小鼠 57mg/kg。属于剧毒物质。

防治对象　可防治棉花、果树、瓜类、豆类、蔬菜等作物上的螨类。

参考文献

康卓, 2017. 农药商品信息手册[M]. 北京: 化学工业出版社.

朱永和, 王振荣, 李布青, 2006. 农药大典[M]. 北京: 中国三峡出版社.

（撰稿：周红；审稿：丁伟）

联合国粮食及农业组织　Food and Agriculture Organization of the United Nations, FAO

联合国系统内最早的常设专门机构。正式成立于 1945 年 10 月 16 日，简称"粮农组织"，属联合国专门机构，总部设立在意大利罗马。现任总干事为屈冬玉（中国籍），2019 年就任，任期 4 年。

截至 2022 年 5 月 1 日，粮农组织共有 194 个成员国、1 个成员组织（欧洲联盟）和 2 个准成员（法罗群岛、托克劳群岛）。

宗旨　提高各国人民的营养水平和生活水准；提高所有粮农产品的生产和分配效率；改善农村人口的生活状况，促进世界经济的发展，并最终消除饥饿和贫困。

组织机构　①大会。最高领导机构，负责审议世界粮农状况，研究重大国际粮农问题，选举、任命总干事，选举理事会成员国和理事会独立主席，批准接纳新成员，批准工作计划和预算，修改章程和规则等；每两年举行一次，全体成员国参加。②理事会。隶属于大会，大会闭会期间的执行机构；设 1 名独立主席，由大会认定；理事会由大会按地区分配原则选出的 49 个成员国组成，任期 3 年，有错开任期届满时间的安排。通常每两年度至少举行 5 次会议。③秘书处。执行机构，负责执行大会和理事会有关决议，处理日常工作。负责人是总干事，由大会选出，任期 4 年，在大会和理事会的监督下领导秘书处工作。在非洲、亚洲及太平洋、拉丁美洲及加勒比、近东及北非、欧洲及中亚 5 个区域设有办事处，另设有 10 个次区域办事处、7 个联络处和 74 个国家代表处。

主要活动　作为世界粮农领域的信息中心，搜集和传播世界粮农生产、贸易和技术信息，促进成员国之间的信息交流；向成员国提供技术援助，以帮助提高农业技术水平；向成员国特别是发展中成员国家提供农业政策支持和咨询服务；商讨国际粮农领域的重大问题，制定有关国际行为准则和法规。

中国是联合国粮食及农业组织（简称联合国粮农组织）创始成员国之一，1973 年恢复在该组织席位以来，一直是理事会成员国。联合国粮农组织积极支持中国农村改革和农业发展。1978 年至今，联合国粮农组织在华实施了 200 多个援助项目。同时中国积极履行成员国义务，广泛参与和支持联合国粮农组织活动。2008 年 9 月，时任中华人民共和国国务院总理温家宝在联合国千年发展目标高级别会议上宣布设立特别信托基金，用于帮助发展中国家提高农业生产能力的项目和活动。2015 年 6 月，时任国务院副总理汪洋出席联合国粮农组织"反饥饿杰出进展"特别活动并致辞。联合国粮农组织于 1983 年在北京设立驻华代表处。现任驻华代表为马文森（Vincent Martin，法国籍）。

出版物　年度报告《粮农状况》（*State of Food and Agriculture*），以及各种专业年鉴和杂志。

（撰稿：毕超；审稿：李钟华）

良好试验操作　good experiment practice, GEP

有关田间试验的设计、实施、检查、记录、归档和报告等组织过程的质量保证体系。其主要目的是确保田间试验的质量，同时试验结果能够被不同国家的登记机构认可。由于良好实验室规范（GLP）极为严格，不适用于在各种不同环境和试验条件下进行的生物效能试验，良好试验操作作为田间试验操作的准则，主要用于植物保护产品的药效试验。

适用范围　用于登记田间药效试验。

主要内容　良好试验操作规定药效试验的组织和人员、试验设施、仪器设备、试验样品、试验计划、试验项目实施、原始数据、试验报告、档案管理、废弃物管理、质量保证和 SOP，确保试验结果真实可靠，可比较。

参考文献

NY/T 2885—2016 农药登记田间药效试验质量管理规范.

（撰稿：杨峻；审稿：陈杰）

两性霉素B   amphotericin B

一种由结节链霉菌产生的多烯大环内酯类抗生素，对多种真菌具有抑菌或杀菌作用。

其他名称　异性霉素、二性霉素 B、庐山霉素、节丝霉素 B、两性霉素乙、Lushanmycin、Fungizone、Amfostat、Ampho-Moronal、Fungilin、Wypicil。

IUPAC名称　(1*R*, 3*S*, 5*R*, 6*R*, 9*R*, 11*R*, 15*S*, 16*R*, 17*R*, 18*S*, 19*E*, 21*E*, 23*E*, 25*E*, 27*E*, 29*E*, 31*E*, 33*R*, 35*S*, 36*R*, 37*S*)-33-[(3-amino-3,6-dideoxy-β-D-mannopyranosyl)oxy]-1,3,5,6,9,11,17,37-octahydroxy-15,16,18-trimethyl-13-oxo-14,39-dioxabicyclo[33.3.1]nonatriaconta-19,21,23,25,27,29,31-heptaene-36-carboxylic acid。

CAS 登记号　1397-89-3。

EC 号　215-742-2。

分子式　$C_{47}H_{73}NO_{17}$。

相对分子质量　924.08。

结构式

理化性质　为橙黄色针状或柱状结晶。不溶于水及乙醇，可溶于二甲基甲酰胺、二甲基亚砜。其去胆酸盐为淡黄色粉末，在水中为混悬液，在生理盐水中析出沉淀。对热和光不稳定。

剂型　25mg 粉针剂。

作用方式及机理　通过与敏感真菌细胞膜上的固醇相结合，损伤细胞膜的通透性，导致细胞内重要物质如钾离子、核苷酸和氨基酸等外漏，破坏细胞的正常代谢从而抑制其生长。

防治对象　人用或禽、畜用广谱抗真菌药，对多种全身性深部真菌均有强大的抑制作用，皮炎芽生菌、组织胞浆菌、新型隐球菌、念珠菌属、球孢子菌对该品敏感，曲霉菌部分耐药，皮肤和毛癣菌等浅表真菌大多耐药。是治疗深部真菌感染的首选药物，主要用于上述敏感真菌所引起的深部真菌病。对细菌及其他病原体无效。

使用方法　混饮：雏鸡每羽每日 0.1～0.2mg。气雾：25mg/m³。鸡吸入 30～40 分钟。静脉注射：一次量，每千克体重，家畜 0.125～0.5mg，隔 1 次或每周 2 次；狗、猫 0.5～1mg，每日 1 次或隔日 1 次，最好第一次按 0.5mg，如无不良反应，可增加到 1mg，但最大累加剂量不超过 8mg/kg。

注意事项　该品是人用抗生素，也可以畜用。因毒性较大，静滴须缓慢，每次滴注时间需 6 小时以上。葡萄糖液 pH 须在 4.2 以上，不能用生理盐水或糖盐水稀释。肾功能减退者剂量宜减。

参考文献

孙心君, 李永华, 刘星, 2009. 常用抗生素药物治疗学[M]. 天津: 天津科学技术出版社.

（撰稿：徐文平；审稿：陶黎明）

邻苯基苯酚　2-phenylpenol

一种取代苯类保护性杀菌防腐剂，主要用于储藏期病害防治。

其他名称　Deccosol（收获后）(Decco Cerexagri)、2-hydroxybiphenyl、orthophenylphenol。

化学名称　(1,1′-联苯)-2-羟基；(1,1′-biphenyl)-2-ol。

IUPAC名称　biphenyl-2-ol。

CAS 登记号　90-43-7；132-27-4。

EC 号　201-993-5；205-055-6。

分子式　$C_{12}H_{10}O$；$C_{12}H_9NaO$。

相对分子质量　170.21；192.19。

结构式

开发单位　杀菌剂性能由 R. G. Tomkins 报道。

理化性质　无色至浅桃色晶体。熔点 57℃。沸点 286℃。蒸气压 0.9kPa（140℃）。相对密度 1.217（25℃）。水中溶解度 0.7g/L（25℃）；溶于大部分有机溶剂，包括乙醇、乙二醇、异丙醇、乙二醇乙醚和聚乙二醇。邻苯基苯酚钠：相对分子质量 192.19，分子式 $C_{12}H_9NaO$。在 pH12.0～13.5 的水中溶解度 1.1kg/kg（35℃）。

毒性　邻苯基苯酚：IARC 分级 3。急性经口 LD_{50}（mg/kg）：雄大鼠 2700，小鼠 2000。对皮肤有轻微刺激性。NOEL：在 2 年喂养试验中，大鼠达到 2g/kg 饲料，没有致病作用。ADI/RfD（JMPR）0.4mg/kg［1999］；（EPA）cRfD 0.39mg/kg［2006］。Water GV 未建立（O）。毒性等级：U（a.i.，WHO）。EC 分级：Xi；R36/38。邻苯基苯酚钠：IARC 分级 2B。ADI/RfD 同邻苯基苯酚。Water GV 未建立（O）。EC 分级：Xn；R22 | Xi；R37/38, R41 | N；R50。对鱼有毒。

剂型　涂层剂。

作用方式及机理　消毒剂，具有保护性作用的杀菌剂。

防治对象　邻苯基苯酚及其钠盐除莠活性很高，并且有广谱的杀菌除霉能力，低毒无味，是较好的防腐剂。防治收获前的苹果、柑橘、核果、马铃薯、黄瓜、辣椒、剑兰等的存储型病害。通过浸渍水果包、箱等，或作为蜡状物直接用在水果上；也可用于种子箱的消毒。同时用于防治苹果腐烂病（在休眠期应用）。不能用于正在生长期的植物。

使用方法 作防腐杀菌剂，中国规定可用于柑橘保鲜，最大使用量为 0.95g/kg，残留量不大于 12mg/kg。主要采取以 0.3%~2% 的水溶液浸渍、喷洒或槽式洗涤。也可采取添加 0.68%~2% 于蜡内，然后喷涂等方法。

注意事项 可燃，火场排出含氧化钠辛辣刺激烟雾。库房须低温，通风，干燥。

允许残留量 GB 2763—2021《食品中农药最大残留限量标准》规定邻苯基苯酚最大残留限量见表。ADI 为 0.4mg/kg。水果、干制水果、饮料类按照 GB 23200.8 规定的方法测定。

部分食品中邻苯基苯酚最大残留限量（GB 2763—2021）

食品类别	名称	最大残留限量（mg/kg）
水果	柑橘类水果	10.0
	梨	20.0
干制水果	柑橘脯	60.0
饮料类：果汁	橙汁	0.5

参考文献

马克比恩 C, 2015. 农药手册[M]. 胡笑形, 等译. 北京: 化学工业出版社: 789-790.

（撰稿：张传清；审稿：刘西莉）

邻敌螨 dinocton

一种广谱性的杀虫剂、杀螨剂。

其他名称 邻敌螨消、Dinocton-O、粉螨消、Dinocton-6。

化学名称 2(或4)-异辛基-4,6(或2,6)-二硝基苯基甲基碳酸酯；2(or 4)-isooctyl-4,6(or 2,6)-dinitro-phenyl methyl carbonate。

IUPAC名称 reaction mixture of isomeric dinitro(octyl)phenyl methyl carbonates in which "octyl" is a mixture of 1-methylheptyl,1-ethylhexyl and 1-propylpentyl groups。

CAS登记号 32534-96-6。

分子式 $C_{16}H_{22}N_2O_7$。

相对分子质量 354.36。

结构式

R¹ = 甲基、乙基或丙基   R² = 己基、戊基或丁基

理化性质 液体，微溶于水，可溶于丙酮和芳族烃溶剂，对酸稳定，遇碱分解。密度 1.3g/cm³。沸点 531.8℃（101.32kPa）。闪点 201℃。折射率 1.533。摩尔折射性 90cm³。摩尔体积 292.3cm³。

毒性 中等毒性。大鼠急性经口 $LD_{50} > 1250$mg/kg。大鼠急性经皮 $LD_{50} > 3000$mg/kg。

防治对象 主要用于防治棉叶螨。

注意事项 燃烧产生有毒氮氧化物气体。库房应通风低温干燥。与食品原料分开储运。

参考文献

朱永和, 王振荣, 李布青, 2006. 农药大典[M]. 北京: 中国三峡出版社.

（撰稿：张永强；审稿：丁伟）

邻二氯苯 ortho-dichlorobenzene

一种重要的农药中间体。在农药方面主要用于生产蚊蝇净、五氯硝基苯、苄嘧磺隆，还可用于制造水稻专用除草剂，如丙基缩苯胺、敌草隆和利谷隆等。中等毒性熏蒸杀虫剂。

其他名称 Termitkil、DCB、ODB、Chloroben。

化学名称 邻二氯苯；1,2-dichlorobenzene。

IUPAC名称 ortho-dichlorobenzene。

CAS登记号 95-50-1。

EC号 202-425-9。

分子式 $C_6H_4Cl_2$。

相对分子质量 147.00。

结构式

理化性质 无色液体，有强烈气味，具有挥发性，不溶于水，能与乙醇、乙醚和苯混溶。熔点 -16.7℃，沸点 180℃，相对密度 $d_4^{20}1.3058$，折射率 $n_D^{20}1.5513$。

毒性 对兔的静脉注射致死剂量为 500mg/kg。急性经口 LD_{50}：大鼠 500mg/kg，小鼠 4386mg/kg。

防治对象 用于防治树皮中的天牛、小蠹等害虫的卵、幼虫、蛹和成虫。

注意事项 与空气混合可爆，遇明火可燃，燃烧产生有毒氯化物烟雾。储藏时，仓库要低温干燥，注意通风，与氧化剂、食品添加剂分开存放。该品可燃，有毒，具刺激性。吞食有害；对水生生物有极高毒性，可能对水体环境产生长期不良影响。

急救措施 ①皮肤接触。立即脱去被污染的衣着，用肥皂水和清水彻底冲洗皮肤。就医。②眼睛接触。提起眼睑，用流动清水或生理盐水冲洗。就医。③吸入。迅速脱离现场至空气新鲜处。保持呼吸道通畅。如呼吸困难，给输氧。如呼吸停止，立即进行人工呼吸。就医。④食入。饮足

量温水，催吐。就医。

　　应急处理　迅速撤离泄漏污染区人员至安全区，并进行隔离，严格限制出入。切断火源。建议应急处理人员戴自给正压式呼吸器，穿防毒服。从上风处进入现场。尽可能切断泄漏源。防止流入下水道、排洪沟等限制性空间。

　　密闭操作，提供充分的局部排风　操作人员必须经过专门培训，严格遵守操作规程。建议操作人员佩戴自吸过滤式防毒面具（半面罩），戴安全防护眼镜，穿防毒物渗透工作服，戴橡胶耐油手套。远离火种、热源，工作场所严禁吸烟。使用防爆型的通风系统和设备。防止蒸气泄漏到工作场所空气中。避免与氧化剂、铝接触。搬运时要轻装轻卸，防止包装及容器损坏。配备相应品种和数量的消防器材及泄漏应急处理设备。倒空的容器可能残留有害物。

　　储存于阴凉、通风的库房　远离火种、热源。保持容器密封。应与氧化剂、铝、食用化学品分开存放，切忌混储。配备相应品种和数量的消防器材。储区应备有泄漏应急处理设备和合适的收容材料。

　　参考文献

中国农业百科全书总编辑委员会农药卷编辑委员会, 中国农业百科全书编辑部, 1993. 中国农业百科全书: 农药卷[M]. 北京: 农业出版社.

（撰稿：陶黎明；审稿：徐文平）

邻烯丙基苯酚　2-allylphenol

从银杏中提取的对植物病原菌生物活性较高的化学物质，经过人工模拟合成的一种仿生杀菌剂。

　　其他名称　银果、绿帝。

　　化学名称　2-(2-丙烯基)苯酚；2-(2-propenyl)-pheno。

　　IUPAC 名称　2-allylphenol。

　　CAS 登记号　1745-81-9。

　　分子式　$C_9H_{10}O$。

　　相对分子质量　134.18。

　　结构式

　　开发单位　青岛农业大学。

　　理化性质　液体，溶于乙醇和乙醚。熔点 -6℃。沸点220℃。水溶性 7g/L。密度 1.028g/ml。闪点 88℃。折射率1.5455。常温常压下稳定，避免与氧化物接触，吸入或与皮肤接触有害，大量使用应穿适当的防护服和戴手套，避免吸入该品的蒸气。

　　毒性　原药大鼠急性经口 LD_{50}（mg/kg）：501（雌），601（雄）。大鼠急性经皮 LD_{50} > 2150mg/kg。对兔眼睛有轻度刺激作用，对兔皮肤无刺激作用。大鼠急性吸入 LC_{50}（2 小时）> 2000mg/L。Ames 试验无致突变作用，对

小鼠无致畸作用。对豚鼠皮肤有弱过敏现象。鹌鹑急性经口 LD_{50}（7 天）234.4mg/kg。家蚕 LC_{50}（2 天）> 500mg/kg 桑叶。鱼类 LC_{50}（96 小时，mg/L）：斑马鱼 5.87。蜜蜂 LD_{50}（48 小时）6023.9mg/L 药液。

　　剂型　10% 乳油，20% 可湿性粉剂。

　　作用方式及机理　内吸性杀菌剂。

　　防治对象　对几乎所有的真菌病害都有效，尤其对番茄、草莓的灰霉、白粉病，果树的斑点落叶病、腐烂病、干腐病等病害防效显著，对蔬菜、小麦、园林花卉和草坪的主要病害也有很好的防治效果。

　　使用方法　防治枣树、苹果等果树的轮纹病、落叶病、锈病，梨黑星病等病害，在发病初期，用 600～1000 倍 20% 可湿性粉剂加 1000 倍 "天达 2116"（果树专用型）喷洒树冠。防治枣、苹果等果树腐烂病，在病斑处用刀刮除病灶后，以 40～60 倍 20% 可湿性粉剂涂抹病斑。防治蔬菜、草莓等作物的灰霉病、白粉病，用 600～1000 倍 20% 可湿性粉剂加 600 倍 "天达 2116"（瓜茄果专用型）喷雾，每 7～10 天 1 次，连续喷洒 2～3 次。

　　注意事项　对黄瓜、花生、大豆有药害，不能使用。不宜作浸种、拌种用。配药时须先用少量水配制成母液，然后加水兑制。喷药时要细致、均匀、周到，防治效果更佳。

　　参考文献

孙家隆, 2015. 新编农药品种手册[M]. 北京: 化学工业出版社: 603-604.

（撰稿：毕朝位；审稿：谭万忠）

邻酰胺　mebenil

一种广谱性内吸杀菌剂。尤其对担子菌有较高的抑制作用。

　　其他名称　灭菱灵、BAS 305F、BAS 3050F、BAS 3053F、苯菱灵、2-甲基苯酰胺基苯胺、2-甲基苯酰替苯胺。

　　化学名称　邻-甲基苯酰替苯胺(2-甲基-N-苯基苯酰胺)；2-methyl-N-phenylbenzamide。

　　IUPAC 名称　o-toluanilide。

　　CAS 登记号　7055-03-0。

　　EC 号　230-334-4。

　　分子式　$C_{14}H_{13}NO$。

　　相对分子质量　211.26。

　　结构式

　　开发单位　1969 年由德国巴斯夫公司开发。

　　理化性质　纯品为白色结晶固体。熔点 130℃。20℃下蒸气压为 3.6Pa。溶于大多数有机溶剂，如丙酮、二甲基甲酰胺、二甲基亚砜、乙醇、甲醇。难溶于水，对酸、碱、热

均较稳定。

毒性　低毒。急性经口 LD_{50}：大鼠 6000mg/kg；小鼠 8750mg/kg。对皮肤无明显刺激。

剂型　75% 可湿性粉剂，25% 悬浮剂，15% 种子处理剂（干拌剂）。

质量标准　25% 邻酰胺悬浮剂由有效成分、助剂等组成。外观为灰白色胶状悬浮液，能与水以任意比例相混。邻酰胺含量 ≥ 25%，悬浮率 ≥ 98%，pH7～7.5。常温下储存较稳定。

作用方式　内吸性杀菌剂。

防治对象　对担子菌纲有较高的抑制效果，特别是对小麦锈病、谷物锈病、马铃薯立枯病、小麦菌核性根腐病、水稻纹枯病、棉花苗期立枯病、棉红腐病、花生叶枯病、甜菜褐斑病、水稻稻瘟病及丝核菌引起的其他根部病害均有防治效果。

使用方法　在病害发病初期，用 25% 悬浮剂 3～4.8kg/hm² （有效成分 0.75～1.2kg），兑水喷雾，间隔期 10 天，施药 2～3 次，也可采用低容量喷雾。

注意事项　使用时戴好口罩、手套，穿上工作服；施药时不能抽烟、喝水、吃东西，施药后要用肥皂洗手、脸。在使用中发现有中毒现象，要立即送医院、对症治疗。要早期施药，发病盛期施药效果差。喷药时药液一定要搅拌均匀。该剂应储存在阴凉干燥处，储存温度不要低于 −15℃。

与其他药剂的混用　32% 多 - 邻酰 - 五干拌种剂（6% 多菌灵、6% 邻酰胺、20% 五氯硝基苯）可用于防治棉花苗期根病，用药量 320～480g/100kg 棉种。

参考文献

范德春, 1990. 邻酰胺胶悬剂的研制[J]. 农药, 29(1)：21-22.

刘长令, 2006. 世界农药大全: 杀菌剂卷[M]. 北京: 化学工业出版社: 555.

沈阳化工研究院农药一室杀菌剂二组, 1975. 邻酰胺研究报告[J]. 农药 (4)：4-10.

沈阳化工研究院农药一室, 1977. 邻酰胺药效实验总结[J]. 农药 (4)：57-61.

（撰稿：刘西莉；审稿：张博瑞）

邻硝基苯酚钾　potassium o-nitrophenolate

商品化调节剂复硝酚钾与复硝酚钠中的一种组分，是植物细胞赋活剂，具有渗透性，进入植物体内，并上下传导，具有促进根系生长发育、缩短缓苗期、保花保果、促使叶片增绿增厚、提高植物抗病抗涝的功能，未单独登记使用。

化学名称　2- 硝基苯酚钾。

CAS 登记号　824-38-4。

EC 号　696-610-5。

分子式　$C_6H_4KNO_3$。

相对分子质量　178.21。

结构式

剂型　其混合组分复硝酚钾所登记剂型为水剂。

质量标准　在复硝酚钾有效成分中约占 50%，复硝酚钠中 30%。

作用方式及机理　是植物细胞赋活剂，具有渗透性，进入植物体内，并上下传导，增强光合作用，加速细胞分裂，促进养分吸收，从而加快生根速度。此外可以缩短缓苗期、保花保果、促使叶片增绿增厚、提高植物抗病抗涝。

使用对象　用于茶树、豆菜、番茄、甘蔗、黄麻、十字花科蔬菜、亚麻、叶菜类蔬菜调节生长、增产。

使用方法　作为复硝酚钾、复硝酚钠中的一种组分，与其余成分一起使用。

叶菜类蔬菜　2% 复硝酚钾水剂 2000～3000 倍液，可在苗期、开花结果期、生长中后期使用，施药间隔期为 7～10 天。可与叶面肥配合使用。叶面均匀喷雾。

黄麻、亚麻　2% 复硝酚钾水剂黄麻 5000～6000 倍液，亚麻 2000～3000 倍液，定植后 5～7 天开始喷药，隔 7～10 天喷 1 次，共 2～3 次。产品使用的安全间隔期为 14 天，每个作物周期最多使用 3 次。

茶树　2% 复硝酚钾水剂 4000～6000 倍液喷雾、浸种使用。

豆菜　2% 复硝酚钾水剂 2000～3000 倍液喷雾、浸种使用。

甘蔗　2% 复硝酚钾水剂 3000～4000 倍液喷雾、浸种使用。

瓜菜类蔬菜　2% 复硝酚钾水剂 2000～3000 倍液喷雾、浸种使用。

番茄　1.4% 复硝酚钠水剂 6000～8000 倍液在生长期至花蕾期喷雾使用。

注意事项　使用次数不可过多，要有足够的安全间隔期。

允许残留量　中国未规定最大允许残留量，WHO 无残留规定。

（撰稿：杨志昆；审稿：谭伟明）

林丹　lindane

含 γ- 体 99% 以上的六六六称为林丹。中国六六六已被禁用，但林丹仍在特定范围内使用。

其他名称　γ -1,2,3,4,5,6- 六氯环己烷、γ - 六六六、丙体六六六、灵丹、高效六六六。

化学名称　(1α,2α,3β,4α,5α,6β)-1,2,3,4,5,6-hexachloro-cyclohexane。

IUPAC 名称　1α,2α,3β,4α,5α,6β-hexachlorocyclohexane。

CAS 登记号　58-89-9。

EC 号　210-168-9；200-401-2。

分子式 $C_6H_6Cl_6$。

相对分子质量 290.82。

结构式

开发单位 英国卜内门化学公司开发。

理化性质 无色晶体。熔点 112.9℃。沸点 323.4℃。密度 1.88g/ml。蒸气压 4.4mPa（25℃）。$K_{ow}\lg P$ 3.5（20℃，pH7）。Henry 常数 0.15Pa·m^3/mol。20℃时，水中溶解度为 7mg/L，在苯、甲苯、乙醇、丙酮等有机溶剂中均大于50g/L。稳定性：对日光、空气、热和二氧化碳较稳定，能抗强酸，但遇碱易分解。对铝制品有腐蚀性。DT_{50}：980（20℃），148（田间）。在土壤中半衰期依据土壤类型不同而异，在水中的光解半衰期 28 天（pH7），在水中的水解半衰期 732 天（20℃，pH7）。

毒性 中等毒性杀虫剂，生物富集指数 1300。大鼠急性经口 LD_{50} 163mg/kg。动物体内有蓄积作用，以 625mg/kg 喂养大鼠，约 50% 有抽搐中毒症状，雄大鼠血清转氨酶活性增高，红细胞计数明显减少。对皮肤有刺激性，产生红疹和红肿。山齿鹑急性经口 LD_{50} 122mg/kg，绿头鸭饲喂 LC_{50} 695mg/kg 饲料。虹鳟 LC_{50}（96 小时）0.0029mg/L，大型溞 EC_{50}（48 小时）1.6mg/L。浮萍 EC_{50}（7 天）0.027mg/L。栅藻 EC_{50}（3 天）2.5mg/L。蜜蜂 LD_{50}（μg/只，48 小时）：接触 0.23，经口 0.011。蚯蚓 LC_{50}（14 天）68mg/kg 土壤。NOEL [mg/（kg·d）]：狗（90 天）0.009。

剂型 1.5%、6% 粉剂，6% 可湿性粉剂，55% 悬浮剂。

质量标准 对林丹原粉要求：丙体六六六含量 ≥ 99.5%，酸度 ≤ 0.05%，丙酮不溶物含量 ≤ 0.1%，白度 ≥ 75%。

作用方式及机理 有一定水溶性，故可以被植物根部少量吸收输导，主要杀虫作用是触杀和胃毒，也有一定的熏蒸作用。主要作用于害虫神经系统的突触部位，使突触前膜过多释放乙酰胆碱，从而引起害虫典型的兴奋、痉挛、麻痹等特征。

防治对象 可用于水稻、玉米、小麦、大豆、果树、蔬菜、烟草、林木、粮食的害虫以及卫生害虫。在推荐浓度下对作物无药害。防治稻螟、稻苞虫、负泥虫、棉蚜、小造桥虫、小麦圆红蜘蛛、吸浆虫、麦蚜、粟灰螟、蚕豆象、豌豆象、高粱蚜、菜青虫、小菜蛾等，药剂用量 11.3～15g/$100m^2$。也可用于拌种、配制毒谷和毒饵，防治蝗蝻、蝼蛄、金针虫、蛴螬等地下害虫和飞蝗。用于防治多种作物上的半翅目、鞘翅目、双翅目及鳞翅目等多种害虫和动物寄生虫。中国目前仅在特别许可下用于草原灭蝗及地下害虫防治。

使用方法 防治小麦吸浆虫、蝗虫等，具有防效高、兼治害虫多、持效期长、成本低等特点。每亩用 6% 林丹粉剂 1kg，土壤处理或喷粉。防治蝼蛄、蛴螬、金针虫等地下害虫，于犁耙地之前，每亩用 1.5% 林丹粉剂 3kg，拌细潮土 20kg，撒施，也可制成毒谷或毒饵使用。

注意事项 ①该品遇碱易分解，对鱼类毒性大，不能用于防治水生作物害虫。对瓜类、马铃薯等作物易产生药害，严禁使用。保存时避免与食物接触。②皮肤接触后应脱去被污染的衣着，用大量流动清水冲洗；眼睛接触应提起眼睑，用流动清水或生理盐水冲洗，就医。若吸入，则迅速脱离现场至空气新鲜处，保持呼吸道通畅。如呼吸困难，给输氧；如呼吸停止，立即进行人工呼吸，就医。若食入，则饮足量温水，催吐洗胃，导泄，就医。③储存时注意事项。储存于阴凉、通风的库房。远离火种、热源。防止阳光直射。包装密封。应与氧化剂、碱类、食用化学品分开存放，切忌混储。配备相应品种和数量的消防器材。储区应备有合适的材料收容泄漏物。④废弃处置。建议用控制焚烧法或安全掩埋法处置。用石灰浆清洗倒空的容器。若可能，重复使用容器或在规定场所掩埋。

允许残留量 GB 2763—2021《食品中农药最大残留限量标准》规定林丹最大残留限量见表。ADI 为 0.005mg/kg。

部分食品中林丹最大残留限量（GB 2763—2021）

食品类别	名称	最大残留限量（mg/kg）
谷物	小麦	0.05
	大麦、燕麦、黑麦、玉米	0.01
	鲜食玉米、高粱	0.01
动物源性食品	脂肪含量 10% 以下	0.10（以原样计）
	脂肪含量 10% 及以上	1.00（以脂肪计）
	可食用内脏（哺乳动物）	0.01
	家禽肉（脂肪）	0.05
	可食用家禽内脏	0.01
	蛋类	0.10
	生乳	0.01

参考文献

马奇祥, 常中先, 戴小枫, 等, 2000. 常用农药使用简明手册[M]. 北京: 中国农业出版社.

彭志源, 2006. 中国农药大典[M]. 北京: 中国科技文化出版社.

张一宾, 1997. 农药[M]. 北京: 中国物资出版社.

（撰稿：张建军；审稿：吴剑）

临时限量标准 temporary maximum residue limit, TMRL

最大残留限量的定义和制定程序见"最大残留限量"（MRL）条目。中国在 MRL 制定过程中当下述情形发生时，可以制定临时限量标准：每日允许摄入量（ADI）是临时值时；没有完善或可靠的膳食数据时；没有符合要求的残留检验方法标准时；农药或农药 / 作物组合在中国没有登记，当存在国际贸易和进口检验需求时；在紧急情况下，农药被批准在未登记作物上使用时，制定紧急限量标准，并对其适用范围和时间进行限定；其他资料不完全满足评估程序要求时。

临时限量标准的制定应参照农药最大残留限量标准制定程序进行。当获得新的数据时，应及时进行修订。

《国际食品法典》农药残留限量在最大残留限量之后列有 T 标志，即表明此为临时限量标准，除每日允许摄入量外，要求提供所需资料并正式评定 MRL 为止；当每日允许摄入量为临时时，其相应的残留限量也为临时限量标准。

日本在肯定列表制度生效以后，禁止含有未制定最大残留限量标准的超过一定水平的农用化学品的食品流通。然而，根据日本食品卫生法制定的农用化学品的现有最大残留限量标准还不能充分地覆盖《国际食品法典》标准（Codex Standard）和农用化学品国内登记许可标准（WHL 标准），这将妨碍肯定列表制度的顺利实施。因此，日本参照《国际食品法典》标准，对于食品中还未制定最大残留限量标准的农用化学品残留物，制定临时最大残留限量标准（TMRL），但临时最大残留限量标准并不覆盖所有物质（如豁免物质）。

（撰稿：徐军；审稿：郑永权）

磷胺　phosphamidon

一种有机磷类杀虫剂、杀螨剂。

其他名称　迪莫克、大灭虫、Dimecron、Ciba-570。

化学名称　O,O-二甲基-O-[2-氯-2-(二乙基氨基甲酰)-1-甲基]乙烯基磷酸酯。

IUPAC 名称　methyl(Z)-3-chloro-4-(diethylamino)-4-oxobut-2-en-2-yl dimethyl phosphate。

CAS 登记号　23783-98-4（顺）；297-99-4（反）。

分子式　$C_{10}H_{19}ClNO_5P$。

相对分子质量　299.69。

结构式

开发单位　1956 年由汽巴 - 嘉基公司开发。

理化性质　磷胺有顺、反两种异构体，一般工业产品是含 30% 反式 70% 顺式的两异构体混合物。纯品为无色无臭油状液体。熔点 –45～–48℃，沸点 94℃（5.33Pa），115℃（26.66Pa），160℃（200Pa）。蒸气压 3.33mPa（20℃），11.2mPa（30℃）。相对密度 1.2132。折射率 1.4718。易溶于水、醇、丙酮、乙醚、二氯甲烷，微溶于芳香烃，不溶于石油醚及脂肪烃。磷胺水溶液不稳定，在中性和弱酸性溶液中缓慢水解，在碱性及高温下会迅速分解。原药含 70% 顺式异构体，30% 反式异构体，为无色略带气味的液体。除强碱性农药外，能与所有的农药混用。对铁和铝有腐蚀作用，宜用聚乙烯容器包装。

毒性　高毒。大鼠急性经口 LD$_{50}$ 28.3mg/kg。大鼠急性经皮 LD$_{50}$ 530mg/kg。兔急性经皮 LD$_{50}$ 267mg/kg。对蜜蜂高毒。经 2 年喂养试验，对大鼠的 NOEL 为 1.25mg/（kg·d），狗为 0.1mg/（kg·d），无累积作用。鲤鱼 TLm（48 小时）3.8mg/L。原粮中最高允许残留限量为 0.1mg/kg。

剂型　50%、80% 乳油，50%、80% 水溶性溶剂。

防治对象　可防治刺吸式口器和咀嚼式口器的多种害虫。对棉蚜、棉红蜘蛛、稻叶蝉、稻飞虱、水稻螟虫、甘蔗螟虫、大豆食心虫、梨小食心虫等防效较高。但不能用于蔬菜、茶叶、中药材上。不可与碱性农药混配使用。药液要随配随用，以免分解失效。

注意事项　必须遵照关于剧毒农药的操作规程施药；食用作物于收获前 3 周停用，对蜜蜂有毒，故须避开花期应用。不宜与碱性药物、王铜、克菌丹、灭菌丹、硫制剂混用。一般使用下无药害，但樱桃、李、桃树及某些品种的高粱较敏感，对苹果有时可造成叶尖焦灼。不能用于蔬菜、茶树、烟草等作物。

允许残留量　GB 2763—2021《食品中农药最大残留限量标准》规定磷胺最大残留限量见表。ADI 为 0.0005mg/kg。谷物按照 GB 23200.113、SN 0701 规定的方法测定；蔬菜按照 GB 23200.113、NY/T 761 规定的方法测定。

部分食品中磷胺最大残留限量（GB 2763—2021）

食品类别	名称	最大残留限量（mg/kg）
谷物	稻谷	0.02
蔬菜	芽类蔬菜	0.05
水果	瓜果类水果	0.05

参考文献

农业大词典编辑委员会, 1998. 农业大词典[M]. 北京: 中国农业出版社: 972.

申泮文, 王积涛, 2002. 化合物词典[M]. 上海: 上海辞书出版社: 218.

中国农业百科全书总编辑委员会农药卷编委会, 中国农业百科全书编辑部, 1993. 中国农业百科全书: 农药卷[M]. 北京: 农业出版社: 184.

朱永和, 王振荣, 李布青, 2006. 农药大典[M]. 北京: 中国三峡出版社: 112.

（撰稿：吴剑；审稿：薛伟）

磷氮霉素　phoslactomycins

由链霉菌产生的具有抗真菌、抗肿瘤活性的一类多组分聚酮类化合物，因分子中含有磷酸基和氨基而得名。

其他名称　AC1O600F、HE302555。

化学名称　[3-[(1E,3E,9E)-8-(2-aminoethyl)-10-(3-ethyl-6-oxo-2,3-dihydropyran-2-yl)-5,8-dihydroxy-7-phosphonooxydeca-1,3,9-trienyl]cyclohexyl] 2-methylpropanoate。

IUPAC 名称　[3-[(1E,3E,9E)-8-(2-aminoethyl)-10-(3-ethyl-6-

oxo-2,3-dihydropyran-2-yl)-5,8-dihydroxy-7-phosphonooxydeca-1,3,9-trienyl]cyclohexyl] 2-methylpropanoate。

CAS 登记号　122856-25-1。

分子式　$C_{29}H_{46}NO_{10}P$（phoslactomycins A）。

相对分子质量　599.65（phoslactomycins A）。

结构式

phoslactomycins (PLMs)

开发单位　首次发现是在 20 世纪 80 年代由中国的沈寅初院士等人在日本福岛市土壤中分离得到的菌株 *Streptomyces* RK-803 发酵产生的一系列活性物质。

作用方式及机理　是蛋白磷酸化酶2A的选择性抑制剂。

防治对象　对黄瓜灰霉病菌有较好的防治效果，且具有一定持效期和治疗作用。对番茄灰霉病菌和西葫芦灰霉病菌具有一定的防效。

参考文献

陈允亮, 陶黎明, 高菊芳, 2009. 磷氮霉素的研究进展及应用前景[J]. 现代农药, 8 (5)：8-12.

顾学斌, 陶黎明, 徐文平, 2002. 磷氮霉素PN-2的分离鉴定及活性研究初报[J]. 农药学学报, 4(1)：75-79.

（撰稿：周俞辛；审稿：胡健）

磷化铝　aluminum phosphide

作为一种广谱性熏蒸杀虫剂，主要用于熏杀货物的仓储害虫、空间的多种害虫、粮食的储粮害虫、种子的储粮害虫、洞穴的室外啮齿动物等。

其他名称　好达胜。

化学名称　磷化铝；alminiumpho sphide。

IUPAC名称　aluminum phosphide。

CAS 登记号　20859-73-8。

EC 号　244-088-0。

分子式　AlP。

相对分子质量　57.95。

结构式

$$Al \equiv P$$

开发单位　20 世纪 30 年代，维尔纳·弗赖贝格工厂。

理化性质　纯品为白色结晶，不熔融，加热到 1100℃升华。工业品为灰绿色或褐色固体，无气味，干燥条件下稳定，易吸水分解放出磷化氢。磷化氢无色，有电石或大蒜臭味，沸点 -87.4℃，微溶于水，可溶于乙醇和乙醚，空气中能自燃，遇酸剧烈反应，接触王水会爆炸和着火。

毒性　高毒。水解出的磷化氢对人剧毒，空气中含量 0.01mg/L 时对人很危险，达 0.14mg/L 时使人呼吸困难，常致死亡。最大允许浓度：德国 0.1mg/L，美国 0.3mg/L。磷化铝在空气中放出的磷化氢气，通过昆虫呼吸系统进入虫体，作用于细胞线粒体的呼吸链和细胞色素氧化酶，使昆虫致死。昆虫在高浓度磷化氢中会产生麻痹或保护性昏迷，呼吸速率降低，因吸入磷化氢减少而药效降低，故应用中应采用低浓度长时间熏蒸的原则。在紫外光照射下易分解。较高浓度，如 1mg/L 以上对微生物和种子呼吸有抑制作用。

剂型　制剂有 56% 的磷化铝片剂和粉剂。

使用方法　仓库灭虫，对粮堆用片剂 6～9g/m³ 或粉剂 4～6g/m³，空仓用片剂 3～6g/m³ 或粉剂 2～4g/m³，器材库用片剂 4～7g/m³ 或粉剂 3～5g/m³，能有效防治米象、谷象、豆象、锯谷盗、杂拟谷盗和谷蠹等许多害虫。也用于粮仓及户外鼠洞灭鼠。熏蒸应在 10℃以上，密闭 5 天以上。害虫始发期熏蒸效果好。熏蒸过的粮食充分通风 7 天后才可食用。

注意事项　①储运须知。应装在气密封口的塑料袋内，外用马口铁盒，密封后再装入木箱，上下扎牢。置于阴凉、干燥、通风良好的库房内。防潮。避免与酸类和氧化剂接触。须贴"遇湿易燃物品、毒品"标志。航空客运和铁路禁止运输，航空货运限量运输。海运可在舱面或舱内积载，远离居住处所。火灾时，用干粉、干燥沙土、苏打灰或石灰灭火，禁止使用水和酸碱、泡沫灭火剂。②急救措施。眼睛、皮肤接触时，应用大量水冲洗。吸入蒸气或烟雾，应速将患者移离现场，安置休息并保暖。停止呼吸时，施以人工呼吸；呼吸困难时，输氧，并速送医院救治。

参考文献

中国农业百科全书总编辑委员会农药卷编辑委员会, 中国农业

百科全书编辑部, 1993. 中国农业百科全书: 农药卷[M]. 北京: 农业出版社.

（撰稿：陶黎明；审稿：徐文平）

磷化锌　zinc phosphide

一种经口或熏蒸急性无机神经毒剂类杀鼠剂。

其他名称　亚磷酸锌、耗鼠尽。

化学名称　磷化锌。

CAS 登记号　1314-84-7。

分子式　P_2Zn_3。

相对分子质量　258.12。

结构式

$$Zn \overset{}{\underset{P}{\diagdown}} Zn \overset{}{\underset{P}{\diagup}} Zn$$

理化性质　其化学纯品为海绵状灰色金属态块，或为深灰色粉末。熔点 420℃。沸点 1100℃。密度 4.55g/cm³，有近似大蒜的气味，不能大量燃烧。遇酸则放出剧毒的磷化氢气体，毒力发挥较快，死鼠多发生在 24 小时以内。

毒性　对小家鼠的 LD_{50} 为 32.3～53.3mg/kg，对褐家鼠的 LD_{50} 为 27～40.5mg/kg，对屋顶鼠的 LD_{50} 为 21mg/kg，对猪、狗、猫、鸡、鸭的 LD_{50} 为 20～40mg/kg。

作用方式及机理　引起严重胃肠刺激，在肠中释放出磷化氢，当磷化氢被吸收时，引起肾脏及中枢系统的损伤。

使用情况　为现代仍在使用的唯一无机化合物灭鼠药。1911 年意大利首次将磷化锌用作灭鼠剂。是一种有效的急性药，在 20 世纪 40 年代和 50 年代抗凝血杀鼠剂流行之前，是世界范围内使用最广泛的杀鼠剂。目前在欧盟注册，但与抗凝血剂相比使用有限。现仍然在美国、澳大利亚、亚太地区和中国被用作杀鼠剂。尽管磷化锌使用比较广泛，但是关于磷化锌野外防治效果的报道却很少。Rennison 在英国用 2.5% 的磷化锌毒饵防治褐家鼠，灭杀率为 84%，取得了很好的效果，这可能是磷化锌野外应用效果最好的一次了。Lam 在马来西亚的水稻田里也取到了很好的效果，但是 West 等人在菲律宾使用相同的磷化锌不能够证明任何效果。在某些情况下，它仍然是现场使用的首选毒素，如澳大利亚利用地面撒播机和飞机投放来防治小家鼠的爆发。在美国和澳大利亚受到青睐的原因是与毒鼠碱或 1080 相比，它在野外使用后缺乏持续性和较低的继发中毒风险（其与水分接触后分解）。但鸟对磷化锌尤为敏感，应特别控制使用范围，其意外中毒的治疗困难。2011 年 8 月，美国 EPA 批准磷酸锌糊剂作为新西兰的负鼠控制剂使用。

使用方法　密闭空间熏蒸，毒饵站投放毒饵。

注意事项　中毒后，要立即进行催吐，使用 0.5% 硫酸铜液反复洗胃至洗出物无蒜臭味，然后使用 1∶2000 高锰酸钾液洗胃，直至洗出清水样液。

参考文献

BROWN P R, CHAMBERS L K, SINGLETON G R, 2002. Pre-sowing control of house mice (*Mus domesticus*) using zinc phosphide: efficacy and potential non-target effects[J]. Wildlife research, 29(1): 27-37.

EASON C T, ROSS J, BLACKIE H, et al, 2012. Toxicology and ecotoxicology of zinc phosphide as used for pest control in New Zealand[J]. New Zealand journal of ecology, 37(1): 1-11.

PIYUSH J, 2018. Zinc phosphide poisoning[J]. Indian journal of medical specialities, 9(3): 171-173.

RENNISON B D, 1976. A comparative feld trial, conducted without pre-baiting, of the rodenticides zinc phosphide, thallium sulphate and gophacide against *Rattus norvegicus*[J]. Journal of hygiene, 77: 55-62.

TWIGG L E, MARTIN G R, STEVENS T S, 2002. Effect of lengthy storage on the palatability and effcacy of zinc phosphide wheat bait used for controlling house mice[J]. Wildlife research, 29: 141-149.

（撰稿：王登；审稿：施大钊）

磷硫威　U-56295

一种具有胃毒和触杀活性的氨基甲酸酯类杀虫剂。

其他名称　磷硫灭多威、MK-7904。

化学名称　*N*-[[[[[(1,1-二甲基乙基)(5,5-二甲基-2-硫代-1,3,2-二氧磷杂己烷-2-基)氨基]硫基]-甲基氨基]羰基]氧基]亚氨代硫代乙酸甲酯。

IUPAC 名称　(*E*)-methyl-*N*-(((*tert*-butyl(5,5-dimethyl-2-sulfido-1,3,2-dioxaphosphinan-2-yl)amino)thio)(methyl)carbamoyl)oxyethanimidothioate。

CAS 登记号　72542-56-4。

分子式　$C_{14}H_{28}N_3O_4PS_3$。

相对分子质量　429.56。

结构式

开发单位　1980 年美国厄普约翰公司开发。

理化性质　纯品为结晶固体。熔点 166～168℃。

毒性　微毒。大鼠急性经口 LD_{50} 8659mg/kg。

剂型　85% 可湿性粉剂。

作用方式及机理　是灭多威的低毒化衍生物，在分子结构中，既含有氨基甲酸酯类杀虫剂的基本结构，又含有有机磷酸酯类杀虫剂的基本结构，所以对鳞翅目幼虫的杀虫活性可与灭多威大体相等，但对哺乳动物的毒性低，对作物药害较轻；兼有胃毒和触杀活性，还有一定的杀卵活性。作为叶面喷洒，持效性好，且对多种有益昆虫安全。

防治对象　适用于棉花以及其他农业和园艺作物上，防治棉铃虫、尺蠖、跳甲、黏虫、南瓜十二星叶甲、日本甲虫、苜蓿叶象甲、玉米螟、苹果蠹蛾、卷叶蛾等害虫有效。

使用方法　针对以上防治对象，剂量为有效成分 0.56～

1.12kg/hm²。但对螨类活性低。

注意事项　宜储存在凉爽通风场所。勿与食品或饲料放置一处，亦勿让儿童接近。使用时按照说明书要求，采取一般防护。中毒时，解毒药为硫酸阿托品。

参考文献

朱永和, 王振荣, 李布青, 2006. 农药大典[M]. 北京: 中国三峡出版社.

（撰稿：李圣坤；审稿：吴剑）

磷酸三苯酯　triphenyl phosphate

一种马拉硫磷的专用增效剂。

其他名称　TPP、三苯磷。

化学名称　phosphoric acid triphenyl ester; 磷酸三苯酯。

CAS 登记号　115-86-6。

EC 号　204-112-2。

分子式　$C_{18}H_{15}O_4P$。

相对分子质量　326.29。

结构式

理化性质　白色、无臭结晶粉末，微有潮解性。蒸气压 0.01kPa（20℃）。闪点 223℃。熔点 50.52℃。沸点 244℃（1.3kPa）。相对密度（水 = 1）1.21，（空气 = 1）9.42。稳定，不溶于水，微溶于醇，溶于苯、氯仿、丙酮，易溶于乙醚。不具燃烧性。

毒性　急性经口 LD_{50}: 大鼠 3000mg/kg；小鼠 1300mg/kg；对大鼠皮肤无刺激性，进入体内无蓄积性。兔经皮 240～48mg/kg（40 天）腹泻、软瘫、胆碱酯酶抑制、部分动物死亡，大剂量组全部死亡。苏联规定它在工作场所空间的最大允许浓度为 0.0063mg/L（极限浓度为 0.13mg/L）。纯三苯磷对动物未出现有延迟神经毒性症状。该品在水中，72 小时即被虹鳟完全吸收并降解，而金鱼对其吸收缓慢，且能在体内蓄积较长时间。将虹鳟置于等毒力浓度的下列药液中，96 小时后甲基对硫磷药液中的鱼死亡率高达 37%～61%；三丁磷中为 5%～34%；而三苯磷仅为 0～6%。在三苯磷处理中腹部膨胀而未死亡的鱼，比用三丁磷处理的恢复得更快，并能正常生长；而在对甲基硫磷处理恢复的鱼，则受到损伤。

作用方式及机理　为马拉硫磷的专用增效剂，对昆虫的羧酸酯酶和丽蝇科幼虫匀浆的环氧化物水解酶有抑制作用。除对少数有机磷如杀螟硫磷亦有增效作用外，对大多数杀虫剂均不增效，在和马拉硫磷混用后，对多数昆虫的抗性和敏感品系均能增效；但对少数害虫如米象的抗性品系不增效，只对其敏感品系增效。

防治对象　作为增效剂，绝大多数是和马拉硫磷以 1:5 的配比混用，对淡色按蚊、斑须按蚊、淡色库蚊的抗性品系均有良好的增效活性。印度谷螟、干谷斑螟对杀螟硫磷有抗性，但与三苯磷混用后，抗性因数下降到 3.6～7。对面粉扁甲敏感品系、拟谷盗、赤拟谷盗的敏感和抗性品系、酸浆瓢虫的抗性品系以及柑橘红蜘蛛的敏感性及抗性品系增效活性良好。

注意事项　在处理原药时，宜戴帽、穿着长袖上衣和长裤、戴橡胶或尼龙手套。药品储存在低温库房，通风良好，勿靠近热源。勿与食物或者饲料混贮。如出现中毒，可采取有机磷农药中毒救治方法，硫酸阿托品是有效解毒药。如在操作中吸入了大量蒸气，立即将患者移置在新鲜空气中，进行人工呼吸。如发生误服，可饮以大量水进行催吐，并送医院诊治。

参考文献

朱永和, 王振荣, 李布青, 2006. 农药大典[M]. 北京: 中国三峡出版社.

（撰稿：徐琪、侯晴晴；审稿：邵旭升）

灵敏度　sensitivity

某仪器或方法对单位浓度或单位量待测物质变化所致的响应量变化程度。也就是仪器或方法测量最小被测量物或浓度的能力，即所测的最小量或浓度越小，该仪器的灵敏度就越高。

在农药分析领域，仪器的灵敏度根据不同检测器类型不同表示方法不同，通常分析检测器分为质量型和浓度型。对质量型检测器灵敏度的单位通常用质量单位来表示，如 ng，对浓度型检测器灵敏度单位通常用浓度单位来表示，如 mg/kg、μg/kg。

在实际仪器分析应用中，分析方法的灵敏度通常用检测限 LOD（limit of detection）和定量限 LOQ（limit of quantitation）两个主要参数来表示。LOD 和 LOQ 分别指仪器或分析方法产生 3 倍和 10 倍信号的某物质的浓度，LOD 用于定性分析的限度，LOQ 用于定量分析的限度，可用 mg/kg、μg/kg 等单位表示。方法的灵敏度包括样品前处理过程的浓缩或稀释倍数，如果样品处理过程没浓缩或稀释倍数，那么仪器的灵敏度就是方法的灵敏度。

关于灵敏度计算，有一种为外推法计算灵敏度，即通过测定浓度除以信噪比 /3 或信噪比 /10 的倍数获得，该数值为理论灵敏度，其往往与真正的最低检测浓度存在一定差别，往往理论灵敏度比实际灵敏度数值小。这与选择的测定浓度有关，选择测定浓度越低，理论灵敏度与真实灵敏度更接近。因此应该选择尽量低测定浓度去获得真实灵敏度，日常强调的灵敏度是测出来的，而不应该是算出来的。

为了避免混淆概念，农作物中农药残留试验准则明确规定，LOD 指使分析仪器系统产生 3 倍噪声信号所需测定物的质量（质量型仪器的灵敏度），用 ng 为单位表示；LOQ 指用添加回收率方法能检测出待测物在样品中的最低含量（方法的灵敏度），以 mg/kg 为单位表示。

通常而言，高灵敏度的仪器和方法受到优选和关注，经常作为一个分析方法学质量保证和控制的重要参数进行比较。然而，仪器的灵敏度也不是越高越好，因为灵敏度过高，测量时的稳定性就越差，甚至不易测量，即准确度就差。故在保证测量准确性的前提下，灵敏度也不易要求过高，适可而止。

参考文献

NY/T 788—2018 农作物中农药残留试验准则.

（撰稿：董丰收；审稿：郑永权）

另丁津　sebuthylazine

一种三嗪类选择性除草剂。

其他名称　令丁津、seediavax、GS-13528。

化学名称　2-氯-4-乙氨基-6-仲丁氨基-1,3,5-三嗪；2-chloro-4-ethylamino-6-s-butylamino-1,3,5-triazine。

IUPAC 名称　N^2-(sec-butyl)-6-chloro-N^4-ethyl-1,3,5-triazine-2,4-diamine。

CAS 登记号　7286-69-3。

EC 号　230-710-8。

分子式　$C_9H_{16}ClN_5$。

相对分子质量　229.71。

结构式

开发单位　瑞士汽巴 - 嘉基公司。

理化性质　无色无味液体。密度 1.232g/cm³。沸点 380℃（101.32kPa）。折射率 1.592。闪点 2℃。储存条件：大约 4℃。

毒性　大鼠急性经口 LD_{50} 2900mg/kg。

剂型　中国未见相关制剂产品登记。

作用方式及机理　在醇或者水溶液中卤素取代的均三嗪经光解可生成相应的烷氧基或羟基化合物，此类化合物可干扰植物的光合作用。

防治对象　在玉米、棉花、大豆田中使用的芽前和芽后除草剂，防除一年生阔叶杂草和禾本科杂草。

使用方法　1～2kg/hm²（有效成分）于作物播后苗前作土壤处理。

参考文献

张敬波, 董振霖, 赵守成, 等, 2006. 气相色谱-质谱联用法检测玉米中21种三嗪除草剂残留量[J]. 质谱学报, 27(3): 148-154.

（撰稿：杨光富；审稿：吴琼友）

浏阳霉素　liuyangmycin

由灰色链霉菌浏阳变种（*Streptomyces griseus var. liuyangensis*）发酵所产生的具有广谱杀螨作用的对称结构大环内酯类抗生素。与一些有机磷或氨基甲酸酯农药复配，有显著的增效作用。对害螨的触杀作用，持效期 7～14 天。

其他名称　杀螨霉素、绿生、华秀绿杀螨菌素、多活菌素。

化学名称　5,14,23,32-四乙基-2,11,20,29-四甲基-4,13,22,31,37,38,39,40-八氧五环 [32,2,17,10 ,116,19,125,28] 四十烷 -3,12,21,30-四酮；5,14,23,32-tetraethy-2,11,20,29-tetramethylpyrazine- 4,13,22,31,37,38,39,40-eight of sodium chloride [32,2,17,10 ,116,19,125,28]tetracontane-3,12,21,30-tetrone。

IUPAC 名称　4,13,22,31,37,38,39,40-octaoxapentacyclo[32.2.1.17,10.116,19.125,28]tetracontane-3,12,21,30-tetrone,5,14,23,32-tetraethyl-2,11,20,29-tetramethyl-,(1*R*,2*R*,5*R*,7*R*,10*S*,11*S*,14*S*,16*S*,19*R*,20*R*,23*R*,25*R*,28*S*,29*S*,32*S*,34*S*）。

CAS 登记号　33956-61-5（tetranactin）。

分子式　$C_{44}H_{72}O_{12}$。

相对分子质量　793.04。

结构式

开发单位　上海市农药研究所于 1979 年从湖南浏阳地区土壤中分离出具有杀螨活性物质，被命名为浏阳霉素。

理化性质　纯品为无色棱柱状结晶。熔点 112～113℃。密度 1.65g/cm³ ± 0.1g/cm³（20℃）。易溶于苯、乙酸乙酯、氯仿、乙醚、丙酮，可溶于乙醇、正己烷等溶剂，不溶于水。对紫外线敏感，在阳光下照射 2 天，可分解 50%。pK_a 12.89 ± 0.7。稳定性：在室温下，pH2～13 稳定，pH5～8 时，加热到 100℃并保持 1 小时或 60℃保持 30 天稍有分解；对紫外光不稳定，在阳光下暴晒 2 天分解 50%，7 天达 100%。制剂在 50℃高温下储藏 4 周，并不影响药效。

毒性　大鼠急性经口 LD_{50} > 10 000mg/kg，急性经皮 LD_{50} > 2000mg/kg。作为商品复配制剂（浏阳霉素 + 乐果）大鼠急性经口 LD_{50} > 584mg/kg。无致畸、致癌、致突变性。但该药剂对鱼毒性较高，对鲤鱼 LC_{50} < 0.5mg/L，属高毒，但对天敌昆虫及蜜蜂比较安全。

剂型　20% 复方浏阳霉素乳油、10% 乳油。

作用方式及机理　具有氧化、磷酸化解链作用。细胞内的钾离子由于被水分包围而无法透过生物膜。当浏阳霉素的水悬浮液与螨接触时，由于是亲脂性的，它可透过生物膜。抗生素一旦进入，就会在细胞膜上形成一个孔，使钾离子迁出细胞外而发生分离，形成浓度梯度，破坏细胞内外两者之间的离子平衡，促使螨死亡。

防治对象　棉花、茄子、番茄、豆类、瓜类、苹果、桃树、山楂、桑树、花卉等植物上的螨虫，以及梨瘿螨、茶瘿螨、柑橘锈螨、枸杞锈螨等作物的螨。

使用方法

防治棉花红蜘蛛　于始盛期，每亩用10%乳油50～100ml兑水均匀喷雾，药后2～14天可控制其害。

防治苹果红蜘蛛　用10%乳油兑水1000～2000倍均匀喷雾，防治苹果叶螨和山楂叶螨，持效期达20～30天。

防治柑橘害螨　用10%乳油1000～2000倍液均匀喷雾，防治柑橘全爪螨和锈壁虱效果为80%～90%，持效期20天左右。

防治蔬菜害螨　每亩使用10%乳油50～100ml，兑水1000～1500倍均匀喷雾，防治豆角红蜘蛛、茄子害螨，持效期7～10天。每亩用10%乳油40～60ml，兑水1000～1500倍液均匀喷雾，防治辣椒跗线螨，持效期达2周。用1000～1500倍液防治豆叶螨、番茄瘿螨。在十字花科蔬菜上慎用。

注意事项　该药为触杀型杀螨剂，使用时务必做到喷雾均匀周到，使枝叶全面着药，才能达到良好防效。该药可与多种杀虫剂、杀菌剂混用，但在与波尔多液等强碱性物质混用时，应先进行试验，最好现配现用，以免降低药效。该药对鱼有毒，使用时应避免污染水源，施药后余液勿倒入鱼塘。应在阴凉、干燥处储存。该药对眼睛有刺激作用，如发生意外，应及时用清水冲洗并尽快就医诊治。

与其他药剂的混用　有机磷、有机氯、氨基甲酸酯类农药对浏阳霉素有显著的增效作用。不仅增强了对成虫的杀伤力，而且增强了杀卵的效果。浏阳霉素和乐果、敌百虫、敌敌畏、马拉硫磷、杀螟硫磷、亚胺硫磷、甲胺磷、氧乐果、仲丁威、残杀威等化学农药混用均能获得很好的效果。最初，由于乐果数量大，价格较低，选用乐果作增效剂，制成20%复方浏阳霉素进行了大量的应用研究，肯定了对螨的较好防治效果。

允许残留量　该类抗生素对紫外光高度敏感，在阳光下照射2天即可以被分解，在土壤中的半衰期为8～10天，最后的降解产物是CO_2和H_2O。

参考文献

曹明泉，陈玉妹，1982. 新型杀螨剂——浏阳霉素[J]. 上海农业科技(5): 40.

谢立贵，1993.抗生素杀螨剂浏阳霉素开发研究[J]. 农药, 32(1): 1-4.

（撰稿：陶黎明；审稿：徐文平）

流动性　flowability

流动性是为了保证直接使用的农药颗粒剂在药械中能够自由流动以及在经水分散或溶解的颗粒制剂储存后能够自由流动、不结块。

固体制剂在储存及运输的过程中，由于温度及压力的影响，制剂会出现结块现象，影响到产品在水中自动分散和影响施药效果。流动性就是为确保产品不出现结块而规定的一项指标。它适用于水分散粒剂（WG）、可溶粒剂（SG）、颗粒剂（GR）、乳粒剂（EG），它不适于用水作为助剂的配方。

流动性要求制剂加压储存后仍能自由流动，进而在水中迅速分散，能更好地发挥有效成分的作用，有利于环境保护和避免药害的发生，减少对环境的污染。

对于流动性测定的方法，国际农药分析协作委员会（CIPAC）采用的是MT172的测定方法（加压热储试验后测定水分散粒剂的流动性）：

方法提要　将试样加压放置，于54℃储存14天后，在没有任何机械干扰的情况下自动通过试验筛，或振荡20次，称量试验筛上残留物质，计算流动性。

仪器　恒温干燥箱：54℃±2℃（相对湿度小于30%）。

干燥器：不带干燥剂。

电子天平：感量0.1g，载量2kg，精确度±0.05g。

烧杯：100ml，内径5.0～5.5cm。

圆盘：直径大小应与烧杯配套，并恰好产生2.45kPa的平均压力。

烧杯盖：能将烧杯完全盖住。

试验筛：直径20cm，孔径5mm（或4.75mm），并具配套的接收盘和盖子。

铁架台：配有金属棒及双顶丝。

硬橡胶片：规格22cm×22cm，具有35～40国际橡胶硬度值（IRHD）。

玻璃皿：已知质量。

刷子：2.5cm软平刷。

测定步骤　样品的制备将50g试样放入烧杯，按GB/T 19136—2003中2.2进行，储存后将样品置于干燥器中冷却至室温，备用。

流动性的测定按图所示，安装好试验筛，将装有待测样品的烧杯加盖后，将烧杯倒置，小心地将样品转移到试验筛上，如果试样自动地通过试验筛，则记录完全通过，流动性为100%，如果试验筛上还残留样品，则将试验装置抬高1cm，然后放开实验装置，让试验筛自由下落到硬橡胶片上，如此重复20次，记录第20次试验筛上的试样质量。

计算试样的流动性按下式计算：

$$\omega_1 = \frac{m_1 - m_2}{m_1} \times 100\%$$

式中，ω_1为试样的流动性（%）；m_2为振荡20次后试验筛上的试样质量（g）；m_1为试样的质量（g）。

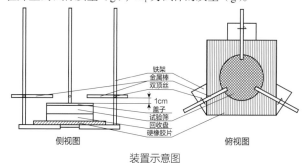

装置示意图

参考文献

联合国粮食及农业组织和世界卫生组织农药标准联席会议, 2012. 联合国粮食及农业组织和世界卫生组织农药标准制定和使用手册: 农药标准[M]. 2版. 北京: 中国农业出版社.

（撰稿: 侯春青; 审稿: 徐妍）

硫丙磷　sulprofos

一种具有触杀活性的有机磷类杀虫剂。

其他名称　Merpafos、Mercaprofos、Bolstar（拜耳, Miles）、Helothion（拜耳）、Bay NTN 9306（拜耳）、BAY 123234、甲丙硫磷、保达、棉铃磷。

化学名称　O-乙基 O-(4-甲硫基苯基)S-丙基二硫代磷酸酯。

IUPAC 名称　(RS)-[O-ethyl O-[4-(methylthio)phenyl] S-propyl phosphorodithioate]。

CAS 登记号　35400-43-2。

分子式　$C_{12}H_{19}O_2PS_3$。

相对分子质量　322.45。

结构式

开发单位　拜耳公司。

理化性质　原药为棕褐色液体。熔点 -15℃。沸点 125℃（1Pa）。蒸气压 0.084mPa（20℃）, 0.16mPa（25℃）。相对密度 1.2（20℃）。溶解性: 水 0.31mg/L（20℃）; 异丙醇 400～600g/L（20℃）, 二氯甲烷、正己烷、甲苯 > 1200g/L（20℃）。稳定性: 在缓冲液中水解, DT_{50}（22℃）26 天（pH4）、15 天（pH7）、51 天（pH9）; 在水中和土壤表面光解。闪点 64℃。

毒性　急性经口 LD_{50}: 大鼠约 200mg/kg, 小鼠 1700mg/kg。雄大鼠急性经皮 LD_{50} > 5000mg/kg, 雌大鼠急性经皮 LD_{50} > 1000mg/kg。对兔眼睛和皮肤无刺激作用。雄、雌大鼠急性吸入 LC_{50}（4 小时）> 4130μg/L 空气。NOEL（2 年）: 大鼠 6mg/kg 饲料, 小鼠 2.5mg/kg 饲料, 狗 10mg/kg 饲料。ADI 0.003mg/kg。鹌鹑急性经口 LD_{50} 47mg/kg, 其 LC_{50}（5 天）为 99mg/kg 饲料。鱼类 LC_{50}（96 小时）: 鲶鱼 11～14mg/L, 虹鳟 23～38mg/L。水蚤 EC_{50}（48 小时）0.000 83～0.001mg/L。

剂型　72% 乳油, 72% 悬浮剂。

作用方式及机理　触杀作用, 无内吸熏蒸作用, 持效期较长, 与其他有机磷没有交互抗性。

防治对象　主要防治棉田鳞翅目害虫。

使用方法　防治棉田棉铃虫, 在卵孵盛期施药, 每亩用 72% 甲丙硫磷乳油 50～75ml, 稀释 1000 倍使用。

注意事项　对鱼高毒, 应避免在鱼塘周围使用。不能与碱性物质混合使用。若中毒按有机磷农药中毒处理。

参考文献

朱永和, 王振荣, 李布青, 2006. 农药大典[M]. 北京: 中国三峡出版社: 114-115.

（撰稿: 吴剑; 审稿: 薛伟）

硫草敌　ethiolate

一种氨基甲酸酯类选择性除草剂。

其他名称　硫敌草、乙草丹、乙硫草特。

化学名称　S-乙基 N,N-二乙基硫代氨基甲酸酯; S-ethyl diethylcarbamothioate。

IUPAC 名称　S-ethyl diethylcarbamothioate。

CAS 登记号　2941-55-1。

分子式　$C_7H_{15}NOS$。

相对分子质量　161.26。

结构式

开发单位　1972 年由海湾石油化学公司开发。专利已过期。

理化性质　浅黄色液体, 带有氨味。凝固点 < -75℃, 沸点 206℃。蒸气压 199.5Pa（57～59℃）。25℃时在水中溶解度 0.3%, 可与大多数有机溶剂混溶。

毒性　大鼠急性经口 LD_{50} 400mg/kg。兔急性经皮 LD_{50} 542mg/kg, 对兔眼睛有刺激性。虹鳟和蓝鳃翻车鱼的 LC_{50} 分别为 32mg/L 和 58mg/L。

剂型　混合制剂。

防治对象　玉米田除草。

使用方法　玉米种植前施药, 施药后拌土。

与其他药剂的混用　可与环丙津混用, 用于玉米田除草。每公顷用药 4.5kg 硫草敌加 0.42kg 环丙津。

参考文献

张殿京, 程慕如, 1987. 化学除草应用指南[M]. 北京: 农村读物出版社: 297-298.

（撰稿: 徐效华; 审稿: 闫艺飞）

硫虫畏　akton

一种磷代磷酸酯类杀虫剂。

其他名称　Axion、ENT-27102、SD-9098。

化学名称　O,O-二乙基-O-[2-氯-1-(2,5-二氯苯基)乙烯基]硫逐磷酸酯; O,O-diethyl-O-[2-chloro-1-(2,5-dichlorophenyl)vinyl]phosphorothioate。

IUPAC名称　Z-O,O-diethyl-O-[chloro-1-(2,5-dichloro-phenyl)vinyl]phosphorothioate。

CAS登记号　1757-18-2。

分子式　$C_{12}H_{14}Cl_3O_3PS$。

相对分子质量　375.64。

结构式

开发单位　美国壳牌化学公司。

理化性质　纯品为褐色液体。熔点 27℃。沸点 145℃（0.667Pa）。

毒性　大鼠急性经口 LD$_{50}$ 146mg/kg。用 112g/hm² 原药时，对鱼有高毒。

剂型　26% 乳剂。

作用方式及机理　乙酰胆碱酯酶抑制剂。

防治对象　草坪长蝽和草皮草螟亚科害虫。

使用方法　用量为 1.12～2.24kg/hm²。

参考文献

王振荣，李布青，1996. 农药商品大全[M]. 北京: 中国商业出版社: 72.

朱永和，王振荣，李布青，2006. 农药大典[M]. 北京: 中国三峡出版社: 67.

（撰稿：薛伟；审稿：吴剑）

硫代碳酸钠　sodium trithiocarbonate

一种防控线虫和土传病害的杀菌剂。

其他名称　全硫碳酸钠、三硫代碳酸钠。

化学名称　硫代碳酸钠。

IUPAC名称　disodium carbonotrithioate。

CAS登记号　534-18-9。

EC 号　208-592-4。

分子式　CNa_2S_3。

相对分子质量　154.19。

结构式

理化性质　玫瑰红色针状固体，有 α 和 β 两种不同构型，α 型是玫瑰红色固体，在 105℃ 以下稳定，135℃ 时转变为 β 型，β 型是棕红色固体，140℃ 时开始分解。在常温下容易吸水而生成黄色水合物 $Na_2CS_3 \cdot 2H_2O$ 和红色水合物 $Na_2CS_3 \cdot 3H_2O$。极易溶于水，溶于乙醇，难溶于丙酮和乙醚。在空气中容易被氧化，一般情况下，都是以溶液形式存在，呈弱碱性，在酸和强碱条件下发生化学反应，有硫化氢味。其溶液颜色视浓度而定，浓度低时为黄色，浓度一般时为红色，浓度高时为深红色。在溶液中含量一般在 55%～70%，需要较高浓度时可以低温浓缩，可以真空干燥和冷冻干燥得到固体，含有少量的 S^{2-}、NH_4^+，为强还原剂。在阴凉通风处密闭无氧化剂条件下保存。

质量标准　全硫碳酸钠溶液浓度 40%～60%，残余硫化钠 5%～8%，残余二硫化碳 3%～5%。避光或用深色瓶保存。有毒化学品，可作杀虫剂。严禁与氧化性物质接触。硫代碳酸钠晶体：每分子硫代碳酸钠含 1～3 分子结晶水，容易吸潮，易溶于水。避光、低温运输。严禁烟火。

作用方式及机理　杀菌剂和杀线虫剂。

防治对象　对控制线虫和土壤病害有显著的效果。

（撰稿：闫晓静；审稿：刘鹏飞、刘西莉）

硫丹　endosulfan

一种有机氯类非内吸性杀虫剂、杀螨剂。作为剧毒杀虫杀螨剂，已经在 50 多个国家被禁止使用。中国农业农村部规定自 2018 年 7 月 1 日起，撤销含硫丹产品的农药登记证；自 2019 年 3 月 26 日起，禁止含硫丹产品在农业上使用。

其他名称　Algodán 350、Davonil、Devisulfan、Endocel、Endodhan、Endosol、Endostar、Hildan、Mentor、Parrysulfan、Shado、Speed、Thionex、ENT 23979、FMC 5462、Hoe 02671、OMS 204（α）、OMS 205（β）、OMS 570。

化学名称　(1,4,5,6,7,7-六氯-8,9,10-三降冰片-5-烯-2,3-亚基双甲撑)亚硫酸酯；6,7,8,9,10,10-六氯-1,5,5a,6,9,9a-六氢-6,9-甲撑-2,4,3-苯并二氧硫庚 3-氧化物；6,7,8,9,10,10-hexachloro-1,5,5a,6,9,9a-hexahydro-6,9-methano-2,4,3-benzodioxathiepine 3-oxide,3α,5aβ,6α,9α,9aβ-6,7,8,9,10,10-hexachloro-1,5,5a,6,9,9a-hexahydro-6,9-methano-2,4,3-benzodioxathiepine 3-oxide(for alpha isomer)

IUPAC名称　(1,4,5,6,7,7-hexachloro-8,9,10-trinorborn-5-en-2,3-ylenebismethylene)sulfite,6,7,8,9,10,10-hexachloro-1,5,5a,6,9,9a-hexahydro-6,9-methano-2,4,3-benzodioxathiepine 3-oxide。

CAS登记号　115-29-7（endosulfan）；959-98-8（alpha-endosulfan）。

EC 号　204-079-4。

分子式　$C_9H_6Cl_6O_3S$。

相对分子质量　406.93。

结构式

开发单位 W. Finkenbrink 报道杀虫活性。由赫斯特公司（现拜耳公司）和美国富美实公司推广。1955 年第一次在美国上市。

理化性质 硫丹是两种立体异构体的混合物：α-endosulfan，endosulfan（Ⅰ），立体化学 3α，$5a\beta$，6α，9α，$9a\beta$-，含量 64%～67%；β-endosulfan，endosulfan（Ⅱ），立体化学 3α，$5a\alpha$，6β，9β，$9a\alpha$，含量 9%～32%。无色晶体，原药颜色为奶油色到棕色，多数为米色。原药熔点 ≥ 80℃，α-硫丹 109.2℃，β-硫丹 213.3℃。α-异构体与 β-异构体的比例为 2:1 时，蒸气压为 0.83mPa（20℃）。K_{ow}lg$P$（pH5）：α-硫丹 4.74，β-硫丹 4.79。Henry 常数（Pa·m³/mol，22℃）：α-硫丹 1.48，β-硫丹 0.07。相对密度原药 1.8（20℃）。原药水中溶解度（22℃）：α-硫丹为 0.32mg/L，β-硫丹为 0.33mg/L；其他溶剂中溶解度（20℃）：二氯甲烷、乙酸乙酯、甲苯中均为 200mg/L，乙醇中为 65mg/L，己烷中为 24mg/L。稳定性：对日光稳定，在酸和碱的水溶液中缓慢水解为二醇和二氧化硫。

毒性 大鼠急性经口 LD$_{50}$（mg/kg）：70（水相悬浮剂），110（原药油剂），76（原药 α-异构体），240（β-异构体）；狗 77（原药）。急性经皮 LD$_{50}$（mg/kg）：兔 359，雄大鼠 > 4000，雌大鼠 500。吸入 LC$_{50}$（4 小时，mg/L）：雄大鼠为 0.0345，雌大鼠 0.0126。NOEL［mg/（kg·d）］：大鼠（2 年）0.6（15mg/L 饲料），狗（1 年）0.57（10mg/L 饲料）。ADI：（JMPR）0.006mg/kg［1998，2006］；（EPA）aRfD 0.015，cRfD 0.006mg/kg［1994，2002］。鸟类急性经口 LD$_{50}$（mg/kg）：野鸭 205～245，环颈雉 620～1000。金色圆腹雅鱼 LC$_{50}$（96 小时）0.002mg/L。对野生生物无害。水蚤 LC$_{50}$（48 小时）75～750μg/L。绿藻 EC$_{50}$（72 小时）> 0.56mg/L。在田间施用时，剂量为 1.6L/hm²（560g/hm²）对蜜蜂无害。蚯蚓 NOEC 0.1mg/kg 干土。

剂型 乳油（161、350 和 480g/L），可湿性粉剂（164、329、470g/kg），粉剂（30～47g/kg），颗粒剂（10、30、40 或 50g/kg），超低容量液剂（242、497 或 604g/L），微囊悬浮剂。

作用方式及机理 GABA 受体-氯离子通道复合体拮抗剂。触杀和胃毒型非内吸性杀虫杀螨剂。硫丹能渗透进入植物组织，但不能在植株体内传输，在昆虫体内能抑制单氨基氧化酶和提高肌酸激酶的活性。可有效防治棉花棉铃虫。

防治对象 可控制刺吸、咀嚼和钻蛀性的害虫以及许多作物上的螨虫、棉蚜、食心虫、瘤蚜、潜叶蛾、梨木虱、介壳虫、梨二叉蚜、毛虫、蟥、蚜虫、尺蠖、卷叶蛾、叶蝉、毒蛾、天牛、瘿蚊、茶尺蠖、茶细蛾、小绿叶蝉、蓟马、茶蚜、棉蚜、棉铃虫、斜纹夜蛾、造桥虫、菜青虫、小菜蛾、菜蚜、甘蓝夜蛾、瓢虫。还可控制舌蝇。

使用方法

防治棉花害虫 防治棉蚜、叶蝉、蓟马、粉虱、绿盲蝽、蚧线螨，每亩用 35% 硫丹乳油 60～80ml，在发生始盛期兑水喷雾；防治棉铃虫、棉田玉米螟、黏虫，每亩用 35% 硫丹乳油 100～130ml，在产卵盛期兑水喷雾。

防治苹果害虫 苹果黄蚜、棉蚜、桃蚜、尺蠖、盗毒蛾、苹果巢蛾、天幕毛虫、食心虫，用 35% 硫丹乳油 1000～1500 倍液喷雾。

防治烟草害虫 防治烟蚜、跳甲、绿盲蝽、烟青虫、烟草天蛾、银纹夜蛾、斜纹夜蛾、地老虎、茶黄螨、烟蓟马、木薯粉虱，每亩用 60～120ml 兑水喷雾。

防治水稻害虫 稻飞虱前期每亩用 60～70ml 兑水均匀喷雾，大发生期每亩用 100～120ml，或与吡虫啉、氯吡硫磷混用减少用量。

防治蔬菜甜菜夜蛾、菜青虫、斜纹夜蛾、蓟马、菜蚜用 35% 硫丹乳油 1500～2000 倍兑水均匀喷雾防治。

防治地下害虫蝼蛄、地老虎、蛴螬 每亩用 35% 硫丹乳油 60～120ml 兑水灌根防治。

注意事项 对鱼高毒，药液避免流入鱼塘、河流，谨慎清洗喷雾器和处理废弃物。不能与强酸强碱农药混用。食用作物、饲料作物收获前 3 周停止用药。喷药时避免吸入口鼻和接触皮肤，施药后用肥皂清洗并漱口。储存于阴凉干燥处，避免儿童接触，避免与食物、种子、饲料混放。

与其他药剂的混用 硫丹·辛硫磷 35%、45% 乳油，氰戊·硫丹 22% 乳油，溴氰·硫丹 328g/L 乳油，高氯·硫丹 20% 乳油，硫丹·灭多威 20% 乳油。

允许残留量 GB 2763—2021《食品中农药最大残留限量标准》规定硫丹最大残留限量见表。残留物：α-硫丹和 β-硫丹及硫丹硫酸酯之和。ADI 为 0.006mg/kg。谷物、油料和油脂、坚果、饮料类、调味料参照 GB/T 5009.19 标准规定的方法测定；蔬菜、水果、干制水果按照 GB/T 5009.19 规定的方法测定。

部分食品中硫丹最大残留限量（GB 2763—2021）

食品类别	名称	最大残留限量（mg/kg）
油料和油脂	棉籽	0.05
	大豆	0.05
	大豆毛油	0.05
蔬菜	黄瓜	0.05
	甘薯	0.05
	芋	0.05
	马铃薯	0.05
	豆类蔬菜	0.05
水果	苹果	0.05
	梨	0.05
	荔枝	0.05
	瓜果类水果	0.05
糖料	甘蔗	0.05
饮料类	茶叶	10.00
动物源性食品	禽肉（以脂肪计）	0.03
	肝脏（牛、羊、猪）	0.10
	肾脏（牛、羊、猪）	0.03
	禽肉（包括内脏）	0.03
	蛋类	0.03
	生乳	0.01

参考文献

刘长令，2012. 世界农药大全：杀虫剂卷[M]. 北京：化学工业出版社: 678-681.

马克比恩 C, 2015. 农药手册[M]. 胡笑形, 等译. 北京: 化学工业出版社: 372-374.

（撰稿：赵平；审稿：杨吉春）

硫环磷　phosfolan

主要用于多种农作物上多种害虫的防治，尤其对棉红蜘蛛和抗性棉蚜有特效。

其他名称　棉安磷、氧环胺磷、乙基硫环磷。

化学名称　2-((二乙氧基磷酰基)亚氨基)-1,3-二硫戊环；O-甲基-O-(4-叔丁基-2-氯苯基)-N-甲基磷酰胺。

IUPAC名称　diethyl(1,3-dithiolan-2-ylidene)phosphoramidate。

CAS登记号　947-02-4。

分子式　$C_7H_{14}NO_3PS_2$。

相对分子质量　255.29。

结构式

开发单位　1963年由美国氰胺公司开发并推广。获有专利BP 974138, FP 1327386。

理化性质　无色至黄色固体。熔点36.5℃。沸点115～118℃（1.33×10^{-4}kPa）。溶于水、丙酮、苯、乙醇、环己烷、甲苯，微溶于乙醚，难溶于乙烷。在中性和弱酸条件下，水溶液稳定，但碱性（pH＞9）或酸性（pH＜2）的条件下水解。明火可燃，受热放出有毒氧化氮、氧化硫、氧化磷气体。

毒性　25%乙基硫环磷对大鼠经口、经皮染毒，LD_{50}分别是14.7mg/kg和100mg/kg，按农药急性毒性分级标准，属高毒类物质。该类农药的主要作用特点是抑制体内胆碱酯酶的活性，引起乙酰胆碱蓄积而诱发中毒。纯品的乙基硫环磷急性经口LD_{50}：大鼠8.9mg/kg，小鼠12mg/kg。豚鼠急性经皮LD_{50} 54mg/kg。以每天1mg/kg剂量喂狗13周以上，未发现临床症状。

剂型　粉剂，颗粒剂（2%～15%），乳油（0.5%～15%、35%）。

作用方式及机理　属于内吸性杀虫剂，用于防治刺吸式口器害虫、螨和鳞翅目幼虫。该药剂在土壤、植物和动物体内无持效性，在N—P键处代谢变成无毒的可溶于水的化合物。

防治对象　可防治棉、麦、水稻、大豆、甜菜、果树、茶等作物的害虫，对蚜虫、红蜘蛛有良好防效，也可拌种防治地下害虫。植物对该药能够部分吸收，即使短时间的暴雨也不会对药效有较大影响。棉花拌种防治苗期虫害可达50天以上。

使用方法　用35%的乳油制剂配制有效成分浓度为0.001%的溶液时，杀蚜率达100%；有效成分浓度为0.01%时，杀螨率达100%。

注意事项　遇明火、高热可燃。受热分解，放出磷、硫的氧化物等毒性气体。在碱液中能迅速分解。

参考文献

罗守宏, 1996. 新农药乙基硫环磷 (棉安磷)[J]. 中外技术情报 (2): 13-14.

农业大词典编辑委员会, 1998. 农业大词典[M]. 北京: 中国农业出版社: 987-988.

王俊谦, 李银竹, 李洪吉, 1993. 乙基硫环磷中间试验[J]. 山西化工 (2): 2-5.

王俊谦, 郑琛, 1993. 乙基硫环磷合成[J]. 农药, 32(6): 19-22.

赵一军, 韩光, 郭贵文, 等, 1995. 25%乙基硫环磷农药的毒性研究[J]. 毒理学杂志, 9(1): 49-50.

（撰稿：薛伟；审稿：吴剑）

硫黄　sulfur

一种无机杀菌剂、杀螨剂。

其他名称　Cabritol（Mobedco）、Cosan（Bayer CropScience）、Kumulus（BASF）、Lainzufre（Lainco）、Sulfex（Excel Crop Care）、Sulphotox（Heranba）、That（Stoller）、Thiovit（Syngenta）、Vizines（＋代森锌）（Vipesco）、硫黄粉。

化学名称　硫；sulfur。

IUPAC名称　sulfur。

CAS登记号　7704-34-9。

EC号　231-722-6。

分子式　S。

相对分子质量　32.07。

开发单位　巴斯夫和先正达公司。

生产企业　Agrochem; BASF; Cerexagri; Crystal; Drexel; Excel Crop Care; FMC; Gujarat Pesticides; Punjab; Sharda; Sulphur Mills; 先正达; 浙江中山。

理化性质　原药纯度＞99%。纯品为黄色粉末。以多种同素异形体形式存在。熔点114.52℃（菱形112.8℃，单斜晶119℃）。沸点444.6℃。蒸气压9.8×10^{-2}mPa（20℃）。相对密度2.07（菱形）。水中溶解度0.063g/m^3（pH7, 20℃）。晶体溶于二硫化碳，非晶体不溶；微溶于乙醚和石油醚，易溶于热苯和丙酮。常温下菱形硫稳定，但是加热到94～119℃形成同素异形体。

毒性　低毒。大鼠急性经口LD_{50}＞5000mg/kg，大鼠急性经皮LD_{50}＞2000mg/kg，对皮肤和黏膜有刺激作用（Kumulus DF, Thiovit Jetnot）。大鼠吸入LC_{50}（4小时）＞5430mg/m^3。对人和动物几乎无毒。山齿鹑急性经口LD_{50}（8天）＞5000mg/kg。对鱼无毒。水蚤LC_{50}（48小时，静态）＞665mg/L。纤维藻EC_{50}（72小时）＞232mg/L。对蜜蜂无毒。蚯蚓LC_{50}（14天）＞1600mg/kg土壤。其他有益生物：对七星瓢虫、植绥螨、芬兰钝绥螨、捕食蝽和普通草蛉无毒，对梨盲走螨、赤眼蜂、寄生性姬蜂有毒。毒性等级：U（a.i.，WHO）；Ⅳ（制剂，EPA）。EC分级：Xi；R38。

剂型　80%水分散粒剂，45%、50%悬浮剂，91%粉剂。

作用方式及机理　具有触杀和熏蒸作用的非内吸性保护性杀菌剂，杀螨活性中等。硫黄为非特异性的硫醇反应剂，具有抑制呼吸的作用。其活性形式是还原成的硫化氢。作为呼吸抑制剂作用于病菌氧化还原体系细胞色素b和c之间电子传递过程，夺取电子，干扰正常氧化还原反应。

防治对象　防治多种作物真菌和细菌病害，如小麦白粉病、锈病、黑穗病，瓜类白粉病，苹果、梨、桃黑星病，葡萄白粉病等。除了具有杀菌活性外，硫黄还具有杀螨作用，如用于防治柑橘锈螨等。

使用方法　兑水喷雾。

防治小麦白粉病　每次用1875～3750g/hm²（有效成分），兑水均匀喷雾，间隔10天左右喷药1次，共喷药2次。

防治瓜类白粉病　每次有效成分1875～3750g/hm²，兑水均匀喷雾，喷3次。

防治柑橘锈螨　用1667～3333mg/L（有效成分）药液喷雾，共喷2～3次。

防治枸杞锈螨　每次用1500mg/L（有效成分）药液喷雾，共喷4～6次。

注意事项　长期储存会出现分层现象，需摇均匀后使用，不影响药效。为防止发生药害，气温较高的季节应在早、晚时段施药，避免中午施药。用药时要穿防护服，避免药液接触身体，切勿吸烟或进食。如药液沾染皮肤或眼睛应立即用大量水清洗；如误服，应立即服用大量牛奶或清水，不要服用含酒精的饮料；如吸入药液，应立即到空气新鲜处，如呼吸困难，可进行人工呼吸。对硫黄敏感的作物如黄瓜、大豆、马铃薯、桃、梨、葡萄等，使用时应适当降低施药浓度和减少施药次数。不可与硫酸铜等金属盐类药剂混用，以防降低药效。

与其他药剂的混用　硫黄可以防治多种作物真菌和细菌病害，可与多菌灵、三唑酮和三环唑等药剂混用，提高对黄瓜、小麦、苹果白粉病的防治效果。

允许残留量　中国尚未规定硫黄的最大残留限量。

参考文献

刘长令, 2006. 世界农药大全: 杀菌剂卷[M]. 北京: 化学工业出版社: 303-304.

马克比恩 C, 2015. 农药手册[M]. 胡笑形, 等译. 北京: 化学工业出版社: 951-952.

农业部种植业管理司, 农业部农药检定所, 2015. 新编农药手册[M]. 2版. 北京: 中国农业出版社: 200-203.

（撰稿: 刘峰; 审稿: 刘鹏飞）

硫菌灵　thiophanate

一种苯并咪唑类广谱、内吸性杀菌剂。

其他名称　托布津。

IUPAC名称　diethyl 4,4'-(o-phenylene)bis(3-thioallophanate)。

CAS登记号　23564-06-9。

EC号　245-741-2。

分子式　C_{14}H_{18}N_4O_4S_2。

相对分子质量　370.45。

结构式

理化性质　结晶固体。熔点195℃（同时分解）。几乎不溶于水，微溶于有机溶剂。遇碱性水溶液形成不稳定的盐，与两价铜离子形成配合物。

毒性　大鼠急性经口LD_{50} > 10 000mg/kg。

剂型　50%可湿性粉剂。

防治对象　广谱内吸性杀菌剂。可防治苹果、梨的黑星病、白粉病以及各种作物上的花腐病和菌核病。

使用方法　对黄瓜枯萎病，于黄瓜7～8片叶期，每亩用50%可湿性粉剂200g，兑水灌秧。对西瓜枯萎病，在苗期、团棵期各施药1次，每亩用50%可湿性粉剂250～400g，兑水50～75kg，叶面喷雾或灌根。

注意事项　除碱性及铜制剂外，可与多种杀菌剂、杀虫剂混用。对皮肤黏膜有刺激性，使用时应注意保护。

（撰稿: 侯毅平; 审稿: 张灿、刘西莉）

硫醚磷　diphenprofos

一种有机磷杀虫剂、杀螨剂。

其他名称　Stauffer MV 770、Rh 0994、RH 994。

化学名称　O-[4-[(4-氯苯基)硫赶]苯基]O-乙基-S-丙基硫赶磷酸酯；O-[4-[(4-chlorophenyl)thiophenyl]O-ethyl S-propyl phosphorothioate。

IUPAC名称　O-[4-[(4-chlorophenyl)thio]phenyl]O-ethyl S-propyl phosphorothioate。

CAS登记号　59010-86-5。

分子式　C_{17}H_{20}ClO_3PS_2。

相对分子质量　402.90。

结构式

理化性质　在碱性、中性条件下迅速分解，酸性条件下则很缓慢。0.5mg/kg 该品在 pH10、7、4 的半衰期分别为＜1 天、约 14 天、28 天以上。

剂型　40% 可湿性粉剂。

作用方式及机理　乙酰胆碱酯酶抑制剂。

防治对象　为杀虫剂和杀螨剂，对棉铃虫、烟蚜夜蛾有优异的防效，对普通红叶螨有优异的杀螨活性。

使用方法　在 200～400g/hm² 剂量下，在施药后的 10 天内能有效防治大豆夜蛾的三至六龄幼虫。40% 可湿性粉剂（1.25g/L）对储存土豆块茎能有效防治桃蚜。

参考文献

王振荣, 李布青, 1996. 农药商品大全[M]. 北京: 中国商业出版社: 83.

朱永和, 王振荣, 李布青, 2006. 农药大典[M]. 北京: 中国三峡出版社: 79-79.

（撰稿：薛伟；审稿：吴剑）

硫脲　thiourea

一种有机含硫化合物，用于制造药物、染料、树脂、压塑粉、橡胶的硫化促进剂、金属矿物的浮选剂等的原料。可以促进果树早发芽，提高发芽率，增加果树产量。还能有效地用于水稻种子、马铃薯，解除种子的休眠，提高发芽率。

其他名称　硫代尿素、异硫脲、硫尿素、硫代碳酰二胺。

化学名称　硫脲。

IUPAC 名称　thiourea。

CAS 登记号　62-56-6。

EC 号　200-543-5。

分子式　CH_4N_2S。

相对分子质量　76.12。

结构式

开发单位　1962 年日本硫曹公司将其作为合成肥料申请注册。

理化性质　白色结晶，有苦味。熔点 176～178℃。相对密度 1.405。溶于水、乙醇，微溶于乙醚，可由硫氰酸铵在 180℃下加热熔融制取。

毒性　急性腹腔注射 LD_{50}：小鼠 100mg/kg，大鼠 436mg/kg。兔急性经口最低致死剂量 6985mg/kg，大鼠急性经口最低致死剂量 4mg/kg，大鼠急性经口 LD_{50} 125mg/kg。豚鼠急性皮下注射最低致死剂量 4mg/kg，青蛙急性皮下注射公布的最低致死剂量 10mg/kg。硫脲及其产品都会对人体产生一定的伤害，尽管硫脲的毒性并不是很大，但如果长期接触硫脲，就很容易突破人体的防疫机制，被人体吸收，进而对人体的甲状腺以及造血器官造成抑制作用，从而引起一系列心脏衰竭类的疾病。

作用方式及机理　硫脲能够促进果树早发芽，提高发芽率，而且能够增加果树产量。一定浓度的硫脲处理水稻种子、马铃薯，不仅能够解除种子的休眠，而且可有效地提高发芽率。

使用对象　果树、小麦、水稻、玉米、马铃薯等催芽。

使用方法　将薯块放在 1% 的硫脲水溶液中浸 1～4 小时，如果薯块表面没有裂痕或皮的擦伤，在薯块靠近匍匐茎的底端（即脐部或基部）用手刻出 1～2 个缺刻痕迹（或切伤）以帮助吸收药液。如果薯块是经过洗涤后的干净块茎，同一药液可以处理好几批块茎，处理之后，吹干表皮，储存于室温 18～25℃下，或放在湿沙中催芽，这一处理方法可以和其他打破休眠的方法复合使用。使用 0.1%～0.3% 硫脲浸种，水稻、玉米浸种浓度为 0.1%，小麦浸种浓度为 1%，果树催芽浓度为 1%～3%。

注意事项　浸种浓度不可过高。

允许残留量　中国未规定最大允许残留量，WHO 无残留规定。

参考文献

陈亚伟, 2010. 中原二作区秋马铃薯繁种配套技术研究[J]. 现代农业科技(15): 176, 182.

焦安浩, 2021. 硫脲的危险性及安全管理措施研究[J]. 化工管理(3): 95-96.

李玲, 肖浪涛, 谭伟明, 2018. 现代植物生长调节剂技术手册[M]. 北京: 化学工业出版社:58.

（撰稿：杨志昆；审稿：谭伟明）

硫氰苯胺　rhodan

一种具有广谱杀菌作用的果蔬防霉保鲜剂。

其他名称　对硫氰基苯胺。

化学名称　4-氨基硫氰酸苯酯；(4-aminophenyl)thiocyanate。

CAS 登记号　15191-25-0。

分子式　$C_7H_6N_2S$。

相对分子质量　150.20。

结构式

理化性质　纯品为白色针状结晶。熔点 57℃。原药熔点为 54～57.5℃。沸点 314.5℃ ±25℃（101.32kPa）。密度 1.3g/cm³ ±0.1g/cm³。蒸气压 0.0±93.32Pa（25℃）。难溶于水，易溶于醚、苯、丙酮及三氯甲烷等有机溶剂。

毒性　该品蒸气有恶臭，对眼睛和上呼吸道有刺激性。急性中毒是由于其解离产生的氰化物所致，后者抑制呼吸酶，造成组织缺氧。其水溶液可致角膜暂时性浑浊。对皮肤有致敏性，引起小丘疹，发痒。对人畜能引起中毒。急性毒性：小鼠急性经口 LD_{50} 80mg/kg，小鼠腹腔注射 LD_{50} 4.2mg/kg。

剂型　可加工成 20%～25% 乳油。

防治对象　用作杀虫剂和杀霉菌剂。

注意事项　严加密闭，提供充分的局部排风和全面通风。操作尽可能机械化、自动化。操作人员必须经过专门培训，严格遵守操作规程。操作人员佩戴自吸过滤式防尘口罩，戴化学安全防护眼镜，穿防毒物渗透工作服，戴橡胶手套。远离火种、热源，工作场所严禁吸烟。使用防爆型的通风系统和设备。避免产生粉尘。避免与氧化剂、还原剂、酸类接触。搬运时要轻装轻卸，防止包装及容器损坏。配备相应品种和数量的消防器材及泄漏应急处理设备。倒空的容器可能残留有害物。

参考文献

孙家隆, 2015. 新编农药品种手册[M]. 北京: 化学工业出版社: 498-499.

（撰稿：毕朝位；审稿：谭万忠）

硫氰散　nitrostyrene

一种杀菌、杀虫、植物生长调节剂。

其他名称　Styrocide、Nitrostylene。

化学名称　4-(2-硝基丙-1-烯基)苯基硫氰酸酯；4-(2-nitroprop-1-enyl)phenyl thiocyanate。

IUPAC名称　4-[(EZ)-2-nitroprop-1-enyl]phenyl thiocyanate。

CAS 登记号　950-00-5。

分子式　$C_{10}H_8N_2O_2S$。

相对分子质量　220.25。

结构式

开发单位　1965 年日本化药公司开发。

理化性质　原药为黄色针状结晶。工业含量 95% 以上。熔点 79.5℃。难溶于水，可溶于丙酮等有机溶剂。

毒性　鼷鼠急性经口 LD_{50} 2850mg/kg。

剂型　25% 可湿性粉剂。

防治对象　黄瓜、甜瓜、草莓的白粉病。

使用方法　500～1000 倍液喷雾。

参考文献

孙家隆, 2015. 新编农药品种手册[M]. 北京: 化学工业出版社: 498.

（撰稿：毕朝位；审稿：谭万忠）

硫氰酸酯作用机制　mechanism of action of thiocyanic esters

硫氰酸酯是一类含有 RS—C≡N 结构通式的化合物，是一类重要的有机合成中间体，在农药上有广泛的应用，可作为杀菌剂、杀虫剂、除草剂的中间体。1932 年首次被应用于杀虫剂。

第一个硫氰酸酯杀虫剂是丁氧硫氰醚（thiocyanicacid），是一种触杀药剂，有很好的击倒活性，常与其他药剂混用，可防治蚊、蝇等卫生害虫。对多数昆虫有较高的触杀毒力，能杀卵。最适用于防治家庭害虫和牲畜害虫。由于它对农作物容易产生药害，故只能在植物冬眠和发芽初期使用。可以和除虫菊酯（包括除虫菊素）、鱼藤酮、有机磷类的一些杀虫剂作为增效剂混用。当与烯丙菊酯以 3:1 混用作为熏蒸剂杀虫，它的杀蚊效力比单用烯丙菊酯的要高出 1 倍。对大鼠急性经口 LD_{50} 为 90mg/kg。

杀那特（thanite）：硫氰基乙酸异冰片酯，是 1945 年 Hercules 公司开发品种。通常含约 18% 的其他萜烯酯。对大鼠口服急性 LD_{50} 为 1603mg/kg。这也是一种触杀剂，有很好的击倒活性，用于防治家蝇等卫生害虫。由于其低毒，故也可以用作兽药防治体外寄生虫。

丁氧硫氰醚

杀那特

参考文献

周永红, 宋湛谦, 1997. 松节油合成的杀虫增效剂[J]. 卫生杀虫药械, 3(4): 13-17.

（撰稿：徐晖、刘广茨；审稿：杨青）

硫双威　thiodicarb

一种氨基甲酸酯杀虫剂。

其他名称　硫双灭多威、索斯、田静二号、双捷、桑得卡、胜森、拉维因、Larvin、Semevin、Dicarbasulf、Lepicron、双灭多威、Nivral、CGA-45156、UC51762、UC 80502、RPA 80600M、AI3-29311、OMS 3026。

化学名称　3,7,9,13-四甲基-5,11-二氧杂-2,8,14-三硫-4,7,9,12-四-氮杂十五烷-3,12-二烯-6,10-二酮。

IUPAC名称　dimethyl (1EZ,1′EZ)-N,N′-[sulfanediyl-bis[(methylcarbamoyl)oxy]]di(thioacetimidate)。

CAS 登记号　59669-26-0。

EC 号　261-848-7。

分子式　$C_{10}H_{18}N_4O_4S_3$。

相对分子质量　354.47。

结构式

开发单位　1977 年由 A. A. Sousa 等报道，H. S. Yang 和 D. E. Thurman 作了评述，Vnion Carbide Agricultural Products Co. Ine 和汽巴 - 嘉基公司（现为诺华公司）几乎同时发现该杀虫剂。由联碳公司（现为罗纳 - 普朗克公司）开发。获专利 US4382957。

理化性质　纯品为白色结晶，工业品原药为白色至淡黄色结晶固体，有轻微硫黄气味。纯品熔点为 173～174℃，工业品熔点为 168～172℃。相对密度 1.47（20℃）。蒸气压 5.73mPa（20℃）。25℃时溶解度（g/L）：水 0.035，丙酮，甲醇 5，二甲苯 3，二氯甲烷 150。在中性水溶液中较稳定。在酸性水溶液中缓慢水解，在碱性水溶剂中迅速水解。在铜、氧化铁和其他重金属存在下易分解。在日光下紫外线对水溶液的水解和氧化有催化作用。

毒性　中等毒性。急性经口 LD_{50}：大鼠 66mg/kg（水中），120mg/kg（玉米油），狗＞800mg/kg，猴子＞467mg/kg。兔急性经皮 LD_{50}＞2g/kg，对兔皮肤和眼睛有轻微刺激。大鼠急性吸入 LC_{50}（4 小时）0.32mg/L 空气。2 年饲喂试验 NOEL：大鼠 3.75mg/（kg·d），小鼠 5mg/（kg·d）。野鸭急性经口 LD_{50} 5.62g/kg，日本鹌鹑 LC_{50} 5620mg/kg 饲料。鱼类 LC_{50}（96 小时）：蓝鳃鱼 1.21mg/L，虹鳟 2.55mg/L，银鳟鱼 2.98mg/L，溪红点鲑鱼 4.45mg/L，草虾 0.56mg/L。水蚤 LD_{50}（48 小时）0.053mg/L。若直接喷到蜜蜂上稍有毒性，但在田间喷雾时，干后无危险。

剂型　中国使用的：拉维因 75% 可湿性粉剂，拉维因 5% 悬浮剂。国外：85% 可湿性粉剂，44% 胶悬剂，3%、10% 颗粒剂，2%、10% 饵剂，2%、3% 粉剂。

质量标准　硫双威质量标准见表。

硫双威质量标准

项目	指标
外观	组成均匀的疏松粉末
硫双威含量（质量分数，%）≥	75.0
悬浮率≥	70.0
润湿时间（s）≤	90.0
细度（通过 44μm 筛，%）≥	95.0
pH	6.0～7.5
加速储存试验	合格

作用方式及机理　属氨基甲酸酯类杀虫剂。杀虫活性与灭多威相近，毒性较灭多威低，对害虫主要是胃毒作用，还有一些杀卵和杀成虫作用。其作用机制在于神经阻碍作用，即通过抑制乙酰胆碱酯酶活性而阻碍神经纤维内传导物质的再活性化，导致害虫中毒死亡。这是一种可逆性抑制，如果昆虫不中毒死亡，酶可以脱氨基甲酰化而恢复。既能杀卵，也能杀幼虫和某些成虫。杀卵活性极高，表现在 3 个方面：①药液接触未孵化的卵，可阻止卵的孵化或孵化后幼虫发育到二龄前即死亡。②施药后 3 天以内产的卵不能孵化或不能完成幼期发育。③卵孵后出壳时因咀嚼卵膜而能有效地毒杀初孵幼虫。由于硫双威的结构中引入了硫醚键，因此，对以氧化代谢为解毒机制的抗性害虫品系，亦具有较高杀虫活力。杀虫迅速，但持效期短，一般只能维持 4～5 天。

防治对象　对鳞翅目、鞘翅目害虫有效，对鳞翅目的卵和成虫也有较高活性。防治棉花、大豆、玉米等作物上的棉铃虫、黏虫、卷叶蛾、尺蠖等。

使用方法

防治棉花害虫　防治棉铃虫，在二、三代棉铃虫发生时，使用 75% 可湿性粉剂 0.6～1.2kg/hm²，兑水喷雾。防治棉花金刚钻、大卷叶蛾等，使用 75% 可湿性粉剂 0.4～0.8kg/hm²，兑水喷雾。防治棉红铃虫、棉田玉米螟，使用 75% 可湿性粉剂 1.2～1.5kg/hm²，兑水喷雾。

防治水稻害虫　防治水稻纵卷叶螟，使用 75% 可湿性粉剂 0.45～0.75kg/hm²，兑水喷雾。防治水稻三化螟及二化螟，使用 75% 可湿性粉剂 0.75～0.9kg/hm²，兑水喷雾。

防治麦类害虫　防治"三麦"上的黏虫、麦叶蜂等害虫，使用 75% 可湿性粉剂 0.3～0.6kg/hm²，兑水喷雾。

防治大豆害虫　防治大豆尺蠖、银纹夜蛾、豆叶甲及豆荚夜蛾，使用 75% 可湿性粉剂 0.6～1kg/hm²，兑水喷雾。

防治蔬菜害虫　防治十字花科蔬菜的菜青虫、菜野螟、甘蓝夜蛾及地老虎等，使用 75% 可湿性粉剂 0.38～0.75kg/hm²。防治烟青虫、小菜蛾等，使用 75% 可湿性粉剂 0.6～1.2kg/hm²，兑水喷雾。

防治茶、果害虫　防治茶小卷叶蛾，使用 75% 可湿性粉剂 0.38～0.75kg/hm²，兑水喷雾。防治葡萄果蠹蛾、葡萄缀穗蛾，使用 75% 可湿性粉剂 0.4～0.6kg/hm²，兑水喷雾。防治苹果蠹蛾、梨小食心虫、苹果小卷叶蛾、果树黄卷叶蛾、柑橘凤蝶及梅象甲等，使用 75% 可湿性粉剂 1.5～3kg/hm²，兑水常量喷雾。

注意事项　对蚜虫、螨类、蓟马等吸汁性害虫几乎没有杀虫效果，在防除吸汁性害虫时，应与其他农药混合施用。不能与碱性和强酸性（pH＞8.5 或＜3.07）农药混用，也不能与代森锰、代森锰锌混用。如误服该药剂，应立即喝食盐水和肥皂水后吐出，待吐液变为透明为止。

与其他药剂的混用　可与多种农药、化肥混合使用，可与其他有机磷、菊酯类等农药混用。但要严格掌握不能与碱性物质混合使用。

允许残留量　GB 2763—2021《食品中农药最大残留限量标准》规定硫双威最大残留限量（mg/kg）：棉籽油 0.1，玉米、鲜食玉米、花生仁 0.05，结球甘蓝 1。ADI 为 0.03mg/kg。

参考文献

朱永和, 王振荣, 李布青, 2006. 农药大典[M]. 北京: 中国三峡出版社.

（撰稿：李圣坤；审稿：吴剑）

硫酸铊　thallous sulfate

一种经口神经毒剂类有害物质。

其他名称　硫酸亚铊。

化学名称 硫酸铊。

CAS 登记号 7446-18-6。

分子式 Tl$_2$SO$_4$。

相对分子质量 504.83。

理化性质 白色棱镜状或白色粉末。熔点 632℃。水中的溶解度为 4.87g/100ml（20℃）。密度 6.77g/cm^3。

毒性 急性经口 LD$_{50}$：大鼠 10.6mg/kg，小鼠 29mg/kg，鸟 35mg/kg。大鼠皮下注射致死最低量 13mg/kg。大鼠皮肤接触致死 LD$_{50}$：> 1000mg/kg（4 小时）；500mg/kg（7 天）。

作用方式及机理 剧毒物质，吸入、口服或经皮吸收均可引起急性中毒。铊离子进入细胞后，会破坏钾离子、钠离子的运输。

剂型 99% 母液。

使用情况 作为杀鼠剂曾经使用范围较大，其适口性较好，对所有啮齿动物种毒性都很高。在丹麦的实验室测试表明，0.8% 浓度硫酸铊对褐家鼠的毒杀效果最高，英国的野外现场试验显示 0.3% 该药和 2.5% 的磷化锌效果一样。

使用方法 堆投，毒饵站投放。

注意事项 与许多其他急性毒性毒物一样，它具有对非靶动物高毒的缺点，并且无任何解毒剂。现已不再被广泛用作杀鼠剂，主要作为实验室中 Tl$^+$ 的来源，在澳大利亚等国家被禁用。

参考文献

杨克敌, 1995. 铊的毒理学研究进展[J]. 国外医学(卫生学分册), 22(4): 201-204.

MARMO E, FILIPPELLI A, SCAFURO M, et al, 1983. Effects of thallium sulfate on cardiovascular and respiratory systems of various animals[J]. Acta pharmacologica sinica, 4(2): 119-122.

（撰稿：王登；审稿：施大钊）

硫酸铜 copper sulfate

一种含铜的无机盐类杀菌剂。

其他名称 MasterCop（Ingeniería Industrial）、Sulfacob（Ingeniería Industrial）、Triangle Brand（Freeport-McMo-Ran）、Vikipi（+2- 萘氧乙酸 +1- 萘乙酸）（Vipesco）、blue vitriol、copper vitriol、blue stone、blue copperas、copper sulphate、cupric sulphate。

化学名称 硫酸铜(五水合物)copper sulfate pentahydrate。

IUPAC 名称 copper(2+)sulfate hydrate(1:1:5)。

CAS 登记号 7758-98-7（无水物）；7758-99-8（五水合物）。

EC 号 231-847-6。

分子式 CuSO$_4$·5H$_2$O（五水合物）。

相对分子质量 159.60（无水硫酸铜）；249.68（五水合物）。

结构式

生产企业 Freeport-McMoRan；Ingeniería Industrial；Sulcosa。

理化性质 无水硫酸铜为灰白色粉末，易吸水变成蓝绿色的五水合硫酸铜晶体。熔点 147℃（无水物）。沸点 653℃（分解）。无挥发性。相对密度 2.286（15.6℃）。溶解度：水 148（0℃）、230.5（25℃）、335（50℃）、736（100℃）（g/kg）；甲醇 156g/L（18℃）。不溶于多数其他有机溶剂。溶于甘油，形成翠绿色溶液。暴露在空气中缓慢风化。加热过程中，30℃时失去 2 个结晶水，110℃时再失去 2 个结晶水，250℃形成无水物。水溶液中与碱反应生成氧化铜。与氨或胺形成有色配合物。与很多有机酸形成微溶性盐类。

毒性 低毒。对人、畜毒性低，可作催吐剂。严重刺激皮肤。急性经口 LD$_{50}$ 因经口摄入后导致呕吐而难以测定。大鼠吸入 LC$_{50}$ 1.48mg/L。NOEL：饲喂试验中大鼠在 500mg/kg 饲料剂量下显示体重损失，在 1000mg/kg 饲料剂量下显示肝肾和其他器官损伤。ADI/RfD（JECFA 评价）铜化合物 0.5mg/kg［1982］。对鸟类的毒性比其他动物小。家鸽最低致死量为 1000mg/kg，鸭 600mg/kg。对鱼高毒。水蚤 EC$_{50}$（14 天）2.3mg/L；NOEC 0.1mg/L。对蜜蜂有毒。毒性等级：Ⅱ（a.i.，WHO）；Ⅰ（制剂，EPA）。EC 分级：Xn；R22｜Xi；R36/38｜N；R50，R53。

剂型 214.6g/L 悬浮剂。

作用方式及机理 保护作用，仅限于阻止孢子萌发。铜离子被萌发的孢子吸收，当达到一定浓度时，就可以杀死孢子细胞，从而起到杀菌作用。

防治对象 防治多种作物真菌和细菌病害，如马铃薯疫病、夏疫病、番茄疫病、鳞纹病、水稻纹枯病、小麦褐色雪腐病、柑橘黑点病、白粉病、疮痂病、溃疡病、瓜类霜霉病、炭疽病等。

使用方法 用 500～1000 倍液浸种，可防治水稻烂秧病和绵腐病。用硫酸铜、肥皂和水（按 1:4:800）制成药液喷雾，可防治黄瓜霜霉病。用 250～500 倍液喷雾，可防治大麦褐斑病、坚黑穗病、小麦腥黑穗病等。用 500～1000 倍液喷雾，可防治马铃薯晚疫病。

注意事项 用药时要穿防护服，避免药液接触身体，切勿吸烟或进食。如药液沾染皮肤或眼睛应立即用大量水清洗；如误服，应立即服用大量牛奶或清水，不要服用含酒精的饮料；如吸入药液，应立即到空气新鲜处，如呼吸困难，可进行人工呼吸。储存于干燥、远离食品和饲料、儿童接触不到的地方。

与其他药剂的混用 硫酸铜一般为保护性施用，很少与其他杀菌剂混用。

允许残留量 中国尚未规定硫酸铜的最大残留限量。

广谱杀虫、用药量省、残留限量低、杀虫速度快、散气时间短、低温使用方便等特点，广泛应用于仓库、集装箱和建筑物中的白蚁防治以及园林植物越冬害虫、活树蛀干性害虫的防治。

其他名称　熏灭净、Vikane、Sultropene。
化学名称　硫酰氟；sulphuryl fluoride。
IUPAC 名称　sulfuryl fluoride。
CAS 登记号　2699-79-8。
EC 号　220-281-5。
分子式　F_2O_2S。
相对分子质量　102.06。
结构式

$$O=\overset{\displaystyle O}{\underset{\displaystyle O}{\overset{|}{\underset{|}{S}}}}$$

F—S—F

开发单位　1957 年由道化学公司推广使用。

理化性质　纯品在常温下为无色无味气体，沸点 -55.38℃，熔点 -135.82℃，密度：$3.72×10^{-3}g/cm^3$；相对密度：液体（4℃）1.342。25℃时蒸气压为 $1.79×10^6Pa$，10℃时为 $1.22×10^6Pa$。1kg 体积为 745.1ml，1L 质量为 1.342kg。25℃时 100g 水中能溶解 0.075g，22℃时在 100g 丙酮中能溶解 1.74g，在 100g 氯中能溶解 2.12g。与溴甲烷能混溶，在 400℃以下稳定，在水中水解很慢，遇碱易水解。硫酰氟易于扩散和渗透，其渗透扩散能力比溴甲烷高 5～9 倍。易于解吸（即将吸附在被熏蒸物上的药剂通风移去），一般熏蒸后散气 8～12 小时后就难以检测到药剂了。无腐蚀，不燃不爆。

毒性　对人、畜毒性中等。急性吸入 LC_{50}：大鼠920.6～1197.4mg/L，小鼠 660～840mg/L。兔的致死浓度为 32.5mg/L，其耐受浓度为 2400mg/L。大鼠吸入 NOEL 为 55.6mg/L，小鼠吸入 NOEL 为 20mg/L。对人的急性接触毒性很强。硫酰氟的急性接触毒性为溴甲烷的 1/3。一般对昆虫胚胎期以后的所有发育阶段的毒性都很强。但是很多昆虫的卵对其有很强的抗性，这主要是因为硫酰氟不能渗透卵壳层的性质所决定。

剂型　5kg、10kg 原液（储于钢瓶中）。
质量标准　工业品经液化装入钢瓶内，有效成分含量为 99% 或 98%。水分含量一级品≤0.1%，二级品≤0.3%；酸性气体（在二氧化碳蒸馏水中一定量样品后测定 pH 值）含量合格。10% 可湿性粉剂为浅棕色粉状物，密度 1.41，悬浮率≥80%，储存稳定性良好。

作用方式及机理　是一种优良的广谱性熏蒸杀虫剂。具有杀虫谱广、渗透力强、用药量少、不燃不爆、适合低温下使用等特点。该药通过昆虫呼吸系统进入体内，作用于中枢神经系统而致昆虫死亡。

防治对象　硫酰氟对害虫有较强的熏杀作用，渗透性比溴甲烷好，对作物低毒，不影响种子发芽。可防治赤拟谷盗、谷象、谷长蠹、麦蛾等仓库害虫，对白蚁、线虫也有效。该药不仅对木材钻蛀性害虫和白蚁有较理想的效果，而且对多种害虫的熏蒸也都有良好的效果，并且熏蒸文物档

参考文献

刘长令, 2006. 世界农药大全: 杀菌剂卷[M]. 北京: 化学工业出版社: 305.

马克比恩 C, 2015. 农药手册[M]. 胡笑形, 等译. 北京: 化学工业出版社: 209.

（撰稿：刘峰；审稿：刘鹏飞）

硫酸亚铁　ferrous sulfate

一种无机化合物，无水硫酸亚铁是白色粉末，溶于水，水溶液为浅绿色；常见其七水合物（绿矾），是浅蓝绿色单斜晶体。可用于制铁盐、氧化铁颜料、媒染剂、净水剂、防腐剂、消毒剂等。农业上可用作铁肥和防病。

其他名称　绿矾、iron（2+）sulfate（anhydrous）、iron（2+）sulfate、iron（II）sulfate、ferrous sulfate、sulfuric acid iron（2+）salt（1:1）。
化学名称　ferrous sulfate。
IUPAC 名称　iron(II)sulfate。
CAS 登记号　7782-63-0。
分子式　$FeSO_4·7H_2O$。
相对分子质量　278.02。
结构式

$$Fe^{2+}\quad O=\overset{O^-}{\underset{O^-}{\overset{|}{\underset{|}{S}}}} \quad ·\ 7H_2O$$

理化性质　绿矾为浅蓝绿色单斜晶体，64℃时失去 3 个结晶水，相对水密度 1.897（15℃），溶于水、甘油，不溶于乙醇。具有还原性。受高热分解放出有毒的气体。在实验室中，可以用硫酸铜溶液与铁反应获得。在干燥空气中会风化。在潮湿空气中易氧化成难溶于水的棕黄色碱式硫酸铁。10% 水溶液对石蕊呈酸性（pH3.7）。加热至 70～73℃失去 3 分子水，至 80～123℃失去 6 分子水，至 156℃以上转变成碱式硫酸铁。

毒性　小鼠急性经口 LD_{50} 1520mg/kg。对环境有危害，对水体可造成污染。

作用方式及机理　调节土壤酸碱度，促使叶绿素形成（亦称铁肥），可防治花木因缺铁而引起的黄化病。

防治对象　农业上能防治小麦黑穗病，苹果和梨的疮痂病、果树的腐烂病；也可用作肥料，能除去树干的青苔及地衣。

（撰稿：刘玉秀；审稿：宋红健）

硫酰氟　sulfuryl fluoride

是 1957 年道化学公司推广使用的一种中等毒性熏蒸杀虫剂。在常温常压下为无色无臭气体。具有扩散渗透性强、

案、纸张、布匹和古董、古建筑内的害虫亦十分成功，同时对以上物品没有任何的伤害。

使用方法　主要为密闭熏蒸。该品以液态压缩储存于耐压的钢瓶内，使用时打开阀门，硫酰氟即借助于自身的压力喷出。因其比空气重得多，施药点必须设置在被熏蒸物的顶部。钢瓶放在磅秤上，剂量可以直接从重量的改变读出（减重法），不宜使用气量表（不安全）。

仓储害虫的防治　①防治赤拟谷盗、谷斑皮蠹。大船熏蒸，温度 26～27℃，每立方米用药 60g，熏蒸 24 小时，幼虫和蛹死亡率可达 100%，卵也不能孵化。②防治绿豆象、玉米象、花斑皮蠹。库温 15～16℃，每立方米用药 50～70g，熏 24 小时，幼虫死亡率可达 100%，在 ZX-350 真空熏蒸机中，真空度 96～99kPa，12～20℃，每立方米用药 4g，熏 3 小时幼虫死亡率达 100%。③防治烟草甲。用油布覆盖烟叶垛，再用牛皮纸将油布和地面糊好密封，上部留有进气口，每立方米用药 30g，熏 48 小时，效果可达 100%。

白蚁的防治　①防治家白蚁。量好受害房间的体积，用纸将门窗封好，门下留进气孔，每立方米 30g 药从进气孔放进所需药量，封闭进气孔熏 48 小时可全部杀死。②防治黑翅土白蚁。选择 2cm 左右的蚁道每巢用药 0.75kg，熏 2～18 天可将整巢蚁杀死。

林木及种子害虫的防治　①防治木蠹蛾、光肩星天牛、双条杉天牛、桃红颈天牛、白杨透翅蛾。在被害树上，选受害严重的蛀孔，除去虫粪，用 0.1mm 厚塑料薄膜围住树干，接头部位折叠几层贴紧树干，用绳捆扎两头，并用泥严封，按捆扎部位计算面积用 100ml 注射器经气垫注射入所需药量。20℃下每立方米用药 40g。施药后轻拍塑料膜使药分布均匀。或在喷漆枪前接注射针，后接钢瓶，制成气体注射器，从蛀孔或排粪孔打入药，然后用胶泥封口，3g 硫酰氟可打 30～40 棵树。②防治刺槐种子小蜂、柠条豆象、落叶松种子广肩小蜂。在温度 17.5～19℃以下，每立方米用药 25g，处理柠条种子 24 小时，幼虫和蛹死亡率可达 100%，或用 ZX-350 真空熏蒸机，真空度（730～740）×133.3 Pa，17～18℃下每立方米用药 70g 熏蒸 2 小时，幼虫和蛹死亡率可达 100%，防治紫穗槐豆象，方法与用药量同柠条豆象。若大量处理种子，可用帐幕法，每立方米用药 40g，温度 0～1℃时处理 3～5 天，幼虫死亡率可达 97% 以上。

文物档案、纸张、布匹害虫的防治　防治文物档案、纸张、布匹害虫小圆皮蠹、百怪皮蠹、黑皮蠹幼虫和华粉蠹，在密封条件下，室温 20℃，相对湿度 40% 左右，每立方米用药 10g 熏 48 小时，死亡率可达 100%，且对纸张颜色无明显影响，药剂纯度必须高，SO₂ 杂质含量应尽量少，否则影响颜色的改变。

注意事项　硫酰氟不适于熏蒸处理供人畜食用的农业食品原料、食品、饲料和药物，也不提倡用来处理活的植物、蔬菜、水果和块茎类，尤其是干酪和肉类等含蛋白质食品，因为硫酰氟在这些物质上的残留限量高于其他熏蒸剂的残留。

根据动物试验，推荐人体长期接触硫酰氟的安全浓度应低于 5mg/L。

施药人员必须身体健康，并佩戴有效防毒面具。为安全起见，应采用施药人员在室外向室内或熏蒸装置内施药，并严格检查各处接头和密封处，不能有泄漏现象，可采用涂布肥皂水的方法来检漏。施药时，钢瓶应直立，不要横卧或倾斜，熏蒸后打开密封容器或装置，用电扇或自然通风散气，也可用真空泵从熏蒸容器装置往外抽气通入稀氨水或水溶液中破坏，然后再自然通风。熏蒸及散毒时，应在仓库周围设警戒区。

硫酰氟钢瓶应储存在干燥、阴凉、通风良好的仓库内，严防受热，搬运时应注意轻拿轻放，防止强烈振荡和日晒。

硫酰氟对高等动物毒性虽属中等，但对人的毒性仍很大，能通过呼吸道等引起中毒，主要损害中枢神经系统和呼吸系统，动物中毒后发生强直性痉挛，反复出现惊厥，脑电图出现癫痫波，尸检可见肺肿。如发生头昏、恶心等中毒现象，应立即离开熏蒸现场，呼吸新鲜空气，可注射苯巴比妥类药物，如苯巴比妥钠和硫代巴比妥钠进行治疗。镇静、催眠的药物如安定、硝基安定、冬眠灵等对中毒治疗无效。

参考文献

马克比恩 C, 2015. 农药手册[M]. 胡笑形, 等译. 北京: 化学工业出版社.

王振荣, 李布青, 1996. 农药商品大全[M]. 北京: 中国商业出版社.

中国农业百科全书总编辑委员会农药卷编辑委员会, 中国农业百科全书编辑部, 1993. 中国农业百科全书: 农药卷[M]. 北京: 农业出版社.

（撰稿：陶黎明；审稿：徐文平）

硫线磷　cadusafos

一种有机磷酸酯类杀线虫剂及杀虫剂。

其他名称　Apache、Rugby、克线丹、sebufos、FMC 67825。

化学名称　S,S-二仲丁基-O-乙基二硫代磷酸酯；O-ethyl S,S-bis(1-methylpropyl)phosphorodithioate。

IUPAC 名称　S,S-di-sec-butyl-O-ethyl phosphorodithioate。

CAS 登记号　95465-99-9。

分子式　$C_{10}H_{23}O_2PS_2$。

相对分子质量　270.39。

结构式

开发单位　富美实公司。

理化性质　原药无色至黄色液体。沸点 112～114℃（106.66Pa）。蒸气压 1.2×10²mPa（25℃）。K_{ow}lg$P$ 3.9。相对密度 1.054（20℃）。溶解度：水 245mg/L；与丙酮、乙腈、二氯甲烷、乙酸乙酯、甲苯、甲醇、异丙醇、庚烷完全混溶。稳定至 50℃。光下半衰期＜ 115 天。闪点 129.4℃(Seta 闭杯法）。

毒性　急性经口 LD$_{50}$：大鼠 37.1mg/kg，小鼠 71.4mg/kg（原药）。兔急性经皮 LD$_{50}$ 11mg/kg。对兔眼睛和皮肤轻微刺激或无刺激。可能对皮肤造成接触过敏。大鼠吸入 LC$_{50}$（4 小时）0.026mg/L 空气。饲喂 NOEL［mg/（kg·d）］：2 年大鼠 1；1 年雄狗 0.001，雌狗 0.005；14 天 NOEL：狗 0.02mg/kg（EPA RED）；致肿瘤性测试，2 年 NOEL［mg/（kg·d）］：雄小鼠 0.5，雌小鼠 1。鸟类急性经口 LD$_{50}$（mg/kg）：山齿鹑 16，绿头野鸭 230。鱼类 LC$_{50}$（96 小时，mg/L）：虹鳟 0.13，蓝鳃翻车鱼 0.17。水蚤 LC$_{50}$（48 小时）1.6μg/L。藻类 EC$_{50}$（96 小时）5.3mg/L。蜜蜂 LD$_{50}$ 1.86～2.07μg/ 只。赤子爱胜蚓 LC$_{50}$（14 天）72mg/kg 土壤。

剂型　200g/L 微囊悬浮剂，10% 克线丹颗粒剂（Rugby，10%G）。

作用方式及机理　触杀和胃毒作用。为乙酰胆碱酯酶抑制剂。在粉质黏土和砂壤土中 DT$_{50}$ 11～55 天。

适用作物及防治对象　用于香蕉、咖啡、玉米、花生、甘蔗、柑橘、烟草、马铃薯、大豆、菠萝、葫芦科植物和麻类作物。可有效防治根结线虫、穿孔线虫、短体线虫、纽带线虫、螺旋线虫、刺线虫、拟环线虫等，对孢囊线虫效果较差。此外，对鞘翅目的许多昆虫如二点褐金龟、金针虫、马铃薯麦蛾也有防治效果。

使用方法　一般在播种时或作物生长期施用，可采用沟施、穴施或撒施等方法。使用剂量 3～10kg/hm^2。

防治西芹根结线虫病　种植前土壤处理，即植前 10～15 天，用 10% 硫线磷撒施或沟（穴）施 30～90kg/hm^2，施后淋水，覆土，踏实。

防治香蕉线虫　每丛用 10% 颗粒剂 20～30g，施药时先将香蕉丛周围的土壤疏松 3～5cm 深，再将药剂均匀地撒施在离香蕉假茎 30～50cm 以内的土中，然后覆土压实，8 个月后施药 1 次。

防治烟草线虫　苗床处理：1m^2 床上撒施 10% 颗粒剂 5～15g，混匀即可。移栽期穴施，移栽时直接施于穴内或圈施于幼苗周围，每株 1～2g。大田施药：种植全田撒施或沟施，使用剂量为 10% 颗粒剂 30～60kg/hm^2。

防治马铃薯线虫　用 10% 颗粒剂 15～22.5kg/hm^2，播种时沟施或穴施。为延长对线虫的控制期，可分两次施药，即在种植时施一半药量，培土时再施入另一半药量。

防治花生根结线虫　用 10% 颗粒剂 22.5～45kg/hm^2 沟施，先施药后播种，随施随种。

防治柑橘、甘蔗、麻类根结线虫　用 10% 颗粒剂 45～60kg/hm^2，施药时将树冠下的表土 3～5cm 疏松，均匀地撒施，随即覆土。甘蔗田：新植甘蔗在开沟、下种后带状施药于种植沟中，然后盖土；宿根甘蔗在收获后 5～15 天带状施药，然后盖土。柑橘树每季最多使用 2 次，冬前冬后于树根周围沟施或撒施后混土。

防治大豆、玉米线虫　用 10% 颗粒剂 15～22.5kg/hm^2，播种时沟施或穴施。

防治咖啡线虫　定植时每株施用 5～10g，定植后每株施用 5～15g，4～6 个月施用 1 次。

防治葡萄线虫　用 10% 颗粒剂 45～75kg/hm^2 宽带侧施。

残留量与安全施药　硫线磷原药对人畜无致癌性，但对人畜高毒，对小麦、大豆、番茄和甜菜有一定的植物毒性。微胶囊化以后对动物的急性经口毒性与原药相比显著下降。在砂壤土和黏土中半衰期为 40～60 天。低温使用容易发生药害。GB 2763—2021《食品中农药最大残留限量标准》规定硫线磷在甘蔗、柑橘中的最大残留限量为 0.005mg/kg。ADI 为 0.0005mg/kg。

参考文献

刘长令，杨吉春，2017. 现代农药手册[M]. 北京：化学工业出版社：637-639.

马克比恩 C，2015. 农药手册[M]. 胡笑形，等译. 北京：化学工业出版社：131-132.

（撰稿：刘峰；审稿：彭德良）

六氟砷酸钾　hexaflurate

一种无机物除草剂，用于防除草原上的仙人掌类杂草。

其他名称　Nopalmate、TD480。

化学名称　六氟代砷酸钾；potassium hexafluoroarsenate。

IUPAC 名称　potassium hexafluoroarsenate。

CAS 登记号　17029-22-0。

分子式　KAsF$_6$。

相对分子质量　228.01。

结构式

开发单位　1970 年盘瓦特公司作为试验性除草剂出售。

理化性质　白色无臭结晶。在 436℃ 熔化并伴随分解。不挥发。在 25℃ 水中溶解度为 21%。性质稳定，不可燃。有中等腐蚀性。耐紫外光照射。在土壤中被缓慢淋溶，并有抗微生物分解的能力。

毒性　大鼠急性经口 LD$_{50}$ 1.2g/kg。兔急性经皮 LD$_{50}$＞10g/kg。对兔眼睛有中等刺激性，但对皮肤无刺激性。对大鼠以 1g/kg 进行 90 天饲喂试验表明无毒害作用。

剂型　由于其易溶于水，无须配成特别的制剂。

作用方式及机理　该药通过根部吸收并在植物体内传导。

防治对象　有希望用于防除草原上的仙人掌类杂草的选择性除草剂。

使用方法　飞机喷施使用 2kg/hm^2，兑水 20～50L；地面喷施使用 2kg/hm^2，兑水 100～400L。

参考文献

朱永和，王振荣，李布青，2006. 农药大典[M]. 北京：中国三峡出版社：906.

（撰稿：刘玉秀；审稿：宋红健）

六六六　hexachlorocyclohexane

一种有机氯类广谱杀虫剂,过去主要用于防治蝗虫、稻螟虫、小麦吸浆虫和蚊、蝇、臭虫等。

其他名称　六六粉、六氯化苯。

化学名称　六氯环己烷(HCH);α-hexachlorocyolohexane。

IUPAC名称　alpha-hexachlorocyolohexane。

CAS登记号　58-89-9。

EC号　206-270-8。

分子式　$C_6H_6Cl_6$。

相对分子质量　290.82。

结构式

α BCH　　β BCH

γ BCH　　δ BCH

ε BCH

开发单位　1825年由M.法拉第合成,1942年发现其杀虫功效。由于对人、畜都有一定毒性,20世纪60年代末停止生产或禁止使用。已禁用。

理化性质　有8种同分异构体,分别称为α、β、γ、δ、ε、η、θ 和 ξ。α 异构体为单斜棱晶;熔点159~160℃,沸点288℃;易溶于氯仿、苯等。随水蒸气挥发。具有持久的辛辣气味;蒸气压7.99Pa(40℃),5.99mPa(25℃);$K_{ow}\lg P$ 3.82(25℃,pH7)。Henry常数 $3.58\times10^{-4}Pa\cdot m^3/mol$;在水中溶解度(mg/L,20℃):2(pH7);沸腾时分解为1,2,4-三氯苯(分子中脱除三分子氯化氢)。β 异构体为晶体;熔点314~315℃,密度1.89g/cm³(19℃),熔融后升华;微溶于氯仿和苯;不随水蒸气挥发;蒸气压22.66Pa(40℃);与氢氧化钾醇溶液作用生成1,3,5-三氯苯。γ 异构体为针状晶体;熔点112~113℃,沸点323.4℃,溶于丙酮、苯和乙醚,易溶于氯仿和乙醇;具有霉烂气味和挥发性。稳定性:六六六在高温和日光下不易分解,对酸稳定而极易

被碱破坏。DT_{50} 通常为175天,亚热带地区 DT_{50} 为55天,温带地区 DT_{50} 一般为100~150天。

毒性　中等毒性杀虫剂,急性毒性以 β-BCH 最强,其次是 δ-BCH,但均在体内被代谢,而 β-BCH 则代谢难,在体内储留趋向强,急性毒性非常弱,慢性毒性强。怀疑有致癌性,确定对胚胎有毒性。大鼠急性经口 LD_{50} 177mg/kg,急性经皮 LD_{50} 500mg/kg。儿童经口 LD_{50} 180mg/kg。小鼠(52周)急性经口 LD_{50} 80mg/kg,致癌。兔急性经皮 LD_{50} 50mg/kg;兔急性经口 LD_{50} 60mg/kg;鸟急性经口 LD_{50} 100mg/kg。白鲢 LC_{50}(96小时)0.58mg/L,金鱼 LC_{50}(96小时)0.63mg/L,鲤鱼 LC_{50}(48小时)0.31mg/L。大型溞 EC_{50}(48小时)0.37mg/L,小球藻 EC_{50}(72小时)10mg/L。

剂型　粉剂,可湿性粉剂,颗粒剂。

作用方式及机理　是广谱杀虫剂,γ-BCH 对昆虫有触杀、熏蒸和胃毒作用。主要作用于害虫神经系统的突触部位,使突触前膜过多释放乙酰胆碱,从而引起害虫典型的兴奋、痉挛、麻痹等特征。

防治对象　主要防治对象是咀嚼式和刺吸式口器害虫,但对蚜、螨效果不好。它可用来防治水稻、经济作物、果树、蔬菜等多种害虫,如水稻三化螟、稻飞虱、盗苞虫、稻蓟马等。也是一种重要的土壤杀虫剂,用于防治蝼蛄、地老虎、金针虫、甜菜象甲等。

允许残留量　已禁用。GB 2763—2021《食品中农药最大残留限量标准》规定六六六最大残留限量见表。ADI为0.005mg/kg。植物源性食品(蔬菜、水果除外)按照GB 23200.113、GB/T 5009.19规定的方法测定;蔬菜、水果按照GB 23200.113、GB/T 5009.19、NY/T 761规定的方法测定;动物源性食品按照GB/T 5009.19、GB/T 5009.162规定的方法测定。

部分食品中六六六最大残留限量（GB 2763—2021）

食品类别	名称	最大残留限量（mg/kg）
谷物	稻谷、麦类、旱粮类、杂粮类、成品粮	0.05
油料和油脂	大豆	0.05
蔬菜	鳞茎类蔬菜、芸薹属类蔬菜、叶菜类蔬菜、茄果类蔬菜、瓜类蔬菜、豆类蔬菜、茎类蔬菜、根茎类和薯芋类蔬菜、水生类蔬菜、芽菜类蔬菜、其他类蔬菜	0.05
水果	柑橘类水果、仁果类水果、核果类水果、浆果和其他小型水果、热带和亚热带水果、瓜果类水果	0.05
饮料类	茶叶	0.20
动物源性食品（海洋哺乳动物除外）	脂肪含量10%以下、水产品、蛋类	0.10（以原样计）
	脂肪含量10%及以上	1.00（以脂肪计）
	生乳	0.02

参考文献

彭志源, 2006. 中国农药大典[M]. 北京: 中国科技文化出版社.

（撰稿：张建军；审稿：吴剑）

六氯苯　hexachlorobenzene

一种用作种子处理防治麦类黑穗病的有机氯杀菌剂。

其他名称　全氯代苯、HCB。

化学名称　1,2,3,4,5,6-六氯苯；1,2,3,4,5,6-hexachlorobenzene。

IUPAC 名称　hexachlorobenzene；perchlorobenzene。

CAS 登记号　118-74-1。

EC 号　204-273-9。

分子式　C_6Cl_6。

相对分子质量　284.78。

结构式

理化性质　纯品为无色细针状或小片状晶体，工业品为淡黄色或淡棕色晶体。熔点 226℃。沸点 323～326℃。蒸气压 1.45mPa（20℃）。相对密度 2.044（23℃）。几乎不溶于水；溶于热苯、三氯甲烷、二硫化碳和乙醚，微溶于四氯化碳，几乎不溶于冷的醇类。化学性质较稳定，但在高温下，在碱性溶液中能水解生成五氯酚钠。

毒性　急性经口 LD_{50}：大鼠 3500mg/kg；小鼠 4000mg/kg；兔 2600mg/kg。鱼类 LC_{50}：22mg/L（96 小时，黑头呆鱼，静态）；12mg/L（96 小时，蓝鳃太阳鱼，静态）。

剂型　50% 粉剂。

防治对象　主要用作拌种剂，可防治小麦腥黑穗病和秆黑穗病。

参考文献

马克比恩 C, 2015. 农药手册[M]. 胡笑形, 等译. 北京: 化学工业出版社: 543-544.

孙家隆, 2015. 新编农药品种手册[M]. 北京: 化学工业出版社: 500-501.

（撰稿：毕朝位；审稿：谭万忠）

鲁保一号　plate long spore bacteria, Lu No.1

一种有效的生物除草剂。

其他名称　真菌除草剂、盘长孢菌。

开发单位　中国山东省农科院植保所。

理化性质　分生孢子长椭圆形，无色，单孢，含活孢子 $1 \times 10^{13} \sim 6 \times 10^{13}$ 个 /g，含水量＜ 8%，孢子发芽率＞ 95%。

毒性　该剂为低毒生物除草剂。因其专化性极强，只杀菟丝子，对人、畜、天敌昆虫、鱼类均无害，不污染环境，无残毒。

作用方式及机理　在适宜的条件下（温度 25～27℃，相对湿度 95%～100%），孢子吸水膨胀，从顶端出芽管，在芽管上形成圆形暗色附着孢，吸附在大豆菟丝子表皮上，侵染丝穿透表皮而进入菟丝子体内，吸收营养，迅速生长，并分泌大量毒素，破坏菟丝子的细胞，使其死亡。

剂型　高浓缩孢子吸附粉剂。

防治对象　适用于蔬菜、大豆、亚麻、瓜类等作物防治菟丝子，包括大豆菟丝子、田野菟丝子等。

使用方法　该剂适于在菟丝子萌芽后在田间喷洒防治，土壤处理无效。用鲁保一号防除菟丝子，要在菟丝子出土不久的幼芽时期为宜。土制粉剂可直接撒施，在 16：00 以后，最好在下雨后或冒小雨后进行，这样空气湿度大，有利于孢子萌发而侵入菟丝子体内。菌粉用量一般每亩 1.5～2.5kg，兑水 100kg。其方法是把菌粉装入布袋里包扎好，再用少量水浸泡半小时，并用手搓洗 3～4 次，去渣后再加足水量。将配好的菌液倒入清洁的喷雾器内喷洒，或者用草把蘸菌液洒施。必须洒得均匀周到，做到发生一株喷洒一株，发生一片喷洒一片。若菟丝子已缠绕花木，最好打断菟丝子的茎蔓，给病菌侵入创造有利条件，这样可提高除草的效果。要注意喷洒用的菌液、菌粉，不得在日光中暴晒，要随配随用。稀释用的水应控制在 22～25℃，不能超过 30℃。喷雾器一定要洗刷干净，尤其是施用过石硫合剂、波尔多液的喷雾器更要彻底地清洗干净后再用，以免影响防治效果。菌粉要放在阴凉干燥的地方保存。

参考文献

李健, 李美, 高兴祥, 等, 2017. 菟丝子生防菌"鲁保一号"生物学特性及T-DNA插入突变体库的构建[J]. 草业学报, 26(1): 142-148.

（撰稿：王大伟；审稿：席真）

绿草定　triclopyr

一种吡啶氧羧酸类选择性内吸传导型除草剂。

其他名称　盖灌能、氯草定、乙氯草定、三氯吡氧乙酸、三氟吡氧乙酸、定草酯标准品、盖灌林、Garlon、Grandstand、Pathfinder。

化学名称　3,5,6- 三氯 -2- 吡啶氧乙酸。

IUPAC 名称　2-(3,5,6-trichloropyridin-2-yl)oxyacetic acid。

CAS 登记号　55335-06-3。

EC 号　259-597-3。

分子式　$C_7H_4Cl_3NO_3$。

相对分子质量　256.47。

结构式

开发单位　道化学公司。

理化性质　纯品为白色结晶固体。熔点 148～150℃。分解温度 290℃。蒸气压 1.68×10^{-4}Pa。能溶于乙醇等有机溶剂，25℃时在水中溶解度为 430～440mg/L。在土壤中半衰期为 46 天。

毒性　大鼠急性经口 LD_{50} 729mg/kg（雄）、630mg/kg（雌）。兔急性经皮 LD_{50} 350mg/kg。对兔眼睛有轻度刺激，对皮肤无刺激作用。大鼠亚急性经口 NOEL 为每天 5.5mg/kg，慢性经口 NOEL 为每天 30mg/kg。在试验条件下，未见动物致畸、致癌、致突变作用。

剂型　主要有 48% 乳油，24.3% 氨氯吡啶酸。

作用方式及机理　作用于核酸代谢，使植物产生过量核酸，使一些组织转变为分生组织，造成叶片、茎和根畸形，储藏物质耗尽，维管束组织被栓塞或破裂，植株死亡。

防治对象　用于造林前除草灭灌，维护防火线，抚育松树及林分改造。可防除胡枝子、蒙古栎、黑桦、椴、山杨、山刺玫、榆、蒿、柴胡、桔梗、地榆、铁线莲、婆婆纳、草木樨、唐松草、蕨、槭、柳、珍珠梅、蚊子草、走马芹、玉竹、柳叶绣线菊、红丁香、金丝桃、山梅花、山荆子、稠李、山梨、香蒿。

使用方法　一般来说，从禾本科杂草出苗到抽穗都可以施药。在杂草 3～5 叶、生长旺盛时施药最好，此时杂草对高效盖草能最为敏感，且杂草地上部分较大，易接受到较多雾滴。在杂草叶龄较大时，适当加大药量也可达到很好防效。应尽量在禾本科杂草出齐后用药。

注意事项　绿草定用药后 2 小时无雨才能有效，要维护一个单一树种的环境条件，必须多次用药才能做到，尤其灌木除去后，应与草甘膦混用清除各种杂草。在灌木密集处可以用超低容量，浓度为 1.5% 左右为宜。

与其他药剂的混用　90g/hm² （有效成分）与 2,4-滴或敌稗混用，可防除稻田和小麦田（不能用于大麦田）杂草。

允许残留量　GB 2763—2021《食品中农药最大残留限量标准》规定绿草定最大残留量（mg/kg）：油菜籽 0.5，稻谷和糙米 0.05。ADI 为 0.03mg/kg。

参考文献

孙家隆，2015. 新编农药品种手册[M]. 北京: 化学工业出版社: 775.

（撰稿：杨光富；审稿：吴琼友）

绿稻宁　cereton B

一种对预防稻瘟病有特效的药剂。

其他名称　Bayer 5468。

化学名称　O-甲基-O-环己基-S-对氯苯基硫赶磷酸酯。

IUPAC 名称　O-methyl-O-cyclohexy-S-4-chlorophenyl phosphorothiolate。

分子式　$C_{11}H_{18}ClO_3PS$。

相对分子质量　334.80。

结构式

理化性质　原药为无色至淡黄色油状液体。不溶于水，溶于乙醇等有机溶剂。

毒性　大鼠急性经口 LD_{50} 72mg/kg。鱼毒高。

剂型　1.5%、3% 粉剂和可湿性粉剂，35% 乳油。

防治对象　预防稻瘟病。对飞虱、叶蝉、稻显带纵卷叶螟也有效。

使用方法　用有效成分 400～600mg/L 喷雾。

参考文献

王振荣，李布青，1996. 农药商品大全[M]. 北京: 中国商业出版社.

（撰稿：刘长令、杨吉春；审稿：刘西莉、张灿）

绿豆生根试法　auxins bioassay by root growth on mung bean

一种植物生长素的生物测定方法。它利用植物生长素对根形成的促进作用，以绿豆的生根情况来对植物生长素的性质和浓度进行分析。在一定的浓度范围内，根的形成数目与植物生长素浓度呈正比，以标准生长素溶液为对比，即可实现对某一类似生长素效价的评测或对某一提取液中内源生长素浓度的测定。

适用范围　适用于植物生长素的定性和定量测定。

主要内容　将浸泡吸胀后的绿豆种子置于恒温箱中萌发，挑选萌发整齐一致的绿豆幼苗，播种在湿润的石英砂中。待幼苗生长至具有一对展开的真叶与 3 片复叶时，用刀片由幼苗子叶下约 3cm 处切去根系，浸泡在水中备用。取配制好的系列梯度浓度的 IAA 溶液的烧杯，将准备好的绿豆苗切 5～10 段，将子叶节浸入液面以下继续培养，另设空白对照处理。1 周后统计每个切段所长的根数，在一定的浓度（0.005～50mg/L）范围内，经生长素处理的绿豆幼苗生根数与空白对照发根数之比值，与生长素溶液的对数存在相关性较高的线性关系。

该方法可以测定生长素提取液或未知效价的类似生长素溶液的浓度或效价的测定，通过上述方法求得发根数比值，对比标准曲线即可。该方法可对 IAA 进行定性和定量分析，可广泛用于试验研究和农业生产中。该方法专一性不太强，但效果灵敏，对 IAA 最低检测浓度可达到 3mg/L，操作简单。

参考文献

陈年春，1991. 农药生物测定技术[M]. 北京: 北京农业大学出版社.

（撰稿：谭伟明；审稿：陈杰）

绿谷隆　monolinuron

一种取代脲类选择性内吸传导型除草剂。

其他名称　AE F002747、Hoe 002747。

化学名称　3-(4-氯苯基)-1-甲氧基-1-甲基脲；*N'*-(4-chlorophenyl)-*N*-methoxy-*N*-methylurea。

IUPAC名称　3-(4-chlorophenyl)-1-methoxy-1-methylurea。

CAS登记号　1746-81-2。

EC号　217-129-5。

分子式　$C_9H_{11}ClN_2O_2$。

相对分子质量　214.65。

结构式

开发单位　1962年K. Härtel报道该除草剂，由赫斯特公司（现在的拜耳公司）引入市场。1981年H. Maier-Bode和K. Härtel总结了开发历史。

理化性质　原药含量≥95%。无色晶体。熔点80～83℃。蒸气压1.3mPa（20℃）、100mPa（50℃）。$K_{ow}lgP$ 2.2。Henry常数5.649×10^{-4}Pa·m³/mol（22℃）、7.302×10^{-4}Pa·m³/mol（25℃）。相对密度1.3（20℃）。水中溶解度735mg/L（25℃）；易溶于一般有机溶剂，如醇类、丙酮、二噁烷、二甲苯、乙醚、氯仿。在溶液中稳定，在酸性和碱性介质中慢慢分解。在中性、碱性条件下非常稳定。紫外线照射下会加速降解。在220℃分解。

毒性　大鼠急性经口LD_{50} 1430～2490mg/kg。大鼠急性经皮$LD_{50} > 2000$mg/kg。大鼠吸入LC_{50}（4小时）> 3.39mg/L（空气）。大鼠NOEL（2年）10mg/kg（饲料）[0.5mg/(kg·d)]。急性经口LD_{50}（mg/kg）：鹌鹑1260，日本鹌鹑> 1690，野鸭> 500。鱼类LC_{50}（96小时，mg/L）：鲤鱼74，虹鳟56～75。水蚤LC_{50}（48小时）32.5mg/L。蜜蜂LD_{50}（经口）> 296.3μg/g。赤子爱胜蚓LC_{50}（14天）> 1000mg/kg土壤。对益虫无害。

剂型　可湿性粉剂，乳油。

作用方式及机理　为选择性、内吸传导型除草剂。通过根部和叶片吸收，并在植物体内传导。为作用于光系统Ⅱ受体部位的光合电子传递抑制剂。

防治对象　用于芦笋、浆果、玉米、矮菜豆、蚕豆、葡萄、韭菜、洋葱、马铃薯、中药材、苜蓿、花卉、观赏灌木和乔木地面防除一年生阔叶杂草和一些一年生禾本科杂草。

使用方法　苗前或苗后使用。

制造方法　由异氰酸对氯苯酯与甲氧基甲基胺反应制取。

允许残留量　日本规定最大残留量（mg/kg）：大麦、小麦、玉米等谷物类0.05，绿豆、蚕豆等豆类0.05，苹果、香蕉、杏、梨、柑橘、橙子、葡萄、草莓、蓝莓、甜瓜等瓜果类0.05，萝卜、马铃薯、黄瓜、芦笋、青花菜、蘑菇、卷心菜等蔬菜类0.05，肉类（哺乳动物、家禽）0.05，可食用内脏（哺乳动物、家禽）0.05，家禽蛋0.05，坚果类0.05，药草类0.05，牛奶0.05，油料种子0.05，茶叶0.05，蛇麻草0.1。

参考文献

马克比恩C，2015. 农药手册[M]. 胡笑形，等译. 北京：化学工业出版社：710-711.

石得中，2008. 中国农药大辞典[M]. 北京：化学工业出版社：298-299.

（撰稿：王宝雷；审稿：耿贺利）

绿僵菌　*Metarhizium anisopliae*

活体真菌杀虫剂。一种广谱的昆虫病原菌，属半知菌类丛梗菌目丛梗霉科绿僵菌属。

其他名称　Biocerto PM、Bio-Path、Metadieca、Tae-001、金龟子绿僵菌、Biotech、黑僵菌、百澳克、克洛卡。

理化性质　形态接近于青霉素。菌落绒毛状或棉絮状，最初白色，产生孢子时呈绿色，故称绿僵菌。制剂为孢子浓缩经吸附剂吸收后制成。其外观颜色因吸附剂种类不同而异，含水率< 5%，分生孢子萌发率90%以上。

毒性　低毒。大鼠急性经口$LD_{50} > 5000$mg/kg，急性经皮$LD_{50} > 2150$mg/kg，急性吸入$LC_{50} > 5000$mg/kg。对人、畜和天敌昆虫安全，不污染环境，但对柞蚕和家蚕有害，在蚕区不能使用。

剂型　可湿性粉剂，油悬浮剂，颗粒剂。

作用方式及机理　绿僵菌治虫的有效成分是分生孢子，孢子呈长椭圆形，两端钝圆。分生孢子接触虫体后，首先附着于寄主体表，一旦能正常萌发，则产生菌丝入侵，在虫体内迅速生长繁殖，并随血液淋巴循环侵入各器官组织，同时还分泌毒素，影响害虫中枢神经系统，破坏细胞结构的完整性，使组织脱水，引起死亡。虫尸体在日晒、风化或其他外力作用下体壁被破坏后，尸体内的绿僵菌分生孢子散出，可侵染其他健虫，在害虫种群内形成重复侵染。一般情况下只要害虫10%左右的个体感染病后，便可控制整个群体。

防治对象　靶标对象有12目33科，如同翅亚目中沫蝉科、蚜科、飞虱科、粉虱科和蝉科，鞘翅目中的金龟子科、象甲科、露尾甲科，直翅目中的蝗科、飞蝗科、锥头蝗科，以及双翅目、等翅目、鳞翅目、半翅目等多种害虫。其中对蝗虫、金龟子、象甲、白蚁防效最为明显。

使用方法

防治蝗虫　对飞蝗、土蝗、稻蝗、竹蝗等多种蝗虫有效。尤其对滩涂、非耕地的飞蝗，亩用100亿个孢子/g可湿性粉剂20～30g，兑水喷雾，或亩用100亿个孢子/ml油悬浮剂250～500ml，或60亿个孢子/ml油悬浮剂200～250ml，用植物油稀释2～4倍，进行超低容量喷雾。飞机喷雾时有效喷幅可达150m。也可将相同用量的菌剂喷洒在2～2.5kg饵料上，拌匀后田间撒施。一般于蝗蝻3龄盛期施药，由于该药速效性差，着药后3～7天蝗蝻表现出食欲减退，取食困难，行动迟缓等中毒症状，7～10 天集中大量死亡。不宜在蝗虫大发生的年份或地区使用。

防治蛴螬 包括东北大黑鳃金龟子、暗黑金龟子、铜绿金龟子等的多种幼虫，可在花生、大豆等中耕时，采用菌土或菌肥方式撒施。亩用 23 亿～28 亿个孢子 /g 菌粉 2kg，分别与细土 50kg 或有机肥 100kg 混匀后使用。

防治小菜蛾和菜青虫 将菌粉加水稀释成 0.05 亿～0.1 亿个孢子 /ml 的菌液喷雾。

防治蛀干害虫 防治柑橘吉丁虫，在害虫危害柑橘的"吐沫"和"流胶"期，用小刀在"吐沫"处刻几刀，深达形成层，再用毛笔或小刷涂刷菌液（2 亿个孢子 /ml）或菌药混合液（2 亿个孢子 /ml 加 45% 杀螟硫磷乳油 200 倍液）。防治青杨天牛可喷洒 2 亿个孢子 /ml 菌液。防治云斑天牛可用 2 亿个孢子 /ml 菌液与 40% 乐果乳油 500 倍液的混合液注射虫孔。

注意事项

①菌液要随配随用，存用时间最好不要超过 2 小时，以免孢子过早萌发而失去致病的能力。与化学杀虫剂混用，也应随配随用，以免孢子受到药害而失效。

②该品为油剂，应避免与其他农药混用。

③除非有工程防护措施，飞机在喷洒时，不要以人作为标杆，除非戴上面罩、橡胶手套、帽子、穿防护服。勿于喷药后的 24 小时内进入喷药区。绿僵菌会使部分人皮肤过敏，如出现低烧，皮肤刺痒等，使用时应注意保护皮肤。避免溅至眼睛、皮肤和衣服。准备喷雾药液时要穿着防护服，戴面罩及橡胶手套，喷药时需戴一次性防护面具（飞机喷洒除外），喷洒后用肥皂和水洗手。

④该品对蜜蜂有潜在危害，勿在蜜蜂觅食的开花作物上使用，也不能在家蚕养殖区使用。

⑤应避免药液流入湖泊、河流或鱼塘中，清洗喷药器械时或弃置废料时，切忌污染水源。飞机喷洒时，不要在近水源 100m 以内的上风向喷药。

⑥该产品耐热性能差，不要在高温下储存，该品应以未开封原包装形式储存在 5℃ 以下（不可冷冻），使用之前可以在室温条件下短暂储存且避免阳光直射。勿与食物、饲料、饮用水以及其他商品同存同运。

⑦菌药混合使用部分化学杀虫剂对绿僵菌分生孢子萌发有抑制作用，药浓度越高，抑制作用越强。但是适当的混用可提高杀虫效果，如绿僵菌与 2.5% 溴氰菊酯（敌杀死）乳油（稀释 6 万倍）、40% 辛硫磷乳油（稀释 1 万倍）、21% 灭杀毙乳油（稀释 2.5 万倍）和 25% 灭幼脲悬浮剂（稀释 1.5 万倍）混用对马尾松毛虫有明显的增效作用。

⑧绿僵菌虽然对环境相对湿度有较高要求，但其油剂在空气相对湿度达 35% 时即可感染蝗虫致其死亡。

⑨绿僵菌的使用量，在田间应用中应依据虫口密度适当调整，在虫口密度大的地区可适当提高用量，用饵剂可提高到 3.75～4.5kg/hm²，以迅速提高其前期防效。

参考文献

高立起，孙阁，等，2009. 生物农药集锦[M]. 北京：中国农业出版社.

农向群，张英财，王以燕，2015. 国内外杀虫绿僵菌制剂的登记现状与剂型技术进展[J]. 植物保护学报，42 (5): 702-714.

张礼生，张泽华，高松，等，2006. 绿僵菌生物农药的研制与应用[J]. 中国生物防治，22(增刊): 141-146.

（撰稿：宋佳；审稿：向文胜）

绿麦隆 chlortoluron

一种取代脲类选择性除草剂。

其他名称 Chlortophyt、Lentipur、Tolurex、chlorotoluron、Dicurane、迪柯兰、C 2242。

化学名称 3-(3-氯对甲苯基)-1,1-二甲基脲；N'-(3-chloro-4-methylphenyl)-N,N-dimethylurea。

IUPAC 名称 3-(3-chloro-p-tolyl)-1,1-dimethylurea。

CAS 登记号 15545-48-9。

EC 号 239-592-2。

分子式 $C_{10}H_{13}ClN_2O$。

相对分子质量 212.68。

结构式

开发单位 1969 年 Y. L'Hermite 等报道其除草剂。由汽巴公司（现先正达公司）上市。1994 年剥离给马克西姆 - 阿甘公司。

理化性质 白色粉末。熔点 148.1℃。蒸气压 0.005mPa（25℃）。K_{ow}lg$P$ 2.5（25℃）。Henry 常数 1.44×10^{-5} Pa·m³/mol（计算值）。相对密度 1.4（20℃）。溶解度：水 74mg/L（25℃）；丙酮 54、二氯甲烷 51、乙醇 48、甲苯 3、己烷 0.06、正辛醇 24、乙酸乙酯 21（g/L，25℃）。对热和紫外光稳定。在强酸、强碱中缓慢水解。DT_{50}（计算值）> 200 天（pH5、7、9，30℃）。

毒性 大鼠急性经口 LD_{50} > 5000mg/kg。大鼠急性经皮 LD_{50} > 2000mg/kg。不刺激兔皮肤和眼睛。大鼠吸入 LC_{50}（4 小时）> 5.3mg/L。NOEL（2 年）：大鼠 100mg/kg［4.3mg/（kg·d）］，小鼠 100mg/kg［11.3mg/（kg·d）］。饲喂 LC_{50}（8 天，mg/kg 饲料）：绿头野鸭 > 6800，日本鹌鹑 > 2150，雄鸡 > 10 000。鱼类 LC_{50}（96 小时，mg/L）：虹鳟 35，蓝鳃翻车鱼 50，鲫鱼 > 100，鲶鱼 60，虹鳉 > 49。水蚤 LC_{50}（48 小时）67mg/L。近具刺链带藻 EC_{50}（72 小时）0.024mg/L。蜜蜂 LD_{50}（48 小时）(经口与接触）> 100μg/ 只。蚯蚓 LC_{50} > 1000mg/kg 土壤。对有益节肢动物或土壤微生物无负面影响。

剂型 25%、50%、80% 可湿性粉剂（通常使用 25% 可湿性粉剂），烟熏丸剂，颗粒剂，悬浮剂。

质量标准 ≥90% 绿麦隆原药（一级品）为浅黄色至棕色固体，水分含量≤2.0%，酸度（以 H_2SO_4 计）≤0.2%，或碱度（以 NaOH 计）≤0.1%。25% 绿麦隆可湿性粉剂为灰白色至棕黄色疏松粉末，不得有团块，悬浮率≥50%，细度（通过43μm筛）≥95%，润湿时间≤2分钟，pH6～9，水分≤3%。

作用方式及机理　选择性除草剂，被根部和叶部吸收。为作用于光合系统 II 受体位点的光合作用电子传递抑制剂。

防治对象　主要用于防除麦田中禾本科及一年生阔叶杂草。也可用于玉米、棉花、高粱、谷物、花生等作物田的杂草防除。

使用方法　作为残效型土壤处理除草剂和接触型叶面喷洒除草剂，使用剂量1.5～3kg/hm²。防除麦田中杂草，用25%可湿性粉剂3.8～4.5kg/hm²兑水喷洒，苗期施药。

注意事项　对一些小麦和大麦品种可能有药害。

与其他药剂的混用　与2甲4氯丙酸配合可以提高对猪殃殃、罂粟和婆婆纳的防效。

制造方法　由3-氯-4-甲基苯基异氰酸酯与二甲胺反应制取。

允许残留量　GB 2763—2021《食品中农药最大残留限量标准》规定绿麦隆最大残留限量（mg/kg）：麦类0.1，玉米0.1，大豆0.1。ADI为0.04mg/kg。

参考文献

马克比恩 C, 2015. 农药手册[M]. 胡笑形, 等译. 北京: 化学工业出版社: 175-176.

石得中, 2008. 中国农药大辞典[M]. 北京: 化学工业出版社: 299.

朱良天, 2004. 农药[M]. 北京: 化学工业出版社: 412-414.

（撰稿：王宝雷；审稿：耿贺利）

氯胺磷　chloramine phosphorus

一种具有触杀、胃毒、内吸作用的有机磷类杀虫剂、杀螨剂。是中国具有自主知识产权的杀虫剂创新品种。

其他名称　乐斯灵、氯甲胺磷、甲敌磷、SNA。

化学名称　O,S-二甲基(2,2,2-三氯-1-羟基乙基)硫代磷酰胺；O,S-dimethy-N-(2,2,2-trichloro-1-hydroxyethyl)phosphoramidothioate。

IUPAC 名称　(RS)-[O,S-dimethyl [(1RS)-2,2,2-trichloro-1-hydroxyethyl]phosphoramidothioate]。

CAS 登记号　73447-20-8。

分子式　$C_4H_9Cl_3NO_3PS$。

相对分子质量　288.52。

结构式

开发单位　浙江乐斯化学有限公司和武汉工程大学联合研制开发。已获中国发明专利授权，专利号ZL97112828.6。

理化性质　纯品为白色针状结晶。熔点99.2～101℃。

蒸气压21mPa（30℃）。溶解度（20℃，g/L）：苯、甲苯、二甲苯＜300g，氯代烃、甲醇、二甲基甲酰胺等极性溶剂中40～50，煤油15，水中＜8，在常温下稳定。pH2时，40℃下半衰期为145小时；pH9时，37℃半衰期为115小时。

毒性　大鼠急性经口 LD_{50} 316mg/kg（雄/雌）。大鼠急性经皮 LD_{50} ＞2000mg/kg（雄/雌）。对兔皮肤无刺激性，对眼的刺激强度属于轻度刺激。对小鼠骨髓染红细胞微核试验结果为阴性。Ames 试验结果表明对沙门氏组氨酸缺陷型菌株 TA97、TA98、TA100、TA102 不具有致突变性。对小鼠睾丸精母细胞染色体畸变试验结果为阴性。对大鼠亚慢性毒性试验的最大无作用浓度为105.3mg/kg 饲料（雄性，雌性）。对鹌鹑、斑马鱼、蜜蜂、家蚕为中毒。

剂型　30% 乳油。

作用方式及机理　是中国具有自主知识产权的创新品种，为广谱性有机磷杀虫剂、杀螨剂。对害虫具有触杀、胃毒和熏蒸作用，并具有一定的内吸传导作用。持效期较长，熏杀毒力强，是速效性杀虫剂，对螨类还有杀卵作用。

防治对象　主要用于水稻、棉花、果树、甘蔗等作物，对稻纵卷叶螟有特效。其药效相当或略优于甲胺磷和乙酰甲胺，能杀死稻纵卷叶螟高龄幼虫。

参考文献

孙家隆, 2015. 新编农药品种手册[M]. 北京: 化学工业出版社.

张敏恒, 2006. 新编农药商品手册[M]. 北京: 化学工业出版社.

（撰稿：王鸣华；审稿：吴剑）

氯苯嘧啶醇　fenarimol

一种具有保护、铲除、治疗和内吸活性的嘧啶类杀菌剂，隶属于麦角甾醇生物合成抑制剂。

其他名称　Rubigan、乐必耕、异嘧菌。

化学名称　(RS)-2,4'-二氯-α-(嘧啶-5-基)苯基苄醇；(RS)-2,4'-dichloro-a-(pyrimidin-5-yl)benzhydryl alcohol。

IUPAC 名称　(2-chlorophenyl)-(4-chlorophenyl)-pyrimidin-5-ylmethanol。

CAS 登记号　60168-88-9。

EC 号　262-095-7。

分子式　$C_{17}H_{12}Cl_2N_2O$。

相对分子质量　331.20。

结构式

开发单位　道农科公司。

理化性质　原药纯度为98%。纯品为白色结晶状固体。熔点117～119℃。蒸气压0.065mPa（25℃）。$K_{ow}lgP$ 3.69

（pH7，25℃）。Henry 常数 $1.57 \times 10^{-3} Pa \cdot m^3/mol$。相对密度 1.4。水中溶解度 13.7mg/L（pH7，25℃）；有机溶剂中溶解度（g/L，20℃）：丙酮 151、甲醇 98、二甲苯 33.3。易溶于大多数有机溶剂中，但仅微溶于己烷。阳光下迅速分解，水溶液中 DT_{50} 12 小时。≤52℃（pH3～9）时水解稳定。

毒性　急性经口 LD_{50}（mg/kg）：大鼠 2500，小鼠 4500，狗＞200。兔急性经皮 LD_{50}＞2000mg/kg。对兔皮肤无刺激，对眼睛有严重刺激。对豚鼠皮肤无过敏现象。大鼠在 2.04mg/L 空气中呆 1 小时无不利的影响。大鼠和小鼠 2 年喂养 NOEL 分别为 25mg/kg 饲料和 600mg/kg 饲料。山齿鹑急性经口 LD_{50}＞2000mg/kg。鱼类 LC_{50}（96 小时，mg/L）：蓝鳃太阳鱼 5.7，虹鳟 4.1。水蚤 LC_{50}（48 小时）＞5.1mg/L。蜜蜂 LD_{50}（48 小时）：＞10μg/只（经口），＞100μg/只（接触）。对蚯蚓无毒。

剂型　乳油，悬浮剂，6% 可湿性粉剂。

质量标准　6% 可湿性粉剂由有效成分、助剂和载体等组成。外观为白色粉末，常温下储存稳定 2 年以上。

作用方式及机理　麦角甾醇生物合成抑制剂，即通过干扰病菌甾醇及麦角甾醇的形成，从而影响正常生长发育。不能抑制病原菌孢子的萌发，但是能抑制病原菌菌丝的生长、发育，致使不能侵染植物组织。内吸性，具有保护、铲除和治疗活性。可以与一些杀菌剂、杀虫剂、植物生长调节剂混合使用。

防治对象　白粉病、黑星病、炭疽病、黑斑病、褐斑病、锈病、轮纹病等多种病害。

使用方法　主要用于防治苹果白粉病、梨黑星病、葡萄和蔷薇的白粉病等多种病害，并可以与一些杀菌剂、杀虫剂、植物生长调节剂混合使用。使用间隔期为 10～14 天。可与多种杀菌剂桶混。

防治苹果黑星病、炭疽病　在发病初期以有效成分 30～40mg/L 进行叶面喷雾，喷药液量要使果树达到最佳的覆盖效果，间隔 10～14 天，施药 3～4 次。

防治梨黑星病、锈病　在发病初期，以有效成分 30～40mg/L 进行叶面喷雾，喷药液量要使果树达到最佳覆盖效果。间隔 10～14 天，施药 3～4 次。

防治葫芦科白粉病　在病害发生初期开始喷药，每次每亩用 6% 可湿性粉剂 15～30g 加水喷雾，间隔期 10～15 天，共施药 3～4 次。

防治花生黑斑病、褐斑病、锈病　在病害发生初期开始喷药，每次每亩用 6% 可湿性粉剂 30～50g 加水喷雾，间隔期 10～15 天，共喷药 3～4 次。

防治梨轮纹病　落花后或幼果初形成前开始施药，以后每隔 10 天施药 1 次，用 6% 可湿性粉剂 4000 倍液均匀喷雾。开花期请勿施药；果实形成期间如干旱无雨则无须施药；采收前 5 天停止施药。

防治苹果白粉病　发病初期开始施药，每隔 10～14 天施药 1 次，连续 3～4 次。用 6% 可湿性粉剂 8000 倍液均匀喷雾。采收前 5 天停止使用。

防治瓜类白粉病　发病初期开始施药，以后每隔 10 天施药 1 次。每亩用 6% 可湿性粉剂 5g（有效成分 0.3g），兑水 40～50L 均匀喷雾。采收前 5 天停止使用。

防治葡萄白粉病　发病初期开始施药，每隔 10 天施药 1 次，共 4 次。用 6% 可湿性粉剂 8000 倍液均匀喷雾。采收前 9 天停止使用。

防治杧果白粉病　发病初期开始施药，以后每隔 10 天施药 1 次，到幼果形成初期为止，共施 2～4 次。用 6% 可湿性粉剂 4000 倍液均匀喷雾。采收前 6 天停止使用。

防治梅白粉病　开花前开始施药，每隔 6 天施药 1 次，共施 5 次。用 6% 可湿性粉剂 4000 倍液均匀喷雾。梅树开花盛期请勿使用；采收前 6 天停止使用。

注意事项　GHS 危害声明。

H302：吞咽有害［警告急性毒性，口服 - 第 4 类］

H320：引起眼睛刺激［警告眼睛严重受伤 / 眼睛刺激 -2B 类］

H361：怀疑有生育能力的成人或未出生的孩子［警告生殖毒性 - 类别 2］

H371：可能对器官造成伤害［警告特定目标器官系统毒性，单次接触 - 第 2 类］

H373：长期或反复接触造成器官损伤［警告特异性靶器官系统毒性，反复接触 - 第 2 类］

H401：对水生生物有害［水生环境危害，急性危害 - 类别 2］

H411：对水生生物有毒，持久影响［对水生环境有害，长期危害 - 类别 2］

避免药液直接接触身体，药液溅入眼睛应立即用清水冲洗。存放在远离火源的地方。在发病初期使用，要均匀喷洒。

允许残留量　GB 2763—2021《食品中农药最大残留限量标准》规定氯苯嘧啶醇最大残留限量见表。ADI 为 0.01mg/kg。美国规定在苹果中的最大残留限量为 0.1mg/kg，在葡萄中为 0.05mg/kg。

部分食品中氯苯嘧啶醇最大残留限量（GB 2763—2021）

食品类别	名称	最大残留限量（mg/kg）
蔬菜	甜椒	0.50
	朝鲜蓟	0.10
水果	山楂	0.30
	枇杷	0.30
	苹果	0.30
	梨	0.30
	桃	0.50
	樱桃	1.00
	葡萄	0.30
	草莓	1.00
	香蕉	0.20
	甜瓜类水果	0.05
干制水果	葡萄干	0.20
饮料类	啤酒花	5.00
坚果	山核桃	0.02
调味料	干辣椒	5.00

参考文献

马克比恩 C, 2015. 农药手册[M]. 胡笑形, 等译. 北京: 化学工业出版社.

刘长令, 2006. 世界农药大全: 杀菌剂卷[M]. 北京: 化学工业出版社.

（撰稿：陈长军；审稿：张灿、刘西莉）

氯吡硫磷 chlorpyrifos

一种含吡啶杂环的有机磷类杀虫剂。

其他名称　乐斯本、杀虫死、蓝珠、Agromil、Chlorofet、Chlorofos、Clinch II、白蚁清、氯吡磷、毒死蜱。

化学名称　O,O-二乙基-O-(3,5,6-三氯-2-吡啶基) 硫代磷酸酯。

IUPAC 名称　O,O-diethyl O-(3,5,6-trichloro-2-pyridinyl) phosphorothioate。

CAS 登记号　2921-88-2。

EC 号　220-864-4。

分子式　$C_9H_{11}Cl_3NO_3PS$。

相对分子质量　350.59。

结构式

开发单位　1965 年由美国道化学公司开发。

理化性质　无色结晶，具有轻微的硫醇味。相对密度 1.44（20℃）。熔点 42.5～43℃。沸点 200℃（常压）。折射率 1.56。闪点 181.1℃。溶解性：微溶于水，溶于大部分有机溶剂。

毒性　急性经口 LD_{50}（mg/kg）：大鼠 135～163，豚鼠 504，兔 100～200。兔急性经皮 LD_{50} ＞ 5000mg/kg。轻度刺激兔皮肤，中度刺激兔眼。对豚鼠皮肤不致敏。大鼠吸入 LC_{50}（4～6 小时）＞ 0.2mg/L。NOEL：大鼠（2 年）0.1mg/（kg·d）；小鼠（18 个月）0.7mg/（kg·d）；狗（2 年）0.1mg/（kg·d）。人类急性经口 NOEL 1mg/（kg·d）；人类急性经皮 NOEL 5mg/（kg·d）。无致畸性。无遗传毒性。生态毒性：急性经口 LD_{50}（mg/kg）：绿头野鸭 490，麻雀 122，鸡 32～102。饲喂 LC_{50}（8 天，mg/kg 饲料）：绿头野鸭 180，山齿鹑 423。鱼类 LC_{50}（mg/L，96 小时）：虹鳟 0.007～0.051，呆头黑鱼 0.12～0.54。水蚤 LC_{50}（48 小时）1.7μg/L。羊角月牙藻 NOEC ＞ 1.7mg/L。对蜜蜂有毒。

剂型　微囊悬浮剂，粉剂，乳油，颗粒剂，低容量剂，可湿性粉剂。

质量标准　原药含量≥ 96%，水分＜ 0.2%。

作用方式及机理　乙酰胆碱酯酶抑制剂，属硫代磷酸酯类杀虫剂。抑制体内神经中的乙酰胆碱酯酶 AChE 或胆碱酯酶 ChE 的活性而破坏正常的神经冲动传导，引起一系列中毒症状：异常兴奋、痉挛、麻痹、死亡。

防治对象　非内吸性广谱杀虫剂、杀螨剂，在土壤中挥发性较高。对水稻、小麦、棉花、果树、蔬菜、茶树上多种咀嚼式和刺吸式口器害虫均具有较好防效。

使用方法　与常规农药相比毒性低，对天敌安全，是替代高毒有机磷农药（如 1605、甲胺磷、氧乐果等）的首选药剂。亩用 70～90ml，茎叶均匀喷雾，用于防治水稻稻飞虱、稻纵卷叶螟、三化螟；亩用 300～360ml，在秧叶 1 叶 1 心期及本田分蘖期喷施，也可拌细沙 15～20kg 撒施，防治稻瘿蚊；稀释 1000～1500 倍，茎叶均匀喷雾，防治柑橘树介壳虫；稀释 1500 倍，在绵蚜发生期均匀喷雾，可有效防治绵蚜；稀释 1000～1500 倍，在荔枝、龙眼采收前 20 天和 7～10 天各施药 1 次，可防治苹果树荔枝，蒂蛀虫。亩用 45～60ml，在幼虫三龄前茎叶均匀喷雾，用于防治十字花科蔬菜上的斜纹夜蛾；亩用 50～75ml，幼虫三龄前茎叶均匀喷雾，防治十字花科蔬菜上的菜青虫；亩用 100ml，幼虫三龄前茎叶均匀喷雾，可防治十字花科蔬菜上的小菜蛾；亩用 45～60ml 均匀喷雾，可防治十字花科蔬菜上的黄曲跳甲成虫。稀释 2000 倍液，每亩稀释药液 300kg 浇灌，可防治十字花科蔬菜上的黄曲跳甲幼虫；亩用 250～300ml 兑水 1000kg，顺根浇灌或每亩用 400～500ml 随灌溉水施入，可有效防治韭菜根蛆；亩用 15～25ml 在蚜虫发生盛期均匀喷雾，可防治小麦蚜虫；亩用 40～50ml 在三龄幼虫前均匀喷雾，可防治油菜黏虫。

注意事项　①对柑橘的安全间隔期为 28 天，每季最多使用 1 次；对水稻的安全间隔期为 15 天，每季最多使用 2 次。②对蜜蜂、鱼类等水生生物、家蚕有毒，施药期间应避免对周围蜂群的影响，蜜源作物花期、蚕室和桑园附近禁用。远离水产养殖区施药，禁止在河塘等水体中清洗施药器具。③对瓜类、烟草及莴苣苗期敏感，请慎用。④使用该品时应穿戴防护服和手套，避免吸入药液。施药后，彻底清洗器械，并将包装袋深埋或焚毁，立即用肥皂洗手和洗脸。⑤氯吡硫磷虽然属低毒农药，使用时应遵守农药安全施用规则，若不慎中毒，可按有机磷农药中毒案例，用阿托品或解磷啶进行救治，并及时送医院诊治。⑥建议与不同作用机制杀虫剂轮换使用。⑦不能与碱性农药混用。⑧各种作物收获前应停止用药。

与其他药剂的混用　混用相溶性好，可与多种杀虫剂混用且增效作用明显，可与吡虫啉、三唑磷、氯氰菊酯、乙虫腈、敌百虫等农药进行复配使用。

允许残留量　①GB 2763—2021《食品中农药最大残留限量标准》规定氯吡硫磷最大残留限量见表 1。ADI 为 0.01mg/kg。谷物按照 GB 23200.9、GB 23200.113、GB/T 5009.145、SN/T 2158 规定的方法测定；油料和油脂参照 GB 23200.113 规定的方法测定；蔬菜、水果按照 GB 23200.8、GB 23200.113、GB 23200.116、NY/T 761、SN/T 2158 规定的方法测定。②《国际食品法典》规定氯吡硫磷最大残留限量见表 2。③欧盟规定氯吡硫磷最大残留限量见表 3。④美国规定氯吡硫磷最大残留限量见表 4。⑤日本规定氯吡硫磷最大残留限量见表 5。

表1 中国规定部分食品中氯吡硫磷最大残留限量

（GB 2763—2021）

食品类别	名称	最大残留限量（mg/kg）
谷物	稻谷、小麦	0.50
	玉米	0.05
油料和油脂	棉籽	0.30
	大豆	0.10
	花生仁	0.20
	大豆油	0.03
蔬菜	鳞茎类蔬菜、芸薹属类蔬菜、茄果类蔬菜、瓜类蔬菜	0.02
	芦笋、朝鲜蓟	0.05
水果	柑、橘	1.00
	柑橘类水果：橙、柠檬、柚	2.00
	仁果类水果：苹果、梨、山楂	1.00

表2 《国际食品法典》规定部分食品中氯吡硫磷最大残留限量

（mg/kg）

食品名称	最大残留限量	食品名称	最大残留限量	食品名称	最大残留限量
结球甘蓝	1.00	牛肾	0.01	洋李（包括洋李干）	0.50
胡萝卜	0.10	牛肝	0.01	仁果类水果	1.00
花椰菜	0.05	牛肉	1.00	马铃薯	2.00
大白菜	1.00	干辣椒	20.00	家禽肉	0.01
棉籽	0.30	柑橘类水果	1.00	可食用家禽内脏	0.01
玉米	0.05	菜豆（带荚或鲜籽粒）	0.01	绵羊肉	1.00
稻谷	0.50	酸果蔓果	1.00	高粱	0.50
番茄	0.50	蛋	0.01	干高粱秆及饲料	2.00
小麦	0.50	葡萄	0.50	大豆（干）	0.10
苜蓿饲料	5.00	玉米饲料（干）	10.00	草莓	0.30
杏	0.05	牛、山羊和绵羊的奶	0.02	甜玉米（玉米笋）	0.01
香蕉	2.00	鳞茎洋葱	0.20	绿茶、红茶	2.00
青花菜	2.00	桃	0.50	胡桃	0.05
小麦秆及饲料（干）	5.00	甜椒	2.00	小麦粉	0.10

表3 欧盟规定部分食品中氯吡硫磷最大残留限量（mg/kg）

食品名称	最大残留限量	食品名称	最大残留限量	食品名称	最大残留限量
芦笋	0.05	黑莓	0.50	花生	0.05
胡萝卜	0.10	球芽甘蓝	0.05	柿子	0.05
花椰菜	0.05	香葱	0.05	菠萝	0.05
根芹菜	0.05	丁香	0.10	开心果	0.05
芹菜	0.05	榴莲果	0.05	石榴	0.05
棉籽	0.05	开花类芸薹植物	0.05	罂粟籽	0.05
黄瓜	0.05	大蒜	0.05	马铃薯	0.05
玉米	0.05	人参	0.50	榅桲	0.50
稻谷	0.05	朝鲜蓟	1.00	大黄	0.05
咖啡豆	0.20	大头菜	0.05	黑麦	0.05
高粱	0.05	小扁豆	0.05	红花	0.05
草莓	0.20	亚麻籽	0.05	小葱	0.05
胡桃	0.05	枇杷	0.50	大豆	0.05
杏	0.05	杧果	0.05	星苹果	0.05
鳄梨	0.05	燕麦	0.05	甘蔗	0.05
竹笋	0.05	木瓜	0.05	向日葵籽	0.05
大麦	0.20	西番莲果	0.05	西瓜	0.05

表4 美国规定部分食品中氯吡硫磷最大残留限量（mg/kg）

食品名称	最大残留限量	食品名称	最大残留限量	食品名称	最大残留限量
苹果	0.01	橘脯	5.00	油桃	0.05
芦笋	5.00	柑橘油	20.00	胡椒	1.00
黄瓜	0.05	田生玉米草料	8.00	胡椒薄荷油	8.00
花生仁	0.20	田生玉米谷粒	0.05	胡椒薄荷头	0.80
梨	0.05	田生玉米秸草	8.00	鲜梅李	0.05
萝卜	2.00	甜玉米草料	8.00	家禽脂肪	0.10
香蕉	0.10	甜玉米秸草	8.00	家禽肉	0.10
酸果蔓果	1.00	未去纤维棉籽	0.20	家禽肉副产品	0.10
蛋	0.01	无花果	0.01	南瓜	0.05
葡萄	0.01	柑橘果	1.00	芜菁甘蓝	0.50
鳞茎洋葱	0.50	山羊肥肉	0.20	绵羊肥肉	0.20
桃	0.05	山羊肉	0.05	绵羊肉	0.05
美洲山核桃	0.20	山羊肉副产品	0.05	绵羊肉副产品	0.05
草莓	0.20	猪肥肉	0.20	高粱草料	0.50
紫花苜蓿草料	3.00	猪肉	0.05	高粱谷物	0.50
紫花苜蓿干草	13.00	猪肉副产品	0.05	高粱谷物干草	2.00

（续表）

食品名称	最大残留限量	食品名称	最大残留限量	食品名称	最大残留限量
杏仁	0.20	马肥肉	0.25	大豆种子	0.30
杏壳	12.00	马肉副产品	0.25	荷兰薄荷油	8.00
湿苹果渣	0.02	马肉	0.25	荷兰薄荷头	0.80
干燥甜菜浆	5.00	猕猴桃	2.00	向日葵籽	0.10
甜菜糖蜜	15.00	牛肉	0.05	甘薯根	0.05
甜菜根	1.00	牛肉副产品	0.05	芜菁根	1.00
甜菜头	8.00	甜樱桃	1.00	芜菁头	0.30
牛肥肉	0.30	酸樱桃	1.00	叶类芸薹植物	1.00
麦粒	0.50	小麦秆	6.00	小麦草料	3.00

表 5　日本规定部分食品中氯吡硫磷最大残留限量（mg/kg）

食品名称	最大残留限量	食品名称	最大残留限量	食品名称	最大残留限量
苹果	1.00	杏	0.05	卷心菜	0.05
芦笋	5.00	鳄梨	0.50	可可豆	0.05
胡萝卜	0.50	竹笋	0.50	牛食用内脏	0.40
花椰菜	0.05	大麦	0.20	牛肾	0.01
芹菜	0.05	球芽甘蓝	1.00	牛肝	0.01
柠檬	1.00	大蒜	0.01	牛瘦肉	0.50
梨	0.50	枇杷	0.50	樱桃	1.00
菠菜	0.01	杧果	0.05	玉米	0.10
甘蔗	0.10	木瓜	0.01	棉花籽	0.05
芋	0.01	西番莲果	0.05	酸枣	0.30
番茄	0.50	橙梓	0.50	茄子	0.20
小麦	0.50	黑麦	0.01	姜	0.01
香蕉	3.00	向日葵籽	0.25	番石榴	0.05
青花菜	1.00	杏仁	0.20	蛇麻草	0.10
咖啡豆	0.05	牛肥肉	1.00	黑果木	0.01
酸果蔓果	1.00	猕猴桃	2.00	莴苣	0.10
葡萄	1.00	油桃	1.00	瓜	0.01
桃	1.00	黑莓	1.00	乳	0.02
马铃薯	0.05	蓝莓	1.00	黄秋葵	0.50
草莓	0.20	茶叶	10.00	洋葱	0.05
覆盆子	0.20	豆瓣菜	0.01	山药	0.01
甘薯	0.10				

参考文献

马克比恩 C, 2015. 农药手册[M]. 胡笑形, 等译. 北京: 化学工业出版社: 178-180.

申泮文, 王积涛, 2002. 化合物词典[M]. 上海: 上海辞书出版社: 439.

中国农业百科全书总编辑委员会农药卷编辑委员会, 中国农业百科全书编辑部, 1993. 中国农业百科全书: 农药卷[M]. 北京: 农业出版社: 68.

（撰稿: 吴剑; 审稿: 薛伟）

氯吡嘧磺隆　halosulfuron-methyl

一种磺酰脲类选择性除草剂。

其他名称　NC-319、吡氯黄隆、氯吡啶磺隆、Permit、SEMPRA。

化学名称　3-氯-5-(4,6-二甲氧基嘧啶-2-基氨基羰基氨基磺酰基)-1-甲基吡唑-4-羧酸甲酯; 3-(4,6-二甲氧基嘧啶-2-基)-1-(1-甲基-3-氯-4-甲氧基甲酰基吡唑-5-基)磺酰脲。

IUPAC 名称　3-chloro-5-(4,6-dimethoxypyrimidin-2-yl-carbamoyl-sulfamoyl)-1-methylpyrazole-4-carboxylic acid。

CAS 登记号　100784-20-1。

EC 号　600-130-3。

分子式　$C_{13}H_{15}ClN_6O_7S$。

相对分子质量　434.81。

结构式

开发单位　日产化学公司研制, 孟山都开发。

理化性质　纯品为白色粉末状固体。熔点 175.5～177.2℃。原药为细粉末, 部分聚集成小团块, 相对密度 1.618。熔点 158～163℃。溶解度（20℃）: 水 1630mg/L（pH7）、正己烷 0.01g/L、丙酮 8.1g/L、甲苯 0.256g/L、二氯甲烷 6.9g/L、甲醇 0.872g/L、异丙醇 0.099g/L、乙酸乙酯 3g/L。

毒性　低毒。急性经口 LD_{50}: 小鼠 8866mg/kg, 大鼠 11 173mg/kg。兔急性经皮 LD_{50} > 2000mg/kg。对鱼、鸟、蜜蜂等低毒。山齿鹑急性经口 LD_{50} > 2250mg/kg, 野鸭急性经口 LD_{50} > 5620mg/kg。蜜蜂 LD_{50} > 100μg/ 只。虹鳟 LC_{50}（96 小时）> 131mg/L, 蓝鳃太阳鱼 > 118mg/L, 虾 LC_{50}（96 小时）> 109mg/L, 水藻 LC_{50} 0.0053mg/L。

剂型　35%、75% 水分散粒剂, 12%、15% 可分散油悬浮剂。

质量标准　氯吡嘧磺隆原药（Q/320723 LJN 113—2018）。

作用方式及机理　通过抑制植物乙酰乳酸合成酶, 阻止支链氨基酸亮氨酸、异亮氨酸、缬氨酸的生物合成, 从而抑制细胞分裂。施药后通过杂草的根、芽吸收并转运到植株各部位, 抑制杂草生长。

防治对象　防除反枝苋、凹头苋、绿苋及香附子、碎米莎草等。

使用方法　茎叶喷雾或苗前土壤处理除草。

防治番茄田杂草　番茄移栽前 1 天, 杂草 2～4 叶期,每亩使用 75% 氯吡嘧磺隆水分散粒剂 6～8g（有效成分 4.5～6g），加水 40L，进行土壤均匀喷雾处理。

防治甘蔗田杂草　杂草 2～4 叶期，每亩使用 75% 氯吡嘧磺隆水分散粒剂 4～5g（有效成分 3～3.75g），加水 30L 进行茎叶喷雾处理。

注意事项　①作物不同品种耐药力有差异，新品种初次使用此药，应先试后推广。②施药时注意药量准确，做到均匀喷洒，尽量在无风无雨时施药，避免雾滴飘移，危害周围作物。③大风或预计 1 小时内有降雨，请勿使用。

与其他药剂的混用　可与双氟磺草胺、丙草胺、苯噻草胺、异丙隆、莠灭净、硝磺草酮、烟嘧磺隆等混用，扩大杀草谱。

允许残留量　GB 2763—2021《食品中农药最大残留限量标准》规定氯吡嘧磺隆最大残留限量见表。ADI 为 0.1mg/kg。谷物按照 SN/T 2325 规定的方法测定。

部分食品中氯吡嘧磺隆最大残留限量（GB 2763—2021）

食品类别	名称	最大残留限量（mg/kg）
谷物	高粱	0.02
	玉米	0.05

参考文献

刘长令, 2002. 世界农药大全: 除草剂卷[M]. 北京: 化学工业出版社.

马克比恩 C, 2015. 农药手册[M]. 胡笑形, 等译. 北京: 化学工业出版社.

中国农业百科全书总编辑委员会农药卷编辑委员会, 中国农业百科全书编辑部, 1993. 中国农业百科全书: 农药卷[M]. 北京: 农业出版社.

SHANER D L, 2014. Herbicide handbook[M].l0th ed. Lawrence, KS: Weed Science Society of America.

（撰稿：李香菊；审稿：耿贺利）

氯吡脲　forchlorfenuron

一种具有细胞分裂素活性的苯脲类植物生长调节剂，能起到加速细胞有丝分裂、促进细胞增大和分化，防止果实和花的脱落的作用，从而促进植物生长、早熟，延缓作物后期叶片的衰老，增加产量。

其他名称　吡效隆、吡效隆醇、调吡脲、氯吡苯脲、施特优。

化学名称　1-(2-氯-4-吡啶)-3-苯基脲。

IUPAC 名称　1-(2-chloropyridin-4-yl)3-phenylurea。

CAS 登记号　68157-60-8。

分子式　$C_{12}H_{10}ClN_3O$。

相对分子质量　247.68。

结构式

理化性质　白色无味结晶性固体。熔点 170～172℃。沸点 308.4℃（101.32kPa）。密度 1.415g/cm^3。不溶于水；溶于甲醇、乙醇、异丙醇、丙酮、氯仿、乙酸乙酯、二氯甲烷、正己烷、甲苯。

作用方式及机理　是一种具有细胞分裂素活性的苯脲类植物生长调节剂，其生物活性较 6-苄氨基嘌呤高 10～100 倍。它能够加速细胞有丝分裂、促进细胞增大和分化，防止果实和花的脱落的作用，从而促进植物生长、早熟，延缓作物后期叶片的衰老，增加产量。广泛用于农业、园艺和果树等方面。是一种活性极高的细胞分裂素，在用量极低的情况下就能发挥作用，在生产上主要用于浸果、浸花、涂抹果柄、喷瓜胎等。果树也可用低浓度的药液喷施。

毒性　急性经口 LD$_{50}$：雄大鼠 2787mg/kg，雌大鼠 1568mg/kg，雄小鼠 2218mg/kg，雌小鼠 2783mg/kg。兔急性经皮 LD$_{50}$ > 2000mg/kg。对皮肤刺激轻微，对眼睛有刺激。大鼠急性吸入 LC$_{50}$（4 小时）：在饱和蒸汽中不致死。NOEL 为 7.5mg/kg。鱼类 LC$_{50}$：虹鳟（96 小时）9.2mg/L，鲤鱼（48 小时）8.6mg/L。

剂型　0.1% 氯吡脲可溶剂，0.3%、0.35%、0.5% 赤霉·氯吡脲可溶液剂。

使用方法　主要用于黄瓜、西瓜、番茄、茄子、葡萄等作物，也可用于猕猴桃、枇杷、苹果、梨、辣椒、苹果、柑橘、桃、梨、梅、荔枝、龙眼、山楂等。

黄瓜　在雌花开放当天或开花前 2～3 天，用 0.1% 氯吡脲可溶性液剂 10ml，根据温度高低，兑水 0.5～2kg，温度低加水量少，温度高加水量多，搅拌成均匀溶液。浸瓜胎或用微型喷雾器均匀喷雾瓜胎，用药后坐瓜率达 98%～100%，且幼瓜生长快速、瓜大、质优，提早上市。

西瓜、甜瓜、西葫芦　在雌花开放当天或前后 1 天，用 0.1% 可溶性液剂 20～30 倍液涂瓜柄 1 圈，可防止西瓜生长势过旺和无昆虫授粉引起的难坐果和瓜化现象，提高坐果率及产量，增加果实含糖量。

番茄、茄子　在开花当天或前后 1 天，用 0.1% 可溶性液剂 20～30 倍液，温度低用低倍数，温度高用高倍数，浸大部分已经开花的花穗，或涂抹果柄，可提高坐果率，促进果实膨大，增产显著。

猕猴桃　谢花后 20～25 天，用 10ml/kg 喷洒两次，可膨果 30%～100%，含糖量增加 1.4%～2.7%，维生素 C 含量增加 16.4%～24.6%，单果增重 50%。

葡萄　于盛花前 14～18 天，用 3～5mg/kg 药液浸果穗或喷果穗；或于谢花后 10～15 天，用 0.1% 可溶性液剂 10～100 倍液浸渍幼果，可以提高坐果率，单果重增加，增加可溶性固形物的含量，增产可达 80% 以上。

参考文献

李玲, 肖浪涛, 谭伟明, 2018. 现代植物生长调节剂技术手册[M]. 北京: 化学工业出版社: 35.

孙家隆, 2015. 新编农药品种手册[M]. 北京: 化学工业出版社: 940.

（撰稿：王琪；审稿：谭伟明）

氯丹　chlordane

一种有机氯类杀虫剂。

其他名称　氯化茚、1068。

化学名称　1,2,4,5,6,7,8,8-八氯-2,3,3α,4,7,7α-六氢化-4,7-亚甲茚；1,2,4,5,6,7,8,8-octachloro-4,7-methano-3a,4,7,7a-tetrahydroindane。

IUPAC名称　(4S,7S)-1,2,4,5,6,7,8,8-octachloro-2,3,3a,4,7,7a-hexahydro-1H-4,7-methanoindene。

CAS登记号　57-74-9。

EC号　200-349-0。

分子式　$C_{10}H_6Cl_8$。

相对分子质量　409.78。

结构式

开发单位　1945年由C. W. Kearns等报道其杀虫活性，后由韦尔西化学公司开发推广。

理化性质　原药为棕褐色黏稠液体，顺式异构体熔点为106～107℃，反式异构体熔点为104～105℃。相对密度1.59～1.63。沸点175℃（133Pa）。精制产品蒸气压为1.3mPa（25℃）。25℃水中溶解度为0.1mg/L，可溶于多种有机溶剂。遇碱不稳定，分解失效。

毒性　在动物体内积累在脂肪组织中，可引起肝组织病变。属中等毒性杀虫剂。大鼠急性经口LD_{50} 133～649mg/kg，小鼠430mg/kg，兔300mg/kg。大鼠急性经皮LD_{50} 217mg/kg。兔急性经皮LD_{50} 200～2000mg/kg。对兔眼睛刺激严重，对皮肤刺激轻微。对豚鼠无致敏性。吸入LC_{50}（4小时）7200mg/L。狗2年饲喂试验的NOEL为3mg/kg饲料，以15mg/（kg·d）对兔无致畸作用。大鼠3代研究表明，NOEL为60mg/kg饲料。体内和体外研究结果表明，无诱变性。对人的ADI为0.0005mg/kg。野鸭LC_{50}（8天）795mg/kg饲料，鹌鹑LC_{50}（8天）421mg/kg饲料。鱼类LC_{50}（96小时）：虹鳟0.09mg/L，蓝鳃鱼0.07mg/L。水蚤LC_{50}（48小时）0.59mg/L。

剂型　5%粉剂，50%乳油，5%油剂。

作用方式及机理　具有胃毒、触杀和熏蒸作用。

防治对象　虽然该药防治高粱、玉米、小麦、大豆及林业苗圃等地下害虫效果良好，但由于该药持效期长，生物蓄积作用强，对高等动物有潜在致病变性，所以应慎用或不提倡使用该药。

使用方法　可用5%粉剂500g拌小麦种子100kg，或用50%乳油500g加水40～50kg稀释拌小麦种子500kg，可防治蝼蛄、蛴螬和金针虫。用50%乳油500g加水15～25kg稀释拌谷种200kg或高粱、玉米300kg，可防治蝼蛄、蛴螬和金针虫。

注意事项　①果树、蔬菜、茶树、中草药、烟草、咖啡、胡椒、香茅等作物上禁用。②只准用于拌种，防治地下害虫。③该药易挥发，用后盖严。不要与碱性农药混用。④粮食作物收获前30天禁用；草地牧场施药2～3周后才能放牧。⑤该品在动物体内有较大累积作用，使用时应注意。

参考文献

朱永和, 王振荣, 李布青, 2006. 农药大典[M]. 北京: 中国三峡出版社.

（撰稿：汪清民；审稿：吴剑）

氯氟草醚　ethoxyfen-ethyl

一种原卟啉原氧化酶抑制类除草剂。

其他名称　Buvirex、氯氟草醚乙酯、氟乳醚。

化学名称　(1S)-2-乙氧基-1-甲基-2-氧乙酰基-2-氯-5-[2-氯-4-(三氟甲氧基)苯氧基]苯甲酸酯；(1S)-2-ethoxy-1-methyl-2-oxoethyl；2-chloro-5-[2-chloro-4-(trifluoromethyl)phenoxy]benzoate。

IUPAC名称　ethyl O-[2-chloro-5-(2-chloro-α,α,α-trifluoro-p-tolyloxy)benzoyl]-L-lactate。

CAS登记号　131086-42-5。

分子式　$C_{19}H_{15}Cl_2F_3O_5$。

相对分子质量　451.22。

结构式

开发单位　匈牙利布达佩斯化学公司。

理化性质　纯品为黏稠状液体。易溶于丙酮、甲醇和甲苯等有机溶剂。

毒性　急性经口LD_{50}：雄大鼠843mg/kg，雌大鼠963mg/kg；雄小鼠1269mg/kg，雌小鼠1113mg/kg。兔急性经皮LD_{50} 2000mg/kg。对兔皮无刺激性，对兔眼睛有中度刺激性。大鼠急性吸入LC_{50}（14天）：雄性9679mg/L、雌性9344mg/L空气。无致突变性、无致畸性。

剂型　24%乳油，30%水剂。

作用方式及机理　触杀型除草剂。施药1周内杂草即可停止生长，15天内杂草可以死亡，大龄杂草也停止生长，并最终死亡。

防治对象　主要用于苗后防除大豆、小麦、大麦、花生、豌豆等田中的阔叶杂草，如藜、苋、蓼、猪殃殃、苍耳、苘麻、繁缕、龙葵、地肤、茅、铁苋菜、野西瓜苗、益母草等，对多年生杂草有一定的抑制作用。防除杂草最佳期是2～5叶期。使用剂量为10～30g/hm²（有效成分）。

使用方法　大豆苗后使用氯氟草醚的用量为10～30g/hm²（有效成分），使用时会导致大豆叶面出现褐色斑点，但是不影响大豆的正常生长和产量。用量高于30g/hm²（有效成分）会导致大豆死苗现象的发生。

注意事项　在大豆田中使用时，使用剂量不宜超过30g/hm²（有效成分）。在种植下茬作物前，应提前15天停止喷药。

与其他药剂的混用　氯氟草醚乙酯主要防除阔叶杂草，为扩大杀草谱可以与防治禾本科杂草的除草剂，如吡氟禾草灵、喹禾灵、噁唑禾草灵及禾草灵等混用。

允许残留量　GB 2763—2021《食品中农药最大残留限量标准》暂未规定氯氟草醚的最大残留限量。

参考文献

刘长令, 2002. 世界农药大全: 除草剂卷[M]. 北京: 化学工业出版社: 189-190.

（撰稿：王大伟；审稿：席真）

氯氟醚菊酯　meperfluthrin

一种含氟菊酯类卫生杀虫剂。

其他名称　抗虫菊酯。

化学名称　[2,3,5,6-四氟-4-(甲氧基甲基)苯基]甲基3-(2,2-二氯乙烯基)-2,2-二甲基环丙基-羧酸酯。

IUPAC名称　[2,3,5,6-tetrafluoro-4-(methoxymethyl)phenyl] methyl (1R,3S)3-(2,2-dichlorovinyl)-2,2-dimethylcyclopropane-carboxylate。

CAS登记号　915288-13-0。

分子式　$C_{17}H_{16}Cl_2F_4O_3$。

相对分子质量　415.21。

结构式

开发单位　20世纪90年代中国的江苏扬农化工股份有限公司开发。

理化性质　纯品为白色粉末。纯品熔点48～50℃。相对密度1.23（20℃）。蒸气压686.2Pa（200℃）。在水中溶解度（25℃）：7.78×10^{-5}g/L，易溶于氯仿、丙酮、乙酸乙酯、甲苯、二氯甲烷、二甲基甲酰胺等有机溶剂中。在酸性和中性条件下稳定，但在碱性条件下水解较快。易光解，弱挥发性。在常温下可稳定储存2年。

毒性　低毒。大鼠急性经口$LD_{50} > 500$mg/kg。大鼠急性经皮$LD_{50} > 5000$mg/kg。大鼠急性吸入$LC_{50} > 3160$mg/m³。对兔眼睛和皮肤无刺激，属弱致敏物质。

剂型　蚊香，电热蚊香片，液体蚊香。

作用方式及机理　有效防治蝇、蚊虫、臭虫等，对蚊虫具有快速击倒作用。

防治对象　蝇、蚊虫、臭虫等。

使用方法　蚊香熏蒸。

注意事项　操作时应佩戴防毒口罩，穿戴防护服等，工作现场禁止吸烟、进食和饮水。密闭操作，局部排风。不可用中碳钢、镀锌铁皮材料装载。如出现泄漏，隔离泄漏污染区，周围设警告标志，不要直接接触泄漏物，用沙土吸收，铲入铁桶，运至废物处理场所。被污染地面用肥皂或洗涤剂刷洗，经稀释的污水放入废水系统。

参考文献

马克比恩 C, 2015. 农药手册[M]. 胡笑形, 等译. 北京: 化学工业出版社: 648-649.

戚明珠, 周景梅, 姜友法, 等, 2010.氯氟醚菊酯的开发及其应用研究[J]. 中华卫生杀虫药械, 16(3): 172-174.

（撰稿：陈洋；审稿：吴剑）

氯氟氰菊酯　cyhalothrin

一种高效、广谱、速效的拟除虫菊酯杀虫剂、杀螨剂。

其他名称　功夫、Kung Fu、Matador、Karate、Icon、Commodore、Samurai、Jureong、Samourai、天菊、赛洛宁、空手道、高效功夫菊酯、Cishalothrin、Cis-cyhalothrin、γ-cyhalothrin、Lambda-cyhalothrin、PP-321、ICIA-0321、OMS3021。

化学名称　3-(2-氯-3,3,3-三氟丙烯基)-2,2-二甲基环丙烷羧酸-α-氰基-3-苯基苄基酯；2,2-二甲基-3-(2-氯-3,3,3-三氟-1-丙烯基)环丙烷羧酸-alpha-氰基-3-苯氧基苄。

IUPAC名称　(RS)-α-cyano-3-phenoxybenzyl (Z)(1RS,3RS)-3-[2-chloro-3,3,3-trifluoroprop-1-enyl]-2,2-dimethylcyclopropanecarboxylate。

CAS登记号　68085-85-8。

EC号　268-450-2。

分子式　$C_{23}H_{19}ClF_3NO_3$。

相对分子质量　449.85。

结构式

(Z)-(1R)-cis-

(Z)-(1S)-cis-

开发单位　1984年A. R. Jutsum等报道该杀虫剂，ICI

Agrochemicals 在中美洲和远东 1985 年投产，获专利 EP107296，EP106469。

理化性质　原药纯度 ≥ 90%（质量分数），cis- 异构体 ≥ 95%。原药为黄色至褐色黏稠液体。大气压条件下不能沸腾。蒸气压 1.2×10^{-3} mPa（20℃）。K_{ow}lgP 6.9（20℃）。Henry 常数 10Pa·m^3/mol（20℃，计算值）。相对密度 1.25（25℃）。在水中溶解度 0.0042mg/L（pH5，20℃）；在丙酮、二氯甲烷、甲醇、乙醚、乙酸乙酯、正己烷、甲苯中 > 500g/L（20℃）。稳定性：在黑暗中 50℃条件下，储存 4 年不会变质，不发生构型转变。对光稳定，光下储存 20 个月损失 < 10%。在 275℃下分解。阳光下在 pH 7 ~ 9 的水中会缓慢水解，pH > 9 时，水解更快。闪点 204℃（原药，闭口杯）。

毒性　急性经口 LD_{50}（mg/kg）：雄大鼠 243，雌大鼠 144，豚鼠 > 5000，兔 > 1000。急性经皮 LD_{50}（mg/kg）：雄大鼠 1000 ~ 2500，雌大鼠 200 ~ 2500，兔 > 2500。对兔眼睛有中度刺激作用，对皮肤无刺激作用。对豚鼠皮肤中度致敏。大鼠吸入 LC_{50}（4 小时）> 86mg/L。NOEL：以 2.5mg/（kg·d）剂量饲喂大鼠 2 年，饲喂狗 0.5 年，没有发现明显的中毒现象。无证据表明有致癌、致突变或干扰生殖作用。没有发现对胎儿有影响。可能会引起使用者面部过敏，但是是暂时的，可以完全治愈。野鸭急性经口 LD_{50} > 5000mg/kg。虹鳟 LC_{50}（96 小时）00054mg/L。水蚤 LC_{50}（48 小时）0.38µg/L。蜜蜂 LD_{50}（接触）0.027µg/ 只。

剂型　2.5% 乳油。

质量标准　外观为淡黄色透明液体，沸点 159 ~ 160℃，闪点 38℃，乳化性符合 WHO 标准，乳剂放置 1 小时后上下层均为乳状，常温储存稳定 2 年以上。

作用方式及机理　为拟除虫菊酯类杀虫剂，具有触杀作用、胃毒作用，无内吸作用。

防治对象　对害虫和螨类有强烈的触杀和胃毒作用，也有驱避作用，杀虫谱广。有很高活性，每公顷用量在 15g 左右，药效与溴氯菊酯相近，且对螨类也很有效。该品杀虫作用快，持效长，对益虫的毒性也较低。它对蜜蜂的毒性比氯菊酯和氯氰菊酯要小些。可防治棉铃象甲、棉铃虫、玉米螟、棉叶螨、蔬菜黄条跳甲、小菜蛾、菜青虫、斜纹夜蛾、马铃薯长管蚜、马铃薯甲虫、茄子红蜘蛛、地老虎、苹果蚜虫、苹果潜叶蛾、苹果小卷叶蛾、柑橘潜叶蛾、桃蚜、小食心虫、茶尺蠖、茶叶瘿螨、水稻黑尾叶蝉等，对蚊、蝇、蟑螂等卫生害虫也有效。

使用方法

防治棉花害虫　①防治棉铃虫、红铃虫。用 2.5% 乳油 375 ~ 600ml/hm^2，加水 750 ~ 1500kg 喷雾，持效期 7 ~ 10 天，同时可兼治棉盲蝽、棉象甲。②防治棉蚜。苗期用 2.5% 乳油 150 ~ 300ml/hm^2，伏蚜用 2.5% 乳油 300 ~ 450ml/hm^2，加水 750kg 喷雾。③防治棉红蜘蛛。于成、若螨发生期施药，按上述常规用药可以控制红蜘蛛的发生量，如用有效成分 22.5 ~ 45g/hm^2 的高剂量，可以在 7 ~ 10 天之内控制叶螨的危害，但效果不稳定。一般不要将此药作为专用杀螨剂，只能在杀虫的同时兼治害螨。④防治玉米螟。于卵盛孵期施药，用 2.5% 乳油 5000 倍稀释液喷雾，效果良好。见表 1。

防治果树害虫　①防治柑橘潜叶蛾。于新梢初放期或潜叶蛾卵孵盛期施药，2.5% 乳油 4000 ~ 8000 倍稀释液喷雾，当新叶被害率仍在 10% 时，每隔 7 ~ 10 天施药 1 次，一般 2 ~ 3 次即可控制潜叶蛾危害，可兼治卷叶蛾、橘蚜等。②防治柑橘介壳虫、柑橘矢尖蚧、吹绵蚧。在若虫发生期施药，用 2.5% 乳油 1000 ~ 3000 倍液稀释喷雾。③防治柑橘叶螨。于发生期，用 2.5% 乳油 1000 ~ 2000 倍液喷雾，一般可以控制红蜘蛛、锈蜘蛛的危害，但持效期短，由于天敌被杀伤，药后虫口就很快回升，故最好不要专用于防治叶螨。④苹果蠹蛾的防治。低龄幼虫始发期或开花坐果期，用 2.5% 乳油 2000 ~ 4000 倍液喷雾，还可以防治小卷叶蛾。⑤防治桃小食心虫。卵孵盛期，用 2.5% 乳油 3000 ~ 4000 倍液均匀喷雾，每季 2 ~ 3 次，还可以防治苹果上的蚜虫。见表 2。

防治蔬菜害虫　①小菜蛾。一、二龄幼虫发生期，用 2.5% 乳油 300 ~ 600ml/hm^2，加水 750kg 喷雾。此剂量还可以防治甘蓝夜蛾、斜纹夜蛾、烟青虫、菜螟。②菜青虫。二、三龄幼虫发生期，用 2.5% 乳油 225 ~ 375ml/hm^2 加水喷雾，持效期在 7 天左右。③菜蚜。蚜虫发生期，用 2.5% 乳油 120 ~ 300ml/hm^2，均可控制白菜蚜虫、瓜蚜的危害，持效期 7 ~ 10 天。④茄红蜘蛛、辣椒跗线螨。用 2.5% 乳油 450 ~ 750ml/hm^2 加水喷雾。持效期 7 天左右。见表 2。

防治茶树害虫　①茶尺蠖。二、三龄幼虫发生期，用 2.5% 乳油 4000 ~ 10 000 倍，或 2.5% 乳油 10 ~ 40ml 加水喷雾。持效期 7 天左右。同剂量可以防治茶毛虫、茶小卷叶蛾、茶小绿叶蝉（防治此虫要用稍高剂量）。②茶叶瘿螨、茶橙瘿螨。发生期施药，用 2.5% 乳油 2000 ~ 3000 倍稀释喷雾，可以起到一定的抑制作用。但持效期短，且效果不稳定。见表 2。

表 1　氯氟氰菊酯对大田作物害虫的防治

作物名称	害虫名称	用药量（有效成分 g/hm^2）
棉花	棉铃虫、红铃虫、玉米螟、棉潜蛾	5 ~ 20
	棉蚜	4 ~ 7.5
	棉铃象甲（包括马铃薯叶甲）	7.5 ~ 30
	棉叶螨	33.6
玉米和其他谷类	玉米螟、草地夜蛾	5 ~ 20
	麦长管蚜、蔷薇谷蚜	5 ~ 15

表 2　氯氟氰菊酯对果树、蔬菜、茶树等害虫的防治

作物名称	害虫名称	喷雾浓度（mg/kg）
果树	柑橘叶螨、苹果长蠹	12.5 ~ 25.0
	柑橘蚜虫、柑橘潜叶蛾	2.5 ~ 6.25
	桃小食心虫	6.3 ~ 8.3
	橘小粉蚧	8.3 ~ 25
蔬菜	小菜蛾、菜青虫	6.3 ~ 12.5
	菜蚜	3.3 ~ 10
	茄红蜘蛛	6.25 ~ 25
茶树	茶尺蠖	2.5 ~ 6.25
	茶瘿螨	8.3 ~ 12.5

在田间防治植物病毒传染媒介，一般用 6.25～30g/hm²（有效成分），可防治传播马铃薯 Y 病毒、马铃薯卷叶病毒、大麦黄矮病毒、水稻东格罗病毒、郁金香碎色病毒等的害虫。还用于防治牲畜体外寄生虫如微小牛蜱、绵羊畜虱等。

注意事项　此药为杀虫剂兼有抑制害螨作用，因此不要作为杀螨剂专用于防治害螨。由于在碱性介质及土壤中易分解，所以不要与碱性物质混用以及作土壤处理使用。对鱼虾、蜜蜂、家蚕高毒，因此使用时不要污染鱼塘、河流、蜂场、桑园。如药液溅入眼中，用清水冲洗 10～15 分钟后，请医生治疗，如溅到皮肤上，立即用大量水冲洗；如有误服，立即引吐，并迅速就医。医务人员可以给患者洗胃，但要注意防止胃存物进入呼吸道。

与其他药剂的混用　功夫 2.5% 乳油及其他多种制剂；可与乐果、抗蚜威、胺菊酯等混配成各种混剂。

允许残留量　ADI 为 0.02mg/kg（GB 2763—2021）。比利时规定在作物中最高残留限量：棉籽、马铃薯 0.01mg/kg，蔬菜 1mg/kg。

参考文献

陈万义, 2000. 农药生产与合成[M]. 北京: 化学工业出版社.

马克比恩 C, 2015. 农药手册[M]. 胡笑形, 等译. 北京: 化学工业出版社: 238-239.

彭志源, 2006. 中国农药大典[M]. 北京: 中国科技文化出版社.

朱永和, 王振荣, 李布青, 2006. 农药大典[M]. 北京: 中国三峡出版社.

（撰稿：吴剑；审稿：王鸣华）

氯化胆碱　choline chloride

一种植物光合作用促进剂，能抑制光呼吸，提高超氧歧化酶活性，对光合作用有促进作用，可以促进根系发展，对增加产量有明显的效果。

其他名称　氯化胆脂、增蛋素、氯化胆素。

化学名称　氯化-2-羟乙基三甲胺；氯化三甲基(2-羟乙基)铵。

IUPAC 名称　2-hydroxyethyl(trimethyl)azanium chloride。

CAS 登记号　67-48-1。

EC 号　200-655-4。

分子式　$C_5H_{14}ClNO$。

相对分子质量　139.63。

结构式

开发单位　1849 年 Streker 从公牛胆汁中提取胆碱，1930 年 Best 确立作用并开发出氯化物以利用。

理化性质　白色吸湿性结晶，无味，有鱼腥臭。10% 水溶液 pH5～6，在碱液中不稳定。易溶于水及醇类，水溶液几乎呈中性，不溶于醚、石油醚、苯及二硫化碳。熔点为 302～305℃。

毒性　低毒。急性经口 LD_{50}：大鼠 3400mg/kg，小鼠 3900mg/kg。

剂型　水剂。

作用方式及机理　可在一定程度上抑制光呼吸，提高超氧歧化酶活性，对光合作用有促进作用，可以促进根系发展。对植物营养物质积累具有促进作用，并促进根原基早萌发，进而能够促进产量增长。

使用对象　用于水稻、小麦、玉米等，能促进发芽、生根、苗壮、提高抗逆能力。用于甘蓝、白菜等，可促进发芽、生长快、耐寒。用于苹果、桃等果树，能增厚果肉，提高果实产量。

使用方法　①块根等地下部分生长作物在膨大初期每亩用 6～12g，加水 30kg 稀释（1500～3000 倍）（即 500kg 水加入 100～200g 氯化胆碱）喷施 2～3 次，膨大增产效果明显。②观赏植物杜鹃花、一品红、天竺葵、木槿等调节生长；小麦、大麦、燕麦抗倒伏。用于蔬菜、果树、茶树，对增加产量、促进生长有很好的作用。③能使玉米幼苗在长期轻度干旱条件下存活。④甘薯于块茎开始形成或膨大初期进行叶面喷施。⑤马铃薯于始花期进行叶面喷施。⑥大蒜于蒜头膨大初期进行叶面喷施。⑦花生于始见开花下针期进行叶面喷施。⑧山药于块根膨大初期，蔓高约长至 1m 时进行叶面喷施。⑨萝卜于 7～9 叶期进行叶面喷施。⑩洋葱于鳞茎膨大初期。⑪生姜于三股权（3 苗）期叶面喷施。⑫中药材于根茎膨大期叶面喷施。亩用氯化胆碱 6～12g，兑水 30kg，待露水干后均匀喷雾。间隔 10～15 天，连续施用 2～3 次。

注意事项　田间喷洒要注意风力、风向、气温及晴雨等天气变化。晴天应避开露水和烈日高温施用，阴天应在露水全干后施用。若施后 6 小时内下雨应补施。

允许残留量　中国未规定最大允许残留量，WHO 无残留规定。

参考文献

陈俊峰, 2013. 氯化胆碱处理对季节性栽培紫花苜蓿产量和品质的影响[D]. 南京: 南京农业大学.

荆恩恩, 2018. 低温下氯化胆碱与海藻糖对小麦生长发育的调控效应[D]. 郑州: 河南农业大学.

李玲, 肖浪涛, 谭伟明, 2018. 现代植物生长调节剂技术手册[M]. 北京: 化学工业出版社:18.

孙家隆, 2015. 新编农药品种手册[M]. 北京: 化学工业出版社:941.

（撰稿：谭伟明；审稿：杜明伟）

氯化苦　chloropicrin

一种无色或微黄色油状液体，不溶于水，溶于乙醇、苯等多数有机溶剂。是一种用于防治储粮害虫的熏蒸类杀虫剂。

其他名称　Acquinite、Larvacide、Chlor-O-Pic、Dojyopicrin、Dolochlor、Pic-Clor、Tri-clor、Aquimite、Cultafume、Nemax、

Niklor、Picfume、Telonec、Nitrochloroform。

化学名称　三氯硝基甲烷；trichloronitromethane。

IUPAC 名称　trichloronitromethane。

CAS 登记号　76-06-2。

EC 号　200-930-9。

分子式　CCl_3NO_2。

相对分子质量　164.39。

结构式

Cl — NO₂ 的结构式（三氯硝基甲烷结构）

$$Cl_3C-NO_2$$

开发单位　于 1908 年用作杀虫剂，在许多国家大都用于粮食除虫和土壤熏蒸，是熏蒸剂中用量最大、最普遍的品种。

理化性质　纯品为无色液体，相对密度 1.6558（20℃），沸点112.4℃、熔点-64℃。蒸气压2.44kPa（20℃）、10.77kPa（30℃）。能在空气中逐渐挥发，其气体比空气重4.67倍。难溶于水，可溶于丙酮、苯、乙醚、四氯化碳、乙醇和石油。在空气中能挥发成气体，气体密度为4.67。但挥发速度较慢，扩散深度为0.75~1m。化学性质稳定，除发烟硫酸、亚硝基硫酸能使氯化苦分解，变成光气外，其他酸均不能分解它，与碱性水溶液不发生作用。对铜无腐蚀，对铁、锌及其他轻金属形成保护膜。吸附力很强，容易被多孔物质所吸附，特别在潮湿物体上可保持很久。对熏蒸过的物品有漂白作用。无爆炸和燃烧性。工业品纯度为98%~99%。为浅黄色液体。

毒性　高毒。急性经口 LD_{50}：雄小鼠 217mg/kg、雌大鼠 126mg/kg。用含 22.1mg/kg 氯化苦的饲料喂大鼠 5 个月无明显影响。室内空气最高允许浓度为 1mg/m³。种子胚部对氯化苦吸附力强，受熏蒸后影响发芽率，种子含水量越高，发芽率降低也越多。氯化苦对昆虫的成虫和幼虫毒效大，但对虫卵和蛹毒效较差。毒效不仅与施用浓度和密闭时间有关，温度影响也很大。对高等动物剧毒，经呼吸进入人体后，首先使肺部中毒，然后逐渐引起心脏机能的破坏以及胃炎、肾炎等病的症状，重者肺部水肿、充血导致死亡。氯化苦对皮肤有腐蚀作用，如侵入皮肤可引起红疹和溃疡，少量的氯化苦蒸气即可刺激眼睛而流泪。在含2mg/L氯化苦的空气中10分钟内，或含0.8mg/L的空气中30分钟能使人死亡。因强烈刺激黏膜，可使人及时发现而减少中毒危险。

剂型　氯化苦原液。

质量标准　纯品为白色液体。工业品纯度为98%~99%，为浅黄色液体。

作用方式及机理　具有杀虫、杀菌、杀线虫、杀鼠作用，但毒杀作用比较缓慢。氯化苦易挥发，扩散性强，挥发度随温度上升而增大。它所产生的氯化苦气体比空气重5倍。温度高时，药效较显著，一般在20℃以上熏蒸比较合适。

氯化苦其蒸气经昆虫气门进入虫体，水解成强酸性物质，引起细胞肿胀和腐烂，并可使细胞脱水和蛋白质沉淀，造成生理机能破坏而死亡。对害虫的成虫和幼虫熏杀力很

强，但对卵和蛹的作用小，对螨卵和休眠期的螨效果较差。对储粮微生物也有一定的抑制作用。用氯化苦灭鼠，因其气体比空气重，而能沉入洞道下部杀灭害鼠。氯化苦气体在鼠洞中一般能保持数小时，随后被土壤吸收而失效。杀鼠的毒理作用机制主要是刺激呼吸道黏膜。它的蒸气被肺部吸收，损伤毛细血管和上皮细胞，使毛细血管渗透性增加、血浆渗出，形成肺水肿。最终由于肺部换气不良，造成缺氧、心脏负担加重，而死于呼吸衰竭。

防治对象　主要用于熏蒸粮仓防治储粮害虫，对常见的储粮害虫如米象、米蛾、拟谷盗、谷蠹、豆象等有良好杀伤力，对储粮微生物也有一定抑制作用。但只能熏蒸原粮，不能熏蒸加工粮。也可用于土壤熏蒸防治土壤病虫害和线虫，用于鼠洞熏杀鼠类。氯化苦对皮肤和黏膜的刺激性很强，易诱致流泪、流鼻涕，故人畜中毒先兆易被察觉，因此使用此药比较安全。氯化苦在光的作用下可发生化学变化，毒性随之降低，在水中能迅速水解为强酸物质。对金属和动植物细胞均有腐蚀作用。

使用方法

熏蒸粮仓　氯化苦除不可熏蒸成品粮、花生仁、芝麻、棉籽、种子粮（安全水分标准以内的豆类除外）和发芽用的大麦外，其他粮食均可使用，但地下粮仓不宜使用。①喷洒法。适用于包装粮、散装粮和器材的熏蒸。若散装粮堆高不超过1m，可不用探管。放药前将粮面整平，铺盖3层麻袋，而后将药液均匀地喷洒在麻袋上。②挂袋法。适用于包装粮、散装粮以及器材和加工厂的熏蒸。施药前在地面以上或粮面以上1.8m处接好绳索。将药液喷洒在麻袋上，经充分吸收后，均匀地挂在绳索上。喷洒时一般每4条麻袋可喷洒药液1kg。③探管法。堆高1m以上的散装粮，熏蒸时应使用探管或利用供粮食散热的通气竹笼。探管可用竹制或塑料制成，下端钻许多小于粮粒的孔眼，内部以麻袋条为芯。施药时将药液徐徐倒在麻袋芯上，以利挥发。探管施药法通常是作为喷洒法和挂袋法的辅助措施，以便使气体更均匀地在粮堆内扩散和分布。④仓外投药法。采用一定形式的投药器将药液喷入仓内。此法适用于包装粮、散装粮及器材和加工厂的熏蒸，也可用于空仓熏蒸。

上述各法使用纯度98%的氯化苦，处理空间每立方米用20~30g；处理粮堆每立方米35~70g；处理器材每立方米用20~30g。施药后密闭时间至少3天，一般应达5天。其气体极易被储粮强烈吸附，而且不易消散，熏蒸后的散气时间一般应掌握在5~7天，最少3天。具有通风设备的仓库，应当充分利用。熏蒸时最低平均粮温应在15℃以上。氯化苦对铜有很强的腐蚀性，使用时对库内的电源开关、灯头等裸露器材设备，应涂以凡士林等防护。

熏蒸杀鼠　氯化苦熏蒸灭鼠时，按鼠洞的复杂程度及土质情况，每洞使用5~10g，特殊的鼠洞使用剂量可增至50g以上。在消灭黄鼠时，每洞5~8g，黄毛鼠每洞4~5g，沙土鼠每洞5g，旱獭则需50~60g。氯化苦药液可以直接注入鼠洞内使用，也可以将其倒在干畜粪上、草团上、烂棉团上投入鼠洞内。投毒者应站在上风位置，以防吸入毒气。药剂投入鼠洞后，应立即堵洞，先用草团、石块等物塞住洞口，然后用细土封严实。仓库、船舶的熏蒸灭鼠，一般用量

为 10~30g/m³。将门窗、气孔等全部密封，将氯化苦喷洒在地面上，或者喷洒在麻袋上，然后悬挂在仓库上层，氯化苦蒸气自上而下，分布更为均匀。密封时间一般为 48~72 小时，启封后通风排毒，并收集鼠尸。

土壤熏蒸 因用药量太多，实际应用不多。防治葡萄根瘤蚜和土壤线虫，每平方米用药 20~30ml，由玻璃漏斗每孔灌药液 5ml。防治棉花枯萎病、黄萎病，于棉花蕾期在病点每平方米打孔 3~5 个，棉花花铃期每平方米打孔 9~12 个，孔深 20cm，孔距 20cm，每孔注药 10ml，再用土封闭孔口。

注意事项 ①该药剂的附着力较强，必须有足够的散气时间，才能使毒气散尽。②加工粮、水果、蔬菜、种子和苗木等不能用该剂熏蒸。③种子胚对氯化苦的吸收力最强，用氯化苦熏蒸后影响发芽率。种子含水量越高，发芽率降低也越多，所以谷类种子等不能用该剂熏蒸，其他种子熏蒸后要作发芽试验。④熏蒸的起点温度为 12℃，温度最好在 20℃ 以上。⑤吸入毒气浓度较大时，会引起呕吐、腹痛、腹泻、肺水肿；皮肤接触可造成灼伤。发现有中毒症状应采取急救措施，给中毒者吸氧，严禁人工呼吸。眼睛受刺激后用硼酸或硫酸钠溶液洗眼。

与其他药剂的混用 氯化苦可与二氧化碳混合熏蒸。用药量每立方米氯化苦 15~20g，二氧化碳 20~40g。投药时，可先施氯化苦，然后在仓外施入二氧化碳。密闭时间不得少于 72 小时。

参考文献

马克比恩 C, 2015. 农药手册[M]. 胡笑形, 等译. 北京: 化学工业出版社.

中国农业百科全书总编辑委员会农药卷编辑委员会农药卷编辑委员会, 中国农业百科全书编辑部, 1993. 中国农业百科全书: 农药卷[M]. 北京: 农业出版社.

（撰稿：陶黎明；审稿：徐文平）

氯化血根碱 sanguinarine chloride

一种苯菲啶异喹啉类生物碱。

其他名称 血根氯铵。

化学名称 氯化血根碱。

IUPAC 名称 13-methyl[1,3]benzodioxolo[5,6-c][1,3]dioxolo[4,5-i]phenanthridin-13-ium chloride。

CAS 登记号 5578-73-4。

EC 号 621-641-8。

分子式 $C_{20}H_{14}ClNO_4$。

相对分子质量 367.78。

结构式

理化性质 红色针状结晶。可溶于甲醇、乙醇、二甲基亚砜等有机溶剂。熔点 281~285℃。

毒性 该药速效性一般，通常药后 3 天防效才明显有所上升，持效期 7 天左右，对作物安全。

剂型 1% 可湿性粉剂。

质量标准 制剂为 1% 血根碱可湿性粉剂，2~8℃ 避光保存。

作用方式及机理 具有触杀作用。

防治对象 该药对二斑叶螨有一定的防效。

使用方法 防治二斑叶螨用 1% 可湿性粉剂，稀释倍数为 1500~2500 倍，一般在叶螨低龄若虫期均匀喷雾防效最佳。

注意事项 应在低温下保存，长时间暴露在空气中，含量会有所降低。

参考文献

胡海军, 2008. 血根碱及白屈菜红碱抑菌和杀螨活性构效关系[D]. 杨凌: 西北农林科技大学.

（撰稿：刘瑾林；审稿：丁伟）

氯化血红素 hemin

天然血红素的体外纯化形式，用于马铃薯、番茄，具有促进细胞原生质流动、提高细胞活力、加速植株生长发育、促根壮苗、保花保果、增强抗氧化能力以及改善抗逆性的作用。

其他名称 盐酸血红素、氯化高铁血红素、血晶素。

分子式 $C_{34}H_{32}ClFeN_4O_4$。

CAS 登记号 16009-13-5。

EC 号 240-140-1。

相对分子质量 651.94。

结构式

开发单位 江苏省南通飞天化学实业有限公司。

理化性质 是从动物血液中提纯出来的血红素结晶，其化学性质与血红素类似。氯化血红素为结晶或粉末，透光为黑褐色，折光为钢蓝色，无臭无味，不溶于水及乙酸，微溶于 70%~80% 乙醇，溶于酸性丙酮，溶于稀氢氧化钠溶液，于氢氧化钠溶液中生成羟高铁血红素。熔点 > 300℃。适合 2~8℃ 储存，干燥、避光。

剂型　0.3% 可湿性粉剂。

作用方式及机理　具有促进细胞原生质流动、提高细胞活力、加速植株生长发育、促根壮苗、保花保果、增强抗氧化能力以及改善抗逆性等。

使用对象　马铃薯、番茄等。

使用方法　将药液均匀喷雾于马铃薯、番茄植株茎叶、花蕾上。可于番茄苗期、始花期喷雾各 1 次，马铃薯苗期、现蕾期各喷雾 1 次，兑水量为番茄 600L/hm²，马铃薯 450L/hm²。

参考文献

李玲, 肖浪涛, 谭伟明, 2018. 现代植物生长调节剂技术手册[M]. 北京: 化学工业出版社:41.

（撰稿：谭伟明；审稿：杜明伟）

氯磺隆　chlorsulfuron

一种磺酰脲类选择性除草剂。

其他名称　Glean、绿黄隆、嗪磺隆、氯黄隆。

化学名称　1-(2-氯苯基)-3-(4-甲氧基-6-甲基-1,3,5-三嗪-2-基)磺酰脲；2-chloro-N-[[(4-methoxy-6-methyl-1,3,5-triazin-2-yl)amino]carbonyl]benzenesulfonamide。

IUPAC名称　1-(2-chlorophenylsulfonyl)-3-(4-methoxy-6-methyl-1,3,5-triazin-2-yl)urea。

CAS登记号　64902-72-3。

EC号　265-268-5。

分子式　$C_{12}H_{12}ClN_5O_4S$。

相对分子质量　357.77。

结构式

开发单位　杜邦公司开发。

理化性质　白色结晶固体。相对密度 1.48。熔点 174～178℃。蒸气压 $3×10^{-6}$Pa（25℃）。溶解度（g/L, 25℃）：水 0.1～0.125（pH4.1）、0.3（pH5）、27.5（pH7），甲醇 15，丙酮 4，二氯甲烷 1.4，甲苯 3，正己烷<0.01。对光稳定，pH<5 水解快，在偏碱性条件下水解慢。

毒性　低毒。大鼠急性经口 LD_{50}（mg/kg）：5545（雄）、6293（雌）。兔急性经皮 LD_{50} 2500mg/kg。大鼠急性吸入 LC_{50}（4 小时）>5.9mg/L。对兔眼睛中度刺激，对皮肤无刺激和致敏性。饲喂试验 NOEL ［mg/(kg·d)］：大鼠（2 年）100、小鼠（2 年）500、狗（1 年）2000。试验条件下，无致突变、致畸、致癌作用。对鱼、蜜蜂、鸟低毒。虹鳟 LC_{50}（96 小时）250mg/L。蜜蜂 LD_{50}（接触）>25μg/ 只。野鸭和鹌鹑 LC_{50}（8 天）>5000mg/kg 饲料。蚯蚓 LC_{50}>2000mg/kg 土壤。

剂型　25% 可湿性粉剂，25%、75% 水分散粒剂。

质量标准　氯磺隆原药（GB 28127—2011）。

作用方式及机理　通过植物根、茎、叶吸收，在体内向上和向下传导。抑制乙酰乳酸合成酶活性，导致缬氨酸、亮氨酸和异亮氨酸合成受阻，影响植物细胞有丝分裂，造成杂草生长停止，最后死亡。小麦体内 95% 以上的氯磺隆形成 5- 羟基代谢物，并迅速与葡萄糖共轭合成不具活性的 5- 糖苷轭合物。氯磺隆在小麦叶片中的半衰期仅 2～3 小时，因此小麦具有高度抗性。

防治对象　防除麦田播娘蒿、荠菜、碎米荠、麦瓶草、繁缕、牛繁缕、猪殃殃、雀舌草、卷茎蓼等阔叶杂草，对禾本科杂草看麦娘、日本看麦娘、早熟禾也有一定效果。

使用方法　小麦播种后出苗前或小麦 2～3 叶期，每亩用 25% 氯磺隆可湿性粉剂 2～2.4g（有效成分 0.5～0.6g），加水 30L 茎叶喷雾。

注意事项　①仅限于长江流域及其以南、酸性土壤（pH<7）、稻麦轮作区的冬小麦田冬前使用。②禁止在低温、少雨、pH>7 的冬小麦田使用。③使用过甲磺隆的田块后茬只能种植移栽水稻或抛秧水稻。④施药时防止药液飘移到近邻敏感的阔叶作物上，也勿在间种敏感作物的麦田使用。⑤严格掌握使用剂量，不能超量施药。⑥农业部规定，自 2015 年 12 月 31 日起，禁止氯磺隆在中国销售和使用。

允许残留量　GB 2763—2021《食品中农药最大残留限量标准》规定氯磺隆最大残留限量见表。ADI 为 0.2mg/kg。谷物按照 SN/T 2325 规定的方法测定。

部分食品中氯磺隆最大残留限量（GB 2763—2021）

食品类别	名称	最大残留限量（mg/kg）
谷物	小麦	0.10
油料和油脂		0.02

参考文献

刘长令, 2002. 世界农药大全: 除草剂卷[M]. 北京: 化学工业出版社.

马克比恩 C, 2015. 农药手册[M]. 胡笑形, 等译. 北京: 化学工业出版社.

中国农业百科全书总编辑委员会农药卷编辑委员会, 中国农业百科全书编辑部, 1993. 中国农业百科全书: 农药卷[M]. 北京: 农业出版社.

SHANER D L, 2014. Herbicide handbook[M].l0th ed. Lawrence, KS: Weed Science Society of America.

（撰稿：李香菊；审稿：耿贺利）

氯甲喹啉酸　quinmerac

一种喹啉羧酸类选择性除草剂。

其他名称　喹草酸、BAS-518-H、氯甲喹草酸、BAS 51802H、BAS 518。

化学名称　7-氯 -3- 甲基喹啉 -8- 甲酸；7-chloro-3-methylquinoline-8-carboxylic acid。

IUPAC名称   7-chloro-3-methylquinoline-8-carboxylic acid。

CAS 登记号   90717-03-6。

EC 号   402-790-6。

分子式 $C_{11}H_8ClNO_2$。

相对分子质量   221.64。

结构式

开发单位   巴斯夫公司开发，1991 年上市。

理化性质   无色无味晶体。熔点 244 ℃。蒸气压 < 0.01mPa（20 ℃）。密度 1.49g/cm³。溶解度（20 ℃）：水（已电离）223mg/L，（pH9）240g/L；丙酮 2g/kg，二氯甲烷 2g/kg，乙醇 1g/kg，己烷、甲苯、乙酸乙酯、橄榄油 1g/kg。$K_{ow}lgP$ 0.9（pH7），酸性，pK_a4.31（20 ℃）。对光、热稳定，在 pH3～9 稳定。无腐蚀性。

毒性   大鼠急性经口 LD_{50} > 5g/kg。大鼠急性经皮 LD_{50} > 2g/kg。对兔皮肤和眼睛无刺激作用。大鼠急性吸入 LC_{50}（4 小时）> 5.4mg/L。在长期饲喂试验中，NOEL：大鼠（1 年）404mg/kg，狗（1 年）8mg/kg，小鼠（78 周）38mg/kg。对人的 ADI 为 0.08mg/kg。无致畸、诱变作用。鹌鹑急性经口 LD_{50} > 2g/kg。虹鳟 LC_{50}（96 小时）87mg/L。鲤鱼 > 100mg/L。对蜜蜂无害，LD_{50}（经口和接触）> 200μg/ 只。水蚤 LC_{50}（48 小时）148.7mg/L。绿藻 EC_{50}（72 小时）48.5mg/L。

剂型   BAS51800H，有效成分 500g/hm² 可湿性粉剂；BAS51806H，悬浮剂。混剂：BAS52302H（+ 杀草敏），BAS52601H（+ 吡唑草胺），BAS52503H（+ 绿麦隆），均为悬浮剂。

作用方式及机理   喹啉羧酸类激素型选择性除草剂，可被植物的根和叶吸收，向顶和向基转移。

防治对象   该品适宜芽前和芽后用于禾谷类作物、油菜和甜菜田防除猪殃殃、婆婆纳和其他杂草。伞形科作物对其非常敏感。

使用方法   禾谷类作物 0.25～1kg/hm²（有效成分），油菜 0.25～0.75kg/hm²（有效成分），甜菜 0.25kg/hm²（有效成分）芽前或芽后施用。与绿麦隆混用（0.8kg/hm² 该品 + 2kg/hm² 绿麦隆）对猪殃殃、常春藤婆婆纳、鼠尾看麦娘的防效达 97%～98%。

与其他药剂的混用   与异丙隆混用（0.6kg/hm² 或 0.75kg/hm² 异丙隆）有很好效果。

允许残留量   GB 2763—2021《食品中农药最大残留限量标准》暂未规定氯甲喹啉酸的最大残留限量。

参考文献

赵平，2011. 世界油菜田用除草剂的使用现状及市场[J]. 农药，50(12)：932-935.

（撰稿：杨光富；审稿：吴琼友）

氯甲磷   chlormephos

一种具有触杀活性的二硫代磷酸酯类有机磷杀虫剂。

其他名称   Dotan、氯美磷、灭尔磷、氯甲硫磷。

化学名称   S- 氯甲基 -O,O- 二乙基二硫代磷酸酯。

IUPAC 名称   S-chloromethyl-O,O-diethylphosphorodithioate。

CAS 登记号   24934-91-6。

EC 号   246-538-1。

分子式 $C_5H_{12}ClO_2PS_2$。

相对分子质量   234.70。

结构式

开发单位   1968 年由墨菲化学公司开发。然后由罗纳 - 普朗克公司生产。

理化性质   无色液体。沸点 81～85 ℃（13.3Pa）。相对密度 1.26（20 ℃）。饱和蒸气压 7.6 × 10³mPa（30 ℃）。微溶于水，易溶于多数有机溶剂。

毒性   大鼠急性经口 LD_{50} 7mg/kg，大鼠急性经皮 LD_{50} 27mg/kg。大鼠饲喂 NOEL 为 0.39mg/kg 饲料。

剂型   颗粒剂（50g/kg 有效成分）。

作用方式及机理   通过抑制乙酰胆碱酯酶，具有触杀活性。

防治对象   金针虫、蛴螬等。

使用方法   以有效成分 2～4kg/hm² 剂量土壤处理，撒施能有效防治金针虫、蛴螬和倍足亚纲害虫，以有效成分 2～4kg/hm² 剂量下条施，防治玉米和甜菜田蛴螬和金针虫。

注意事项   ①可引起头痛、头晕、无力、烦躁、恶心、呕吐、流涎、瞳孔缩小、肌肉震颤、呼吸困难、紫绀、肺水肿、脑水肿，可死于呼吸衰竭。②急救措施。皮肤接触：用肥皂水及清水彻底冲洗。就医。眼睛接触：拉开眼睑，用流动清水冲洗 15 分钟。就医。吸入：脱离现场至空气新鲜处。呼吸困难时给输氧。呼吸停止时，立即进行人工呼吸。就医。食入：误服者，饮适量温水，催吐。洗胃。就医。合并使用阿托品及复能剂（氯磷定、解磷定）。

参考文献

张维杰，1996. 剧毒物品实用技术手册[M]. 北京：人民交通出版社：412-413.

（撰稿：吴剑；审稿：薛伟）

氯甲酰草胺   clomeprop

一种芳氧苯氧羧酸类除草剂。

其他名称   Yukaltope、Cente（与丙草胺的混剂）、稗草胺、MY-15。

化学名称　(*RS*)-2-(2,4-二氯间甲苯氧基)丙酰苯胺；(±)-2-(2,4-dichloro-3-methylphenoxy)-*N*-phenylpropanamide。

IUPAC名称　(*RS*)-2-(2,4-dichloro-*m*-tolyloxy)propionanilide。

CAS登记号　84496-56-0。

EC号　617-575-4。

分子式　$C_{16}H_{15}Cl_2NO_2$。

相对分子质量　324.20。

结构式

开发单位　日本三菱油化公司开发。K. Ikeda 和 A. Goh 报道其除草活性。

理化性质　无色晶体。熔点 146~147℃。蒸气压＜0.0133mPa（30℃）。$K_{ow}\lg P$ 4.8。水中溶解度（mg/L，25℃）：0.032；有机溶剂中溶解度（mg/L，25℃）：二甲苯 17、丙酮 33、环己烷 9、二甲基甲酰胺 20。土壤中，DT_{50} 3~7 天（稻田）。

毒性　急性经口 LD_{50}（mg/kg）：雄大鼠＞5000，雌大鼠＞3250，小鼠＞5000。大鼠和小鼠急性经皮 LD_{50}＞5000mg/kg。大鼠急性吸入 LC_{50}（4 小时）＞1.5mg/L。NOEL 大鼠（2 年）0.62mg/kg。对人的 ADI 为 0.0062mg/kg。鲤鱼、泥鳅、虹鳟 LC_{50}（48 小时）＞10mg/L。水蚤 LC_{50}（3 小时）＞10mg/L。在大小鼠身上进行了为期 4 个月的慢性毒性试验，证明该化合物非常安全。

剂型　乳油、颗粒剂。

作用方式及机理　选择性芽前稻田除草剂，通过干扰植物的激素平衡而杀死杂草。与丙草胺联用，可防除稻田中的阔叶杂草和莎草属杂草。在土壤中的移动性小，半衰期约为 22 天，对水稻安全，对环境无影响。该品能促进植物体内 RNA 合成，并影响蛋白质的合成、细胞分裂和细胞伸长。杀灭杂草时伴有典型的植物生长类型的形态变化，如杂草扭曲、弯折、畸形、变黄，最终使杂草死亡。其除草作用过程较慢，要很多天才能使杂草死亡。

防治对象　适用于水稻田除草，对一系列阔叶杂草和莎草科杂草具有显著的除草活性。可防除水田的杂草，对稗草有很高的防效。

注意事项　在较高温度范围内，有时会抑制水稻初期的生长，虽然能较快恢复，但对稻谷产量仍有一些影响。在土壤中的淋洗损失很大，在砂质土壤条件下，有时会对水稻的早期生长产生抑制作用。

与其他药剂的混用　可与丙草胺、苄嘧磺隆、茚草酮等混用。

参考文献

马克比恩 C, 2015. 农药手册[M]. 胡笑形, 等译. 北京: 化学工业出版社: 195-196.

朱永和, 王振荣, 李布青, 2006. 农药大典[M]. 北京: 中国三峡出版社: 704-705.

（撰稿：李华斌；审稿：耿贺利）

氯菊酯　permethrin

一种拟除虫菊酯类杀虫剂。

其他名称　克死命、富力士、派米苏、毕诺杀、百灭宁、百灭灵、闯入者、登热净、苯醚氯菊酯、久效菊酯、蛀王醇、BW-21-Z、FMC-33297、Hoe-30639、JF-5346、NIA-33297、NRDC-143、OMS-1821、PP-557、Ru-22907、S-3151、SBP-1513、WI-43479、LE79-519。

化学名称　(3-苯氧苄基)(1*R*,*S*)顺,反-3-(2,2-二氯乙烯基)-2,2-二甲基环丙烷羧酸酯；3-penoxybenzyl-(1*R*,*S*)*cis*,*trans*-2,2-dimethyl-3-(2,2-dichlorovinyl)-cyclopropanecarboxylate。

IUPAC名称　3-phenoxybenzyl (1*RS*,3*RS*；1*RS*,3*SR*)-3-(2,2-dichlorovinyl)-2,2-dimethylcyclopropanecarboxylate。

CAS登记号　52645-53-1。

EC号　258-067-9。

分子式　$C_{21}H_{20}Cl_2O_3$。

相对分子质量　391.29。

结构式

开发单位　M. Elliott 等介绍其杀虫性能，1973 年由英国创制成功，由富美实，ICI Agrochemicals（现为捷利康公司），Mitchell Cotts Chemicals，Penick Corp.，壳牌国际化学公司（现为美国氰胺公司），Sumitomo Chemical Co.，Ltd. 和 Wellcome Foundation 开发和生产，获专利号 GB1413491。

理化性质　纯品为棕白色晶体，原药为棕黄色黏稠液体或半固体。相对密度 1.21（20℃），1.202（32℃）。熔点 34~35℃。20℃蒸气压 0.07mPa。顺异构体熔点 63~65℃，20℃蒸气压 0.0025mPa；反异构体熔点 44~47℃，20℃蒸气压 0.0015mPa。沸点 200℃（1.33Pa），220℃（6.67Pa），蒸气压 4.53×10^{-5}Pa（25℃），4.27×10^{-5}Pa（30℃）。折射率 n_D^{20} 1.569。闪点 164℃。黏度 2.5×10^{-1}Pa·s（30℃）。30℃时，在丙酮、甲醇、乙醇、二氯甲烷、乙醚、二甲苯中溶解度＞50%，在乙二醇中＜3%，在水中＜0.03mg/L。氯菊酯在酸性和中性条件下稳定，在碱性介质中分解，其最适宜 pH 约 4；在水中半衰期 500 小时，沃土中半衰期 15 天（20℃）。对热稳定，在 50℃稳定≥2 年。在实验室研究中，发现有些光化学降解，但田间数据表明不影响生物活性。在可见光和紫外线照射下，半衰期约 4 天，弱光处半衰期可达 3 周。药剂耐雨水冲刷。对铝不腐蚀。

毒性　原药大鼠急性经口 LD_{50}＞2g/kg，另有文献称，急性经口毒性随成品中所含异构体比例的不同而异，当顺/反体为 40：60 时，大鼠、小鼠和兔 LD$_{50}$ 约 4g/kg，而当顺/反体为 20：80 时，则 LD$_{50}$ 约 6g/kg（另有文献报道，顺/反体比 40：60 的工业品的急性经口 LD$_{50}$：大鼠 430～4000mg/kg，小鼠 540～2690mg/kg）。中国工业品（顺/反体为 45：55）测得的急性经口 LD$_{50}$：大鼠（雌）2.37g/kg，小鼠（雄）1.6g/kg。大鼠急性经皮 LD$_{50}$ ＞ 2.5g/kg，小鼠 600mg/kg，兔 ＞ 2g/kg。大鼠静脉注射 LD$_{50}$ 270mg/kg（另有文献为 ＞450mg/kg）。大鼠急性吸入 LC$_{50}$ ＞ 23.5mg/L 空气。对兔皮肤无刺激作用，对眼睛有轻度刺激作用。氯菊酯在大鼠体内能很快地代谢，在体内蓄积性较小。在试验条件下，未见致突变、致癌作用。以该品进行 6 个月的饲养试验，92.9mg/（kg·d）对雄大鼠和 110mg/（kg·d）对雌大鼠均无影响。禽鸟毒性：日本鹌鹑急性经口 LD$_{50}$ ＞ 13.5g/kg，小鸡 ＞3g/kg。鱼类 LC$_{50}$（96 小时）：蓝鳃鱼 0.0032mg/L，虹鳟 0.0025mg/L，太阳鱼 8.6μg/L（24 小时）和 1.8μg/L（48 小时）。对蜜蜂有毒，LD$_{50}$（24 小时）：经口 0.098μg/只，局部 0.029μg/只。水蚤 LC$_{50}$（48 小时）0.6μg/L。

剂型　乳油（10%、20% 和其他浓度），可湿性粉剂（25%），粉剂（0.04%、0.5% 和其他浓度），气雾剂，喷射剂以及 ULV 剂等。

质量标准　10% 氯菊酯乳油由乳化剂和溶剂（苯或二甲苯）配制而成。外观为棕色液体，相对密度 0.95～1.05，乳液稳定性符合国家标准，水分含量 ≤ 2.5%，酸度（以 H$_2$SO$_4$ 计）≤ 3%。

作用方式及机理　氯菊酯是研究较早的一种不含氰基结构的拟除虫菊酯类杀虫剂，是菊酯类农药中第一个出现适用于防治农业害虫的光稳定性杀虫剂。具有较强的触杀和胃毒作用，并有杀卵和拒避活性，无内吸熏蒸作用。杀虫谱广，在碱性介质及土壤中易分解失效。此外，与含氰基结构的菊酯相比，对高等动物毒性更低，刺激性相对较小，击倒速度更快，同等使用条件下害虫抗性发展相对较慢。氯菊酯杀虫活性相对较低，单位面积使用剂量相对较高，而且在阳光照射下易分解。

防治对象　棉花、蔬菜、茶叶、果树上的多种害虫。由于结构上没有氰基，刺激性相对小，对哺乳动物更安全，最适用于防治卫生害虫和牲畜害虫。

使用方法

防治农林和蔬果害虫　①棉铃虫。于卵孵盛期用 10% 乳油 1250～1000 倍液（有效成分 80～100mg/kg）喷雾。同样浓度于第二、三代卵孵盛期施药时还可以防治红铃虫，同样兼治造桥虫、卷叶虫。②棉蚜。于发生期用 10% 乳油 2000～4000 倍液（有效成分 25～50mg/kg）喷雾，可有效控制苗蚜危害。持效期 7～10 天。防治伏蚜增加使用剂量。③菜青虫。于二、三龄幼虫发生期，用 10% 乳油 1250～2500 倍液（有效成分 40～80mg/kg）或用 10% 乳油 300～600ml/hm²（有效成分 30～60g/hm²）兑水均匀喷雾。同时可于发生期防治菜蚜。④小菜蛾。于二龄幼虫发生期，用 10% 乳油 1000～2000 倍液（有效成分 50～100mg/kg）或用 10% 乳油 375～750ml/hm²（有效成分 37.5～75g/hm²）均匀喷雾，但对菊酯已产生抗性的小菜蛾效果不好。⑤柑橘潜叶蛾。于枝梢初期即新叶放出 5～6 天，用 10% 乳油

1250～2500 倍液（有效成分 80～40mg/kg）均匀喷雾，间隔 6～8 天再喷 1 次，保梢效果良好，同时可兼治橘蚜等其他柑橘害虫。对柑橘害螨无效。⑥桃小食心虫。卵孵盛期、当卵果率达 1% 时进行防治。用 10% 乳油 1000～2000 倍液（有效成分 50～100mg/kg）均匀喷雾，同样时期，同样浓度，还可防治梨小食心虫。同时兼治卷叶蛾及蚜虫等苹果、梨、桃上的多种害虫；但对叶螨无效。⑦茶树害虫的防治。防治茶尺蠖、茶细蛾、茶毛虫、茶刺蛾，于二、三龄幼虫盛发期，以 10% 乳油 2500～5000 倍液（有效成分 20～50mg/kg）均匀喷雾，同时可兼治绿叶蝉、蚜虫。施药次数为两次。间隔时间为 7 天，可有效控制上述害虫的危害。⑧烟草害虫的防治。防治烟草上桃蚜、烟青虫。可于发生期用 10～20mg/kg 药液均匀喷雾，施药次数为两次。见表 1。

卫生害虫的防治　①家蝇。于家蝇栖息场所，每立方米用 10% 乳油 0.01～0.03ml（有效成分 1～3mg）喷洒，可有效杀死苍蝇。②蚊子。在蚊子活动栖息场所，每立方米用 10% 乳油 0.01～0.03ml（有效成分 1～3mg）喷雾。对于幼蚊，可将 10% 乳油兑水稀释 1mg/kg，然后在幼蚊滋生的水坑内喷洒或泼浇，可有效杀灭孑孓。③蟑螂。于蟑螂活动场所的表面作滞留喷雾，或直接喷洒于虫体，使用剂量为 8mg/m²。④白蚁。于易受蚁危害的竹、木器表面作滞留喷雾，或者灌注蚁穴，使用 10% 乳油 830～1000 倍液，有效成分 100～120mg/kg。见表 2。

表 1　氯菊酯防治农林和蔬菜害虫喷药浓度和用药量

作物名称	害虫名称	喷雾浓度（mg/kg）	用药量（有效成分 g/hm²）
棉花	棉蚜	20～40	37.5～75.0
	棉叶蝉、绿盲椿象	50	93.75
	棉铃虫、棉红铃虫	100	187.5
	黏虫、斜纹夜蛾	20～40	37.5～75.0
旱作	高粱蚜虫	25～50	12.0～15.0
	高粱穗部棉铃虫，花生棉铃虫	30～50	56.25～93.75
	桃蚜、橘蚜、苹果褐卷叶蛾		
	梨小食心虫、桃小食心虫	60	108.0
果树	橘潜叶蛾、枣尺蠖、青刺蛾、梨星毛虫、苹果	50～100	93.75～187.5
	斜纹夜蛾	90～100	168.0～187.5
	山楂红蜘蛛、橘红蜘蛛		
蔬菜	菜青虫	10～20	18.75～37.5
	菜蚜、小菜蛾	20～25	37.5～46.5
	黄条跳甲、猿叶虫	30～40	63.75～75.0
	茶藨蚜、烟夜蛾	10～20	37.5
茶叶烟草	茶枝尺蠖、茶黄毒蛾	20～50	37.5～112.5
	茶小卷叶蛾、茶蚕	80～100	93.75～112.5
	茶绿叶蝉	200 弥雾	18.75
	马尾松松毛虫	10	36.0
林木	槐蚜、白杨尺蛾、杨双尾松舟蛾、杨树金花虫	100～125	

表 2 氯菊酯防治卫生害虫施药方法、浓度和药量

害虫名称	施药方法	有效浓度及用量	持效
蚊幼虫	水面喷布	1mg/kg，15g/hm²	
蚊成虫	空间喷射 超低容量喷射	3mg/kg 37.5～75.0g/hm²	
家蝇	油剂喷射 气雾喷射	0.4%，1ml/m³ 1%，0.2ml/m³	
蟑螂	接触喷射 滞留喷射	0.3%～0.5% 酒精溶液 0.3% 酒精溶液	＞3 周
臭虫	滞留喷射	0.5% 酒精溶液	＞1 个月

　　防治人体及禽兽害虫　　氯菊酯还用于防治储物害虫（包括储粮害虫），如干果斑螟、烟草甲、印度谷蛾、锯谷盗、赤拟谷盗、谷象、玉米象、麦蛾、锈赤扁谷盗、粗脚粉螨、四纹豆象等；防治大毛皮蠹、黑毛皮蠹、小圈皮蠹、黄足圆皮蠹、家具窃蠹、袋谷蛾等对羊毛织品的蛀蚀；灭除家白蚁和散白蚁，以及防止竹木材受北美家天牛、家具窃蠹、褐粉蠹、微小竹长蠹、单眼竹长蠹等的侵害。见表3。

表 3 防治人体及禽畜害虫用药方法、浓度和药量

害虫名称	施药方法	有效浓度及用量	持效
头虱 体虱	涂擦头发 浸泡衣服	0.01% 水剂 0.04% 水剂	兼杀虱卵，1 个月以上
白鼠软钝缘蜱、焦虫病硬蜱	处理	0.05% 药液喷于外衣和裤表面 1 分钟	＞4 周
美洲花蜱	处理服装	0.016mg/cm² 处理 2 分钟	100% 死亡
恙螨	同上	0.125mg/cm² 进行处理	
牛蚋	体表喷药	20% 乳油稀释液 6mg/kg	拒避吸血 11 天
西方角蝇、秋家蝇、齿股蝇	挂牛耳垂带	15% 含量的塑料条带	4～9 周
牛喇头蜱	同上	10% 含量的塑料条带	约 23 周
牛血虱、犊毛虱	气雾喷射	0.1%～0.2%，大公牛 80～100ml/ 头，小公牛 40～60ml/ 头	3 个月
璃眼蜱、具距牛蜱	喷洒牛体	0.05% 药液，3L/ 头	
绵羊畜虱	涂擦羊体	0.01%～0.1% 药液	
鸡林禽刺螨	弥雾喷射	0.6% 药液，2.5ml/ 鸡	＞9 周

　　注意事项　　不能与碱性物质混用，否则易分解。储运时防止潮湿、日晒，有的制剂易燃，不能近火源。对鱼、虾、蜜蜂、家蚕等毒性高，使用时勿接近鱼塘、蜂场、桑园，以免污染上述场所。使用时不要污染食品饲料，并阅读农药安全使用说明。在使用过程中，如有药液溅到皮肤上，立即用肥皂和水清洗。如药液溅到眼睛，立即用大量水冲洗 15 分钟。如误服应尽快送医院，进行对症治疗。无专用解毒药。使用应遵守中国农药安全使用标准（GB 4285—1989）。

　　与其他药剂的混用　　未见有混配制剂。

　　允许残留量　　GB 2763—2021《食品中农药最大残留限量标准》规定最大残留限量见表4。ADI 为 0.05mg/kg。谷物按照 GB 23200.113、GB/T 5009.146、SN/T 2151 规定的方法测定；油料和油脂、糖料、饮料类（茶叶除外）、调味料、坚果参照 GB 23200.113 规定的方法测定；蔬菜、水果按照 GB 23200.8、GB 23200.113、NY/T 761 规定的方法测定；茶叶按照 GB 23200.113、GB/T 23204 规定的方法测定。

表 4 部分食品中氯菊酯最大残留限量（GB 2763—2021）

食品类别	名称	最大残留限量（mg/kg）
谷物	稻谷、麦类、旱粮类、杂粮类	2.00
	小麦粉	0.50
	麦胚、小麦全麦粉	2.00
油料和油脂	油菜籽	0.05
	棉籽	0.50
	大豆	2.00
	花生仁	0.10
	葵花籽、葵花籽毛油	1.00
	棉籽油	0.10
蔬菜	鳞茎类蔬菜（韭葱、葱除外）	1.00
	韭葱、葱	0.50
	芸薹属类蔬菜（单列的除外）	1.00
	结球甘蓝	5.00
	球茎甘蓝	0.10
	抱子甘蓝	1.00
	羽衣甘蓝	5.00
	花椰菜	0.50
	青花菜	2.00
	叶菜类蔬菜（菠菜、结球莴苣、芹菜、大白菜除外）	1.00
	菠菜、结球莴苣	2.00
	芹菜	2.00
	大白菜	5.00
	茄果类蔬菜	1.00
	瓜类蔬菜（黄瓜、腌制用小黄瓜、西葫芦、笋瓜除外）	1.00
	黄瓜、腌制用小黄瓜、西葫芦、笋瓜	0.50
	豆类蔬菜（食荚豌豆、菜豆除外）	1.00
	食荚豌豆	0.10
	茎类蔬菜、芦笋	1.00
	根茎类和薯芋类蔬菜（萝卜、胡萝卜、马铃薯除外）	1.00
	萝卜、胡萝卜	0.10
	马铃薯	0.05
	水生类蔬菜、芽菜类蔬菜	1.00
	其他类蔬菜（玉米笋除外）	1.00
	玉米笋	0.10

（续表）

食品类别	名称	最大残留限量（mg/kg）
水果	柑橘类水果	2.00
	仁果类水果	2.00
	核果类水果	2.00
	浆果和其他小型水果（单列的除外）	2.00
	悬钩子	2.00
	加仑子（黑、红、白）	2.00
	黑莓	1.00
	醋栗（红、黑）	1.00
	露莓（包括波森莓和罗甘莓）	1.00
	葡萄、猕猴桃	2.00
	草莓	1.00
	热带和亚热带水果（橄榄除外）	2.00
	橄榄	1.00
	瓜果类水果	2.00
坚果	杏仁	0.10
	开心果	0.05
糖料	甜菜	0.05
饮料类	咖啡豆	0.05
食用菌	蘑菇类（鲜）	0.10
调味料	调味料（干辣椒、山葵除外）	0.05
	山葵	0.50

参考文献

彭志源，2006.中国农药大典[M]. 北京: 中国科技文化出版社.

朱永和, 王振荣, 李布青, 2006. 农药大典[M]. 北京: 中国三峡出版社.

（撰稿：吴剑；审稿：王鸣华）

氯硫磷　chlorthion

一种有机磷类触杀型杀虫剂。

其他名称　CATO、Bayer 22/190、clorlione。

化学名称　硫代磷酸O,O-二甲基-O-(3-氯-4-硝基苯)酯。

CAS 登记号　500-28-7。

分子式　$C_8H_9ClNO_5PS$。

相对分子质量　297.65。

结构式

开发单位　1952 年由拜耳公司出品。

理化性质　纯品为黄色结晶。熔点 21 ℃。相对密度 1.437。折射率 1.5661。工业品为黄棕色油状液体。有微臭。沸点 125 ℃(13.3Pa)。能与苯、乙醇、乙醚、脂肪酸等混溶，

不溶于水。可被碱水解。

毒性　是作用很快的接触杀虫剂。雄大鼠急性经口 LD_{50} 880mg/kg。对蜜蜂有强烈的毒害作用。

剂型　5% 粉剂，20% 可湿性粉剂，50% 乳油。

作用方式及机理　作杀虫剂，胆碱酯酶的抑制剂。

防治对象　主要用于防治卫生害虫，对滴滴涕产生抗性的苍蝇有特效。也可防治牲畜寄生蝇。对黏虫、荔枝椿象、麦椿象、东方蝼蟥有良好效果，对桃小食心虫卵有良好效果。还可防治蚜、螨、蚧、潜叶蛾等。

使用方法　收获前禁用期为 7 天。用 50% 乳油 1000～2000 倍液喷雾，防治蚜虫、红蜘蛛、潜叶蛾、梨小食心虫、梨木虱、锯蜂等害虫。500～800 倍液可防治介壳虫和水稻害虫。此外，以 50mg/kg 的剂量给牛口服，可有效防治牛瘤蝇和旋皮蝇蛆。用 0.02%～0.2% 溶液室内喷洒，可杀灭蚊、蝇、虱、臭虫等卫生害虫及有关农业害虫。

注意事项　对人有剧毒，不论是皮肤接触，吸入蒸气或误服均能引起中毒。收获前 7 天停止用药。果树花期不宜施用，以防毒杀蜜蜂。

参考文献

王振荣, 李布青, 1996. 农药商品大全[M]. 北京: 中国商业出版社: 67-68.

朱永和, 王振荣, 李布青, 2006. 农药大典[M]. 北京: 中国三峡出版社: 62.

（撰稿：吴剑；审稿：薛伟）

氯霉素　chloramphenicol

由委内瑞拉链丝菌产生的抗生素，属抑菌性广谱抗生素。

其他名称　Pentamycetin、Chloromycetin。

化学名称　D-苏式-(-)-N-[α-(羟基甲基)-β-羟基-对硝基苯乙基]-2,2-二氯乙酰胺。

IUPAC 名称　2,2-dichloro-N-[(1R,2R)-1,3-dihydroxy-1-(4-nitrophenyl)propan-2-yl]acetamide。

CAS 登记号　56-75-7。

EC 号　200-287-4。

分子式　$C_{11}H_{12}Cl_2N_2O_5$。

相对分子质量　323.13。

结构式

理化性质　白色针状或微带黄绿色的针状、长片状结晶或结晶性粉末，味苦。在甲醇、乙醇、丙酮、丙二醇中易溶，在水中微溶。熔点 149～153 ℃。在干燥时稳定，在弱酸性和中性溶液中较安定，煮沸也不见分解，遇碱类易失效。

毒性　大鼠急性经口 LD_{50} 2500mg/kg。大鼠腹膜内的

LD_{50} 1811mg/kg，小鼠腹膜内的 LD_{50} 1100mg/kg。

剂型　氯霉素片（0.25g、0.5g），氯霉素胶囊 0.25g，氯霉素滴眼液 8ml（20mg），注射液 2ml（0.25g）。

作用方式及机理　可作用于细菌核糖核蛋白体的 50S 亚基，阻挠蛋白质的合成，属抑菌性广谱抗生素。

防治对象　用于治疗伤寒杆菌、痢疾杆菌、大肠杆菌、流感杆菌、布氏杆菌、肺炎球菌等引起的感染。

使用方法　氯霉素片或胶囊，内服，一次量为每 1kg 体重的犊、羔、犬、猫 50mg，1 日 2 次。

注意事项　由于可能发生不可逆性骨髓抑制，该品应避免重复疗程使用。肝、肾功能损害患者宜避免使用该品，如必须使用时须减量应用，有条件时进行血药浓度监测，使其峰浓度在 25mg/L 以下，谷浓度在 5mg/L 以下。如血药浓度超过此范围，可增大引起骨髓抑制的风险。

在治疗过程中应定期检查周围血象，长程治疗者尚须查网织细胞计数，必要时作骨髓检查，以便及时发现与剂量有关的可逆性骨髓抑制，但全血象检查不能预测通常在治疗完成后发生的再生障碍性贫血。

对诊断的干扰：采用硫酸铜法测定尿糖时，应用氯霉素患者可产生假阳性反应。

参考文献

王自良，赵坤，张改平，2005. 氯霉素的毒性及其在动物性食品中的残留与检测[J]. 河南科技学院学报，33(2): 101-105.

（撰稿：周俞辛；审稿：胡健）

氯醚菊酯　chlorfenprox

一种拟除虫菊酯类杀虫剂。

化学名称　2-(4-氯苯基)-2-甲基丙基-3-苯氧基苄基醚。

IUPAC 名称　1-((2-(4-chlorophenyl)-2-methylpropoxy) methyl)-3-phenoxy。

CAS 登记号　80844-01-5。

分子式　$C_{23}H_{23}ClO_2$。

相对分子质量　366.88。

结构式

理化性质　无色透明液体。密度 1.138g/cm³。沸点 205～207℃（20Pa）。难溶于水，能溶于多种有机溶剂。80℃在 3 个月无明显分解，光照条件下室温 1 个月以上稳定。

毒性　鼠急性经口 LD_{50} > 500mg/L。鲤鱼的 TLm（48 小时）> 10mg/L。

防治对象　广谱性拟除虫菊酯类杀虫剂。用于防治棉铃虫、烟草夜蛾、棉红铃虫、棉叶波纹夜蛾、粉纹夜蛾、亚热带黏虫、棉大卷叶螟、蚜虫、豆荚盲蝽、温室粉虱、墨西

哥棉铃象甲等，用量 90～200g/hm²；用于防治小菜蛾、黏虫、夜蛾、桃蚜等蔬菜害虫，用量 98～200g/hm²；用于防治玉米螟、大螟、玉米蚜虫，用量 75～150g/hm²。此外可用于防治烟草、大豆、马铃薯、水稻、果树上的多种害虫。对螨类也有一定杀灭能力。

参考文献

朱永和，王振荣，李布青，2006. 农药大典[M]. 北京：中国三峡出版社：150-151.

（撰稿：陈洋；审稿：吴剑）

氯嘧磺隆　chlorimuron-ethyl

一种磺酰脲类选择性除草剂。

其他名称　豆磺隆、豆草隆、氯嗪磺隆、乙磺隆、DPX-F6025。

化学名称　2-[(4-氯-6-甲氧基嘧啶-2-基-1-(α-乙氧基甲酰基苯基)磺酰脲；ethyl 2-[[[[(4-chloro-6-methoxypyrimidin-2-yl)amino]carbonyl]amino]sulfonyl]benzoate。

IUPAC 名称　ethyl 2-(4-chloro-6-methoxypyrimidin-2-yl-carbamoylsulfamoyl)benzoate。

CAS 登记号　90982-32-4。

EC 号　618-690-2。

分子式　$C_{15}H_{15}ClN_4O_6S$。

相对分子质量　414.82。

结构式

开发单位　杜邦公司。

理化性质　无色固体。相对密度 1.51（25℃）。熔点 185～187℃。蒸气压 4.9×10^{-7}mPa（25℃）。在水中溶解度（mg/L，25℃）：11（pH5）、450（pH6.5）、1200（pH7）。在有机溶剂中溶解度也不大。

毒性　低毒。大鼠急性经口 LD_{50}（mg/kg）：4102（雄性）、4236（雌性）。大鼠急性经皮 LD_{50} > 4000mg/kg，兔急性经皮 LD_{50} > 2000mg/kg。大鼠急性吸入 LC_{50}（4 小时）> 5mg/L。对兔眼睛无刺激性，对皮肤有轻度刺激性。饲喂试验 NOEL[mg/（kg·d）]：大鼠（2 年）250、狗（1 年）250。在试验条件下，未发现致畸、致突变、致癌作用。对鱼、鸟、蜜蜂等低毒。虹鳟 LC_{50}（96 小时）> 1000mg/L，翻车鱼 > 100mg/L，水蚤 LC_{50}（48 小时）> 1000mg/L。野鸭急性经口 LD_{50} > 2510mg/kg，蜜蜂 LD_{50}（48 小时）> 12.5μg/ 只，蚯蚓 LD_{50} > 40 500mg/kg 土壤。

剂型　25%、75% 水分散粒剂，25% 可湿性粉剂。

质量标准　氯嘧磺隆原药（HG 3717—2003）。

作用方式及机理　通过抑制植物的乙酰乳酸合成酶，

阻止支链氨基酸亮氨酸、异亮氨酸、缬氨酸的生物合成，从而抑制细胞分裂。施药后通过杂草的根、芽吸收并转运到植株各部位，抑制杂草生长，叶片在 3～5 天内失绿，生长点坏死，继而全株死亡；或矮化，失去危害作物的能力。

防治对象 防除反枝苋、鳢肠、苍耳、狼杷草、香薷、鼬瓣花、大籽蒿、蒙古蒿、牵牛、苘麻及碎米莎草、香附子等。对苋、小叶藜、蓟、问荆、小苋、卷茎蓼及稗草等有抑制作用。

使用方法 大豆田除草。播后苗前或播种前或苗后处理。大豆 1 片复叶、杂草出土至 3 叶期前，每亩使用 75% 氯嘧磺隆水分散粒剂 0.8～1.2g（有效成分 0.6～0.9g），加水 30L 进行茎叶喷雾；或每亩使用 75% 氯嘧磺隆水分散粒剂 2.4～8g（有效成分 1.8～6g），加水 40～50L 进行播种前土壤喷雾处理。

注意事项 ①不同品种大豆耐药力有差异，新品种初次使用此药，应先试后推广。②在土壤中移动性较大，土壤类型和状况对药效或药害影响很大。土壤中有机质含量 < 2% 或 > 6%、pH > 7 的田块不宜采用土壤处理方法施药。低洼易涝地也不宜采用土壤处理法。土壤墒情好，药效好，对大豆安全。③苗后茎叶喷雾有时大豆叶片有皱缩发黄现象，积水药害更重。高温（气温 30℃ 以上）时应酌情减少用药量。④在土壤中残留时期长，后茬不能种植甜菜、马铃薯、瓜类、油菜、白菜、向日葵、烟草。间隔 90 天后方可播小麦、大麦，间隔 300 天以上种植玉米、谷子、棉花、花生。

与其他药剂的混用 可与乙草胺、三氟羧草醚、乳氟禾草灵、赛克津、异噁草松等混用扩大杀草谱。

允许残留量 GB 2763—2021《食品中农药最大残留限量标准》规定氯嘧磺隆在大豆中最大残留限量为 0.02mg/kg。ADI 为 0.09mg/kg。油料和油脂参照 GB/T 20770 规定的方法测定。

参考文献

刘长令, 2002. 世界农药大全: 除草剂卷[M]. 北京: 化学工业出版社.

马克比恩 C, 2015. 农药手册[M]. 胡笑形, 等译. 北京: 化学工业出版社.

中国农业百科全书总编辑委员会农药卷编辑委员会, 中国农业百科全书编辑部, 1993. 中国农业百科全书: 农药卷[M]. 北京: 农业出版社.

SHANER D L, 2014. Herbicide handbook[M]. l0th ed. Lawrence, KS: Weed Science Society of America.

（撰稿：李香菊；审稿：耿贺利）

氯灭杀威 carbanolate

一种氨基甲酸酯类杀虫剂、杀螨剂，具有广谱触杀效果。

其他名称 SOK、Chlorxylam、Banol、OMS-174、Phenol。

化学名称 6-氯-3,4-二甲基苯基-甲基氨基甲酸酯；6-chloro-3,4-xylyl N-methyl-carbamate。

IUPAC 名称 2-chlor-4,5-dimethylphenyl-methylcarbamat。

CAS 登记号 671-04-5。

分子式 $C_{10}H_{12}ClNO_2$。

相对分子质量 213.66。

结构式

开发单位 1960 年美国厄普约翰公司试制品种，现已停产。

理化性质 原药为白色结晶，纯度 98%，在酸性溶液中稳定，但在碱性溶液中不稳定，温度达到熔点以上时不稳定。密度 $1.184g/cm^3$。沸点 306.8℃（101.32kPa）。闪点 139.3℃。蒸气压 100.66mPa（25℃）。熔点 122.5～124℃。不溶于水。溶解度：丙酮 25%、甲苯 10%、苯 14%、二甲苯 6.7%、氯仿 33%。

毒性 大鼠急性经口 LD_{50} > 30mg/kg。大鼠急性经皮 LD_{50} > 1200mg/kg。大鼠急性吸入 LC_{50} > 1200mg/L。对鸽子急性经口 LD_{50} > 4200μg/kg，鹌鹑 LD_{50} > 4200μg/kg。

剂型 15% 粉剂，75% 可湿性粉剂。

质量标准 细度一般 ≥ 95% 或 98%；热稳定性 54℃ ± 2℃储存 14 天。

作用方式及机理 广谱触杀型杀虫剂，主要抑制动物体内的胆碱酯酶活性，和其他氨基甲酸酯杀虫剂的作用机制相同。

防治对象 蔬菜、果树害螨。

使用方法 3～4kg/hm² 粉剂，稀释 1500～2000 倍的可湿性粉剂喷施。

注意事项 燃烧产生有毒氮氧化物和氯化物气体。库房通风低温干燥。与食品原料分开储运。

与其他药剂的混用 不宜与石灰或其他碱性物质混用，以防失效。

参考文献

丁伟, 2010. 螨类控制剂[M]. 北京: 化学工业出版社: 154-155.

（撰稿：张永强；审稿：丁伟）

氯氰菊酯 cypermethrin

一种拟除虫菊酯类杀虫剂。

其他名称 灭百可、腈二氯苯醚菊酯、新棉宝、兴棉宝、灭百灵、安绿宝、赛波凯。

化学名称 氰基-(3-苯氧基苯基)甲基-3-(2,2-二氯乙烯基)-2,2-二甲基环丙烷羧酸酯。

IUPAC 名称 (RS)-α-cyano-3-phenoxybenzyl (1RS,3RS; 1RS,3SR)-3-(2,2-dichlorovinyl)-2,2-dimethylcyclopropanecarboxylate。

CAS 登记号 52315-07-8。

EC 号 257-842-9。

分子式　$C_{22}H_{19}Cl_2NO_3$。

相对分子质量　416.32。

结构式

开发单位　1974 年英国 M. Elliott 发现，1975 年起先后有英国 Mitchell Cotts、ICI、美国富美实、瑞士汽巴 - 嘉基、日本住友和英国壳牌公司进行生产。

理化性质　纯品为白色固体。熔点 60～80℃。原药为淡黄色至棕色黏稠液体或半固体。折射率 n_D^{25}1.565。蒸气压 5.066×10^{-6}Pa（70℃）、1.9×10^{-7}Pa（外推至 20℃）。相对密度约 1.235（25℃）。20℃时溶解度：丙酮＞450g/L、乙醇 337g/L、二甲苯＞450g/L、氯仿＞450g/L、己烷 103g/L；原药在水中溶解度 0.01～0.2mg/L（21℃）。对热稳定，220℃以下不分解，在酸性介质中较稳定，田间试验对光稳定，碱性条件不稳定。

毒性　中等毒性。急性经口 LD_{50}：大鼠 251mg/kg，小鼠 138mg/kg（250～400mg/kg）。急性经皮 LD_{50}：大鼠＞1600mg/kg，兔＞2400mg/kg。大鼠急性吸入 LC_{50}＞0.048mg/L。对皮肤有轻微刺激作用，对眼睛有中度刺激作用。大鼠亚急性经口最大无作用剂量为 5mg/(kg·d)（100mg/kg），慢性经口最大无作用剂量为 7mg/(kg·d)（100mg/kg）。动物试验未发现致畸、致癌、致突变作用。虹鳟 LC_{50} 0.5μg/L（2～2.8μg/L）（96 小时）。对蚕、蜜蜂高毒。氯氰菊酯毒性数据有关资料相差较大，可能是不同试验条件所致。

剂型　乳油，可湿性粉剂，微乳剂，悬浮种衣剂，微囊剂，超低容量喷雾剂。

质量标准　10% 氯氰菊酯乳油制剂为褐色至黄褐色液体，闪点依溶剂不同变化较大，乳化性能良好，常温储存稳定性 2 年以上。

作用方式及机理　为中等毒性杀虫剂，作用于昆虫的神经系统，通过与钠通道作用来扰乱昆虫的神经功能。具有触杀和胃毒作用，无内吸性。杀虫谱广、药效迅速，对光、热稳定，对某些害虫的卵具有杀伤作用。用此药防治对有机磷产生抗性的害虫效果良好，但对螨类和盲蝽防治效果差。该药持效期长，正确使用时对作物安全。可用于公共场所防治苍蝇、蟑螂、蚊子、跳蚤、虱子和臭虫等许多卫生害虫，也可防治牲畜体外寄生虫，如蜱、螨等。在农业上，主要用于苜蓿、禾谷类作物、棉花、葡萄、玉米、油菜、梨果、马铃薯、大豆、甜菜、烟草和蔬菜上防治鞘翅目、鳞翅目、直翅目、双翅目和半翅目等害虫。

防治对象　适用于鳞翅目、鞘翅目等害虫，对螨类效果不好。对棉花、大豆、玉米、果树、葡萄、蔬菜、烟草、花卉等作物上的蚜虫、棉铃虫、斜纹夜蛾、尺蠖、卷叶虫、跳甲、象鼻虫等多种害虫有良好防治效果。

使用方法　通常用药量为 30～90g/hm²。如防治棉铃虫和红铃虫，在卵孵盛期，幼虫蛀入蕾、铃之前，用 10% 乳油 1000～1500 倍液喷雾；对柑橘害虫用 30～100mg/L 浓度喷雾；防治茶叶害虫用 25～50mg/kg 浓度喷雾。注意不要在桑园、鱼塘、水源、养蜂场附近使用。

注意事项　不要与碱性物质混用。药品中毒后的治疗见溴氰菊酯。注意不可污染水域及饲养蚕场地。

与其他药剂的混用　可与多种有机磷、氨基甲酸酯等杀虫剂混用，以增效或扩大杀虫谱。主要混用方法：与辛硫磷等混用，用于防治棉铃虫、小菜蛾等害虫；分别与阿维菌素、杀虫丹等混用，用于防治蚜虫；与哒螨灵、阿维菌素等混用，用于防治螨类。

允许残留量　GB 2763—2021《食品中农药最大残留限量标准》规定氯氰菊酯最大残留限量见表。ADI 为 0.02mg/kg。谷物按照 GB 23200.9、GB 23200.113 规定的方法测定；油料和油脂、坚果、糖料、调味料参照 GB 23200.113、GB/T 5009.146、GB 23200.9 规定的方法测定；蔬菜、水果、干制水果、食用菌按照 GB 23200.113、GB/T 5009.146、GB 23200.8、NY/T 761 规定的方法测定；饮料类按照 GB 23200.113、GB/T 23204 规定的方法测定。

部分食品中氯氰菊酯最大残留限量（GB 2763—2021）

食品类别	名称	最大残留限量（mg/kg）
谷物	谷物（单列的除外）	0.30
	稻谷	2.00
	小麦	0.20
	大麦、黑麦、燕麦	2.00
	玉米	0.05
	鲜食玉米	0.50
	杂粮类	0.05
油料和油脂	小型油籽类	0.10
	棉籽	0.20
	大型油籽类（大豆除外）	0.10
	大豆	0.05
	初榨橄榄油	0.50
	精炼橄榄油	0.50
蔬菜	洋葱	0.01
	韭菜	1.00
	韭葱	0.05
	芸薹类蔬菜（结球甘蓝除外）	1.00
	结球甘蓝	5.00
	菠菜、普通白菜、莴苣	2.00
	芹菜	1.00
	大白菜	2.00
	番茄、茄子、辣椒、秋葵	0.50
	瓜类蔬菜（黄瓜除外）	0.07
	黄瓜	0.20
	豇豆、菜豆、食荚豌豆	0.50
	芦笋	0.40
	朝鲜蓟	0.10
	根茎类和薯芋类蔬菜	0.01
	玉米笋	0.05
水果	柑橘	1.00
	橙、柠檬、柚	2.00
	苹果、梨	2.00
	核果类水果（桃除外）	2.00

（续表）

食品类别	名称	最大残留限量（mg/kg）
水果	桃	1.00
	枸杞	2.00
	葡萄	0.20
	草莓	0.07
	橄榄	0.05
	杨桃	0.20
	荔枝、龙眼	0.50
	杧果	0.70
	番木瓜	0.50
	榴莲	1.00
	瓜果类水果	0.07
干制水果	葡萄干	0.50
糖料	甘蔗	0.20
	甜菜	0.10
饮料类	咖啡豆	0.05
食用菌	蘑菇类（鲜）	0.50
调味料	干辣椒	10.00
	果类调味料	0.10
	根茎类调味料	0.20

参考文献

马克比恩 C, 2015. 农药手册[M]. 胡笑形, 等译. 北京: 化学工业出版社: 245-247.

朱永和, 王振荣, 李布青, 2006. 农药大典[M]. 北京: 中国三峡出版社: 179-182.

TURNER J A, 2015. The pesticide manual: a world compendium [M]. 17th ed. UK: BCPC: 274-275.

（撰稿：陈洋；审稿：吴剑）

氯炔灵　chlorbufam

一种二氢蝶酸合成酶抑制剂。

其他名称　BiPC、Alicep、Alipur、炔草灵、稗蓼灵。

化学名称　1-甲基丙 -2-炔基-3-氯苯胺基甲酸酯；1-methyl-2-propynyl-3-chlorophenylcarbamate。

IUPAC名称　(RS)-1-methylprop-2-ynyl 3-chlorocarbanilate。

CAS 登记号　1967-16-4。

EC 号　217-815-4。

分子式　$C_{11}H_{10}ClNO_2$。

相对分子质量　223.66。

结构式

开发单位　1958 年德国巴斯夫作为除草剂 Alpur 的一个组分推广，获有专利 DBP 1034912；1062482，专利已过期。1960 年由巴斯夫公司开发，专利已过期。

理化性质　无色结晶，略带特殊臭味。熔点 45～46℃。蒸气压 0.61kPa（20℃）。相对密度 1.22（工业品）。溶解性（20℃）：水 540mg/L、甲醇 286mg/kg、丙醇 280mg/kg、乙醇 95mg/kg，易溶于有机溶剂。稳定性：在强酸或强碱介质中不稳定（pH＞13，pH＜1），暴露在光线下会变色，稳定至 40℃，可与醇发生酯交换反应。

毒性　大鼠急性经口 LD_{50} 2.5g/kg。对兔皮肤有刺激性，可引起红斑。

剂型　Alipue，25% 乳油；Alicep，45% 可湿性粉剂。

作用方式及机理　抑制二氢蝶酸合成酶，通过阻碍细胞分裂而致效，芽前除草。

防治对象　稗草、蓼等杂草。用于韭、葱和洋葱中防除风草、野萝卜、田白芥、繁缕、小荨麻、藜、母菊、早熟禾等。与环莠隆（cycluron）混剂（每升溶液中含 100g 氯炔灵 +150g 环莠隆）适用于甜菜、蔬菜、豌豆、苗圃等防除稗草、蓼、野燕麦等杂草。对双子叶作物安全。

使用方法　于杂草芽前、作物播后苗前土壤处理。氯炔灵 1.5～2kg/hm²（有效成分），地面喷雾。

与其他药剂的混用　通常与杀草敏（pyrazon）混用。20% 氯炔灵 +25% 杀草敏适用于甜菜、洋葱、韭菜等防除一年生禾本科杂草和某些阔叶杂草。

参考文献

石得中, 2007. 中国农药大辞典[M]. 北京: 化学工业出版社: 212-213.

朱永和, 王振荣, 李布青, 2006. 农药大典[M]. 北京: 中国三峡出版社: 785-786.

（撰稿：王大伟；审稿：席真）

氯杀螨　chlorbenside

一种非内吸性杀螨剂。

其他名称　Chlorparacide、Chlorsulphacide、HRS860、RD2195。

化学名称　4-氯苄基4-氯苯基硫醚；1-chloro-4-[[(4-chlorophenyl)methyl]thio]benzene。

IUPAC名称　4-chlorobenzyl 4-chlorophenylsulfide。

CAS 登记号　103-17-3。

分子式　$C_{13}H_{10}Cl_2S$。

相对分子质量　269.19。

结构式

开发单位　由 J. E. Cranham 等于 1953 年报道，英国布兹公司（现德国先灵公司）推出。

理化性质　纯品为白色结晶，工业品有杏仁味。熔点

72℃。相对密度 1.421（25℃）。蒸气压 0.35mPa（20℃），1.6mPa（30℃）。不溶于水，微溶于矿物油和醇，溶于酮和芳香烃。对酸碱稳定，但易氧化成砜或亚砜。可与各种农药混用。

毒性　对温血动物毒性极低。对大鼠以 10 000mg/（kg·d）饲喂 3 周能容忍或以 1000mg/kg 氯杀螨料饲喂大鼠 2 年无害；以 5mg/（kg·d）剂量饲喂狗 1 年，未观察到有影响。对蜜蜂无毒。

防治对象　对红蜘蛛的卵和幼虫有高效，但杀虫活性低，没有内吸性。

参考文献

康卓, 2017. 农药商品信息手册[M]. 北京: 化学工业出版社: 212-213.

（撰稿：赵平；审稿：杨吉春）

氯杀鼠灵　coumachlor

一种经口羟基香豆素类抗凝血杀鼠剂。

其他名称　比猫灵、氯灭鼠灵、氯华法林。

化学名称　3-(1-(4-氯苯基)-3-氧代丁基)-4-羟基香豆素。

IUPAC 名称　3-[(1*RS*)-1-(4-chlorophenyl)-3-oxobutyl]-4-hydroxy-2*H*-chromen-2-one。

CAS 登记号　81-82-3。

分子式　$C_{19}H_{15}ClO_4$。

相对分子质量　342.77。

结构式

开发单位　瑞士汽巴 - 嘉基公司。

理化性质　白色结晶。熔点 169～171℃。沸点 543℃。密度 1.384g/cm³。工业品为淡黄色粉末，不溶于水，微溶于乙醚、苯，可溶于醇类、丙酮和氯仿。

毒性　可经皮肤吸入，维生素 K_1 为其特效解毒剂。对大鼠、小鼠的急性经口 LD_{50} 分别为187mg/kg 和 900mg/kg，对狗和猪为高毒。

作用方式及机理　经口毒物。竞争性抑制维生素 K 环氧化物还原酶，导致活性维生素 K 缺乏，进而破坏凝血机制，产生抗凝血效果。

剂型　98% 母粉。

使用情况　是随着杀鼠灵的成功在 1950 年代初发展的第一代抗凝血杀鼠剂。其持效期较长，但因急性毒力不是很大，须多次投放毒饵，方能较好地控制鼠害。该品对鼠无拒食作

用，但多次使用可以产生抗性。在欧洲已不再使用。

使用方法　堆投，毒饵站投放 0.005%～0.025% 毒饵。

注意事项　毒饵应远离儿童可接触到的地方，避免误食。误食中毒后，可肌肉注射维生素 K 解毒，同时输入新鲜血液或肾上腺皮质激素降低毛细血管通透性。

参考文献

BUCKLE A P, EASON C T, 2015. Control methods: chemical. In: AP Buckle, RH Smith, editor. Rodent pests and their control[M]. 2nd ed. Wallingford, UK: CABI: 123-155.

WANNTROP H, 1959. Studies on chemical determination of warfarin and coumachlor and their toxicity for dog and swine[J]. Acta pharmacologica et toxicologica, 16(2): 1-123.

（撰稿：王登；审稿：施大钊）

氯鼠酮　chlorophacinone

一种经口茚满二酮类抗凝血杀鼠剂。

其他名称　鼠顿停、氯敌鼠。

化学名称　2-[2-(4-氯苯基)-2-苯基乙酰基]茚 -1,3- 二酮。

IUPAC 名称　2-[(2*RS*)-(4-chlorophenyl)phenylacetyl]indane-1,3-dione。

CAS 登记号　3691-35-8。

分子式　$C_{23}H_{15}ClO_3$。

相对分子质量　374.82。

结构式

开发单位　德国 Chempar 公司。

理化性质　原药为黄色无臭结晶体，有效成分含量 98%，熔点为 140℃。20℃时蒸气压实际为 0；不溶于水，溶于丙酮、乙醇、乙酸乙酯。稳定性不受温度影响，在酸性条件下不稳定。母液为红色清亮油状体，有效成分含量为 0.25%，相对密度 0.84～0.88（20℃），黏度 2.5×10^{-2}～3.5×10^{-2}Pa·s（20℃），闪点 160℃（闭式），在 -10℃条件下储存数月无沉淀发生，不溶于水，溶于有机溶剂。

毒性　剧毒。对大鼠、小鼠的急性经口 LD_{50} 分别为2.1mg/kg 和 1.06mg/kg。

作用方式及机理　经口毒物。竞争性抑制维生素 K 环氧化物还原酶，导致活性维生素 K 缺乏，进而破坏凝血机制，产生抗凝血效果。其毒理机制与敌鼠钠盐、杀鼠醚相似。

剂型　95% 母粉。

使用情况　1961 年被引入市场，现在在世界各地广泛使用。市售的氯敌鼠有两种剂型，均可用于配制毒饵使用。

使用方法 油剂配制毒饵比较方便，可选用当地鼠类喜食的谷物做饵料。毒饵中有效成分含量一般为 0.005%。广谱杀鼠剂，可杀灭家鼠和野鼠。氯鼠酮被列为抗凝血杀鼠剂是有异议的，因为它也被认为是氧化磷酸化的解偶联剂。

注意事项 毒饵应远离儿童可接触到的地方，避免误食。误食中毒后，可肌肉注射维生素 K 解毒，同时输入新鲜血液或肾上腺皮质激素降低毛细血管通透性。

参考文献

KATHERINE E H, STEVEN F V, CHRISTOPHER M C, 2015. Increased diphacinone and chlorophacinone metabolism in previously exposed wild caught voles, *Microtus californicus*[J]. Crop protection, 78: 35-39.

PELFRENE A F, 1991. Synthetic organic rodenticides[M]//Hayes W J Jr, Laws E R Jr. Handbook of pesticide toxicology, volume 3: Classes of pesticides. San Diego: Academic Press: 1271-1316.

（撰稿：王登；审稿：施大钊）

氯酸镁 magnesium chlorate

一种作物收获前的脱叶剂、催熟剂和干燥剂，通过根部吸收并在植物体内传导而杀死植物的根和顶端，生产上应用于棉花和小麦等作物。

其他名称 Desecol、Magron、MC Defoliant、Ortho MC。

化学名称 氯酸镁（六水化合物）; magnesium chlorate hexahydrate。

IUPAC 名称 magnesium dichlorate。

CAS 登记号 10326-21-3。

EC 号 233-711-1。

分子式 Cl_2MgO_6。

相对分子质量 191.21。

结构式

$$O=Cl(=O)O^-\quad Mg^{2+}\quad O^-Cl(=O)=O$$

理化性质 无色斜方晶系针状或片状结晶。相对密度 1.8（25℃）。熔点 35℃。沸点 120℃（分解）。易溶于水，微溶于醇和丙酮。35℃时部分熔化并转变为四水合物。有强吸湿性。不易爆炸和燃烧。比其他氯酸盐稳定，与硫、磷、有机物等混合，经摩擦、撞击，有引起爆炸燃烧的危险。对失去氧化膜的铁有显著腐蚀性，对不锈钢和搪瓷的腐蚀性不太显著。

毒性 急性经口LD_{50}：大鼠 6.35g/kg，小鼠 5.25g/kg。20% 或 40% 氯酸镁溶液溅到皮肤上，可使皮肤发红并有灼痛感，应立即用水充分清洗。

剂型 颗粒剂，水溶剂。

作用方式及机理 具触杀作用，能被根部吸收，并在植物体内传导，以杀死植物的根和顶端，当其用量小于致死剂量时，可使绿叶褪色和茎秆与根中的淀粉量减少。

使用对象 棉花、小麦等。

使用方法 用作棉花收获前的脱叶剂、小麦催熟剂、除莠剂、干燥剂。用于棉花脱叶时，其水溶液中氯酸镁的用量为 8～12kg/hm²。

注意事项 ①使用时要注意防护，皮肤沾染时及时用肥皂和水清洗，眼睛溅入药液则至少用清水洗 15 分钟，误服立即送医院治疗。②剩余药液宜妥善处理，以免其他作物受害。③注意施药浓度。

参考文献

孙家隆，2015. 新编农药品种手册[M]. 北京: 化学工业出版社: 941.

朱永和，王振荣，李布青，2006. 农药大典[M]. 北京: 中国三峡出版社: 905.

（撰稿：徐佳慧；审稿：谭伟明）

氯酸钠 sodium chlorate

一种强氧化剂，非选择性除草剂，对所有绿色植物都有很强的植物毒性。

其他名称 Altacide、Atlacide、Atratol、De-Folate、Drop-Leaf、Fall、Klorex、Kontrol、Kusakol、Kusatol、MBC、Polybor-Chlorate、Nantcol、Rasikal、Sheda-leaf-syrate、Tumbleaf、Vertan。

化学名称 氯酸钠; sodium chlorate。

IUPAC 名称 sodium chlorate。

CAS 登记号 7775-09-9。

分子式 $ClNaO_3$。

相对分子质量 106.45。

结构式

$$Na^+\quad O^-\!-\!Cl(=O)\!-\!O$$

开发单位 大约在 1910 年就用作除草剂。

理化性质 白色粉末。熔点 248℃（分解）。约在 300℃左右放出氧气。0℃时水中溶解度 790g/L，可溶于乙醇和乙二醇。是强氧化剂，接触有机物时易爆炸和燃烧。对锌和碳钢有腐蚀性。

毒性 大鼠急性经口LD_{50} 1.2g/kg，对皮肤和黏膜有局部刺激作用。

剂型 98% 原药，70% 粉剂，25% 颗粒剂。

作用方式及机理 对所有绿色植物都有很强的毒性，植物根、茎对其有内吸作用。

防治对象 多种植物均可被杀死，对菊科、禾本科植物具有根绝的效果，对深根性多年生的禾本科杂草非常有效。

使用方法 植物生长旺盛时期施药，用量视杂草种类、数量及大小而定，一般为 50～300kg/hm²，加水喷洒或撒粉。荒地在雨季来临前用效果最好，果园、桑园等在 10 月后休眠期施药较安全。也可与残留性有机除草剂，如灭草隆、敌草隆、除草定等混用作灭生性除草。

注意事项　①具有强烈氧化作用，天气干燥时可能引起火灾，需加阻燃剂，浓液中可用氯化钙，可溶性粉剂中可用氯化钠、硫酸钠、磷酸三钠等。②重黏度土壤施药效果差，土壤墒情好时防效高。③施药时应严格注意防止药剂飘移到农作物、非目标植物上。④施药前后不要施用草木灰或石灰，以免降低防效。药后1个月施用草木灰或石灰可促使杂草地下根茎腐烂。⑤高剂量下药效可持续约6个月，但大雨可将其淋溶。⑥运输和储存按易燃化学危险品处理。

与其他药剂的混用　可与残留性有机除草剂，如灭草隆、敌草隆、除草定等混用作灭生性除草。

参考文献

朱永和, 王振荣, 李布青, 2006. 农药大典[M]. 北京: 中国三峡出版社: 905.

（撰稿：刘玉秀；审稿：宋红健）

氯酞亚胺　2-(4-chlorophenyl)hexahydro-1*H*-isoindole-1, (2*H*)-dione

一种选择性除草剂。

其他名称　Chiorphthalim、MK-616。

化学名称　*N*-(4-氯苯基)-3a,4,5,6,7,7a-六氢酞酰亚胺; 2-(4-chlorophenyl)-3a,4,5,6,7,7a-hexahydro-1*H*-isoindole-1,3(2*H*)-dione。

IUPAC名称　2-(4-chlorophenyl)hexahydro-1*H*-isoindole-1,3(2*H*)-dione。

CAS登记号　68884-21-9。

分子式　$C_{14}H_{14}ClNO_2$。

相对分子质量　263.72。

结构式

开发单位　杜邦公司。

理化性质　淡黄色结晶。熔点167℃。水中溶解度2～3mg/L，易溶于二氯甲烷、丙酮、氯仿、二甲基甲酰胺，可溶于二乙醚、苯。

毒性　急性经口LD_{50}：大鼠10 000mg/kg，小鼠10 000mg/kg。鲤鱼>100mg/L。

剂型　50%可湿性粉剂。

防治对象　用于草坪、大豆、菜豆、马铃薯、棉花等田地防除马唐、蟋蟀草、稗草、莎草、看麦娘、野苋、马齿苋、春蓼、铁苋菜、宝盖草、苍耳、藜等。对鸭跖草、半夏、艾蒿、繁缕、雀舌草、打碗花、车前等防效差。

使用方法　作物播后苗前，用量0.45～0.75kg/hm²，地表喷雾处理。草坪在5月作土壤和茎叶的全面喷雾处理，用药量0.9～1.5kg/hm²。

注意事项　选择性除草剂。在土壤中的移动性1～1.5cm，持效期3～4周。

参考文献

张殿京, 程慕如, 1987. 化学除草应用指南[M]. 北京: 农村读物出版社: 200-201.

（撰稿：徐效华；审稿：闫艺飞）

氯烯炔菊酯　chlorempenthrin

一种拟除虫菊酯类杀虫剂。

其他名称　中西气雾菊酯、二氯炔戊菊酯。

化学名称　1-乙炔基-2-甲基戊-2-烯基*(RS)*-2,2-二甲基-3-(2,2-二氯乙烯基)环丙烷羧酸酯。

IUPAC名称　1-ethynyl-2-methylpenten-2-yl-(1*R,S*)-*cis,trans*-2,2-dimethyl-3-(2,2-dichlorovinyl)cyclpropanecarboxylate。

CAS登记号　54407-47-5。

分子式　$C_{16}H_{20}Cl_2O_2$。

相对分子质量　315.23。

结构式

开发单位　1947年由日本住友化学公司合成，但未工业化。20世纪80年代中期，中国少数研究单位进行了试制，并发现其杀虫活性。1988年上海中西药厂（现为上海中西集团责任有限公司中西药业股份有限公司）开发。

理化性质　淡黄色油状液体，有清淡香味。沸点128～130℃（40Pa）。蒸气压$4.13×10^{-2}$Pa（20℃）。折射率n_D^{21}1.5047。可溶于苯、醇、醚等多种有机溶剂，不溶于水。对光、热和酸性介质较稳定，在碱性介质中易分解。

毒性　小鼠急性经口LD_{50} 790mg/kg。常用剂量条件下对人畜眼、鼻、皮肤及呼吸道均无刺激。Ames试验阴性。

剂型　电热蚊香片，液体蚊香，气雾剂，喷射剂等。

质量标准　原油浅黄色油状物≥85%。

作用方式及机理　胃毒、触杀、喷雾、熏蒸。

防治对象　对家蝇、德国小蠊、蚊子以及囊虫有较好的防治效果。稳定性好，无残留。

使用方法　稳定性好，无残留，除防治卫生害虫外，亦可用于防治仓储害虫。喷雾法防治家蝇，剂量为5.8～10mg/m³；每片含药剂250mg的电热蚊香片加热至150℃，对淡色库蚊杀死率达80%～100%。当剂量为0.2mg时，对黑大毛皮囊幼虫的灭杀率达100%。

参考文献

朱永和, 王振荣, 李布青, 2006. 农药大典[M]. 北京: 中国三峡出版社: 210.

（撰稿：陈洋；审稿：吴剑）

氯酰草膦 clacyfos

一种膦酸酯类选择性内吸传导型除草剂。

其他名称 HW02、luxiancaolin。

化学名称 *O,O*-二甲基-1-(2,4-二氯苯氧基乙酰氧基)乙基膦酸酯；1-(dimethoxyphosphinyl)ethyl 2-(2,4-dichlorophenoxy)acetate。

IUPAC 名称 dimethyl [(1*RS*)-1-(2,4-dichlorophenoxyacetoxy)ethyl] phosphonate。

CAS 登记号 215655-76-8。

分子式 $C_{12}H_{15}Cl_2O_6P$。

相对分子质量 357.12。

结构式

开发单位 华中师范大学创制并开发。与山东侨昌化学有限公司合作，于 2007 年在中国农业部农药检定所（ICAMA）获得农药临时登记，贺红武等 1997 年报道氯酰草膦（HW02）的除草活性，并于 2009 年在格拉斯哥 BCPC 大会上报告此产品。

理化性质 纯品为浅黄色液体，无刺激性气味，原药含量 93%～95%。相对密度 1.29。饱和蒸气压 4.86×10^{-3} Pa（25℃）。$K_{ow}\lg P$ 2.17（25℃）。在水中溶解度（mg/L，20℃）：976（pH6.5）。与丙酮、乙醇、氯仿、甲苯、二甲苯等有机溶剂混溶。稳定性：常温下对光、热稳定，在一定的酸、碱强度下易分解。

毒性 低毒。原药大鼠急性经口 LD_{50}：1467.53mg/kg（雌），1711.06mg/kg（雄），大鼠急性经皮 $LD_{50} > 2000$mg/kg（雌、雄）。对兔眼睛和皮肤呈现轻度刺激性。对皮肤为弱致敏物。Ames 试验、小鼠细胞染色体畸变及细胞微核试验结果为阴性；无致癌性，无生殖毒性和胚胎致畸毒性。对生态环境中的鹌鹑、斑马鱼、蜜蜂、家蚕、大型溞、土壤微生物、爪蟾均为低毒，对赤眼蜂为低风险性。环境行为特征属于易水解、易降解、不移动、难挥发的农药，残留量低于检出极限；在土壤中的半衰期为 0.2～0.4 天；在玉米鲜植株中的半衰期为 0.1～0.4 天；对后茬作物无影响。30% 乳油：大鼠急性经口 LD_{50} 2000mg/kg（雌、雄），大鼠急性经皮 $LD_{50} > $ 2150mg/kg（雌、雄），对兔的眼睛呈现轻度刺激性。对兔的皮肤无刺激性，为弱致敏物。

剂型 30% 乳油。

质量标准 30% 乳油为浅黄色均相液体，水分≤0.5%，pH 6.5～7.5。储存稳定性良好。

作用方式及机理 选择性内吸传导型除草剂。苗后茎叶喷雾处理，有效成分被杂草茎部和叶片吸收转移到杂草各部，抑制植物体内丙酮酸脱氢酶系，从而导致杂草死亡。

防治对象 禾本科草坪和小麦、玉米等禾本科作物田防除阔叶杂草及莎草科杂草，如反枝苋、马齿苋、苘麻、苍耳、鳢肠、铁苋菜、蓼、藜、龙葵、鸭跖草、刺儿菜、裂叶牵牛、猪殃殃、繁缕、碎米荠、播娘蒿、荠菜、大巢菜、稻槎菜、异型莎草、水莎草、碎米莎草、萤蔺等。对禾本科杂草防效较差，对小麦、玉米以及草坪草高羊茅、结缕草安全。

使用方法 苗后茎叶喷雾处理。通常在杂草 2～3 叶期，用 30% 氯酰草膦乳油 500～1500g/hm²（有效成分 150～450g）加水喷雾。温度、土质对其除草效果无明显影响。

注意事项 ①氯酰草膦适用于阔叶杂草及莎草优势地块。②避免药液接触皮肤、眼睛和衣服，如不慎溅到皮肤上或眼睛内，应立即用大量清水冲洗，严重时送医院对症治疗。③防止由口鼻吸入，误服应给予大量饮水、催吐，保持安静，严重时送医院对症治疗。④不能与肥料、杀虫剂、杀菌剂、种子混放，应远离食品、饲料，储存在儿童接触不到的地方。

与其他药剂的混用 氯酰草膦为选择性除草剂，对阔叶杂草和莎草科杂草防效显著，但对禾本科杂草防效较差，可与多种除草剂混合使用或先后使用，以扩大杀草谱，提高总体防效。

参考文献

HE H W, PENG H, TAN X S, 2014. Environmentally friendly alkylphosphonate herbicides[M]. Berlin: Springer-Verlag and Beijing: Chemical Industry Press: 359-381.

TURNER J A, 2015. The pesticide manual: a world compendium [M]. 17th ed. U K : BCPC : 215.

（撰稿：谭效松；审稿：耿贺利）

氯硝胺 dicloran

一种抑制细胞膜生物合成的苯胺类杀菌剂。

其他名称 Allisan、Botran、Dicloroc、DCNA、ditranil。

化学名称 2,6-二氯-4-硝基苯胺；2,6-dichloro-4-nitrobenzenamine。

IUPAC 名称 2,6-dichloro-4-nitroaniline。

CAS 登记号 99-30-9。

EC 号 202-746-4。

分子式 $C_6H_4Cl_2N_2O_2$。

相对分子质量 207.01。

结构式

开发单位 Boss 公司研制，拜耳公司开发，现由 Kuo Ching 和 Luosen 等公司生产。

理化性质 纯品为黄色结晶状固体。熔点 195℃。蒸气压：0.16mPa（20℃）、0.26mPa（25℃）。$K_{ow}\lg P$ 2.8（25℃）。Henry 常数 8.4×10^{-3}Pa·m³/mol（计算值）。相对密度 0.28

（堆积）。水中溶解度 6.3mg/L（20℃）；有机溶剂中溶解度（g/L，20℃）：丙酮 34、二氧六烷 40、氯仿 12、乙酸乙酯 19、苯 4.6、二甲苯 3.6、环己烷 0.06。稳定性：对水解（pH5～9）和氧化稳定；300℃以下稳定；在水溶液中（pH7.1），DT_{50} 41 小时（$\lambda > 290nm$）。

毒性　急性经口 LD_{50}（mg/kg）：大鼠 4040，小鼠 1500～2500。急性经皮 LD_{50}（mg/kg）：兔 > 2000，小鼠 > 5000。大鼠急性吸入 LC_{50}（1 小时）> 21.6mg/L。2 年喂养试验 NOEL［mg/（kg·d）］：大鼠 1000，小鼠 175，狗 100。急性经口 LD_{50}（mg/kg）：山齿鹑 900，野鸭 > 2000。饲养 LC_{50}（5 天，mg/kg 饲料）：山齿鹑 1435，野鸭 5960。鱼类 LC_{50}（96 小时，mg/L）：虹鳟 1.6，蓝鳃太阳鱼 37，金鱼 32。水蚤 LC_{50}（48 小时）2.7mg/L，蜜蜂 LD_{50}（48 小时）0.18mg/只（接触）。蚯蚓 LC_{50}（14 天）885mg/kg 土壤。

剂型　可湿性粉剂，粉剂，悬浮剂。

作用方式及机理　脂质过氧化剂，抑制细胞膜的生物合成。

防治对象　主要用于防治果树、蔬菜、观赏植物及大田作物的各种灰霉病、软腐病、菌核病等。使用剂量 0.8～3kg/hm² 有效成分。

允许残留量　GB 2763—2021《食品中农药最大残留限量标准》规定氯硝胺最大残留限量见表。ADI 为 0.01mg/kg。蔬菜按照 GB 23200.8、GB 23200.113、GB/T 20769、NY/T 1379 规定的方法测定；水果按照 GB 23200.8、GB 23200.113、GB/T 20769 规定的方法测定。

部分食品中氯硝胺最大残留限量（GB 2763—2021）

食品类别	名称	最大残留限量（mg/kg）
蔬菜	洋葱	0.2
	胡萝卜	15.0
水果	桃	7.0
	油桃	7.0
	葡萄	7.0

参考文献

刘长令, 2008. 世界农药大全: 杀菌剂卷[M]. 北京: 化学工业出版社: 331.

马克比恩 C, 2015. 农药手册[M]. 胡笑形, 等译. 北京: 化学工业出版社: 305-306.

孙家隆, 2015. 新编农药品种手册[M]. 北京: 化学工业出版社: 504-505.

（撰稿：毕朝位；审稿：谭万忠）

氯硝酚　chloronitrophene

一种由 2,4- 二氯苯酚硝化生成的触杀性除草剂。

化学名称　2,4-dichloro-6-nitrophenol（DCNP）。

IUPAC 名称　2,4-dichloro-6-nitrophenol。

CAS 登记号　609-89-2。

分子式　$C_6H_3Cl_2NO_3$。

相对分子质量　208.00。

结构式

理化性质　熔点 124～125℃。20℃时在水中的溶解度为 3.1%。

毒性　小鼠急性经口 LD_{50} 71mg/kg。鲤鱼 TLm（48 小时）0.39mg/L。

使用方法　用量 3～6kg/hm²。

（撰稿：祝冠彬；审稿：徐凤波）

氯硝萘　chlorodinitronaphthalenes

一种用于防治马铃薯疫病，番茄晚疫病、叶霉病，苹果黑星病的杀菌剂。

其他名称　CDN。

化学名称　1-氯-2,4-二硝基萘；1-chloro-2,4-dinitronaphthalene。

IUPAC 名称　1-chloro-2,4-dinitronaphthalene。

CAS 登记号　2401-85-6。

分子式　$C_{10}H_5ClN_2O_4$。

相对分子质量　252.61。

结构式

理化性质　原药为黄色针状结晶。熔点 142～144℃（纯品 146.5℃）。密度 1.586g/cm³。沸点 404.3℃（101.32kPa）。可溶于乙酸及热丙酮，微溶于乙醇、乙醚和热石油类。在碱性介质中水解为 2,4- 二硝基 -1- 苯酚。

防治对象　马铃薯疫病，番茄晚疫病、叶霉病，苹果黑星病等。

参考文献

孙家隆, 2015. 新编农药品种手册[M]. 北京: 化学工业出版社: 505-506.

（撰稿：毕朝位；审稿：谭万忠）

氯硝散　chemagro

一种用作土壤和种子处理的保护性取代苯类杀菌剂。

其他名称　brassisan。

化学名称　三氯二硝基苯；trichlorodinitrobenzene。

IUPAC名称　1,2,4-trichloro-3,5-dinitrobenzene。

CAS登记号　2678-21-9；6379-46-0。

分子式　$C_6HCl_3N_2O_4$。

相对分子质量　271.44。

结构式

理化性质　原药为黄色晶体。沸点345.6℃（101.32kPa）。蒸气压16.27mPa（25℃），密度1.822g/cm³。闪点162.8℃。有刺激性气味，遇碱易分解。

工业品为两种异构体的混合物，其理化性质因其比例不同而有所差异。有时氯硝散专指1,2,4-三氯-3,5-二硝基苯。

毒性　大鼠急性经口LD$_{50}$ 500mg/kg。

剂型　50%粉剂，30%、50%乳油。

防治对象　主要作种子和土壤处理，防治种传和土传病害，尤其对丝核菌效果好。

参考文献

孙家隆, 2015. 新编农药品种手册[M]. 北京: 化学工业出版社: 506-507.

（撰稿：毕朝位；审稿：谭万忠）

氯辛硫磷　chlorphoxim

一种含肟类结构的有机磷杀虫剂。

其他名称　Baythion C、Bay SRA 7747、SRS 7747。

化学名称　2-氯-N-二乙氧基硫代膦酰氧基苯甲亚氨基腈；2-chloro-N-diethoxyphosphinothioyloxybenzenecarbo ximidoyl cyanide。

IUPAC名称　2-chloro-N-diethoxyphosphinothioyloxybenzenecarboximidoyl cyanide。

CAS登记号　14816-20-7。

分子式　$C_{12}H_{14}ClN_2O_3PS$。

相对分子质量　332.74。

结构式

开发单位　拜耳公司推广。

理化性质　纯品为白色结晶。熔点65~66℃。蒸气

压 < 7.99×10^{-3}Pa。20℃时，在环己酮和甲苯中溶解度40%~60%，在水中溶解度1.7mg/L。

毒性　大鼠急性经口LD$_{50}$ > 2500mg/kg。大鼠急性经皮LD$_{50}$ > 500mg/kg。

剂型　50%可湿性粉剂，50%超低容量喷雾剂。

作用方式及机理　抑制昆虫胆碱酯酶，具有触杀和胃毒作用，对哺乳动物毒性低。

防治对象　对各种鳞翅目幼虫和马铃薯甲虫有显著效果，对蚜虫、飞虱、叶蝉、蚧类、红蜘蛛等也有效，可用于防治仓储、土壤、卫生（蚊、螨等）害虫，及对辛硫磷产生抗性的害虫。

注意事项　不能与皮肤和碱性物质直接接触。如中毒可用阿托品硫酸盐作解毒剂。

参考文献

王振荣, 李布青, 1996. 农药商品大全[M]. 北京: 中国商业出版社: 94-95.

朱永和, 王振荣, 李布青, 2006. 农药大典[M]. 北京: 中国三峡出版社: 90-91.

（撰稿：薛伟；审稿：吴剑）

氯溴隆　chlorbromuron

一种脲类除草剂。

其他名称　Maloran、chlorobromuron、绿秀隆。

化学名称　3-(3-氯-4-溴苯基)-1-甲氧基-1-甲基脲；N'-(4-bromo-3-chlorophenyl)-N-methoxy-N-methylurea。

IUPAC名称　3-(3-chloro-4-bromophenyl)-1-methoxy-1-methylurea。

CAS登记号　13360-45-7。

分子式　$C_9H_{10}BrClN_2O_2$。

相对分子质量　293.55。

结构式

开发单位　20世纪60年代由汽巴公司开发。

理化性质　无色粉末。熔点95~97℃。蒸气压0.053mPa（20℃）。K_{ow}lgP 2.9。相对密度1.69（20℃）。溶解度：水中35mg/L（20℃），丙酮460、二氯甲烷170、己烷89、苯72、异丙醇12（g/kg，20℃）。稳定性：在中性、弱碱、弱酸中缓慢水解。

毒性　大鼠急性经口LD$_{50}$ > 5000mg/kg（工业品）。急性经皮LD$_{50}$（mg/kg）：大鼠 > 2000，兔 > 10 000。鱼类LC$_{50}$（96小时）：虹鳟5mg/L，大鳍鳞鳃太阳鱼5mg/L，鲤鱼8mg/L。

剂型　可湿性粉剂。

作用方式及机理　芽前、苗后除草剂。

防治对象　用于胡萝卜、豌豆、马铃薯、大豆、向日葵（芽前）及移栽芹菜、胡萝卜（苗后）作物的除草。在土壤中的降解半衰期为 8～28 周。

使用方法　芽前或苗后使用，适用于胡萝卜、大豆、马铃薯、冬小麦等作物，用量为 0.5～2kg/hm²。

制造方法　由 3-（3- 氯苯基）-1- 甲氧基 -1- 甲基脲经溴化制取。

参考文献

马克比恩 C, 2015. 农药手册[M]. 胡笑形, 等译. 北京: 化学工业出版社: 1076.

石得中, 2008. 中国农药大辞典[M]. 北京: 化学工业出版社: 313-314.

（撰稿：王宝雷；审稿：耿贺利）

氯溴氰菊酯　tralocythrin

一种拟除虫菊酯类杀虫剂。

其他名称　氯溴菊酯、CGA-74055、HAG-106。

化学名称　α-氰基-3- 苯氧苄基-2,2-二甲基-3-(1,2-二溴-2,2-二氯乙基)环丙烷羧酸酯; α-cyano-3-phenoxylbenzyl-dimethyl-3-(1,2-dibromo-2,2-dichloroethyl)cycloprcpane-carboxylate。

IUPAC 名称　(RS)-α-cyano-3-phenoxybenzyl (1RS,3RS; 1RS,3SR)-3-[(RS)-1,2-dibromo-2,2-dichloroethyl]-2,2-dimethylcyclopropanecarboxyate。

CAS 登记号　66841-26-7。

分子式　C₂₂H₁₉Br₂Cl₂NO₃。

相对分子质量　576.11。

结构式

开发单位　1978 年瑞士汽巴 - 嘉基公司开发品种。

理化性质　沸点 564.9℃（101.32kPa）。密度 1.618g/cm³。闪点 295.4℃。折射率 1.613。

作用方式及机理　在生物体内降解后释出氯氰菊酯, 持效期较长, 作用特点和四溴菊酯类似。

防治对象　用作杀螨剂、杀虫剂、杀线虫剂和杀菌剂。用作马蝇、羊虱的防治。该品还可用于羊毛织物的防蛀和微小牛蜱对牛犊的危害。

使用方法　于 0.75ml 的乙二醇和甲醇的混合液中含 0.4% 氯溴氰菊酯, 用排气法施于法兰绒羊毛上, 其织品可免受蛀蛾幼虫、羊毛虫等的危害。

参考文献

王振荣, 李布青, 1996. 农药商品大全[M]. 北京: 中国商业出版社: 148-149.

朱永和, 王振荣, 李布青, 2006. 农药大典[M]. 北京: 中国三峡出版社: 152.

（撰稿：吴剑；审稿：薛伟）

氯乙亚胺磷　dialifor

一种非内吸性有机磷类杀虫剂、杀螨剂。

其他名称　氯甲亚胺硫磷、氯亚磷、氯亚胺硫磷。

化学名称　S-(2-chloro-1-phthalimidoethyl)O,O-diethyl phosphorodithioate; phosphorodithioic acid,S-[2-chloro-1-(1,3-dihydro-1,3-dioxo-2H-isoindol-2-yl)ethyl]O,O-diethyl ester。

IUPAC 名称　S-[(RS)-2-chloro-1-phthalimidoethyl] O,O-diethyl phosphorodithioate。

CAS 登记号　10311-84-9。

EC 号　233-689-3。

分子式　C₁₄H₁₇ClNO₄PS₂。

相对分子质量　393.85。

结构式

开发单位　1965 年由赫古来公司开发推广, 获得相关专利 BP1091738；US3355353。

理化性质　外观呈无色结晶固体。熔点 67～69℃。不溶于水, 微溶于脂肪族烃和醇类, 易溶于丙酮、环己酮、异氟尔酮和二甲苯。工业品及其制剂在一般储藏条件下, 能稳定 2 年以上, 但遇强碱迅速水解。无腐蚀性。

毒性　急性经口 LD₅₀ 5～97mg/kg, 根据品种和性别而定。兔的急性经皮 LD₅₀ 145mg/kg。

剂型　240～719g/L 乳剂。

作用方式及机理　非内吸性杀虫剂或杀螨剂。

防治对象　可防治苹果、柑橘、葡萄、坚果类植物、马铃薯和蔬菜上的许多害虫和螨类。对家畜扁虱也有效。

使用方法　1000～1200 倍液防治柑橘螨, 1000 倍液防治柑橘锈螨。

注意事项　工作现场禁止吸烟、进食和饮水。工作后, 淋浴更衣。工作服不要带到非作业场所, 单独存放被毒物污染的衣服, 洗后再用。注意个人清洁卫生。呼吸系统防护：生产操作或农业使用时, 必须佩戴防毒口罩。紧急事态抢救或逃生时, 应该佩戴自给式呼吸器。戴化学安全防护眼镜。穿相应的防护服。戴防化学品手套。储存于阴凉、通风仓库内。远离火种、热源。管理应按"五双"管理制度执行。包装密封。防止受潮和雨淋。防止阳光暴晒。应与氧化剂、食用化工原料分开存放。不能与粮食、食物、种子、饲料、各种日用品混装、混运。搬运时轻装轻卸, 保持包装完整, 防止洒漏。分装和搬运作业要注意个人防护。隔离泄漏污染区，周围设警告标志，建议应急处理人员戴自给式呼吸器，穿化学防护服。不要直接接触泄漏物，避免扬尘，收集于干燥洁净有盖的容器中，转移到安全场所。也可以用不燃性分散剂制成的乳液刷洗，经稀释的污水排入废水系统。对污染地带进行通风。如大量泄漏，收集回收或无害处理后废弃。皮肤接触：用肥皂水及清水彻底冲洗。眼睛接触：拉开眼睑，用流动清水冲洗 15 分钟，就医。吸入：脱离现场至空气新鲜处。呼吸困难时给输氧。呼吸停止时，立即进行人工呼吸，就医。食入：误服者，饮适量温水，催吐，洗胃。合并使用阿托品及复能剂（氯磷定、解磷定）。

与其他药剂的混用　能与大多数农药混用，不能与碱性农药混用。

允许残留量　GB 2763—2021《食品中农药最大残留限量标准》未规定该药的最大残留限量。

参考文献

朱永和，王振荣，李布青，2006. 农药大典[M]. 北京: 中国三峡出版社.

（撰稿：汪清民；审稿：吴剑）

L

氯酯磺草胺　cloransulam-methyl

一种三唑并嘧啶磺酰胺类选择性除草剂。

其他名称　豆杰、XDE-565。

化学名称　3- 氯 -2-[(5- 乙氧基 -7- 氟 [1,2,4] 三唑 [1,5-c] 吡啶 -2- 基] 磺酰氨基] 苯甲酸甲酯；methyl 3-chloro-2-[[(5-ethoxy-7-fluoro)[1,2,4]triazolo[1,5-c]pyrimidin-2-yl)sulfonyl]amino]bbenzoate。

IUPAC名称　methyl 3-chloro-2-(5-ethoxy-7-fluoro[1,2,4]triazolo[1,5-c]pyrimidin-2-ylsulfonamido)benzoate。

CAS 登记号　147150-35-4。

EC 号　604-573-3。

分子式　$C_{15}H_{13}ClFN_5O_5S$。

相对分子质量　429.81；415.78（酸）。

结构式

开发单位　陶氏益农公司。

理化性质　纯品外观为白色固体。相对密度 1.538。熔点 216～218℃。蒸气压 4×10^{-14}Pa（25℃）。水中溶解度（25℃，mg/L）：3（pH5）、184（pH7）、3430（pH9）；有机溶剂中溶解度（25℃，mg/L）：丙酮 4360、乙腈 5500、二氯甲烷 6980、乙酸乙酯 980、己烷 ＜ 10、甲醇 470、辛醇

＜ 10、甲苯 14。

毒性　原药大鼠急性经口 $LD_{50} > 5000$mg/kg，急性经皮 $LD_{50} > 2000$mg/kg，急性吸入 $LC_{50} > 3.77$mg/L。对兔皮肤和眼睛无刺激。雄小鼠亚慢性试验 NOEL 50mg/（kg·d）（90 天），大鼠慢性试验 NOEL 10mg/（kg·d）（2 年）。对鱼、鸟、蜜蜂、家蚕低毒。斑马鱼 LC_{50}（96 小时）＞ 100mg/L。鹌鹑急性经口 $LD_{50} > 2000$mg/kg。蜜蜂接触毒性 LD_{50}（48 小时）＞ 25μg/ 只。家蚕 $LC_{50} > 5000$mg/kg 桑叶。

剂型　84%、40% 水分散粒剂。

质量标准　氯酯磺草胺原药企业标准（Q/320411 JSY 066—2019）。

作用方式及机理　内吸性传导型除草剂。经杂草叶片、根吸收，累积在生长点，抑制乙酰乳酸合成酶（ALS），影响蛋白质合成，使杂草停止生长而死亡。

防治对象　反枝苋、凹头苋、蓼、藜、鸭跖草、豚草、苣荬菜、刺儿菜等阔叶杂草。

使用方法　用于水稻田，也可与其他药剂混用用于玉米等旱田防除一年生禾本科杂草。

防治大豆田杂草　东北地区春大豆 2～4 片三出复叶期，杂草 2～5 叶期，每亩用 84% 氯酯磺草胺水分散粒剂 2～2.5g（有效成分 1.7～2.1g），兑水 30L 茎叶均匀喷雾。防除多年生杂草如苣荬菜、刺儿菜等需增加用药量。该药既有茎叶处理效果，也有土壤封闭作用。

注意事项　①施药后大豆叶片有褪绿现象，药后 15 天药害症状恢复，不影响产量。②大豆新品种施药前，应先进行小面积试验。③该品仅限于一年一熟春大豆田施用。推荐剂量下后茬作物安全间隔期：小麦和大麦 3 个月，玉米、高粱、花生 10 个月，甜菜、向日葵、烟草 22 个月以上。

允许残留量　GB 2763—2021《食品中农药最大残留限量标准》规定氯酯磺草胺最大残留限量见表。ADI 为 0.05mg/kg。

部分食品中氯酯磺草胺最大残留限量（GB 2763—2021）

食品类别	名称	最大残留限量（mg/kg）
油料和油脂	大豆	0.2
蔬菜	菜用大豆	0.2

参考文献

刘长令，2002. 世界农药大全: 除草剂卷[M]. 北京: 化学工业出版社.

马克比恩 C，2015. 农药手册[M]. 胡笑形，等译. 北京: 化学工业出版社.

中国农业百科全书总编辑委员会农药卷编辑委员会，中国农业百科全书编辑部，1993. 中国农业百科全书: 农药卷[M]. 北京: 农业出版社.

SHANER D L，2014. Herbicide handbook[M].10th ed. Lawrence, KS: Weed Science Society of America.

（撰稿：李香菊；审稿：耿贺利）

氯唑磷　isazofos

一种有机磷酸酯类杀线虫剂和杀虫剂。

其他名称　米乐尔、Mirai、Brace、Triumph、Victor、异唑磷、异丙三唑硫磷。

化学名称　O-5-氯-1-异丙基-1H-1,2,4-三唑-3-基-O,O-二乙基硫代磷酸酯；O-(5-chloro-1-(1-methylethyl)-1H-1,2,4-triazol-3-yl)-O,O-diethyl phosphorothioate。

IUPAC名称　O-(5-chloro-1-isopropyl-1H-1,2,4-triazol-3-yl)-O,O-diethyl phosphorothhioate。

CAS登记号　42509-80-8。

EC号　255-863-8。

相对分子质量　313.74。

分子式　$C_9H_{17}ClN_3O_3PS$。

结构式

开发单位　汽巴-嘉基公司。

理化性质　黄色液体。沸点100℃（0.13Pa）。相对密度1.23（20℃）。蒸气压7.45mPa（20℃）。水中溶解度168mg/L（20℃），与有机溶剂如苯、氯仿、己烷和甲醇等互溶。稳定性：在中性和弱酸性介质中稳定，在碱性介质中不稳定。水解DT_{50}（20℃）：85天（pH5）、48天（pH7）、19天（pH9）。200℃以下稳定。

毒性　大鼠急性经口LD_{50}（原药）40～60mg/kg。急性经皮LD_{50}（mg/kg）：雄大鼠＞3100，雌大鼠118。对兔皮肤有中等刺激性，对兔眼睛有轻微刺激作用。大鼠急性吸入LC_{50}（4小时）0.24mg/L。90天饲喂试验的NOEL：大鼠2mg/kg饲料（每天0.2mg/kg），狗2mg/kg饲料（每天0.05mg/kg）。鱼类LC_{50}（96小时，mg/L）：虹鳟0.008，鲤鱼0.22，蓝鳃太阳鱼0.01。对蜜蜂有毒。

作用方式及机理　抑制乙酰胆碱酯酶的活性，主要干扰线虫神经系统的协调作用致死。具有内吸、触杀和胃毒作用。

剂型　2%、3%、5%、10%颗粒剂，50%微囊悬浮剂，50%乳油。

防治对象　用于防治根结线虫、短体线虫、矮化线虫、穿孔线虫、半穿刺线虫、茎线虫、肾形线虫、螺旋线虫、轮线虫、刺线虫、毛刺线虫和剑线虫等线虫。此外，也可防治稻螟、稻飞虱、稻瘿蚊、稻蓟马、蔗螟、蔗龟、金针虫、玉米螟、瑞典麦秆蝇、胡萝卜茎蝇、地老虎、切叶蜂等害虫。

使用方法　可作叶面喷洒，也可作土壤处理或种子处理，用来防治茎叶害虫和根部线虫。使用剂量为0.5～2kg/hm²（有效成分）。具体如下：

防治甘蔗害虫　用3%颗粒剂60～90kg/hm²，在种植时沟施。

防治香蕉线虫　用3%颗粒剂67.5～90kg/hm²，在香蕉根部表土周围撒施，施药后混土。

防治水稻螟虫　在螟虫盛孵期，或卵孵高峰到低龄若虫期，用3%颗粒剂15～18kg/hm²，直接撒施。

防治花生、胡萝卜线虫　用3%颗粒剂67.5～97.6kg/hm²，在种植时沟施。

注意事项　禁止在蔬菜、果树、茶叶、中草药材上使用。该品对鱼类高毒，避免污染水源和鱼塘。

参考文献

刘长令，杨吉春，2017. 现代农药手册[M]. 北京：化学工业出版社：708-709.

刘长令，2005. 世界农药大全：杀菌剂卷[M]. 北京：化学工业出版社：349.

（撰稿：丁中；审稿：彭德良）

罗克杀草砜　pyroxasulfone

一种新型苗前除草剂，对一年生禾本科杂草及一些阔叶杂草有效。

其他名称　Sakura、Fierce、派罗克杀草砜。

化学名称　[3-[(5-二氟甲氧基-1-甲基-3-三氟甲基吡唑-4-基)-甲基磺酰]-4,5-二氢-5,5-二甲基异噁唑]；3-[[[5-(difluoromethoxy)-1-methyl-3-(trifluoromethyl)-1H-pyrazol-4-yl]methyl]sulfonyl]-4,5-dihydro-5,5-dimethylisoxazole。

IUPAC名称　3-[[[5-(difluormethoxy)-1-methyl-3-(trifluormethyl)-1H-pyrazol-4-yl]methyl]sulfonyl]-5,5-dimethyl-4,5-dihydro-1,2-oxazol。

CAS登记号　447399-55-5。

分子式　$C_{12}H_{14}F_5N_3O_4S$。

相对分子质量　391.31。

结构式

开发单位　日本曹达公司。

理化性质　外观为白色晶体。熔点130℃。水溶性3.5mg/L（20℃）。蒸气压$2×10^{-6}$Pa（25℃）。54℃可以稳定存在14天。

毒性　山齿鹑和野鸭急性经口LD_{50}＞2250mg/kg，饲喂LC_{50}＞5620mg/kg饲料。

剂型　76%水分散粒剂［33.5%丙炔氟草胺（flumioxazin）和42.5%pyroxasulfone］。

作用方式及机理　是一种新型的苗前除草剂，能够干扰C18链的延长，抑制超长链脂肪酸（VLCFA）的合成，最终造成种子在萌发后，抑制芽的生长。另外，在植物组织生长时，超长链脂肪酸的缺失同样能够影响细胞膜和蜡状表皮材料的形成。罗克杀草砜主要通过植物根部或顶端分生组织吸收进入靶标植物，主要对一年生禾本科杂草及一些阔叶杂草有效。

防治对象 广谱性除草剂，可安全用于玉米、大豆、花生、棉花、向日葵、马铃薯等作物田，有效防治一年生禾本科杂草。

使用方法 用量为 125g/hm^2（砂壤土）至 250g/hm^2（粉砂黏壤土），能够防除大量的禾本科杂草和阔叶杂草。相当于目前中国广泛使用的乙草胺的 8%～10%。而除草效果，特别是早期防治绿狗尾草、蒺藜和苋菜的效果优于 S-异丙草胺；用量 250g/hm^2 对玉米田的苘麻、地肤与卷茎蓼的效果则优于目前使用的所有除草剂品种。

注意事项 总体看对环境中的有机物基本无害。由于此品种水溶性相对较低，所以其通过淋溶与降解污染地表水与地下水的可能性很小。

与其他药剂的混用 Valent、Kumiai 和 Ihara 公司联合推出的 76% 水分散粒剂［33.5% 丙炔氟草胺（flumioxazin）和 42.5%pyroxasulfone］，主要应用于玉米和大豆。

允许残留量 GB 2763—2021《食品中农药最大残留限量标准》未规定该药的最大残留限量。

参考文献

梁鸿飞, 2017. 派罗克杀草砜的合成工艺研究[D]. 杭州: 浙江工业大学.

苏少泉, 2012. 除草剂新品种Pyroxasulfone的开发与使用[J]. 农药, 51 (2) : 133-134.

杨吉春, 范玉杰, 吴峤, 等, 2010. 新型除草剂pyroxasulfone[J]. 农药, 49 (12) : 911-914.

（撰稿：杨光富；审稿：吴琼友）

萝卜子叶法 radish cotyledon method

利用药剂浓度与萝卜子叶鲜重抑制程度呈正相关的原理，测定供试样品除草活性的生物测定方法。

适用范围 适用于影响细胞分裂、触杀性、影响氮代谢的除草剂活性研究。可以用于测定新除草剂的生物活性，测定不同剂型、不同组合物及增效剂对除草活性的影响，比较几种除草剂的生物活性。

主要内容 萝卜子叶法采用的离体子叶需提前制备。经消毒、浸种、催芽得到露白种子置于铺有 2 张滤纸或者0.7% 琼脂的带盖不锈钢盘或者搪瓷盘中，于恒温培养箱或者气候室（28℃，黑暗）培养 3 天（子叶展开），取子叶于蒸馏水中备用。

萝卜子叶法以均匀一致离体子叶为试材，采用培养皿容器，在含有代测样品的培养介质（蒸馏水或者磷酸缓冲溶液）中于光照培养箱或培养架（光强为 3000lx，28℃）中培养 4 天后测量萝卜子叶鲜重，以鲜重抑制率为指标表示供试样品的除草活性。一般设置 5～7 个浓度测定供试样品的活性，每个浓度 3～5 个重复。采用 DPS 统计软件中专业统计分析生物测定功能中的数量反映生测几率值分析方法，获得药剂浓度与生长抑制率之间的剂量效应回归模型，计算得到

抑制剂量浓度（IC$_{50}$、IC$_{90}$）和 95% 置信区间。

参考文献

陈年春, 1991. 农药生物测定技术[M]. 北京: 北京农业大学出版社.

刘学, 顾宝根, 2016. 农药生物活性测试标准操作规范: 除草剂卷[M]. 北京: 化学工业出版社.

沈晋良, 2013. 农药生物测定[M]. 北京: 中国农业出版社.

（撰稿：李永红；审稿：陈杰）

萝卜子叶增重法 cytokinins bioassay by cotyledon growth stimulating on turnip seedlings

植物细胞分裂素生物测定技术方法之一。通过利用细胞分裂素对萝卜子叶的保绿和增重作用而建立起来的生物测定方法。其原理是细胞分裂素不仅能促进细胞分裂，还可以阻碍核酸、蛋白质、有机及无机物质的破坏或减缓破坏，从而促使合成作用。因此，通过处理后子叶鲜重的变化，可以测定细胞分裂素含量。

适用范围 适用于植物细胞分裂素的生物测定。

主要内容 将试验材料萝卜种子用 0.1% 升汞溶液消毒后用蒸馏水清洗干净，播于垫有滤纸并用蒸馏水湿润的器皿内，放置于 25～26℃恒温黑暗下培养 30 小时。从幼苗上用镊子取下大小一致的 50 片子叶（不含下胚轴），向垫有滤纸的培养皿中，分别加入预配制的 0.005～5mg/L 的激动素（KT）溶液和蒸馏水各 3ml。每个培养皿中各放 10 片子叶，并转移至 25W 荧光灯的生长箱（器皿下放一张湿滤纸）中连续培养 3 天。取出子叶并用滤纸吸干表面的水分立即称重。以子叶重为纵坐标，以细胞分裂素的浓度对数为横坐标，绘出激动素浓度与子叶重量的关系曲线。此方法也可测出细胞分裂素与激动素的等比关系。

子叶大小和下胚轴都会影响试验的准确性。对于子叶大小，使用 25℃恒温下萌发 1～2 天的种子上离体的小子叶进行对照试验，取得的效果较好；对于下胚轴，细胞分裂素对胚轴有抑制作用，而赤霉素具有促进作用，会影响子叶鲜重称量的准确性。

该方法具有较高的灵敏度，细胞分裂素最低检测浓度为 0.01mg/L。赤霉素类物质的磷酸缓冲液也有类似作用。但不受生长素、嘌呤、嘧啶、核苷、氨基酸和维生素等类物质的干扰。

参考文献

陈年春, 1991. 农药生物测定技术[M]. 北京: 北京农业大学出版社.

（撰稿：谭伟明；审稿：陈杰）

螺虫酯 spiromesifen

一种季酮酸酯类非内吸性杀虫剂、杀螨剂。

其他名称　Abseung、Cleazal、Danigetter、Forbid、Oberon、Judo、BSN 2060、螺甲螨酯、特虫酮酯。

化学名称　3-(2,4,6- 三甲苯基)-2- 氧代 -1- 氧杂螺 -[4.4] 壬 -3- 烯 -4- 基 3,3- 二甲基丁酸酯；2-oxo-3-(2,4,6-trimethylphe-nyl-1-oxaspiro[4.4]non-3-en-4-yl)3,3-dimethylbutanoate。

IUPAC 名称　3-mesityl-2-oxo-1-oxaspiro[4.4]non-3-en-4-yl 3,3-dimethylbutyrate。

CAS 登记号　283594-90-1。

分子式　$C_{23}H_{30}O_4$。

相对分子质量　370.48。

结构式

开发单位　由 R. Nauen 等报道，由拜耳公司开发。2003 年在英国获得首个登记。

理化性质　原药含量≥ 96.5%。无色结晶。熔点 96.7～98.7℃。蒸气压 7×10^{-3}mPa（20℃）。K_{ow}lg$P$ 4.55（无缓冲，20℃）。Henry 常数 2×10^{-2}Pa·m³/mol（20℃，计算值）。相对密度 1.13（20℃）。水中溶解度 0.13mg/L（pH4～9，20℃）；有机溶剂中溶解度（g/L，20℃）：正庚烷 23、异丙醇 115、正辛醇 60、聚乙二醇 22、二甲基亚砜 55、二甲苯；1,2- 二氯甲烷、丙酮、乙酸乙酯和乙腈中均＞ 250（EFSA Sci. Rep.）。水解 DT_{50}：53.3 天（pH4）、24.8 天（pH7）、4.3 天（pH9）（25℃）；2.2 天（pH4）、1.7 天（pH7）、2.6 小时（pH9）（50℃）。

毒性　大鼠急性经口 LD_{50} ＞ 2500mg/kg（OECD 423）。雌、雄大鼠急性经皮 LD_{50} ＞ 2000mg/kg。对兔皮肤和眼睛无刺激性。对皮肤有致敏性（Magnusson & Kligma 方法）。大鼠吸入 LC_{50}（4 小时）＞ 4.87mg/L（最高可达浓度）。小鼠 NOEL90 天和 18 个月分别为 3.2mg/（kg·d）和 3.3mg/（kg·d）（EC DAR）。ADI/RfD（EC）0.03mg/kg［2007］。无潜在遗传毒性和致畸作用。山齿鹑急性经口 LD_{50} ＞ 2000mg/kg；山齿鹑和野鸭饲喂 LC_{50}（5 天）＞ 5000mg/kg 饲料。鱼类 LC_{50}（96 小时，mg/L）：虹鳟 0.016，大翻车鱼＞ 0.034。水蚤 EC_{50}（48 小时）＞ 0.092mg/L。近头状伪蹄形藻 E_bC_{50} 及 E_rC_{50}（96 小时）＞ 0.094mg/L。摇蚊 NOEC（28天）0.032mg/L（暴露于上层水中）。蜜蜂急性 LD_{50}：经口 790μg/ 只；接触＞ 200μg/ 只。蚯蚓 LC_{50} ＞ 1000mg/kg 干土。对捕食螨有轻微至中等毒性，对瓢虫无害。

剂型　240g/L、24% 悬浮剂。

作用方式及机理　类脂生物合成抑制剂。抑制白粉虱、螨类发育和繁殖的非内吸性杀虫剂、杀螨剂，同时具有杀卵作用。影响粉虱和螨虫的生长及变态相关的生长调节体系，破坏脂质的生物合成，尤其对幼虫阶段有较好的活性，同时还可以产生卵巢管闭合作用，降低螨虫和粉虱成虫的繁殖

能力，大大减少产卵数量，对成虫施药后致死需要 3～4 天。能有效防治对吡丙醚产生抗性的粉虱，与灭虫威复配能有效防治具有抗性的粉虱。与任何常用的杀虫剂、杀螨剂无交互抗性。通过室内和田间试验证明螺虫酯对有益生物是安全的，并且适合害虫综合防治，持效期长，植物相容性好，对环境安全。

防治对象　用于棉花、玉米、马铃薯、蔬菜和观赏植物，有效防治粉虱（烟粉虱和粉虱属）和螨属、叶螨属、侧多食跗线螨、木虱属害虫。

使用方法　推荐使用剂量 100～150g/hm²。能有效控制棉粉虱的各幼虫期，用很小的剂量就能控制一至三龄幼虫。茎叶处理能显著地降低棉粉虱雌成虫的繁殖能力。随着剂量的增加，产卵的数量急剧减少：8μg/ml 可以减少 60% 的卵，较高浓度，40μg/ml 可以减少 90% 的卵，200μg/ml 可以减少 90%～98% 的卵。对幼虫阶段的作用较成虫更明显。芸豆用螺虫酯进行茎叶处理，对二斑叶螨幼螨各发育阶段及卵孵化期（2、4 天）的 LC_{50} 为 0.1mg/L，对休眠期和雌成虫的 LC_{50} 为 0.5～1mg/L。

参考文献

刘长令，2012. 世界农药大全：杀虫剂卷[M]. 北京：化学工业出版社：318-321.

马克比恩 C，2015. 农药手册[M]. 胡笑形，等译. 北京：化学工业出版社：935-936.

　　　　　　　　　　　（撰稿：赵平；审稿：杨吉春）

螺环菌胺　spiroxamine

一种防治谷物和果树白粉病、叶斑病和锈病的内吸性杀菌剂。

其他名称　Impulse（Bayer CropScience）、Prosper（Bayer CropScience）；混剂：Falcon 460（喷雾，东欧，阿尔及利亚）（+ 戊唑醇 + 三唑醇）（Bayer CropScience）。

化学名称　8- 叔丁基 -1,4- 二氧杂螺 [4.5] 癸烷 -2- 基甲基（乙基）（丙基）胺。

IUPAC 名称　8-*tert*-butyl-1,4-dioxaspiro[4.5]decan-2-yl-methy(ethyl)(propyl)amine。

CAS 登记号　118134-30-8。

分子式　$C_{18}H_{35}NO_2$。

相对分子质量　297.48。

结构式

'cis'-diastereoisomer A
equatorial-axial

726　螺 luo

'trans'-diastereoisomer B
equatorial-equatorial

开发单位　拜耳公司 1987 年发现，由 S. Dutzmann 等报道，1997 年首次上市。

理化性质　由两个非立体异构体组成。A（顺式）和 B（反式）的含量分别为 49%～56% 和 44%～51%。淡黄色液体（原药为浅棕色油状液体）。熔点 <-170℃（螺环菌胺 A、B 和原药为还有两个异构体的混合物）。沸点约 120℃（分解）。蒸气压：组分 A 4mPa（20℃），组分 B 5.7mPa（20℃）。$K_{ow}\lg P$（20℃）：（A）1.28（pH3）、2.79（pH7）、4.88（pH9）；（B）1.41（pH3）、2.98（pH7）、5.08（pH9）。Henry 常数（Pa·m³/mol, pH7, 20℃，计算值），A：2.5×10^{-3}，B：5×10^{-3}。相对密度：A、B 均为 0.93（20℃）。水中溶解度：A、B 混合物 $> 2 \times 10^5$mg/ml（pH3, 20℃）；A 为 470（pH7），14（pH9）；B 为 340（pH7），10（pH9）（mg/L, 20℃）。有机溶剂中溶解度：A、B 混合物在正己烷、甲苯、二氯甲烷、异丙醇、正辛烷、乙二醇、丙酮、二甲基甲酰胺 > 200g/L（20℃）。稳定性：不易水解和光解；暂定光解 DT_{50} 为 50.5 天（25℃）。pK_a6.9，碱。闪点 147℃。

毒性　急性经口 LD_{50}（mg/kg）：雄大鼠约 595，雌大鼠 500～560。急性经皮 LD_{50}（mg/kg）：雄大鼠 > 1600，雌大鼠约 1068。对兔皮肤有严重的刺激性，对兔眼睛无刺激性，刺激性浓度对皮肤有致敏性。吸入 LC_{50}（4 小时，mg/m³）：雄大鼠约 2772，雌大鼠约 1982。NOEL：（2 年）大鼠 70，小鼠 160；（1 年）狗 75［mg/kg（饲料）］。AOEL（欧盟）0.015mg/（kg·d）。ADI/RfD（欧盟）0.025mg/kg［2011］。无遗传毒性，对生殖无特别影响。毒性等级：Ⅱ（a.i.，WHO）；Ⅱ（制剂，EPA）。EC 分级：Xn；R20/21/22｜Xi；R38｜R43｜N；R50, R53。山齿鹑 LD_{50} 565mg/kg。山齿鹑、野鸭饲喂 LC_{50} > 5000mg/kg 饲料。鱼类 LC_{50}（96 小时，静态）：虹鳟 18.5g/L，蓝鳃翻车鱼 7.13g/L。水蚤 EC_{50}（48 小时，静态）6.1mg/L；（48 小时，流动）3.0mg/L。近具刺链带藻 E_rC_{50}（72 小时）0.12mg/L，E_bC_{50}（72 小时）0.0032mg/L；E_rC_{50}（120 小时）0.01943mg/L，E_bC_{50}（120 小时）0.00542mg/L。蜜蜂 LD_{50}（经口）> 100μg/只；（接触）4.2μg/只。蚯蚓 LC_{50} > 1000mg/kg 土壤。对其他有益种群的影响：实验室扩展试验中，剂量 2×750g/hm²，对地面昆虫（豹蛛、步甲属）和叶面昆虫（瓢甲属）无毒。盲走螨和烟蚜是最敏感的种群。

剂型　微囊悬浮剂，乳油，水乳剂，悬浮剂。

作用方式及机理　甾醇生物合成抑制剂，通过抑制 Δ14-还原酶发生作用。是一种保护、治疗和铲除性内吸性杀菌剂，能迅速渗透到叶面组织中，随后传导至叶尖，并均匀分布在整个叶内。与三唑类桶混可正面影响植物对三唑类的吸收（"Schlitten" 或 "Push/Carrier" 效应，即 "雪橇效应"）。

防治对象　用于谷物防治白粉病（禾白粉病），用量 500～750g/hm²；用于葡萄防治白粉病，用量 400g/hm²；防治黑香蕉叶斑病（黑条叶斑病菌）和黄香蕉叶斑病（芭蕉瘟）用量 320g/hm²。还可以有效防治锈病（黑麦喙和圆核腔菌），同时有防治斑枯病的副作用。主要适用作物为谷物、葡萄、香蕉、啤酒花、豌豆、观赏植物、部分蔬菜和果树。

参考文献

马克比恩 C, 2015. 农药手册[M]. 胡笑形, 等译. 北京: 化学工业出版社: 938-939.

（撰稿：闫晓静；审稿：刘鹏飞、刘西莉）

螺螨酯　spirodiclofen

一种非内吸性季酮酸类杀螨剂。

其他名称　Bolido、Daniemon、Ecomite、Envidor、Sinawi、螨危、螨威多、BAJ2740。

化学名称　3-(2,4-二氯苯基)-2-氧代-1-氧杂螺[4,5]癸-3-烯-4-基 2,2-二甲基丁酸酯；3-(2,4-dichlorophenyl)-2-oxo-1-oxaspiro[4.5]dec-3-en-4-yl 2,2-dimethylbutanoate。

IUPAC 名称　3-(2,4-dichlorophenyl)-2-oxo-1-oxaspiro[4.5]dec-3-en-4-yl 2,2-dimethylbutyrate。

CAS 登记号　148477-71-8。

分子式　$C_{21}H_{24}Cl_2O_4$。

相对分子质量　411.32。

结构式

开发单位　由 U. Wachendorff 等报道并由拜耳公司开发。2003 年在日本和荷兰登记。

理化性质　原药含量 ≥ 96.5%。白色粉末。熔点 94.8℃。蒸气压 $< 3 \times 10^{-4}$mPa（20℃）。$K_{ow}\lg P$ 5.8（pH4），5.1（pH7）（室温）。Henry 常数 2×10^{-3}Pa·m³/mol。相对密度 1.29。水中溶解度（μg/L, 20℃）：50（pH4），190（pH7）；有机溶剂中溶解度（g/L, 20℃）：正庚烷 20、聚乙二醇 24、正辛醇 44、异丙醇 47、二甲基亚砜 75；丙酮、二氯甲烷、乙酸乙酯、乙腈和二甲苯 > 250。稳定性：水解（20℃）DT_{50}：119.6 天（pH4）、52.1 天（pH7）、2.5 天（pH9）。

毒性　大鼠急性经口 LD_{50} > 2500mg/kg。雌、雄大鼠急性经皮 LD_{50} > 2000mg/kg。对兔皮肤和眼睛无刺激性。活性成分和悬浮制剂的最大值试验表明有潜在的皮肤致敏性，但悬浮制剂的 Buehler 试验结果为阴性。大鼠吸入 LC_{50}（4 小时）> 5000mg/L。对狗 1 年 NOEL 为 1.45mg/kg。ADI/

RfD（EC）0.015mg/kg［2007］；（EPA）cRfD 0.0065mg/kg［2005］。对大鼠和兔无致畸性，大鼠2代繁殖试验结果表明，无生殖、遗传毒性和致突变性。山齿鹑急性经口 LD_{50} > 2000mg/kg。山齿鹑和野鸭饲喂 LC_{50}（5天）> 5000mg/kg饲料。虹鳟 LC_{50}（96小时）> 0.035g/L。水蚤 EC_{50}（48小时）> 0.051mg/L。近头状伪蹄形藻 E_bC_{50} 和 E_rC_{50}（96小时）> 0.06mg/L。对摇蚊幼虫最低无抑制浓度（28天）0.032mg/L（上覆水初始浓度）。蜜蜂急性 LD_{50}（μg/只）：经口 > 196；接触 > 20。蚯蚓 LC_{50} > 1000mg/kg土壤。

剂型　240g/L、24%、29%、34%悬浮剂。

作用方式及机理　具有触杀作用，没有内吸性。主要抑制螨的脂肪合成，阻断螨的能量代谢，对螨的各个发育阶段都有效，杀卵效果特别优异，同时对幼若螨也有良好的触杀作用。虽然不能较快地杀死雌成螨，但对雌成螨有很好的绝育作用。雌成螨触药后所产的卵有96%不能孵化，死于胚胎后期。与现有杀螨剂之间无交互抗性，适用于防治对现有杀螨剂产生抗性的有害螨类。

防治对象　可用于柑橘、葡萄等果树和茄子、辣椒、番茄等茄科作物。防治红蜘蛛、黄蜘蛛、锈壁虱、茶黄螨、朱砂叶螨和二斑叶螨等，对梨木虱、榆蛎盾蚧以及叶蝉类等害虫也有很好的兼治效果。

使用方法

春季用药方案1　当红蜘蛛、黄蜘蛛的危害达到防治指标（每叶虫卵数达到10粒或每叶若虫3～4头）时，使用螺螨酯4000～5000倍液（每瓶100ml加水400～500kg）均匀喷雾，可控制红蜘蛛、黄蜘蛛50天左右。此后，若遇红蜘蛛、黄蜘蛛虫口再度上升，可使用一次速效性杀螨剂（如哒螨灵、炔螨特、阿维菌素等）即可。

春季用药方案2　如红蜘蛛、黄蜘蛛发生较早达到指标时，先使用1～2次速效性杀螨剂（如哒螨灵、炔螨特、阿维菌素等），5月上旬左右，使用螺螨酯4000～5000倍液（每瓶100ml加水400～500kg）喷施1次，可控制红蜘蛛、黄蜘蛛50天左右。

秋季用药　9、10月份红蜘蛛、黄蜘蛛虫口上升达到防治指标时，使用螺螨酯4000～5000倍液再喷施一次或根据螨害情况与其他药剂混用，即可控制到柑橘采收，直至冬季清园。

注意事项　防治柑橘全爪螨，建议在害螨为害前期施用，以便充分发挥螺螨酯持效期长的特点。如果在柑橘全爪螨为害的中后期使用，为害成螨数量已经相当大，由于螺螨酯杀卵及幼螨的特性，建议与速效性好、残效短的杀螨剂，如阿维菌素等混合使用，既能快速杀死成螨，又能长时间控制害螨虫口数量的恢复。考虑到抗性治理，建议在一个生长季（春季、秋季），螺螨酯的使用次数不超过两次。螺螨酯的主要作用方式为触杀和胃毒，无内吸性，因此喷药要全株均匀喷雾，特别是叶背面。建议避开果树开花时用药。

与其他药剂的混用　阿维·螺螨酯13%水乳剂，阿维·螺螨酯18%、20%、27%悬浮剂，四螨·螺螨酯24%悬浮剂，乙螨·螺螨酯40%悬浮剂，螺螨·三唑锡35%悬浮剂，联肼·螺螨酯36%悬浮剂。

允许残留量　GB 2763—2021《食品中农药最大残留限量标准》规定螺螨酯最大残留量见表。ADI为0.01mg/kg。油料和油脂参照GB 23200.9规定的方法测定；水果按照GB 23200.8、GB/T 20769规定的方法测定。

部分食品中螺螨酯最大残留限量（GB 2763—2021）

食品类别	名称	最大残留限量（mg/kg）
油料和油脂	棉籽	0.02
水果	柑、橘、苹果	0.50

参考文献

刘长令, 2012. 世界农药大全: 杀虫剂卷[M]. 北京: 化学工业出版社: 314-318.

马克比恩 C, 2015. 农药手册[M]. 胡笑形, 等译. 北京: 化学工业出版社: 934-935.

（撰稿：赵平；审稿：杨吉春）

螺威　TDS

从山茶科植物种子中提取的五环三萜类化合物，在自然环境中易于降解为糖和皂元。具有触杀、胃毒作用的杀螺剂。2008年，由湖北金海潮科技有限公司开发4%螺威粉剂并登记。

化学名称　(3β,16α)-28-氧代-D-吡喃(木)糖基-(1→3)-O-β-D-吡喃(木)糖基-(1→4)-O-6-脱氧-α-L-吡喃甘露糖基-(1→2-β-D-吡喃(木)糖-17-甲羟基-16,21,22-三羟基齐墩果-12-烯。

分子式　$C_{50}H_{82}O_{24}$。

相对分子质量　1067.17。

结构式

开发单位 湖北金海潮科技有限公司。

理化性质 50% 母药外观为黄色粉末，不应有结块。有效成分熔点为 233～236℃。pH5～9.5。可溶于水、甲醇、乙醇、乙腈等极性大的溶剂，不溶于石油醚等大多数极性小的有机溶剂。

毒性 低毒。50% 母药大鼠急性经口 $LD_{50} > 4640mg/kg$；急性经皮 $LD_{50} > 2150mg/kg$；对兔皮肤无刺激性，眼睛轻度至中度刺激性；豚鼠皮肤变态反应（致敏）试验结果为弱致敏物（致敏率为 0），大鼠 3 个月亚慢性喂养毒性试验 NOEL 为 30mg/（kg·d）；Ames 试验、小鼠骨髓细胞微核试验、小鼠睾丸细胞染色体畸变 3 项致突变试验均为阴性，未见致突变作用。4% 粉剂对斑马鱼 LC_{50}（96 小时）0.15mg/L，青虾 LC_{50}（96 小时）6.28mg/L；鹌鹑经口染毒（灌胃法）LD_{50}（7 天）> 60mg/kg。

剂型 4% 粉剂，50% 母药。

质量标准 4% 螺威粉剂外观为黄色粉末，无可见外来杂质，不应有结块。具体质量标准见表。

4% 螺威粉剂控制项目指标

项目		指标
螺威 (TDS) 质量分数，%	≥	4.0
水分，%	≤	2.0
pH 值范围		7.0～10.0
细度（通过 75μm 试验筛），%	≥	95.0
热储稳定性		合格
每 3 个月检验 1 次，更换原材料及时抽检		

作用方式及机理 对钉螺具有触杀和胃毒作用，易于与红细胞壁上的胆甾醇结合，生成不溶于水的复合物沉淀，破坏了血红细胞的正常渗透性，使细胞内渗透压增加而发生崩解，导致溶血现象，从而杀死钉螺。

防治对象 钉螺、蜗牛。

使用方法 防治滩涂钉螺 4% 螺威粉剂用药量有效成分为 0.2～0.3g/m²，一般加细土稀释后均匀撒施。当环境温度低于 15℃时，应使用登记推荐剂量的高限。

注意事项 ①该产品只批准用于滩涂，不能用于沟渠，使用时不要直接将药撒入水体、鱼塘、虾池，不得污染水源，养鱼稻田慎用。②安全间隔期为 7 天，每季作物最多使用两次。③使用后应立即用肥皂水清洗双手及接触的皮肤。④灭螺气温宜在 15℃以上，在大雨或暴雨前不宜施药。

与其他药剂的混用 螺威原药与螺虫乙酯原药按百分含量 15%～20%：5%～10% 比例混配后，有明显的协同增效作用，可拓宽螺威使用范围，提高药效，减少化学农药用量。螺威与烟酰苯胺、氯硝柳胺乙醇铵盐复配对钉螺的防效较好，且不易产生抗性。

参考文献

湖北金海潮科技有限公司, 2008. 螺威[J]. 农药科学与管理, 29 (10): 58.

南京正宽医药有限公司, 2013. 一种含螺虫乙酯和螺威的复配农药制剂及应用[P]. 中国专利: CN102870793A.

张能敏, 2015. 一种含螺威和烟酰苯胺的复配农药制剂和应用 [P]. 中国专利: CN105123698A.

张能敏, 2015. 一种含螺威和氯硝柳胺乙醇铵盐的复配农药制剂和应用[P]. 中国专利: CN104663663A.

（撰稿：胡安龙；审稿：李明）

咯菌腈 fludioxonil

一种主要用作种子处理、防治种传病害的吡咯类杀菌剂。

其他名称 Saphire、Celest（适乐时）。

化学名称 4-(2,2-二氟 -1,3-苯并二氧杂环戊烯 -4-基)-1H-吡咯 -3-腈；4-(2,2-difluoro-1,3-benzodioxol-4-yl)-1H-pyrrole-3-carbonitrile。

IUPAC 名称 4-(2,2-difluoro-1,3-benzodioxol-4-yl)-1H-pyrrole-3-carbonitrile。

CAS 登记号 131341-86-1。

分子式 $C_{12}H_6F_2N_2O_2$。

相对分子质量 248.18。

结构式

开发单位 1988 年由汽巴 - 嘉基公司（现先正达公司）开发的吡咯类杀菌剂。

理化性质 纯品为淡黄色结晶状固体。熔点 199.8℃。蒸气压 3.9×10^{-4}mPa（20℃）。K_{ow}lgP 4.12（25℃）。Henry 常数 5.4×10^{-5}Pa·m³/mol（计算值）。相对密度 1.54（20℃）。溶解度（25℃）：水 1.8mg/L，甲醇 44g/L，丙酮 190g/L，甲苯 2.7g/L，己烷 0.01g/L，正辛醇 20g/L。稳定性：70℃、pH5～9 条件下不水解。离解常数：$pK_{a1} < 0$，pK_{a2} 大约为 14.1。

毒性 大、小鼠急性经口 $LD_{50} > 5000mg/kg$。大鼠急性经皮 $LD_{50} > 2000mg/kg$。对兔眼睛和皮肤均无刺激作用。大鼠急性吸入 LC_{50}（4 小时）> 2.6mg/L。NOEL［mg/（kg·d）]：大鼠（2 年）40，小鼠（1.5 年）112，狗（1 年）3.3。无致畸、无致突变、无胚胎毒性。山齿鹑和野鸭急性经口 $LD_{50} > 2000mg/kg$，山齿鹑和饲喂 $LC_{50} > 5200mg/kg$ 饲料。鱼类 LC_{50}（96 小时，mg/L）：虹鳟 0.5，鲤鱼 1.5，大翻车鱼 0.31。水蚤 LC_{50}（48 小时）1.1mg/L。对蜜蜂 LD_{50}：> 329μg/ 只（经口），> 101μg/ 只（接触）。蚯蚓 LC_{50}（14 天）67mg/kg 干土。

剂型 0.5%、2.5% 悬浮种衣剂，50% 可湿性粉剂。

作用方式及机理 通过抑制葡萄糖磷酰化的转移，并抑制真菌菌丝体的生长，最终导致病菌死亡。作用机理独特，与现有杀菌剂无交互抗性。属非内吸性的广谱杀菌剂。

防治对象　作为叶面杀菌剂，用于防治雪腐镰孢菌、小麦网腥黑穗菌、立枯丝核菌等引起的病害，对灰霉病有特效；作为种子处理剂，主要用于作物中防治种传和土传病害如链格孢属、壳二孢属、曲霉属、镰孢菌属、长蠕孢属、丝核菌属及青霉菌属等引起的病害。

使用方法　主要用作种子处理，使用剂量为2.5～10g/100kg种子；也可用于茎叶处理，防治苹果树、蔬菜、大田作物和观赏作物病害，使用剂量为250～500g/hm^2；防治草坪病害使用剂量为400～800g/hm^2；防治收获后水果病害使用剂量为300～600g/m^3。以上均为有效成分剂量。

与其他药剂的混用　25%咯菌腈和38%嘧菌环胺复配成水分散粒剂，800～1200倍液喷雾可防治杧果树炭疽病；2.4%咯菌腈和2.4%苯醚甲环唑复配成悬浮种衣剂，以50～100（1～2L药浆/100kg种子）的种药比例充分搅拌包衣，防治小麦腥黑穗病；4%咯菌腈和6%戊唑醇复配成悬浮种衣剂，以30～50g/100kg种子包衣防治小麦散黑穗病；1.1%咯菌腈、3.3%精甲霜灵和6.6%嘧菌酯复配成悬浮种衣剂，以50～100（1～2L药浆/100kg种子）的种药比例充分搅拌包衣，防治棉花立枯病和猝倒病；0.6%咯菌腈、1.8%精甲霜灵和3.6%嘧菌酯复配成悬浮种衣剂，以1:150（667～1000ml/100kg种子）的比例充分搅拌包衣，防治水稻恶苗病和立枯病；25g/L咯菌腈和37.5g/L精甲霜灵复配成悬浮种衣剂，以1:250～333倍种子包衣，防治大豆根腐病和水稻恶苗病；以1%咯菌腈、2%苯醚甲环唑和20%吡虫啉复配成悬浮种衣剂，500～600g/100kg种子包衣，防治小麦全蚀病、纹枯病和蚜虫；0.8%咯菌腈、0.8%苯醚甲环唑和22.4%噻虫嗪复配成悬浮种衣剂，以1:（100～150）包衣防治小麦全蚀病和蚜虫；2.5%咯菌腈和2.5%咪鲜胺复配成悬浮种衣剂，200～300mg/100kg种子包衣，防治水稻恶苗病；1.1%咯菌腈、1.7%精甲霜灵和22.2%噻虫嗪复配成悬浮种衣剂，300～700ml/100kg种子包衣，防治花生根腐病、蛴螬、棉花立枯病、猝倒病、蚜虫、人参立枯病、锈腐病、疫病、金针虫；25g/L咯菌腈和10g/L精甲霜灵复配成悬浮种衣剂，以1:（667～1000）（药种比）包衣，防治玉米茎基腐病。

允许残留量　GB 2763—2021《食品中农药最大残留限量标准》规定咯菌腈最大残留限量见表。ADI为0.4mg/kg。油料和油脂按照GB 23200.113规定的方法测定。WHO推荐咯菌腈ADI为0.4mg/kg。欧盟规定棉籽中最大残留限量为0.05mg/kg。

部分食品中咯菌腈最大残留限量（GB 2763—2021）

食品类别	名称	最大残留限量（mg/kg）
谷物	稻谷、糙米、小麦、大麦、燕麦、黑麦	0.05
油料和油脂	油菜籽	0.02
	大豆、花生仁、葵花籽	0.05

（续表）

食品类别	名称	最大残留限量（mg/kg）
蔬菜	洋葱	0.50
	结球甘蓝	2.00
	青花菜	0.70
	菠菜	30.00
	叶用莴苣	40.00
	结球莴苣、叶芥菜	10.00
	番茄	3.00
	茄子	0.30
	辣椒	1.00
	黄瓜、西葫芦	0.50
	菜豆	0.60
	食荚豌	0.30
	马铃薯	0.05
	甘薯、山药	10.00
	玉米笋	0.01
水果	柑橘类水果	10.00
	仁果类水果	5.00
	核果类水果	5.00
	黑莓	5.00
	蓝莓、葡萄	2.00
	猕猴桃	15.00
	草莓	3.00
	杧果、石榴	2.00
	鳄梨	0.40
	西瓜	0.05
坚果	开心果	0.20
调味料	罗勒	9.00
	干辣椒	4.00
药用植物	三七块根（干）	3.00
	三七须根（干）	5.00
油料和油脂	棉籽	0.05

参考文献

刘长令, 2012. 世界农药大全[M]. 北京: 化学工业出版社.

（撰稿：陈雨；审稿：张灿）

咯喹酮　pyroquilon

一种水稻田用内吸性吡咯并喹啉酮类杀菌剂。

其他名称　Coratop、Fongarene。

化学名称　1,2,5,6-四氢吡咯并[3,2,1-ij]喹啉-4-酮。

IUPAC名称　1,2,5,6-tetrahydropyrrolo[3,2,1-ij]quinolin-4-one。

CAS登记号　57369-32-1。

分子式　$C_{11}H_{11}NO$。

相对分子质量　173.21。

结构式

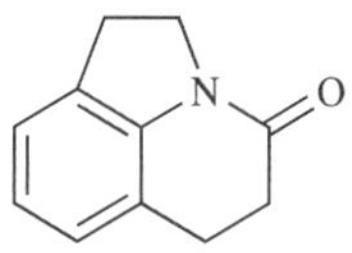

开发单位　先正达公司。

理化性质　白色结晶。熔点 112 ℃。蒸气压 5mPa（25℃）。$K_{ow}\lg P$ 1.6。Henry 常数 1.9×10^{-4} Pa·m³/mol（计算值）。相对密度 1.29（20℃）。水中溶解度 4g/L（20℃）；其他溶剂中溶解度（g/L，20℃）：甲醇 240、丙酮 125、异丙醇 85、苯 200、二氯甲烷 580。稳定性：对水解稳定，温度高达 320℃时稳定。

毒性　急性经口 LD_{50}（mg/kg）：大鼠 321，小鼠 581。大鼠急性经皮 LD_{50} > 3100mg/kg。对兔皮肤无刺激性，对兔眼睛有轻微刺激性。对豚鼠皮肤无致敏性。大鼠吸入 LC_{50}（4 小时）> 5100mg/m³。NOEL：（2 年）大鼠 22.5，小鼠 1.5mg/（kg·d）；狗（1 年）60.5mg/（kg·d）。日本鹌鹑 LD_{50}（8 天）794mg/kg，鸡 431mg/kg。鱼类 LC_{50}（96 小时，mg/L）：鲶鱼 21，虹鳟 13，鲈鱼 21，孔雀鱼 30。水蚤 LC_{50}（48 小时）60mg/L。对急尖栅藻无影响。对蜜蜂几乎无毒：LD_{50}（经口）> 20μg/ 只；（接触）> 1000μg/ 只。ADI/RfD 0.015mg/kg。无致畸、致突变、致癌作用。对繁殖无影响。毒性等级：Ⅱ（a.i.，WHO）。EC 分级：Xn；R22 ┃ R52, R53 取决于浓度。

剂型　颗粒剂，可湿性粉剂。

作用方式及机理　黑色素生物合成抑制剂（还原 1,3,8- 三羟基萘），内吸性杀菌剂。

防治对象　水稻稻瘟病。

使用方法　作为叶面喷雾或种子处理施用。使用剂量：育苗箱 1.2kg/hm²，田间撒播 1.5～2kg/hm²。

参考文献

马克比恩 C, 2015. 农药手册[M]. 胡笑形, 等译. 北京: 化学工业出版社: 894-895.

（撰稿：闫晓静；审稿：刘鹏飞、刘西莉）

落草胺　cisanilide

一种选择性吡咯酰胺类除草剂。

其他名称　Rowtate、C5328、DS5328、苯草咯、咯草胺。

化学名称　顺 -2,5- 二甲基 -1- 吡咯烷羧酰替苯胺；*cis*-2,5-dimethy-*N*-phenyl-1-pyrrolidine-carboxanilide。

IUPAC 名称　2,5-dimethyl-*N*-phenyl-1-pyrrolidine carboxamide。

CAS 登记号　34484-77-0。

分子式　$C_{13}H_{18}N_2O$。

相对分子质量　218.30。

结构式

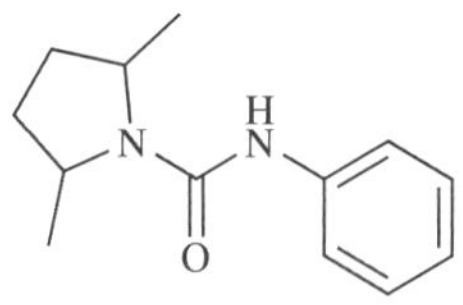

开发单位　大洋公司。

理化性质　结晶固体。熔点 119～120℃。20℃时，水中溶解度为 600mg/L。

毒性　大鼠急性经口 LD_{50} 4100mg/kg。

剂型　乳油。

作用方式及机理　通过抑制植物光合作用发挥除草活性。是希尔反应的抑制剂。

防治对象　主要应用于玉米和苜蓿田中防除阔叶杂草和某些禾本科杂草。

使用方法　播后苗前使用，使用药效与利谷隆、敌草隆、氟草隆相当，对作物的药害小。应用剂量为 1.1～3kg/hm²。

参考文献

张殿京, 程慕如, 1987. 化学除草应用指南[M]. 北京: 农村读物出版社: 180.

朱永和, 王振荣, 李布青, 2006. 农药大典[M]. 北京: 中国三峡出版社: 711.

（撰稿：陈来；审稿：范志金）

M

马拉硫磷　malathion

一种有机磷杀虫剂。

其他名称　防虫磷（优质马拉硫磷，专用于防治储粮害虫）、MahoxlCythion、Fylaron、For-Mal、Hilthion、Hilmala、Malixol、MLT、Lucathion、马拉松、T.M.4049、EI4049、OMSI、ENT17034。

化学名称　O,O-二甲基-S-[1,2-二(乙氧基羰基)乙基]二硫代磷酸酯。

IUPAC名称　diethyl [(dimethoxyphosphinothioyl)thio]succinate。

CAS登记号　121-75-5。

EC号　204-497-7。

分子式　$C_{10}H_{19}O_6PS_2$。

相对分子质量　330.36。

结构式

开发单位　1952年由 G. A. Johnson 等报道其杀虫活性，1950年由美国氰胺公司推广，获有专利 USP2578652。中国浙江省粮食科学研究所研制开发防虫磷。

理化性质　纯品为清澈琥珀色、略带有酯类气味的油状液体。熔点 2.85℃。沸点 156～157℃（93.3Pa）。蒸气压30℃时为5.33mPa。相对密度 d_4^{25} 1.23。折射率 n_D^{25} 1.4985。挥发度2.26mg/m³（20℃）。黏度36.78mPa·s（25℃）。工业品为棕黄色油状液体。有特殊的蒜臭，室温即挥发。极微溶于水，易溶于有机溶剂，可与乙醇、酯类、酮类、醚类和植物油任意混合。水溶液 pH5.26 时稳定，pH＞7 或＜5 时即分解。日光下易氧化失效。铁、锡、铝、铜、铅等金属离子可促进其分解。

毒性　急性经口 LD_{50}：大鼠 1375～2800mg/kg，小鼠 775～3320mg/kg。兔急性经皮 LD_{50} 4100mg/kg。21个月饲喂试验中，对大鼠用 100mg/kg 饲料饲喂，体重增加正常。在高等动物体内很快被肠胃吸收，而且排出很快，未见积累。鸟类 LC_{50}（5天）：鹌鹑3500mg/kg 饲料，环颈雉鸡4320mg/kg 饲料。鱼类 LC_{50}（96小时）：蓝鳃鱼 0.1mg/L，大嘴鲈鱼 0.28mg/L。对蜜蜂为高毒，LD_{50}（局部）0.71μg/只。防虫磷对动物毒性随工业品纯度的提高而降低。

剂型、质量标准　1.7%防虫磷乳油：微黄色或琥珀色油状液体，经脱臭，用优质马拉硫磷原油和不含芳烃的无毒溶剂配制。专用于防治储粮害虫。酸度（以 H_2SO_4 计）≤0.2%；水分含量≤0.1%。2.45%马拉硫磷乳油：浅黄色至棕色，带有大蒜气味的油状液体，酸度（以 H_2SO_4 计）≤0.3%；水分含量≤0.3%。

作用方式及机理　对昆虫主要是触杀和胃毒作用，也有微弱的熏蒸作用。杀伤力强，作用迅速。在粮堆内，害虫接触药剂经1～2天即死亡，但由于药剂主要存在粮粒外，故对钻蛀性害虫如玉米象、谷蠹等的幼虫、蛹等潜伏在粮粒内部时无杀伤作用。对高等动物毒性低，高等动物口服后，通过肝脏和肾脏，在体内羧酸酯酶的作用下形成的氧化物，可迅速分解成无毒的一酸或二酸化物，而在昆虫体内主要受混合功能氧化酶作用，被氧化成马拉硫磷而无毒。

防治对象　气温低时杀虫毒力下降，可适当提高施药量或用药浓度。对多种危害叶面的咀嚼式口器和刺吸式口器害虫有良好效果，可采用乳油加水喷雾或粉剂喷粉用于水稻、棉花、大豆、蔬菜、果树、茶树、桑树、林木等作物，防治鳞翅目、鞘翅目幼虫、蚜、螨、蚧以及水稻叶蝉、飞虱、蓟马、果树椿象、茶黑刺粉虱、油菜叶蜂等。一般作物田间施用的收获前禁用期为10天。飞机超低量喷雾，可防治蝗虫、松毛虫。对一般作物安全，但高粱、瓜类、豇豆、樱桃、梨、葡萄、某些品种的苹果、番茄幼苗较敏感，不得施用高浓度药液。还可用来防治蚊、蝇、人体头虱和体虱等卫生害虫，动物体外寄生虫。因化学性质不太稳定，其制剂最好当年生产、当年使用。

原药经脱臭精制，得到97%纯度的原油，配成70%乳油，称作防虫磷。防虫磷中除去了一般马拉硫磷原药中经常存在的对温血动物具有较高毒性的杂质，专用于粮食拌药防治原粮及种子粮中的鞘翅目幼虫及麦蛾等储藏期害虫。

使用方法

防虫磷的施药方法　①机械喷雾法。适用于大型仓库。采用CW-15型仓用电动喷雾机，药剂加水稀释不超过粮食重量的0.1%。将药液直接均匀地喷雾在粮食输送带上，粮食边喷雾边入库。②砻糠载体法。适用于农户和国家中小型仓库。选用洁净干燥的糠，用筛子将粉末筛去。使用前1～2天把糠薄摊在室内地面。用超低量喷雾器将所需总药剂（不加水）喷入整堆糠中拌匀。晾干后即可使用。粮食入库时，由施药人员将药糠均匀撒入粮食中。一般倒一箩筐或一麻袋粮食撒入一把药糠即可。施药间距部位应不超过粮食厚度30cm。施药后无须搅拌。③超低量喷雾法。适用于农户和国家中小型仓库。用超低电动喷雾器。按粮食重量加水稀释药量不超过0.02%，倒一箩筐或一麻袋粮食喷1次，不需搅拌粮食。④结合熏蒸表层喷雾法。适用于各类仓库。粮食入库完毕，在拉平粮面之前，按粮面30cm的粮食重量计算用药量。用超低量喷雾法喷施，亦可用砻糠载体法撒入药糠然后拨动粮面。再进行熏蒸剂常规剂量熏蒸。

马拉硫磷使用方法　①麦类作物害虫的防治。黏虫、蚜虫、麦叶蜂，用45%乳油1000倍液喷雾，喷液量为1125～1500kg/hm²。②豆类作物害虫的防治。大豆食心虫、大豆造桥虫、豌豆象、豌豆长管蚜、黄条跳甲，用45%乳油1000倍液喷雾，喷雾量1125～1500kg/hm²。③水稻害虫的防治。稻叶蝉、稻飞虱，用45%乳油1000倍液喷雾，喷雾量1125～1500kg/hm²。④棉花害虫的防治。棉叶跳虫、盲椿象，用45%乳油1500～2000倍液喷雾。⑤果树害虫的防治。果树各种刺蛾、巢蛾、蠹蛾、粉介壳虫、蚜虫，用45%乳油1500～2000倍液喷雾。⑥茶树害虫的防治。茶象甲、长白蚧、龟甲蚧、茶绵蚧等，用45%乳油1500～2000倍液喷雾。⑦蔬菜害虫的防治：菜蚜、菜青虫、黄条甲等，用45%乳油1000倍液喷雾。

注意事项　①配药和施药人员必须穿长袖工作衣裤，并戴乳胶手套和防毒口罩，防止药液沾染皮肤或进入呼吸道。撒药糠时佩戴纱布手套和口罩即可。②药剂保管。应存放在阴凉通风干燥处，不宜储藏过久。由于药剂遇水后易分解失效，因此，必须现用现配，一次用完。③粮食含水量应在安全水分以内。如水分过多会引起药剂分解而失效。④防护剂为储粮专用。用户确认容器上标签。且注意严禁随意与其他未经审准的农药混用于粮食之中。对人畜和储粮都不安全。⑤除使用砻糠载体法外，其他施药方法施药后应有一安全间隔期。一般施药在20mg/kg以下者应间隔3个月，30mg/kg者为4个月，期满后粮食才能加工食用。⑥中毒症状和急救办法按有机磷农药中毒的诊断标准和处理原则进行处理。

允许残留量　GB 2763—2021《食品中农药最大残留限量标准》规定马拉硫磷最大残留限量见表。ADI为0.3mg/kg。谷物按照GB 23200.9、GB 23200.113、GB/T 5009.145规定的方法测定；油料和油脂按照GB/T 5009.145、GB 23200.113规定的方法测定；蔬菜、水果、食用菌、饮料类、糖料按照GB 23200.8、GB 23200.113、GB/T 20769、NY/T 761规定的方法测定；调味料参照GB 23200.8、GB 23200.113、NY/T 761规定的方法测定。

部分食品中马拉硫磷最大残留限量（GB 2763—2021）

食品类别	名称	最大残留限量（mg/kg）
谷物	稻谷	8.00
	糙米	1.00
	大米	0.10
	麦类	8.00
	鲜食玉米	0.50
	高粱	3.00
	杂粮类	8.00
油料和油脂	花生仁	0.05

续表

食品类别	名称	最大残留限量（mg/kg）
蔬菜	大蒜	0.50
	洋葱	1.00
	葱	5.00
	结球甘蓝、花椰菜	0.50
	菠菜	2.00
	普通白菜、莴苣	8.00
	叶芥菜	2.00
	芜菁叶	5.00
	芹菜	1.00
	大白菜	8.00
	番茄、茄子、辣椒	0.50
	黄瓜	0.20
	豇豆、菜豆、食荚豌豆	2.00
	扁豆	2.00
	蚕豆	2.00
	豌豆	1.00
	芦笋	0.20
	芜菁	0.20
	萝卜、胡萝卜、山药、马铃薯	0.50
	甘薯	8.00
	芋	8.00
	玉米笋	0.02
水果	柑、橘	2.00
	橙、柠檬、柚	4.00
	苹果、梨	2.00
	桃、油桃、杏	6.00
	枣（鲜）、李子、樱桃	6.00
	蓝莓	10.00
	葡萄	8.00
	草莓	1.00
	荔枝	0.50
糖料	甜菜	0.50
食用菌	蘑菇类	0.50
饮料类	番茄汁	0.01
调味料	果类调味料	1.00
	种子类调味料	2.00
	根茎类调味料	0.50

参考文献

王翔朴, 王营通, 李珏声, 2000. 卫生学大辞典[M]. 青岛: 青岛出版社: 486-487.

中国农业百科全书总编辑委员会农药卷编辑委员会, 中国农业百科全书编辑部, 1993.中国农业百科全书: 农药卷[M]. 北京: 农业出版社: 194.

朱永和, 王振荣, 李布青, 2006. 农药大典[M]. 北京: 中国三峡出版社: 45-46.

（撰稿：吴剑；审稿：薛伟）

吗菌灵　dodemorph

1968 年上市的第一个吗啉类杀菌剂。

其他名称　F238、Meltatox、Mehltaumittel、Milban、BAS 238 F、十二环吗啉。

化学名称　4-环十二烷基-2,6二甲基吗啉；4-cyclododecyl-2,6-dimethylmorpholine。

IUPAC名称　4-cyclododecyl-2,6-dimethylmorpholine。

CAS 登记号　1593-77-7；31717-87-0（乙酸盐）。

EC 号　216-474-9。

分子式　$C_{18}H_{35}NO$。

相对分子质量　281.48。

结构式

开发单位　1965 年由巴斯夫公司研发。

理化性质　十二环吗啉中含有顺式 -2,6 二甲基吗啉的异构体约 60%，反式 -2,6 二甲基吗啉的异构体约 40%。以顺式为主体的产品为带有特殊气味的无色固体。熔点 72～73 ℃。蒸气压：顺式 0.48mPa（20 ℃）。顺式溶解度（20 ℃）：水＜100mg/kg、氯仿＞1kg/L、乙醇 50g/L、丙酮 57g/L、乙酸乙酯 185g/L。$K_{ow}lgP$ 13.8（pH7）。温度＜50 ℃时稳定。热分解产物易燃。

十二环吗啉乙酸盐为无色固体。熔点 63～64 ℃。蒸气压 2.5mPa（20 ℃）。溶解度：水＜100mg/kg。在密闭容器中稳定期＞1 年。

毒性　大鼠急性经口 LD_{50}：雄 3944mg/kg，雌 2645mg/kg。大鼠急性经皮 LD_{50}＞4000mg/kg（42.6% 乳油）；对兔皮肤和眼睛有很强的刺激性。乳油大鼠急性吸入 LC_{50}（4 小时）5mg/L 空气。水蚤 LC_{50}（48 小时）3.34mg/L。对蜜蜂无害。

剂型　单剂如 40% 乳油，混剂如十二环吗啉＋多果定等。

质量标准　96% 的乙酸盐化原药中包含顺式异构体 50%～60%，反式异构体 50%～40%。

作用方式及机理　能经叶部和根部吸收的内吸性杀菌剂。属类固醇还原酶和异构酶抑制剂，其通过抑制甾醇合成过程中△ 8-△ 7 异构酶和△ 14- 还原酶的活性来抑制麦角甾醇的生物合成。

防治对象　主要用于玫瑰等观赏植物，黄瓜及其他作物，防治白粉病。

使用方法　100g/100L（1～2kg/hm²）的用量防治玫瑰及其他园艺作物的白粉病。

注意事项　对瓜叶菊和秋海棠有药害。

参考文献

刘长令, 2006. 世界农药大全: 杀菌剂卷[M]. 北京: 化学工业出版社: 220-222.

马克比恩 C, 2015. 农药手册[M]. 胡笑形, 等译. 北京: 化学工业出版社: 364.

TURNER J A, 2015. The pesticide manual: a world compendium [M]. 17th ed. UK: BCPC: 394-395.

（撰稿：刘西莉；审稿：张博瑞）

吗菌威　carbamorph

一种含有吗啉结构的二硫代氨基甲酸类衍生物型的内吸性杀菌剂。

其他名称　MC-883、硫酰吗啉。

化学名称　S-吗啉代甲基二甲基二硫代氨基甲酸酯；S-morpholinoomethyl dimethyldithiocarbamate。

IUPAC名称　morpholinomethyl dimethyldithiocarbamate。

CAS 登记号　31848-11-0。

EC 号　250-840-9。

分子式　$C_8H_{16}N_2OS_2$。

相对分子质量　220.35。

结构式

开发单位　墨菲化学公司。

理化性质　其外观呈白色结晶状。熔点 88～89 ℃。溶解度：煤油、二甲苯、卤代烃＜100g/L，二甲基亚砜 150g/L，二甲基甲酰胺 200g/L。

毒性　大鼠急性经口 LD_{50} 1500mg/kg；大鼠急性经皮 LD_{50}＞16g/kg。

剂型　100g/kg 粉剂。

作用方式及机理　内吸性杀菌剂。

防治对象　对霜霉目真菌有特效。防治马铃薯晚疫病、大豆霜霉病、苗期猝倒病。

使用方法　叶面喷雾防治马铃薯晚疫病和大豆霜霉病。种子处理防治立枯丝核菌和腐霉菌引起的苗猝倒病，抑制刺盘孢的生长。

注意事项　同一作物一个生长季节不宜连续使用。误服后立即催吐。若不慎溅入眼中，应用大量清水冲洗至少 15 分钟。

参考文献

黄润俊, 1993. 农药毒理-毒性手册[M]. 北京: 人民卫生出版社.

孙家隆, 2015. 新编农药品种手册[M]. 北京: 化学工业出版社.

朱桂梅, 2011. 新编农药应用表解手册[M]. 南京: 江苏科学技术出版社.

朱永和, 王振荣, 李布青, 2006. 农药大典[M]. 北京: 中国三峡出版社.

（撰稿：徐文平；审稿：陶黎明）

M

吗啉类杀菌剂　morpholines

分子结构中含有吗啉环的一类内吸性杀菌剂。代表品种如下 8 个：aldimorph（二甲基吗啉）、benzamorf（本码福）、carbamorph（吗菌威）、dimethomorph（烯酰吗啉）、dodemorph（吗菌灵）、fenpropimorph（丁苯吗啉）、flumorph（氟吗啉）和 tridemorph（十三吗啉）。其中烯酰吗啉和氟吗啉虽在结构上含有吗啉环，但其主要防治卵菌病害，作用机制是干扰卵菌细胞壁纤维素的合成，通常也将这两种杀菌剂归为羧酸酰胺类（CAA 类）杀菌剂。吗啉类杀菌剂属于甾醇生物合成抑制剂，通过干扰真菌体内麦角甾醇的生物合成过程达到抑菌的目的。

简史　吗啉类的十二吗啉和十二环吗啉（吗菌灵）于 1967 年被开发，主要用来防治植物白粉病，其能被作物叶片吸收，具有一定的内吸活性。而 1969 年开发的十三吗啉是用来处理谷物种子防治白粉病的高效内吸性杀菌剂。主要用于防治谷类作物的白粉病、黄锈病以及烟草、马铃薯、豌豆等作物的白粉病。相关研究发现这类化合物的抑菌机理是抑制麦角甾醇生物合成，后来有更多的同类杀菌剂陆续产生。1979 年又开发了另一种结构相似的新杀菌剂丁苯吗啉，对白粉病、锈病和几种非专性寄生的病害表现有内吸治疗作用。80 年代初，又有吗啉类衍生体阿莫罗芬问世，阿莫罗芬不仅可以用来防治植物病害，还可用于治疗人类真菌疾病，所以它是第一个可用作医药的吗啉类衍生物。同时人们还发现哌啶类的苯锈啶的作用机理与吗啉类化合物相似。

作用机理　用甾醇生物合成抑制剂十三吗啉、丁苯吗啉和苯锈啶处理玉米黑粉菌和酿酒酵母，通过对菌体内甾醇组成成分的分析，发现这 3 种杀菌剂在麦角甾醇生物合成途径中的作用靶点是麦角甾醇生物合成途径中的 △ 8- △ 7 异构酶和 △ 14- 还原酶。其中，十三吗啉主要是抑制 △ 8- △ 7 异构酶，而丁苯吗啉和苯锈啶对这两种酶的抑制活性相当。

用丁苯吗啉的同系物 amorolfine 处理白色念珠菌等皮肤致病真菌后分析菌体内甾醇变化，结果发现 ignosterol 和麦角甾 -8，14，24（28）三烯醇变为菌体内主要甾醇。说明该药剂除了抑制 △ 8- △ 7 异构酶外，还抑制 △ 4- 还原酶的活性。上述吗啉类杀菌剂均存在异构体。已知十三吗啉的顺式和反式异构体具有相似的抑菌活性，而丁苯吗啉和 amorotfine 主要是顺式异构体发挥抑菌活性。

参考文献

程玉镜，王美仙，1980. 内吸杀菌剂十二吗啉研究[J]. 农药工业 (1): 46-49.

韩熹莱，1984. 新型内吸杀菌剂麦角甾醇生物合成抑制剂 (EBIS)[J]. 植物保护 (6): 22-24.

韩熹莱，1985. 抑制麦角甾醇生物合成的杀菌剂[J]. 世界农业 (9): 42-44.

刘长令，2006. 世界农药大全：杀菌剂卷[M]. 北京：化学工业出版社.

周明国，2002. 麦角甾醇生物合成抑制剂的作用原理及其抗药性研究[J]. 中国植物病害化学防治研究, 3: 11-23.

TURNER J A, 2015. The pesticide manual: a world compendium [M]. 17th ed. UK: BCPC: 394-395.

（撰稿：刘西莉；审稿：张博瑞）

麦草氟　flamprop-M

一种麦田用内吸选择性除草剂。

其他名称　麦草氟异丙酯：Suffix BW；麦草氟甲酯：Mataven L。

化学名称

麦草氟：N- 苯甲酰基 -N-(3 氯 -4- 氟苯基)-D- 丙氨酸；N-benzoyl-N-(3-chloro-4-fluorophenyl)-D-alanine。

麦草氟异丙酯：N- 苯甲酰基 -N-(3 氯 -4- 氟苯基)-D- 丙氨酸异丙酯；1-methylethyl N-benzoyl-N-(3-chloro-4-fluorophenyl)-D-alaninate。

麦草氟甲酯：N- 苯甲酰基 -N-(3 氯 -4- 氟苯基)-D- 丙氨酸甲酯；methyl N-benzoyl-N-(3-chloro-4-fluorophenyl)-D-alaninate。

IUPAC 名称

麦草氟：(2R)-2-(N-benzoyl-3-chloro-4-fluoroanilino)propanoic acid。

麦草氟异丙酯：propan-2-yl (2R)-2-(N-benzoyl-3-chloro-4-fluoroanilino)propanoate。

麦草氟甲酯：methyl (2R)-2-(N-benzoyl-3-chloro-4-fluoroanilino)propanoate。

CAS 登记号　麦草氟：D 型 90134-59-1；L 型 57353-42-1。麦草氟异丙酯：D 型 63782-90-1；L 型 57973-67-8。麦草氟甲酯：D 型 63729-98-6。

分子式　麦草氟：$C_{16}H_{13}ClFNO_3$；麦草氟异丙酯：$C_{19}H_{19}ClFNO_3$；麦草氟甲酯：$C_{17}H_{15}ClFNO_3$。

相对分子质量　麦草氟：321.73；麦草氟异丙酯：363.81；麦草氟甲酯：335.76。

结构式

麦草氟　　　　麦草氟异丙酯

麦草氟甲酯

开发单位　巴斯夫公司。

理化性质

麦草氟：原药纯度≥93%。$K_{ow}\lg P$ 3.09（25℃）。pK_a3.7。

麦草氟异丙酯：原药纯度≥96%。白色晶体（原药为灰色晶体）。熔点72.5～74.5℃（原药70～71℃）。蒸气压8.5×10^{-2}mPa（25℃）。$K_{ow}\lg P$ 3.69。相对密度1.315。20℃时溶解度：水 12mg/L；丙酮1560、环己酮677、乙醇147、己烷16、二甲苯约500g/L。pH2～8时，对光、热稳定。DT_{50}9140天。pH＞8时水解为麦草氟和异丙醇。闪点：不易燃。

麦草氟甲酯：原药纯度≥96%。白色至浅灰色晶体。熔点84～86℃（原药81～82℃）。蒸气压1mPa（20℃）。$K_{ow}\lg P$ 3。相对密度1.311（22℃）。25℃溶解度：水 0.016；丙酮406、正己烷2.3g/L。pH2～7时，对光、热稳定。碱性介质中（pH＞7）水解为麦草氟和甲醇。

毒性

麦草氟：毒性分级为U（a.i.，WHO）。

麦草氟异丙酯：大鼠、小鼠急性经口LD_{50}＞4000mg/kg。大鼠急性经皮LD_{50}＞2000mg/kg。对眼睛和皮肤无刺激。无吸入毒性（大鼠）。NOEL：90天饲喂试验表明，大鼠饲喂50mg/kg饲料，狗饲喂30mg/kg饲料没有致病影响。大鼠急性腹腔LD_{50}＞1200mg/kg。

山齿鹑急性经口LD_{50}＞4640mg/kg。虹鳟LC_{50}（96小时）3.19mg/L，鲤鱼2.5mg/L。水蚤EC_{50}（48小时）3mg/L。藻类EC_{50}（96小时）6.8mg/L。对淡水和海水甲壳动物有中等毒性。蜜蜂LD_{50}（接触和经口）＞100μg/只。对土壤节肢动物无毒性。

麦草氟甲酯：急性经口LD_{50}（mg/kg）：大鼠1210，小鼠720。大鼠急性经皮LD_{50}＞1800mg/kg（EC）。对眼睛和皮肤无刺激，对皮肤无致敏性。无大鼠吸入毒性。NOEL：90天饲喂试验表明，大鼠饲喂2.5mg/（kg·d），狗饲喂0.5mg/（kg·d）无致病影响。大鼠急性腹腔内LD_{50}350～500mg/kg。

鸟类急性经口LD_{50}：山齿鹑4640mg/kg，野鸡、野鸭、饲养的鸡、鹧鸪、鸽子＞1000mg/kg。虹鳟LC_{50}（96小时）4mg/L。对水蚤有轻微至中等毒性。藻类EC_{50}（96小时）5.1mg/L。对淡水和海水甲壳动物有中等毒性。对蜜蜂无毒。对蚯蚓无毒。对土壤节肢动物无毒性。

剂型　麦草氟：乳油；麦草氟异丙酯：乳油；麦草氟甲酯：乳油。

作用方式及机理　麦草氟、麦草氟异丙酯和麦草氟甲酯均为内吸、选择性除草剂，通过叶面吸收。水解产生具有除草活性的麦草氟；在敏感品系中，被输送到分生组织。选择性取决于水解为游离酸的比例，在耐受植物中，酸可以通过形成轭合物而失去毒性。

防治对象

麦草氟异丙酯：用于大麦和小麦出苗后防除野燕麦，包括下茬的三叶草和黑麦草，也可防除大穗看麦娘和球状燕麦草。对某些品种的小麦和大麦可能有药害。

麦草氟甲酯：用于小麦出苗后防除野燕麦，包括下茬的三叶草和禾本科杂草，也可防除看麦娘。对所有春小麦和冬小麦品系均无药害。

环境行为　在哺乳动物经口摄入麦草氟甲酯或麦草氟异丙酯后4天内完全代谢并排泄。在植物中，麦草氟甲酯和麦草氟异丙酯水解为具有生物活性的麦草氟（酸），然后再转化为生物惰性的轭合物。麦草氟甲酯和麦草氟异丙酯的主要降解产物为麦草氟游离酸。

参考文献

马克比恩 C, 2015. 农药手册[M]. 胡笑形, 等译. 北京: 化学工业出版社: 444-446.

（撰稿：祝冠彬；审稿：徐凤波）

麦草畏　dicamba

一种苯甲酸类选择性内吸传导型除草剂和植物生长调节剂。

其他名称　百草敌、Mediben、Camba（Agrimix）、Diptyl（Agriphar）、Suncamba（Sundat）、Velicol 58-CS-11、SAN 837 H（Sandoz）。

化学名称　3,6-二氯-2-甲氧基苯甲酸；3,6-dichloro-2-methoxybenzoic acid。

IUPAC名称　3,6-dichloro-o-anisic acid；3,6-dichloro-2-methoxybenzoic acid。

CAS 登记号　1918-00-9。

EC 号　217-635-6。

分子式　$C_8H_6Cl_2O_3$；$C_{10}H_{13}Cl_2NO_3$（二甲胺盐）。

相对分子质量　221.04；266.12（二甲胺盐）。

结构式

开发单位　由 R. A. Darrow 和 R. H. Haas 报道其除草活性。由韦尔西化学公司引入，后来由山德士公司（现先正达公司）生产销售。目前巴斯夫公司在美国和加拿大上市，其他地方由先正达公司销售。

理化性质　纯品为白色结晶（原药为淡黄色结晶固体）。原药纯度为85%（质量分数），其余的成分主要是3,6-二氯-2-甲氧基苯甲酸。熔点114～116℃。沸点＞200℃。相对密度1.488（25℃）。蒸气压1.67mPa（25℃，计算值）。$K_{ow}\lg P$：-0.55（pH5）、-1.88（pH6.8）、-1.9（pH8.9）（OECD 105）。Henry 常数1×10^{-4}Pa·m³/mol。水中溶解度（g/L，25℃）：6.6（pH1.8）、＞250（pH4.1、6.8、8.2）；有机溶剂中溶解度（g/L，25℃）：甲醇、乙酸乙酯、丙酮＞500，二氯甲烷340，甲苯180，己烷2.8，辛醇490。正常条件下具有抗氧化和抗水解作用。酸、碱条件下稳定。约200℃分解。水光解DT_{50}14～50天。pK_a1.87（25℃）。

毒性　大鼠急性经口LD_{50} 1707mg/kg。急性经皮LD_{50}＞

2000mg/kg。对兔眼睛有强烈刺激和腐蚀性，对兔皮肤无刺激性，对豚鼠皮肤无致敏性。急性吸入 LC$_{50}$（4 小时，mg/L）：雄大鼠 4.464，雌大鼠 5.19。2 年发育 NOEL：大鼠 400mg/kg，雌狗（1 年）52mg/（kg·d）。发育 NOEL：兔 150mg/（kg·d），大鼠 160mg/（kg·d）。ADI（EC）0.3mg/kg[2008]；（EPA）aRfD 1，cRfD 0.45mg/kg[2006]。无致突变作用。毒性等级：Ⅲ（a.i.，WHO）；Ⅲ（制剂，EPA）。山齿鹑急性经口 LD$_{50}$ 216mg/kg，野鸭 1373mg/kg，野鸭和山齿鹑饲喂 LC$_{50}$（8 天）> 10 000mg/kg 饲料。鱼类 LC$_{50}$（96 小时，mg/L）：蓝鳃翻车鱼和虹鳟 135。水蚤 LC$_{50}$（48 小时）120.7mg/L。近头状伪蹄形藻 EC$_{50}$ > 3.7mg/L。浮萍 EC$_{50}$（14 天）> 3.8mg/L。对蜜蜂无毒，LD$_{50}$（μg/只）：接触 > 100、经口 > 100。蚯蚓 LC$_{50}$（14 天）> 1000mg/kg 土壤。

剂型　颗粒剂，可溶性液剂。

作用方式及机理　是选择性内吸性除草剂，通过叶片和根吸收，通过共质体和非原质体传导至整株植物。作用类似生长素的调节剂。

防治对象　防除谷物、玉米、高粱、甘蔗、芦笋、多年生牧草、草坪、牧场、放牧地和非作物地一年生和多年生阔叶杂草和灌木。也可与其他除草剂混用。作物不同，使用剂量不同，作物田 0.1～0.4kg/hm^2，牧场使用剂量较高。大多数豆类作物对麦草畏敏感。

使用方法

防治小麦田杂草　单用麦草畏时，每亩用 48% 百草敌 15～20ml（有效成分 7.2～9.6g）。提倡冬前用药，在小麦 4 叶期以后杂草基本出齐时喷雾，每亩喷水量 20～30L，以均匀周到为原则，防止重喷和漏喷。当气温下降到 5℃以下时应停止喷药，因为在 5℃以下，杂草和小麦进入越冬期，生长和生化活动缓慢，麦草畏在小麦体内积累下来不易降解，开春以后易形成葱管状叶。如果冬前没有及时施药，可在翌年开春以后，小麦和杂草进入旺长期时补施，但必须在小麦幼穗分化以前即拔节以前施药，拔节后应严禁喷药，以免造成药害。麦草畏与 2,4-滴丁酯、2 甲 4 氯混用既有增效作用，又可减少 2,4-滴丁酯飘移，可有效地防除卷茎蓼、地肤、猪毛菜、刺儿菜、大蓟、猪殃殃、麦蓝菜、春蓼、鼬瓣花、田旋花等对 2,4-滴丁酯有抗性的杂草。混用后药量要比单用时低。小麦 3～5 叶期，每亩用 48% 百草敌水剂 13ml + 72% 2,4-滴丁酯乳油 33ml，或麦草畏 20ml + 33ml 2,4-滴丁酯。每亩用 48% 麦草畏 13ml + 20%2 甲 4 氯水剂 133ml（或 56%2 甲 4 氯可湿性粉剂 47g），或 48% 麦草畏 20ml + 20% 2 甲 4 氯水剂 100ml。

防治玉米田杂草　可以单用，也可与其他除草剂混用。单用时每亩用 48% 麦草畏水剂 30ml（有效成分 14.4g）。在玉米 4～10 叶期施药安全、高效。如果进行土壤封闭处理，应注意不让麦草畏药液与种子接触，以免发生伤苗现象。玉米种子的播种深度不少于 4cm，玉米 10 叶以后进入雄花孕穗期（雄花抽出前 15 天）应停止施药，防止药害。施药后 20 天内不宜铲土。为了兼治单子叶杂草，可与 72% 都尔乳油或 4% 玉农乐悬浮剂混用。与都尔混用时每亩用 48% 麦草畏 30ml（有效成分 14.4g）+ 72% 都尔乳油 75～200ml

（有效成分 54～144g），在玉米播后苗前，或苗后早期杂草 1 叶 1 心前喷雾。与玉农乐混用时，每亩用 48% 麦草畏 30ml（有效成分 14.4g）+ 4% 玉农乐悬浮剂 30～50ml（有效成分 1.2～2g），在玉米 3～6 叶期杂草 3～5 叶期喷雾。

注意事项　小麦 3 叶期以前拔节以后及玉米抽雄花前 15 天内禁止使用麦草畏。大风天不宜喷施麦草畏，以防随风飘移到邻近的阔叶作物上，伤害阔叶作物。麦草畏的有效成分，主要通过茎叶吸收，根系吸收很少，所以喷雾时要均匀周到，防止漏喷和重喷。麦草畏在正常施药后，小麦、玉米苗初期有匍匐、倾斜或弯曲现象，一般经 1 周后即可恢复正常。喷药后的器械、用具要彻底清洗，洗后的水不要倒入江河、湖泊及池塘中。

与其他药剂的混用　麦草畏：Hyprone-P（钾盐和钠盐混合物）（+ 2 甲 4 氯 + 高 2 甲 4 氯丙酸）（Agrichem Int.）；Super Selective Plus（+ 高 2 甲 4 氯丙酸 + 2 甲 4 氯）（Rigby Taylor）；Pulsar（+ 氟草烟）（Syngenta）；麦草畏钾盐：Marksman（+ 莠去津）（BASF，Syngenta）。麦草畏钠盐：Casper（+ 氟草隆）（Syngenta）；Distinct（+ 二氟吡隆钠盐）（BASF）；Lintur（+ 醚苯磺隆）（Syngenta）；Overdrive（+ 二氟吡隆钠盐）（BASF）；Certo Plus（谷物，玉米）（+ 醚苯磺隆）（BASF）。

允许残留量　GB 2763—2021《食品中农药最大残留限量标准》规定麦草畏最大残留限量见表。ADI 为 0.3mg/kg。谷物按照 SN/T 1606、SN/T 2228 规定的方法测定。

部分食品中麦草畏最大残留限量（GB 2763—2021）

食品类别	名称	最大残留限量（mg/kg）
谷物	玉米	0.5
	小麦	0.5

参考文献

马克比恩 C, 2015. 农药手册[M]. 胡笑形, 等译. 北京: 化学工业出版社: 286-289.

（撰稿：寇俊杰；审稿：耿贺利）

麦角甾醇　ergosterol

真菌质膜甾醇的重要组成部分。

其他名称　麦角甾醇水合物。

化学名称　3β-羟基-(22E,24R)-麦角甾烷-5,7,22-三烯。

IUPAC 名称　(3S,9S,10R,13R,17R)-10,13-dimethyl-17-[(E)-1,4,5-trimethylhex-2-enyl]-2,3,4,9,11,12,14,15,16,17-decahydro-1H-cyclopenta[a]phenanthren-3-ol。

CAS 登记号　57-87-4。

EC 号　200-352-7。

分子式　C$_{28}$H$_{44}$O。

相对分子质量　396.65。

结构式

理化性质　无色针状或片状结晶。溶于乙醇、乙醚、苯和三氯甲烷，不溶于水。熔点 156~158℃。沸点 250℃（173.32Pa）。

作用方式及机理　麦角固醇是微生物细胞膜的重要组成部分，确保细胞膜的完整性。

（撰稿：闫晓静；审稿：刘鹏飞、刘西莉）

麦角甾醇生物合成酶　ergosterol biosynthesis enzyme

麦角甾醇是一种真菌细胞膜的重要结构组成成分，具有调节真菌细胞膜流动性的功能，在确保膜结构的完整性、膜结合酶的活性、细胞活力以及物质运输等方面起着重要作用。麦角甾醇的合成途径主要分为 4 个关键步骤：首先是甲羟戊酸的生物合成，其次是甲羟戊酸转化为角鲨烯，接着角鲨烯环化形成羊毛甾醇，最后羊毛甾醇转化为麦角甾醇。

参与麦角甾醇生物合成途径的相关酶有很多种，包括 C14- 脱甲基酶、Δ14- 还原酶、Δ8→Δ7 异构酶、3- 酮还原酶、C-4 去甲基化酶和鲨烯环氧酶等。其中，羊毛甾醇的 C-14α 去甲基化过程是麦角甾醇生物合成的关键步骤，需要底物专一的 C-14α 脱甲基化酶的催化氧化。三唑类和咪唑类杀菌剂戊唑醇、三唑酮、咪鲜胺等正是通过抑制了甾醇生物合成途径中的 C-14α 脱甲基酶，从而干扰或阻断麦角甾醇的生物合成，破坏了真菌细胞膜结构的完整性，达到了抑制真菌生长繁殖的目的。

（撰稿：刘西莉；审稿：苗建强、张博瑞）

麦穗宁　fuberidazole

一种广谱内吸性苯并咪唑类杀菌剂。

其他名称　furidazol、furidazole。
化学名称　2-(2-呋喃基)苯并咪唑。
IUPAC 名称　2-(2-furyl)benzimidazole。
CAS 登记号　3878-19-1。
EC 号　223-404-0。
分子式　$C_{11}H_8N_2O$。
相对分子质量　184.19。

结构式

理化性质　纯品为浅棕色无嗅结晶固体。熔点 292℃（分解）。蒸气压 $9×10^{-4}$mPa（20℃）、$2×10^{-3}$mPa（25℃）。K_{ow}lg$P$ 2.67（22℃）。Henry 常数 $2×10^{-6}$Pa·m³/mol（20℃）。溶解度（g/L，20℃）：水 0.22（pH4）、0.07（pH7）；二氯乙烷 6.6、甲苯 0.35、异丙醇 31。在土壤中可快速降解，DT_{50} 5.8~14.7 天。

毒性　急性经口 LD_{50}（mg/kg）：大鼠约 336，小鼠约 650。大鼠急性经皮 $LD_{50}>2000$mg/kg。对兔皮肤和眼睛无刺激性，对豚鼠皮肤无致敏性。大鼠急性吸入 LC_{50}（4 小时）>0.3mg/L。2 年饲喂试验 NOEL［mg/（kg·d）］：雄大鼠 80，雌大鼠 400，狗 20，小鼠 100。ADI 值 0.005mg/kg。日本鹌鹑急性经口 $LD_{50}>2250$mg/kg，日本鹌鹑饲养 LC_{50}（5 天）>5620mg/kg 饲料。鱼类 LC_{50}（96 小时）：虹鳟 0.91mg/L，蓝鳃太阳鱼 4.3mg/L。水蚤 LC_{50}（48 小时）12.1mg/L。蜜蜂 LD_{50}：>187.2μg/ 只（经口），>200μg/ 只（经皮）。蚯蚓 $LC_{50}>1000$mg/kg 土壤。

剂型　干拌种剂，悬浮剂，种子处理剂，湿拌种剂。

作用方式及机理　通过与 β- 微管蛋白结合抑制有丝分裂。具有内吸性传导作用。

使用方法　种子处理，用于防治镰刀菌属病害如小麦黑穗病、大麦纹枯病等。使用剂量为 4.5g/100kg（有效成分）种子。

参考文献

刘长令，2006. 世界农药大全: 杀菌剂卷[M]. 北京: 化学工业出版社: 196.

MACBEAN C, 2012. The pesticide manual: a world compendium [M]. 16th ed. UK: BCPC.

（撰稿：侯毅平；审稿：张灿、刘西莉）

螨类抗药性　mite resistance to pesticide

螨类对杀虫剂和杀螨剂的抗药性发展，也是世界性的问题。康普顿（C. C. Compton）和卡恩斯（W. W. Kearns）于 1937 年首次报道了二斑叶螨对硒乐得（Selecide）产生抗药性。第二次世界大战后，随着有机合成杀虫剂、杀螨剂的发展和广泛使用，有关叶螨抗药性的报道越来越多，各种农作物害螨对多种有机氯、有机磷以及选择性杀螨剂产生了抗性。根据联合国粮食及农业组织（FAO）1984 年的统计，已有 58 种螨对农药产生了抗药性，但对其抗药性机制研究得很不充分。叶螨的抗药性已涉及国内外常用的主要杀虫剂和杀螨剂，且交互抗药性现象也较为普遍。

螨类抗药性发展中，以农业害螨的全爪螨属（*Panonychus*）和叶螨属（*Tetronychus*）最具有抗药性潜力。一种农药仅使用 1~4 年后，螨类就可产生抗药性，并常对其他药剂有交互抗药性，因而交替使用农药也常无法达到理想的防治效果。农业害螨种群常为多抗药性因子，其抗药性要比农业害虫更为严重。这是因为螨类：①有高的产卵力，生活史短，一年内发生代数多，因而接触到药剂的机会多。②活动范围小，近亲交配率高，易形成血缘群体结构，其抗药性因子容易在种群内加快提高。③螨可寄生在多种植物上，故具有很多的降解酶系。

螨的抗药性机制与害虫一样，主要有表皮穿透性降低、解毒代谢增强和靶标部位敏感性降低。①抗药性螨的表皮厚于敏感性螨，其差别是由内表皮所引起，上表皮和外表皮在两品系间无差别。对药剂的表皮穿透速度，抗药性品系慢于敏感系。②有机磷抗药性品系螨体内的酯酶对 α、β- 乙酸萘酯及 β- 丁酸萘酯的水解要比敏感品系为慢，如抗药性二斑叶螨匀浆液对 α- 乙酸萘酯的水解，慢于敏感品系20%，但是在柑橘全爪螨的情况又正好相反。③靶标部位敏感性降低，1964 年史密萨尔特（H. R. Smissaert）在二斑叶螨的有机磷抗药性和敏感性品系中，得到不同性质的乙酰胆碱酯酶（AChE），抗药品系体内的 AChE 活力仅为敏感品系的 1/3，但是有机磷化合物对抗药性螨的酶抑制速率慢于对敏感的，从而首次证明靶标部位敏感性降低的抗药性机制。2003 年赵卫东等报道，二斑叶螨阿维菌素抗性种群的多功能氧化酶和谷胱甘肽 -S- 转移酶的活性均显著提高；二斑叶螨对哒螨灵的抗性与多功能氧化酶和羧酸酯酶的活性增强有关；二斑叶螨对甲氰菊酯产生抗性主要与羧酸酯酶、多功能氧化酶和谷胱甘肽 -S- 转移酶活性的增强有关。

（撰稿：乔康；审稿：王开运）

螨类抗药性机理 resistance mechanism of mites

害螨生理生化机理的改变是导致害螨具有忍受杀死正常种群大多数个体的药量的能力并在其种群中发展起来的直接原因，而害螨抗药性基因控制着这些机理的改变，是抗性产生的根本原因；这些原因是研究设计延缓抗性产生的关键，又被称为害螨抗药性机理。

螨类抗性机理　螨类对杀螨剂的抗药性主要表现为两个方面，一是解毒酶代谢作用增强；二是靶标部位对杀螨剂的敏感性下降。具体机理有如下几点。

杀螨药剂水解酶代谢　水解酶能够断开羧酸酯和磷酸酚键，因而在有机磷和拟除虫菊酯的代谢中起着重要的作用。在有机磷化合物中发现有两条不同的水解途径：①在稻丰散及其类似物中断开羧酸酯键。②在大多数化合物中则断开磷酸酯键。在拟除虫菊酯类中，中间羧酸酯键的水解则是重要的解毒反应。这些酶之间有相当大的变化。因一些相对无毒的有机磷酸酯对水解酶具有不可逆或缓慢可逆的抑制作用，故作为增效剂来探索水解解毒作用在减少杀虫剂毒性中的意义。

氧化代谢提高　几种分子机制可以解释来自抗药性昆虫品系的酶制品中所观察到的杀虫剂的氧化速率的增强。第

一，抗药性昆虫中单氧加氧酶体系的各种成分可能较一般水平高；第二，快速的氧化可能来自于细胞色素 P450 的单个要素的过度表现，这个要素对杀螨剂底物具有高的催化活性；第三，抗药性昆虫细胞色素 P450 的基因调控可能有变化，这样在敏感昆虫中仅仅是诱发状态的细胞色素 P450，在抗药性昆虫中就表现出来了；第四，抗药性昆虫可能具有细胞色素 P450 的突变形式，对杀螨剂底物具有独特的性质和高的催化能力。研究表明昆虫具有自己的细胞色素 P450 基因族。

乙酰胆碱酯酶敏感性机制　有机磷和氨基甲酸酯类杀虫剂通过抑制乙酰胆碱酯酶，延长乙酰胆碱在胆碱突触部位的滞留时间，使在胆碱通道上产生高度兴奋，而使神经中毒。乙酰胆碱酯酶对有机磷和氨基甲酸酯类杀虫剂的抑制作用的敏感性降低，已经在昆虫、蜱和螨类的几个抗药性品系中得到了证明。

谷胱甘肽 S- 转移酶解毒代谢机制　谷胱甘肽 S- 转移酶作为生物体内一类重要的解毒代谢酶，不仅能够消除细胞内所产生的次级代谢产物，还能将来自外源的有毒物质代谢为毒性较低或者无毒物质，保护生物体免受其害。就害螨而言，其整个生命活动过程中接触到的外源有毒物质主要包括寄主植物在长期的协同进化过程中所产生的次级代谢产物，以及人为喷洒的不同类型的杀螨剂。一直以来，客观上存在的田间抗药性问题推动着世界各地学者致力于害螨抗药性机理的研究。同时，随着害螨抗药性机理研究工作的不断深入，大量关于昆虫 GSTs 介导抗药性的研究被相继报道。一方面，GSTs 可能介导不同类型杀螨剂的抗药性；另一方面，不同物种 GSTs 对同一类杀螨剂具有相似的解毒机理。尽管如此，通过对前人的研究结果整理归纳之后发现，目前已有的能够支撑 GSTs 介导害螨抗药性的证据主要包括：在生化水平上抗性品系 GSTs 活性显著高于敏感品系，以及针对 GSTs 的特异增效剂的增效作用；在 DNA 或者 mRNA 水平上，抗性品系相关 *GSTs* 基因过量表达、对 *GSTs* 基因特异性 RNAi 后害虫（螨）对药剂敏感性的增强；此外，异源表达获得的 GSTs 重组蛋白能够直接代谢杀螨剂则是 GSTs 介导其抗药性的有力证据。

螨类抗药性机制研究意义　有针对性地研制、开发和合理利用以上抗性主导酶系的抑制剂，应是抗性治理中最为直接有效的措施。螨类有多种生化和物理的抗性机制抵御和适应这些外来毒物的作用，其抗药性的发展速度远远高于农药开发的速度。面对这一大难题，如何延长高效药剂的使用寿命，保护有限的靶标位点，就显得尤为重要。明确各种靶标位点的生物学、药理学特性及不同类型杀虫剂的分子毒理机制，将有助于更有效地利用有限的作用靶标，使杀虫剂的设计更为合理、优化，为农药开发过程中的复配、减少农药开发的重复性、降低高毒农药的使用剂量提供理论依据。

参考文献

丁伟, 2010. 螨类控制剂[M]. 北京: 化学工业出版社.

吴文君, 2000. 农药学原理[M]. 北京: 中国农业出版社.

（撰稿：张永强；审稿：丁伟）

螨蜱胺　cymiazole

一种含硫的杀螨剂。可用于防治各种蜱螨。

其他名称　噻螨胺、Tifatol、Rifatol、CGA50439。

化学名称　2-(2′,4′-dimethylphenylimino)-3-methylthiazoline。

IUPAC 名称　(2Z)-N-(2,4-dimethylphenyl)-3-methyl-1,3-thiazol-2(3H)-imine。

CAS 登记号　61676-87-7。

EC 号　262-890-9。

分子式　$C_{12}H_{14}N_2S$。

相对分子质量　218.32。

结构式

开发单位　由 R. M. Immler 等报道（1977），汽巴 - 嘉基公司推广。

理化性质　纯品为无色晶体。熔点 44℃。密度 1.19g/cm³（20℃）。沸点 354℃（101.32kPa）。折射率 1.599。闪点 167.9℃。20℃时在水中溶解度 150mg/L（pH9），在苯、二氯甲烷、甲醇中为 800g/kg，在己烷中为 110g/kg。在酸、碱性（温度低于 70℃）介质中稳定。

毒性　大鼠急性经口 LD_{50} > 725mg/kg，大鼠急性经皮 LD_{50} > 3100mg/kg。大鼠急性吸入 LC_{50}（4 小时）> 2.8g/m³ 空气。2 年饲喂试验 NOEL：大鼠 10mg/kg，小鼠 100mg/kg，无致癌和诱变作用。对兔眼和皮肤有轻微刺激。鱼类 LC_{50}（96 小时）：虹鳟 12mg/L，鲤鱼 32mg/L。对鸟无毒，急性经口 LD_{50}：日本鹌鹑 1212mg/kg，北京鸭 540mg/kg。

剂型　95% 无色黏稠液体。

质量标准　棕色熔融固体。

防治对象　用于浸泡或喷雾可防治各种蜱类，其中包括对有机磷、氨基甲酸酯有抗性的硬蜱。

参考文献

朱永和, 王振荣, 李布青, 2006. 农药大典[M]. 北京: 中国三峡出版社.

（撰稿：刘瑾林；审稿：丁伟）

毛细管电泳法　capillary electrophoresis

一类以高压电场为驱动力，以毛细管为分离通道，依据样品中各组分之间淌度和分配行为上的差异而实现分离的一种液相分配技术。又名高效毛细管电泳（high performance capillary electrophoresis, HPCE）。它包含电泳、色谱及其交叉内容，是经典电泳技术和现代微柱分离技术相结合的产物。

概述　1808 年俄国物理学家 Von Reuss 首次发现电泳现象，即电解质中带电粒子在电场作用下向电荷相反方向迁移的现象。利用此现象对物质进行分离分析的方法，称为电泳法。1937 年瑞典科学家 Tiselins 等用电泳法从人血清中分离出清蛋白，α-、β- 和 γ- 球蛋白，并因此荣获 1948 年诺贝尔化学奖。经典电泳最大的局限性在于难以克服由高电压引起的电解质的自解，称为焦耳热（Joule heating），这种影响随电场强度的增大而迅速加剧，因此限制了高电压的应用。毛细管电泳（capillary electrophoresis, CE）是在散热效率很高的毛细管内进行的电泳，可以应用高电压，极大地改善了分离效果。1981 年，Jorgenson 和 Lukacs 首次使用 75μm 内径石英毛细管进行电泳分析，分离丹酰化氨基酸，获得了 40 万 / 米理论塔板数的高柱效，充分展现了细内径毛细管电泳的巨大潜力，使之迅速发展成为可与 GC、HPLC 相媲美的崭新的分离分析技术，这也标志着 CE 的诞生。随着 1988 年商品化毛细管电泳仪的推出，毛细管电泳在全世界范围内得到了迅速的发展，特别是在化学、生命科学、临床医学、药学等领域得到了广泛的应用。近年来又建立了芯片式毛细管电泳（chip capillary electrophoresis, CCE）和阵列毛细管电泳（capillary array electrophoresis, CAE）。芯片式毛细管电泳利用刻制在载玻片上的毛细通道进行电泳，可以在秒级时间内完成上百个样品的同时分析。阵列式毛细管芯片有多条电泳通道，如 Mathies 实验室利用具有 96 条放射状分布的阵列毛细管芯片在 25 分钟内完成了四色 M13 标准 DNA 的测序工作。此外，还实现了样品预处理及柱后衍生化芯片式毛细管电泳。

原理　它的基本装置包括高压电源、毛细管、检测器及两个供毛细管两端插入又可和电源相连的缓冲液贮瓶（见图）。影响 CE 分离的主要因素：缓冲液的种类、浓度和 pH，缓冲液添加剂的种类和用量，电压的方向和大小，进样方式和样品浓度，毛细管的尺寸和温度以及毛细管内壁的修饰等。

毛细管电泳（CE）的基本原理是根据在高压电场作用下离子迁移的速度不同对组分进行分离和分析，它是以两个电解槽和与之相连的毛细管为分离通道，CE 所用的石英毛细管柱在 pH > 3 时，其内表面带负电，和缓冲溶液接触时形成一双电层，在高压电场的作用下，双电层中的水合阳离子引起流体整体朝负极方向移动形成电渗流（electroosmotic

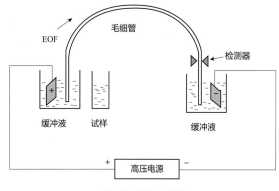

毛细管电泳分离装置

flow, EOF）。同时，在缓冲溶液中，带电粒子在电场的作用下，以不同的速度向其所带电荷极性相反方向移动，形成电泳。粒子在毛细管内缓冲液中的迁移速度等于电泳和 EOF 两种速度的矢量和。正离子的电泳运动方向与 EOF 方向一致，故最先流出；中性粒子的电泳速度为"零"，故其迁移速度相当于 EOF 速度；负离子的电泳运动方向和 EOF 方向相反，但因 EOF 速度一般大于电泳速度，故它将在中性粒子之后流出，从而使得各种粒子因迁移速度不同而实现分离。

根据分离原理，毛细管电泳主要有 6 种分离模式（见表）。

特点　毛细管电泳的特点可概括为高效、低耗、快速、应用广泛。具体优点包括：①高效。每米理论塔板数为几十万，高者可达 10^6。②微量。进样体积小，进样所需的样品体积为 nl 级。③快速。一般只需几十秒至 30 分钟内完成分离。④分析对象广。小到无机离子，大到整个细胞，且对环境污染小。⑤多模式。可根据需要选用不同的分离模式且仅需 1 台仪器。⑥成本低。试验消耗几毫升缓冲溶液，分析成本很低。⑦操作简便，自动化程度高等。然而，由于毛细管电泳具有进样量较少、检测光程较短等缺点，需要与高灵敏度检测器联用实现低浓度样品的分析。毛细管电泳—化学发光检测联用方法将毛细管电泳的高效分离特性与化学发光检测的高灵敏性相结合，成为一种非常重要的分析方法。MS 拥有高的灵敏度（10^{-12}），并能够提供详细的样品信息，直接解析出未知物的结构。1987 年，Jose 等首次将 MS 作为 CE 的检测器，构建了 CE-MS 联用技术，使其同时兼具高分离效率、高检测灵敏度和高真度定性的特点。

应用　毛细管电泳由于具有分离速度快、分辨率高、分析成本低、操作简便、样品和试剂消耗少等优点，应用范围极广，发展前景好。目前已广泛应用于化学和生物分析、医学和药物分析、环境分析、食物安全分析（农药与兽药残留，食品添加剂与食品污染等）、公共安全、材料分析以及手性化合物分离等领域。它能分离多种化合物，包括有机物、无机物、生物、中性分子及生物大分子等，如氨基酸、糖类、多肽和蛋白质、维生素、有机酸、无机离

子、染料、表面活性剂、药物、RNA 和 DNA 等。邓光辉等建立了毛细管电泳电化学法对盐酸克伦特罗、特布他林和沙丁胺醇进行分离检测，方法采用胶束电泳体系，以铂圆盘为工作电极，通过优化检测电位、缓冲溶液等条件使样品得到较好的分离，可用于猪肉中"瘦肉精"的检测。李佳等采用胶束电动毛细管电泳技术对西洋参中的主要活性成分人参皂苷 Rg1、Re 和 Rb1 进行了检测，克服了常规液相色谱样品前处理繁琐、检测时间长的缺点，且检测结果可靠，满足试验的检测要求。S. W. Strickland 等建立了血红蛋白 A_{1c}（HbA_{1c}）中罕见血红蛋白（Hb）变体的毛细管电泳方法，确定了 17 例 Hb 变异患者，结合测序确认出 2 种罕见的 Hb 变体，而用 HPLC 方法仅检测出 1 种罕见的 Hb 变体。张泰劼等采用毛细管电泳方法对稻田除草剂苄嘧磺隆进行了检测，为苄嘧磺隆的残留检测和环境行为研究提供了一种经济灵敏的方法。李亚珍等以磁性石墨烯（G/Fe3O4）为固相萃取吸附剂，考察了其对三嗪类农药的萃取富集性能，并结合毛细管电泳技术建立了环境水样中三嗪类农药（西玛津、莠去津、莠灭净、扑草净）的分析方法，该方法简单、快速、定量准确，可用于河水和自来水水样分析。Chen Y. L. 等建立了同时测定甜瓜中 7 种植物生长调节剂（赤霉酸、脱落酸、3-吲哚乙酸、3-吲哚丙酸、3-吲哚丁酸、2,4-二氯氧乙酸、2-甲基-4-氯氧乙酸等）的毛细管电泳方法，证明该方法的添加回收率和相对标准偏差都符合残留检测要求，且对 15 个甜瓜样品中的植物生长调节剂残留量进行了测定。

参考文献

北京大学化学与分子工程学院分析化学教学组，2010. 基础分析化学实验[M]. 3版. 北京: 北京大学出版社.

陈义，2006. 毛细管电泳技术及应用[M]. 2版. 北京: 化学工业出版社.

邓光辉，陈盛余，高静，等，2012. 毛细管电泳电化学法分离盐酸克伦特罗、特布他林和沙丁胺醇[J]. 分析试验室, 31(2): 25-28.

李佳，丁晓静，李芸，等，2011. 胶束电动毛细管色谱法同时测定西洋参中人参皂苷Rg1、Re和Rb1[J]. 色谱, 29(3): 259-265.

李亚珍，李兆乾，王卫平，等，2015. 磁性石墨烯固相萃取-毛细管电泳联用测定水样中三嗪类农药残留[J]. 分析化学, 43(12): 1882-1887.

张泰劼，冯莉，田兴山，等，2017. 除草剂苄嘧磺隆毛细管电泳分析[J]. 杂草学报, 35(3): 55-58.

CHEN Y L, WU X, SUN C J, et al, 2018. Simultaneous determination of seven plant growth regulators in melons and fruits by modified QuEChERS coupled with capillary electrophoresis[J]. Food analytical methods, 11(10): 2788-2798.

HARSTAD R K, JOHNSON A C, WEISENBERGER M M, et al, 2015. Capillary electrophoresis[J]. Analytical chemistry, 88(1): 299-319.

STRICKLAND S W, CAMPBELL S T, BAZYDLO L A L, et al, Prevalence of rare hemoglobin variants identified during measurements of HbA (1c) by capillary electrophoresis[J]. Clinical chemistry, 63(12): 1901-1902.

（撰稿：刘一平；审稿：刘东晖）

毛细管电泳的分离模式

分离模式	特点	分离原理	应用
毛细管区带电泳（CZE）	管内填充缓冲液	淌度差异	离子分离
胶束电动毛细管色谱（MEKC）	CZE 载体加入带电荷的胶束	疏水性/离子性差异	中性分子/离子分离
毛细管凝胶电泳（CGE）	管内填充凝胶介质	质荷比/分子尺寸差异	蛋白质分离
毛细管等电聚焦（CIEF）	管内填充 pH 梯度介质	等电点差异	蛋白质、多肽分离
毛细管电色谱（CEC）	管内加入固定相	色谱与电泳共同作用	中性分子/离子分离
毛细管等速电泳（CITP）	使用前导和终结电解质	淌度差异	浓缩

茅草枯　dalapon

一种卤代烷基酸类除草剂。

其他名称　X28、DPA、Ke-napon、Proprop、达拉朋。

化学名称　2,2-二氯丙酸；2,2-dichloropropanoic acid。

IUPAC名称　2,2-dichloropropanoic acid。

CAS登记号　75-99-0。

EC登记号　200-923-0。

分子式　$C_3H_4Cl_2O_2$。

相对分子质量　142.97。

结构式

理化性质　无色、无臭液体。沸点185～190℃。25℃时稍有水解，高于50℃时迅速水解，碱液中120℃以上脱盐酸反应。

毒性　低毒。小鼠急性经口 LD_{50} 9330mg/kg（原油）。大鼠急性经口 LD_{50} 7570～9330mg/kg。对皮肤和眼睛有一定刺激作用。对人畜低毒。对鱼低毒。对蜜蜂有毒。

剂型　87%可湿性粉剂、60%、65%茅草枯钠盐。

作用方式及机理　是一种触杀性内吸传导型除草剂。植物根茎叶均可吸收，但以叶面吸收为主。可在植株体内上下传导。防除禾本科多年生杂草。施药后1周杂草开始变黄，3～4周后完全死亡。

防治对象　适用于防除橡胶园、茶园、果园等地面杂草，亦可用于棉花、黄麻等作物防除茅草、芦苇、狗牙根、马唐、狗尾草、蟋蟀草等一年生及多年生禾本科杂草。

使用方法　用于橡胶园、茶园、果园及非耕地，在杂草生长旺盛期，每亩用87%可湿性粉剂0.5～1kg，加水50kg，均匀喷雾杂草茎叶。用于棉花田于播种前或播种后出苗前，每亩用87%可湿性粉剂300～400g，均匀喷雾土表。

注意事项　茅草枯在土壤中的移动性较大，砂质土壤使用易产生药害，施药量应当减少，棉花出苗后禁用。茅草枯对金属有腐蚀性，喷雾器具使用后要及时清洗干净。

参考文献

孙家隆, 2015. 新编农药品种手册[M]. 北京: 化学工业出版社: 785-786.

（撰稿：席真；审稿：吴琼友）

茂硫磷　morphothion

一种具有内吸性的有机磷杀虫剂、杀螨剂。

其他名称　Ekatin F、Ekatin M、Morphotox、吗啉硫磷粉剂、吗福松粉剂、茂果。

化学名称　O,O-二甲基-S-(N-吗啉代甲酰甲基)二硫代磷酸酯；O,O-dimethyl S- morpholinocarbonylmethyl phosphorodithioate。

IUPAC名称　O,O-dimethyl S-[(morpholinocarbonyl)methyl] phosphorodithioate。

CAS登记号　144-41-2。

EC号　205-628-0。

分子式　$C_8H_{16}NO_4PS_2$。

相对分子质量　285.32。

结构式

开发单位　1957年由山德士公司开发，后拜耳公司和英国菲森司公司也有生产。

理化性质　外观为白色晶体。熔点64～65℃。水中溶解度为0.5%，能溶解于多数有机溶剂。

毒性　具有比较低的动物毒性，对大鼠的急性经口 LD_{50} 190mg/kg。

剂型　20%、25%乳油。

作用方式及机理　内吸和触杀。

防治对象　主要用于防治棉蚜、菜蚜、棉红蜘蛛、棉蓟马等多种害虫。其药效与乐果相近。

使用方法　先用100倍水搅拌成为乳液，然后按照需要的浓度补加水量；高温时稀释倍数可大些，低温时可小些。对啤酒花、菊科植物、部分高粱品种，以及烟草、枣树、桃、杏、梅、柑橘等植物，稀释倍数在1500倍以下乳剂敏感。使用时要先做药害试验，再确定浓度。

注意事项　①对牛、羊、家禽等毒性高，喷过药的牧草1个月内不可饲喂，施过药的田地在7～10天不可放牧。②不可与碱性农药混用，其遇水易分解，应随配随用。③该品易燃，须远离火种。④中毒后的解毒剂为阿托品。中毒症状为头疼、头晕、无力、多汗、恶心、呕吐、胸闷，并造成猝死。口服中毒可用生理食盐水反复洗胃。接触中毒请迅速离开现场，换掉被污染的衣物，用温水冲洗手、脸等接触部位，同时加强心脏监护，防止猝死。⑤储存于阴凉、通风仓库内。远离火种、热源。管理应按"五双"管理制度执行。包装密封。防潮、防晒。应与氧化剂、酸类、食用化工原料分开存放。不能与粮食、食物、种子、饲料、各种日用品混装、混运。操作现场不得吸烟、饮水。

与其他药剂的混用　可以与有机磷农药，如敌敌畏、乙酰甲胺磷等混用，也可与菊酯类农药混用。

参考文献

农业大词典编辑委员会, 1998. 农业大词典[M]. 北京: 中国农业出版社: 1066.

朱永和, 王振荣, 李布青, 2006. 农药大典[M]. 北京: 中国三峡出版社.

（撰稿：汪清民；审稿：吴剑）

酶抑制法　enzyme inhibition method

　　利用有机磷及氨基甲酸酯类农药可特异性地抑制乙酰胆碱酯酶（AChE）活性的毒理学原理，将残留农药与预先标记抗原的酶进行反应，并经底物显色后，通过观察或测定物理化学信号，从而判断有无特定种类农药残留的方法。又名酶速测法。若样品中没有目标农药残留或者残留量极低，酶活性就不被抑制；反之，如果农药残留量比较高，酶的活性就会被农药抑制。加入底物（如碘化硫代乙酰胆碱）和显色剂（如二硫双对硝基苯甲酸）后，可以通过观察颜色变化或测定某种特定化合物的物理化学信号的变化，判断是否存在有机磷或氨基甲酸酯类农药残留。依据酶抑制法原理设计的农药残留检测方法，主要有速测卡法（纸片法）、比色法（分光光度法）和胆碱酯酶生物传感器（试剂盒）3 种方法。在 1990 年前后，农业生产中使用高毒农药比例较高，人畜急性中毒事件偶有发生，受当时技术和财力限制，需要一种既能快速检测又廉价便宜可推广的技术。中国针对该技术先后颁布了 2 个国家标准，其中《蔬菜中有机磷和氨基甲酸酯类农药残留量的快速检测》（GB/T 5009.199—2003），包括速测卡法（纸片法）和比色法（分光光度法）2 种快速检测技术。《蔬菜中有机磷及氨基甲酸酯农药残留量的简易检验方法 酶抑制法》（GB/T 18630—2002）为比色法（分光光度法）。面对事关基本民生的"菜篮子、米袋子"急性中毒问题，酶抑制法因其廉价、快速等特点，成为当时的有效手段，被大型农贸市场、超市、基层企业所接受。21 世纪初，在初级农产品（尤其是蔬菜）销售领域（农贸市场、批发市场、无公害基地、大型超市）得到了广泛普及。

　　由于胆碱酯酶仅对有机磷、氨基甲酸酯类农药产生反应，所以针对的目标农药较窄，且是多种农药的综合反应，不能准确分辨到底是哪种有机磷或哪种氨基甲酸酯农药，不同种类的有机磷、氨基甲酸酯农药与酶反应时敏感度差异明显。同时，该方法的技术核心是利用农药与酶反应后的颜色和信号变化判定农药残留，所以酶的活性和稳定性是保证酶抑制法的关键。影响酶的活性和稳定性的因素很多，如仪器品牌、酶和底物来源及浓度、反应温度、pH 值、反应时间和天然抑制剂等均会影响该测定方法结果的重现性。农业部颁布了行业标准《农药残留检测专用丁酰胆碱酯酶》（NY/T 1157—2006），对酶活性、选择性、稳定性和敏感性等指标进行约束。在使用过程中，韭菜、葱、蒜等含硫蔬菜或香菇、番茄、茭白、芹菜等自身含有较多干扰物质，假阳性较多，存在较大的数据误差；同时检测中的假阴性现象也频繁出现，难以满足准确性的需求。国家管理部门从源头上加大了对高毒农药管理力度，剧毒、高毒有机磷、氨基甲酸酯农药已经不允许登记、生产、销售，该类农药在市场上比例越来越低，同时随着色谱检测技术和多残留农药检测方法的普及，酶抑制法在食品安全领域仅作为市场监测筛查的快速手段。

参考文献

高晓辉, 朱光艳, 2000. 蔬菜上农药残留快速检测技术[J]. 农药科学与管理, 21(4): 29-31.

金伟, 2003. 农药残留快速检测体系研究与仪器研发[D]. 武汉: 华中科技大学.

李顺, 纪淑娟, 孙焕, 2006. 酶抑制法快速检测蔬菜中有机磷和氨基甲酸酯类农药残留的研究及展望[J]. 食品与药品, 8(7): 29-30.

李婷飞, 2017. 蔬菜农药残留检测中质量控制的要点[J]. 食品安全导刊 (24): 36-37.

汪葵, 邓朝阳, 周阳, 等, 2010. 酶抑制法测定有机磷农药含量[J]. 江苏农业科学 (3): 392-393, 474.

温艳霞, 李建科, 2005. 酶抑制法在农残检测中的应用及乙酰胆碱酯酶的研究进展[J]. 食品研究与开发, 26(1): 130-132.

张明, 李盾, 陈仪本, 等, 2006. 乙酰胆碱酯酶分子生物学研究进展[J]. 农药, 45(1): 8-11.

朱松明, 周晨楠, 和劲松, 等, 2014. 基于酶抑制法的农药残留快速比色检测[J]. 农业工程学报, 30(6): 242-246.

GB/T 5009.199—2003 蔬菜中有机磷和氨基甲酸酯类农药残留量的快速检测.

GB/T 18630—2002 蔬菜中有机磷及氨基甲酸酯农药残留量的简易检验方法 酶抑制法.

NY/T 448—2001 蔬菜上有机磷和氨基甲酸酯类农药残留毒快速检测方法.

NY/T 1157—2006 农药残留检测专用丁酰胆碱酯酶.

（撰稿：李义强；审稿：刘丹）

每日允许摄入量　acceptable daily intake, ADI

　　人类终生每日摄入某物质，而不产生可检测到的危害健康的估计量，以每千克体重可摄入的量表示，单位为 mg/kg bw。

　　对于人为加入食品中的物质，如食品添加剂、农药和兽药，一般通过制定 ADI 来量化风险评估，为风险管理提供参考。ADI 在 1961 年首先被 FAO/WHO 食品添加剂专家委员会（JECFA）使用，随后（1962 年）被 FAO/WHO 农药残留联席会议（JMPR）采纳。农药 ADI 在农药残留长期膳食摄入健康风险评估中扮演着重要角色，和农药残留限量标准制定工作紧密相关，各国政府都很重视农药残留长期膳食摄入健康风险评估和 ADI 制定工作，并早已将其作为农药管理工作的重要内容。

　　每日允许摄入量的制定　ADI 是在评价农药毒理学资料的基础上，根据相关原则推导获得的。ADI 的制定一般包括确定未观察到有害作用剂量水平（NOAEL），选择不确定系数（UF）和推导 ADI 值等步骤。

　　确定未观察到有害作用剂量水平　制定 ADI 主要依据的是毒理学资料。毒理学资料一般包括两类：一类是动物毒理学试验报告；另一类是人的相关资料。其中比较常见的为动物毒理学试验资料，是评价农药毒理学特征的主要依据。企业在申请农药登记时，应按要求提交相关毒理学资料，为管理部门评价农药毒性提供基础数据。中国农药申请登记时提交的毒理学资料项目一般包括：急性毒性、亚慢（急）性毒性、慢性毒性、神经毒性、致突变性、繁殖毒性、致畸

01 确定NOAEL
- 全面分析和评估毒理学资料
- 选择最敏感动物的最敏感终点，确定NOAEL
- 无法获得NOAEL，可采用BMDL

02 选择不确定系数UF
- 不确定系数一般为100
- 依据毒性资料的可靠性以及有害效应的性质等进行选择
- 最大一般不超过10 000

03 推导ADI
- ADI=NOAEL/UF
- ADI=BMDL/UF

每日允许摄入量的制定流程图

性、致癌性、毒物代谢试验等类别的试验报告资料，有些情况下还要提交迟发性神经毒性、内分泌干扰作用评价等毒理学资料。

根据毒理学资料，对农药的毒理学特征进行全面分析和评估，掌握全部毒性信息。要特别注意农药是否存在突变性、繁殖和发育毒性、致癌性、神经毒性等特殊毒性效应。评价过程中还要注意查阅相关参考文献以及国内外对该农药的相关评价等。在全面了解农药毒理学性质的基础上，判定最敏感动物的最敏感的终点。根据敏感终点，选择最合适的试验，确定与制定农药ADI有关的NOAEL。评价过程中，要注意敏感终点与人的相关性。相关性评价推荐采用证据的权重法，此外毒性机制研究也有助于相关性的鉴别。

合适的人类毒理学数据对制定ADI具有更高的参考价值。但是由于伦理或数据质量问题等原因，实际工作中使用的比例较小。

在某些情况下，如无法获得NOAEL，或有合适的剂量-反应模型，或农药长期膳食暴露量与ADI接近而需要细化ADI时，可用基准剂量法（BMD法）来推导ADI。一般用基准剂量可信下限（BMDL）代替NOAEL。

选择不确定系数 在推导ADI时，存在实验动物数据外推和数据质量等因素引起的不确定性，常用一个量化的系数，即不确定系数，来处理因这些因素造成的不确定性。

不确定系数一般为100，即将实验动物的数据外推到一般人群（即种间差异）以及从一般人群推导到敏感人群（即种内差异）时所采用的系数。种间差异和种内差异的系数分别为10。除种间差异和种内差异的不确定性外，还要考虑毒性资料的质量和可靠性以及有害效应的性质等因素，结合具体情况和有关资料，对不确定系数进行适当的放大或缩小。如：未获得NOAEL，仅得到观察到有害作用最低剂量水平（LOAEL）时，增加10倍系数；用亚慢性NOAEL推导慢性NOAEL增加10倍系数；出现严重毒性增加10倍系数；试验数据不完整等增加10倍系数；但是当有可靠资料，如可靠的人群资料时，可以根据实际情况将种间差异的不确定系数适当降低。

选择不确定系数时，应针对每种农药的具体情况进行分析和评估，并充分利用专家的经验。虽然存在多个不确定性因素，甚至在数据严重不足的情况下，不确定系数最大一般也不超过10000。

推导每日允许摄入量 用未观察到有害作用剂量水平（或基准剂量可信下限）除以不确定系数即可得到ADI。计算公式为ADI = NOAEL/UF 或 ADI = BMDL/UF。

特殊情况下，可能要制定临时ADI、类别ADI，某些情况下也可能不需要制定ADI。①制定临时ADI。存在以下任一情况的农药，制定临时ADI：毒理学资料有限；如有最新资料对已制定ADI的农药安全性提出疑问，需要进行修订，在要求进一步准备资料期间仍需要制定ADI时。制定临时ADI需要使用较大的不确定系数。②制定类别ADI。符合下列条件之一的农药，可制定类别ADI：毒性作用机制相同，或细胞内靶标相同，或毒理学效应相同的农药；化学结构相似的同一类农药。③无须制定ADI。当有充分资料表明不存在长期膳食暴露风险时，可以不制定ADI。

每日允许摄入量的制定流程如图所示。

每日允许摄入量的发布 中国制定的农药ADI可从《食品安全国家标准 食品中农药最大残留限量》（GB 2763）、《农药每日允许摄入量》（NY/T 2874）等标准文件中查询到。

每日允许摄入量的应用 ADI在农药管理工作中主要是用于农药残留长期膳食摄入健康风险评估，同时也为农药残留限量标准制定提供数据支撑。农药残留长期膳食摄入健康风险评估中，依据国家卫生行政部门发布的中国居民营养与健康状况监测调查或相关参考资料的数据，结合农药残留化学评估推荐的规范残留试验中值（STMR/ STMR-P；没有合适的 STMR/ STMR-P 时，可以使用相应 MRL 代替），计算国家估算每日摄入量（NEDI）；当国家估算每日摄入量低于每日允许摄入量时，认为相应的农药残留不会产生不可接受的健康风险。

参考文献

吴中亮, 夏世钧, 吕伯钦, 2005. 毒理学辞典[M]. 武汉: 湖北科学技术出版社.

中华人民共和国农业部, 2012. 中华人民共和国农业部公告第1825号 农药每日允许摄入量制定指南[EB]. 2012年8月25日.

中华人民共和国农业部, 2015. 中华人民共和国农业部公告第2308号 食品中农药残留风险评估指南[EB]. 2015年10月8日.

（撰稿：张丽英；审稿：陶传江）

M

美国环境保护局 U.S. Environmental Protection Agency, EPA

美国农药监督管理机构，简称美国EPA，下属的化学品安全与污染防止办公室（Office of Chemical Safety and Pollution Prevention，简称OCSPP）负责农药登记管理，执法与合规保证办公室（Office of Enforcement and Compliance Assurance，简称OECA）负责全国农药生产企业、GLP实验室管理和执法。

OCSPP下属的农药项目办公室（Office of Pesticide Programs，简称OPP）承担农药登记工作。OPP管理美国所有农药（包括杀虫剂、除草剂、杀鼠剂、杀菌剂和消毒剂等）的生产和使用，并确定食品中农药最大残留限量。除了监管职能外，OPP还与合作伙伴和利益相关者协调从工人保护到不合规使用农药等事宜，还参与和农药使用相关的各种合作伙伴关系，包括农药环境管理计划，致力于减少农药使用和风险的自愿性私人和公共合作伙伴关系以及学校的病虫害综合治理。OPP内设有农药登记处、再评价处、抗微生物处、生物农药及污染防治处、生物和经济分析处、健康影响处、对内对外事务处、环境行为和影响处、信息技术和资源管理处等9个处室。

美国农药管理相关的法律法规包括：联邦杀虫剂杀菌剂和杀鼠剂法（FIFRA）、农药登记改进扩展法（PRIA3）、食品质量保护法（FQPA）、联邦食品药品和化妆品法（FFDCA），以及濒危物种法（ESA）等。根据相关法律法规授权，美国农业部（U.S. Department of Agriculture，简称USDA）和美国食品药品管理局（U.S. Food and Drug Administration，简称美国FDA）承担着农药最大残留限量（MRL）监管的相关职责。其中USDA监督检查肉类、家禽和某些蛋制品的农药最大残留限量，美国FDA监督检查其他食品的农药最大残留限量。根据联邦和州相关法律法规的授权，美国各州政府负责本区域的农药登记，各州下属的农药管理部门负责农药经营许可核发、农药使用许可（含个人和商业）核发，以及农药使用记录检查等监督管理工作。

（撰稿：吴厚斌；审稿：高希武）

美国食品药品监督管理局 U.S. Food and Drug Administration, FDA

直属美国健康及人类服务部管辖的联邦政府机构，成立于1906年。其前身：1862年化学物质局和美国农业局；1901年7月至1927年7月，化学物质局和美国农业部；1927年7月至1930年7月，食品、药品和杀虫剂监督管理局。总部位于美国马里兰州，现任局长为罗伯特·卡利夫（Robert Califf），2022年2月15日批准。

管理局由若干个部门组成，每个部门都负责一个相关领域的监管工作：政府专员办公室（OC）、药品审评和研究中心（CDER）、生物制品审评和研究中心（CBER）、食品安全和应用营养中心（CFSAN）、设备仪器与放射健康中心（CDRH）、兽药中心（CVM）、国家毒理学研究中心（NCTR）、监管事务办公室（ORA），在全美及美属维京群岛和波多黎各拥有13个实验室。另外，美国食品药品监督管理局也同包括农业部、联邦禁毒署、美国海关和美国消费品安全委员会等联邦部门以及州政府展开了频繁而广泛的合作。

主要职能 负责对美国国内生产及进口的食品、膳食补充剂、药品、疫苗、生物医药制剂、血液制剂、医疗设备、放射性设备、兽药和化妆品进行监督管理，同时也负责执行公共健康法案（the Public Health Service Act）的第361号条款，包括公共卫生条件及洲际旅行和运输的检查、对于诸多产品中可能存在疾病的控制等。

监管程序 食品监管与膳食补充剂监管，药品监管，疫苗、血液和生物制剂等的监管，医疗和放射性设备监管、化妆品监管，兽医用品监管。

法律授权 该局所执行的大部分联邦法律都被编入《联邦食品、药品和化妆品法案》，也即美国法典第21篇。其他交由该局执行的法律包括《公共保健服务法》《滥用物质管理法》《联邦反篡改法》和《家庭吸烟预防与烟草控制法》。

（撰稿：毕超；审稿：李钟华）

猛捕因 mobam

一种氨基甲酸酯类杀虫剂。

其他名称 猛扑威、Mobam、MCA-600、ENT-27041、MOS-708、NMP、噻嗯威、猛扑因。

化学名称 4-苯并噻嗯基-N-甲基氨基甲酸酯。

IUPAC名称 4-benzothienyl N-methylcarbamate。

CAS登记号 1079-33-0。

分子式 $C_{10}H_9NO_2S$。

相对分子质量 207.26。

结构式

开发单位 美孚化学公司。

理化性质 白色无味结晶固体。熔点128~129℃。蒸气压1.33×10^{-6}Pa（25℃）。水中溶解度＜0.1%（25℃）。

毒性 大鼠急性经口LD_{50} 234mg/kg。兔急性经皮LD_{50}＞6.23g/kg。鸟类急性经口LD_{50}：野鸭1130mg/kg，野鸡230mg/kg，鸽子270mg/kg，家雀58mg/kg。对水蚤和蚊幼虫的LC_{50}分别为0.17mg/L和0.58mg/L。

剂型　10% 颗粒剂，50%、80% 可湿性粉剂，48% 乳油，2%、5% 或 50% 粉剂。

作用方式及机理　系残留性触杀杀虫剂。在进入动物体内后，产生抑制胆碱酯酶活性的作用。

防治对象　用于防治蚊、蝇、蟑螂等家庭害虫和牲畜害虫，亦可用于棉花、玉米、柑橘、梨、花生、大豆、蔬菜等农作物防治象鼻虫、蓟马、蚜虫、棉铃虫和豆甲虫。

使用方法　用量为有效成分 0.25～3.36kg/hm²。

注意事项　采取一般防护，注意事项参考其他芳基氨基甲酸酯类农药。中毒时，使用硫酸阿托品解毒。

参考文献

朱永和, 王振荣, 李布青, 2006. 农药大典[M]. 北京: 中国三峡出版社.

（撰稿：李圣坤；审稿：吴剑）

猛杀威　promecarb

一种氨基甲酸酯类杀虫剂。

其他名称　Carbamult、Minacide、ENT 27300、EP316、OMS716、SN34615、UC-9880。

化学名称　3-甲基-5-(1-异丙基)苯基 N-甲基氨基甲酸酯。

IUPAC 名称　3-isopropyl-5-methyphenylmethylcarbomate。

CAS 登记号　2631-37-0。

EC 号　220-113-0。

分子式　$C_{12}H_{17}NO_2$。

相对分子质量　207.27。

结构式

开发单位　1965 年德国先灵公司首先创制，后由美国 NOR-AM 公司开发。

理化性质　纯品为无色、几乎无味的结晶。熔点 87～88℃。工业品纯度 > 98%，沸点 117℃（13.3Pa）。蒸气压 4Pa（25℃）。室温下水中的溶解度 92mg/L，在有机溶剂中的溶解度：四氯化碳、二甲苯中为 10%～20%，环己醇、环己酮、异丙醇、甲醇中为 20%～40%，丙酮、二甲基甲酰胺、1,2-二氯己烷中为 40%～60%。50℃储藏 140 小时不变质，在 37℃，pH7 时其半衰期为 310 小时，pH9 时其半衰期为 5.7 小时。在一般情况下，耐光照、温度和水解，但在碱性介质中迅速水解。无腐蚀性。

毒性　大鼠急性经口 LD_{50}：在玉米胚芽油中调服时为 74（61～90）mg/kg；在金合欢胶的悬浮体中调服时，雌大鼠为 78（70～87）mg/kg，雄大鼠为 90（75～108）mg/kg。急性经皮 LD_{50}：用 50% 可湿性粉剂试验，兔 > 1g/kg，大鼠 > 2g/kg。

慢性：以有效成分 5mg/kg 体重剂量，每周喂 5 次大鼠，共喂 1 年半，未遭受到有害影响。其中毒途径是接触中毒、胃毒，并有若干呼吸毒性。对鱼和蜜蜂均有毒。

剂型　5% 粉剂，25% 乳油，30%、37.5%、50% 可湿性粉剂，2% 颗粒剂，10% 气雾剂。

质量标准　白色结晶。熔点 85～87℃。原药含量 > 98%。

作用方式及机理　为非内吸性触杀性杀虫剂，并有胃毒和吸入杀虫作用。在进入动物体内后，即能抑制胆碱酯酶的活性。

防治对象　对水稻稻飞虱、白背飞虱、灰飞虱、稻叶蝉、稻蓟马、棉蚜虫、棉叶蝉、柑橘潜叶蛾、刺粉蚧、康氏蚧、锈壁虱、小绿叶蝉以及马铃薯甲虫等均有防效。

使用方法

防治水稻害虫　对稻飞虱和稻叶蝉掌握在若虫高峰期，用 50% 乳油 1.5～2L/hm²（有效成分 750～1000g/hm²）兑水 1000kg 喷雾，或用 50% 乳油 1.2～1.5L/hm²（有效成分 600～700g/hm²）兑水 4000kg 泼浇。可兼治稻蓟马、稻蚜虫等。

防治棉花害虫　对棉叶蝉、棉蚜、棉盲蝽，用 50% 乳油 1.5～3L/hm²（有效成分 0.75～1.5kg/hm²），兑水 1000kg 喷雾。

防治柑橘、茶树害虫　对柑橘各类介壳虫、锈壁虱、茶树长白蚧，掌握在第一、二代若虫孵化盛末期，用 50% 乳油 3.75～4.5L/hm²（有效成分 1875～2250g/hm²），兑水 1000～1500kg 喷雾。

注意事项　不得与碱性农药混用或混放，应放在阴凉干燥处。对蜜蜂有较大的杀伤力，不宜在花期使用。食用植物在收获前 10 天应停止用药。施用农药时，若产生头痛、恶心、呕吐、食欲下降、出汗、流泪、流涎等中毒症状，应立即就医。解毒药可用阿托品、葡萄糖醛酸内酯及胆碱。中毒严重的应送往医院就医。

参考文献

朱永和, 王振荣, 李布青, 2006. 农药大典[M]. 北京: 中国三峡出版社.

（撰稿：李圣坤；审稿：吴剑）

孟二醇　P-menthan-3, 8-diol, PMD

一种天然驱蚊剂，为柠檬桉叶油的核心成分，气味与结构类似于薄荷醇，具有凉爽感。其具有天然、安全，不刺激皮肤，持续有效的时间长等特点。

其他名称　柠檬桉醇驱蚊液、柠檬桉油、驱蚊灵。

化学名称　2-(2-羟基丙烷-2-基)-5-甲基环己醇；2-羟基-α,α,4-三甲基环己烷甲醇；对薄荷烷-3,8-二醇。

IUPAC 名称　2-(2-hydroxypropan-2-yl)-5-methylcyclohexan-1-ol。

CAS 登记号　42822-86-6。

分子式　$C_{10}H_{20}O_2$。

相对分子质量　172.26。

结构式

理化性质　室温下为白色结晶并具有挥发性。密度 1.009g/cm³。沸点 267.6℃（101.32kPa）。熔点 76.5～77.5℃。闪点 120.7℃。蒸气压 0.15Pa（25℃）。

毒性　中国以桉树为原料生产的含对烷 -3,8- 二醇主成分"驱蚊灵"，对按蚊的驱避效果可与现在普遍使用的有潜在毒性的避蚊胺媲美。

剂型　原油，霜剂和液剂。

作用方式及机理　药物直接作用于昆虫的触觉器官及化学感受器，从而驱赶蚊虫。

防治对象　可用于蚊子、鼻涕虫、千足虫等，作用时间较长。

使用方法　可以直接涂在皮肤上或者喷洒在衣服上，对身体和环境基本无害。

参考文献

广东省卫生防疫站寄防科, 中山大学, 广州香料厂, 等, 1979. 植物驱避剂——驱蚊灵 (对- (孟) 烷二醇-3, 8) 的研究[J]. 广东卫生防疫资料 (18): 119-143.

何丽芝, 赵振东, 毕良武, 等, 2012.对孟烷-3, 8-二醇合成与应用研究进展[J]. 天然产物研究与开发, 24(8): 1147-1150.

（撰稿：段红霞；审稿：杨新玲）

咪鲜胺　prochloraz

影响菌体麦角甾醇生物合成的咪唑类杀菌剂，对子囊菌和半知菌引起的多种病害具有优异的防效。

其他名称　Sportak、Eyetak、Mirage、Gladio、Master、Sunchloraz、施保克、扑霉灵、丙灭菌、丙氯灵。

化学名称　N- 丙基 -N-[2-(2,4,6- 三氯苯氧基) 乙基]-1H- 咪 唑 -1- 甲 酰 胺；N-propyl-N-[2-(2,4,6-trichlorophenoxy)ethyl]-1H-imidazole-1-carboxamide。

IUPAC 名称　N-propyl-N-[2-(2,4,6-trichlorophenoxy)ethyl]imidazole-1-carboxamide。

CAS 登记号　67747-09-5。

EC 号　266-994-5；278-301-3。

分子式　$C_{15}H_{16}Cl_3N_3O_2$。

相对分子质量　376.67。

结构式

开发单位　由拜耳公司开发。R. J. Birchmore 等报道了咪鲜胺的杀菌活性。

理化性质　纯品为无色无嗅结晶固体。熔点 46.3～50.3℃。沸点 208～210℃（26.7Pa，分解）。蒸气压 0.15mPa（25℃）、0.09mPa（20℃）。K_{ow}lg$P$ 3.53（pH6.7）。Henry 常数 1.64×10^{-3}Pa·m³/mol。相对密度 1.42。溶解度（20～25℃，g/L）：水 0.0344，正己烷 7.5，丙酮、二氯甲烷、二甲基亚砜、乙酸乙酯、异丙醇、甲醛、甲苯＞600。稳定性：在 pH5～7 和 20℃条件下的水中稳定，遇强酸、强碱或长期处于高温（200℃）条件下不稳定。闪点 160℃。该品碱性，pK_a3.8（20～25℃）。

毒性　急性经口 LD$_{50}$：大鼠 1023mg/kg，小鼠 1600～2400mg/kg。大鼠急性经皮 LD$_{50}$＞2100mg/kg，兔急性经皮 LD$_{50}$＞3000mg/kg。大鼠急性吸入 LC$_{50}$（4 小时）＞2.16mg/L。对兔皮肤无刺激，对兔眼睛有轻微刺激。山齿鹑急性经口 LD$_{50}$ 662mg/kg，野鸭急性经口 LD$_{50}$＞1954mg/kg，鹌鹑和野鸭饲喂 LC$_{50}$（5 天）＞5200mg/kg 饲料。鲤鱼和蓝鳃翻车鱼 LC$_{50}$（96 小时）分别为 1.5mg/L 和 2.2mg/L。水蚤 LC$_{50}$（48 小时）4.3mg/L。其他水生生物 EC$_{50}$（96 小时）东方牡蛎 0.95mg/L，塘虾 0.07mg/L。蜜蜂 LD$_{50}$（μg/ 只）：接触＞141（96 小时），经口＞101（4 小时）。蚯蚓 LC$_{50}$ 207mg/kg 土壤。

剂型　25% 乳油，45% 微乳剂，32%、40%、45% 水乳剂。

质量标准　25% 咪鲜胺乳油由有效成分、溶剂及乳化剂组成。外观为清澈的褐色液体。密度约 0.98g/m³，闪点 24℃左右，冷、热储存稳定性良好，在 0～30℃条件下储存稳定 2 年。

作用方式及机理　咪唑类广谱性杀菌剂，通过抑制甾醇的生物合成而起作用。没有内吸作用，具有一定的传导能力，对水稻恶苗病、杧果炭疽病、柑橘青霉病、绿霉病、炭疽病、蒂腐病、香蕉炭疽病、冠腐病等有较好的防治效果，还可用于水果采后处理，防治储藏期病害。通过种子处理，对禾谷类种传和土传真菌病害也有较好的抑制活性。在土壤中主要降解为易挥发的代谢产物，易被土壤颗粒吸附，不易被雨水冲刷。

防治对象　水稻恶苗病、稻瘟病、胡麻叶斑病、小麦赤霉病、大豆炭疽病、褐斑病、向日葵炭疽病、甜菜褐斑病、柑橘炭疽病、蒂腐病、青霉病、绿霉病、黄瓜炭疽病、灰霉病、白粉病、荔枝黑腐病、香蕉叶斑病、炭疽病、冠腐病、杧果黑腐病、轴腐病、炭疽病等病害。

使用方法

防治水稻恶苗病　长江流域及以南地区使用 25% 乳油 2000～3000 倍液，浸种 1～2 天；黄河流域及以北区域使用该品 3000～4000 倍液浸种，黄河流域 3～5 天，东北地区 5～7 天，然后取出稻种催芽。

防治柑橘储藏期蒂腐病、青霉病、绿霉病、炭疽病　挑选当天采收无病无伤口的好果，清水洗去果表面的灰尘和药剂，用 25% 乳油 500～1000 倍液浸果 1～2 分钟，捞起晾干，室温储藏。安全间隔期 14 天，最多使用 1 次。

防治辣椒炭疽病　发病前或发病初期开始施药，每亩用 25% 乳油 60～100ml 加水喷雾，间隔 7 天施药 1 次，可连续使用 1~2 次。安全间隔期 12 天。

防治葡萄炭疽病　发病前或发病初期开始施药，用 25% 乳油 500~1000 倍液均匀喷雾，间隔 7 天施药 1 次，可连续使用 2 次。安全间隔期 9 天。

防治西瓜枯萎病　在瓜苗定植期、缓苗后和坐果初期或发病初期开始用药，用 25% 乳油 750~1000 倍液喷雾，每隔 7~14 天喷 1 次，连续使用 2~3 次。

防治杧果炭疽病　采前喷雾处理：在杧果炭疽病发病前或发病初期用 25% 乳油 500~1000 倍液喷施，以后每隔 7~10 天施药 1 次，视病情施药 3 次。杧果幼果期对该品敏感，慎用。采后浸果处理：用 25% 乳油 500~1000 倍液药液浸果 1~2 分钟，捞起晾干，室温储藏。对薄皮品种（如象牙杧、马切苏）等慎用，以免出现药斑。

防治香蕉炭疽病　香蕉长至八成熟采收后，选取无伤果实，用 25% 乳油 500~1000 倍药液浸果 1~2 分钟，捞起晾干，室温储藏，安全间隔期 7 天。

防治荔枝、龙眼炭疽病　分别于荔枝的小果期、中果期、果实转色初期和龙眼的小果期、中果期、膨大期施药，用 25% 乳油 1000~1200 倍液整株喷雾，每隔 10~20 天施药 1 次，连续施用 3 次，安全间隔期 21 天。

注意事项　对蜜蜂、鱼类等水生生物及家蚕有毒。施药期间应避免对周围蜂群的影响，蜜源作物花期、蚕室和桑园附近禁用。远离水产养殖区施药，禁止在河塘等水体中清洗施药器具。使用时应穿戴防护服和手套。施药期间不可进食和饮水。施药后应及时洗手和洗脸。用过的包装物应妥善处理，不可作他用，也不可随意丢弃。孕妇及哺乳期妇女避免接触。

与其他药剂的混用　不得与碱性物质混用。建议与其他作用机制不同的杀菌剂轮换使用，以延缓抗性产生。

允许残留量　GB 2763—2021《食品中农药最大残留限量标准》规定咪鲜胺最大残留限量见表。ADI 为 0.01mg/kg。谷物、油料和油脂、调味料参照 NY/T 1456 规定的方法测定；水果、蔬菜、食用菌按照 NY/T 1456 规定的方法测定。

部分食品中咪鲜胺最大残留限量（GB 2073—2021）

食品类别	名称	最大残留限量（mg/kg）
谷物	稻谷	0.50
	麦类（小麦除外）	2.00
	小麦	0.50
	高粱	10.00
	旱粮类	2.00
油料和油脂	油菜籽	0.50
	亚麻籽	0.05
	葵花籽	0.50
	葵花籽毛油	1.00
蔬菜	大蒜	0.10
	菜薹、辣椒	2.00
	黄瓜	1.00
	葱、蒜薹	2.00
	蕹菜	3.00
	西葫芦	1.00
	丝瓜、芦笋	0.50

（续表）

食品类别	名称	最大残留限量（mg/kg）
蔬菜	姜	1.00
	山药	0.30
	茭白	0.50
水果	柑橘类水果（柑橘除外）	10.00
	柑、橘、橙	5.00
	金橘	7.00
	梨	0.20
	枣（鲜）	3.00
	枸杞（鲜）	2.00
	猕猴桃	7.00
	柿子	2.00
	杨梅	7.00
	火龙果、苹果、葡萄	2.00
	皮不可食热带和亚热带水果（单列的除外）	7.00
	荔枝	2.00
	龙眼	5.00
	杧果	2.00
	香蕉	5.00
	西瓜	0.10
食用菌	蘑菇类（鲜）	2.00
调味料	胡椒（黑、白）	10.00
药用植物	石斛（鲜）	15.00*
	石斛（干）	20.00*
动物源性食品	哺乳动物肉类（海洋哺乳动物除外），以脂肪内的残留量计	0.50*
	哺乳动物内脏（海洋哺乳动物除外）	10.00*
	禽肉类	0.05*
	禽类内脏	0.20*
	蛋类	0.10*
	生乳	0.05*

* 临时残留限量。

参考文献

刘长令, 2006. 世界农药大全: 杀菌剂卷[M]. 北京: 化学工业出版社: 199-200.

农业部种植业管理司, 农业部农药检定所, 2015. 新编农药手册[M]. 2版. 北京: 中国农业出版社: 250-253.

TURNER J A, 2015. The pesticide manual: a world compendium [M]. 17th ed. UK: BCPC: 904-906.

（撰稿：祁之秋；审稿：刘西莉）

咪鲜胺锰络合物　prochloraz manganese chloride complex

咪鲜胺与氯化锰的复合物，是一类无内吸性、广谱的咪唑类杀菌剂。

其他名称　施保功。

化学名称　*N*-丙基-*N*-[2-(2,4,6-三氯苯氧基)乙基]-咪唑-1-甲酰胺-氯化锰复合物。

IUPAC 名称　*N*-propyl-*N*-[2-(2,4,6-trichlorophenoxy)ethyl]-1*H*-imidazole-1-carboxamide - dichloromanganese (4:1)。

CAS 登记号　75747-77-2。

分子式　$C_{60}H_{64}Cl_{14}MnN_{12}O_8$。

相对分子质量　1632.51。

结构式

理化性质　纯品为白至灰白色粉末，略有芳香味，纯度＞99%。熔点147～148℃。蒸气压0.15mPa（25℃）。密度0.52g/cm³。溶解度（20℃）：水40mg/L，丙酮7g/L。原药为白至褐色粉末，有效成分含量为95%，略有芳香味，溶解度和密度基本与纯品相同，水分不超过0.5%。

毒性　大鼠急性经口 LD_{50} 1600～3200mg/kg，急性经皮 LD_{50}＞5000mg/kg，急性吸入 LC_{50}＞1960mg/m³。对兔眼睛有短暂的轻度刺激，对皮肤无刺激；试验剂量内对动物无致畸、致癌、致突变作用。对鱼和水生生物中等毒性，虹鳟 LC_{50}（96 小时）＞1mg/L，蓝鳃翻车鱼 LC_{50}（96 小时）2.2mg/L，水蚤 LC_{50} 2.6mg/L。蜜蜂 LD_{50}：接触5μg/只，经口61μg/只；鹌鹑 LC_{50}（5 天）6845mg/kg饲料；野鸭 LC_{50}（5天）＞6000mg/kg饲料，经口 LD_{50}＞2100mg/kg。

剂型　25%、50%、60% 可湿性粉剂。

质量标准　50% 咪鲜胺锰盐可湿性粉剂由有效成分、载体、润湿剂等组成。外观为灰白色粉末，密度0.27g/cm³，pH7.5，悬浮率＞75%，润湿时间＜60秒，稳定性良好，常温储存稳定性2年以上。

作用方式及机理　咪唑类广谱性杀菌剂，对子囊菌引起的多种作物病害特效。它通过抑制甾醇的生物合成而起作用。无内吸性，具一定的传导性能。

防治对象　蘑菇褐腐病和褐斑病，杧果炭疽病，柑橘青霉病、绿霉病、炭疽病、蒂腐病，香蕉炭疽病、冠腐病等。还可用于水果采后处理防治储藏期病害。

使用方法

防治蘑菇褐腐病和褐斑病　在菇床覆土前第一次施药：每平方米覆盖土用50%可湿性粉剂0.8～1.2g与水1L稀释后均匀拌土，然后覆盖于已接菇种的菇床上。第二次施药在第二潮菇转批后，每平方米菇床用50%可湿性粉剂0.8～1.2g加水1L稀释后，均匀喷施于菇床上。安全间隔期10天。在菇床覆土后5～9天第一次施药：每平方米菇床用50%可湿性粉剂0.8～1.2g，加水1L稀释，均匀喷施在菇床上。第二潮菇转批后以第一次施药的剂量和方法进行第二次施药，安全间隔期为10天。

柑橘采收后防腐处理　挑选当天采收无病无伤口柑橘，清水洗去果面上的灰尘和药迹，然后放入50%可湿性粉剂1000～2000倍（有效成分250～500mg/L）药液中浸1～2分钟，捞起晾干，室温储存，可防治柑橘青霉病、绿霉病、炭疽病、蒂腐病，延长储藏时间。如能单果包装，效果更佳。

防治杧果炭疽病　在杧果花蕾期和始花期，用50%咪鲜胺锰盐可湿性粉剂1000～2000倍（有效成分250～500mg/L）各喷药1次，以后每隔7～10天喷1次，根据发病情况连续施药3～4次。

防治辣椒炭疽病　发病前或发病初期开始施药，每次每亩用50%咪鲜胺锰盐可湿性粉剂38～74g（有效成分19～37g）加水喷雾，间隔7天左右喷1次，连续使用2～3次，安全间隔期为7天，一季最多使用3次。

防治黄瓜炭疽病　发病前或发病初期开始施药，每次每亩用50%咪鲜胺锰盐可湿性粉剂40～70g（有效成分20～35g）加水喷雾，间隔7天左右喷1次，连续使用2～3次，安全间隔期为7天，一季最多使用3次。

防治葡萄黑痘病　发病前或发病初期开始施药，用50%咪鲜胺锰盐可湿性粉剂1500～2000倍液（有效成分250～333.3mg/kg）整株喷雾，间隔7天喷1次，连续使用2次，安全间隔期为10天。

防治西瓜枯萎病　在瓜苗定植期、缓苗后和坐果初期或发病初期开始施药，用50%可湿性粉剂750～1000倍液（有效成分333～625mg/kg）喷雾，间隔7～14天喷1次，一季最多使用3次。

注意事项　咪鲜胺锰盐无特殊解毒药，如误服，应立即送医院，不可引吐。应出示标签，以便对症治疗。如误吸入，立即将患者移至空气清新处。

与其他药剂的混用　建议与其他作用机制不同的杀菌剂轮换使用，以延缓抗性产生。

允许残留量　见咪鲜胺。

参考文献

刘长令, 2006. 世界农药大全: 杀菌剂卷[M]. 北京: 化学工业出版社: 201-202.

农业部种植业管理司, 农业部农药检定所, 2015. 新编农药手册[M]. 2版. 北京: 中国农业出版社: 253-255.

（撰稿：祁之秋；审稿：刘西莉）

咪唑菌酮　fenamidone

一种咪唑类杀菌剂。

其他名称　Censor、Fenomen、Reason。

化学名称　(*S*)-1-苯胺基-4-甲基-2-甲硫基-4-苯基咪唑啉-5-酮；(5*S*)-3,5-dihydro-5-methyl-2-(methylthio)-5-phenyl-3-(phenylamino)-4*H*-imidazol-4-one。

IUPAC 名称　(*S*)-1-anilino-4-methyl-2-methylthio-4-phenylimidazolin-5-one。

CAS 登记号　161326-34-7。

分子式　$C_{17}H_{17}N_3OS$。

相对分子质量　311.40。

结构式

开发单位　德国拜耳公司。1998 年 R. T. Mercer et al 首次报道该化合物。

理化性质　纯品为白色羊毛状粉末。熔点 136.8℃。蒸气压 3.4×10^{-4} mPa（25℃）。K_{ow}lgP 2.8（20℃）。相对密度 1.288（20～25℃）。溶解度（20～25℃）：水 7.8mg/L；丙酮 250g/L、乙腈 86.1g/L、二氯甲烷 330g/L、甲醇 43g/L、正辛醇 9.7g/L。水解稳定性 DT_{50}（25℃）：41.7 天（pH4），411 天（pH7），27.6 天（pH9）。Henry 常数 5×10^{-6}Pa·m³/mol。光解 DT_{50} 25.7 小时。

毒性　大鼠急性经口 LD_{50}：雄＞5000mg/kg，雌 2028mg/kg。大鼠急性经皮 LD_{50}＞2000mg/kg。对兔皮肤和眼睛无刺激，对豚鼠皮肤无刺激。大鼠急性吸入 LC_{50}（4 小时）2.1mg/L。Ames 和微核试验测试为阴性，对大鼠和兔无致畸性。山齿鹑急性经口 LD_{50}＞2000mg/kg，山齿鹑饲喂 LC_{50}（8 天）＞5200mg/kg 饲料，野鸭 LC_{50}（8 天）＞5200mg/kg 饲料。虹鳟和蓝鳃翻车鱼 LC_{50}（96 小时）0.74mg/L。水蚤 EC_{50}（48 小时）0.05mg/L。蜜蜂 LD_{50}（μg/只）：触杀 75（96 小时），经口＞160（96 小时）。蚯蚓 LC_{50}（14 小时）25mg/kg 土壤。对步甲、草蛉和植绥螨无害，对蚜茧蜂有毒。

剂型　50% 悬浮剂。

作用方式及机理　通过在氢化辅酶 Q- 细胞色素 C 氧化还原酶水平上阻滞电子转移来抑制线粒体呼吸，咪唑菌酮（S）- 对映体活性比（R）- 对映体高得多。

防治对象　各种霜霉病、晚疫病、疫病、猝倒病、黑斑病、斑腐病等。

使用方法　主要用于叶面处理，使用剂量为有效成分 75～150g/hm²。

与其他药剂的混用　同三乙膦酸铝等一起使用具有增效作用。

参考文献

刘长令, 2006. 世界农药大全: 杀菌剂卷[M]. 北京: 化学工业出版社: 205-206.

TURNER J A, 2015. The pesticide manual. a world compendium [M]. 17th ed. UK: BCPC: 440-441.

（撰稿：祁之秋；审稿：刘西莉）

咪唑乙烟酸　imazethapyr

一种咪唑啉酮类除草剂。

其他名称　咪草烟、灭草烟、普施特、Pursuit。

化学名称　(RS)-5- 乙基-2-(4- 异丙基-4- 甲基-5- 氧代-2- 咪唑啉 -2- 基) 烟酸。

IUPAC 名称　5-ethyl-2-[(RS)-4-isopropyl-4-methyl-5-oxo-1H-imidazolin-2-yl]nicotinic acid。

CAS 登记号　81335-77-5。

EC 号　317-222-4。

分子式　$C_{15}H_{19}N_3O_3$。

相对分子质量　289.33。

结构式

开发单位　美国氰胺公司。

理化性质　白色结晶体。相对密度 1.10～1.12（21℃）。熔点 169～173℃。蒸气压＜1.3×10^{-5}Pa（60℃）。溶解度（25℃，g/L）：水 1.4、丙酮 48.2、甲醇 105、异丙醇 17、辛烷 0.9、二氯甲烷 185、二甲基亚砜 422、甲苯 5。常温下稳定，光照下快速分解。

毒性　低毒。小鼠急性经口 LD_{50}＞5000mg/kg。兔急性经皮 LD_{50}＞2000mg/kg。大鼠急性吸入 LC_{50}（4 小时）3.27mg/L。对兔眼睛及皮肤中等刺激。饲喂试验 NOEL（mg/kg）：大鼠（2 年）10 000，狗（1 年）10 000。对鱼、蜜蜂、鸟低毒。鱼类 LC_{50}（96 小时，mg/L）：虹鳟 340、翻车鱼 420。野鸭和鹌鹑急性经口 LD_{50}＞2150mg/kg。蜜蜂 LD_{50}＞100μg/只（接触）、＞24.6μg/只（经口）。

剂型　5%、10%、15% 水剂，70% 水分散粒剂。

质量标准　咪唑乙烟酸原药（HG/T 4810—2015）。

作用方式及机理　选择性内吸、传导型茎叶处理剂。通过杂草根、叶吸收，在木质部和韧皮部内传导，积累于植物分生组织内，抑制植物体乙酰乳酸合成酶的活性，阻止支链氨基酸如缬氨酸、亮氨酸与异亮氨酸的生物合成，从而破坏蛋白质的合成，导致细胞有丝分裂停滞，使植物停止生长而死亡。豆科植物吸收咪唑乙烟酸后，在体内很快分解。咪唑乙烟酸在大豆体内半衰期 1～6 天。

防治对象　苋、蓼、苘麻、龙葵、苍耳等阔叶杂草和狗尾草、马唐等禾本科杂草。

使用方法　常用于大豆田。选择性芽前及早期苗后喷施。

东北地区大豆播种后出苗前，或在大豆苗后早期（2 片三出复叶前）大部分杂草 3 叶期前，每亩用 5% 咪唑乙烟酸水剂 100～140g（有效成分 5～7g），兑水 30L 茎叶喷雾。也可选择秋季施药，即在秋季气温降到 5℃以下至封冻前施药。喷药时土壤墒情好，或施药后短期内有降雨，可不必混土；若土壤干旱，应浅混土。苗前土壤处理，可与乙草胺、异丙甲草胺、异噁草松、二甲戊乐灵混用扩大杀草谱。苗后茎叶处理可与氟磺胺草醚、三氟羧草醚混用，减少该剂施用量，以减轻对后茬作物的药害。

注意事项 ①土壤处理时，土壤黏重、有机质含量高、干旱应取推荐剂量高量，反之用低量。②该药在土壤湿度70%、空气湿度65%以上使用时效果较好。③多雨、低温、低洼地长期积水或大豆生长缓慢条件下施药，易产生药害。④苗后早期茎叶处理不能晚于大豆2片复叶期施药，否则影响产量。⑤施药时避免药液飘移到敏感作物上。切勿采用飞机高空喷药或超低容量喷雾器施药。⑥该药在土壤中残留时间长，与后茬作物安全间隔期：小麦、玉米12个月以上，水稻、高粱、西瓜、谷子、马铃薯、亚麻、甜菜、油菜、茄子、草莓等24个月以上。间套或混种有其他作物的春大豆田不能使用。

与其他药剂的混用 可与氟磺胺草醚、精喹禾灵、异噁草松、灭草松、二甲戊灵等混用。

允许残留量 GB 2763—2021《食品中农药最大残留限量标准》规定咪唑乙烟酸在大豆中的最大残留量为0.1mg/kg。ADI 为2.5mg/kg。

参考文献

刘长令, 2002. 世界农药大全: 除草剂卷[M]. 北京: 化学工业出版社.

马克比恩 C, 2015. 农药手册[M]. 胡笑形, 等译. 北京: 化学工业出版社.

中国农业百科全书总编辑委员会农药卷编辑委员会, 中国农业百科全书编辑部, 1993. 中国农业百科全书: 农药卷[M]. 北京: 农业出版社.

SHANER D L, 2014. Herbicide handbook[M]. l0th ed. Lawrence, KS: Weed Science Society of America.

（撰稿：李香菊；审稿：耿贺利）

弥拜菌素 milbemectin

一种触杀型杀螨剂。

其他名称 Koromite、Matsuguard、Mesa、Milbeknock、Ultiflora、密灭汀、B-41、E-187、SI-8601。

化学名称 (10E,14E,16E,22Z)-(1R,4S,5′S,6R,6′R,8R,13R,20R,21R,24S)-21,24-二羟基-5′,6′,11,13,22-五甲基-3,7,19-三氧杂四环[15.6.1.14,8.0^{20,24}]二十五碳-10,14,16,22-四烯-6-螺-2′-四氢吡喃-2-酮及(10E,14E,16E,22Z)-(1R,4S,5′S,6R,6′R,8R,13R,20R,21R,24S)-6′-乙基l-21,24-二羟基-5′,11,13,22-四甲基-3,7,19-三氧杂四环[15.6.1.14,8.0^{20,24}]二十五碳-10,14,16,22-四烯-6-螺-2′-四氢吡喃-2-酮 3:7的混合物；A₃:(6R,25R)-5-O-demethyl-28-deoxy-6,28-epoxy-25-methylmilbemycin B；A4:(6R,25R)-5-O-demethyl-28-deoxy-6,28-epoxy-25-ethylmilbemycin B。

IUPAC名称 A mixture of(10E,14E,16E,22Z)-(1R,4S,5′S,6R,6′R,8R,13R,20R,21R,24S)-21,24-dihydroxy-5′,6′,11,13,22-pentamethyl-3,7,19-trioxatetracyclo[15.6.1.14,8.0^{20,24}]pentacosa-10,14,16,22-tetraene-6-spiro-2′-tetrahydropyran-2-one and (10E, 14E,16E,22Z)-(1R,4S,5 ′S,6R,6 ′R,8R,13R,20R,21R,24S)-6′-ethyl-21,24-dihydroxy-5′,11,13,22-tetramethyl-3,7,19-tri-oxatetracyclo[15.6.1.14,8.0^{20,24}]pentacosa-10,14,16,22-tet-raene-6-spiro-2′-tetrahydropyran-2-one in the ratio 3 to 7。

CAS 登记号 51596-10-2（A₃）；51596-11-3（A₄）。

分子式 $C_{31}H_{44}O_7$（A₄）；$C_{32}H_{46}O_7$（A₄）。

相对分子质量 528.68（A₃）；542.70（A₄）。

结构式

Milbemycin A₃: R=CH₃
Milbemycin A₄: R=CH₂CH₃

开发单位 1990 年由三共公司（现三井化学公司农化部）引入市场。

理化性质 产品为弥拜菌素 A₃（甲基）和弥拜菌素 A₄（乙基）3:7的混合物。原药含量≥95%。白色结晶状粉末。熔点 A₃: 212～215℃，A₄: 212～215℃。蒸气压 1.3×10^{-5} mPa（20℃）K_{ow}lg$P$：A₃5.3，A₄5.9。Henry 常数＜9.93×10^{-4} Pa·m³/mol（计算值）。相对密度：A₃1.127，A₄1.1265（25℃）。A₃ 在水中溶解度 0.88mg/L（20℃）；在有机溶剂中溶解度（g/L，20℃）：甲醇 64.8、乙醇 41.9、丙酮 66.1、正己烷 1.4、苯 143.1、乙酸乙酯 69.5。A₄ 在水中溶解度 7.2mg/L（20℃）；在有机溶剂中溶解度（g/L，20℃）：甲醇 458.8、乙醇 234.0、丙酮 365.3、正己烷 6.5、苯 524.2、乙酸乙酯 320.4。稳定性 A₄水解 DT₅₀：11.6天（pH5）、260天（pH7）、226 天（pH9）。

毒性 急性经口 LD₅₀（mg/kg）：雄大鼠 762，雌大鼠 456，雄小鼠 324，雌小鼠 313。大、小鼠急性经皮 LD₅₀＞5000mg/kg。对皮肤和眼睛无刺激，对豚鼠皮肤无致敏性。大鼠吸入 LC₅₀（4 小时，mg/L）：雄性 1.9，雌性 2.8。NOEL［mg/（kg·d）］：雄大鼠 6.81，雌大鼠 8.77，雄小鼠 18.9，雌小鼠 19.6。ADI（EC）0.03mg/kg（2005），（FSC）0.03mg/kg。无致畸、致突变、致癌作用。鸟 LD₅₀（mg/kg）：公鸡 660，母鸡 650，日本雄鹌鹑 1005，日本雌鹌鹑 968。鱼类 LC₅₀（96 小时，μg/L）：虹鳟 4.5，鲤鱼 17。水蚤 EC₅₀（4 小时，流动）0.011mg/L。羊角月牙藻 E$_b$C₅₀（120 小时）＞2mg/L。蜜蜂 LD₅₀（μg/ 只）：经口 0.46，接触 0.025。蚯蚓 LC₅₀（14 天）61mg/kg 土壤。

剂型 1% 乳油。

作用方式及机理 γ- 氨基丁酸抑制剂，作用于外围神经系统。通过提高弥拜菌素与 γ- 氨基丁酸的结合力，使氯离子流量增加，从而发挥杀菌、杀螨活性。对各个生长阶段的害虫均有效，作用方式为触杀和胃杀，虽内吸性较差，但具有很好的传导活性。对作物安全，对节肢动物影响小，和现有杀螨剂无交互抗性，是对害虫进行综合防治和降低抗性风险的理想选择。

防治对象　用于草莓、茄子和梨，防治二斑叶螨和神泽氏叶螨；用于柑橘类果树，防治柑橘全爪螨和橘刺皮节蜱；用于苹果，防治苹果全爪螨和二斑叶螨。

使用方法　在作物生长的各个阶段都有效，使用剂量 $5.6\sim28\mathrm{g/hm^2}$。对线虫如松材线虫也有活性。在世界范围内弥拜菌素推荐使用剂量为 $5.6\sim28\mathrm{g/hm^2}$。1% 弥拜菌素乳油防治神泽氏叶螨，用药 $1\mathrm{kg/hm^2}$，稀释 1000 倍，害螨发生时施药，采收前 6 天停止施药。1% 弥拜菌素乳油防治柑橘红蜘蛛用药 $1.3\mathrm{kg/hm^2}$，稀释 1500 倍，害虫密度每叶达 5 只时，施药 1 次，采收前 6 天停止施药。1% 弥拜菌素乳油防治梨二点叶螨，用药 $0.6\sim0.8\mathrm{kg/hm^2}$，稀释 1500 倍，叶螨发生时施药 1 次，隔 14 天再施药 1 次，采收前 6 天停止施药。1% 弥拜菌素乳油防治冬枣轮斑病，用药 $0.6\sim0.8\mathrm{kg/hm^2}$，稀释 1500 倍，叶螨发生时施药 1 次，采收前 6 天停止施药。1% 弥拜菌素乳油防治十字花科蔬菜蚜虫，用药 $0.5\sim0.7\mathrm{kg/hm^2}$，稀释 1500 倍，害虫发生时施药 1 次，隔 7 天再施药 1 次，采收前 6 天停止施药。1% 弥拜菌素乳油防治水蜜桃二点叶螨，用药 $2\mathrm{kg/hm^2}$，稀释 1000 倍，害虫发生时施药 1 次，采收前 15 天停止施药。

参考文献

刘长令, 2012. 世界农药大全: 杀虫剂卷[M]. 北京: 化学工业出版社: 76-79.

马克比恩 C, 2015. 农药手册[M]. 胡笑形, 等译. 北京: 化学工业出版社: 705-707.

（撰稿：赵平；审稿：杨吉春）

醚苯磺隆　triasulfuron

一种磺酰脲类选择、内吸性除草剂。

其他名称　Logran、CGA131036、Amber、Lograb。

化学名称　1-[2-(2-氯乙氧基)苯基磺酰基]-3-(4-甲氧基-6-甲基-1,3,5,-三嗪-2-基)脲；1-[2-(2-chloroethoxy)phenylsulfonyl]-3-(4-methoxy-6-methyl-1,3,5-triazin-2-yl)urea。

IUPAC 名称　1-[2-(2-chloroethoxy)phenylsulfonyl]-3-(4-methoxy-6-methyl-1,3,5-triazin-2-yl)urea。

CA 名称　2-(2-chloroethoxy)-N-[[(4-methoxy-6-methyl-1,3,5-triazin-2-yl)amino]carbonyl] benzenesulfonamide。

CAS 登记号　82097-50-5。

EC 号　617-298-9。

分子式　$C_{14}H_{16}ClN_5O_5S$。

相对分子质量　401.82。

结构式

开发单位　由 J. Amrein 和 H. R. Gerber 报道其除草活性。

由汽巴 - 嘉基公司（现先正达公司）开发。生产企业有先正达、Fertiagro、Hesenta、大连瑞泽、江苏快达、江苏瑞东、沈阳化工研究院、苏州恒泰。

理化性质　无色晶体。纯品熔点 178℃。25℃时溶解度：水 32mg/L（pH5）、815mg/L（pH7）；丙酮 14g/L、二氯甲烷 36g/L、乙酸乙酯 4.3g/L、乙醇 420mg/L、辛醇 130mg/L、己烷 0.04mg/L、甲苯 300mg/L。相对密度 1.5。25℃蒸气压 $<2\times10^{-3}\mathrm{mPa}$（OECD 104）。$K_{ow}\lg P$ 1.1（pH5）、-0.59（pH7）、-1.8（pH9）。Henry 常数 $<8\times10^{-5}\mathrm{Pa\cdot m^3/mol}$。对水解稳定，$DT_{50}$ 为 31.3 天（20℃，pH5）。20℃时 pK_a 为 4.64。

毒性　大鼠和小鼠急性经口 $LD_{50}>5000\mathrm{mg/kg}$，大鼠急性经皮 $LD_{50}>2000\mathrm{mg/kg}$。对眼睛和皮肤无刺激性，对豚鼠皮肤无致敏性。吸入 LC_{50}（4 小时）：大鼠 5.18mg/L。NOEL：大鼠（2 年）32.1mg/(kg·d)，小鼠（2 年）1.2mg/(kg·d)，狗（1 年）33mg/(kg·d)。ADI: 0.012mg/kg。山赤鹑和野鸭急性经口 $LD_{50}>2150\mathrm{mg/kg}$。虹鳟、鲤鱼、鲶鱼、羊头原鲷和蓝鳃翻车鱼 LC_{50}（96 小时）$>100\mathrm{mg/L}$。水蚤 EC_{50}（96 小时）$>100\mathrm{mg/L}$。对蜜蜂无毒。

剂型　主要有 75% 水分散粒剂，10% 可湿性粉剂。

作用方式及机理　是支链氨基酸生物合成抑制剂，具体靶标为乙酰乳酸合成酶（AHAS 或 ALS），通过抑制必需的缬氨酸、亮氨酸和异亮氨酸的生物合成来阻止细胞分裂和植物生长。

防治对象　属于选择性除草剂，通过叶子和根系吸收，并迅速传导至分生组织。用于大麦、小麦和黑麦田的苗前及苗后阔叶杂草的防除，使用剂量为 $5\sim10\mathrm{g/hm^2}$。

环境行为　动物主要以未变化的形式从尿液排出。在小麦中的代谢途径是羟基化，随后是各种羟基代谢物与葡萄糖的共轭。饲料作物中 DT_{50} 约 3 天。土壤中的降解行为取决于土壤类型和 pH 值，特别是温度和水分含量。粉砂壤土、黏壤土和砂壤土的田间试验结果 DT_{50} 平均为 19 天。

分析　用 GLC 或 HPLC/UV 分析。土壤中残留用 HPLC/UV 分析。水中残留用 HPLC/PCD 分析。土壤和水中的残留也可用免疫法分析。

参考文献

马克比恩 C, 2015. 农药手册[M]. 胡笑形, 等译. 北京: 化学工业出版社: 1025-1026.

孙家隆, 2015. 新编农药品种手册[M]. 北京: 化学工业出版社: 790-791.

（撰稿：王建国；审稿：耿贺利）

醚磺隆　cinosulfuron

一种磺酰脲类除草剂。

其他名称　Setoff、莎多伏、甲醚磺隆、耕夫。

化学名称　1-(4,6-二甲氧基-1,3,5-三嗪-2-基)-3-[2-(2-甲氧基乙氧基)苯基磺酰]脲；N-[[(4,6dimethoxy-1,3,5-trazin-2-yl)amimo]carbonyl]-2-(2-methoxyethoxy)benzenesulfonamide。

IUPAC 名称 N-((4,6-dimethoxy-1,3,5-triazin-2-yl)carbamoyl)-2-(2-methoxyethoxy)benzenesulfonamide。

CAS 登记号 94593-91-6。

EC 号 606-744-8。

分子式 $C_{15}H_{19}N_5O_7S$。

相对分子质量 413.41。

结构式

开发单位 汽巴 - 嘉基公司（现先正达公司）开发。

理化性质 纯品为无色结晶。熔点 144.6℃。密度 1.48g/cm³。蒸气压 1×10^{-10}Pa（20℃）。20℃时在有机溶剂中的溶解度：二甲基亚砜 32%、二氯甲烷 9.5%、丙酮 2.3%、甲醇 0.3%、异丙醇 0.025%，水 18mg/L（pH2.5）、82mg/L（pH5）、3700mg/L（pH7）。$K_{ow}lgP$ 0.63（pH7）。在土壤中半衰期 20 天，稻田水中半衰期 3～7 天，光解半衰期 80 分钟。原药为米色结晶粉，含量约 92%。

毒性 大鼠急性经口 $LD_{50} > 5000$mg/kg，急性经皮 $LD_{50} > 5000$mg/kg，急性吸入 $LC_{50} > 5$mg/L 空气。对兔眼睛和皮肤无刺激作用。对豚鼠皮肤无致敏性。大鼠 90 天喂养试验 NOEL 为 1800mg/kg 饲料，相当于每天 90mg/kg，狗 1 年喂养试验 NOEL 为 109mg/kg，大鼠 2 年喂养试验 NOEL 为 22mg/kg，小鼠 2 年喂养试验 NOEL 为 9mg/kg。在试验条件下无致畸、致癌、致突变作用。鲤鱼、虹鳟 $LC_{50} > 100$mg/L（96 小时）。日本鹌鹑和北京鸭 $LD_{50} > 2000$mg/kg。蜜蜂（经口或接触，48 小时）$LD_{50} > 100$μg/ 只。

剂型 20% 水分散粒剂，10% 可湿性粉剂。

质量标准 ≥92%。

作用方式及机理 主要通过植物根系及茎部吸收传导至叶部，但植物叶面直接吸收很少。有效成分进入杂草体内后由输导组织传递至分生组织，阻碍缬氨酸及异亮氨酸的合成，从而抑制细胞分裂及细胞的长大。用药后中毒的杂草不会立即死亡，但是生长停止，5～10 天后植株开始黄化、枯萎，最后死亡。

防治对象 异型莎草、鸭舌草、水苋菜、牛毛毡、圆齿尖头草、矮慈姑、野慈姑、萤蔺、花蔺、尖瓣花、雨久花、泽泻、繁缕、醴肠、丁香蓼、眼子菜、浮叶眼子菜、母草等。

使用方法 苗后茎叶处理，也可采用药土法。在喷雾时喷水量要足，以每亩 30～40L 水为宜，喷雾均匀周到。采用药土法可先用少量的水将所用药量稀释成母液，与 15～20kg 细土充分拌匀之后进行撒施，亩用量为 1～5.5g（有效成分），南方稻区每亩用量为 1～1.2g（有效成分），北方稻区每亩用量为 1.6～2g（有效成分）。

注意事项 不宜用于渗漏性大的田块，否则易造成药害。对禾本科杂草除草效果不好，可酌情考虑与其他除草剂混配或混用。

与其他药剂的混用 每亩用 20% 醚磺隆 10g + 60% 丁草胺 75～80ml，水稻移栽后 5～7 天，缓苗后施药。每亩用 20% 醚磺隆 + 30% 莎稗磷 50～60ml，水稻移栽后 5～7 天，缓苗后施药。每亩用 20% 醚磺隆 10g + 96% 禾草敌 100ml，水稻移栽后 10～15 天施药。每亩用 20% 醚磺隆 10g + 50% 二氯喹啉酸 27～40g，水稻移栽后稗草 3～5 叶期施药，施药前两天放浅水层或田面保持湿润，喷雾法施药。水稻移栽前 3～5 天，每亩用 60% 丁草胺 80～100ml。水稻移栽后 15～20 天后，每亩用 60% 丁草胺 80～100ml + 20% 醚磺隆 10g 混用。水稻移栽前 3～5 天，每亩用 30% 莎稗磷 50～60ml，水稻移栽后 15～20 天后，每亩用 30% 莎稗磷 40～50ml + 20% 醚磺隆 10g 混用。水稻移栽前 3～5 天，每亩用 10% 环庚草醚 15～20ml，水稻移栽后 15～20 天，每亩用 20% 醚磺隆 10g + 10% 环庚草醚 10～15ml 混用。

允许残留量 GB 2763—2021《食品中农药最大残留限量标准》规定醚磺隆最大残留量糙米为 0.1mg/kg。ADI 为 0.077mg/kg。谷物按照 SN/T 2325 规定的方法测定。

参考文献

刘长令, 2002. 世界农药大全: 除草剂卷[M]. 北京: 化学工业出版社: 25-27.

马克比恩 C, 2015. 农药手册[M]. 胡笑形, 等译. 北京: 化学工业出版社: 188-189.

孙家隆, 周凤艳, 周振荣, 2014. 现代农药应用技术丛书: 除草剂卷[M]. 北京: 化学工业出版社: 186-187.

（撰稿：李玉新；审稿：耿贺利）

醚菊酯 ethofenprox

一种具有触杀、内吸和胃毒活性的拟除虫菊酯类杀虫剂。

其他名称 依芬普司、利来多、多来宝。

化学名称 2-(4- 乙氧基苯基)-2- 甲基丙基-3- 苯氧基苄基醚；2-(4-ethoxypheny))-2-methylpropyl 3-phenoxybenzyl ether。

IUPAC 名称 1-[[2-(4-ethoxyphenyl)-2-methylpropoxy]methyl]-3-phenoxybenzene。

CAS 登记号 80844-07-1。

EC 号 407-980-2。

分子式 $C_{25}H_{28}O_3$。

相对分子质量 376.49。

结构式

理化性质 纯品为白色结晶体。熔点 37.4℃。蒸气压 3.2×10^{-2}Pa（100℃）、8.13×10^{-4}mPa（25℃）。沸点 200℃（分解）。相对密度 1.157（23℃）。20～25℃时溶解度：氯仿

858g/L、丙酮 877g/L、乙酸乙酯 837g/L、乙醇 98g/L、甲醇 49g/L、二甲苯 856g/L、水 0.0225mg/L。$K_{ow}\lg P$ 6.9（20℃）。化学性质稳定，于 80℃储存 90 天未见明显分解，在 pH2.8～11.9 土壤中半衰期约 6 天。工业品熔点 34～35℃。

毒性　急性经口 LD_{50}：雌、雄大鼠＞42 880mg/kg，雌、雄小鼠＞10 7200mg/kg，狗＞5000mg/kg。雌、雄大鼠和小鼠急性经皮 LD_{50}＞2140mg/kg。大鼠急性吸入 LC_{50}（4 小时）＞5900mg/m³。对皮肤、眼睛无刺激作用。NOEL 值：狗饲喂（1 年）32mg/kg 饲料，雄大鼠饲喂（2 年）3.7mg/kg 饲料，雌大鼠饲喂 4.8mg/kg 饲料，雄小鼠饲喂 3.1mg/kg 饲料，雌小鼠饲喂 3.6mg/kg 饲料。无诱变性，无致畸性，无生殖毒性，无神经毒性。毒性等级：U（a.i.,WHO）；Ⅳ（制剂，EPA）。野鸭急性经口 LD_{50}＞2000mg/kg，野鸭和鹌鹑饲喂 LC_{50}＞5000mg/kg 饲料。鲤鱼 LC_{50}（96 小时）0.14mg/L。水蚤 LC_{50}（3 小时）＞40mg/L。对蜜蜂剧毒。蚯蚓 LC_{50} 43.1mg/kg 土壤（7 天）、24.6mg/kg 土壤（14 天）。对家蚕高毒。

剂型　喷雾剂。

作用方式及机理　具有杀虫谱广、杀虫活性高、击倒速度快、残效期长、对作物安全等特点。具有触杀、胃毒和内吸作用。

防治对象　用于防治鳞翅目、半翅目、鞘翅目、双翅目、直翅目和等翅目害虫，如褐色虱、白背飞虱、黑尾叶蝉、棉铃虫、红铃虫、桃蚜、瓜蚜、白粉虱、菜青虫、茶毛虫、茶尺蠖、茶刺蛾、桃小食心虫、梨小食心虫、柑橘潜叶蛾、烟草夜蛾、小菜蛾、玉米螟、大螟、大豆食心虫等。对螨无效。

使用方法　防治棉铃虫和红铃虫，在卵孵盛期，幼虫蛀入蕾、铃之前，用 10% 悬浮剂 1500～1800ml/hm² 兑水喷雾。防治水稻飞虱以有效成分 60～90g/hm² 的可湿性粉剂兑水喷雾，或有效成分 0.9～1.4g 20% 乳油兑水喷雾。

注意事项　对作物无内吸作用，要求喷药均匀周到。对钻蛀性害虫应在害虫未钻入作物前喷药。悬浮剂如放置时间较长出现分层时应先摇匀后使用。不要与强碱性农药混用。

参考文献

朱永和, 王振荣, 李布青, 2006. 农药大典[M]. 北京: 中国三峡出版社.

（撰稿：吴剑；审稿：王鸣华）

醚菌胺　dimoxystrobin

一种甲氧基丙烯酸酯类广谱、内吸性杀菌剂。

其他名称　单剂：Honor；混剂：Swing Gold。

化学名称　(E)-2-(甲氧亚氨基)-N-甲基-2-[α-(2,5-二甲基苯氧基)邻甲苯基]乙酰胺；(αE)-2-[(2,5-dimethylphenoxy)methyl]-α-(methoxyimino)-N-methylbenzeneacetamide。

IUPAC 名称　(E)-2-(methoxyimino)-N-methyl-2-[α-(2,5-xylyloxy)-o-tolyl]acetamide。

CAS 登记号　149961-52-4。

EC 号　604-712-8。

分子式　$C_{19}H_{22}N_2O_3$。

相对分子质量　326.39。

结构式

开发单位　由日本盐野义公司研制，并与巴斯夫公司共同开发成功。

理化性质　纯品为白色结晶固体，原药含量≥98%。熔点 138～139.7℃。相对密度 1.235（20～25℃）。蒸气压 6×10⁻⁴mPa（25℃）。$K_{ow}\lg P$ 3.59（25℃）。水中溶解度（mg/L，20～25℃）：53（pH8）、4.3（pH5.7）；有机溶剂中溶解度（g/L，20～25℃）：二氯甲烷＞250、丙酮 67～80、异丙醇＜10、乙酸乙酯 30～40、二甲基亚砜 200～250、n-庚烷＜10、n-正辛醇＜10、橄榄油＜10、甲苯 20～25。在水溶液中稳定，当 pH4～9、50℃，稳定期＞30 天。在土壤中半衰期依土壤类型不同而异，DT_{50} 2～39 天。

毒性　低毒。大鼠急性经口 LD_{50}＞5000mg/kg。兔急性经皮 LD_{50}＞2000mg/kg。对兔眼睛无刺激性，对兔皮肤有刺激。对皮肤无致敏。大鼠急性吸入 LC_{50}（4 小时）1.3mg/L 空气。NOEL［mg/（kg·d）］：大鼠（90 天）3，大鼠（7 天）4。山齿鹑急性经口 LD_{50}＞2000mg/kg，野鸭和山齿鹑饲喂 LC_{50}（5 天）＞5000mg/kg 饲料。鱼类 LC_{50}（96 小时，mg/L）：虹鳟 0.04。水蚤 LC_{50}（48 小时）0.039mg/L。羊角月牙藻 E_bC_{50} 0.017mg/L。蜜蜂 LD_{50}（μg/ 只）：接触＞100，经口＞79。

剂型　中国尚无原药和剂型登记。在英国登记的单剂 honor，复配制剂 Swing Gold 悬浮剂（醚菌胺 133g/L ＋氟环唑 50g/L）。

作用方式及机理　具有层移作用的内吸性杀菌剂，具有保护、治疗和铲除活性。

防治对象　可以有效防治谷类作物上的主要病害，如立枯病、叶枯病和锈病，也可防治油菜霜霉病。

使用方法　主要是兑水茎叶喷雾使用。防治冬小麦晚期病害，在冬小麦晚期病害发生初期，喷施 Swing Gold 悬浮剂，喷施用量为 1.5L/hm²。

与其他药剂的混用　醚菌胺的复配制剂为醚菌胺 133g/L ＋氟环唑 50g/L，主要用于防治谷类作物病害。

允许残留量　WHO 推荐醚菌胺 ADI 为 0.004mg/kg。

参考文献

刘长令, 2006. 世界农药大全: 杀菌剂卷[M]. 北京: 化学工业出版社: 126-128.

农业部种植业管理司, 农业部农药检定所, 2015. 新编农药手册[M]. 2版. 北京: 中国农业出版社: 314-316.

TURNER J A, 2015. The pesticide manual: a world compendium[M]. 17th ed. UK: BCPC: 492-493.

（撰稿：王岩；审稿：刘鹏飞）

醚菌酯 kresoxim-methyl

一种甲氧基丙烯酸酯类广谱、内吸性杀菌剂，兼具有良好的保护和治疗作用。

其他名称 Allegro、Candit、Cygnus、Discus、Kenbyo、Mentor、Sovran、Stroby、翠贝、苯氧菌酯。

化学名称 (*E*)-2-甲氧亚氨基-2-[2-(邻甲基苯氧基甲基)苯基]乙酸甲酯；methyl(*E*)-*a*-(methoxyimino)-2-[(2-methylphenoxy)methyl]benzeneacetate。

IUPAC名称 methyl(*E*)-2-methoxyimino-2-[2-(*o*-tolyloxymethyl)phenyl]acetate。

CAS登记号 143390-89-0。

EC号 417-880-0。

分子式 $C_{18}H_{19}NO_4$。

相对分子质量 313.35。

结构式

开发单位 1983年由德国巴斯夫公司开发。E. Ammermann等报道醚菌酯的杀菌活性。

理化性质 纯品为白色带芳香味晶体。原药含量94%、95%，外观为浅棕色粉末。熔点101.6～102.5℃。密度1.258g/cm^3（20～25℃）。蒸气压2.3×10^{-3}mPa（25℃）。K_{ow}lg$P$ 3.4（25℃，pH7）。Henry常数3.6×10^{-4}Pa·m^3/mol。在水中溶解度（25℃）：2mg/L；在有机溶剂中溶解度（g/L，20℃）：二氯甲烷939、丙酮217、乙酸乙酯123、n-庚烷1.72、甲醇14.9。稳定性：在微酸性条件水溶液中很稳定，碱性条件下快速降解；DT$_{50}$：34天（pH7）、7小时（pH9），稳定（pH5）。土壤中能够快速降解，半衰期DT$_{50}$<1天，DT$_{90}$<3天（实验室）。在土壤中迁移性强，K_{oc}219～372。

毒性 低毒。大鼠急性经口LD$_{50}$>5000mg/kg。兔急性经皮LD$_{50}$>2000mg/kg。对兔眼睛和皮肤无刺激。大鼠急性吸入LC$_{50}$（4小时）>5.6mg/L空气。NOEL［mg/（kg·d）］：雄性大鼠（3月）48，雌性大鼠（3月）43；雄性大鼠（2年）36，雌性大鼠（2年）48。无生殖毒性和致畸变性。鹌鹑经口LD$_{50}$（14天）>2150mg/kg，山齿鹑饲喂LC$_{50}$（8天）>5000mg/kg饲料。鱼类LC$_{50}$（96小时）：蓝鳃太阳鱼0.499mg/L、虹鳟63μg/L。水蚤EC$_{50}$（48小时）0.186mg/L。粗壮纤维藻EC$_{50}$（72小时）0.063mg/L。蜜蜂LD$_{50}$（48小时，μg/只）：经口14，接触>20。蚯蚓LC$_{50}$>937mg/kg土壤。

剂型 50%、60%水分散粒剂，30%、40%悬浮剂，30%可湿性粉剂。

质量标准 50%醚菌酯水分散粒剂为深棕色颗粒。密度1.3g/ml，pH5.6，悬浮率99%，润湿时间5秒，常温下储存2年稳定。30%醚菌酯悬浮剂为可流动悬浮液体，悬浮率≥90%，pH7～9。30%醚菌酯可湿性粉剂外观为灰色均匀的疏松粉末，悬浮率≥70%，细度≥95%，pH5～7，水分<3%。

作用方式及机理 内吸性的线粒体呼吸抑制剂，通过阻止线粒体呼吸链中的电子转移，阻止细胞能量合成，进而抑制病菌的孢子萌发和菌丝生长。

防治对象 杀菌谱广，持效期长，对半知菌、子囊菌、担子菌等真菌和卵菌引起的多种病害具有很好的活性。

使用方法 针对叶部病害，主要是兑水喷雾使用。

防治草莓白粉病 发病前或发病初期开始施药，50%水分散粒剂3000～5000倍液（有效成分100～166.7mg/kg）喷雾，每隔7～14天施药1次，安全间隔期为5天，每季最多使用3次。

防治黄瓜白粉病 发病前或发病初期开始施药，每次每亩用50%水分散粒剂13～20g（有效成分6.5～10g）兑水喷雾，每隔7～14天施药1次，安全间隔期为5天，每季最多使用3次。

防治梨黑星病 发病前或发病初期开始施药，用50%水分散粒剂3000～5000倍液（有效成分100～166.7mg/kg）整株喷雾，每隔7～14天施药1次，安全间隔期为45天，每季最多使用3次。

防治苹果斑点落叶病 分别于苹果树春梢和秋梢抽生期施药，用50%水分散粒剂4000～5000倍液（有效成分125～166.7mg/kg）整株喷雾，每隔10～15天施药1次，安全间隔期为45天，每季最多使用3次。

防治小麦锈病 发病前或发病初期开始施药，每次每亩用30%悬浮剂30～70ml（有效成分15～21g）兑水喷雾，施药1～2次，每隔7～10天施药1次，安全间隔期为21天，每季最多使用2次。

防治番茄早疫病 发病前或发病初期开始施药，每次每亩用30%悬浮剂40～60ml（有效成分12～18g）兑水喷雾，每隔7～10天施药1次，连续使用3次，安全间隔期为3天，每季最多使用3次。

注意事项 药剂应现混现用，配好的药液要立即使用。并按照当地的有关规定处理所有的废弃物。该药剂无特效解毒剂，使用中有任何不良反应或误服，请立即就医诊治。

与其他药剂的混用 醚菌酯15%与戊唑醇30%复配，防治苹果轮纹病，于苹果轮纹病菌侵染前或初期兑水稀释2000～4000倍液进行整株均匀喷雾，具体施药次数视病情发生而定，施药间隔期为7～10天。噻呋酰胺10%和醚菌酯20%复配，防治水稻纹枯病，施药量为有效成分99～135g/hm^2。醚菌酯可与不同作用机制的杀菌剂进行复配施用，提高其防治效果，延缓抗药性的发生。

允许残留量 GB 2763—2021《食品中农药最大残留限量标准》规定醚菌酯最大残留限量见表。ADI为0.4mg/kg。谷物按照GB 23200.9、GB/T 20770规定的方法测定；油料和油脂参照GB 23200.9规定的方法测定；蔬菜、水果按照GB 23200.8、GB 23200.113、GB/T 20769规定的方法测定。WHO推荐醚菌酯ADI为0.4mg/kg。

部分食品中醚菌酯最大残留限量（GB 2763—2021）

食品类别	名称	最大残留限量（mg/kg）
谷物	稻谷	1.00
	小麦	0.05
	大麦	0.10
	黑麦	0.05
	糙米	0.10
油料和油脂	初榨橄榄油	0.70
蔬菜	葱	0.20
	番茄	1.00
	黄瓜	0.50
水果	橙、柚	0.50
	苹果、梨、山楂、枇杷、榅桲	0.20
	枣（鲜）	1.00
	枸杞（鲜）	0.10
	葡萄	1.00
	猕猴桃	5.00
	草莓	2.00
	橄榄	0.20
	香蕉	0.50
	西瓜	0.02
	甜瓜类水果	1.00
干制水果	葡萄干	2.00
药用植物	人参（鲜、干）	0.10
动物源性食品	哺乳动物肉类（海洋哺乳动物除外）	0.05*
	哺乳动物内脏（海洋哺乳动物除外）	0.05*
	哺乳动物脂肪（乳脂肪除外）	0.05*
	禽肉类	0.05*
	生乳	0.01*

* 临时残留限量。

参考文献

刘长令, 2006. 世界农药大全: 杀菌剂卷[M]. 北京: 化学工业出版社: 126-128.

农业部种植业管理司, 农业部农药检定所, 2015. 新编农药手册[M]. 2版. 北京: 中国农业出版社: 314-316.

TURNER J A, 2017. The pesticide manual: a world compendium [M]. 17th ed. UK: BCPC: 492-493.

（撰稿：王岩；审稿：刘鹏飞）

米多霉素 mildiomycin

由一种土壤放线菌产生的具有 5- 羟甲基嘧啶的核苷类抗生素，对多种植物粉霉菌具有强烈拮抗作用。

其他名称 灭粉霉素、抗菌剂 B-08891、TF-138。

化学名称 (2R,4R)-2[(2R,5S,6S)-2-(4- 氨基 -1,2- 二氢 -5- 羟甲基 -2- 氧嘧啶 -1- 基)-5,6- 二氢 -5-L- 丝氨酰氨基 -2H- 吡喃 -6- 基]-5- 胍基 -2,4- 二羟基戊酸; (2R,4R)-2-[(2R,5S,6S)-2-(4-amino-1,2-dihydro-5-hydroxymethyl-2-oxopyrimidn-1-yl)-5,6-dihydro-5-L-serylamino-2H-pyran-6-yl]-5-guanidino-2,4-dihyoxyvaleric acid。

IUPAC名称 (4 ξ)-2-C-[(2S,3S,6R)-6-[4-amino-5-(hydroxymethyl)-2-oxo-1(2H)-pyrimidinyl]-3-(L-serylamino)-3,6-dihydro-2H-pyran-2-yl]-5-carbamimidamido-3,5-dideoxy-L-glycero-pentonic acid。

CAS 登记号 67527-71-3。

EC 号 614-077-9。

分子式 $C_{19}H_{30}N_8O_9$。

相对分子质量 514.49。

结构式

开发单位 武田药品工业公司。

理化性质 为吸湿性白色粉末。熔点 > 300℃（分解）。易溶于水，微溶于吡啶、二甲基亚砜、N,N- 二甲基乙酰胺、二噁烷、四氢呋喃。在中性介质中稳定，在 pH9 的碱性水溶液中和 pH2 的酸性水溶液中不稳定。

毒性 对雌性小鼠的静脉注射 LD_{50} 599mg/kg，急性经口 LD_{50} 5250mg/kg。对雌性大鼠的静脉注射 LD_{50} 700mg/kg，急性经口 LD_{50} 4120mg/kg。30 天喂食试验中，每天剂量 200mg/kg，小鼠和大鼠无明显异常。对大鼠进行 3 个月的亚急性毒性试验中，每天最大 NOEL 为 50mg/kg。浓度为 1000mg/L 的米多霉素溶液对大白兔的角膜和皮肤均无刺激现象。在 7 天时间内，20mg/L 的米多霉素对鳉鱼无明显的毒性效应。

剂型 可湿性粉剂（有效成分 80g/kg），水溶液（有效成分 80g/kg）。

作用方式及机理 在体内通过阻断肽基转运中心而选择性地抑制了部分蛋白质的合成。

防治对象 对寄生真菌单丝壳属、白粉菌属、叉丝单囊壳属、叉丝壳属、钩丝壳属和双壁壳属有优良防效。对内丝白粉菌属和球针壳属也有效。但对革兰氏阳性和阴性细菌、酵母、腐生真菌和肤癣菌几乎无活性。用于防治各种作物的白粉病。

使用方法　常用量为 40～80mg/L 叶面喷雾。用 80mg/L 可以防治黄瓜、甜瓜、玫瑰、草莓、番茄、大麦、烟草、葡萄、豌豆、桑和苹果白粉病，效果达 90% 以上。

注意事项　不能与碱性物质混用。也不能与酸性物质混用。储存于阴凉、干燥、通风处。

参考文献

纪明山, 2011. 生物农药手册[M]. 北京: 化学工业出版社.
孙家隆, 2015. 新编农药品种手册[M]. 北京: 化学工业出版社.
张洪昌, 2011. 生物农药使用手册[M]. 北京: 中国农业出版社.

（撰稿：徐文平；审稿：陶黎明）

米尔贝霉素　milbemycin oxime

一种防治宠物内外寄生虫的新型抗寄生虫药。

其他名称　倍脉心、米尔贝肟、米尔贝霉、杀螨菌素肟。

化学名称　(6R,25R)-5-脱甲氧基-28-脱氧-6,28-环氧基-25-乙基-5-(羟基亚氨基) 密尔伯霉素 B 与 (6R,25R)-5-脱甲氧基-28-脱氧 -6,28-环氧基 -5-(羟基亚氨基)-25-甲基密尔伯霉素 B 混合物；(6R,25R)-5-demethoxy-28-deoxy-6,28-epoxy-25-ethyl-5-(hydroxyimino)milbemycin B mixture with(6R,25R)-5-demethoxy-28-deoxy-6,28-epoxy-5-(hydroxyimino)-25-methylmilbemycin B。

IUPAC 名称　(10E,14E,16E)-(1R,4S,5′S,6R,6′R,8R,13R,20R,24S)-6′-ethyl-24-hydroxy-5′,11,13,22-tetramethyl-(3,7,19-trioxatetracyclo[15.6.1.1^{4,8}.0^{20,24}]pentacosa-10,14,16,22-tetraene)-6-spiro-2′-(tetrahydropyran)-2,21-dione 21-(EZ)-oxime and 30%(10E,14E,16E)-(1R,4S,5′S,6R,6′R, 8R,13R,20R,24S)-24-hydroxy-5′,6′,11,13,22-pentamethyl- (3,7,19-trioxatetracyclo[15.6.1.1^{4,8}.0^{20,24}]pentacosa-10,14,16,22-tetraene)-6-spiro-2′-(tetrahydropyran)-2,21-dione 21-(EZ)-oxime。

CAS 登记号　129496-10-2。

分子式　$C_{31}H_{43}NO_7$（Ⅰ）；$C_{32}H_{45}NO_7$（Ⅱ）。

相对分子质量　541.68（Ⅰ）；555.71（Ⅱ）。

结构式

Ⅰ型：

Ⅱ型：

开发单位　日本三共公司于 1967 年发现，于 1986 年正式以商品名米尔贝霉素 A 在日本上市。

理化性质　杀螨菌素肟是米尔贝霉素 D 的肟衍生物。米尔贝霉素 D 的结构中在 C5 和 C7 位置含有羟基，在 C3 和 C14 位置有单独的双键，C8 和 C11 构成共轭二烯结构。

杀螨菌素肟（米尔贝肟）主要含有米尔贝霉素 A3 肟和 A4 肟，其中米尔贝霉素 A4 肟不得低于 80%，A3 肟不得超过 20%。米尔贝霉素为黄色结晶性粉末，有异味，易溶于 n- 己烷、苯、丙酮、乙醇、甲醇和氯仿等有机溶剂，但在水中不溶。

毒性　米尔贝肟的 LD_{50} 为建议剂量的 2000 倍以上；慢性毒性试验确定的无毒性量为 3mg/（kg·d）；繁殖性能试验则以 3mg/（kg·d）的剂量由怀孕连续投药至生产，对试验组米格鲁母幼犬皆无任何影响。

剂型　杀螨菌素 A3 和 80% 杀螨菌素 A4 的混合物，市场上以杀螨菌素肟为有效成分的产品主要有诺华的犬心安片剂，耳蜡灭滴耳剂，日本三共的倍脉心（杀螨菌素 A）颗粒剂，及诺华公司生产的 Sentinel 的片剂等。

作用方式及机理　米尔贝肟进入寄生虫体内会强化 GABA 的结合力使氯离子持续进入细胞膜内，使膜点位持续超极化状态而中断神经传导，造成寄生虫瘫痪麻痹而死亡。

防治对象　防治犬、猫体内外寄生虫的特效药，能特效防治心丝虫，高效防治钩虫、圆虫、鞭虫、蛔虫等体内寄生虫，以及犬疥螨、鼻螨、毛囊虫、疥癣、虱、跳蚤等体外寄生虫。

使用方法　目前国外推出的米尔贝肟多为口服片剂，针对不同体重的犬、猫设计有不同的产品，一般每月喂 1 片即可达到预防体内外寄生虫的目的。当发现宠物已经感染寄生虫时应以 500mg/kg 的杀虫剂量口服，间隔半月再口服 1 次，以杀死刚孵化出的幼虫，然后按预防用药，每月口服 1 片即可有效防止复发。为防止中毒、过敏等症的出现，最好是按照建议口服剂量 0.25mg/（kg·d）连续用药 30 天后请专业兽医诊断体内外寄生虫数量的变化，再进行下一步治疗。由于氯芬奴隆具有强效的杀死体外寄生虫及虫卵的作用，所以常与米尔贝肟配制成复方应用。

注意事项　如果幼虫寄生数量过多，一次投药量过大，杀死的幼虫分解产生内毒素，对宠物健康会有危害，因此建议在兽医指导下用药。该品副作用极为少见，如果发现用药后宠物有极度沉郁、厌食、嗜睡、流涎、呕吐、腹泻、癫痛、体虚等中毒症状时，应给予相应治疗。如出现面部肿胀、荨麻疹、挠抓、急性腹泻、齿龈苍白、昏迷、休克等过敏症状时，应及时救治。

参考文献

丁伟, 2010. 螨类控制剂[M]. 北京: 化学工业出版社.

（撰稿：罗金香；审稿：丁伟）

嘧苯胺磺隆　orthosulfamuron

一种磺酰脲类除草剂。

其他名称　Kelion、Pivot、Strada、Snipe。

化学名称　1-(4,6-二甲氧基嘧啶 -2- 基)-3-[2-(2-(二甲基氨基甲酰基) 苯胺基磺酰基) 脲；1-(4,6-dimethoxypyrimidin-2-yl)-3-[[2-(dimethylcarbamoyl)phenyl]sulfamoyl]]urea。

IUPAC 名称　2-((N-((4,6-dimethoxypyrimidin-2-yl)carbamoyl)sulfamoyl)amino)-N, N-dimethylbenzamide。

CAS 登记号　213464-77-8。

EC 号　606-744-8。

分子式　$C_{16}H_{20}N_6O_6S$。

相对分子质量　424.43。

结构式

开发单位　意大利意赛格公司与 Rice Co 公司共同开发。

理化性质　原药纯度＞98%。其纯品为白色结晶。熔点 157 ℃。密度 1.48g/cm³（22 ℃）。蒸气压＜ $1.116×10^{-4}$Pa（20 ℃）。Henry 常数＜ $7.6×10^{-5}$Pa·m³/mol（pH7, 20 ℃）。水中溶解度（25℃，mg/L）：26.2（pH4）、629（pH7）；有机溶剂中溶解度（20℃，g/L）：二氯甲烷 56、甲醇 8.3、丙酮 19.5、乙酸乙酯 3.3、正庚烷 0.00023、二甲苯 0.13。稳定性：54℃稳定存在 14 天以上。在水中半衰期 DT_{50}：25℃时，8 小时（pH5）、24 天（pH7）、228 天（pH9）；50℃时，0.43 小时（pH4）、35 小时（pH7）、8 天（pH9）。

毒性　大鼠、小鼠、兔急性经口 LD_{50} ＞5000mg/kg。大鼠急性经皮 LD_{50} ＞5000mg/kg。大鼠急性吸入 LC_{50}（4 小时）＞2.19mg/L 空气。对兔皮肤和眼睛无刺激性作用，对豚鼠皮肤无致敏性。大鼠（2 年）喂养试验 NOEL 为 5mg/kg，雄小鼠（18 个月）喂养试验 NOEL 为 75mg/kg。鸟：小齿鹑和野鸭急性经口 LD_{50} ＞5000mg/kg，小齿鹑和野鸭饲喂 LC_{50}（5 天）＞5000mg/kg 饲料。鱼类 LC_{50}（96 小时，mg/L）：虹鳟＞122，大翻车鱼＞142，斑马鱼＞100。水蚤 EC_{50}（48 小时）＞100mg/L。藻类 E_bC_{50}（72 小时，mg/L）：近具刺链带藻 41.4、水华鱼腥藻 1.9。其他水生物：E_bC_{50}（7 天）：浮萍 0.327μg/L。蜜蜂 LD_{50}（48 小时）：经口＞109.4μg/ 只，接触＞100μg/ 只。蚯蚓 LC_{50} ＞1000mg/kg 土壤。

剂型　50% 水分散粒剂等。

质量标准　原药纯度≥ 98%。

作用方式及机理　支链氨基酸合成抑制剂，通过抑制关键氨基酸缬氨酸、亮氨酸和异亮氨酸的合成，从而阻止细胞分裂和植物生长。

防治对象　苗后防除一年生和多年生阔叶杂草、稗草和莎草，甜菜田中阔叶杂草和禾本科杂草。

使用方法　茎叶喷雾或毒土法。每生长季施药 1 次。嘧苯胺磺隆在水稻移栽田使用，对防除稗草、莎草、阔叶杂草及浮萍青苔有特效。使用剂量的有效成分为 60～75g/hm²。

注意事项　最佳施药时期在水稻插秧后 5～7 天；在推荐的使用剂量下（有效成分 150g/hm² 以下）对当茬水稻和水稻田主要后茬作物安全。

与其他药剂的混用　丙炔噁草酮和嘧苯胺磺隆混用。

允许残留量　GB 2763—2021《食品中农药最大残留限量标准》规定嘧苯胺磺隆最大残留限量在糙米和稻谷中为 0.05mg/kg（临时限量）。ADI 为 0.05mg/kg。

参考文献

刘长令, 关爱莹, 2014. 世界重要农药品种与专利分析[M]. 北京: 化学工业出版社.

王滢秀, 王霞, 吕秀亭, 等, 2014. 2016—2020 年专利到期的农药品种之嘧苯胺磺隆[J]. 今日农药 (9)：41-43.

（撰稿：李玉新；审稿：耿贺利）

嘧草醚　pyriminobac-methyl

一种嘧啶类内吸传导选择性除草剂。

其他名称　必利必能、Prosper、KIH-6127、KUH-920、HieClean。

化学名称　2-[(4,6-二甲氧基嘧啶 -2- 基) 氧]-6-[1-(N- 甲氧基亚氨基) 乙基] 苯甲酸甲酯。

IUPAC 名称　benzoic acid,2-[(4,6-dimethoxy-2-pyrimidinyl)oxy]-6-[(1E)-1-(methoxyimino)ethyl]-,methyl ester。

CAS 登记号　136191-64-5；147411-69-6（E 式）。

分子式　$C_{17}H_{19}N_3O_6$。

相对分子质量　361.35。

结构式

开发单位　由日本组合化学公司研制，由组合化学公司和埯原公司共同开发。

理化性质　纯品为白色粉状固体，原药为浅黄色颗粒状固体。熔点105℃（纯顺式70℃，纯反式107～109℃）。蒸气压（25℃）：顺式为2.681×10^{-5}Pa，反式为3.5×10^{-5}Pa。$K_{ow}lgP$：顺式为2.98（21.5℃），反式为2.7（20.6℃）。相对密度（20℃）：顺式为1.3868，反式为1.2734。溶解度（g/L，20℃）：顺式为水0.00925、甲醇14.6，反式为水0.175、甲醇14。在水中（pH4～9）存放1年稳定，55℃储存14天未分解。

毒性　大鼠急性经口$LD_{50} > 5000$mg/kg。兔急性经皮$LD_{50} > 5000$mg/kg。对兔皮肤和兔眼睛均有轻微的刺激。鹌鹑急性经口$LD_{50} > 2000$mg/kg。鱼类LC_{50}（96小时，mg/L）：鲤鱼30.9，虹鳟21.2。水蚤LC_{50}（24小时，mg/L）> 20。无致突变性、致畸性。

剂型　10%可湿性粉剂，0.1%水分散颗粒剂。也可与苄嘧磺隆、苯噻草胺、ＣＨ900、丁草胺等混用。

作用方式及机理　嘧啶类内吸传导选择性除草剂。通过抑制乙酰乳酸合成酶的合成阻碍氨基酸的生物合成，使植物细胞停止分裂，使杂草停止生长，最终使杂草白化而枯死（15～20天）。

防治对象　用于水稻田除稗草（苗前至4叶期的稗草）。在推荐剂量下，对所有水稻品种具有优异的选择性，并可在水稻生长的各个时期施用。

使用方法　苗后茎叶处理，使用剂量为30～90g/hm²。持效期长达50天。如30g/hm²与苄嘧磺隆51g/hm²混用，对大龄稗草活性高于两者单独施用，且不影响苄嘧磺隆防除莎草和阔叶杂草。

与其他药剂的混用　与吡嘧磺隆或苄嘧磺隆等混用，用于防治阔叶杂草和莎草。也可与苯噻草胺、ＣＨ900、丁草胺等混用。

参考文献

朱永和，王振荣，李布青，2006. 农药大典[M]. 北京：中国三峡出版社：908.

（撰稿：刘玉秀；审稿：宋红健）

嘧啶核苷类抗菌素　pyrimidine nucleoside antibiotic

碱性核苷类抗生素，以预防保护作用为主，兼有治疗作用。

其他名称　农抗120、抗霉菌素120、120农用抗菌素。

化学名称　嘧啶核苷。

开发单位　中国农业科学院生物技术研究所开发。

理化性质　产生菌TF-120为链霉菌新变种，定名为刺孢吸水链霉菌北京变种。其主要组分为120-B，类似下里霉素（harimycin）；次要组分120-A和120-C，分别类似潮霉素B（hygromycin B）和星霉素（asteromycin）。外观为白色粉末，熔点165～167℃（分解）。易溶于水，不溶于有机溶剂，在酸性和中性介质中稳定，在碱性介质中不稳定。

毒性　低毒。纯品120-A及B小鼠急性静脉注射LD_{50}分别为124.4mg/kg和112.7mg/kg。对小鼠腹腔注射LD_{50}为1080mg/kg。兔经口亚急性毒性试验NOEL为500mg/（kg·d）。

剂型　2%、4%、6%水剂。

质量标准　水剂由有效成分和水等组成。外观为褐色液体，无霉变结块，无臭味，沉淀物≤2%，pH3～4。该药剂遇碱易分解，在2年储存期内比较稳定。

作用方式及机理　是一种广谱性农用抗菌素，对许多植物病原菌有强烈的抑制作用。进入植物体内后，可以直接阻碍病原菌蛋白质的合成，导致病菌的死亡，达到抗病的目的。对作物有保护和治疗双重作用，提高作物的抗病能力和免疫能力，保护、预防作用优于治疗、杀灭作用。

防治对象　真菌引起的枯萎病、白粉病、白绢病、立枯病、纹枯病、茎枯病、锈病、叶斑病、炭疽病、茎腐病、根腐病等，尤其适用于葫芦科和茄科的瓜果类、十字花科叶菜类蔬菜、禾本科粮食作物及苹果、葡萄、草莓等果蔬类。

使用方法

防治烟草及瓜类白粉病　发病初期开始施药，用2%水剂200倍液（有效成分100mg/kg）兑水喷雾，每隔10～15天喷1次，连续喷施2～3次。如病情严重，可7～8天喷1次。

防治苹果、葡萄白粉病　发病初期开始施药，用2%水剂200倍液（有效成分100mg/kg）整株喷雾，10～15天后再喷药1次。

防治大白菜黑斑病　发病初期开始施药，用2%水剂200倍液（有效成分100mg/kg）喷雾，15天后再喷药1次。

防治小麦锈病　小麦拔节后或田间初发病时施药，用2%水剂200ml（有效成分4g）兑水喷雾，间隔15～20天后再喷药1次。

防治月季等花卉白粉病　发病初期开始施药，用2%水剂200倍液（有效成分100mg/kg）喷雾，间隔15～20天喷1次，连续喷药2～3次。

防治西瓜枯萎病　发病初期开始施药，将植株周围根部土壤扒成一穴，用2%水剂200倍液（有效成分100mg/kg）灌根，每株灌药液500ml，每隔5天灌1次，对重病株连续灌根3～4次。

防治番茄早疫病　发病初期开始喷药，用2%水剂200倍液（有效成分100mg/kg）喷雾，间隔15～20天喷1次，连续喷药3～4次。

注意事项　不可与碱性农药混用。喷施应避开烈日和阴雨天，傍晚喷施于作物叶片或果实上。塑料大棚施用，喷药后注意通风通气。随配随用，按照使用浓度配制。

与其他药剂的混用　农抗120与百菌清4∶1～8∶1混配，对辣椒炭疽病菌有明显增效作用，其中，6∶1时效果最好。与多菌灵以1∶1～2∶1比例混配，对棉花枯萎病菌有明显增效作用，其中，1∶2时效果最好。与代森锰锌以2∶1比例混配对辣椒炭疽病菌的增效作用最佳。

参考文献

韩新才，张宁，肖国蓉，等，2005. 农抗120和百菌清对辣椒炭疽病菌联合毒力的测定[J]. 华中农业大学学报，24(2)：157-160.

韩新才, 彭坤波, 李喜书, 等, 2008. 农抗120与多菌灵混配对棉花枯萎病菌的增效作用研究[J]. 棉花学报, 20(5): 391-393.

韩新才, 张宁, 肖国蓉, 等, 2004. 农抗120与代森锰锌对辣椒炭疽病菌的增效作用[J]. 农药, 43(11): 522-534.

农业部种植业管理司, 农业部农药检定所, 2015. 新编农药手册[M]. 2版. 北京: 中国农业出版社.

（撰稿: 周俞辛; 审稿: 胡健）

嘧啶类杀菌剂　pyrimidine fungicides

在具有生物活性的嘧啶环中引入杂环、稠杂环、胺、酰胺和（硫）醚等结构, 研发了一类具有结构新颖、作用方式独特、高效、广谱的嘧啶类杀菌剂。1968 年, 自英国卜内门公司开发了具有杀菌活性的嘧啶类化合物乙嘧酚以来, 其他公司也相继开发了含有嘧啶环结构的杀菌剂, 如二甲嘧酚、氯苯吡嘧醇和嘧菌胺等。嘧啶环上取代位点和取代基的多样性, 使得以嘧啶为母体的化合物具有广阔的修饰空间, 其分子设计、合成和生物活性研究仍是农药研究热点之一。

根据化学结构, 该类杀菌剂可分为嘧啶胺类（如氟嘧菌胺）、（硫）醚类嘧啶、稠杂环嘧啶类和其他嘧啶类化合物。主要有 11 个品种, 即乙嘧酚磺酸酯（bupirimate）、嘧菌环胺（cyprodinil）、氟嘧菌胺（diflumetorim）、二甲嘧酚（dimethirimol）、乙嘧酚（ethirimol）、氯苯嘧啶醇（fenarimol）、嘧菌腙（ferimzone）、嘧菌胺（mepanipyrim）、氟苯嘧啶醇（nuarimol）、嘧霉胺（pyrimethanil）、嘧菌醇（triarimol）。

（撰稿: 陈长军; 审稿: 张灿、刘西莉）

嘧啶威　pyramat

一种氨基甲酸酯类杀虫剂。

其他名称　G 23330、ENT-19059。

化学名称　6-甲基-2-正丙基-4-嘧啶基氨基甲酸二甲酯。

IUPAC 名称　6-methyl-2-propylpyrimidin-4-yl dimethylcarbamate。

CAS 名称　6-methyl-2-propyl-4-pyrimidinyl N,N-dimethylcarbamate。

CAS 登记号　2532-49-2。

分子式　$C_{11}H_{17}N_3O_2$。

相对分子质量　223.27。

结构式

开发单位　瑞士汽巴 - 嘉基公司。

理化性质　原药为淡黄色油状液体。沸点 108～109℃（8.03kPa）。

毒性　鼹鼠急性经口 LD_{50} 225mg/kg。

剂型　乳油, 颗粒剂, 可湿性粉剂和液剂。

作用方式及机理　为触杀性杀虫剂。在动物体内可抑制胆碱酯酶的活性。可参见其他二甲基氨基甲酸酯类化合物。

防治对象　对家蝇高效, 此外还能防治蔬菜、果树、谷物上的某些害虫, 如豆象鼻虫等。

注意事项　使用时勿吸入药雾, 勿让药液溅入眼睛内, 要注意防护。药品储存在低温通风场所, 远离食物和饲料, 勿让儿童接近。中毒时使用硫酸阿托品。

参考文献

朱永和, 王振荣, 李布青, 2006. 农药大典[M]. 北京: 中国三峡出版社.

（撰稿: 李圣坤; 审稿: 吴剑）

嘧啶肟草醚　pyribenzoxim

一种嘧啶硫代苯甲酸酯类除草剂。

其他名称　韩乐天、双嘧双苯醚、嘧啶水杨酸、pyanchor。

化学名称　二苯酮-O-[2,6- 双 (4,6- 二甲氧基嘧啶 -2- 基氧基) 苯甲酰基] 肟。

IUPAC 名称　benzophenone O-(2,6-bis(4,6-dimethoxy-pyrimidin-2-yloxy)benzoyl)oxime。

CAS 登记号　168088-61-7。

EC 号　605-603-4。

分子式　$C_{32}H_{27}N_5O_8$。

相对分子质量　609.59。

结构式

开发单位　LG 化学公司开发。

理化性质　白色固体。熔点 128～130℃。蒸气压 < 9.9×10^{-1} mPa。溶解度（25℃, g/L）: 水 0.0035、丙酮 1.63、己烷 0.4、甲苯 110.8。

毒性　低毒。大、小鼠急性经口 $LD_{50} >$ 5000mg/kg, 急性

经皮 LD$_{50}$ > 2000mg/kg。大鼠亚慢性试验 NOEL（90 天）> 2000mg/（kg·d）。对皮肤、眼睛中等刺激。无致畸、致突变、致癌作用。对鱼、鸟、蜂、蚕低毒。鱼（ricefish）LC$_{50}$（96 小时）> 100mg/L。水蚤 LC$_{50}$（48 小时）> 100mg/L。鸟 EC$_{50}$ > 100mg/kg。蜜蜂 LD$_{50}$（24 小时）> 100μg/ 只。家蚕 LD$_{50}$（24 小时）> 10 000mg/kg。

剂型　5% 乳油。

质量标准　嘧啶肟草醚原药（NY/T 3778—2020）。

作用方式及机理　有效成分被植物茎叶吸收后，传导至整个植株，抑制乙酰乳酸合成酶，影响支链氨基酸（亮氨酸、缬氨酸、异亮氨酸）生物合成，使蛋白质合成受阻，施药后杂草停止生长，两周后开始死亡。用药适期较宽，对 1.5~6.5 叶期稗草均有效，无芽前除草活性。

防治对象　稻田稗属杂草、双穗雀稗、稻李氏禾、眼子菜、狼杷草、鳢肠、鸭跖草、丁香蓼、田菁、异型莎草等。对千金子防效较差。

使用方法　茎叶喷雾。用于水稻田除草。直播田、移栽田除草：水稻 2~3 叶期，杂草 2~5 叶期，每亩用 5% 嘧啶肟草醚乳油 40~50g（有效成分 2~2.5g，南方地区），或 50~60g（有效成分 2.5~3g，北方地区），兑水 30L 茎叶喷雾。施药前排干田水，施药后 1~2 天灌薄水层 3~5cm，保水 5~7 天。

注意事项　①低温条件施药，水稻会出现黄叶、生长受抑制，一天后可恢复正常生长，一般不影响产量。施药过量（每亩有效成分 5g），影响水稻分蘖及产量。②千金子发生严重的地块，可与氰氟草酯混用，扩大杀草谱。③使用该药后，下茬仅可种植水稻、油菜、小麦、大蒜、胡萝卜、萝卜、菠菜、移栽黄瓜、甜瓜、辣椒、番茄、草莓、莴苣。④每亩量超过 60ml 易引起秧苗黄化，但后期可恢复正常生长。⑤施药后的田水不能浇灌蔬菜，也不要排入菜田。

与其他药剂的混用　可与二氯喹啉酸、五氟磺草胺、氰氟草酯、吡嘧磺隆、丙草胺混用，扩大杀草谱。

允许残留量　GB 2763—2021《食品中农药最大残留限量标准》规定嘧啶肟草醚最大残留限量见表。ADI 为 2.5mg/kg。

部分食品中嘧啶肟草醚最大残留限量（GB 2763—2021）

食品类别	名称	最大残留限量（mg/kg）
谷物	稻谷	0.05
	糙米	0.05

参考文献

刘长令, 2002. 世界农药大全: 除草剂卷[M]. 北京: 化学工业出版社.

马克比恩 C, 2015. 农药手册[M]. 胡笑形, 等译. 北京: 化学工业出版社.

中国农业百科全书总编辑委员会农药卷编辑委员会, 中国农业百科全书编辑部, 1993. 中国农业百科全书: 农药卷[M]. 北京: 农业出版社.

SHANER D L, 2014. Herbicide handbook[M]. l0th ed. Lawrence, KS: Weed Science Society of America.

（撰稿：李香菊；审稿：耿贺利）

嘧啶氧磷　pirimiphos-ethyl-oxon

一种含嘧啶杂环的有机磷杀虫剂、杀螨剂。

其他名称　N2-23、MDYL、Midinyanglin。

化学名称　2-(二乙基氨基)-6- 甲基 -4- 嘧啶基二乙基磷酸酯。

IUPAC 名称　[2-(diethylamino)-6-methylpyrimidin-4-yl] diethyl phosphate。

CAS 登记号　36378-61-7。

分子式　C$_{13}$H$_{24}$N$_3$O$_4$P。

相对分子质量　317.32。

结构式

开发单位　沈阳化工研究院。

理化性质　纯品为淡黄色透明黏稠状液体。沸点 128~132℃（133.3Pa）。具有硫代磷酸酯类的特有气味。相对密度 1.977。折射率 1.5064。易溶于乙醇、乙醚、苯、丙酮、乙酸乙酯等有机溶剂中，并能溶于盐酸中，在水中溶解度很小，且遇水发生分解，酸碱和光热都能促进分解，故应在低温干燥下储存。

毒性　对人畜中等毒性。大鼠急性经口 LD$_{50}$ 183.4mg/kg，急性经皮 LD$_{50}$ 1662mg/kg，急性吸入 LC$_{50}$ 2g/L。草鱼 TLm（48 小时）1mg/L，蛙 TLm（48 小时）27.8mg/L。

剂型　40% 乳油，2.5% 可湿性粉剂，25% 颗粒剂。

作用方式及机理　触杀和胃毒，也具有一定的内吸渗透作用。抑制昆虫乙酰胆碱酯酶的活性。是一个好的轮换药剂。

防治对象　广谱性杀虫剂、杀螨剂，主要用于稻区，对水稻螟虫、稻瘿蚊有特效。也可以对棉、豆、粮、果、菜等蚜、螨、潜叶蝇、螟虫、叶蝉、飞虱、地下害虫、抗性蚜、蜡蚧等多种害虫有良好的防效。

使用方法

防治棉花害虫　①棉蚜、棉红蜘蛛。用 0.75~1.2L/hm^2，兑水 375~600kg，均匀混合后喷雾。②棉铃虫等蕾铃蛀虫。用 40% 乳油 1.2~1.5L/hm^2，兑水 375~600kg，混合均匀后喷雾，对灭蚜卵也有良好的效果。

防治大豆食心虫幼虫　40% 乳油 1.2~1.5L/hm^2 兑水 375~600kg，混合均匀后喷雾。

对水稻主要害虫的防治　①水稻螟虫（二化螟、三化螟）。在蚁螟卵孵化高峰前 1~3 天，用 40% 乳油 2.25~4.5L/hm^2，兑水 600~750kg，混合均匀后喷雾。②稻叶蝉、飞虱、蓟马、瘿蚊。用 40% 乳油 2.25~4.5L/hm^2，兑水 600~750kg 喷雾。③卷叶螟、稻苞虫一、二龄幼虫期。用 40% 乳油 1.5~3L/hm^2，兑水 375~600kg 喷雾。

防止地下害虫咬食棉苗、玉米苗　可用 40% 乳油 1000~1500 倍液，适量浇注受害禾苗。或用乳油 3L/hm^2 兑水 45kg，喷拌细土 300kg 使之湿润，制成毒土，撒施苗垄或围苗。

注意事项　①乳油对高粱敏感，不宜使用。②因其发生分解减效，应随配随用，不宜久放。③中毒症状为典型有机磷的中毒症状，解毒方法同一般有机磷，用碱性液体洗皮肤或洗胃，忌用高锰酸钾。治疗药物为阿托品、氯磷啶。④原粮中允许残留限量为 0.1mg/kg。⑤对蜜蜂、鱼和水生动物有毒害。施过药的稻田应防止水流入荷塘。⑥不得与碱性物质接触和混合，否则会分解失效，与水长期接触会分解，故加水稀释后应立即使用。

参考文献

朱永和，王振荣，李布青，2006. 农药大典[M]. 北京：中国三峡出版社：39-40.

（撰稿：薛伟；审稿：吴剑）

嘧菌醇　triarimol

一种麦角甾醇生物合成抑制剂。

其他名称　Trimidal、EL-273、NSC 232672、α-(2,4-Dichlorophenyl)-α-phenyl-5-pyrimidinemethanol、α-(5-Pyrimidinyl)-α-(2,4-dichlorophenyl)benzyl alcohol。

IUPAC名称　(2,4-dichlorophenyl)-phenyl-pyrimidin-5-yl-methanol。

CAS 登记号　26766-27-8。

分子式　$C_{17}H_{12}Cl_2N_2O$。

相对分子质量　331.20。

结构式

作用方式及机理　作用于菌体麦角甾醇生物合成的抑制剂，如对玉米瘤黑粉病菌孢子中的甾醇合成具有强烈抑制作用。

参考文献

马克比恩 C，2015. 农药手册[M]. 胡笑形，等译. 北京：化学工业出版社.

（撰稿：陈长军；审稿：张灿、刘西莉）

嘧菌环胺　cyprodinil

一种嘧啶胺类内吸性杀菌剂，可用于叶面喷雾和种子处理。

其他名称　Chorus、Unix、Koara、Radius、Stereo、Switch、环丙嘧菌胺、CGA219417（试验代号）。

化学名称　4-环丙基-6-甲基-N-苯基嘧啶-2-胺；4-cyclopropyl-6-methyl-N-phenyl-2-pyrimidinamine。

IUPAC 名称　4-cyclopropyl-6-methyl-N-phenylpyrimidin-2-amine。

CAS 登记号　121552-61-2。

分子式　$C_{14}H_{15}N_3$。

相对分子质量　225.29。

结构式

开发单位　瑞士诺华公司（现先正达公司）。

理化性质　纯品为粉状固体，有轻微气味。熔点 75.9℃。相对密度 1.21。蒸气压（25℃）：5.1×10^{-4}Pa（结晶状固体 A），4.7×10^{-4}Pa（结晶固体 B）。K_{ow}lg$P$（25℃）：3.9（pH5）、4（pH7）、4（pH9）。溶解度（g/L，25℃）：水 0.02（pH5）、0.013（pH7）、0.015（pH9）；乙醇 160，丙酮 610，甲苯 460，正己烷 30，正辛醇 160。pK_a4.44。稳定性：$DT_{50} > 1$ 年（pH4~7），水中光解 DT_{50} 0.4~13.5 天。

毒性　大鼠急性经口 $LD_{50} > 2000$mg/kg。大鼠急性经皮 $LD_{50} > 2000$mg/kg。大鼠急性吸入 LC_{50}（4 小时）> 1200mg/L。NOEL［mg/（kg·d）］：大鼠（2 年）3，狗（2 年）65。ADI 为 0.03mg/kg。野鸭和山齿鹑急性经口 $LD_{50} > 2000$mg/kg，野鸭和山齿鹑饲喂 LC_{50}（8 天）> 5200mg/kg 饲料。鱼类 LC_{50}（mg/L）：虹鳟 0.98~2.41，鲤鱼 1.17，大翻车鱼 1.07~2.17。水蚤 LC_{50}（48 小时）0.033~0.1mg/L。Ames 试验呈阴性，微核及细胞体外试验呈阴性，无致畸、致癌、致突变性。蜜蜂 LD_{50}（48 小时）：经口 > 316μg/ 只，接触 > 101mg/L。蚯蚓 LC_{50}（14 天）> 192mg/kg 土壤。

制剂　乳油，水分散粒剂。混剂：Koara（嘧菌环胺 + 丙环唑），Radius（嘧菌环胺 + 环丙唑醇），Switch（嘧菌环胺 + 咯菌腈）。

作用机理　抑制真菌水解酶分泌和蛋氨酸的生物合成。同三唑类、咪唑类、吗啉类、二羧酰亚胺类、苯基吡咯类等无交互抗性。

使用对象　小麦、大麦、葡萄、草莓、果树、蔬菜、观赏植物等。

安全性　对作物安全，无药害。

防治对象　主要用于防治灰霉病、白粉病、黑星病、网斑病、颖枯病以及小麦眼纹病等。

使用方法　具有保护、治疗、叶片穿透性及根部内吸性。可用于叶面喷雾或种子处理，也可作大麦种衣剂用药。叶面喷雾剂量为有效成分 150~750g/hm²，种子处理剂量为有效成分 5g/100kg 种子。

注意事项　造成皮肤刺激；可能引起皮肤过敏反应；造成严重眼刺激；吸入后对人体有害。对水生生物非常有

M

害，对水生生物毒性极大。

与其他药剂的混用

有效成分含量37%嘧菌环胺与25%的咯菌腈混配为总含量40%水分散粒剂，按照186～558g/hm²剂量喷雾，防治观赏百合灰霉病。

有效成分含量37%嘧菌环胺与25%的咯菌腈混配为总含量62%水分散粒剂，按照372～558g/hm²剂量喷雾防治观赏百合灰霉病，或413～620mg/kg防治葡萄灰霉病。

有效成分含量6%嘧菌环胺与20%啶酰菌胺混配，形成总含量26%悬浮剂，用于防治葡萄灰霉病，195～234g/hm²兑水喷雾。

有效成分含量25%甲基硫菌灵与15%的嘧菌环胺混配而成的总含量40%悬浮剂，用于防治苹果斑点落叶病，133～200mg/kg兑水喷雾。

允许残留量　GB 2763—2021《食品中农药最大残留限量标准》规定嘧菌环胺最大残留限量见表。ADI为0.03mg/kg。谷物、坚果参照GB 23200.9、GB 23200.113、GB/T 20770规定的方法测定；蔬菜、水果、干制水果按照GB 23200.8、GB 23200.113、GB/T 20769、NY/T 1379规定的方法测定。

部分食品中嘧菌环胺最大残留限量（GB 2763—2021）

食物类别	名称	最大残留限量（mg/kg）
谷物	稻谷	0.20
	小麦	0.50
	大麦	3.00
	杂粮类、糙米	0.20
油料和油脂	油菜籽	0.02
蔬菜	洋葱	0.30
	结球甘蓝	0.70
	青花菜	2.00
	叶用莴苣、结球莴苣	10.00
	叶芥菜	15.00
	茄果类蔬菜（番茄、茄子、甜椒除外）	2.00
	番茄	0.50
	茄子	0.20
	甜椒	0.50
	黄瓜、西葫芦	0.20
	豆类蔬菜（荚可食类豆类蔬菜除外）	0.50
	荚可食类豆类蔬菜	0.70
	萝卜	0.30
	胡萝卜	0.70
水果	苹果	2.00
	梨	1.00
	山楂、枇杷、榲桲	2.00
	核果类水果	2.00
	浆果和其他小型类水果（醋栗、葡萄、草莓除外）	10.00
	醋栗	0.50

（续表）

食物类别	名称	最大残留限量（mg/kg）
水果	葡萄	20.00
	草莓、杬果	2.00
	鳄梨	1.00
	瓜果类水果	0.50
干制水果	李子干、葡萄干	5.00
坚果	杏仁	0.02
调味料	叶类调味料（罗勒、欧芹除外）	3.00
	罗勒	40.00
	欧芹	30.00
	干辣椒	9.00
药用植物	人参（鲜）	0.10
	人参（干）	0.20
动物源性食品	哺乳动物肉类（海洋哺乳动物除外），以脂肪中的残留量计	0.01*
	哺乳动物内脏（海洋哺乳动物除外）	0.01*
	禽肉类，以脂肪中的残留量计	0.01*
	禽类内脏	0.01*
	蛋类	0.01*
	生乳	0.0004*

* 临时残留限量。

参考文献

刘长令, 2006. 世界农药大全: 杀菌剂卷[M]. 北京: 化学工业出版社.

刘长令, 1995. 新型嘧啶胺类杀菌剂的研究进展[J]. 农药, 34 (8): 25-28.

MASNER P, MUSTER P, SCHMID J, 1994. Possible methionine biosynthesis inhibition by pyrimidinamine fungicides[J]. Pesticide science, 42: 163-166.

TOMLIN C D S, 2000. The pesticide manual: a world compendium[M]. 12th ed. UK: BCPC.

（撰稿：陈长军；审稿：张灿、刘西莉）

嘧菌酯　azoxystrobin

一种广谱、内吸性的甲氧基丙烯酸酯类杀菌剂。

其他名称　阿米西达、安灭达、Abound、Amistar、Heritage、Quadris、Amistar Admire。

化学名称　2-[6-[2-氰基苯氧基]嘧啶-4-氧基]苯基]-3-甲氧基丙烯酸酯；methyl(αE)2-[[6-(2-cyanophenoxy)-4-pyrimidinyl]oxy]-α-(methoxymethylene)benzeneacetate。

IUPAC名称　methyl(2E)-2-[2-[6-(2-cyanophenoxy)pyrimidin-4-yloxy]phenyl]-3-metoxyacrylae。

CAS 登记号　131860-33-8。

EC 号　603-524-3。

分子式　$C_{22}H_{17}N_3O_5$。

相对分子质量　403.39。

结构式

开发单位　1992年由先正达公司最先开发成功。R. Godwin 等报道其生物活性。

理化性质　纯品为白色固体。密度 1.25g/cm³（25℃）。原药含量分别有93%、95%、97.5%。熔点116℃（原药，114～116℃）。原药相对密度1.34（20℃）。蒸气压 1.1× 10^{-13}kPa（20℃）。$K_{ow}lgP$ 2.5（25℃）。Henry 常数 7.3×10^{-9} Pa·m³/mol。水中溶解度（20℃）6.7mg/L（pH7）；有机溶剂中溶解度（g/L，20℃）：二氯甲烷400、丙酮86、乙酸乙酯130、甲苯55、正己烷0.057。稳定性：在水中半衰期依pH不同而不同，为8.7～13.9天。

毒性　低毒。大鼠急性经口 LD_{50} > 5000mg/kg。大鼠急性经皮 LD_{50} > 2000mg/kg。对兔眼睛和皮肤有轻微刺激作用。大鼠急性吸入 LC_{50}（4小时，mg/L）：雄0.96，雌0.69。对皮肤无致敏性。NOEL［mg/（kg·d）］：大鼠（2年）18。无生殖毒性和致畸变性。野鹑急性经口 LD_{50} > 2000mg/kg，野鸭和山齿鹑饲喂 LC_{50}（5天）> 5200mg/kg 饲料。鱼类 LC_{50}（96小时，mg/L）：大翻车鱼 > 1.1，虹鳟 > 0.47。水蚤 LC_{50}（48小时）0.28mg/L。羊角月牙藻 EC_{50}（72小时）0.18mg/L。硅藻 EC_{50}（72小时）0.028mg/L。蜜蜂 LD_{50}（μg/只）：接触 > 200、经口 > 200。蚯蚓 LC_{50}（14天）> 283mg/kg 土壤。

剂型　50% 水分散粒剂，250g/L、25% 悬浮剂。

质量标准　250g/L 嘧菌酯悬浮剂外观为白色均匀的黏稠液体，密度1.34g/cm³（20℃），不易燃不易爆，常温条件下储存稳定。

作用方式及机理　具有保护、治疗和铲除作用。具有内吸和跨层转移作用。线粒体呼吸抑制剂，主要通过药剂同线粒体的细胞色素b结合，阻碍细胞色素b和色素c1之间的电子传递来抑制真菌细胞的呼吸作用。

防治对象　具有广谱的杀菌活性，对几乎所有真菌（子囊菌、担子菌和半知菌）和卵菌引起的病害如霜霉病、白粉病、锈病、颖枯病、网斑病、黑星病和稻瘟病等数十种病害均有很好的活性。

使用方法　可用于茎叶喷雾、种子处理，也可以进行土壤处理。施用剂量根据作物和病害的不同为有效成分 25～400g/hm²。

防治番茄晚疫病、叶霉病，黄瓜白粉病、黑星病、蔓枯病　发病初期开始施药，每次每亩用250g/L悬浮剂 60～90g（有效成分 15～22.5g）兑水喷雾，每隔7～10天施用1次，安全间隔期5天，每季最多施用3次。

防治瓜类的霜霉病　发病初期开始施药，每次每亩用250g/L悬浮剂32～90ml（有效成分8～22.5g）兑水喷雾，每间隔7～10天施用1次，安全间隔期7天，黄瓜安全间隔期1天，每季最多施用1～2次，黄瓜3次。

防治番茄早疫病　发病初期开始施药，每次每亩用250g/L悬浮剂24～32ml（有效成分6～8g）兑水喷雾，每隔7～10天施用1次，安全间隔期5天，每季最多使用3次。

防治马铃薯黑痣病　播种时喷雾沟施，下种后向种薯两侧沟面喷药，最好覆土一半后再喷施一次然后再覆土，每亩用250g/L悬浮剂36～60ml（有效成分9～15g），每季作物使用1次。

防治西瓜炭疽病　发病初期开始施药，每次每亩用250g/L悬浮剂40～80ml（有效成分10～20g）兑水喷雾，每隔7～10天施用1次，安全间隔期14天，每季最多使用3次。

防治大豆锈病和人参黑斑病　发病初期开始施药，用250g/L悬浮剂40～60ml（有效成分10～15g）兑水喷雾，根据发病情况使用1～2次，安全间隔期14天。

防治葡萄白腐病、黑痘病　发病前或发病初期开始施药，用250g/L悬浮剂800～1250倍液（有效成分200～312.5mg/kg）整株喷雾，每隔7～10天施用1次，安全间隔期14天，每季最多使用3次。

防治香蕉叶斑病　发病前或发病初期开始施药，用250g/L悬浮剂1000～1500倍液（有效成分166.7～250mg/kg）整株喷雾，每隔7～10天施用1次，安全间隔期42天，每季最多使用3次。

防治菊科和蔷薇科观赏植物白粉病　病害发生前或初见零星病斑时，用250g/L悬浮剂2000～2500倍液（有效成分100～250mg/kg）整株喷雾，每隔7～10天施用1次，视天气变化和病情发展情况，施药1～2次。每季最多使用3次。

防治草坪褐斑病、枯萎病　发病初期开始施药，每次每亩用50% 水分散粒剂27～53g（有效成分13.3～26.7g）兑水喷雾，使茎基部充分湿润，每隔7～10天施用1次，连续用药2～3次。

注意事项　最佳用药时间为开花前、谢花后和幼果期。为了延缓抗性的产生，注意与其他作用机理的药剂轮换使用。避免与乳油类农药和有机硅类助剂混用。苹果和樱桃对该药剂敏感，切勿使用；喷施防治作物病害时注意邻近苹果和樱桃等作物，避免药剂雾滴飘移。按标签推荐方法使用。无专用解毒药，一旦发生中毒，及时就医对症治疗。

与其他药剂的混用　大部分植物病原真菌易对嘧菌酯产生抗药性，因此将嘧菌酯与多种作用机制不同的杀菌剂进行复配，可提高防效并延缓其抗药性的产生。嘧菌酯·噻唑锌复配用于防治黄瓜霜霉病，施用药剂量为有效成分300～450g/hm²。苯醚甲环唑与嘧菌酯复配用于防治西瓜炭疽病，施用药剂量为有效成分146.25～243.75g/hm²。噻虫嗪、咪鲜胺铜盐和嘧菌酯复配，通过种子包衣的方法，防治花生根腐病、蚜虫；小麦根腐病、黑穗病和蚜虫。嘧菌酯与烯酰吗啉复配防治葡萄霜霉病，施用药剂量为有效成分200～333mg/kg。氟环唑和嘧菌酯复配用于防治水稻纹枯病，施用药剂量为有效成分 105～189g/hm²。

允许残留量　GB 2763—2021《食品中农药最大残留限量标准》规定嘧菌酯最大残留限量见表。ADI 为 0.2mg/kg。谷物、油料和油脂、药用植物参照 GB 23200.46、GB/T 20770、NY/T 1453 规定的方法测定；蔬菜、水果按照 GB 23200.46、GB 23200.54、NY/T 1453、SN/T 1976 规定的方法测定。WHO 推荐 ADI 为 0.2mg/kg。

部分食品中嘧菌酯最大残留限量（GB 2763—2021）

食品类别	名称	最大残留限量（mg/kg）
谷物	稻谷	1.00
	小麦	0.50
	大麦、燕麦	1.50
	黑麦、小黑麦	0.20
	玉米	0.02
	高粱	1.00
	糙米	0.50
油料和油脂	油菜籽	0.50
	棉籽	0.05
	大豆、花生仁、葵花籽	0.50
	玉米油	0.10
蔬菜	鳞茎类蔬菜（洋葱、葱除外）	1.00
	洋葱	2.00
	葱	7.00
	芸薹属类蔬菜（花椰菜除外）	5.00
	花椰菜	1.00
	薤菜	10.00
	叶用莴苣	3.00
	菊苣	0.30
	芹菜	5.00
	茄果类蔬菜（辣椒除外）	3.00
	辣椒	2.00
	瓜类蔬菜（黄瓜、西葫芦、丝瓜、南瓜除外）	1.00
	黄瓜	0.50
	西葫芦	3.00
	丝瓜	2.00
	南瓜、豆类蔬菜	3.00
	芦笋	0.01
	朝鲜蓟	5.00
	根茎类蔬菜（姜除外）	1.00
	姜	0.50
	马铃薯	0.10
	芋	0.20
	豆瓣菜	20.00
	莲子（鲜）、莲藕	0.05

（续表）

食品类别	名称	最大残留限量（mg/kg）
水果	柑、橘、橙	1.00
	苹果	0.50
	梨	1.00
	枇杷、桃、油桃、杏、枣（鲜）、李子、樱桃、青梅	2.00
	浆果和其他小型类水果（越橘、草莓除外）	5.00
	越橘	0.50
	草莓	10.00
	杨桃	0.10
	荔枝	0.50
	杧果	1.00
	石榴	0.20
	香蕉	2.00
	番木瓜	0.30
	火龙果	0.30
	西瓜	1.00
坚果	坚果（开心果除外）	0.01
	开心果	1.00
糖料	甜菜	1.00
饮料类	咖啡豆	0.03
	啤酒花	30.00
调味料	叶类调味料	70.00
	干辣椒	30.00
药用植物	人参（鲜）	1.00
动物源性食品	哺乳动物肉类（海洋哺乳动物除外），以脂肪中的残留量计	0.05
	哺乳动物内脏（海洋哺乳动物除外）	0.07*
	禽肉类	0.01*
	禽类内脏	0.01*
	蛋类	0.01*
	生乳	0.01*
	乳脂肪	0.03*

*临时残留限量。

参考文献

刘长令, 2006. 世界农药大全: 杀菌剂卷[M]. 北京: 化学工业出版社: 122-126.

农业部种植业管理司, 农业部农药检定所, 2015. 新编农药手册[M]. 2版. 北京: 中国农业出版社: 316-318.

TURNER J A, 2015. The pesticide manual: a world compendium [M]. 17th ed. UK: BCPC: 66-67.

（撰稿：王岩；审稿：刘西莉）

嘧菌腙 ferimzone

一种嘧啶腙类杀菌剂，主要防治水稻上由稻尾孢、稻长蠕孢和稻梨孢等病原菌引起的病害。

其他名称 Blasin。

化学名称 (Z)-2-甲基乙酰苯4,6-二甲基嘧啶-2-基腙；(Z)-2-methylacetophenone4,6-dimethylpyrimidin-2-ylhydrazone。

IUPAC名称 4,6-dimethyl-N-[(Z)-1-(2-methylphenyl)ethylideneamino]pyrimidin-2-amine。

CAS登记号 89269-64-7。

EC号 618-259-9。

分子式 $C_{15}H_{18}N_4$。

相对分子质量 254.33。

结构式

开发单位 日本武田药品工业公司。

理化性质 纯品为无色晶体。熔点175～176℃。蒸气压$4.11×10^{-3}$mPa（20℃）。相对密度1.185。$K_{ow}lgP$ 2.89（25℃）。Henry常数$6.45×10^{-6}$Pa·m^3/mol（计算值）。溶解度：水162mg/L（30℃），溶于乙腈、氯仿、乙醇、乙酸乙酯和二甲苯。稳定性：对日光稳定，在中性和碱性溶液中稳定。

毒性 大鼠急性经口LD_{50}（mg/kg）：雄725，雌642；小鼠急性经口LD_{50}（mg/kg）：雄590，雌542。大鼠急性经皮LD_{50}＞2000mg/kg。大鼠急性吸入LC_{50}（4小时）3.8mg/L。鹌鹑急性经口LD_{50}＞2250mg/kg，野鸭急性经口LD_{50}＞292mg/kg。鲤鱼LC_{50}（72小时）10mg/L。蜜蜂LD_{50}（经口）＞140μg/只。

剂型 粉粒剂，悬浮剂，可湿性粉剂。单剂如30%可湿性粉剂；混剂如嘧菌腙+四氯苯酞。

防治对象 主要用于防治水稻上的稻尾孢、稻长蠕孢和稻梨孢等病原菌引起的病害如稻瘟病。使用剂量为有效成分600～800g/hm^2（粉粒剂）或有效成分125g/hm^2（悬粉剂），茎叶喷雾。

参考文献

刘长令，2006. 世界农药大全：杀菌剂卷[M]. 北京：化学工业出版社.

TOMLIN C D S, 2000. The pesticide manual: a world compendium[M]. 12th ed. UK: BCPC.

（撰稿：陈长军；审稿：张灿、刘西莉）

嘧硫草醚 pyrithiobac-sodium

一种嘧啶氧苯甲酸盐类除草剂，可防除禾本科杂草和大多数阔叶杂草。

其他名称 Staple

化学名称 2-氯-6-(4,6-二甲氧基嘧啶-2-基硫)苯甲酸钠盐；2-chloro-6-[(4,6-dimethoxy-2-pyrimidinyl)thio]benzoic acid sodium salt。

IUPAC名称 2-chloro-6-(4,6-dimethoxypyrimidin-2-yl)sulfanylbenzoate。

CAS登记号 123343-16-8。

EC号 602-931-3。

分子式 $C_{13}H_{10}ClN_2NaO_4S$。

相对分子质量 348.74。

结构式

开发单位 由日本组合化学公司研制，由组合化学公司、埯原公司和杜邦公司共同开发。

理化性质 原药纯度＞93%。纯品为白色固体。熔点233.8～234.2℃（分解）。蒸气压$4.8×10^{-9}$Pa。$K_{ow}lgP$（20℃）：0.6（pH5）、-0.84（pH7）。相对密度1.609。水中溶解度（20℃，g/L）：264（pH5）、705（pH7）、690（pH9）、728（蒸馏水）；其他溶剂中溶解度（20℃，mg/L）：丙酮812、甲醇270 000、二氯甲烷8.38、正己烷10。在pH5～9，27℃水溶剂中32天稳定；54℃加热储存15天稳定。

毒性 大鼠急性经口LD_{50}：雄3300，雌3200mg/kg。兔急性经皮LD_{50}＞2000mg/kg。对兔皮无刺激性，对兔眼睛有刺激性。大鼠吸入LC_{50}＞6.9mg/L。NOEL[mg/(kg·d)]：雄大鼠（2年）58.7，雌大鼠（2年）278，雄小鼠（2年）217，雌小鼠（2年）319。无致突变性，无致畸性。野鸭和小齿鹑急性经口LD_{50}＞2250mg/kg。野鸭和山齿鹑饲喂LC_{50}（5天）＞5620mg/kg饲料。虹鳟LC_{50}（96小时）＞1000mg/L。蜜蜂LD_{50}（接触）＞25μg/只。

剂型 水分散颗粒剂。

作用方式及机理 乙酰乳酸合成酶抑制剂，通过阻止氨基酸的生物合成而起作用。

防治对象 一年生和多年生禾本科杂草和大多数阔叶杂草。对难除杂草如各种牵牛、苍耳、苘麻、田菁、阿拉伯高粱等有很好的防除效果。

使用方法 主要用于棉花田苗前及苗后除草。土壤处理和茎叶处理均可，使用剂量为35～105g/hm^2（有效成分）。苗后需同表面活性剂等一起使用。

注意事项 10%嘧草硫醚水剂作为土壤处理剂对棉花安全；作为茎叶处理剂，高剂量处理对棉花有轻微药害。

与其他药剂的混用 不同剂量的三氟啶磺隆、嘧草硫醚和精喹禾灵混配对棉田杂草都有较好的防控效果。试验表明：以10%精喹禾灵90g/hm^2+75%三氟啶磺隆33.75g/hm^2混配，和10%精喹禾灵75g/hm^2+75%三氟啶磺隆16.875g/hm^2+20%醚草硫醚45g/hm^2混配剂量对杂草的防效最好。

允许残留量 GB 2763—2021《食品中农药最大残留限量标准》未规定嘧硫草醚的最大残留限量。

参考文献

刁金贤, 张桂花, 王兆振, 等, 2014. 三氟啶磺隆与精喹禾灵、嘧草硫醚混合药剂的田间防效及对棉花的安全性[J]. 杂草科学, 32 (2): 48-51.

李美, 高兴祥, 高宗军, 等, 2009. 嘧草硫醚对棉花的安全性及除草生物活性测定[J]. 农药, 48 (7): 538-541.

刘长令, 关爱莹, 2014. 世界重要农药品种与专利分析[J]. 世界农药, 36 (1): 48.

（撰稿：杨光富；审稿：吴琼友）

嘧螨胺 pyriminostrobin

在甲氧丙烯酸酯类杀螨剂嘧螨酯（fluacrypyrim）的基础上利用中间体衍生化方法开发的杀螨剂。

其他名称 SYP-11277。

化学名称 (E)-2-[2-[[2-(2,4-二氯苯氨基)-6-三氟甲基4-嘧啶氧基]甲基]苯基]-3-甲氧基丙烯酸甲酯；benzeneacetic acid-2-[[[2-[(2,4-dichlorophenyl)amino]-6-(trifluoromethyl)-4-pyrimidinyl]oxy]methyl]-α-(methoxymethylene)-,methyl ester,(αE)-。

IUPAC名称 (E)-methyl 2-[2-[[2-(2,4-dichlorophenylamino)-6-(trifluoromethyl)pyrimidin-4-yloxy]methyl]phenyl]-3-methoxyacrylate。

CAS登记号 1257598-43-8。

分子式 $C_{23}H_{18}Cl_2F_3N_3O_4$。

相对分子质量 528.31。

结构式

开发单位 沈阳化工研究院（现沈阳中化农药化工研发有限公司）基于巴斯夫公司开发的嘧螨酯中间体开发而成。

理化性质 原药为白色固体。熔点 120～121℃。

毒性 雌、雄大鼠急性经口 LD_{50} > 5000mg/kg。雌、雄大鼠急性经皮 LD_{50} > 2000mg/kg。对兔皮肤、眼睛无刺激作用。Ames 试验为阴性。

防治对象 主要用于防治果树上的多种螨类，如苹果红蜘蛛、柑橘红蜘蛛等。

使用方法 使用剂量为 10～100g/hm²。

参考文献

刘长令, 2012. 世界农药大全: 杀虫剂卷[M]. 北京: 化学工业出版社: 763-764.

（撰稿：赵平；审稿：杨吉春）

嘧螨醚 pyrimidifen

一种嘧啶胺类非内吸性杀螨剂。

其他名称 Miteclean、E-787、SU-8801、SU-9118。

化学名称 5-氯-N-[2-[4-(2-乙氧乙基)-2,3-二甲基苯氧基]乙基]-6-乙基嘧啶-4-胺；5-chloro-N-[2-[4-(2-ethoxyethyl)-2,3-dimethylphenoxy]ethyl]-6-ethyl-4-pyrimidinamine。

IUPAC名称 5-chloro-N-[2-[4-(2-ethoxyethyl)-2,3-dimethylphenoxy]ethyl]-6-ethylpyrimidin-4-amine。

CAS登记号 105779-78-0。

分子式 $C_{20}H_{28}ClN_3O_2$。

相对分子质量 377.91。

结构式

开发单位 由日本三共公司和宇部兴产公司共同开发。

理化性质 无色晶体。熔点 69.4～70.9℃。蒸气压 1.6×10^{-4}mPa（25℃）。$K_{ow}lgP$ 4.59（23℃±1℃）。Henry 常数 2.79×10^{-5}Pa·m³/mol（25℃，计算值）。相对密度 1.22（20℃）。水中溶解度 2.17mg/L（25℃）。在酸和碱中稳定。

毒性 急性经口 LD_{50}（mg/kg）：雄大鼠 148、雌大鼠 115、雄小鼠 245、雌小鼠 229。雄、雌大鼠急性经皮 LD_{50} > 2000mg/kg。野鸭经口 LD_{50} 445mg/kg，饲喂 LC_{50} > 5200mg/kg 饲料。鲤鱼 LC_{50}（48 小时）0.093mg/L（悬浮剂）。蜜蜂 LD_{50}（μg/只）：经口 0.638、接触 0.66。

作用方式及机理 抑制线粒体复合物Ⅰ的电子传递。

防治对象 防治苹果、梨、蔬菜和茶树所有阶段的害螨，柑橘类果树上的害螨和锈螨，蔬菜上的菜蛾。

参考文献

刘长令, 2012. 世界农药大全: 杀虫剂卷[M]. 北京: 化学工业出版社: 304-306.

马克比恩 C, 2015. 农药手册[M]. 胡笑形, 等译. 北京: 化学工业出版社: 889.

（撰稿：李淼；审稿：杨吉春）

嘧螨酯 fluacrypyrim

第一个甲氧基丙烯酸酯类杀螨剂。

其他名称 Titaron、Oonata、天达农、NA-83。

化学名称 (E)-2-[α-[2-异丙氧基-6-(三氟甲基)嘧啶-4-

苯氧基]-邻-甲苯基]-3-甲氧丙烯酸甲酯；methyl(αE)-α-(methoxymethylene)-2-[[[2-(1-methylethoxy)-6-(trifluoromethyl)-4-pyrimidinyl]oxy]methyl]benzeneacetate。

IUPAC 名称　methyl(E)-2-[α-[2-isopropoxy-6-(trifluoromethyl)pyrimidin-4-yloxy]-O-tolyl]-3-methoxyacrylate。

CAS 登记号　229977-93-9。

分子式　$C_{20}H_{21}F_3N_2O_5$。

相对分子质量　426.39。

结构式

开发单位　日本曹达化学公司。2001 年取得登记并于 2002 年上市销售。

理化性质　原药为白色无味固体。熔点 107.2～108.6℃。蒸气压 2.69×10^{-3} mPa（20℃）。K_{ow}lgP 4.51（pH6.8，25℃）。Henry 常数 3.33×10^{-3} Pa·m^3/mol（20℃，计算值）。相对密度 1.276。溶解度（g/L，20℃）：水中（pH6.8）3.44×10^{-4}；其他溶剂中：二氯甲烷 579、丙酮 278、二甲苯 119、乙腈 287、甲醇 27.1、乙醇 15.1、乙酸乙酯 232、正己烷 1.84、正庚烷 1.6。在 pH4、pH7 稳定；DT_{50} 574 天（pH9）；水溶液光解 DT_{50} 26 天。

毒性　原药大鼠急性经口 LD_{50} > 5000mg/kg（雌、雄）。大鼠急性经皮 LD_{50} > 2000mg/kg（雌、雄）；对兔皮肤无刺激作用，对兔眼睛有轻微刺激作用。大鼠急性吸入 LC_{50}（4 小时）> 5.09mg/L（雌、雄）。NOEL（mg/kg）：（24 个月）雄大鼠 5.9，雌大鼠 61.7；（18 个月）雄小鼠 20，对雌小鼠 30；（12 个月）雌、雄狗 10。ADI（日本）为 0.059mg/（kg·d）。对鸟类低毒，山齿鹑急性经口 LD_{50} > 2250mg/kg，山齿鹑饲喂 LC_{50} > 5620mg/kg 饲料。鲤鱼 LC_{50}（96 小时）0.195mg/L。水蚤 LC_{50}（48 小时）0.094mg/L。羊角月牙藻 E_bC_{50}（72 小时）0.0173mg/L，E_rC_{50}（72 小时）0.14mg/L。蜜蜂 LD_{50} > 300mg/L（经口），LD_{50} > 10μg/只（接触）。蚯蚓 LC_{50} 23mg/kg 土壤。

剂型　30% 悬浮剂。

作用方式及机理　线粒体呼吸抑制剂。兼具触杀和胃毒作用，作用机理与目前常用的杀螨剂不同，与目前市场上常用的杀螨剂无交互抗性；对红蜘蛛、白蜘蛛都有很高的活性；对害螨的各个虫态，包括卵、若螨、成螨均有防治效果。

防治对象　主要用于防治果树如苹果、柑橘、梨等的多种螨类如苹果红蜘蛛、柑橘红蜘蛛等。嘧螨酯除对螨类有效外，对部分病害也有较好的活性。

使用方法　在柑橘中应用的浓度为 30% 水悬浮剂稀释 3000 倍，在苹果和其他果树如梨中应用的浓度为 30% 水悬浮剂稀释 2000 倍，喷液量根据果树的不同、防治螨类的不同差异较大，使用剂量为有效成分 10～200g/hm²。

注意事项　在柑橘和苹果收获前 7 天禁止使用，在梨收获前 3 天禁止使用。嘧螨酯虽属低毒产品，但对鱼类毒性较大，因此应用时要特别注意，勿将药液扩散至鱼塘以及江河湖泊。

参考文献

康卓, 2017. 农药商品信息手册[M]. 北京: 化学工业出版社: 230-231.

刘长令, 2012. 世界农药大全: 杀虫剂卷[M]. 北京: 化学工业出版社: 762-763.

（撰稿：李淼；审稿：杨吉春）

嘧霉胺　pyrimethanil

一种具有内吸性和熏蒸作用的苯胺基嘧啶类杀菌剂。

其他名称　MythoS、Scala、SN-100309（试验代号）、ZK100309、施佳乐、甲基嘧菌胺。

化学名称　N-(4,6-二甲基嘧啶-2-基)苯胺；N-(4,6-dimethylpyrimidin-2-yl)aniline。

IUPAC 名称　4,6-dimethyl-N-phenylpyrimidin-2-amine。

CAS 登记号　53112-28-0。

EC 号　414-220-3。

分子式　$C_{12}H_{13}N_3$。

相对分子质量　199.25。

结构式

开发单位　德国艾格福公司（现拜耳公司）。

理化性质　纯品为无色结晶状固体。熔点 96.3℃。相对密度 1.15。蒸气压 2.2×10^{-3} Pa（25℃）。K_{ow}lgP 2.84（pH6.1，25℃），Henry 常数 3.6×10^{-3} Pa·m^3mol。溶解度（g/L，20℃）：丙酮 389、乙酸乙酯 617、甲醇 176、二氯甲烷 1000、正己烷 23.7、甲苯 412；水 0.121g/L（pH6.1，25℃）。pK_a3.52，呈弱碱性（20℃）。在一定 pH 范围内的水中稳定，54℃下 14 天不分解。

毒性　急性经口 LD_{50}：大鼠 4159～5971mg/kg，小鼠 4665～5359mg/kg。大鼠急性经皮 LD_{50} > 5000mg/kg。大鼠急性吸入 LC_{50}（4 小时）> 1.98mg/L。对兔眼睛和皮肤无刺激性，对豚鼠皮肤无刺激性。Ames 试验呈阴性，微核及细胞体外试验呈阴性。NOEL（2 年）大鼠 20mg/（kg·d）。野鸭和山齿鹑急性经口 LD_{50} > 2000mg/kg。野鸭和山齿鹑饲喂 LC_{50} > 5200mg/kg 饲料。鱼类 LC_{50}（mg/L）：虹鳟 10.6，鲤鱼 35.4。水蚤 LC_{50}（48 小时）2.9mg/L。蜜蜂 LD_{50}（48 小时）> 100μg/只（经口和接触）。蚯蚓 LC_{50}（14 天）625mg/kg 土壤。

剂型　40% 悬浮剂（每升含有效成分 400g）。

作用机理与特点　抑制病原菌蛋白质分泌，包括降低一些水解酶水平。同三唑类、二硫代氨基甲酸酯类、苯并咪唑类及乙霉威等无交互抗性，其对敏感或抗性病原菌均有优异活性。尤其对常用的非苯胺基嘧啶类杀菌剂已产生抗药性

M

的灰霉病菌有效。同时具有内吸传导和熏蒸作用，施药后迅速到达植株的花、幼果等喷药无法达到的部位，抑制病菌生长，药效更快、更稳定。对温度不敏感，在相对较低的温度下施用，其效果没有变化。具有保护、叶片穿透及根部内吸活性，治疗活性较差。

防治对象 对灰霉病有特效。可防治黄瓜、番茄、葡萄、草莓、豌豆、韭菜等作物灰霉病。还可用于防治梨黑星病、苹果黑星病和斑点落叶病。

使用方法 通常在发病前或发病初期施药。用药量通常为 $600 \sim 1000 g/hm^2$ 有效成分。中国在防治黄瓜、番茄病害时，每亩用 40% 悬浮剂 $25 \sim 95 ml$。喷液量一般人工每亩 $30 \sim 75 L$，黄瓜、番茄植株大用高药量和高水量，反之植株小用低药量和低水量。每隔 $7 \sim 10$ 天用药 1 次，共施 $2 \sim 3$ 次。一个生长季节防治灰霉病需施药 4 次以上时，应与其他杀菌剂轮换使用，避免产生抗性。露地黄瓜、番茄施药一般应选早晚风小、气温低时进行。晴天 8：00 ～ 17：00、空气相对湿度低于 65%、气温高于 28℃时应停止施药。

适宜作物 番茄、黄瓜、韭菜等蔬菜以及苹果、梨、葡萄、草莓和豆类作物。

允许残留量 GB 2763—2021《食品中农药最大残留量标准》规定嘧霉胺最大残留限量见表。ADI 为 0.2mg/kg。

部分食品中嘧霉胺最大残留限量（GB 2763—2021）

食品类别	名称	最大残留限量（mg/kg）
谷物	豌豆	0.50
蔬菜	洋葱	0.20
	葱、结球莴苣	3.00
	油麦菜	20.00
	茎用莴苣叶	15.00
	番茄	1.00
	黄瓜	2.00
	菜豆	3.00
	茎用莴苣	0.50
	胡萝卜	1.00
	马铃薯	0.05
	豆瓣菜	20.00
水果	柑橘类水果	7.00
	仁果类水果（梨除外）	7.00
	梨	1.00
	桃、油桃	4.00
	杏	3.00
	李子	2.00
	樱桃	4.00
	浆果和其他小型类水果（黑莓、蓝莓、覆盆子、葡萄、猕猴桃、草莓除外）	3.00
	黑莓	15.00
	蓝莓	8.00

（续表）

食品类别	名称	最大残留限量（mg/kg）
水果	覆盆子	15.00
	葡萄	4.00
	猕猴桃	10.00
	草莓	7.00
	香蕉	0.10
干制水果	李子干	2.00
	葡萄干	5.00
坚果	杏仁	0.20
药用植物	元胡（鲜、干）	0.50
	人参（干）	1.50
动物源性食品	哺乳动物肉类（海洋哺乳动物除外）	0.05*
	哺乳动物内脏（海洋哺乳动物除外）	0.10*
	生乳	0.01*

* 临时残留限量。

参考文献

刘长令, 1995. 新型嘧啶胺类杀菌剂的研究进展[J]. 农药, 34 (8): 25.

刘长令, 2006. 世界农药大全: 杀菌剂卷[M]. 北京: 化学工业出版社.

MASNER P, MUSTER P, SCHMID J, 1994. Possible methionine biosynthesis inhibition by pyrimidinamine fungicides[J]. Pesticide science, 42: 163-166.

TOMLIN C D S, 2000. The pesticide manual: a world compendium[M]. 12th ed. UK: BCPC.

（撰稿：陈长军；审稿：张灿、刘西莉）

嘧肽霉素　cytosinpeptidemycin

由不吸水链霉菌（*Streptomyces ahygroscopicus*）产生，属胞嘧啶核苷类新型抗病毒农用抗生素、杀菌剂。

其他名称 博联生物菌素。

化学名称 6-(4-氨基-2-氧代嘧啶-1(2H)-基)-4,5-二羟基-3-(3-羟基-2-(2-(甲)乙酰氨基)丙酰胺)-四氢-2H-吡喃-2-酰胺；6-(4-amino-2-oxo-pyridine-1(2H)-base)-4,5-dyhydroxyl-3-(3-hydroxyl-2-(2-(a)acetamino-acrylamide)-4H-2H-pyran-2-amide。

CAS 登记号 858647-81-1。

分子式 $C_{19}H_{27}N_7O_{10}$。

相对分子质量 513.46。

结构式

开发单位　沈阳博联生物技术有限责任公司。

理化性质　纯品为微黄色，呈无定形粉末，吸湿性很强。易溶于水，微溶于甲醇，不溶于无水乙醇、正丁醇、乙酸乙酯、丙酮、氯仿、苯、二甲基亚砜、乙醚等有机溶剂。

毒性　对蜜蜂LD_{50}（48小时）60.0μg/只（有效成分），为低毒级。家蚕LC_{50}（96小时）＞300.0mg/kg（有效成分）桑叶，为低毒级。对斑马鱼LC_{50}（96小时）1.1.2mg/L，为中毒级。鹌鹑（雌）LD_{50} 380.1mg/kg、鹌鹑（雄）LD_{50} 368.7mg/kg（有效成分），为中毒级。

剂型　30%母药，6%水剂。

质量标准　30%母药外观为棕褐色粉末状固体。熔点195℃。沸点320℃。溶解度（20℃）：水中为0.77g/L，微溶于乙醇，不溶于乙醚。对热、光、酸稳定，对碱不稳定。6%水剂外观为棕褐色均相液体，pH3～5，不能与碱性农药混用。

作用方式及机理　属胞嘧啶核苷类系新型抗病毒制剂，具有预防、治疗作用。可延长病毒潜育期、破坏病毒结构，降低病毒粒体浓度，提高植株抵抗病毒的能力而达到防治病毒病的作用。还可抑制真菌菌丝生长，并能诱导植物体产生抗性蛋白，提高植物的免疫力。

防治对象　对烟草花叶病毒病、番茄病毒病、辣椒病毒病、瓜类病毒病以及玉米矮花叶病毒病等均有明显的防治效果。

使用方法　于作物苗期、发病前期或发病期，加水稀释成500～700倍液叶面喷雾，每5～7天喷1次，连续喷2～3次。病重时可结合灌根，每穴灌药液100～200ml。苗期开始用药，可避免多种病毒病的发生。依病害发生情况适当增加用药量及使用次数。

注意事项　不能与碱性农药混用。如有少量受潮结块，均匀后施用，不影响药效。存放于阴凉干燥处。

参考文献

王艳红，吴元华，朱春玉，等，2006. 嘧肽霉素又一抗病毒活性成分的研究[J]. 沈阳农业大学学报，37(1)：44-47.

（撰稿：周俞辛；审稿：胡健）

棉胺宁　phenisopham

一种触杀性除草剂。

化学名称　3-[乙基(苯基)氨基甲酰氧基]苯基氨基甲酸异丙酯；3-[[(1-methylethoxy)carbonyl]amino]phenyl N-ethyl-N-phenylcarbamate。

IUPAC名称　[3-(propan-2-yloxycarbonylamino)phenyl] N-ethyl-N-phenylcarbamate。

CAS登记号　57375-63-0。

EC号　260-706-1。

分子式　$C_{19}H_{22}N_2O_4$。

相对分子质量　342.39。

结构式

开发单位　1997年由先灵公司开发

理化性质　无色固体。熔点109～110℃。蒸气压6.65×10^{-4}mPa（25℃）。溶解性（25℃）：水3mg/L、二氯甲烷300g/L、乙醇98g/L、甲醇60g/L、异丙醇26g/L、甲苯35g/L。稳定性：在碱性条件下不稳定，半衰期为35天（pH9），29天（pH12），2天（pH13），7小时（pH14）。

毒性　急性经口LD_{50}：大鼠＞4000mg/kg，小鼠＞5000mg/kg，鸭子＞4000mg/kg。兔经皮LD_{50}＞1000mg/kg。

剂型　乳油。

作用方式及机理　触杀型棉田除草剂。

防治对象　主要用于棉田防除阔叶杂草，也可土壤施用。

参考文献

石得中, 2007. 中国农药大辞典[M]. 北京: 化学工业出版社: 338.

（撰稿：王大伟；审稿：席真）

棉果威　tranid

一种氨基甲酸酯类杀虫剂。

其他名称　ENT-25962、UC-20047A。

化学名称　挂-3-氯-桥-6-氰基-2-降冰片酮-O-(甲基氨基甲酰基)肟；3-氯-6-氰基-二环[2,2,2]庚-2-酮-O-(甲氨基甲酰基)肟。

IUPAC名称　exo-3-chloro-endo-6-cyano-2-norbor-nanone O-(methylcarbamoyl)oxime。

CAS登记号　951-42-8；15271-41-7。

分子式　$C_{10}H_{12}ClN_3O_2$。

相对分子质量　241.67。

结构式

951-42-8　　　　15271-41-7

开发单位　1963年美国联碳公司发展品种。

理化性质　熔点159～160℃，工业品纯度95%。

M

毒性　大鼠急性经口 LD$_{50}$ 17mg/kg。用含有 5mg/kg 棉果威的饲料喂 BACB/C 品系的接代繁殖的小鼠，做给药前 30 天和给药后 90 天的交配试验，发现两种条件下繁殖出来的仔鼠没有可检出的影响。

剂型　50% 可湿性粉剂，10% 粉剂。

作用方式及机理　为杀虫、杀螨和杀软体动物剂，对红蜘蛛，包括几种对有机磷农药有抗性的螨有残留活性；但不内吸，亦不能杀卵。

防治对象　适用于棉花、果树、甜菜、玉米、韭菜上的红蜘蛛，也可以防治棉铃象虫、马铃薯甲虫等。

使用方法　用量为有效成分 0.3kg/hm^2，杀螨作用优于杀虫活性。

参考文献

朱永和, 王振荣, 李布青, 2006. 农药大典[M]. 北京: 中国三峡出版社.

（撰稿：李圣坤；审稿：吴剑）

棉红铃虫性信息素　sex pheromone of *Pectinophora gossypiella*

适用于棉田的昆虫性信息素。最初从未交配棉红铃虫（*Pectinophora gossypiella*）雌虫腹部末节提取分离，主要成分为（7Z，11Z）-7，11- 十六碳二烯 -1- 醇乙酸酯与（7Z，11E）-7，11- 十六碳二烯 -1- 醇乙酸酯，二者比例为 1∶1。

其他名称　Checkmate PBW-F（喷雾制剂）(Suterra)、NoMate PBW（Scentry）、PB Rope-L（美国、以色列）(Shin-Etsu)、gossyplure。

化学名称　(7Z,11Z)- 和 (7Z,11E)-7,11- 十六碳二烯 -1- 醇乙酸酯 1∶1 混合物；1∶1 mixture of (7Z,11Z)- and (7Z,11E)-7,11-hexadecadien-1-ol acetate。

IUPAC 名称　1∶1 mixture of (7Z,11Z)- and (7Z,11E)-hexadeca-7,11-dien-1-yl acetate。

CAS 登记号　52207-99-5（7Z,11Z）- 异构体；53042-79-8（7Z,11E）- 异构体。

分子式　C$_{18}$H$_{32}$O$_2$。

相对分子质量　280.45。

结构式

（7Z, 11Z）-7,11十六碳二烯-7-1醇乙酸酯-

（7Z, 11E）-7,11十六碳二烯-7-1醇乙酸酯-

生产单位　1985 年开始使用，由 Suterra、Shin-Etsu 等公司生产。

理化性质　无色或淡黄色液体，具有温和的甜味。沸点

180℃（133.32Pa）[（7Z,11Z）- 异构体]；181℃（133.32Pa）[（7Z,11E）- 异构体]。相对密度 0.86（20℃）。蒸气压 11mPa。难溶于水，溶于氯仿、乙醇、乙酸乙酯等有机溶剂。

毒性　大鼠急性经口 LD$_{50}$ ＞ 5000mg/kg。大鼠急性经皮 LD$_{50}$ ＞ 2000mg/kg，有轻微红斑。大鼠急性吸入 LC$_{50}$（4 小时）＞ 2.5mg/L 空气。山齿鹑急性经口 LD$_{50}$ ＞ 2000mg/kg，饲喂 LC$_{50}$ ＞ 5620mg/kg 饲料。虹鳟 LC$_{50}$（96 小时）＞ 120mg/L。水蚤 LC$_{50}$（48 小时）0.7mg/L。

剂型　含有棉红铃虫性信息素的聚丙烯酸酯树脂制成的空心纤维缓释剂，注有棉红铃虫性信息素的合成树脂多孔压片层，棉红铃虫性信息素的聚酰胺微胶囊等。

作用方式　主要用于阻断棉红铃虫的交配，诱捕棉红铃虫。

防治对象　用于防治棉田的棉红铃虫。

使用方法　通过飞机喷雾，将棉红铃虫性信息素缓释剂附着于棉花叶片上，使性信息素扩散到空气中，并分布于整个棉田。或者将棉红铃虫性信息素散布器固定于棉花植株上。每公顷使用量为 50 ~ 60g。

与其他药剂的混用　可以与其他化学杀虫剂联合使用，引诱并杀死棉红铃虫。

参考文献

马克比恩 C, 2015. 农药手册[M]. 胡笑形, 等译. 北京: 化学工业出版社.

吴文君, 高希武, 张帅, 2017. 生物农药科学使用指南[M]. 北京: 化学工业出版社.

（撰稿：钟江春；审稿：张钟宁）

棉花外植体脱落法　bioassay of cotton explant abscission

根据一定浓度范围的脱落酸（ABA）浓度与棉花外植体叶柄脱落率呈正相关而与脱落时间呈负相关的原理，来比较这类物质活性的生物测定方法。

适用范围　用于脱落酸类调节功能物质的生物测定。

主要内容　挑选经硫酸脱绒的饱满棉籽，在 28 ~ 30℃

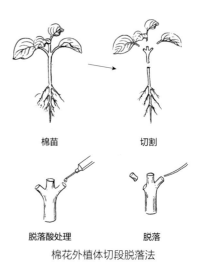

棉苗　　　切割

脱落酸处理　　　脱落

棉花外植体切段脱落法

下浸泡 24 小时，然后播种于含适量培养液的石英砂中，于
25℃恒温箱中照光培养。当棉苗达 18～20 天苗龄时，取外
植体做试验用。外植体包括 5mm 真叶叶柄残桩，5mm 上胚
轴和 10mm 下胚轴。在每一切面上包上少许脱脂棉，然后将
外植体插入含有 1.5% 琼脂的培养皿中，培养皿上带有支架，
以使外植体直立固定在琼脂中。每培养皿插 10 个外植体。
将插有棉花外植体的培养皿分为 6 组，每组用一种浓度的脱
落酸处理。方法是用微量注射器在各叶柄的切面上加 5μl 脱
落酸溶液，24 小时后，用镊子往叶柄残桩上施加压力，检
查叶柄是否脱落。以后每天早晚用镊子检查一次。比较同一
时间各处理的脱落率以及脱落率达 80% 所需的时间，从而
比较脱落酸类物质活性（见图）。

参考文献

陈年春, 1991. 农药生物测定技术[M]. 北京: 北京农业大学出
版社.

黄国洋, 2000. 农药试验技术与评价方法[M]. 北京: 中国农业出
版社.

沈晋良, 2013. 农药生物测定[M]. 北京: 中国农业出版社.

（撰稿：许勇华；审稿：陈杰）

棉铃威　alanycarb

一种具有触杀作用和内吸性的氨基甲酸酯类杀虫剂。

其他名称　Orion、OK-135、农虫威。

化学名称　(Z)-N-苄基-N-[[甲基(1-甲硫基亚乙基氨基-
氧羰基)氨基]硫]-β-丙氨酸酯。

IUPAC 名称　ethyl(Z)-N-[[methyl(1-methylthioethylide-
neamino-oxycarbonyl) amino] thio]-β-alaninate。

CAS 登记号　83130-01-2。

分子式　$C_{17}H_{25}N_3O_4S_2$。

相对分子质量　399.53。

结构式

开发单位　N. Umetsu 首先报道该杀虫剂和杀线虫剂，
1982 年日本大塚化学公司开发。

理化性质　纯品为晶体。熔点 46.8～47.2℃。沸点
134℃（26.7Pa）。蒸气压＜0.0047mPa（20℃）。溶解性（室
温）：水 20mg/L，溶于苯、二氯甲烷、甲醇、丙酮、二
甲苯、乙酸乙酯等有机溶剂。工业品为红棕色黏稠液，相
对密度 1.17，水中溶解约 60mg/L。在苯、二氯甲烷、甲
醇、丙酮、二甲苯、乙酸乙酯中的溶解度均＞50%。$K_{ow}lgP$
3.57±0.06。稳定性：100℃以下稳定，在 195℃分解，在
54℃、30 天分解 0.2%～1%；在中性和弱碱性条件下稳定，
在强酸或碱性条件下不稳定。有效成分在玻璃板上的 DT_{50}
为 6 小时（日光下）。

毒性　急性经口 LD_{50}：雄大鼠 440mg/kg，小鼠 220mg/kg。
雌小鼠皮下注射 LD_{50} 395mg/kg，大鼠急性经皮 LD_{50} 2g/kg
以上。鹌鹑 LC_{50}（8 天）3.5g/kg 饲料，野鸭 LC_{50}（8 天）＞
5g/kg 饲料。鲤鱼 LC_{50}（48 小时）2.19mg/L。Ames 试验为
阴性。水蚤 EC_{50}（48 小时）0.018mg/L。

剂型　50% 可湿性粉剂，30%、40% 乳油，3% 颗粒剂。

作用方式及机理　是一种灭多威的衍生物，属氨基甲
酰类杀虫剂，是胆碱酯酶抑制剂。具有触杀和胃毒作用，杀
虫谱广，对以鳞翅目类昆虫为主的多种害虫具有特效，作用
方式和灭多威很相似，但它比灭多威对哺乳动物的毒性低得
多，且对农作物的药害轻，持效期较长。

防治对象　对玉米、大豆、花生、茶叶、烟草、棉花、
苹果、马铃薯、甜菜、葡萄以及蔬菜等作物上的多种咀嚼式
和刺吸式口器害虫均具有较好防效。

使用方法　可作叶面喷雾、土壤处理和种子处理。对
鞘翅目、半翅目、鳞翅目和缨翅目害虫均有效。防治蚜虫有
效成分 300～600g/hm² 喷雾，葡萄缀穗蛾 400～800g/hm² 喷雾，
仁果（蚜虫）和烟草（烟青虫）300～600g/hm²；蔬菜：土
壤处理 0.9～9.0kg/hm²，种子处理为 0.4～1.5kg/100kg 种子。
防治棉铃虫、大豆毒蛾、卷叶蛾、小地老虎、甘蓝夜蛾，则
用 300～600g/hm²。

注意事项　穿戴防护服、面罩和橡胶手套，勿吸入药
雾，并防止药液接触皮肤。喷药毕，用肥皂和清水冲洗皮肤
暴露部分。操作时勿进食、抽烟或喝水。药品储存在低温、
干燥的房间内，应远离食物和饲料，亦勿让儿童接近。如
误服，应立即请医生治疗。让中毒者饮 1～2 杯水，并用手
指触及咽喉后部，诱发呕吐；对失去知觉的中毒者，不允许
喂食或诱发其呕吐；如为吸入中毒，则可让病人在通风处躺
下，并保持安静，请医生诊治。如中毒者已停止呼吸，则应
立即进行人工呼吸，亦不能喂食任何物品。医疗措施：给中
毒者每 10～30 分钟静脉注射 1.2～2.0mg 硫酸阿托品，直至
阿托品完全作用为止。必要时进行人工呼吸或输氧，直到确
信完全恢复正常前，不允许再接触任何胆碱酯酶抑制剂，不
要使用吗啡或解磷定。

允许残留量　棉铃威最大残留限量（日本标准）见表。

日本规定部分食品中棉铃威最大残留限量

食品	最大残留限量 （mg/kg）	食品	最大残留限量 （mg/kg）
杏仁	2.0	桃	2.0
苹果	2.0	梨	2.0
杏	2.0	马铃薯	2.0
芦笋	0.1	榅桲	0.1
鳄梨	2.0	覆盆子	2.0
竹笋	0.1	菠菜	0.1
香蕉	2.0	草莓	0.1
黑莓	2.0	向日葵籽	0.1
蓝莓	2.0	甘薯	2.0
青花菜	0.1	茶叶	0.5

（续表）

食品	最大残留限量（mg/kg）	食品	最大残留限量（mg/kg）
球茎甘蓝	0.1	番茄	5.0
卷心菜	0.1	豆瓣菜	2.0
胡萝卜	0.1	棉花籽	2.0
花椰菜	0.1	酸果蔓果	2.0
芹菜	0.1	酸枣	2.0
樱桃	2.0	茄子	0.1
柠檬	0.1	大蒜	0.1
莴苣	2.0	姜	0.1
枇杷	2.0	葡萄	0.1
杧果	2.0	番石榴	0.1
油桃	2.0	黑果木	2.0
黄秋葵	0.1	猕猴桃	0.1
洋葱	0.1	山药	0.1
木瓜	0.1	黄瓜	0.5
西番莲果	0.1		

参考文献

朱永和, 王振荣, 李布青, 2006. 农药大典[M]. 北京: 中国三峡出版社.

（撰稿: 李圣坤; 审稿: 吴剑）

棉隆　dazomet

一种硫代异硫氰酸甲酯类熏蒸性杀线虫剂, 并兼治真菌、地下害虫和杂草。

其他名称　必速灭（Basamid）。
化学名称　3,5-二甲基-1,3,5-噻二嗪烷-2-硫酮。
IUPAC名称　3,5-dimethyl-1,3,5-thiadiazinane-2-thione。
CAS登记号　533-74-4。
EC号　208-576-7。
分子式　$C_5H_{10}N_2S_2$。
相对分子质量　162.28。
结构式

开发单位　1952年由美国斯道夫化学公司开发。
理化性质　纯品为无色结晶（工业品为近白色到黄色的固体）, 原药纯度≥94%。蒸气压0.58mPa（20℃）。熔点104~105℃。溶解度（g/L, 20℃）: 水6.5、丙酮173、氯仿391、乙醇15、乙醚6、环己烷400、苯51、二氯乙烷260、二氯乙烯210。常规条件下储存稳定, 遇湿易分解。
毒性　低毒杀菌杀线虫剂。大鼠急性经口LD_{50} 519mg/kg。

大鼠急性经皮LD_{50} > 2000mg/kg。对眼睛黏膜具有轻微刺激作用。在试验剂量里, 对动物无致畸、致癌作用。对鱼毒性中等, 鲤鱼LC_{50}（48小时）10mg/L。对蜜蜂无毒害。
剂型　98%微粒剂。
质量标准　98%微粒剂, 异构体、衍生物及杂质含量不超过2%, 外观为白色近于灰色, 具有轻微特殊气味, 不易燃。未开启的原包装中储存稳定性至少为2年。
作用方式及机理　在土壤中能分解成有毒的异硫氰酸甲酯、硫化氢和甲醛等, 作为播前土壤熏蒸剂使用。对线虫、地下害虫、霉菌和杂草都有毒杀作用。
防治对象　花生、蔬菜、番茄、马铃薯、豆类、胡椒、草莓、烟草、茶、果树、林木等作物的多种线虫和土传病害。每公顷用有效成分60~75kg撒施或沟施可防治短体线虫、矮化线虫、纽带线虫、剑线虫、根结线虫、孢囊线虫、茎线虫等线虫。对土壤昆虫、真菌和杂草也有防治效果。药剂施入土壤后, 受土壤湿度、温度和土壤结构影响较大; 为保证药效, 土壤温度应保持在6℃以上, 土壤含水量保持在40%以上。棉隆对鱼有毒, 水田应慎用。
使用方法　可用于温室、苗床、育种室、混合肥料、盆栽植物基质及大田等土壤处理。施药前先松土, 然后浇水湿润土壤, 并且保湿5~7天（湿度40%~70%, 以手捏成团、掉地后能散开为标准）。施药方法根据不同需要, 有撒施、沟施、条施等。每处理1m²需制剂量为30~45g。作物播种前、定植前施药。施药后马上混匀土壤, 深度为20cm以上, 用药到位（沟、边、角）。混土后再次浇水, 湿润土壤, 浇水后立即覆以不透气塑料膜, 用新土封严实, 以避免棉隆产生气体泄漏。密闭消毒时间、松土通气时间和土壤温度的关系见表。

土温与间隔期关系

10cm深处土温（℃）	蒸气活动期（天）	透气期（天）	间隔时间总长（天）
30	3	1~2	6~7
25	4	2	8
20	6	3	11
15	8	5	15
10	12	10	24
6	25	20	47

注: 间隔期总长包括2天萌发试验。

注意事项　①棉隆施入土壤后, 受土壤温度、湿度及土壤结构影响甚大, 为了保证获得良好的防效和避免产生药害, 土壤温度应保持在6℃以上, 以12~18℃最适宜, 土壤的含水量保持在40%以上。②施药时, 应使用橡皮手套和靴子等安全防护用具, 避免皮肤直接接触药剂, 一旦沾污皮肤, 应立即用肥皂、清水彻底冲洗; 应避免吸入药雾。施药后应彻底清洗用过的衣服和器械。③废旧容器及剩余药剂应妥善处理和保管。④注意该药剂对鱼有毒。⑤储存应密封于原包装中, 并存放在阴凉、干燥的地方, 不得与食品、饲料一起储存。

参考文献

刘长令, 杨吉春, 2017. 现代农药手册[M]. 北京: 化学工业出版社: 759-760.

中国农业百科全书总编辑委员会农药卷编辑委员会, 中国农业百科全书编辑部, 1993. 中国农业百科全书: 农药卷[M]. 北京: 农业出版社: 202.

（撰稿：丁中；审稿：彭德良）

免疫检测法 immunoassay

结合免疫技术、现代检测技术手段而建立的超微量测定技术。由于抗原抗体反应的特异性，免疫检测法具有特异性和强亲和力，因而该检测方法灵敏度高。

在农药检测中的应用原理：利用农药分子作为抗原决定簇，偶联在载体蛋白上，作为人工抗原物质免疫动物，诱导动物产生针对农药分子的特异性抗体，然后在体外进行抗原抗体特异性识别反应，从而实现对抗原分子进行检测的技术。

根据标记物和检测手段的不同，免疫检测法主要分为放射免疫分析检测（RIA）、酶免疫分析检测（EIA）、荧光免疫分析检测（FiA）、化学发光免疫分析检测（CLIA）、免疫层析试纸条分析检测（ICS）等。

放射免疫分析检测（RIA） 放射性免疫技术是将放射性同位素标记的抗原或抗体，通过免疫反应测定的技术。这种技术将放射性同位素检测的灵敏性与抗原抗体反应的特异性结合，可实现体外测定超微量 $10^{-15} \sim 10^{-9}$ g。经典的放射性免疫技术是标记抗原与未标抗原竞争有限的抗体，然后通过测定标记抗原抗体复合物中放射性强度的改变，测定未标记抗原量（图1）。1959 年 Yalow 和 Berson 首先使用放射性同位素标记胰岛素测定糖尿病患者血浆胰岛素含量，开创了放射免疫分析。

放射免疫分析技术创新由蛋白分析至小分子分析历经了5代，现在已是医学和生物学检测领域中方法学的重大突破，能检出生物体内的微量免疫活性物质，可精确定量极微量而又具有重要生物学意义的物质，是推动医学、生命科学发展的关键技术。

酶免疫分析检测（EIA） 包括酶联免疫吸附技术（ELISA）和酶放大免疫技术（EMIT）。ELISA 法是将抗原或抗体结合到某种固相载体表面，把受检标本（测定其中的抗体或抗原）和酶标抗原或抗体与固相载体表面的抗原或抗体反应，加入底物显色后，根据颜色的深浅进行定性或定量分析。ELISA 在检测中较为常用，但该技术需要固体物质作为载体，为非均相免疫分析（图2）。

酶放大免疫技术（EMIT）则不需要固体物质作为载体，属均相免疫分析，基本原理是半抗原与酶结合成酶标半抗原，保留半抗原和酶的活性。当酶标半抗原与抗体结合后，所标的酶与抗体密切接触，使酶的活性中心受到影响而活性被抑制。反应后酶活力大小与标本中的半抗原量呈一定的比例，从酶活力的测定结果就可推算出标本中半抗原的量（图3）。其检测时间较 ELISA 短，但检测灵敏度不及 ELISA 技术。ELISA 技术，具有灵敏度高、特异性强、简单方便快捷、批量分析容量大等一系列优点，其在农药残留分析检测的应用较多。Katsoudas 采用 ELISA 方法对氨基甲酸酯类农药的残留进行测定，其检测限达到 2ng/ml。

荧光免疫分析检测（FiA） 荧光免疫分析技术的基本原理是将抗原抗体反应的高度特异性与荧光的可测量性结合起来，以荧光物质作为示踪剂标记抗体或抗原，用于检测特定的抗原抗体的浓度（图4）。其中非均相时间分辨免疫荧光分析（TrFiA）应用最为广泛。

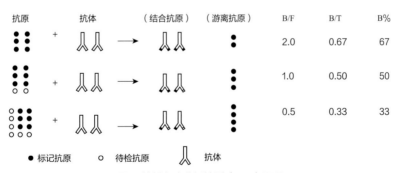

图 1 放射免疫分析检测（RIA）原理

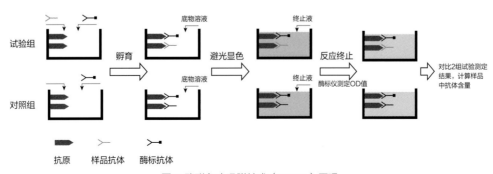

图 2 酶联免疫吸附技术（ELISA）原理

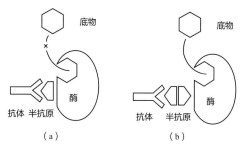

图 3 酶放大免疫技术（EMIT）原理

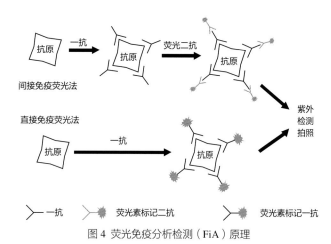

图 4 荧光免疫分析检测（FiA）原理

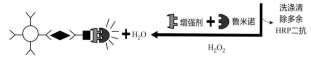

图 5 鲁米诺类化学发光免疫分析法原理（黄延平提供）

TrFiA 是用三价稀土离子及其螯合剂作为示踪物，标记蛋白质、多肽、激素、抗体、核酸探针或生物活性细胞，待反应发生，如抗原抗体结合后，用具有时间分辨功能的时间分辨荧光仪测定最后产物中的荧光强度，根据荧光强度和相对荧光强度比值，判断反应体系中的分析物浓度，从而达到定量分析的目的。非均相时间分辨免疫荧光分析检测用 La 系元素作为标记物，用时间分辨技术测量荧光，同时利用波长和时间分辨，有效排除了 FiA 分析中存在的背景非特异荧光干扰，大大提高了分析灵敏度，被认为是现有免疫分析方法中灵敏度最高的非均相免疫分析方法。由于需要荧光分光光度计及复杂的分析软件，FiA 在农药残留检测方面发展受到限制。

Bacigalupo 等人通过建立氨苄西林的时间分辨荧光免疫分析方法来对牛奶中氨苄西林进行定量检测。该方法的检测灵敏度（IC_{50}）为 220ng/ml，而最低检测限为 1ng/ml。通过对多种来源的牛奶样品进行回收率试验，其回收率在 95.2%～102.5% 之间，显示了良好的灵敏度和适用性。

化学发光免疫分析检测（CLIA） 1977 年 Tsuji 基于 RIA 的基本原理，将化学发光反应与免疫反应结合起来，发展创建了 CLIA。其原理为将发光物质或酶标记在抗原或抗体上，免疫反应结束后，加入氧化剂或酶底物而发光，通过测量发光强度，根据标准曲线测定待测物的浓度。CLIA 的主要优点是灵敏度高、线性范围宽、标记物有效期长、无放射性危害、可实现全自动化等。

化学发光免疫分析是用化学发光剂直接标记抗体或抗原的一类免疫测定方法。目前常见的标记物主要为鲁米诺类（图 5）和吖啶酯类化学发光剂。

免疫层析试纸条分析检测（ICS） ICS 有效结合了层析法和免疫检测法的优势，以探针（酶、胶体金、乳胶颗粒、碳纳米粒子及荧光量子点等）标记抗体或抗原，与标本中的待测物和固定于层析试纸上的抗体或抗原进行特异性反应，经直接目测颜色反应或仪器测定光强度、电化学信号等而实现对目标分析物的测定。其最大优点是可应用于现场分析，无须复杂的净化过程，介质干扰物耐受性高，反应 10 分钟左右即可实现结果判定，结构简单（图 6）。Usleber 用试纸条

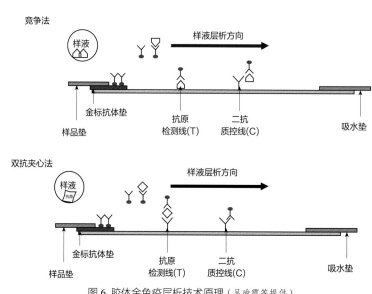

图 6 胶体金免疫层析技术原理（吴瑜霞等提供）

免疫分析测定小麦中 15-AcDON，检测限为 50～100ng/g，与以微孔板为固相载体结果相近。

参考文献

韩丽君, 贾明宏, 钱传范, 等, 2005. 甲基对硫磷的酶联免疫吸附分析 (ELISA) 研究[J]. 农业环境科学学报, 24(1): 187-190.

黄延平, 2010. 电化学发光免疫分析 (ECLIA) 检测甲胎蛋白 (AFP) 对原发性肝癌的临床诊断价值[J]. 中国民康医学, 22(9): 1127-1127.

贾明宏, 陈清, 郑冉, 1996. 放射性同位素示踪技术及其在中国农药科学中的应用研究[J]. 中国核科技报告 (增刊): 58-59.

刘辉, 2010. 免疫学检验[M]. 北京: 人民卫生出版社.

吴瑜霞, 吴斌, 潘秀华, 等, 2015. 新型B族链球菌胶体金免疫层析试纸条的临床应用评价[J]. 现代检验医学杂志 (4): 53-55.

郑柳, 2010. 放射免疫检测技术面临的现状与前景[J]. 当代医学, 16(3): 31-32.

BACIGALUPO M A, MERONI C T, SECUNDO E, et al, 2008, Time-resolved fluoroimmunoassay for quantitative determination of mpicillin in COW milk samples with different fat contents[J]. Talanta (77): 126-130.

KATSOUDAS E, ABDELMESSEH H H, 2000. Enzyme inhibition and enzyme-linked immunosorbent assay methods for carbamate pesticide residue analysis in fresh produce[J]. Journal of food protection, 63(12): 1758-1760.

USLEBER E, SCHNEIDER E, MARTLBAUER E, et al, 1993, Two formats of enzyme immunoassay for 15-acetyldeoxynivalenol applied to wheat[J]. Journal of agricultural & food chemistry, 41(11): 2019-2023.

（撰稿：贾明宏；审稿：朱国念）

灭草喹 imazaquin

一种咪唑啉酮类除草剂。

其他名称　咪唑喹啉酸。

化学名称　(RS)-2-(4-异丙基-4-甲基-5-氧代-2-咪唑啉-2-基)喹啉-3-羧酸；2-[4,5-dihydro-4-methyl-4-(1-methylethyl)-5-oxo-1H-imidazol-2-yl]-3-quinolinecarboxylic acid。

IUPAC 名称　2-(4-methyl-5-oxo-4-propan-2-yl-1H-imidazol-2-yl)quinoline-3-carboxylic acid。

CAS 登记号　81335-37-7。

EC 号　617-220-3。

分子式　$C_{17}H_{17}N_3O_3$。

相对分子质量　311.34。

结构式

开发单位　美国氰胺公司。

理化性质　熔点 219～224℃，密度 1.35g/cm³，沸点 476.8℃，白色至浅黄色粉末，微溶于某些有机溶剂，25℃水中溶解度为 60mg/L。

毒性　低毒。急性经口 LD_{50}：大鼠＞5000mg/kg，雌小鼠＞2000mg/kg。兔急性经皮 LD_{50}＞2000mg/kg。大鼠急性吸入 LC_{50}（4.7 小时）5.7mg/L。对兔眼睛无刺激性，对兔皮肤有中度刺激性。大鼠饲喂试验 NOEL：90 天 10 000mg/kg，2 年 5000mg/kg。

剂型　180g/L（氨盐）浓可溶剂。

作用方式及机理　属咪唑啉酮类广谱除草剂，是缬氨酸、亮氨酸的生物合成抑制剂。作用方式通过植株的叶与根吸收，在木质部与韧皮部传导，积累于分生组织中。茎叶处理后，敏感杂草立即停止生长，经 2～4 天后死亡。土壤处理后，杂草顶端分生组织坏死，生长停止，而后死亡。

防治对象　对阔叶杂草和禾本科杂草、马齿苋、薹草有良好防除效果。主要用于大豆地防除苋草、猩猩草、苘麻、三叶鬼针草、春蓼，以及臂形草、马唐、蟋蟀草、野黍、狗尾草等，植前、芽前和芽后使用，用量为 125～200g/hm² 有效成分。

使用方法　对阔叶杂草和禾本科杂草及薹草是有效的植前、芽前和芽后除草剂，防除大豆田杂草用量为 70～250g/hm²，防除大田阔叶杂草用量为 125～250g/hm²。其异丙胺盐还作为非选择性除草剂，用于铁路、公路、工厂、仓库及林地除草，剂量为 500～2000g/hm²。

注意事项　较高剂量会引起大豆叶片皱缩、节间缩短，但很快恢复正常，对产量没有影响；随大豆生长，抗性进一步增强，故出苗后晚期处理更为安全。在土壤中吸附作用小，不易水解，持效期较长。

与其他药剂的混用　加入非离子型表面活性剂可提高除草效果，可与苯胺类除草剂二甲戊乐灵混用。

允许残留量　GB 2763—2021《食品中农药最大残留限量标准》规定灭草喹在大豆中的最大残留限量为 0.05mg/kg。ADI 为 0.25mg/kg。油料和油脂按照 GB/T 23818 规定的方法测定。

参考文献

刘立建, 1989. 吡唑啉酮类除草剂灭草喹的合成[J]. 农药, 28(5): 9-11, 43.

袁会珠, 2013. 现代农药应用技术图解[M]. 北京: 中国农业科学技术出版社.

（撰稿：杨光富；审稿：吴琼友）

灭草灵 swep

一种氨基甲酸酯类选择内吸性兼具触杀作用的除草剂。

其他名称　NIA 2995、FMC2995、NFM 2995、MCC。

化学名称　N-3,4-二氯苯基氨基甲酸甲酯；methyl-N-3,4-dichlorophenylcarbamate。

IUPAC 名称　methyl(3,4-dichlorophenyl)carbamate。

M

CAS 登记号　1918-18-9。

分子式　$C_8H_7Cl_2NO_2$。

相对分子质量　220.05。

结构式

开发单位　由美国富美实公司开发推广。

理化性质　纯品为白色晶体。熔点 112～114℃。原粉含量二级品 ≥ 90%，一级品 ≥ 92%（熔点 95～102℃）。原粉为褐色结晶体，不溶于水、氯仿、煤油，溶于苯、甲苯、丙酮、二甲基甲酰胺。在一般情况下对酸、碱、热稳定，在土壤中易分解。

毒性　低毒。大鼠急性经口 LD_{50} 550mg/kg。兔经皮 LD_{50} 2500mg/kg。未见对眼睛及皮肤有刺激作用。对人、畜、鱼类低毒。

剂型　25% 可湿性粉剂。

作用方式及机理　属于选择性内吸兼触杀性除草剂。

防治对象　适用于水稻、玉米、小麦、大豆、甜菜、花生、棉花等作物田中防治一年生禾本科杂草和某些阔叶杂草，如稗草、马唐、看麦娘、狗尾草、三棱草及藜、车前草等。

参考文献

马克比恩 C, 2015. 农药手册[M]. 胡笑形，等译. 北京: 化学工业出版社: 1102.

孙家隆, 2015. 新编农药品种手册[M]. 北京: 化学工业出版社: 798.

（撰稿: 王建国; 审稿: 耿贺利）

灭草隆　monuron

一种脲类除草剂。

其他名称　Telvar、Chlorfenidim、季草隆、蒙纽郎。

化学名称　3-(4-氯苯基)-1,1-二甲基脲; 3-(4-chloro-phenyl)-1,1-dimethylurea。

IUPAC 名称　3-(4-chlorophenyl)-1,1-dimethylurea。

CAS 登记号　150-68-5。

EC 号　205-766-1。

分子式　$C_9H_{11}ClN_2O$。

相对分子质量　198.65。

结构式

开发单位　杜邦公司开发。H. C. Bucha 和 C. W. Todd 报道它的除草活性。

理化性质　其纯品为白色无味结晶固体，熔点 174～175℃，蒸气压 6.67×10^{-2}mPa（25℃）。相对密度 1.27（20℃），在水中溶解度 230mg/L，难溶于矿物油，在极性有机溶剂，如丙酮中 27℃溶解度为 5.2%。室温下对水和氧稳定，在 185～200℃分解，在室温和中性条件下水解速度可忽略不计，在升温和提高酸性或碱性的条件下水解速度加快。在潮湿的土壤中缓慢分解，无腐蚀性，不可燃。

毒性　大鼠急性经口 LD_{50} 3600mg/kg。对完好或有损伤的豚鼠皮肤无刺激作用或敏感作用。在饲料中对大鼠和狗的 NOEL 为 250～500mg/kg。

剂型　80% 可湿性粉剂。

作用方式及机理　灭草隆经根部吸收，也有一定叶面触杀作用，能抑制光合作用。

防治对象　一年生浅根杂草，如马唐、狗尾草、灰灰菜、野苋菜、蒿子草、看麦娘、藜等有明显效果，对部分多年生杂草也有抑制作用。

使用方法　一般以喷雾法效果最好。施药时间，作物地可在播后苗前; 苗圃果园可在杂草繁盛期施药。

参考文献

马丁 H, 1979. 农药品种手册[M]. 北京市农药二厂，译. 北京: 化学工业出版社: 341-342.

河南省农业技术推广总站, 1982. 实用农药手册[M]. 郑州: 河南科学技术出版社: 328-330.

（撰稿: 王忠文; 审稿: 耿贺利）

灭草猛　vernolate

一种硫代氨基甲酸酯类除草剂。

其他名称　Vernam、Stabam、卫农、灭草丹、R-1607、PPTC。

化学名称　S-丙基二丙基硫代氨基甲酸酯。

IUPAC 名称　S-propyl dipropylthiocarbamate。

CAS 登记号　1929-77-7。

EC 号　217-681-7。

分子式　$C_{10}H_{21}NOS$。

相对分子质量　203.34。

结构式

开发单位　1954 年由斯道夫化学公司推广。

理化性质　原药为黄褐色透明油状液体，具轻微刺激臭味。在水中溶解度 90mg/L（20℃），可溶于多种有机溶剂。制剂为黄褐色液体。沸点 140℃（2.66kPa）。25℃时蒸气压 4.5Pa。相对密度 0.954。性质稳定。

毒性　大鼠急性经口 LD_{50} 1780mg/kg。兔急性经皮

$LD_{50} > 2955mg/kg$。

剂型 88.5%、72% 乳油，10% 颗粒剂。

作用方式及机理 灭草猛土壤处理，在杂草种子发芽出土过程中，通过幼芽及根吸收药剂，并在植物体内传导，抑制和破坏敏感植物细胞的核糖核酸和蛋白质的合成，致使杂草叶部分生组织的生长受抑，受害杂草多数在出土前的幼芽期生长点被破坏而死亡，少数受害轻的杂草虽能出土，但幼叶卷曲变形，茎肿大，不能正常生长。

防治对象 适用于大豆、花生、马铃薯、甘蔗和烟草田防治野燕麦、稗草、马唐、狗尾草、香附子、油莎草、牛筋草等禾本科杂草及猪毛菜、马齿苋、藜、田旋花、苘麻等部分阔叶杂草。

使用方法

防治大豆和花生田杂草 用 88.5% 乳油 2250～3000ml/hm²，加水喷雾，随即混土。混土深度 10～15cm，药后播种，深度不超过 5cm。

防治甘蔗田杂草 用 88.5% 乳油 3000～3750ml/hm²，加水喷雾甘蔗浅植田，可在植前施药。甘蔗种植深度 > 15cm 的田块，可植后施药。

注意事项 由于药剂挥发性强，应在施后随即混土。

参考文献

朱永和, 王振荣, 李布青, 2006. 农药大典[M]. 北京: 中国三峡出版社: 782.

（撰稿：汪清民；审稿：刘玉秀、王兹稳）

灭草松 bentazone

一种苯并噻唑类除草剂。

其他名称 苯达松、排草丹、噻草平、苯噻氮、苯并硫二嗪酮。

化学名称 3-异丙基-1*H*-2,1,3-苯并噻唑-4(3*H*)-酮2,2-二氧化物。

IUPAC 名称 3-isopropyl-1*H*-2,1,3-benzothiadiazin-4(3*H*)-one 2,2-dioxide。

CAS 登记号 25057-89-0。

EC 号 246-585-8。

分子式 $C_{10}H_{12}N_2O_3S$。

相对分子质量 240.28。

结构式

开发单位 巴斯夫公司。

理化性质 白色结晶。相对密度 1.41（20℃）。熔点 138℃。蒸气压 5.4×10^{-3}mPa（20℃）。水中溶解度（20℃）570mg/L（pH7）；有机溶剂中溶解度（20℃，g/L）：丙酮 1387、甲醇 106.1、乙醇 801、乙酸乙酯 582、二氯甲烷 206、乙醚 616、苯 33。在酸、碱介质中易水解，日光下分解。

毒性 低毒。大鼠急性经口 $LD_{50} > 1000mg/kg$。大鼠急性经皮 $LD_{50} > 2500mg/kg$，大鼠急性吸入 LC_{50}（4 小时）> 5.1mg/L。对兔眼睛和皮肤有中度刺激性。饲喂试验 NOEL［mg/（kg·d）］：大鼠 10（2 年）、25（90 天），狗 13.1（1 年）。试验条件下未见致畸、致突变、致癌作用。对鱼、蜜蜂、鸟低毒。虹鳟和大翻车鱼 LC_{50}（96 小时）> 100mg/L，水蚤 LC_{50}（48 小时）125mg/L，水藻 EC_{50}（72 小时）47.3mg/L。蜜蜂经口 $LD_{50} > 100μg/$ 只。山齿鹑急性经口 LD_{50} 1140mg/kg。蚯蚓 LD_{50}（14 天）> 1000mg/kg 土壤。

剂型 25%、40%、48%、480g/L 水剂。

质量标准 灭草松原药（HG/T 4943—2016）。

作用方式及机理 选择性触杀型茎叶处理剂。旱田条件下，药剂主要通过杂草茎叶吸收，水田条件下，杂草茎叶和根吸收药剂后传导，影响光合作用和水分代谢，造成杂草营养饥饿、生理机能失调而死。有效成分在耐药作物体内代谢成活性弱的糖轭合物，对水稻安全。

防治对象 阔叶杂草和莎草科杂草，如稻田眼子菜、节节菜、泽泻、鸭舌草、矮慈姑、野慈姑、水莎草、异型莎草、碎米莎草、荆三棱、牛毛草、萤蔺等杂草；麦田荠菜、播娘蒿、猪殃殃、救荒野豌豆、牛繁缕等杂草；大豆、花生田马齿苋、反枝苋、凹头苋等。对扁秆藨草、香附子等莎草科杂草也有较好防效。禾本科杂草无效。

使用方法 茎叶喷雾。用于大豆、马铃薯、花生、烟草、油菜、水稻等田地除草。

防治水稻移栽田及直播田杂草 水稻插秧后 20～30 天，或播种后 30～40 天，杂草 3～5 叶期，每亩使用 480g/L 灭草松水剂 150～200g（有效成分 72～96g），兑水 30L 茎叶喷雾处理。施药前排干田水，使杂草全部露出水面，药后 1～2 天复水，保水 5～7 天。

防治小麦田杂草 小麦 3 叶至拔节前，阔叶杂草 2～4 叶期，每亩用 25% 灭草松水剂 200g（有效成分 50g），兑水 30L 茎叶喷雾。

防治大豆田杂草 大豆 1～3 片三出复叶期，杂草 3～4 叶期，春大豆田每亩使用 480g/L 灭草松水剂 200～250g（有效成分 96～120g），夏大豆田每亩使用 480g/L 灭草松水剂 150～200g（有效成分 72～96g），兑水 30L 茎叶喷雾。

注意事项 ①药效发挥作用的最佳温度为 15～27℃，最佳空气相对湿度 65% 以上。施药后 8 小时内应无雨。②天气干燥、高温或超过推荐剂量时，小麦、大豆叶片会出现接触性药害斑点。③落入土壤的药剂很少被吸附，因而不宜用作土壤处理。④喷药时防止药液飘移到菠菜、油菜、棉花等敏感阔叶作物。

与其他药剂的混用 可与二氯喹啉酸、2 甲 4 氯、敌稗、氟磺胺草醚等混用，扩大杀草谱。

允许残留量 GB 2763—2021《食品中农药最大残留限量标准》规定灭草松最大残留限量见表。ADI 为 0.09mg/kg。谷物按照 SN/T 0292 规定的方法测定；油料和油脂、蔬菜参照 SN/T 0292 规定的方法测定。

部分食品中灭草松最大残留限量（GB 2763—2021）

食品类别	名称	最大残留限量（mg/kg）
谷物	稻谷、麦类、高粱	0.10
	玉米	0.20
	杂粮类	0.05
油料和油脂	亚麻籽	0.10
	大豆	0.05
蔬菜	洋葱	0.10
	菜豆、豌豆	0.20

参考文献

刘长令, 2002. 世界农药大全:除草剂卷[M]. 北京: 化学工业出版社.

马克比恩 C, 2015. 农药手册[M]. 胡笑形, 等译. 北京: 化学工业出版社.

中国农业百科全书总编辑委员会农药卷编辑委员会, 中国农业百科全书编辑部, 1993. 中国农业百科全书:农药卷[M]. 北京: 农业出版社.

SHANER D L, 2014. Herbicide handbook[M]. l0th ed. Lawrence, KS: Weed Science Society of America.

（撰稿：李香菊；审稿：耿贺利）

灭草烟　imazapyr acid

一种咪唑啉酮类除草剂，是支链氨基酸合成抑制剂，新型广谱除草剂。

其他名称　咪唑烟酸（灭草烟）、Arsenal、Assault、依灭草。

化学名称　2-(4- 异丙基 -4- 甲基 -5- 氧代 -2- 咪唑啉 -2- 基) 烟碱酸；2-(4-methyl-5-oxo-4-propan-2-yl-1H-imidazol-2-yl)pyridine-3-carboxylic acid。

IUPAC 名称　2-(4-methyl-5-oxo-4-propan-2-yl-1H-imidazol-2-yl)pyridine-3-carboxylic acid。

CAS 登记号　81334-34-1。

EC 号　617-219-8。

分子式　$C_{13}H_{15}N_3O_3$。

相对分子质量　261.28。

结构式

开发单位　20 世纪 80 年代由美国氰胺公司（现归并为德国巴斯夫公司）开发。

理化性质　该品的异丙铵盐为无色固体。熔点 128～130℃。蒸气压 13μPa（60℃）。溶解性（15℃，g/L）：水 9.74、丙酮 6、乙醇 72、二氯甲烷 72、二甲基甲酰胺 473、二甲基亚砜 665、甲醇 230、甲苯 3，25℃时水中溶解度 11.3g/L。K_{ow} lg$P$ 1.3（imazapyr）。酸性，pK_{a1}1.9，pK_{a2}3.6。灭草烟在 45℃下可稳定 3 个月，在室温下可稳定 2 年，在 pH5～9、暗处、水介质中是稳定的，储存时不能高于 45℃。该品溶液在模拟日光下酸被分解，水解 DT_{50} 6 天（pH5～9），土壤中 DT_{50} 90～120 天。不能在无衬里的容器中混合或储存，因其有腐蚀性。与碱或酸和强氧化剂均能反应。

毒性　原药大鼠急性经口 LD_{50}＞5g/kg，其异丙铵盐大鼠急性经口 LD_{50}＞10g/kg；小鼠急性经口 LD_{50}＞2g/kg（原药）或＞10mg/kg（异丙铵盐）。兔急性经皮 LD_{50}＞2g/kg（原药），小鼠急性经皮 LD_{50}＞2g/kg（异丙铵盐）。原药对兔皮肤有中等刺激作用，对兔眼睛有可逆的刺激作用。鹌鹑和野鸭急性经口 LD_{50}＞2g/kg（原药，imazapyr），鹌鹑和野鸭 LC_{50}（8 天）＞5g/kg 饲料。鱼类 LC_{50}（96 小时）：虹鳟、蓝鳃鱼、鲇鱼＞100mg/kg。水蚤 LC_{50}（48 小时）＞1000mg/L，蜜蜂接触 LD_{50}＞0.1mg/kg。

剂型　2% 颗粒剂，Arsenal（用于所有杂草防除），异丙铵盐浓乳剂（200～250g/L），20% 颗粒剂（20mg/kg），Assault（用于橡胶和油棕）。

质量标准　原药含量 95%。

作用方式及机理　咪唑啉酮除草剂通过植物根与茎叶吸收，在木质部与韧皮部传导，积累于分生组织。茎叶处理后，敏感杂草立即停止生长，经 2～4 周全株死亡；土壤处理后，根吸收向上传导至杂草顶端的分生组织，使其停止生长并坏死。某些杂草虽然能发芽出苗，但植株达到 2.5～5cm 时生长便停止，而后死亡。咪唑啉酮除草剂主要抑制植物内乙酰乳酸合成酶（ALS）的活性，造成支链氨基酸缬氨酸、异亮氨酸与亮氨酸生物合成受抑制，导致细胞有丝分裂停滞于间隙（G1 与 G2）阶段，从而使植物停止生长而死亡，这种作用特性与磺酰脲除草剂非常近似。

不同植物对咪唑啉酮除草剂代谢速度快慢是其选择性强弱的主要原因。通常，抗药性植物吸收药剂后，在体内迅速将其代谢为无活性化合物，如用灭草烟进行叶片处理后，其在体内的半衰期：大豆 4.4 天，花生 5.3 天，苘麻 12 天，苍耳 30 天，钝叶决明 12.7 天，扭曲山蚂蝗 9.6 天。此类除草剂系弱酸，如普杀特、灭草烟在土壤中的横向与垂直移动有限，不易水解，土壤中需氧性微生物能缓慢降解此类除草剂，但在嫌气性条件下则不发生降解，在温暖、湿润条件下，消失迅速；在冷凉、干燥条件下，消失缓慢，持效期长。施于土壤表面时，光解是其消失的主要原因。

防治对象　适用于一年生和多年生禾本科杂草、阔叶杂草、莎草科杂草和多种灌木和落叶乔木。

使用方法　可芽前和芽后使用，非耕地除草用量为 0.25～2.5kg/hm²；橡胶园和油棕园用量为 0.125～1.0kg/hm²；森林用量为 0.25～1.25kg/hm²；茶园用量为 0.1～2.0kg/hm²；另外，涂抹或注射可防止落叶树树桩萌发。主要用于大豆田进行播前混土处理，播种后、出苗前土表处理以及出苗后早期应用，用量 70～280g/hm²，防治阔叶杂草与禾本科杂草，其中以苍耳与反枝苋最敏感。此外，还可用于烟草、咖啡、苜蓿、豌豆、豇豆等作物田除草。此类除草剂可做土壤处理，也可做茎叶处理。土壤处理后，杂草分生组织坏死，生长停止，虽然一些杂草能发芽出土，但不久后便停止生长而死亡。茎叶处理后，杂草生长停止，并在 2～4 周内死亡。

注意事项　在土壤中的持效期长，用于林地、非耕地，为非选择性灭生性除草剂，吸收迅速，在土壤中的持效期可达 8 年，在应用中务必注意，施药后应慎重安排下茬作物。

与其他药剂的混用　加入非离子型表面活性剂能够提高其除草效果。

允许残留量　GB 2763—2021《食品中农药最大残留限量标准》规定灭草烟最大残留限量见表。ADI 为 3mg/kg。油料和油脂按照 GB/T 23818 规定的方法测定。

部分食品中灭草烟最大残留限量（GB 2763—2021）

食品类别	名称	最大残留限量（mg/kg）
油料和油脂	大豆	5.00
动物源性食品	哺乳动物肉类（海洋哺乳动物除外）	0.05*
	哺乳动物内脏（海洋哺乳动物除外）	0.20*
	哺乳动物脂肪（乳脂肪除外）	0.05*
	禽肉类、禽类内脏	0.01*
	家禽脂肪	0.01*
	蛋类	0.01*
	生乳	0.01*

* 临时残留限量。

参考文献

苏少泉, 1987. 新型除草剂——咪唑啉酮类[J]. 农药译丛, 9 (4): 48-50.

苏少泉, 1989. 除草剂概论[M]. 北京: 科学出版社.

朱永和, 王振荣, 李布青, 2006. 农药大典[M]. 北京: 中国三峡出版社: 864-865.

（撰稿：杨光富；审稿：吴琼友）

灭虫畏　temivinphos

一种有机磷杀虫剂。

其他名称　Alcide、SKI-16、甲乙毒虫畏。

化学名称　2-氯-1-(2,4-二氯苯基)乙烯基乙基甲基磷酸酯；2-chloro-l-(2,4-dichlorophenyl)vinylethyl methyl phosphate。

IUPAC 名称　2-chloro-l-(2,4-dichlorophenyl)vinylethylmethylphosphate。

CAS 登记号　35996-61-3。

分子式　$C_{11}H_{12}Cl_3O_4P$。

相对分子质量　345.55。

结构式

理化性质　淡黄褐色液体。沸点 124～125℃（0.133Pa）。蒸气压 1.33mPa（20℃）。微溶于水；易溶于乙醇、丙酮、己烷。

毒性　急性经口 LD_{50}：大鼠 130mg/kg（雄），150mg/kg（雌）；小鼠 250mg/kg（雄），210mg/kg（雌）。急性经皮 LD_{50}：大鼠 70mg/kg（雄），60mg/kg（雌）；小鼠 60mg/kg（雄），95mg/kg（雌）。鲤鱼 LC_{50}（48 小时）0.58mg/L。

作用方式及机理　乙酰胆碱酯酶抑制剂。

防治对象　防治二化螟、黑尾叶蝉、稻褐飞虱、稻灰飞虱。

使用方法　剂量 150g/hm²。

参考文献

郑柳, 2010, 放射免疫检测技术面临的现状与前景[J]. 当代医学, 16(3): 31-32.

朱永和, 王振荣, 李布青, 2006. 农药大典[M]. 北京: 中国三峡出版社: 80.

（撰稿：薛伟；审稿：吴剑）

M

灭除威　XMC

一种具有触杀作用和内吸性的氨基甲酸酯类杀虫剂。

其他名称　Orion、Macbal、Cosban、二甲威、H69、H4069、Maqbarl、DRS3340。

化学名称　3,5-二甲苯基-N-甲基氨基甲酸酯。

IUPAC 名称　3,5-xylyl-methylcarbamate。

CAS 登记号　2655-14-3。

分子式　$C_{10}H_{13}NO_2$。

相对分子质量　179.22。

结构式

开发单位　1969 年由日本保土谷化学工业公司开发。

理化性质　白色粉末或白色结晶。密度 0.54g/cm³。工业品熔点 99℃。略溶于水，可溶于丙酮、乙醇、苯等大多数有机溶剂。20℃时的溶解度（g/L）：丙酮 5.74、乙醇 2.77、苯 2.04、水 0.47。工业品含量 97%，在中性下稳定，遇碱和强酸易分解。

毒性　急性经口 LD_{50}：大鼠 542mg/kg，兔 445mg/kg，小鼠 245mg/kg，鸟 75mg/kg。对人的 ADI 为 0.0034mg/kg

（暂时性）。对鱼的毒性较弱，鲤鱼、金鱼、泥鳅、蝌蚪 TLm（48 小时）＞ 40mg/L。水蚤 LC$_{50}$（3 小时）0.05mg/L。通常使用不会产生危害。

剂型　2%、3% 粉剂，3% 微粒剂，20% 乳剂，50% 可湿性粉剂。

作用方式及机理　触杀性杀虫剂，并有一定的内吸作用。有较快的击倒作用，能抑制动物体内胆碱酯酶，故其作用机制和其他氨基甲酸酯杀虫剂类似。

防治对象　对稻飞虱、叶蝉有很好防治效果。对蚜虫、蚧及水稻负泥虫等也有较好的防治效果。亦可用于木材防腐以及海生生物和森林害虫的防治。还可用以歼除蛞蝓、蜗牛等。

使用方法

防治水稻害虫　防除水稻黑尾叶蝉、褐稻虱、白背飞虱及灰飞虱等，在若虫高峰期，使用 2% 粉剂 30～45kg/hm^2 喷粉，或使用 50% 可湿性粉剂 1500～2250g/hm^2，兑水常量针对性喷雾。防治水稻负泥虫，使用 3% 颗粒剂 30～37.5kg/hm^2。

防治茶树害虫　在茶小绿叶蝉低龄若虫期，使用 50% 可湿性粉剂 1000 倍液常量喷雾；或使用 2% 粉剂 30～45kg/hm^2 喷粉。防治茶长白蚧，在若虫孵化盛末期，使用 50% 可湿性粉剂 3750～4500g/hm^2，兑水常量喷雾。

防治棉花害虫　防治棉花苗期蚜虫，棉苗 1～3 叶，蚜害指数达 250 时，或棉苗 4～6 叶，蚜害指数达到 350～400 时，使用 50% 可湿性粉剂 600～750g/hm^2，兑水常量喷雾。防治棉花伏蚜，使用 50% 可湿性粉剂 1500g/hm^2，兑水常量喷雾。防治棉花叶蝉，在叶蝉低龄若虫盛期，使用 50% 可湿性粉剂 750～1125g/hm^2，兑水常量喷雾。

注意事项　不能与碱性或强酸性农药混用。稻田施药的前后 10 天内，不能使用敌稗。

允许残留量　灭除威最大残留限量（日本标准）见表。

日本规定灭除威在部分食品中的最大残留限量

食品	最大残留限量（mg/kg）	食品	最大残留限量（mg/kg）
杏仁	0.2	酸果蔓果	0.2
苹果	0.2	酸枣	0.2
杏	0.2	葡萄	0.2
鳄梨	0.2	番石榴	0.2
香蕉	0.2	黑果木	0.2
大麦	0.2	猕猴桃	0.2
黑莓	0.2	柠檬	0.2
蓝莓	0.2	枇杷	0.2
樱桃	0.2	杧果	0.2
玉米	0.2	油桃	0.2
棉花籽	0.2	木瓜	0.2
覆盆子	0.2	西番莲果	0.2
黑麦	0.2	桃	0.2
草莓	0.2	梨	0.2
向日葵籽	0.2	榅桲	0.2
茶叶	10.0	小麦	0.2

参考文献

朱永和, 王振荣, 李布青, 2006. 农药大典[M]. 北京: 中国三峡出版社.

（撰稿：李圣坤；审稿：吴剑）

灭多威　methomyl

一种具有触杀、胃毒和内吸性的氨基甲酸酯类杀虫剂。

其他名称　万灵、Kipsin、Lannate、Lanoate、Lanox Methavin、Methomex、Metox、Kuik、Tech、Pillarmate、乙肟威、灭多虫、灭索威、Halvflr、Harubado、Nu-Bait、Nudrin、Du Pont 1197、ENT27341、SD14999、DPX-X1179、OMSl196。

化学名称　S-甲基-N-(甲基氨基甲酰氧基)硫代乙酰亚胺酯。

IUPAC 名称　S-methyl N-(methyl carbamoyloxy) thioacetimidate。

CAS 登记号　16752-77-5。

EC 号　240-815-0。

分子式　$C_5H_{10}N_2O_2S$。

相对分子质量　162.21。

结构式

开发单位　1968 年由 G. A. Roodhans 和 N. B. Joy 报道该杀虫剂，由杜邦公司开发，获专利 US3576834；US3639633。

理化性质　纯品为白色结晶固体，略带硫黄气味。熔点 78～79℃。25℃时蒸气压 0.72mPa。密度 1.295g/ml（25/40℃）。室温溶解度：水 58g/L、丙酮 730g/kg、乙醇 420g/kg、甲醇 1000g/kg、甲苯 30g/kg、异丙醇 220g/kg。稳定性：水溶液在室温下分解缓慢，通风时，在日光下、碱性介质中或在较高温度下迅速分解，在土壤中也迅速分解。

毒性　原药对哺乳动物的口服毒性属高毒。急性经口 LD$_{50}$：雄大鼠 34mg/kg，雌大鼠 20mg/kg。急性经皮 LD$_{50}$ ＞ 2000mg/kg。对兔眼睛有刺激，对豚鼠皮肤无刺激。大鼠急性吸入 LC$_{50}$（4 小时）0.3mg/L 空气（烟雾剂）。2 年饲喂试验 NOEL：大鼠 100mg/kg 饲料，小鼠 50mg/kg 饲料，狗 100mg/kg 饲料。对人的 ADI 为 0.03mg/kg。野鸭急性经口 LD$_{50}$ 15.9mg/kg，野鸡急性经口 LD$_{50}$ 15.4mg/kg。北京鸭 LC$_{50}$（8 天）1890mg/kg 饲料，鹌鹑 LC$_{50}$（8 天）3680mg/kg 饲料。鱼类 LC$_{50}$（96 小时）：虹鳟 2.49mg/L，蓝鳃鱼 0.63mg/L。对蜜蜂有毒，接触 LD$_{50}$ 0.1μg/只，每次喷药干后，对蜜蜂是无害的。水蚤 LC$_{50}$（48 小时）17μg/L。

剂型　90% 可溶性粉剂，25% 可湿性粉剂，20%、24% 乳油，15%～24%（重量/体积）水溶性液剂，5% 颗粒剂和 2%～5% 粉剂。

质量标准　20% 乳油质量标准：灭多威含量 ≥ 20%，酸度 pH5～6，乳化稳定性（稀释 200 倍）合格，水分 ≤

2%，外观暗琥珀色液体。原油有效成分含量≥90%；20%乳油有效成分含量≥20%。

作用方式及机理　具有内吸性的接触杀虫剂，兼有胃毒作用，抑制昆虫体内胆碱酯酶。

防治对象　是一种内吸性广谱杀虫剂，杀虫谱超过120种。可在果树、棉花、烟草、蔬菜、苜蓿、观赏植物、草场等作叶面喷洒。可防治棉铃虫、玉米螟、苹果蠹蛾、菜青虫、水稻螟虫、烟草卷叶虫、黏虫、大豆夜蛾、飞虱、蚜虫、蓟马等多种害虫。

使用方法

防治棉花害虫　防治棉蚜、棉铃虫，用20%灭多威乳油600～900ml/hm²喷雾。

防治粮食作物害虫　防治麦蚜、造桥虫、玉米蛾等其他农作物害虫，用20%灭多威乳油450～600ml/hm²喷雾。

防治桃小食心虫等果树害虫　用20%灭多威乳油1500～2000倍液喷雾。防治蔬菜蚜虫、小菜蛾等蔬菜害虫，用20%灭多威乳油600～750ml/hm²喷雾。该品对棉花、大豆、茄子等作物较易产生药害。

注意事项　灭多威在中国只批准在甘蓝、烟叶及棉花上使用，在其他作物上不能使用。不能与波尔多液、石硫合剂及含铁、锡的农药混用。该品的浓液剂如经口服可以致死，如吸入药液、接触中毒，故须注意防护，戴手套和面具。勿将药液溅到眼内、皮肤和衣层上。硫酸阿托品是该品的解毒药，在任何情况下出现中毒后，如何救治必须遵照医嘱。勿使用吗啡和2-PAM。只有在灭多威和有机磷杀虫剂同时中毒时，方能用作硫酸阿托品的补充处理剂。该品的液体制剂为可燃性，应储放在远离高热、明火和有火花的地方，亦不能放置在低于0℃处，以防冻结，剩余药液和废液应按说明要求做有毒化学的处理。另外，储存在干燥阴凉处。

允许残留量　该品在饲料的允许残留限量为10mg/kg。在粮食作物为0.1～6mg/kg。美国规定：葡萄、桃、白菜5mg/kg，花茎甘蓝、芹菜3mg/kg，芦笋、橙子、辣椒2mg/kg，葫芦、果菜类和叶菜类蔬菜、大豆0.2mg/kg，玉米粒、棉籽、花生、核桃0.1mg/kg。GB 2763—2021《食品中农药最大残留限量标准》规定灭多威最大残留限量见表。ADI为0.02mg/kg。

部分食品中灭多威的最大残留限量（GB 2763—2021）

食品类别	名称	最大残留限量（mg/kg）
谷物	燕麦	0.20
	旱粮类	0.05
	杂粮类	0.20
油料和油脂	棉籽	0.50
	大豆	0.20
蔬菜	芸薹属类蔬菜	0.20
	鳞茎类蔬菜	0.20
	叶菜类蔬菜	0.20
	茄果类蔬菜	0.20
	瓜类蔬菜	0.20
	豆类蔬菜	0.20

（续表）

食品类别	名称	最大残留限量（mg/kg）
蔬菜	茎类蔬菜	0.20
	根茎类和薯芋类蔬菜	0.20
	水生类蔬菜	0.20
	芽菜类蔬菜	0.20
	其他类蔬菜	0.20
水果	柑橘类水果	0.20
	仁果类水果	0.20
	核果类水果	0.20
	浆果及其他小型水果	0.20
	热带和亚热带水果	0.20
	瓜果类水果	0.20
糖料	甘蔗、甜菜	0.20
饮料类	茶叶	0.20

参考文献

王大全, 1998.精细化工辞典[M]. 北京: 化学工业出版社.

中国农业百科全书总编辑委员会农药卷编辑委员会, 中国农业百科全书编辑部, 1993. 中国农业百科全书:农药卷[M]. 北京: 农业出版社.

朱永和, 王振荣, 李布青, 2006. 农药大典[M]. 北京: 中国三峡出版社.

（撰稿：李圣坤；审稿：吴剑）

M

灭害威　aminocarb

一种非内吸性的氨基甲酸酯类杀虫剂，具有胃毒和触杀作用。

其他名称　Matacil、Metacil、Bayer 44646、A363、ENT25784。

化学名称　甲基氨基甲酸-4-二甲氨基-3-甲苯酯。

IUPAC名称　4-dimethylamino-m-tolyl methylcarbamate。

CAS名称　4-(dimethylamino)-3-methylphenyl N- methylcarbamate。

CAS登记号　2032-59-9。

分子式　$C_{11}H_{16}N_2O_2$。

相对分子质量　208.26。

结构式

开发单位　1963年德国拜耳公司，Mobay Chem.首先提出，后在美国拜耳公司Chemagro部进行开发研究。1989年停产。获得专利DBP 1145162。

理化性质　白色结晶固体，或略带褐色。熔点93～94℃。蒸气压1.7mPa（20℃）。微溶于水（915mg/L水中），中度溶解于芳烃溶剂，易溶于极性溶剂如醇类。25℃ pH9.3

时在 0.1mol 巴比妥缓冲溶液中的半衰期为 4 小时。该品不可同强碱性农药配伍。

毒性 急性经口 LD_{50}：小鼠 30mg/kg，大鼠 50mg/kg，鸟 50mg/kg。大鼠腹腔注射 LD_{50} 21mg/kg。小鼠腹腔注射致死最低量 7mg/kg。大鼠吃 200mg/kg 2 年无中毒现象，对蜜蜂有毒。

剂型 50%、80% 可湿性粉剂，5% 粉剂，20% 乳油，2% 毒饵，1.5% 油溶剂和流动剂等。

作用方式及机理 是非内吸性的胃毒杀虫剂，亦有触杀作用。它和许多氨基甲酸酯相同，能阻碍昆虫体内的乙酰胆碱酯酶分解乙酰胆碱的作用，从而使乙酰胆碱积聚，导致昆虫过度兴奋、剧烈动作，麻痹而致死亡。

防治对象 主要用于防治鳞翅目害虫的幼虫和半翅目害虫，效力极强，对螨类也有防治效果。还可用于防治森林害虫如枞色卷蛾、松色卷蛾以及软体害虫如蛞蝓、蜗牛等。对白蚁的防治效果也很突出，在热带条件下使用，持效期长达 1～3 个月。

使用方法 主要用于果树、蔬菜、烟草、油菜、玉米、观赏植物等害虫的防治。一般用量为有效成分 1～1.5kg/hm²，喷雾浓度 0.1%～0.75%。

注意事项 属氨基甲酸酯类杀虫剂，故在核果类作物上喷药，不可接近花期。除碱性农药外，该品可与常用杀虫剂或杀菌剂混用。在大多数园艺作物上施药，需在收获前 3 周。

参考文献

朱永和，王振荣，李布青，2006. 农药大典[M]. 北京：中国三峡出版社.

（撰稿：李圣坤；审稿：吴剑）

灭菌丹 folpet

一种具有保护和治疗作用的非内吸性酰亚胺类杀菌剂。

其他名称 Chelai、Foldan、Folpan；混剂：Duett Combi、Fobeci、Fantic、Melody Combi、Mikal、Vincare、福尔培。

化学名称 N-(三氯甲硫基)邻苯二甲酰亚胺；2-[(trichloromethyl)thio]-1H-isoindole-1,3(2H)-dione。

IUPAC 名称 N-(trichloromethylthio)phthalimide。

CAS 登记号 133-07-3。

EC 号 205-088-6。

分子式 $C_9H_4Cl_3NO_2S$。

相对分子质量 296.56。

结构式

开发单位 1952 年 A. R. Kittleston 首次报道。初始由美国标准石油公司开发，后由雪佛龙化学公司开发。

理化性质 纯品为无色结晶固体，原药为黄色粉末，原药纯度 92%～95%。熔点 178～179℃。相对密度 1.72（20℃）。蒸气压 $2.1×10^{-2}$mPa（20℃）。K_{ow}lg$P$ 3.02。Henry 常数 $7.8×10^{-3}$Pa·m³/mol。水中溶解度（20℃）0.8mg/L；有机溶剂中溶解度（g/L，25℃）：甲醇 3、甲苯 26、四氯化碳 6。稳定性：干燥条件下稳定，室温、潮湿条件下缓慢水解，浓碱、高温条件下迅速水解。不易燃。DT_{50}：4.7 天（土壤）、0.05 天（水，20℃，pH7）。

毒性 低毒。大鼠、小鼠急性经口 LD_{50} > 2000mg/kg。白化兔急性经皮 LD_{50} > 4500mg/kg。对豚鼠皮肤和兔黏膜有刺激作用，粉尘或雾滴接触到眼睛、皮肤或吸入均能使局部受到刺激。大鼠吸入 LC_{50}（4 小时）1.89mg/L。NOEL［mg/kg 5 天/周，饲喂］：大鼠（1 年）800，狗（1 年）325，小鼠 450。无致畸性。ADI 为 0.1mg/kg。野鸭急性经口 LD_{50} > 2000mg/kg。对山齿鹑低毒，LD_{50} > 2510mg/kg。对鱼类中毒，虹鳟 LC_{50} 0.233mg/L。大型溞 EC_{50}（48 小时）0.68mg/L。藻类 E_bC_{50} 和 E_rC_{50} > 10mg/L。对蜜蜂低毒，经口 LD_{50} > 236μg/只，接触 LD_{50} > 200μg/只。对蚯蚓中毒，赤子爱胜蚓的 LC_{50}（14 天）> 500mg/kg 土壤。对有益生物七星瓢虫有轻微毒性，对补食性步甲、卷叶蛾赤眼蜂、草蛉、梨盲走螨、隐翅虫和蚜茧蜂无毒。

剂型 悬浮剂，水分散粒剂和可湿性粉剂，如 80% 可湿性粉剂。

质量标准 80% 可湿性粉剂悬浮率 > 70%，湿润时间 < 2 分钟，储存稳定性良好。

作用方式及机理 具有保护和治疗作用的非内吸性杀菌剂，是非特异性硫醇反应剂，抑制病原菌呼吸作用，进而抑制孢子的萌发。

防治对象 对果树、蔬菜和观赏性植物的白粉病、黑星病、霜霉病、叶斑病、灰霉病、炭疽病、黑腐病、白腐病和链格孢首引起的病害具有较好的防治效果。

使用方法 霜霉病、白粉病、灰霉病在病害发生初期开始用药，每亩用 80% 灭菌丹可湿性粉剂 800～1000 倍液（有效成分 800～1250mg/L），均匀喷雾，每隔 10 天喷药 1 次，共喷雾 2～3 次。

注意事项 对甜樱桃和梨的茄梨品种有药害。种植早期施用可能引起敏感苹果品种的锈斑。对黏膜有刺激性，施药人员应佩戴防微粒口罩，穿防护服、防护胶靴、手套等防护用品。孕妇及哺乳期妇女禁止接触。

参考文献

刘长令，2008. 世界农药大全：杀菌剂卷[M]. 北京：化学工业出版社: 288-289.

马克比恩 C，2015. 农药手册[M]. 胡笑形，等译. 北京：化学工业出版社: 504-505.

（撰稿：刘圣明；审稿：刘西莉）

灭菌磷 ditalimfos

一种内吸性、保护性杀菌剂。

其他名称　Plondrel、Laptran。

化学名称　*O,O*-二乙邻苯二甲酰亚胺硫代磷酸酯。

IUPAC 名称　*O,O*-diethylphthalimidophonothioate。

CAS 登记号　5131-24-8。

EC 号　225-875-8。

分子式　$C_{12}H_{14}NO_4PS$。

相对分子质量　299.28。

结构式

开发单位　美国陶氏益农公司。

理化性质　产品为白色扁平晶体，具有微弱的硫代磷酸酯味。熔点 83～84℃。99～101℃下蒸气压为 0.0933Pa。在室温水中溶解度约为 133mg/L，溶于正乙烷、环己烷和乙醇，易溶于苯、四氯化碳、乙酸乙酯和二甲苯。对紫外光稳定。在 pH > 8.0 或温度高于熔点时，稳定性减弱。

毒性　急性经口 LD_{50}：大鼠 5660mg/kg，雌豚鼠 4930mg/kg，雄豚鼠 5660mg/kg，小鸡 4500mg/kg。兔急性经皮 LD_{50} > 2000mg/kg。对大鼠以每天 51mg/kg 剂量喂养 120 天，没有出现中毒症状。对野生生物低毒。

剂型　50% 可湿性粉剂，20% 乳剂。

作用方式及机理　具保护和治疗活性的叶面杀菌剂。

防治对象　蔬菜和果树白粉病类，苹果黑星病。为保护性杀菌剂。对预防白粉病有特效。

使用方法　叶面喷雾，50% 可湿性粉剂防治白粉病，每亩 25～75g，加水 50kg。防治苹果黑星病，每亩 50～100g，加水 50kg。

注意事项　库房通风低温干燥；与食品原料分开储存。

参考文献

王振荣, 李布青, 1996. 农药商品大全[M]. 北京: 中国商业出版社.

（撰稿：刘长令、杨吉春；审稿：刘西莉、张灿）

灭菌唑　triticonazole

一种三唑类杀菌剂。

其他名称　扑力猛、Alios、Charter、Flite、Legat、Premis、Real。

化学名称　(*RS*)-(*E*)-5-(4-氯亚苄基)-2,2-二甲基-1-(1*H*-1,2,4-三唑-1-基甲基) 环戊醇；5-[(4-chlorophenyl)methylene]-2,2-dimethyl-1(1*H*-1,2,4-triazol-1-ylmethyl)cyclopentanol。

IUPAC 名称　(*RS*)-(*E*)-5-(4-chlorobenzylidene)-2,2-dimethyl-1-(1*H*-1,2,4-triazol-1-ylmethyl)cyclopentanol。

CAS 登记号　131983-72-7。

分子式　$C_{17}H_{20}ClN_3O$。

相对分子质量　317.81。

结构式

开发单位　由罗纳 - 普朗克公司（现拜耳公司）研制和开发，目前授权巴斯夫公司在欧洲等地销售。

理化性质　原药纯度为 95%。纯品（*cis*- 和 *trans*- 混合物）为无嗅、白色粉状固体。熔点 139～140.5℃，当温度超过 180℃开始分解。相对密度 1.326～1.369。蒸气压 < 1 × 10^{-5}mPa（50℃）。K_{ow}lg$P$ 3.29（20℃）。Henry 常数 < 3.9 × 10^{-5} Pa·m^3/mol（计算值）。水中溶解度 9.3mg/L（20℃）。

毒性　大鼠急性经口 LD_{50} > 2000mg/kg。大鼠急性经皮 LD_{50} > 2000mg/kg。大鼠急性吸入 LC_{50}（4 小时）> 1.4mg/L。对兔眼睛和皮肤无刺激。山齿鹑急性经口 LD_{50} > 2000mg/kg。虹鳟 LC_{50}（96 小时）> 10mg/L；水蚤 LC_{50}（48 小时）> 9.3mg/L。对蚯蚓无毒。

剂型　25g/L 灭菌唑悬浮种衣剂。

质量标准　外观为红色不透明液体，无刺激性气味。pH7.5～9.5，密度 1.0135g/ml（20℃），黏度 2.31mPa·s（20℃），闪点 33.5℃。易燃液体。

作用方式及机理　是甾醇生物合成中 C-14 脱甲基化酶抑制剂。主要用作种子处理剂。

防治对象　镰孢（霉）属、柄锈菌属、麦类核腔菌属、黑粉菌属、腥黑粉菌属、白粉菌属、圆核腔菌属、壳针孢属、柱隔孢属等引起的病害，如白粉病、锈病、黑星病、网斑病等。

使用方法　主要用于防治禾谷类作物、豆科作物、果树病害，对种传病害有特效。可种子处理，也可茎叶喷雾，持效期 4～6 周。种子处理时通常用量为有效成分 2.5g/100kg 小麦种子或有效成分 20g/100kg 玉米种子，茎叶喷雾时用量为有效成分 60g/hm^2。

注意事项　处理后的种子切勿食用或作为饲料使用。避免接触皮肤、眼睛和衣物。穿建议的工作服。工作的地点禁止进食、吸烟。在下班后或小憩前应洗脸、洗手。

拌种及播种时应戴口罩、手套，严禁吸烟和饮食。

建议与其他作用机制不同的种衣剂轮换使用，以延缓抗性产生。

呼吸保护：自给式呼吸器。双手保护：适宜的耐化学安全手套。眼睛保护：双边有护罩的安全眼镜。身体保护：根据活动和可能的暴露部位选择适合的身体防护装备。

在开启农药包装、称量配制和施用中，操作人员应使用必要的防护器具，要小心谨慎，防止污染。

废弃物建议用控制焚烧法或安全掩埋法处置。塑料容器要彻底冲洗，不能重复使用。把倒空的容器归还厂商或在

M

规定场所掩埋。用过的容器应妥善处理，不可做他用，也不可随意丢弃。

灭火方法：消防人员须佩戴防毒面具。穿全身消防服，在上风向灭火。切勿将水流直接射至熔融物，以免引起严重的流淌火灾或引起剧烈的沸溅。灭火剂：雾状水、泡沫、干粉、二氧化碳、沙土。

泄漏应急处理：隔离泄漏污染区，周围设置警告标志，建议人员戴自给式呼吸器，穿化学防护服。避免扬尘，小心扫起，收集运至废物处理场所。也可以用大量水冲洗，经稀释的洗水排入废水系统。对污染地带进行通风。如大量泄漏，收集回收或无害处理后废弃。

孕妇及哺乳期妇女禁止接触该品。

与其他药剂的混用　灭菌唑与吡唑嘧菌酯复配，可防治小麦散黑穗病。与咯菌腈和精甲霜灵复配，可防治玉米丝黑穗病和茎基腐病。

允许残留量　中国标准中未见明确要求。英国对灭菌唑在食品中的最大残留限量规定见表。

英国规定部分食品中灭菌唑最大残留限量

食品类别	名称	最大残留限量（mg/kg）
谷物	稻、米	0.01
	稷、粟、黍的子实	0.01
	荞麦、玉米、黑小麦、燕麦	0.01
饮料类	啤酒花	0.02
	茶	0.02

参考文献

刘长令, 2006. 世界农药大全: 杀菌剂卷[M]. 北京: 化学工业出版社: 190-192.

吴新平, 朱春雨, 张佳, 等, 2015. 新编农药手册[M]. 2版. 北京: 中国农业出版社: 269-270.

TURNER J A, 2015. The pesticide manual: a world compendium[M]. 17th ed. UK: BCPC: 1164-1165.

（撰稿：刘鹏飞；审稿：刘西莉）

灭螨胺　kumitox

一种内吸传导型杀螨剂。

其他名称　B-2643。
化学名称　氯甲基磺酰胺; chloromethyl sulfonic acid amide。
CAS 登记号　21335-43-3。
分子式　CH_4ClNO_2S。
相对分子质量　129.57。
结构式

理化性质　白色柱状结晶体。熔点 70~73℃。溶解度（20℃，w/v）：水 40%、丙酮 4%、乙醇 4%。稳定性：对温度（80℃）、光及酸均较稳定，但对碱不稳定。

毒性　急性经口 LD_{50}：雄大鼠 > 400mg/kg，雄小鼠 > 6.3g/kg。

剂型　80%灭螨胺可湿性粉剂，另外有乳剂、水剂及颗粒剂。

质量标准　10%可湿性灭螨胺粉剂为浅棕色粉状物，相对密度 1.41，悬浮率 ≥ 80%，储存稳定性良好。

作用方式及机理　具有内吸传导作用和杀卵作用。

防治对象　对苹果、花卉上的红叶螨类均有效，对植食性螨类的卵较强的触杀作用。

使用方法　可叶面喷雾和土壤处理施用。用 2g/kg 药液处理柑橘瘤皮红蜘蛛 3 天后防效可达 90%，持效期 20 多天。

参考文献

朱永和, 王振荣, 李布青, 2006. 农药大典[M]. 北京: 中国三峡出版社.

（撰稿：周红；审稿：丁伟）

灭螨醌　acequinocyl

一种非内吸性杀螨剂。

其他名称　Cantack、Kanemite、Shuttle、AKD-2023、AC-145、DPX-3792、DPX-T3792。
化学名称　3-十二烷基-1,4-二氢-1,4-二氧代-2-萘基乙酸酯; 2-acetyloxy-3-dodecyl-1,4-naphthalenedione。
IUPAC名称　3-dodecyl-1,4-dihydro-1,4-dioxo-2-naphthyl acetate。
CAS 登记号　57960-19-7。
分子式　$C_{24}H_{32}O_4$。
相对分子质量　384.51。
结构式

开发单位　杜邦公司开发，并授权日本农化公司销售。1999 年在日本和韩国率先登记。

理化性质　原药纯度 ≥ 96%。黄色无味晶体。熔点 59.6℃。沸点 200℃（分解）。蒸气压 1.69×10^{-3}mPa（25℃）。$K_{ow}\lg P > 6.2$（25℃）。Henry 常数 9.7×10^{-2}Pa·m³/mol。相对密度 1.15（25℃）。溶解度：水 6.69μg/L（20℃）；正己烷 44、甲苯 450、二氯甲烷 620、丙酮 220、甲醇 7.8、二甲基甲酰胺 190、乙酸乙酯 290、异丙醇 29、乙腈 28、二甲基亚砜 25、辛醇 31、乙醇 23、二甲苯 730（g/L，20℃）。200℃分解。水解 DT_{50}（避光）：74 天（pH4，25℃）、53 小时（pH7，25℃）、

76 分钟（pH9，25℃）。光解 DT_{50} 14 分钟（pH5，25℃）。

毒性　大鼠、小鼠急性经口 LD_{50} > 5000mg/kg。大鼠急性经皮 LD_{50} > 2000mg/kg。不刺激兔眼睛和皮肤。对豚鼠皮肤无致敏性。大鼠吸入 LC_{50}（4 小时）> 0.84mg/L。NOEL：大鼠（2 年）9mg/（kg·d）；小鼠（80 周）2.7mg/（kg·d）；狗（52 周）5mg/（kg·d）。ADI/RfD（EFSA）0.023mg/kg［2007］。（EPA）aRfD 0.304，cRfD 0.027mg/kg［2004］。对大鼠、兔无发育毒性；对大鼠无生殖毒性；对大鼠、小鼠无致肿瘤性；Ames 试验中无致突变性（DNA 修复和染色体试验）。绿头野鸭和日本鹌鹑急性经口 LD_{50} ≥ 2000mg/kg。绿头野鸭和日本鹌鹑饲喂 LC_{50}（5 天）> 5000mg/kg 饲料。鱼类 LC_{50}（96 小时，mg/L）：普通鲤鱼 > 100、虹鳟 > 33、羊头原鲷 > 10、蓝鳃翻车鱼 > 3.3、斑马鱼 > 6.3。水蚤 LC_{50}（48 小时）0.0039mg/L。藻类细胞生长抑制 EC_{50}（72 小时）> 100mg/L；生长率减少 EC_{50}（72 小时）> 100mg/L。其他水生生物：糠虾 LC_{50}（96 小时）0.93μg/L（EFSA Sci. Rep.）。瘿蚊 LC_{50}（96 小时）> 100mg/L。蜜蜂 LD_{50}（48 小时，经口和接触）> 100μg/ 只。赤子爱胜蚓 LC_{50} > 1000mg/kg 土壤。对细腿豹蛛、草蛉、隐翅甲、土鳖虫、寄生蜂、捕食性螨（梨盲走螨、钝绥螨、智利小植绥螨）无害。

剂型　15.8% 悬浮剂。

作用方式及机理　主要是触杀机制，有部分胃毒作用。

防治对象　用于柑橘、苹果、梨、桃、莓果、蜜瓜、黄瓜、茶树、观赏植物和蔬菜，防治全爪螨和叶螨，对发育期螨和卵有效。

使用方法　果树剂量 200～1000g/hm²，蔬菜 150～450g/hm²。除了部分草莓和月季品种外，无药害。对月季和凤仙花属植物可用 15.8% 的悬浮剂稀释至有效成分 27.2g/378L 水进行喷洒，喷洒应全面覆盖，且直到有"水滴"形成。或用有效成分 27.2～56.7g 加水 378L 对其他果树进行施药。对月季和凤仙花属一个生长周期内的最大用量是有效成分 136g/hm²；对其他果树的最大用量为有效成分 272g/hm²。

注意事项　不能与强碱性物质混用。为避免抗性的产生，不推荐连续用药。

参考文献

刘长令，2012. 世界农药大全：杀虫剂卷[M]. 北京：化学工业出版社：752-754.

马克比恩 C，2015. 农药手册[M]. 胡笑形，等译. 北京：化学工业出版社：6-7.

（撰稿：李森；审稿：杨吉春）

carbonate。

CAS 登记号　2439-01-2。

EC 号　219-455-3。

分子式　$C_{10}H_6N_2OS_2$。

相对分子质量　234.30。

结构式

开发单位　拜耳公司。

理化性质　纯品为淡黄色结晶状固体。熔点 170℃。蒸气压 0.026mPa（20℃）。$K_{ow}lgP$ 3.78（20℃）。Henry 常数 6.09 × 10^{-3}Pa·m³/mol（计算值）。相对密度 1.556（20℃）。水中溶解度（25℃）：1mg/L；有机溶剂中溶解度（g/L，20℃）：甲苯 25、二氯甲烷 40、己烷 1.8、异丙醇 0.9、环己酮 18、二甲基甲酰胺 10、石油醚 4。在常温下相对稳定，在碱性介质中分解，DT_{50}（22℃）：10 天（pH4）、80 小时（pH7）、225 分钟（pH9）。

毒性　急性经口 LD_{50}（mg/kg）：雄大鼠 2541，雌大鼠 1095。大鼠急性经皮 LD_{50} > 5000mg/kg。对兔皮肤有轻度刺激，对眼睛有强烈刺激。大鼠急性吸入 LC_{50}（4 小时）：雄 > 4.7mg/L，雌 > 2.2mg/L。NOEL［mg/（kg·d）］：大鼠（2 年）40，雄小鼠（2 年）270，雌小鼠（2 年）90，狗（1 年）25。ADI 为 0.006mg/kg。山齿鹑急性经口 LD_{50} > 196mg/kg，山齿鹑和野鸭饲喂 LC_{50} 分别为 2409mg/kg 饲料和 > 5000mg/kg 饲料。鱼类 LC_{50}（96 小时，mg/L）：虹鳟 0.131，蓝鳃太阳鱼 0.0334。对蜜蜂 LD_{50}（48 小时）> 100μg/ 只（经口和接触）。蚯蚓 LC_{50}（14 天）1320mg/kg 土壤。

剂型　25% 乳油，12.5%、25% 可湿性粉剂，烟剂，粉剂等。

防治对象　主要用于防治果树、蔬菜、观赏植物、棉花、咖啡、茶、烟草等上的白粉病和螨类。

使用方法　使用剂量为 7.5～12.5g/100L 有效成分。

注意事项　对某些苹果、月季等的品种有药害。

允许残留量　ADI 为 0～0.006mg/kg。中国、美国和欧盟未规定最大残留限量，日本规定 115 个品类中最大残留量为 0.02～1mg/kg。

参考文献

刘长令，2012. 世界农药大全[M]. 北京：化学工业出版社。

（撰稿：陈雨；审稿：张灿）

M

灭螨猛　chinomethionat

一种选择性杀螨剂，兼有杀菌活性。

其他名称　Morestan、oxythioquinox、quinomethionate、甲基克杀螨。

化学名称　6-甲基-1,3-二硫戊环并[4,5-b]喹喔啉-2-酮；6-methyl-1,3-dithiolo[4,5-b]quinoxalin-2-one。

IUPAC 名称　S,S-(6-methylquinoxaline-2,3-diyl)dithio-

灭螨脒　chloromebuform

一种具有甲脒胺基的杀螨剂。

其他名称　CGA-22598。

化学名称　N′-丁基-N²-(4-氯代-2-甲基苯基)-N′-甲基甲脒；N¹-butyl-N²-(4-chloro-2-methylphenyl)-N¹-methylformamidine。

IUPAC 名称　N-butyl-N′-(4-chlor-2-methylphenyl)-N-methylimidoformamid。

CAS 登记号　37407-77-5。

分子式　$C_{13}H_{19}ClN_2$。

相对分子质量　238.76。

结构式

理化性质　密度 $1.01g/cm^3$。沸点 339.8℃（101.32kPa）。闪点 159.3℃。蒸气压 0.012Pa（25℃）。折射率 1.514。

毒性　未见文献报道。

防治对象　主要用于防治棉花红蜘蛛、红铃虫和果树红蜘蛛等。

注意事项　储存于阴凉、通风的库房。库温不宜超过37℃。应与氧化剂、食用化学品分开存放，切忌混储。避免与氧化剂等禁配物接触。

参考文献

朱永和, 王振荣, 李布青, 2006. 农药大典[M]. 北京: 中国三峡出版社.

（撰稿：张永强；审稿：丁伟）

灭杀威　xylylcarb

一种氨基甲酸酯类杀虫剂。

其他名称　Meobal、S-1046。

化学名称　3,4-二甲苯基-N-甲基氨基甲酸酯。

IUPAC 名称　3,4-dimethylphenyl methylcarbamate。

CAS 登记号　2425-10-7。

EC 号　219-364-9。

分子式　$C_{10}H_{13}NO_2$。

相对分子质量　179.22。

结构式

开发单位　该杀虫剂由 R. L. Metcalf 等报道，1966 年日本住友化学公司发现，1967 年研究开发。

理化性质　纯品为白色晶体。熔点 79～80℃（工业品 71.5～76℃）。25℃ 蒸气压为 121mPa。溶解性（20℃）：水中 580mg/L；室温：乙腈 48.3%、环己酮 43.5%、二甲苯 11.8%。pH ＞ 12 时水解，除碱性剂型外均可配伍。工业品纯度为 95%。

毒性　急性经口 LD_{50}：雄大鼠 375mg/kg，雌大鼠 325mg/kg。大鼠急性经皮 LD_{50} ＞ 1000mg/kg。

剂型　50% 可湿性粉剂，30% 乳剂，2% 粉剂，3% 微粒剂及混合制剂。

质量标准　10% 可湿性粉剂为浅棕色粉状物，相对密度 1.41，悬浮率 ≥ 80%，储存稳定性良好。

作用方式及机理　和其他氨基甲酸酯类杀虫剂相同，主要是对动物体内胆碱酯酶的抑制作用。

防治对象　水稻黑尾叶蝉、稻飞虱，蔬菜上鳞翅目幼虫及果树介壳虫。2% 粉剂用量为 30～50kg/hm²（水稻）。该品种在日本已代替马拉硫磷防治对有机磷农药有抗性的稻虫。具有与马拉硫磷同等速效性，在降温下效果亦不发生变化，其持效性能不如甲萘威。

注意事项　参考其他苯基氨基甲酸酯杀虫剂，中毒时使用硫酸阿托品。

参考文献

朱永和, 王振荣, 李布青, 2006. 农药大典[M]. 北京: 中国三峡出版社.

（撰稿：李圣坤；审稿：吴剑）

灭鼠硅　silatrane

一种经口中枢神经兴奋类杀鼠剂。

其他名称　毒鼠硅、氯硅宁、硅灭鼠。

化学名称　1-(4-氯苯基)-2,8,9-三氧杂-5-氮杂-1-硅杂双环(3,3,3)十一烷。

IUPAC 名称　1-(4-chlorophenyl)-2,8,9-trioxa-5-aza-1-silabicyclo[3.3.3]undecane。

CAS 登记号　29025-67-0。

分子式　$C_{12}H_{16}ClNO_3Si$。

相对分子质量　285.80。

结构式

开发单位　美国 M&T 化学公司。

理化性质　白色粉末或结晶，味苦。难溶于水，易溶于苯、氯仿等有机溶剂。熔点 230～235℃，对热比较稳定。水溶液不稳定，能分解成无毒产物对氯苯硅氧烷和三乙醇胺。

毒性　对几种鼠的急性经口 LD_{50}（mg/kg）分别为褐家鼠 1～4，小家鼠 0.9～2，黑线姬鼠、长爪沙鼠 4。主要用于毒杀黄鼠、沙鼠。

作用方式及机理　主要作用于运动神经。中毒鼠兴奋、狂躁，常在痉挛后几分钟内死亡。

使用情况　有机硅农药，毒性强，作用快，鼠取食后 10～30 分钟死亡，中毒后无解毒剂。1970 年用于灭鼠。现中国禁用。

使用方法　堆投，毒饵站投放。

注意事项　中国已禁止使用。

参考文献

孟昭萍, 2004. 我国禁用和允许使用的杀鼠剂品种[J]. 北京农业 (5): 36.

LAZAREVA N F, STERKHOVA I V, LAZAREV I M, et al, 2016. 1-[(N-Methyl-N-tritylamino)methyl] silatrane: synthesis and structure[J]. Polyhedron, 117: 377-380.

（撰稿：王登；审稿：施大钊）

灭鼠脲 promurit

一种经口干扰葡萄糖合成硫脲类杀鼠剂。

其他名称　普罗米特、灭鼠丹、扑灭鼠。

化学名称　3,4-二氯苯基重氮硫脲。

IUPAC 名称　(1EZ)-3-(3,4-dichlorophenyl)triaz-1-ene-1-carbothioamide。

CAS 登记号　5836-73-7。

分子式　$C_7H_6Cl_2N_4S$。

相对分子质量　249.12。

结构式

理化性质　黄色结晶。熔点 129℃。

毒性　急性经口 LD_{50}：大鼠 0.5～1mg/kg；狗 1～2mg/kg。

作用方式及机理　干扰葡萄糖合成。

使用情况　硫脲类急性杀鼠剂。第二次世界大战期间，德国科研人员研究发现其具有杀鼠作用，对鼠的毒力是安妥的 20～30 倍。由于易水解破坏，不适于室外使用。制造过程复杂，毒性大，易引起人畜中毒。已禁用。

使用方法　堆投，毒饵站投放。

注意事项　如牲畜误食毒饵发生中毒时，注射硫代硫酸钠注射液有解毒作用。该剂对人的毒性属剧毒级，城市灭鼠在使用时必须注意安全防护工作。

参考文献

汤瑞麟, 孙汉杰, 王振奇, 1956. 杀鼠药——普鲁米特(Promurit)[J]. 药学通报, 4(7): 292-294.

汪诚信, 1956. 对杀鼠药——普鲁米特(Promurit)一文某些内容的意见与补充[J]. 药学通报, 4(12): 563-564.

（撰稿：王登；审稿：施大钊）

灭鼠优 pyrinuron

一种经口干扰烟酰胺代谢类杀鼠剂。

其他名称　扑鼠脲。

化学名称　1-(4-硝基苯基)-N-(3-吡啶基甲基)脲。

IUPAC 名称　1-(4-nitrophenyl)-3-(3-pyridylmethyl)urea。

CAS 登记号　53558-25-1。

分子式　$C_{13}H_{12}N_4O_3$。

相对分子质量　272.26。

结构式

开发单位　美国罗姆 - 哈斯化学公司。

理化性质　原粉为淡黄色粉末，无臭无味，不溶于水，溶于乙二醇、乙醇、丙酮等有机溶剂。原粉熔点一级品为 217～220℃，二级品为 215～217℃，纯品熔点 223～225℃。常温下储存有效成分含量变化不大。

毒性　鼠类急性经口 LD_{50}：大鼠（雄）12.3mg/kg（致死剂量为 12mg/kg），屋顶鼠（雄）18mg/kg，棉鼠 20～60mg/kg；小鼠（雄）84mg/kg；白足鼠（雄）98mg/kg；豚鼠（雄）30～100mg/kg；田鼠 205mg/kg。对家鼠和禽类的急性经口 LD_{50}：兔（雄）约 300mg/kg；狗 500mg/kg；猫 62mg/kg；猪 500mg/kg；羊 300mg/kg；猴 2～4g/kg。鱼类作用剂量为 1g/L。无二次中毒危险。

作用方式及机理　可抑制烟酰胺的代谢，造成维生素 B 族的严重缺乏，导致中枢和周围神经肌肉接头部、胰岛组织、自主神经和心肌传导等方面的障碍。

使用情况　于 1975 年作为单剂灭鼠剂和追踪粉上市，商品名 Vacor Rat-Killerl（罗姆 - 哈斯，费城），对灭抗凝血杀鼠剂有抗性的啮齿动物特别有效。但因为其对人毒性大，1979 年起不再普遍使用。

使用方法　堆投，毒饵站投放。

注意事项　口服者应尽早催吐、洗胃，并给予活性炭导泻。使用解毒剂烟酰胺进行治疗。

参考文献

CHAPPELKA R, 1980. The rat poison Vacor[J]. The new England journal of medicine, 302(20): 1147.

PELFRENE A F, 2001. Rodenticides[M]//Krieger R I, editor. Handbook of pesticide toxicology. 2nd ed. San Diego , USA: Academic press: 1793-1836.

WEBER L P, 2014. Pyriminil-reference module in biomedical sciences/encyclopedia of toxicology[J]. Encyclopedia of toxicology: 1167-1169.

（撰稿：王登；审稿：施大钊）

灭瘟素 blasticidin-S

一种链霉菌产生的强碱性胞嘧啶核苷类抗生素。对稻瘟病等真菌性病害具有良好的防治效果。商品通常以苄基氨基磺酸盐的形式为产品。

其他名称　稻瘟散、杀稻瘟菌素 S、布拉叶斯。

化学名称 4-(3-氨基-5-(1-甲基胍基）戊酰胺基)-1-(4-氨基-2-氧代-1-(2*H*)-嘧啶基)-1,2,3,4-四脱氧-*β*,D-赤己-2-烯吡喃糖醛酸。

IUPAC名称 1-(4-amino-1,2-dihydro-2-oxopyrimidin-1-yl)-4-[(*S*)-3-amino-5-(1-methylguanidino)valeramido]-1,2,3,4-tetradeoxy-β-D-*erythro*-hex-2-enopyranuronic acid。

CAS登记号 2079-00-7。

EC号 606-640-2。

分子式 $C_{17}H_{26}N_8O_5$。

相对分子质量 422.45。

结构式

开发单位 见里等人1955年研究灭瘟素抗稻瘟病的效果。米原等人1958年发现分离出灭瘟素。中国生产的灭瘟素菌种是中国科学院微生物研究所1959年在广东花县土壤中分离得到的，命名为灰色产色链霉菌。

理化性质 是从一种放线菌（*Streptomyces greseochromogenes*）的代谢物中分离出来的选择性高的抗菌素，其结构后来由Otake等确定，并制成苄基氨基磺酸盐。灭瘟素是一种含有碳、氢、氧、氮4种元素，化学性质较稳定而化学结构很复杂、内吸性强的碱，耐雨水冲刷，持效期1周左右。灭瘟素游离碱及成品盐酸盐或硫酸盐呈白色针状结晶。易溶于水和乙酸，室温下每8ml水可溶1g；难溶于无水甲醇、乙醇、丙醇、丙酮、氯仿、乙醚、乙烷、苯等有机溶剂，盐酸盐微溶于甲醇。在偏酸（pH2～3或pH5～7）时稳定，而在pH4左右和pH8以上容易分解。熔点为237～238℃（也有文献记载为202～204℃）（分解），对三氧化铁、莫氏、蛋白朊、茚三酮、米伦、还原糖、双缩脲、杜伦氏、埃利氏、亚硝酸基亚铁氰酸钠、三酚四氮唑、麦芽酚等试剂呈阴性反应，对坂口反应呈阳性。紫外线照射无妨碍；比旋光度 $[\alpha]_D^{110} = +75.62°$（*c* = 1%，水）。市场销售的灭瘟素是制成苄基氨基磺酸盐，稳定性好，对作物无药害。

毒性 对水稻易产生药害。对人、畜的急性毒性较大，高于春雷霉素、井冈毒素和多抗霉素，尤其是对人眼睛的刺激性，进入眼内如不及时冲洗，会引起结膜炎，皮肤接触后则会出疹子，但这种毒性比有机汞杀菌剂低得多，且是可逆的。对人体其他器官未发现有明显的毒性反应。1973年后，在灭瘟素中添加乙酸钙，消除了以往伤害眼睛的问题。灭瘟素纯碱式结晶对小鼠的急性经口 LD_{50} 22.5mg/kg体重。制成盐酸盐后，胃毒毒性大为降低，小鼠急性经口 LD_{50} 158mg/kg体重。苄基氨基磺酸盐（是商品灭瘟素制剂的有效成分）为53.5mg/kg体重。皮肤涂抹毒性较小，月桂醇基磺酸盐对小鼠急性经皮 LD_{50} 220mg/kg体重。对大鼠急性经口，游离碱 LD_{50} 26.5～39mg/kg体重。复盐 LD_{50} 158.4mg/kg体重，对鱼类和贝类的毒性很小（鲤鱼例外，水中含灭瘟素量达8.7mg/L会致死），约是滴滴涕的1/2000～1/100。

剂型及质量标准 国外生产的灭瘟素型有乳剂，粉剂，水剂等成品。目前中国生产的主要剂型：1%、2%可湿性粉剂，每克含灭瘟素1万、2万单位；30%复盐粉剂（苯甲氨苯磺酸盐），每克含灭瘟素2万单位；1%液剂。

作用方式及机理 灭瘟素对细菌、酵母及植物真菌均有一定的活性，尤其是对水稻稻瘟病菌和啤酒酵母（孢子萌发、菌丝生长、孢子形成）均有抑制氨基酸进入蛋白质的作用。其具有高效、内吸性能，因此施用于水稻等作物后，能经内吸传导到植物体内，显著地抑制稻瘟病菌蛋白质的合成乃至菌丝生长；还能使肽键拉长，转移肽转移酶的活性。对一些病毒（如烟草花叶病毒，水稻条纹病毒等）也有效，可以破坏病毒体核酸的形成。因此，灭瘟素的治疗效果优于预防效果。土壤和稻田中各种微生物都能使灭瘟素活性消失。药物是从病原菌的侵入口和伤口渗透的，附着在水稻植株上的灭瘟素容易被日光分解，落到水田中的药剂则易被土壤表面吸附，故不必担心地下水受其污染。被土壤表面吸附的药剂，容易被多种微生物分解，更无须担心环境污染和残留毒性。

防治对象 对细菌、真菌都有防效，尤其是对抗真菌选择毒力特别强，在浓度低到5～10µg/ml都会抑制稻瘟病菌的生长。农业生产中主要用其防治水稻稻瘟病，包括苗瘟、叶瘟、稻头瘟、谷瘟等，防治效果一般达80%以上，比有机汞杀菌剂明显高（100倍）。能降低水稻条纹病毒的感染率；对水稻胡麻叶斑病，小粒菌核病及烟草花叶病有一定的防治（抑制）效果。

使用方法

用药时期 一般采用喷雾施药。防治苗瘟在秧苗发病之前至初见病斑时（防治其他作物病害也基本相同）进行，隔第一次施药7天左右再喷施1次，效果较好。防治叶瘟一般在苗期至孕稻期，即叶瘟开始发生或出现急性病斑时；防治稻颈瘟一般在开始孕稻至育稻期或根据病情测报进行施药，常用药1～2次。

用药剂量 按照产品单位含量直接用水稀释成 2×10^{-5}～4×10^{-5}（含量1万单位的，每次用2～4g或用2%可湿性粉剂500～1000倍液）浓度喷雾防治水稻稻瘟病。每亩次喷用药液量，要根据稻株高矮和稻瘟病发生危害轻重确定，防治苗瘟（秧苗期）为40～60kg；分蘖末期至抽穗期防治叶瘟，穗颈瘟为75～100kg。喷雾要求均匀周到，对危害严重的穗颈瘟防治效果在80%～90%，甚至更高，超过了西力生、稻瘟净等的防效。防治烟草花叶病，使用浓度为 0.05×10^{-6}，可抑制烟叶内50%的烟草花叶病毒增殖，并能完全抑制心叶或斑点上烟草花叶病毒斑的形成。浓度超过 2×10^{-6} 会产生药害。

药剂混用 为了降低灭瘟素对人畜的毒性，延缓抗性产生和提高防治效果，灭瘟素与其他有效杀虫剂、杀菌剂等混用是有效途径，灭瘟素中加入乙酸钙（在原药0.08%的商品灭瘟素粉剂中加5%乙酸钙作为改良粉剂）制成复盐，可以防止对人眼的刺激性并降低毒性，降低在水中的溶解度及渗入植物体的速度，增强扩散力和作用持久性，减轻对植物的药害。在50kg灭瘟素药液中加入0.1kg中性皂可增加其展着性。灭瘟素可与灭锈胺、有机磷、有机肿类农药合理混用，扩大防治普及提高防效。要求随用随配。

注意事项 ①防治稻瘟病，有效浓度与药害浓度之间幅度较窄，必须严格控制。一旦使用浓度高或喷施量过大，稻叶会出现缺绿性的药害斑（对产量无甚影响）。使用浓度不宜超过 4.9×10^{-5}。番茄、茄子、芋头、烟草、豆科、十字花科作物、桑等对其敏感，尤其是籼稻，不能使用。②喷洒灭瘟素宜在晴天露水干后进行，喷药后 24 小时内一旦遇大雨淋洗，应重新喷施，否则会影响防治效果。③使用未加乙酸钙的灭瘟素会刺激操作人员的眼鼻黏膜，应戴上口罩和防护眼镜。喷药后或感觉眼睛痒痒的，可用清水或 2% 硼砂水冲洗，万一眼睛刺激红肿，可用氯霉素、可的松眼药治疗。如误服，可使其呕吐或冲洗胃肠，对症治疗，无特殊解毒剂。④不可与强碱性物质混用。⑤毒性大，应与食物、饲料分开。注意密封，放于阴凉干燥处，装过灭瘟素的器具不能装盛食物；喷洒剩余的药液不能乱丢乱倒。注意防振、防暴晒、防火、防雨淋。

允许残留量 在糙米中最大残留限量＜ 0.1mg/kg。

参考文献

纪明山, 2011. 生物农药手册[M]. 北京: 化学工业出版社.

孙家隆, 2015. 新编农药品种手册[M]. 北京: 化学工业出版社.

王运兵, 吕印谱, 2004. 无公害农药实用手册[M]. 郑州: 河南科学技术出版社.

中国农业百科全书总编辑委员会农药卷编辑委员会, 中国农业百科全书编辑部, 1993. 中国农业百科全书: 农药卷[M]. 北京: 农业出版社.

（撰稿：徐文平；审稿：陶黎明）

灭线磷 ethoprophos

一种非内吸性无熏蒸作用的杀线虫剂和土壤杀虫剂。

其他名称 益收宝、益舒宝、丙线磷、茎线磷、虫线磷、灭克磷。

化学名称 O-乙基-S,S-二丙基二硫代磷酸乙酯。

IUPAC名称 O-ethyl S,S-dipropyl phosphorodithioate。

CAS 登记号 13194-48-4。

EC 号 236-152-1。

分子式 $C_8H_{19}O_2PS_2$。

相对分子质量 242.34。

结构式

开发单位 罗纳 - 普朗克公司生产。

理化性质 原药为淡黄色透明液体，有效成分含量94% 以上。密度 1.094g/L（20℃）。沸点 86～91℃（26.665Pa）。

熔点 140℃。26℃时蒸气压 46.5mPa。20℃时在水中溶解度 700mg/L，溶于多种有机溶剂。50℃条件下存 12 周无分解，在酸性溶液中分解温度 100℃，在碱性介质中则很快会分解，对光稳定。

毒性 急性经口 LD_{50}：大鼠 62mg/kg，兔 55mg/kg。大鼠急性经皮 LD_{50} 226mg/kg，大鼠急性吸入 LC_{50} 123mg/m^3。对皮肤无刺激作用，对眼睛有轻微刺激。无致畸、致癌、致突变作用，3 代繁殖试验和神经毒性试验未见异常。对鱼类高毒，对鸟类有毒。鱼类 LC_{50}：虹鳟 2.1mg/L，金鱼 13.6mg/L。鸽子 LD_{50} 13.3mg/kg。

剂型 5%、10% 颗粒剂。

作用方式及机理 胆碱酯酶抑制剂，具触杀作用，无熏蒸和内吸作用。对大部分地下线虫具有良好的防效。在不同土壤内或水层下持效期长，不易分解。

防治对象 适用于甘薯、花生、菠萝、香蕉、烟草、蔬菜等作物。可防治马铃薯茎线虫、花生根结线虫等各种根结线虫、孢囊线虫以及稻瘿蚊、蛴螬、地老虎、金针虫等地下害虫。

使用方法

防治马铃薯腐烂茎线虫 用 10% 颗粒剂 15～22.5kg/hm^2（有效成分 1.5～2.25kg），将药剂每千克与 10～15kg 细沙土充分混匀成药土，移栽甘薯苗后均匀撒施药土，再覆土。

防治花生根结线虫 使用剂量 45～52.5kg/hm^2（有效成分 4.5～5.25kg），可穴施或沟施，将药剂每千克与 10～15kg 细沙土充分混匀成药土，均匀撒施播种沟内。施药后再施一层薄土或有机肥料，再播种、覆土，避免药剂与种子直接接触，以免发生药害。

注意事项 ①在甘薯上使用的安全间隔期为 30 天，每季最多使用 1 次。花生的安全间隔期为 120 天，每季最多使用 1 次。②施药后应设立警示标志，人畜在施药 3 天后方可进入施药地点。③插秧后 7～10 天穴土撒施，每季最多使用 1 次。④对蜜蜂、鱼类等水生生物、家蚕有毒，施药期间应避免对周围蜂群的影响，开花植物花期、蚕室和桑园附近禁用。远离水产养殖区施药，禁止在河塘等水体中清洗施药器具。⑤易经皮肤进入人体，在配制和施用该品时，应穿防护服、戴手套、口罩，严禁吸烟和饮食，施药后立即洗手洗脸。⑥建议与不同作用机制的杀虫剂轮换使用。⑦用过的容器应妥善处理，不可做他用，也不可随意丢弃。

参考文献

刘长令, 杨吉春, 2017. 现代农药手册[M]. 北京: 化学工业出版社: 776-777.

中国农业百科全书总编辑委员会农药卷编辑委员会, 中国农业百科全书编辑部, 1993. 中国农业百科全书: 农药卷[M]. 北京: 农业出版社: 27.

（撰稿：丁中；审稿：彭德良）

灭蚜磷 mecarbam

一种有机磷类杀虫剂。

M

其他名称　Afos、Pestan、Murfotox、Murotox、灭蚜蜱、灭螨米、卡巴磷、米卡巴磷、灭蚜硫磷、MC474、P474。

化学名称　S-(N-乙氧羰基-N-甲基氨基甲酰甲基)-O,O-二乙基二硫代磷酸酯；S-(N-ethoxycarbonyl-N-methyl-carbamoylmethyl)-O,O-diethyl dithiophosphate。

IUPAC名称　ethyl N-(diethoxythiophosphorylthio)acetyl-N-methylcarbamate。

CAS登记号　2595-54-2。

EC号　219-993-9。

分子式　$C_{10}H_{20}NO_5PS_2$。

相对分子质量　329.37。

结构式

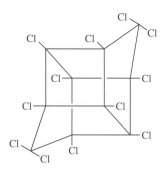

开发单位　M. Pianka介绍其杀虫性能，1958年由墨菲化学公司推广。

理化性质　浅黄色至淡褐色油状物。在2.67Pa时，沸点144℃。在室温下的蒸气压可忽略不计。相对密度1.223。折射率1.5138。在室温下，水中的溶解度＜1g/L，在脂肪族烃中＜50g/kg；能与醇类、芳香烃、酮类和酯类混溶。

毒性　急性经口LD_{50}：雄小鼠106mg/kg，雄大鼠23～53mg/kg，雌大鼠31～33mg/kg，豚鼠65mg/kg，兔60mg/kg，猫＜50mg/kg，绵羊20～25mg/kg。经皮LD_{50}：雄大鼠＞1220mg/kg，豚鼠＞1222mg/kg，兔229mg/kg。

剂型　400、500、680和900g/L乳剂，25%可湿性粉剂，1.5%和1.4%粉剂，5%石油油剂。

作用方式及机理　杀虫剂、杀螨剂，略有内吸性，与胆碱酯酶结合，使胆碱酯酶磷酰化，造成胆碱酯酶丧失正常水解乙酰胆碱的功能，导致胆碱能神经递质大量积聚，作用于有关器官的胆碱能受体，产生严重的胆碱能神经功能紊乱。

防治对象　以0.6g/100L有效成分剂量可防治蚜和其他半翅目昆虫、橄榄蝇和果蝇。以15%粉剂可防治叶蝉科、稻瘿蚊以及甘蓝、葱、胡萝卜和芹菜的种蝇幼虫等。

注意事项　收获前禁用期为14天。

允许残留量　最大允许残留限量0.1mg/kg。

参考文献

马世昌，1990.化工产品辞典[M].西安:陕西科学技术出版社:79.

张维杰，1996.剧毒物品实用技术手册[M].北京:人民交通出版社:413-414.

朱永和，王振荣，李布青，2006.农药大典[M].北京:中国三峡出版社:52-53.

（撰稿：吴剑；审稿：薛伟）

灭蚁灵　mirex

一种有机氯杀虫剂。

其他名称　全氯五环癸烷、Dechlorane、Dechlorane 4070、Dodecachlor、Dodecaclor、ENT25719、GC 1283、Hexachloro-cyclopentadiene dimer、NSC 124102、NSC 26107、NSC 37656、Paramex。

化学名称　dodecachlorooctahydro-1,3,4-metheno-2H-cyclobuta[cd]pentalene。

IUPAC名称　dodecachlorooctahydro-1,3,4-metheno-2H-cyclobuta[cd]pentalene。

CAS登记号　2385-85-5。

EC号　219-196-6。

分子式　$C_{10}Cl_{12}$。

相对分子质量　545.54。

结构式

开发单位　联合化学公司（现为霍普金斯农药公司）开发。1948年由韦尔西化学公司推广。

理化性质　白色无味结晶体，挥发性很小。密度2.25g/cm³。沸点421.1℃（101.32kPa）。折射率1.727；闪点201.9℃。储存条件：大约4℃。不溶于水，溶于苯（12.2%）、四氯化碳，在硫酸、硝酸和盐酸中十分稳定。

毒性　大鼠急性经口LD_{50} 312mg/kg。兔急性经皮LD_{50} 800mg/kg。吸入、摄入或经皮肤吸收后会中毒。该品有致癌、致畸、致突变作用。对生物具有较高毒性，对胎产仔数有影响，对胎儿内环境稳定，对肌肉、骨骼系统有影响，致癌性判定，动物为阳性反应，人类为可疑反应。

防治对象　用作杀蚁剂。

注意事项

①泄漏注意事项。隔离泄漏污染区，周围设警告标识，限制出入。切断火源。建议应急处理人员戴防尘口罩，穿防毒服。不要直接接触泄漏物。小量泄漏时小心扫起，置于袋中转移至安全场所，被污染地面用肥皂或洗涤剂刷洗，经稀释的污水排入废水系统。大量泄漏时收集回收或运至废物处理场所处置。

②操作注意事项。密闭操作，提供充分的局部排风。防止粉尘释放到车间空气中。操作人员必须经过专门培训，严格遵守操作规程。建议操作人员佩戴防尘面具（全面罩），穿防毒物渗透工作服，戴橡胶手套。远离火种、热源，工作场所严禁吸烟。使用防爆型的通风系统和设备。避免产生粉尘。避免与氧化剂接触。配备相应品种和数量的消防器材及泄漏应急处理设备。倒空的容器可能残留有害物。

③储存注意事项。储存于阴凉、通风的库房。远离火

种、热源。防止阳光直射。包装密封。应与氧化剂、食用化学品分开存放，切忌混储。配备相应品种和数量的消防器材。储区应备有合适的材料收容泄漏物。

④呼吸系统防护。高浓度环境中，应该佩戴防毒面具。紧急事态抢救或逃生时，佩戴自给式呼吸器。眼睛防护戴化学安全防护眼镜。穿相应的防护服。戴防化学品手套。工作现场禁止吸烟、进食和饮水。工作后，淋浴更衣。保持良好的卫生习惯。实行就业前和定期的体检。

⑤皮肤接触。立即脱去被污染的衣着，用肥皂水及流动清水彻底冲洗被污染的皮肤、头发、指甲等，就医。眼睛接触：提起眼睑，用流动清水或生理盐水冲洗，就医。吸入：迅速脱离现场至空气新鲜处，保持呼吸道通畅，如呼吸困难，给输氧，如呼吸停止，立即进行人工呼吸，就医。食入：饮足量温水，催吐，洗胃，导泻，就医。

最大残留量　德国（1978）农作物产品最高残留值 0.01mg/kg。

参考文献

MARTIN H, WORTHING C R, 1974. The pesticide manual: a world compendium[M]. 4th ed. UK: BCPC: 360.

SPENCER E Y, 1973. Guide to the chemicals[M]. 6th ed. UK: BCPC: 359.

（撰稿：吴剑；审稿：薛伟）

灭蝇胺　cyromazine

一种三嗪类昆虫生长调节剂。

其他名称　Armor、Cirogard、Citation、Cliper、Cyromate、Custer、Cyrogard、Garland、Genialroc、Jet、Kavel、Manga、Neporex、Patron、Saligar、Sun-Larwin、Trigard、Trivap、Vetrazine、CGA 72662、OMS 2014。

化学名称　N-环丙基-1,3,5-三嗪-2,4,6-三胺。

IUPAC名称　N-cyclopropyl-1,3,5-triazine-2,4,6-triamine。

CAS登记号　66215-27-8。

EC号　266-257-8。

分子式　$C_6H_{10}N_6$。

相对分子质量　166.18。

结构式

开发单位　由 R. D. Hall 和 R. E. Williams 报道后汽巴-嘉基公司（现先正达公司）开发。

理化性质　无色晶体。熔点 224.9℃。蒸气压 4.48×10^{-4} mPa（25℃），K_{ow}lgP –0.069（pH7）。Henry 常数 5.8×10^{-9}Pa·m^3/mol（25℃）。相对密度 1.35（20℃）。水中溶解度 13g/L（pH7.1，25℃）；其他溶剂中溶解度（g/kg，25℃）：甲醇 17、丙酮

1.4、正辛醇 1.5、二氯甲烷 0.21、甲苯 0.011、己烷＜0.001。在室温到 150℃之间不会分解，70℃以下 28 天内未观察到水解。pK_a5.22，弱碱性。

毒性　大鼠急性经口 $LD_{50} > 3920$mg/kg。大鼠急性经皮 $LD_{50} > 3100$mg/kg。大鼠吸入 LC_{50}（4 小时）3.6mg/L 空气。对兔眼睛和皮肤无刺激。NOEL（2 年，mg/kg 饲料）：大鼠 300，小鼠 50。鸟类急性经口 LD_{50}（mg/kg）：山齿鹑 1785，日本鹌鹑 2338，北京鸭＞1000，野鸭＞2510。大翻车鱼、鲤鱼、鲶鱼和虹鳟 LC_{50}（96 小时）＞100mg/L。水蚤 LC_{50}（48 小时）＞100mg/L。水藻 LC_{50} 124mg/L。对成年蜜蜂无毒，无作用接触量为 5μg/ 只。蚯蚓 $LC_{50} > 1000$mg/kg 土壤。对其他有益生物安全。

剂型　60%、70%、80% 水分散粒剂，10%、20%、30% 悬浮剂，10% 可溶液剂，30%、50%、70%、75%、80% 可湿性粉剂，20%、50%、75% 可溶粉剂。

作用方式及机理　有强内吸传导作用，为几丁质合成抑制剂，能诱使双翅目幼虫和蛹在形态上发生畸变，成虫羽化不全或受抑制，干扰了蜕皮和化蛹。无论是经口还是局部施药对成虫均无致死作用，但经口摄入后卵的孵化率降低。在植物体上，灭蝇胺有内吸作用，施到叶部有很强的传导作用，施到土壤中由根部吸收，向顶传导。养殖业中的使用原理，是将这种几乎不能够被动物器官吸收利用降解的药物，通过动物的排泄系统排泄到动物粪尿中，抑制杀灭蝇蛆等养殖业害虫在粪尿中的繁殖存活。

防治对象　双翅目幼虫，苍蝇、叶虫（斑潜蝇）、美洲斑潜蝇等。

使用方法　75～225g/hm^2 叶面喷施用于控制芹菜、瓜类、番茄、莴苣、蘑菇、土豆等蔬菜和观赏植物上的叶虫（斑潜蝇），或者 190～450g/hm^2 浸湿或灌溉。可以喷射、药浴及拌于饲料中等方式使用。以 1g/L 浸泡或喷淋，可防治羊身上的丝光绿蝇；加到鸡饲料（5mg/kg）中，可防治鸡粪上的蝇幼虫，也可在蝇繁殖的地方以 0.5g/m^2 进行局部处理。以 15～30g/100L 防治观赏植物和蔬菜上的潜叶蝇；以 15g/100L 喷洒菊花叶面，可防治斑潜蝇属非洲菊斑潜蝇；以 75g/hm^2 防治温室作物（黄瓜、番茄）潜叶蝇。以 650g/hm^2 颗粒剂单独处理土壤防治潜蝇，持效期 80 天左右。

防治黄瓜美洲斑潜蝇　每亩用 10% 灭蝇胺悬浮剂 80～100ml（有效成分 120～150g/hm^2）；或用 30% 灭蝇胺可湿性粉剂 26.7～33.3g（有效成分 120～150g/hm^2）；或用 50% 灭蝇胺可湿性粉剂 25～30g（有效成分 187.5～225g/hm^2）；或用 75% 灭蝇胺可湿性粉剂 10～15g（有效成分 112.5～168.75g/hm^2），加水均匀喷雾。

防治黄瓜斑潜蝇　每亩用 70% 灭蝇胺可湿性粉剂 14～21g（有效成分 147～220.5g/hm^2），兑水均匀喷雾。

防治菜豆斑潜蝇　每亩用 20% 灭蝇胺可溶性粉剂 40～60g（有效成分 120～180g/hm^2）；或用 50% 灭蝇胺可溶性粉剂 15～20g（有效成分 112.5～150g/hm^2），兑水均匀喷雾。

注意事项　①灭蝇胺不可与碱性药剂混用。②防治斑潜蝇不要等见到潜叶虫道时再重视防治，此时已失去防治适

期，主要是观察叶片上是否出现针尖状小白点和田间是否有2mm大小左右的小蝇在飞就应开始防治。防治斑潜蝇幼虫适期为斑潜蝇产卵盛期至幼虫孵化初期，一、二龄期，防治成虫以 8：00 施药为宜。

与其他药剂的混用　① 20% 灭蝇胺和 10% 呋虫胺混配，以 450～600ml/hm² 喷雾用于防治黄瓜美洲斑潜蝇。② 15% 灭蝇胺与 35% 杀虫单混配以 525～675g/hm² 喷雾用于防治菜豆斑潜蝇。③ 50% 灭蝇胺与 10% 噻虫嗪混配以 300～390g/hm² 喷雾用于防治黄瓜美洲斑潜蝇。④ 30.3% 灭蝇胺与 0.7% 阿维菌素混配以 285～330ml/hm² 喷雾用于防治菜豆美洲斑潜蝇。⑤ 5% 灭蝇胺和 15% 噻虫胺混配，以 6750～9000ml/hm² 喷雾用于防治韭菜韭蛆。

允许残留量　GB 2763—2021《食品中农药最大残留限量标准》规定灭蝇胺最大残留限量见表。ADI 为 0.06mg/kg。蔬菜按照 GB/T 20769、NY/T 1725 规定的方法测定。

部分食品中灭蝇胺最大残留限量（GB 2763—2021）

食品类别	名称	最大残留限量（mg/kg）
蔬菜	黄瓜	1.0
	豇豆、菜豆、食荚豌豆、扁豆、蚕豆、豌豆	0.5

参考文献

刘长令, 2017.现代农药手册[M].北京: 化学工业出版社: 779-781.

（撰稿：杨吉春；审稿：李森）

灭蝇磷　nexiox1378

一种内吸和熏蒸类杀虫剂。

化学名称　*O*-甲基-*O*-乙基亚砜基乙基-*O*-*O*(2,2-二氯乙烯基)磷酸酯。

IUPAC 名称　2,2-dichlorovinyl-(2-(ethylsulfinyl)ethyl)methyl phosphate。

CAS 登记号　7076-53-1。

分子式　$C_7H_{13}Cl_2O_5PS$（酯）。

相对分子质量　311.12（酯）。

结构式

开发单位　1957 年德国 Cela 公司生产。

理化性质　白色结晶粉末。熔点 40～42℃。沸点 152～154℃，97℃（1.33Pa）。相对密度 1.4575（4℃）。折射率 1.5530（50℃）。蒸气压 0.11Pa（25℃）。易溶于丙酮、四氯化碳、乙醚、氯仿等，难溶于水。在中性和酸性介质中稳定，但在碱性介质中易水解失去杀虫活性。

毒性　急性经口 LD_{50}：大鼠 110mg/kg，小鼠 200mg/kg。

剂型　加工成捕蝇器用的制剂，至少含 60mg 的灭蝇磷。

作用方式及机理　触杀和胃毒，对多种害虫有很好的杀虫效果，兼具动物内吸和熏蒸作用。一般在驱虫上主要是利用动物内吸。由于蒸气压高，因此该品对卫生害虫，如家蝇很有效，可以放在开口的容器内保存 12～16 周有效。同时因毒性低，可用于食品加工厂灭蝇，此外，使用该品熏蒸可有效防治粮食害虫。对农业害虫如麦秆蝇，防治效果与敌百虫相似，对小菜蛾的防治效果可达 94.5%。

防治对象　适用于防治家蝇等卫生害虫。

注意事项　宜储于阴凉处，避免阳光照射，勿与食物、饵料等混放在一起，严防人、畜接触。

参考文献

朱永和, 王振荣, 李布青, 2006.农药大典[M].北京: 中国三峡出版社: 20.

（撰稿：薛伟；审稿：吴剑）

灭幼脲　chlorbenzuron

一种苯甲酰脲类昆虫几丁质合成抑制剂。

其他名称　灭幼脲3号、灭幼脲Ⅲ号、苏脲一号、一氯苯隆。

化学名称　1-(2-氯苯甲酰基)-3-(4-氯苯基)脲；1-邻氯苯甲酰基-3-(4-氯苯基)脲；1-(2-chlorobenzoyl)-3-(4-chlorophenyl)urea。

IUPAC 名称　2-chloro-*N*-[(4-chlorophenyl)carbamoyl]benzamide。

CAS 登记号　57160-47-1。

分子式　$C_{14}H_{10}Cl_2N_2O_2$。

相对分子质量　309.15。

结构式

开发单位　1976 年由江苏省激素研究所和苏州大学共同开发。

理化性质　纯品为白色结晶，熔点 199～201℃。不溶于水，100ml 丙酮中能溶解 1g，难溶于乙醇、苯，易溶于二甲基甲酰胺和吡啶等有机溶剂，易溶于二甲基亚砜。遇碱和较强的酸易分解，常温下储存稳定，对光热较稳定。

毒性　急性经口 LD_{50}：大鼠 > 20 000mg/kg，小鼠 > 2000mg/kg。对鱼类低毒，对天敌安全。对益虫和蜜蜂等膜翅目昆虫和森林鸟类几乎无害。但对赤眼蜂有影响。对虾、蟹等甲壳动物和蚕的生长发育有害。

剂型　20%、25% 悬浮剂，25% 可湿性粉剂。

作用方式及机理　不同于一般杀虫剂，它的作用位点多。作用机制主要有下面几种：①抑制昆虫表皮形成。灭幼脲属于昆虫表皮几丁质合成抑制剂，属于昆虫生长调节剂的范畴。主要通过抑制昆虫的蜕皮而杀死昆虫，对大多数需经蜕皮的昆虫均有效。主要表现属胃毒作用，兼有一定的触杀作用，无内吸性。灭幼脲能刺激细胞内 cAMP 蛋白激活酶活性，抑制钙离子的吸收，影响胞内囊泡的离子梯度，促使某种蛋白磷酸化，从而抑制蜕皮激素和几丁质的合成。其作用特点是只对蜕皮过程的虫态起作用，幼虫接触后并不立即死亡，表现拒食、身体缩小，待发育到蜕皮阶段才致死，一般需经过 2 天后开始死亡，3～4 天达到死亡高峰。成虫接触药液后，产卵减少，或不产卵，或所产卵不能孵化。残效期长达 15～20 天。②导致成虫不育。灭幼脲影响许多昆虫的繁殖能力，使其不能产卵或产卵量少。对雌成虫无影响或影响较小。在灭幼脲处理的棉象甲雌成虫体内，发现 DNA 合成明显受到抑制，RNA 及蛋白质的合成未受影响。③干扰体内激素平衡。昆虫变态是在保幼激素和蜕皮激素的合理调控下完成的。用灭幼脲处理黏虫和小地老虎，使虫体内保幼激素含量增高，蜕皮激素水平下降，导致昆虫不能蜕皮变态。④抑制卵孵化。⑤影响多种酶系，影响中肠蛋白酶的活力。此外，还发现灭幼脲对环核苷酸酶、谷氨酸 - 丙酮酸转化酶、淀粉酶、酚氧化酶等有抑制作用，所有这些均可导致害虫发育失常。

防治对象　对鳞翅目幼虫表现很好的杀虫活性。可有效防治松毛虫、舞毒蛾、美国白蛾等森林害虫，桃树潜叶蛾、茶黑毒蛾、茶尺蠖、菜青虫、甘蓝夜蛾、小麦黏虫、玉米螟等鳞翅目害虫及蝗虫，以及地蛆、蝇蛆和蚊子幼虫。

使用方法

防治森林松毛虫、舞毒蛾、舟蛾、天幕毛虫、美国白蛾等食叶类害虫　用 25% 灭幼脲悬浮剂 2000～4000 倍均匀喷雾，飞机超低容量喷雾 450～600ml/hm²，在其中加入 450ml 的尿素效果会更好。

防治农作物黏虫、螟虫、菜青虫、小菜蛾、甘蓝夜蛾等　用 25% 灭幼脲悬浮剂 2000～2500 倍均匀喷雾。

防治桃小食心虫、茶尺蠖、枣步曲等　用 25% 灭幼脲悬浮剂 2000～3000 倍均匀喷雾。

防治枣、苹果、梨等果树的舞毒蛾、刺蛾、苹果舟蛾、卷叶蛾等　可在害虫卵孵化盛期和低龄幼虫期，喷施 25% 灭幼脲 3 号胶悬剂 1500～2000 倍，不但杀虫效果良好，而且可显著增强果树的抗逆性，提高产量，改善果实品质。

防治桃小食心虫、梨小食心虫　可在成虫产卵初期，幼虫蛀果前，喷布 25% 灭幼脲胶悬剂 800～1000 倍，其防治效果超过桃小灵及 50% 对硫磷乳油 1500 倍液。

防治棉铃虫、小菜蛾、菜青虫、潜叶蝇等抗性害虫　可在成虫产卵盛期至低龄幼虫期喷洒 25% 灭幼脲胶悬剂 1000 倍。

防治梨木虱、柑橘木虱等　可在春、夏、秋各次新梢抽发季节，若虫发生盛期，喷布 25% 灭幼脲 3 号胶悬剂 1500～2000 倍。

注意事项　①灭幼脲对幼虫有很好防效，以昆虫孵化至三龄前幼虫为好，尤在一、二龄幼虫防效最佳，虫龄越大，防效越差。灭幼脲的持效期较长，一次用药有 30 天的防效，所以使用时宜早不宜迟，尽可能将害虫消灭在幼小状态。②该药于施药 3～5 天后药效才明显，7 天左右出现死亡高峰。忌与速效性杀虫剂混配，使灭幼脲类药剂失去应有的绿色、安全、环保作用和意义。③灭幼脲悬浮剂有沉淀现象，使用时要先摇匀后加少量水稀释，再加水至合适的浓度，搅匀后喷用。喷药时一定要均匀。④灭幼脲类药剂不能与碱性物质混用，以免降低药效，和一般酸性或中性的药剂混用药效不会降低。

与其他药剂的混用　① 36% 灭幼脲和 9% 苘虫威混配，以 240～300ml/hm² 喷雾用于防治甘蓝甜菜夜蛾。② 19% 灭幼脲和 1% 苘虫威混配，以 225～300ml/hm² 喷雾用于防治甘蓝菜青虫。③ 30.5% 灭幼脲和 0.5% 甲氨基阿维菌素甲酸盐混配，以 225～300ml/hm² 喷雾用于防治甘蓝甜菜夜蛾，稀释 1250～2500 倍液喷雾用于防治杨树上的美国白蛾。④ 24.5% 灭幼脲和 0.5% 甲氨基阿维菌素甲酸盐混配，以 150～225ml/hm² 喷雾用于防治甘蓝小菜蛾。⑤ 24.8% 灭幼脲和 0.2% 甲氨基阿维菌素甲酸盐混配，稀释 1000～2000 倍液喷雾用于防治杨树上的舟蛾。⑥ 20% 灭幼脲与 10% 氰氟虫腙混配以 450～600ml/hm² 喷雾用于防治甘蓝小菜蛾。⑦ 29% 灭幼脲和 1% 阿维菌素混配，稀释 1000～1500 倍液喷雾用于防治桃树上的桃小食心虫。⑧ 20% 灭幼脲和 10% 哒螨灵混配，稀释 1500～2000 倍液喷雾用于防治苹果树上的金纹细蛾和山楂红蜘蛛。⑨ 13% 灭幼脲和 2% 高效氯氟菊酯混配以 750～1050ml/hm² 喷雾用于防治甘蓝菜青虫。⑩ 22.5% 灭幼脲和 2.5% 吡虫啉混配，稀释 1500～2000 倍液喷雾用于防治苹果树上的金纹细蛾和黄蚜。

允许残留量　GB 2763—2021《食品中农药最大残留限量标准》规定灭幼脲最大残留限量见表。ADI 为 1.25mg/kg。谷物按照 GB/T 5009.135 规定的方法测定；蔬菜按照 GB/T 5009.135、GB/T 20769 规定的方法测定。

部分食品中灭幼脲最大残留限量（GB 2763—2021）

食品类别	名称	最大残留限量（mg/kg）
谷物	小麦、粟	3
蔬菜	结球甘蓝、花椰菜	3

参考文献

刘长令, 2017.现代农药手册[M].北京: 化学工业出版社: 781-783.

（撰稿：杨吉春；审稿：李森）

灭幼唑　PH6042

一种吡唑啉苯甲酰脲杀虫剂。

化学名称　1-(4-氯苯基氨基甲酰基)-3-(4-氯苯基)-4-苯基-2-吡唑啉；1-(4-chlorophenylcarbamoyl)-3-(4-chlorophenyl)-4-phenyl-2-pyrazoline。

IUPAC名称　*N*,3-bis(4-chlorophenyl)-4-phenyl-4,5-dihydro-1*H*-pyrazole-1-carboxamide。

CAS 登记号　59074-27-0。

分子式　C$_{22}$H$_{17}$Cl$_2$N$_3$O。

相对分子质量　410.30。

结构式

开发单位　荷兰菲利浦公司。

防治对象　对埃及伊蚊、甘蓝粉蝶、马铃薯甲虫的幼虫有优异的防效。

参考文献

康卓, 2017. 农药商品信息手册[M]. 北京: 化学工业出版社: 243.

（撰稿：杨吉春；审稿：李淼）

灭藻醌　quinoclamine

一种苯醌类杀藻剂和除草剂。

其他名称　Mogeton（Agro-Kanesho, Stahler）、06K（Uniroyal）。

化学名称　2-氨基-3-氯-1,4-萘醌；2-amino-3-chloro-1,4-naphthoquinone。

IUPAC 名称　2-amino-3-chloro-1,4-naphthoquinone。

CAS 登记号　2797-51-5。

EC 号　220-529-2。

分子式　C$_{10}$H$_6$ClNO$_2$。

相对分子质量　207.61。

结构式

开发单位　最早由尤尼鲁公司（现为 Chemtura Corp.，该公司已不再生产和销售该产品）开发作为杀藻剂、杀菌剂及除草剂。1972 年由农肯公司引入日本。

理化性质　黄色结晶。熔点 202℃。蒸气压 0.03mPa（20℃）。相对密度 1.56（20℃）。K_{ow}lg$P$ 1.58（25℃）。Henry 常 数 3.11×10^{-4}Pa·m^3/mol。水 中 溶 解 度（g/L，20℃）：0.02；有机溶剂中溶解度（g/L，20℃）：己烷 0.03、甲苯 3.14、二氯甲烷 15.01、丙酮 26.29、甲醇 6.57、乙酸乙酯 15.49、乙腈 12.97、甲基乙基酮 21.32。稳定性：到 250℃ 仍稳定。水溶液水解 DT$_{50}$＞1 年（pH4，25℃）、767 天（pH7，25℃）、148 天（pH9，25℃）。光解 DT$_{50}$ 60 天（蒸馏水）、31 天（天然水）。

毒性　急性经口 LD$_{50}$（mg/kg）：雄大鼠 1360，雌大鼠 1600，雄小鼠 1350，雌小鼠 1260。大鼠急性经皮 LD$_{50}$＞5000mg/kg。对兔眼睛有中等刺激性。对兔皮肤无刺激性。对豚鼠皮肤无致敏性。大鼠急性吸入 LC$_{50}$（4 小时）＞0.79mg/L 空气。NOEL［mg/（kg·d）］：雄大鼠（2 年）5.7。鲤鱼 LC$_{50}$（48 小时）0.7mg/L。斑马鱼 LC$_{50}$（96 小时）0.65mg/L。水蚤 LC$_{50}$（3 小时）10mg/L。海藻 E$_r$C$_{50}$ 22.25mg/L。蜜蜂急性 LD$_{50}$（接触）＞40μg/ 只。蚯蚓 LC$_{50}$ 125～250mg/kg 土壤。对溢管蚜茧蜂和畸螯螨无害。

剂型　9% 颗粒剂，25% 可湿性粉剂。

作用方式及机理　属苯醌类触杀型杀藻剂和除草剂，对萌发出土后的杂草有效，通过抑制植物光合作用使杂草枯死。药剂须施于水中才能发挥除草作用，土壤处理无效。

防治对象及使用方法　水稻田防除藻类和杂草，剂量 20～30kg/hm^2（9% 颗粒剂）。用于花盆内的观赏植物及草坪，防除苔藓，剂量 15～30kg/hm^2（25% 可湿性粉剂）。

注意事项　砂质土壤不可使用。在土壤中的移动性较小。灌水施药后两周不可排水或灌水。

参考文献

马克比恩 C, 2015. 农药手册[M]. 胡笑形, 等译. 北京: 化学工业出版社: 901-902.

中国农业百科全书总编辑委员会农药卷编辑委员会, 中国农业百科全书编辑部, 1993. 中国农业百科全书: 农药卷[M]. 北京: 农业出版社.

（撰稿：寇俊杰；审稿：耿贺利）

模拟生态系统　model ecosystem

模拟生态系统就是将一部分自然环境置于受控条件下，但同时保持天然生态系统复杂特性、可重复性和可应用的试验系统。即模拟生态系统并不是缩小的天然生态系统，而是具有天然生态系统主要组分和生态学过程受控的试验系统。微宇宙（microcosm）是指应用小生态系统或实验室模拟生态系统进行试验的技术；中宇宙（mesocosm）是一种规模较大的室外模拟生态系统。

中 / 微宇宙概念起源于古希腊哲学界。19 世纪初才从哲学界过渡到自然科学领域，尤其是生态学领域。19 世纪中叶，Warrington（1857）发表了第一篇有关微宇宙的研究论文，中 / 微宇宙系统在生态毒理学领域的应用日益受到重视，生态学家与毒理学家陆续设计了各种中 / 微宇宙系统，用于研究农药及各种化学品在水生及陆生环境中的迁移、转化及其生态效应。总的来讲，模拟生态系统可分为三大类，即陆生、水生和水陆生（湿地）中 / 微宇宙，这些模拟系统为在生态系统水平上研究毒物对生态系统影响和生态系统对毒物适应能力提供了有力工具。

在模拟生态系统开展试验的主要目的：①模拟农业生产中农药的归趋和暴露势。②模拟各种暴露途径，如经皮、经口和呼吸途径等。③使各种类型的生物群体或群落暴露于被试农药之下。④在生态系统中允许各种因子种间的相互作用而出现的次生效应。⑤整个生态系统能够持续运行。

模拟生态系统在评价和管理农药及化合物的应用上已

经有过热烈的讨论，不同的学者有不同的看法，拥护者认为为了保护生态系统，就必须用生态系统进行试验；反对者认为简单的模拟生态系统并不具有真正生态系统所具有的重要性能。总体上，中/微宇宙研究和单一生物实验室研究相比具有一定的优势，比单一生物试验提供了完整的信息，同时也包括暴露和归宿的信息，在接近自然条件的情况下维持自然种群，重现现实环境，如间接作用，生物补偿和恢复，及生态系统复原能力。该方法被认为是最接近真实环境的试验生态系统，拥有可靠的参考条件和验证的优势。通过整合食物网上级和下级物种的直接或间接影响，中/微宇宙研究能得到可用于生态系统和生物地球化学的参数化模型。近几十年来，在农药及其他毒物的生态风险评价中，研究者将模拟系统（物理模型）与数学模型结合起来，中/微宇宙系统的应用也越来越普遍。

对于水生模拟生态系统，1993 年 Crossland 等将室外微宇宙定义为小于 $15m^3$ 水体积的实验池/池塘或小于 15m 长度的实验河流，中宇宙定义为大于 $15m^3$ 水体积或大于 15m 长度的测试系统。美国化学品安全与污染防治办公室（OCSPP）提出室内水生生态模拟系统分为：室内微宇宙（水和沉积物均由人工配制）包括标准水生微宇宙（SAM, standard aquatic microcosm）、混合烧杯微宇宙（MFC, mixed flaskculture）；室外微宇宙包括溪流微宇宙（SM, stream microcosm），池塘与水池式微宇宙（P&PM, pond and pool microcosm），围隔水柱微宇宙（enclosed column microcosm），陆基海洋微宇宙，珊瑚礁和底栖生物微宇宙（reef and benthic microcosms）。目前，水生生态模拟生态系统（中/微宇宙试验）作为农药高阶段风险评价已经被欧盟食品安全管理局（EFSA）、美国环境保护局和中国农业部（ICMA）等认可，且应用于农药水生生态效应评价。

土壤群落的微宇宙试验研究相对水生生态模拟系统较少。在美国，有学者利用土壤微宇宙试验研究土壤功能的标准方法，确定了筛分土中的呼吸作用、氨化作用和硝化作用，或者土样中的营养素存留和植物产量等。其他土壤微宇宙试验则用于对土壤群落结构的效应进行研究。也有学者通过土壤模拟生态系统研究农药对土壤的生态效应。土壤微宇宙试验通常专注于土壤微生物过程的变化，这些变化可能会增高化学物质暴露或降低其反应。在国内，有研究者通过微宇宙研究碳磷耦合迁移特征及微生物生态学响应，也有研究者采用原位微宇宙法研究温带森林土壤真菌群落构建的驱动机制。

野生动物的中微宇宙应用较少，野生动物微宇宙主要是研究农药的暴露效应和二次效应，极少用来显示种群水平的效应。例如，1995 年 Dieter 等将小鸭放养于滨水中宇宙来研究有机磷酸酯杀虫剂甲拌磷在草原湿地空气中对水禽的效应。有报道显示采用原位的微宇宙池塘或溪流调查研究农药对两栖动物的种群效应，或者直接在农田调查两栖动物行为变化和迁移等。美国环境保护局通过了土柱微宇宙试验指导规则，并应用于农药登记中对脊椎动物的生态效应评价。

参考文献

李鑫, 马转转, 乔沙沙, 等, 2018. 原位微宇宙法研究温带森林土壤真菌群落构建的驱动机制[J]. 生态环境学报, 27(5): 811-817.

BROCK T C M, ALIX A, BROWN C D, et al, 2010. Linking aquatic exposure and effects: risk assessment of pesticides[M]. SETAC Press & CRC Press, Taylor & Francis Group, Boca Raton, Fl, USA, 398 pp.

BROCK T C M, HAMMERS-WIRTZ H, HOMMEN U, et al, 2015. The minimum detectable difference (MDD) and the interpretation of treatment-related effects of pesticides in experimental ecosystems[J]. Environmental science and pollution research, 22: 1160-1174.

BURROWS L A, EDWARDS C A, 2002. The use of integrated soil microcosms to predict effects of pesticides on soil ecosystems[J]. European journal of soil biology, 38(3-4): 245-249

CAQUET T, LAGADIC L, SHEFFiELD S R, 2000. Mesocosms in ecotoxicology. 1. Outdoor aquatic systems[J]. Reviews of environmental contamination and toxicology, 165, 1-38.

CARPENTER S R, 1996. Microcosm experiments have limited relevance for community and ecosystem ecology[J]. Ecology, 77(3): 677-680.

CIARNS J J, 1983. Are single species toxicity tests alone adequate for estimating environmental hazards?[J]. Hydrobiologia, 100(1): 47-57.

DIETER C D, FLAKE L D, DUFFY W G, 1995. Effects of phorate on ducklings in northern prairie wetlands[J]. Journal of wildlife management, 59(3): 498-505.

DU X Y, ZHU N K, XIA X J, et al, 2001. Microcosm theory and its application in the research of ecological toxicology[J]. Journal of ecology, 21(10): 1729-1737.

HECKMAN L H, FRIBERG N, 2005. Macroinvertebrate community response to pulse exposure with the insecticide lambda-cyhalothrin using in-stream mesocosms[J]. Environmental toxicology and chemistry, 24(3): 582-590.

LENHARDT P P, BRUHL C A, BERGER G, 2015. Temporal coincidence of amphibian migration and pesticide applications on arable fields in spring[J]. Basic and applied ecology, 16(1): 54-63.

MALTBY L, BROCK T C M, VAN DEN BRINK P J, 2009. Fungicide risk assessment for aquatic ecosystems: Importance of interspecific variation, toxic mode of action and exposure regime[J]. Environmental science and technology, 43(19): 7556-7563.

MIAUD C, SANUY D, AVRILLIER N, 2000. Terrestrial movements of the natterjack toad Bufo calamita (Amphibia, Anura) in a semi-arid, agricultural landscape[J]. Amphibia-Reptilia, 21: 357-369.

MOHR S, BERGHAHN R, FEIBICKE M, et al, 2007. Effects of the herbicide metazachlor on macrophytes and ecosystem function in freshwater pond and stream mesocosms[J]. Aquatic toxicology, 82(2): 73-84.

PARMELEE R W, PHILLIPS C T, CHECKAI R T, et al, 1997. Determining the effects of pollutants on soil faunal communities and trophic structure using a refined microcosm system[J]. Environmental toxicology and chemistry, 16: 1212-1217.

SCHINDLER D W, 1998. Replication versus realism: the need for ecosystem-scale experiments[J]. Ecosystems(4): 323-334.

（撰稿：尹晓辉；审稿：李少南）

M

茉莉酸　jasmonic acid

一种植物内源激素，外源作为植物生长调节剂施用，可以诱导农作物产生防御物质，提高作物的抗逆性，包括对抗旱、抗寒、抗高温、耐盐碱等逆境的抵抗能力，在日本和美国等已开发用于苹果、葡萄和柑橘等改善果实品质。

其他名称　JA、(+/-)- 茉莉酸、反式 - 茉莉酸。

化学名称　3- 氧 -2-(2′- 戊烯基)- 环戊烷乙酸。

IUPAC 名称　2-[(1*R*,2*R*)-3-oxo-2-[(*Z*)-pent-2-enyl] cyclopentyl] acetic acid。

CAS 登记号　6894-38-8。

分子式　$C_{12}H_{18}O_3$。

相对分子质量　210.27。

结构式

开发单位　1962 年 Demole 等从素馨花中发现并提取出茉莉酸甲酯，1971 年 Aldrige 等从真菌培养滤液分离出游离的茉莉酸。

理化性质　沸点 160℃。密度 1.07g/cm³。

作用方式及机理　可以诱导植物产生防御物质提高作物的抗逆性，包括抗旱、抗寒、抗高温、耐盐碱等。其中甜菜碱、可溶性糖类物质和脯氨酸等作为重要的细胞渗透调节物质，可降低细胞的渗透势，同时超氧化物歧化酶、过氧化氢酶、过氧化物酶以及非酶抗氧化剂含量和活性迅速上升，清除植物体内过剩的活性氧自由基。能诱导气孔关闭，抑制 Rubisco 生物合成，影响植物对氮、磷的吸收和葡萄糖等有机物的运输。

使用对象　该品及其甲酯在日本和美国等已开发用于苹果、葡萄和柑橘等作物，以改善果实品质、提高作物防御能力等。该品及其甲酯在国内尚未进入实际应用。

允许残留量　中国未规定残留限量。

参考文献

范树茂，司国栋，王飞菲，等，2019. 茉莉酸及其甲酯在农业上的应用研究进展[J]. 现代农药，18(3): 1-4, 8.

孙家隆，2015. 新编农药品种手册[M]. 北京：化学工业出版社:943.

（撰稿：王召；审稿：谭伟明）

茉莉酮　prohydrojasmon

一种茉莉酸类似物，具有类似茉莉酸的诱导抗逆和改善品质的功能。能促进苹果果实变红。

其他名称　Jasmomate (Meiji Seika，Zeon)、*n*-propyl dihydrojasmonate。

化学名称　(1*RS*, 2*RS*)-(3- 氧代 -2- 戊基环戊基) 乙酸丙酯。

IUPAC 名称　propyl(1*RS*,2*RS*)-(3-oxo-2-pentylcyclopentyl) acetate。

CAS 登记号　158474-72-7。

分子式　$C_{15}H_{26}O_3$。

相对分子质量　254.36。

结构式

开发单位　由 Zeon Corporation 开发并生产。

理化性质　原药纯度＞ 97%。纯品为无味的液体。沸点 318℃（1007kPa）。闪点 165℃（开杯）。蒸气压 167mPa（25℃）。$K_{ow}\lg P$ –4.1（25℃）。相对密度 0.974（20℃）。溶解度（25℃）：水 60.2mg/L；正己烷、丙、甲醇、乙腈、三氯甲烷、二甲基亚砜、甲苯中均＞ 100g/L。在正常储存条件下稳定，遇酸和碱水解。

毒性　大鼠急性经口 LD_{50} ＞ 5000mg/kg，急性经皮 LD_{50} ＞ 2000mg/kg。对兔眼睛有轻微刺激，对兔皮肤无刺激。大鼠吸入 LC_{50}（4 小时）＞ 2.8mg/L。大鼠（1 年）NOEL 14.4mg/（kg·d）。ADI，R_fD（FSC）0.14mg/kg ［2005］。日本鹌鹑摄入 LC_{50}（5 天）＞ 5000mg/kg 饲料。水蚤 EC_{50}（48 小时）2.13mg/L。藻类 EC_{50}（24 ～ 48 小时）15mg/L。对蜜蜂无毒，LD_{50} ＞ 100μg/ 只。

剂型　可溶液剂。

作用方式及机理　具有与茉莉酸相似的活性。

使用对象　苹果，促进果实变红。

参考文献

马克比恩 C, 2015. 农药手册[M]. 胡笑形，等译. 北京：化学工业出版社: 832-833.

（撰稿：谭伟明；审稿：杜明伟）

莫西菌素　moxidectin

一种由链霉菌发酵的单一成分的大环内酯类抗生素，为兽用驱虫药。

其他名称　莫西克汀、莫昔克丁、莫西丁克。

化学名称　(6*R*,23*E*,25*S*)-5-*O*- 甲基 -28- 脱氧 -25-[(1*E*)- 1,3- 二甲基 -1- 丁烯基]-6,28- 环氧基 -23-(甲氧基亚氨基)密尔伯霉素 B；(6*R*,23*E*,25*S*)-5-*O*-demethyl-28-deoxy-25-[(1*E*)-1,3-dimethyl-1-butenyl]-6,28-epoxy-23-(methoxyimino)milbemycin B。

IUPAC 名称　(10*E*,14*E*,16*E*)-(1*R*,4*S*,5′*S*,6*R*,6′*S*,8*R*,13*R*,

20R,21R,24S)-6′-[(1E)-1,3-dimethylbut-1-enyl]-21,24-di-hydroxy-5′,11,13,22-tetramethyl-(3,7,19-trioxatetracyclo[15.6.1.1^{4,8}.0^{20,24}]pentacosa-10,14,16,22-tetraene)-6-spiro-2′-(tetrahydropyran)-2,4′-dione 4′-(E)-(O-methyloxime)。

CAS 登记号 113507-06-5。

分子式 $C_{37}H_{53}NO_8$。

相对分子质量 639.83。

结构式

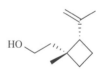

开发单位 1967 年由日本三共公司在筛选微生物 *Strep-tomyces hygroscopicu* subsp. *aureolacrimosu* 发酵液中发现，经许多专家和学者对其诸多组分的结构进行衍生物修饰和化学改造，得到莫西克汀产品。

理化性质 白色或类白色无定型粉末。几乎不溶于水，极易溶于乙醇（96%），微溶于己烷。作为奈马菌素的衍生物，与伊维菌素（IVM）相比，结构特点在于 C23 位引入 =N-OCH$_3$ 基团，C13 位上少了一个二糖基，因而有更高的脂溶性，并且水溶性也比 IVM 大，莫西菌素水溶性是 4.3mg/L，而 IVM 是 0.006～0.009mg/L。

毒性 在正常剂量范围内，一般不会发生中毒反应，对哺乳动物有很高的安全性。小鼠急性经口 LD$_{50}$ 42～84mg/kg，急性经皮 LD$_{50}$ > 263mg/kg，腹腔注射 LD$_{50}$ > 86mg/kg。

剂型 浇泼剂（0.5%），注射剂（0.5%），胶丸，微球，缓解巨丸。

作用方式及机理 增加虫体的抑制性递质 γ-氨基丁酸的释放，以及打开谷氨酸控制的氯离子通道，增强神经细胞膜对氯的通透性，从而阻断神经信号的传递，最终神经麻痹，使肌肉细胞失去收缩能力，而导致虫体死亡。

防治对象 作为兽用驱虫药使用，可防治牛、羊、猪、马、狗等寄生虫，此外，对驯鹿、沙鼠、驴、狮子等消化道线虫也有很强的驱杀效果。

使用方法 注射、涂抹、浇泼。

注意事项 虫体对莫西菌素的抗药性逐渐显现出来，表现为莫西菌素等大环内酯类抗生素对某些寄生虫低效甚至无效。但由于虫体对莫西菌素的耐药性的产生远比 IVM 慢，所以只要合理用药，降低莫西菌素耐药性产生的可能性更大。

通过改变动物的生理状况和合理药物配伍能够提高药

物利用度，例如通过限食来减少食物对药物的影响、服用减慢胃肠道蠕动的药可延长药物吸收时间等；莫西菌素与 P 糖蛋白调节剂维拉帕米（verapamil）、洛哌丁胺等联用，可减少莫西菌素抗药性的产生，提高药物利用度。

参考文献

丁伟, 2010. 螨类控制剂[M]. 北京: 化学工业出版社: 244-245.

（撰稿：罗金香；审稿：丁伟）

墨西哥棉铃象性信息素　sex pheromone of *Athonomus grandis*

适用于棉田的昆虫性信息素。最初从墨西哥棉铃象（*Athonomus grandis*）虫体中提取分离，主要成分为（1R,2S）-1-甲基-2-异丙烯基环丁烷乙醇。

其他名称 Tubo Mata Bicudo（混剂，＋马拉硫磷）、诱杀烯、grandlure。

化学名称 （1R,2S)-1-甲基-2-异丙烯基环丁烷乙醇；(1R,2S)-1-methyl-2-(1-methylvinyl) cyclobutaneethanol。

IUPAC 名称 2-[(1R,2S)-1-methyl-2-(1-methylvinyl) cy-clobutyl] ethanol。

CAS 登记号 26532-22-9。

分子式 $C_{10}H_{18}O$。

相对分子质量 154.25。

结构式

生产单位 由 Plato 等公司生产。

理化性质 无色或浅黄色液体。相对密度 0.93（25℃）。比旋光度 $[\alpha]_D^{21.5}$+18.5°（c = 1，正己烷）。难溶于水，溶于乙醇、氯仿、丙酮等有机溶剂。

剂型 缓释剂（用于监测与诱捕），诱杀剂（与杀虫剂混用）。

作用方式 用于干扰墨西哥棉铃象的交配，诱捕墨西哥棉铃象。

防治对象 适用于棉花田，防治墨西哥棉铃象。

使用方法 将含有墨西哥棉铃象性信息素的缓释装置，均匀安放在棉花田，使性信息素扩散到空气中，引诱成虫到诱捕器。

与其他药剂的混用 可以与杀虫剂一起使用，诱杀墨西哥棉铃象。

参考文献

马克比恩 C, 2015. 农药手册[M]. 胡笑形, 等译. 北京: 化学工业出版社.

吴文君, 高希武, 张帅, 2017. 生物农药科学使用指南[M]. 北京: 化学工业出版社.

（撰稿：钟江春；审稿：张钟宁）

母药　technical concentrate, TK

在制造过程中得到的、含有有效成分及杂质的最终产品。也可能含有少量必需的添加物和稀释剂，仅用于配制各种制剂使用。

母药一般是从制造它所用的原料、溶剂等，经过反应或浓缩等加工工艺生产出来的一种有效成分的产品；或为满足某些特定需要而加工成的一种最低限度稀释的、专用于制剂加工的产品。

加工成母药的目的，一是保证有效成分的稳定性；如有效成分在纯品形态下不稳定，或者在提纯过程中容易分解或转化成其他构型或成分。二是简化生产工艺，降低生产成本；如原药生产过程使用的有机溶剂是加工制剂所必需的，则可以不用脱去溶剂，而直接得到符合标准的母药，直接进行制剂加工，特别是对于要去除的唯一杂质水，做成母药可以大幅降低生产成本。另外，母药一般是液体状态，制剂加工中比固体原药更具优势，可简化生产工序。

母药质量标准和登记要求和原药一致。

参考文献

中国农业百科全书总编辑委员会农药卷编辑委员会, 中国农业百科全书编辑部, 1993. 中国农业百科全书: 农药卷[M]. 北京: 农业出版社.

（撰稿：黄启良；审稿：张宗俭）

木霉菌　Trichoderma

一类适应性强的对植物具有广谱、高效防病促生作用的真菌。

开发单位　潍坊万胜生物农药有限公司，山东碧奥生物科技有限公司，山东玥鸣生物科技有限公司，山东泰诺药业有限公司，山东惠民中联生物科技有限公司，云南星耀生物制品有限公司，上海万力华生物科技有限公司，青岛中达农业科技有限公司，山东中新科农生物科技有限公司等。

理化性质　原粉为绿色粉末；制剂为淡黄色或灰白色粉末。

毒性　按照中国农药毒性分级标准，木霉菌属低毒。原粉对雌、雄大鼠急性经口 $LD_{50}>4640mg/kg$，急性经皮 $LD_{50}>2150mg/kg$。对兔眼睛无刺激性，对豚鼠皮肤为弱致敏性，无急性致病性。

剂型　2亿 CFU/g 可湿性粉剂，1亿和2亿 CFU/g 水分散粒剂，1亿 CFU/g 颗粒剂。

质量标准　水分≤5%，活孢子悬浮率65%，分散性≥80%，pH6~7。

作用方式及机理　主要通过快速生长和繁殖而夺取水分和养分、与病原菌竞争营养占有空间，通过寄生于病原菌菌丝后形成大量的分枝和有性结构从而抑制病原菌生长，通过产生细胞壁分解酶类抑制病原菌的生长、繁殖和侵染。可诱导寄主植物产生防御反应，不仅能直接抑制病原菌的生长

和繁殖，还能诱导作物产生自我防御系统获得抗病性。

防治对象　主要用于防治小麦纹枯病和蔬菜灰霉病。

使用方法　喷雾防治黄瓜灰霉病。发病前或发病初期施药，每次每亩用2亿 CFU/g 可湿性粉剂125~250g，兑水喷雾，视发病情况施药2~3次，每次间隔7天左右，施药时间要安排在下午或日落后进行。

拌种及灌根防治小麦纹枯病。采用拌种方法施药，100kg 小麦种子用1亿 CFU/g 水分散粒剂2500~5000g 拌种，拌种前先将药剂溶于适量水中，然后均匀拌种，待小麦长至苗期再顺垄灌根2次，每次间隔7~10天，每次每亩用1亿 CFU/g 水分散粒剂50~100g。

注意事项　不可与碱性农药等物质混合使用。应存储在干燥、阴凉、通风、防雨处，切忌阳光直射。

参考文献

农业部种植业管理司, 农业部农药检定所, 2015. 新编农药手册[M]. 2版. 北京: 中国农业出版社: 369-370.

（撰稿：卢晓红、李世东；审稿：刘西莉、苗建强）

牧草胺　tebutam

一种选择性芽前酰胺类除草剂。

其他名称　丙戊草胺、Colzor、Comodor、S-15544、GPC-5544。

化学名称　N-苄基-N-异丙基新戊酰胺。

IUPAC 名称　N-benzyl-N-isopropyl-2,2-dimethylpropionamide

CAS 名称　2,2-dimethyl-N-(1-methylethyl)-N-(phenylmethyl)propanamide。

CAS 登记号　35256-85-0。

分子式　$C_{15}H_{23}NO$。

相对分子质量　233.35。

结构式

开发单位　1974年由海湾石油公司和马戈公司（瑞士）开发。

理化性质　无色油状液体。沸点95~97℃（13.3Pa）。蒸气压89mPa（25℃）。相对密度0.975（20℃）。水中溶解度0.79mg/L（20℃）；有机溶剂中溶解度（g/L，25℃）：丙酮、己烷、甲醇、甲苯、氯仿>500。pK_a4.6。稳定性：在通常储存条件下稳定，对光稳定，pH5、7、9时对水解稳定（25℃）。

毒性　急性经口 LD_{50}：大鼠6210mg/kg，豚鼠2025mg/kg。兔急性经皮 $LD_{50}>2000mg/kg$，大鼠急性经皮 $LD_{50}>2000mg/kg$。乳油对白兔眼睛有刺激性，对皮肤无刺激性。鱼类 LC_{50}（96小时，mg/L）：翻车鱼18.7、虹鳟23、大鳍鳞鳃太阳鱼19。

剂型 乳油。

作用方式 选择性芽前除草剂。

防治对象 用于油菜、烟草、十字花科蔬菜田防除阔叶杂草和一年生禾本科杂草。

使用方法 使用剂量 $2.3 \sim 3.4 g/hm^2$，杂草可萌芽，但生长受到阻碍，几周内死亡。

参考文献

石得中, 2007. 中国农药大辞典[M]. 北京: 化学工业出版社: 354.

朱永和, 王振荣, 李布青, 2006. 农药大典[M]. 北京: 中国三峡出版社: 710.

（撰稿：许寒；审稿：耿贺利）

M

N

耐磨性 attrition resistance

为衡量农药颗粒状制剂产品（如水分散粒剂、颗粒剂等）对磨损的耐受性指标。耐磨性指标的设置，是为保证农药颗粒状制剂产品在使用前，仍能保持完整，控制其在运输、搬运时因为颗粒之间相互摩擦而产生粉尘所带来的风险，同时避免产生的粉尘（或细粉）对应用和田间的药效影响。耐磨性通常要求在 90% 以上。

农药粒剂、水分散粒剂产品的耐磨性测定主要有如下几种方法：CIPAC MT 178 Attrition resistance of granules（颗粒剂的耐磨性）；CIPAC MT 178.2 Attrition resistance of dispersible granules（分散性粒剂的耐磨性）；GB/T 33031—2016 农药水分散粒剂耐磨性测定方法。

上述 3 种方法基本相同，概述如下：将试样在包装物内混匀，放置在 125μm 标准筛上进行振荡筛选，去除细小颗粒和粉尘；称取一定质量的经筛选后无细小颗粒和粉尘的样品放入玻璃瓶中，封口，然后放置在转动装置上，以 75～125r/min 转速转动 4500r 后，将瓶中样品再次经过 125μm 标准筛振荡筛选，称量留在筛上的样品质量。

耐磨性按如下公式计算：

$$\omega = (m_2/m_1) \times 100\%$$

式中，ω 为试样的耐磨性（%）；m_2 为留在试验筛上的样品质量（g）；m_1 为取样质量（g）。

样品瓶和转轮系统（侧面图）见图。

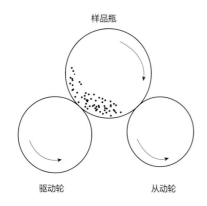

样品瓶

驱动轮　　　　从动轮

样品瓶和转轮系统

参考文献

GB/T 33031—2016 农药水分散粒剂耐磨性测定方法.

（撰稿：许来威、孙剑英；审稿：刘峰）

萘氨硫磷 naphthalene sulfur phosphorus ammonia

一种非内吸性杀虫剂、杀螨剂。

其他名称　Bayer 22408、ENT-24970、S-125、萘氨磷。

化学名称　O,O-二乙基-O-(周位萘二甲酰亚氨基)硫逐磷酸酯；O,O-diethyl O-(naphthaloximide) phosphorothioate。

IUPAC 名称　O-(1,3-dioxo-1H-benzo-isoquinolin-2(3H)-yl)O,O-diethyl phosphorothioate。

CAS 登记号　2668-92-0。

分子式　$C_{16}H_{16}NO_5PS$。

相对分子质量　365.34。

结构式

开发单位　1952 年由拜耳公司开发。

理化性质　其外观呈黄褐色结晶状。熔点 160℃。几乎不溶于水和煤油；易溶于大多数有机溶剂，在乙醇中溶解度低。

毒性　对哺乳动物低毒，大鼠急性经口 LD_{50} 500mg/kg。

剂型　50% 可湿性粉剂，5% 粉剂，2.5% 颗粒剂。

作用方式及机理　非内吸性杀虫剂。

防治对象　用于防治棉花害虫、马铃薯甲虫、蝇及蚊的幼虫。

参考文献

王振荣, 李布青, 1996. 农药商品大全[M]. 北京: 中国商业出版社: 72.

朱永和, 王振荣, 李布青, 2006. 农药大典[M]. 北京: 中国三峡出版社: 67.

（撰稿：薛伟；审稿：吴剑）

萘丙胺 naproanilide

一种具有旋光性的新型水田触杀型除草剂。

其他名称　拿草胺。

化学名称　2-（2-萘氧基）丙酰替苯胺；2-(naphthalen-2-yloxy)-N-phenylpropanamide。

IUPAC名称　N-phenyl-2-(2-naphthyloxy)propionamide。

CAS登记号　52570-16-8。

分子式　$C_{19}H_{17}NO_2$。

相对分子质量　291.34。

结构式

开发单位　日本三井东亚化学公司和日本宇都宫大学联合开发。

理化性质　纯品为白色结晶，无气味，熔点128℃，相对密度1.256（25℃），蒸气压66.66Pa（110℃）。27℃时溶解度：丙酮171g/L、苯36g/L、甲苯42g/L、乙醇17g/L、水0.74mg/L。在中性及弱酸性溶液中稳定，在碱性或热强酸性溶液中不稳定。原药稳定，但兑水后药液不稳定。土壤中半衰期为2~7天，1个月内消失。

毒性　急性经口LD_{50}：雌、雄大鼠＞1500mg/kg，雌、雄小鼠＞2000mg/kg；急性经皮LD_{50}：雌、雄大鼠＞3000mg/kg，雌、雄小鼠＞5000mg/kg；腹腔注射LD_{50}：雄大鼠＞2170mg/kg，雌大鼠LD_{50}＞2800mg/kg，雄小鼠＞1710mg/kg，雌小鼠＞1451mg/kg。对大鼠和狗的慢性毒性和致畸性试验及其他所有安全试验均证明十分安全，对鱼类无毒性［也有资料报道鲤鱼LC_{50}（48小时）＞3.4mg/L，水蚤＞40mg/L（6小时）］。

剂型　10%颗粒剂。

作用特点　触杀型除草剂。其中只有R异构体有除草活性。属芳氧链烷酰胺类除草剂。对植物细胞具有很强的生理活性，植物激素类除草剂。药剂一经施于水田，便为土壤表层所吸收。此后，萘氧基丙酰替苯胺即以其本来形式或由土壤中微生物的水解酶或光照所引起的降解产物α-（2-萘氧基）丙酸（NOP）的形式为杂草的根部或球茎所吸收，萘氧基丙酰替苯胺通过杂草中的水解酶降解成NOP，能在最具活性的细胞分裂和生长区破坏正常激素的作用，引起杂草枯萎而死亡。

防治对象　对一年生和多年生杂草如瓜皮草、萤蔺、牛毛毡、水莎草、欧菱、泽泻、水葱、节节菜、牛繁缕等具有良好的触杀活性。

使用方法　10%颗粒剂以30kg/hm²在瓜皮草生长2叶期处理，防效90%以上。施药时，田间水层以3~5cm为宜。

与其他药剂的混用　与杀草丹、去草胺混用，可防除稗草。

允许残留量　GB 2763—2021《食品中农药最大残留限量标准》未规定萘丙胺最大残留限量。

参考文献

LEWIS K A, TZILIVAKIS J, WARNER D, et al, 2016. An international database for pesticide risk assessments and management[J]. Human and ecological risk assessment: 22(4): 1050-1064.

（撰稿：陈来；审稿：范志金）

萘草胺　naptalam

一种酰胺类选择性芽前除草剂。

其他名称　Naptro、Panala、Alanap、NPA、抑草生、ACP322、6Q8、Peach Thin 322。

化学名称　N-1-萘基酞氨酸。

IUPAC名称　N-1-naphthyl-phthalamic acid。

CAS名称　2-[(1-naphthalenylamino)carbonyl]-benzoic acid。

CAS登记号　132-66-1；132-67-2（钠盐）。

分子式　$C_{18}H_{13}NO_3$；$C_{18}H_{12}NNaO_3$（钠盐）。

相对分子质量　291.30；313.30（钠盐）。

结构式

开发单位　1949年由尤尼鲁化学公司开发。

理化性质　白色结晶状固体。熔点185℃。蒸气压＜133Pa（20℃）。相对密度1.36（20℃）。水中溶解度200mg/L（20℃）；有机溶剂中溶解度（g/L，20℃）：丙酮5、N,N-二甲基甲酰胺39、二甲基亚砜43、甲基乙基酮4、异丙醇2、四氯化碳0.1，不溶于苯、己烷、二甲苯。稳定性：pH＞9.5时水解，稳定升高时不稳定，易形成亚胺。无腐蚀性和爆炸性。

钠盐：在水中溶解度300mg/L（20℃）。在有机溶剂中溶解度（g/L，20℃）：丙酮17、N,N-二甲基甲酰胺50、甲基乙基酮6、异丙醇21、苯0.5、二甲苯0.4。

毒性　大鼠急性经口LD_{50} 1770mg/kg，兔急性经皮LD_{50}＞5000mg/kg。对兔皮肤有轻微刺激，对眼睛刺激严重。大鼠急性吸入LC_{50}（4小时）＞2.07mg/L。NOEL［mg/（kg·d）］：大鼠30、狗5。对人的ADI为0.05mg/kg。野鸭和鹌鹑LC_{50}（8天）＞10g/kg饲料。鱼类LC_{50}（96小时，mg/L）：蓝鳃鱼354、虹鳟76.1。水蚤LC_{50}（48小时）118.5mg/L。对蜜蜂无毒。

剂型　颗粒剂，可湿性粉剂，可溶液剂。

作用方式及机理　选择性芽前土壤处理除草剂。主要通过幼芽吸收，抑制蛋白质合成和核酸代谢而发挥除草作用。

防治对象　大豆、花生、黄瓜、甜瓜、西瓜、马铃薯等，防除一年生杂草。

使用方法　在作物播后苗前或移栽后杂草出芽前施药，作土表喷雾处理。用药2~6kg/hm²，加水600~750kg均匀喷雾。

参考文献

石得中, 2007. 中国农药大辞典[M]. 北京: 化学工业出版社: 356.

N

朱永和, 王振荣, 李布青, 2006. 农药大典[M]. 北京: 中国三峡出版社: 597.

（撰稿：许寒；审稿：耿贺利）

萘氧乙酸　2-naphthoxyacetic acid

一种萘类具有生长素生物活性的生长调节剂，被广泛用于作物、水果、花卉等植物的生长调节，能促进坐果、刺激果实膨大，与生根剂一起使用，还可促进植物生根。

其他名称　BNOA。

化学名称　β-萘氧乙酸。

IUPAC名称　2-naphthoxyacetic acid。

CAS登记号　120-23-0。

EC号　204-380-0。

分子式　$C_{12}H_{10}O_3$。

相对分子质量　202.21。

结构式

开发单位　20世纪初由Zimmerman研发。

理化性质　灰色晶体。熔点151~154℃。密度1.3g/cm^3±0.1g/cm^3。

毒性　大鼠急性经口LD$_{50}$600mg/kg。刺激皮肤和黏膜，无致敏性。

剂型　粉剂。

质量标准　99%可湿性粉剂。

作用方式及机理　用作植物生长刺激素，用于菠萝、草莓、番茄等的调节生长，由叶片和根吸收。能促进坐果、刺激果实膨大，且能克服空心果；与生根剂一起使用，还可促进植物生根。

使用对象　果类、马铃薯。

使用方法

番茄　用50mg/L溶液喷洒植株，增加早期产量，并能获无籽果实。

金瓜　用50mg/L溶液喷洒花，可得60%无籽果实。

秋葵　用50mg/L溶液浸种6~12小时，促进种子萌发。

苹果、葡萄、菠萝、草莓、冬青　用40~60mg/L溶液喷洒，防止落果。

注意事项　按照推荐浓度进行施用，无药害。

参考文献

李丕高, 周玉强, 2007. 微波辐射合成2-萘氧乙酸[J]. 农药, 46(2): 103-104.

孙家隆, 2015. 新编农药品种手册[M]. 北京: 化学工业出版社:943.

夏赞成, 苏娇莲, 邓继勇, 等, 2002. 植物生长调节剂萘氧乙酸的

合成工艺研究[J]. 辽宁化工, 31(11): 462-464.

（撰稿：杨志昆；审稿：谭伟明）

萘氧乙酸甲酯　methyl naphthoxyacetate

一种具有生长素活性的植物生长调节剂，具有挥发性，可通过挥发出的气体抑制芽的萌发，主要用于抑制马铃薯储藏期发芽，还能用于延长果树和观赏树木芽的休眠期。

其他名称　MNA。

化学名称　2-萘乙酸甲酯。

IUPAC名称　methyl 2-naphthalen-1-yloxyacetate。

CAS登记号　1929-87-9。

分子式　$C_{13}H_{12}O_3$。

相对分子质量　216.23。

结构式

理化性质　沸点339.8℃（101.32kPa）。闪点140.7℃。密度1.174g/cm^3。

毒性　大鼠急性经口LD$_{50}$2800mg/kg。兔急性经皮LD$_{50}$>4000mg/kg。

剂型　中国暂无登记。

作用方式及机理　具有挥发性，可通过挥发出的气体抑制芽的萌发。农业上主要用于抑制马铃薯储藏期发芽，对萝卜等防止发芽有效。还能用于延长果树和观赏树木芽的休眠期。

使用对象　抑制马铃薯发芽。

参考文献

孙家隆, 2015. 新编农药品种手册[M]. 北京: 化学工业出版社:945.

（撰稿：谭伟明；审稿：杜明伟）

萘乙酸　1-naphthyacetic acid

一种有机萘类植物生长调节剂，类似生长素活性，生理功能多样，包括诱导单性结实，促进开花和坐果，促进扦插生根，高浓度矮化和催熟增产等，农业生产上广泛应用于多种作物。

其他名称　Rootone、NAA-800、Pruiton-N、Transplantone。

化学名称　2-（1-萘基）乙酸。

IUPAC名称　2-naphthalen-1-ylacetic acid。

CAS登记号　86-87-3。

EC号　201-705-8。

分子式　$C_{12}H_{10}O_2$。

相对分子质量　186.21。

结构式

开发单位　1934 年合成，后由美国联碳公司开发。

理化性质　纯品为白色结晶，无臭无味。熔点 130℃。溶于乙醇、丙酮、乙醚、氯仿等有机溶剂，溶于热水，不溶于冷水，其盐水溶性好，结构稳定，耐储性好。

毒性　低毒。大鼠急性经口 LD_{50} 3580mg/kg。兔急性经皮 2000mg/kg（雌）。鲤鱼 LC_{50}（48 小时）> 40mg/L。对皮肤、黏膜有刺激作用。

剂型　0.03%、0.1%、0.6%、1%、5% 水剂，20% 可溶性粉剂，90% 粉剂。

作用方式及机理　有机萘类植物生长调节剂。经由叶、茎、根吸收，然后传导到作用部位，刺激细胞分裂和组织分化，促进子房膨大，诱导单性结实，形成无籽果实，促进开花。在一定浓度范围内抑制纤维素酶，防止落花落果落叶。诱发不定根的形成，加速树木的扦插生根。低浓度促进植物的生长发育，高浓度引起内源乙烯的大量生成，从而有矮化和催熟增产作用，还可提高某些作物的抗旱、抗寒、抗涝及抗盐的能力。

使用对象　用于谷类作物，增加分蘖，提高成穗率和千粒重。用于棉花减少蕾铃脱落，增桃增产，提高质量。用于果树促开花，防落果、催熟增产。用于瓜果类蔬菜，防止落花，形成小籽果实。促进扦插枝条生根，还能增加植物抗旱涝、抗盐碱、抗倒伏能力。

使用方法　①促进坐果。番茄在盛花期以 50mg/L 浸花，促进坐果，授精前处理形成无籽果。西瓜在花期以 20~30mg/L 浸花或喷花，促进坐果，授精前处理形成无籽西瓜。辣椒在开花期以 20mg/L 全株喷洒，防落花促进结椒。菠萝在植株营养生长完成后，从株心处注入 30ml、浓度为 15~20mg/L 的药液，促进早开花。棉花从盛花期开始，每 10~15 天以 10~20mg/L 喷洒 1 次，共喷 3 次，防止棉铃脱落，提高产量。②疏花疏果，防采前落果。苹果大年花多、果密，在花期用 10~20mg/L 药液喷洒 1 次，可代替人工疏花疏果。有些苹果、梨品种在采前 2~3 周以 20mg/L 喷洒 1 次，可有效防止采前落果。③诱导不定根。桑、茶、油桐、柠檬、柞树、侧柏、水杉、甘薯等以 10~200mg/L 浓度浸泡插穗基部 12~24 小时，可促进扦插枝条生根。④壮苗。小麦以 20mg/L 浸种 12 小时，水稻以 10mg/L 浸种 2 小时，可使种子早萌发，根多苗健，增加产量。对其他大田作物及某些蔬菜如玉米、谷子、白菜、萝卜等也有壮苗作用。还可提高有些作物幼苗抗寒、抗盐等能力。⑤催熟。用 0.1% 药液喷洒柠檬树冠，可加速果实成熟，提高产量。豆类在以 100mg/L 药液喷洒 1 次，也有加速成熟、增加粒重的作用。

注意事项　①虽在扦插生根上效果好，但在较高浓度下有抑制地上茎、枝生长的副作用，故它与其他生根剂混用为好。②用作叶面喷洒，不同作物或同一作物在不同时期其使用浓度不尽相同，一定要严格按使用说明书，切勿任意加大使用浓度，以免发生药害。③用作坐果剂时，注意尽量对花器喷洒，以整株喷洒促进坐果，要少量多次，并与叶面肥、微肥配用为好。

参考文献

李玲, 肖浪涛, 谭伟明, 2018. 现代植物生长调节剂技术手册[M]. 北京: 化学工业出版社:49.

马克比恩 C, 2015. 农药手册[M]. 胡笑形, 等译. 北京: 化学工业出版社: 77-79.

孙家隆, 2015. 新编农药品种手册[M]. 北京: 化学工业出版社:944.

中国农业百科全书总编辑委员会农药卷编辑委员会, 中国农业百科全书编辑部,1993. 中国农业百科全书: 农药卷[M]. 北京: 农业出版社:209.

（撰稿：白雨蒙；审稿：谭伟明）

萘乙酸甲酯　methyl 1-naphthylacetate

一种具有生长素活性的植物生长调节剂。具有挥发性，可通过挥发出的气体抑制芽的萌发。农业上主要用于抑制马铃薯块茎储藏期发芽，对防止萝卜等发芽也有效，还能延长果树和观赏树木芽的休眠期。

其他名称　α- 萘乙酸甲酯、抑芽酸酯、MENA、M-1。

化学名称　1- 萘乙酸甲酯。

IUPAC 名称　methyl 2-naphthalen-1-ylacetate。

CAS 登记号　2876-78-0。

EC 号　220-720-0。

分子式　$C_{13}H_{12}O_2$。

相对分子质量　200.23。

结构式

开发单位　20 世纪 50 年代国外已进行合成研究。

理化性质　纯品为无色油状液体，沸点 168~170℃，相对密度 1.142，折射率 1.598。溶于甲醇和苯，常温下储存稳定。工业品常含有少量萘 -L 酸二甲酯。有挥发性，一般以蒸气方式使用。温度越高挥发越快，也可与惰性材料滑石粉混合使用。

毒性　低毒。急性经口 LD_{50}：大鼠 1900mg/kg，小鼠 1000mg/kg，小鼠腹腔 LD_{50} 512mg/kg。

剂型　中国无登记。

作用方式及机理　具有挥发性，可通过挥发出的气体抑制芽的萌发。此外可由植物根茎叶吸收。在低浓度下促进根生长和延长果实在植株上的停留时间。高浓度下，可诱导乙烯形成。

使用对象　马铃薯在储藏期抑制发芽，延长其储藏期；

N

延长果树和观赏树木芽的休眠期。

使用方法　①将萘乙酸甲酯洒在纸条上，与窖藏马铃薯拌在一起，每 100kg 块茎用 10g 萘乙酸甲酯。在最佳储藏温度 10℃下可存 1 年。翌年播种前将薯块取出，放在阴暗、空气流通的地方，待萘乙酸甲酯挥发殆尽，可用作种薯，也可供食用。②称取 98% 的萘乙酸甲酯 150g，溶于 300g 丙酮或酒精内（所用药物要现用现配），再缓慢拌入预先制好的 10～12.5kg 粉状细土中，拌匀后装入用纱布或稀麻布缝制的口袋内。将配好的药液均匀洒在 5000kg 马铃薯块茎上。也可将装药粉的口袋扎在竹竿的一端并不断地抖动，将药粉均匀地撒在薯块上。③延长果树休眠期。苹果、梨、桃及观赏树木使用萘乙酸甲酯，既可早落叶并使幼芽较早进入休眠期，增强耐寒力，又可延迟花芽和叶芽在早春的萌发，避免霜冻低温的危害。

注意事项　灵活掌握用药量，对刚进入休眠期的马铃薯进行处理时用药量要多些；对芽即将萌发的马铃薯用药可少些；对休眠期短的品种可适当增加用药量来延长储藏时期。如处理后的马铃薯要改为食用，可将其摊放在通风场所内，让残留的萘乙酸甲酯挥发掉。

参考文献

孙家隆，2015. 新编农药品种手册[M]. 北京: 化学工业出版社:945.

张洪昌，李星林，2011. 植物生长调节剂使用手册[M]. 北京: 中国农业出版社.

张宗俭，李斌，2011. 世界农药大全: 植物生长调节剂卷[M]. 北京: 化学工业出版社.

郑先福，2013. 植物生长调节剂应用技术[M]. 2版. 北京: 中国农业大学出版社.

（撰稿: 杨志昆; 审稿: 谭伟明）

萘乙酸乙酯　ethyl-1-naphthylacetate

一种萘类植物生长调节剂，主要用于抑制侧芽生长，用作植物修剪后的整形剂，已用在枫树和榆树上。

化学名称　α-萘乙酸乙基酯; 1-萘乙酸乙酯; alpha-萘乙酸乙酯。

IUPAC 名称　ethyl 2-naphthalen-1-ylacetate。

CAS 登记号　2122-70-5。

分子式　$C_{14}H_{14}O_2$。

相对分子质量　214.26。

结构式

开发单位　Sigma Aldrich 公司开发。

理化性质　无色液体。相对密度 1.106（25℃）。沸点 158～160℃（400Pa）。溶于丙酮、乙醇、二硫化碳，微溶于苯，不溶于水。

毒性　低毒。急性经口 LD_{50}: 大鼠 3580mg/kg。兔＞5000mg/kg。

剂型　70% 液剂。

使用方法　萘类植物生长调节剂，主要用来抑制侧芽生长，作为植物修整后的整形剂，已用在枫树和榆树上。应用时间在春末夏初。植物修剪后，将萘乙酸乙酯直接用在切口处。

参考文献

孙家隆，2015. 新编农药品种手册[M]. 北京: 化学工业出版社:945.

（撰稿: 王琪; 审稿: 谭伟明）

萘乙酰胺　naphthalene acetamide

可经由植物的茎、叶吸收，但传导性慢，可引起花序梗离层的形成，从而做苹果、梨的疏果剂，同时也有促进生根的作用。

化学名称　α-萘乙酰胺; 1-萘乙酰胺。

IUPAC 名称　1-naphthylacetamide。

CAS 登记号　86-86-2。

分子式　$C_{12}H_{11}NO$。

相对分子质量　185.22。

结构式

开发单位　美国 Amresco/Sigma 公司生产。

理化性质　原药为无味白色结晶。熔点 182～184℃。溶于水、乙醚、二硫化碳和苯。熔点 182～184℃。在 20℃溶于丙酮、乙醇、异丙醇，微溶于水，不溶于二硫化碳、煤油和柴油。

毒性　大鼠急性经口 LD_{50} 6490mg/kg。兔经皮 LD_{50}＞5000mg/kg。对皮肤无刺激作用，但可引起不可逆的眼损伤。

剂型　98% 原药。

作用方式及机理　可经由植物的茎、叶吸收，传导性慢，可引起花序梗离层的形成，从而做苹果、梨的疏果剂，同时也有促进生根的作用。

使用对象　苹果、梨、桃、葡萄及观赏作物的生根剂，通常与其他生根剂混用。

使用方法　萘乙酰胺是良好的苹果、梨的疏果剂。①苹果。浓度为 25～50mg/L，于盛花后 2～2.5 周（花瓣脱落时）进行全株喷洒。②梨。浓度为 25～50mg/L，于花瓣落花至花瓣落后 5～7 天进行全株喷洒。与有关生根物质混用是促进苹果、梨、桃、葡萄及观赏作物的广谱生根剂，所用配方如下：萘乙酰胺 0.018% + 萘乙酸 0.002% + 氯苯胺灵 0.093%；萘乙酰胺与吲哚丁酸、萘乙酸、福美双混用。

注意事项 ①用作疏果剂应严格掌握时间，且疏果效果与气温等有关，因此要先取得示范经验再逐步推广。②此品种在美国、欧洲等地广泛用作生根剂的一个重要成分，中国尚无实践。

参考文献

李玲, 肖浪涛, 谭伟明, 2018. 现代植物生长调节剂技术手册[M]. 北京: 化学工业出版社:50.

孙家隆, 2015. 新编农药品种手册[M]. 北京: 化学工业出版社:946.

（撰稿：王琪；审稿：谭伟明）

喃烯菊酯 japothrins

一种拟除虫菊酯类杀虫剂。

化学名称 (1*R*,*S*)-顺, 反式-2,2-二甲基-3(2-甲基-1-丙烯基)环丙烷羧酸5-(2-丙烯基)-2-呋喃甲基酯。

IUPAC 名称 (5-allyl-2-furyl)methyl (1*RS*,3*RS*；1*RS*,3*SR*)-2,2-dimethyl-3-(2-methylprop-1-en-1-yl)cyclopropanecarboxylate。

CAS 登记号 10597-73-6。

分子式 $C_{18}H_{24}O_3$。

相对分子质量 288.39。

结构式

开发单位 1969 年日本 Yoshitomi Pharmaceutical 公司提出，1976 年由日本除虫菊公司进行开发。

剂型 蚊香，喷射剂。

作用方式及机理 由于具有高蒸气压和高扩散速度，杀蚊活性较高，可以制作蚊香，也具有一定的杀蝇活性，还可用于防治芥菜甲虫。如滞留喷洒，对爬行害虫的持效差，且稳定性亦欠佳。

防治对象 蚊成虫。对家蝇亦有一定的杀灭活性。

使用方法 可加工成蚊香或喷射剂防治蚊成虫，对家蝇亦有一定的杀灭活性；当加入增效剂后，可提高其药效。例如喷洒 0.03% 该品药液，24 小时的家蝇死亡率为 61.5%；当与 0.15% 氧 - (2-丙炔基醚代) 烯丙基苯复配喷射时，家蝇死亡率可达 100%。此外，该品还可用于防治辣根猿叶甲。

注意事项 产品包装要密闭、避光、避热。

参考文献

王振荣, 李布青, 1996. 农药商品大全[M]. 北京: 中国商业出版社: 117-118.

朱永和, 王振荣, 李布青, 2006. 农药大典[M]. 北京: 中国三峡出版社: 118.

（撰稿：陈洋；审稿：吴剑）

内吸毒力测定 evaluation of systemic toxicity

使药剂经根、茎、叶或种子吸收传导后，通过供试昆虫吸食含毒汁液而引起中毒反应，由此来衡量杀虫剂内吸毒力的生物测定方法。基本原理是将药剂接触到植物的某一部分（如根、茎、叶、种子），药剂可渗入植物体内，并随体液传导到全株或植株的某一部分，在一定时间内，让昆虫取食没有直接用药的植物组织，观察其中毒反应。

适用范围 适用于可以通过植物根、茎、叶以及种子等部位渗入植物内部组织，随着植物体液在植株内传导的内吸杀虫剂的活性测定。

主要内容 内吸杀虫剂毒力的测定方法分为直接测定法和间接测定法 2 种。直接测定法包括茎或叶的局部涂药、根际施药及种子处理等。间接测定法是用处理后的植物，取其叶片研磨成为水剂，加在水中，测定对水生昆虫的毒力。

根部内吸法 根部内吸法是将药剂按规定浓度（或剂量）混于土壤中或分散于培养液中，使药剂经植物根部吸收并传导至茎叶等各部位（纵向传导）。要用此方法，应保证植物根部能正常生长，才能使结果符合实际情况。方法是将根系（包括直根和侧根）直接插入盛有药剂的营养液中，并给予光照及正常温湿度条件，12~24 小时后在上面接虫，然后观察试虫的反应。另一种是植株根系在药液中吸收一定时间后取出，移至无药的营养液或土壤中培养一定时间后进行毒力测定。

茎部内吸法 用毛笔将药剂定量涂抹到茎部的一定部位，并限定长度和面积。经一定时间在叶片上接虫或摘取叶片饲喂幼虫。然后观察试虫的反应。

叶部内吸法 叶部内吸法主要用来测定内吸杀虫剂在植物体内横向传导作用。根据测定内吸毒力目的的不同，又分为部分叶片全面施药、叶片局部施药和叶柄施药 3 种方法，经一定时间在未施药叶片上接虫或摘取叶片饲喂幼虫。然后观察试虫的反应，测定药剂在植物体内向其他未施药的叶片或其他部分的内吸毒性。

种子内吸法 此法可采用浸种法和拌种法。浸种法：以一定浓度的药液（药液量是种子量的 2 倍）进行浸种，浸泡一定时间，待种子充分吸收药液后取出，晾干后及时播种，待幼苗长出真叶后，在真叶上接虫或采叶饲喂昆虫，测定试虫的死亡率。拌种法：将药剂拌附于种子上，随种子吸收水分而吸收药剂，之后播种，待幼苗长出真叶后，在真叶上接虫或采叶饲喂昆虫，测定试虫的死亡率。

参考文献

陈年春, 1991. 农药生物测定技术[M]. 北京: 北京农业大学出版社.

沈晋良, 2013. 农药生物测定[M]. 北京: 中国农业出版社.

（撰稿：黄晓慧；审稿：袁静）

N

内吸磷　demeton

一种具有内吸和熏蒸作用的高毒有机磷杀虫剂。

其他名称　一○五九、Systox、Bayer 10756、Demox、E1059、Systemox。

化学名称　O,O-二乙基-O-[2-(乙硫基)乙基]硫代磷酸酯和O,O-二乙基-S-[2-(乙硫基)乙基]硫代磷酸酯混合物；mixture of O,O-diethyl O-(2-(ethylthio)ethyl)phosphorothioate with O,O-diethyl S-(2-(ethylthio)ethyl)phosphorothioate。

IUPAC名称　reaction mixture of O,O-diethyl O-[2-(ethylsulfanyl)ethyl] phosphorothioate and O,O-diethyl S-[2-(ethylsulfanyl)ethyl] phosphorothioate。

CAS登记号　8065-48-3(demeton)；298-03-3(demeton-O)；126-75-0(demeton-S)。

分子式　$C_8H_{19}O_3PS_2$

相对分子质量　258.34。

结构式

硫酮式 Ⅰ

硫酮式 Ⅱ

开发单位　1951年德国拜耳公司所合成。

理化性质　纯品为淡黄色油状液体，具有特殊的蒜臭味。工业品含有两种异构体，硫酮式酯（Ⅰ）占70%，硫醇式酯（Ⅱ）占30%。两种异构体能溶于大多数有机溶剂。能被碱性物质分解。但是在水中的溶解度不一样。在25℃时硫酮式为60mg/L，硫醇式为2000mg/L。

毒性　高毒。硫酮式酯雄大鼠急性经口LD_{50} 30mg/kg；硫醇式酯雄大鼠急性经口LD_{50} 1.5mg/kg。

剂型　50%乳油。

质量标准　纯品为无色油状液体。工业产品则呈浅棕色油状液体，具有似硫醇的蒜臭味。

作用方式及机理　内吸，并兼具有一定的熏蒸活性。能渗透到植物的组织内部，通过植物的根、茎、叶被吸收到植物体内然后传导至各个部位。内吸磷在植物体内能转化为亚砜和砜等代谢产物，对害虫的毒力比对硫磷大得多。

防治对象　棉蚜、棉红蜘蛛、苹果红蜘蛛、柑橘红蜘蛛、锈壁虱、介壳虫、蓟马、叶跳虫等，但对咀嚼式口器害虫效果较差。

使用方法　50%乳油1000～2000倍稀释液喷雾，亦可涂抹、灌注、浸种等。

注意事项　对人畜毒性很大，能通过口腔、皮肤和呼吸道进入人体引起中毒。施药时应严格遵守农药安全使用规定。如不慎中毒应立即脱离现场，清洗身体触药部位，更换衣服，并及时送医院治疗。在蔬菜和水果结果期禁止使用。棉花因棉籽油供食用，收获前42天停止使用。

与其他药剂的混用　因其遇碱性物质分解失效，所以不能与碱性农药混用。由于长期使用，蚜虫和红蜘蛛会对此药产生抗性。若使用效果差时，不宜提高使用浓度，而应该采用调换农药或者与其他农药（如磷胺、久效磷、氧化乐果、杀灭菊酯、杀虫脒、三氯杀螨醇等）混用的办法。

允许残留量　GB 2763—2021《食品中农药最大残留限量标准》规定内吸磷最大残留限量见表。ADI为0.00004mg/kg。油料和油脂参照GB/T 20770规定的方法测定；蔬菜、水果按照GB/T 20769规定的方法测定；茶叶按照GB/T 23204、GB 23200.13规定的方法测定。

部分食品中内吸磷最大残留限量（GB 2763—2021）

食品类别	名称	最大残留限量（mg/kg）
蔬菜	鳞茎类、芸薹属、叶菜类、茄果类、瓜类、豆类、茎类、根茎类和薯芋类、水生类、芽菜类、其他类	0.02
水果	柑橘类、仁果类、核果类、瓜果类、浆果和其他小型类、热带和亚热带水果	0.02
饮料类	茶叶	0.05
油料和油脂	棉籽、花生仁	0.02

参考文献

王振荣, 李布青, 1996. 农药商品大全[M]. 北京: 中国商业出版社.

（撰稿：王鸣华；审稿：吴剑）

内吸杀菌剂生物测定法　systemic fungicide bioassay

靶标菌不直接接触药剂，通过药剂处理寄主植物，评价药剂在寄主植物体内运输传导能力和防病效果的方法。内吸性杀菌剂是指能通过植物叶、茎、根部吸收进入植物体，在植物体内输导至发病部位，抑制已侵染的病原菌的生长发育，保护植物免受病原菌重复侵染的杀菌剂。内吸性是这类药剂的主要特点，按药剂的运行方向又可分为向顶性内吸输导作用和向基性内吸输导作用。针对药剂的作用特点可以设计对应的试验方案进行防效测定。其测定方法主要有根系内吸法、叶部内吸法、茎部内吸法和种子内吸法。

适用范围　适用于具有内吸传导能力的杀菌剂生物活性测定。

主要内容　以丁香菌酯对小麦白粉病的生物活性测定试验为例，介绍这类药剂生物活性测定的方法要点。

丁香菌酯是甲氧基丙烯酸酯类杀菌剂，具有优异的向顶传导活性，因此采用根部施药，测定其对地上部分小麦白粉病防效（根部内吸法）：将小麦感病品种播种于温室内，正常水肥管理，待长至2～3叶期，选择健康无病虫害、长势一致的麦苗作为试验用苗。将幼苗挖出，小心清洗根系，减少根部损伤，然后把小麦根部浸泡在含有25、50、100μg/ml……共5～7个系列质量浓度的丁香菌酯的培养液中，每处理15株苗，4次重复。并将新鲜采集的小麦白粉病菌均匀抖落到小麦叶片上，人工接种白粉病菌。将接种后的麦苗置于18℃、相对湿度85%～95%、12小时光暗交替的培养室中培养。待对照80%叶片发病面积超过50%时，调查所有处理病害发生情况，计算病情指数，评价供试杀菌剂的效果。

对于叶部内吸法、茎部内吸法和种子内吸法，其主要的差异是施药部位不同。叶部内吸法主要测定药剂在植物体内的横向传导能力或向基性输导作用；茎部内吸法常用于测定杀菌剂对果树病害的防效；种子内吸法用于测定杀菌剂吸收传导至种子胚乳和胚部后，随种子发芽和幼苗生长传导至植物地上部继续发挥抑菌作用。实际操作中，需根据试验目的和药剂性质来选用适当的施药方式。

参考文献

沈晋良, 2013. 农药生物测定[M]. 北京: 中国农业出版社.

NY/T 1156. 4—2006 农药室内生物测定试验准则 杀菌剂 第4部分: 防治小麦白粉病试验盆栽法.

（撰稿：刘西莉；审稿：陈杰）

黏度　viscosity

流体物质在发生形变时对应力的吸收特性。液体农药原药和制剂理化性质的一个重要理化参数。农药黏度的大小，影响药液表面张力、喷雾雾滴大小及分散度。适当的黏度可以避免农药的结晶析出，对内吸性药剂发挥药效非常有利。一定的黏度还可以提高药液抗雨水冲刷能力。黏度的大小还影响农药灌装，黏度大，农药流动性差，不利于灌装。

黏度一般分为动力黏度和运动黏度。动力黏度（dynamic viscosity）：指相距单位距离的两平行面中间充满液体，任一个平面相对于另一个平面，在自己的平面上，以单位速度运动时单位面积上的切向力。动力黏度的国际单位为帕·秒（Pa·s）（常用单位1mPa·s = 10^{-3}Pa·s）。运动黏度（kinematic viscosity）：动力黏度和密度的比值，即所谓的运动黏度。运动黏度的国际单位是平方米每秒（m^2/s）。

按照NY/T 1860.21—2016，液体农药产品的黏度测定方法一般分为毛细管黏度计法和旋转黏度计法2种：前者适用于黏度在0.5～10^5mPa·s的液体，后者适用于黏度在10～10^9mPa·s的液体。

毛细管黏度计法　使恒温水浴达到所需温度，测定液体通过毛细管黏度计刻度线的时间以得到被试物的黏度。

仪器设备：恒温水浴：精度±0.1℃；三管乌氏毛细管黏度计；秒表：精度±0.1秒。

试验条件：在20℃±0.1℃、40℃±0.1℃条件下分别测试。

测定步骤：将毛细管黏度计竖直固定于预先设置所需温度的恒温水浴锅中，使其上下基准刻度线在水面以下并清晰可见。在上下通气管上接上乳胶软管，并用夹子夹住下通气管上的乳胶管使其不通大气。

取适当体积被试物，经被试物加入管加入到黏度计中。当被试物温度与水浴温度平衡后，用吸耳球在上通气管的乳胶软管吸气，将液面提高，直至上储液球半充满。此时放开下通气管上端夹子，使毛细管内液体同分离球内液体分开，松开吸耳球，使液体回流，液面降低。测定新月形液面从上刻度线降至下刻度线的时间。

数据处理：被试物动力黏度η（mPa·s），按下式计算：

$$\eta = c \times t \times \rho$$

式中，c为毛细管黏度计常数（mm^2/s^2）；t为新月形液面从上刻度线降至下刻度线的时间（s）；ρ为被试物的密度（g/ml）。

允许差：每个温度应至少重复测定2次，结果的相对差值应小于1%，取其算数平均值作为测定结果。

旋转黏度计法　使恒温水浴达到所需温度，使用旋转黏度计自动测量被试物的黏度。

仪器设备：恒温水浴：精度±0.2℃；烧杯；旋转黏度计。

试验条件：在20℃±0.2℃、40℃±0.2℃条件下分别测试。

测定步骤：①仪器零点校正。开启黏度计，取下转子，保持电机空载运转，使仪器自动校零。②设备的安装和恒温。按要求安装水夹套、旋转黏度计，开启恒温箱，设置到选定的温度进行恒温，将被试物放入烧杯内，安装合适的转子（根据样品黏度的大小，选择最合适的转子和转速，确保扭矩百分比读数在30%～70%范围内），确保转子杆上的凹槽刻度和液面相平。继续恒温1小时以上，确保被试物及转子均处于试验温度。③测定。开启黏度计，选择转速，仪器自动测量被试物的黏度。每次更换转子，均应关停旋转电机，并恒温15分钟以上。

数据处理：被试物动力黏度η（mPa·s），按下式计算：

$$\eta = \kappa \times \alpha$$

式中，κ为旋转式黏度计系数表中转子的系数；α为旋转式黏度计刻度表盘中的读数。

计算结果保留至小数点后1位。

允许差：每个温度应至少重复测定2次，结果的相对差值应小于1.5%，取其算数平均值作为测定结果。

参考文献

NY/T 1860.21—2016 农药理化性质试验导则 第21部分: 黏度.

（撰稿：贾明宏；审稿：许来威）

黏度调节剂　viscosity modifier

能够明显增大或降低农药制剂体系黏度的物质。包括能够增大水悬浮剂、可分散油悬浮剂、水剂等液体剂型黏度的增黏剂。具有明显降黏作用的表面活性剂如某些分散剂、能够破坏体系触变性使体系黏度变小的一些特殊物质也可以看作是一种黏度调节剂。颗粒剂里添加的具有黏结作用的黏结剂也可以看作是一种增黏剂。

作用机理　农药悬浮液体系中黏度调节剂的增黏机理主要有以下几种：①通过与水分子以氢键方式结合，增大了自身的流体力学体积，减少了体系中其他成分的活动空间，形成胶体结构，从而起到了增大黏度的作用，纤维素类、黄原胶、卡拉胶等便是类似的增黏机理。②通过静电斥力使分子伸展，或在悬浮颗粒间架桥形成网状结构，达到增黏的效果，聚丙烯酸或聚丙烯酰胺类便是类似的增黏机理。③自身结构中含亲水基团和疏水基团，水溶液达到一定的浓度便形成胶束，增大体系黏度。④分子之间通过氢键形成网状三维空间结构，在无外力的情况下将体系中其他成分固定在立体空间结构中，以起到增黏效果，当有外力作用时，通过氢键维持的空间结构被破坏，黏度变小，表现出假塑性。

分类与主要品种　黏度调节剂从来源上可以分为天然的、半天然的及合成的。从组成上可以分为有机和无机。从结构上可以分为高分子的和非高分子的等。农药中常用的天然源的黏度调节剂有膨润土、凹凸棒土、皂土等，半天然的有硅酸镁铝、有机膨润土、黄原胶等，合成的有聚乙烯醇、聚丙烯酸酯、羟乙基纤维素等。

黄原胶和硅酸镁铝是农药水性悬浮制剂体系里最常用的黏度调节剂。黄原胶是一种大分子微生物多糖，在水中溶解迅速，通过分子间交联或缔合形成凝胶，从而起到增稠的效果。硅酸镁铝是一种吸水后可膨胀的无机凝胶，能够在水悬浮液体系中形成三维网状结构，改善体系的流变性，使体系形成具有剪切变稀性质的假塑性流体，具有增稠防沉降作用。在可分散油悬浮剂中，常用改性有机膨润土作为黏度调节剂。有机膨润土是在膨润土结构中接入有机基团得到的改性膨润土，可在有机溶剂或油中形成凝胶，具有增稠作用及触变性能。

使用要求　应用在农药制剂加工中的黏度调节剂一般要满足以下几个条件：①不能与有效成分发生反应而影响有效成分的活性。②用量小，黏度调节作用明显。③在水中或有机溶剂中能够自动分散，不影响农药使用。④成本适中，产品易得。

应用技术　黏度调节剂一般在水悬浮剂、悬乳剂、悬浮种衣剂、可分散油悬浮剂、水乳剂、可溶液剂等剂型中均有所应用，应用时需要根据不同的剂型种类、不同有效成分含量而确定黏度调节剂的种类与用量。如水悬浮剂、可分散油悬浮剂、可溶液剂3种剂型所用的黏度调节剂一般是不同的，水悬浮剂中多用黄原胶和硅酸镁铝搭配；可分散油悬浮剂中常用有机膨润土；可溶液剂中常用水溶性高分子聚合物作为黏度调节剂。对于不同的有效成分含量，黏度调节剂的用量一般也有区别，在水悬浮剂中，黄原胶搭配硅酸镁铝使用时，黄原胶的用量一般在0.2%以下，硅酸镁铝的用量一般在1%以下即可满足绝大部分水悬浮剂品种的增稠要求。

参考文献

郭武棣, 2004. 液体制剂[M]. 3版. 北京: 化学工业出版社.

何华雄, 2013. 一种农药黏结剂的制备及其性能研究[D]. 上海: 上海师范大学.

刘广文, 2013. 现代农药剂型加工技术[M]. 北京: 化学工业出版社.

中国农业百科全书总编辑委员会农药卷编辑委员会, 中国农业百科全书编辑部, 1993. 中国农业百科全书: 农药卷[M]. 北京: 农业出版社.

（撰稿：张鹏；审稿：张宗俭）

黏着剂　sticker

能提高和改善农药在靶标表面附着性能的助剂。黏着剂的加入可以增加农药的持留量和持留时间，抵抗雨水冲刷、风吹等环境因素的影响，提高农药的药效。在雨季，特别是南方，加入黏着剂极其重要。

作用机理　主要有两种作用机理：①提高农药药液的润湿铺展和渗透。此类主要是表面活性剂、高分子化合物或植物油等，能促使农药在靶标体表快速润湿铺展或渗透，提高农药在靶标表面的持留量。②提高药液在靶标表面的黏附。此类主要是高分子化合物等，能使药液黏附在靶标上或者在靶标表面形成一个膜，增强农药药液的持留，减少农药药液水分蒸发或抵抗雨水冲刷等，提高农药的持留量和持留时间。

分类和主要品种　大体上可以分为以下几类：①表面活性剂。主要为聚乙烯醇、脂肪醇聚氧丙烯醚、脂肪醇嵌段聚醚等。②油类。包括与植物亲和度高的植物油、黏度较大的矿物油等。③高分子化合物。包括黄原胶等胶类、树胶、淀粉、羧甲基纤维素、聚乙酸乙烯酯等。

使用要求　使用黏着剂时，一方面要考虑其对农药的黏附性和载药量；另一方面要考虑黏着剂与植物体表的黏附、铺展和保水性能。只有载药量大且能在植物体表形成一层黏附性膜的黏附剂才是最佳的。由于黏着剂为相对分子质量较高的物质，也要考虑加入量对整个制剂体系稳定性的影响。

应用技术　在所有的制剂中都可以加入黏着剂，但是要注意用量及对制剂一些性能的影响。

对于固体制剂来说，适合加入固体的黏着剂，比如在可湿性粉剂里面可以加入羧甲基纤维素来提高制剂的黏附性，但是在水分散粒剂中就不能过多地加入黏着剂，由于黏着剂一般为高分子化合物，加入量较多会影响水分散粒剂的崩解性能。

对于液体制剂来说，都可以加入液体或固体的黏着剂，但是要注意加入的黏着剂是否对体系的黏度产生很大的影响，比如在水悬浮剂中加入少量的黄原胶不仅可以使体系稳定，而且可以增加制剂的黏附性，但是加入太多，使制剂太黏稠，不利于生产和使用。

对于不方便加入配方中的黏着剂，可以考虑制备成喷雾助剂，在喷洒农药时加入，可以起到很好的效果。

参考文献

邵维忠, 2003. 农药助剂[M]. 3版. 北京: 化学工业出版社.

中国农业百科全书总编辑委员会农药卷编辑委员会, 中国农业百科全书编辑部, 1993. 中国农业百科全书: 农药卷[M]. 北京: 农业出版社.

（撰稿：卢忠利；审稿：张宗俭）

参考文献

刘广文, 2009. 农药水分散粒剂[M]. 北京: 化学工业出版社.

（撰稿：孙俊；审稿：遇璐、丑靖宇）

捏合　kneading

水分散粒剂、可溶性粒剂等制剂品种生产过程中的重要工艺环节之一。是指将混合均匀的粉状物料置于适宜的容器中，定量滴加或喷淋适当的黏结剂，通过揉捏、搅拌、翻转等方式，将粉状物料制成可供后续工艺使用的软材的工艺过程。

原理　在捏合的过程中，通常用到的黏结剂是水，当固体粉末表面原来的气体被水逐渐取代并形成覆盖的过程称之为润湿。随着粉体被水润湿，粉体的表层出现吸附水以及薄膜水，吸附水与薄膜水共称为分子结合水，它使得粉体颗粒彼此粘连。当粉体被继续润湿超过最大分子结合水时，就形成了毛细管水。它将粉体颗粒拉紧靠拢。当水量继续加大形成重力水时，水体在重力作用下具有自由流动的能力，不利于后续工艺过程。

特点　捏合工艺的主要目的是使表面活性剂在有效成分和填料中均匀分布，同时确保固体粉末与黏结剂充分接触，并被有效润湿，从而使粉状物料具有可塑性。

表面活性剂的均匀分布是最终产品性能的保障之一，否则会出现部分产品粒子中表面活性剂成分缺失而产生诸如润湿慢、崩解不完全及悬浮率低等问题。黏结剂用量的控制是捏合过程中的重要环节：用量不足，会造成产品成粒率及强度低；用量过多，会导致物料过软，在后续工艺中，产出粒子会发生粘连、结块等现象，严重时会影响产品的崩解、悬浮等性能。

设备　捏合机主要用于粉体中加入少量液体的均化操作，它由一对互相配合和旋转的叶片（通常呈 Z 形）产生强烈剪切作用，随着叶片以不同速度翻转，物料在混合槽内的位置不断变换、翻转，喷入黏结剂（通常为水），进而使物料与黏结剂充分混合。捏合机具有搅拌均匀、无死角残留及捏合效率较高等特点。

捏合机主要包括：传动部分，如电机、减速机等主要部件；捏合部分，包括缸体、桨叶、缸盖、出料装置等；电控系统，包括各个电器元件；其他部分，包括加热或者冷却装置。

应用　捏合工艺是水分散粒剂、可溶性粒剂、泡腾片剂等固体制剂生产过程中重要的一环，是最终产品质量得以保证的关键工艺步骤。

捏合的质量由于所采用配方不同而较难制定出统一规格，软材的干湿程度多凭借经验控制，以"握之成团，轻压即散"为适宜状态，但在人员、设备、场所等发生变化后，重现性较差，实践中仍须在逐级放大中结合最终产品的性能，优化各工艺过程，最终确定生产工艺参数。

宁南霉素　ningnanmycin

胞嘧啶核苷肽型抗生素，是一种碱性水溶性的有生物活性的农用抗生素。

其他名称　菌克毒克、16A-6。

化学名称　1-(4-肌氨酰胺-L-丝氨酰胺-4-脱氧-β-D-吡喃葡萄糖醛酰胺)胞嘧啶。

IUPAC 名称　(2S,3S,4S,5R,6R)-6-[4-amino-2-oxopyrimidin-1(2H)-yl]tetrahydro-4,5-dihydroxy-3-[[(2S)-3-hydroxy-2-[[(methyl-amino)acetyl]amino]propanoyl]amino]-2H-pyran-2-carboxamide。

CAS 登记号　156410-09-2。

分子式　$C_{16}H_{25}N_7O_8$。

相对分子质量　443.41。

结构式

开发单位　中国科学院成都生物研究所研发。

理化性质　外观为无色粉末。熔点 195℃（分解）。易溶于水，难溶于一般有机溶剂。对紫外线稳定，在酸性和中性介质中稳定，pH3～6。

毒性　低毒。雌、雄大鼠急性经口 $LD_{50} > 5000mg/kg$，急性经皮 $LD_{50} > 5000mg/kg$，急性吸入 $LC_{50} > 2297mg/m^3$。对眼睛中度刺激性，对皮肤中度刺激性，弱致敏性。

剂型　8%、2% 水剂。

质量标准　制剂由有效成分宁南霉素和水及其他成分组成，外观为褐色或深棕色液体，带酯香。无臭味，pH3～6。

作用方式及机理　属胞嘧啶核苷肽型抗生素杀菌剂，通过破坏病毒粒体结构，降低病毒粒体浓度，提高植物抵抗病毒的能力而达到防治病毒的作用。还可同时抑制真菌菌丝生长，并能诱导植物产生抗性蛋白，提高植物体的免疫力。

防治对象　用于防治番茄、辣椒、烟草等多种作物的病毒病以及部分作物的真菌病害。

使用方法

防治烟草病毒病　于烟草移栽前苗床施药 1 次，移栽后再喷 2 次，每次每亩用 8% 水剂 42～63ml（有效成分 3.36～5.04g）兑水喷雾，间隔 7～10 天喷 1 次。安全间隔期 10 天，每季最多使用 3 次。

防治水稻条纹叶枯病　发病前或发病初期开始施药，每次每亩用 2% 水剂 200～300ml（有效成分 4～6g）兑水喷雾，于水稻移栽前秧苗期喷施 1 次，移栽后分蘖期喷施 2 次，每次间隔 7～10 天。安全间隔期 10 天，每季作物最多使用 3 次。

防治大豆根腐病　于播前拌种施药，药种比为 1∶60～1∶80，即 100kg 大豆种子拌 2% 水剂 1250～1667ml，均匀拌药，使药剂充分附着在种子表面，待晾干后播种。

与其他药剂的混用　苦参碱与宁南霉素以 4∶2.5 的比例混合，可有效控制大豆苗期根腐病，与戊唑醇复配制剂 3% 宁·戊唑悬浮剂对玉米丝黑穗病有很好的防治效果。

注意事项　不可与呈碱性农药等物质混合使用。

允许残留量　GB 2763—2021《食品中农药最大残留限量标准》规定宁南霉素最大残留量见表。ADI 为 0.24mg/kg。

部分食品中宁南霉素最大残留限量（GB 2763—2021）

食品类别	名称	最大残留限量（mg/kg）
谷物	稻谷	0.20[*]
	糙米	0.20[*]
蔬菜	番茄、黄瓜	1.00[*]
	西葫芦	0.05[*]
水果	苹果	1.00[*]
	香蕉	0.50[*]

[*] 临时残留限量。

参考文献

刘学敏, 孙桂华, 李立军, 2005. 6.5%苦参碱·宁南霉素种子处理可分散粉剂对瓜果腐霉菌的毒力测定[J]. 农药科学与管理, 26(12)：16-19.

农业部种植业管理司, 农业部农药检定所, 2015. 新编农药手册[M]. 2版. 北京: 中国农业出版社: 361-362.

石继岭, 2016. 3%宁·戊唑（宁南霉素·戊唑醇）悬浮剂防治玉米丝黑穗病田间药效试验研究与探讨[J]. 农民致富之友 (23)：65.

向固西, 胡厚芝, 陈家任, 等, 1995. 一种新的农用抗生素——宁南霉素[J]. 微生物学报, 35(5)：368-374.

（撰稿：周俞辛；审稿：胡健）

柠檬酸　citric acid

具有触杀和引诱作用的有机酸植物源杀虫剂，也具有一定的杀菌作用。1784 年，瑞典无机化学家舍勒（Carl Wilhelm Scheele）从柑橘中分离出柠檬酸。目前主要用于食品工业、化工和纺织业等行业。但目前尚未检索出柠檬酸作为杀虫剂产品登记的信息。

其他名称　枸橼酸。

化学名称　2-羟基-均丙三羧酸；2-hydroxy-1,2,3-propanetricarboxylic acid。

IUPAC 名称　1,2,3-propanetricarboxylic acid,2-hydroxy-。

CAS 登记号　77-92-9。

EC 号　201-069-1。

分子式　$C_6H_8O_7$。

相对分子质量　192.12。

结构式

开发单位　重庆川东化工（集团）有限公司、苏州鼎亚化工有限公司、济南杰维化工科技有限公司。

理化性质　无色半透明的结晶或白色的颗粒，或白色结晶状粉末，常含一分子结晶水，无臭，味极酸。相对密度 1.665。熔点 153℃。沸点 142～143℃。闪点 100℃。引燃温度 1010℃（粉末）。溶于水、醇和乙醚。其钙盐在冷水中比热水中易溶解，水溶液呈酸性。在干燥空气中微有风化性，在潮湿空气中有潮解性。175℃以上分解放出水及二氧化碳。

毒性　低毒。大鼠急性经口 LD_{50} 3000mg/kg。蓝鳃太阳鱼 LC_{50}（96 小时）1516mg/L，大型溞 EC_{50}（72 小时）240mg/L。对兔皮肤和眼睛分别有轻度和重度刺激作用。

作用方式及机理　对害虫具有触杀和引诱作用。研究表明，柠檬酸可通过分解蚱蜢角质层蛋白，瓦解角质层蛋白分子骨架，增强蚱蜢表皮渗透率和脱水率，引起死亡；还可启动柑橘小实蝇嗅觉神经元而产生引诱作用。

防治对象　蚱蜢、柑橘小实蝇等害虫。

使用方法　防治蚱蜢用量为 0.192g/L，引诱柑橘小实蝇用量为 0.01g/ml。

注意事项　不能与碱性农药等物质混用。储存于阴凉、通风的库房，远离火种、热源，应与氧化剂、还原剂、碱类物质分开存放，切忌混放。

与其他药剂的混用　柠檬酸与白僵菌混合使用具有明显的增效作用，使用柠檬酸处理的蚱蜢 LT_{50} 为 7.25 天，柠檬酸和白僵菌混合处理对蚱蜢的 LT_{50} 为 3.88 天。10% 柠檬酸水溶液与 0.2% 大蒜油混用可有效防除阔叶杂草。

参考文献

付佑胜, 2004. 橘小实蝇植物源引诱剂和诱集产卵材料的研究[D]. 武汉: 华中农业大学.

BAKER B P,GRANT J A, 2018. Citric acid profile[C]// New York State IPM Program, Cornell University, 1-10.

BIDOCHKA M J, KHACHATOURIANSGG, 1991. The implication of metabolic acids produced by *Beauveria bassiana* in pathogenesis of the migratory grasshopper, *Melanoplus sanguinipes*[J]. Journal of invertebrate pathology, 58 (1): 106-117.

（撰稿：吴小毛；审稿：李明）

柠檬酸钛　citricacide-titatnium chelat

作为植物生长调节剂，主要用于黄瓜、油菜上，能增强光合作用，使过氧化氢酶、硝酸盐还原酶活性提高，促进根系生长，达到增产目的。

其他名称　科资 891。

分子式　$C_{12}H_{12}O_{14}Ti$。

相对分子质量　428.12。

结构式

理化性质　外观为淡黄色透明均相液体，相对密度 1.05，pH 2～4。可与弱酸性或中性农药相混。

毒性　低毒。大鼠急性经口 LD_{50} > 5000mg/kg；急性经皮 LD_{50} > 2000mg/kg。对人畜安全，对环境和生长无任何残留和污染。

作用方式及机理　用于黄瓜、油菜等上，植物吸收后，其体内叶绿素含量增加、光合作用加强，使过氧化氢酶、过氧化物酶、硝酸盐还原酶活性提高，可促进植物根系的生长，加快对土壤中大量元素和微量元素的吸收，达到增产的效果。

使用方法　可用于各种作物的整个生长期，叶面喷施 20～80mg/L，即亩用量 1g；做底肥冲施使用，每亩用量 20～30g。对于不同作物，不同肥水的使用量不一样。

注意事项　不能与碱性农药、除草剂混用。

参考文献

孙家隆，2015. 新编农药品种手册[M]. 北京: 化学工业出版社:947.

（撰稿：徐佳慧；审稿：谭伟明）

柠檬酸铜　cupric citrate

一种新型的有机铜类杀菌剂。

其他名称　枸橼酸铜、Copper citrate。

化学名称　copper；2-hydroxypropane-1,2,3-tricarboxylic acid。

IUPAC名称　copper；2-hydroxypropane-1,2,3-tricarboxylic acid。

CAS 登记号　10402-15-0。

EC 号　221-619-4。

分子式　$C_{12}H_{16}Cu_3O_{14}$。

相对分子质量　574.88。

结构式

理化性质　蓝绿色粉末。微溶于水、冷的柠檬酸钠溶液，溶于氨水和稀酸，易溶于热柠檬酸和碱溶液。

毒性　中等毒性。大鼠急性经口 LD_{50} 1580mg/kg。

剂型　水剂（络氨铜 15%、柠檬酸铜 6.4%）。

作用方式　保护性杀菌剂。相比于其他铜制剂，可在更低浓度时发挥抑菌作用。也可用作防腐剂、杀虫剂、收敛剂。

防治对象　对多种真菌和细菌具有抑制效果，可用于防治西瓜枯萎病、桃褐腐病等。

使用方法　络氨铜 - 柠檬酸铜 21.4% 水剂可用于防治西瓜枯萎病，发病前或初期于叶面喷施 750～1500 倍稀释液或用 500～600 倍稀释液灌根。

注意事项　每个作物周期的最多使用次数为 2～3 次。不宜与汞制剂、碱性化肥等混用。对鱼类等水生物有毒，应远离水产养殖区施药，禁止在河塘等水体中清洗施药器具，用过的容器应妥善处理，不可做他用，也不可随意丢弃。施药时应戴口罩和手套，穿防护服，禁止饮食，施药后应及时洗手和洗脸。过敏者禁用，使用中有任何不良反应请及时就医。为延缓抗药性产生，应与其他作用机制不同的杀菌剂交替使用。

（撰稿：刘西莉；审稿：王治文）

柠檬烯二醇　limoneneglycol

为无色至微黄色油状液体，有凉爽的薄荷香气。

其他名称　8- 对薄荷。

化学名称　(1R,2S,4R)-(+)- 二戊烯 -1,2- 二醇；(1S, 2S, 4R)-(+)- 二戊烯 -1,2- 二醇。

IUPAC 名称　(1R,2S,4R)-1-methyl-4-(prop-1-en-2-yl)cyclohexane-1,2-diol; (1S,2S,4R)-1-methyl-4-(prop-1-en-2-yl)cyclohexane-1,2-diol。

CAS 登记号　57457-97-3；38630-75-0。

分子式　$C_{10}H_{18}O_2$。

相对分子质量　170.25。

结构式

理化性质　白色带有光泽片状结晶，含 3 分子结晶水。熔点 58～59℃。具有光学活性，比旋光度 $[\alpha]_D$-30°。样品经真空干燥后熔点 70～72℃，比旋光度 $[\alpha]_D$-41.6°。$K_{ow}\lg P$ 2.28。易溶于乙醚、乙醇、丙酮、乙酸乙酯等有机溶剂，难溶于石油醚，其水溶液呈中性。

毒性　毒副作用少，活性与避蚊胺相似。急性经口毒性、兔皮肤涂抹亚急性（1.5 个月）和慢性毒性试验（3 个月）及万人次现场试用，均未发现中毒事例。

剂型　原油，液剂，雾剂。

作用方式及机理 药物直接作用于昆虫的触觉器官及化学感受器，从而驱赶蚊虫。

防治对象 对蠓、蚋、蚊、山蚂蝗等吸血昆虫均有较好的驱避效果。浙江、上海、江苏等地研究发现药效可持续4～5小时。

使用方法 可喷洒在皮肤、衣服、帐篷上，避免蚊虫叮咬。

参考文献

上海医药工业研究院，上海桃浦化工厂，上海劳动卫生职业病防治院，1975.各种对蓋烯二醇[J].药物研究与临床试验，2: 5-8.

（撰稿：段红霞；审稿：杨新玲）

《农药》 *Agrochemicals*

1958 年创刊，中文核心期刊，中国科技核心期刊。刊号：CN 21-1210/TQ。由沈阳化工研究院主办。月刊，现任主编刘长令。

栏目：综述、科研与开发、农药分析、毒性与残留、应用技术等。该刊遵循"研究推广农药技术，推动农药科技进步，提高农业环保意识，促进农业可持续性发展"的办刊宗旨，本着普及与提高相结合原则，报道农药科研、生产、加工、分析、应用等方面的成果、技术、信息、动态、经验以及农药生产过程的"三废"治理及副产物的综合利用，国内外农药新品种、新剂型和新用法，国内病虫草害发生趋势，农药药效试验、田间应用、使用技术改进及毒性、作用机制、残留动态等内容。

该刊为美国《化学文摘》信息源期刊，并被国内多家权威检索系统，如《中国学术期刊综合引证报告》《中国科学引文数据库》《中国科技期刊引证报告》《中国学术期刊评价研究报告》《中文核心期刊要目总览》、CNKI 中国期刊全文数据库、万方数据库等收录。该刊连续获得全国石油和化工行业优秀报刊一等奖。

（撰稿：赵平；审稿：刘长令）

农药安全生产 safety in pesticide production

在保障劳动者安全健康，保护环境条件下进行农药生产。主要包括安全管理和安全技术两方面。

自农药滴滴涕工业化生产以来，不断出现一些血的教训。农药企业借鉴了化工企业的做法，设置了安全专职人员，建立起安全生产巡回检查制度。随着农药生产的发展，生产事故造成的损失更加惨重。1961 年日本富士山某化工厂因管道破裂，氯气外泄，使 9000 余人受害、大片农田被毁；1976 年意大利一家制备三氯苯酚的工厂，因反应釜温度失控，反应温度急剧上升而爆炸，伤 300 余人，污染 100 多公顷农田，附近 850 多人强制避难；1984 年 12 月印度博帕尔市美国联合碳化物公司农药厂在生产甲萘威时发生液态甲基异氰酸酯大量泄漏气化事故，致使附近空气中毒气浓度超过了安全标准的逾 1000 倍，死亡数千人，20 万人受害，给博帕尔地区的食物、水源造成污染，生态环境受到严重破坏，成为世界生产史上最惨重的悲剧。这些事故和教训，更加突出安全生产制度的重要性，必须经过不断补充修订，逐步完善安全教育、安全管理和安全技术体制。

危险性因素 农药生产的危险性因素有 3 类：①原料中间体的化学危险性。磷化物、氯化物、有机氯和拟除虫菊酯类农药的主要原料黄磷、氯气、苯、无机酸碱和中间体三氯化磷、光气、异氰酸酯等都是易燃、易爆、有毒或腐蚀性物质，具有化学危险性。如管理不善或产生失误，就会发生火灾、爆炸、中毒、烧伤事故。②生产过程的危险性。农药生产是运用物理和化学原理，在专用设备中反应、分离、提纯的过程。工艺繁杂，需多种技术和具有特殊要求的设备、仪表及工程设施，存在温度、压力、腐蚀等多种不安全因素。任何环节的微小失误，都可能导致灾难事故。③产品和废物排放对环境的污染。农药生产过程中排放的"三废"成分复杂，不易处理。

安全管理 农药安全生产管理，是为贯彻执行有关安全生产的法规、标准及确保安全生产而采取的一系列措施。如为了贯彻《环境保护站》《工厂安全卫生规程》《工人职工伤亡事故报告规程》《工业企业设计卫生标准》《化工企业安全管理制度》《工业企业三废排放标准》等，必须健全安全机构，制定和完善安全管理制度，编制和实施安全措施和计划，进行安全教育和安全检查，开展安全竞赛及评比总结等。主要包括：①安全生产责任制，各级领导、职能部门及个人对农药安全生产应各负其责，形成制度。②安全生产教育制，教育职工提高认识，学习安全知识，提高技术水平，以便准确及时地识别、判断、预防和处理事故，自觉遵守安全规章制度，防止人身伤亡和设备受损。在过去的几十年间化工安全事故时有发生，屡见不鲜。随着国家和地方政府，以及各相关企业对化工安全生产重视程度的日益提高，现行的安全生产管理模式正在发生根本性的变化，逐渐地由传统的、经验的、事后处理的方式转变为现代的、系统的、事前预测的科学方法。中国政府为了保证化工安全生产，相继出台了《中华人民共和国安全生产法》《危险化学品安全管理条例》等法律法规，国家安全生产监督管理总局也制定了《危险化学品重大危险源监督管理暂行规定》《首批重点监管的危险化工工艺安全控制要求、重点监控参数及推荐的控制方案》等管理条例，对化工生产中存在的危险化学品、危险工艺和重大危险源进行了详细说明，提出了严格的要求。

安全技术 是范围广泛、内容丰富的综合性技术。基本内容是预防各种事故的技术，如防火、防爆、化学危险物储运、机械加工、建筑安装、人体防护、防尘、防毒、供暖通风、照明通光、安全系统工程等。主要包括：①安全技术措施。根据上级部门的法规标准和农药生产具体情况，如工艺要求、设备性能、产品特点，对每个工种在生产中应注意的安全事项所采取的各种技术措施。②环境保护措施。农药生产中的"跑、冒、滴、漏"及"三废"排放，是造成环境污染的重要原因。中国政府明确规定：在新建、改建、扩建农药生产厂或车间时，要提出环境影响报告书；环境治理工程与主体生产工程同时设计、同时施工、同时投产。对"废水"的治理尽量提倡无害工艺、闭合流程、循环利用、减少排放量，经物理、化学、生物处理达到排放标准。"废渣"的处理方案，除部分有价值成分予以回收外，可采取填坑、焚烧等方法回收能量。对"废气"中有毒成分除采用吸收、吸附等方法外，还可设计低污染生产工艺，使气体排放达到国家标准。

参考文献

程春生、魏振云，秦福涛，2014. 化工风险控制与安全生产[M]. 北京：化学工业出版社.

中国农业百科全书总编辑委员会农药卷编辑委员会，中国农业百科全书编辑部，1993. 中国农业百科全书：农药卷[M]. 北京：农业出版社.

（撰稿：杨吉春；审稿：赵平）

农药标准　pesticide standards

农药产品质量技术指标及其相应检测方法标准化的合理规定。农药标准会根据当前生产、使用的需要和科学技术发展需要进行修订。主要目的在于保证农药产品的质量和风险管理。农药标准的主要内容包括有效成分、相关杂质、物理性质、存储稳定性等方面的质量指标要求。在中国它要经过标准化行政主管部门批准发布并实施，具有合法性和普遍性。通常作为生产企业与用户之间购销合同的组成部分，也是法定质量监督检验机构对市场上流通的农药产品进行质量抽检的依据以及发生质量纠纷时仲裁机构进行质量仲裁的依据。

简史　1999 年之前，联合国粮食及农业组织（Food and Agriculture Organization，FAO）与联合国世界卫生组织（World Health Organization，WHO）按照各自要求，分别为农业用农药和卫生用农药制定产品标准，其所采用的程序在《FAO/WHO 农药标准制定和使用手册》中。1999 年，《FAO 农药标准手册》第五版上发布了农药产品标准制定新程序。随后，为了推进农药标准制定工作的协调发展，2002 年，FAO 和 WHO 农药专家委员会共同成立了 FAO/WHO 农药标准联席会议（JMPS）并召开了第一次会议。自此，所有农药原药标准和大多数制剂标准都采用新程序，由 JMPS 审议制定。但是按照旧程序制定的标准仍然有效，直到 JMPS 对其复审后，由 FAO 和（或）WHO 撤销。

中国为了加强农药产品质量管理，提高农药产品质量，于 1966 年由化学工业部发布了第一批部颁农药标准。1984 年成立了化工部农药标准审查委员会。1988 年国家质检总局成立了全国农药标准化技术委员会，负责全国农药产品及一些农药基础国家标准、行业标准制（修）定并对中国农药标准工作提出意见和建议工作，原国家技术监督局负责标准的批准发布。2018 年实施的《中华人民共和国标准化法》规定国务院标准化行政主管部门统一管理全国标准化工作。国务院有关行政主管部门分工管理本部门、本行业的标准化工作。

分类　农药产品国际标准有 FAO 标准、WHO 标准和国际农药分析协作委员会（CIPAC）制定的分析方法标准。国家层面的标准由各国自行制定。中国农药标准包括国家标准、行业标准、地方标准、团体标准和企业标准。行业标准、地方标准都是推荐性标准。

国家标准分为强制性标准和推荐性标准。强制性国家标准由国务院批准发布或者授权批准发布并强制执行。推荐性国家标准由国务院标准化行政主管部门制定。行业标准制定的前提条件是没有推荐性国家标准但需要在全国行业范围内统一技术要求。行业标准由国务院有关行政主管部门制定。地方标准是为了满足地方特殊要求而制定的。地方标准由省、自治区、直辖市人民政府标准化行政主管部门制定。团体标准是社会团体为了满足市场和创新需要而协调相关市场主体共同制定的，由本团体成员约定采用或者按照本团体的规定供社会自愿采用。企业标准是企业根据需要自主制定企业标准。企业标准只适用于制定企业自身产品。推荐性国家标准、行业标准、地方标准、团体标准、企业标准的技术要求不得低于强制性国家标准的相关技术要求。团体标准、企业标准执行自我声明公开和监督制度。

按其使用功能，农药标准可分为农药基础标准（例如 GB 3796—2018，农药包装通则）与通用方法（例如 GB/T 1600—2021 农药水分测定方法）、农药中间体（例如 HG/T 3310—2017 邻苯二胺）、农药产品标准（例如 GB/T 334—2001 敌百虫原药）。

参考文献

宋俊华，陈铁春，叶纪明，2013. FAO/WHO农药产品标准制定程序概述[J]. 农药科学与管理，34(4)：11-15.

王以燕，李富根，穆兰，2018. 2017年我国农药标准发布概况[J]. 现代农药，17(4)：13-17.

HG/T 2467. 1—2467.20—2003. 农药产品标准编写规范.

（撰稿：罗雪婷；审稿：赵欣昕）

农药标准品　reference material of pesticide

在农药分析中作为参比物质，是足够均匀且有特性值，用以评价分析方法或确定同种农药量值的高纯度农药。

应用仪器分析方法测定农药时，如气相色谱法、液相色谱法、薄层 - 紫外分光光度法等，必须使用参比物质，样品中农药的含量是与参比物质相比较而得的，一种仪器分析方法结果的准确性，与所使用的农药参比物质含量的准确度有关，因此应使用检验合格的参比物质（certified reference material）。1988 年国际农药分析协作委员会（CIPAC）正式发布了《农药产品中参比物质的定义、制备和纯度测定准则》（以下简称《准则》）。

分类　CIPAC 的《准则》中提出在农药分析中参比物质分为两类：①基准参比物（primary reference standard）。是高度纯化的、对各项特性有详细描述的合格参比物，一般用于标定工作标样的含量、测定物理性质及其他分析目的。②工作标样（working standard）。是经纯化的、用于日常分析工作的参比物，其纯度和性质是与基准参比物在相同条件下比较而确定的。工作标样可用于农药常量分析、稳定性实验和残留分析。

制备　基准参比物和工作标样都可使用纯度较高的工业品原药，经纯化制得或使用纯化的原料和中间体制备原药，再进一步纯化而得。纯化技术是利用农药和杂质具有不同物理性质进行的，主要有重结晶法、蒸馏法、柱层析、薄层层析及制备液相色谱法等方法。

特性值的确定

定性鉴定　经分离纯化制得的农药基准参比物质，应首先进行定性确证。测定熔点、沸点、相对密度等物理常数，其数值应与文献记载的相同；用紫外、红外光谱、核磁波谱法测定，此参比物质的谱图应与标准农药谱图完全一致，且无杂峰；气质（液质）联用法，与农药标准谱库中谱图对比应一致，或对谱图解析，参比物质的最大质荷比等于分子离子峰的质荷比；也可以通过元素分析，测得的碳、氢、氮、氧的含量与理论含量比较，基本吻合；最后使用色谱法鉴定、如薄层色谱法只呈现一个斑点，气相色谱法和液相色法只有一个峰、其保留时间与标准样品保留时间在一定程度上吻合。上述每一类型方法中至少应选择两种方法来进行定性确证。

定量测定　对基准参比物进行定量测定的方法有重量法、容量分析法、色谱法等，可以根据具体条件选用。测得的数据应按常规统计法计算出平均值，给出一定置信水平的不确定度，含量值可用百分数（%）表示，取 3 位有效数字。工作标样的纯度测定可使用气相色谱法或高效液相色谱法，用基准参比物进行定量标定。农药的基准参比物和工作标样应附有合格证书或定值报告。

农药标准品宜批量制备（至少保证 1 年的使用），并进行均匀性和稳定性检验，标准品的标签应注明标样名称、纯度、净含量、保质期、制备单位等，通常建议在低温（0~5℃），干燥和避光的环境下保存。

（撰稿：赵欣昕；审稿：张红艳）

性危害往往取决于其数量的多少，这是所有化合物的安全评价法则，任何离开量的范畴的毒性危害评估都是不科学的。因此，各国政府目前都通过控制和规定农产品中农药残留的安全剂量来控制、降低农药残留对健康的危害性，这个安全剂量就是大家通常说的最大残留限量标准，也称限量标准，这个限量标准的制定是基于充分科学试验评价基础上的推荐值。

中国制定限量标准的具体步骤：首先，根据农产品生产、加工、流通、消费和进出口各环节需要及中国农药使用的实际情况，确定需要制定残留限量标准的农产品和农药的组合；其次，开展农药残留降解模拟动态试验、国民膳食结构调查和农药毒理学研究，分别获得农药在正常使用情况下残存在农产品中的残留值、消费者膳食数据和农药毒性，在此基础上开展农药残留膳食摄入风险评估，得到农药残留限量标准推荐值；最后，经过中国食品安全农药残留国家标准审评委员会审议通过后，由国家相关部门联合颁布实施。

目前，中国农产品农药残留现状总体良好。中国已先后禁止、淘汰了 33 种高毒农药，包括甲胺磷等在美国等一些国家仍在广泛使用的产品。中国高毒农药的比例已由原来的 30% 减少到了不足 2%，72% 以上的农药是低毒产品。可以肯定的是，现在的农药比以前的更加安全。同时，从监测看，中国农药残留超标率已逐年下降，从 10 年前的超过 50% 降到目前的 10% 以下；残留检出值也明显降低，10 年前检出超过 1mg/kg 农药残留量的蔬菜数量较多，但现已很少见。此外，农产品农药残留监测合格率总体较高，如稻米和水果高达 98% 以上，蔬菜和茶叶也达 95% 以上。每年国家管理部门官方网站都公布当年的农产品农药残留监测的合格率，合格率都保持在较高的水平，因此，可以放心食用市场上的农产品。

参考文献

陈晓华，2011. 完善农产品质量安全监管的思路和举措[J]. 行政管理改革 (6): 14-19.

郑永权，2013. 农药残留研究进展与展望[J]. 植物保护，39(5): 90-98.

CHEN Z L, DONG F S, XU J, et al, 2015. Management of pesticide residues in China[J]. Journal of integrative agriculture, 14(11): 2319-2327.

（撰稿：董丰收；审稿：郑永权）

农药残留　pesticide residue

农药使用后残存于生物体、农产品（或食品）及环境中的微量农药。除农药本身外，也包括农药的有毒代谢物和杂质，是农药及其他相关物质的总称。残存的农药残留数量称为残留量，以每千克样本中有多少毫克（mg/kg）表示。农药残留是施药后的必然现象，但如果超过了国家规定的农药最大残留限量标准，就会对人畜产生不良影响或者通过食物链有对生态系统中的生物造成毒害的风险。

农药残留虽然是施药后的必然现象，但农药残留的毒

农药残留半衰期　half-life of pesticide residue

半衰期原指放射性元素的原子核有半数发生衰变时所需要的时间，在农药残留中借用这个术语，表示农药残留分解消失到原始药量一半所需要的时间，通常是从残留动态曲线上算出农药降解一半的天数。农药残留半衰期是农药在自然界中稳定性和持久性的标志。通常以农药在农作物上、土壤中、水田中或光照下的半衰期来衡量它在环境中的持久性。

影响因素　农药残留半衰期不仅与农药的物理化学性质有关，还与施药方式和环境条件，包括日光、气流、雨量、温湿度、作物和土壤类型、pH 和微生物等有关。同一种农药在不同条件下使用时，半衰期变化幅度很大，所以它只能有限制地代表在某一特定条件下农药的消解。

土壤降解半衰期　是评价农药对环境污染的指标之一，各类农药在渍水和非渍水条件下的半衰期相差很大。农药土壤降解半衰期的长短，不仅直接影响栖身于土壤中的动物和微生物的生长，还影响作物从土壤中吸收农药及对大气、河流和地下水的污染。GB/T 31270.1—2014 中规定，根据农药在土壤中的降解半衰期可以将农药土壤降解特性划分为 4 级（表 1）。

水解半衰期　农药的水解是农药的一个主要环境化学行为，因而农药在水中的半衰期是评价农药在水体中残留特性的重要指标。农药在水中的半衰期的长短不仅与农药的性质和水环境条件有关，还受农药的施用量、稀释程度、光解、吸附、生物富集和挥发等的影响。研究农药在水中的半衰期不仅对了解农药对环境生物的影响具有重要的意义，而且还可为新农药在生态环境系统中的安全性评价与登记注册提供科学依据。GB/T 31270.1—2014 中根据农药在水中的降解半衰期将农药水解特性划分为 4 级（表 1）。

光解半衰期　农药的光解是指农药分子接受光辐射的能量后，光能直接或间接转移到分子键上，使键断裂，致使农药分解的化学反应过程。光解是农药施用后在环境中消解的主要途径之一，农药的光解半衰期直接影响农药的药效及在环境中的滞留性，是评价农药对生态环境安全性的又一个重要指标（表 2）。

在作物上的半衰期　是农药在作物上残效期和残留期长短的指标。各种农药的持久性是有区别的，以有机磷类为例，辛硫磷、敌敌畏是低残留农药；乐果和氯菊酯残留期中等；对硫磷等残留期较长，毒性大；杀虫脒、内吸磷等农药为内吸、剧毒（或慢性毒性），残留长，已禁止在茶叶上使用。

农药在土壤和作物上的半衰期受环境影响太大，为了正确比较农药的持效期，可以在控制条件下测定农药的光分解半衰期和水解半衰期，根据上述结果，综合评价农药的稳定性和持久性。

参考文献

欧晓明, 2006. 农药在环境中的水解机理及其影响因子研究进展[J]. 生态环境, 15(6): 1352-1359.

钱传范, 2010. 农药残留分析原理与方法[M]. 北京: 化学工业出版社.

张晓清, 单正军, 孔德洋, 等, 2008. 4 种农药的光解动力学研究[J]. 农业环境科学学报, 27(6): 2471-2474.

（撰稿：刘新刚；审稿：郑永权）

农药残留动态　dynamic of pesticide dissipation

施药后残留农药逐步降解和消失的过程。又名消解动态。它是为研究农药在农作物、土壤、田水中残留量变化规律而设计的试验，是评价农药在农作物和环境中稳定性和持久性的重要指标。

作用　研究农药残留动态，了解施药至收获时农药残留的消长，可以预测农药残留行为，指导安全合理使用农药；根据农药残留动态，可以估算出安全间隔期、进入施药现场的安全期和半衰期，还可以了解它对有害生物的药效期。

影响因素　农药残留动态是众多因素综合作用的表现。作物和土壤中的农药残留量除了受其本身的理化性质、使用方法、施药时期的影响外，还与作物类型、土壤类型和环境条件相关。

残留动态曲线　农药施用后，会沉积到作物上和土壤中，这些农药随着施药天数的增加而会不断降解直至消失。在不同时间采样测定其残留量，以农药本体及其代谢物、降解物残留量总和为纵坐标，以时间（t）为横坐标作图，得到农药残留动态曲线（见图）。有些农药在农作物、环境中的残留量（C）随施药后的时间（t）以近似负指数函数递减的规律变化，可用一级动力学方程式计算：

$$C = C_0 e^{-kt}$$

式中，C 为时间 t 时的农药残留量（mg/kg）；C_0 为施药后原始沉积量（mg/kg）；k 为消解系数；t 为施药后天数

表 1　农药土壤降解 / 水解特性的划分

等级	半衰期 $t_{0.5}$（天）	降解性
I	$t_{0.5} \leq 30$	易降解
II	$30 < t_{0.5} \leq 90$	中等降解
III	$90 < t_{0.5} \leq 180$	较难降解
IV	$t_{0.5} > 180$	难降解

表 2　农药光解特性划分

等级	半衰期 $t_{0.5}$（小时）	光解性
I	$t_{0.5} < 3$	易光解
II	$3 \leq t_{0.5} < 6$	较易光解
III	$6 \leq t_{0.5} < 12$	中等光解
IV	$12 \leq t_{0.5} < 24$	较难光解
V	$t_{0.5} \geq 24$	难光解

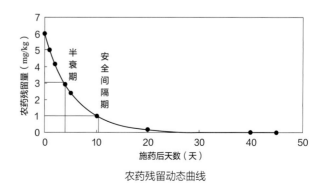

农药残留动态曲线

（天）。

根据曲线可以了解农药的消解速度和残留动态。从动态曲线可以看出农药消解速率一般都有两个阶段：①迅速消解阶段。作物和土壤表面上的农药，受日光、风、雨的影响进行物理化学反应而消失，大多数易挥发、易被淋失和易光解的农药在此阶段消解较快，如辛硫磷、杀螟硫磷等。②缓慢消解阶段。随着时间的推移，农药逐渐由植物表面向角质层渗透或被吸收传导到植株其他部位，因而受外界环境的影响减弱。但农药会通过植物体内各种酶的代谢而逐渐降解，亦可通过作物生长而不断被稀释，因此那些降解缓慢、不易挥发、不易降解、有一定脂溶性、渗透性或内吸性的农药，如杀虫脒和滴滴涕等，以缓慢降解为主。农药在不同作物上和土壤中的消解动态是不同的，中国制定的农药合理使用准则或安全使用标准中，都需要在作物生长代表地区进行各种农药在各类作物上的残留动态试验。

2018 年中国对《农药残留试验准则》（NY 788—2004）进行了修订，修订为《农作物中农药残留试验准则》（NY 788—2018），其中对残留消解试验进行了如下的规定：①作物可食用部位形成后施用的农药，应对可食用部位进行残留消解试验。②对于某一作物具有不同成熟期的农产品（如玉米、大蒜、大豆等），应对不同成熟期的农产品均开展残留消解试验。③残留消解试验的施药剂量、次数、间隔和时期与最终残留量试验一致。④残留消解试验一般在最终残留试验小区中开展，不需额外设置试验小区，但是应保证满足残留试验采样量要求。⑤除最终残留量试验设置的采收间隔期外，残留消解试验应在推荐的安全间隔期前后至少再设 3 个采样时间点，一般设为最后一次施药后 0（在施药后 2 小时之内，药液基本风干）、1、2、3、5、7、10、14、21 和 28 天等。特殊情况下，可根据农药性质和作物生长情况设置采样时间点。⑥当残留点数为 8 个及以上时，应至少在 4 个试验点开展残留消解试验，试验点数为 8 个以下时，应至少 50% 试验点中开展残留消解试验。

参考文献

钱传范，2010. 农药残留分析原理与方法[M]. 北京：化学工业出版社.

中国农业百科全书总编辑委员会农药卷编辑委员会，中国农业百科全书编辑部，1993. 中国农业百科全书：农药卷[M]. 北京：农业出版社.

NY/T 788—2004 农药残留试验准则.

NY/T 788—2018 农作物中农药残留试验准则.

（撰稿：刘新刚；审稿：郑永权）

农药残留分析 pesticide residue analysis

对样品中农药残留进行定性和定量分析的方法。对残留农药进行分析和监测，是为了评价和管理农药残留的风险，保障人体膳食安全，确保农药对有益生物和环境的风险在可接受范围。

简史 农药残留分析技术自 20 世纪 50 年代至 21 世纪初期，有很大的变化和进展。50 年代使用无机农药与有机氯农药时期，残留量分析方法局限于化学法、比色法和生物测定法。检测方法缺乏专一性，灵敏度不高，仅能检测 mg/kg 级水平。50 年代末根据有机磷和氨基甲酸酯类农药的毒杀作用机制，使用胆碱酯酶抑制法，灵敏度高，适应性广，但缺乏专一性，仅可对有机磷和氨基甲酸酯类农药进行半定性。目前作为这两类农药的特殊分析方法，只用于食物样本的快速初步筛选测定。60 年代色谱技术的发展，使薄层色谱法在农药残留分析中广泛应用，并逐步从薄层板上原位斑点目测定量法发展成为原位斑点扫描仪定量法，灵敏度和准确度均有所提高。但薄层色谱法主要用于分离杂质、定性和半定量分析。气相色谱法可将各组分或杂质分离，高灵敏度和专一性强的检测器，解决了早期检测不到的微量农药、代谢物和降解产物的分析。80 年代后期，对于不具有特殊元素基团，在气相色谱条件下不易气化或易热分解的农药，使用液相色谱法，有的农药采用柱前或柱后衍生化技术和荧光检测器，提高了检测灵敏度。20 世纪末以来，伴随着科技的飞速发展，农药残留分析技术也得到快速发展，需进样量少、使用溶剂少、灵敏度高、检测速度快、数据处理智能化自动化的残留分析新技术新方法应运而生。

特点 农药残留分析，主要是对农产品、食品和环境样品等待测样品中农药残留进行定性和定量分析。包含已知农药残留的分析和未知农药残留分析两方面内容。农药残留分析是较复杂的技术，有三方面特点：①最主要的特点是样品中农药残留水平很低。每千克样本中仅有毫克（mg/kg）、微克（μg/kg）、纳克（ng/kg）量级的农药，在大气和地下水中农药残留更少，每千克仅有纳克到皮克（pg/kg）甚至飞克（fg/kg）量级，因而残留分析方法的灵敏度要求很高。②农药品种繁多。目前中国经常使用的农药品种多达 700 多个，各类农药的性质差异很大，有些还需要检测有毒理学意义的降解物、代谢物或者杂质，残留分析方法要根据各类农药目标物特点而定。③样品种类多。有各种农畜产品、土壤、大气、水样等，不同样品的前处理方法差异很大，且不同样品中含有的脂肪、糖、淀粉、蛋白质、各种色素和无机盐等均可能对农药残留的测定产生干扰，决定了农药残留分析方法的提取、净化等前处理要求很高。基于以上原因，测定样品时对方法的精密度和正确度（通常以回收率表示）要求不高，但灵敏度要高、特异性要好，要求能检出样品中的特定微量农药。

步骤 农药残留分析的过程可以分为采样、样品预处理、提取、净化、浓缩、定性、定量分析、确证和结果报告。分析过程应有质量控制与质量保证。在这些过程中，还涉及样品的传递、保存等操作。①采样。是从原料或产品的总体中抽取一部分样品，通过分析 1 个或数个样品，对整批样品的质量进行评估。采样必须是随机的、有代表性的、充足的。正确的采样是获得准确分析数据和进行残留评价的基础。采样时应遵循代表性原则、典型性原则和适量性原则。田间农作物不同部位上农药分布差异很大；环境样本，如土壤不同层次中农药残留量也不同，必须采集能代表试验群体的样本。②样品预处理。是将实际样品转变为实验室分析样品的过程，首先去除分析时不需要的部分，如果蒂、叶子、黏附的泥土、土壤中的植物体、石块等，即样品制备。然后进行匀质化过程，采用匀浆、捣碎等方法，得到具有代表性的、可用于实验室分析的试样，即样品加工。③提取。通常是采用振荡、超声波、固相萃取等方法从试样中分离残留农药的过程，一般是转移到有机溶剂提取液中，提取方法需根据农药性质、检测方法和样本的组成而定。提取完全与否直接影响测定结果，提取溶剂的选择虽与农药性质、检测方法有关，但主要由样本性质而定：含水量很高的样本，选择与水相混的溶剂如丙酮、甲醇等；脂肪和油含量高的样本则需用非极性溶剂或乙腈等，也可使用混合溶剂。④净化。是采用一定的方法，如液液分配、柱层析化、凝胶渗透色谱、吹扫蒸馏、固相萃取等方法去除共提物中部分色素、糖类、蛋白质、油脂以及干扰测定的其他物质的过程。在有些农药残留分析中，为了增强残留农药的可提取性或提高分辨率、测定的灵敏度，对样品中的农药进行化学衍生化处理，称为衍生化。衍生化反应改变了化合物性质，为净化方法的优化提供了更多选择。⑤浓缩。使用常规方法从样品中提取出来的带有农药残留的溶液，一般浓度是很低的，在下一步净化或检测前，必须浓缩提取液，以减少其体积、增加农药的浓度。在浓缩过程中，应注意防止农药的损失，特别是蒸气压高、稳定性差的农药。常用的浓缩方法有氮气吹干法、旋转蒸发、K-D 浓缩、冷冻干燥、红外加热旋转浓缩、真空离心浓缩等。⑥定性、定量分析。常用的定性、定量分析方法有：气相色谱法，配多种检测器，如 MSD、ECD、FPD、NPD 等；液相色谱法，配备 MSD、UVD、DAD、FID 等检测器；薄层色谱法；酶抑制法；酶联免疫法等，还有一些其他方法，如毛细管电泳法等。人们通常把从分析仪器获得的与样品中的农药残留呈比例的信号响应称为检出，把通过参照比较农药标准品的量测算出试样中农药残留的量称为测定。⑦农药残留的确证。由于最常用的气相色谱法、液相色谱法都是以保留时间定性。而农药种类很多，往往几种农药或农药与样本中干扰物的色谱峰具有相同的保留时间，必须对色谱峰进行确证。常用的方法很多，可以使用色 - 质联用法、红外光谱法和核磁共振法等进行结构鉴定；残留农药的量很少时，可采用共同色谱法，如多柱定性，用几根不同极性固定相的色谱柱测定，其保留时间分别与农药标准品相同；如在薄层色谱法中使用不同溶剂系统展开，其 *Rf* 值分别与农药标准品相同；或以气相、液相或薄层色谱法互相确证。早期曾将残留农药用化学方法生成衍生物后，与农药标准品比较确证，但方法烦琐已不常用。对上述步骤都必须按照规定方法进行，否则会影响测定结果。⑧结果报告。结果报告不但是残留分析结果的计算、统计和分析，更是对残留分析方法的准确性、可靠性进行描述和报告，包括方法再现性、重复性、检出限、定量限、回收率、线性范围和检测范围等，更进一步则是方法的不确定度分析，农药残留分析不确定度的来源有三方面，即获得残留分析数据的 3 个基本步骤：样品采集；样品预处理；分析。⑨质量控制与质量保证。农药残留试验和分析实验室要出具能得到国内和国际上认可的有效数据，必须经过良好实验室规范（GLP）认证并按照规范运转和维护，建立有效的质量保证（QA）、质量控制（QC）和质量评定管理体系并参加国际实验室协作试验和能力测试等。

展望　农药残留分析方法是随着不断开发各种类型的新农药和新的检测技术而发展的。20 世纪 90 年代后在不断要求控制农产品中农药残留和减少化学废弃物的背景下，研究开发了许多简化、自动化和小型化方面的样品制备技术以及色谱分析联用技术的检测仪器，自动进样器改进了进样的精密度，昼夜工作提高了实验室的效率也减少了每个样品的测定费用；先进的计算机技术可以控制仪器很快地从检测器多组分色谱分离中获得数据并进行处理。需样量少、使用溶剂少、灵敏度高、检测速度快、数据处理智能化自动化的绿色、高效残留分析方法成为未来的发展趋势。

参考文献

钱传范, 2011. 农药残留分析原理与方法[M]. 北京: 化学工业出版社.

（撰稿：田海；审稿：刘丰茂）

《农药残留分析原理与方法》　*Principle and Method of Pesticide Residue Analysis*

由中国著名农药化学家钱传范组织编写的一本农药学专业教材，于 2011 年由化学工业出版社出版。

为了保证农业的丰收增产，化学农药在农业领域中的应用是必不可少的，然而，由于农药的不合理使用，以及对化学农药科学认识上的偏差，导致农产品和环境中的农药残留问题一度成为风口浪尖的社会问题，农药残留分析与检测技术也成为农药学领域的一个重要研究方向，它为农药的科学、合理使用以及农产品质量保障和质量提高发挥着重要技术支撑。正是在此背景下，中国农药残留研究领域著名专家钱传范，借助自己 30 余年的科研、教学经验，组织相关专家撰写了《农药残留分析原理与方法》。该书出版后，迅速得到了领域同行的认可，在很多高校也成为研究生教学、本科生教学的教材。该书 2013 年被评为"北京高等教育精品教材"。

该书由陈宗懋、江树人作序。全书总计 75 万字，共分 15 章，介绍了农药残留分析的发展过程，常用的样品采集与预处理、样品提取、净化、浓缩前处理技术，检测方法涉及气相色谱法和气质联用、液相色谱法和液质联用、薄层色谱法、酶抑制法、农药免疫分析技术、毛细管电泳技术。还集中介绍了不同种类、不同基质中农药多残留分析方法和特殊基质茶叶中农药残留检测技术。书中对农药残留的不确定度评价、实验室质量控制以及农药残留管理法规等内容也进

N

行了介绍。

该书涵盖基本理论与当时的最新进展，可作为高等院校农药学、农产品安全、食品科学、环境安全等专业本科生、研究生课程选用教材，也可供农药残留检测及科研和管理的技术人员参阅。

（撰稿：刘丰茂；审稿：杨新玲）

农药常量分析　pesticide formulation analysis

对农药原药和制剂进行的检测分析。其检测内容包括有效成分定性分析、定量分析、物理化学性质分析，原药和制剂中中间体和杂质隐性成分的定性、定量分析等。农药常量分析样品中的有效成分含量较高，通常至少有百分之零点几，为了获得有效成分的准确含量，对分析方法的正确度（即测定值与真值的符合程度）与精密度（即同一试样重复测定结果的符合程度）要求较高，但对方法的灵敏度要求不高。

简史　农药常量分析方法与农药的发展史和分析化学学科的进展有密切关系。早期应用无机农药和有机氯农药时期，主要应用化学分析法测定其含量；20 世纪 50 年代末至 60 年代初，比色法成为有机磷农药分析的重要手段。同时期，紫外、红外分光光度法开始应用于农药分析。此外，极谱法早期也被用于农药定量分析。20 世纪 60 年代后期，薄层色谱法和气相色谱法开始在农药分析中得到广泛应用，能够有效分杂质，准确测定农药有效成分，同时分析多种农药。20 世纪 80 年代后期，高效液相色谱法开始在农药分析中占据举足轻重的位置。如今，气相色谱－质谱法、气相色谱－质谱联用技术、液相色谱－质谱法、液相色谱－串联质谱法等仪器联用技术已成为农药分析领域的重要研究发展方向。

类型　在农药常量分析中主要使用以下 9 种方法：①化学分析法。主要包括重量法和滴定法，不需特殊设备，可在一般分析实验室进行。但方法没有特异性，类似结构的杂质或制剂中的辅助剂都能影响测定结果，测定步骤多，目前尚有部分无机农药使用该方法进行测定，或者作为农药有效成分的辅助性鉴别测定。②比色法。吸收光谱在可见光范围内的分光光度法，早期用于有机磷农药分析。③紫外和红外分光光度法。操作简单，灵敏度高。具有芳香基团和杂环的农药经提取后，可直接使用紫外分光光度法；根据特征吸收峰的强度，红外光谱法可以进行农药常量分析，尤其测定粉剂和颗粒剂时，样品制备简单，测定速度快，方法具有特异性，但红外光谱仪较少用于定量分析，主要用于农药分子结构的鉴定。④极谱法。适用于具有可还原和可氧化基团的农药分析，目前在农药常量分析中很少应用此法。⑤薄层色谱法。用此法将农药与杂质有效分离后，再联合化学分析法等其他分析方法可较准确地测定农药成分，适合热稳定性差、易分解、蒸气压低的农药，如薄层色谱化学法、薄层色谱电位滴定法、薄层色谱比色法等。⑥气相色谱法。将一组农药样品混合物注入气化室进行瞬间气化，进入色谱柱使农药和杂质分离后，用检测器（通常使用氢火焰检测器 FiD）逐一记录组分信号，用保留值和信号强弱与标准样品对比，分别进行

定性和定量分析（通常使用内标法）。它具有选择性好、灵敏度高的特点，样品处理较简单，适用于在一定温度下能够汽化且相对稳定的农药的分析。⑦液相色谱法。在室温或较低温度下进行农药杂质分离，弥补了气相色谱法在高温条件下对部分农药的限制。具有分离效率高、分析速度快及应用范围广等特点，主要适用于极性较大、沸点较高和热不稳定性并具有一定紫外吸收的农药的检测。液相色谱法和气相色谱均被广泛用于农药有效成分的定量检测，检测结果可以相互确证。⑧气－质联用法。利用气相色谱将待测样品中不同成分进行有效分离，使用质谱检测器检测，采用 EI 电离源，全扫描模式扫描，得到待测样品的总离子色谱图。经对总离子色谱图中每个峰进行分析，得到不同的质谱图。对这些待测成分的质谱图，结合农药标准谱库中质谱图进行相似性比对分析，经气－质特征离子抽提确证待测成分。该方法可同时利用保留时间和质谱图两种手段对未知成分进行确认。适用于具有一定蒸气压，能够在高温条件下迅速气化且热稳定性较好的农药鉴别测定。⑨液－质联用法。混合的样品经高效液相色谱柱分离后成为多个单一组分，依次通过液相色谱-质谱接口进入离子源，离子化后的样品经过质量分析器分析后由检测系统记录，后经数据系统采集处理，得到带有结构信息的质谱图，经与标准样品对比，完成对样品的分析。该方法可在短时间内完成多种目标分析物的筛查，基本上不用对样品进行衍生化，在复杂的基体中能保证低检出限。适用于难挥发、极性、热不稳定性和大相对分子质量农药的检测。常用以上两种方法进行农药样品隐性成分的定性检测。

作用　农药厂家对中间体和产物的常量分析是控制合成步骤和改进合成方法的依据，是保证其产品质量的重要手段。农药常量分析也是农药合成、加工、应用等科学研究工作的基础。按照农药标准中规定的方法对农药产品中有效成分进行常量分析，是农药监督管理部门开展行政执法、处理农药纠纷的重要法律依据。

参考文献

农业部农药检定所, 2013. 农药成分监测技术指南[M]. 北京: 中国农业大学出版社.

钱传范, 1992. 农药分析[M]. 北京: 北京农业大学出版社.

（撰稿：李雪；审稿：刘丰茂）

农药赤眼蜂毒性　toxicity of pesticide on trichogramma

利用赤眼蜂作为一种天敌昆虫的代表生物，对可能造成伤害天敌昆虫的农药进行测试，并根据农药对赤眼蜂的毒害程度来评价其可能对天敌昆虫的危害程度。

赤眼蜂是目前生物防治中广泛应用的天敌昆虫，已可以大量人工繁殖，其可寄生于害虫的卵内，使寄主害虫不能正常生长发育，进而达到控制害虫的目的。了解各种农药对赤眼蜂的毒性，使其免受伤害，是合理使用农药的重要方面。

农药赤眼蜂毒性的来源有两个途径：一是赤眼蜂成蜂或寄生有赤眼蜂的寄主卵直接接触喷洒的农药；二是赤眼蜂

成蜂将卵产在有残留农药的寄主卵内，残留农药引发赤眼蜂中毒。

农药赤眼蜂毒性研究主要包括实验室急性毒性试验、慢性毒性试验以及农业生态系统中所进行的田间毒性试验。急性毒性试验是对赤眼蜂毒性进行简单、快速的测定方法，能对其毒性进行初步的评估，为深入研究农药赤眼蜂慢性毒性和田间毒性提供基本依据。

急性毒性试验　主要研究农药对赤眼蜂成蜂死亡率的影响。因赤眼蜂成蜂个体很小，宜采用药膜法进行测定。供试蜂种可选用当地有代表性的赤眼蜂蜂种，以米蛾（或麦蛾、柞蚕）卵为寄主，在养虫室（或培养箱）温度 $26℃ \pm 1℃$，相对湿度 $70\% \sim 90\%$，光照周期为 16 小时光照、8 小时黑暗条件下饲养供试。根据药剂的理化性质，以丙酮为溶剂配制所需浓度，药剂在玻璃或滤纸上形成均匀药膜，让赤眼蜂成蜂在药膜上爬行接触药剂而引起中毒。药膜的制备以闪烁瓶为佳。该法简单易行，试验结果具有可重复性，但测出的是药剂对赤眼蜂成蜂的触杀毒性，不能反映药剂在田间推荐剂量下的安全性，因此用安全性系数 [药剂对赤眼蜂的 LR_{50}（mg/m^2）/该药剂的田间最高推荐剂量（mg/m^2），其中 LR_{50} 为半数致死用量（是指在室内条件下，引起赤眼蜂 50% 死亡率的药剂剂量，以单位面积上所附着的药剂有效成分的量表示）] 评价药剂的安全性。农药对赤眼蜂的安全性分为 4 个等级：极高风险性（安全性系数 ≤ 0.05）、高风险性（$0.05 <$ 安全性系数 ≤ 0.5）、中等风险性（$0.5 <$ 安全性系数 ≤ 5）和低风险性（安全性系数 > 5）。

慢性毒性试验　主要研究农药对赤眼蜂羽化率、存活寿命及寄生率等方面的影响。采用卵卡浸渍法进行，用药剂浸渍赤眼蜂不同发育阶段的寄主卵卡，通过观察赤眼蜂成蜂的羽化、成蜂寿命及再寄生能力等指标，得到农药对赤眼蜂的无可观察效应浓度。无可观察效应浓度是指与对照相比，对试验生物未产生显著效应的最高受试物浓度。用其来评价药剂对赤眼蜂的慢性毒性，可为害虫综合防治中合理使用农药和保护天敌提供依据。

农药赤眼蜂田间试验是在农业生态系统中进行的农药对赤眼蜂毒性试验，可通过调查施药前后赤眼蜂种群数量的变化或先在田间悬挂赤眼蜂不同发育阶段的卵卡，再调查施药后卵卡上赤眼蜂的羽化情况来进行试验。但由于田间试验条件的高度复杂性，试验方法和评价标准还不完善，目前应用较多的是实验室急性和慢性毒性试验法。

参考文献

孙超，苏建亚，沈晋良，等，2008. 杀虫剂对二化螟卵寄生性天敌稻螟赤眼蜂室内安全性评价[J]. 中国水稻科学，22(1): 93-98.

王欣，赵丹丹，姚蓉，等，2016. 无可观察效应浓度在赤眼蜂慢性毒性研究中的应用[J]. 南京农业大学学报，39(2): 242-248.

王彦华，俞瑞鲜，赵学平，等，2012. 新烟碱类和大环内酯类杀虫剂对四种赤眼蜂成蜂急性毒性和安全性评价[J]. 昆虫学报，55(1): 36-45.

朱九生，连梅力，王静，等，2009. 五种杀虫剂对卵寄生性天敌广赤眼蜂室内安全性评价[J]. 中国生态农业学报，17(4): 715-720.

（撰稿：高聪芬；审稿：李少南）

农药代谢　metabolism of pesticide

农药直接或间接进入生物体（植物、动物和微生物）后，其活性成分在生物体中的吸收、分布和转化，在生物体酶或酶系参与下反应形成了农药的分解和转化产物。不同的农药化合物具有特定的代谢产物和降解途径。

农药在生物体内的代谢与农药的分解和转化、解毒和活化等作用均有密切的关系，是支配农药药效和决定农药生物效应的重要因素，因此，在进行农药残留风险评估时需进行农药代谢研究。欧盟、美国、中国等国家和组织已就农药在动植物中的代谢研究制定了相应的试验指南，如美国环境保护局的化学残留测试指南（Residue Chemistry Test Guidelines）OPPTS 860.1300 残留性质 - 植物，牲畜（Nature of the Residue-Plants，Livestock）；OECD 化学品测试指南（OECD Guidelines For The Testing of Chemicals）中的 No. 501 农作物中的代谢、No. 502 后茬农作物中的代谢、No. 503 家畜体内的代谢；中华人民共和国农业行业标准 农作物中农药代谢试验准则（NY/T 3096—2017）等。农药在作物中的代谢研究应从 5 大类作物中至少选择 3 类作物进行试验，每类至少选择 1 种作物，如试验结果显示代谢途径相似，则不需要进行另外试验，如试验结果显示代谢途径不同，则需选择另外 2 类作物进行进一步试验；代谢试验研究需包含登记作物。农药在牲畜中的代谢研究主要包括反刍动物（哺乳羊）和家禽（产蛋鸡）。农药代谢研究推荐优先采用同位素示踪法。1991 年美国 Hatzios 等提出农药代谢通常包括 3 个阶段：阶段 I，母体化合物通过氧化、还原、水解等生成通常水溶性较母体强、毒性较母体弱的初级产物；阶段 II，农药或其初级代谢产物与生物体中糖类、氨基酸、谷胱甘肽等结合生成轭合物，也成为次级代谢产物；阶段 III，次级代谢产物的进一步转化，包括"被束缚"或"不可萃取残留物（结合残留）的形成"。农药在生物体内的代谢及生物化学反应主要有：氧化；还原；水解，包括磷酸酯水解、羧酸酯水解、酰胺水解、脱卤化反应、轭合物的形成等。

参考文献

HATZIOS K K, PENNER D, 1982. Metabolism of herbicides in higher plants[M]. Minneapolis, USA: Burgess Publishing Company : 142.

MENZIE C M, 1978. Metabolism of pesticides, Update II, Special Science Report, Wildlife No. 212[R]. Washington DC: U. S. Department of Interior.

OECD/OCDE, 2007. OECD guidelines for the testing of chemicals, test No. 501: metabolism in crops[S]. OECD Publishing.

OECD/OCDE, 2007. OECD guidelines for the testing of chemicals, test No. 502: metabolism in rotational Crops[S]. OECD Publishing.

OECD/OCDE, 2007. OECD guidelines for the testing of chemicals, test No. 503: metabolism in livestock[S]. OECD Publishing.

US EPA (Environmental Protection Agency), 1996. Series 860-residue chemistry test guidelines[S]. United States Environment Protection Agency.

（撰稿：叶庆富；审稿：蔡磊明）

N

农药的代谢和毒代动力学 metabolism and toxicokinetics for pesticides

研究农药在体内量变规律的科学。它从速度论的观点出发，研究农药在吸收、分布、生物转化和排泄过程中随时间发生的量变规律，用数学模式系统地分析和阐明农药在体内的位置、数量与时间的关系，探讨这种动力学过程与毒作用强度和时间的关系。

主要内容

吸收（absorption） 受试农药由染毒部位进入体循环血液和（或）淋巴系统的过程称为吸收。

分布（distribution） 被吸收进入体循环的受试农药和（或）其代谢产物向体液、组织和器官转运的过程称为分布。

代谢（metabolism） 进入体内的受试农药由于化学反应和（或）酶促反应引起的其化学结构改变的过程称为代谢或生物转化。

排泄（excretion） 进入体内的受试农药或其代谢物排出体外的过程称为排泄。

研究方法和内容

血药物浓度—时间曲线 实验动物经口、经皮或经呼吸道染毒，定时采集血液样品，分离血浆；血浆经预处理后，用已经确证的分析方法测定血浆药物浓度，获得血药物浓度—时间曲线；用房室模型和（或）非房室模型对药物浓度—时间曲线进行拟合并计算动力学参数。此外，为了解农药的基本毒代动力学特征，需要进行动物静脉注射农药的血药浓度—时间曲线的研究。

组织分布 染毒后不同时间处死动物，剖取各主要脏器组织，测定它们的重量、脏器系数、药物浓度。分析各主要脏器组织中药物浓度和（或）药物量的经时变化情况，通过与血浆药物浓度的比较，阐明农药的组织分布特征，寻找可能富集的脏器组织，判断农药在体内是否蓄积，以及蓄积的程度、广度和持续时间。也可以用整体放射自显影技术，定性、定量研究农药及其代谢产物在脏器组织中的分布特征。此外，还需要采用平衡透析法或超滤离心法测定农药与血浆蛋白的结合率。

生物转化 采用适当的方法（如 GC-MS、LC-MS、紫外光谱、红外光谱、核磁共振等）对血、尿、粪和胆汁等生物样品中农药的代谢产物进行分离鉴定，阐明代谢产物的结构和代谢途径。可以采用离体脏器灌流、脏器组织切片培养、体液或脏器组织的匀浆和亚细胞器制备、重组酶代谢等体外试验方法，研究农药的代谢部位和探索代谢转化通路。

消除和排泄 染毒后不同时间连续分段收集尿、粪、胆汁，必要时包括呼出气、乳汁。测定其中的农药及其代谢产物的量，直到所给剂量的 95% 已被消除、或在上述样品中已检测不到农药、或检测期已长达 7 天为止，了解农药及其代谢产物的排泄途径、速度以及物料平衡。

试验动物及剂量选择 试验动物首选大鼠，对性别不作硬性规定，如毒性、毒理研究表明有明显的性别差异时，应设不同的性别组；每一试验组不应少于 4 只动物。在血药物浓度—时间曲线试验中，单次染毒试验至少需要选用两个剂量水平，低剂量水平应低于最大无作用剂量，高剂量水平应能出现毒性作用或引起毒物动力学参数的改变，但不会引起严重中毒，保证在取得完整的药物浓度—时间曲线之前动物不会死亡，或不会引起影响试验结果评价的过高死亡率；反复多次染毒试验时，通常低剂量水平就能满足要求。静脉注射血药物浓度—时间曲线试验一般选择 1 个剂量组。组织分布试验和排泄试验一般均选择 1 个剂量组。

生物样品中农药测定方法的建立与确证 ①对分析测定方法的要求是专一性强，灵敏度高（最低检出浓度应能达到 $10^{-9} \sim 10^{-12}$ g/ml 或 ng ～ pg 水平），线性范围宽，准确度高（回收率应在 75% ～ 125%），精密度好（批间变异系数应小于 10%）。②应用放射性同位素标记的受试物时，应根据标记同位素射线的性质建立相应的测定放射活性的方法。③放射活性的测定应结合层析等分离技术进行，以了解代谢产物的图谱、生物转化程度和速度。

主要毒代动力学指标 在静脉注射农药的血药浓度—时间曲线的研究中，通过曲线拟合和数据分析，计算出毒物动力学参数，主要包括：表观分布容积 V、消除半衰期 $T_{1/2}$、机体总清除率 CL、药—时曲线下面积 AUC 等。

在经口、经皮或经呼吸道染毒的血药浓度—时间曲线的研究中，通过曲线拟合和数据分析，计算出毒物动力学参数，主要包括：峰浓度 C_{max}、吸收达峰时间 T_{max}、药—时曲线下面积 AUC、消除半衰期 $T_{1/2}$、吸收率（生物利用度）F 等。

在组织分布试验中，观察农药在各脏器组织分布的动态过程，得到农药与血浆蛋白的结合率。

在生物转化试验中，分离鉴定出主要代谢产物，得到主要代谢转化通路。

在消除和排泄试验中，观察农药经尿、粪、胆汁，必要时包括呼出气、乳汁排泄的动态过程，得到物料平衡信息。

毒代动力学的应用 农药的代谢和毒代力学能够对农药进入机体的途径、吸收的速度和程度，农药及其代谢产物在脏器、组织和体液中的分布特征，生物转化的速度和程度、主要代谢产物和生物转化通路，排泄的途径、速度和能力，农药及其代谢产物在体内蓄积的可能性、程度和持续时间等作出评价。

农药的代谢和毒代动力学能够为农药毒理学资料外推到人类以及农药的安全性评价和风险评估提供科学依据。

参考文献

国家环境保护部化学品登记中心，《化学品测试方法》编委会，2013. 化学品测试方法: 健康效应卷[M]. 2版. 北京: 中国环境出版社.

周宗灿, 2006. 毒理学教程[M]. 3版. 北京: 北京大学医学出版社.

GB/T 15670.29—2017 农药登记毒理学试验方法 第29部分: 代谢和毒物动力学试验.

OECD, 2010. OECD guideline for the testing of chemicals, 417 toxicokinetics[S]. Paris: OECD Publishing.

（撰稿: 关勇彪; 审稿: 陶传江）

农药的繁殖毒性　reproductive toxicity of pesticides

农药等化学物质进入生物体后，对雄性或雌性生殖系统包括交配行为、性腺发育功能、生精、排卵等产生的损害；也包括对胚胎细胞发育造成的损害，从而引起生物的生殖功能和结构的变化，使其繁殖力降低，并且对后代造成相应的影响。哺乳动物的繁殖过程是一个长期的过程，主要包括生殖细胞的形成、雌/雄性激素的分泌、受精卵的形成，胚胎形成、发育及分娩、哺乳等。如果这些过程的任何环节受到影响，就会对生物体的繁殖能力产生负面作用，引起机体产生繁殖毒性，诸如亲代生殖能力的破坏以及造成子代的畸形甚至死亡（见图）。

近年来，关于农药的安全性评价研究越来越多，并且从农药一般性的长、短期毒性研究逐渐拓展到农药对生物体繁殖、发育等的影响。一些研究证实许多农药暴露都可对生物的繁殖产生显著的影响，例如，氨基甲酸酯类杀虫剂暴露能够降低大鼠的妊娠率和哺乳率，且使得大鼠精子数目降低和形态异常，改变性腺结构和功能；有机磷杀虫剂能够抑制雄性生殖功能，使得大鼠的曲精小管产生退行性病变并且减少精子的产生；有机磷农药，如氯吡硫磷低剂量重复染毒能够诱发雄性大鼠生精细胞减少，加速凋亡，从而减少精子数目和降低精子活力等。有机氯杀虫剂暴露可降低雄性大鼠的精子运动速度和生存率，对雌性大鼠的影响更为明显，甚至可致其不孕；滴滴涕能够对大鼠睾丸组织造成损害，降低其中的睾酮水平，同时也能引起人雄激素的代谢异常，减少精子数目，影响精子质量；拟除虫菊酯类杀虫剂，如溴氰菊酯能够降低小鼠精子活力百分比、睾丸激素水平和睾丸唾液酸水平等指标，并且降低睾丸中 3β- 和 17β- 羟基类固醇脱氢酶（HSD）的活性；拟除虫菊酯类农药还可以使小鼠生殖力减弱，引起睾丸病变并且长期接触后易造成胎鼠畸形；除草剂除草醚能够使妊娠期大鼠诱发膈疝和导致心血管异常，并且导致子代大量死亡，也会诱发子代大鼠大量畸形的发生。因此一些农药与生物体接触后能够对动物的繁殖过程造成伤害，导致其生殖系统发生生理变化以及病理损伤，从而损害亲代生殖以及子代的发育。

机理　农药的繁殖毒性机理主要是农药进入生物体后干扰了机体的生殖过程，如影响雌/雄激素的分泌，同时农药还会通过影响性腺功能而对生殖系统造成干扰，甚至还会通过神经系统间接影响生殖过程。许多农药属于内分泌干扰物质，如一些拟除虫菊酯类农药能够作为配体与雌激素受体结合形成复合物，从而激活雌激素受体，并诱导雌激素受体的二聚体化，进而特异性地与细胞核内的 DNA 结合域进行结合，诱导或抑制激素合成与调控相关信号通路中靶基因转录，从而引起生物内分泌紊乱和繁殖能力的降低。

一些农药除了能够作为性激素受体的配体起作用外，还能够扰乱下丘脑—垂体激素释放，通过影响激素分泌进而使新生子代处于高剂量的雌激素中，导致促性腺激素的改变，因此会引起下丘脑和垂体对促性腺激素释放激素（GnRH）、黄体生成素（LH）以及卵泡刺激素（FSH）的反应性下降，以及引起雌激素受体减少和附睾损伤，最后会造成新生子代发育障碍。另外，农药暴露还可以造成雄性动物精子数目减少、质量下降、活率降低以及畸形率上升，从而诱发雄性生殖毒性。其机制可能是农药暴露激活了线粒体凋亡途径造成睾丸生精细胞减少，并且改变调节睾酮合成相关蛋白和基因的表达影响生精过程，进而产生繁殖毒性。

动物试验主要观察指标　目前世界各国已将繁殖毒性试验作为农药毒理学的安全评价指标之一，对于农药繁殖毒性的动物试验观察指标可分为以下两类：①通过亲代的脏器检查、生产指标以及繁殖指数来判断农药对受试物的繁殖毒性，其中亲代脏器检查主要是指对亲代的一些组织器官，如脑、前列腺、睾丸、附睾、子宫、阴道、卵巢等脏器重量的测定以及进行常规的病理检查；亲代生产指标主要是窝产仔数、死亡数以及窝质量等；亲代繁殖指数主要是指交配成功率、受孕率、活产率、出生存活率以及哺乳存活率等。②仔鼠的出生指标以及生长指标也应做相应的检测，从而判断农药暴露对子代的影响。对于仔鼠的生长指标主要包含：仔鼠体重，仔鼠头体长，仔鼠尾长，仔鼠尾长率（尾长／头体长 ×100%）。这些繁殖毒性动物实验指标为申请农药登记提供了安全评价依据。

参考文献

江泉观, 1994. 雄（男）性生殖毒理学[M]. 北京: 北京医科大学和中国协和医科大学联合出版社.

焦利飞, 2011. 有机磷农药毒死蜱低剂量重复染毒致雄性大鼠生殖毒性及其作用机制研究[D]. 北京: 中国人民解放军军事医学科学院.

王捷, 宋宏宇, 胡翠清, 2005. 农药生殖毒性的回顾[J]. 农药, 44(11): 489-490.

吴星耀, 顾祖维, 1992. 农药的生殖毒理学研究进展[J]. 国外医学（卫生学分册）(2): 72-75.

DESAI K R, MOID N, PATEL P B, et al, 2016. Evaluation of Deltamethrin induced reproductive toxicity in male Swiss Albino mice[J]. Asian pacific journal of reproduction, 5(1): 24-30.

WANG H, WANG S F, NING H, et al, 2011. Maternal cypermethrin exposure during lactation impairs testicular development and spermatogenesis in male mouse offspring[J]. Environmental

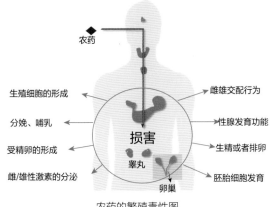

农药的繁殖毒性图

toxicology, 26(4): 382-94.

WESELAK M, ARBUCKLE T E, WIGLE D T, et al, 2008. Pre- and post-conception pesticide exposure and the risk of birth defects in an Ontario farm population[J]. Reproductive toxicology, 25(4): 472-480.

WHORTON D, KRAUSS R, MARSHALL S, et al, 1997. Infertility in male pesticide workers[J]. Lancet, 310(8051): 1259-1261.

（撰稿：靳远祥；审稿：陶传江）

农药的急性毒性与局部毒性 acute toxicity and local toxicity of pesticides

实验动物或人一次接触或 24 小时内多次接触一定剂量农药产品，其短期内所产生的毒性效应为急性毒性；局部毒性指机体暴露于农药后，在其接触和暴露部分造成的毒性损伤、刺激（如眼刺激、皮肤刺激）和（或）变态反应等。是研究农药一般毒性作用的基础。

急性经口、经皮、吸入毒性 农药的急性毒性一般通过急性毒性试验进行研究，根据不同染毒途径，试验又可以分为急性经口毒性试验、急性经皮毒性试验和急性吸入毒性试验。选择何种途径研究急性毒性，需根据受试物的理化特性和对人有代表性的接触途径进行。

急性毒性试验的实验动物可选用大鼠、小鼠等，首选大鼠；一般使用雌、雄两种性别的动物，如使用单一性别，通常采用雌性动物。急性毒性的研究方法主要有霍恩氏法、序贯法、概率单位法等，如确认受试物毒性很低，也可采用限量试验方法进行研究。霍恩氏法采用几何级数的 4 个梯次剂量，各个剂量组动物数相同，染毒后根据每组动物的死亡数，从计算表格中查找受试物的 LD_{50} 和 95% 可信区间。序贯法是一个阶梯式的染毒程序，使用单一性别的动物，一次染毒 1 只，后续动物染毒剂量的增减取决于前一只动物的染毒结果，以最大似然法计算 LD_{50} 和 95% 可信区间。概率单位法亦称目测法或对数概率单位绘图法，以灌饲法经口给各试验组动物不同剂量的受试物，染毒后观察动物的毒性反应和死亡情况。急性毒性试验主要的观察指标为染毒后动物的毒性反应和死亡情况。

开展农药急性毒性试验的目的：①通过试验，获得受试农药对实验动物的半数致死剂量或浓度（LD_{50} 或 LC_{50}），确定受试农药的毒性强度，为农药毒性分级、标签管理等提供依据。LD_{50} 以实验动物单位体重接受受试物的质量表示（mg/kg 体重），LC_{50} 以单位体积空气中农药的质量表示（mg/m^3）。②通过观察实验动物的中毒表现和死亡情况，初步了解受试农药对动物的毒性和对人体产生损害的危险性大小、毒效应特征、靶器官和剂量—反应关系等。③为亚急性、亚慢性和慢性毒性试验以及其他毒理学试验的染毒剂量设计和观察指标选择提供依据和建议。④为农药毒性作用机制研究提供初步线索。

在评价农药急性毒性过程中，需要对整个试验期间的全部观察指标和检测结果进行全面的综合性分析，结合受试农药的理化性质科学评价，获得准确的结论，为农药管理提供科学依据。

皮肤刺激性 / 腐蚀性 指农药直接接触动物或人皮肤后发生的可逆性炎症变化或不可逆性组织损伤。农药的皮肤刺激性以红斑、焦痂形成、水肿等为主要特征，本质上是炎症，若这些炎症反应程度深且持久，出现不可逆性皮肤损伤和结构破坏，则称为腐蚀性。皮肤刺激性和腐蚀性的本质区别在于损伤程度和可逆与否。

农药皮肤刺激性 / 腐蚀性试验的目的是确定和评价农药对哺乳动物皮肤局部是否有刺激作用或腐蚀作用及其强度。白色兔为首选实验动物，一般至少使用 3 只动物。方法根据染毒次数分为急性皮肤刺激性试验和多次皮肤刺激性试验。染毒方式为取受试物 0.5ml（g）涂敷于一侧去毛皮肤，以另一侧皮肤作为对照，观察皮肤反应。急性皮肤刺激性试验在单次涂抹受试物后皮肤反应未恢复之前，应每天继续观察，一般不超过 14 天。多次皮肤刺激试验每天涂抹受试物 1 次，连续涂抹 14 天，从第二天开始先观察前一天皮肤反应再涂抹受试物。

皮肤刺激性评分应结合损伤性质、范围和可逆性进行。单独的评分并不能完全代表受试物的刺激性，对受试物的其他作用也应进行评价。应结合观察到的皮肤其他损伤、病理组织学的改变、可恢复性等对受试物的皮肤刺激性或腐蚀性进行综合评价。

急性眼刺激性 / 腐蚀性 指动物或人眼睛表面接触农药后发生的可逆性炎性变化或不可逆性组织损伤。农药的急性眼刺激性 / 腐蚀性以角膜浑浊、虹膜 / 结膜充血及肿胀等为主要特征，是活体组织对农药损伤作用做出一系列防御反应的综合表现。眼腐蚀性是眼刺激性的深化与质变，主要在于其不可逆性眼损伤。

农药急性眼刺激性 / 腐蚀性试验的目的为确定和评价受试物对哺乳动物眼睛是否有刺激作用或腐蚀作用及其程度。眼睛在农药生产、包装、运输、配置和使用过程中，暴露明显，因而对农药进行急性眼睛刺激性 / 腐蚀性评价非常必要且具有重要意义。

农药急性眼刺激性 / 腐蚀性试验首选实验动物为白色兔，一般至少使用 3 只动物。方法是将受试物以一次剂量滴入（放入）每只实验动物的一侧眼睛结膜囊内，以未做处理的另一侧眼睛作为自身对照。在规定的时间间隔内，观察动物眼睛的刺激和腐蚀作用程度并评分，以此评价受试物对眼睛的刺激作用，观察期限应能足以评价刺激效应的可逆性或不可逆性。

眼刺激性评分应结合损伤性质、范围和可逆性进行。单独的评分并不能完全代表受试物的刺激性，对受试物的其他作用也应进行评价。单独的评分只具有参考价值，只有全面的实验结果支持评分结果时，评分才有意义。

皮肤变态反应（致敏） 指农药直接接触动物或人皮肤后，皮肤对农药产生的免疫源性皮肤反应。人体皮肤致敏反应有瘙痒、红斑、水疱、融合水疱等特征。其他物种动物反应有所不同，可能仅见红斑和水肿。导致农药变态反应发生的主要原因有农药有效成分自身的化学结构特点、接触途径和农药制剂中的其他化学成分。

农药皮肤变态反应（致敏）试验的目的是为了确定重

复接触受试物对哺乳动物是否可引起皮肤变态反应及其程度，研究方法包括局部封闭涂皮试验（BT）、豚鼠最大值试验（GPMT）和小鼠局部淋巴结分析试验（LLNA）等。

局部封闭涂皮试验、豚鼠最大值试验的实验动物为豚鼠，试验包括诱导接触和激发接触两个过程，通过激发后皮肤反应强度评价受试物的致敏强度，试验周期为3~4周，应设置1个阴性（溶剂）对照组以及1个阳性对照组；小鼠局部淋巴结分析试验选择小鼠作为实验动物，通过耳部给予实验动物受试物，引起淋巴结细胞增生评价其致敏强度，周期为1周，至少应设3个试验剂量浓度，1个阴性（溶剂）对照组以及1个阳性对照组。

局部封闭涂皮试验适用于强致敏物的筛选，致敏途径与实际接触方式接近；豚鼠最大值试验适用于弱致敏物的筛选；小鼠局部淋巴结分析试验可以根据剂量 - 反应关系定量评价受试物的致敏强度，但通常涉及放射性标记方法。

农药急性毒性和局部毒性试验分类如图所示。

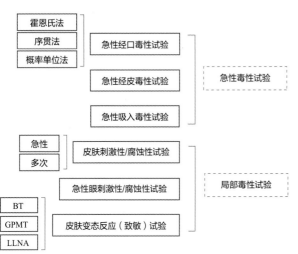

农药急性毒性和局部毒性试验分类

参考文献

环境保护部化学品登记中心，《化学品测试方法》编委会，2013. 化学品测试方法: 健康效应卷[M]. 2版. 北京: 中国环境出版社.

王心如，孙志伟，陈雯，2012. 毒理学基础[M]. 北京: 人民卫生出版社.

夏世钧，孙金秀，白喜耕，等，2008. 农药毒理学[M]. 北京: 化学工业出版社.

GB/T 15670. 2—2017 农药登记毒理学试验方法 第2部分: 急性经口毒性试验—霍恩氏法.

GB/T 15670. 3—2017 农药登记毒理学试验方法 第3部分: 急性经口毒性试验——序贯法.

GB/T 15670. 4—2017 农药登记毒理学试验方法 第4部分: 急性经口毒性试验——概率单位法.

GB/T 15670. 5—2017 农药登记毒理学试验方法 第5部分: 急性经皮毒性试.

GB/T 15670. 6—2017 农药登记毒理学试验方法 第6部分: 急性吸入毒性试验.

GB/T 15670. 7—2017 农药登记毒理学试验方法 第7部分: 皮肤刺激性/腐蚀性试验.

GB/T 15670. 8—2017 农药登记毒理学试验方法 第8部分: 急性眼刺激性/腐蚀性试验.

GB/T 15670. 9—2017 农药登记毒理学试验方法 第9部分: 皮肤变态反应 (致敏) 试验.

（撰稿：梅承翰；审稿：陶传江）

农药的慢性毒性　chronic toxicity of pesticides

实验动物或人长期重复接触农药所产生的毒性效应。所谓"长期"，无统一、严格的时间界限，可以是终生染毒。某些农药的低剂量接触往往不易产生明显的急性中毒症状，但可对人体产生长期的慢性影响。农药慢性中毒，轻者可影响体内多种酶的活性，如胆碱酯酶、肝微粒体酶、谷丙转氨酶、醛缩酶、酸性磷酸酶、碱性磷酸酶和三磷酸腺苷酶等，引起体内生理、生化功能紊乱和病理改变；重者可出现临床症状，表现为慢性皮炎、男性不育症、免疫系统及内分泌系统障碍，甚至癌症。

开展慢性毒性试验可以研究慢性毒性剂量 - 反应关系，确定长期接触农药造成有害作用的最低剂量（LOAEL）或阈剂量和未观察到有害作用的剂量（NOAEL），为制定人类接触时的安全限量标准，如每日允许摄入量（ADI）及危险度评价提供毒理学依据；观察慢性毒性效应谱、毒作用特点和毒作用靶器官；观察慢性毒性作用的可逆性；观察不同动物对受试物的毒效应差异，为毒性机制研究和将毒性结果外推到人提供依据。

研究方法　主要采用动物试验的方法进行研究评价。农药慢性毒性试验是实验动物在正常生命周期的大部分时间内反复经口、经皮或经呼吸道给予不同剂量的受试物，染毒期间每天观察动物各种体征，定期称量体重和摄食量，并进行眼科检查，血液生化指标、血液学指标和尿液指标的检测，以及组织病理学检查等，以阐明受试物的慢性毒性。

慢性毒性试验的实验动物可选用大鼠、小鼠等，首选大鼠。试验应使用雌、雄两种性别的动物。大鼠慢性毒性试验期限为104周，小鼠慢性毒性试验期限为78周。试验至少应设3个剂量组及1个相应的对照组。剂量选择可参考急性毒性、短期重复染毒毒性、亚慢性毒性和代谢研究等资料确定。剂量设计的原则：高剂量组动物可以出现某些较轻或较明显的毒性反应，个别动物可能死亡，高剂量组剂量设计不大于1000mg/kg体重；低剂量组动物不应出现毒性效应，但剂量应高于人的实际接触水平；中剂量组动物可出现轻度毒性效应；对照组为溶剂对照组或介质对照组，除不给予受试物外，其余处理均与剂量组相同。

经口、经皮和经呼吸道吸入是3种主要染毒途径。应根据受试物的理化特性和对人有代表性的接触方式选择相应的染毒途径。

主要观察指标　①一般观察。包括临床观察，体重、摄食和饮水量记录，眼科检查。②实验室检查。包括血常规检查（如发现受试物对血液系统有影响，应增加网织红细胞、骨髓涂片细胞学检查），尿液检查和临床血液生化检查。③病理检查。包括大体检查和组织病理学检查。④其他指标的检查。慢性毒性试验检测各种毒性终点的流程如图所示。

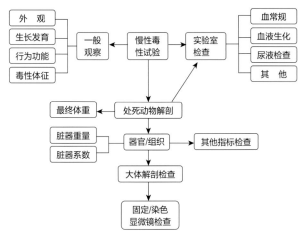

慢性毒性试验检测各种毒性终点的流程图

慢性毒性评价 农药慢性毒性试验结果的评价需要全面分析和研究试验所得的数据资料，借助统计学方法，并结合毒理学和相关学科的理论知识，才能得出较为可靠和科学的结论。

慢性毒性试验的观察指标较多，因此在结果分析时应注意相关指标的组间比较，尤其是各剂量组与对照组的比较，其次还应关注相关指标的比较。结果评价的具体内容包括毒效应表现、剂量-反应关系、靶器官和损伤的可逆性等，对各参数应分别评价其统计学意义、生物学意义和毒理学意义。同时，对于某些特殊的试验和实验动物，还应考虑动物间和动物自身的变异导致观察指标的差异。

在农药慢性毒性评价过程中，需要对整个试验期间的全部观察指标和检测结果进行全面的综合分析，结合受试农药的理化性质、化学结果，应用生物学和毒理学的基本理论进行科学评价，获得准确的结论，为农药管理提供科学依据。

参考文献

孟紫强, 2015. 现代环境毒理学[M]. 北京: 中国环境出版社.

孙志伟, 2017. 毒理学基础[M]. 北京: 人民卫生出版社.

张爱华, 蒋义国, 2016. 毒理学基础[M]. 北京: 科学出版社.

GB/T 15670. 26—2017 农药登记毒理学试验方法 第26部分: 慢性毒性试验.

（撰稿：刘然；审稿：陶传江）

农药的免疫毒性 immunotoxicity of pesticides

农药作用于免疫系统后，对其功能或结构造成损害，或作用于机体其他系统后引起的免疫系统损害。免疫系统广泛在于动物体内，负责识别和清除病原体以及自身衰老、损伤和突变细胞，是维持生物体健康的基本保障。免疫毒性的内容包括：①免疫抑制，即导致免疫功能降低的作用。②免疫原性，即化学物及其代谢物引起的免疫反应。③超敏反应，即化学物及其代谢物引起的免疫致敏作用。④自身免疫，即对自身抗原的免疫反应。⑤不良免疫刺激，即免疫系统组分的激活。由于以下几个特点，免疫系统易成为环境污染物包括农药的潜在靶标：①免疫系统需在生物出生后继续发育才能成熟。②骨髓来源的免疫组分持续更新。③免疫反应需维持激活和抑制间的精确平衡。

具有免疫毒性的农药有很多。例如，莠去津暴露导致小鼠非特异性免疫功能和特异性免疫功能下降；残杀威暴露导致小鼠脾脏和胸腺重量减轻，血液中白细胞数量下降，并且降低小鼠的免疫反应；联苯菊酯暴露导致小鼠脾脏重量减轻、脾脏淋巴细胞增殖能力下降。流行病学的研究也表明，农药导致的免疫毒性与感染、肿瘤、过敏、自身免疫疾病的发生存在正相关，从而对人类的健康产生严重的威胁。

影响因素 很多生理和环境因子影响农药的免疫毒性，包括剂量和暴露时间、年龄、发育阶段、生活方式、营养、性别以及遗传背景等。

机理 免疫系统保持着更新、分化、激活、抑制之间的稳态平衡，对其中任一方面的影响都可能引发免疫毒性。首先，一些农药可以对免疫组分产生直接免疫毒性，如莠去津、拟除虫菊酯等可直接对免疫组织、免疫细胞等造成损伤，从而引发免疫毒性。造成直接免疫毒性的机制包括诱导氧化应激、线粒体功能紊乱、内质网应激、细胞自噬以及抑制酯酶活性等。其次，农药可产生内分泌干扰，进而通过影响免疫系统—内分泌系统—神经系统调控网路，造成免疫毒性。再次，一些农药在体内可能具有抗原性。农药分子较小，往往不具有抗原性，不能直接引发免疫反应。但有些农药分子可结合如血清蛋白等蛋白大分子，从而作为过敏原引起 I 型过敏反应，如马拉息昂和2,4-二氯苯氧基乙酸可诱导动物体内 IgE 的产生。农药分子也可能穿过血脑屏障等，结合生物自身蛋白，形成半抗原—载体复合物，进而产生自身抗原，引发自身免疫反应，如马拉息昂在动物和人体内均可诱发接触性皮炎。

研究方法 农药的免疫毒性可采用小鼠、大鼠、斑马鱼等模式生物以及不同免疫细胞来进行研究评估。有以下几种常用的研究方法（见图）。

基于病理学检测筛查试验 对机体免疫器官组织结构进行分析来评价外来化合物的免疫毒性。主要检测农药对胸腺、脾脏、骨髓、淋巴结等免疫器官组织的重量、组织结构的影响。

基于细胞因子检测筛查试验 利用 ELISA 法、mRNA 基因表达检测、流式细胞术等检测农药体内或体外暴露对免疫系统形成细胞因子能力的影响。

基于免疫功能检测筛查试验 ①淋巴细胞增殖反应试验。检测 T 细胞和 B 细胞功能活性。②巨噬细胞功能试验。常用方法包括放射性元素铬标记的鸡红细胞吞噬法、碳粒廓清试验、巨噬细胞溶酶体测定、巨噬细胞促凝血活性测定和

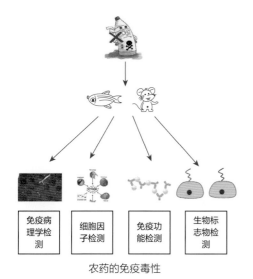

农药的免疫毒性

巨噬细胞表面受体检测。③体液免疫功能检测试验。主要通过观察抗体形成细胞数或抗体生成量来评价体液免疫功能，试验方法有空斑形成细胞试验、ELISA法、免疫电泳法和血凝法等测定血清抗体浓度。④细胞免疫功能评价。可用细胞毒性T细胞杀伤试验、混合淋巴细胞反应、迟发型过敏反应等来评价细胞免疫功能。⑤宿主抵抗力试验。利用整体动物试验，检测机体在接触污染物后对细菌、病毒、寄生虫及可移植瘤和自发肿瘤的抵抗力，常用方法有细菌感染模型、病毒抵抗模型、寄生虫感染模型和同种移植瘤攻击模型等。

基于生物标志物的筛查试验　生物标志物是指可反映生物系统与外源性危险因素相互作用的体内物质。生物标志物的建立，对评价人群由于接触农药而引起免疫系统微小变化十分重要。

参考文献

CHEN J Y, SONG Y, ZHANG L S, 2013. Immunotoxicity of atrazine in BALB/c mice[J]. Journal of environmental science and health, part B, 48(8): 637-645.

CUSHMAN J R, STREET J C, 1982. Allergic hypersensitivity to the herbicide 2,4-D in BALB/c mice[J]. Journal of toxicology and environmental health, 10(4-5): 729-741.

HASSAN Z M, OSTAD S N, MINAEE B, et al, 2004. Evaluation of immunotoxicity induced by propoxure in C57BL/6 mice[J]. International immunopharmacology, 4(9): 1223-1230.

ROSENBERG A M, SEMCHUK K M, 1999. Prevalence of antinuclear antibodies in a rural population[J]. Journal of toxicology and environmental health, Part A, 57(4): 225-236.

VIJAY H M, MENDOZA C E, Lavergne G, 1978. Production of homocytotropic antibodies (IgE) to malathion in the rat[J]. Toxicology and applied pharmacology, 44(1): 137-142.

WANG X, GAO XL, HE BN, et al, 2017. Cis-bifenthrin induces immunotoxicity in adolescent male C57BL/6 mice[J]. Environmental toxicology, 32(7): 1849-1856.

（撰稿：傅正伟；审稿：陶传江）

农药的内分泌干扰效应　endocrine disrupting effects of pesticides

农药等干扰内分泌的外源化合物能够侵入内分泌系统，影响内分泌系统的各个环节，从而对机体产生负面作用。能引起生物体内分泌干扰效应的物质统称为内分泌干扰物。大部分动物体中存在着完善的内分泌系统，该系统通过分泌激素参与调节机体的生长发育、内环境稳态、新陈代谢以及行为活动等。内分泌干扰物参与许多慢性疾病的发生，包括心血管疾病、糖尿病、肥胖、生殖异常、肿瘤等。

内分泌干扰物的种类很多，许多农药就属于内分泌干扰物。如研究证实莠去津、噁虫威、甲萘威、灭蚁灵和杀线威等具有弱雌激素活性；氯吡硫磷是雄激素的拮抗剂；滴滴涕能破坏细胞的钙离子通道以及相关的信号通路；百菌清能抑制芳香酶活性，提升皮质酮浓度并能刺激雄激素感应细胞扩增；霜霉威能提升芳香酶活性和雌激素产量；咪鲜胺能活化孕烷X受体（PXR），激动芳香烃受体（AhR），从而抑制雌/雄激素受体的活性；高灭磷可以抑制下丘脑中促皮质激素释放激素的合成。农药引起的内分泌干扰效应能使动物体内的内分泌失衡，导致各种生理病理的发生，严重时会导致动物体生殖障碍、行为异常、生殖能力下降、幼体死亡等。

机理　农药干扰内分泌系统的机理主要是通过直接或间接影响激素受体的功能而产生内分泌干扰效应（见图）。部分农药的结构与人体内源性激素的配体结构相似，其模仿激素的作用与靶器官的激素受体结合，形成配体受体复合物并将其激活，进而影响相关的细胞信号通路，诱导或抑制相关靶基因的转录，从而干扰了正常的内分泌功能，对生物的生殖和发育产生影响。如拟除虫菊酯、灭多威、氯丹等，这些农药能与一些激素受体结合，或产生与内源性激素相同的效应，或产生不同的效应，或起拮抗作用。目前研究的几种重要的激素受体包括雌激素受体、雄激素受体、甲状腺激素受体和糖皮质激素受体等。同时，在体内激素主要有3种存在形式：游离的活化形式、轻度结合载体蛋白的低活性形

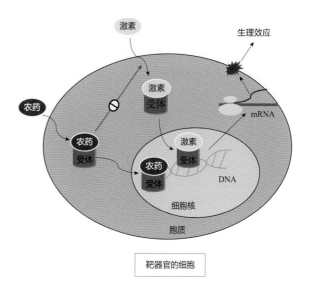

农药的内分泌干扰效应

式、高度结合载体蛋白的失活形式；而农药作为激素类似物在体内存在时是没有失活形式的，且农药与载体蛋白的亲和性与内源性激素有所不同，所以内源性激素的转运体系也会被农药破坏，当体内农药浓度足够高时，激素的靶细胞还会减少受体数目。除了直接与受体作用外，农药可以通过影响内源性激素的合成与代谢、破坏离子通道等方式来间接形成内分泌干扰效应。

同时需要注意的是，农药的内分泌干扰作用和浓度是非线性相关的，某些内分泌干扰作用只在低剂量时表现。原因可能为：在高剂量条件下农药的作用受体会表现出非选择性；高剂量时受体下调，而低剂量时受体上调；高剂量时农药表现出细胞毒性。因此，我们更要警惕在生活中被动摄入的低浓度农药的内分泌干扰效应，因为这些物质就如激素一样，仅需极少的剂量就能引起明显的生理效应。

分析方法　根据内分泌干扰物的作用机制，国内外建立了多种内分泌干扰物的筛查模型，包括以下几个大类：①体外受体结合试验，构建表达激素受体基因的重组酵母，可以检验待测物是否可以结合激素受体以及亲和力的大小。②基于细胞模型的筛查试验，利用细胞的特性来检测农药的内分泌干扰效应，如H295R细胞具有全套的类固醇激素合成系统，可以检验待测物干扰类固醇激素合成的能力。③基于动物模型的筛查试验，检测污染物对鱼类、两栖类、哺乳类动物的内分泌系统的影响，包括大鼠子宫增重试验、青春期雌雄大鼠甲状腺试验、青蛙形态改变试验和鱼短期繁殖试验等。目前国内外已利用这些模型建立了一系列针对内分泌干扰物的筛选评估方法，将其应用于常见农药的内分泌干扰作用的筛选及机制研究中。

参考文献

谭彦君, 2011. 国内外内分泌干扰物筛选评价体系研究进展[J]. 卫生研究, 40(2): 270-272.

ANDERSEN H R, VINGGAARD A M, RASMUSSEN T H, et al, 2002. Effects of currently used pesticides in assays for estrogenicity, androgenicity, and aromatase activity in vitro[J]. Toxicology and applied pharmacology, 179(1): 1-12.

COCCO P, 2002. On the rumors about the silent spring: Review of the scientific evidence linking occupational and environmental pesticide exposure to endocrine disruption health effects[J]. Cadernos de Saúde pública, 18(2): 379-402.

HASS U, CHRISTIANSEN S L, POULSEN L M, et al, 2010. Prochloraz: an imidazole fungicide with multiple mechanisms of action[J]. International journal of andrology, 29(1): 186-192.

KANG H G, JEONG S H, CHO J H, et al, 2004. Chlropyrifos-methyl shows anti-androgenic activity without estrogenic activity in rats[J]. Toxicology, 199(2/3): 219-230.

MCMAHON T A, HALSTEAD N T, JOHNSON S, et al, 2011. The fungicide chlorothalonil is nonlinearly associated with corticosterone levels, immunity, and mortality in amphibians[J]. Environmental health perspectives, 119(8): 1098-1103.

MNIF W, HASSINE A I, BOUAZIZ A, et al, 2011. Effect of endocrine disruptor pesticides: a review[J]. International journal of environmental research and public health, 8(6): 2265-2303.

PRUTNER W, NICKEN P, HAUNHORST E, et al, 2013. Effects of single pesticides and binary pesticide mixtures on estrone production in H295R cells[J]. Archives of toxicology, 87(12): 2201-2214.

SINGH A K, 2002. Acute effects of acephate and methamidophos and interleukin-1 on corticotropin-releasing factor (CRF) synthesis in and release from the hypothalamus in vitro[J]. Comparative biochemistry and physiology part C toxicology and pharmacology, 132(1): 9-24.

TESSIER D M, MATSUMURA F, 2001. Increased ErbB-2 tyrosine kinase activity, MAPK phosphorylation, and cell proliferation in the prostate cancer cell line LNCaP following treatment by select pesticides[J]. Toxicological sciences, 60(1): 38-43.

VANDENBERG L N, COLBORN T, HAYES T B, et al, 2012. Hormones and endocrine-disrupting chemicals: low-dose effects and nonmonotonic dose responses[J]. Endocrine reviews, 33(3): 378-455.

WALSH D E, DOCKERY P, DOOLAN C M, 2005. Estrogen receptor independent rapid non-genomic effects of environmental estrogens on Ca^{2+} in human breast cancer cells[J]. Molecular and cellular endocrinology, 230(1/2): 23-30.

（撰稿：靳远祥；审稿：陶传江）

农药的神经毒性　neurotoxicity of pesticides

农药引起的导致中枢或外周神经系统结构或功能损害的能力。神经系统的正常运转需要依靠内外环境的高度稳定性来维持，其对外来因素的影响非常敏感，尤其是发育中的神经系统。假如神经发育过程停滞或被抑制，其后果可能是终生不可逆的。许多农药，尤其是杀虫剂，其靶标即为昆虫的神经系统。基于神经化学过程等的进化保守性，这些农药也可能对人类产生毒害作用。目前，在数百种已知的神经毒物中，有近一半是农药。已有许多流行病学调查表明，产前或者婴幼儿期暴露于农药将导致神经功能缺陷。比如，墨西哥的印第安部落中，暴露于高剂量杀虫剂的儿童，其在短期记忆、手眼协调、绘画能力等均落后于同一部落中的非暴露组儿童。

作用机理　农药可直接或间接作用于人体神经系统，导致器质性损害或功能性改变。其中，神经元、轴突、神经胶质细胞和髓鞘、神经传递过程是最常受到损伤的靶位点，从而引起神经元病、轴突病、髓鞘病等病变。应注意的是，一种农药不一定仅作用于单一位点，可能同时导致多个靶位点均引起损伤。

神经元是不可再生的。早期神经元受损，出现凋亡或坏死，将导致神经元的永久丧失，同时，神经元胞浆延伸物、树突、轴突和髓鞘发生变性，从而引起神经元病。帕金森病（Parkinson's disease）是一种缓慢进展的神经系统退行性疾病，多发生于中老年，其主要病理改变即是中脑黑质多巴胺能神经元变性坏死，导致纹状体多巴胺含量下降，从而导致震颤、肌肉僵直、运动弛缓与体位不稳等一系列症状。某些农药，比如百草枯、狄氏剂、拟鱼藤酮、拟除虫菊酯等与帕金森病的发生相关。这些农药可选择性地抑制神经元线粒体电子传递链中的复合物Ⅰ，使其活性降低，从而最终造成神经元的慢性死亡。经常接触农药的人罹患帕金森病的几率远大于其他人群。此外，杀虫剂三甲基锡可使神经细胞弥漫性坏死，而海马对这种毒作用尤为敏感，从而引起激动谵妄、空间方向感丧失、记忆缺陷等神经系统症状，最后导致癫痫。

轴突病是指轴突作为神经毒性原发部位而产生的中毒性神经障碍。轴突与包裹它的髓鞘发生变性，从而产生"化学性切断"。周围神经系统的轴突变性后还可能再生，但中枢神经系统的轴突一旦变性，则不能再生。有机磷农药中毒可导致迟发性神经病，其发生于急性中毒后的1～8周，临床表现为手足麻木、疼痛、下肢酸疼，进而下肢呈对称性弛缓性瘫痪，上肢亦可累及。究其原因即是周围神经远端及脊髓侧索的轴突肿胀变性，轴突内聚管囊样物形成，脊髓继发性变性脱失。

髓鞘病指髓鞘细胞受损，引起髓鞘层分离，导致髓鞘水肿，可演变为脱髓鞘病变。比如，氨基甲酸酯类农药可通过促进周围神经系统的氧化损伤而形成脱髓鞘病变。氟乙酰胺则能中断三羧酸循环，影响正常的氧化磷酸化过程，最终造成神经系统损伤，患者头部呈现脑水肿、脱髓鞘病灶等。

正常的神经突触传递过程依赖于许多生物学和电化学活动的协调作用。许多农药可通过影响突触传递过程而产生神经毒性。例如，有机磷和氨基甲酸酯类农药可特异性抑制神经组织的乙酰胆碱酶活性，造成乙酰胆碱在突触处堆积，导致神经系统组织的持续放电，产生毒蕈碱样和烟碱样作用及中枢神经系统症状。又如，溴氰菊酯可使脑组织兴奋性神经递质谷氨酸的合成和释放增加，从而诱发脑损伤，严重影响神经细胞的结构和功能，甚至引起神经细胞的凋亡和坏死。而大环内酯类农药阿维菌素可作用于氯离子通道或 γ-氨基丁酸受体而产生神经毒性，中毒后表现为瞳孔放大，共济失调，肌肉震颤等症状。

细胞信号的改变在毒理学过程中起到重要作用。某些农药可在不同水平通过影响神经细胞内信号传导因子，导致蛋白质构型和功能改变，干扰细胞信号的传递，从而发挥其

神经毒性作用。例如，钙离子是神经系统中广泛存在的第二信使分子，细胞内钙稳态失调会给机体造成不同程度的损害。多种农药，比如有机磷杀虫剂、拟除虫菊酯类杀虫剂等，可通过不同机制引起神经细胞内钙离子浓度升高，从而造成神经毒性。

发育神经毒性是指在出生前经父体或母体接触外源性理化因素引起的在子代成体前神经系统出现的有害作用。胚胎、胎儿和新生儿期神经细胞的增殖、迁移、分化、髓鞘和突触形成等都按照其固有程序进行，而某些农药可作用于相关区域或过程而导致神经发育异常。有调查发现，母亲暴露于杀虫剂可导致婴儿患神经管缺陷的危险性增加。此外，氯吡硫磷可干扰星型胶质细胞的分化和形成，或者妨碍髓鞘的形成，从而产生发育神经毒性。

农药的神经毒性评价　神经毒性评价是指通过一系列的毒理学试验测试农药对实验动物神经系统的毒作用，从而评价和预测其对于人体神经系统可能造成的危害。可采用分阶段方法检测神经毒性。第一阶段通过一系列常规的筛选试验确定具有急性毒性的物质。第二阶段则需要进行行为影响、发育毒性或迟发性神经毒性的专门试验。如果需要，则进行第三阶段试验确定神经毒物诱导损伤的机制。美国环保局曾发布了包括神经毒性筛选试验、发育神经毒性评价、行为毒性评价、外周神经功能评价、有机磷农药急性和28天迟发性神经毒性评价等一系列神经毒性评价规范。中国《化学品毒性鉴定技术规范》中也包含有神经毒性评价程序和方法。

参考文献

HODGSON E, 2011. 现代毒理学[M]. 江桂斌, 译. 北京: 科学出版社.

夏世钧, 2008. 农药毒理学[M]. 北京: 化学工业出版社.

GUILLETTE E A, MEZA M M, AQUILAR M G, et al, 1998. An anthropological approach to the evaluation of preschool children exposed to pesticides in Mexico[J]. Environmental health perspectives, 106(6): 347-353.

MARINA B P, ANDERSEN H R, GRANDJEAN P, 2008. Potential developmental neurotoxicity of pesticides used in Europe[J]. Environmental health, 7(1): 50.

（撰稿：傅正伟；审稿：陶传江）

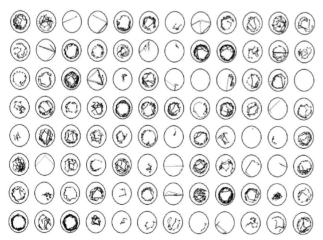

在96孔板中利用斑马鱼幼鱼的游泳行为进行农药神经毒性的高通量筛选

农药的亚急性/亚慢性毒性　subacute/subchronic toxicity of pesticides

实验动物或人连续重复接触农药所产生的毒效应。通常农药的亚急性毒性是指实验动物或人连续14～30天接触农药所产生的毒效应，农药的亚慢性毒性是指实验动物或人连续较长期（相当于其生命周期的1/10）接触农药所产生的毒效应。

开展亚急性/亚慢性毒性试验可以研究亚急性/亚慢性毒性剂量—反应关系（如图所示为对称S形剂量-反应曲线），确定重复接触农药造成有害作用的最低剂量（LOAEL）

或阈剂量和未观察到有害作用的剂量（NOAEL），为制定人类暴露的安全限量提供毒理学依据；观察毒性效应谱、毒作用特点和毒作用靶器官；观察毒性作用的可逆性；观察不同动物对受试物的毒效应差异，为毒性机制研究和将毒性结果外推到人提供依据。

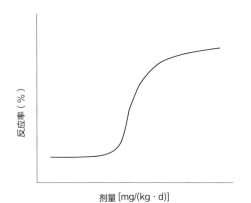

对称 S 形剂量 - 反应曲线

研究方法 主要采用动物试验的方法进行研究评价。实验动物反复经口、经皮或经呼吸道染毒 28 天、90 天或 180 天，观察动物的毒性反应，定期称量体重和计算摄食量，并进行血液学指标、血液生化指标和尿液指标的检测、组织病理学检查等，以评价受试物的重复染毒毒性，初步确定受试物引起动物有害效应的剂量和靶器官。

亚急性 / 亚慢性毒性试验的实验动物可选用大鼠、小鼠等，首选大鼠。试验应使用雌、雄两种性别的动物。亚急性毒性试验染毒期限为 28 天，亚慢性毒性试验染毒期限通常为 90 天或 180 天。试验至少应设 3 个剂量组和 1 个对照组。原则上高剂量组的动物在染毒期间应当出现明显中毒表现但不引起动物死亡，低剂量组应不引起毒性作用并应高于人的实际接触水平，中剂量可产生轻微的毒性，以求出未观察到有害作用剂量水平和观察到有害作用最低剂量水平。对照组为溶剂对照组或介质对照组，除不给予受试物外，其余处理均与剂量组相同。

经口、经皮和经呼吸道吸入是 3 种主要染毒途径。应根据受试物的理化特性和对人有代表性的接触方式选择相应的染毒途径。

主要观察指标 ①一般观察。包括临床观察，体重、摄食和饮水量记录，眼科检查。②实验室检查。包括血常规检查（如发现受试物对血液系统有影响，应增加网织红细胞、骨髓涂片细胞学检查），尿液检查和临床血液生化检查。③病理检查。包括大体检查和组织病理学检查。④其他指标的检查。

亚急性 / 亚慢性毒性评价 在农药亚急性 / 亚慢性毒性评价过程中，应将临床表现、生长发育情况、血液学指标、血液生化指标、脏器重量和脏器系数、病理学检查结果等整个试验期间的全部观察指标和检测结果进行全面的综合分析，评价农药是否引起毒性反应、程度、作用的靶器官以及是否存在剂量 - 反应关系等。在综合分析的基础上，对农药的毒性效应和毒作用靶器官做出结论，获得农药亚急性 / 亚慢性毒性的 NOAEL 和 LOAEL，为农药管理提供科学依据。

参考文献

金泰廙, 2012. 毒理学原理和方法[M]. 上海: 复旦大学出版社.

孙志伟, 2017. 毒理学基础[M]. 北京: 人民卫生出版社.

张爱华, 蒋义国, 2016. 毒理学基础[M]. 北京: 科学出版社.

GB/T 15670.26—2017 农药登记毒理学试验方法 第10部分: 短期重复经口染毒 (28天) 毒性试验.

GB/T 15670.26—2017 农药登记毒理学试验方法 第11部分: 短期重复经皮染毒 (28天) 毒性试验.

GB/T 15670.26—2017 农药登记毒理学试验方法 第12部分: 短期重复吸入染毒 (28天) 毒性试验.

GB/T 15670.26—2017 农药登记毒理学试验方法 第13部分: 亚慢性毒性试验.

（撰稿：刘然；审稿：陶传江）

农药的致癌作用 carcinogenesis of pesticides

农药引发动物和人类恶性肿瘤，增加癌症发病率和死亡率的作用。癌症是环境因素与遗传因素相互作用而导致的一类复杂的疾病。近年来，世界各国癌症的发病率和死亡率不断上升，且呈现低龄化趋势。早在 20 世纪 70 年代，国际癌症研究所就指出人类癌症和环境因素密切相关，其中化学因素包括农药和环境污染约占 90%。为了确保农药科学、合理使用，世界各国都很重视农药致癌性问题，不断对农药进行评价、管理，从而达到保护环境和健康的目的。

化学致癌是指化学物质引起正常细胞发生恶性转化并发展成肿瘤的过程，具有这种作用的化学物质称为化学致癌物。农药品种很多，迄今为止，在世界各国注册的已有上千种，其中常用 500～600 种，且主要为化学类农药，广泛应用于农林业生产。已知在动物身上能诱发肿瘤的化学物质有 150 种以上，虽然动物与人之间在化学物质转运、分布、降解、代谢及排泄等方面有所差别，但其中能引起人类肿瘤的化学物质已证实有几十种。自 1971 年起，国际癌症研究机构（International Agency for Research on Cancer, IARC）开始将各国有关化学致癌物资料汇编成书，并将致癌物按其对人类和动物的致癌作用分为：组 1，对人类致癌物，对人类致癌性证据充分者属于本组；组 2，对人类很可能或可能是致癌物；组 3，现有的证据不能对人类致癌性进行分类；组 4，对人类可能是非致癌物。

农药致癌作用机制 农药的化学致癌作用是一个多因素、多基因参与的多阶段过程。其作用过程可分为以下 3 个阶段：①诱致细胞遗传学改变，包括基因突变、基因扩增、染色体重排等，不可逆地将正常细胞转变为肿瘤细胞。②促进已启动形成的肿瘤细胞分裂生长。③使细胞表现出不可逆的基因组改变，并且在形态、功能代谢和细胞行为方面逐渐表现出肿瘤特征。化学致癌的作用机制一直是世界各国研究的热点，目前尚未完全阐明。化学致癌机制较为公认的是突变致癌作用以及非突变致癌作用，非突变致癌是对于 DNA

外的靶标起作用，其影响因素有很多，类激素作用以及免疫损伤作用是其中研究的相对比较清楚的（见图）。

　　突变致癌作用　即通过遗传物质的改变，如基因水平突变，最终导致细胞的恶性转化。基因水平突变是由于DNA加合物导致永久性的细胞突变，造成遗传变化。当化学致癌物对DNA产生损伤后，由于损伤的程度和性质不同，其后果亦不同，细胞对于DNA损伤有修复和耐受机制，突变的出现不只是损伤—突变的模式，而是损伤—修复—突变模式，即DNA损伤能够正确修复，突变就不会发生，如果修复错误或未经修复，进行DNA复制后可出现突变，导致细胞癌变。有机氯农药由于在食物链、环境和人体中残留期过长，广泛用于农药的致癌性研究。目前，已有多种有机氯农药被认为能引起人类的癌症，如通过彗星实验证实氯嗪类除草剂特丁津能够导致人的淋巴细胞DNA损伤，并损伤c-myc和TP53基因的结构完整性。农药莠去津、甲草胺、氰草津、2,4-二氯苯氧乙酸以及马拉硫磷能够增加暴露者的微核率和染色体畸变率。

　　类激素样作用　人类的内源性激素常常是非遗传毒性致癌物，为促癌剂，是能引起癌变已启动的细胞或细胞群增殖的化学物。目前已经发现多种化学农药具有环境激素效应，如滴滴涕、七氯和莠去津等具有雌激素作用，干扰人体内激素的生物行为，破坏内环境的相对稳定，因而有增加致癌性的危险度，可引起乳腺癌、子宫癌和前列腺癌。

　　免疫系统损伤　免疫系统的功能是保护宿主免受外来生物（如病毒、细菌、真菌）、外来细胞（如癌细胞）和其他外来物质的损害。免疫系统在癌症发生发展过程中有至关重要的作用，免疫缺陷的患者通常易于感染和罹患肿瘤。动物试验研究农药对免疫系统影响的结果表明，对硫磷能抑制实验动物T细胞增殖，阻滞体液和细胞免疫反应；马拉硫磷可致免疫功能失调，影响非特异性免疫功能；有机磷农药还能凝固免疫细胞活动所必需的酶，从而抑制免疫细胞的活性。

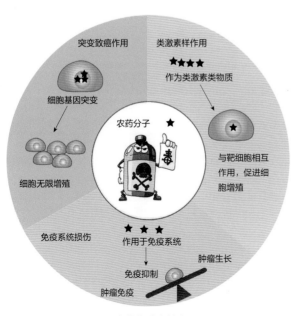

农药的致癌效应

农药致癌性的研究方法

　　动物致癌试验　将不同剂量的农药通过一定的途径给予受试动物，观察受试动物中出现肿瘤的频率、类型、发生部位、出现时间及剂量反应关系，并与对照组比较，阐明受试物是否对实验动物有致癌性，致癌活性程度，诱发肿瘤的靶器官。在此基础上推论对人类致癌的潜在危险性，是目前公认的最可靠的体内致癌试验，已被各国列为新农药安全评价的重点实验项目。根据目前动物试验研究结果，多种农药表现出致癌作用，如马拉硫磷可使雄、雌性B6C3F1小鼠肝肿瘤及雌性Fischer344大鼠肝脏和鼻部肿瘤的发生率增高；氯菊酯可诱导雌性CD-1小鼠的肺部肿瘤及雄、雌性CD-1小鼠肝细胞良性肿瘤的发生频率增加；炔草酸可增加雄性大鼠前列腺肿瘤、雌性大鼠卵巢肿瘤、雌雄小鼠的肝肿瘤及雌性小鼠的血管肿瘤的发生率。

　　流行病学调查　由于动物与人体之间体内代谢酶系统、代谢类型、生理生化反应都有一定的差异，对动物能诱发肿瘤的农药也不能机械地推断于人，动物试验不能都代表对人的结果。因此许多化学物质的致癌性是根据职业性接触人群的流行病学调查而确定的。因此确定化学物对人类是否有致癌作用，必须对接触人群进行流行病学调查。从人类流行病学调查发现接触农药与肿瘤发生率有一定关系。在农药与癌症的关系研究中，非霍奇金淋巴瘤（Non-Hodgkin's lymphoma，NHL）是研究最多的一种。关于农药和NHL关系的流行病学研究表明暴露人群（主要是农民）NHL发生率高于非暴露人群，相对危险度（RR）＜2。最近几年，NHL、霍奇金淋巴瘤、复合性骨髓癌、软组织肉瘤的发病率不断上升，研究报道显示这些肿瘤性疾病的发生与农药的职业性接触相关。

　　经动物试验研究和流行病学调查认为农药的环境污染与肿瘤发病率密切相关。虽然，迄今还没有确切的某种农药引起人类某种肿瘤的流行病学报告，但个别农药可诱发动物肿瘤是明确的，对其致癌性应提高警惕，慎重对待。所以，世界各国对开发的新农药必须进行动物致癌试验，是农药安全评价程序中最后阶段的试验，也是最重要的安全评价。

参考文献

胡洁，王以燕，许建宁，2009. 农药致癌性的研究进展[J]. 农药，48(10): 708-711.

孔庆喜，姚宝玉，胡翠清，2005. 农药的致癌性评价[J]. 农药科学与管理，26(7): 26-28.

张晨，王笑茹，2010. 长期低剂量接触有机磷农药的致癌作用[J]. 承德医学院学报，16(2): 847-849.

VAKONAKI E, ANDROUTSOPOULOS V P, LIESIVUORI J, et al, 2013. Pesticides and oncogenic modulation[J]. Toxicology, 307: 42-45.

（撰稿：傅正伟；审稿：陶传江）

农药的致畸性　teratogenicity of pesticides

　　外源物质干扰胚胎或胎儿的正常发育过程，导致生理方面的发育缺陷，并出现肉眼可见的形态结构异常。

农药对于胚胎发育的毒性效应，涵盖了从卵子受精到胚胎形态结构和功能发育完成整个阶段。有些农药能诱发实验动物的出生缺陷。以除草剂为例，作为落叶剂使用的 2,4-滴和 2,4,5-滴可造成人类畸形儿增加，究其原因是由于制剂中含有微量的二噁英杂质。二噁英有极强的致畸性，小鼠仅以 1～10μg/kg 剂量染毒，就可以引起肾盂积水和腭裂。而对于 2,4-滴，发现由于父母在喷洒农药时皮肤接触 2,4-滴，从而造成婴儿头部畸形，并伴有严重的智力发育迟缓。有机氯杀虫剂滴滴涕及其代谢产物 DDE 能导致许多鸟类蛋壳变薄，蛋壳破碎导致细菌侵入使胚胎死亡。此外，滴滴涕可降低公鸡和大鼠的睾丸大小，也可产生雌激素效应，从而导致水肿、子宫充血、卵巢和子宫重量增加等作用；而甲氧滴滴涕在大鼠中可诱发胎鼠蜡样肋骨等。

作用机理　胚胎发育的复杂性提示可能有多种机制干扰正常的发育，而关于这些机制，人们了解得并不透彻。根据目前的研究结果，农药致畸作用机理主要有以下几种可能：①突变引起的胚胎发育异常。农药作用于胚胎体细胞而引起的突变是非遗传性的。体细胞突变引起的发育异常除了形态上的缺陷外，还能产生代谢功能的缺陷。②对细胞的生长分化较为重要的酶受到抑制。在胚胎发育过程中，需要有很多酶的催化作用，假如这些酶受到抑制或者破坏，将会影响胚胎的正常发育而导致胚胎畸形。③母体正常代谢过程被破坏。这将导致子代细胞在生物合成过程中缺乏必要的物质，影响正常发育，以致出现生长迟缓或者畸形。④细胞分裂过程的障碍。致畸物质可干扰细胞的分裂过程，引起生殖细胞减数分裂过程中的不分离或细胞有丝分裂过程的障碍等，均可使某些细胞死亡，导致这些细胞构成的器官不能正常发育，并出现畸形。

致畸性评价　对于农药的致畸性，目前还不能从一般毒性资料及其理化特性和化学结构进行预测，往往必须借助动物试验、临床观察和流行病学调查才能做出确切的评价。中国自 20 世纪 70 年代起开始对农药、食品添加剂等进行致畸研究，并将致畸试验列为农药和食品添加剂的毒性试验内容之一。

与其他化合物类似，农药的致畸性具有物种特异性、剂量特异性以及器官特异性。了解这几点对于进行农药致畸性评价而言非常重要。以物种特异性为例，不同种属的动物显示出不同的敏感性，而这可能是不同种属的动物对

农药的代谢过程不同，胎盘构造亦有差别。比如，中国研究敌枯双时发现，其对大鼠的致畸剂量与其在小鼠中的试验结果相差约一个数量级，这是由于两个物种间毒代动力学方面存在差异。因此，在预测农药对人类的致畸性时，仅用单一的动物种系获得的安全性评价结果可能是不可靠的。而对于剂量而言，致畸剂量范围通常是非常窄的。剂量过大，可能出现胚胎死亡从而掩盖致畸作用的显现，导致畸形率反而降低。因此，致畸物引起胚胎发育异常的剂量—反应关系不能单独按畸形率计算，而应综合考虑畸形率和胚胎死亡率进行评价。此外，一般在器官发生期对于致畸物最为敏感，故称此期为敏感期或危险期。由于各器官的发生过程并不一致，在胚胎发育的不同时期给予毒物，会发生不同的器官畸形。

对于致畸试验，所用的动物对农药的代谢过程应尽可能和人类相似，并具有人类胚胎构造相似的胎盘。综合考虑，一般多采用大鼠、小鼠和兔。给药方法一般应与人接触或摄入方式相同，比如采用灌胃方法。由于致畸物主要是在受精卵着床后，胚胎细胞开始分化和器官形成的发育阶段出现致畸作用，因此，在此期间给予受试物，可显示最强的致畸作用，造成最明显的畸形。应根据不同实验动物的着床期、胚胎器官形成期和妊娠期，准确掌握给药的具体时间和对动物的剖杀检查时间。在剖检中，主要对胎仔的外观、骨骼及内脏进行检查。除了上述哺乳类受试动物之外，近年来，以斑马鱼为代表的小型模式鱼在农药致畸性的筛查中也广受关注（见图）。只要证实某种受试物对一种动物具有致畸性，就应当警惕其对人类可能具有潜在危害性。

参考文献

孔志明, 2012. 环境毒理学[M]. 5版. 南京: 南京大学出版社.

夏世钧, 2008. 农药毒理学[M]. 北京: 化学工业出版社.

中国农业百科全书总编辑委员会农药卷编辑委员会, 中国农业百科全书编辑部, 1993. 中国农业百科全书: 农药卷[M]. 北京: 农业出版社.

（撰稿：孙立伟；审稿：陶传江）

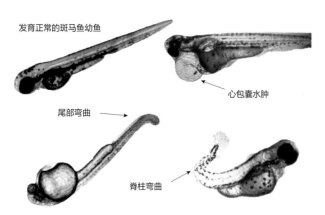

发育正常的斑马鱼幼鱼

心包囊水肿

尾部弯曲

脊柱弯曲

农药暴露导致斑马鱼幼鱼的发育畸形（孙立伟提供）

农药登记　pesticide registration

对农药进入市场销售前实施的管理制度，是农药管理的核心部分。由国家主管部门对申请登记资料进行审查，证明该产品达到预期用途的效果，对人畜健康和环境影响的风险可接受后批准销售和使用的过程。

世界农药登记　农药登记制度是 1947 年始于美国，目前世界上大多数国家和地区都实行登记制度。但各国主管部门则不尽相同，多数在农业部门，美国等国家则由环境保护局主管。

中国农药登记　中国农药登记工作始于 1982 年，1997年 5 月 8 日国务院发布《农药管理条例》（简称《条例》）；2001 年 11 月对其进行了修订；2017 年 3 月 16 日国务院发布新修订《条例》，并于 2017 年 6 月 1 日起施行。新版《条

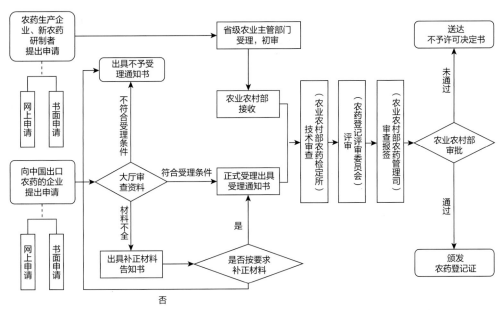

农药登记申请和审批程序流程图

例》在内容上有许多重大变化和调整。

登记管理范围　在中华人民共和国境内生产、经营、使用的农药，应当取得农药登记。

登记类别　农药登记、变更与延续。

登记试验　在申请农药登记前，新农药登记试验，申请人应当向农业农村部提出申请，其余的向登记试验所在地省级农业农村部门备案。主要对试验安全风险及其防范措施进行审查。2020年9月13日《国务院关于取消和下放一批行政许可事项的决定》，取消新农药登记试验审批，改为备案。

农药登记　在试验结束后，申请人向所在地政府部门申请，提交登记试验报告、标签样张和农药产品质量标准及其检验方法等申请资料，新农药还需提供农药标准品。农药登记证主要分3类：农业用农药类别代码为PD，卫生用农药类别代码为WP，仅限出口农药类别代码为EX。

变更与延续　申请变更或者延续的，由农药登记证持有人向农业农村部提出，填写申请表并提交相关资料。变更包括：改变农药使用范围、使用方法或者使用剂量的；改变农药有效成分以外组成成分的；改变产品毒性级别的；原药产品有效成分含量发生改变的；产品质量标准发生变化的和其他情形。延续：在有效期届满，需要继续生产农药或者向中国出口农药的，应当在有效期届满九十日前申请延续。逾期未申请延续的，应当重新申请登记。

登记程序　见农药登记申请和审批程序流程图。

登记原则　遵循科学、公平、公正、高效和便民的原则；要能够满足风险评估的需要，遵循最大风险原则，产品与已登记产品在安全性、有效性等方面相当或者具有明显优势。鼓励和支持登记安全、高效、经济的农药，加快淘汰对农业、林业、人畜安全、农产品质量安全和生态环境等风险高的农药。

农药分类　按生产方式分：农药原药（母药）和制剂两大类。按农药来源分：化学农药、生物化学农药、微生物农药、植物源农药。按农药用途分：农业用农药和卫生用农药。

农药登记评审委员会　农业农村部负责全国农药登记管理工作，组织成立农药登记评审委员会，制定农药登记评审规则。

农业农村部所属负责农药检定工作的机构负责全国农药登记具体工作。省、自治区、直辖市人民政府农业主管部门所属的负责农药检定工作的机构协助做好本行政区域的农药登记具体工作。

农药登记评审委员会由下列人员组成：国务院农业、林业、卫生、环境保护、粮食、工业行业管理、安全生产监督管理等有关部门和供销合作总社等单位推荐的农药产品化学、药效、毒理、残留、环境、质量标准和检测等方面的专家；国家食品安全风险评估专家委员会的有关专家；国务院农业、林业、卫生、环境保护、粮食、工业行业管理、安全生产监督管理等有关部门和供销合作总社等单位的代表。目前，第九届全国农药登记评审委员会的专家委员共计153人。

（撰稿：王以燕、李富根；审稿：高希武）

农药地表水污染　pesticide pollution in surface water

农药通过各种途径进入地表水体，进而危及人体健康与水生生态系统的现象。农药地表水污染按污染来源可分为非点源污染（又名面源污染）和点源污染。非点源污染是指农业生产活动中施用的农药从非特定的地域，在降水和径流冲刷作用下，通过农田地表径流和农田排水进入受纳水体（河流、湖泊、水库、海湾）所引起的污染。点源污染是指农药生产企业的废水通过企业排污口排入受纳水体或通过污水管网排入城市污水处理厂，或工业园区污水处理厂经过一定方式的处理后排入受纳水体所引起的污染。农药地表水污染按地表水体的类型，可分为：①河流污染。其特点为污染程度随径流量和排污的数量与方式而变化。农药污染扩散快，上游的污染会很快随水流而影响下游，某河段的污染会影响到整个河道水生生态环境。污染影响大，河水中的农药可通过饮水、河水灌溉农田和食物链而危害人类。②湖泊（水库）污染。其特点为某些残留期长的农药会长期停留其中发生量的积累并影响湖泊生态环境。③海洋污染。其特点为污染源多而复杂，污染的持续性强、危害性大，污染范围广。

农药地表水污染现象在世界各地普遍存在。美国地质调查局（U.S. Geological Survey，USGS）于1991年开始实施国家水质评价计划（The National Water-Quality Assessment，NAWQA），在1992—2001年对全美50个州的地表水及地下水中农药污染状况进行了系统全面的调查。此后，USGS分别于2001、2004和2007年对农药重点污染区域开展了高密度监测调查。对186条河流的水样，1052条河流的底泥样品及700个不同河流的鱼类样品调查结果显示：在水样中检出21种杀虫剂、52种除草剂、8种代谢产物、1种杀菌剂和1种杀螨剂，在沉积物和鱼类样品中检出有机氯农药及其代谢产物共32种。在所采取的90%的水样中至少有1种农药或降解产物检出，对鱼类样品的检测结果显示在发达地区超过90%的样品检出有机氯农药，对沉积物样品的检测结果显示农业区有57%的样品检出有机氯，而城市区有80%的样品检出有机氯，表明在美国地表水环境系统中普遍存在农药污染。

农药地表水污染现象在欧洲也普遍存在。在法国、西班牙、德国、英国等大部分欧洲国家的地表水体中均有农药检出报道。法国是仅次于中国和美国的世界第三大农药使用国，有"巴黎母亲河"之称的塞纳河由于流域周围农田施用农药，已受到杀虫剂的污染。在西班牙，斯海尔德河二嗪磷的检出浓度高达530ng/L。德国易北河和莱茵河中甲基对硫磷的检出浓度分别为270ng/L和332ng/L，乐果的检出浓度分别为3210ng/L和50ng/L。在流经英国的亨伯河中杀螟硫磷的检出浓度为270ng/L。

中国是世界上农药生产和使用大国，全国各大流域水体都存在着不同程度的农药污染。有机氯农药虽已禁用多年，但由于其持久性，近年来水体中仍有检出，但检出浓度普遍较低。水体中检出的农药还包括有机磷类农药、三嗪类农药、酰胺类农药、氨基甲酸酯类农药及拟除虫菊酯类农药等。

参考文献

宋宁慧，卜元卿，单正军，2010. 农药对地表水污染状况研究概述[J]. 生态与农村环境学报，26(增刊): 49-57.

GILLIOM R J, BARBASH J E, CRAWFORD C G, et al, Pesticides in the nation's streams and ground water, 1992-2001[EB/OL]. https:// pubs. usgs. gov/circ/2005/1291/. 2007-02-15/2010-11-05.

GOTZ R, BAUER O H, FRIESEL P, et al, 1998. Organic trace compounds in the water of the River Elbe Near Hamburg. Part II[J]. Chemosphere, 36(9): 2103-2118.

HOUSE W A, LEACH D, LONG J L A, et al, 1997. Micro-organic compounds in the Humber Rivers[J]. Science of the total environment, 194/195: 357-371.

PLANAS C, CAIXACH J, SANTOS F J, et al, 1997. Occurrence of pesticides in spanish surface waters. analysis by high resolution gas chromatography coupled to mass spectrometry[J]. Chemosphere, 34(11): 2393-2406.

（撰稿：周军英；审稿：单正军）

农药地下水污染　pesticide pollution to groundwater

地下水即赋存于地面以下岩石空隙中的水，在资源、生态环境等方面具有重要的功能。农药在田间使用后，只有少量停留在作物上发生效用，大部分则残留在土壤、水和空气中。土壤中的农药会通过淋溶等途径进入地下水体，地表水体中的农药会通过地下径流等途径进入地下水体，空气中残留的农药也会通过降雨等途径进入土壤和地表水体进而进入地下水体，从而对地下水造成污染。

由于地下水环境中微生物较少，同时处在避光和缺氧状态下，农药在地下水中往往不易降解，具有持久性，即地下水农药污染不可逆转。不适当地使用农药已经并正在使许多宝贵的地下水源因污染而无法利用。早在1962年Bonde等人就发现井水中有农药残留，只是直到1982年Zakl等人确认地下水农药污染导致人体中毒事件后才引起重视。随后世界各国对地下水的农药污染状况进行了大量的调查研究。2003年环境保护部南京环境科学研究所对河北、山东的典型甘薯种植地区的地下水进行了现场采样调查及室内样品分析，结果表明甲拌磷和特丁硫磷对当地地下水有严重污染，最大检出浓度分别超过了美国北卡罗来纳州和美国环境保护局的地下水标准。2004年福建省的蒲田市、仙游县、长泰县、龙海市等甘蔗地的102个地下水样品中，甲胺磷、乐果、克百威、莠去津、氧化乐果的检出率各地分别是10.8%、34.3%、14.7%、3.9%。

影响农药在土壤中迁移、淋溶特性的因素众多。依据农药本身的理化性质（溶解性、吸附性、降解性等），其水溶性越大，在土壤上的吸附越弱，越易通过淋溶作用进入地下水。不稳定的农药，其在淋溶过程中会很快消解，不易造成对地下水的污染。土壤质地对农药在土壤中的移动性也有很大影响，同一种农药，在砂性土壤中比在黏性土壤中移动性要强。不同农药的淋溶速度快慢均依次为砂土＞砂壤土＞黏壤土＞黏土。同时，有机质通过吸附降解作用，显著地影响着农药的移动性。对于分子型农药，土壤有机质含量越高，其对农药的吸附性越强，农药的移动性则越弱；反之，有机质含量越少，移动性越强。不同的有机质成分对农药的吸附能力也不一样，如腐植酸、富菲酸和其他腐殖质的吸附性能就不同。有机质含量比较丰富的土壤中，生物活动一般也比较活跃，生物降解同样影响着农药的行为和命运，生物降解快的农药，其对地下水的污染影响风险相对减弱。土壤的酸碱性对农药的迁移转化有较大影响，主要表现在pH值对农药水解特性及其稳定性的影响。土壤的结构也会直接影响土壤中水分子的流向，从而影响农药进入地下水及其在土壤—地下水间的分配。此外，气候因素（降水、地下水埋深、光照、温度、湿度等）、耕作和灌溉方式等均会在不同程度上影响农药对地下水的污染。

为了预测农药对地下水的污染瞬时动态与扩展范围，研究人员运用地下水生态风险评价技术来预测农药在地下含水层中迁移时浓度的时空变化规律。以农药在土壤中的移动性建模始于经典的对流弥散模型和自然非平衡两区模型。模型中需要考虑挥发、降解、吸附、水文和大孔隙等影响因子。常用的风险评价模型有 SCI-GROW，PRZM，ADAM 等模型。其中，SCI-GROW 是美国环境保护局最常用的地下水暴露评价模型，它的建立以那些地下水易受污染的地区（地下水埋深浅、土壤为砂性或渗透性土、降水量或灌溉量较大的地区）进行的小规模地下水监测研究为基础。PRZM 模型则把农药的迁移分成 8 个部分：土壤中的移动；水中的移动；农药施用方式与叶面的洗刷；化学降解；土壤消解；挥发；灌溉；氮化。主要用于模拟农药被施用于旱地作物后在作物根区中的行为。ADAM 模型主要模拟农药在地下蓄水层中的稀释、分配、持留及转运情况。因此 PRZM-ADAM 的连接模型可以预测农药被施用于旱地作物后淋溶进入地下水的行为和残留浓度。

农药地下水污染不仅制约着社会经济发展，更严重威胁着人畜的健康和生存。治理农药地下水污染现象刻不容缓。防治对策主要有以下几方面：①合理使用化肥和农药，开发其替代品。在进行农业生产时，降低对农药、化肥等产品的依赖性，鼓励应用当代新科技、新技术来提高农作物产量；大力开发有毒性农药、化肥的替代物和替代技术并推广到新农村建设中，如用农村畜禽类粪便等有机肥取代一部分化肥。②建立水质监测网并重点做好水质监测工作。地下水资源污染具有较强的隐蔽性，即使地下水资源产生了污染情况，人们也很难在第一时间发现。但是污染物在渗透到地下水的过程中需要一定的时间，人们可以利用该阶段对地下水资源进行监控。主要包括地下水的面积、地下水的酸碱程度、地下水的污染情况以及地下水资源的质量动态等监测项目，并对定期检测结果进行详细的记录和分析，这种方式能够对地下水资源的质量进行及时分析。③合理使用农药地下水污染治理和修复技术。由于中国农村人口居住较分散，农村地下水污染也具有分散的特点，并且农村经济基础较差。污水处理手段的选择要因地制宜，根据人口、地形地貌、气候、经济以及污染物特点和污染程度等选择相对经济、有效的治理方式。

地下水是非常宝贵的淡水资源，地下水农药污染已成为世界性的环境问题。因此，研究农药的环境行为及其在环境中的迁移规律，分析影响农药污染地下水的环境因子，从而为提出有效的生态风险评价技术和预防控制措施提供科学依据，具有重要的现实意义。

参考文献

程燕，周军英，单正军，等，2007. 运用SCI-GROW模型预测农药对地下水的污染风险[J]. 生态与农村环境学报，23(4): 78-82.

何利文，2006. 农药对地下水的污染影响与环境行为研究[D]. 南京：南京农业大学.

魏禅，马振民，朱恒华，等，2014. 某农药化工企业密集区地下水污染评价[J]. 地下水，36(6): 102-104.

姚铭富，2013. 地下水污染与防治[J]. 黑龙江水利科技，11(41): 178-180.

赵亮，2012. 农药地下水风险评价中暴露评价技术研究[D]. 南京：南京大学.

（撰稿：孔德洋；审稿：单正军）

农药毒性　pesticide toxicity

农药对生物体造成有害作用的固有能力。毒性是物质一种内在的、不变的生物学性质。农药的毒性并非仅指其有效成分的毒性，而是包括杂质、惰性物质以及降解产物在内的总毒性，或者说是混合物的毒性。

化学物对生物体健康产生的有害作用称为毒效应。毒性和毒效应的概念存在区别，毒性是化学物固有的生物学性质，不能改变，而毒效应是化学物在某些条件下使生物体健康受到损害的表现，改变条件就可能影响毒效应。剂量、接触途径、接触期限、速率和频率等因素可影响化学物的毒效应。研究影响因素是研究农药毒作用机制的重要部分，评价农药毒性时，应控制影响因素，使试验结果更准确，重现性更好。另外，研究农药毒作用影响因素有助于制定中毒的防治措施，在农药健康风险评估中以动物试验结果外推于人时，也应分析和考虑这些因素。

农药对生物体的毒性作用，取决于其固有毒性以及农药及其活性代谢产物到达作用部位的量。农药的理化性质决定了其在体内吸收、分布、代谢和消除过程，其化学活性决定了与生物分子的反应能力。靶器官的结构功能特点决定了对化学物或活化代谢产物的易感性和毒效应表现。某个特定的器官成为农药的靶器官有毒效动力学和毒代动力学两方面的原因。农药的靶器官毒作用涉及多种水平交互作用。农药可以通过影响信号转导途径间的相互作用、细胞和基质间相互作用、细胞之间的相互作用、炎症和免疫等多个环节，影响靶器官毒作用及其结局（见图）。

农药毒理学是研究农药对生物体有害作用的应用科学，是毒理学的一个分支。农药毒理学评价是将实验动物或体外培养的细胞暴露于不同剂量水平的农药，经不同染毒时长，观察农药毒性作用的表现和特征，阐明剂量 - 反应（效应）关系，确定毒性作用的靶器官，确定损害的可逆性，了解产生毒性的机制，以便毒理学家和风险评估员做出风险评估，

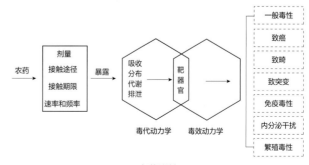

农药毒性

即评估人群暴露于农药的风险，为农药研发机构、企业和政府部门决策提供科学依据。

在农药毒理学试验研究中，通常按动物染毒的时间长短分为急性、亚急/亚慢性和慢性毒性试验。急性毒性试验为1次或24小时内多次对试验动物染毒，用来评价农药急性暴露所产生的毒性效应（如死亡、眼与皮肤刺激等）。亚急/亚慢性和慢性毒性试验则为较长时间（至少1个月以上）内对动物反复多次染毒，用来评价重复暴露所产生的毒性效应（如肝功能异常、肿瘤等）。急性、亚慢性和慢性毒性作用又名一般毒性作用，除此以外还应研究农药的致突变性、致畸性、致癌性、生殖毒性、免疫毒性、内分泌干扰作用等，以全面分析和评价农药的毒性效应。

农药对人类健康的风险由农药毒性和暴露量两部分决定。过去对农药的评价更重视农药本身毒性的高低，而对人的暴露情况研究不足。近年来，基于暴露场景和暴露量的农药健康风险评估应用于评价农药对人类的潜在健康风险。农药健康风险评估应综合考虑农药的理化性质、施用量大小、毒性大小、毒作用特点、代谢特点、蓄积性、接触人群的范围、人体接触量、食品中农药的残留量等因素，确保其对人体健康的安全性。

参考文献

王心如, 孙志伟, 陈雯, 2012. 毒理学基础[M]. 6版. 北京: 人民卫生出版社.

王心如, 周宗灿, 2003. 毒理学基础[M]. 4版. 北京: 人民卫生出版社.

夏世钧, 孙金秀, 白喜耕, 等, 2008. 农药毒理学[M]. 北京: 化学工业出版社.

周宗灿, 付立杰, 2012. 现代毒理学简明教程[M]. 北京: 军事医学科学出版社.

GB/T 15670.1—2017 农药登记毒理学试验方法 第1部分: 总则.

（撰稿: 陶岭梅; 审稿: 陶传江）

农药毒性分级 toxicity hazard categories of pesticides

用农药的毒性指标将其毒性划分为不同等级，从而表示该农药毒性高低的方法。通常来讲，毒性分级指急性毒性分级（acute toxicity hazard category），即用农药的急性毒性指标——实验动物的半数致死量（LD_{50}）或半数致死浓度（LC_{50}）大小对其毒性划分级别。

农药的毒性分级直观地显示了一种农药产品对人体造成急性损害的可能性和严重程度，是消费者了解农药产品毒性的最直观方法之一。无论是在中国还是其他国家，农药毒性分级和其代表标识通常要求被明确显示在标签中，从而起到对消费者的警示作用。

各国际组织及国家推荐或规定的农药毒性分级标准并不一致。表1至表4列举了几个重要国际组织和国家推荐或规定的毒性分级标准。

表 1 世界卫生组织（WHO）推荐的农药毒性分级

WHO 分级		大鼠 LD_{50}（mg/kg 体重）	
		经口	经皮
Ia 级	严重危害	≤ 5	≤ 5
Ib 级	高度危害	5～50	5～200
Ⅱ 级	中度危害	50～2000	200～2000
Ⅲ 级	轻度危害	2000～5000	2000～5000
U 级	未显示出急性危害	> 5000	

表 2 全球化学品统一分类和标签制度（GHS）规定的农药毒性分级

GHS 分级	标识	经口 LD_{50}^a（mg/kg 体重）	经皮 LD_{50}^b（mg/kg 体重）	吸入: 粉尘或雾 LC_{50}^a（mg/L）	吸入: 气体 LC_{50}^a（μl/L V^c）	吸入: 蒸汽 LC_{50}^a（mg/L）
1级	☠	≤ 5	≤ 50	≤ 0.05	≤ 100	≤ 0.5
2级	☠	5～50	5～200	0.05～0.5	10～500	0.5～2.0
3级	☠	50～300	200～1000	0.5～1.0	500～2500	2.0～10

（续表）

GHS 分级		分级标准				
	标识	经口 LD[a]$_{50}$（mg/kg 体重）	经皮 LD[b]$_{50}$（mg/kg 体重）	吸入：粉尘或雾 LC[a]$_{50}$（mg/L）	吸入：气体 LC[a]$_{50}$（μl/L V[c]）	吸入：蒸汽 LC[a]$_{50}$（mg/L）
4 级	！	300～2000	1000～2000	1.0～5.0	2500～5000	10～20
5 级		2000～5000	2000～5000	等同于 LD$_{50}$ 为 2000～5000 的剂量		

a 通常采用大鼠试验数据；如经科学性证实，其他物种适合的试验数据也可以采纳。
b 通常采用大鼠和兔试验数据；如经科学性证实，其他物种适合的试验数据也可以采纳。
c 气体浓度的单位为百万分之一体积分数。

表 3 美国环境保护局（U.S. EPA）规定的农药毒性分级

EPA 分级		分级标准		
	标识	经口 LD$_{50}$（mg/kg 体重）	经皮 LD$_{50}$（mg/kg 体重）	吸入 LC$_{50}$（mg/L）
I 级	☠	≤ 50	≤ 200	≤ 0.05
II 级		50～500	200～2000	0.05～0.5
III 级		500～5000	2000～5000	0.5～2.0
IV 级		＞ 5000	＞ 5000	＞ 2

表 4 中国规定的农药毒性分级

中国分级		分级标准		
	标识	大鼠经口 LD$_{50}$（mg/kg 体重）	大鼠经皮 LD$_{50}$（mg/kg 体重）	大鼠吸入 LC$_{50}$（mg/m³）
剧毒	☠	≤ 5	≤ 20	≤ 20
高毒	☠	5～50	20～200	20～200
中等毒	✖	50～500	200～2000	200～2000
低毒	低毒	500～5000	2000～5000	2000～5000
微毒		＞ 5000	＞ 5000	＞ 5000

中国农药急性毒性分级原则如下：

①根据试验结果，判断被试物对雌、雄性动物的急性经口、经皮或吸入毒性，当对雌、雄性动物的毒性级别不一致时，按毒性级别较高的计。

②判定农药产品毒性级别应综合考虑急性经口、经皮和吸入毒性试验结论。当根据各试验判定的毒性级别不同时，以最高级别作为该产品的毒性级别。

③急性吸入毒性试验中，如果被试物浓度达到技术上的最大浓度时，仍无动物死亡，则该试验结果不宜作为判定产品毒性级别的主要依据。

参考文献

中华人民共和国农业部, 2017. 中华人民共和国农业部公告 第2569号 农药登记资料要求[EB]. 2017年9月13日.

DRAISCI R, 2008. No 1272/2008 of the European Parliament and of the Council of 16 December 2008 on classification, labelling and packaging of substances and mixtures, amending and repealing

Directives 67/548/EEC and 1999/45/EC, and amending Regulation (EC) No 1907/2006[J]. Luxembourg: Official Journal of the European Union, 31 December 2008, L353.

The United States Environmental Protection Agency, 2018. Office of pesticide programs label reviewmanual[OL]. https://www. epa. gov/ sites/production/files/2018-04/documents/lrm-complete-mar-2018. pdf.

UNITED NATIONS, 2017. Globally harmonized system of classification and labelling of chemicals (GHS) seventh revised edition[M]. New York and Geneva: United Nations.

WORLD HEALTH ORGANIZATION, 2010. The WHO recommended classification of pesticides by hazard and guidelines to classification 2009[J]. International programme on chemical safety.

（撰稿：闫艺舟；审稿：陶传江）

农药对家蚕的毒性等级划分

毒性等级	LC_{50}（96 小时）/（mg/L）
剧毒	$LC_{50} \leqslant 0.5$
高毒	$0.5 < LC_{50} \leqslant 20$
中毒	$20 < LC_{50} \leqslant 200$
低毒	$LC_{50} > 200$

熏蒸试验主要是针对卫生用药模拟室内施药条件进行试验，如果家蚕的死亡率＞10% 时，即视为对家蚕高风险。

参考文献

GB/T 31270.11—2014 化学农药环境安全评价试验准则第11部分: 家蚕急性毒性试验.

（撰稿：王开运；审稿：姜辉）

农药对家蚕急性毒性试验　acute toxicity test of pesticides on silkworm

农药对家蚕的生长和生理生化功能造成的影响与危害。包括急性毒性和慢性毒性两类。在农药的环境试验中，通常只做急性毒性，用农药对家蚕的半数致死浓度 LC_{50} 值表示。

毒性试验　试验按照 GLP 实验室规范开展试验。急性毒性试验方法包括浸叶法和熏蒸法两种，根据农药登记管理法规及其他规定选择相关试验方法。应先准备好实验条件，进行预试验，明确药剂处理剂量和家蚕响应反应有效范围，再进行正式试验。

试验条件准备　①试验用家蚕（Bombyx mori）品种选择菁松 × 皓月，春蕾 × 镇珠，苏菊 × 明虎，或其他有代表性的品系。以二龄起蚕为试验材料。②供试药剂应使用农药纯品、原药或制剂。难溶于水的可用少量对家蚕毒性小的有机溶剂、乳化剂或分散剂助溶。③试验条件。蚁蚕饲养和试验温度为 25℃ ±2℃，相对湿度 70%～85%。

试验方法　浸叶法试验，设置 5～7 个浓度，每一重复 20 头，设置空白对照和含溶剂助剂对照。每一浓度和对照设 3 个重复。在培养皿内饲养二龄起蚕，将桑叶在药液中浸渍 10 秒，晾干表面水分后饲喂家蚕。观察记录饲喂 24 小时、48 小时、72 小时和 96 小时的中毒症状和死亡情况。利用 DPS 等统计软件计算 LC_{50} 值和 95% 置信限。熏蒸法试验可在熏蒸箱等试验装置内进行。供试药剂在试验装置内定量燃烧，从熏蒸开始，按 0.5 小时、2 小时、4 小时、6 小时、8 小时，观察记录熏蒸试验装置内家蚕的毒性反应症状，8h 后，将熏蒸装置内处理后的家蚕取出，在常规饲养下继续观察 24 小时及 48 小时的死亡情况。每个处理设置 9 个重复，同时设置空白对照（3 个重复）。观察记录家蚕摄食情况、中毒症状和死亡情况等。

毒性评价　经急性毒性试验求得的 LC_{50} 值，是评价农药对家蚕毒性大小的标准，并将农药对家蚕的急性毒性分为四级，见表。

农药对蜜蜂毒性试验　toxicity test of pesticide on honey bee

农药对蜜蜂的毒性试验数据，是农药登记与指导农药安全使用时必备的资料。试验包括对蜜蜂成蜂的急性毒性试验、对蜜蜂幼虫的急性毒性和慢性毒性试验，以及对蜜蜂行为、习性、繁殖等种群状况影响的半田间试验和田间试验。

蜜蜂成蜂的急性毒性试验

急性经口毒性试验　根据预试验确定的浓度范围按一定比例间距（几何级差应控制在 2.2 以内）设置 5～7 个剂量组，每组至少需 10 只蜜蜂，并设空白对照组，使用助剂助溶的试验还需设置助剂对照组。将贮蜂笼内的蜜蜂引入试验笼中，然后在饲喂器（如离心管，注射器等）中加入 100～200μl 含有不同浓度供试物的 50%（w/v）蔗糖水溶液，并对每组药液的消耗量进行测定。一旦药液消耗完（通常需要 3～4 小时），将饲喂容器取出，换用不含供试物的蔗糖水进行饲喂（不限量）。对于一些供试物，在较高试验剂量下，蜜蜂拒绝进食，从而导致食物消耗很少或几乎没有消耗的，最多延长至 6 小时，并对食物的消耗量进行测量（即测定该处理的食物残存的体积或重量）。对照组及各处理组均设 3 个重复。观察记录试验处理 24 小时、48 小时后蜜蜂的中毒症状和死亡数。在对照组死亡率低于 10% 的情况下，若处理 24 小时和 48 小时后的死亡率差异达到 10% 以上时，还需将观察时间最多延长至 96 小时。

急性接触毒性试验　根据预试验确定的剂量范围，按一定比例间距（几何级差应控制在 2.2 以内）设置 5～7 个剂量组，每个组至少需 10 只蜜蜂。同时设空白对照组及溶剂对照组，对照组及每一剂量组均设 3 个重复。供试物用丙酮等溶剂溶解，配制成不同浓度的药液。对准蜜蜂中胸背板处，用微量点滴仪分别点滴各浓度供试药液 1～2μl，待蜂身晾干后转入试验笼中，用 50%（w/v）蔗糖水饲喂。观察记录试验处理 24 小时、48 小时后蜜蜂的中毒症状和死亡数。在对照组死亡率低于 10% 的情况下，若处理 24 小时和 48 小时后的死亡率差异达到 10% 以上时，还需将观察时间最多延长至 96 小时。

熏蒸试验（目前尚无国家标准）　对挥发性农药可进行熏蒸毒性试验。在玻璃容器的底部放一培养皿，培养皿内置等量一定级差浓度供试物药液，上面搁置试验蜂笼，每笼（组）30 只蜜蜂，正常喂饲 50%（w/v）蔗糖水，用盖子密封玻璃容器。观察记录 24 小时蜜蜂中毒死亡情况，统计求出 24 小时 LC_{50}（mg/L）。

按蜜蜂急性经口和接触毒性的 48 小时半致死剂量 LD_{50}（μg/ 只），将农药对蜜蜂的毒性分为 4 个等级。剧毒：$LD_{50} \leq 0.001$。高毒：$0.001 < LD_{50} \leq 2$。中毒：$2 < LD_{50} \leq 11$。低毒：$LD_{50} > 11$。

蜜蜂幼虫毒性试验

蜜蜂幼虫急性毒性试验　蜜蜂幼虫达到 4 日龄当天，每只幼虫投喂 30μl 含有相应剂量供试物的饲料 C。染毒后 24 小时、48 小时每只幼虫分别投喂 40μl、50μl 不含供试物溶液的饲料 C。每次投喂饲料前，如果育王台基中有剩余饲料，则用一次性吸管或移液器吸除并记录剩余量。如果使用水溶解供试物，则投喂的含供试物饲料中供试物溶液的体积应 ≤ 10%。如果使用有机溶剂溶解，其使用量应尽可能降到最低，并且投喂的含供试物饲料中供试物溶液的体积应 ≤ 5%，实际添加供试物溶液的量须根据供试物的溶解度、有机溶剂的毒性综合考虑而定。

根据预备试验确定的剂量范围，按一定比例间距（几何级差应 ≤ 3 倍）设置不少于 5 个剂量组的正式试验。同时设空白对照组，当使用助溶剂时，增加设置助剂对照组，对照组及各处理组均设 3 个重复，每个重复至少 12 只幼虫。染毒后观察蜜蜂幼虫的中毒症状和其他异常行为，身体僵硬不动或轻微触碰无反应的幼虫判定为死亡，分别记录染毒后 24 小时、48 小时、72 小时的死亡数，同时将死亡的幼虫取出。统计染毒结束及试验结束时饲料的剩余情况。

蜜蜂幼虫慢性毒性试验　于蜜蜂幼虫 3 日龄、4 日龄、5 日龄、6 日龄当天，每天投喂含有相应剂量供试物的饲料，分别为 20μl 饲料 B、30μl 饲料 C、40μl 饲料 C、50μl 饲料 C。每次投喂饲料前，如果育王台基中有剩余饲料，则用一次性吸管或移液器吸除并记录剩余量。如果使用水溶解的供试物，则投喂的含供试物饲料中供试物溶液的体积应 ≤ 10%。如果使用有机溶剂溶解，其使用量应尽可能降到最低，并且投喂的含供试物饲料中供试物溶液的体积应 ≤ 2%，实际添加供试物溶液的量需根据供试物的溶解度、有机溶剂的毒性综合考虑而定。

根据预备试验确定的浓度范围，按一定比例间距（几何级差应 ≤ 3 倍）设置不少于 5 个剂量组。同时设空白对照组，当使用助溶剂时，增加设置助剂对照组，对照组及各处理组均设 3 个重复，每个重复至少 12 只幼虫。第 4 天至第 8 天每天观察并记录幼虫死亡数、其他异常情况及染毒结束时饲料剩余情况，第 15 天观察并记录幼虫和蛹的死亡数，此时未化蛹的幼虫判定为死亡，同时将死亡的幼虫和蛹去除。第 22 天观察并记录蛹死亡数、羽化数（分别记录羽化后成活数与死亡数）及其他异常情况。

蜜蜂影响半田间试验　当农药对蜜蜂影响的初级风险评估结果表明风险不可接受时，利用大棚、网笼或温室等可控的田间条件，观察农药使用对蜜蜂种群和发育影响的试验过程。试验一般分为暴露前阶段、暴露阶段和暴露后阶段 3 个部分。

暴露前阶段　包括试验地、试验蜂群、试验作物和供试物等的准备工作。

暴露阶段　将试验蜂群在大棚中暴露于施药中或施药后的作物上，对蜜蜂死亡数、飞行活动、觅食情况和蜂群状况等做评估。

暴露后阶段　即监测阶段，包括数次蜂群状况调查、蜜蜂死亡数和行为等的评估。

蜜蜂影响田间试验（目前尚无行业或国家标准）　当农药对蜜蜂影响的初级风险评估或半田间试验结果表明风险不可接受时，在完全田间自然条件和代表实际使用当地的农业生产实践条件下，观察农药使用对蜜蜂种群和发育影响的试验过程。试验阶段参见上文"蜜蜂影响半田间试验"。

根据农药使用方法确定对蜜蜂暴露的可能性，当根据农药使用方法不能排除蜜蜂受到农药的暴露时，应进行风险评估。用于多种作物或多种防治对象的农药，当针对每种作物或防治对象的施药方法、施药量或频率、施药时间等不同时，应分别进行风险评估。采用分级评估方法，以风险商值（RQ）对风险进行表征。

根据农药使用方法，设定农药喷施、土壤或种子处理两种暴露途径。①喷施农药。评估蜜蜂接触被农药污染的作物和摄食被农药污染的作物花粉、蜜露等作物可食部位造成的风险。当喷施农药的作物开花前采收，视为对蜜蜂不具吸引力，可忽略其暴露的可能，但当不具吸引力的作物中长有其他对蜜蜂具有吸引力的开花植物或者"次要"蜜源或粉源作物时，则蜜蜂具有暴露可能，应进行农药对蜜蜂的风险评估。②土壤或种子处理。当农药被植物体吸收后，因蜜蜂采集花蜜、花粉等活动摄入农药而可能造成风险时，应进行风险评估。然而，蜜蜂接触受污染花粉和花蜜不作为暴露的重要途径，则无须进行风险评估。当农药用于室内如温室（蜜蜂用于授粉除外）、住宅、粮仓等封闭结构，或用于室外如种子处理剂和颗粒剂（内吸性农药除外）、萌发和开花前施用、浸渍球茎等，则农药对蜜蜂的风险可忽略不计。

评估程序和方法：首先进行问题阐述，然后在适用的暴露场景下进行初级暴露分析和初级效应分析，最后对初级风险评估结果进行定量描述。当初级风险评估结果不可接受时，可进行高级风险评估（包括开展高级暴露分析和 / 或高级效应分析），使评估结果更为准确。

农药对蜜蜂的风险评估流程参照图 1 至图 3。

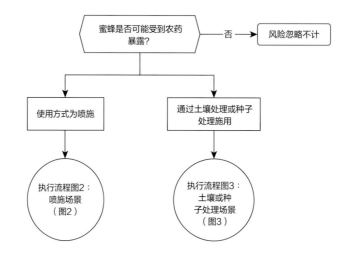

图 1　农药对蜜蜂的风险评估总流程

（引自《NY/T 2882.4 农药登记环境风险评估指南　第 4 部分：蜜蜂》）

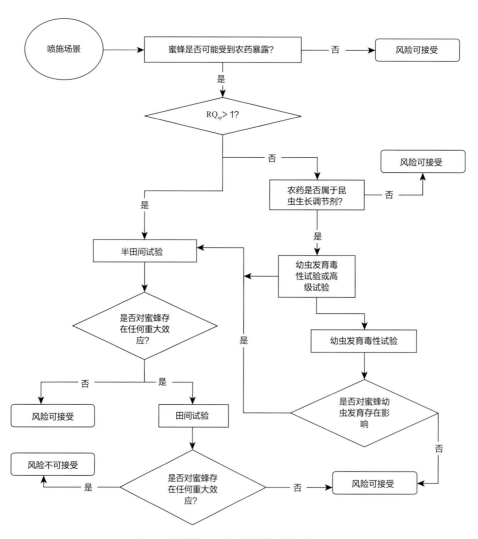

图 2　喷施场景下农药对蜜蜂的风险评估流程

（引自《NY/T 2882.4 农药登记环境风险评估指南　第 4 部分：蜜蜂》）

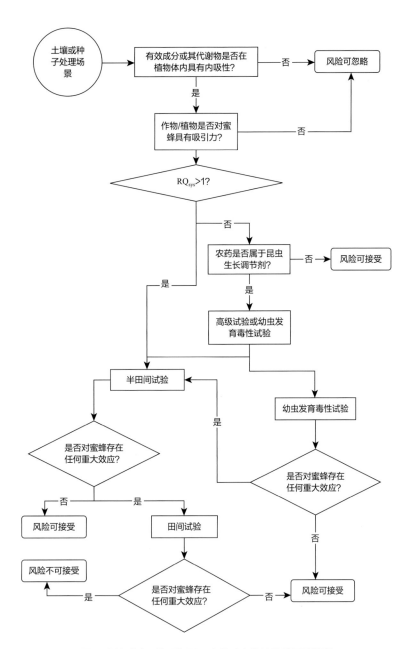

图 3　土壤或种子处理场景下农药对蜜蜂的风险评估流程
（引自《NY/T 2882.4 农药登记环境风险评估指南 第 4 部分：蜜蜂》）

参考文献

GB/T 31270.10—2014 化学农药环境安全评价试验准则 第10部分：蜜蜂急性毒性试验.

NY/T 3085 中华人民共和国农业行业标准 化学农药 意大利蜜蜂幼虫毒性试验准则.

NY/T 3092 中华人民共和国农业行业标准化学农药 蜜蜂影响半田间试验准则.

NY/T 2882.4 中华人民共和国农业行业标准 农药登记 环境风险评估指南 第4部分:蜜蜂.

AUPINEL P, BARTH M, CHAUZAT MP, et al, 2015. Draft Validation Report: Results of the international ring test related to the honey bee (*Apis mellifera*) larval toxicity test, repeated exposure[EB/OL]. https://search.oecd.org/env/ehs/testing/Validation%20report%20ring%20test%20larvae%20repeated%20exposure_Draft%2017%20April%202015.pdf.

OECD/OCDE, 1998. OECD Guidelines for the testing of chemicals, test No. 213: Honey bees, acute oral toxicity test[S]. OECD Publishing.

OECD/OCDE, 1998. OECD Guidelines for the testing of chemicals, test No. 214: Honey bees, acute contact toxicity test[S]. OECD Publishing.

OECD/OCDE, 2013. OECD Guidelines for the testing of chemicals, test No. 237: Honey bee (*Apis mellifera*) larval toxicity test, single exposure[S]. OECD Publishing.

（撰稿：邱立红；审稿：李少南）

农药对蜜蜂生态效应 ecological effect of pesticide on honey bee

农药使用后，对生态系统中蜜蜂个体、种群乃至群落结构和功能造成损害的能力。包括对蜜蜂成蜂的急性毒性，对蜜蜂幼虫的急性毒性和慢性毒性，以及对蜜蜂行为、习性、繁殖等种群状况的影响。农药对蜜蜂急性毒性试验主要观察指标为死亡率，通常用 LD_{50} 表示毒性大小；蜜蜂幼虫慢性毒性试验主要观察指标为羽化率，还包括幼虫死亡率和蛹死亡率，常用 EC_{50} 或 ED_{50}、NOED、NOEC 表示毒性大小；种群状况影响试验的观察指标除了死亡率，还包括蜜蜂飞行情况、行为、蜂群数量、蜜蜂卵、幼虫、蛹及食物储存、蜂王状况等，最后根据供试物处理组与空白对照和参比药剂处理组之间的数据（施药前和施药后的数据）比较，对供试物的影响进行评估。

农药可通过不同暴露途径威胁蜜蜂的生态安全。主要暴露途径包括：①直接暴露于喷撒的农药雾滴或粉尘颗粒。②取食施药或邻近区域被污染植物的花粉、花蜜。③取食被农药污染的水。④取食含有农药残留或有毒代谢物的花粉或花蜜。

杀虫剂类农药对蜜蜂的急性毒性普遍高于杀菌剂和除草剂类农药。研究人员曾测定 300 种农药制剂对蜜蜂（Apis mellifera）的急性经口毒性，发现高毒和剧毒农药产品高达 50% 以上，而这些制剂主要为杀虫剂，占整个杀虫剂的 74.1%，杀菌剂和除草剂对蜜蜂的毒性相对较低。在杀虫剂中，新烟碱类的吡虫啉和苯基吡唑类的氟虫腈比大多数有机磷类（如马拉硫磷）、氨基甲酸酯类（如克百威）和拟除虫菊酯类（如氯氰菊酯）杀虫剂对蜜蜂的毒性更高更持久。这不仅是因为它们本身对蜜蜂高毒以及长期作为种衣剂应用而残留于土壤和水体，而且因为它们独特的作用方式。大多数新烟碱类杀虫剂对蜜蜂具有高毒，纳克甚至更低水平即会对单头蜜蜂产生影响，如吡虫啉和噻虫嗪对蜜蜂经口毒性 24 小时 LD_{50} 分别为 5ng/ 蜂和 4.7ng/ 蜂。在意大利北部地区，春季玉米播种时突发的蜜蜂大量死亡现象被证实与新烟碱类杀虫剂处理过的种子包衣和气动播种机排出的有毒新烟碱农药微粒有关。在田间实际情况下，蜜蜂更可能同时暴露于多种农药下，有研究报道新烟碱类和拟除虫菊酯类混合杀虫剂比单一杀虫剂对蜂群的危害更大，因此应加强农药对蜜蜂的联合毒性效应研究。

除了导致蜜蜂直接中毒死亡，农药对蜜蜂的亚致死效应同样不可忽视。亚致死剂量的农药暴露不仅能够影响蜜蜂幼虫的生长发育，还对蜜蜂的劳动分工、采集行为和学习行为等造成不利影响。蜜蜂的采集行为是蜜蜂众多社会行为中一种较复杂的行为，整个过程涉及记忆、学习、交流、导航及其他行为；而气味感知对于蜂群的生存至关重要。农药通过影响采集蜂的学习和气味识别能力，进而严重影响蜂群的生存。二嗪农暴露会影响工蜂的劳动分工，尤其是采集和酿蜜行为。在实际施药浓度下，拟除虫菊酯类药剂会影响采集蜂的归巢能力，如溴氰菊酯可通过影响飞行肌和协调能力而改变蜜蜂的回巢能力。新烟碱类杀虫剂作为神经毒剂，低浓度下会引起蜜蜂行为的改变，损害蜜蜂嗅觉学习与记忆能力。利用视频跟踪技术检测经口暴露吡虫啉对蜜蜂的影响，结果发现 0.05μg/kg 吡虫啉可以小幅度增加蜜蜂的飞行距离，然而当浓度升高时（> 0.05μg/kg），吡虫啉降低了蜜蜂的飞行距离以及蜜蜂之间的交流时间，同时显著增加了蜜蜂在食物源附近的停留时间。在田间，噻虫胺和呋虫胺在远低于 LD_{50} 剂量时可以显著降低蜜蜂的归巢能力。自由觅食的蜜蜂经亚致死剂量的噻虫嗪暴露后其回巢能力显著降低。通过喙伸反射（又名伸吻反应，proboscis extension response，PER）比较 9 种农药对蜜蜂学习能力的影响，结果显示氟虫腈、溴氰菊酯、硫丹和咪鲜胺暴露可显著降低蜜蜂学习能力。

农药暴露会影响蜜蜂的繁殖，从而对其生存造成潜在威胁。长期经口暴露于亚致死剂量的噻虫嗪和噻虫胺后，野生蜜蜂（Osmia bicornis）的繁殖成功率降低了 50%。熊蜂（Bombus terrestris）蜂群暴露于亚致死剂量的吡虫啉后其蜂王产生率比对照组减少 85%。Laycock 等发现 1μg/L 吡虫啉便可以将蜜蜂的产卵率降低 1/3，并且产卵率随浓度升高而降低。

鉴于新烟碱类农药对蜜蜂的高毒性，世界各国出台了相应政策。1999 年，法国率先限制吡虫啉用于处理向日葵种子；2012 年，法国农业部禁止噻虫嗪用于处理油菜籽，并呼吁欧盟全面禁用噻虫嗪。2013 年欧委会作出最终决定，在欧盟成员国内，自 2013 年 12 月 1 日起，两年内禁止吡虫啉、噻虫嗪和噻虫胺在玉米、油菜、向日葵、棉花等对蜜蜂有吸引力的开花作物上使用。巴西、加拿大等国也对新烟碱类农药实行了不同程度的限制使用。2013 年 7 月，中国农业部农药检定所在北京召开新烟碱类杀虫剂风险分析研讨会，探讨了新烟碱类杀虫剂的具体管理方案。

农药的使用在不同层面影响了蜜蜂的生存、活动及繁殖等，进而导致农业和养蜂业，乃至生态系统受到不良影响。因此需研发生产安全低毒农药，科学合理使用农药，多方共同努力以将农药对蜜蜂的影响或伤害最小化。

参考文献

代平礼，王强，孙继虎，等，2009. 农药对蜜蜂行为的影响[J]. 昆虫知识，46(6): 855-860.

蔺哲广，孟飞，郑火青，等，2014. 新烟碱类杀虫剂对蜜蜂健康的影响[J]. 昆虫学报，57(5): 607-615.

赵帅，袁善奎，才冰，等，2011. 300个农药制剂对蜜蜂的急性经口毒性[J]. 农药，50(4): 278-280.

DECOURTYE A, DEVILLERS J, GENECQUE E, et al, 2005. Comparative sublethal toxicity of nine pesticides on olfactory learning performances of the honey bee Apis mellifera[J]. Archives of environmental contamination and toxicology, 48: 242-250.

EUROPEAN FOOD SAFETY AUTHORITY, 2013. Guidance on the risk assessment of plant protection products on bees (Apis mellifera, Bombus spp. and solitary bees)[J]. EFSA journal, 11: 3295.

GIROLAMI V, MARZARO M, VIVAN L, et al, 2013. Aerial powdering of bees inside mobile cages and the extent of neonicotinoid cloud surrounding corn drillers[J]. Journal of applied entomology, 137: 35-44.

GILL R J, RAMOS-RODRIGUEZ O, 2012. Combined pesticide exposure severely affects individual- and colony-level traits in bees[J]. Nature, 491: 105-108.

HENRY M, BEGUIN M, REQUIER F, et al, 2012. A common pesticide decreases foraging success and survival in honey bees[J]. Science, 336: 348-350.

LAYCOCK I, LENTHALL K M, BARRATT A T, et al, 2012. Effects of imidacloprid, a neonicotinoid pesticide, on reproduction in worker bumble bees (*Bombus terrestris*)[J]. Ecotoxicology, 21: 1937-1945.

MATSUMOTO T, 2013. Reduction in homing flights in the honey bee *Apis mellifera* after a sublethal dose of neonicotinoid insecticides[J]. Bulletin of insectology, 66: 1-9.

MACKENZIE K E, WINSTON M L, 1989. Effects of sublethal exposure to diazinon on longevity and temporal division of labor in the honey bee (Hymenoptera, Apidae)[J]. Journal of economic entomology, 82: 75-82.

SANDROCK C, TANADINI L G, PETTIS J S, et al, 2014. Sublethal neonicotinoid insecticide exposure reduces solitary bee reproductive success[J]. Agricultural and forest entomology, 16: 119-128.

SANCHEZ-BAYO F, GOKA K, 2016. Impacts of pesticides on honey bees[M]//E Chambó (ed.). Beekeeping and bee conservation-advances in research. London, UK: IntechOpen Limited.

TEETERS B S, JOHNSON R M, ELLIS M D, et al, 2012. Using video-tracking to assess sublethal effects of pesticides on honey bees (*Apis mellifera* L.)[J]. Environmental toxicology and chemistry, 31: 1349-1354.

VANDAME R, MELED M, COLIN M E, et al, 1995. Alteration of the homing-flight in the honey-bee *Apis mellifera* L. exposed to sublethal dose of deltamethrin[J]. Environmental toxicology and chemistry, 14: 855-860.

WHITEHORN P R, O' CONNOR S, WACKERS F L, et al, 2012. Neonicotinoid pesticide reduces bumble bee colony growth and queen production[J]. Science, 336: 351-352.

（撰稿：邱立红；审稿：李少南）

农药发展史 history of pesticide development

在人类社会发展的历史上，农业的出现是一个重大的进步，因为它改变了人类单纯依靠采摘、渔猎为生的状态，进入了种植作物来解决食物问题的新时代。

陆生植物是人类和众多生物共同的食物源。在自然状态下，人类和这些物种之间是自由竞争食物的关系。农业的出现改变了这种关系。人类在耕耘活动中逐渐认识到：既不能允许非种植的植物进入农田，与作物竞争阳光、养料与水分；也不能允许其他生物进入农田，影响作物的丰收。于是制定了"新规"：把进入农田的其他生物，分为对农业生产有利和不利的两类，后者就成为防治的对象。这就是作物保护的起源。

农药是保护作物获得高产的要素之一。为了适应农业的需要，人们不断地利用新技术，改进这一工具。农药发展的历史，实际上就是对这一工具不断改进、创新的历史。

在环境保护问题对社会发展的重要性未被认识之前，农药与农业是一种相互促进、共同发展的关系，即农业—农药二极关系。而在被认识之后，这种关系就逐渐演变、发展为农业—农药—环境三极关系。在三极关系中，环境成了制约农药负面影响，促进农药向环境相容性好的绿色方向发展的重要因素。同时，作物保护的理念也随之向保护作物生态发展了。环境对农药的影响是通过管理来实现的。

1970年，美国率先成立环境保护局（EPA），对环境和农药加强了管理。许多国家步其后尘，也建立了相应管理机构。因此，1970年就成为这两种关系演变的拐点。

从农药与农业的关系和农药创新的视角来考察，农药发展的历史，可用2个时期、5个阶段来表述（见图）。

约公元前2500年，居住在古幼发拉底河下游苏马（Sumer）地区的苏马人已经用硫黄防虫、治螨。约公元前2000年，《梵文吠陀经典》（*The Rig Veda*）中也提到用有毒植物防治有害生物。这些，可能是最早有关农药的记载。按此推算，农药发展到今天约有4500年的历史。但它大规模、广泛地应用，则是在20世纪40年代以后。

萌芽阶段（前2500—1880） 人们在农业生产的活动中逐渐意识到，必须寻求与农业有害生物斗争的有效工具来提高效率、确保丰收。于是借鉴各方面的经验，从当时的已知物中，探索利用它们作农药应用的可能性。因此，把这段探索的时期，称为萌芽阶段。

萌芽阶段处于传统农业（公元5世纪至19世纪中叶）的中后期，化学工业的古代化学加工时期（1750年以前）与早期化学加工时期（1750—1900）的交汇期间。当时的技术水平都不高，因此该阶段的时间跨度很长，但探索、积累的经验，为农药后来的发展提供了思路，并在1865年，将巴黎绿［Cu(CH$_3$COO)$_2$ 3Cu(AsO$_2$)$_2$］从颜料工业"嫁接"到农药中，成为第一个商品化的著名杀虫剂。

用于探索的已知物大致可分为植物、无机化合物和其他三大类。

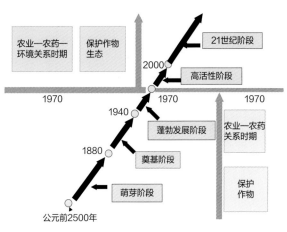

农药发展历史示意图

植物　在人类日常的生活中，早就知道许多植物是有毒的。早在公元前，古人已经知道用藜芦、红海葱等植物来治虫、防鼠。关于烟草、除虫菊和鱼藤三大植物杀虫剂的记载，则出现于 17 世纪。

1690 年欧洲人开始用烟草提取液或烟草粉杀虫。1828 年确定了它的杀虫成分为烟碱。

1800 年，美国人 Jimtikoff 记载了高加索人用除虫菊花灭虱、杀蚤。1828 年其花粉已市售，称为波斯杀虫粉。19 世纪末，美国和日本已开始人工培植除虫菊，作为农药应用。

1848 年 T. Oxley 介绍了新加坡居民用鱼藤根煎煮液防治豆蔻树的害虫。

无机化合物　硫、砷、铜是当时探索的 3 类主要无机化合物。①硫黄。这是最早用于杀虫、杀螨的无机物。约公元前 1000 年，希腊诗人 Homer 曾提到用硫黄熏蒸杀虫。1802 年，开始用于防治果树病害。1821—1834 年，出现了用石灰与硫黄的混合物防治病害。1851 年，Grison 在法国首先用石灰与硫黄的水煮液喷植株防治农业害虫。这就是"石硫合剂"了。其实，石硫合剂的有效成分已从硫黄发展成水溶性的多硫化钙了。②砷化物。中国是最早应用砷化物做农药的国家，许多古籍中都有用砷化物毒鼠、杀虫及砒炼制的记载。东汉时期炼丹术在中国已盛行，并能生产小量的白砒（五氧化二砷）了。马铃薯甲虫是一种暴食性的害虫，原来分布在美国西部，到 1874 年已蔓延到大西洋海岸地区，成为重要的农业害虫之一。巴黎绿原为颜料，1865 年，美国有人用它防治马铃薯甲虫，获得成功，到 1868 年它已成为防治马铃薯甲虫的著名药剂。稍后，又发现它对果树害虫蠹蛾（codling moth）等有很好的防效，便逐渐成为了农药史上第一个商品化的著名杀虫剂。1878 年，另一种含砷的、颜料工业副产物伦敦紫也成为商品杀虫剂。③铜化物。硫酸铜是铜制剂中最著名的杀菌剂，早在 1761 年 Schulthus 就用 1.5% 的硫酸铜水溶液处理种子，防治麦类黑穗病。这可能是铜化物用作杀菌剂的首次记载。

其他　在这个阶段，人们还认识到了二硫化碳、氢氰酸等的熏蒸杀虫作用；将氯化锌用于木材防腐剂；用一种含磷的糊剂防治啮齿动物与蟑螂。19 世纪后期多种油类，包括矿物油、煤焦油、鱼油等的杀虫作用也相继被发现。

此阶段探索和累积的经验，可以概括为两点：①人们已经认识到无机化合物中的砷化物具有杀虫活性，铜化物具有杀菌活性；硫和硫化物则兼有杀虫和杀菌的活性；烟草、除虫菊、鱼藤、藜芦、马钱子等多种植物和一些油类物具有杀虫、灭鼠的活性。②开始将探索的结果用之于农业生产的实践中，并针对防治马铃薯甲虫的需要，把颜料工业中的产品——巴黎绿和副产品伦敦紫用为商品杀虫剂。

奠基阶段（1880—1940）　此阶段农业已进入近代农业时期，化学有了重要发展，化学工业也进入了大发展的时期，出现了许多新的化学产品。因此，在农药发展史上，此阶段的进展主要表现在创制农药和继续探索利用已知物作农药两方面。

针对农业需要创制农药，奠定了农药生产、应用的基础　两大发明，开创制农药的历史：①杀菌剂波尔多。1878

年，葡萄霜霉病（*Plasmopara viticola*）由美国传到法国，因无防治药剂，4 年之内便发展到了使葡萄种植业濒临毁灭的局面。波尔多大学教授 Millardet 与他的同事、化学教授 Gayon 合作，通过对硫酸铜与石灰组合物杀菌性能的研究，得到了有效的防治药剂，定名为"波尔多"。波尔多优异的杀菌性能，不仅挽救了法国的葡萄种植业，而且它对 1984—1987 年造成爱尔兰大饥荒的马铃薯晚疫病，以及果树和蔬菜上的多种病害均有良好的防治效果。因此获得了广泛的应用，被称为第一代保护性杀菌剂。遗憾的是，它是一种不能久储，需现配现用的药剂。②杀虫剂砷酸铅和砷酸钙。舞毒蛾（*Porthetria dispar*）是一种分布广、危害严重的杂食性害虫。当时，美国设置了舞毒蛾委员会对其进行专门研究。1890 年化学家 Moulton 提出制取砷酸铅来防治舞毒蛾，2 年后，生物学家 Fernald 用试验证明，它对舞毒蛾的药效优于当时应用的其他杀虫剂。于是，它获得了"理想的杀虫剂"的美誉，成为此阶段最著名的杀虫剂，广泛地在农业中应用。继砷酸铅之后，1907 年 Smith 报道了砷含量高、价格低的砷酸钙。

砷酸铅和砷酸钙奠定了杀虫剂生产与应用的基础。美国是砷酸铅和砷酸钙大量生产和出口的国家。1944 年，砷酸铅的生产量高达 90 700 千磅，出口 4266 千磅。1943 年砷酸钙的产量亦达 74 854 千磅，出口 6385 千磅。1941 年，美国共使用砷酸铅 62 885 千磅，主要是使用在果树和棉花上。表 1 中列出了使用量超过 1000 千磅的作物。波尔多奠定了杀菌剂应用的基础。硫酸铜是一种多用途的化工产品，在农业上主要是用于配制波尔多液。1944 年美国农用硫酸铜的量为 109 107 千磅，主要用于马铃薯上防治早疫病、晚疫病（占 50%），其次是用于多种果树和蔬菜上。表 2 中列出了使用量超过 2200 千磅以上的作物。

表 1　1941 年美国砷酸铅的使用情况（当年的生产量为 74 443 000 磅）

作物	使用量（千磅）	占总使用量的比例（%）
苹果	35 000	55.6
家用庭院	5000	7.9
政府的防治项目	4000	6.4
桃树	3000	4.8
梨树	3000	4.8
苗圃	2000	3.2
行道树与观赏植物	2000	3.2
葡萄	1500	2.4
棉花	1500	2.4
马铃薯	1000	1.6
草坪与高尔夫场地	1000	1.6
总使用量	62 885	100.0

资料来源：摘自 H. H. Shepaed，*The Chemistry and Action of Insecticides*，1951，p.18。

注：1 磅 = 0.454kg。下同。

表 2 1944 年铜杀菌剂的情况（按五水硫酸铜计）

保护与防治对象	需求量（千磅）	占总量的比例（%）
马铃薯：防治早疫病、晚疫病	56 000	51.3
苹果：防治干腐病和苦腐病	22 000	20.2
其他果树（不包括柑橘）：防治褐腐病	10 000	9.2
葡萄：防治黑腐病	6000	5.5
柑橘：在佛罗里达用于防治病害	3000	2.7
番茄：防治枯萎病	3000	2.7
其他菜圃蔬菜作物：多种病害	3437	3.2
胡桃和其他核果树：防治枯萎病等病害	2200	2.0
使用总量	109 107	100.0

资料来源：摘自 H. H. Shepaed, *The Chemistry and Action of Insecticides*, 1951, p.73.

继续探索利用已知物做农药的进展 由于化学与化工的发展，出现了众多新的已知物，为继续探索、利用工作提供了丰富的资源。

对植物所含活性成分的研究：对植物中活性成分化学结构的研究，一直是农药与植物化学工作者所关注的问题。此阶段确定了三大植物杀虫剂活性成分的化学结构。1893 年 Pinner 确定了烟碱的化学结构。1904 年，Pictet 和 Rotschy 人工合成了烟碱。限于当时的技术条件，未有合成的商品烟碱或其类似物售世。1902 年，日本人永井一雄（K. Nagai）从中华鱼藤（*Derris chinensis*）根中分离到有杀虫作用的结晶，称之为鱼藤酮。其后，F. B. LaForge 和 H. I. Haller 于 1930—1934 年的工作，确定了鱼藤酮的化学结构。1924 年，Staudinger 与 Ruzicka 的研究已经弄清楚了除虫菊素 I 和 II、瓜叶除虫菊素 I 和 II 的化学结构。为其后拟除虫菊杀虫剂的发展奠定了基础。

无机物方面：鉴于此阶段应用的主要农药——砷酸铅、砷酸钙、波尔多液、石灰硫黄合剂都不是单一的化合物，因此对它们的化学进行了研究，如 1906 年 Haywood 研究了"石灰硫黄合剂的化学"；1916—1917 年 C. C. McDonnell 与 C. M. Smith 对砷酸铅的合成化学进行了详细的研究。此外，1911 年，磷化锌在意大利被用作杀鼠剂，1896—1926 年，将氟化钠、冰晶石（氟铝酸钠）、氟硅酸钡等氟化物用作杀虫剂。

有机化合物方面：一方面，在新出现的已知物中，发现了许多小分子的有机物具有熏蒸杀虫的作用，并将它们用作熏蒸剂。如 1917 年发现氯化苦的熏蒸杀虫作用；1932 年溴甲烷在法国首次用作熏蒸剂等。另一方面发现有机汞、有机硫、酚类等有机化合物具有优异的生物活性。1915 年德国拜耳公司首先推出第一个商品有机汞拌种剂乌斯普龙（Uspulum），后又相继推出氯化乙基汞等品种。它们在黑穗病的防治中起了重要作用；1929 年，硫氰酸酯类化合物作为触杀杀虫剂进入商业性生产，因为价格问题它主要用于卫生方面；1934 年发现高杀虫活性的杂环化合物吩噻嗪（phenothiazine）；1931 年杜邦公司推出第一个二硫代氨

基甲酸酯类杀菌剂 TMTD；1936 年五氯酚用作木材防腐剂；1937 年四氯对醌用作保护性杀菌剂；1892 年 4, 6- 二硝基邻甲酚（DNOC）在德国用作杀虫剂，1932 年又发现它的除草作用；1934 年 Kügel 发现的第一个植物生长调节物质吲哚乙酸。这些有机化合物优异性能的发现，引起了业界的高度重视，可以说它们是绽放的新芽，预示有机农药时代即将来临。

蓬勃发展阶段（1940—1970） 在农药发展历史上，这个阶段的时间虽然仅有 30 年，但取得了辉煌的进展：有机化合物取代了无机化合物成为农药主体；农药品种大量涌现；农药已大规模地生产与应用了。如果说，奠基阶段应用的农药为 1.0 版的话，本阶段的农药已升级为 2.0 版。这个阶段，绿色革命兴起，需要化学的协助是有机农药蓬勃发展的主要背景。

具有里程碑意义的发明，揭开了有机农药的帷幕 1939—1947 年出现了多个具有里程碑意义的发明。

杀虫剂：1939 年瑞士嘉基（Geigy）公司的 P. Müller 发现滴滴涕对马铃薯甲虫等农业害虫有优异的生物活性，特别是它对蚊、蝇等卫生昆虫的药效。1943 年，法国人 Dupire 与 Raucourt，1945 年，英国卜内门（ICI）公司的 Slade，分别独立地发现了六六六的杀虫活性。它的杀虫谱广、活性高、价格低，很快就受到了农民的欢迎，特别是在第三世界的国家大量生产、使用，对灭蝗工作起了重要作用。1947 年，英国军事调查委员（BIOS）在 1059 号的报告中，公布了拜耳（Bayer）公司 Schrader 研究有机磷酸酯杀虫剂的结果。报告中化合物的数目之多、杀虫活性之优异，震惊了农业与化学界。

杀菌剂：早在 1931 年二硫代氨基甲酸酯类杀菌剂已在美国出现，因价格原因，无法打开市场。1943 年 Heuberger 和 Manns 发现代森锌的杀菌性能远优于代森钠。杜邦和罗姆 - 哈斯（Rohm and Haas）公司将其推向市场，取代了波尔多。

除草剂与植物生长调节剂：1942 年 Zimmerman 和 Hichcock 首先发现 2,4-滴的植物生长调节活性，2 年后 Marth 等发现它的选择性除草作用。1945 年 Templenman 发现 N- 芳基氨基甲酸酯类化合物苯胺灵（IPC）的选择性除草活性，ICI 公司将其开发为除草剂，开创了除草剂与植物生长调节剂的实用历史。

杀鼠剂：1944 年，Link 首先报道第一个商品化的、缓效型的抗凝血杀鼠剂杀鼠灵。它提高了杀鼠剂使用的安全性，误食中毒，也可用维生素 K 解毒。

这些里程碑意义的发明，引起了农业、化学与企业界的高度重视，纷纷介入新农药开发，导致农药化合物的结构类型与品种大量涌现，农药开始大规模地生产、应用。

发展简况 农药进入新时代，英国作物生产委员会主编的《农药手册》（*The Pesticide Manual*）第 4 版于 1974 年出版。通过对手册中收录的 520 个品种的问世年进行统计，将其中 1940 年前和个别 1970 年后出现的删去，余下的品种视为 1940—1970 年间新增加的品种。统计结果见表 3。它们绝大多数为有机化合物，说明有机农药已占据了舞台，农药进入了有机化合物的时代。

表 4 中的数据表明这 30 年间有机农药化学结构类型与品种涌现的简况。

世界农药及三大类农药销售额剧增的变化：表 5 中数据说明有机农药已经大量生产和应用。在三大类农药中，除草剂销售额和占总销售额的百分率都是发展最快的。

无机农药被取代的背景简析：20 世纪 40 年代，绿色革命兴起，需要农药的协助。例如，人工除草难以满足机械化生产的要求。2,4-滴（苯氧羧酸类化合物）对双子叶杂草有防治作用，但对单子叶植物安全，苯胺灵（IPC，N-芳基氨基甲酸酯类）则反之，对双子叶植物无害，可防治单子叶杂草。这一发现，解决除草剂使用的难题。

昆虫的口器有咀嚼式与刺吸式之分，砷化物为胃毒药剂，对刺吸式口器的害虫药效不佳。有机杀虫剂多兼有胃毒和触杀作用，对上述两类口器的害虫均有效，而且许多还具有内吸作用。因此有机杀虫剂的杀虫谱比无机杀虫剂宽得多。杀菌剂中，波尔多仅有保护作用，而 20 世纪 60 年代出现了多类有内吸治疗作用的药剂，如苯并咪唑类、三唑类化合物。因此功能上的优势是有机农药取代无机农药的主要原因。

表 3 《农药手册》（第 4 版）收录的农药品种

农药类型	收录品种（个）	新增品种（个）	新增（%）
杀虫剂	178	156	88
除草剂	173	152	88
杀菌剂	98	71	72
杀鼠剂	17	12	70
植物生长调节剂	10	10	100
其他	44	29	66
总计	520	430	83

表 4 《农药手册》（第 4 版）品种数列前三位的化学结构类型与品种数（个）

杀虫剂	除草剂	杀菌剂
有机磷（97）	脲类（24）	二硫代氨基甲酸酯类（8）
氨基甲酸酯（23）	均三嗪（18）	抗生素（8）
氯代环戊二烯（10）	苯氧羧酸类（8）	含三氯甲硫基的杀菌剂（5）
	N-芳基氨基甲酸酯 8	

表 5 1960 年和 1970 年农药的销售额（亿美元）及各类农药所占的百分率

年	除草剂	杀虫剂	杀菌剂	其他	合计
1960 年	1.7（20%）	3.1（36%）	3.6（40%）	0.3（4%）	8.5（100%）
1970 年	9.4（35%）	10.2（38%）	6.0（22%）	1.6（5%）	27.0（100%）

农药的负面影响显露：作物保护是一种群体防治，它是在开放的农田中使用的。喷出的药物，除落在保护对象（作物）或防治对象（有害生物）体之外，多半进入大气、水体、土壤，对非靶标生物和环境可能造成负面的影响，而残留在作物体上的药剂，亦可能影响食品的安全。随着农药大规模的应用，这种负面影响逐渐暴露，引起了社会上的关注。

1962 年蕾切尔·卡逊（Rachel Carson）出版的《寂静的春天》对农药污染提出了尖锐的批评，引起了社会高度的重视与农药功过的激烈争议，导致美国成立 EPA 对农药加强管理，促使农药向新阶段迈进。

高活性、多元化阶段（1970—2000） 这个阶段的时间仅 30 年，但动力源有别，除了化学的发展之外，重要的是管理科学。其特点有 4 个：EPA 建立，强化对农药的管理；应对管理对创制新药造成的困境，企业向大型化发展；大公司以雄厚的资金与技术，开发了众多符合农业持续发展需要的新农药；为作物保护的理念向保护作物生态转变提供了物质基础。

农药功过的争议 在《寂静的春天》问世之后，出现了多种否定化学农药的意见：如，主张不用农药、化肥的有机农业；减少化学农药使用量；用"生物农药"代替化学农药等。而美国著名育种学家、绿色革命之父布劳格（Borlug）在 20 世纪 70 年代认为：由于作物育种、化肥和农药的使用，美国从 1.17 亿 hm^2 耕地上生产的粮食，相当于 30 年前 2.43 亿 hm^2 耕地的产量。

EPA 强化管理 在对农药功过的争议中，1970 年美国率先建立环境保护机构（EPA），并将原属农业部管理的农药登记工作划归 EPA，其后，许多国家也步其后尘，建立了相应的机构。EPA 以务实的思维，采用管控农药负面影响的措施，促进了保护作物的理念转变为保护作物生态。

农药登记资料的演变 农药登记资料包括：毒理学、残留量控制、代谢学和生态学四方面。从表 6 中可看到 20 世纪 70 ~ 80 年代，登记资料的内容大量增加了。这一演变的趋势说明对农药的风险评估，从对人的安全逐步扩大到对生态的安全了。

农药管理的这种演变，抑制了农药的负面影响，但也使新农药研发陷入了投资大、风险大、时间长的困境。

登记后的禁、限用 1970—2000 年，一大批存在毒性、环境问题的农药相继被禁用：如有机氯化合物几乎都被禁用了；有机汞制剂也全部出局；对硫磷等剧毒品种也退出了市场。

农药企业大型化 1980 年代，世界农药企业中出现了频繁的、大公司间的并购现象。到 2000 年便形成了七大公司。2002 年，Bayer 公司（当年排名第五）又与安万特（Aventis）公司（排名第三）合并成立 Bayer 作物科学公司。这就是现在通常说的六大超级公司。

表 7 中的数据说明 20 年内农药企业的巨变：列首位公司的销售额翻了 3 番；销售额超过 20 亿美元的公司从 1 个变为 5 个。

巨变的原因是面对新农药研发的困境，企业家们不得不研究应对的策略。Shell 公司在 1980 年之前是一个著名的大农药公司，对农药做出过重要的贡献，它选择了退出农药

表 6 农药登记资料的变化趋势（20 世纪 50～80 年代）

内容	20 世纪 50 年代	20 世纪 60 年代	20 世纪 70 年代	20 世纪 80 年代
毒理学	急性毒性	急性毒性	急性毒性	急性毒性
	鼠 30～90 天	鼠 90 天	过敏性（irritation）	过敏性
		狗 90 天	皮肤敏感	
		鼠 2 年	鼠 90 天	鼠 90 天
		鼠 1 年	狗 90 天	狗 90 天
			鼠 2 年	鼠 1 年
			小鼠 2 年	鼠 2 年
				小鼠 2 年
		繁殖（鼠 2～3 代）	鼠 2～3 代	
			鼠，致畸	3～5 年致突变试验
			鱼、贝等	鱼、贝等
			鸟	鸟
				土壤微生物
				有益种筛选
代谢		动物	啮齿动物或狗	啮齿动物
				靶标植物
			靶标植物	轮作植物
				牛、猪、禽
残留分析	粮食，1mg/kg	粮食，1mg/kg	粮食，0.01～0.05mg/kg	粮食 0.01mg/kg
		肉，0.1mg/kg	肉，0.1mg/kg	
		奶，0.1mg/kg	奶，0.03～0.05mg/kg	水 0.1×10^{-9}mg/L（eec 标准）
生态学			环境稳定性	环境稳定性
			实验室在土壤中降解	
			实验室在土壤中移动	在实验室和田间同时
			受影响的物种谱	进行分解和移动研究
			积聚作用	
				对积聚作用和生态 影响进行田间监测
				生命周期研究

资料来源：Brian G. Lever，"Crop Protection Chemicals"，1990。

表 7 2002 年和 1986 年领先的六大农药公司和销售额比较

2002 年			1986 年		
排名	公司	销售额（亿美元）	排名	公司名称	销售额（亿美元）
1	拜耳作物科学（Bayer Crop Science）	62.11	1	汽巴 - 嘉基（Ciba- Geigy）	20.70
2	先正达（Syngenta）	52.60	2	英国帝国化学工业（ICI）	19.10
3	孟山都（Monsanto）	27.85	3	拜耳（Bayer）	18.70
4	巴斯夫（BASF）	26.93	4	罗纳 - 普朗克 Rhone-Poulenc	16.88
5	道农科（Dow AgroScience）	25.24	5	杜邦（Du-Pont）	14.12
6	杜邦（Du-Pont）	17.93	6	孟山都（Monsanto）	13.77

行业。而另一些大公司，如德国拜耳公司、英国帝国化学工业公司（ICI）等则采取了兼合并的策略。

大公司之间的兼合并：化竞争对手为合作伙伴，优势互补；增强了经济与技术的实力；既提高了抗御创制风险的能力，又精减了机构与人员，更充分利用了原来的销售网络，扩大了市场。这个"一石多鸟"的策略是成功的。当2002年安万特与Bayer合并时，媒体称之为"跨世纪"的举措。

此阶段农药发展的简况 世界农药及三大类农药销售额的变化和高活性品种增加。

从表8中可以看到：2000年的世界农药销售额是1970的10倍。但也令人遗憾地看到1990—2000年，农药销售额的增加极微。1992年世界环境发展大会号召："到2000年生物农药要占农药使用量的60%"。实际上，2000年生物农药的销售额还不到农药总销售额的5%。

高活性农药品种剧增。1970—2000年高活性农药品种不断涌现。见表9。

1970年后问世的新农药共同的特点：药效显著高于以前的农药，呈现高效化发展的倾向。高活性是指每公顷农药（有效成分）的使用量约为150g。

在杀虫剂中出现了非杀生性药剂和抗生素杀虫剂。在杀菌剂中内吸性的品种大量涌现，还出现了抗病诱导剂。因此，此阶段农药的特色，可以用高活性、多元化来概括。

EPA的建立是农药由保护作物转变为保护作物生态的拐点，这个拐点是一个过程，其任务是由本阶段的进展来实现的。

21世纪农药阶段（2000—） 21世纪的农药是为农业持续发展服务的，它既要保证人类健康的安全，粮食数量和质量的安全，也要保证生态环境的安全。利用现代技术发展3.0版的"三安"农药是新世纪的任务，前一阶段的进展已为之奠定了良好的基础。这里提"三安"农药而不提绿色农药，是为了具体地说明绿色农药的内涵，因为在农药登记资料中，对农药风险评估的内涵，正在"从对人的安全，逐步扩大到对生态的安全。"

新世纪，开局大捷 进入21世纪之后，农药销售额迅速摆脱了20世纪最后10年上升低迷的状态，出现了"级级上升"的态势。2001年世界农药企业销售额仅为258亿美元，2004年便超过300亿美元；2008年逾越400亿美元；2013年突破500亿美元大关。2018年的销售额（576亿美元）是2001年的1倍多。同时非农业应用市场的销售额也上升到了76亿美元。

企业进一步大型化 2002年拜耳与万安特公司合并形成了世界6大超级公司。这里用世界前10大公司的数据（表10、表11），来观察新世纪世界农药企业进一步大型化的情况。

① 2003—2016年10大农药企业的销售额（表10）。

从表10中可以看到：首先，6大公司的销售额更大了，2003年6大公司的销售额在20亿~54亿美元之间；2016年则上升到30亿~96亿美元，但升幅差异很大（16%~150%），同时杜邦被安道麦取代，跌出前6；其次，排名第六位之后

表8 世界农药及三大类农药销售份额的变化

类别	1970年	1980年	1990年	2000年
除草剂	9.4（35%）	47.6（41%）	116.3（44%）	128.9（48%）
杀虫剂	10.2（37%）	40.3（35%）	76.6（29%）	75.6（28%）
杀菌剂	6.0（22%）	21.8（19%）	55.5（21%）	53.1（20%）
合计	27（100%）	116（100%）	264（100%）	271（100%）

表9《农药手册》4版（1974年）和12版（2000年）中部分高活性品种增加的情况

类　型		高活性化合物	4版（个）	12版（个）	净增（个）
杀虫剂	杀生性杀虫剂	拟除虫菊酯类	4	41	37
		新烟碱类	0	6	6
		抗生素杀虫剂	0	5	5
	非杀生性杀虫剂	保幼激素类似物	0	3	3
		昆虫性引诱剂	0	37	37
		苯甲酰脲类	0	10	10
杀菌剂		1,2,4-三唑类	0	22	22
		甲氧基丙烯酸类	0	6	6
除草剂		ALS酶抑制剂：磺酰脲	0	27	27
		ALS酶抑制剂：咪唑啉酮	0	6	6
		ALS酶抑制剂：嘧啶氧苯甲酸	0	4	4
		二苯醚类	2	8	6
		芳氧基苯氧羧酸	0	10	10
		环己烯二酮肟	0	7	7
杀鼠剂		第二代抗凝血剂	0	5	5
总计净增					191

表 10　2003 年与 2016 年世界 10 大农药企业销售额的变化（亿美元）

2003 年			2016 年			增幅（%）
排名	公司名称	销售额	排名	公司名称	销售额	
1	先正达（Syngenta）	54.2	1	先正达	95.7	74
2	拜耳作物科学（Bayer Crop Science）	53.9	2	拜耳作物科学	88.1	63
3	巴斯夫（BASF）	35.7	3	巴斯夫	61.6	72
4	孟山都（Monsanto）	30.3	4	道农科	46.3	54
5	道农科（Dow AgroScience）	30.1	5	孟山都	35.1	16
6	杜邦（Du Pont）	20.2	6	安道麦（Adam）（前称马克西姆）	30.8	150
7	住友（Sumitomo）	11.4	7	杜邦	28.8	43
8	马克西姆（Makhteshim）	10.4	8	住友	23.7	108
9	纽发姆（Nufarm）	8.0	9	富美实	22.8	256
10	富美实（FMC）	6.4	10	纽发姆	19.7	121

表 11　2017 年和 2018 年世界农药企业的销售额（亿美元）

2017 年			2018 年		
排名	公司名称	销售额	排名	公司名称	销售额
1	先正达	92.4	1	先正达	99.1
2	拜耳作物科学	87.1	2	拜耳作物科学	96.4
3	巴斯夫	67.0	3	巴斯夫	69.2
4	科迪华	61.0	4	科迪华	64.5
5	孟山都	30.1	5	富美实	42.9
6	安道麦	32.6	6	安道麦	36.2
7	富美实	25.3	7	联合磷化	27.4
8	住友	24.9	8	住友	25.4
9	联合磷化（UPL）	8.0	9	纽发姆	23.3
10	纽发姆（Nufarm）	6.4	10	颖泰嘉和	9.4

N

的公司变化更大。2003 年销售额超过 10 亿美元的公司（排名 7、8 位）仅有 2 家，而 2016 年上升到 4 家，销售额也上升到 20 亿~29 亿美元之间。

这里简要地介绍一下安道麦。它原为以色列的公司马克西姆，2011 年中国化工集团以 24 亿美元收购了它 60% 的股权，改称安道麦。2016 年中化又以 30 亿美元收购其余的 40% 股权，成为中化集团旗下的一个全资子公司。2014 年的销售额逾 30 亿美元，排名世界第七位。

② 2016 年出现了令农药行业震惊的三大并购。

7 月 20 日，美国道农科与杜邦两大公司的股东同意合并，翌年完成总市值 1300 亿美元的对等合并。合并后，由旗下的科迪华（Coteva Agriscience）管理农药业务。

8 月 22 日，中化集团收购瑞士化学与种子公司先正达，交易过程历年余，终以 490 亿美元成交。中化拥有先正达 97% 的股权，总部仍设在瑞士。

9 月 14 日，德国与化工巨头拜耳集团宣布收购孟山都。2018 年以 630 亿美元完成收购。拥有 130 年历史的孟山都退出了历史舞台。

在农药工业的历史上，这 3 项并购交易不仅金额是空前的，也表示世界农药工业的领导集团开始改组了。

表 11 中的数据显示：通过 2016 年的三大并购，已形成 65 亿~99 亿美元的四大公司；富美实、联合磷化的销售额的大幅上升也是并购造成的，如 2018 年联合磷化以 42 亿美元收购了 2017 年列第 12 位的爱利斯达（Arysta），2015 年富美实曾以 18 亿美元收购了 2014 年列第 13 位的科麦农（Cheminova）。可以预期新三大并购的影响将持续发酵！

化学农药的品种在增加　2000 年问世的第 12 版《农药手册》收录品种 812 个，扣除 44 个生物农药，化学农药的品种为 768 个。而 2009 年的 15 版《农药手册》，收录 920 个品种，去掉 54 个生物农药，余下品种 866 个。据此推测，新世纪 9 年间问世的品种远超过 100 种。

新世纪面临的挑战　进入 21 世纪之后，在保护生态环境日益受到重视的大背景下，一些国家和国际组织相继提出减少农药用量或禁用某些农药的问题。例如，2008 年欧洲议会对农药使用进行了辩论，提出了建议：未来 5 年内农药的使用减少 25%，10 年内消减 50%；拟定了某些禁止使用的特定物质，如具有遗传毒性、可致癌、对人类生殖有害和干扰人体内分泌系统的物质；彻底禁止使用含有神经毒素和可能对人体免疫系统造成高度损害的农药；禁止飞机喷洒农药。2016 年，欧盟出炉了一个农药黑名单，它涉及 209 个活性成分可能面临被禁用。

2008 年，法国实施 ECOPHYTO2018 计划，拟于 10 年内减少农药使用量 50%。后将计划修改为 2005—2020 年减量 25%，2020—2025 年减少 50%。

2015 年中国农业部（现农业农村部）提出有效控制农药使用量，力争到 2020 年实现零增长，并推进用高效、低毒、低残留的农药代替高毒、高残留的农药。

从实质方面来看，企业的大型化是企业为利用现代新技术，积累开发资金，应对面临挑战的发展策略。

展望 从农药发展历史的进程来看，新世纪农药面临三大任务：创制新农药；对农药严格管理；科学合理使用农药。

创制 创制三新（作用机制新、化学结构新、功能新）、一高（活性高）、一低（毒性低）、一小（对生态环境影响小）的新品种。

对农药严格管理 其主要内涵为继续强化登记资料的内涵和淘汰存在问题的现有产品，严格控制生产中的"三废"，提高产品的质量。

科学合理使用 农药是在开放的农田中使用的，任何农药如果不按照规定的方法使用，出现问题是正常的。前面提到的农药减量使用和零增长，都是科学合理使用的问题，用高效品种代替低效药剂的问题。

上述三项任务的核心是创制新农药，因为这是战略。减量使用或零增长都很必要，但都是策略。

据 Marketsand Markets 公司《2021 年全球作物保护化学品市场趋势与展望》称，到 2021 年市值有望达到 705.7 亿美元，农药的前景是乐观的。

参考文献

黄瑞纶, 1956. 杀虫药剂学[M]. 北京: 财政经济出版社.

刘亚萍, 单炜利, 2019. 世界农药四十年风云录[J]. 中国农药, 15(2): 8-13.

LEVER B G, 1990. Crop protection chemicals[M]. Chichester: Ellis Horwood Limited.

MACBEAN C, 2012. The pesticide manual: a world compendium [M]. 16th ed. UK: BCPC.

MARTIN H, WORTHING C R, 1974. The pesticide manual: a world compendium [M]. 4th ed. UK: BCPC.

TOMLIN C D S, 2000. The pesticide manual: a world compendium [M]. 12th ed. UK: BCPC.

（撰稿：陈万义；审稿：高希武）

农药法规 laws and regulations of pesticide

为了防止农药在生产、经营、使用过程中污染环境或通过饮水、植物、动物食物进入人畜体内，造成急性或慢性积累中毒而制定的各类法规。

国际农药法规 国际法渊源主要指国际条约，包括公约、协定、联合宣言等。理论上条约可分为双边和多边协议。按照条约法律性质，可分为造法性和契约性条约。目前与农药相关的主要有 3 个公约：①《鹿特丹公约》(PIC 公约）是目前国际公认的涉及禁限用农药的参考标准。②《斯德哥尔摩公约》(POPs 公约）是保护人类健康和环境免受 POPs 危害的全球统一行动，目前包括中国，共有 124 个成员国。③《蒙特利尔议定书》是迄今首次实现全球参与的多边环境协定，要求缔约方承诺减少并最终（在大多数情况下）消除生产和使用各种臭氧消耗物质，其中包括农药甲基溴和氟氯化碳物质（抛射剂）等。

目前，参与全球农药管理的国际和地区组织主要有国际标准化组织（ISO）、联合国粮食及农业组织（FAO）、世界卫生组织（WHO）、联合国环境规划署（UNEP）、经济合作与发展组织（OECD）和国际农药分析协作委员会（CIPAC）等。

FAO/WHO 在加大农药管理力度、制定相关管理和技术准则、促进全球农药登记工作、农药废弃物管理，尤其是 FAO/WHO 农药管理联席会议（JMPM）、FAO/WHO 农药残留联席会议（JMPR）和 FAO/WHO 农药标准联席会议（JMPS）及国际食品法典农药残留委员会（CCPR，中国自 2006 年起任主席国）在共同探讨解决农药管理、残留等问题，建立推荐农药最大残留限量（MRL）、每日允许摄入量（ADI）和急性参考剂量（ARfD）等方面，为食品安全起到推进作用。还制定自愿行为标准《国际农药管理行为守则》(The International Code of Conduct on Pesticide Management)，加强有害生物综合治理 / 病媒生物综合治理，减少农药使用和风险削减措施。国际上农药技术标准和方法规范将趋于协调统一（登记试验质量管理 GLP，风险分类和管理 GHS，残留标准 CAC 等），为实现资料互认，将建立全球登记资料申报的统一系统 GHSTS。

中国农药法规 按照法规性质可分为 3 类：①由国家立法机关制定和颁布的法律。中国尚未制定全国性农药法。②由国家或地方行政法规制定的行政或地方性法规。这属于法律法规规范性质的文件，具有国家强制性和普遍约束力，但不是法律。③由行政部门制定和颁发的技术规范和程序性规范。它不是法律，没有法律约束力，没有实施法制监管的基本内容：权利、义务规范和法律责任。

从中国和国际上发布的农药法规的基本内容，大致归有以下特点：①建立农药管理机构，组织成立农药登记评审委员会，负责农药登记评审。②实行农药登记制度、生产许可制度、经营许可制度，健全农药合理使用制度，按照预防为主、综合防治要求，推广科学使用技术，规范使用行为。③加强标签管理，增加可追溯电子信息，明确标签的重要性和法律性。④建立农药安全风险监测制度，对已登记农药的安全性和有效性进行监测、评价。

（撰稿：王以燕、李富根；审稿：高希武）

农药废弃物处理　pesticide waste disposal

农药废弃物包括农药生产过程中产生的"三废"、禁止使用的库存农药、过期失效的农药、假劣农药、农药施用后剩余残液、农药容器的冲洗液、农药包装物、农药污染的外包装物及其他物品等。狭义农药废弃物是指农药使用后被废弃的与农药直接接触或含有农药残余物的包装物（瓶、罐、桶、袋等），也就是农药包装废弃物。

农药废弃物的危害　主要表现以下几个方面：①严重威胁人们的身体健康和生态环境安全。农药生产产生的"三废"、农药施用后随意丢弃的农药包装废弃物中的农药残液，都会对土壤、空气、水和农产品等造成污染，直接威胁人、畜和环境生物安全。②严重危害农业生产。首先，丢弃在田间、地头的农药包装废弃物以玻璃、塑料材质为主，化学结构十分性稳定，自然环境下难以降解，在土壤中形成阻隔层，严重影响作物的生长，导致减产。其次，农药包装废弃物还会影响农机具的作业质量，破碎的玻璃瓶还可能对田间的作业人员和牲畜造成直接伤害。③严重影响美丽乡村建设。随处可见的农药包装废弃物已成为农村严重的"视觉污染"，是建设美丽乡村的一大阻碍。④严重浪费资源。包装农药的塑料瓶多为聚乙烯、聚酯等材质，生产过程需要消耗大量的石油资源，这些包装材料随意丢弃，没有进行回收再利用，造成了资源的巨大浪费。

农药废弃物的处理　包括回收、运输、储存和处置等过程，回收和处置是关键。农药废弃物的回收处理需要建立一套完整的体系，涉及政府部门、农户、企业等多个主体，每一环节均需要投入大量的资金以保证回收体系的完整和有效性。国外对农药包装瓶的回收率较高，达到了65%～98%，回收处理模式不尽相同，有立法强制执行的，如巴西、匈牙利等；有行业倡导执行的，如加拿大、美国等；有行业倡导与国家监管并行的，如比利时、德国、澳大利亚、法国等。不同模式的共同点是，都要求种植业者将农药容器先进行洗涤，然后回收，统一处理。中国各地也探索出农药包装废弃物回收的不同模式，如浙江、上海等地的有偿回收模式，北京的有偿置换、现金回收模式，福建的置换生活用品模式等。

农药废弃物的主要处置方法：①焚烧法。这是比较有效的处理方法，技术上比较成熟，设备比较可靠，可以大规模处理，焚烧炉可以有多种用途，焚烧过程可以控制，还可回收废热。废弃的农药产品，农药包装纸板、塑料容器等都可以采取焚烧处理。但焚烧过程中容易产生有毒气体、蒸气和雾尘，控制不好，容易对环境造成二次污染，而且含重金属的农药，不能通过焚烧处理。②掩埋法。地下掩埋是处理有毒废料最常用的方法，农药产品，盛装农药的金属桶罐压扁、玻璃容器打碎后都可以采用掩埋法处理。高毒农药一般先经化学处理，而后在具有防渗结构的沟槽中掩埋；或者把农药废弃物用水泥、沥青或塑料严密包好，再埋入地下与周围环境隔离。掩埋法处理方法简单，成本低，但只是对废弃农药进行了暂时"封存"，并没有进行实质无害化处理。掩埋地要求远离住宅区和水源，并且设立"有毒"标志。③生物处理法。这是利用微生物活性降解农药废弃物的方法，适用于一些可向微生物提供碳源和氮源的有机农药化合物。处理效果取决于处理系统中微生物品种的特性和处理过程的各种条件。传统的生物处理方法有活性污泥法、生物滤池、生物氧化塘、厌气处理、土壤消化法等。生物处理法主要用于处理农药废水，农药污染土壤的修复等。④物理、化学法。指的是通过物理、化学反应，对农药废弃物进行处理的方法。包括活性炭吸附法、熔盐法、微波等离子破坏法、臭氧降解法、湿式氧化法、硼化镍催化脱氯法、金属电偶还原降解法等。可以用于不同废弃农药产品、农药废液等的处理。⑤回收再利用法。对农药包装材料进行回收再利用，也是节约资源的重要举措。国外已经有很好的经验可供借鉴，如巴西将回收材料再造后，广泛用于建筑建材、卫生、汽车等行业；加拿大将农药包装塑料瓶用于制造高速栏杆或能量利用；德国将农药包装塑料转化为乙醇再利用等。

做好农药废弃物处理，首先，要加强政策法规建设，从法律层面规定农业资源环境保护的要求，明确生产者、销售者、施用者的权利、责任和义务。国家新制定的《农药包装废弃物回收处理管理办法（征求意见稿）》和《农药管理条例》都对农药包装废弃物的回收处理过程中各主体的责任和义务做出了明确规定。其次，调动群众参与的积极性。要加强对农民群众的环境保护宣传和技术培训指导，引导群众积极参与农药废弃物收集、清洗、暂存、回收，积极学习科学使用农药的技术，同时，地方财政要加大支持力度，农药生产企业和经销商要担负起主体责任；加强源头治理，减少农药包装废弃物的产生。加速推进土地流转，发展适度规模农业和现代农业，大力推行病虫草害统防统治，推广绿色防控技术、农药减量控害技术，推广高效、低毒、低残留农药，鼓励使用大包装农药，推动农药生产企业开发使用绿色包装和可重复使用的容器，推进农药包装物的再利用。

参考文献

农业部产业政策与法规司，2003. 农业法律法规规章汇编[M]. 北京：中国农业出版社.

（撰稿：梁赤周；审稿：单正军）

农药分配系数　partition coefficient of pesticide

在一定温度下，农药在正辛醇相与水相中平衡时浓度的比值（K_{ow} = 平衡时正辛醇相农药浓度 / 平衡时水相农药浓度）。又名农药正辛醇 / 水分配系数（n-Octanol/Water Partition Coefficient，K_{ow}）。

施用到环境中的农药通过吸附与解吸、挥发、富集等分配过程进入空气、土壤、沉积物、水和生物体中，进而对生态环境产生影响。

K_{ow} 是研究农药环境归趋的关键参数之一。通过对某一农药分配系数的测定，可提供该农药在环境行为方面的重要信息。K_{ow} 反映农药疏水性或脂溶性大小，在水相和生物体之间的迁移能力，决定其在环境中的迁移、分配和归趋。K_{ow} 与农药水溶性，生物富集系数以及土壤、沉积物吸附系数密切相关。

K_{ow} 值常用 $K_{ow}\lg P$ 来表示，其大小通常与农药水溶性成反比，与相对分子质量成正比。$K_{ow}\lg P$ 大的农药具有低亲水性，容易吸附到土壤或沉积物的有机质上。生物机体吸收农药与其疏水性密切相关，K_{ow} 可用于表征农药进入并富集在生物体内的趋势大小，$K_{ow}\lg P$ 值越大，表明农药越易溶于非极性介质中，易被生物机体吸收，当 $K_{ow}\lg P$ 值 > 4.5 时，农药易于生物富集；反之，当 $K_{ow}\lg P$ 值 < 4.5，其与生物机体脂肪亲和性低，难以超过发生生物积累界限（BCF 值为 2000）。然而，对于一些金属和具有表面活性的农药，$K_{ow}\lg P$ 值不能用于表征其生物富集性。因此，K_{ow} 可作为预测农药在不同环境介质中（如水、土壤、大气和生物体等）迁移分布规律的重要参数。此外，K_{ow} 是研究生物效应的定量结构关系的重要参数之一。农药在生物体内的活性和其毒性亦与分配系数密切相关，$K_{ow}\lg P$ 在农药和大分子或受体相互作用中具有关键作用，与各种生物活性，如农药毒力、药效、毒性等具有较明显的相关性。

农药 $K_{ow}\lg P$ 测定方法主要有摇瓶法、高效液相色谱法和缓慢搅拌法。$K_{ow}\lg P$ 在 -2～4 之间可用摇瓶法测定，在 0～6 之间可用液相色谱法测定，小于 8 可用缓慢搅拌法测定。$K_{ow}\lg P$ 测定应在农药未电离的形式下进行，若被测定农药是弱酸或弱碱时，应使用适当的缓冲液使其 pH 至少低于（对于游离酸）或高于（对于游离碱）pK 值一个单位进行测定。

参考文献

何艺兵，赵元慧，王连生，等，1994. 有机化合物正辛醇/水分配系数的测定[J]. 环境化学，13(3): 195-197.

刘维屏，2006. 农药环境化学[M]. 北京: 化学化工出版社.

朱忠林，蔡道基，蒋新明，1991. 农药分配系数测定方法比较研究[J]. 环境科学学报，11(3): 277-280.

NOBLE A, 1993. Partition coefficients (n-octanol-water) for pesticides[J]. Journal of chromatography A, 642(1/2): 3-14.

（撰稿：吴祥为；审稿：单正军）

农药分析　pesticide analysis

对农药原药和制剂产品开展有效成分、杂质、理化性质等质量检测以及对农产品、食品、环境和生物样品中痕量残留开展测定。

可分为常量分析（原药和制剂分析）及残留分析两类，前者属常量分析，后者属于微量或痕量分析。农药残留分析中，样品中所含的农药量极少，前处理过程复杂，测定样品时对方法的准确度和精密度要求不高，如残留量在 0.01～1mg/kg 时的回收率在 70%～110%，相对标准偏差≤15% 即可，但要求方法的灵敏度高，即能检出样品中的微量农药。在农药的常量分析中，为了获得样品中的农药的准确含量，方法的准确度与精密度应达到要求，但对灵敏度要求不高。

（撰稿：侯志广；审稿：张红艳）

农药分析方法　pesticide analysis method

农药有效成分常用分析方法主要包括化学分析法、比色法和光谱法、极谱法、薄层色谱法、毛细管电泳法、气相色谱法（常用检测器有氢火焰检测器、质谱检测器）、高效液相色谱法（常用检测器有紫外检测器和质谱检测器）。农药质量分析和农药残留分析的方法。

农药质量分析又可分为原药分析和制剂分析，农药原药分析，主要是对有效成分和相关杂质进行定性定量分析，非相关杂质含量较高时（> 0.1%），也应该进行分析。

农药残留分析是应用现代分析技术对残存于食品、农产品和环境中微量、痕量水平的农药进行定性和定量测定，农药残留分析不仅包括农药母体，必要时还包括农药的代谢物、降解物或杂质。农药残留分析主要过程可以分为采样、样品预处理、提取、净化、浓缩、定性分析、定量分析和结果确证等过程。常用的定性、定量分析方法有气相色谱法（常用检测器有火焰光度检测器、电子捕获检测器、氮磷检测器和质谱检测器）、液相色谱法（常用检测器有紫外检测器、荧光检测器和质谱检测器）、薄层色谱法、酶抑制法、酶联免疫法等、毛细管电泳法等。

（撰稿：武丽芬；审稿：刘丰茂）

《农药分子设计》　*Pesticide Molecular Design*

由南开大学杨华铮主编，科学出版社于 2003 年 9 月出版发行。

主编杨华铮，多年来一直开展创制具有自主知识产权的新农药研究，鉴定和投产成果十余项，研究成果曾获国家自然科学二等奖，教育部科技进步二等奖，天津市自然科学二等奖等多项奖励。个人获全国教育系统劳动模范、全国工会先进女职工、国务院特殊津贴获得者和天津市授衔专家等称号。

20 世纪 80 年代，杨华铮开始关注生物活性分子设计方法在农药创制中的应用。特别是 1984—1985 年在日本京都大学农药化学研究室做访问学者期间，得到定量构效关系方

法（QSAR）创始人之一藤田稔夫（Fujita Toshio）的指导，系统学习了农药分子结构与活性的关系，并在国内农药界率先开展此领域的研究工作。1990 年，南开大学建立农药学博士点，杨华铮首次为农药学博士生开设"农药分子设计"选修课，经过十多年的课堂教学及科研工作积累，编撰完成这本兼具理论性、操作性和科学性的农药学专著和研究生用的教学参考书。

该书共分 11 章。第一章介绍了先导化合物产生的不同方法；第二至第八章侧重介绍了定量构效关系方法、药效团方法、先导化合物取代基的优化技巧、生物等排取代、生物合理设计方法及组合化学方法；第九至第十一章分别选取除草剂、杀虫剂、杀菌剂的典型实例及课题组在实际研究中的体会，进一步介绍用生物合理方法设计农药分子的具体应用。

该书填补了中国在农药研究理论领域的一项空白，对中国农药科技工作者、相关领域的教师及学生有很好的参考价值，对中国的农药教学与研究的发展具有重要意义。

（撰稿：张莉；审稿：杨新玲）

农药覆盖密度　pesticide coverage density

单位面积内沉积的农药雾滴数或粉粒数。

基本内容　单位面积内农药雾滴数或粉粒数越多，则药剂同病原菌或害虫接触的频率越高，渗透植物表皮的量也越大，从而对病虫和杂草的防治效果也越好。但对于不同种类的病、虫和杂草，不同的农药均存在一个最适覆盖密度。若覆盖密度过高则会浪费农药，而且易导致药害；若覆盖密度较低，病菌、害虫无法接触足够的剂量，就达不到预想的防治效果。

影响因素　雾滴覆盖密度和雾滴大小、雾滴数目和施药液量有着密切的关系。在施药量一定的情况下，雾滴数目与雾滴直径呈立方关系。雾滴粒径减小一半，雾滴数目则增加 8 倍。

雾滴（或粉粒）细度　对于一定的农药剂量而言，雾滴（或粉粒）越细，形成的雾滴数（颗粒数）越多。

雾滴和粉粒直径越小，施药液量越大，则雾滴（或粉粒）数越多，农药覆盖密度也越大。当农药剂量一定时，防治效果同单位面积内的雾滴或颗粒数呈正相关。药剂种类的不同、雾滴颗粒中所含的药剂浓度的不同均会对单位面积内雾滴（或粉粒）数量产生影响。如用 N 代表雾滴（或粉粒）的数量，可以用 LN_{50}（半数致死雾滴或粉粒数）来表达和比较不同药剂、不同浓度的药剂的覆盖密度对防治效果的影响。

雾滴（或粉粒）的有效半径　雾滴（或粉粒）的有效半径是指一种药剂的雾滴或颗粒对周围的病原菌、害虫发生致毒作用所能达到的距离。由于药剂的气化能力或药剂在植物表面水膜、表面蜡质层中的水平溶解扩散作用，雾滴或颗粒能对一定距离之内的病虫发生致毒作用。这种气化和溶解扩散作用因药而异，也和雾滴（或粉粒）所含的药剂浓度有一定关系。药剂浓度越高，则水平溶解扩散距离越大，即有效半径越大。阿布达拉（M. R. Abdalla）等提出使用 $LDist_{50}$（致死中距），也就是能使病虫死亡 50% 处的距离，用来作为比较不同药剂和药剂浓度的药效的一个参量。雾滴（或粉粒）的有效半径是农药覆盖密度的决定因子。其有效半径往往会受温度的影响，尤其具有气化性的药剂受温度的影响更大。

生长稀释作用　植物叶片在生长过程中，叶片面积不断扩大，雾滴（或粉粒）的覆盖密度会随之降低。因此要考虑到实际情况，应保证最初建立的覆盖密度在防治时期内，不能受到生长稀释作用的影响而降低到有效密度以下。

参考文献

何雄奎，2012. 高效施药技术与机具[M]. 北京: 中国农业大学出版社.

何雄奎，2013. 药械与施药技术[M]. 北京: 中国农业大学出版社.

全国农业技术推广服务中心，2015. 植保机械与施药技术应用指南[M]. 北京: 中国农业出版社.

中国农业百科全书总编辑委员会农药卷编辑委员会，中国农业百科全书编辑部，1993. 中国农业百科全书: 农药卷[M]. 北京: 农业出版社.

（撰稿：何雄奎；审稿：李红军）

《农药概论》　*Introduction to Pesticide*

全国高等农业院校教材。由中国农业大学韩熹莱主编，经全国高等农业院校教材指导委员会审定，中国农业大学出版社于 1995 年 6 月出版发行。已印刷 10 余次。

主编韩熹莱教授（1924—2004）长期从事植物化学保护的教学和科研工作。他是中国近现代农业化学家、农业教育家。他是利用选择性药剂防治柞蚕饰腹寄蝇的主要完成者之一，在害虫抗药性的生理生化机制研究上做出了贡献；他主持完成了《中国农业百科全书·农药卷》的编纂任务，在农药的多个研究领域做出了重要贡献，为推动中国植物化学保护事业发挥了积极作用。

"农药概论"即农用药剂学概论。该课程由黄瑞纶于 1947 年在原北京大学农学院农业化学系首先开设，初名"杀虫药剂学"，并于 1956 年出版专著《杀虫药剂学》。1962 年改课程名为"农药概论"，在授课的同时分段编写讲义，誊写油印后供学生使用。进入 70 年代后，农药科学迅速发展，品种更新快，科研信息量猛增，黄瑞纶先生曾计划撰写新教材，但因病辞世未能完成。1980 年北京农业大学农药学专业恢复招生，"农药概论"重新开课，1983 年由韩熹莱和尚鹤言讲授并合编讲义，经数年试用，效果不错；此后又编印了补充教材。根据国家教委的决定，"八五"期间在原讲义的基础上再补充修改，编写成教材正式出版。

《农药概论》比较全面地论述了有关农药学科的基本概念和理论，并对国内外重要农药品种的性能概略介绍。其内容尽可能多地从化学角度进行综合和分析，希望对读者在今后工作中的创造性思考有所帮助。由于农药学是涉及多种学科的综合性学科，内容极为丰富，而且多年以来发展迅速，资料浩瀚，《农药概论》限于篇幅，不可能对各领域一一详述。可喜的是各相关课程均有专门教材配套出版以供读者参考。

该教材主要内容包括绪论、总论和各论三部分共 9 章。其中绪论简要介绍了农药的作用和地位，以及使用农药可能产生的问题。总论包括：第一章，有关农药学的基本概念和认识；第二章，农药剂型加工和应用；第三章，农药的生物活性和作用机理；第四章，农药的降解及环境归趋；第五章，农药对生态系的影响及抗药性问题。各论包括：第六章，杀虫剂（杀虫、杀螨剂）；第七章，杀菌剂及杀线虫剂；第八章，除草剂和植物生长调节剂；第九章，熏蒸剂和杀鼠剂。

该教材可作为农药学专业、植物保护及相关专业本科生、研究生选修课或必修课的教材，也可供农药研发创制、工艺生产、推广应用等部门的科技人员和农林院校师生参考。

（撰稿：邱立红；审稿：杨新玲）

农药工具书　manuals of pesticides

工具书是指专供查找知识信息的一类文献。它系统地汇集了某方面的资料，按特定的方法加以编排，以供需要时查询。工具书具有可查验性、知识密集性、排检方式的独特性 3 个特点，因此，从编辑目的而言，它主要供查考、检索而非通读。从编排方法而言，是按某种特定体例编排，以体现其工具书性、易检性。从内容而言，广泛吸收已有研究成果，所提供的知识、信息比较成熟可靠，叙述简明扼要，概括性强。根据工具书的基本性质和使用功能，可分为检索性工具书和参考性工具书。

农药工具书是指将有关农药学的理论、方法、数据等进行系统整理、汇编，以专著、手册、百科全书等形式出版的工具书或参考书。它们具有内容系统、知识丰富、权威可信的特征，且附有索引或目录便于查阅，成为农药工作者不可缺少的工具，使用之可以节省大量的时间与精力。农药工具书或参考书内容差别很大，种类也颇多。如以汇集农药科学的各个方面的知识为特点的农药百科全书，以品种介绍为主的农药手册或大全，也有围绕农药某一研究方向进行系统介绍为特色的指南、丛书或专著，如农药合成方向的《农药生产与合成》（陈万义等，2000）和《新农药创制与合成》（刘长令等，2013），农药分析方面的《CIPAC 手册》（国际农药分析协作委员会出版的系列丛书）和《农药分析手册》

（陈铁春等，2013），农药剂型加工方向的《农药剂型加工技术》（刘步林等，1998）和《农药剂型加工丛书》（凌世海、郭武棣、邵维忠等），农药应用方向的《农药应用工艺学》（屠豫钦，2006）和《农药应用指南》（袁会珠等，2011），农药药械与施药技术方向的《药械与施药技术》（何雄奎，2013）等，以及汇萃农药研究各个领域的《中国农药研究与应用全书》（宋宝安、钱旭红等，2020）等。还有一些辞典类的农药工具书，如《新英汉农药词典》（胡笑形，1999）、《中国农药大辞典》（石得中，2008）等，可查询农药基本词汇和概念。

此外，由于农药学是化学与生物学等多学科相互交叉的学科，一些化学或生物学方面的工具书，也广为农药工作者查询使用，如著名的美国《化学文摘》，就包含了农药的合成、分析、加工、作用机制、残留与环境毒理、生态影响等各个方面的信息，既可查询当周最新的农药文献信息，也可追溯检索到 100 多年前的文献，成为广大农药工作者常用的工具书之一。

鉴于农药工具书种类众多，难以逐一陈述，该书仅选取一些有代表性的综合性或品种介绍为主的工具书及参考书，进行简要介绍。

（撰稿：杨新玲；审稿：陈万义）

农药管理　pesticide management

农药生命周期全程的监管或技术管理。包括农药产品及其容器的生产（制造和加工）、批准、进口、供销、出售、供应、运输、储存、配制、施用和处置等各个方面。旨在确保农药的安全性和有效性，同时尽量减少对人体和环境的不利影响以及对人畜的暴露量。

最早制定农药管理法的国家是法国，其次是美国、加拿大、德国、澳大利亚、日本、英国、瑞士、韩国等，大部分发展中国家是在 20 世纪 60 年代后才开始。现在世界上大多数国家已制定了农药管理法，或者采用农药登记制度对农药进行管理。

世界农药管理　①FAO/WHO 制定《国际农药管理行为守则》及配套技术准则，指导协调各国建立农药生命周期的管理制度，包括农药登记、生产、进出口、销售、储存和施用直到废弃农药的处置。②国际上已逐渐统一对高风险农药的认识和管理措施，如《鹿特丹公约》（PIC 公约）和《斯德哥尔摩公约》（POPs 公约），相继淘汰高毒和持久有机污染农药。③关注农药风险评估，FAO/WHO、美国、日本、荷兰等先后建立了各类风险评估模型，推进对职业或非职业健康、膳食和环境的风险评估，利于综合评价农药。④FAO/WHO、欧盟、美国等都加大生物农药的立法，推进低风险农药快速审批和减免政策。美国还建立了低风险和有机磷替代产品登记优先系统，采用缩短时限、简化审批流程及加快确定最大残留限量等措施，推进化学农药的低风险或有机磷产品替代进程。⑤美国、加拿大等实施农药助剂管理，对内分泌干扰物的农药和助剂评价，并对挥发性有机物类农药采取管制措施等。

中国农药管理　中国农药管理正由注重质量和药效向质量与安全管理并重的方向转变。

法规要求　①国家实行农药登记试验备案和农药登记管理制度。建立农药登记试验质量管理规范，实施试验单位认定制度。②国家实行农药生产许可制度和农药经营许可制度，明确生产企业、经营者主体责任。

登记前的管理　①加强膳食、健康和环境风险评估，建立评估模型和技术标准及规范，提高农药技术管理水平。②规范制剂含量梯度管理，减少同质化产品；加强助剂管理，如助剂分类、禁限用助剂名单、助剂微小变化管理等。③完善安全合理使用制度，科学用药、精准施药、采用最低有效剂量，开展抗性风险评估与管理，提高农药利用率，持续推进化学农药减量使用。

登记后的管理　①加强登记后监管，构建农药再评价体系，实施风险监测与评估，建立产品退出机制。②履行国际公约，相继禁止使用高风险农药46个，限制使用农药20个；遵守FAO/WHO《国际农药管理行为守则》，加强监管和处罚力度。③构建国家农药数字监管平台，完善信息化、智能化监管服务。

（撰稿：李富根、王以燕；审稿：高希武）

农药光解作用　photolysis of pesticide

农药在光照射下，发生的降解为小分子化合物的过程。农药的光化学反应是农药在大气、水体、土壤表面及植物表面降解的主要途径之一。农药通过光化学反应既可以转化为其他无毒或毒性更低的物质，也可以转化为毒性更高的物质。因此，研究农药在环境中的光化学反应对于科学评价农药对环境的影响，指导合理使用农药以及探索污染修复的方法与技术等都具有重要意义。农药在环境中的光反应类型可以分为直接光解和间接光解。

直接光解　农药分子吸收光子的能量跃迁至激发单重态后发生反应转化为光解产物。激发单重态也可以通过系间窜跃产生激发三重态，激发三重态可以发生均裂、异裂、光致电离，产生的微粒和周围介质直接发生反应。根据反应类型，直接光解可分为以下几类。

光氧化　农药光解的最常见的途径之一。在氧气充足的环境中，一旦有光照，许多农药较容易发生光氧化反应，生成一些氧化中间产物。乙拌磷、倍硫磷、灭虫威等农药分子中的硫醚键可光氧化生成亚砜和砜（图1）。当农药芳香环上带有烷基时，该烷基会逐渐发生光氧化反应，如可氧化成羟基、羰基，或进一步氧化为羧基。光氧化包括脱硫置换氧化反应、环氧化反应等。

光水解　许多有酯键或醚键的农药在有紫外光和有水或水汽存在时可发生光水解反应。水解部位往往发生在最具有酸性的酯基上或醚位上，如哌草丹除草剂光解后在硫醚位发生裂解（图2）。在多数含酯基、醚基和氯原子的农药光解过程中会发生光水解反应。

光还原　含有氯原子结构的农药在光化学反应中能被还原脱氯，如氯菊酯在光照下生成一氯苯醚菊酯（图3a）。一些农药可进行光化学的脱羟基反应，同时得到多数分解产物，如氟乐灵能脱羟基、硝基而被还原以及产生苯并咪唑衍生物；百菌清在光照作用下，可产生还原脱氯反应（图3b）。

分子重排　农药分子光分解后本身产生自由基，在一定条件下会发生分子重排。如草萘胺除草剂光解后会产生自由基，该自由基可进一步反应而得到对位转位体或猝灭为降解中间体。

光异构化　农药分子从一个异构体重排为另一异构体的反应，且形成的异构体对光更加稳定。一些有机磷农药光照下会发生异构化现象，分子的硫逐型（P＝S）转化为硫赶型（P—S），如对硫磷的芳基异构化和乙基异构化。

间接光解　农药分子不能直接吸收光辐射能量，而是借助于其他物质作为载体吸收光能，再通过载体能量的转移，使农药分子变成激发态而发生裂解的过程。间接光解包括光敏化降解和光猝灭降解。

光敏化降解　环境中存在的一些天然物质能被太阳光能激发，再将能量传递给农药分子使其发生降解的过程。光催化降解属于敏化光解的特例，是以半导体（如粉末 TiO_2）等作为光敏化剂，经太阳光辐射之后产生自由基、纯态氧等

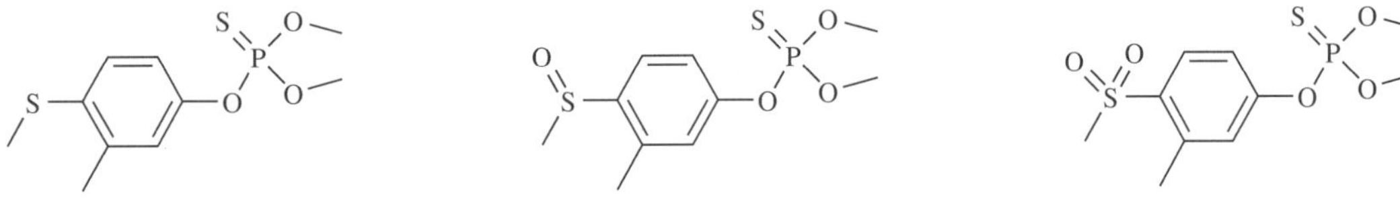

倍硫磷　　　　　　　　　　倍硫磷亚砜　　　　　　　　　　倍硫磷砜

图1　光氧化

哌草丹的裂解

图2　光水解

a:

氯菊酯　　　　　　　　　　　　　　　　　一氯苯醚菊酯

b:

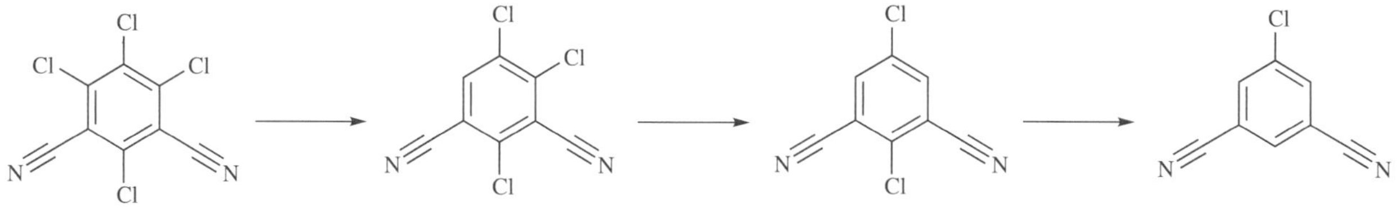

百菌清　　　2,4,5-三氯-1,3-间苯二腈　　2,5-二氯-1,3-间苯二腈　　5-二氯-1,3-间苯二腈

图 3 光还原

中间体，农药分子再与这些中间体反应的过程。光敏化降解中，起光敏化作用的载体叫光敏剂，敏化反应通过光敏剂激发三重态进行。具体可分为 2 种不同的过程，一种是光敏化剂辐照后生成自由基、纯态氧等中间体，使农药分子与中间体反应；另一种是光敏化剂激发三重态能量转移，使反应物分子发生反应。光催化过程中，一方面，半导体物质 TiO₂ 光照产生的高活性物质或电子可以直接和吸附在半导体表面的农药反应；另一方面，光激发生成的高活性物质或电子与吸附在 TiO₂ 表面的有机物或水、溶解氧发生一系列反应，生成强氧化性的羟基自由基或超氧离子。如百菌清，在 TiO₂ 作用下，其在水中光解速率明显增加。

光猝灭降解　与光敏化作用相反的过程称光猝灭反应，是指能够使农药分子电子激发态发生衰变，转化为基态或低激发态物质的过程。光猝灭反应中，起猝灭作用的物质为光猝灭剂，它是一种可以加速农药分子电子激发态衰变到基态或低激发态的物质。如卤素离子（Cl⁻，Br⁻，I⁻）和某些表面活性剂，对于水中氯苯嘧啶醇的降解表现出较强的光猝灭作用。此外，农药本身也可作为光猝灭剂。苄嘧磺隆、乙草胺、氟乐灵、2 甲 4 氯、草甘膦、甲磺隆、灭多威、甲基对硫磷、多菌灵等 9 种农药可使水中的丁草胺光分解速度减缓，产生显著的光猝灭作用。

许多农药在水中的光降解为一级或准一级动力学反应（常常是体系中存在固相催化剂的反应）。即农药浓度对数与反应时间 t 之间具有良好的线性相关性。反应速率方程如下：

$$k = -\frac{\partial C}{\partial t}$$

式中，C 为农药浓度；t 为反应时间；k 为反应速率。

然而，由于所处的环境条件不同，农药的光降解受到环境体系中存在的各种因素及其自身因素影响，使一些农药的光解反应并不符合一级动力学，而遵循二级动力学反应。此外，在紫外灯照射下的光解反应较复杂，不属于简单级数的动力学反应，可以用非线性回归的方法来研究其动力学特性。

参考文献

杜传玉, 2006. 农药在水介质中的光化学降解研究情况[J]. 农药科学与管理, 25(12): 18-23.

花日茂, 岳永德, 戚传勇, 等, 2000. 九种农药对丁草胺在水溶液中光猝灭降解作用[J]. 环境科学学报, 20(3): 360-364.

刘爱国, 花日茂, 2002. 农药降解的非线性动力学模型研究[J]. 安徽农业大学学报, 29(3): 311-315.

刘维屏, 邵颖, 王琪全, 1998. 新农药环境化学行为研究Ⅶ: 除草剂哌草丹 (Dimepiperate) 在土壤、水环境中的滞留、转化[J]. 环境科学学报, 18(3): 290-294.

司友斌, 岳永德, 周东美, 等, 2002. 土壤表面农药光化学降解研究进展[J]. 农村生态环境, 18(4): 56-59.

王丹军, 岳永德, 汤锋, 等, 2008. 阴离子对氯苯嘧啶醇光化学降解的影响[J]. 农业环境科学学报, 27(5): 2023-2027.

王丹军, 岳永德, 汤锋, 等, 2007. 7种农药和5种表面活性剂对氯苯嘧啶醇光解的影响[J]. 安徽农业大学学报, 34(1): 45-48.

王琰, 王敬国, 胡林, 等, 2008. 农药光催化降解研究进展[J]. 西北农林科技大学学报 (自然科学版), 36(9): 161-169.

杨仁斌, 刘毅华, 邱建霞, 等, 2007. 农药在水中的环境化学行为及对水生生物的影响[J]. 湖南农业大学学报 (自然科学版), 33(1): 96-101.

COMBER S D W, 1999. Abiotic persistence of atrazine and simazine in water[J]. Pesticide science, 55: 696-702.

GOHRE K, MILLER G C, 1986. Photooxidation of thioether pesticides on soil surfaces[J]. Journal of agricultural and food chemistry, 34: 709-713.

JIRKOVSKY J, FAURE V, BOULE P, 1997. Photolysis of diuron[J]. Pesticide science, 50: 42-52.

LV P, ZHANG J, SHI T Z, et al, 2017. Procyanidolic oligomers enhance photodegradation of chlorothalonil in water via reductive dechlorination[J]. Applied catalysis B: Environmental, 217: 137-143.

MARGULIES L, STERN T, RUBIN B, et al, 1992. Photostabilization of trifluralin adsorbed on a clay matrix[J]. Journal of agricultural and food chemistry, 40: 152-155.

TAN Y Q, XIONG H X, SHI T Z, et al, 2013. Photosensitizing effects of nanometer TiO$_2$ on chlorothalonil photodegradation in aqueous solution and on the surface of pepper. Journal of agricultural and food chemistry, 61: 5003-5008.

（撰稿：花日茂、薛佳莹；审稿：单正军）

农药合成　pesticide syntyesis

农药主要是指用于预防、消灭或者控制农业、林业的病、虫、草和其他有害生物以及有目的地调节植物、昆虫生长的化学品。这里所说的化学品可以是人工合成的，也可以是天然的动植物及微生物的代谢产物，但不论是人工合成的化合物还是天然产物，作为农药都应具备两种基本属性：具有确定的分子结构，在一定剂量范围内对有害生物有显著的生物活性。需要指出的是，对于农药的含义和范围，不同的时代、不同的国家和地区都有差别。如美国，早期曾将农药称为"有经济价值的毒剂"（economic poison），后又名"农用化学品"（agricultural chemicals），甚至称为"农用化学调控剂"（agricultural bioregulators），欧洲亦称为"农用化学品"（agrichemicals），当前在国际文献中已通用"Pesticide"一词。《农药手册》（The Pesticide Manual）第14版记录全世界商品农药1524种。为了便于研究与使用，可从不同的角度对其进行分类。一般是按功能和用途将农药分成杀虫剂、杀螨剂、杀菌剂、除草剂、杀鼠剂及植物生长调节剂等若干大类，然后再将每一大类按化学结构或作用方式细分。

农药合成包括农药化学合成、农药酶催化合成、农药微生物合成和农药天然产物合成。由于大部分农药分子都是有机化合物，所以农药合成以有机合成为主，主要以有机合成化学的基本理论和技术方法，研究合成大量的供试化合物，通过多种农药活性生物测定程序筛选出具有开发价值的候选化合物，进一步研究候选化合物的最佳合成路线，优化合成工艺条件并进行中间试验，为产业化提供技术支持。农药合成研究的重点是筛选新型先导化合物，然后围绕先导化合物采用生物等排体取代、药效团模型法、定量构效关系法及虚拟筛选等进行先导结构的多级优化与展开，合成筛选出候选化合物。

农药化学合成　研究如何设计、选择并最后确定有机化合物的合成路线。一种有机化合物往往可由相同（或不同）的原料经多种途径反应得到，要确定合适的路线，则需要综合地、科学地考察各种路线的利弊。农药化学合成应遵循以下几个原则：①原料易得，操作简便。②产率高，副反应少。③合成步骤尽可能少。

农药酶催化合成　作为工业生物技术的核心，酶催化技术被誉为工业可持续发展最有希望的技术。中国工程院院士欧阳平凯表示：生物催化和生物转化技术，将是中国生物化工行业实现生产方式变更、产品结构调整与清洁高效制造的有力保证。而近年来，随着手性技术和绿色化学的兴起，酶催化作为手性技术和绿色化学的一个重要组成部分，成为现代生物学和化学交叉领域里最活跃的研究领域之一，许多

酶催化工艺已经用于手性药物、农药等精细化学品的生产中并且有稳步上升、快速发展的趋势。

酶催化具有自己独特的特点，酶催化剂反应条件温和，具有很高的区域选择性和立体选择性，并且大多数反应可在水中进行。随着制药工业对手性化合物的需求日益增长和人类环保意识的增加，酶催化工艺作为一种绿色的手性技术已成为目前化学制药领域中研究和应用的热点之一，近年来随着生物技术的发展及基因工程的应用，酶催化剂的性能得到了很大的提高，酶的生产成本也有了显著的降低，人们对酶催化剂也有了进一步的认识，对一些传统概念的认识也有了很大的改变，比如，过去人们认为酶催化只能在水溶液、室温下进行，但自从Klibanow在20世纪80年代早期发现酶可以在有机溶剂中催化有机反应以来，形成了一门新的研究领域——非水介质中的酶的催化反应，并在医药和精细化学品的生产中得到广泛的应用。又例如，人们传统上认为酶的稳定性差，但这一说法目前看来并不全面，如键合到载体上的青霉素酰化酶在水解青霉素G转变6-氨基青霉烷酸时，至少可用1000次以上。Klibanov还发现有些酶甚至可以在100℃仍能进行催化反应，在某些溶媒如离子液体中，脂肪酶在50℃的活性半衰期为400小时，100℃时至少为60小时，最近有研究报道，脂肪酶在有机溶剂中温度为120℃时仍能进行有效催化反应，在离子液体中和超临界二氧化碳中甚至可以达到150℃，说明在某些介质中有些酶有足够的稳定性。

经研究发现，许多活性小肽在机体内是以大分子形式合成，然后经降解和分泌行使其功能的。某些天然蛋白质相对分子质量很大，但其活性部位却很小，往往一段连续的小肽就能表现其活性。蛋白质酶解反应是改善蛋白质底物理化和功能特性的一种重要手段，其酶解底物活性多肽是治疗诸多疾病（如高血压、糖尿病、癌症、艾滋病等）的特效或潜在药物，在制药领域已经取得了广泛的应用。

在传统的制药工艺中，使用酶降解技术的以生化类药品为主。利用酶解方法，使原料蛋白质类前体降解，然后分离其中的活性片段，如脑蛋白水解物、肝水解肽、水解蛋白等，其水解产物中含有多种活性小肽、游离氨基酸等组分临床疗效确切。随着科学技术的不断发展，酶解工艺结合目前新的分离和检测技术，特别是以亲和色谱为基础的各种方法和仪器，可以从一组混合物中快速有效地发现、分离这些活性小肽，为新药开发提供一个全新的途径。

近年来，对于海洋生物的研究不断深入，人类开始向海洋生物索取功能蛋白和特殊活性物质，用以研制药物和开发功能食品。利用水产蛋白开发酶降解血压肽（如蛋白酶水解沙丁鱼），较普通化学合成降压药具有独特的优势，加之其明显的降压效果，近年来备受国际研究界的瞩目。海参蛋白经酶降解后可产生多种氨基酸与功能小肽，具有极高的药用价值。

酶工程在最初10年里，主要重点还是在发展固定化方法和载体上，探索其应用的可能性。第一代固定化生物催化剂的特征是单酶的固定化，发展了吸附、共价、交联和包埋等数十种固定化方法。现已有20多种利用单酶活力的固定化生物催化剂在世界上获得了工业上的应用。而在大

多数生物化学产品中，生物化学的合成和转化必须依赖一连串酶反应，而且需要辅助因子 NADPH 和 ATP 的参与。早在 20 世纪 70 年代初就已经尝试将几种催化顺序反应的几种酶共固定，发现物质转化的速度比溶液中的酶混合度高。70 年代后期，辅酶的保持和再生又特别受到重视。ATP 和 NAD 的大分子化可保持在半透膜内，往返于催化合成的酶与再生它们的酶之间。已知的酶有 50% 以上需要辅酶因子的存在参与酶促反应。ATP、FAD、NAD、PLP 和 PQQ 的再生都可能通过固定化技术获得不同程度的解决，其中包括这些辅酶因子的固定化与其他酶促反应相偶联或对辅因进行化学装饰及利用这些辅因的类似物与衍生物等。而试验则发现固定化辅因及其衍生物对酶的活力具有良好作用。

据不完全统计，应用酶工程技术所产生的工业产值已达几百亿美元，已形成工业化规模的应用领域有：淀粉制糖工业、乳制品工业、其他食品与发酵工业、氨基酸工业。目前，固定化酶正日益成为工业应用方面的主力军，在化工医药、轻工食品、环境保护等领域将发挥巨大的作用。尤其在有机酸如柠檬酸、苹果酸、L- 天冬氨酸、L- 苯丙氨酸、L- 色氨酸以及药物产品的生产方面都有可能应用酶工程技术进行规模化生产，从而极大程度地改变医药工业和发酵工业的生产方式。包括辅助因子再生系统在内的固定化多酶系统现正成为酶工程应用领域的主角。固定化基础工程菌、工程细胞以及固定化技术与连续生物反应器的巧妙结合，将导致整个发酵工业和化学合成工业的根本性变革。

而对于制药工业来讲，其具有 5 个特点：①高度的科学性、技术性。②生产分工细致、质量要求严格。③生产技术复杂、品种多、剂型多。④生产的比例性、连续性。⑤高投入、高产出、高效益。随着科学技术的不断发展，早期的手工作坊式的生产方式逐步被机械替代，制药生产企业中现代化的仪器、仪表、电子技术和自控设备得到了广泛的应用，无论是产品设计、工艺流程的确定，还是操作方法的选择，都有严格的要求，必须依据科学技术知识，采用现代化的设备，才能合理地组织生产，促进药品生产的发展。当然，这些条件也对酶催化技术在化学制药中提供了更加严峻的要求。而与此同时，为了追求更大的效益和更高的技术，科学家们也在努力进行科学研究实验，使酶催化技术能在化学制药中占据一个更加重要的地位。

药物的合成反应往往需要催化剂，很多都是在溶剂中完成的，而且在制剂生产中也常用到各种溶剂，催化剂或溶剂的绿色化对保护环境是非常重要的。酶是生物细胞中产生的有机催化体，利用酶催化反应来制备医药产品和中间体是清洁技术的重要领域。例如甾体激素的 A 环芳构化和 C-10 位上引入羟基，维生素 C 的两步微生物氧化等。近年来酶催化反应在改进氨基酸、半合成抗生素的生产工艺以及酶动力学拆分等方面取得了显著的进展。大量的化学反应在溶剂状态下进行，使用安全、无毒制剂，实现溶剂的循环使用是发展方向。

综上所述，酶催化已经成为有机合成和制药工业的重要手段。随着酶催化工程方面的发展以及可用酶的增加，将会有更多的工艺用于精细化学品和制药工业。酶催化仅仅是

一个年轻的科学，发展空间巨大，其未来的发展前景也是无可限量的。

农药微生物合成　微生物农药（microbial pesticide）包括农用抗生素和活体微生物农药。为利用微生物或其代谢产物来防治危害农作物的病、虫、草、鼠害及促进作物生长。它包括以菌治虫、以菌治菌、以菌除草等。这类农药具有选择性强，对人、畜、农作物和自然环境安全，不伤害天敌，不易产生抗性等特点。这些微生物农药包括细菌、真菌、病毒或其代谢物，例如苏云金杆菌、白僵菌、核多角体病毒、井冈霉素、C 型肉毒梭菌外毒素等。随着人们对环境保护越来越高的要求，微生物农药无疑是今后农药的发展方向之一。

农药微生物合成要系统筛选高效菌株，建立优化的发酵、增殖生产工艺和规范的生产质量标准，组建配套的田间实用技术。

农药天然产物合成　一方面，天然产物不仅种类繁多，生物活性多样，而且作用独特、易降解或与环境相容性好，千百年来已广为人们所用；另一方面，多数天然产物分子结构复杂，不易合成（有的即使可以合成，但成本太高，无实用价值；当然通过发酵得到天然产物的例外），大多数对光不稳定，或极易挥发，通常不能直接作为农药使用。由于天然产物特有的性能，世界各大农药公司对其进行了大量的研究，通常是以天然产物为先导化合物进行研究，旨在开发出性能更优、与环境相容的新农药品种。

农药天然产物合成主要还是有机合成，与农药化学合成相似，研究如何设计、选择并最后确定有机化合物的合成路线。

（撰稿：汪清民；审稿：吴琼友）

农药合理使用准则　guideline for safety application of pesticide

国家颁布的农药使用技术规范，亦称农药安全使用标准，是农药管理的一种措施，目的在于指导科学、合理、安全使用农药，达到既能有效地防治农作物病虫草害，又能使收获的农产品中农药残留量低于规定的农药最大残留限量标准。

农药大量施用于农田以有效防治病虫草害，但是如果这些农药被滥用，不仅达不到理想的防治效果，还会污染环境及农产品，从而对人体健康造成威胁。因此，有必要研究和制定农药在防治农作物病虫草害时的各项技术指标，控制施药量、施药次数和安全间隔期等，以达到保证防治效果和减少农药污染的目的。中国为了加强农药管理，制定了农药合理使用准则国家标准。

1984 年 5 月 18 日，由城乡建设环境保护部批准并颁发了《农药安全使用准则》（GB 4285−1984）。其中包括 29 种农药（杀虫剂 21 种、杀菌剂 5 种、除草剂 3 种），在 14 种作物［水稻、小麦、玉米、高粱、棉花、叶菜、果菜、豆菜、根菜、苹果（梨）、柑橘、葡萄、茶叶、烟草］上的 69 项标准。

1987 年 11 月 30 日，由国家标准局发布了《农药合理使用准则》（一）、（二）（GB 8321.1～8321.2—1987）。《准则》（一）包括 18 种农药（杀虫剂 11 种、杀菌剂 4 种、除草剂 3 种）在 11 种作物（水稻、小麦、棉花、叶菜、果菜、苹果、柑橘、大豆、花生、茶叶、烟草）上的 31 项准则。《准则》（二）包括 36 种农药（杀虫剂 17 种、杀菌剂 6 种、除草剂 13 种），在 12 种作物［水稻、小麦、玉米、棉花、叶菜、果菜、苹果（桃）、柑橘、大豆、花生、甜菜、烟草］上的 49 项准则。

随后，由于农药新品种和新制剂不断出现，以及植物保护工作的不断发展，研究和制定农药合理使用准则的工作还在继续进行中。到目前为止，已经制定的准则如下：

GB 8321.1—1987 农药合理使用准则（一）（2000 年进行了修订，GB/T 8321.1—2000）

GB 8321.2—1987 农药合理使用准则（二）（2000 年进行了修订，GB/T 8321.2—2000）

GB 8321.3—1987 农药合理使用准则（三）（2000 年进行了修订，GB/T 8321.3—2000）

GB 8321.4—1993 农药合理使用准则（四）（2006 年进行了修订，GB/T 8321.4—2006）

GB/T 8321.5—1997 农药合理使用准则（五）（2006 年进行了修订，GB/T 8321.5—2006）

GB/T 8321.6—2000 农药合理使用准则（六）

GB/T 8321.7—2002 农药合理使用准则（七）

GB/T 8321.8—2007 农药合理使用准则（八）

GB/T 8321.9—2009 农药合理使用准则（九）

GB/T 8321.10—2018 农药合理使用准则（十）

农药合理使用准则的制定过程。首先，进行科学、合理、规范化的农药残留田间试验，用合适的分析技术和方法进行样品预处理、提取、净化等，并用精密度符合要求的方法测定规范残留试验样品中农药残留量。再参照国际食品法典委员会（CAC）或一些发达国家规定的食品中最大残留限量（MRL）标准，根据中国人的食物结构等具体情况进行风险评估，推荐每种农药在防治农作物病虫草害时的各项指标，如使用对象、施药剂量范围、次数、用水量、安全间隔期等，最后由国家有关管理部门审批，并颁布实施。

参考文献

钱传范, 2011. 农药残留分析原理与方法[M]. 北京: 化学工业出版社.

GB/T 8321 农药合理使用准则 (一).

GB/T 8321 农药合理使用准则 (二).

GB/T 8321 农药合理使用准则 (三).

GB/T 8321 农药合理使用准则 (四).

GB/T 8321 农药合理使用准则 (五).

GB/T 8321 农药合理使用准则 (六).

GB/T 8321 农药合理使用准则 (七).

GB/T 8321 农药合理使用准则 (八).

GB/T 8321 农药合理使用准则 (九).

GB/T 8321 农药合理使用准则 (十).

（撰稿：徐军；审稿：郑永权）

《农药化学》 *Pesticide Chemistry*

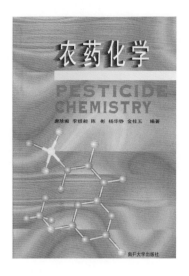

南开大学农药学专业研究生的教学用书。由南开大学唐除痴、李煜昶、陈彬、杨华铮和金桂玉编著，南开大学出版社于 1998 年出版发行。

第一编著者唐除痴（1938—），湖南邵东人，博士生导师。1962 年毕业于武汉大学化学系，同年任教于南开大学元素有机化学研究所，先后担任研究生课程"有机磷化学"和"农药化学"的教学工作。唐除痴主要基础研究领域在磷的立体化学、不对称磷酸酯的新合成方法、新反应以及手性磷试剂在不对称合成中的应用等方面，在国内外期刊上发表论文 100 余篇，在有机化学及农药化学，尤其在有机磷农药中间体和杀虫剂如久效磷、甲胺磷、丙溴磷、速杀硫磷、丙硫磷、甲丙硫磷等合成方法和工业化方面有过许多创新工作，并取得了良好的社会和经济效益。1993 年唐除痴教授享受政府特殊津贴专家待遇。

该书凝聚着南开大学农药学科几代人的心血和智慧。在南开大学已故老校长、元素有机化学研究所创始人杨石先教授的大力倡导和亲自指导下，早在 20 世纪 50 年代南开大学就开展了农药研究和教学工作。随着 1990 年农药学博士点的建立，农药化学成为该专业研究生的必修课。为配合这一时期的教学工作，农药化学讲义问世，并经过几年的教学试用和校外交流，反应良好。在南开大学从事农药研究和教学的几代人不断努力下，唐除痴等编著者在农药化学讲义的基础上经反复讨论、修改，最终编写而成此书。

该书系统地介绍了现代农药化学各个主要方面的内容，包括杀虫剂、杀螨剂、杀线虫剂、杀鼠剂、杀软体动物剂、杀菌剂、除草剂、植物生长调节剂以及农药剂型和助剂，并详细叙述了上述各类农药的合成方法、结构与活性、作用机制、代谢过程以及代表性品种。农药化学是一门综合性的交叉学科，所以该书几乎涉及化学的各个方面，特别是有机化学和生物化学。作为教材，该书在基本概念和基础理论的叙述上力求清晰，还收进了新进展、新品种、新方法，并将原始文献列于每章之末，以便进一步查阅。本书共分六部分：总论，杀虫剂及其他动物害物防治剂部分，由唐除痴教授执笔；杀菌剂部分，由李煜昶教授、金桂玉教授执笔；除草剂、植物生长调节剂部分，由陈彬教授、杨华铮教授执笔；农药剂型和助剂部分，由唐除痴教授、李煜昶教授执笔；全书由唐除痴教授总校审。在编写过程中得到南开大学元素有机化学研究所领导、同行以及资料室同志的帮助，中国科学院院士陈茹玉教授和中国工程院院士、农药国家工程研究中心（天津）主任李正名教授为该书写序。

该书主要面向农药学专业本科生及研究生，也可作为有机化学、应用化学专业的教学参考书，还可供从事农药研究、生产和应用（植物保护）人员参考学习。

（撰稿：刘尚钟；审稿：汪清民）

农药环境安全评价 safety evaluation of pesticide in environment

通过各种室内模拟试验或田间试验方法，探明和评价农药对环境与非环境靶标生物的安全性，为农药的登记、合理使用和污染防控提供科学依据。

国外历史发展概况 农药是有毒化学品，它在生产、储运、供销、使用过程中以及对农副产品品质等都有可能产生污染，因此农药与人类健康关系十分密切。为了加强农药环境管理，将农药对生态环境的危害影响控制在可接受的水平，世界各国及国际组织纷纷行动并参与到农药安全性评价与风险管理中来，且随着可持续发展意识的增强，农药安全性评价也逐步从早期注重急性毒性等与人体健康有关的卫生毒理安全评价，扩大到生态环境安全评价。因生态环境风险评价比人体健康评价具有更广泛的意义，从而把环境安全性评价推向了更高层次。英国于 1952 年颁布了《农药环境预防条例》；美国于 1947 年实施了第一部《联邦杀虫剂杀菌剂和杀鼠剂法》（FiFRA），首次提出农药既要有效也要安全，开始实行农药登记制度；1955 年美国食品与药品管理局（FDA）制定食品和化妆品安全的实验评价程序；20 世纪 70 年代美国环境保护局（EPA）开始制定环境危险度评定方法，1972 年制定了《联邦环境农药法规》，并通过《有毒物质控制法》（TSCA）和《污染治理法》，这些法规当时已控制着化学物质（包括农药在内）从合成到排放整个过程中的毒性和危害影响；1978 年美国颁布了良好实验室规范（GLP），1983 年在总结风险评价研究和实践基础上组织编写的《联邦政府风险评价：管理过程》系统介绍了环境风险评价方法并作为开展环境风险评价的技术指南，20 世纪 90 年代美国 EPA 把人体健康风险评价引入生态风险评价，目前已形成了较为完备的农药环境安全评价体系。1996 年美国总统克林顿签署的《食品质量保护法令》进一步明确了食品中农药的安全性评价，颁布了相应的行政法规和具体措施。经济合作与发展组织（OECD）和欧共体国家（EC）20 世纪 80 年代在农药环境安全评价方面也很活跃。1987 年欧盟立法规定对可能发生危险化学事故的工厂必须进行环境风险评价；1993 年欧盟成立的农药工作组（FOCUS）对农药及化学品风险评估作出了要求及规定，并列入了欧盟委员会指令 91/414/EEC，先后颁布和修订了《鸟类和哺乳动物评估工作指导书》（2000）、《陆生生态毒理学工作指导书》（2001）和《水生生态毒理学工作指导书》（2002）等 91/414 指令相关工作指导书，指导欧盟各国开展农药环境风险评估。2005 年 2 月 23 日欧盟颁布 396/2005 法规并规定了欧盟统一的食品和

农产品中农药的最大残留限量值（MRLs）。2008 年欧洲食品安全局（EFSA）决定成立由农药风险评估专家组成的"农药筹划指导委员会"，统一对欧盟内农药安全性进行把关。除环境外，在国际上农药安全评价也始终与食品安全紧密联系在一起，为促进国际食品公平贸易，保证食品安全，1962 年联合国粮食及农业组织（FAO）和世界卫生组织（WHO）建立起政府间协调食品标准的国际组织食品法典委员会（CAC），在法典委员会下同时分设有专门的农药残留联合委员会（CCPR），负责食品中农药残留评价与标准制定；FAO 和 WHO 还通过农药残留联席会议（JMPR）来评估食品中农药的残留性质，包括制定每日允许摄入量（ADI）和食品中的 MRL，并且每年出版 JMPR 报告，推荐 MRL、ADI 和急性参考剂量（ARfD）。由于农药环境安全评价内容广、涉及学科多、费用高，对所有已经使用或即将引入国内使用的农药都进行安全评价，对于大多数发展中国家，即便一些发达国家来说都缺乏建立风险评估体系所需资金。因此法典委员会所做的安全评价和推荐的标准与法规就往往被直接接受作为当地法律或国家标准；1995 年 CAC 把食品有害物风险分析分为风险评价、风险控制和信息交流 3 个部分，其中风险性评价依然在食品安全性评价中处于中心位置。为落实安全性评价在维护健康管理方面的作用，增强各国的监控水平，1976 年联合国环境规划署（UNEP）、FAO 和 WHO 共同组织制定全球食品污染监测规划（GEMS/Food）；FAO 于 1985 年单独颁布了《农药登记环境指南》，与此同时为增强各国化学品的管理能力，1994 年在瑞典斯德哥尔摩召开了第一届政府间化学品安全论坛（IFCS）以促进各国政府对本国危险性化学品（包括农药）的评价与管理。除 UNEP、国际化学品安全规划署（IPCS）等组织外，其他国际组织如国际癌研究机构（IARC）等也在农药安全管理和安全性评价方面积极开展相关方面研究工作。1979 年罗马尼亚的伯热库（Tudorul Bajcu）根据农药的药效、药害、毒性与环境等四方面的利弊，对农药在农业上的使用价值提出了全面的综合评价模式。

中国历史发展概况 中国在 20 世纪五六十年代就开始了农药急性毒性测试的初级安全评价，但安全性评价早期进展缓慢（尤其是农药环境安全评价）；20 世纪 70 年代中国对大量使用的有机氯农药在环境（包括食品）中的残留展开安全普查，安全评价工作与当时整个国际环境中（尤其西方）健康与环境意识增强的形势有关，1979 年 9 月中国颁布的《中华人民共和国环境保护法（试行）》标志着中国环境影响评价制度的建立，并于 1981 年加入全球环境监测系统—食物污染监测与评估计划（GEMS/Food）。中国的事故风险评价始于 20 世纪 80 年代，为加强农药管理，1982 年国家建立农药登记制度，发布《农药登记规定》，此后农药安全评价得到较快发展。中国生态环境部南京环境科学研究所 20 世纪 80 年代在农药安全性评价应遵循的原则、方法等方面做的研究工作有力推动了中国农药安全性评价的开展。1986 年中国加入 CAC，对于中国掌握国际上食品农药残留安全动态，借鉴评价结果及时用于国内农药及食品安全法规制定与管理，保障人民健康，乃至目前促使中国食品农药安全评价工作尽快与国际接轨等方面具有积极作用。1989 年中国成立生态环境部

有毒化学品管理办公室，专门负责从事有毒化学品的登记与环境风险评价，同年中国制定出《化学农药环境安全评价试验准则》，标志着中国农药环境风险评价和农药环境风险管理的正式开始。1991年中国卫生部和农业部联合发布《农药安全性毒理学评价程序》，进一步完善和丰富了农药安全性评价的内容。1993年南京环境科学研究所又提出了"农药使用的危险性评价方法"，在中国毒理学研究已有的基础上国家技术监督局1995年颁布《农药登记毒理学试验方法的国家标准》。2002年国家环境保护总局开展了农药环境影响风险评价试验单位的认证，例如中国环境科学研究院国家环境保护化学品生态效应和风险评估重点实验室、中国生态环境部南京环境科学研究所国家环境保护农药评价与污染控制重点实验室等单位在农药环境评价与风险预测方面具有相当的基础。2006年4月中国农业部与荷兰启动了农药环境风险评估合作工作，建立了水生生态系统、地下水、鸟、家蚕、蜜蜂评估方法和程序，筛选出适合中国国情的地下农药暴露评估模型，构建了中国农药6个环境风险评估标准场景，基本建成北方方场区旱作场景点的土壤、气象、作物数据。随着中国农药毒理学、农药环境影响、农药残留与分析等研究的深入和与农药安全有关的相关机构的认证，中国农药环境安全评价在人才、理论和技术等方面已具备良好的基础，农药环境安全评价进入了一个新阶段。伴随着农药安全性评价的进展，中国农药管理工作水平也得到提高。1997年由国务院颁布的《农药管理条例》要求新农药必须在正式登记前进行安全性评价，在此基础上农业部先后颁布《农药安全使用标准》《农药安全使用操作规程》《农药合理使用准则》等具有风险管理性质的法律法规，2017年修订、颁布了新的《农药管理条例》，并先后发布了其有关配套的农药管理规定，把农药管理纳入科学化和法制化轨道，安全评价在农药安全使用、控制农药污染等方面发挥了重要作用。

尽管在技术条件、投入、评价方法等实际工作中存在不同程度的差距，但是，总体来说，目前世界各国在农药安全性评价和风险管理方面都非常重视。在农药管理中都相继建立起了非常严格的农药登记制度，其中农药环境安全评价已构成农药登记的重要内容。

安全评价体系　评价农药的药效、卫生毒理与对环境的安全性，是新农药研究开发中3个不可缺少的环节。评价农药对环境的安全性，是根据农药推荐的使用方法，针对使用地区的环境条件，通过模拟试验方法，研究农药在环境中的残留性、移动性、富集性及其对环境生物的毒性与危害性，为新农药的开发与安全使用，为预防化学农药对环境的潜在污染提供科学依据。

农药环境安全性评价分两个阶段：

第一阶段是新农药研发的安全性预评价。这是在新农药研究开发过程中农药申请登记与投产前必须做的工作，通过预评价对一些害危性大的农药品种，可不予登记或规定一些限用条件，防止农药污染的长期控制，可防患于未然。在新农药开发过程中，当从众多化合物中筛选到一个具有生物活性的化合物时起，就要开始安排有关药效试验、毒理试验和环境安全评价试验，在申请农药登记时将所得试验资料提交给农药登记评审委员会评议，审定合格的农药品种，由农

药管理机构发给登记许可证。为了保证农药生产和使用中的安全，在农药登记投产后农药管理机构还要对农药产品质量和安全使用等事项，实行经常性的监测与监督。按照《化学农药环境安全评价试验准则》规定，评价农药环境安全性的指标有农药的基本理化性质，包括水溶性、蒸气压、分配系数等；农药的环境行为指标有光解作用、水解作用、土壤中的降解作用、吸附与解吸作用、淋溶作用、挥发作用和生物富集作用等；农药对非靶标生物的毒性，包括对鸟类、蜜蜂、家蚕、寄生性昆虫、捕食性昆虫或螨、鱼类、溞类、藻类、蚯蚓和土壤微生物等。农药的环境安全性评价试验，通常在室内用模拟方法进行，获得的试验结果，用有关的农药安全评价标准，划分各评价指标的安全性等级，最后对农药的安全性做出综合评价。

第二阶段是农药使用后的安全性现状评价（图1）。该阶段主要跟踪监测农药在环境中的动态，可及时发现和处理发生的污染问题以确保农药对环境的安全。这是农药生产使用后在田间条件下进行的农药对环境安全性的跟踪监测工作。由于农药在环境安全性预评价中，不可能将农药使用后对环境影响的所有问题都搞清楚，有些潜在的影响，如对地下水的污染问题，只有在田间大面积使用后才能反映出来。为了确保农药对环境的安全性，已登记许可生产的农药品种，每隔5年要再登记一次，在再登记时，生产厂家要提供环境现状评价的调研报告。因农药品种很多，不必要再做使用后的跟踪监测工作，通常只对具有下列情况的农药品种做跟踪监测：生产吨位大、使用范围广的农药品种；在预评价中有些潜在危害问题尚无定论的农药品种；一些可能对环境有危害，而又无法在预评价中证实的农药品种。经过现状评价发现有问题的农药品种，在再登记时可撤销其登记或修改原来登记条款。此外，对已登记生产和使用的农药品种，还要对其产品质量与安全使用情况进行检测与监督，以防因生产与使用不当造成对环境的污染影响。

农药环境安全评价程序　保护环境生物、维护生态平衡是农药使用中必须注意的一项重要任务。一方面，环境生物种类繁多，在环境安全性评价中，只能选择一些具有代表性的环境生物种类作为评价指标。农药对环境生物的毒性分急性毒性与慢性毒性两种，在农药的安全性预评价中，通常只做急性毒性，求出农药对各种生物的半致死浓度LC_{50}、半致死剂量LD_{50}或半抑制浓度EC_{50}值，以此来衡量农药对生物的毒性，但这些数值只能相对比较各种农药的毒性状况，而无法表达农药在田间使用时对各种生物实际危害程度，因

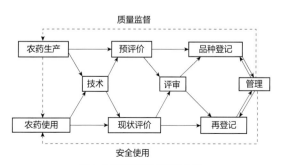

图1　农药环境安全评价体系

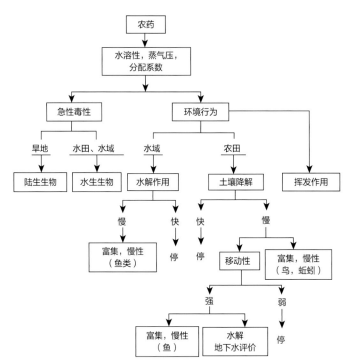

图 2 农药环境安全评价程序

为农药对生物的危害性，除与农药的毒性有关外，还与在田间实际接触的剂量与时间有关，农药对环境生物的危害性是农药的毒性、接触剂量与接触时间三者的函数值。例如，拟除虫菊酯类农药，虽然对鱼类的毒性很大，但因其用量小、在环境中易降解又易被土壤吸附，所以它在田间使用时，对鱼类的实际危害性不大。相反，诸如有机氯之类农药毒性虽然较低，但因其用量大、残留期长，易于在生物体内富集等原因被禁用。因此在评价农药对环境生物的安全性时，既要注意其毒性的大小，更应重视其实际的危害性。另一方面，因农药品种很多，性质及使用方法各异，对各环境安全评价指标的选择亦随之而异。按照农药环境安全评价程序（图2），既保证了各自的重点评价项目，又节省了很多工作量。为了保证农药对生态环境安全性预评价的准确性，除了要建立一套合理、可靠、标准的实验方法外，还须相应建立一套评价标准，这样才能对实验结果安全性的划分作出准确的判断。目前各国对农药的环境问题十分关注，OECD、WTO、FAO、UNEP 等国际组织联合颁布了一系列环境保护标准、化学品安全评价准则、良好实验室规范（GLP）等规定，借以统一标准，统一要求，使工作规范，试验结果有可比性。中国相应制定了农药毒性试验方法规定、农药安全性毒理学评价程序、化学农药环境安全评价试验准则等，力求与国际上的要求接轨，但是只有中国 GLP 及执行 GLP 情况得到国际机构的认可，其环境评价数据才会被国际上承认，方可用作在国外农药登记的资料。

未来研究方向 农药环境安全评价是引导和监督农药新品种研究、开发、应用乃至制剂加工、科学使用等向环境安全和人类健康方向发展的重要保证，对减少农药负面效应、发挥农药正常作用必不可少，在环境保护、健康维护、保证农业可持续发展等方面起着至关重要的作用。从长远来看，

中国农药工业要从仿制到具有自主知识产权创新的转变，则环境安全评价作为农药研制的重要环节，必须从战略高度加以认识并切实给予重视，才不至于使中国农药工业的发展步入困境。同时，面对"绿色技术壁垒"，要成功解决中国今后的农产品国际贸易问题，则也必须首先从源头上加强中国农药环境安全评价与风险管理工作，这样才能在国际农产品贸易中处于主动。另外，近年西方一些发达国家凭借其先进的检测设备和技术，任意降低残留安全标准，甚至以仪器最小检出限（MDL）来设置农产品中农药最大允许残留量（MRL），作为贸易壁垒来限制其他国家农产品的进口。长远看来，这种情况要得到良好解决，也必须发展并增强中国农药安全（风险）评价研究的能力与水平，以科学的风险评价作为依据才能在贸易中与对方进行公正的谈判，利用农药风险评价来维护自身利益。农药环境安全评价既是保证农药安全的技术手段也是必要的行政保障措施，在现代农药的研究、生产、使用整个过程中都有十分现实而积极的作用，特别在当前化学农药生产量大、需求量大、用药普遍且公众安全意识不断增强的情况下，实施农药环境安全评价，制定并不断完善安全使用准则，加强化学农药风险管理，意义重大。

参考文献

蔡道基, 1991. 化学农药对环境安全性评价[J]. 环境化学, 10(3): 41-46.

陈齐斌, 季玉, 2005. 化学农药的安全性评价及风险管理[J]. 云南农业大学学报, 22(1): 99-106.

单正军, 等, 2008. 农用化学品环境安全评价与监控技术[M]. 北京: 中国环境科学出版社.

魏启文, 陶传江, 宋稳成, 等, 2010. 农药风险评估及其现状与对策研究[J]. 农产品质量与安全(2): 38-42.

EFSA Panel on Plant Protection Products and Their Residues,

2010. Scientific opinion on the development of specific protection goal options for environmental risk assessment of pesticides, in particular in relation to the revision of the guidance documents on aquatic and terrestrial ecotoxicology (SANCO/3268/2001 and SANCO/10329/2002) [J]. EFSA journal, 8(10): 1821.

US NAS, 1986. Risk assessment in federal government: managing the process[M]. Washington DC: National Academy Press.

（撰稿：欧晓明、孔玄庆；审稿：蔡磊明、单正军）

农药环境标准　pesticide environmental standard

为防止环境污染、维护生态平衡、保护人体健康，各国依据有关法律规定，对于农药在环境中的浓度所做的规定。

1948 年美国制定了《联邦水污染控制法》（*Federal Water Pollution Control Act*），并于 1972 年修订为《清洁水法》（*Clean Water Act*），要求制定工业污水的排放标准和地表水中污染物的质量标准，其中就包括农药的环境标准。中国最早于 1983 年制定了地表水环境质量标准，并于 1988、1999、2002 年 3 次修订。

制定农药环境标准的依据：一是地表水或地下水作为饮用水时，不会影响人类健康的农药浓度，主要根据农药的每日允许摄入量（ADI）推算；二是地表水中的农药对水生生态系统的影响在可接受的范围内，主要根据农药对鱼、溞、藻等水生生物的生态毒理学数据推算。

目前中国现行有效的农药环境标准包括：《地表水环境质量标准》（GB 3838—2002）、《地下水质量标准》（GB/T 14848—2017）、《海水水质标准》（GB 3097—1997）、《渔业水质标准》（GB 11607—1989）、《土壤环境质量　农用地土壤污染风险管控标准（试行）》（GB 15618—2018）。

中国农药环境标准涉及的农药品种较少，主要是有机磷、有机氯农药。例如，地表水环境质量标准中规定了林丹、滴滴涕、对硫磷等农药在集中式生物饮用水地表水源地特定项目标准限值。

（撰稿：周艳明；审稿：单正军）

农药环境毒理　environmental toxicology of pesticide

研究农药施用于农田以后，在土壤、水和大气等环境介质中分散和迁移，被植物吸附、吸收和积累，被动物取食、蓄积或代谢，在光照条件下分解等过程中的物理化学行为以及对土壤和水生态系统、人体健康和生活环境影响的一门学科。

农药环境毒理是综合了农药学、植物保护学、生物学、生态学、生物化学与分子生物学、环境科学和毒理学等理论和技术体系而形成的学科交叉研究领域。在 20 世纪 70 和 80 年代，国内外关于农药环境毒理学的研究蓬勃兴起，研究内容主要涉及：农药使用导致生态系统内鸟类、鱼类、野生动物急性和慢性中毒，以及生物蓄积和食物链富集的生物效应；有机氯农药滴滴涕和六六六作为持久性污染物在全球范围内的迁移、分布和转化；有机氯、有机磷和氨基甲酸类杀虫剂在动植物体内的代谢以及在土壤微生物中的代谢、降解和矿化作用；有机氯农药对不同生态系统的生物效应及功能影响；食品中的农药残留在人体内蓄积和健康影响等，使公众和政府对持久性农药对环境的污染和危害、对高毒农药的控制使用有了一致的认识。此后，随着有机氯农药的禁用，高效、低毒、低残留和选择性农药的不断开发应用，农药对环境的污染很快得到了有效控制。90 年代以后，仪器分析技术在环境分析方面得到了快速发展，尤其是进入 21 世纪后，分析技术得到了极大的提升，推动了农药环境毒理学研究向精准和纵深发展。在农药环境行为研究领域，对于手性农药的转化和环境归趋、环境中农药复合污染的行为特征、在不同农田环境的特定场景下农药暴露的预测模型、土壤和沉积物中农药的吸附与解吸附机制、农药多残留高通量质谱分析技术、不同产地和市场农产品中农药残留污染的大数据分析等均取得了长足的发展。在农药环境暴露的生物效应研究领域，微观方面：在个体、组织器官、细胞和分子水平上开展农药对生物体发育、生殖和遗传毒理学研究，尤其是农药慢性毒性、代谢毒性、神经毒性、内分泌干扰作用、胚胎发育毒性研究等，为评估农药对人类的健康风险提供了依据；宏观方面：农药对环境有益生物种群（如新烟碱类杀虫剂对蜜蜂种群的生态毒理学研究）、群落及系统功能影响研究、室内外微宇宙试验、环境暴露模型的应用等，为评估农药环境（即生态）风险奠定了基础。农药环境毒理的研究已经能够实现农药小分子在生物体不同靶标部位的精确定位。分子生物学技术对于农药对靶标作用的信号调控通路解析、基因表达、转录和功能蛋白翻译过程的探索提供了有效的手段。因而农药对环境影响的风险评价有了更为可靠的科学方法和理论依据。

农药环境毒理研究已成为环境毒理学研究领域的重要分支，也是政府制定农药环境污染控制政策的重要依据。

参考文献

林玉锁，龚瑞忠，朱忠林，2000. 农药与生态环境保护[M]. 北京：化学工业出版社.

张宗炳，樊德方，钱传范，等，1989. 杀虫药剂的环境毒理学[M]. 北京：农业出版社.

CARLILE B, 2006. Pesticide selectivity, health and the environment[M]. Cambridge, UK: Cambridge University Press.

STANLEY J, PREETHA G, 2016. Pesticide toxicity to non-target organisms: Pesticide selectivity, health and the environmental[M]. DOI 10.1007/978-94-017-7752-0. Heidelberg, Germany: Springer Nature.

（撰稿：朱国念、李少南；审稿：单正军）

农药环境管理　environmental management of pesticide

在农药使用以后对其进行科学、系统的评价和管理的过程，避免因农药的使用带来对环境的不利影响。

农药环境风险管理 随着社会对环境要求的提高、技术的更新，评价的技术日趋复杂和完善，管理水平也日益提高。首先要对农药进行系统的环境生物毒性（即环境毒理或生态毒性）和环境行为测试；在此基础上，针对农药的使用进行全面的风险评估；根据风险评估的结果，采取必要的风险降低措施，尽可能降低农药的使用风险。

农药环境行为及生态毒性测试 中国实行农药登记制度，在农药使用前首先进行登记。农药研发和登记过程中，应对农药生态毒性和环境行为进行系统测试。其中生态毒性测试包括农药对代表性的水生生物（鱼、溞、藻类）、鸟、蜜蜂、家蚕、天敌等的急性、慢性试验；环境行为测试包括降解试验（水、土、沉积物等）、吸附/解吸附、生物富集等。

农药环境风险评估 农药环境风险评估遵循保护性原则，即通过选择保护性场景（现实中最糟糕的情况）来开展风险评估。按照保护目标的不同，农药环境风险评估主要包括陆生生物、水生生态系统、有益昆虫、非靶标植物、地下水等风险评估。农药风险评估程序主要包括：问题阐述、危害评估（或效应评估）、暴露评估、风险表征等。问题阐述是指综合考量农药的生态毒性、环境行为、使用地点、使用范围、使用方法等因素，分析农药对诸多环境保护目标潜在风险发生可能、概率和程度，确定风险评估的内容、合适的方法等。危害评估（或效应评估）阶段在全面评价生态毒性数据基础上，综合考虑种间差异、种内差异、代表性物种向整个生态系统外推等因素，运用不确定系数，推导农药对保护目标的预测无效应浓度。暴露评估阶段综合考虑剂型、施用方法和器械、作物特征、环境条件等因素的影响，确定保护性场景（作物、气候、土壤、水文等），计算农药使用后对保护目标的暴露量或暴露浓度。风险表征阶段通过综合分析比较危害评估阶段和暴露评估阶段的结果，得出对环境保护目标的风险是否可以接受的结论。

农药环境风险降低措施 如果风险评估结果表明风险不可接受，可以采取适当的措施来降低风险。例如，改变农药剂型、使用时期、使用方法、使用量、限制使用区域、设置隔离带等。如果风险降低措施仍不能有效降低风险，就需要考虑更加严格的管理措施，直至禁用。

参考文献

顾晓军, 张志勇, 田素芬, 2008. 农药风险评估原理与方法[M]. 北京: 中国农业出版社.

魏启文, 陶传江, 宋稳成, 等, 2010. 农药风险评估及其现状与对策研究[J]. 农产品质量与安全 (2): 38-42.

（撰稿：陶传江；审稿：蔡磊明、单正军）

农药环境监测 environmental monitoring of pesticide

运用物理、化学、生物等现代科学技术方法，连续或间断地对环境中农药母体、有毒代谢物、具有毒理学意义的降解产物进行测定，观察分析其变化和对环境的影响过程并做出正确的环境质量评价。

1962年，生物作家蕾切尔·卡逊（Rachel Carson）出版了《寂静的春天》一书，书中列举了大量农药对人类、生物体和环境危害的事例，引起了全人类对剧毒农药污染生态环境的广泛关注。鉴于包括滴滴涕等有机氯农药在内的环境污染物造成的全球性污染，联合国环境规划署（the United Nations Environment Programme，UNEP）下属的全球和地区环境监测协调中心（Global Environmental Monitoring Service，GEMS）根据1972年在斯德哥尔摩召开的联合国人类环境会议的建议于1975年成立了"地球观察"计划。该计划的核心内容就是监测全球环境并对环境组成要素的状况进行定期评价，参加成员国包括联合国粮食及农业组织（FAO）、世界卫生组织（WHO）、世界气象组织（WMO）、联合国教科文组织（UNESCO）在内的142个国家和国际组织。中国于1978年开始先后参加"地球观察"计划中大气污染监测、水质监测、食品污染监测等项目。

20世纪70年代中期，中国各地相继成立多个环境保护管理机构并建立了多个环境监测站，开展了大气、水体和土壤污染的监测工作。于1980年发布《环境监测标准分析方法》，组织了实验室间的验证试验和方法标准化的工作。1983年发布《地表水环境质量标准》，2002年第三次修订，标准中规定了百菌清、甲萘威、溴氰菊酯、莠去津以及多种有机氯和有机磷农药的最高允许浓度。1995年发布《土壤环境质量标准》，规定了草甘膦、二嗪磷、莠去津、敌稗、西玛津、2,4-滴以及9种有机氯农药在不同土壤中的最高允许浓度。此外，1988年发布、1996年修订的《污水综合排放标准》，2008年发布的《杂环类农药工业水污染排放标准》等多个污染物排放国家标准中，对部分典型农药污染物在环境介质中的最高允许浓度也进行了规定。

农药环境监测技术体系包括以下方面。

监测范围 农药环境监测的目的是用监测数据来表示环境质量受农药污染的程度，反映环境质量现状及发展趋势，为环境管理、农药污染物控制、环境保护提供科学依据。农药污染物的迁移性、扩散性、转化性和生物累积性，污染源在环境中分布广等特点都会造成环境中大范围和持续性的污染。农药环境监测需要在一定范围内设置多个监测点，组成监测网络，监测农药污染物浓度的变化及其影响，积累长期监测资料，制定污染控制的环境标准及污染修复对策。

监测目标 污染环境的农药及其代谢物种类很多，可根据下列基本原则确定优先监测的农药污染物：①对环境危害大，使用过程中出现过环境问题的。②已有可靠分析方法并能获得准确数据的。③在环境中具有长残留性的。④已经制定环境限量标准或其他规定的。目前主要监测农药品种包括有机氯类（六六六、杀螨酯、硫丹、艾氏剂、七氯化茚等）、有机磷类（敌敌畏、乐果、敌百虫、对硫磷、甲基对硫磷、特丁硫磷、氯吡硫磷等）、氨基甲酸酯类（涕灭威、克百威、残杀威等）杀虫剂，苯氧羧酸类（2,4-滴、麦草畏、茅草枯等）、磺酰脲类（甲磺隆、氯磺隆、胺苯磺隆、噻苯隆等）、有机氮类（莠去津、西玛津等）除草剂等。

监测类型 按照监测对象的不同可分为大气污染监测、

水质污染监测、土壤污染监测、植物污染监测等。按其监测目的及监测发展历史可分为 4 种：①事故调查监测。对事故性的农药污染所造成的大气、水体、土壤污染等有目的地组织技术人员进行调查监测，以搞清事件的真相，确定农药污染范围及其严重程度，以便采取污染控制措施。②研究性监测。农药在施用后从污染源到受体的运动过程，鉴定环境中需要注意的农药污染物及其有毒代谢物或降解物。如果监测数据表明环境中存在某种农药，则必须进行该农药对人类、生态系统的安全性评价。③点源排污监测。研究确定对环境具有高风险的农药种类，为风险农药制定相应的环境保护法律及环境标准，限制农药污染物的排放和使用。④环境质量监测。监测环境中已知农药污染物的变化趋势，评价农药污染物控制措施的效果，判断环境标准实施情况和改善环境所取得的进展；建立监测网络，累积监测数据，做出环境质量评价，确定一个区域乃至全球的污染状况及其发展趋势。

监测方法　为得到准确的监测数据用于环境污染物控制及修复，要求监测技术必须保证监测数据的质量。制定合理的监测计划后，还需要选择准确的分析检测系统并确定合理的监测数据质量要求。根据农药环境污染类型与监测调查目的及要求，制定相应的采样方案，将采集的样品经过提取、净化富集、分离检测，得到监测结果，每一步同时进行质量控制。常用的提取净化方法有液 - 液萃取（LLE）、固相萃取（SPE）、索氏提取（SE）、加速溶剂萃取（ASE）、超临界流体萃取（SFE）、微波辅助萃取（MAE）、液相微萃取（LPME）、分散固相萃取（DSPE）等，常用分析检测技术包括气相色谱法（GC）、高效液相色谱法（HPLC）、气相色谱 - 质谱联用技术（GC-MS）、气相色谱 - 串联质谱技术（GC-MS/MS）、液相色谱 - 串联质谱技术（LC-MS/MS）等，适用于不同性质农药、样品种类的监测需求。

监测质量　监测数据质量控制主要从监测机构、试验体系和质量保证 3 个方面实施。农药污染物监测分析实验室必须符合得到认可的配置要求，并遵循国际标准组织规范（ISO 17025）和良好实验室规范（GLP）或农药登记试验质量管理规范要求。试验体系要求包括采样方法，样品处理和储存运输，仪器设备的选择和校准，试剂的选择、提取和检验，标准溶液的配制和标定，基准物的选择，分析方法和分析校准，数据记录、处理和结果审查，数据质量控制，数据档案保存，技术培训等都应满足试验要求并有相应记录。质量保证体系负责所有监测数据的控制，确保试验资源正确使用，所有试验流程按照计划实施，监测结果准确可靠。

参考文献

钱传范, 2011. 农药残留分析原理与方法[M]. 北京: 化学工业出版社.

单正军, 2008. 农用化学品环境安全评价与监控技术[M]. 北京: 中国环境科学出版社.

中国农业百科全书总编辑委员会农药卷编辑委员会, 中国农业百科全书编辑部, 1993. 中国农业百科全书: 农药卷[M]. 北京: 农业出版社.

（撰稿：刘丰茂；审稿：单正军）

农药环境行为　environmental behavior of pesticide

农药在环境中发生的各类物理和化学现象统称农药环境行为，其中化学行为主要是农药在环境中的残留性及其降解和代谢过程，物理行为是农药在环境中的移动性及其迁移扩散规律。

长期以来，有关农药环境行为的研究主要围绕农药对大气、水、土壤及植物的影响而展开。农药在大气中残留，可长距离迁移，但浓度较低，一般不会产生严重影响。由于地表水体的自净能力较强，农药对地表水的污染尚未产生严重威胁。与此相反，地下水的农药污染问题却引起广泛重视，在一些地下水位高、土壤砂性重的地区，农药易进入地下水，农药残留浓度有超标现象。欧洲及美国等一些国家与地区的地下水中已有几十种农药被检出，个别农药的残留浓度超标 100 多倍。由于地下水生物量较少、水温低、无光解作用，一旦污染，极难治理，因此，对以地下水为饮水水源和灌溉水源的地区来说，农药残留的威胁可能比工厂排污还严重。农药残留对土壤的污染一直备受重视，以前曾广泛使用的含汞、砷农药及有机氯农药至今仍是造成土壤污染的主要原因。如今使用的有机磷等农药虽然易于降解，但施用量大时，也会造成土壤大面积污染。在某些地区，农药残留已达到有机氯农药禁用时的水平，且这些农药毒性较高，一旦污染，短期内就会造成严重问题。土壤中的除草剂农药残留是污染地下水和农作物体内积累农药的主要来源，从而引起植物产生药害。因此，研究农药的环境行为主要从农药在土壤、水、植物中的迁移、转化及代谢等方面进行。

研究内容　农药施用后进入环境后发生一系列的物理、化学以及生物化学反应，如挥发、溶解、吸附、迁移、氧化、水解、光解以及生物富集、生物代谢等，从而产生一系列环境效应和生态效应。揭示农药的归趋、转化机制和生态效应已经成为农药环境行为与环境毒理学研究的重要内容。

农药在土壤中的环境行为　土壤是最重要的环境要素之一。农药在土壤中的环境行为包括吸附（滞留、结合残留、轭合残留等）、迁移（扩散、淋溶、挥发等）和降解（生物、化学及光降解等）过程。

吸附　吸附是农药与土壤基质间相互作用的主要过程，是制约农药在水 - 土体系中运动和最终归宿的重要因素。农药被土壤吸附后，由于存在形态的改变，其迁移转化能力、生物活性和毒性也随之改变，土壤的吸附能力越大，农药在土壤中的有效浓度就越低。但这种净化作用是相对不稳定的，也是有限的，一旦农药的吸附条件被破坏，农药再次释放到土壤溶液中，导致土壤受到农药的再污染。

吸附的机理包括范德华力、疏水结合、氢键结合、电荷转移、离子交换和配体交换等。土壤吸附是一种平衡过程，吸附速率由两个过程控制：农药从溶液到土壤吸附位的运输过程和在吸附位的吸附过程。运输过程包括到吸附位外部的运输和向微孔与毛细管的扩散；吸附过程分为黏土矿物的吸附和有机质的吸附。农药在黏土矿物中的吸附有利于降解的进行，这是由于黏土矿物层间的金属阳离子能与农药分子发生反应。然而，由于无机矿物具有较强的极性，矿物与水分子之间具有强烈的极性作用，使得极性小的有机物分子难以与土壤矿物发生作用。因此，矿物质对农药的吸附能力甚微。土壤对农药的吸附随着有机质的增加和含水量的减少而增加，这是因为当有机质含量增加时，它的吸附位也相应增加，从而增大对农药的吸附。

不同种类的农药在土壤中的吸附行为有所不同。研究表明，土壤具有较强的吸附氯吡硫磷的能力，吸附常数：壤土 213.51，黏土 182.82，以及砂土 157.01。对于磺酰脲除草剂，其在土壤中吸附行为符合 Freundlich 吸附等温方程。不同浓度苄嘧磺隆在 10 种土壤中吸附与解吸性能研究表明，土壤对苄嘧磺隆有很强的吸附特性，且 pH 与吸附率呈极显著负相关，即碱性土壤吸附率较低，酸性强的土壤吸附性较高。

磺酰脲类除草剂

迁移　农药的迁移是指农药从施药区向周围环境移动的物理行为，通常在田间喷洒农药时，直接黏附在农作物上的是少部分，而大部分飘落于土壤之中，并不断从施药区向四周扩散，从而导致对水体、大气及生物圈的污染和危害。农药在土壤中的迁移行为主要包括扩散、淋溶和挥发。

降解　农药在环境中的降解可分为生物降解和非生物降解 2 种方式。农药在动植物体内或微生物体内外的降解作用属生物降解。其中微生物降解包括氧化、还原、水解、脱卤缩合、脱羧、异构化等途径。微生物具有比表面积大、好气、厌气、无机营养型代谢以及发酵和胞外酶代谢等多种代谢形式，因此可适应不同生态条件而存在，甚至在 5m 以下的土层中仍会产生农药的微生物降解。此外，耕作层中养分供应充足，气体交换充分和有机质含量较高，微生物种类和数量较多，因此农药的生物降解相对活跃，是农药在土壤中迁移转化的主要方式。影响微生物降解的主要因素包括土壤温度、含水量、有机物含量、有机碳浓度及微生物的组成等。例如，二嗪磷在含水量较高的土壤中能很快地被降解，原因是由于降解二嗪磷的细菌是属于厌氧菌，在淹水条件下能大量繁殖，从而加速了二嗪磷的微生物降解。华小梅等研究证实了有机质含量高的土壤能加快涕灭威的降解，主要是因为有机质高的土壤能促进更多微生物的生长。

然而，当土壤受到高浓度的农药污染时，土壤的生物活性有可能被严重抑制，此时非生物降解将成为消除农药毒性的主要途径。在光、热及化学因子等作用下发生的降解现象为非生物降解，包括有氧或无氧情况下的化学降解（氧化 - 还原反应）、光解和水解作用。

农药的化学降解大多归属于氧化 - 还原反应，而农药的氧化 - 还原反应与土壤中的氧化还原电位密切相关。当土壤透气性好时，有利于氧化反应进行，反之则利于还原反应

进行。单甲脒在好氧条件下于水稻土中的半衰期为 3.69 天，而在厌氧条件下的半衰期为 5.56 天，说明单甲脒在厌氧条件下比在好氧条件下降解慢。

由于农药分子结构中一般含有 C-C、C-H、C-O、C-N 等键，而这些键的解离能量在太阳光的波长能量范围内，因此农药在吸收光子后，变为激发态的分子，使得上述化学键产生断裂，发生光解反应。在农药光解的初期阶段，农药分子分裂成不稳定的游离基，并与溶剂、其他农药分子或者反应物发生连锁反应，因此，光化学反应可能是异构化、取代作用和氧化作用的综合结果。不同农药对光化学反应的敏感性不同。在实验室条件下测定杀虫双及其代谢产物沙蚕毒素的光解行为，按一级动力学方程计算出杀虫双在水中的光解半衰期为 3.75 小时。而杀虫双的代谢产物沙蚕毒素为 21 分钟。

杀虫双　　　　　　　　　沙蚕毒素

水解主要有两种类型，一种是农药在土壤中由酸催化或碱催化的反应。吡虫啉水解动力学和机理研究发现吡虫啉在酸性介质和中性介质下具有较高的稳定性，在弱碱条件下吡虫啉缓慢水解；随着碱性增大，吡虫啉的水解速率也增大，说明吡虫啉的水解属于碱催化反应。另一种是由于黏土的吸附催化作用而发生的反应，扑灭津的水解是由于土壤有机质的吸附作用催化而产生的。

农药在水体中的环境行为　农药进入水体的主要途径：①农药直接施入水体。②作物上施药落入土壤中的农药随地表径流进入地表水或经渗滤液通过土层而至地下水。可溶性和难溶性的农药均可被雨水或灌溉水冲洗或淋洗，最终进入水体环境。③农药厂和其他农用化学品生产厂的污水排放导致农药进入水体。地表水体中的残留农药，可发生挥发、迁移、光解、水解、水生生物代谢、吸收、富集以及被水域底泥吸附等一系列物理化学过程。

农药在水中的环境行为包括农药的迁移（挥发、水体沉积物的吸附和解吸附、水生生物的吸收富集）、降解（水解、光解）和代谢（生物降解和转化）等。农药在水体中的环境行为是评价农药环境安全性的重要指标，对农药的持效性及其在环境中的消解持久性有直接影响。

农药在动植物体中的行为　有些农药在环境中难以分解，使得农药在环境中逐渐积累，并通过各种途径进入生物体内。一般情况下，生物富集主要通过以下 3 种途径：①藻类植物、原生动物和多种微生物等，它们主要靠体表直接吸收。②高等植物，它们主要靠根系吸收。③大多数动物，它们主要靠吞食进行吸收。在这 3 种途径中，前两者都是通过直接吸收环境中的农药，而大多数动物体内的生物富集则是

通过食物链。农药在动植物体中的行为是农药环境安全性评价不可或缺的内容，目前的研究主要是农药在动植物体内的分布、迁移、富集、代谢转化与残留。

影响因素　影响农药环境行为的因素主要包括土壤有机质、土壤湿度、土壤粒径、温度、pH、水体成分以及农药本身的理化性质等。

土壤有机质　增加土壤有机质含量，有利于提高土壤微生物种群的数量和生物活性，增强生物对农药的降解作用。土壤中的腐殖质对于农药的水解反应也起到重要作用。此外，施用有机肥可以增强土壤对农药的吸附作用，农药被吸附后活性降低，从而减轻对环境的危害。由此可见，提高土壤有机质含量不仅有利于作物生长，还可以促进土壤中残留农药的降解。

土壤湿度　湿度对于土壤中农药降解的影响有两方面作用：①影响光解。潮湿的表层土壤在光照条件下容易形成自由基，如过氧基、羟基、过氧化物和单重态氧，可以加速农药的光解。另外，水分能增加农药在土壤中的移动性，有利于土壤中农药的光解。岳永德等发现，在15%的湿润土壤条件下，氟乐灵在4种土壤中的光解非常迅速，光解半衰期仅8.5～24小时；而在风干土壤中，氟乐灵则表现了很强的光稳定性，在4种土壤中的光解半衰期是湿润土壤中的11.2～21.2倍。②湿度也可以影响农药的微生物降解。在一定的土壤持水量范围内，随着水分含量的增高，某些农药（如噁唑菌酮）的降解速度加快，是由于土壤微生物的活性相对较高，从而促进了农药降解。当土壤持水量继续增高，特别是超过田间饱和持水量，呈淹水状态后，降解速率放缓，此时的土壤含水量已不适合微生物生长。因此可以通过适当调节土壤含水量来加快农药的降解，尤其是对保护地栽培，其灌溉设施齐备、通风排湿设备良好，易于将湿度控制在所需范围内。

土壤粒径　土壤粒径不仅影响土壤通气性和透水性，也影响农药的降解。有研究表明，氯氰菊酯等3种农药在0.5～1mm粒径范围的土壤中光解速率最快，在0.1～0.25mm粒径范围土壤中的光解速率最慢，在砂质和黏质两种土壤中表现了完全一致的趋势。因此，一定的土壤团粒结构因其合适的孔隙通气性而有利于农药在土壤中的光解，适当改变土壤结构有利于农药在土壤中的降解。

温度　首先，温度是影响微生物活性的重要因素。某些有机磷农药（如氯吡硫磷、倍硫磷）的降解对温度表现出较强的敏感性，在供试温度范围内，随着温度升高，农药在土壤中的降解速度加快。原因是由于温度升高使有机物黏度降低，挥发性增大，生物可利用性增强，但更主要的是随着环境温度逐渐接近于微生物生长的最适温度，微生物酶活性提高，使农药的降解速率加快。一般来说，适宜微生物活动的温度范围是25～35℃，超出这个温度范围，一般微生物的生长繁殖会受到抑制。其次，温度也是影响水解的一个重要因素。例如，温度能使磺酰脲类除草剂水解速率明显加快，半衰期随溶液温度升高逐渐缩短。但由于农药本身性质不同，温度对其水解影响程度也有很大差异，有研究发现提高温度可以使丙烷脒和毒虫畏的水解速率提升，但并不显著。

三唑酮

噁唑菌酮

pH　土壤pH随土壤类型、组成的不同而有较大变化，是影响农药在土壤中水解的一个重要因素。pH对土壤空隙中发生的反应有较大影响，其效果取决于反应是碱催化还是酸催化，同时也与农药的酸碱性有关。水体的pH对农药的环境行为也有较大影响。例如，磺酰脲类除草剂属弱酸性，电离后产生的负离子降低了羰基的极性，亲核试剂的进攻减弱，水解反应活化能增强；但是在酸性条件下，可与羰基结合形成盐，然后重新排列成碳正离子，水解反应活化能减少。因此，磺酰脲除草剂这类化合物在酸性溶液中的水解速率较快，但是在中性环境中较为稳定。然而，另外一些农药，如三唑酮，当pH > 7时，三唑酮的降解速率大大加快，并且表现为pH越大，其降解速率越快。这是由于亲核基团（水或OH^-）进攻三唑酮分子中的苯氧基中的O原子和三唑环上的N原子间的亲电基团。因此，三唑酮的降解速度随pH的升高而加快，在酸性条件下的降解比较缓慢，而中性和碱性条件下降解较为迅速。

水体成分　天然水体中广泛存在的一些物质，如腐殖质、过氧化氢、金属离子以及盐类物质等，对农药的光化学降解有着重要影响。例如，腐殖质的存在能提高一些农药的光解速率，对光解反应起敏化作用。此外，土壤中水的含量也会影响农药在其中的迁移能力。如测定了甲拌磷和乐果在土壤中的扩散，结果发现当含水量由43%减到10%时，乐果的扩散系数由3.31×10^{-2}cm/s减到1.41×10^{-6}cm/s。这是由于当土壤中含水量一旦减少，则土壤中的水由毛细水转为结合水，土壤水的运动受到颗粒表面的束缚能逐渐增大，从而降低了土壤的扩散能力。

农药种类　尽管农药的环境行为受到土壤、水体成分、pH、温度、湿度等多种环境因素的影响，然而农药的理化性质不同，受到的影响有所差异。例如，三唑酮的降解速度随pH的升高而加快，在酸性条件下的降解比较缓慢，而中性和碱性条件下降解较为迅速。然而，噁唑菌酮在不同pH的土壤中，降解率并未受到显著的影响。

参考文献

程薇, 陈祖义, 洪良平, 1995. 除草剂苄嘧磺隆在土壤中吸附与解吸附特性[J]. 南京农业大学学报, 18(3): 100-104.

代凤玲, 闫慧琴, 2009. 土壤中农药的迁移转化规律及其影响农药在土壤中残留、降解的环境因素[J]. 内蒙古环境科学, 21(6): 181-

185.

方晓航, 仇荣亮, 2002. 农药在土壤环境中的行为研究[J]. 土壤与环境, 11(1): 94-97.

胡枭, 樊耀波, 王敏健, 1999. 影响有机污染物在土壤中的迁移、转化行为的因素[J]. 环境科学进展, 7(5): 14-22.

莫汉宏, 1994. 农药环境化学行为论文集[M]. 北京: 中国科学技术出版社.

乔雄梧, 1999. 农药在土壤中的环境行为[J]. 农药科学与管理（增刊）: 12-18.

徐瑞薇, 胡钦红, 靳伟, 等, 1991. 杀虫双农药在土壤中行为的研究[J]. 环境化学, 10(3): 47-53.

岳永德, 汤锋, 花日茂, 1995. 土壤质地和湿度对农药在土壤中光解的影响[J]. 安徽农业大学学报, 22(4): 351-355.

岳永德, 花日茂, 汤锋, 等, 1993. 土壤粒径对农药在土壤中分布和光解的影响[J]. 安徽农业大学学报, 20(4): 309-314.

张辉, 刘广民, 姜桂兰, 等, 2000. 农药在土壤环境中迁移转化规律研究的现状与展望[J]. 世界地质, 19(2): 199-206.

郑巍, 宣日成, 刘维屏, 1999. 新农药吡虫啉水解动力学和机理研究[J]. 环境科学学报, 19(1): 101-104.

周振惠, 翁朝联, 莫汉宏, 1995. 单甲脒在土壤中的降解及持久性研究[J]. 环境化学, 14(3): 234-238.

SARRNAH A K, KOOKANA R S, DUFFY M J, et al, 2000. Hydrolysis of triasulfuron, metsulfuron-methyl and chlorsulfuroninalkaline soil and aqueous solutions[J]. Pest management science (56): 453-471.

（撰稿: 花日茂; 审稿: 单正军）

农药挥发作用 volatilization of pesticide

农药以分子扩散形式逸入大气的现象。常用挥发速率表示。农药挥发作用是一些农药主要的传质方式。比如施用氟乐灵和林丹1周后, 90%的药剂会通过挥发作用扩散。在很大程度上, 农药挥发速率的大小与农药的蒸气压有关。农药的蒸气压能够描述它从溶液或固相中挥发的程度。而在环境系统中, 农药的挥发还取决于农药其他的物理化学性质以及施药地区的气候条件, 包括农药在水中的溶解度, 土壤组分对农药的吸附强度、温度及湿度等。农药挥发速率一般和温度呈正相关, 对于大多数农药来说, 温度升高10℃会使其蒸气压力提高3~4倍。而水分可以通过破坏土壤孔隙中的气体传播来阻碍农药的挥发。

评价农药的挥发性一般分为两步: 第一步, 根据农药的蒸气压、水溶解度和土壤吸附常数进行评估; 第二步, 对属于易挥发的农药, 则需要进一步对农药及其代谢产物的实验室挥发作用进行测定或田间测定。

农药挥发作用主要对大气环境影响较大, 会增大农药残留的范围, 比如在从未施用过农药的地区的雪水中能够检测出林丹。此外使用易挥发性的农药会对造成吸入暴露风险, 威胁人类健康。因此, 评价农药的挥发性及研究农药在环境中的挥发作用对于环境及人类健康是十分必要的。

参考文献

刘维屏, 2006. 农药环境化学[M]. 北京: 化学工业出版社.

赵华, 李康, 徐浩, 等, 2004. 甲氰菊酯农药环境行为研究[J]. 浙江农业学报, 16(5): 299-304.

BEDOS C, CELLIER P, CALVET R, et al, 2002. Mass transfer of pesticides into the atmosphere by volatilization from soils and plants: overview[J]. Agronomie, 22(1): 21-33.

BÜYÜKSÖNMEZ F, RYNK R, HESS T F, et al, 1999. Occurrence, degradation and fate of pesticides during composting[J]. Compost science & utilization, 7(4): 66-82.

WAITE D T, HUNTER F G, WIENS B J, 2005. Atmospheric transport of lindane (hexachlorocyclohexane) from the Canadian prairies-a possible source for the Canadian Great Lakes, Arctic and Rocky mountains[J]. Atmospheric environment, 39(2): 275-282.

（撰稿: 王鹏; 审稿: 单正军）

农药混合毒力测定 synergy evaluation of pesticide combinations

将两种或两种以上农药混配在一起使用叫做农药的混用。农药混用对于生物的作用可能是增效作用、相加作用, 也可能是拮抗作用。农药混合毒力测定就是采用合适的生物活性测定试验方法, 评价农药混用后对生物的作用。

适用范围 适用于杀虫剂间混用, 杀菌剂间混用, 除草剂间混用, 杀虫剂与杀菌剂混用。

主要内容

增效作用（synergism） 两种药剂混用后的毒力明显大于两种单剂单用时的毒力, 称为增效作用。

拮抗作用（antagonism） 两种药剂混用后的毒力明显低于两种单剂单用时的毒力, 称为拮抗作用。

相加作用（addition） 两种药剂混用后的毒力与两种单剂单用时的毒力相似, 称为相加作用。

参考文献

陈年春, 1991. 农药生物测定技术[M]. 北京: 北京农业大学出版社.

NY/T 1154. 7—2006 农药室内生物测定试验准则 杀虫剂 第7部分: 混配的联合作用测定.

NY/T 1156. 6—2006 农药室内生物测定试验准则 杀菌剂 第6部分: 混配的联合作用测定.

NY/T 1155. 7—2007 农药室内生物测定试验准则 除草剂 第7部分: 混配的联合作用测定.

（撰稿: 袁静; 审稿: 陈杰）

《农药》纪录片 *Pesticides* Documentary

由中国农业电影电视中心拍摄的大型科普纪录片。该纪录片以客观呈现为叙事准则, 以真实鲜活的事例为取材

对象，通过深远的历史眼光、宽广的全球视野，客观解析了农药的功过是非，全面展现了世界农药和中国农药发展历程，是中国首部农药题材纪录片，也是全球首部农药大型纪录片。

中国农药工业协会和植保中国协会组织江苏扬农化工股份有限公司，江苏长青农化股份有限公司，利民化工股份有限公司，乐斯化学有限公司，巴斯夫（中国）有限公司，拜耳作物科学（中国）有限公司，陶氏益农农业科技（中国）有限公司，杜邦贸易（上海）有限公司，先正达（中国）投资有限公司，青岛清原抗性杂草防治有限公司，安阳全丰航空植保科技股份有限公司等 11 家国内外公司参与了纪录片的拍摄。

该片于 2019 年 7 月 9 日起在中央电视台第七频道播出。纪录片一共分 8 集，每集 25 分钟。第一集《功不可没》。如果没有农药，人类的生存环境将面临严峻挑战，全世界将会因有害动植物、细菌、有害微生物传播疾病而面临死亡！如果没有农药，多数生产活动将无法正常进行，人类社会发展进步将无从谈起。第二集《来之不易》。讲述创制一个新的化学农药过程的艰难，研发一个农药产品需要筛选 16 万个化合物，意味着假如有 30 个人共同进行合成的话，也需要 30 年的时间才能完成。第三集《刀尖起舞》。农药的使用就如在刀尖起舞，农药是把双刃剑，科学安全使用农药，能有效控制农作物病、虫、草、鼠的危害，夺取农业丰收，确保农产品质量安全、人畜安全、农作物安全和环境安全。但如果违反科学安全使用农药的有关规定，不仅达不到控制农作物病、虫、草、鼠的目的，还有可能带来农药残留、有害生物再增猖獗及抗药性问题。第四集《绿色崛起》。绿色农药在中国已经快速成长起来，现在中国国内农药的研究已经在一个更高的起点、更高的水平上用自己原创的理论、方法、手段、靶标进行农药创新，同时已经在某些领域领跑，如今在绿色农药发展潮流引领下，农药在向高效、低毒、低残留方向迈进。第五集《点滴计较》。只有农药、农机、农技三者结合，科学使用，才能保护农林作物及其产品、保护绿化树木及花草，产生积极的社会效应，并把农药可能产生的污染降到最低。第六集《减量控害》。在人类与农作物害虫漫长的斗争中，害虫不断繁衍进化，人类也通过改进技术，发明了越来越多的化学手段去消灭害虫。第七集《和谐共生》。展示在践行国家"双减"战略下，从科研人员到政府组织、行业协会、地方工作人员等各级专家为树立广大农业生产者绿色防控意识、提升科学防控能力、减少农药的使用量所做出的努力。第八集《风云际会》。农药行业风云际会，2017—2018 年间全球农药行业重新洗牌，中国农药企业在国际上的话语权和影响力不断提升。

（撰稿：毕超；审稿：李钟华）

农药剂型　pesticide formulations

狭义的农药剂型可定义为农药原药经过一定的工艺加工后所制得的稳定的、方便使用的农药产品形态。农药剂型可体现农药产品的外观形态、组成成分、使用方法或功能特点等信息，但其本身不包含有效成分种类及含量等信息。一种农药一般可以加工成多种形态，而这些经过加工的具有特定有效成分含量、形态及使用方法的农药产品称为农药制剂。通过特定工艺将农药原药、辅助剂等加工成农药制剂产品的过程便是农药剂型加工。广义的农药剂型不仅指农药的加工形态，还包括农药制剂、剂型加工等相关的概念、理论、方法、工艺、产品等。

农药剂型分类　农药剂型的分类有多种方法，常见的是按照物理形态或使用方法进行分类。按照物理形态不同可将农药剂型分为固态、半固态、液态、气态等，常见剂型主要以固态和液态为主。按照使用方法不同可以将农药剂型分为直接使用、水稀释后使用、有机溶剂稀释后使用、种子处理和特殊用途等。

农药剂型名称及代码　在中国，2003 年出版的《农药剂型名称及代码》国家标准（GB/T 19378—2003）中包含 120 种农药剂型名称及代码，2008 年制定的《农药登记管理术语》又增加了 15 种，共计 135 种剂型名称及代码。2015 年 3 月，中华人民共和国农业部农药检定所发布了关于征求《农药剂型名称及代码》（征求意见稿）修订意见的通知。修订后的标准规定了 73 个农药剂型的名称及代码，取消或合并 65 个剂型，新增 4 个剂型。2017 年 11 月 1 日发布的 GB/T 19378—2017《农药剂型名称及代码》则根据实际情况缩减为 61 个剂型名称。国际上对农药剂型名称和代码的规定主要参考《FAO 和 WHO 的农药标准制定和使用手册》，不同版本的手册对农药剂型名称及代码部分也作了相应的调整，从开始的 60 多种剂型扩增到 90 多种，后又删至 60 多种，2010 版规定了 63 种农药剂型的名称及代码。常见农药剂型名称及代码见表。

中国农药剂型现状　中国登记的农药制剂产品还是以乳油和可湿性粉剂为主，据 2014 年统计数据显示，在所有登记的农药制剂产品中，数量排在前五位的剂型分别是乳油（约占 37%）、可湿性粉剂（约占 25%）、水悬浮剂（约占 10%）、水剂（约占 7%）、水分散粒剂（约占 5%），其他剂型的产品合计约占 16%。从 2003 年和 2014 年的农药登记情况对比数据来看，乳油和可湿性粉剂的登记产品数量有一定下降，二者合计降低 5% 左右；水悬浮剂和水分散粒剂产品登记数量有明显增加，二者分别增加 5% 左右。从 2014—2016 年 3 年的农药登记情况来看，登记数量排在前三位的剂型分别是水悬浮剂、可湿性粉剂和水分散粒剂。

农药剂型发展趋势　农药剂型发展总趋势是向着水性、颗粒状、省力化、功能化、缓控释和智能控制等方向发展。随着各国对环保问题的日益关注和人们环保意识的增强，水悬浮剂、水分散粒剂、水乳剂、可分散油悬浮剂等更环保的剂型在登记中将占有越来越多的比重。传统剂型中如乳油或粉剂、可湿性粉剂等将向着更环保的方向改进，如采用环境相容性更好的溶剂来加工乳油产品；通过改善粉体的性质或包装来减少粉剂或可湿性粉剂生产及使用时的飘移问题等。随着农村劳动力的流失及施药成本的提高，可以直接在水田抛撒使用的漂浮粒剂、展膜油剂等省力化的剂型将有更多的市场需求。随着制剂加工水平和施药技术的提高，一些具有综合功能的或适用于飞机喷雾的功能化剂型产品也将被越来越多地探索和开发。具有缓释控释作用的微囊悬浮剂或纳米制剂以及适用于农药制剂加工的低成本功能性纳米材料也会有较大发展。随着科技水平的不断提高，将制剂加工技术、生物技术、卫星遥感与定位技术、自动施药技术等结合起来，通过对病虫草害发生情况的预测监测，自主采取相应措施，在最合适时机防治有害生物，减少农药使用并达到最佳防治效果，是农药剂型智能化的发展方向。

常见农药剂型名称及代码

剂型名称	代码	说明
醇基气雾剂（alcoholbased aerosol）	ABA*	溶剂为醇基的气雾剂。2015 年《农药剂型名称及代码》（征求意见稿）中将其合并入气雾剂中
气雾剂（aerosol）	AE	罐装制剂，通常按动喷嘴在抛射剂作用下喷出微小液珠或雾滴
其他液体制剂（any other liquid）	AL	没有指定明确代码的液体制剂，使用时不用稀释
其他粉剂（any other powder）	AP	没有指定明确代码的粉剂，使用时不用稀释
杀螨纸（acaricide paper）	AP*	驱杀螨虫的纸质制剂。2015 年《农药剂型名称及代码》（征求意见稿）中将其合并入挂条中
水剂（aqueous solution）	AS*	有效成分及助剂的水溶液制剂
诱芯（attract wick）	AW*	与诱捕器配套使用的引诱害虫的行为控制制剂
药袋（bag）	BA*	含有有效成分的套袋制剂。2015 年《农药剂型名称及代码》（征求意见稿）中将其删除
饵块（block bait）	BB*	块状饵剂。2015 年《农药剂型名称及代码》（征求意见稿）中将其合并入饵粒中
块剂（block formulation）	BF*	可直接使用的块状制剂。2015 年《农药剂型名称及代码》（征求意见稿）中将其删除
胶饵（bait gel）	BG*	可放在饵盒里直接使用或用配套器械挤出或点射使用的胶状饵剂。2015 年《农药剂型名称及代码》（征求意见稿）中将其合并入饵管中
饵粉（powder bait）	BP*	粉状饵剂。2015 年《农药剂型名称及代码》（征求意见稿）中将其合并入饵粒中
缓释剂（briquette）	BR	控制有效成分释放到水里的块状固体制剂
缓释块（briquette block）	BRB*	块状缓释剂
缓释粒（briquette granul）	BRG*	粒状缓释剂。2015 年《农药剂型名称及代码》（征求意见稿）中将其删除
缓释管（briquette tube）	BRT*	管状缓释剂
笔剂（chalk）	CA*	有效成分与石膏粉及助剂混合或浸渍吸附药液，制成可直接涂抹使用的笔状制剂。2015 年《农药剂型名称及代码》（征求意见稿）中将其合并入棒剂中
浓饵剂（bait concentrate）	CB	稀释后使用的固体或液体饵剂
蟑香（cockroach coil）	CC*	用于驱杀蜚蠊，可点燃发烟的螺旋形盘状制剂
种子处理微囊悬浮剂（capsule suspension for seed treatment）	CF*	直接或用水稀释后用于种子处理的稳定的微胶囊悬浮液。2015 年《农药剂型名称及代码》（征求意见稿）中将其合并入种子处理悬浮剂中
微囊粒剂（encapsulated granule）	CG*	具有包囊的颗粒剂，包囊有保护或控制颗粒剂释放的作用。2015 年《农药剂型名称及代码》（征求意见稿）中将其合并入颗粒剂中
触杀粉（contact powder）	CP*	具有杀鼠或杀虫作用的可直接使用的粉状制剂。即以前所谓的追踪粉剂。2015 年《农药剂型名称及代码》（征求意见稿）中将其合并入粉剂中
微囊悬浮剂（microcapsule suspension）	CS	微胶囊在液体中形成稳定的悬浮液，通常使用前用水稀释
可分散液剂（dispersible concentrate）	DC	用水稀释后形成固态分散体的均相液体制剂（注意：有些制剂的性质介于可分散液剂和乳油之间）
粉剂（dustable powder）	DP	适于撒布的可自由流动的粉末
种子处理干粉剂（powder for dry seed treatment）	DS	可直接施用于种子的干燥粉末
片剂（tablet for direct application 或 tablet）	DT 或 TB	可直接使用的片状制剂

（续表）

剂型名称	代码	说明
乳粒剂（emulsifiable granule）	EG	可能含有水不溶性物质的粒状制剂，在水中分解后形成有效成分的水包油乳液
泡腾粒剂（effervesvent granule）	EA*	投入水中能迅速产生气泡并崩解分散的粒状制剂，可直接使用或用常规喷雾器械喷施。2015 年《农药剂型名称及代码》（征求意见稿）中将其合并入水分散粒剂中
泡腾片剂（effervescent table）	EB*	投入水中能迅速产生气泡并崩解分散的片状制剂，可直接使用或用常规喷雾器械喷施。2015 年《农药剂型名称及代码》（征求意见稿）中将其合并入水分散片剂中
乳油（emulsifiable concentrate）	EC	用水稀释后形成乳状液的均相液体制剂
静电喷雾液剂（electrochargeable liquid）	ED*	用于静电喷雾的特殊液体制剂。2015 年《农药剂型名称及代码》（征求意见稿）中将其删除
油乳剂（emulsion，water in oil）	EO	溶在水中的农药溶液，以微小的水珠分散在连续的有机相中，形成非均相液体制剂
乳粉剂（emulsifiable powder）	EP	可能含有水不溶性物质的粉状制剂，在水中分散后形成有效成分的水包油乳液
种子处理乳剂（emulsion for seed treatment）	ES	直接或稀释后用于种子处理的稳定的乳液制剂
水乳剂（emulsion，oil in water）	EW	溶在有机溶剂中的农药溶液，以微小的液珠分散在连续的水相中，形成非均相液体制剂
蝇香（fly coil）	FC*	点然后发烟，用于驱杀苍蝇的螺旋形盘状制剂。2015 年《农药剂型名称及代码》（征求意见稿）中将其删除
烟罐（smoke tin）	FD*	罐装烟剂。2015 年《农药剂型名称及代码》（征求意见稿）中将其删除
细粒剂（fine granule）	FG*	粒径范围在 300～2500μm 的颗粒剂。2015 年《农药剂型名称及代码》（征求意见稿）中将其合并入颗粒剂中
烟烛（smoke candle）	FK*	烛状烟剂。2015 年《农药剂型名称及代码》（征求意见稿）中将其删除
烟雾剂（smoke fog）	FO*	有效成分遇热迅速产生烟和雾（固态和液态粒子的烟雾混合体）的制剂。2015 年《农药剂型名称及代码》（征求意见稿）中将其合并入烟剂中
烟弹（smoke cartridge）	FP*	圆筒状烟剂。2015 年《农药剂型名称及代码》（征求意见稿）中将其删除
烟棒（smoke rodlet）	FR*	棒状烟剂。2015 年《农药剂型名称及代码》（征求意见稿）中将其合并入烟剂中
种子处理悬浮剂（flowable concentrate for seed treatment）	FS	直接或稀释后用于种子处理的稳定悬浮液
悬浮种衣剂（flowable concentrate for seed coating）	FSC*	含有成膜剂，以水为介质，直接或稀释后用于种子包衣（95% 粒径≤ 2μm，98% 粒径≤ 4μm）的稳定悬浮液种子处理制剂。2017 年新修订代码标准将其合并到种子处理悬浮剂
烟片（smoke tablet）	FT*	片状烟剂。2015 年《农药剂型名称及代码》（征求意见稿）中将其合并入烟剂中
烟剂（smoke generator）	FU	通过点燃发烟而释放有效成分的可燃性制剂，通常为固体
烟球（smoke pellet）	FW*	球状烟剂。2015 年《农药剂型名称及代码》（征求意见稿）中将其删除
气体制剂（gas）	GA	装在耐压瓶或罐内的气体
饵粒（granular bait）	GB*	粒状饵剂
发气剂（gas generating product）	GE	通过化学反应产生气体的制剂
大粒剂（macro granule）	GG*	粒径范围在 2000～6000μm 的颗粒剂。2015 年《农药剂型名称及代码》（征求意见稿）中将其合并入颗粒剂中
乳胶（emulsifiable gel）	GL	在水中形成乳液的胶状制剂
漂浮粉剂（flodust）	GP*	在温室中使用，通过气流喷施的非常细小的粉尘。2015 年《农药剂型名称及代码》（征求意见稿）中将其删除
颗粒剂（granule）	GR	在一定粒径范围内使用的自由流动的固体制剂
脂膏（grease）	GS	非常黏稠的油脂状制剂
可溶胶剂（water soluble gel）	GW	用水稀释后形成溶液的胶状制剂
热雾剂（hot fogging concentrate）	HN	直接或稀释后在热雾设备上使用的制剂
液固桶混（combipact solid/liquid）	KK	固体和液体制剂分别装在同一外包装材料里，在桶内混合后即可使用
液液桶混剂（combipact liquid/liquid）	KL	两种液体制剂分别装在同一外包装材料里，在桶内混合后即可使用
冷雾剂（cold fogging concentrate）	KN	直接或稀释后在冷雾设备上使用的制剂

N

（续表）

剂型名称	代码	说明
固固桶混剂（combipact solid/solid）	KP*	两种固体制剂分别装在同一外包装材料里，在桶内混合后即可使用。2015 年《农药剂型名称及代码》（征求意见稿）中将其删除
涂膜剂（lacquer）	LA*	用溶剂配制，可形成薄膜的混合物。2015 年《农药剂型名称及代码》（征求意见稿）中将其合并入涂抹剂中
长效驱蚊帐（longlasting insecticidal net）	LN	能驱杀害昆虫，缓慢释放有效成分的蚊帐剂型
种子处理液剂（solution for seed treatment）	LS	直接或用水稀释后形成有效成分溶液作用于种子的清澈乳白色液体，其中可能含有水不溶性物质
驱蚊帐（longlasting insecticide treated mosquito net）	LTN*	含有驱杀害虫有效成分的化纤制成的长效蚊帐。2015 年《农药剂型名称及代码》（征求意见稿）中将其合并入长效驱蚊帐中
电热蚊香液（liquid vaporizer）	LV*	装在小筒或瓶中的液体制剂，和适合的加热器配套使用；制剂通过加热的引线蒸发到周围的空气中。用于驱杀蚊虫
蚊香（mosquito coil）	MC	点燃（闷烧）后不会产生火焰，通过烟雾将有效成分释放到周围空气中的螺旋形盘状制剂
微乳剂（microemulsion）	ME	直接或用水稀释后使用的含有油相和水相的清澈乳白色液体，在水中可能形成稀释的微乳液或常规的乳液
药膜（mulching film）	MF*	用于覆盖保护地含有除草有效成分的地膜。2015 年《农药剂型名称及代码》（征求意见稿）中将其删除
微粒剂（micro granule）	MG*	粒径范围在 $100\sim600\mu m$ 的颗粒剂。2015 年《农药剂型名称及代码》（征求意见稿）中将其合并入颗粒剂中
防蛀剂（mothproofer）	MP*	直接使用防蛀虫的制剂。2015 年《农药剂型名称及代码》（征求意见稿）中将其取消
防蛀液剂（mothproofer liquid）	MPL*	液体防蛀剂。2015 年《农药剂型名称及代码》（征求意见稿）中将其合并入喷射剂中
防蛀球剂（mothproofer pellet）	MPP*	球状防蛀剂。2015 年《农药剂型名称及代码》（征求意见稿）中将其合并入球剂中
防蛀片剂（mothproofer tablet）	MPT*	片状防蛀剂。2015 年《农药剂型名称及代码》（征求意见稿）中将其合并入片剂中
电热蚊香片（蒸发垫片 vaporizing mat）	MV*	将有效成分注入由纸浆或其他合适的惰性材料制成的垫片中，放在加热器上，使有效成分缓慢挥发，用于驱杀蚊虫
油基气雾剂（oilbased aerosol）	OBA*	溶剂为油基的气雾剂。2015 年《农药剂型名称及代码》（征求意见稿）中将其合并入气雾剂中
可分散油悬浮剂（oil dispersion，oil based suspension concentrate）	OD	有效成分的微粒及其助剂能稳定分散在非水质的液体中，用水稀释后使用
油悬浮剂（oil miscible flowable concentrate）	OF	有效成分在液体中形成稳定的悬浮液，使用前用有机溶剂稀释
油剂（oil miscible liquid）	OL	用有机溶剂稀释后使用的均相液体制剂
油分散粉剂（oil dispersible powder）	OP	在有机溶剂中分散后形成悬浮液的粉状制剂
膏剂（paste）	PA	含有效成分可成膜的水基膏状制剂，一般直接使用
饵片（plate bait）	PB*	片状饵剂。2015 年《农药剂型名称及代码》（征求意见稿）中将其合并入饵剂中
浓胶（膏）剂（gel or paste concentrate）	PC*	用水稀释后形成胶剂或膏剂的固体制剂。2015 年《农药剂型名称及代码》（征求意见稿）中将其取消
涂抹剂（paint）	PN*	直接用于涂抹物体的制剂。2015 年《农药剂型名称及代码》（征求意见稿）中将其代码简写为 PI
棒剂（plant rodlet）	PR	可直接使用的棒状制剂
饵膏（paste bait）	PS	糊膏状饵剂。2015 年《农药剂型名称及代码》（征求意见稿）中将其合并入饵剂中
球剂（pellet）	PT*	可直接使用的球状制剂
窗纱涂剂（paint for window screen）	PW*	为驱杀害虫涂抹窗纱的制剂。一般为 SL 等剂型。2015 年《农药剂型名称及代码》（征求意见稿）中将其合并入涂抹剂中
驱虫膏（repellent paste）	RA*	对害虫有驱避作用，可直接使用的膏状制剂。2015 年《农药剂型名称及代码》（征求意见稿）中将其取消

N

（续表）

剂型名称	代码	说明
饵剂（bait）	RB	引诱目标害物取食的制剂
驱蚊霜（repellent cream）	RC*	直接用于涂抹皮肤，难流动的乳状制剂。2015年《农药剂型名称及代码》（征求意见稿）中将其合并入驱蚊乳中
驱避剂（repellent）	RE*	阻止害虫、害鸟、害兽侵袭人、畜或植物的制剂。2015年《农药剂型名称及代码》（征求意见稿）中将其删除
驱蚊乳（repellent milk）	RK*	直接用于涂抹皮肤，自由流动的乳状制剂
驱虫环（repellent belt）	RL*	对害虫有驱避作用，可直接使用的环状或带状制剂。2015年《农药剂型名称及代码》（征求意见稿）中将其合并入防蚊环中
驱虫片（repellent mat）	RM*	与小风扇配套使用，对害虫有驱避作用的片状制剂。2015年《农药剂型名称及代码》（征求意见稿）中将其删除
驱蚊粒（repellent mosquito granule）	RMG*	与驱蚊器配套使用，靠电风扇吹出驱杀蚊虫药剂的粒状制剂。2015年《农药剂型名称及代码》（征求意见稿）中将其代码简写为RG
驱蚊片（repellent mosquito mat）	RMM*	与驱蚊器配套使用，靠电风扇吹出驱杀蚊虫药剂的片状制剂。2015年《农药剂型名称及代码》（征求意见稿）中将其代码简写为RM
驱蚊膏（repellent mosquito paste）	RMP*	直接涂抹皮肤，驱避蚊等害虫的膏状制剂。2015年《农药剂型名称及代码》（征求意见稿）中将其删除
驱蚊露（repellent lotion）	RO*	直接用于涂抹皮肤，可流动的乳状制剂，黏度一般为200～4000mPa·s。2015年《农药剂型名称及代码》（征求意见稿）中将其合并入驱蚊液中
驱虫纸（repellent paper）	RP*	对害虫有驱避作用，可直接使用的纸巾。2015年《农药剂型名称及代码》（征求意见稿）中将其修订为防蚊网
驱蚊液（repellent liquid）	RQ*	直接用于涂抹皮肤，自由流动的清澈液体制剂
驱虫带（repellent tape）	RT*	与驱虫器配套使用，用于驱杀害虫的带状制剂。2015年《农药剂型名称及代码》（征求意见稿）中将其删除
驱蚊花露水（repellent floral water）	RW*	直接用于涂抹皮肤，自由流动的清澈、有香味的液体制剂
饵棒（stick bait）	SB*	棒状饵剂。2015年《农药剂型名称及代码》（征求意见稿）中将其修订为饵管
悬浮剂（aqueous suspension concentrate）	SC	有效成分在水中形成稳定的悬浮液，使用前用水稀释
直接使用的浓悬浮剂	SD	有效成分在液体中形成稳定的悬浮液，其中可能含有其他溶解的有效成分，可直接使用。例如可以用于稻田
悬乳剂（suspoemulsion）	SE	有效成分以固体微粒和微小液珠的形式稳定地分散在连续的水相中形成非均相液体制剂
喷射剂（spray fluid）	SF*	用手动压力通过容器喷嘴，喷出液滴或液柱的液体制剂
可溶粒剂（water soluble granule）	SG	在水中溶解后形成有效成分真溶液的粒状制剂，但其可能含有水不溶性惰性成分
可溶液剂（soluble concentrate）	SL	用水稀释后形成有效成分溶液的清澈乳白色液体，其可能含有水不溶性物质
展膜油剂（spreading oil）	SO	用在水中形成表面油膜的制剂
可溶粉剂（water soluble powder）	SP	在水中溶解后形成有效成分真溶液的粉状制剂，但其可能含有水不溶性惰性成分
挂条（strip）	SR	防治有害昆虫的悬挂条状制剂
种子处理可溶粉剂（water soluble powder for seed treatment）	SS*	用水溶解后用于种子处理的粉末。2015年《农药剂型名称及代码》（征求意见稿）中将其删除
可溶片剂（water soluble tablet）	ST	有效成分在水中溶解形成真溶液的片状制剂。其可能含有水不溶性惰性物质
超低容量微囊悬浮剂（ultra low volume aqueous capsule suspension）	SU	在超低容量设备上使用的悬浮液
固液蚊香（solidliquid vaporizer）	SV*	与驱蚊器配套使用，常温下为固体，加热使用时，迅速挥发并融化为液体，用于驱杀害虫的固体制剂。2015年《农药剂型名称及代码》（征求意见稿）中将其删除
原药（technical material）	TC	通过生产过程得到的由有效成分及相关的杂质组成的物质，其可能含有少量必需的添加剂
母药（technical concentrate）	TK	在制造过程中得到有效成分及杂质组成的最终产品，也可能含有少量必需的添加物和稀释剂，仅用于配制各种制剂

N

（续表）

剂型名称	代码	说明
滴加液（drop concentrate）	TKD*	由一种或两种以上的有效成分组成的原药浓溶液，仅用于配制各种电热蚊香片等制剂。2015年《农药剂型名称及代码》（征求意见稿）中将其删除
桶混剂（tank mixture）	TM*	装在同一个外包装材料里的不同制剂，使用时现混现用。2015年《农药剂型名称及代码》（征求意见稿）中将其删除
蚊帐处理剂（treatment of mosquito net）	TN*	含有驱杀害虫有效成分的浸渍蚊帐的制剂。已被长效驱蚊帐取代
超低容量液剂（ultra low volum econcentrate）	UL	在超低容量设备上使用的均相液体。2015年《农药剂型名称及代码》（征求意见稿）中将其删除
电热蚊香浆（vaporizing paste）	VA*	与驱蚊器配套使用，驱杀蚊虫用的浆状制剂。2015年《农药剂型名称及代码》（征求意见稿）中将其删除
电热蚊香块（vaporizing）	VB*	与驱蚊器配套使用，靠电风扇吹出驱杀蚊虫药剂的块状制剂。2015年《农药剂型名称及代码》（征求意见稿）中将其删除
熏蒸剂（vapour releasing product）	VP	含有一种或多种挥发性有效成分的制剂，以蒸气的形式释放到空气中。挥发速度通常使用合适的配方和/或施药设备来控制。2015年的《农药剂型名称及代码》（征求意见稿）中将其删除
熏蒸挂条（vaporizing strip）	VS*	用于熏蒸驱杀害虫的挂条状。2015年《农药剂型名称及代码》（征求意见稿）中将其合并入挂条中
水基气雾剂（waterbased aerosol）	WBA*	溶剂为水基的气雾剂。2015年《农药剂型名称及代码》（征求意见稿）中将其合并入气雾剂中
水分散粒剂（water dispersible granules）	WG	在水中裂解和分散后使用的粒状制剂
可湿性粉剂（wettable powder）	WP	在水中分散后形成悬浮液的粉状制剂。2015年《农药剂型名称及代码》（征求意见稿）中将其改为可湿粉剂
种子处理可分散粉剂（water dispersible powder for slurry seed treatment）	WS	以高浓度分散在水中形成粉浆用于种子处理的粉末
水分散片剂（water dispersible tablet）	WT	在水中崩解，有效成分分散成悬浮液的片状制剂。2015年《农药剂型名称及代码》（征求意见稿）中将其修订为水分散片剂
其他剂型	XX*	上面没有列出的所有其他制剂的临时分类。2015年《农药剂型名称及代码》（征求意见稿）中将其删除
微囊悬浮–悬浮剂（mixed formulations of CS and SC）	ZC	农药微囊与非水溶性固体有效成分共同悬浮分散在水中形成的稳定悬浮液，用水稀释后使用
种子处理微囊悬浮–悬浮剂（mixed formulations of CS and SC for seed treatment）	ZCS*	农药微囊与非水溶性固体有效成分共同悬浮分散在水中形成的稳定悬浮液，用水稀释后使用。2015年《农药剂型名称及代码》（征求意见稿）中将其删除
微囊悬浮–悬乳剂（mixed formulations of CS and SE）	ZE	农药有效成分以微囊，固体颗粒和细微液滴不同形态共同悬浮分散在水中形成的稳定悬浮液，用水稀释后使用
微囊悬浮–水乳剂（mixed formulations of CS and EW）	ZW	农药有效成分以微囊、微细液滴不同形态共同悬浮分散在水中形成的稳定悬浮液，用水稀释后使用

注：表中带有"*"的剂型名称及代码为中国农药剂型名称及代码标准中所特有的。

参考文献

郭武棣, 2004. 农药剂型加工丛书: 液体制剂[M]. 3版. 北京: 化学工业出版社.

凌世海, 温家钧, 2009. 中国农药剂型加工工业60年发展之回顾与展望[J]. 安徽化工, 35(4): 1-8.

农业部农药检定所, 2004. GB/T 19378—2003. 农药剂型名称及代码[S]. 北京: 中国标准出版社.

农业部农药检定所, 2008. NY/T 1667—2008. 农药登记管理术语[S]. 北京: 中国农业出版社.

王以燕, 宋俊华, 赵永辉, 等, 2013. 浅谈我国农药剂型名称和代码[J]. 农药, 52(10): 703-709, 716.

袁传卫, 姜兴印, 2013. 浅谈农药剂型的研究现状[J]. 世界农药, 35(5): 54-58.

查友贵, 徐汉虹, 万树青, 等, 2002. 农药剂型智能化及其实现[J]. 农药, 41(11): 6-9.

中国农业百科全书总编辑委员会农药卷编辑委员会, 中国农业百科全书编辑部, 1993. 中国农业百科全书: 农药卷[M]. 北京: 农业出版社.

FAO/WHO Joint Meeting on Pesticide Specifications (JMPS), 2004. Manual on development and use of FAO and WHO specifications for pesticides[M]. Rome.

FAO/WHO Joint Meeting on Pesticide Specifications (JMPS),

2010. Manual on development and use of FAO and WHO specifications for pesticides[M]. Rome.

（撰稿：张鹏；审稿：张宗俭）

农药家蚕毒性　toxicity of pesticide on silkworm

家蚕（Bombyx mori）作为中国重要的经济昆虫。农药可通过各种途径对蚕桑生态系统造成影响与危害。如其唯一的饲料桑叶在生长过程中容易受周围农业生态环境或桑园内使用农药的污染，导致各种各样的家蚕中毒事件发生。此外，某些卫生用药在养蚕室附近使用不当时，亦会对家蚕正常生长造成影响。在 1990 年国家颁布的《化学农药环境安全评价试验准则》中将家蚕列为非靶标生物之一，2000 年开始，中国新农药登记必须进行其对家蚕的毒性测定。试验用家蚕品种宜选用主要推广品种，如菁松 × 皓月、春蕾 × 镇珠、苏菊 × 明虎或其他有代表性的品系，以二龄起蚕为毒性试验材料。农药对家蚕的毒性包括急性毒性和慢性毒性两个方面。在农业部颁布的 2570 公告中，农药登记试验单位评审规则中要求生态毒理 A 类试验必须进行家蚕急性毒性试验，B 类试验包括家蚕慢性毒性试验，D 类试验要求具备微生物农药家蚕毒性试验。

根据 2015 年 3 月 11 日实施的国家标准 GB/T 31270.11《化学农药环境安全评价试验准则　第 11 部分：家蚕急性毒性试验》，目前需要进行的农药对家蚕急性毒性试验有浸叶法和熏蒸法。

浸叶法以试验测得的 LC_{50} 值为评价指标，将药剂对家蚕的急性毒性分为剧毒、高毒、中毒和低毒。浸叶法毒性试验，按一定级差配制 5~7 个药液浓度，将桑叶浸在设定浓度的药液中，10 秒 ±2 秒后取出，悬挂晾干。在温度为 25℃ ±2℃、相对湿度为 70%~85% 的试验条件下，以染毒桑叶饲喂家蚕 96 小时，观察 24 小时、48 小时、72 小时和 96 小时后供试家蚕的中毒症状和死亡情况，求出 LC_{50}。

熏蒸法试验是针对卫生用药模拟室内施药条件下进行的试验。供试品在试验装置中定量燃烧（或电热片加热），从熏蒸开始，按 0.5 小时、2 小时、4 小时、6 小时、8 小时观察记录熏蒸试验装置内家蚕的毒性反应症状，8 小时后将试验装置内的家蚕取出，在家蚕常规饲养条件下继续观察 24 小时及 48 小时的家蚕死亡率。熏蒸法中家蚕的死亡率大于 10% 以上时，即视为对家蚕高风险。家蚕中毒症状包括：取食情况、不适症状（逃避、昂头、晃头、甩头、扭曲挣扎、吐水等）。

2018 年 6 月 1 日开始实施的 NY/T 3152.3—2017《微生物农药　环境风险评价试验准则　第 3 部分：家蚕毒性试验》中规定了为微生物农药登记而进行的家蚕毒性试验的操作规程。以一定的供试物浓度或剂量测试农药对受试生物的毒性和致病性等影响。采用浸叶法进行试验，试验周期从家蚕二龄起开始持续至家蚕化蛹。每日观察并记录受试家蚕的中毒症状、死亡情况，化蛹结茧后观察化蛹、结茧情况，测定全茧量、茧层量，并计算化蛹率、结茧率、茧层率。当供试物

最大危害暴露量试验出现对受试生物 50% 及以上的个体死亡或致病时，则还需进行剂量效应试验和致死（病）验证试验。致死毒性以 LD_{50}/LC_{50} 表征；致病性以 ID_{50}/IC_{50} 值表征。

对于中毒和低毒的药剂仅仅进行急性毒性的评价还远远不够，需要通过长期观测其对家蚕生长发育和化蛹结茧的影响来综合评价其对家蚕的影响，才能更科学合理地指导桑园用药，保证蚕业生产的安全稳定。2017 年 10 月 1 日实施的 NY/T 3087《化学农药　家蚕慢性毒性试验准则》规定了化学农药对家蚕慢性毒性试验的材料、条件、方法等基本要求。将不同浓度的药液喷于桑叶上以供蚕食用。以二龄起蚕饲喂处理桑叶，48 小时后转至干净培养装置中并饲喂无毒桑叶至熟蚕期，以茧层量为主要评价指标，确定对家蚕茧层量影响的无可见效应浓度（NOEC）和最低可见效应浓度（LOEC），并获得被试物对家蚕的发育历期、眠蚕体重、蛹重、茧层率、结茧率、化蛹率、死笼率等生物学指标的影响情况。

参考文献

蔡道基, 1999. 农药环境毒理学研究[M]. 北京: 中国环境科学出版社.

（撰稿：赵学平；审稿：李少南）

农药健康风险评估　health risk assessment of pesticides

系统地采用科学技术及信息，在特定条件下，就农药对人类健康产生不良效应的可能性和严重性进行科学评价。风险评估分为定量风险评估、定性风险评估及半定量 / 半定性风险评估等。采用 0~100% 之间数值描述风险发生概率或严重程度的方法称为定量风险评估；采用高、中、低等来描述风险发生概率或严重程度的方法称为定性风险评估；两者兼有的称为半定量 / 半定性风险评估。农药健康风险评估是一个复杂的技术体系，主要包括膳食摄入（农药残留）、职业健康（施用人员、再进入田间的农业生产人员）和居民风险等风险评估。农药健康风险评估程序主要包括：危害评估（或效应评估）、暴露评估、风险表征等。

农药健康风险评估程序和方法如下。

残留膳食摄入风险评估　是通过分析农药的毒理学和残留化学试验结果，根据居民膳食结构，对因膳食摄入农药残留产生风险的可能性及程度进行科学评价。危害评估，对农药的危害进行确认，根据毒代动力学和毒理学评价结果，推导出每日允许摄入量（ADI）和 / 或急性参考剂量（ARfD），以此作为人体终生和 / 或单次允许摄入农药的安全阈值。残留化学评估，对农药及其代谢产物在食品和环境中的残留行为进行评价，主要评价动植物代谢试验、田间残留试验、加工过程、饲喂试验和环境行为试验等结果。根据试验结果提出规范残留试验中值（STMR）和最高残留值（HR），用于膳食摄入评估。膳食摄入评估，根据居民膳食消费结构（食品消费量），结合残留化学评估推荐的残留试验中值、最高残留值或已制定的最大残留限量（MRL），估

算长期或短期摄入量,与毒理学评估推荐的每日允许摄入量或急性参考剂量进行比较。一般来说,仅当长期摄入量小于每日允许摄入量和/或短期摄入量小于急性参考剂量的情况下,才认为风险可以接受。

施用人员健康风险评估 主要评价农药配制、施用过程中相关操作人员的健康风险。危害评估阶段在综合评价毒理学数据基础上,考虑实验动物和人的种间差异及人群的个体差异,运用不确定系数,推导施用人员允许暴露量;暴露评估阶段综合考虑剂型、施用方法和器械、作物特征、环境条件等因素的影响,根据特定的场景,采用单位暴露量法计算施用人员的暴露量,主要包括经皮和吸入两种途径的暴露量;风险表征阶段通过综合分析比较危害评估阶段和暴露评估阶段的结果,得出施用过程中健康风险是否可以接受的结论。

再次进入田间的农业生产人员健康风险评估 主要评价农业生产人员再次进入使用过农药的田间,接触到农药而带来的健康风险。危害评估方法与施用人员健康风险评估相似。对再进入田间的农业生产人员的暴露评估,是通过作物叶片上可转移的农药残留(DFR)、转移系数(TC)、吸收因子(AF)和暴露时间(ET)等参数进行计算。DFR 是指即施药后残留在作物上,并可能通过田间劳动再次转移到人体的这部分药量;TC 是指作物上残留的农药转移到再进入该区域中农事劳动人员身体的比例,与再进入活动种类、作物长势和作物特性等因素有关;AF 为吸收因子;ET 为暴露时间。

居民健康风险评估 主要评价普通家庭成员在花园、草坪、居室内施药及施药后接触农药带来的健康风险。危害评估方法与施用人员健康风险评估相似。暴露评估方法因暴露场景的不同而不同评估施药人员、施药后家庭成员在日常活动过程中经皮、吸入、经口(幼儿吮吸手指)等途径接触农药的量。

农药健康风险评估流程如图所示。

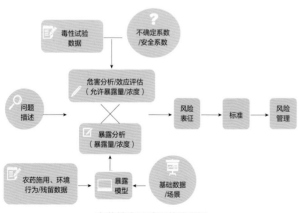

农药健康风险评估流程图

参考文献

李敏, 张丽英, 陶传江, 2010. 农药职业健康风险评估方法[J]. 农药学学报, 12(3): 249-254.

魏启文, 陶传江, 宋稳成, 等, 2010. 农药风险评估及其现状与对策研究[J]. 农产品质量与安全(2): 38-42.

中华人民共和国农业部, 2015. 中华人民共和国农业部公告第
2308号 食品中农药残留风险评估指南[EB]. 2015年10月8日.

NY/T 3153—2017 农药施用人员健康风险评估指南.

(撰稿:陶传江;审稿:梅承翰)

《农药科学与管理》 *Pesticide Science and Administration*

中国科技核心期刊,是中国农药管理和科研技术方面的权威性期刊,属于科技类刊物。创刊于1980年,1989年获国家批准成为正式出版刊物,1993年成为国内外发行刊物,由农业农村部农药检定所主办。刊号:ISSN 1002-5480,CN 11-2678/S。月刊,现任主编为吴国强。

该刊具有很强的政策性、科学性、指导性和实用性,具有鲜明的办刊特色。自办刊以来,主要围绕农药登记管理,在政策法规宣传、学术研究、技术交流、信息报道等方面发挥了重要作用,有力促进了农药行业发展。新修订《农药管理条例》赋予农业农村部农药全程管理职责,作为服务农药行业的前沿阵地,该刊秉持"突出管理、聚焦科学、贴近行业、强化服务"的理念,设置"农药管理、综述/论坛、农药研究、应用技术、新农药介绍、行业风采、信息窗口和本刊专稿"等8个栏目,涉及管理、科研、市场、应用等各领域,覆盖登记、生产、经营、使用等全链条,为农药行业打造一个学术交流探讨的平台。该刊读者对象为管理部门、科研院校、生产企业、销售人员以及农药使用者,在同行业中享有较高的声誉,是中国农药行业最具影响力的期刊之一,为推动中国农药事业的发展,传播农药科学技术及安全合理使用农药做出了很大的贡献。

该刊多年来一直被中国科技论文统计源期刊数据库、中国核心期刊(遴选)数据库、CNKI中国期刊全文数据库、中文科技期刊数据库和万方数据库等收录,并被列入农家书屋重点出版物推荐目录。

(撰稿:李友顺;审稿:杨新玲)

农药淋溶作用 pesticide leaching in soil

农药在土壤中随水向下垂直移动的现象。是评价农药在土壤中的垂直移动性及对地下水污染影响的一个重要指标。农药的淋溶性大小常用 R_f 或 R_i 表示。R_f 或 R_i 值可通过

土壤淋溶试验得到。土壤淋溶试验常用的两种方法是土壤薄层层析法和土柱淋溶法。R_f 值可通过土壤薄层层析试验获得，具体计算公式如下：

$$R_f = \frac{L}{L_{max}}$$

式中，R_f 为原点至色谱斑点中心与原点至展开剂前沿的距离的比值；L 为原点至层析斑点中心的距离（mm）；L_{max} 为原点到展开剂前沿的距离（mm）。

R_f 值越大，表示农药的淋溶性及移动性越强。根据 R_f 值的大小，可将农药在土壤中的移动性分为 5 级，具体见表 1。

表 1　农药在土壤中的移动性等级划分

等级	R_f	移动性
Ⅰ	$0.90 < R_f \leqslant 1.00$	极易移动
Ⅱ	$0.65 < R_f \leqslant 0.90$	可移动
Ⅲ	$0.35 < R_f \leqslant 0.65$	中等移动
Ⅳ	$0.10 < R_f \leqslant 0.35$	不易移动
Ⅴ	$R_f \leqslant 0.10$	不移动

R_i 值可通过土柱淋溶试验获得，具体计算公式如下：

$$R_i = \frac{m_i}{m_o} \times 100\%$$

式中，R_i 为各段土壤及淋出液中供试农药含量占供试农药总添加量的比例（%）；m_i 为各段土壤及淋出液中供试农药含量（mg）；m_o 为供试农药总添加量（mg）。

注：$i = 1$、2、3 分别表示 0～10cm、10～20cm、20～30cm 的土壤，$i = 4$ 表示淋出液。

根据 R_i 值的大小，可将农药在土壤中的淋溶性分为 4 级，具体见表 2。

表 2　农药在土壤中的淋溶性等级划分

等级	R_i（%）	淋溶性
Ⅰ	$R_4 > 50$	易淋溶
Ⅱ	$R_3 + R_4 > 50$	可淋溶
Ⅲ	$R_2 + R_3 + R_4 > 50$	较难淋溶
Ⅳ	$R_1 > 50$	难淋溶

在实际环境中，影响农药淋溶性的因素主要有气候因素、土壤因素和农事操作因素。在气候因素中，降雨是主要影响因子。降雨量、降雨强度及降雨频率直接关系着农药随水相的下渗量及下渗速率，进而影响农药的淋溶程度。在土壤因素中，土壤质地和土壤有机质含量是影响农药淋溶的两个主要因子。一般来说，土壤黏粒或有机质含量越高，对于分子型农药的吸附性越强，淋溶性和移动性越弱。在农事操作因素中，灌溉是影响农药淋溶的重要方面，灌溉量大、灌溉频率高，容易增强农药的淋溶。

（撰稿：周军英；审稿：单正军）

农药名称　nomenclature of pesticides

活性有效成分及商品的称谓，包括化学名称（chemical name）、开发代号（development codes）、通用名称（common name）、商品名称（trade name）和其他名称（other name）等。中国"一药多名"的问题曾经很突出，如吡虫啉就有 700 多个商品名称。中国从 2008 年 1 月 8 日起，停止批准商品名称，农药名称一律使用通用名称或简化通用名称。自 2008 年 7 月 1 日起，生产的农药产品一律不得使用商品名称。

农药化学名称（chemical name of pesticides）　按照有效成分的化学结构，根据化学命名原则定出来的化合物名称。一般有 IUPAC 和 CA 命名原则，中国采用中国化学会的有机化学命名原则命名。例如：

是一种具有杀虫活性的化合物，按照命名原则，中文化学名称为 1-(6- 氯 -3- 吡啶基甲基)-N- 硝基亚咪唑烷 -2- 基胺。其英文名称，按照 IUPAC 命名原则为 (E)-1-(6-chloro-3-pyridylmethyl)-N-nitroimidazolidin-2-ylideneamine。化学名称的优点在于明确表达了化合物的结构，根据名称可以写出化合物的结构式，缺点是化学名称太长，特别是结构复杂的化合物，使用的时候不方便。

开发代号（development codes）　在农药开发期间，为了方便或因保密暂时不愿公开化合物的化学结构，而用代号来代表某一化合物，例如拜耳（Bayer）公司用 L 13/59、Bayer 15922、Bayer 4822 来代表 1- 羟基 -2,2,2- 三氯乙基膦酸 -O,O- 二甲基酯。

农药通用名称（common name of pesticides）　为辨识一种化学物质而不依赖于其系统化学名称，由标准化机构规定的农药产品中产生作用的活性成分的名称。由于化学名称使用不便，同一活性成分的农药往往有多种代号或简易名称，因而出现了名称混乱现象。为使农药名称规范化，许多国家的标准化机构都制定了农药括性成分统一的通用名称。例如中国国家标准局 1984 年 12 月颁布了 294 种农药活性成分的通称。上述的 L 13/59，在中国的通称为敌百虫。

同一农药活性成分各国所制定的通用名称不尽相同。例如，敌百虫在苏联称 chlorofos，在土耳其为 dipterex，在英国称为 trichlorphon，在美国和加拿大则称 trichlorfon，由于各国所用的通称不一致，给国际学术交流造成了麻烦。为此，国际标准化组织（International Standard Organization，简称 ISO）为农药有效成分制定了国际通用名称。例如，敌百虫的 ISO 通称为 trichlorfon。在使用农药的外文通称时，应优先采用 ISO 通称，若某农药的活性成分尚未有 ISO 通称，而使用其他国家的通称时，应注明国别，通称的第一个字母应为小写字母。中国使用中文通用名称和英文通用名称。中文通用名称在中国范围内通用，英文通用名称在全世界范围内通用。农药通用名称以强制性的标准发布施行。

农药商品名称（trade name of pesticides） 由农药登记审批部门批准的，用来识别或称呼某一农药产品的名称。即农药生产企业为了树立自己的形象和品牌，给本企业生产的农药产品注册商品名称以示区别（品牌名）。商品名称是由生产厂商自己确定，经农业农村部农药检定所核准后，由生产厂家独家使用。在一个有效成分通用名称下，由于生产厂家的不同，可有多个商品名称。中国从 2008 年 1 月 8 日起，停止批准商品名称，农药名称一律使用通用名称或简化通用名称，直接使用的卫生农药以功能描述词语和剂型作为产品名称。自 2008 年 7 月 1 日起，生产的农药产品一律不得使用商品名称。同一种农药活性成分可以加工成多种制剂，以不同的名称销售。例如敌百虫在国际市场上有 Dipterex、Dylox、Tugon、Neguvon 等多种商品名称。商品名称受法律保护，某企业的产品不能以另一企业的商品名称销售，即使活性成分、含量、剂型完全相同，亦是如此，否则就是侵权。商品名称的第一个字母应为大写字母。

农药其他名称（other name of pesticides） 由于一定历史原因造成某农药曾在一段时间使用过一个名称，后又统一改为现今的通用名称。那个曾使用一段时间、人们已习惯的名称即称为其他名称，也包括药剂研发时使用的试验代号。

在使用农药名称时，应注意的是，凡有中国通用名称的，应采用中国通用名称；无中国通用名称的应注明国际通用名称，或其他国家的通用名称；当用商品做药效试验时，应写明商品名称和生产企业，因为同一种活性成分的农药，由于活性成分含量、剂型、加工方式、助剂等的不同，其药效可能是有差别的。

参考文献

中国农业百科全书总编辑委员会农药卷编辑委员会, 中国农业百科全书编辑部, 1993. 中国农业百科全书: 农药卷[M]. 北京: 农业出版社: 262.

（撰稿：赵平；审稿：杨吉春）

农药内吸作用　systemic action of pesticide

农药被植物的茎、叶、根和种子吸收而进入植物体内，经输导运转，或产生更毒的代谢物，在其他部位发生致毒效应的作用方式。内吸作用使农药能够在植物体内自行扩散到达一般施药方法所达不到的部位，如高大树木的梢部和树冠内膛、植物的较隐蔽部位以及根部。杀虫剂、杀菌剂、除草剂和植物生长调节剂等都有很多品种具有内吸作用。内吸作用延展了施药技术的有效范围并简化了施药技术。杀虫剂和杀菌剂的内吸作用是针对植物体某一部位（包括根际土壤）的害虫和病原菌发生作用；除草剂的内吸作用则是直接对杂草本身发生作用，通过根、茎、幼芽、叶片等吸收传导，杀死或控制整株杂草；植物生长调节剂也可以通过根、茎、幼芽、叶片和果实等部位吸收传导，达到调节植物生长的目

的。但并非所有农药都具有内吸作用，有些药剂能被吸收到植物体内，但不能在体内输导运转，这种作用方式一般称为内渗作用。

种类　按药剂的运行方向可分为向顶性、向基性和双向输导 3 种内吸作用：①向顶性内吸输导作用（acropetal translocation）。是内吸作用的主要作用方式，是农药在植物体内由根、茎等基部向顶部运转的内吸作用形式，主要是向叶片和生长点部位运转。施于叶片的后部而向叶前缘部运转，也属于这种作用。②向基性内吸输导作用（basipetal translocation）。是农药由植物顶部或地上部向基部或地下部运转的内吸作用形式。主要是向根系运转，同时在茎干中也会含有内吸药剂，因此对于为害茎干部和根部的病虫也有效，对深根或多年宿根杂草可提高防效。③双向内吸输导作用（two-way translocation）。药剂既可以向顶部内吸输导，同时也可以向基部内吸输导，是真正意义上的内吸输导作用。如季酮酸酯类中的螺虫乙酯是目前唯一具有在木质部和韧皮部双向内吸传导性的杀虫剂，可以在整个植物体内向上向下移动，可以保护叶片、新生芽、茎干和根部，防治作用更加全面；苯基酰胺类的杀菌剂在植物体内也具有双向输导的性能，但仍然以质外体系内的向顶输导为主，如甲霜灵。

作用原理　向顶性、向基性和双向内吸输导作用是基于不同的植物生理原理。有些药剂能被吸收但不能在植物体内运转，也是由于药剂在植物体内受植物生物化学过程的影响和干扰。

向顶性原理　蒸腾液流是植物体内营养物质的一种质外体运动，内吸性药剂通过各种途径进入植物体后，随导管内的蒸腾液流而向植株的叶片运转。所以向顶性输导作用也称为质外体输导作用（apoplastic translocation）。这种内吸作用的特性是药剂可以从植物的根部、茎干部进入植物体，也可以从叶部进入；但从叶部进入后，主要是向叶片的边缘部（对网状脉叶片）或叶尖部（对平行脉叶片）运转，一般很难向施药部位的后方（即叶柄方向）运转，更不能向邻近的叶片运转。施加在叶片主脉一侧的内吸性药剂也很难向另一侧运转。施于植物根区的内吸性药剂最容易表现出向顶性运转。在植物根际区域施用内吸性药剂的有效期与药剂在土壤中的半衰期有关。从植物地上部分的任何局部进入的内吸性药剂则不能在植株上形成整株均匀输导分布。有些植物的蒸腾液流呈螺旋形上升的现象（如某些乔木）。如果内吸性药剂施于树干一侧的某一点，则最后树冠上会出现一部分接受到药剂、另一部分接受不到药剂的不均匀分布现象。因此须在树干周围多点施药。

向基性原理　内吸性药剂从叶片进入植物体内以后，必须转移到韧皮部参与共质体运动（symplastic movement），才能发生向基性输导，所以也称为共质体输导作用（symplastic translocation）。药剂进入叶片内要转入共质体运动系统，必须通过一种特化的转移细胞（transfer cell）。这种转移对药剂的化学性质有特殊的要求，应能穿透质膜而进入原生质。除草剂草甘膦是已知具有很强向基性输导作用的内吸性药剂，能杀死杂草的根系。

双向内吸输导原理　药剂进入植物体内后，通过质外

体输导作用（apoplastic translocation）和共质体输导作用（symplastic translocation），从而达到向顶性输导和向基性输导的双重输导作用，是真正意义上的内吸输导作用。

内吸剂在植物体内代谢　药剂进入植物体后可能被代谢而转变为其他形态的化合物。这种代谢产物可能毒力更大，也可能毒力降低甚至丧失毒力，在丧失毒力的情况下，药剂不能表现出预期的防治效果，因而不能作为内吸剂使用。

施药方法　根据施药部位的不同可分为4种：

土壤处理　把内吸性药剂施于土壤耕作层中的施药方法。可在播种前或生长期间，通过土壤施药、根区施药以及灌根等方法，将药剂施于植株基部附近的土壤。对于高大的树木可采取根部灌注药液、埋施颗粒剂或毒土的方法。

种苗处理　通过种子包衣、拌种、浸种或浸渍幼苗根部等药剂处理，然后再进行播种或移栽的方法。内吸药剂可以直接通过发芽的种子或苗木的根而进入植物体内，也可以被种苗所长出的新的根吸收而进入体内。很多情况下这两种吸收方式是同时存在的。

叶面喷施　将向基性内吸性药剂施于叶面，再进入植物体内起作用的施药方法。这种施药方法对于向基性输导的内吸性药剂更为有效。对于向顶性输导的内吸性药剂，一部分可以通过着药的茎干部进入植物体，而喷到叶部的药剂只能在已着药的叶片上发挥作用。

茎干部处理　将内吸性药剂施于植物茎干部，使其进入植物体内起作用的施药方法。茎干处理可分为涂抹、包扎、注入3种方法。①涂抹法。把内吸药剂涂抹在茎干的表面，药剂渗入茎干内后进入质外体运动的蒸腾液流。对于木本植物特别是较老而大的树木，涂抹前须刮去老死的树皮。②包扎法。是涂抹法的一种特殊形式，适用于高大而需药量较大的树木和果树。选用适当的吸水性材料作为吸附药液的包扎层，使其紧贴于树干表面，外部再用如塑料布、保鲜膜等防水材料包裹扎紧。③注入法。使用适当的针管把药液引入树干内，可分为自流注入和压力注入两种方法。自流注入法是把药液装在一种适当的容器中，让药液经过一导管而连接到针管上。压力注入法则利用一个加压泵把药液通过针管而压入树干。

参考文献

董天义, 2001. 抗凝血灭鼠剂应用研究[M]. 北京: 中国科学技术出版社: 1-215.

黄建中, 1995. 农田杂草抗药性[M]. 北京: 中国农业出版社.

冷欣夫, 唐振华, 王荫长, 1996. 杀虫药剂分子毒理学及昆虫抗药性[M]. 北京: 中国农业出版社.

唐振华, 1991. 昆虫抗药性及其治理[M]. 北京: 农业出版社.

徐汉虹, 2011. 植物化学保护学[M]. 北京: 中国农业出版社.

杨焕青, 王开运, 史晓斌, 等. 2010. 哒螨灵对抗吡虫啉棉蚜种群的负交互抗性及对其生物学特性的影响[J], 植物保护学报, 37(1): 55-61.

HEANEY S, SLAWSON D, HOLLOMON D W, et al, 1994. Fungicide resistance[M]. BCPC, Farham, Surrey.

NATIONAL RESEARCH COUNCIL, 1986. Pesticide Resistance: Strategies and Tacties for Management[M]. Washington DC: National Academy Press.

PELZ H J, PRESCOTT C, 2015. Resistance to anticoagulant rodenticides. In: Buckle A P and Smith R H (eds.) Rodent pests and their control[M]. CABI, Wallingford: 187-208.

RRAC, 2016. RRAC guidelines on anticoagulant rodenticide resistance management. Rodenticide Resistance Action Committee, Croplife International, Brussles, Belgium, pp32. Available online at: http://www. rrac. info/content/uploads/RRAC_Guidelines_Resistance. pdf.

（撰稿：姜兴印；审稿：王开运）

农药鸟类毒性　toxicity of pesticide on bird

以鸟类作为实验动物开展农药毒性测定，其结果可为农药对于鸟类及相关动物的生态风险评估提供科学依据。

鸟类是重要的陆生动物。鸟类的重要性不仅体现在经济层面，还体现在社会和生态层面。鸟类在消灭农林害虫以及维护生态平衡方面发挥着重要作用，它们的存在为世界增添了无限的情趣。现存的鸟类在世界范围内大约有10 000个物种。

鸟类接触农药的途径相对复杂。从田间挥发或飘移而来的气体或粉粒、受到污染的饮用水或植物种子、中毒的昆虫等都有可能成为毒源。总之食物和饮水是鸟类接触农药的两种主要途径。开展风险评价时首先应该了解农药对鸟类的经口毒性。鸟类急性经口毒性试验和急性饲喂毒性试验正是为人们获取这方面信息而设计。

急性经口毒性试验　以经口灌注的方法对试验用鸟一次性给药，给药量控制在0.5~1.0ml/100g体重的范围之内。试验设置5~7个剂量组（级差不超过2），每组包含10只日龄约30天的试验用鸟（雌雄各半），并设空白对照组（使用溶剂助溶的试验还需增设溶剂对照组）。鸟在25℃±2℃的温度条件下饲养，试验历时7天。试验过程中连续观察试验用鸟的死亡情况与中毒症状，记录死亡数，求出LD_{50}值（单位：a.i.mg/kg体重）及95%置信限。按照上述方法开展试验，$LD_{50} \leq 10$ a.i.mg/kg体重的农药属于剧毒，10 a.i.mg/kg体重< $LD_{50} \leq 50$ a.i.mg/kg体重的属于高毒，50 a.i.mg/kg体重< $LD_{50} \leq 500$ a.i.mg/kg体重的属于中等毒性，$LD_{50} > 500$ a.i.mg/kg体重的属于低毒。试验设置的上限剂量为1000 a.i.mg/kg体重，若受试物在达到1000 a.i.mg/kg体重的剂量时仍未导致试验用鸟死亡，则无须继续试验，同时可以判定受试物对鸟类低毒。

急性饲喂毒性试验　将农药定量拌入饲料，对试验用鸟进行饲喂。试验周期为8天。前5天喂含药饲料，后3天喂不含农药的正常饲料。试验设置5~7个浓度组（级差不超过2），每个浓度组包含10只鸟（雌雄各半），并设对照组，对照组始终喂以不含农药的正常饲料。试验在25℃±2℃下进行，定期观察试验用鸟的中毒症状和死亡情况，记录鸟的死亡数，计算LC_{50}值（单位：a.i.mg/kg饲料）及95%置信限。按照上述方法开展试验，$LC_{50} \leq 50$ a.i.mg/kg饲料的农药属于剧毒，50 a.i.mg/kg饲料< $LC_{50} \leq 500$ a.i.mg/kg饲料的属于高毒，a.i.mg/kg饲料500 < $LC_{50} \leq 1000$ a.i.mg/kg的属于中等毒性，$LC_{50} > 1000$ a.i.mg/kg饲料的属于低毒。

试验设置上限浓度 2000 a. i.mg/kg 饲料，若受试物在达到 2000 a. i.mg/kg 饲料的浓度时仍未导致试验用鸟死亡，则无需进一步试验，同时可以判定受试物对鸟类低毒。

除了急性毒性，农药还有可能对鸟类造成各种慢性毒害。例如影响鸟类繁殖能力、活动能力及它们对于刺激的反应能力等。农药还有可能使鸟类产蛋量下降、蛋壳变薄、体重减轻、求偶和筑巢失败。这些变化最终会影响鸟类在自然界的生存和繁衍。基于这方面的考虑，经济合作与发展组织（OECD）和美国 EPA 先后于 1984 年和 1996 年发布了涉及鸟类繁殖毒性的试验准则。按照经济合作与发展组织（OECD）化学品试验准则 206，整个试验持续的时间不应少于 20 周。在这 20 周的时间里，鸟类亲体通过饲料暴露于至少 3 个浓度的受试物。每一浓度至少包含 12 对（或 8 组，每组 1 雄 2 雌）亲体。通过对光周期的调控制诱导亲体产蛋，连续 10 周收集产下的蛋，置于人工孵化器中孵化。孵出的子代在非暴露环境下饲养至少 14 天。需要观察和记录的主要指标：亲体产蛋数和死亡数、蛋的破损数、蛋壳厚度、蛋的存活数、蛋的孵化数以及所孵出的子代的生长情况等。按照欧盟的标准，通过上述试验而获得的 LC_x 或 NOEC，其数值如果高于环境暴露浓度的 5 倍，受试农药被认为低风险，反之则相反。

参考文献

谭丽超，程燕，田丰，等，2013. 国外农药鸟类风险评价技术研究综述[J]. 污染防治技术，26(6): 39-44, 47.

（撰稿：李少南；审稿：蔡磊明）

农药农产品污染 pesticide pollution in agricultural products

农药是重要的农业生产资料，对防病治虫、促进粮食和农业稳产高产至关重要。但由于农药使用量较大，加之施药方法不够科学，带来生产成本增加、农产品残留超标、作物药害、环境污染等问题。当前病虫防治最主要的手段还是化学防治，但因防治不科学、使用不合理，容易造成部分产品农药残留超标，影响农产品质量安全。中国农药平均利用率低，大部分农药通过径流、渗漏、飘移等流失，污染土壤、水环境，影响农田生态环境安全。

农药对植物性农产品的污染途径可分为直接污染与间接污染两类：①直接污染。作物的食用部位往往是农药的直接受体，施药时农药沉降于作物的受药部位，除风吹雨淋流失外，附着和渗入内部的农药致使农产品有农药残留。②间接污染。作物的食用部位并非是农药的直接受体，由作物根系从土壤中吸收或渗入茎、叶的农药随植物体液在作物体内传导而在农产品内形成农药残留。农产品的农药污染及其污染程度受多种因素影响，主要有农药的理化特性（如农药的溶解性、降解性、附着性、渗透性和内吸性等）、农药的施用技术（如剂型、用药量、施药方式等）、作物的生物学特性（如作物受药部位的比表面积、粗糙度和蜡质层厚度等）以及作物对农药的富集性等。由于不同农作物施用农药的差异，农产品中农药污染的残留量往往不同。

动物性农产品上的农药污染可能来自两个途径：一是动物皮毛卫生用药直接使用动物口服或注射用药；二是通过食用含农药残留的饲料而引入。一些动物产品中的农药污染可能是通过食物链与生物富集，农药残留被一些生物摄入或通过其他方式吸入后累积在体内，造成农药的高浓度储存，再通过食物链转移至另一生物体内。

农药农产品污染的主要原因是不能科学地使用农药，以及对农药使用缺乏有效的管理而造成的。农药对农产品污染不可避免，但可以把污染控制在人体健康/环境与有益生物安全可接受的程度。为推进农业发展方式转变，有效控制农药使用量，保障农业生产安全、农产品质量安全和生态环境安全，促进农业可持续发展，中国制定了《到 2020 年农药使用量零增长行动方案》。

为控制农药残留对人体健康、环境及其他有益生物的风险，各国基于农药的科学使用和残留风险科学评估，制定农产品和食品中的最大残留限量标准（maximal residue levels，MRLs）。针对已经禁用或停用的农药产品，由于其在环境中还存在一定残留也可能污染农产品，《国际食品法典》和一些国家也通过监测数据建立再残留限量（EMRLs）。最大残留限量是农畜产品中农兽药残留的法定最大允许量。农药残留限量标准的建立可控制过量的、不必要的化学品使用，促进农产品生产者遵守良好农业规范和标签使用方法，并确保食品安全及生态环境安全、促进农产品和食品贸易。

参考文献

曹坳程，2002. 我国农产品的农药污染问题及对策[C]//加入 WTO 和中国科技与可持续发展——挑战与机遇、责任和对策（上册）. 中国科协2002年学术年会.

樊德方，1980. 农药对农产品的污染与防治[J]. 植物保护，6(1): 22-25.

吕磊，2017. 农药对农产品的污染及防控措施[J]. 现代农业科技 (14): 120-122.

单正军，陈祖义，2008. 农产品农药污染途径分析[J]. 农药科学与管理，29(3): 40-49.

（撰稿：潘灿平；审稿：单正军）

农药飘移 pesticide drift

在喷雾作业过程中农药因气流作用被带出靶标区的物理运动。沉积在作物或地面上然后逸散的农药，不算做喷雾飘移。飘移物的形态可能是雾滴、干的颗粒或蒸汽。

分类 农药飘移有两种方式：随风飘移或粒子飘移和蒸发飘移。蒸发飘移是药液雾滴的活性物质从植物、土壤或其他表面蒸发变成烟雾颗粒，悬浮在大气中做无规则扩散或顺风运动，有时甚至会笼罩大片区域，直至因降雨而淋落并最终沉积到地面。在喷雾过程中和喷雾完成后都会发生蒸发飘移，主要受环境因素如温度和农药的挥发性影响。随风飘移是指农药雾滴飞离目标的物理运动过程，主要与环境因素如自然风速、农药使用方法和使用的施药机具及其技术参数有关。随风飘移的农药雾滴可能仅仅飘移到离喷雾设备十余米的非预定目标，但是小的农药雾滴在沉降到非预定目标之前可能要飞行更远的距离。农药的飘移，不仅影响防治效果、降低农药的利用率，还会严重影响非靶标区敏感作物的生长，污染生态环境，甚至引发人、畜中毒。

影响因素　影响飘移的因素很多，但无论哪一类飘移，雾滴的原始尺寸都是引起飘移的最主要因素。雾滴越小，顺风飘移就越远，飘移的危险性越大。小雾滴由于质量轻，在空气阻力下，下降速度不断降低，常常没有足够的向下动量到达靶标，更易受环境温度和相对湿度的影响。雾滴蒸发后粒径更小，可随风飘移很远。试验发现，由于蒸发，100μm的雾滴在25℃、相对湿度30％的状况下，移动75cm后，直径会减小一半。显然，同样的气候条件，小于100μm的雾滴未到达靶标前，就已挥发变成烟雾悬浮在大气中，最终降落在非靶标区。大于200μm的雾滴相对表面积较大，不易挥发，下降速度快，抗飘移性要好于小雾滴。风速、风向及施药地点周围的气流稳定性是引起飘移的第二因素。风速越大，小雾滴脱靶飘移就越远。即使是大雾滴在顺风的情况下，也会飘移至靶区外。温度和湿度影响蒸发飘移的雾滴数量。尽管在任何气候条件下都会有蒸发飘移，但高温干燥的天气会大大增加雾滴的蒸发飘移。有时低风速特别是垂直风引起的逆温，会使得小雾滴悬浮在大气层中并飘行到很远的区域，造成更大的药害。

飘移现象的产生是多种因子的综合结果。飘移距离（D）取决于喷头离地面的高度（H）、风速（u）和雾滴的降落速度（v），其关系式为：

$$D = \frac{H \cdot u}{v}$$

飘移距离与喷头高度和风速成正比。高度增加1倍，飘移距离也相应增加1倍；若在高度增加1倍的同时，风速也增大1倍，则飘移距离可能增加4倍之多（表1和图1）。

飘移距离与雾滴（或粉粒）的直径成反比。由表2和图2，可见粗细雾滴的顺风飘落距离差异很大。粗雾滴或粗粉粒沉降较快，飘移距离就短。而1μm以下的超细雾滴或粉粒在空气中成为气溶胶状态而很难沉降下来，飘移距离很远。

减少农药飘移的途径　控制农药雾滴大小，减少易飘失小雾滴的产生；在药液中添加水分蒸发抑制剂，减弱雾滴沉降过程中因水分蒸发而直径变小的程度；选择风速、相对湿度和温度适宜的天气施药；根据需要控制喷头的高度。

表1 雾滴在不同风速下的飘移距离（m）

雾滴直径（μm）	风速（m/s）		
	1	2	3
50	14.3	42.9	71.5
70	7.2	21.5	36.0
100	3.8	12.5	19.0
200	1.4	4.2	6.0
500	0.48	1.48	2.4

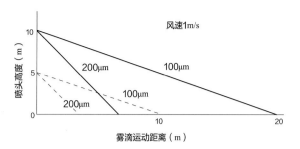
图1 风速、雾滴细度及喷头高度同雾滴飘移距离的关系

表2 不同大小雾滴的飘移距离

雾滴直径（μm）	末速度（cm/s）	飘移距离（m）
1000	400	0.8
500	220	1.4
200	70	4.2
100	26	11.5
50	7	43.0

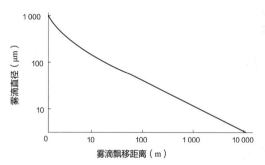
图2 雾滴飘移距离同雾滴直径的相关性

注意事项　对农药飘移进行田间测量必须符合由中华人民共和国国家质量监督检验检疫总局与中国国家标准化管理委员会共同发布的《GB/T 24681—2009/ISO 22866：2005 植物保护机械喷雾飘移的田间测量方法》。

参考文献

何雄奎，2013. 药械与施药技术[M]. 北京：中国农业大学出版社.

GB/T24681—2009 植物保护机械喷雾飘移的田间测量方法.

SMITH D B, BODE L E, GERARD P D, 2000. Predicting ground boom spray drift. [J]. Transactions of the asae, 43(3): 547-553.

（撰稿：何雄奎；审稿：李红军）

农药期刊　periodials of pesticides

一种具有固定名称、按一定周期出版的连续出版物。又名杂志。一般具有以下特点：①有固定的名称和统一的出版形式。②定期或不定期连续出版，每年至少出版一期。③每期有连续的卷、期或年月顺序编号。④有较固定的常设编辑机构。⑤刊登内容新颖，可及时反映最新科研成果。⑥有基本的角色定位和读者定位，涉及学科面广，内容丰富，每期都登载多位作者的多篇文章。根据科技情报主要来源的内容性质来分，期刊属于一次文献，即第一手资料，其最大的特点是内容新，及时反映了各国的科技发展水平。因此，它对科技人员及时掌握国内外科学技术的进展、水平和动向，吸取他人的长处，避免科研工作中的重复劳动和少走弯路，具有十分重要的意义。

农药期刊是指刊载农药研究报告、信息的刊物。最早的农药期刊当属 1894 年创刊的《农场化学品》（美国），但直至 20 世纪 40 年代以后，随着有机合成农药的出现，农药专业性刊物才陆续创刊，如《杀菌剂与杀线虫剂试验》（1945，美国）、《农药》（1946，日本）、《农药研究》（1954，日本）、《农药时代》（1954，日本）。中国于 1958 年创刊的《农药》，是最早的中文农药专业性期刊，随后，印度《农药》（1967）和《日本农药信息》（1969）先后问世；1970 年以后，随着农药的广泛应用和发展，专业性的农药期刊逐渐增多，如《农药科学》（1970，英国）、《农药生物化学与生理学》（1971，美国）、《日本农药学会志》（1973），中国创刊的《世界农药》（1979，中国）、《农药科学与管理》（1980，中国）。农药综述性刊物《农药展望》（1989，英国）和《农药学学报》（1999，中国）分别于 1989 年和 1999 年创刊。同时，农药学是一门交叉性学科，农药的研究内容涉及化学、化工、昆虫、植物病理、杂草、农业、医学等多种生物学科及环境学科等，因此，除了农药学专业期刊外，农药研究的论文、论述、信息也刊载于与上述学科有关的刊物上，如化学方面的期刊《化学文摘》（1907，美国）、《有机化学》（1936，美国）、《药物化学杂志》（1963，美国）和《杂环化学》（1964，美国）等，生物学方面的期刊如《生物学文摘》（1926，美国）、《昆虫学报》（1950，中国）、《植物病理学报》（1952，英国）、《杂草研究》（1961，英国）和《植物保护学报》（1962，中国）等，农业与环境方面的期刊如《农业与食品化学》（1953，美国）、《环境污染与毒理学评论》（1962，美国）等。

（撰稿：杨新玲；审稿：陈万义）

农药迁移作用 pesticide migration

农药以分子形态或吸附在固定微粒表面，随水、气的扩散流动，从一处向另一处转移的现象，主要有两种方式：气相移动与水相移动。由于农药在气相中的扩散性比在水相中的扩散性强，气相移动是农药移动的主要方式。

农药迁移作用的强弱主要取决于农药本身的理化性质和环境因素的影响。主要的理化性质参数分别是溶解度、蒸气压和分子结构特性。溶解度和分子结构特性主要决定了农药的水相移动性。例如，水溶性大的农药品种，不易被土壤吸附，易于随水在环境中移动。但是，同时受分子结构类型的影响，例如，上述特性一般只适合于分子型农药和带有负电荷的离子型农药，而带正电荷的离子型农药，会被带有负电荷的土壤胶体紧紧吸住。所以，带正电荷的离子型农药，虽然水溶性很强，但因在土壤中的吸附作用很强，导致其移

动性很弱。蒸气压则主要影响农药的气相移动性，蒸气压高的农药品种容易从土壤、水体和植物表面通过挥发作用逸入到大气中，随气流在大气中扩散移动。影响农药移动速率的主要环境因素包括土壤有机质含量、土壤温度、土壤水分以及地表风速等。此外，农药的不同施用方法对农药的移动也会产生一定的影响。如农药用飞机喷洒，其飘移的影响范围就比人工喷施大得多。

尽管农药具有特定的防治目的和特定的施用区域，但由于农药在环境中的迁移作用，可导致其对周围环境的影响。因此，研究农药的迁移作用对于农药污染防控具有重要意义。

参考文献

徐汉虹, 2018. 植物化学保护学[M]. 北京: 中国农业出版社.

BROWN C D, CARTER A D, HOLLIS J M, 1995. Soils and pesticide mobility [M]//Roberts T R, Kearney P C (Eds.), Environmental behaviour of agrochemicals. London: Wiley-Blackwell: 131-184.

GAVRILESCU M, 2005. Fate of pesticides in the environment and its bioremediation[J]. Engineering in life sciences, 5(6): 497-526.

RIPPY, M A, DELETIC A, BLACK J, et al, 2017. Pesticide occurrence and spatio-temporal variability in urban run-off across Australia[J]. Water research, 115: 245-255.

（撰稿：王蒙岑；审稿：单正军）

农药蚯蚓毒性 toxicity of pesticide on earthworms

蚯蚓作为一类分布广泛的土壤动物，占据陆生无脊椎生物生物量的绝大部分（80%），其能够通过分解土壤中的有机腐殖物，提高土壤的孔隙度、排水能力和通气性能，改善土壤环境。在生态食物链中，蚯蚓处于陆地生态食物链金字塔的底部，可以富集大部分杀虫剂和重金属，在食物链中起着污染物传递的桥梁作用，同时对某些污染物比许多其他土壤动物更为敏感，可提供一个保护整个土壤动物区系的安全阈值，因此被作为土壤环境污染状况的指示生物。随着化学农药在农业生产中的大量使用和城市及工业固体废弃物的大量排放，土壤污染日益严重，因此有关土壤污染生态毒理研究得到了国际性的广泛重视和发展。蚯蚓作为土壤动物区系的代表类群，开展土壤中农药等化学污染物对其毒性的研究具有重要意义。

农药对蚯蚓毒理学研究主要包括急性毒性试验、慢性毒性试验以及农业生态系统中所进行的田间毒性试验。前者是对蚯蚓毒性进行的室内毒力测定方法，能对其生态毒性进行初步的评估，为深入研究农药的慢性毒性和复合毒性提供基本依据。

现行实验室急性毒性试验方法普遍采用的是经济合作与发展组织（OECD）1984 年颁布的蚯蚓急性毒性试验准则，推荐试验生物为赤子爱胜蚓（*Eisenia foetida*）。因其世代时间短，繁殖力强，且易于在实验室培养，是应用于陆生生态毒理学研究中最为普遍的标准受试种。蚯蚓急性毒性试验主要包括滤纸接触毒性试验和人工土壤试验。滤纸接触试验简单易行，且试验结果具有可重复性，但测出的

是蚯蚓的经皮毒性，不能反映其在真实土壤环境中的毒性效应，因此作为初筛试验，鉴别土壤中化学品对蚯蚓的潜在影响。人工土壤试验所得的毒性数据更能代表蚯蚓在化学物质自然暴露下的情况。在中国农药登记与环境安全性评价中，一般采用人工土壤法作为农药对蚯蚓的急性毒性试验方法，其 14 天 LC_{50} 是最常用来评价农药对蚯蚓急性毒性的指标。

实验室慢性试验的研究主要包括农药对蚯蚓繁殖、行为、呼吸、体内重要生化指标等方面的影响。经济合作与发展组织（OECD）在 2004 年颁布了蚯蚓繁殖试验准则用于评价化学品对赤子爱胜蚓或安德爱胜蚓（Eisenia andrei）亚致死参数（如成蚓产茧率、幼蚓孵化率和蚓茧成活率）和体重变化的影响。试验原理是将成年蚯蚓暴露于与土壤混合或均匀分布在土壤表面的一系列浓度的供试物质。4 周后将成蚓从染毒的土壤中移出，在第二个 4 周后测定农药的繁殖效应。

农药蚯蚓种群毒性是在农业生态系统中进行田间试验，当蚯蚓生存的土壤环境受到农药污染后，生态系统的结构和功能遭到破坏，食物来源、栖息环境等不适合其生存，蚯蚓的种类和数量也会随之改变，甚至出现某些敏感种群消亡的现象。通过分析蚯蚓体内一些重要生化指标，了解蚯蚓的中毒状态。通过对污染土壤中蚯蚓种类和数量进行调查分析来了解蚯蚓种群的变化情况，从而确定土壤污染的状况。ISO 制订了蚯蚓种群野外调查的试验方法。由于田间试验条件的高度复杂性，试验方法和评价标准还不完善。目前应用较多的是实验室毒理试验法。

参考文献

蔡道基, 张壬午, 李治祥, 等, 1986. 农药对蚯蚓的毒性与危害性评估[J]. 农村生态环境, 2(2): 14-18.

江锦林, 2014. 农药对蚯蚓的生长和繁殖毒性及其在生态风险评价中的应用[J]. 农药科学与管理, 35(9): 23-32.

孔志明, 藏宇, 崔玉霞, 等, 1999. 两种新型杀虫剂在不同暴露系统对蚯蚓的急性毒性[J]. 生态学杂志, 18(6): 20-23.

南京环境科学研究所, 1990. 化学农药环境安全评价试验准则[J]. 农药科学与管理 (2): 1-28.

农业部农药检定所, 2013. 经济合作与发展组织化学品测试准则[M]. 北京: 中国农业出版社: 193, 348.

邱江平, 2000. 蚯蚓与环境保护[J]. 贵州科学, 18(1): 116-133.

左海根, 林玉锁, 龚瑞忠, 2004. 农药污染对蚯蚓毒性毒理研究进展[J]. 农村生态环境, 20(4): 1-5.

VAN GESTEL C A M, VAN DIS W A, 1988. The influence of soil characteristics on the toxicity of four chemicals to the earthworm Eisenia fetida andrei (Oligochaeta)[J]. Biology and fertility of soils, 6(3): 262-265.

VAN GESTEL C A M, VAN DIS W A, VAN BREEMEN E M, et al, 1989. Development of a standardized reproduction toxicity test with the earthworm species Eisenia fetida andrei using copper, pentachlorophenol, and 2,4-dichloroaniline[J]. Ecotoxicology and environmental safety, 18(3): 305-312.

（撰稿：余向阳；审稿：李少南）

农药热稳定性　thermal storage stability of pesticide

农药通过加温储存一段时间后，对比产品有效成分含量以及相关物理性质的变化情况，以此来推测常温储存条件下的稳定性。又名农药热储稳定性。

作为商品，农药从出产到使用必然有一定的货架期。按照产品标签介绍的方法储存，要求未启封的原包装产品从出厂之日起，常温储存保质期至少为 2 年。为确保高温储存和常温下长期储存时对产品的性能无负面影响，需要设立此项指标。根据中华人民共和国国家质量监督检验检疫总局发布的农药热储稳定性测定方法（GB/T 19136—2003），采用的加热温度为 54℃ ±2℃，储存 14 天，样品冷至室温后在 24 小时内完成有效成分含量等规定项目的检验。其中液体制剂放置在安瓿瓶中试验，而粉体制剂需加压放置（样品承受 2.45kPa 的平均压力）。热储后，液体或粉体制剂中平均有效成分含量不得低于储前含量的 95%，个别特殊产品不得低于储前的 90%。

参照联合国粮食及农业组织（FAO）和世界卫生组织（WHO）对农药标准制订使用手册、国际农药分析协作委员会（CIPAC）的农药加速储存试验方法，热储温度也为 54℃ ±2℃，储存 14 天，并规定，热储后，产品平均有效成分含量不得低于储存含量的 95%，相关的物理性质（如相关杂质的量、颗粒性、分散性等产品规定项目）不得超出可能对使用和（或）安全有负面影响的范围。当制剂既不适宜也不打算在炎热气候使用，以及高温对制剂有负面影响时，可以变更试验条件。替代的条件是：45℃ ±2℃，储存 6 周；40℃ ±2℃，储存 8 周；35℃ ±2℃，储存 12 周；30℃ ±2℃，储存 18 周，可以用于产品登记初期的稳定性描述。如果有效成分分解率超过 5% 或物理性质改变，必须提供进一步的信息。比如降解产物必须被鉴别和定量。当热储必须使用低于 54℃ 的条件时，FAO 和 WHO 农药标准联席会议将考虑增加一个关于制剂在炎热气候使用适用性的警告条款。

参考文献

阎莎莎, 2012. 联合国粮农组织和世界卫生组织对农药标准制订使用手册[M]. 2版. 北京: 中国农业出版社.

（撰稿：赵金浩；审稿：单正军）

农药溶解度　solubility of pesticide

在特定温度和压力下，农药以分子或离子形式均匀分散在水或其他溶剂中形成平衡均相溶液体系时，该体系所能够包含的该农药的最大量。农药溶解度定量表示了某种农药在水或有机溶剂中的溶解性，单位一般为 mg/L 或 g/L，例如在 20℃ 和一个标准大气压下，克百威在水中的溶解度为 322mg/L。影响农药溶解度大小的主要因素：农药和溶剂的理化特性；温度、气压、溶液 pH 等条件；同一体系中其他成分的含量。

农药的水溶性与其吸附、迁移和生物富集等环境行为密切相关，是决定其在环境中的分布以及估测其在水、气、土等环境介质中的迁移能力、生物体中吸收和富集的重要参数。水溶性大的农药，易随农田地表径流和淋溶作用进入河流水系和土壤深层，污染地表水和地下水。水溶性小的农药化合物，则不易在环境介质中迁移。

参考文献

马克比恩 C, 2015. 农药手册[M]. 胡笑形, 等译. 北京: 化学工业出版社.

（撰稿：郭逸蓉；审稿：单正军）

《农药商品信息手册》　*Brochure of Pesticide Commodity Information*

由中国化工学会农药专业委员会、全国农药信息总站组织编写的大型农药专业工具书，主编为康卓，2017 年 1 月由化学工业出版社出版发行。

手册以"权威、全面、新颖、实用"为宗旨，分为杀虫剂、杀菌剂、除草剂、植物生长调节剂和其他农药五大部分，全面系统收录了 1600 余个农药品种，详细介绍了每个农药品种的中、英文通用名称、其他名称、化学结构式（包括分子式、相对分子质量和 CAS 登记号）、理化性质、毒性、应用、合成方法、主要生产商等内容。书后附有农药品种的化学结构分类、农药剂型代码，以及中英文农药通用名称索引。

（撰稿：赵平；审稿：张敏恒）

农药生产　pesticide manufacture

由农药生产企业依法制造农药的工业过程，包括农药原药（母药）生产、制剂加工或者分装。根据《农药管理条例》和《农药生产许可管理办法》的规定，在中国境内从事农药生产的企业必须先取得农药生产许可证。农业和农村部负责监督指导全国农药生产许可管理，制订生产条件要求和审查细则。省级人民政府主管部门（农业和农村厅）负责受理申请、审查并核发农药生产许可证。农药生产应当符合国家产业政策，不得生产国家淘汰的产品，不得采用国家淘汰的工艺、装置、原材料从事农药生产，不得新增国家限制生产的产品或者国家限制的工艺、原材料从事农药生

产。农药生产工艺的开发通常分为 3 个阶段，依次为小试研究、中试放大和工业试验。

（撰稿：杜晓华；审稿：吴琼友）

农药生态效应　ecological effects of pesticide

人类的生产和生活中因使用农药而引起生态环境因子变化的影响。目前认为农药生态效应主要包括以下几个内容。

农药对土壤的影响　虽然土壤自身有一定的净化能力，但土壤对农药的环境容量有限，并且一些农药的降解周期较长，可长时间残留在土壤中，进而可能会对土壤造成长远的影响。农药污染会改变土壤的结构和功能，引起土壤 pH 值、土壤孔隙度等理化性状的改变。同时，某些农药的长期施用会导致土壤出现明显的酸化，土壤养分也会随污染程度的加重而减少。

农药对水体的影响　农药可以通过空气、径流、渗透等多种方式进入水体，从而污染水源、破坏水质。美国地质调查局的调查表明，100% 的河流及 90% 的井水均含有农药。英国政府的研究表明，在一些河流和地下水样本中，农药的浓度已经超过了饮用水的最大允许浓度。水是生命之源，水体污染势必会对环境中的所有生物造成影响。

农药对生态系统营养循环的影响　土壤中存在着大量与生态系统营养循环相关的生物，例如固氮微生物、蚯蚓等。释放到环境中的农药可干扰土壤生物正常的生理功能，甚至导致土壤生物的死亡。某些杀菌剂会干扰固氮菌的化学信号传导，影响固氮菌的固氮作用，造成作物减产，破坏氮元素在生物群落和无机环境之间的循环。

农药对生态系统物种数量和多样性的影响　农药会导致生态系统中物种数量和多样性的减少。生态系统中各生命体存在复杂的共生关系，由于农药导致的某一关键物种数量减少可能会对整个生态系统中其他物种的数量带来深远的影响。根据美国农业部和美国鱼类及野生动植物管理局的估算，农药的大量使用导致美国蜜蜂群落数量减少了约 1/5，造成每年至少 2 亿美元的损失。蜜蜂作为蜜源植物的传粉者，蜂群数量的下降可影响植物的结果，进而导致依赖蜜源植物果实为食的动物数量下降。杀虫剂的使用可引起昆虫的数量骤降，但也会造成以昆虫为食的鸟类，例如鹧鸪、松鸡和野鸡的数量下降，减少物种多样性。有机氯农药的使用是世界上许多地区鸟类死亡甚至灭绝的重要原因。

农药对人类的影响　人类可以通过呼吸道、消化道、皮肤等多种途径摄入农药。由于人类处于食物链的顶端，农药极容易通过食物链在人体体内富集。农药可以对人类造成多种毒性，包括皮肤刺激、呼吸障碍、神经毒性、出生缺陷、内分泌紊乱、肿瘤，甚至昏迷或死亡。

农药生态效应可以发生在食物链中的各级生物中，它的影响可以是局部或全球性、短期或长期、暂时或永久的。由于农药生态效应研究中的物种、地缘及时间跨度较大，目前的研究仍比较局限。未来需要大量的基础研究，覆盖更多

的物种、更多的区域以及更长的研究周期，从而为丰富农药生态效应的相关理论提供数据支撑。

参考文献

赖波，董巨河，王飞，等，2013. 农药污染对土壤质量的影响及防治措施[J]. 新疆农业科技(3): 17-18.

BINGHAM S, 2007. Pesticides in rivers and groundwater[R]. Environment Agency, UK.

GILLIOM R J, BARBASH J E, CRAWFORD C G, et al, 2007. The quality of our nation's waters: pesticides in the nation's streams and ground water, 1992-2001[R]. US Geological Survey.

HAYES T B, FALSO P, GALLIPEAU S, et al, 2010. The cause of global amphibians decline: a developmental endocrinologist perspective[J]. Journal of experimental biology, 213(6): 921.

KEGLEY S, NEUMEISTER L, MARTIN T, 1999. Disrupting the balance, ecological impacts of pesticides in California[R]. California, USA.

MILLER G T, 2004. Sustaining the Earth. [M]. 6th ed. California, USA: Thompson Learning, Inc. Pacific Grove.

ZACHARIA J T, 2011. Ecological Effects of Pesticides[M]// Stoytcheva M. Pesticides in the modern world- risks and benefits. London, UK: IntechOpen Limited.

（撰稿：周志强；审稿：蔡磊明）

剂、植物生长调节剂等各类主要农药田间药效试验的设计与原则。

该教材由南京农业大学、华南农业大学、中国农业大学、沈阳农业大学、甘肃农业大学、山西农业大学、西南大学、西北农林科技大学和农业部全国农业技术推广中心的教师、专家共同编写。全教材共分8章：第一章，农药生物测定的发展简史和主要研究内容；第二章，农药生物测定的基本原理与室内生物测定试验设计的基本原则；第三章，杀虫剂室内生物测定方法；第四章，杀菌剂和抗病毒剂生物测定；第五章，除草剂室内生物测定；第六章，植物生长调节剂及其他化学农药室内生物测定；第七章，生物源农药和转基因抗虫棉室内生物测定；第八章，农药田间药效试验。

该教材内容丰富、翔实，涵盖面宽，不仅对农药室内毒力测定和田间药效试验有指导意义，而且在新农药的研发创制过程中也有应用价值。可作为植物保护、农药及相关专业本科生、研究生选修课或必修课的教材，也可供农药研发创制、工艺生产、推广应用等部门的科技人员和农林院校师生参考。

（撰稿：邱立红；审稿：杨新玲）

《农药生物测定》 *Bioassay of Pesticide*

普通高等教育农业部"十二五"规划教材及中国农业出版社组织编写的全国高等农林院校"十二五"规划教材。由南京农业大学沈晋良主编，中国农业出版社于2013年8月出版发行。

主编沈晋良是南京农业大学研究农药科学的知名专家，长期从事杀虫剂毒理和害虫抗药性的教学、研究工作，曾任农业部病虫害抗药性监测培训中心副主任。先后主持国家"八五""九五"攻关课题以及多项国家自然科学基金项目。

农药生物测定技术贯穿于现代农药新品种从发现生物活性、结构优化到实现产业化及市场应用整个研发的全过程。该教材广泛参考了国内外有关农药生物测定的基本概念、原理、统计学理论、试验设计原则、标准化测定技术等方面的文献资料，全面论述了杀虫剂，杀菌剂，除草剂，植物生长调节剂，杀螨剂，杀线虫剂，杀鼠剂，杀软体动物剂，植物源农药，微生物农药及抗病、虫、除草剂转基因作物等的室内生物测定技术，概述了杀虫剂、杀菌剂、除草

《农药生物化学与生理学》 *Pesticide Biochemistry & Physiology*

农药作用机理及毒理学研究的专业期刊，是农药毒理学研究领域学术水平较高的期刊。1971年创刊，英文，现为月刊，美国科学出版社出版（Academic Press，现在是Elsevier Science的子公司），现任主编为J. M. Clark。该刊发表有关植物保护药剂如杀虫剂、杀菌剂、除草剂及类似物（包括非杀生性的害虫控制剂、生物合成信息素、激素和植物诱抗剂）的作用机制的原创性文章，内容也涉及对靶标和非靶标生物的比较或选择毒性的生物化学、生理学或分子生物学研究，尤其是有害生物防治、毒理学及抗药性的分子生物学研究。

该期刊被CAS、SCOPUS、EMbiology及Web of Science等数据库收录。

网址：http://www.sciencedirect.com/science/journal/00483575?sdc=1。

（撰稿：杨新玲；审稿：王道全）

农药生物活性测定　bioassay of pesticide

生物测定（bioassay）通常是指具有生理活性的物质对某种生物产生效应的一项测定技术。一般以生物（动物、植物、微生物等）的整体或离体的组织、细胞对某些化合物的反应（如死亡率、抑制率等），作为评价这些化合物生物活性的量度。运用特定的试验设计，以生物统计为工具，测定供试对象在一定条件下的效应，即为生物测定。广义上的生物测定是指度量来自物理、化学、生理或心理的刺激对生物整体（living organism）或活体组织（tissue）产生效力的大小。是研究作用物、靶标生物和反应强度三者关系的一项专门技术。

农药生物活性测定即农药生物测定，是指运用特定的试验设计，利用生物整体或离体的组织、细胞对农药（或某些化合物）的反应并以生物统计为工具，分析供试对象在一定条件下的效应，来度量某种农药的生物活性。典型的农药生物活性测定是用不同剂量或浓度的农药（如杀虫剂、杀螨剂、杀菌剂、除草剂、杀鼠剂、植物生长调节剂等）处理测试对象（包括昆虫、蜱螨、病原菌、线虫、杂草、动植物组织及细胞等），测试供试对象所产生反应的大小或强度（如死亡、中毒、抑制生长发育、阻止取食或繁殖等），来评价农药的相对效力。

参考文献

陈年春, 1991. 农药生物测定技术[M]. 北京: 北京农业大学出版社.

（撰稿：陈杰；审稿：许勇华）

农药生物活性测定的基本原则　general principles of pesticide bioassay

农药生物活性测定是研究农药与生物的相关性，对农药及生物的要求均比较严格。如农药样品应该是纯品，至少要有确切的有效成分含量。而供试生物应该是纯种，个体差异小、生理标准较为均一。同时还必须以确定的环境条件为前提。农药生物活性测定应掌握以下一般原则。

相对控制的实验条件　外界环境条件（如温度、湿度、光照等）的变化，对农药的理化性状和生物靶标的生理状态都有直接或间接的影响。而农药理化性能的变化，能影响其对生物靶标的毒效。生物靶标生理状态（如发育阶段、龄期、性别等）的不同对农药有不同的耐药力。因此在农药生物活性测定中，应该采用标准的生物靶标和相对控制的环境条件，尽可能将条件差异、人为因素及各种环境因素的影响所造成的误差消除或减少，以提高试验的精确度。

必须设立对照　在试验期间，生物靶标往往有自然死亡情况，因此药剂处理组的死亡也包括自然死亡，显然这不完全是药剂的作用效果，故应设立对照加以校正，以消除自然因素所造成的死亡对药剂效果的干扰。对照一般有3种：一种是不作任何处理的空白对照；二是标准药剂作对照，标准药剂是选择与试验药剂同类的防治某种病虫害最有效的药剂；三是与药剂处理所用的溶剂或乳化剂等助剂完全一样，只是不含药剂的溶剂和助剂对照。

各种处理必须设重复　在一个生物种群中，个体之间对药剂的耐药力不同，反应有显著的差异，取样的代表性很重要。因此每个处理要求一定的数量，即重复次数越多，试验结果就越可靠。增加重复是减少误差的一种方法，重复次数应根据试验目的与要求以及不同的生物材料而定，一般为3~5次。

运用生物统计分析试验结果　生物统计是生物测定的基本技术，是判断和评价试验结果的重要工具。是在生物学指导下以概率论为基础，描述偶然现象隐藏着必然规律的科学分析方法，它可以从错综复杂的试验数据中揭露农药与生物之间的内在联系。各种处理之间的差异显著程度，不能凭主观去认定，必须通过客观评定，用数理方法，精密而合理地计算出来。

参考文献

陈年春, 1991. 农药生物测定技术[M]. 北京: 北京农业大学出版社.

（撰稿：陈杰；审稿：许勇华）

农药生物活性测定的内容　content of pesticide bioassay

农药生物活性测定与农药的使用和开发同时产生，经过长期不懈创新、完善和发展，已被广泛应用于农药的筛选以及作用特性和应用技术评价等研究之中。综合农药生物活性测定在农药研究和植物化学保护应用中的作用，农药生物活性测定的内容主要包括：①测定农药对昆虫、螨类、病原菌、线虫、杂草以及鼠类等靶标生物的毒力或药效。②研究农药对植物的生理作用。③通过对新的大量化合物或农药的生物活性、安全性筛选和评价，创制新农药品种。④研究化合物的化学结构与生物活性关系的规律，即农药构效关系，为定向创制新农药提供依据。⑤研究农药的理化性质及加工剂型与毒效关系，提高农药的使用效果。⑥研究有害生物的生理状态及外界环境条件与药效的关系，以便提高农药使用水平，做到适时用药。⑦测定不同农药复配的共毒系数及农药混用的效力，为农药的科学合理混用及寻找增效剂提供依据。⑧对有害生物抗药性进行监测，研究克服或延缓抗药性发展的有效措施。⑨研究农药的作用机理及生理效应。⑩利用敏感生物来测定农药的有效含量及残留量。⑪测定农药对温血动物及有益生物的毒性。

农药生物活性测定是一项很重要的实用和实践技术，其研究内容随着农药的发展不断得到加强和丰富。

参考文献

陈年春, 1991. 农药生物测定技术[M]. 北京: 北京农业大学出版社.

（撰稿：陈杰；审稿：许勇华）

农药使用技术 pesticide application technology

涉及农药剂型、农药行为、生物行为、施药机具、作物生态、气象因素等多方面和多学科的一门系统工程，而不是一个简单的选择农药和药量的药物学问题。目前，使用的农药有相当一部分对人畜或有益生物是有毒的，个别品种甚至剧毒，如使用不讲科学，就可能发生人畜中毒，农药残留，环境污染，殃及天敌、蜜蜂、鱼虾等有益生物，还可能出现药害和病、虫、草等有害生物产生抗药性等问题。在植物保护过程中，如果农药使用不当，会带来很多问题甚至带来灾难。但是，掌握了科学方法，正确地使用农药，这些问题就可以避免，并带来丰收。

农药的使用经历了一个漫长的历程。在人类的生产活动中，农药很早就被用作保护农作物与病虫害作斗争的工具。它的发展大体上经历了 3 个历史阶段：①天然药物时代（约 19 世纪 70 年代以前）。公元前 1200 年古代人用盐和灰除草，公元前 1000 年古希腊诗人荷马在其著作中曾提到用硫黄熏蒸可以防治病虫害。公元前 100 年罗马人使用藜芦防治虫、鼠害。中国古籍中有许多这方面的记载，如《周礼》中记载渭莽草、蜃炭灰、牡菊、嘉草等可用于杀虫。②无机合成农药时代（约自 19 世纪 70 年代至 20 世纪 40 年代中期）。最早出现的无机农药是农家现配现用的石硫合剂与波尔多液。石灰与硫黄在一起调制成农用药剂始于 19 世纪初期，到 1851 年法国人格里森（M. Grison）以等量石灰与硫黄加水共煮制取格里森水，此后石硫合剂基本定型。③有机合成农药时代（自 20 世纪 40 年代中期至今）。20 世纪 40 年代以来，杀虫剂、杀菌剂、除草剂、植物生长调节剂、杀鼠剂等各类农药中均出现了大量有机合成品种，它们具有类型多、药效高、对作物安全、应用范围宽等特点。无机农药因无法与之竞争，用量锐减，农药进入了有机合成时代。

科学使用农药原理 其基本内涵是从生态学观点出发，使用农药控制有害生物与农业、生物、物理等方法及自然控制协调，以最少的用药量最有效地控制有害生物，获得最大的经济效益、社会效益、生态效益和环境效益。它是通过在对农药特性、剂型特点、防治对象、保护对象和有益生物的生物学发生规律及环境条件的全面了解和科学分析的基础上，选定适当农药和剂型、确定合理使用方法、施药剂量并通过施药来实现的。它也是充分发挥农药的积极作用、克服其消极作用的重要技术环节。

农药使用方法选择 根据农药及剂型的特点，防治对象的生物学特性及危害规律以及环境条件，选择最有效的施药方法是科学使用农药必须考虑的问题。

以液体状态使用的农药剂型及方法 以液体状态使用的农药剂型种类有兑水使用的可湿性粉剂、可溶性粉剂、干悬浮剂、悬浮剂、水剂、糊剂、悬乳剂、浓乳剂、微乳剂、乳油等及可直接喷雾使用的超低量制剂、油剂、气雾剂等。使用方法以各种喷雾为主，亦有浸种、浇灌、涂抹、注射等。

以固体状态使用的农药剂型及方法 以固体状态使用的农药剂型种类有粉剂、颗粒剂、微粒剂、大粒剂、块粒剂、粉粒剂、烟剂等。使用方法有喷粉法、拌种法、撒粒法、熏烟法及毒饵法等。喷粉主要是利用风力把粉状药剂吹散使其均匀沉降分布在保护物体上。最大的优点是不用水，可直接喷撒，使用效率高；最大的缺点是飘移严重，损失大且污染环境。但在保护地喷撒细粉剂或悬浮粉剂，快速、安全，效果也好。拌种、拌粮施药防治地下害虫，土传或种传病害、贮粮害虫，经济、安全、有效。喷撒粒剂防治有害生物，也是快速、安全、有效的方法。熏烟法使农药成烟，弥漫空间，在保护地、仓库等密闭条件下防治有害生物效果好且防治彻底。毒饵法适用于胃毒性的药剂，防治地下害虫、卫生害虫和鼠类。

以气体状态使用的农药剂型及方法 以气体状态使用的农药通常是装在压缩容器内，在特殊条件下使药剂成气体放出，用熏蒸的方法防治有害生物。例如处理土壤，防治土传病虫害或地下害虫，处理仓库防治贮粮害虫，在密闭条件下处理苗木，防治难防的病虫或用于检疫处理。

作业工具 按照施药工具分为喷雾机、弥雾机、烟雾机、喷粉机、航空施药机等作业方式。

喷雾机 利用液泵使药液产生一定压力，通过喷头、喷枪形成雾滴喷洒出去，雾滴直径为 150～300μm。

弥雾机 利用高速气流将药液吹散出去，与空气撞击成雾，雾滴直径为 100～150μm。

航空施药机 分为有人机和植保无人机，均是通过液泵将药液泵出，通过离心雾化喷头或液力式喷头将雾滴喷洒到大田。对飞行高度要求较为严格，药液浓度较高，多采用超低容量喷雾或低容量喷雾，适合大面积病虫害防治。

烟雾机 利用高温使烟剂化为烟雾，悬浮于空中，弥散到农作物的各个部位，雾滴直径小于 50μm。

喷粉机 利用风机产生的高速气流喷撒粉剂。

搅拌机 将药剂与种子一起装入搅拌器内，摇转搅拌机具，使种子外面包上一层药膜，防治种子的传染病及地下害虫。

中国农药使用技术展望 化学防治法所产生的一些负面影响已经通过农药使用技术的长足发展而逐步得到了解决，这在发达国家已经得到了证实。在国际上，发达国家的农药使用技术已经进入"机械化＋电子化"时代，而中国农药使用技术水平在许多方面还较落后。

应将现用喷雾机具进行实质性的技术改造，把大容量喷雾技术改变为低容量高效喷雾技术；研究适合中国农业情况的多样化系列喷头；研究设计手动喷雾器的配用零部件；大力改进农药的剂型和包装材料；研究解决适用于手动喷雾器的水溶性小包装农药制剂以及带有内置计量器的液态农药包装瓶；积极研究开发农药与水分离式手动喷雾器与同时研究适用的剂型和包装容器。总之，应加强农药使用技术的研究开发工作，建立适合中国农业生产体系的高效农药使用技术体系，从"使用"上解决农药的负面影响，保证中国植保工作的健康发展。

参考文献

何雄奎，2012. 高效施药技术与机具[M]. 北京：中国农业大学出版社.

何雄奎，2013. 药械与施药技术[M]. 北京：中国农业大学出版社.

N

李萍花, 2016. 现代农药安全使用技术[M]. 杨凌: 西北农林科技大学出版社.

屠予钦, 1997. 世纪之交的农药使用技术发展新动向[J]. 植物保护, 23(3): 41-44.

袁会珠, 2004. 农药使用技术指南[M]. 北京: 化学工业出版社.

（撰稿: 何雄奎; 审稿: 李红军）

《农药手册》　*The Pesticide Manual*

由英国作物生产委员会（The British Crop Production Council, BCPC）出版的《农药手册》是很受欢迎、颇为实用的, 也是全世界公认的权威性农药工具书。主要登载国际上用于防治作物病虫害、卫生害虫、家畜外寄生虫杀虫剂、杀螨剂、杀线虫剂和杀菌剂, 以及除草剂、植物生长调节剂、驱避剂、除草剂安全剂、增效剂、杀鼠剂及兽药, 对现时已达到田间试验阶段的品种亦有介绍, 并附录了一些已被淘汰但有历史参考价值的品种名称及开发单位。该工具书内容具有连续性的特点, 1968 年出版第一版后, 即受到农药工作者的关注和欢迎, 每 2～3 年更新再版, 以增补最新上市农药品种, 并淘汰过时品种, 至今已出至第 19 版。前 5 版均由 Martin 主编, 第 6 版起由 C. R. Worthing 主编。1994 年出版的第 10 版与英国皇家化学会出版的农用化学品手册（*The Agrochemicals Handbook*）合并, 由英国作物生产委员会和英国皇家化学会主办, 并由 C. Tomlin 任主编。2012 年出版的第 16 版（主编 C. MacBean）, 详细介绍了包括信息素在内的 920 个农药品种, 文后附录中还对其他 710 个停用或淘汰的农药品种进行了简要介绍。该版中译本, 由胡笑形等翻译, 2015 年化学工业出版社出版。

第 17 版于 2015 年 10 月出版, 主编 J. A. Turner。与之前的各版不同, 第 17 版内容有较大调整和更新, 新增加了 45 个活性成分, 条目格式标准化, 主要变化如下:

①用于作物保护的宏体生物（macro-organism）和微生物（micro-organism）农药、天然源农药和信息素不再收入该手册, 而是由英国作物生产委员会（BCPC）单独以《生物防治剂手册》（*The Manual of Biocontrol Agents*）出版。

②全面更新了存在同分异构或几何异构的农药, 增加了异构体及异构体混合物和相应的定义。

③更新了物质的 IUPAC 名称、CAS 名称和 CAS 登记号, 结构式重新绘制, 增加了相关活性成分的商标名。

④全面修订了物理化学部分, 如溶解度细分为两部分: 水溶解度和有机溶剂溶解度, 物理性质单位统一标准化, 以方便物质各种属性的数值比较。

⑤规范化了一些哺乳动物的毒理学性质的单位和格式。

⑥深度评述了所有拟除虫菊酯类杀虫剂。

⑦更新了农药的监管状况及农药公司数据, 以反映农药工业领域的发展和变化。

第 18 版于 2018 年 10 月出版, 主编 J. A. Turner。第 18 版适逢《农药手册》出版 50 周年, 因此, 在内容和格式上有较大的修改和更新, 包括主编的农药 50 年评述, 新增了

32 个农药活性成分、农药的 EPA 代码和 EPA 登记状态、农药的作用靶标位点等。

最新版《农药手册》（第 19 版）于 2021 年 10 月出版, 主编仍为 J. A. Turner 博士。

第 19 版《农药手册》的内容进行了全面更新, 以反映农药科学的变化和发展。主要的修改和变化包括: ①新增 34 个农药活性成分, 使最新版活性成分达到 839 个, 并重新绘制了所有成分的结构式。②名称部分, 新增了活性成分的酯和盐的 IUPAC 名称、CAS 名称及 CAS 登记号。③"稳定性"部分, 分为水解稳定性、水中光解稳定性和热稳定性。④"分析"部分, 将分析方法分为产品（活性成分和剂型）分析和残留分析。⑤为清晰起见, 使用率采用通用单位, 并修订了使用范围。⑥AOEL（操作人员允许接触浓度值）包含 ADI（每日允许摄入量）和 RfD（急性和慢性参考剂量）。⑦增加了相应的 CIPAC 代码, EPA 农药代码, EPA 登记状态, 更新了产品的 EU 审批状态。⑧生态毒理部分采用统一格式。此外, 更新后的公司数据能够反映农药工业的变化, "作用靶标位点"更便于相似农药分组的选择和比较等。

《农药手册》（第 19 版）一共有 1400 多页, 收录的农药包括除草剂、杀菌剂、杀虫剂、杀螨剂、杀线虫剂、植物生长调节剂、除草剂安全剂、驱避剂、增效剂、杀鼠剂及兽药等。每个农药品种的数据信息包括: ①基本情况。化学结构, 作用靶标位点, 使用范围, 抗性代码, 化学分类。②名称。包括 IUPAC 名称, CAS 名称及登记号, EPA 农药代码, EC 编号及开发代码。③理化性质, 开发历史, 生产商, 专利, 作用机制及作用谱, 应用情况, 剂型类别。④新的监管部分, 包含生态毒理和法规管制, WHO 毒性, IARC

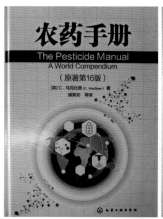

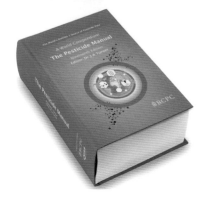

分类。⑤欧盟和美国监管现状。⑥生态毒理学数据。涵盖鸟、鱼、水生生物、蚯蚓和蜜蜂。⑦农药在动物、植物、土壤及环境中的归趋信息。

该书最后附 4 种索引：①美国化学文摘登记号索引。②分子式索引。③名称索引。④分类索引。目前已有电子版 Pesticide Manual Online（http://www.bcpc.org/product/ bcpc-online-pesticide-manual-latest-version），可以通过更多的检索入口，如名称、代码、应用领域、化学分类、作用靶标、美国化学文摘登记号、公司名称、理化性质、登记或批准状态、哺乳动物毒性、蜜蜂毒性等进行检索，与纸质版相比更加便捷、高效。

（撰稿：杨新玲；审稿：陈万义）

农药数据库　pesticides database

数据库是长期储存在计算机内、有组织的、可共享的数据集合。数据库由多个记录组成，根据其内容特点分为书目型数据库、词典型数据库、事实型数据库、全文数据库、多媒体数据库几种类型。具有数据共享、减少数据冗余度、数据独立性、数据可控性、数据一致性和可维护性等特点。随着信息技术和网络技术的发展，数据库的发展更加迅猛和普及，已成为各类信息资源中备受青睐的一类信息资源。在信息化社会，充分有效地管理和利用数据库信息资源，是进行科学研究和决策管理的前提条件。

农药数据库是将农药专业相关的各类数据信息有组织地储存在计算机内、形成可共享的数据集合。目前在 Internet 网上可以查询到的农药数据库种类很多，如以品种介绍为特点的农药电子手册，以提供农药某一个方面内容为特色的数据库如农药性质数据库、农药毒性数据库、农药最大残留限量数据库等，也有展示某一地区或国家的农药登记、管理和使用情况的数据库，如欧洲农药数据库、EPA 农药事实文件数据库、英国农药数据库、加拿大农药数据库、日本农药数据库等。网上的各种农药数据库非常之多，可根据需要进行检索相应数据信息。

（撰稿：杨新玲；审稿：韩书友）

农药水解作用　hydrolysis of pesticide

农药与水中 H^+ 或 OH^- 发生化学反应，从而分解为两种或两种以上简单化合物的过程。农药的水解特性与农药在环境中的持久性密切相关，是评价农药在水体中残留特性的重要指标。

农药水解时，发生单分子或双分子亲核取代反应（SN1 或 SN2），亲核基团（OH^-）进攻亲电基团（C、P、S 等原子），并且取代离去基团（Cl^-、苯酚盐等）。对大多数水解反应而言，很少发生单独的 SN1 或 SN2 反应，常常是 SN1、SN2 反应同时存在。在动力学上，SN1 反应特征是反应速率与亲核试剂的浓度和性质无关。对于有手性的物质则形成外消旋体产物，并且反应速率随中心原子给电子的能力增加而增加，其限速步骤是农药分子（R-X）解离成 R^+，然后 R^+ 经历一个较快的亲核进攻。而 SN2 反应依赖于亲核试剂的浓度与性质，并且对于一个手性反应物，它的产物构型将发生镜像翻转。这是由于亲核试剂从反应物离去基团的背面进攻其中心的双分子过程所致。

农药的水解反应不仅与农药物理化学性质有关，同时也受到环境因素的影响。温度和环境介质的 pH 值是最重要的两个环境因素，能够极大地影响农药的水解速率。一般来说，提高反应温度有利于水解的进行，温度每升高 10℃，农药的水解速率常数增加 2~3 倍。农药自身理化性质不同，环境介质的 pH 对其水解影响也不同。通常农药在强酸性或强碱性介质中容易降解；一些农药在弱酸性环境中稳定但在弱碱性环境中容易水解，如有机磷酸酯类农药；部分农药则相反，如磺酰脲类农药在酸性 pH 溶液中水解较快，而在中性和弱碱性条件下相对稳定。溶液的 pH 值每改变一个单位，水解反应速率将可能变化 10 倍左右。环境介质（如土壤溶液）溶剂化能力的变化将影响农药或产物的水解反应过程。离子强度和有机质含量的改变可能影响到介质的溶剂化能力，并且因此改变水解反应速率。

参考文献

刘维屏, 2006. 农药环境化学[M]. 北京: 化学化工出版社.

莫汉宏, 1994. 农药环境化学行为论文集[M]. 北京: 中国科学技术出版社.

欧晓明, 2006. 农药在环境中的水解机理及其影响因子研究进展[J]. 生态环境, 15(6): 1352-1359.

（撰稿：桂文君；审稿：单正军）

农药水蚤毒性　toxicity of pesticide on water flea

水蚤是淡水浮游动物（zooplanktons）的代表。以水蚤作为实验动物开展农药毒性测试，其结果可为农药对于淡水浮游动物种群及相关群落的生态风险评估提供科学依据。

水蚤，英文可称之为 water fleas 或 daphnids。water fleas 一词既可以代表一个物种，也可以代表整个枝角目（Cladocera）。枝角目是一个包含了 600 多个物种的节肢动物类群。它们大多数分布于淡水水域。水蚤属于小型节肢动物（体长大多介于 0.2~6mm）。它们最显著的外部特征是头部向后倾斜，胸部和腹部及其附肢被向下折叠的甲壳（carapace）覆盖。中文当中可以用"溞"字来称谓水蚤。

水蚤繁殖后代以孤雌生殖为主，有性生殖为辅。以大型溞（Daphnia magna）为例，在水温适宜、食物充足的生存环境中，亲代（F_0）在 5~10 天之内即可达到性成熟。性成熟之后的 F_0 不经交配即可产下第一批（几只到十几只）卵（F_1，子代）。卵为双倍体。产下的卵（F_1）通常需要在亲本育儿袋（brood pouch）中滞留 3~4 天，之后孵化，最后以幼体（neonate）形式离开 F_0。此后 F_0 每隔 3~4 天生产一批 F_1。在有利的生存环境下，F_0 产下的 F_1 多发育成雌性，后者继续进行孤雌生殖，产下 F_2；当环境不利或遇到季节变换时，一部分 F_1 转化为雄性，与雌性交配产下休眠卵（或称冬卵）。冬卵被坚硬的外壳，即卵鞍（ephippium）包裹。卵鞍中的冬卵处于休眠状态，可以较长时间地忍受寒冷、干旱及其他极端气候，遇到适宜的环境后才会解除休眠。由休眠卵或冬卵孵化出的幼体一般为雌性。水蚤正是通过这种貌似复杂的繁殖方式达到既有利于种群传播，又能够确保种群在栖息地有利环境下快速增殖的目的。

水蚤属于滤食者。它们通过胸部附肢的运动在甲壳内部形成水流。食物随水流进入口腔。水蚤的游动主要依赖其头部的第二对附肢（有时称为第二触角）。这一对附肢的运动使得水蚤以跳跃的姿势在水中游动。也正是因为如此，水蚤被视为典型的浮游动物。然而在众多物种当中，跳跃只是水蚤游动姿势中的一种，多为溞属（Daphnia）物种所采用。跳跃游动的水蚤在狭小空间内的分布比较均匀，于是给人错觉，认为它们在较大空间内的分布也是如此。其实由于食物、水温、天敌等因素的制约，水蚤（包括跳跃游动的水蚤）在较大空间内的分布往往呈条带状。

水蚤主要以单细胞藻类、细菌以及原生生物（Protists）等作为食物，同时它们又作为鱼类、蛙类和体型较大的水生昆虫（如水蚤、仰泳蝽）等的食物。温带地区的淡水湖在春夏之交水质变清的现象被认为与水蚤的大量繁殖有关。鉴于其在维持水生态系统健康发育中所起的作用，人们常将水蚤和鱼类、藻类并列作为淡水中有代表性的实验生物。涉及水蚤的化学品测试准则主要有两项，即 48 小时急性活动抑制试验和 21 天繁殖试验，它们分别被用来鉴别化学品对于水蚤的急性和慢性毒性。在长久以来的测试中，人们积累了大量有关农药对水蚤的急性和慢性毒性资料。

水蚤对于农药十分敏感，尤其是对于各类杀虫剂。水蚤对拟除虫菊酯类杀虫剂的敏感性与鱼类不相上下，48 小时 LC_{50} 多处于 μg/L 或更低水平。再如有机磷杀虫剂，其对水蚤的 48 小时 LC_{50} 亦多处于 μg/L 或更低水平，水蚤对此类杀虫剂敏感性通常高出鱼类几个数量级。水蚤对于生长调节剂类杀虫剂也比较敏感，特别是对于保幼激素类似物和几丁质合成抑制剂。与蜕皮过程只在性成熟之前发生的昆虫不同，包括水蚤在内的甲壳纲动物在性成熟之后仍然需要不断蜕皮，这使得它们相比水生昆虫更容易受到生长调节剂类杀虫剂的影响。

残留在水体中的农药会从多方面影响水蚤。其影响不仅限于亲代，还有可能波及子一代。农药不仅有可能直接影响水蚤，还有可能通过削弱水蚤对于捕食者的应激反应而间接影响水蚤。有些昆虫生长调节剂，如属于保幼激素类似物的吡丙醚，可以诱导水蚤产生雄性个体。

水生维管植物和藻类进行光合作用的过程中需要消耗水中的二氧化碳，从而导致水体 pH 升高。作为单细胞藻类的取食者，水蚤具有抑制水体 pH 升高的潜能。一旦水蚤受到农药的抑制，水体中的单细胞藻类可能会有所反弹，进而导致水体 pH 升高。至于这一结果是否真会发生，一方面要看水体是否能够从大气中获得二氧化碳的有效补充，另一方面要看水蚤空出的生态位是否能够被单细胞藻类的其他取食者，如轮虫（rotifers）所填补。对于农药污染水

体的生态后果，Hanazato（2001）曾经做过一些推断，他认为在未到受农药污染的水体中，能量一般按照"藻—枝角类—鱼"的途径向上传递；受到农药污染之后，水体中体型较大的枝角类动物数量减少，体型较小的枝角类动物（如盘肠溞）和轮虫数量增加，进而刺激那些以后者为食的小型捕食者（如桡足类 copapods）。这样一来，食物链就多出一个环节。能量在这种延长的食物链中传递，其损失率会有所增加。

参考文献

GINJUPALLI G K, BALDWIN W S, 2013. The time- and age-dependent effects of the juvenile hormone analog pesticide, pyriproxyfen on *Daphnia magna* reproduction[J]. Chemosphere, 92: 1260-1266.

HANAZATO T, 2001. Pesticide effectson freshwater zooplankton: an ecological perspective[J]. Environmental pollution, 112: 1-10.

PESTANA J L T, LOUREIRO S, BAIRD D J, et al, 2010. Pesticide exposure and inducible antipredator responses in the zooplankton grazer, *Daphnia magna* Straus[J]. Chemosphere, 78: 241-248.

SÁNCHEZ M, FERRANDO M D, SANCHO E, et al, 1999. Assessment of the toxicity of a pesticide with a two-generation reproduction test using *Daphnia magna*[J]. Comparative biochemistry and physiology Part C, 124: 247-252.

SCHALAU K, RINKE K, STRAILE D, et al, 2008. Temperature is the key factor explaining interannual variability of *Daphnia* development in spring: a modelling study[J]. Oecologia, 157(3): 531-543.

VAN DEN BRINK P J, CRUM S J H, GYLSTRA R, et al, 2009. Effects of a herbicide-insecticide mixture in freshwater microcosms: Risk assessment and ecological effect chain[J]. Environmental pollution, (157): 237-249.

ZAFAR M I, VAN WIJNGAARDEN R P, ROESSINK I, et al, 2011. Effects of time-variable exposure regimes of the insecticide chlorpyrifos on freshwater invertebrate communities in microcosms[J]. Environmental toxicology and chemistry, 30(6): 1383-1394.

（撰稿：李少南；审稿：蔡磊明）

农药田间药效试验　field efficacy trials of pesticide

在田间自然环境或设施条件下进行农药对靶标和非靶标生物效应的试验，以评价农药的应用效果、应用范围、应用前景，提出该农药在不同地区、不同条件下高效、安全、经济使用的技术。农药田间药效试验是农药新品种研究与开发的关键环节。

适用范围　用于评价农药品种的药效水平、应用范围，对作物产量、安全性、品质及抗逆性的影响，对邻近作物和有益生物的影响等。

主要内容　农药田间药效试验主要包括 3 个方面：①药效及应用技术试验。包括新品种的筛选试验；农药产品之间效果比较试验；研究对有害生物的防治适期；研究使用的最佳剂量和最佳施用次数；研究使用方式，方便而有效控制有害生物的使用手段；研究环境与耕作栽培条件对药效的

影响；农药混用的研究等。②农药对试验作物的影响。包括
农药对作物产量、安全性、品质、抗逆性等的影响。③农药
对邻近作物及天敌的影响。包括农药对试验区域邻近作物的
影响，对非靶标生物，主要是天敌的影响等。农药田间药效
试验根据品种开发阶段和试验目的，又可分为田间筛选试
验、田间小区药效试验、田间大区药效试验和大面积药效示
范试验。

参考文献

黄国洋, 2000. 农药试验技术与评价方法[M]. 北京: 中国农业出
版社.

GB/T 17980.44—2000 农药田间药效试验准则 (一).

（撰稿：杨峻；审稿：陈杰）

农药土壤微生物降解　microbial degradation of pesticide in soil

在适宜环境条件下，土壤微生物以残留农药为营养物
质（比如碳源、氮源和磷源等），将农药分子转化为简单的
有机或者无机化合物的过程。农药土壤微生物降解研究始于
20 世纪 40 年代末，最早是由 Audus（1949）报道了土壤微
生物对除草剂 2,4-滴的降解。60 年代中后期由于化学农药大
量使用而导致的严重环境污染问题，农药微生物降解的研究
逐渐受到重视。微生物降解农药的作用方式分为酶促反应和
非酶促反应，其中酶促反应是微生物直接作用于农药，通过
微生物本身含有的或经过诱导产生的降解酶系降解农药，目
前发现的农药降解微生物大多数属于酶促反应；非酶促反
应是通过微生物的活动改变了化学和物理的环境而间接作
用于农药。微生物降解农药有矿化（mineralization）、共代
谢（co-metabolism）等作用方式，其中矿化作用是微生物利
用农药作为生长基质，将其完全分解成二氧化碳、水或无机
物的过程，是农药微生物降解的最理想方式。持久性农药滴
滴涕、六六六、莠去津能在多种微生物降解酶的作用下矿化
成二氧化碳和水等无机物。共代谢作用是指农药不能被微生
物直接利用，但在农药结构相似物存在条件下，将原来不能
利用的农药进行降解的现象，共代谢作用在农药微生物降解
过程中发挥着重要作用。2012 年，Sari 等研究发现 *Trametes
versicolor* U97 只有其次级代谢产物和酶同时存在的条件才
会对滴滴涕有降解效果。

国内外众多学者在农药降解微生物的驯化、分离筛选
及其降解机理分析等方面进行了大量的研究。农药降解微
生物类群主要包括细菌、真菌、放线菌、藻类等。细菌由
于其生化方面上的多种适应能力以及容易诱导突变菌株从
而占据主要地位，其中大多数属于假单胞菌属（*Pseudomonas*）和黄杆菌属（*Flavbacterium*）。微生物降解农药的途径
包括氧化、还原、水解等过程，氧化反应有羟基化、β- 氧
化、环氧化、芳环或杂环开裂等多种形式。还原反应包含
还原脱卤、硝基芳烃还原等形式，如滴滴涕、六六六、莠
去津、百菌清等还原性脱氯和二甲戊灵、氟乐灵等硝基还
原。水解反应主要由酯酶、酰胺酶或磷酸酶等水解酶参与，

有机磷类、酰胺类、拟除虫菊酯类等农药的降解过程中比
较常见。

农药土壤微生物降解与农药理化性质、微生物活性、
土壤特性、营养物质、电子受体、环境因子等有关。农药
种类、相对分子质量、空间结构、取代基种类及数量以及
农药使用剂量与次数等均会影响土壤微生物对农药的降解。
一般而言，一些长残留杀虫剂如滴滴涕、六六六在土壤中
较难被微生物降解，相对分子质量小的化合物比高分子化
合物易降解，空间结构简单的比结构复杂的易降解。土壤
微生物组成及其代谢活性差异也会对农药土壤微生物降解
产生一定影响。土壤 pH 值、有机质含量、黏粒含量及其
营养物质（C/N/P）、电子受体种类及浓度（溶解氧、有机
物分解的中间产物、无机酸根）以及外界环境因子如温度、
湿度等均会影响农药微生物降解。

参考文献

潘雄, 2017. DDT降解菌 *Stenotrophomonas* sp. DDT-1与
Ochrobactrum sp. DDT-2的降解机理及其生物强化作用[D]. 杭州: 浙
江大学.

FANG H, CAI L, YANG Y, et al, 2014. Metagenomic analysis reveals potential biodegradation pathways of persistent pesticides in freshwater and marine sediments[J]. Science of total environment, 470-471: 983-992.

FANG H, LIAN J J, WANG H F, et al, 2015. Exploring bacterial community structure and function associated with atrazine biodegradation in repeatedly treated soils[J]. Journal of hazardous materials, 286: 457-465.

FANG H, XU T H, CAO D T, et al, 2016. Characterization and genome functional analysis of a novel metamitron-degrading strain *Rhodococcus* sp. MET via both triazinone and phenyl rings cleavage[J]. Scientific reports, 6, DOI: 10. 1038/srep32339.

GONOD L V, MARTIN-LAURENT F, CHENU C, 2006. 2,4-D impact on bacterial communities, and the activity and genetic potential of 2,4-D degrading communities in soil[J]. FEMS microbiology ecology (58): 529-537.

KUMAR S, MUKERJI K G, LAL R, 1996. Molecular aspects of pesticide degradation by microorganisms[J]. Critical reviews in microbiology, 22: 1-26.

NI HY, YAO L, LI N, et al, 2016. Biodegradation of pendimethalin by Bacillus subtilis[J]. Journal of environmental science, 41(3): 121-127.

PAN X, LIN D L, ZHENG Y, et al, 2016. Biodegradation of DDT by *Stenotrophomonas* sp DDT-1: characterization and genome functional analysis[J]. Scientific reports, 6, DOI: 10. 1038/srep21332.

SARI A A, TACHIBANA S, ITOH K, 2012. Determination of co-metabolism for 1, 1, 1-trichloro-2, 2-bis (4-chlorophenyl) ethane (DDT) degradation with enzymes from *Trametes versicolor* U97[J]. Journal of bioscience and bioengineering, 114: 176-181.

WU XW, CHENG LY, CAO ZY, et al, 2012. Accumulation of chlorothalonil successively applied to soil and its effect on microbial activity in soil[J]. Ecotoxicology and environmental safety, 81: 65-69.

YUN YL, WANG X, LUO YM, et al, 2005. Fungal degradation of metsulfuron-methyl in pure cultures and soil[J]. Chemosphere, 60: 460-466.

（撰稿：方华；审稿：单正军）

农药土壤微生物效应　effects of pesticide on soil microorganisms

农药使用后对土壤生态系统中微生物种群的生长繁殖、生理生化、群落结构及生态功能产生的影响。农药进入土壤后在不同层次可能会对土壤微生物群落及其活性产生抑制作用、促进作用等不同程度的影响，主要包括对土壤微生物种群数量、微生物呼吸活性、土壤酶活性、微生物群落结构与功能多样性以及功能微生物菌群的影响。

农药对土壤微生物数量的影响　土壤微生物存在于土壤颗粒间隙和颗粒表面，其类群和组成因土壤环境等因素而有较大差异。每克土壤中最多含有 100 亿个微生物细胞，一般每克土壤中含有 $10^6 \sim 10^{14}$ 个细菌，占土壤微生物总数的 $70\% \sim 90\%$，其次为放线菌，占到 $5\% \sim 30\%$，真菌是土壤中第 3 大类微生物。土壤微生物是维持土壤质量的重要组成部分，通过分解代谢实现 C、N、P、S 等元素的循环和转化。

土壤微生物数量因农药种类及其使用量不同而有较大差异。杀菌剂在杀死病原菌的同时，对非靶标微生物（固氮菌、硝化和反硝化细菌）也会产生抑制或杀灭作用，对土壤微生物数量的影响一般大于杀虫剂。通常情况下，农药高剂量处理对土壤微生物数量的影响明显大于低剂量处理，高剂量氯吡硫磷对土壤微生物种群有显著的抑制或杀灭作用，改变了土壤微生物结构多样性，影响土壤生态功能。一些农药使用初期显著降低土壤微生物种群数量，尤其是细菌数量，但随着处理时间的延长，土壤微生物数量逐渐恢复到对照水平。土壤理化性质及其环境因素不同也会引起土壤微生物数量对农药的不同响应，农药复合处理对土壤微生物数量的影响大于农药单一处理，并且农药重复处理对土壤微生物数量的影响不同于农药单次处理。例如，土壤微生物在氯吡硫磷的长期选择压力下，微生物逐渐适应农药而大量生长繁殖。此外，土壤微生物数量常用的研究方法主要包括最大可能数法（most probable number，MPN）、氯仿熏蒸法等。

农药对土壤呼吸作用的影响　土壤呼吸是指单位时间内单位面积上向地表空气层排放的 CO_2 量。土壤呼吸是土壤微生物代谢的重要指标，反映土壤有机质分解矿化的强度、土壤微生物的总体活性，常用于表征土壤生物量、土壤质量和肥力的变化。土壤呼吸强度是中国《化学农药环境安全性实验准则》中的一项评价指标。

土壤呼吸作用与农药种类及其使用剂量密切相关，推荐剂量杀螟松和杀螟松对土壤呼吸无明显影响，杀线虫剂棉隆对土壤呼吸作用具有显著的抑制作用，表明不同种类农药对土壤呼吸作用的影响存在较大差异。通常情况下，农药在低剂量或者推荐剂量条件下对土壤呼吸作用影响较小，而在高剂量条件下严重抑制土壤呼吸作用。研究发现农药使用初期对土壤呼吸影响较大，随着处理时间的延长，土壤呼吸活性逐渐恢复到对照水平。同时，农药对土壤呼吸作用的影响还与土壤理化性质（pH 值、有机质含量、黏粒含量等）有关。此外，实际农业生产中农药常常高频使用，从而导致农药对土壤的重复污染，某些农药母体或代谢产物随着处理次数的增加在土壤中逐渐累积，从而可能加剧对土壤呼吸的

抑制作用。目前土壤呼吸活性研究方法主要包括基础呼吸（basal respiration，R_B）和底物诱导呼吸（substrate-induced respiration，SIR）。

农药对土壤酶活性的影响　土壤酶是来源于土壤微生物和植物根系的分泌物及动植物残体分解释放的能催化土壤微生物反应的一类蛋白质，分为胞内酶和胞外酶。土壤酶同生活着的微生物细胞一起推动着土壤中 C、N、P、S 等多种元素的物质循环与转化。目前土壤中已发现的酶的种类高达 50 多种，主要包括氧化还原酶类、水解酶类、裂合酶类和转移酶类等。土壤酶在不同程度上参与土壤中绝大多数生命活动，它们的活性极易受到外来物质的干扰，由于土壤酶活性易于测量并且能快速对土壤外来物质做出响应，酶活性已成为评价农药生态风险的重要指标，目前大多研究蔗糖酶、脲酶、过氧化氢酶、脱氢酶、磷酸酶等。

研究发现氯吡硫磷等杀虫剂仅在使用初期对土壤酶活性具有一定的抑制作用，而丁草胺等除草剂对土壤酶活性具有长期的抑制作用，这表明农药种类对土壤酶活性的影响具有较大差异。通常情况下，低剂量农药对土壤酶活性影响较小，而高剂量农药会严重抑制土壤酶活性，从而破坏土壤生态环境。不同土壤理化性质如 pH、有机质含量、黏粒含量、总氮含量等也会改变农药对土壤酶活性的影响，尤其是土壤 pH 值影响较大，pH 值过高或过低均会显著抑制土壤酶活性。同时，设施农业生产中不同农药高频使用，导致农药对土壤的长期复合污染，研究发现农药复合处理对土壤酶活性的影响大于单一处理，农药重复处理对土壤酶活性的影响也不同于单次处理。

农药对土壤微生物功能多样性的影响　土壤微生物功能多样性是指土壤微生物群落所能执行的功能范围以及这些功能的执行过程。土壤微生物功能多样性对自然界元素循环具有重要意义，在分解、营养传递以及促进或抑制植物生长等功能方面发挥着重要的作用。农药对土壤微生物功能多样性的影响主要用 Simpson、Shannon、McIntosh 等多样性指数来表征，分别反映土壤微生物优势种群大小、种群丰富度、种群均一性等。

不同农药种类及其使用剂量能改变土壤微生物功能多样性。百菌清、多菌灵等农药在使用初期显著抑制了土壤微生物 Simpson 和 McIntosh 指数，而硫丹等农药在处理后期抑制了土壤微生物 Simpson 和 McIntosh 指数，这表明不同农药种类对土壤微生物功能多样性的影响具有较大差异。一般情况下，高浓度农药能显著降低土壤微生物功能多样性，这种影响大于低浓度农药且持续时间也更长。同时，土壤理化性质（pH 值、有机质含量、黏粒含量、阳离子交换量等）、环境条件、营养元素等因素均会影响农药对土壤微生物功能多样性的影响。农药单一与复合处理对土壤微生物功能多样性的影响存在差异。如氯吡硫磷和三唑酮复合处理对土壤 Shannon、McIntosh 和 Simpson 指数的抑制作用及其持续时间明显大于单一处理。此外，农药重复处理对土壤微生物功能多样性的影响也不同于农药单次处理。随着农药处理次数的增加，土壤微生物逐渐适应农药，土壤微生物功能多样性逐步恢复到对照水平。目前土壤微生物功能多样性研究方法主要包括 Biolog 法、宏基因组法（metagenomics）和基

因芯片法（gene chip）。

农药对土壤微生物群落结构的影响　土壤微生物群落结构能反映土壤环境质量的变化，并揭示微生物生态功能差异，可作为衡量土壤质量及评价土壤生态系统可持续性的重要生物学指标。农药污染会导致微生物耐药种群替代敏感种群，向着降解或耐受农药的微生物群落方向演替。农药对土壤微生物群落结构的影响主要表现在微生物物种的组成和相对丰度的变化。苯菌灵、氟吡菌酰胺、咪唑乙烟酸、氟磺胺草醚和草甘膦能够引起土壤中革兰氏阴性菌/革兰氏阳性菌、真菌/细菌的比值的减小。农药对某些优势微生物属丰度影响较大，如 *Pseudomonas*、*Arthrobacter*、*Bradyrhizobium*、*Burkholderia* 等。农药对微生物群落结构的影响取决于农药种类、土壤类型等多种因素。敌草隆和绿麦隆对土壤微生物群落结构几乎没有影响，而利谷隆显著降低土壤微生物群落多样性。十氯酮能够引起砂壤土中优势菌门的相对丰度发生明显变化，而在粉壤土中影响较小。随着多菌灵处理频率的增加，土壤微生物群落结构的变化逐渐减弱。此外，百菌清和其他农药复合处理土壤细菌、真菌、放线菌种群结构与农药单一处理时相比也存在显著差异。土壤微生物群落结构常用研究方法主要有平板培养法、磷脂脂肪酸法（PLFA）、变性/温度梯度凝胶电泳法（DGGE/TGGE）、末端限制性长度多态性技术（T-RFlP）等。近年来，基于16S、18S/ITS rRNA 扩增子高通量测序技术在土壤微生物群落结构研究中得到了广泛的应用。

农药对土壤功能菌群的影响　土壤微生物是元素生物地球化学循环的重要引擎，其特定的功能菌群在养分元素循环、环境污染物降解等方面具有重要作用。农药进入土壤往往会刺激农药降解微生物种群的生长繁殖，对土壤中潜在的农药降解菌具有一定的驯化和富集作用。目前，已经从农药污染土壤中分离筛选到大量的农药降解菌，主要来自 *Pseudomona*、*Sphingomonas*、*Arthrobacter*、*Paracoccus* 等菌属。随着莠去津重复处理次数和浓度的增加，土壤 *Nocardioides*、*Arthrobacter*、*Bradyrhizobium*、*Methylobacterium* 等莠去津降解菌属的相对丰度逐步上升。同时，农药也会影响一些其他土壤功能菌群，如固氮细菌、硝化细菌、反硝化细菌等。莠去津可以抑制土壤固氮细菌的生长；腈菌唑、莠去津可以引起土壤硝化细菌丰度的下降，而戊唑醇和高效氯氟氰菊酯能够短期内刺激硝化细菌的生长。此外，频繁使用硝磺草酮能够持续刺激土壤反硝化菌群的生长和活性。一般情况下，低浓度农药能够刺激反硝化细菌种群数量的增长，高浓度农药能够抑制反硝化细菌种群生长，并且这种抑制作用随着处理时间延长逐渐减弱，最后呈现一定的促进作用。

参考文献

陈中云, 闵航, 吴伟祥, 等, 2003. 农药污染对水稻田土壤反硝化细菌种群数量及其活性的影响[J]. 应用生态学报, 14(10): 1765-1769.

方华, 2007. 毒死蜱在大棚土壤和蔬菜中的残留特征、土壤微生态效应及其控制途径[D]. 杭州: 浙江大学.

郝乙杰, 2007. 百菌清、硫丹在土壤中的降解动态及对土壤微生物群落多样性的影响[D]. 杭州: 浙江大学.

刘惠君, 郑巍, 刘维屏, 2001. 新农药吡虫啉及其代谢产物对土壤呼吸的作用[J]. 环境科学, 22(4): 73-76.

单敏, 2006. 毒死蜱、百菌清、丁草胺对土壤微生物和土壤酶的影响[D]. 杭州: 浙江大学.

苏光霞, 2017. 阿特拉津对黑土固氮、硝化作用及其功能细菌的影响[D]. 哈尔滨: 东北农业大学.

王凤花, 2015. 甲霜灵重复施用的降解动态及其对土壤微生物的生态效应[D]. 泰安: 山东农业大学.

王秀国, 2009. 杀菌剂多菌灵高频投入对土壤微生物群落的影响极其生物修复[D]. 杭州: 浙江大学.

吴祥为, 2014. 百菌清重复施用在土壤中的残留特征及其土壤生态效应[D]. 杭州: 浙江大学.

吴小虎, 2014. 氟磺胺草醚对土壤微生物多样性的影响[D]. 北京: 中国农业科学院.

徐汉虹, 2013. 植物化学保护[M]. 4版. 北京: 中国农业出版社.

虞云龙, 樊德方, 陈鹤鑫, 1996. 农药微生物降解的研究现状与发展策略[J]. 环境科学进展, 4(3): 28-36.

张超, 2015. 棉隆对辣椒土传病害控制效果及对土壤微生物群落的影响[D]. 泰安: 山东农业大学.

CHU X Q, FANG H, PAN X D, et al, 2008. Degradation of chlorpyrifos alone and in combination with chlorothalonil and their effects on soil microbial populations[J]. Journal of environmental sciences, 20(4): 464-469.

CROUZET O, POLY F, BONNEMOY F, et al, 2015. Functional and structural responses of soil N-cycling microbial communities to the herbicide mesotrione: a dose-effect microcosm approach[J]. Environmental science and pollution research, 23: 4207-4217.

CYCON M, PIOTROWSKA-SEGET Z, KACZYNSKA A, et al, 2006. Microbiological characteristics of a sandy loam soil exposed to tebuconazole and λ-cyhalothrin under laboratory conditions[J]. Ecotoxicology, 15: 639-646.

FANG H, LIAN J J, WANG H F, et al, 2015. Exploring bacterial community structure and function associated with atrazine biodegradation in repeatedly treated soils[J]. Journal of hazardous materials, 286: 457-465.

LO C C, 2010. Effect of pesticides on soil microbial community[J]. Journal of environmental science and health part B-pesticides food contaminants and agricultural wastes, 45: 348-359.

MERLIN C, DEVERS M, BEGUET J, et al, 2016. Evaluation of the ecotoxicological impact of the organochlorine chlordecone on soil microbial community structure, abundance, and function[J]. Environmental science and pollution research, 23: 4185-4198.

（撰稿：虞云龙；审稿：单正军）

N

农药土壤污染　pesticide pollution in soil

　　人类在农业生产过程中向土壤环境中投入超过土壤自净能力的农药，从而导致土壤环境质量降低，影响土壤生态环境和危害土壤生物安全的现象。农药对土壤的污染与施用农药的理化性质、农药在土壤环境中的行为、不科学施用方式以及施药地区的自然环境条件密切相关。

蕾切尔·卡逊（Rachel Carson）女士在《寂静的春天》一书第五章"土壤的王国"中写道："从土壤的产生过程、微小生物的腐烂降解作用实现生物圈循环以及一些生活在土壤里的动物（蚯蚓）的作用等方面，说明土壤与生命之间是相互依赖的关系""生命创造了土壤，而异常丰富多彩的生命物质也生存于土壤之中，从而形成一个交织的生命网。但是有毒的杀虫剂则会杀害这些有益共生体，破坏土壤的生物平衡，而且这些化学药剂并不会稀释消失而会长期残留在土壤中，并慢慢积累，越来越多，这些杀虫剂会被土壤上的植被吸收，致使食物来源长期受到污染。"

化学农药作为保障农业丰收的重要手段，在农业生产中发挥着非常重要的作用。然而，由于人们长期的不科学用药，剧毒、高残留、难降解农药的大量使用，使人类面临着不断增加的土壤农药污染的环境问题。农药在施用过程中只有10%~15%的农药真正作用于有害生物，另一部分农药将最终进入土壤，土壤最终成为农药在环境中的"储藏库"与"集散地"，其中80%以上残留在土壤0~20cm的表土层。这不仅会破坏土壤中的生物多样性，还可能会通过饮用水或土壤-植物系统经食物链进入人体，危害人体健康。土壤农药污染现在已成为一个严重的全球性问题，亟须解决。由于中国是一个农业生产大国，施用农药的量特别大，因此土壤受农药污染的程度也较为严重，严重影响中国农业的生产和发展。

土壤农药污染的来源主要有直接和间接2种方式：①直接进入土壤。一是农药直接施于土壤，如一些除草剂或以拌种、浸种和毒谷等形式施入土壤；二是向作物喷洒农药时有一部分直接落到地面上。农药按此途径进入土壤所占的比例在作物生长前期大于生长后期、农作物叶面积指数小的大于叶面积指数大的、颗粒剂大于粉剂、农药雾滴大的大于雾滴小的、静风小于有风。②间接进入土壤。一是附着在作物上的农药，为防治病虫害向作物喷洒农药时，除一部分直接落到地面，相当部分附着在作物表面，经风吹雨淋落入土壤中；二是悬浮大气中的农药，部分农药随喷洒过程直接进入大气，悬浮于大气中的农药颗粒或以气态形式存在的农药，经雨水溶解和淋失，降落到土壤中；三是动植物残体上的农药，含有农药的动植物残体经分解将农药带入土壤；四是灌溉水中含有的农药，农药随着灌溉过程进入土壤。

农药土壤污染带来的危害主要呈现在以下几个方面：①由于农药的长期施用，其防治对象害虫和杂草产生农药抗性，而害虫天敌会遭受农药的毁灭性打击。②农药土壤污染对土壤的结构、养分等产生影响，从而影响作物的生长和品质。③对土壤微生物造成影响。农药土壤污染对土壤微生物群落结构和多样性产生不利的影响，同时也可能会影响微生物对农药的抗性。④对土壤动物造成影响。一般情况，有机磷杀虫剂对土壤动物的影响比除草剂、杀菌剂等更显著。有机磷杀虫剂对土壤动物的作用速度快、毒性强，是一类急性农药，而除草剂、杀菌剂对土壤动物是慢性的，毒性也较弱。⑤对水生动物造成影响。土壤中残留的农药通常随地表径流进入河流、湖泊，对地下水和地表水造成污染。同时，进入水体的农药也会对水生生物造成一定的毒害作用。⑥由于农药使用者缺乏农药知识和用药技术，长期大量不合理地使用农药，造成农药土壤污染，蔬菜、水果、畜禽养殖产品等农药残留量过高，而这些农产品会对人体健康造成急慢性中毒危害。

土壤是水体-土壤-生物-大气这一立体生态系统的重要构成要素，对其农药污染的防治和修复是控制农业立体污染的重要一环。目前国内外对土壤污染的防治研究大致可归结为如下几个方面：①从源头减少病虫草害的发生，主要包括研究重要病害的发生规律，杜绝危险性病原物的传入，研究危险性病原物的快速扑灭技术，通过栽培措施的改进，压低有害微生物种群的数量等。②寻找化学农药的替代技术，如各类低毒和无毒土壤处理技术，施用生物农药以减少化学农药的施用量等。③合理使用农药，严格按照农药标签正确合理地施用农药，加强农药售后服务，提高农民使用农药的知识和用药技术。④对污染土壤进行原位修复。通过农艺措施如增施有机肥、合理轮作农作物等措施，改善土壤结构和肥力，加速土壤微生物对农药的分解能力。

参考文献

李顺鹏, 蒋建东, 2004. 农药污染土壤的微生物修复研究进展[J]. 土壤, 36(6): 577-583.

赵玲, 滕应, 骆永明, 2017. 中国农田土壤农药污染现状和防控对策[J]. 土壤, 49(3): 417-427.

（撰稿：吴文铸；审稿：单正军）

农药网站 pesticide website

网站是指在 Internet 网上根据一定的规则，使用 HTML（标准通用标记语言）等工具制作的用于展示特定内容的相关网页的集合，由域名（网站地址）和网站空间构成，通常包括主页和其他具有超链接文件的页面。网站是一种沟通工具，人们可以通过网站来发布自己想要公开的资讯，或者利用网站来提供相关的网络服务。也可以通过网页浏览器来访问网站，获取自己需要的资讯或者享受网络服务。

农药网站即发布农药学科专业信息，为农药科研、生产、管理或应用等提供专业服务的网站。目前 Internet 网上的农药网站种类比较多，如以综合性农药信息为特色的 IUPAC 农药门户网站、PAN 世界农药行动网，以农药管理信息为特色的 FAO 有害生物与农药管理网站、美国环境保护局（USEPA）农药网站、加拿大卫生部 PMRA 农药管理网站、中国农业农村部农药检定所的农药信息网等。也有专门发布农药抗性信息的（FRAC、IRAC、HRAC）网站，传播农药工业信息的中国农药工业网，报道农药行业新闻、传播农药市场信息的中国农药网等等。此外，农药学作为植物保护学科下属的二级学科，具有学科交叉性的特点，涉及化学、化工、生物学、农业科学、医学、环境科学及生态学等，因此，有关农药的信息分布十分广泛，除了专业的农药网站之外，还可以从化学、化工、农业、植保、环境等相关的网站上获得有用的信息。

鉴于农药网站种类众多，在此仅对一些代表性的农药网站，分别从国内农药专业网站（表1）和国外农药专业网站（表2）进行介绍。其他与农药相关的网站信息则列于表3中。

表 1　国内农药网站

编号	名称	呈现	简介
1	世界农化网 Agropages	http://cn.agropages.com 	内容覆盖农药、化肥、种子、生物技术、非农保护等领域，提供实时的行业资讯、公司产品、研发动态等信息及农化数据库、农化市场报告等专业信息
2	中国农药网 China Pesticide Network	http://www.agrichem.cn/ 	中国最早建立的农药网站，以报道农药行业新闻，传播农药市场信息为特色，为农药和植保行业提供专业化整合的信息产品与服务
3	中国农药工业网 China Agrochemical Industry Network	http://www.ccpia.com.cn/ 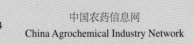	中国农药工业协会门户网站，以传播农药工业信息、服务农药企业为宗旨，以咨询服务和市场资讯为主体，主要介绍农药行业信息，并为农药生产、经营及相关行业提供有效的展示和交流平台
4	中国农药信息网 China Agrochemical Industry Network	http://www.chinapesticide.org.cn/ 	一个提供专业农药管理信息及服务的网站。创建于 1994 年，秉承立足于全球农药信息服务理念，面向整个农药行业，通过互联网及时、准确、高效地为用户提供全面的农药政务公开、农药管理规范、农药新闻与咨询等深度的信息服务，并使之成为国内外农药技术交流与合作的窗口

表 2　国外农药专业网站

编号	名称	呈现	简介
1	Agrow Agribusiness Intelligence Network（Agrow 农化信息网站）	https://ihsmarkit.com/industry/agribusiness.html 	该网站是一个著名的全球作物保护行业新闻分析媒体平台，成立于 1985 年，总部位于英国伦敦

（续表）

编号	名称	呈现	简介
2	Alanwood Website for Pesticide Common Names（Alanwood 农药通用名网站）	http://www.alanwood.net/pesticides/index.html 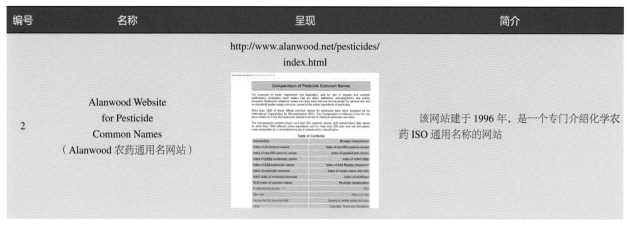	该网站建于 1996 年，是一个专门介绍化学农药 ISO 通用名称的网站
3	FAO Network for Pest and Pesticide Management（FAO 有害生物与农药管理网站）	http://www.fao.org/agriculture/crops/thematic-sitemap/theme/pests/en/ 	该网站由联合国粮食及农业组织农药管理和植保部门建立的农药管理和 IPM 信息平台，主要介绍FAO农药管理动态，发布国际农药管理法规、政策、准则和标准
4	FRAC Website for Fungicide Resistance（FRAC 杀菌剂抗性网站）	https://www.frac.info/ 	FRAC（The Fungicide Resistance Action Committee，杀菌剂抗性行动委员会）起源于1980 年，目前隶属于 CropLife 植保国际，主要致力于杀菌剂抗性管理，通过延长易产生抗性杀菌剂的防效，从而防止作物因抗性产生的损失
5	HRAC Website for Herbicide Resistance（HRAC 除草剂抗性网站）	https://www.hracglobal.com/ 	HRAC（The Global Herbicide Resistance Action Committee，除草剂抗性行动委员会）是一个由来自农药工业界成员创立的国际组织，主要致力于除草剂抗性管理，通过治理对除草剂有抗性的杂草来保护全球作物的产量和质量
6	IRAC Website For Insecticide Resistance（IRAC 杀虫剂抗性网站）	https://irac-online.org/ 	IRAC（The Insecticide Resistance Action Committee，杀虫剂抗性行动委员会）成立于1984 年，旨在通过专业协作来防止或延缓昆虫和螨类的抗性发展
7	IUPAC Website for Pesticide（IUPAC 农药门户网站）	http://agrochemicals.iupac.org/ 	该网站由国际纯粹与应用化学联合会（International Union of Pure and Applied Chemistry，简称 IUPAC）作物化学保护分会主办，主要介绍农药基本知识、农药管理、农药残留、农药风险评估及相关农药网站链接等信息

N

（续表）

编号	名称	呈现	简介
8	Canada PMRA Website for Pesticide Management（加拿大卫生部 PMRA 农药管理网站）	https://www.canada.ca/en/health-canada/corporate/about-health-canada/branches-agencies/pest-management-regulatory-agency.html 	PMRA（Pest Management Regulatory Agency）成立于 1995 年，主要负责农药法规制定，基于科学评审的农药产品登记和再评审
9	Pesticide Action Network International（PAN 世界农药行动网）	https://pan-international.org/ 	PAN（Pesticide Action Network）是由来自 90 余个国家的 600 多个非政府组织、机构或个人组成的网络，该网络成立于 1982 年，含有 5 个相对独立、又相互协作的地区中心（非洲、亚太、欧洲、拉丁美洲、北美洲）
10	Phillips McDougall Website for Pesticide Strategy Consulting（Phillips McDougall 农药战略咨询网站）	https://ihsmarkit.com/industry/agribusiness.html 	Phillips McDougall 成立于 1999 年，旨在提供独立、准确和详细的农药及种子行业数据和分析，其信息产品主要包括 AgriService 全球农药行业报告、Seed Service 全球种业行业报告、AgrAspire 全球农药市场数据库、Agrochemical Patent Database 全球农药创新专利数据库，Agreworld 农药行业新闻和 GM Seed 全球转基因种业数据库等
11	USEPA Website for Pesticides（USEPA 美国环境保护局农药网站）	https://www.epa.gov/pesticides 	美国环境保护局（Environmental Protection Agency，简称 EPA）下属的农药官方网站，专门报道美国农药登记、管理、风险评估、安全应用及最新农药政策法规等信息，同时也介绍农药相关的科普知识，如农药的基本概念、分类、对环境和人类的影响等

表 3　其他农药相关的网站

编号	名称	呈现	简介
1	British Crop Production Council（BCPC，英国作物生产委员会）	https://www.bcpc.org 	BCPC（The British Crop Production Council，英国作物生产委员会）是一家在国际上享有盛誉的注册慈善机构，旨在促进作物可持续生产的科学性与实践性

（续表）

编号	名称	呈现	简介
2	Collaborative International Pesticide Analytical Council（CIPAC，国际农药分析协作委员会）	https://www.cipac.org 	CIPAC（Collaborative International Pesticide Analytical Council，国际农药分析协作委员会）是一个非盈利性、非政府间的国际组织
3	Crop Life International（CLI，植保国际协会）	https://croplife.org 	CLI（Crop Life International，植保国际协会）是代表植物科学行业的全球联合会，主要致力于可持续农业和植物科学技术在全球的普及应用。该网站是其门户网站，主要介绍作物保护、植物生物技术、相关新闻等信息
4	EU Pesticides Database（欧洲农药数据库）	https://ec.europa.eu/food/plants/pesticides/eu-pesticides-database_en 	该数据库包括1454种农药活性物质在欧盟的登记情况、法律状态，652种农药产品的最大残留限量（MRLs）以及成员国植物保护产品的紧急授权的信息，通过该库可以检索各类农药在水果、蔬菜及农作物上的残留信息
5	European Crop Protection Association（ECPA，欧洲作物保护协会）	https://croplifeeurope.eu/ 	该网站是ECPA（European Crop Protection Association，欧洲作物保护协会）的门户网站，2021年1月起，ECPA发展成为CropLife Europe，其职责范围涵盖数字和精准农业、植物生物技术创新、生物农药与传统农药等
6	Food and Agricultural Organization of the United Nations（FAO，联合国粮食及农业组织）	http://www.fao.org/about/en/ 	FAO（Food and Agricultural Organization of the United Nations，联合国粮食及农业组织）门户网站，粮农组织是引领国际消除饥饿的联合国专门机构
7	International Union of Pure and Applied Chemistry（IUPAC，国际纯粹与应用化学联合会）	https://iupac.org 	该网站是IUPAC（International Union of Pure and Applied Chemistry，国际纯粹与应用化学联合会）的门户网站。IUPAC成立于1919年，是一个致力于促进化学相关的非政府组织，也是各国化学会的一个联合组织

N

（续表）

编号	名称	呈现	简介
8	The Joint FAO/WHO Meeting on Pesticide Residues （JMPR，粮农组织/世卫组织农药残留联合会议）	http://www.fao.org/agriculture/crops/thematic-sitemap/theme/pests/jmpr/en/ 	"农药残留联席会议"（JMPR）是由 FAO 和 WHO 联合管理的专家特设机构，目的是协调农药残留的要求和风险评估。自 1963 年以来，JMPR 每年召开一次会议，对食品中的农药残留进行科学评估，就国际贸易中食品农药残留的可接受水平提供建议
9	The Manual of Biocontrol Agents Online （在线生物控制剂手册）	http://www.bcpc.org/product/manual-of-biocontrol-agents-online	由英国作物生产委员会（The British Crop Production Council，BCPC）编制的在线生物控制剂手册，该手册包含 300 多种活性物质（100 多种宏观生物、120 多种微生物、40 多种植物、50 多种化学信息素）的最新、准确和全面的信息
10	Pesticide Manual Online （在线农药手册）	https://www.bcpc.org/product/the-pesticide-manual-19th-edition	由英国作物生产委员会（The British Crop Production Council, BCPC）编制的网上农药手册，是目前世界上最权威、内容最全面的农药品种数据库。该数据库不仅包含最新纸质版《农药手册》（第 19 版）的所有内容，而且还具有先进的搜索引擎和内容更丰富的数据信息，如抗性行动委员会定期更新信息，包括来自 JMPR 和 EU 的毒理学评价信息等
11	Pesticide Product Information System(USA) （PPIS，农药产品信息系统）	https://www.epa.gov/ingredients-used-pesticide-products/ppis-download-product-information-data 	美国环境保护局（Environmental Protection Agency，简称 EPA）下属的关于农药产品信息的官方网站
12	Pesticide Properties Database of the Agricultural Research Service of the USDA （PPD，农药性质数据库）	https://www.ars.usda.gov/northeast-area/beltsville-md-barc/beltsville-agricultural-research-center/adaptive-cropping-systems-laboratory/docs/ppd/pesticide-properties-database/ 	ARS 农药性质数据库（Pesticide Properties Database，PPD）最初是由美国农业部农业研究服务中心为了预测在不同气候和土壤条件下农药在地下和地表水中的迁移情况而建立的数据库，包含有 334 个常用农药的物理和化学性质数据，其中以 16 种最重要的影响农药迁移和降解性能的数据为主

N

（续表）

编号	名称	呈现	简介
13	Pesticide Safety Directorate(UK)（英国农药安全指导委员会）	https://www.hse.gov.uk/pesticides/	英国健康与安全部（The Health and Safety Executive，HSE）下属的农药官方网站，主要介绍农药基本知识、英国授权农药产品数据库、农药残留、申请农药产品授权等信息
14	The UK Pesticide Guide Online（在线英国农药指南）	https://www.bcpc.org/product/the-new-uk-pesticide-online-guide	由英国作物生产委员会（The British Crop Production Council，BCPC）编制的在线英国农药指南，是所有获准用于农业、设施、林业和园艺的农药产品和助剂的权威参考书
15	中国农业信息网	http://www.moa.gov.cn/	该网站是中华人民共和国农业农村部官方网站，1996 年建成。该网站设有机构、新闻、公开、政务服务、专题、互动、数据、业务管理等频道，具备信息公开、政策解读、办事服务、互动回应等功能
16	中国植物保护学会	http://www.ipmchina.net/	中国植物保护学会 (China Society of Plant Protection，CSPP) 于 1962 年成立，主要致力于促进植物保护科学技术的繁荣与发展，促进植物保护科学技术的普及和推广，促进植物保护科技人才的成长和素质提高，促进植物保护科学技术与社会经济发展的结合，为实现农业现代化做出贡献
17	中国化工网	http://china.chemnet.com/	该网站建于 1997 年，是中国国内第一家专业化工网站，也是目前国内客户量最大、产品数据最丰富、访问人数最多的化工网站。内容包括化工、冶金、纺织、能源、农业、建材、机械、电子、电工、仪器、食品等 40 多个大类商品的在线采购批发和营销推广
18	中国农化网	http://www.agrochemnet.cn/	该网站是农化行业电子商务门户网站。主要致力于为农化行业企业进行更准确的网络宣传和推广，搭建功能齐全的网上营销平台，提供丰富、权威的行业资讯。内容涵盖了农化行业的企业和产品展示、供求信息、新闻资讯、人才交流和行业论坛等专业信息

N

（续表）

编号	名称	呈现	简介
19	中国化工信息网	 http://www.cheminfo.cn/	中国化工信息网是化工及石化行业的专业网站，网站内容包括新闻报道、市场变化、科技发展、行业分析、专业内容等方面，可为同行业和相关行业的企业、贸易公司提供及时的信息服务

（撰稿：杨新玲；审稿：顾宝根、韩书友）

农药污染　pesticide pollution

农药使用后残存于生物体、农副产品及环境中的微量农药母体化合物、有毒代谢产物、降解产物超过农药的最高残留限量而形成的污染现象。残留的农药对生物的毒性称为农药残毒，而残留在土壤中的农药则可能形成对土壤、大气及水系的污染。

施用的农药会进入土壤环境并发生扩散迁移，其速度不仅与土壤的理化性质、生物种类和数量、土壤环境条件有关，而且也与农药的种类及其存在的形态有关。农药由气相或液相向土壤颗粒表面扩散、迁移、吸附，使农药成分在土壤颗粒表面的土壤溶液界面上的浓度较高，这种吸附力使得农药在土壤中的移动性减弱，同样其生物活性也受到影响。解吸附作用是农药吸附作用的逆过程，在土壤溶液中农药的浓度达到一定量时，两过程达到动态平衡。沉淀—溶解和络合—解离的过程也是污染物在土壤环境中发生的基本的污染过程。农药同时也会与土壤微生物发生相互作用，被降解而发生质的变化。也会被动植物吸收、摄取，最终发生累积、放大作用。

进入土壤中的农药，除被吸附外，还可因雨水、降雪、渗透等多种原因迁移进入水体，从而造成地表水和地下水污染。尤其是水溶性农药，易随降水、灌溉水淋溶、渗滤、沿土壤纵向进入地下水，或由地表径流、排灌水流失，沿横向迁移、扩散至周围水源（体）进而构成对水生环境中自、异养型生物的污染危害。尤其是一些稳定性强的农药一旦进入水体能长期存于其中。稻田区域的池塘、湖泊由于水体相对静止，其受农药污染的情况一般较河流等流动性强的水体严重。池塘湖泊受农药污染，将破坏水生生态系统的稳定，影响生物多样性。欧盟 2000 年通过了《欧盟水框架指令》，旨在 2015 年以前达到水体"良好的生态和化学状态"。在其框架下的水标准领域优先污染物清单中包括甲草胺、莠去津、氯吡硫磷、敌草隆、硫丹、六六六、林丹、异丙隆等多种农药。中国水中优先控制污染物包含六六六、滴滴涕、敌敌畏、乐果、对硫磷、甲基对硫磷、除草醚、敌百虫 8 种农药。

农药废弃物已成为环境中农药污染的主要来源。农药废弃物包括被禁止使用但仍有库存的农药、过期失效的农药、假劣农药、农药施用后剩余的残液、盛装农药容器的冲洗液、农药包装物（瓶、桶、袋）、被农药污染的外包装物或其他物品等。中国每年废弃的农药包装物有 32 亿多个，包装废弃物重量超过 10 万吨，而包装中残留的农药量占总重量的 2%～5%，约占中国农药年平均使用量的 1%。据 2014 年文献资料，农业部数据显示，年抽样调查地区 80% 的农户随意丢弃农药包装物和倾倒剩余农药。

为实现对农药环境污染的科学评价和控制，需要对农药的环境安全（风险）进行评价。目前农药环境安全评价实现了计算机技术和数学模型的开发应用与环境生态风险评价相结合，从整体、系统联系的观点出发进行评价研究，评价内容包括农药环境行为、残留、农药对有益生物的影响等与环境安全相关的指标。目前中国已经出台《化学农药环境安全评价试验准则》，成为农药科学管理的指导文件。

农药在农产品中残留及其风险是目前最引人注目的。农药残留风险评估多为基于动物试验或人群流行病学毒理学研究结果，推导或制定人类健康指导值，评估人体膳食暴露风险。其中，健康指导值是基于传统的动物毒理学试验或流行病学数据确定受试动物出现健康危害效应的临界剂量点方法，如 NOAEL 方法。农药残留膳食暴露评估，一般以 %ADI 评价慢性膳食摄入风险、%ARfD 评价急性膳食摄入风险。数据来源主要有农药最大残留限量值暴露评估、农药田间残留试验暴露评估、农药残留监测暴露评估；评估方法方面逐渐由简单易行的确定性评估即点评估向精确度较高的概率评估方向发展。

参考文献

卜元卿, 孔源, 智勇, 等, 2014. 化学农药对环境的污染及其防控对策建议[J]. 中国农业科技导报, 16(2): 19-25.

陈齐斌, 季玉玲, 2005. 化学农药的安全性评价及风险管理[J].

云南农业大学学报, 20(1): 99-106.

程琪, 代智能, 蓝家福, 等, 2018. 有机氯农药污染土壤的植物修复技术研究综述[J]. 广东化工, 45(2): 113-114, 124.

李培武, 张奇, 丁小霞, 等, 2014. 食用植物性农产品质量安全研究进展[J]. 中国农业科学, 47(18): 3618-3632.

（撰稿：刘毅华；审稿：单正军）

农药学　Pesticide Science

一门以农药为对象，主要研究农药活性成分的化学组成、结构、性质、构效关系，其对作物病虫害的作用机理，其在生物体内的代谢、降解规律，有害生物的抗药性机理及治理策略，农药研发及应用技术的综合性学科。学科内涵包括农药化学、农药生物学、农药制剂学、农药毒理学、农药分析检测、农药使用技术、农药环境生态毒理学、农药科学管理等。

农药学科具有交叉性的特点，农药是为农业生产保驾护航的重要工具，并随着农业的发展而处于动态发展中。在20世纪中期，有机合成农药出现，进而逐步成为一门内涵丰富、内容广泛并涉及化学、生物、农学、环境、生态、医学等多学科的交叉性学科。根据国务院学位办公告[1981(3)]，"农药及农用化学制剂"隶属农学门类一级学科农学，1990年"农药及农用化学制剂"更名为"农药学"，但仍隶属于一级学科农学；1998年学科进行调整，农药学成为农学门类一级学科植物保护学下的二级学科，并延续至今。但是，与植物保护学下的其他两个二级学科（植物病理学和昆虫学）不同的是，在国外并没有独立的农药学科，通常仅在农业化学、环境、生态或植物保护等学科下设有农药研究方向，只有在中国的学科体系中单独设有农药学科。

农药学一词源于"农用药剂学"或"农药及农用化学制剂"。1990年11月，在北京农业大学召开农科博士、硕士培养方案修订会议，其中，农药学培养方案修订后，学科名称由原来的"农药及农用化学制剂"正式定为"农药学"，标志着农药的研究从"行业"转变为"科学"；此后，"农药学"这一名称一直沿用至今。

而农药学的研究对象"农药"的含义和范围，在不同时代、不同国家或地区有所差异。古代主要指天然的植物性、动物性、矿物性物质，近代主要指人工合成的化工产品，现代则指天然的或者人工合成的化学品、或生物制品、活体生物。欧洲大多国家称为agrochemicals（农业化学品），德国又称之为pflanzenschutzmittel（植物保护剂），法国曾称为phytopharmacie（植物药剂）和phytosanitare（植物消毒剂），日本称为"农药"，且其范围很广，把天敌也包括在内。在著名的美国《化学文摘》（Chemical Abstracts）里，有关农药的名称最初为"农业毒剂"（agricultural poisons, 1919），随后改为"经济毒剂"（economic poisons, 1946）、"农药和作物控制剂"（pesticides and crop-control agents, 1951），1962年更名为"农药"（pesticides），1972年改为"农用化学品"（agrochemicals），1982年改为"农用化学生物调节剂"（agrochemicals bioregulators）至今。著名的农药学期刊，1970年创刊名为《农药科学》（Pesticide Science），2000年更名为《有害生物管理科学》（Pest Management Science）。从这些出版物里的农药名称的变化，也从一个侧面反映出农药内涵的变化，即从传统的"杀死有害生物"转换为"对有害生物的合理调控"。

中国与国际上的现代农药词意基本上是一致的，按《中国农业百科全书：农药卷》的定义，农药（pesticides）是指用来防治危害农林牧业生产的有害生物（害虫、害螨、线虫、病原菌、杂草及鼠类等）和调节植物生长的物质。根据最新颁布的《农药管理条例》（2017年6月1日起施行），农药，是指用于预防、控制危害农业、林业的病、虫、草、鼠和其他有害生物以及有目的地调节植物、昆虫生长的化学合成或者来源于生物、其他天然物质的一种物质或者几种物质的混合物及其制剂。

农药的使命是控制农业生产中的各类有害生物，保护农作物生产安全，确保农业丰收。农药随着农业的出现而萌芽，随着农业的不断变化而发展，期间经历了天然农药（约19世纪70年代以前）、无机合成农药（约自19世纪70年代至20世纪40年代中期）、有机合成农药（自20世纪40年代中期至20世纪中后期）和高效绿色农药（20世纪后期至今）。农药学作为一门典型的交叉学科，其核心是化学与生物学科的交叉、化学工业与农业的结合。农药学发展历程如农药一样充满了曲折，也因化学与生物、环境等学科的不断交叉碰撞而充满了活力。随着当今粮食安全、生态安全和人民健康日益受到关注，各种新技术不断涌现，农药学科正面临着新的发展机遇和挑战。

农药学科的起源

农药学科的萌芽阶段　农药作为农业生产的"保护伞"，自刀耕火种的原始农业时代就已应用并有确切的文字记载。约公元前2500年，已有关于用硫黄防虫、治螨的记载，据此推算，农药的发展至今有4500余年的历史。早期人类关于农药的利用和探索，更多的是凭借生活经验，从天然植物或矿物质中提取或经过简单加工而获得一些具有防虫、灭鼠的物质（如烟草、鱼藤、硫黄和石灰等），尚未形成农药的商品概念。约在19世纪中期，三大杀虫植物除虫菊、烟草和鱼藤开始作为商品在市场上销售，但农药研究并未上升到科学层面。

19世纪中后叶，著名的《拜耳斯坦有机化学手册》（1862）和第一代元素周期表（1869）等先后问世，随着化学的发展和化学工业的起步，面对传统农业的生产需求，化学与生物学科交叉助推无机农药的出现及工业化生产，农药逐渐成为化学工业产品，农药研究开始进入科学层面，农药学科呈现萌芽态势。例如，1865年，无机铜盐巴黎绿$[Cu(CH_3COO)_2 \cdot 3Cu(AsO_2)_2]$由颜料工业"嫁接"到农业中来防治马铃薯甲虫，成为农药史上第一个商品化的著名杀虫剂。1878年，另一种颜料副产物、含砷的伦敦紫也成为商品化杀虫剂。特别是1882年，法国波尔多大学植物学家Millardet与化学教授Gayon合作发明的波尔多液可有效地防治葡萄霜霉病，挽救了当时濒临毁灭的法国葡萄种植业。波尔多液作为第一代保护性杀菌剂在世界范围内大规模使用，它不仅开创了农业技术的新纪元，也是化学与生物交叉发现农药的成功典范。另一个典型是杀虫剂砷酸铅的发现，针对分布广、危害严重的杂食性害虫舞毒蛾，1890年，化学家 Moulton 提出制备砷酸铅防治舞毒蛾，生物学家 Fernald 在2年后用试验证明该化合物对舞毒蛾的药效优于其他杀虫剂，并获得"理想的杀虫剂"的美誉，广泛地应用于农业中。

农药学科的奠基阶段　随着人类跨入20世纪，传统农业进入近代农业时期，对粮食的需求日益迫切。此时化学学科和化学工业发展迅速，著名的美国《化学文摘》问世（1907），有关农药的名称首次以"农业毒剂"（Agricultural poisons，1919）出现在其中。农药学研究在科学层面全面展开并取得诸多标志性成果，为农药学科的形成奠定了坚实基础。例如，在20世纪初期至30年代，通过有机化学和分析化学技术，先后解析甚至人工合成出了三大杀虫植物（鱼藤、烟草和除虫菊）的活性成分的结构。1902年，毛鱼藤（Derris elliptica）杀虫成分被确定为鱼藤酮，其结构随后被 F. B. LaForge 和 H. I. Haller 确定；1904年，Pictet 和 Rotschy 首次人工合成烟草的杀虫成分烟碱；1924年，除虫菊Ⅰ和Ⅱ的化学结构也被解析出来，为其后拟除虫菊酯杀虫剂的开发奠定了基础。同时，利用生物学手段，人们发现许多已知化学物质的农药性能，如发现有机汞可作为拌种剂防治黑穗病（1915），氯化苦具有熏蒸杀虫作用（1917），硫氰酸酯对害虫具有触杀活性（1929），4,6-二硝基邻甲酚具有除草作用（1932），吲哚乙酸有植物生长调节作用（1934），五氯酚可作为木材防腐剂（1936）等。同一时期，中国的黄瑞纶首次从雷公藤皮中分离到有杀虫性能的白色晶体，定名为"雷公藤碱"（Tripterygine）（1936），他还在浙江大学开始给学生介绍杀虫剂，在农业化学课程中讲授"农用药剂学"。这些工作为农药学的孕育提供了基石。

20世纪40年代，随着化学尤其是有机化学的蓬勃发展和绿色革命的兴起，有机化合物取代无机化合物成为农药的主体，这一时期数个具有里程碑意义的发现拉开了有机合成农药的序幕。特别是1939年，P. Müller 发现有机氯化合物滴滴涕对马铃薯甲虫等农业害虫和蚊蝇等卫生害虫有优异的防效，并在二次世界大战期间被用于防治疟疾等疾病救治了很多士兵的生命，Müller 因此荣获诺贝尔医学及生理学奖（1948），由此掀起了化学农药研发的热潮。1942—1944年，2,4-滴的植物生长调节活性和选择性除草活性先后被发现，1943年，六六六的广谱杀虫活性尤其是灭蝗能力、代森锌的优异杀菌性能被发现并推向市场，随后，第一个有机磷农药对硫磷和第一个商品化的抗凝血杀鼠剂杀鼠灵问世（1944），具有选择性除草活性的苯胺灵被 ICI 公司开发为除草剂（1945）。这一时期各类有机农药品种的不断出现、大规模生产和应用，为农药学科的形成奠定了强有力的基础。1946年，美国《化学文摘》单独设立"经济毒剂"（Economic poisons）一节，内容涉及驱避剂、杀虫剂、杀鼠剂、杀菌剂、除草剂、落叶剂等。这一时期，中国的北京大学农学院农业化学系已经开展农药学教学工作。1949年9月，北京大学农学院与清华大学农学院、华北大学农学院合并成立北京农业大学，设有农艺、农业化学、土壤、植物病理、昆虫等11个系。其中，农业化学系正式招生30名农药学本科生，成为中国农药学科的孕育之地。

农药学科的发展　20世纪中叶之后，随着二次世界大战后全球经济复苏和绿色革命的快速发展，农业步入现代农业时期，此时，新兴的学科如分子生物学、计算机科学、环境科学等与成熟的化学及化学工业不断碰撞，孕育并诞生了具有交叉性特点的农药学科，具有标志性事件如农药品种及结构的多样化发展、农药学专业的成立及农药学教育体系的形成、农药学专著的出版、农药学期刊的创刊、专业学术团体的成立等。

农药品种及结构的多样性发展　20世纪50年代到60年代末期，有机合成农药呈现结构多样性的发展特点。1952年，瑞士嘉基（Geigy）公司首次报道了氨基甲酸酯类杀虫剂，它与有机氯、有机磷杀虫剂成为这一阶段杀虫药剂的三大支柱，表现出广谱、高效、持效长的特点，但大多高毒。有机除草剂同样发展迅速，先后出现了均三嗪类、脲类、酰胺类、二苯醚类和脲嘧啶类等除草剂，化学除草剂的应用很好地满足了现代农业机械化生产的要求，极大地提高了农业生产效率。这一时期，还先后出现了广谱高效、具有内吸活性的有机杀菌剂，如广谱杀菌剂百菌清，防治叶斑病及草皮病害的杀菌剂敌菌灵，防治稻瘟菌的有机磷杀菌剂稻瘟净，有内吸治疗作用的杀菌剂萎锈灵、苯菌灵等。此外，农用抗生素杀菌剂如春雷霉素、多抗菌素、灭瘟素等开始用于植物病害的防治。

1962年，卡尔森（R. Carson）的《寂静的春天》问世，引起公众对保护环境的重视，推动了农药管理工作的进展，如1963年，中国成立农业部农药检定所，承担中国农药登记管理工作。1970年，美国建立了环境保护局（EPA）并颁布环境保护法，负责农药登记审批工作，有效管控农药负面影响，作物保护向保护作物生态环境转变，促使农药由此向高效、安全、少公害的方向发展。杀虫剂方面，1967年，威廉姆（C. M.William）首次提出"昆虫生长调节剂"作为第三代杀虫剂的设想，随后苯甲酰脲类几丁质合成抑制剂、双酰肼类蜕皮激素抑制剂和保幼激素类似物等30余个品种问世，它们以优异的作用特性和安全性在植物保护中发挥了重要作用，其中美国 Rhom & Haas 开发的 tebufenozide 和 Dow AgroSciences 研发的 hexaflumuron，先后荣获美国总统绿色化学挑战奖——绿色化学品奖（1998，2000）。获此荣誉的还有来源于多刺甘蔗多孢菌（Saccharopolyspora spinosa）发酵液的生物源杀虫剂多杀菌素（spinosad）。此外，拟除虫菊酯类和新烟碱类仿生杀虫剂的成功开发也是这一时期杀虫剂领域的重要突破。杀菌剂方面，兼具保护和治疗作用的内吸性麦角甾醇生物合成抑制剂是此时期的主角，涌现出吗啉类、哌嗪类、咪唑类、三唑类、吡唑类和嘧啶类等多种结构类型，尤以三唑类杀菌剂更为突出，它们的药效比早期的杀菌剂提高一个数量级，可用于防治由子囊菌、担子菌和半知菌纲等引起的作物病害；20世纪90年代，以天然抗菌活性物质 Strobilurin A 为先导开发成功的甲氧基丙烯酸酯类杀菌剂，以其独特的作用机制、广谱高效、环境安全的特点，很快成为杀菌剂市场中的主流。除草剂方面，以磺酰脲类和咪唑啉酮类除草剂为代表的乙酰乳酸合成酶抑制剂类除草剂的出现，开启了除草剂的超高效时代，用量降低到每亩几克，效果比之前的有机除草剂提高两个数量级。主要品种有氯磺隆、甲磺隆、烟嘧磺隆、禾草灵、氟吡乙禾灵、灭草喹等，它们对多种一年或多年生杂草高效，对人畜安全，有效地解决了农业生产中长期存在的草害问题。

农药学专著和工具书的出版　《寂静的春天》一书不仅促使农药品种向高效、环境友好方向发展，也使农药的研究领域由传统的农药化学、生物活性评价向农药分子理性设计、分子作用机制、残留及环境毒理、科学使用技术原理等领域拓展，农药学科内涵日渐丰富。自该书面世至 1980 年不到 20 年的时间内，农药学科产生了许多代表性的研究成果，并在一些标志性的农药学专著或工具书中体现出来。最具代表性的当属享誉农药学领域的权威性工具书《农药手册》（Pesticide Manual）第一版于 1968 年问世，该书最初由英国作物保护协会出版，每 2～3 年更新再版，以增补最新上市农药品种，至今已出至第 19 版（2021 年）。此外，汇编农药常量和残留量分析方法及其原理和新进展的系列丛书《农药和植物生长调节剂的分析方法》，第一卷也于 1963年由美国科学出版社出版。还有农药学不同研究领域的专著也在这一时期如雨后春笋般出现，如《农药工业》（张立言，1965），《农药化学》（Н. Н. Мельников，1968），《农药剂型加工》（W. V. Valkenburg，1973），《土壤和水中的农药》（W. D. Guenzl，1974），《农药与环境》（Н. Н. Мельников，1977），《农药使用方法》（G. A. Matthews，1979），《农药的设计与开发指南》（山本 出，深见顺一，1979），《农药行为的物理学原理》（G. S. Hartley；I.J. Graham-Bryce，1980）等。

农药学专业的成立　1952 年，黄瑞纶倡导把农用药剂学作为一门独立的学科，并经教育部批准在北京农业大学设置了中国第一个农药学专业，专门培养农药学人才，这不仅是当时国内唯一培养农药学人才的学校，也创世界农药学专业教育之先。在农药学专业成立后的短短几年时间里，该校就开设了生物试验法、农药分析、农药合成及植物化学保护等专业课程，并迅速构建了农药合成、加工、分析、生测与应用的教学科研体系。黄瑞纶编著或领衔主编了《几种常用的杀虫剂》（1954）、《杀虫剂剂学》（1956）、《农药》（1956）、《农业害虫的化学防治》（1958）和《植物化学保护》（1959，与赵善欢、方中达合著）5 本专著或教材，它们形成了现代农药学教学体系的基础。自 20 世纪 50 年代末期开始，美国卡西达（J. E. Casida）在威斯康星大学和加州大学伯克利分校为本科生讲授"农药化学与毒理学"课程，在德国、英国和日本等国家也开展了农药学相关的人才培养。

农药学教育体系的形成　1981 年和 1983 年，北京农业大学农药学科分别获硕士、博士学位授予权，1988 年，该学科被国家教委评定为当时全国唯一的农药学国家级重点学科，同时设立"农药学"博士后流动站，至此，农药学"本科 - 硕士 - 博士 - 博士后"的人才培养体系形成。1990 年，学科名称由"农药及农用化学制剂"正式修订为"农药学"，标志着农药的研究从"行业"转变为"科学"。1996 年，中国农业大学农药学学科被列为国家"211 工程"重点建设学科。同期，南开大学建立农药学博士点（1990）和"农药学"博士后流动站（1999）。华中师范大学则分别于 1993

年、1997 年获得农药学硕士和博士学位授予权。1980—2000 年的二十年之间，随着农药学教育体系的形成和学科研究内涵的快速扩展，一批现代农药学教材和教学参考书相继问世，农药学教材如《植物化学保护》（赵善欢，1983）、《杀虫药剂的分子毒理学》（张宗炳等，1987）、《农药制备化学》（司宗兴，1989）、《农药生物测定技术》（陈年春，1991）、《农药分析》（钱传范，1992）、《农药概论》（韩熹莱，1995）、《农药化学》（唐除痴等，1998）、《农药加工及使用技术》（张文吉，1998）、《农药学原理》（吴文君，2000）等，农药学参考书有《国外农药品种手册》（化学工业部农药情报中心站，1980）、《中国农业百科全书：农药卷》（韩熹莱等，1993）、《新农药应用指南》（张文吉，1995）、《新农药研究与开发》（陈万义等，1996）、《农药剂型加工技术》（刘步林等，1998）、《农药生产与合成》（陈万义等，2000）等。

农药学专业学术交流平台的形成　1894 年创刊的《农场化学品》（Farm Chemicals，美国）是世界上最早的农药期刊，但直至 20 世纪 40 年代以后，随着有机合成农药的出现，农药专业性刊物才陆续创刊，如《杀菌剂与杀线虫剂试验》（Fungicide and Nematicide Tests，1945，美国），《农药》（Agricultural Chemicals，1946，日本），《农业与食品化学》（Journal of Agriculture and Food Chemistry，1953，美国），《农药研究》（Agricultural Chemicals Research，1954，日本），《农药时代》（Agrochemicals Age，1954，日本）。中国于 1958 年创刊的《农药》（Agrochemicals），是最早的中文农药专业性期刊，随后，印度《农药》（Pesticide，1967）和《日本农药信息》（Japan Pesticide Information，1969）先后问世；特别是 1970 年以后，专业性的农药期刊逐渐增多。重要的学术刊物有，农药学领域著名的综合性学术刊物《农药科学》（Pesticide Science，1970 年创刊，2000 年更名 Pest Management Science，英国），1971 年创刊的《农药生物化学与生理学》（Pesticide Biochemistry and Physiology，美国），1973 年创刊的《日本农药学会志》（Journal of Pesticide Science），1979 年中国创刊的《世界农药》（World Pesticides，初名《农药工业译丛》，1999 年改为现名）。1980年，以报道中国农药管理和科研技术为特色的刊物《农药科学与管理》（Pesticide Science and Administration，初名《农药检定通讯》，1989 年改为现名）问世。1989 年，农药综述性刊物《农药展望》（Pesticide Outlook，2004 年更名 Outlook on Pest Management，英国）创刊。1999 年，中国农药学领域首个学报级的期刊《农药学学报》（Chinese Journal of Pesticide Science）创刊，并很快成为中国农药学科重要的学术交流平台。同时，农药学是一门交叉性学科，研究内容涉及化学、化工、农业、昆虫、植物病理、杂草、环境、医学等多种学科，除了农药学专业期刊外，农药研究的论文、论述、信息也刊载于与上述学科有关的刊物上，如美国的《化学文摘》（Chemical Abstracts，1907）和《生物学文摘》（Biological Abstracts，1926），英国的《植物病理学报》（Plant pathology，1952），美国的《环境污染与毒理学评论》（Reviews of Environmental Contamination and Toxicology，1962），《杂草科学》（Weed Science，1968），中国的《昆虫学报》（1950）、《植物病理学报》（1955）和《植物保护学报》（1962）等。

1960 年，国际农药工业协会（GIFAP）在比利时成立。1970 年，国际农药分析协作委员会（CIPAC）在英国正式成立。随后，一些国家或地方性的农药学会也陆续成立，如日本农药学会（1975）、中国农药学会（1979）、北京农药学会（1979）和中国农药工业协会（1982）等。此外，一些学术组织下设农药委员会或分会，如著名的国际纯粹与应用化学联合会（International Union of Pure and Applied Chemistry, IUPAC）在其应用化学部设立农药化学委员会，简称 IUPAC 农药化学委员会，美国化学会 1970 年设立农药分会（Division of Agrochemicals），中国植物保护学会 1981 年设立农药使用专业委员会（1995 年改名为农药学分会）等。以上农药学专业性期刊的相继创刊和农药专业学术团体的先后成立，为农药学科的学术交流搭建了很好的平台，对学科的发展发挥了重要的作用。

农药学科的现状 随着 21 世纪的到来，人口增长和资源紧缺的矛盾日益突出，农业进入以可持续发展理念为导向的生态农业时代，旨在粮食安全和生态安全兼得。21 世纪被称为是生物学的世纪，也是互联网技术和人工智能主导的信息时代，各种新兴技术与生态农业交叉融合推动农药学科驶入内涵式、绿色化的快速发展轨道。绿色农药的概念应运而生，2002 年，在第 188 次北京香山科学会议上，中国科学家首次提出"绿色农药"这一概念，并成为农药学科在新世纪发展的指导思想。根据生态农业的需求，借力各种新兴科学技术，农药学主要研究领域由传统的农药合成、加工、生测、分析与应用研究，拓展至农药分子靶标发现、新农药分子合理设计、农药助剂与环保型剂型、农药活性多尺度评价与作用机制、农药药械与施药技术、抗药性及反抗性农药、农药生态风险评估、农药与环境及人类健康等领域。

高效、安全和环境友好的绿色农药成为目前农药市场的主流 基于生物信息学、结构生物学和计算机辅助分子设计等技术，绿色农药的研发从源头的靶标选择和先导发现开始，就十分注重选择性和安全性。与 20 世纪中期的有机合成农药类别以化学结构特征来命名不同，这一时期出现的农药类别则以突出其作用靶标为特征，如鱼尼丁受体(ryanodine receptor, RyR) 类杀虫剂，代表性品种有氟苯虫酰胺、氯虫苯甲酰胺、溴氰虫酰胺、四氯虫酰胺等，这是继 20 世纪 90 年代上市的新烟碱类杀虫剂之后，目前最受市场关注的新型绿色杀虫剂。在杀菌剂领域，琥珀酸脱氢酶抑制剂（succinate dehydrogenase inhibitors, SDHI）类绿色杀菌剂尤其引人注目，虽然早在 1969 年 Uniroyal 公司就首次推出 SDHI 型杀菌剂萎锈灵，但直至 2003 年 BASF 公司上市了第一个广谱性的 SDHI 型杀菌剂啶酰菌胺，并迅速成为销售额达上亿美元的产品后，才受到人们的特别关注，从此开创了新一代 SDHI 型杀菌剂的新纪元。近年来市场上推出联苯吡菌胺、氟吡菌酰胺、双环氟唑菌胺、氟唑菌酰胺和吡噻菌胺等十多个产品，在防治谷物病害和线虫等方面发挥重要作用。与传统杀菌剂须作用于相应的靶标才能发挥作用不同，近年来出现的植物抗病激活剂（plant activator）以其全新作用机理成为植物病害防控领域的新秀，它们能诱导植物本身的免疫机制，使植物获得抗性实现自我保护，从而达到抗病、防病的目的，代表性品种有苯并二噻唑、噻酰菌胺、

异噻菌胺、烯丙异噻唑、毒氟磷等。对羟基苯基丙酮酸双氧化酶（4-hydroxyphenylpyruvate dioxygenase, HPPD）类除草剂，则以其活性高、杀草谱广、化学结构多样、对作物安全性好、与现有除草剂无交互抗性等多重优点，成为目前除草剂市场的主力军，代表性品种有三酮类的磺草酮、硝磺草酮、双环磺草酮、氟吡草酮等，吡唑酮类的苯唑草酮、吡草酮、吡唑特等，及异噁唑酮类的异噁唑草酮。值得一提的是，针对禾本科抗性杂草无药可治的难题，中国创制出环吡氟草酮、苯唑氟草酮、三唑磺草酮 3 个 HPPD 抑制剂，解决了小麦、水稻和玉米等主要粮食作物生产过程中的杂草防除问题。高粱是一种对农药异常敏感的作物，中国创制的 HPPD 抑制剂喹草酮，解决了野糜子、虎尾草、狗尾草、稗草等高粱田恶性杂草防控的技术难题。此外，生物农药在这一时期得以快速发展，昆虫信息素、微生物源农药、植物源农药及活体生物如天敌开始被大量应用，以昆虫信息素为例，在 1991 年出版的第 9 版《农药手册》中只有 5 个商品化品种，而在 2012 年出版的第 16 版《农药手册》中达到 41 个品种。同时，DNA 重组技术及基因编辑技术也越来越受到关注，RNA 农药、多肽农药及转基因抗虫病作物等，或许在生态文明大背景下成为未来农药发展的方向，从美国 Vestaron 公司开发的 Spear® 多肽杀虫剂获 2020 年"美国总统绿色化学挑战奖"（小企业奖）和 2021 年"最佳新生物制剂奖"，已经初见端倪。

基于互联网的农药专业网站、数据库及电子出版物成为目前农药学科信息传播的主要特点 Internet（互联网或因特网）的广泛应用成为 21 世纪信息时代的主要特征之一。同样，Internet 逐渐渗透到农药学的各个领域，农药专业网站、数据库及电子出版物等不断涌现，助力农药学科发展提速。2004 年，第一本有关农药网络信息资源的《Internet 上的农药信息资源》书籍出版，该书系统介绍了 Internet 上的农药信息资源类别、搜索和利用。由于网络信息更新速度很快，网上农药专业信息资源也在与时俱进。前面所述的农药专业性期刊，大多都可以在网络上看到所刊发的内容，著名的《农药手册》也有相应的网络版（Pesticide Manual Online）。一些具有良好声誉的农药网站和数据库，颇受农药学科领域工作者的青睐，如以综合性农药信息为特色的 IUPAC 农药门户网站（http://agrochemicals.iupac.org 或 http://pesticides.iupac.org）、PAN 世界农药行动网（http://www.pan-international.org），农药抗性方面的网站（IRAC 杀虫剂抗性网站：http://www.irac-online.org/，HRAC 除草剂抗性网站：http://www.hracglobal.com/，FRAC 杀菌剂抗性网站：http://www.frac.info/），农药管理信息为特色的 FAO 有害生物与农药管理网站（http://www.fao.org/agriculture/crops/thematic-sitemap/theme/pests/en/）、美国环境保护局（USEPA）农药网站（www.epa.gov/pesticides/）、中国农药信息网（http://www.chinapesticide.org.cn）等。农药专业数据库众多，内容涉及农药理化性质、农药毒性、农药残留与安全、农药分子图谱等，如 EPA 农药事实文件数据库（https://www.epa.gov/safepestcontrol/search-registered-pesticide-products）、欧洲农药数据库（http://ec.europa.eu/food/plant/pesticides/eu-pesticides-database/），EXTOXNET 农药毒性数据库（http://pmep.cce.cornell.edu/profiles/

extoxnet/），国际食品法典农药残留限量标准数据库（http://www.fao.org/fao-who-codexalimentarius/codex-texts/dbs/pestres/en/）等，此外，通过著名的 Scifinder 综合性数据库（https://www.cas.org/products/scifinder），可以获得农药的文献、物质及反应等方面的信息。

中国农药学科发展令人瞩目，跻身具有农药创新能力的国家行列　2001 年，中国农业大学农药学学科再度被评为国家级重点学科，南开大学、华中师范大学和贵州大学的农药学科也先后入选为国家级重点学科。另外，大多农业院校如南京农业大学、西北农林科技大学、华南农业大学等，也在其植物保护一级学科下设有农药学二级学科，进行农药学人才培养和科学研究。还有一些非农口大学如浙江大学、华东理工大学等，也具有特色各异、实力很强的农药学科。中国农药学科呈现欣欣向荣的发展态势。农药学科的快速发展，也得益于近年来国家各部委的持续和大力支持，如"十一五"和"十二五"国家分别设置"农药创制工程"和"绿色生态农药的研发与产业化"科技支撑计划重大项目，"十三五"国家重点研发计划"农业生物药物分子靶标发现与绿色药物分子设计"和"高效低风险小分子农药和制剂研发与示范"等，国家高技术研究发展计划（863 计划）"农业生物药物创制"重大项目，尤其是科技部连续两期支持的国家重点基础研究发展计划（973 计划）项目"绿色化学农药先导结构及作用靶标的发现与研究（2003—2008）"和"分子靶标导向的绿色化学农药创新研究（2010—2014）"，有力地促进了农药学科创新体系、研究平台及人才队伍建设等方面的快速发展。不仅在先导发现、靶标研究、分子合理设计等基础研究方面都取得了长足的进步，并且出现了 50 余个具有自主知识产权的农药创制品种，同时在一些关键技术上有所突破，新农药创制方法和理论得到拓展，使我国成为具有农药自主创新能力的国家。

同时，随着全球化浪潮的兴起，农药学领域的国际交流与合作也越来越频繁，国际知名跨国公司或院校的专家，如美国杜邦公司农药化学专家 Philip Lee、先正达公司农药研发专家 Peter Manienfisch 等被聘为国内一些大学的农药学讲座教授。一系列国际性会议如"农药与环境安全"国际学术研讨会（International Symposium on Pesticide and Environmental Safety，Beijing，2003，2005，2007，2012，2016）、"植保机械与施药技术国际学术研讨会"（International Workshop of Plant Protection Machinery and Application Techniques，Beijing，2008，2010）、"首届绿色农药（农业、工业和卫生领域）国际会议"（International Conference on Ecological Pesticides For Industry, Agriculture and Hygiene，Shanghai，2016）等在中国举办。同时，中国农药学专家先后组团赴日本、澳大利亚、美国和比利时，参加 IUPAC 农药化学国际会议，交流并展示农药学创新成果。

中国的农药工业通过不断创新，产品结构得到持续优化和升级，市场竞争力得到明显提升。2006 年，中国已经超过美国成为世界第一大农药生产国。2011 年，中国农药制剂出口量首次大于原药出口量。2017 年，中国化工以 430 亿美元的价格收购瑞士先正达，当今展现在世界面前的农药强企格局：德国拜耳、巴斯夫，中国先正达，美国科迪华。

2018 年，中国超越德国成为全球农药最大出口国。2021 年 11 月 30 日，据法国《世界报》网站报道（标题：农药——中国的新统治领域），仅用 20 年时间，中国农药生产企业就成功掌控了全球市场。

创立人、奠基人、主要代表人物　农药学科自早期的孕育、萌芽、成长到如今成为学科之林的一棵大树，离不开无数在农药科研、教学、生产、管理及应用等领域工作的人们的精心耕耘和培育，以及化学、化工、生物、农学、环境等学科的专家的鼎力支持和合作。在此，谨以农药学科发展历史上关键事件的倡导者、重要农药品种的发现者、农药学科重要概念的提出者及行业的突出贡献者为例，简要列举如下：

农药学专业的创立者

黄瑞纶（1903—1975）　农业化学家，农药学教育家，中国农药事业的奠基人之一。他主持成立了中国第一个农用药剂学专业（1952），编写中国第一部有影响的农药科学专著《杀虫药剂学》（1954），领衔编写中国第一部植物化学保护方面具有权威性的全国通用教材《植物化学保护》（1959），率先开展植物源杀虫剂化学与活性相结合的研究。50 年代以后，他先后组织力量对六六六的生产加工、配制和对对硫磷、乐果、敌稗进行研制，为建立中国的合成农药工业做出了开拓性贡献。

农药品种发现方面的代表性人物

P.M.A. 米拉德（Pierre-Marie-Alexis Millardet, 1838—1902）杀菌剂波尔多液的发明人。波尔多液是第一个防治植物病害的杀菌剂，第一个在世界范围内得到大规模使用的杀菌剂，开创了农业技术的新纪元。

P. 缪勒（Paul Müller, 1899—1965）　有机氯化合物滴滴涕（DDT）对农业害虫及卫生害虫具有杀虫作用的发现者，滴滴涕杀虫剂对农业生产和人类健康起到重大的作用。为此，他被授予诺贝尔医学及生理学奖（1948），成为农药发展史上的里程碑事件。

G. 施拉德（Gerhard Schrader, 1903—1990）　有机磷农药的先驱。他开发出多种农用有机磷杀虫剂，结束了有机磷化合物局限于理论研究的历史。特别是内吸杀虫剂八甲磷、内吸磷和甲基内吸磷的出现使植物保护剂进入了一个新的发展阶段，他还开拓了有机磷化合物在兽医、仓储、卫生等领域的应用。著有《新有机磷氟杀虫剂进展》（1952）、《新磷酸酯杀虫剂的进展》（1963）等著作。

M. 艾列奥特（Michael Elliott, 1924—2007）　拟除虫菊酯杀虫剂的发现者，他以天然除虫菊素为母体，先后开发出苄呋菊酯、氯氰菊酯、溴氰菊酯等高效低毒杀虫剂，是从植物源活性物质开发为商品化杀虫剂的成功典范。

G. 莱维特（George Levitt, 1925—）　磺酰脲类超高效除草剂的发现者。他于 1976 年发现了磺酰脲类除草剂绿磺隆，用量降低到每亩几克，效果比之前的有机除草剂提高两个数量级，由此开启了除草剂的超高效时代，标志着作物保护技术最重要的进步之一。他因此荣获美国"国家技术奖章"（1993）。

除了上述发现典型农药品种的代表性人物，还有诸多类农药的发现者也被认为颇具代表性，如布特南特（A. Butenandt）于 1959 年首次发现昆虫性信息素蚕蛾醇（ibombykol），创昆虫信息素研究的历史；范达伦（J. J. Van Daalen）于 1972 年发现苯甲酰脲类几丁质合成抑制剂 DU19111，揭开昆虫生长调节剂发展的帷幕；利部 伸三（Kagabu Shinzo）首次发现对刺吸式口器害虫有特效的吡虫啉，开辟新烟碱类杀虫剂超高效时代。

农药学各研究领域的主要奠基人或代表性人物

农药设计、作用机制及抗药性方面　山本 出（Izuru Yamamoto, 1928— ），提出以杀虫剂分子结构和生物活性的构效关系为基础进行设计开发的创制理念。与深见顺一共同主编《农药的设计与开发指南》（1979）。J. E. 卡西达（J. E. Casida, 1929—2018），农药毒理学家，在农药代谢、生化及毒理学研究方面成果卓著，曾获沃尔夫农业奖（the Wolf Prize in Agriculture）等荣誉。龚坤元（1914—1993），农药毒理学家，在害虫抗药性方面进行了开拓性研究，主编《农业害虫综合防治》和《杀虫剂与昆虫毒理进展（1）（2）》等著作。

农药化学方面　杨石先（1897—1985），中国农药化学和元素有机化学奠基人，发现有机磷化合物含磷不同价键的稳定性及生理活性的规律，主持研制多种农药品种新工艺和新技术，成为农药学科理论和技术创新方面奠基性工作。胡秉方（1916—2000），中国有机磷化学和有机磷农药的开拓者之一。他 20 世纪 50 年代关于对硫磷合成路线的研究对中国第一个有机磷杀虫剂（对硫磷）的工业生产做出了重要贡献。陈茹玉（1919—2012），中国有机化学家、农药化学家，在有机磷化学和农药研究方面贡献卓著。张少铭（1908—1997），中国农药化学家，杀菌剂多菌灵的发明者。程暄生（1915—2012），中国农药事业的开创者之一。他在中国首先提出开展拟除虫菊酯类农药研究，先后组织完成胺菊酯、氯菊酯、氯氰菊酯、氰戊菊酯、烯丙菊酯等品种的开发。熊尧（1920—1987），中国农药化学家，对氨基甲酸酯类杀虫剂的发展和在害虫防治上的研究有重要贡献。

农药工业及农药制剂加工　张立言（1916—1997），中国农药工业奠基人之一。领导建立中国第一个有机磷农药厂（天津市农药厂）并投产对硫磷、内吸磷、敌百虫、甲拌磷等产品，推动了中国有机磷农药工业的发展，著有《农药工业》（1965）和《有机磷农药》（1973）。王君奎（1914—2008），中国农业化学家，农药制剂加工的先驱。

绿色农药倡导者及践行者　李正名（1931—2021）著名有机化学家和农药学家，绿色农药的主要倡导者，中国第一个具有自主知识产权的绿色超高效除草剂单嘧磺隆的发现者。

农药学科的基本内容　包括农药的发现、生产、应用、推广、管理等，以及农药学科人才培养。主要研究方向包括新农药分子设计与创制，农药剂型加工，农药活性评价和作用机制，农药分析、残留与环境安全，农药生态毒理与风险评价，农药药械与施药技术、农药科学使用与管理等。

农药学科与植物保护学科（昆虫学、植物病理学）或农业的相互关系

农药学科与植物保护学科（昆虫学、植物病理学）的关系　农药学科是植物保护学科一级学科下属的二级学科，它与昆虫学、植物病理学共同形成植物保护一级学科。同时，农药学的发展也与化学 / 化学工程、生物学 / 生物工程

的发展相辅相成。农药作用机制、生物活性评价，以及基于靶标的新农药分子合理设计与发现等，都需要来自昆虫学、植物病理学的支撑。而新的农药品种是否存在抗药性风险、生态安全风险等，也为昆虫学、植物病理学科提出新的问题和需求。但是，农药学科的背后有相关非农学科和工业作为支撑，存在产品的生产、流通和应用等，因而具有特殊的社会、经济属性，这是它与昆虫学、植物病理学科不同之处。

农药学与农业的主从关系　农药是保证农业粮食稳产的有力工具，每年可挽回因病虫草害造成的损失达 20%~50%。所以，农药学是为农业服务的，它必须围绕农业的需求，时刻关注农业和农民的变化，才能不断创新和发展。当今农业的绿色化、优质化、规模化、设施化、品种多元化等，农民的老年化、兼业化和结构性短缺，都对农药学提出了新的需求，尤其需要加速开发出新的绿色农药产品和省工省力的高效施药技术等。

重要学术机构

世界农药研究机构　主要为各大公司下属的研究单位，也有一些隶属于政府或大学的研究所（室）。美国的杜邦（DuPont）、孟山都（Monsanto）、道化学（Dow Chemical）、罗姆 - 哈斯（Rohm and Haas）公司，瑞士的汽巴 - 嘉基（Ciba-Geigy）、先正达（Syngenta），德国的拜耳（Bayer AG）、巴斯夫（BASF）公司，英国卜内门（ICI）、壳牌（Shell）公司，法国的罗纳 - 普朗克（Rhone-Poulenc）公司，日本的住友化学（Sumitomo Chemic）、三菱化成（Mitsubishi Kasei）公司等均设有农药研究机构，从事农药研究、开发工作。属于政府和大学的代表性农药研究机构：美国农业部农业研究中心天然产物利用研究所（Natural Products Utilization Research Unit, USDA, ARS），加利福尼亚大学伯克利分校的农药化学与毒理学研究室（Pesticide Chemistry and Toxicology Laboratory, University of California at Berkeley, 简称 PCTL），密歇根大学农药研究中心（Pesticide Research Center, Michigan State University），英国洛桑研究所的生物互作与作物保护系（Biointeractions and Crop Protection Department, Rothamsted Research），日本的理化研究所（The Institute of Physical and Chemical Research），京都大学农学院等。

中国农药学术研究机构　中国早期的农药研究主要在大学或有关生物学的研究机构中进行。1930 年浙江省病虫害防治所设置的药剂室是中国最早的农药研究机构。1934 年中央农业试验所病虫害系成立药剂室。1949 年以后，一批农药研究所（室）相继成立，如 1949 年沈阳化工研究院成立，1957 年中国农业科学院植物保护研究所成立，1962 年南开大学元素有机化学研究所成立，1963 年上海农药研究所成立，1966 年江苏农药研究所成立等。其中，沈阳化工研究院是中国规模最大的农药研究机构，设农药合成、农药分析、生物测定、剂型加工、安全评价、情报等研究室及实验车间，从事农药中间体、农药及农药制剂的工业化研究与开发。此外，化工部农药中心情报站亦附设在此。后几经调整，目前该院农药研究业务归属扬农股份全资子公司。

1995 年以来，在国家相关部门的大力支持下，中国先后建立了一批国家级、省部级的农药科技创新研究平台，同

时支持一些有研发能力的高等学校、科研院所以及 40 余家企业建立农药创新研究中心、重点实验室或校企联合研究院等，形成中国农药创新体系的硬件平台。其中，国家级农药科技创新平台：国家南方农药创制中心（包括浙江化工研究院、上海农药研究所、江苏农药研究所、湖南化工研究院四个基地），农药国家工程研究中心（依托南开大学元素有机化学研究所），国家农药创制工程技术研究中心（依托湖南化工研究院），国家生物农药工程技术研究中心（依托湖北省农业科学院），新农药创制与开发国家重点实验室（依托沈阳化工研究院），绿色农药与农业生物工程国家重点实验室培育基地（依托贵州大学精细化工研究开发中心）。省部级农药科技创新平台：农业部农药化学及应用技术重点开放实验室（依托中国农业大学理学院和中国农业科学院植物保护研究所），天然农药与化学生物学教育部重点实验室（依托华南农业大学），绿色农药与农业生物工程教育部重点实验室（依托贵州大学），农药与化学生物学教育部重点实验室（依托华中师范大学），植物生长调节剂教育部工程研究中心（依托中国农业大学）。

农药学科（行业、产业）与社会政治经济的关系　农药是用来防控病虫草鼠及其他有害生物的特殊物质，主要服务于农业、林业、卫生、食品等行业，因此，农药具有特殊的社会属性，农药学科对于国民经济和社会发展具有重要的作用。①农药的政治"烙印"。农药作为保证粮食安全的重要支柱，与国家的安全和稳定紧密相连。不科学安全使用农药可能对人类赖以生存的环境造成破坏，通过从源头研发绿色农药，在农药审评登记、市场监管、农药施用和再评价退市等环节严格把关，可控制农药对环境和食品安全的影响，保障国泰民安。②农药的社会作用。除草剂可以代替人工除草，杀虫剂代替人工除虫，从而使农民从高强度农业劳动中得以解放，提高人民幸福感。同时农药可以预防、控制卫生害虫，保障公共卫生，提升人民生活品质。所以，农药具有特殊的社会功能。农药的社会属性决定了它必然在社会的聚光灯下，接受社会舆论的监督，并由此不断强化管理，趋利避害，开拓创新，推动农药行业健康发展。③农药的经济学特性。农药作为商品，具有一般商品的经济学属性，同时农药作为农业生产资料，又具有自身特殊的经济学特性。与一般商品不同，农药的使用不仅要保证对症下药，施药人的素质、使用方法、施药环境条件和次数等对药效发挥着重要的影响；农药作为农业生产资料，其成效在农业生产过程中得到指数级放大，好的农药促进农业丰收，坏的农药造成农业减产甚至颗粒无收。因此，质量高、服务好的农药会为使用者带来可观的经济效益。

综上，供给人类的食物需要农药保障，人类从繁重的劳动中解放出来需要农药，人类的环境安全和食品安全需要更好的农药，社会的发展和人类的幸福需要农药。因此，在相当长的一段时期内，农药行业不会"夕阳"，还将继续"朝阳"下去，并将随着社会需求的变化不断进行创新和调整，以满足生态文明建设和人民对美好生活的向往需求。

主要学术争议，有待解决的重要课题，以及发展趋向

主要学术争议　①生物农药的定义与内涵？②生物农药能否替代化学农药？③转基因作物的利与弊？一直是引起业界关注和争议的话题。

有待解决的重要课题　①原创性绿色农药分子靶标的发现。农药分子靶标是新农药创制系统工程的源头和根基，因此，如何利用功能基因学、功能蛋白组、生物信息学、AI 技术等，挖掘发现可成药性的绿色农药分子靶标？是农药学待解决的课题。②绿色农药的分子设计。如何利用新的科学技术和手段，从源头设计发现原创性的绿色农药分子以满足生态农业和人类健康需求？也是农药学待解决的课题。③新型植物"疫苗"或调控剂的创制。如何基于植物内在的生长发育机制，创制具有植物免疫调控和生长发育信号调控的物质？是农药学待解决的课题。④经济实用的生物源农药、核酸及多肽农药的研制。如何利用现代合成生物学、基因沉默及编辑技术、人工智能技术等，研制经济实用的生物源农药、核酸及多肽农药，是农药学值得探索的课题。⑤基于多维调控的绿色防控理论。如何构建基于"化学 - 生物 - 免疫 - 生态"协同调控的绿色防控理论体系，指导并服务于生态农业可持续发展？是需要农药学科与其他学科交叉协作解决的课题。

发展趋向　在生态文明建设的可持续发展战略指导下，在生态农业发展的需求下，农药学的研究正朝着控制有害生物与保护生态安全并重的方向发展。日新月异的生物技术，特别是以功能基因组学、蛋白质组学以及结构生物学为代表的生命科学前沿技术和以基因编辑为代表的颠覆性技术，以及合成生物学、高性能计算、人工智能等新兴技术，开始应用于农药学研究的各个领域，将对提高农药原始创新水平、促进农药学科迈上新的台阶具有重大意义。

世界农药科技的发展已经开始进入一个新时代，多学科之间的协同与渗透、新技术之间的交叉与集成、不同行业之间的跨界与整合已经成为新一轮农药科技创新浪潮的鲜明特征。这三大特点的结合，必将推动农药学科的飞跃式发展。更多高效、高选择性、作用机制独特的新农药品种将不断问世，更多智能型对靶高效施药技术等将陆续出现，并服务于未来生态农业乃至智慧农业。

参考文献

傅向升，2022. 石化工业百年史就是一部创新史[R].中国化工报，2022-04-12.

国务院学位委员会第六届学科评议组，2013. 学位授予和人才培养一级学科简介[M].北京: 高等教育出版社.

韩嘉莱，1995.农药概论[M].北京: 中国农业大学出版社.

李正名，2017. 中国农药科技界著名老专家传略[M]. 天津: 南开大学出版社.

钱传范，2002. 纪念黄瑞纶先生百年诞辰[J].农药学学报，4(4):1-2.

石元春，2012. 20世纪中国知名科学家学术成就概览: 农学卷 第二分册[M].北京: 科学出版社.

宋宝安,吴剑,李向阳，2019. 我国农药创新研究回顾及思考[J].农药科学与管理，40(2): 1-10.

吴国强，2021.农药的社会属性[J].农药科学与管理，42(9): 1-5.

徐汉虹，2010. 植物化学保护学[M]. 北京: 中国农业出版社.

杨新玲，2004. Internet上的农药信息资源[M].北京: 化学工业出版社.

张越,杨冬燕,张乃楼,等，2020.植物抗病激活剂研究进展[J].中国科学基金, 34(4): 519-528.

中国农业百科全书总编辑委员会农药卷编辑委员会, 中国农业百科全书编辑部, 1993. 中国农业百科全书: 农药卷[M]. 北京: 农业出版社.

中国农业大学百年校庆丛书编委会, 2005. 百年回眸[M]. 北京: 中国农业大学出版社.

Chemical Abstracts Service(CAS),1907—2017.Chemical Abstracts[M]. American Chemical Society.

MACBEAN C, 2012. The pesticide manual: a world compendium[M]. 16th ed. UK: BCPC.

（撰稿：杨新玲、钱旭红；审稿：陈万义）

《农药学》 *Pesticide Science*

中国农业出版社组织编写的全国高等农林院校"十一五"规划教材。由西北农林科技大学吴文君和山东农业大学罗万春主编，中国农业出版社 2008 年 6 月出版发行。

主编吴文君（1945—）和罗万春（1950—）长期从事有关农药学的教学和科学研究，先后讲授"植物化学保护""农药学""农药毒理学"等课程，在天然产物农药、昆虫毒理学方面的研究取得丰硕成果。

进入 21 世纪后，中国许多高等农业院校在植物保护学院增设了制药工程本科专业，主要培养农药等化工产品研发、生产、使用及管理方面的人才。按照培养规划，该专业开设农药学等专业课程。基于这一背景，由吴文君（西北农林科技大学）、罗万春（山东农业大学）、纪明山（沈阳农业大学）、王金信（山东农业大学）、陶波（东北农业大学）、刘西莉（中国农业大学）、丁伟（西南大学）、胡兆农（西北农林科技大学）、姬志勤（西北农林科技大学）及陈华保（四川农业大学）组成《农药学》编写组写出初稿，主编两次召集编写组成员集体讨论、修改，定稿后又承蒙山东农业大学慕立义教授审阅，最终完成这一统编教材。

该教材对基本概念的表达科学、准确、系统，对农药类别的介绍具有系统性和新颖性。共分 10 章。第一章农药的基本概念及农药学的研究范畴，简要介绍了本学科的学习和研究范畴；第二至第九章分别展示各类杀虫剂、杀螨剂、杀菌剂、杀线虫剂、除草剂、杀软体动物剂、杀鼠剂及植物生长调节剂的发展历史和现状、特性及主要品种；第十章则扼要介绍新农药研发的策略和程序，将学生引入系统的研究领域，健全学科体系。

（撰稿：胡兆农；审稿：杨新玲）

《农药学学报》 *Chinese Journal of Pesticide Science*

由中华人民共和国教育部主管、中国农业大学主办、国内外公开发行的农药学综合性学术刊物，于 1999 年创刊。国内刊号 CN 11-3595/S，国际刊号 ISSN 1008-7303。

现为双月刊。设有专论与综述、研究论文和研究简报等栏目。主要报道农药学各分支学科有创造性的、未发表过的最新研究成果与综合评述，主要涵盖新农药创制及构效关系研究、生物农药的研发及应用、农药制剂研发及应用、农药残留与分析、农药环境与毒理、农药作用机制研究等领域。旨在促进中国农药的原始创新、绿色生产及合理使用，为国内外农药学研究交流提供重要平台。

2019 年组建的第六届编委会由 109 位国内外知名专家学者组成，其中外籍编委 18 人，中国工程院院士 7 人，由中国农业大学周志强教授担任主编。

现为"中国科技核心期刊""中文核心期刊""中国科学引文数据库来源期刊"及"RCCSE 中国核心学术期刊（A）"。先后荣获"百种中国杰出学术期刊""中国精品科技期刊奖""中国高校百佳科技期刊""中国高校精品科技期刊"及"中国农业期刊领军期刊""中国农业期刊最具传播力期刊""中国科技论文在线优秀期刊"等重要奖项。

先后被美国《化学文摘》和 EBSCO 出版集团、俄罗斯《文摘杂志》、英国《动物学记录》《农业与生物科学研究中心文摘》和《剑桥科学文摘》以及日本 JSTChina《日本科学技术振兴集团（中国）数据库》等国外重要检索机构以及多家国内重要数据库收录。

网址：http://www.nyxxb.cn
邮箱：nyxuebao@263.net
电话：010-62733003

（撰稿：金淑惠；审稿：王道全）

《农药学原理》 *Principle of Pesticide Science*

供农药学硕士研究生使用的教材。由西北农林科技大学吴文君主编，中国农业出版社 2000 年 8 月出版发行。

主编吴文君（1945—）长期从事农药学的教学和科学研究。1989 年开始招收农药学硕士研究生，1996 年开始招收农药学博士研究生，培养硕士 72 名，博士 26 名，先后为

农药学研究生开设"农药学原理""农药科学新进展"等课程。曾被国家教委、国家人事部授予全国优秀教师称号，并获全国优秀教师奖章。

20世纪90年代，虽然国内外有关农药某一领域的专著不少，但尚未有专门论述农药学基本理论问题的著作出版。此外，当时中国已先后增设十多个农药学硕士学位授权点，许多院校已将"农药学原理"列为农药学硕士研究生的学位课程，但未有相应的配套教材。为此，吴文君根据自己对农药学主要基本原理的理解，结合自己长期从事农药学教学和科研的实践主编了《农药学原理》。该书既可作为农药学研究生的教科书，也可供从事农药学研究的相关人员参考。

全书共分9章。第一章，农药与人类，主要阐明作者对农药的认识，特别是对农药某些弊病的认识；第二章，农药类型，着重介绍各类农药的基本特征及开发研究进展；第三至第八章则分别介绍了农药的加工原理、农药应用技术原理、农药作用原理、农药代谢原理、农药选择性原理和有害生物抗药性原理；第九章介绍农药创制的基本思路和程序。

（撰稿：胡兆农；审稿：杨新玲）

农药药害　pesticide phytotoxicity

因农药使用不当而引起植物发生的各种病态反应。包括由农药引起的植物组织损伤、生长受阻、植株变态、减产、绝产、甚至死亡等一系列非正常生理变化。

适用范围　适用于田间药效试验。

主要内容　农药药害有轻有重，有急有缓。急性药害是指施药后几小时至几天内即出现症状，一般发生很快，症状明显。大多表现为斑点、失绿、烧伤、凋萎、落花、落果、卷叶畸形、幼嫩组织枯焦等。慢性药害是指施药后不会很快出现药害症状，主要影响作物的生理活动，如出现黄化、生长发育缓慢；畸形、小果、劣果；产量降低或品质变差等。另外，有一些农药在土壤中残留期较长，容易影响后茬作物的生长，称为残留药害。这也是一种慢性药害的表现。产生药害的原因有多个方面，如来自药剂方面的因素，包括农药品种、质量、施用浓度、使用方法和施药时期等；来自作物方面的因素，包括作物品种、生育期和处理部位等；来自环境方面的因素包括温度、湿度、降水、风力风向和土壤质地等；还有人为操作不当等因素。

参考文献

顾宝根, 2007. FAO农药登记药效评审准则简介[J]. 农药科学与管理, 25(1): 35-40.

（撰稿：王晓军；审稿：陈杰）

农药有效利用率　chemical efficiency

从广义上讲，农药有效利用率就是真正发挥病虫害防治作用的药剂占所使用农药总量的比值。

植物保护是现代农业生产的重要环节之一，通过植物保护工作，防止植物在生长过程中遭受病、虫、草害的影响，促进或调节植物的正常生长，保证粮食丰产丰收和农产品有效供应。植物保护的方法较多，有使用各种化学农药制剂（杀虫剂、杀菌剂、除草剂、生长调节剂等）进行的化学防治；有利用生物农药（各种用于防治病、虫、草的生物源制剂，包括细菌、病毒、真菌、线虫、植物生长调节剂和抗病虫草害的转基因植物等）及昆虫、害虫天敌等进行的生物防治；有利用光、热、声等手段进行的物理防治，以及化学、生物和物理等技术相结合进行的综合防治等。

综合防治是今后世界各国病虫草害防治的发展方向。但是与其他防治方法相比，化学防治见效速度快、防治效果好、成本低，在今后相当长的一段时间内，仍将是最主要的病虫草害防治手段，特别是在大面积、突发性的重大病虫害暴发时，只有依靠化学防治才能取得良好的治理效果。联合国粮食及农业组织（FAO）在评价20世纪50年代以后粮食增产时认为化学物质（化肥、农药）的投入贡献率为30%。

化学农药是一把双刃剑，一方面能够控制病、虫、草、鼠害，确保粮食丰产丰收；另一方面，化学农药如果使用不当，它的毒副作用对食品安全、人体健康、环境安全带来危害。随着化学农药越来越广泛地使用，化学农药所带来的负面影响也越来越严重，受到各国政府、团体、民众的重视，中国国家环境保护总局制定的《国家环境保护"十一五"科技发展规划》中将农药环境安全作为重点发展领域与优先主题。据美国Ohio大学的Ozkan教授介绍，美国农药的发展趋势是研究既能保证食品安全又对环境友好的药剂，越来越多的研究也致力于研究高新施药技术与机具以减少农药用量、提高农药有效利用率的工作。目前，中国农药在靶标上的沉积有效利用率不到30%，发达国家的农药利用率在50%左右。为了解决这一问题，当今国内外农药研究工作主要围绕以下几个方面进行。

对喷施质量的评价　包括农药沉积量、覆盖率、沉积均匀性等能够描述农药沉积特点的标准，布点取样方法和检测方法等问题。

对药液雾化、雾滴运动、雾滴沉积等机理方面的基础理论研究　研究分析药液雾化形式、雾化过程及影响因素，测试雾滴在不同情况下的运动特性，建立数学模型，用计算机进行模拟和分析，推导雾滴粒径和速度。

研制各种新型的施药技术和机具，提高作业效率和减少农药损失　如自动对靶喷雾技术、基于"3S"技术的精准喷雾技术、定向风送喷雾技术、循环喷雾技术、防飘喷雾技术等。

随着自动对靶技术、风送喷雾技术、循环喷雾技术、防飘喷雾技术等一系列技术难题的研究与发展，许多新型高效施药机具的相继出现，农药使用量已经从粗放式作业转化为精细作业，但是这里所谓的"精细"只是相对于过去大容量喷淋式作业时的情况。根据目前的施药技术标准，施药技术还是停留在宏观、粗放型作业的范畴之内，因为我们目前评价施药质量的目光还集中在整个地块或整个冠层的药液沉积均匀性，所进行的还是整体无差别施药，而没有将目标范围缩小、分类集中在特定作物、特定区域、特定防治靶标对象，甚至在不同生长时期，实行精细化作业。阻碍施药技术朝向精细作业发展的原因是由于一些基础理论方面的难题还没有解决，这就成为限制施药技术与机具发展的瓶颈，这些难题主要集中在以下几方面：

药液雾化机理　液态农药最终是通过分散成细小雾滴的方式沉积到靶标上才能够发挥药效，药液雾化后产生的雾滴粒径、运动速度、运动方向等动力学特性是显著影响雾滴在靶标上的沉积特性的影响因素。虽然药液雾化的原理已经清楚，是通过药液与空气之间的速度差所产生的剪切力克服液体表面张力与黏性使液体分散，但是目前还没有办法实现可控喷雾，即控制雾滴粒径、雾滴运动速度、雾滴运动方向等，也就无法进一步提高雾滴在靶标上的沉积率。药液雾化是一个非常复杂的过程，包括药液在雾化过程中的能量转化、雾滴与气体之间的能量转化、雾滴与雾滴之间的相互作用等。由于药液雾化过程非常快速，所产生的雾滴粒径小、数量多，雾滴在运动过程中的轨迹不规则，肉眼无法直接观测整个雾化过程，即使凭借高速动态记录系统，也无法实现对细小雾滴的追踪观测，这成为限制我们对药液雾化过程直接观测的难题。由于药液雾化是一个能量转换过程，因此通过能量转换计算也是理解雾化过程的一条途径，随着计算机模拟实验技术的发展，喷头雾化过程可以通过计算机模拟实现，但是由于实际喷雾过程中，影响雾化的因素很多，如药液黏度、表面张力、悬浮颗粒密度大小、喷头内部结构、温度、湿度、外界气流流场等均能够显著影响雾滴沉积。目前的计算机模拟实验精准度有限，模拟出的结果同实际喷雾情况偏差很大。因此通过数学计算、理论推导的方式就目前条件来讲，无法从根本上解释农药药液雾化机理，也就无法实现可控喷雾，这是我们今后需要攻克的科学难题。

农药雾滴在靶标表面的沉积行为　运动的农药雾滴在飞行一段时间后，以一定速度、一定角度与靶标表面碰撞，全部或部分药液沉积在靶标上，药液中的农药有效成分才能够对病虫害起作用，因此决定最终农药有效利用率的因素是农药雾滴在靶标表面的沉积行为。影响雾滴与靶标碰撞的因素是非常复杂的，包括入射雾滴的性质和靶标表面特性。前者包括雾滴的粒径大小、速度大小、入射角、温度以及液体特性，如黏度、表面张力、密度等。靶标表面特性包括表面的温度、表面粗糙度、表面物质组成。农药雾滴与靶标表面碰撞过程与工业领域中的柴油雾滴撞击缸体壁面过程类似，但是条件更为复杂，主要表现在，农药药液成分较柴油或水更复杂，农药药液通常并不是单纯的液相，在使用乳油或可湿性粉剂的时候，改变雾滴碰撞过程中的行为，这一点成为研究雾滴在靶标上沉积行为的难点之一；靶标表面特性更为

复杂，同缸体等表面相对简单、排列具有规律性相比较，作为施药靶标的植物叶片、害虫体表等表面具有表面形状不能够线性描述、表面结构复杂、构成表面的物质成分复杂的特点。比如水稻叶片，通过扫描电镜观察，其叶片表面具有乳突、钩毛、纤毛、刺毛、气孔等表皮组织，并且乳突结构尺寸不一，新鲜叶片上的乳突上还具有纳米结构的蜡质颗粒。同一种药液雾滴在乳突、钩毛、刺毛等不同部位的接触角、前进角、后退角等都不同，因此药液雾滴与水稻叶片不同部位撞击时所发生的液滴形变、液滴内部能量转换等行为也不尽相同，这就造成有的雾滴能够沉积在叶片上，有的雾滴却发生弹跳等不同的结果。通过观测，叶片上的各种表皮组织并不具有区域性分布的特点，而是多种组织混杂在一起，由于这些组织结构尺寸较小（乳突是微纳米结构），因此液滴在叶片上沉积的时候是同时与多种表皮组织碰撞，这就为我们研究雾滴在靶标表面的沉积特性带来了难度，不论是从实验观测还是理论推导，都成为研究施药技术雾滴沉积基础理论的科学难题。除此以外，由于叶片具有弹性，而且在实际喷药过程中是非静止的，因此在研究雾滴与靶标表面碰撞过程中不能够忽略其表面运动、退让等动作的影响，这更增加了对本问题研究的难度。

农药雾滴在复杂力场中的运动规律　施药过程中，人们经常采用气流辅助风送、静电喷雾等技术手段控制雾滴群的运动方向，但是这些技术手段只能够粗略、宏观地控制雾滴群的运动，无法对单个雾滴或小群体雾滴实现精确控制，也就无法进一步增加风送喷雾、静电喷雾技术对农药利用率的提升效果。农药雾滴在雾化后到撞击到靶标表面的过程中受到多种力的作用，主要有重力、气体作用力，如果在静电喷雾情况下还有静电场力，农药雾滴在复杂力场的运动规律研究是目前的一个科学难题。主要体现在，雾滴运动过程中除了重力较为恒定外，气流的作用力、静电场力都与气流场、电力场有关，而冠层中的气流场由于枝条摆动、叶片翻转、外界气流扰动等因素的影响，并不稳定，这就对研究雾滴在气流场中的运动规律带来困难。在静电喷雾条件下，在荷电雾滴群运动的过程中，静电场也是变化不定的，最为复杂的是在冠层内部，电力场更为复杂，无法对雾滴所受的静电力进行计算。当气流辅助风送喷雾技术与静电喷雾技术同时使用时，雾滴同时受气流场与静电场作用，这使得研究细小雾滴在冠层中的受力、运动轨迹极为困难，因此无法实现对单个或小群体雾滴的运动进行精确控制。

影响因素

农药本身特性　如农药剂型，润湿剂润湿性能好，农药在生物体表面展着面积大，农药利用率高；农药粉粒细度直接影响其覆盖均匀度和沉积量，相同重量的粉粒，其颗粒越细，粒度越多，覆盖的面积就越大而且均匀，农药利用率就高。

喷雾机械性能　农药利用率取决于喷雾机械的雾化质量、流量、雾滴大小及分布均匀性。

施药技术　施药技术是保证农药利用率的关键因素，主要包括施药方式和操作规范性。

环境条件　农药的施用受环境条件影响较大，如温度、湿度、光照、土壤、水质、风速等，要根据不同的环境条件

采用不同的施药技术。

靶标植物的冠层结构及表面结构的影响　农药喷雾时，靶标植物的冠层结构及表面结构直接影响农药药液的沉积量，农药利用率通常受生物靶标适应性原则和生物最佳粒径原理影响。

参考文献

戴奋奋，袁会珠，2002. 植保机械与施药技术规范化[M]. 北京: 中国农业科学技术出版社.

何雄奎，2001. "机械施药技术规范"对果园风送式喷雾机的使用效果探讨[J]. 植保机械与清洗机械动态 (4): 7-10.

何雄奎，2002. 植保机械与施药技术[J]. 植保机械与清洗机械动态 (4): 5-8.

何雄奎，2004. 改变我国植保机械和施药技术严重落后的现状[J]. 农业工程学报，20(1): 13-15.

蒋勇，范维澄，廖光煊，等，2000. 喷雾过程液滴不稳定破碎的研究[J]. 火灾科学，9(3): 1-5.

蒋勇，廖光煊，王清安，等，2000. 喷雾过程液滴碰撞—聚合模型研究[J]. 火灾科学，9(2): 27-30.

陶雷，2004. 弧型罩盖减少药液雾滴飘失的理论与试验研究[D]. 北京: 中国农业大学.

陶雷，何雄奎，曾爱军，等，2005. 开口双圆弧罩盖减少雾滴飘失效果的CFD模拟[J]. 农业机械学报，36(1) :35-37.

杨雪玲，2005. 双圆弧罩盖减少雾滴飘失的机理与试验研究[D]. 北京: 中国农业大学.

杨学军，严荷荣，徐赛章，等，2002. 植保机械与施药技术的研究现状及发展趋势[J]. 农业机械学报，33(6): 129-132.

GRZEGORZ D, RYSZARD H, 2000. Environmentally friendly spray techniques for tree crops[J]. Crop protection, 19: 617-622.

HEIJNE B, DORUCHOWSKI G, HOLOWNICKI R, et al, 1997. The developments in spray application techniques in European pome fruit growing[J]. Bulletin OILB/SROP, 20(9): 119-129.

IPACH R, 1992. Reducing drift by way of recycling techniques[J]. KTBL-SCHrift, 353: 258.

MODEBA M L, SALT D W, LEE B E, et al, 1997. Simulating the dynamics of spray droplets in the atmosphere using ballistic and random-walk models combined[J]. Journal of wind engineering and industrial aerodynamics, 67&68: 923-933.

MURPHY S D, et al, 2000. The effect of boom section and nozzle configuration on the risk of spray drift[J]. Journal of agricultural engineering research, 75: 127-137.

OZKAN H E, MIRALLES A, SINFORT C, et al, 1997. Shields to Reduce Spray Drift[J]. Journal of agricultural engineering research, 67: 311-322.

MILLER P C H, HANFIELD D J, 1989. A simulation model of the spray drift from hydraulic nozzles[J]. Journal of agricultural engineering research, 42: 135-147.

REICHARD D L, ZHU H, FOX R D, et al, 1992. Computer simulation of variables that influence spray drift[J]. Transactions of the ASAE 35(5): 1401-1407.

SALYANI M, CROMWELL R P, 1992. Spray drift from ground and aerial applications[J]. Transactions of the ASAE 35(4): 1113-1120.

ZHU H, REICHARD D L, FOX R D, et al, 1994. Simulation of drift of discrete sizes of water droplets from field sprayers[J]. Transactions of the ASAE 37(5): 1401-1407.

（撰稿：何雄奎；审稿：李红军）

农药鱼类毒性　toxicity of pesticide on fish

以鱼类作为实验动物开展农药毒性测试，其结果可为农药对鱼类及相关水生动物的风险评估提供科学依据。

从物种数量上讲，鱼类是脊椎动物当中最为庞大的一个类群，它们是人类蛋白质食物的重要来源。除此之外，鱼类还具有观赏价值。鱼类的分布极其广泛，从淡水的溪流、湖泊、大江大河到咸水的海洋，地表所有水存在的地方几乎都能见到鱼类活跃的身影。农药可通过飘移、挥发以及地表径流等途径污染水体，这无疑会对野生鱼类造成影响。对于养殖鱼类，以往人们认为它们受农药污染影响较小，但是随着饲料的改进和发展，养殖鱼类与作物之间的关系日益密切，它们也有可能通过食用受污染的作物而间接受到农药影响。

农药对鱼类的影响是多方面的。例如拟除虫菊酯类杀虫剂氯氰菊酯（cypermethrin），该农药对鱼类的生长和繁殖均具有不良影响，还可以使鱼类的神经系统和免疫系统发生病变，同时可造成鱼类机体细胞的氧化损伤。农药当中的许多品种对鱼类内分泌活动具有干扰作用。其结果主要表现在：损害生殖、导致性别反转、滞缓发育、改变游动和觅食行为。鱼类是终生生活于水中的脊椎动物。基于取食、避害、求偶等方面的需要，鱼类通常对水体当中的信息化合物十分敏感。农药的存在会干扰甚至破坏鱼类对信息化合物的正常感知。Solomon 等（2013）总结出除草剂对鱼类的毒副作用主要有以下几方面：改变生长发育和繁殖进程、改变应激反应能力、改变嗅觉反应能力、改变行为。除了上述直接影响，通过改变生境（如抑制水草的生长等），农药还会对鱼类产生一些间接影响。

在中国，农药对鱼类的急性毒性起初被划分3个等级：96 小时 LC_{50} < 1mg/L 的为高毒，96 小时 LC_{50} 1~10mg/L 的为中等毒性，96 小时 LC_{50} > 10mg/L 的为低毒（国家环境保护局，1990）。《化学农药环境安全评价试验准则》系列国家标准（第十二部分）在上述划分的基础上增加了一个等级——剧毒：将 96 小时 LC_{50} < 0.1mg/L 的农药划分为剧毒，同时将 96 小时 LC_{50} 0.1~1mg/L 的定义为高毒（中华人民共和国国家质量监督检验检疫总局 / 中国国家标准化管理委员会，2014）。

按照上述标准进行划分，各种有机氯杀虫剂对于鱼类基本上属于剧毒。第一代和第二代拟除虫菊酯类杀虫剂对鱼类的 96 或 48 小时 LC_{50} 多处于 μg/L 或更低水平，按照上述划分标准，它们亦属于剧毒。正因为处于如此高的毒性等级，拟除虫菊酯类杀虫剂目前被禁止在水稻田当中使用。与菊酯类杀虫剂相比，有机磷和氨基甲酸酯类杀虫剂对鱼类的 96 或 48 小时 LC_{50} 在数值上高出很多。尽管如此，它们当中的绝大多数对鱼类仍然处于较高（中等或以上）的毒性等级。有机磷杀虫剂还有一个特点，即同一个品种，其 96 小时或 48 小时 LC$_{50}$ 在不同鱼类之间往往具有很大差别。考虑到有机磷杀虫剂的田间用量，它们对鱼类的风险应该得到充分关注。一些作用于呼吸系统的杀螨剂（如哒螨灵、丁醚脲、溴虫腈）和一些杀软体动物剂（如杀螺胺、三苯基乙酸锡等）对鱼类也具有较高毒性。

参考文献

南京环境科学研究所, 1990. 化学农药环境安全评价试验准则 [J]. 农药科学与管理 (2): 3-9.

FRY J P, LOVE D C, MACDONALD G K, et al, 2016. Environmental health impacts of feeding crops to farmed fish[J]. Environment international, 91: 201-214.

ISMAIL N A H, WEE S Y, ARIS A Z, 2017. Multi-class of endocrine disrupting compounds in aquaculture ecosystems and health impacts in exposed biota[J]. Chemosphere, 188: 375-388.

SOLOMON K R, DALHOFF K, VOLZ D, et al, 2013. 7-Effects of herbicides on fish[J]. Fish physiology, 33: 369-409.

TIERNEY K B, BALDWIN D H, HARA T J, et al, 2010. Olfactory toxicity in fishes[J]. Aquatic toxicology, 96: 2-26.

TIERNEY K B, 2016. Chemical avoidance responses of fishes[J]. Aquatic toxicology, 174: 228-241.

ULLAH S, ZUBERI A, ALAGAWANY M, et al, 2018. Cypermethrin induced toxicities in fish and adverse health outcomes: Its prevention and control measure adaptation[J]. Journal of environmental management, 206: 863-871.

（撰稿：李少南；审稿：蔡磊明）

农药与环境　pesticide and environment

农药与环境的概念，原先属于两个相对独立的科学技术领域，因而具有各自的概念和含义。然而，随着人类社会科技生产力的发展和农药的应用，无论是天然源农药、化学农药或生物农药，在生产、加工制备和使用过程中都会与周围环境发生交换和关联；尤其因为农药的用途属性（在农田环境中广泛使用），农药更是直接、大范围地进入了土壤、水系和大气环境，从而构成了农药与环境的相互关系。

农药的生物活性多种多样（如杀虫、抑菌、除草、调节植物生长或昆虫发育、行为习性等），在病虫害防治和作物生产方面发挥了十分重要的作用。然而，农药也会不同程度地影响农田有益昆虫、土壤微生物群落、鸟类、鱼类和其他野生动物，或者改变其栖息地的生态环境。此外，如果农药在农作物产品中形成残留积累，会对人类食品和动物饲料的安全产生隐患，继而会增加人类的健康风险。

随着科技进步、生产力的发展，农药与环境的关系也在不断变化和发展中。如何正确认识、平衡农药在农业生产中的重要作用和保护生态环境，科学看待农药 - 农业 - 环境三者构成的关系，探索发展生产与保护环境相协调的有效途径，已是人类社会可持续发展迫切需要解决的重大课题之一。

对农药与环境关系问题的研究是从 20 世纪 70 年代初开始的。20 世纪 60 年代，世界范围内大量使用有机氯杀虫剂防治农作物害虫，促进了农业生产的迅速发展。然而，有机氯杀虫剂在环境中的残留期较长，对环境有益生物造成了不同程度的毒害。当时就有人对农药的环境污染问题提出了质疑，并产生了巨大的社会影响，代表作就是 Rachel Carson 女士撰写的《寂静的春天》（ *Silent Spring* ）。在公众舆论和政府推动下，美国于 1970 年成立了环境保护署（Environmental Protection Agency，EPA），其他发达国家也相继在农药登记及管理工作中提出了评价环境影响的试验要求。于是国内外专家、学者和国际农药大公司纷纷开始试验和研究农药对环境的影响。中国也于 20 世纪 80 年代初恢复了农业部农药检定管理所负责的农药登记管理职能，加强农药登记试验管理工作。

农药对环境污染的来源主要是化学合成或发酵工艺过程中产生的"三废"点源污染问题和农药大田应用后形成的残留面源污染问题。"三废"问题，随着绿色化学技术及清洁生产工艺的不断升级，工业点源污染处理技术和控制而有了显著的进步。然而，农业生产中农药的使用品种多、范围广、使用频率高，加之病虫草害的抗药性严重，气候和地理条件不同，使得农药在环境中的残留分布和污染情况差异大，尤其是地表水和地下水污染的问题普遍而突出，进行环境污染治理的难度很大。

中国著名的农药学家陈万义先生曾精辟地论述了农药与环境的内在联系和本质，他认为在 20 世纪 70 年代以前是农药 - 农业的"二极"关系，农药的应用极大地促进了农业生产的发展；20 世纪 70 年代以后，开始形成了农药 - 农业 - 环境的"三极"关系，现代农业的发展需要农药的高效利用，而环境保护政策促进了农药环境安全性的提升，推动了新型、高效、低毒、低残留和生物农药的研发和应用，进而保障了农业生产的可持续发展。

环境科学理论和分析测试技术的发展为农药的环境行为和暴露研究提供了理论基础和技术支撑，而毒理学、生态学及化学理论和试验方法为研究和评价农药的环境效应和人类健康风险奠定了基础，农药环境化学和农药环境毒理学就是在这样的背景下逐步形成为交叉科学。

农药环境化学和环境毒理学是关于如何认识农药化合物在环境介质中的迁移、转化和归趋的规律及相关理论，如何认识农药在生物个体、种群和群落生态系统中的生物富集和降解、在生物体内的代谢、转化过程和毒理学影响，阐明在不同环境介质中农药暴露和非靶生物有害（胁迫）效应的关系，诠释农药在农作物及产地环境中的残留对农产品安全及生态系统影响及危害性，研究与探索农药 - 农业 - 环境三者关系协调的有效途径，探索完善农药环境毒理学理论体系和污染控制技术的学科。中国早期的著名学者赵善欢院士曾在 20 世纪 70 年代后期提出了杀虫剂的田间毒理学理论，其中就涉及了农药对环境有益生物影响的评价。以陈子元院士、樊德方教授和钱传范教授为代表的研究团队在 20 世纪 70 年代开展了农药生态毒理学和环境毒理学研究。陈宗懋院士和蔡道基院士团队在农药化学生态学和环境毒理方法学方面有着前瞻性的研究成就，他们的开创性工作为中国的农药环境问题研究打下了坚实的基础，并且为中国培养了大量农药环境毒理学研究方向的科技人才。

目前一些发达国家的农药环境风险管理和控制技术已趋于完善和成熟。中国的农药环境问题研究，已经从早期的农药残留研究拓展到了生态风险与环境安全的关系、农药的生产、使用与环境、职业健康等的关联性研究上；在管理上，现已采用风险评估结果作为依据来支撑农药登记和风险管理的决策，尤其是通过不断完善试验要求，提升评估技术和试验数据国际互认的水准来提高农药风险评估结论的可靠性；此外，中国政府积极推动农药"零增长"行动方案，在控制农药生产和使用的源头方面发挥了决定性作用，也极大地推动了治理和解决农药环境问题由点到面的深入研究。如今，中国的农药与环境关系研究和农药环境问题管理已接近或达到了发达国家的水准。

参考文献

刘维屏, 2006. 农药环境化学[M]. 北京: 化学工业出版社.

汪立刚, 2011. 土壤残留农药的环境行为与农产品安全[M]. 北京: 中国农业大学出版社.

徐汉虹, 2019. 植物化学保护[M]. 5版. 北京: 中国农业出版社.

叶常明, 王春霞, 金龙珠, 2004. 21世纪的环境化学[M]. 北京: 科学出版社.

张宗炳, 樊德方, 钱传范, 等, 1989. 杀虫药剂的环境毒理学[M]. 北京: 农业出版社.

周启星, 孔繁翔, 朱琳, 2004. 生态毒理学[M]. 北京: 科学出版社.

（撰稿：朱国念、李少南；审稿：单正军、蔡磊明）

农药藻类毒性 toxicity of pesticide on algae

藻类是水生生态系统中主要的生产者，是物质循环和能量流动的基础。作为水体中的初级生产者，藻的种类和其初级生产量直接影响水生态系统的结构和功能，在水体生态系统平衡中起着重要的调节作用。藻类还是土壤生物类群的重要组成部分，对土壤团粒结构的形成及植物生长起重要作用。因此，农药对藻类的影响不容忽视。

农药对藻类的毒性表现为对其毒杀和生长抑制两种损害作用，主要包括对藻类的细胞结构损伤，氧化应激以及对遗传物质，光合、呼吸和固氮作用的影响。农药对藻类细胞结构损伤主要是对细胞膜、叶绿体、线粒体和液泡等的损伤。细胞膜损伤表现在使膜通透性变大；叶绿体损伤表现在类囊体结构松散，基粒数量减少，类囊体层状结构消失，甚至整个叶绿体消失，亚细胞结构中淀粉粒数量增加等；对液泡的影响主要表现在液泡数量增加；对藻细胞形态结构影响主要表现在药剂处理后藻细胞聚集、收缩、变形、膨大等。农药对藻类的氧化应激及损伤影响表现在相关酶活性增加，如超氧化物歧化酶（SOD）、过氧化氢酶（CAT）、过氧化物酶（POD）、丙二醛（MDA）和活性氧含量增加，造成亚细胞结构损伤等。农药对藻类遗传物质的影响主要表现在对藻细胞的 DNA 损伤，通常通过单细胞凝胶电泳方法（也称彗星试验），以藻细胞尾部 DNA 含量升高程度表示危害大小，含量越高危害越大。农药对藻类光合作用的影响表现在影响光合色素合成，降低藻细胞内叶绿素 a/b、总叶绿素和类胡萝卜素含量，阻断光系统 Ⅱ 复合体中的电子传递，导致藻类光系统 Ⅱ 的量子产率降低等。农药对藻类呼吸作用的抑制表现在线粒体上抑制三磷酸腺苷活性，抑制 ^{14}C 从 $^{14}CO_2$ 转化为 C4- 二羧酸途径。对固氮作用主要是抑制固氮酶活性。

水体藻类群落结构的变化能直接或间接地反映水环境的状况。所以通过监测藻类的群落组成、数量变化、优势种和生理生化特点可以对水质做出准确评价。同时，以藻类作为指示生物监测水质，不会引起二次污染，具有方便、快速、灵敏、长期性等优点。因此，藻类监测被国内外广泛运用。早在 1908 年，德国科学家 Kolkwitz Marrson 即将藻类植物作为指示生物用于水质监测。

微藻一般是指在显微镜下才能辨别的单细胞藻类，微藻作为初级生产者，个体微小、世代时间短、对环境效应相对敏感，可以在短时间内表达环境污染物对其多代的影响，且其毒性实验方法简单易行。1980 年以来，微藻对水体污染物的监测越来越受到重视，其种属中的羊角月牙藻（*Pseudokirchneriella subcapitata*）和斜生栅列藻（*Desmodesmus subspicatus*）等被经济合作与发展组织（OECD）规定为环境污染物监测的非靶标生物，其毒性研究可为环境污染物评价提供参考。因此，农药对藻类的毒性影响也是评价农药对水环境安全性的一项重要指标。

农药对藻类细胞造成损伤的能力，通常以导致 $x\%$（例如 50%）的藻类细胞生长抑制的浓度 EC_x（例如 EC_{50}）表示。具体测试指标有藻细胞数、干重、光密度和叶绿素荧光分析等。

国际上供农药毒性试验用的藻种有斜生栅列藻（*Desmodesmus subspicatus*）或羊角月牙藻（*Pseudokirchneriella subcapilala*）、水华鱼腥藻（*Anabaena flos-aquae*）、聚球藻（*Synechococcus leopoliensis*）和普通小球藻（*Chlorella vulgaris*）等。在中国，这些藻种分布广泛，但常用普通小球藻作为试验藻种。

农药对藻类的毒性等级划分一般参照 GB/T 31270.14—2014，按 72 小时的藻类生长抑制半效应浓度 EC_{50} 划分见表。

农药对藻类的毒性等级划分

等级	划分
低毒	$EC_{50} \geqslant 3.0mg/L$
中毒	$0.3 < EC_{50} \leqslant 3.0mg/L$
高毒	$EC_{50} \leqslant 0.3mg/L$

参考文献

冯佳, 2016. 汾河上游游浮植物及水质评价[M]. 北京: 海洋出版社.

刘刚, 2014. 《化学农药环境安全评价试验准则》系列国家准则标准发布[J]. 农药科学与管理, 35(11): 15.

秦文弟, 2004. 应用藻类监测农药对环境污染的现状[J]. 丽水师范专科学校学报, 26(2): 46-48.

严国安, 沈国兴, 严雪, 等, 1999. 农药对藻类的生态毒理学研究 I: 毒性效应[J]. 环境科学进展, 7(5): 96-106.

AFFUM A O, ACQUAAH S O, OSAE S D, et al, 2018. Distribution and risk assessment of banned and other current-use pesticides in surface and groundwaters consumed in an agricultural catchment dominated by cocoa crops in the Ankobra Basin, Ghana[J]. Science of the total environment, 633: 630-640.

CHENG C, HUANG L, MA R, et al, 2015. Enantioselective toxicity of lactofen and its metabolites in *Scenedesmus obliquus*[J]. Algal research, 10: 72-79.

DELORENZO M E, SCOTT G I, ROSS P E, 2001. Toxicity of pesticides to aquatic microorganisms: a review[J]. Environmental toxicology & chemistry, 20(1): 84-98.

LIU H, XIA Y, CAI W, et al, 2017. Enantioselective oxidative stress and oxidative damage caused by Rac- and S-metolachlor to *Scenedesmus obliquus*[J]. Chemosphere, 173: 22-30.

SMEDBOL E, LUCOTTE M, LABRECQUE M, et al, 2017. Phytoplankton growth and PSII efficiency sensitivity to a glyphosate-based herbicide (Factor 540©). [J]. Aquatic toxicology, 192: 265-273.

YOTSOVA E K, STEFANOV M A, DOBRIKOVA A G, et al, 2017. Different sensitivities of photosystem II in green algae and cyanobacteria to phenylurea and phenol-type herbicides: effect on electron donor side[J]. Zeitschrift fur naturforschung C, 72(7/8): 315-324.

（撰稿：王成菊；审稿：李少南）

农药蒸气压 vapor pressure of pesticide

固态或液态纯农药在一定温度下，与自身蒸气压达到平衡状态时农药蒸气的分压。农药蒸气压是农药的一个重要的物理性质，可用于描述农药从固态或液态中挥发的程度。农药从施药后的农田环境或在生产、储存过程中进入空气环境，在很大程度上与农药蒸气压有关。当蒸气压过大时，农药会因其有效成分的挥发而失去效果，而且也会污染与有害生物防治无关的地区，对人类及其他生物造成不良后果。因此，农药蒸气压在一定程度上也能反映农药在生产和使用中的危险程度，尤其对于高毒农药。

农药蒸气压服从一般气体定律。根据 Gibbs 相规则（自由度 = 组分数－相数 +2），对于平衡分配在两相的单一化学物质，其自由度为 1。纯农药的蒸气压只与温度有关，与体积无关。当温度一定时，纯农药的蒸气压是一定的。农药在水溶液中的蒸气压除水的蒸气压之外，还有空气中原有组分存在的压力（假设空气与农药气体无相互作用），此时农药蒸气压受到农药表面其他气体的影响也发生相应变化。液体农药的蒸气压随着外压的增加而增大。分子间作用也会影响农药蒸气压。不同农药的组成不同，分子间的范德华力也不同。农药分子间范德华力愈强，分子间作用愈牢固，农药蒸气压愈小。

农药蒸气压多通过求取沸点和临界温度之间的精确关系来估算。实验室测定蒸气压的方法包括气体饱和法、静态法、动态法、蒸气平衡法和蒸气压力计法等。不同的测定方法适用于一定蒸气压范围的化合物，如气体饱和法可测定的蒸气压范围为 $1.33 \times 10^{-6} \sim 1.33 \times 10^{3}$ Pa。该法可用于测定大多数的农药蒸气压。

参考文献

刘维屏, 1990. 大学化学新实验[M]. 杭州: 浙江大学出版社.

杨频, 1987. 性能—结构—化学键[M]. 北京: 高等教育出版社.

中国农业百科全书总编辑委员会农药卷编辑委员会, 中国农业百科全书编辑部, 1993. 中国农业百科全书: 农药卷[M]. 北京: 农业出版社.

（撰稿：秦曙；审稿：单正军）

《农药制剂加工实验》 *The Processing Experiment of Pesticide Formulation*

实验教学类教材。由中国农业大学吴学民主编，化学工业出版社于 2009 年 1 月出版发行第一版，2014 年 8 月出版发行第二版。

主编吴学民多年来一直从事农药原药、制剂和助剂的开发与应用等方面的研究与教学工作，现任中国农业大学教授，博士生导师，其带领的研究团队在国内制剂领域具有先进水平。

中国农业大学理学院应用化学系农药加工与制剂实验室，开设农药制剂学实验课程已有 20 余年，为提高农药制剂学实验教学水平，吴学民团队根据多年的教学讲义编写该书。共分 17 章。第一章和第二章介绍了助剂在农药制剂稳定性和质量提升中的重要作用，主要介绍了助剂 HLB 值的粗略估计以及润湿铺展试验；第三章至第十六章重点介绍了农药制剂中常规剂型的配方开发以及质量检测指标和方法，包括乳油、可湿性粉剂、悬浮剂、水乳剂、微乳剂、微囊悬浮剂等；第十七章重点介绍了 FAO 关于农药制剂产品理化性质的相关标准及对应的 CIPAC 检测方法，便于农药制剂初学者参考。同时为了使中国农药制剂产品质量达到国际标准，该书在最后一章增加了 FAO、OECD、CIPAC 等相关国际标准，便于大家参考查阅。

该书是一本通俗实用的基础性实验教材，可供高等院校农药学专业教师、学生以及广大农药制剂行业从业者参考使用，对农药制剂学教学水平的提升具有重要的作用。

（撰稿：吴学民；审稿：杨新玲）

《农药制剂学》 *Pesticide Formulation*

由中国农业出版社组织编写的全国高等农林院校"十一五"规划教材，由山东农业大学王开运主编，全国 10 所农林院校的教师参加，中国农业出版社于 2009 年 8 月出版发行。

主编王开运（1954—），多年来一直从事农药毒理与有害生物抗药性、农药剂型加工与科学使用、蔬菜连作土壤的生态改良和农产品质量安全等研究与教学工作。

"农药制剂学"是为"制药工程"专业农药制药方向设立的一门专业课，课程的主要任务是使学生学习和掌握农药制剂制造的基本原理、助剂的类型和作用、制造工艺、质量要求、混合剂的研发和成品包装等。

现代农业的发展目标是既要生产更加安全的农产品，又要建立优良的农业生态环境。因此，21 世纪的农业生产对农药的品种、剂型和使用的要求更加严格。长期以来，在中国农药剂型中占较大比例且严重污染环境的粉剂已基本停产，可湿性粉剂和乳油等易对环境污染的剂型正不断被改进，或被水基化和环保型剂型所取代。发展农药新剂型和新助剂，逐步改善中国的农药剂型结构，不断满足现代农业生产的需要，是目前农药制剂学研究的主要任务。农药混合剂是中国目前农药发展中的一大支柱。由于中国农药创新能力还相对薄弱，世界上新农药开发也越来越困难，发展混合剂是延长农药使用寿命、改善应用特点和弥补农药需求与开发之间矛盾的有效途径。同时，混合剂的研发也极大拓展了农药制剂学的研究领域，发达国家也十分重视，农药混合剂的研发和使用十分普遍。农药商品包装已成为农药制剂学的重要组成部分，适度包装、包装材料与农药剂型特点相配套，更加有利于农药的安全储运、降低成本、减少污染和扩大品牌的影响力，因此，其内容也应是农药制剂学所涵盖的。全书共分 5 章：农药剂型加工的基本原理、农药助剂、农药制剂技术、农药混合剂、农药商品包装。

（撰稿：王开运；审稿：杨新玲）

农药质量 pesticide quality

农药应对生态环境友好、对农产品和人畜安全、生物活性高且方便使用，必须符合规定的产品质量标准。农药产品质量标准的核心内容是一组与产品性状、组成、理化性质、稳定性要求等相关的可测量参数，用于保证产品的适用性和安全性。

原药和母药 原药和母药主要用于制剂的生产，其质量指标主要围绕储存、运输、生产过程中的安全性和稳定性设立。原药和母药的产品规格或标准包括外观、有效成分含量、相关杂质含量、其他限制性组分含量、酸/碱度或 pH 范围、水分或干燥减量，以及不溶物质量分数。这些产品规格指标关系到该产品的效果、加工过程中的稳定性以及对相关杂质的要求。原药的有效成分含量一般标示最低值，低于标示值意味着质量不达标，而母药的有效成分含量的标示为示值 ± 允许波动范围，在范围内的表明质量合格。相关杂质指与农药有效成分相比，产品在生产或储存过程中所含有的对人类或环境安全具有明显的毒理学危害、或对适用作物产生药害、或引起农产品污染、或影响农药产品质量稳定性、或引起其他不良影响的杂质，农药产品规格中应标明其最高允许含量，高于该值即为质量不合格。其他限制性组分一般指添加的安全剂或稳定剂等，其含量使用示值 ± 允许波动范围形式作为控制指标。

制剂产品 随着农药行业的发展，农药制剂由注重防治效果日益转向考虑环境安全，农药制剂产品用于农业生产或卫生防治等方面，其质量要求也越来越注重安全性。农药制剂产品的部分指标与原药和母药的要求相同，但不同剂型的制剂因储存、运输、使用过程中安全性、稳定性、使用率，以及防止药害等方面的需求，需要根据制剂类型分别规定其质量控制指标。

储存稳定性 所有制剂产品均需对其储存稳定性进行控制：固体制剂类需对其热储稳定性进行测定，液体制剂需测定其低温稳定性和热储稳定性，对于各类微囊悬浮剂等复合剂型的制剂需测定其冻融稳定性，这些指标用于衡量农药制剂产品是否可以有效保存，在存储过程中有效成分及相关杂质的含量，以及其他理化性状不会发生较大的变化而影响使用。

表面性质和附着性质 用于控制产品在储运中脱落、磨损的影响，以及快速有效地进行使用等，包括下列内容：①润湿性。用于衡量制剂被水润湿的速度，适用于需溶解或用水分散使用的固体制剂，如可湿性粉剂、水分散粒剂、可溶粉剂等。②持久起泡性。主要衡量其使用中在加水稀释时药液中产生的泡沫量，适用于用水稀释的所有制剂，如乳油、悬浮剂、可湿性粉剂等。③湿筛试验和干筛试验。前者用于衡量不溶物的量是否对施药设备的喷嘴或滤网的堵塞情况，后者衡量固体制剂的结块情况。湿筛试验适用于可湿性粉剂、悬浮剂、水分散粒剂等，干筛试验适用于粉剂和种子处理干粉剂。④粒度范围。用于衡量颗粒状制剂是否有符合运输和施药均匀要求的颗粒大小范围，适用于颗粒剂。⑤粉尘。用于衡量颗粒状制剂的粉尘量，通过控制该质量指标进一步保障储运的安全以及施药者的健康安全，适用于颗粒剂、水分散粒剂、可溶粒剂等。⑥耐磨性（脱落率和破损率）和磨损率。分别用于衡量颗粒状制剂和片状制剂在运输过程中产生的粉尘量，控制其对使用及其他方面造成安全风险，前者适用于颗粒剂、水分散粒剂、乳粒剂等，后者适用于可分散片剂、可溶片剂、片剂等。⑦包衣脱落率（附着性）。衡量种子处理类制剂在种子上的附着程度，适用于所有种子处理剂型的农药。⑧堆密度（松密度、实密度）。衡量颗粒状制剂单位容积的质量，主要为包装、储运和使用提

N

供必要信息。

分散性质　①分散性和自发分散性。用于衡量制剂是否适合用水稀释，快速分散，适用于水分散粒剂、微囊悬浮剂、微囊悬浮 - 悬浮剂等。②崩解时间。用于衡量相关制剂是否能够在水中迅速崩解，以及良好溶解或分散，适用于水分散粒剂、可溶片剂、可分散片剂等。③悬浮率、分散稳定性和乳液稳定性。均用于衡量制剂兑水使用时药液中有效成分分散与分布的均匀性，不同制剂兑水形成悬浮液或乳状液，这些指标分别适用于相对应制剂的分散性质评价。

流动性质　①倾倒性。用于衡量制剂是否易于从容器中倒出，保证制剂的有效使用和降低包装中残存制剂对环境的污染，适用于悬浮剂、水乳剂、可分散油悬浮剂等具有一定黏度的制剂。②黏度。用于衡量悬浮剂、水乳剂、种衣处理悬浮剂、超低容量液剂等特定液体制剂的流动性质，也可以作为衡量悬浮体系或乳状液制剂体系的储存物理稳定性。

溶液与溶解性质　①酸度、碱度或 pH 范围。对该质量指标的掌握，用于有效降低农药中有效成分的分解、对容器的腐蚀及对农药产品制剂理化性质的影响，该指标适用范围取决于农药有效成分的理化性质。②与烃油的混溶性。衡量制剂用油分散是否能形成均匀的混合物，适用于油剂。③溶解程度和（或）溶液稳定性（稀释稳定性）。用于衡量水溶性制剂是否易溶于水，是否会形成沉淀或絮凝物，适用于所有水溶性制剂。④水溶性袋的溶解速率。用于衡量适用水溶性袋进行包装的制剂在使用过程中是否能够有效分散，是否会堵塞施药设备的喷头和滤网等，适用于所有用水溶性袋进行包装的制剂。

其他　①有效成分释放速度。用于衡量缓释剂型的农药产品是否能够依据设定方式或可控的方式进行有效成分的释放，适用于所有农药缓释剂型。②游离有效成分。用于衡量微囊化缓释制剂未包覆在微囊中的有效成分的比例，适用于所有微囊化制剂。③保留指数或释放指数。主要衡量长效防蚊帐是否能够在使用中长期有效保持有效成分，适用于长效防蚊帐。

参考文献

联合国粮食及农业组织和世界卫生组织农药标准联席会议，2012. 联合国粮食及农业组织和世界卫生组织农药标准制定和使用手册: 农药标准[M]. 2版. 北京: 中国农业出版社.

NY/T 2989—2016 农药登记产品规格制定规范.

（撰稿：吴迪；审稿：黄啟良、李国平）

农药质量标准　pesticide specification

农药产品达到预期防治效果所需要的质量指标与农药生产企业能够达到的质量指标的合理规定。其内容包括产品外观、有效成分、安全剂、稳定剂、增效剂等其他限制性组分含量、相关杂质限量、物理性质和包装储运要求等质量控制技术指标及检测方法。通常作为农药生产企业与用户之间购销合同的组成部分，也是法定质量监督检验机构对市场上流通的农药产品进行抽查检验的依据。为规范农药质量标准，需要对不同标准中某些相同项目指标制定统一的标准检验方法，称为方法标准。常用的农药剂型还制定了标准规范（specification guidelines），以使不同农药的相同剂型标准的内容和表述方式规范化。方法标准和标准规范均属于农药质量标准范畴。

20 世纪 50 年代，世界卫生组织（WHO）购买了一批 50% 的滴滴涕可湿性粉剂产品以实施一项消灭蚊虫、控制疟疾流行的计划。但经过长期储运后产品变成了坚硬的块状物，虽经权威实验室检验证明滴滴涕含量仍符合合同规定的要求，但产品因丧失了悬浮性而无法使用。由于合同中仅规定了有效成分含量而无其他技术指标要求，WHO 无法据此向制造商索赔。由此导致 WHO 于 1953 年制定并发布了第一批卫生杀虫剂标准。最初的农药质量标准仅包含少数几项指标，随着标准研究工作的不断深入，农药质量标准的指标内容才逐渐完善。

2000 年之前，联合国粮食及农业组织（FAO）和 WHO 分别为农用农药和公共卫生用农药制定标准。2001 年 FAO 和 WHO 签署《谅解备忘录》，同意 FAO 和 WHO 的标准专家委员会一起工作，即为 FAO/WHO 农药标准联席会议（JMPS），并于 2002 年出版了《FAO/WHO 农药标准制定和使用手册》。截至 2017 年年底，FAO 和 WHO 于 2000 之前制定的老标准共有 150 个（以农药品种计）；于 2000 之后制定的新标准共有 129 个（以农药品种计）。FAO/WHO 标准中所用方法大部分为国际农药分析协作委员会（CIPAC）发布的方法，CIPAC 自 1957 年成立至今，共发布了 400 多个农药有效成分分析方法（M 系列）、200 多个农药理化性质分析方法（MT 系列）以及部分试剂分析方法。

中国于 1966 年由原化学工业部发布了第一批农药标准。1984 年成立了化工部农药标准审查委员会。1988 年成立了国家技术监督局领导下的全国农药标准化技术委员会，负责农药国家标准和行业标准的评审工作。截至 2018 年年底共发布农药质量国家标准和行业标准共 441 项。

制定依据　制定农药质量标准主要有两个方面的依据：一是落实《农产品质量安全法》和《食品安全法》中对农业投入品管理的要求，加强对农业投入品质量的监督管理，从源头上保障农产品质量安全问题。《农产品质量安全法》第二十一条规定：国务院农业行政主管部门和省、自治区、直辖市人民政府农业行政主管部门应当定期对可能危及农产品质量安全的农药、兽药、饲料和饲料添加剂、肥料等农业投入品进行监督抽查，并公布抽查结果。农药质量标准是对农药产品进行市场监督抽查的依据；二是贯彻实施《农药管理条例》的要求。《农药管理条例》第十一条规定：农药生产企业应当严格按照产品质量标准进行生产，确保农药产品与登记农药一致。农药出厂销售，应当经质量检验合格并附具产品质量检验合格证。《农药管理条例》第十三条规定：国务院农业主管部门应当及时公告农药登记证核发、延续、变更情况以及有关的农药产品质量标准号、残留限量规定、检验方法、经核准的标签等信息。

分类　农药质量标准按制定主体不同划分为国际标准和国内标准。国际标准有 FAO 标准、WHO 标准以及 FAO/WHO 联席标准。由申请人向 FAO 和（或）WHO 提出申请，经 FAO/WHO 农药标准联席会议（JMPS）评审并提出建议，经 FAO 和（或）WHO 审核通过后发布。

中国农药质量标准按照自 2018 年 1 月 1 日起施行的《中华人民共和国标准化法》分为国家标准、行业标准、地方标准、团体标准和企业标准。

农药国家标准 由国务院标准化行政主管部门——国家市场监督管理总局及相应的国家标准化管理委员会制定，统一编制标准制修订计划、组织起草、统一审批、编号、发布。农药国家标准又分为强制性标准和推荐性标准。对保障人身健康和生命财产安全、国家安全、生态环境安全以及满足经济社会管理基本需要的技术要求，应当制定强制性标准。对于满足基础通用、与强制性国家农药标准配套、对各有关行业起引领作用等需要的技术要求，可以制定推荐性国家农药标准。当前，只有与食品安全密切相关的农药残留限量及检测方法，按照《食品安全法》规定，制定强制性的食品安全国家标准，其他均为推荐性标准。国务院标准化行政主管部门和国务院有关行政主管部门负责建立标准实施信息和评估机制，根据反馈和评估情况对国家标准进行复审，复审周期一般不超过 5 年。复审后对不适用经济社会发展需要和技术进步的标准应当及时修订或者废止。

农药行业标准 是对没有国家农药标准而又需要在全国农药行业范围内统一的技术要求所制定的标准。农药行业标准不得与有关国家标准相抵触。有关行业标准之间应保持协调、统一，不得重复，相互矛盾。行业标准在应用较好的情况下，可以上升为国家标准，并在相应的国家标准实施后即行废止。行业标准由国务院有关行政主管部门归口统一管理。

农药地方标准 又名区域标准。是对没有国家标准和行业标准而又需要在省、自治区、直辖市范围内统一的技术要求制定的标准。农药地方标准由省、自治区、直辖市标准化行政主管部门制定，并报国务院标准化行政主管部门和国务院有关行政主管部门备案，在公布国家标准或者行业标准之后，地方标准即应废止。

农药团体标准 是由农药相关团体，按照团体确立的标准制定程序、自主制定发布的、由社会自愿采用的标准。农药团体是指具有法人资格，且具备相应专业技术能力、标准化工作能力和组织管理能力的学会、协会、商会、联合会和产业技术联盟等农药相关的社会团体。

农药企业标准 是在农药企业范围内对需要协调统一的技术要求所制定的标准，是农药企业组织农药生产、经营活动的依据。农药企业标准可以参照已有的国家标准或行业标准或地方标准执行，国家鼓励企业自行制定严于上述标准的企业标准。企业标准主要由农药企业自行起草、制定，也可以由农药管理、农药生产、农药科研等单位共同起草制定，由企业法人代表或法人代表授权的主管领导批准、发布，企业标准号一般以"Q"开头。

除企业标准由省级以上技术监督部门备案外，其他类型的农药质量标准需经过标准行政管理部门批准并发布实施，具有合法性和普遍性，原则上低一级标准的技术指标不得低于高一级标准的技术指标。

（撰稿：宋俊华、张宏军；审稿：高希武）

农药质量监督 pesticide quality supervision

为确保农药的安全性和有效性，防止不合格的农药产品进入流通领域，以保护农业生产和消费者的利益，国家各级农业行政主管部门针对已登记并进入流通领域的农药产品进行抽查检验，评价其质量与登记批准且现行有效的农药产品标准相符合的程度，并提出处理意见的过程。

在农药管理过程中，农药质量监督始终是农药管理的中心环节之一。美国在 20 世纪 40 年代，日本在 20 世纪 50 年代，中国在 20 世纪 80 年代的农药管理都把质量监督作为管理的重点。在上述阶段，各国农药工业迅速发展，而农药管理法规尚不完善。农药管理行政部门依据一定的法规或行政文件对产品质量进行监督检验，对不合格产品的制造销售者给予行政或法律处罚，以促进农药产品质量的提高。

近年来，随着生产力的发展和科学技术水平及农药检测技术的快速提高，农药质量问题逐渐得到了有效解决，农药毒性、残留、环境影响及风险评估等已成为各国农药管理的重点，但农药质量管理仍是基础。

各国因农药管理的法律、法规及管理机制等有所不同，农药质量监督体系也存在较大差异。中国农药质量监督主要有国家监督和登记监督两种。

国家监督 由国家市场监督管理总局领导实施。在原国家技术监督局的指导下，1986 年和 1987 年中国先后设立了北京和沈阳两个国家农药质量监督检验测试中心，是可向社会出具公正数据的第三方权威机构。其主要任务：承担国家技术监督局下达的全国农药产品质量监督抽查；农药产品的质量检验和质量争议的仲裁检验；标准的制订与修订；农药分析方法和测试技术的研究；新产品投产前的鉴定；优质产品评定检验；开展国内外技术交流；为地方和有关单位培训农药分析技术人员。地方技术监督行政部门在辖区范围内设立农药质量监督检验站，负责辖区内农药质量监督检验工作。国家农药质量检测中心和各地方农药质量检测站每年不定期地对辖区内农药产品进行抽查，对于不合格产品，技术监督行政部门公布生产企业名单并责令其停产整顿直至重新抽查检验合格。

登记监督 农药登记监督系统是以农业农村部农药管理司和农药检定所为中心，由各地方农药检定机构组成的全国农药检测网络。各农药检定机构负责对辖区内的农药产品质量进行定期监督和抽查，承担送检样品的分析和仲裁检验，查处伪劣农药，处理药害事故，及时通报农药质量情况。通过行政主管部门处理农药产品质量问题，以保证农药产品质量符合登记批准且现行有效的农药产品标准。对质量低劣而又长期不改进的产品，可建议取消其登记。

（撰稿：张宏军、宋俊华；审稿：高希武）

农药致突变性 pesticides mutagenesis

某些农药有效成分具有诱发遗传物质发生改变的特性。能引起突变的物质称为致突变物。又名诱变剂。由于诱变剂能损伤遗传物质，所以也被称为遗传毒物，遗传毒物的生物学效应称为遗传毒性。遗传毒性比致突变性有更广泛的终点，其效应可能转变为突变，也可能被修复。

农药致突变性是农药的重要毒性之一，且农药的致突变性可能与遗传性疾病，致癌性有关，因此，检测农药的致突变性对农药的安全性评价十分必要。

致突变性分类　突变按遗传学损伤类型主要分为基因突变和染色体畸变。

基因突变　基因内部 DNA 序列的改变，也称点突变，表现为基因在结构上发生了碱基对组成和排列顺序的改变，这种改变若发生在生殖细胞可以遗传给下一代，发生在体细胞则可以遗传给该细胞有丝分裂而产生的子代细胞。突变类型包括：①碱基置换（转换和颠换）。②移码突变。③密码子插入或缺失。④不等交换。

染色体畸变　主要机制为断裂—重接学说。一般包括染色体结构和数目的改变，染色体结构畸变是由于染色体或染色单体断裂，造成染色体或染色单体缺失，或重排，从而出现染色体结构异常，包括染色体型畸变和染色单体型畸变。染色体型畸变包括：①缺失。②重复。③倒位。④易位。⑤环状染色体。⑥等臂染色体。⑦双着丝粒染色体。⑧插入。染色单体型畸变包括：①染色单体裂隙。②对称互换和不对称互换。③形成四射体、三射体和复杂射体。染色体数目畸变指染色体数目的异常，包括整倍体和非整倍体改变。

农药遗传毒理学试验　通过遗传毒理学试验评价农药对生殖细胞和体细胞的可能致突变性，预测农药的遗传危害和潜在致癌作用的可能性。遗传学终点包括原发性 DNA 损伤、基因突变、染色体畸变、非整倍体。中国国家标准规定的农药遗传毒理学试验主要包括以下 9 项。

细菌回复突变试验　利用组氨酸营养缺陷型鼠伤寒沙门氏菌和色氨酸营养缺陷型大肠杆菌检测点突变，涉及 DNA 的一个或几个碱基对的置换、插入或缺失。原理是通过观察试验菌株在缺乏所需氨基酸的培养基上的生长情况，检测试验菌株是否恢复合成必需氨基酸的能力，评价受试物诱发突变的能力。

体内哺乳动物骨髓嗜多染红细胞微核试验　微核是细胞内染色体断裂或纺锤丝受影响而在细胞有丝分裂时滞留在细胞核外的遗传物质。微核试验能检测染色体完整性改变和染色体分离改变这两种遗传学终点。微核可出现于多种细胞，但在有核细胞中难与正常核的分叶及核突出物区分，故常计数嗜多染红细胞中的微核，因为红细胞在成熟之前最后一次分裂后数小时将主核排出，但仍保留微核于嗜多染红细胞中。

体内哺乳动物骨髓细胞染色体畸变试验　染色体是细胞核中具有特殊结构和遗传功能的小体，当化学物质作用于细胞周期 G1 期和 S 期时，诱发染色体型畸变，作用于 G2 期时诱发染色单体型畸变。本方法适用于需考虑体内代谢活化后的染色体畸变分析。若有证据表明受试物或其代谢产物不能到达骨髓，则不适用于本方法。

哺乳动物精原细胞/精母细胞染色体畸变试验　用检测受试物诱发哺乳动物精原细胞/精母细胞染色体畸变，以评价受试物引起生殖细胞遗传突变的可能性。适当的染毒途径给动物染毒，并在染毒后适当的时间处死，在动物处死前，用中期相阻断剂处理，制备睾丸细胞染色体并染色，对中期相细胞进行染色体畸变分析。

啮齿类动物显性致死试验　哺乳动物发育中的精子在致突变物作用下，发生染色体损伤，从而使受精卵在发育中死亡。引起显性致死的染色体损伤主要为染色体断裂。显性致死的主要表现为受精卵着床前丢失或着床后胚胎早期死亡。雄性动物接触受试物后与未经染毒且未交配过的雌性动物交配，交配结束后，取出雌性动物，雌性动物于妊娠后半期处死，剖开腹腔，取出子宫，检查两侧子宫内的胚胎植入数、早死胎、晚死胎和活胎数。雄性动物每隔一定时间再与另一批未经染毒且未交配过的雌性动物交配，如此共进行数批，以确保覆盖一个精子周期。

体外哺乳动物细胞染色体畸变试验　在加入和不加入代谢活化系统的条件下，使培养的哺乳动物细胞暴露于受试物中。用中期分裂相阻断剂处理，使细胞停止在中期分裂相，随后收获细胞，制片、染色、分析染色体畸变。大部分致突变剂导致染色单体型畸变，偶有染色体型畸变发生。图为在显微镜下放大 1000 倍观察制备好的染色体标本，①为空白对照组的正常染色体。②③为阳性对照组的畸变染色体。

体外哺乳动物细胞基因突变试验　该试验为基因正向突变试验，可检出碱基置换型致突变物和移码型致突变物。在加入和不加入代谢活化系统的条件下，使细胞暴露于受试物一定时间，然后将细胞传代培养。胸腺激酶水平正常的细胞对三氟胸苷等核苷酸类似物敏感，因而在含三氟胸苷的选择培养液中不能生长分裂，基因突变的细胞对核苷酸类似物

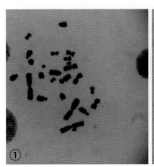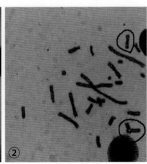

染色体标本
①空白对照组的正常染色体；②③阳性对照组的畸变染色体

有抗性，在含核苷酸类似物的选择培养液中形成细胞集落。基于突变集落数，计算突变频率以评价受试物的致突变性。

体内哺乳动物肝细胞程序外DNA合成（UDS）试验 利用哺乳动物进行的体内体细胞遗传毒理学试验，遗传学终点为原发性DNA损伤。UDS反应的测定取决于DNA损伤部位切除和取代的碱基数。该试验适用于检测"长程修复"（20～30对碱基），对"短程修复"（1～3对碱基）敏感性差。且由于DNA损伤未修复、错配修复或错复制均可引起致突变事件，UDS反应并不完全真实反映DNA修复过程。将新分离哺乳动物肝细胞移入含有胸腺嘧啶核苷（^{3}H-TdR）的培养瓶中，孵育一定时间后，观察^{3}H-TdR掺入情况。如果受试物造成细胞DNA损伤，必然引起细胞自主性DNA修复，在修复过程中^{3}H-TdR整合入DNA链中，造成^{3}H-TdR在修复中的掺入。利用放射自显影法或液闪计数法测定掺入DNA的放射活性，检测DNA修复合成，间接反映DNA的损伤程度。

体外哺乳动物细胞DNA损害与修复/程序外DNA合成试验 通过对DNA修复合成水平的检测来评价受试物能否对原代哺乳动物细胞和已建立的哺乳动物细胞系的DNA造成损伤及损伤的程度。程序外DNA合成可反映损伤的切除修复过程，并反映损伤程度，因此可作为化学致癌剂短期生物学试验的终点。将分离和培养的非S期哺乳动物细胞移入含^{3}H-TdR和受试物的培养瓶中，孵育一定时间后，观察^{3}H-TdR掺入情况，如果受试物造成细胞DNA损伤，必然引起细胞的自主性DNA修复，在修复过程中^{3}H-TdR整合入DNA链中，造成^{3}H-TdR在修复后DNA中的掺入。再用放射性自显影或液体闪烁计数的方法观察^{3}H-TdR的量，掺入越多，说明受试物对DNA损伤越广泛。

遗传毒理学试验的成组应用 遗传毒理学试验成组应用试验组合原则：①包括多个遗传学终点。②试验指示生物包括原核生物和真核生物。③包括体外试验和体内试验。④充分利用预测可靠性研究的结果。中国农药登记资料要求规定致突变组合试验包括：①鼠伤寒沙门氏菌/回复突变试验。②体外哺乳动物细胞基因突变试验。③体外哺乳动物细胞染色体畸变试验。④体内哺乳动物骨髓细胞微核试验。如①～③项试验任何一项出现阳性结果，④项为阴性，则应当增加另一项体内试验（如体内哺乳动物细胞UDS试验等），如①～③项试验均为阴性结果，而④项为阳性，则应当增加体内哺乳动物生殖细胞染色体畸变试验或显性致死试验。

参考文献

夏世钧，孙金秀，白喜耕，等，2008. 农药毒理学[M]. 北京: 化学工业出版社.

中华人民共和国农业部，2017. 中华人民共和国农业部公告 第2569号 农药登记资料要求[EB]. 2017年9月13日.

周宗灿，付立杰，周平坤，等，2012. 现代毒理学[M]. 北京: 军事医学科学出版社.

GB/T 15670. 14—2017. 农药登记毒理学试验方法 第14部分: 细菌回复突变试验.

GB/T 15670. 15—2017. 农药登记毒理学试验方法 第15部分: 体内哺乳动物骨髓嗜多染红细胞微核试验.

GB/T 15670. 16—2017. 农药登记毒理学试验方法 第16部分: 体内哺乳动物骨髓细胞染色体畸变试验.

GB/T 15670. 17—2017. 农药登记毒理学试验方法 第17部分: 哺乳动物精原细胞/精母细胞染色体畸变试验.

GB/T 15670. 18—2017. 农药登记毒理学试验方法 第18部分: 啮齿类动物显性致死试验.

GB/T 15670. 19—2017. 农药登记毒理学试验方法 第19部分: 体外哺乳动物细胞染色体畸变试验.

GB/T 15670. 20—2017. 农药登记毒理学试验方法 第20部分: 体外哺乳动物细胞基因突变试验.

GB/T 15670. 21—2017 农药登记毒理学试验方法 第21部分: 体内哺乳动物肝细胞程序外DNA合成 (UDS) 试验.

GB/T 15670. 22—2017 农药登记毒理学试验方法 第22部分: 体外哺乳动物细胞DNA损害与修复 程序外DNA合成试验.

（撰稿：于雪骊；审稿：陶传江）

农药中文通用名称数据库 Pesticide Chinese Common Names Database

中国化工网旗下的农药中文通用名数据库，目前包含常用农药近2000种。可以通过数据库搜索中文名称（通用名）、CAS登记号和分子式，或者按产品类别和批准机构两种方式进行浏览。

网址：http://cheman.chemnet.com/pesticides/。

（撰稿：杨新玲；审稿：韩书友）

农药中毒 pesticide poisoning

人们在生产、运输、销售和使用农药过程中，农药可能通过不同暴露途径（皮肤、呼吸道、消化道等）接触和进入人体，造成机体正常生理功能失调，甚至发生脏器不可逆损伤，出现一系列相应的症状和体征，这就称做农药中毒。农药中毒根据接触农药的时间长短以及剂量大小，可分为急性中毒和慢性中毒两类。急性中毒是指短时间内（一般为数分钟或数小时）人体较大剂量接触农药后出现的机体损伤；慢性中毒是指长时间（一般为数周或数月）人体连续小剂量接触农药后出现的机体损伤。所有农药都可造成急性中毒，但目前仅有部分农药（如有机汞类农药、有机锡类农药、有机氯杀虫剂等）有慢性中毒的循证医学依据。

农药中毒的暴露途径　主要有 3 条：皮肤、消化道和呼吸道。不同的农药，进入人体的途径可能相同，也可能不同；同一种农药也可以有多种进入人体的途径。

皮肤　对于从事农药的生产、运输、销售、分装和使用等工作的人员来说，皮肤是最常见的农药暴露途径。大多数农药都可以通过完好的皮肤吸收，并且有些农药吸收后在皮肤表面不留任何痕迹，所以皮肤通常也是最易被人们忽视的暴露途径。当皮肤有伤口时，其吸收量要明显大于完整皮肤。农药为液体、油剂或浓缩型制剂时，皮肤吸收速度可更快。

消化道　各种农药都可以通过消化道吸收进入人体，主要的吸收部位是胃和小肠，且大多吸收得较为完全。经消化道吸收进入体内的农药剂量一般较大，中毒病情相对严重。

呼吸道　绝大多数农药都可以通过呼吸道吸收进入体内。直径较大的农药粒子不能直接进入肺内，被阻留在鼻、口腔、咽喉或气管内，并通过这些表面黏膜吸收；只有直径为 $1\sim8\mu m$ 的农药粒子才能直接进入肺内，并且被快速而完全地吸收进入体内。从事喷雾法、熏蒸法和烟雾法农药作业，或是农药本身常温下容易变为气态时，呼吸道是最重要的暴露途径。农药生产、分装和大量储存的场所，如工艺简单落后，小颗粒固体农药也可大量弥散在空气中，通过呼吸道被大量吸收。

其他　眼也是暴露途径之一，但农药单纯通过眼吸收进入体内剂量较小，故全身中毒表现较轻，更多表现为眼的局部损伤。在特殊情况下，肌肉或血管注射等也可成为农药的暴露途径。

农药中毒的原因

职业性　农药生产工艺技术和设备落后，出现跑、冒、滴、漏；生产、储存场所通风措施不佳或故障；生产、运输、销售、分装和使用等环节，未按要求使用防护用品；运输和销售农药时发生包装破损，大量农药外漏；配制和使用农药时，违反操作规程，或相关器械故障；使用农药后，未及时清洗皮肤和衣物等。

生活性　农药保管不当，被误服或误用；滥用高毒用杀虫剂进行居室或公共场所的卫生害虫；滥用农药治疗皮肤病；误食拌药种子或鼠饵；误食农药毒死的家畜、家禽或鱼虾。

其他　使用农药自杀仍是目前严重农药中毒的首位原因；农药生产和运输过程的安全事故；使用农药投毒犯罪；农药包装和剩余农药乱丢弃，污染水源和食物等。

农药中毒的影响因素　农药中毒的影响因素包括农药产品本身、暴露条件、环境气象因素和人体因素等。

农药产品　其本身的毒性一般是农药中毒严重程度最主要的决定因素，但应注意农药助剂对中毒脏器损伤的影响。农药助剂的种类很多，包括填充剂、溶剂、助溶剂、乳化剂、分散剂、稳定剂、着色剂等。填充剂大都是惰性物质，如陶土、高岭土、硅藻土、滑石粉、木炭粉等，对人体几乎没有毒性。常用溶剂有二甲苯、甲苯、轻柴油、石油烷、煤油等，虽然均为低毒化学物，但由于有些农药制剂中溶剂含量可达 80% 以上，如果进入人体的剂量达到几十甚至上百毫升以上，也可以导致严重脏器损伤。常用的助溶剂有醇类（甲醇、乙醇）、酚类（苯酚、混合甲酚）、乙酸乙酯、二甲基亚砜等，大多数助溶剂为低毒化学物，少数（如甲醇、苯酚等）毒性较大，但由于助溶剂在农药制剂内含量少（一般在总量的 5% 以下），故对人体的毒性影响相对较小。其他助剂绝大多数是低毒或微毒物质，且在农药制剂内含量少，对人体的毒性影响很小。

暴露条件　暴露途径、时间、频次、剂量等都会对中毒程度有所影响。口服途径暴露剂量一般较大，容易发生严重中毒。长时间持续接触或反复多次接触都会导致暴露剂量加大，加重中毒病情。另外，不同农药使用方法也会对中毒产生影响。烟雾法和熏蒸法作业时，不注意呼吸防护和作业环境的密闭，就容易导致中毒。喷雾法和喷粉法作业时，如不注意呼吸和全身皮肤防护，喷洒后又不及时更换衣物和清洗污染部位，就容易发生农药中毒。撒施法、拌种法、浸种法、毒饵法和涂抹法等需要直接用手接触高浓度/含量的农药，如不注意手部防护和清洗，也可能出现农药中毒。

环境气象　天气炎热，作业人员常常只穿短袖衣衫进行田间喷洒农药作业，大大增加了直接接触农药的暴露面积，同时人体皮肤的血管扩张，血液循环加速，会使农药吸收进入人体的速度加快。田间逆风喷洒农药，也容易发生中毒。农药生产、储存场所和室内使用农药后，如无有效的通风措施，也易发生农药中毒。

人群因素　老人、孕妇和哺乳期妇女由于生理原因，对很多农药耐受性更低，容易发生农药中毒。儿童活泼好动，探索欲望强，容易误服中毒。抑郁症和情感障碍的人容易使用农药自杀中毒。

农药中毒的临床表现　农药的种类很多，不同农药的中毒作用机制不同，其中毒临床表现也不相同，人体的各个组织脏器都有可能损伤。

皮肤黏膜的刺激表现　农药的局部接触部位（包括皮肤、眼、口腔、鼻腔等）出现烧灼感、刺痛、蚁行感、麻木、瘙痒等症状，可有红斑、充血、水肿、水疱以及各种皮疹，严重者发生糜烂、溃疡，眼角膜累及可能造成视力障碍。大多数农药直接接触均会出现轻重不一的局部刺激表现，以拟除虫菊酯类杀虫剂表现最为明显，百草枯、敌草快等农药的局部腐蚀作用较强。

神经系统　各类农药的严重中毒大多可影响中枢神经系统，出现兴奋、烦躁、不同程度的意识障碍等表现。致痉挛杀鼠剂、有机氯杀虫剂、毒鼠碱等农药中毒以反复发作的全身强直性抽搐为典型表现；有机磷杀虫剂和氨基甲酸酯类杀虫剂两类农药中毒典型表现为毒蕈碱样症状（腺体分泌增加、平滑肌痉挛、瞳孔缩小等）和烟碱样症状（肌束震颤、肌肉痉挛等）；有机汞农药中毒可造成视力和听力障碍、共济失调、情感精神障碍等；有机磷杀虫剂、有机汞类农药等可发生周围神经病。

呼吸系统　很多农药通过呼吸道吸入途径中毒时，都会发生化学性气管炎和化学性肺炎，甚至化学性肺水肿和急性呼吸窘迫综合征。百草枯中毒典型表现是进行性加重的急性肺间质病变。有机磷杀虫剂和氨基甲酸酯类杀虫剂、硫脲类杀鼠剂、沙蚕毒类杀虫剂等农药重度中毒可出现明显的肺水肿。

消化系统 大多数农药口服中毒都可引起恶心、呕吐、腹痛、腹泻等胃肠道症状，少数如百草枯、砷制剂、有机磷杀虫剂等可造成腐蚀性胃肠炎，出现剧烈腹痛、呕血、便血等表现。肝脏、胰腺等消化系统器官损伤在严重农药中毒时可被累及。有机锡类农药（二烷基锡）以明显肝脏损伤为特征性表现。磷化锌（铝）、百草枯、有机胂等农药中毒均有明显肝脏损伤。

循环系统 有机氟类农药、磷化锌（铝）、红海葱、碳酸钡等农药中毒会有直接心脏损伤，出现心律失常、心肌损伤，甚至心源性休克、猝死。很多农药严重中毒时，都会出现心血管系统损害，表现为低血压、心肌损伤、心律失常等。

血液系统 抗凝血杀鼠剂中毒可导致凝血功能障碍，引起全身各种出血表现。杀虫脒、敌稗、二苯醚类除草剂等可导致高铁血红蛋白血症，严重者可发生溶血。

泌尿系统 肾脏在严重农药中毒时常被累及。农药中毒引起高铁血红蛋白血症发生溶血后，可导致急性肾小管坏死，发生急性肾衰竭。急性出血性膀胱炎是杀虫脒中毒的典型表现之一。

其他 酚类除草剂中毒可出现高热。灭鼠优中毒可出现高血糖。胆骨化醇（杀鼠剂）中毒可出现高钙血症。碳酸钡中毒可出现低钾血症。

参考文献

陈曙旸, 王鸿飞, 尹萸, 2005. 我国农药中毒的流行特点和农药中毒报告的现状[J]. 中华劳动卫生职业病杂志, 23(5): 336-339.

李德鸿, 赵金垣, 李涛, 2019. 中华职业医学[M]. 北京: 人民卫生出版社.

林铮, 黄金祥, 2005. 全球农药中毒概况[J]. 中国工业医学杂志, 18(6): 376-379.

刘丽华, 钟柳青, 黎明强, 2008. 中国农药中毒的流行概况[J]. 中国职业医学, 35(6): 518-520.

任引津, 张寿林, 倪为民, 2003. 实用急性中毒全书[M]. 北京: 人民卫生出版社.

（撰稿：张宏顺；审稿：孙承业）

农药中毒救治 treatment of pesticide poisoning

农药中毒的主要救治措施包括脱离毒物接触、有效清除毒物、合理使用特效解毒剂和对症支持治疗。

脱离毒物接触 发生农药中毒后，首要急救措施是脱离毒物接触。

经呼吸道和皮肤途径接触农药的病人，应尽快脱离暴露现场至阴凉通风、空气新鲜的场所。同时，立即脱去病人被污染的衣物以及随身佩戴和携带的物品，并予以妥善保存和处理。

经口途径暴露农药的病人，应立即停止农药的接触，

如果有可能应集中收集农药及农药污染的相关物品，并予以妥善无害化处理。

有效清除毒物

①对于呼吸道暴露的中毒病人（尤其是熏蒸和烟雾吸入的病人），要在空气新鲜、通风的场所进行救治，注意保持呼吸道通畅。有条件可吸入氧气（百草枯中毒除外）以稀释吸入的有毒气体，并促进其从呼吸道排出。

②存在皮肤途径暴露的中毒病人，应立即用大量肥皂水或流动清水彻底清洗被污染的皮肤、毛发等部位，水温在室温（25℃）左右即可，不要超过40℃。必要时可一段时间后重复冲洗污染部位。皮肤清洗时应特别注意头发、会阴、腋窝、腹股沟以及其他褶皱部位。

③眼部接触的中毒病人，应立即用流动清水或生理盐水冲洗，冲洗时间一般不少于10分钟。

④对于口服农药剂量较大的中毒病人，如果神志清醒，应立即对病人进行催吐（将食指或中指尽可能伸入病人喉咙深部，即可达到催吐目的），口服剂量大者可服用适量清水后反复催吐。神志不清的病人和学龄前的幼儿不宜进行催吐。不能进行催吐的病人，有条件者可进行洗胃。催吐或洗胃后，应及时清洗口腔、面部等可能被污染的部位。

⑤对于口服农药剂量较小的中毒病人（如服用喷洒稀释农药几毫升，或吃了几粒拌种花生等），有条件可口服活性炭等吸附剂。如无吸附剂，也可口服适量牛奶、米粥等以保护胃肠道黏膜和减缓毒物吸收。

⑥导泻可以加快毒物从肠道内排出。灌肠可用于直肠吸收量较大的毒物中毒，或在误用毒物、肛门毒物暴露的情形下使用。

⑦血液净化治疗常用于清除体内毒物及其代谢产物，可在重度农药中毒的疾病早期选择使用合适的血液净化方法。由于农药种类繁多，不同种类农药的理化性质、体内代谢动力学指标差异很大，因而可选择使用的血液净化方法也不尽相同。同时，大多数血液净化方法在农药中毒的使用都缺少循证医学依据，有确切疗效的相对有限。如百草枯和毒鼠强中毒早期可使用血液灌流，氟乙酰胺中毒早期可使用血液透析等。

合理使用特效解毒剂

急性有机磷杀虫剂中毒 阿托品为短效抗胆碱药物，盐酸戊乙奎醚（长托宁）为中长效抗胆碱药物，对缓解毒蕈碱样症状和对抗呼吸中枢抑制有效，但对烟碱样症状和胆碱酯酶活性恢复无效。胆碱酯酶复能剂对缓解烟碱样症状有效，常用药物有氯解磷定和碘解磷定。

氨基甲酸酯类杀虫剂中毒 以抗胆碱药物（如阿托品）为主，但使用剂量比有机磷杀虫剂中毒要小，时间也要短。单纯氨基甲酸酯类杀虫剂中毒一般不使用胆碱酯酶复能剂。

有机氟类杀鼠剂 特效解毒剂是乙酰胺，应早期、足量使用。也有报道乙醇或醋精也可作为解毒药物。

抗凝血类杀鼠剂中毒 维生素 K_1 是特效解毒剂，需早期、足量使用。重度中毒病人可给予新鲜血浆、凝血酶原复合物或凝血因子以迅速止血。

其他 如沙蚕毒类杀虫剂中毒可使用小剂量阿托品拮抗其毒蕈碱样症状；杀虫脒、敌稗、除草醚等农药中毒出现

高铁血红蛋白血症时，可使用小剂量亚甲蓝（12mg/kg）治疗；安妥中毒可使用半胱氨酸或谷胱甘肽治疗；灭鼠优中毒可使用烟酰胺治疗；胆骨化醇中毒可使用降钙素治疗；鼠立死中毒可使用维生素 B_6 治疗。

对症支持治疗　保持呼吸道通畅，注意保暖，加强营养、合理膳食，注意水、电解质及酸碱平衡，防止继发感染，密切监护重要脏器功能，及时给予相应的治疗措施。

其他需要注意的事项

①小儿不小心接触农药后，除了清洗双手外，还要注意清洗口腔、面部，并及时更换衣物。

②对于神志不清的中毒病人，要将病人的头部偏向一侧，防止呕吐后发生误吸，并注意给病人保暖。

③中毒病人要尽快就近送到医院，不要在现场和家中耽搁时间，也尽量不要贪图医院救治条件将病人送往离现场很远的医院，以免在途中发生意外。

④虽然洗胃是口服中毒清除毒物的好办法，但也并不是所有口服农药的病人都必须进行洗胃。例如，对于口服农药时间很长（如超过 12 小时），还未出现明显中毒症状，或者口服低毒农药，剂量不足十几毫升，而且已经自行反复催吐，都可以考虑不进行洗胃。

⑤眼睛被农药污染后，千万不要用肥皂水冲洗。眼睛能够耐受酸碱刺激的能力远远低于皮肤，皮肤接触 pH11 以上的溶液时可发生损害，而眼睛接触 pH9 的溶液时即可出现灼伤表现。肥皂水溶液的 pH 常常会超过 9，如果使用它冲洗眼睛，就可能造成化学性灼伤。

参考文献

郝凤桐, 2017. 特效解毒剂的临床应用[J]. 职业卫生与应急救援, 35(1): 23-27.

李德鸿, 赵金垣, 李涛, 2019. 中华职业医学[M]. 北京: 人民卫生出版社.

任引津, 张寿林, 倪为民, 2003. 实用急性中毒全书[M]. 北京: 人民卫生出版社.

张春华, 王世祖, 2006. 血液净化方法在急性中毒中的应用[J]. 中国血液净化, 5(2): 87-90.

中国医师协会急诊医师分会, 2016. 急性有机磷农药中毒诊治临床专家共识 (2016)[J]. 中国急救医学, 36(12): 1057-1065.

中国医师协会急诊医师分会, 中国毒理学会中毒与救治专业委员会, 2016. 急性中毒诊断与治疗中国专家共识[J]. 中华急诊医学杂志, 25(11): 1361-1375.

（撰稿：张宏顺；审稿：孙承业）

农药助剂　pesticide adjuvant

除有效成分外的任何被有意添加到农药制剂或农药喷雾药液中，本身不具备农药活性，但能提高或改善制剂物理化学性质、药效和安全性等的单一组分或多个组分混合物的统称。

基本功能　农药助剂的使用是与农药制剂的加工和使用密切相关的。因此，根据农药制剂加工和使用中的需要，农药助剂的基本功能：①增加农药有效成分的分散和稀释，易于加工成稳定的有效成分均匀分散的制剂。②增加农药制剂与靶标的有效接触，增加接触面积，提高渗透性，提高农药利用率。③增加农药有效成分的稳定性。④提高农药使用中的安全性或降低毒性。

分类与主要品种　应用到农药中的助剂较多，按照不同的标准分类也不一样。可以按照使用方式、表面活性、功能等进行分类。

按照使用方式分类　用于农药制剂配方中的助剂称为配方助剂（formulants），添加到农药喷雾药液中的助剂称为喷雾助剂（spray adjuvants）。

按照表面活性分类　分为表面活性剂和非表面活性剂两大类。

按照功能分类　有分散剂、乳化剂、润湿剂、渗透剂、消泡剂、增稠剂、防冻剂、pH 调节剂、稳定剂、崩解剂、润滑剂、增效剂、警戒色、成膜剂、催吐剂、引诱剂、抗飘移剂、相容剂、载体、溶剂、填料等。

助剂管理　欧美等国家对农药助剂的使用都制定了规定和管理措施。1978 年美国环境保护局将目前 1200 多种助剂分为四类进行管理。Ⅰ类助剂，已证实对人类健康和环境存在危害的助剂；Ⅱ类助剂，结构上与Ⅰ类类似，具有潜在毒性的助剂；Ⅲ类助剂，未知毒性助剂；Ⅳ类，毒性很小或几乎无毒助剂。2007 年美国实施《食品质量保护法》，EPA 在对助剂评估基础上将助剂分为用于食用和非食用作物助剂两类，名单在互联网上及时发布和更新。2014 年 10 月，EPA 公布删除了 72 种助剂，加强了助剂管理，尤其是对有毒有害助剂的控制。

中国目前已经对常见的农药助剂参照美国环保局的分类进行了数据搜集和调研，出台了一些政策。2013 年 HG/T 4576—2013《农药乳油中有害溶剂限量》规定了苯、甲苯、二甲苯、乙苯、甲醇、*N,N*-二甲基甲酰胺、萘的限量值。2017 年中华人民共和国农业部发布的第 3 号令《农药登记管理办法》第九条规定：农业部根据农药助剂的毒性和危害性，适时公布和调整禁用、限用助剂名单及限量；使用时需要添加指定助剂的，申请农药登记时，应当提交相应的试验资料。

参考文献

邵维忠, 2003. 农药助剂[M]. 3版. 北京: 化学工业出版社.

王以燕, 赵永辉, 冷阳, 等, 2017. 美国助剂清单删除72种物质对我国农药管理的影响[J]. 世界农药, 39(3): 39-44.

张宗俭, 2009. 农药助剂的应用与研究进展[J]. 农药科学与管理, 30(1): 42-47.

NY/T 1667. 2—2008 农药登记管理术语第2部分: 产品化学.

（撰稿：卢忠利；审稿：张宗俭）

农业农村部农药管理司　Department of Agrochemical Management, Ministry of Agriculture and Rural Affairs, P.R.C.

中华人民共和国农业农村部是负责全国农药监督管理的机构，具体由所属部门农药管理司负责。2017 年 6 月 1

日，新修订的《农药管理条例》（以下简称新《条例》）正式施行，新《条例》明确规定国务院农业主管部门负责全国的农药监督管理工作。为切实履行好全国农药监督管理职责，经农业部党组研究并报中央机构编制委员会办公室批准，2017 年 9 月农业部在种植业管理司加挂农业部农药管理局牌子。2018 年 9 月，农药管理局更名为农药管理司。

为加强农药生产、经营和使用的监督管理，保证农药质量，保护农业、林业生产和生态环境，维护人畜安全，1997 年 5 月，中国制定实施《农药管理条例》，规定国务院农业部门负责农药登记及监督管理工作，工信部门负责农药生产企业的定点核准，无国家标准、行业标准农药产品的生产许可及其管理；质检部门负责具有国家标准、行业标准的农药产品的生产许可及其监督管理；工商部门负责农药市场的监督管理；公安、环保、安监、运输等部门按职责分工，承担相应监管工作。新《条例》实施后，农药登记、生产、经营、使用和市场监管职责全部调整为由农业部门承担，安监、环保、交通运输和公安部门按有关法律法规规定继续负责相应管理工作。

目前，农业农村部农药管理司的主要职责：一是拟订农药产业的发展战略、规划，提出相关政策建议并组织实施；二是起草有关农药方面的法律、法规、规章和标准，并监督执行；三是指导农药管理体系建设，负责农药生产、经营及质量的监督管理，指导地方农业部门核发农药生产、经营等许可证；四是负责农药登记、农药登记试验单位认定等工作；五是收集分析农药产业信息、承担农药行业统计、指导农药市场调控；六是组织开展农药使用风险监测与评价，发布预警信息，指导农药科学合理使用和农药药害事故鉴定；七是组织拟订食用农产品中农药残留限量及检测方法国家标准；八是开展农药国际交流与合作，承担《斯德哥尔摩公约》《鹿特丹公约》等与农药相关的国际公约的履约工作。九是承办部领导交办的其他工作。

（撰稿：宋稳成；审稿：高希武）

农业农村部农药检定所　Institute for the Control of Agrochemicals, Ministry of Agriculture and Rural Affairs, P. R. C., ICAMA

农业农村农药检定所于 1963 年经国务院批准成立，1969 年被撤销，1978 年国务院批准恢复建所，规格为正局级。2006 年经中编办批准，加挂国际食品法典农药残留委员会秘书处牌子。根据《农药管理条例》等法规规章，负责全国农药登记、农药登记试验单位认定及登记试验监督管理、国际食品法典农药残留委员会秘书处等具体工作，承担已登记农药的安全性和有效性监测、农药残留国家标准以及农药其他相关技术标准的制修订、全国农药登记评审委员会办公室的日常事务和国家农药残留标准审评委员会秘书处的具体工作，承担农药进出口放行管理服务、农药国际公约履约、农药领域技术性贸易措施官方评议具体工作，开展农药国际交流与合作，协助起草农药管理相关法律法规规章、产

业政策和规划等规范性文件，协助组织指导农药生产经营管理、农药质量监督、农药市场信息监测等工作并承担相应任务，开展农药相关检验检测、技术咨询与培训、信息数据支撑等服务工作。

设处室 13 个，包括：办公室（加挂人事处、党委办公室牌子）、计划财务处、药政管理处、质量审评处、药效审评处、残留审评处、毒理审评处、环境审评处、再评价登记处、监督管理处、国际交流与服务处、药情信息处、国际食品法典农药残留委员会（CCPR）秘书处办公室。全所编制 88 人，目前在职人员 80 人。大学本科以上占在职人数 83%，有博士学位 16 人，硕士学位 31 人；具备研究员任职资格的 20 人、副高任职资格的 37 人，占 71%；45 岁以下 37 人，占 46%。所里拥有国家农药质量监督检验中心，是国家农药质量和残留仲裁实验室，实验室面积 4000 余平方米，气相色谱仪、液相色谱仪、气质联用仪、液质联用仪等检测仪器 100 多台（套）。

在农业农村部的领导下，农药检定所通过多年的努力，已经健全登记评审专业领域和专业队伍，研究开发了产品化学、毒理、残留、环境、药效专业评审技术方法和技术标准体系，能够全面系统开展农药登记评审、监测评价工作；与 FAO 等国际组织合作，培训发展中国家农药管理官员和专家，为农药国际交流和协调管理做出了贡献。服务中国农药国际贸易，与几十个国家和地区农药管理部门开展合作，推动中国农药出口到 182 个国家和地区，出口量占世界农药贸易总量的 60%。ICAMA 已成为国际农药领域一张响亮的名片。

（撰稿：宋稳成；审稿：高希武）

农业有害生物抗药性　agricultural pest resistance to pesticide

农业有害生物主要包括危害农林业生产的病原菌、线虫、害虫、害螨、杂草和害鼠等，因长期使用化学农药防治，这些农业有害生物对农药的敏感度逐渐降低，防治效果下降，而且这种敏感度的降低是可以遗传的。因药剂不能有效控制有害生物危害引起的农药品种淘汰速度加快，给农业生产和农药新产品的研发带来了极大的挑战。至今已有 500 多种害虫和害螨、150 多种植物病原菌、185 种杂草生物型、2 种线虫、5 种鼠对农药产生了抗性。

害虫抗药性形成现在主要有 4 种学说：①选择学说。认为生物群体内本来就存在少数具有抗性基因的生物体，从敏感种群发展到抗性种群，只是药剂选择作用的结果。②诱导学说。因药剂诱发了生物体的基因突变而产生了抗性，他们认为生物群体内不存在具有抗性基因的个体，而是在药剂的诱导下，最后发生了突变，形成了抗性品系。③基因扩增学说（基因复增学说）。这是近年来提出的一种新学说，它与一般的选择学说不同，它虽然承认本来就有抗性基因的存在，但它认为某些因子（例如杀虫剂等）引起了基因扩增。即一个抗性基因拷贝为多个抗性基因，这是抗性进化中的一种普遍现象。近年来已发现桃蚜（*Myzus persicae*）及库

蚊的酯酶基因扩增，前者主要发生在 E_4 或 FE_4 基因的扩增。④染色体重组学说。因染色体易位和倒位产生改变的酶或蛋白质，引起抗性的进化，这也是近年来提出的新学说。

目前大多数人倾向选择学说，即认为是由于药剂选择的结果。因为有些试验显示：①用亚致死剂量处理昆虫不能产生抗药性，而某些昆虫在处理后的抗药性不是增加反而是减弱。一定要用高浓度处理引起大量死亡后才能使后代的抗药性增加，如果不引起死亡则不发生抗药性。②某些昆虫不用药剂处理，而仅是通过逐代选育生活史长的个体，也能分离出抗药性（R）品系。而且不管用什么方法选育，只要一旦在室内选育成纯系的 R 品系，尽管不再用药，其抗药性也不会消失。③许多杀虫剂对昆虫的某些解毒酶，如多功能氧化酶和谷胱甘肽转移酶等有诱导作用，增强了其对药剂的抵抗能力，但这种抗药能力在作为诱导剂的杀虫剂不存在时也就随之消失。也就是说，这种诱导而产生的抗药能力是不能遗传给下一代的。

在不同种昆虫或同种昆虫不同环境条件下抗性发展速度是完全不同的。通常认为主要有 3 个方面的因子影响抗性的发展。①遗传学因子。抗性等位基因频率、数目、显性程度、外显率、表现度及抗性等位基因相互作用，过去曾用过的其他药剂的选择作用，抗性基因组与适合度因子的整合范围。②生物学因子。生物学方面包括每年世代、每代繁殖子数、单配性或多配性、孤雌生殖。如行为方面隔离、活动性及迁飞、单食性或多食性、偶然生存及庇护地。一般来说，生活史短，每年世代数多，群体大，接触药剂的机会多，产生抗性的可能性就大。例如蚜虫、螨类、家蝇、蚊虫、小菜蛾都属此类情况。③操作因子。化学方面包括农药的性质，与以前使用过药剂的关系，药剂的加工剂型，药剂的使用方式，药效的持久性，药剂的轮用或混用策略等。药剂用量越大、使用频率高、适用范围大、接触害虫的机会多，抗性发展快。

（撰稿：王开运；审稿：高希武）

农业有害生物抗药性测定　determination of agricultural pest resistance

农业有害生物抗药性测定的具体方法同农药生物测定方法，但也有所不同。

联合国粮食及农业组织于 1980 年和 1982 年分别介绍了抗药性监测和检测原理，又推荐了测量多种农业害虫对农药抗性的方法。

害虫抗药性测定方法　主要包括点滴法、浸渍法、喷雾法、药膜法、生物化学方法和分子生物学方法 6 种。①点滴法。微量点滴器将药剂直接点滴于昆虫体壁上，观察药剂对抗性和敏感种群的触杀毒力差异。②浸渍法。在药液中浸渍叶片或虫体，观察药剂对抗性和敏感种群的毒力差异。③喷雾法。利用 BURKARD 喷雾塔，将药液精确喷布到叶片或虫体上，观察药剂对抗性和敏感种群的毒力差异。④药膜法。将药液均匀分布于闪烁瓶内壁，观察药剂对抗性和敏感种群的毒力差异。⑤生物化学方法。主要在酶学水平上比较

抗性品系和敏感品系之间的差异。⑥分子生物学方法。主要在基因水平上比较抗性品系和敏感品系之间的差异。

病原真菌抗药性测定方法　主要包括离体测定法、活体测定法、离体与活体相结合的方法、生物化学方法和分子生物学方法 5 种。①离体测定法。将病原菌在离体条件下进行孢子萌发、抑菌圈法、菌体生长速率法测定。②活体测定法。对不能离体测定的病原菌，在寄主植物上接菌，再进行药剂处理试验，观察药剂处理的杀菌或抑菌效果，与敏感菌株的处理比较确定抗性水平。③离体与活体相结合的方法。把离体培养的病原菌接种到经过杀菌剂处理的部分植物组织上，观察剂量与发病程度间效应关系的方法。④生物化学方法。主要在酶学水平上比较抗性菌株和敏感菌株之间的差异。⑤分子生物学方法。主要在基因水平上比较抗性菌株和敏感菌株之间的差异。

杂草抗药性测定方法　主要包括整株水平、器官或组织水平、细胞或细胞器水平和分子水平的检测方法。①杂草整株水平测定选择 Ryan 法（1970），将从长期单一使用某除草剂及从未使用过该除草剂的田块采集杂草种子，在温室条件下进行盆栽种植，播后芽前或苗后进行施药处理，药剂设置不同剂量或浓度梯度，计算不同处理剂量下杂草的出苗率、死苗率、鲜重抑制率等指标，与对照比较确定抗性水平。也可选择幼苗培养皿内测定，测量药剂对芽长的影响，与敏感对照比较抗性水平。②器官或组织水平测定主要有培养皿种子检验法、分蘖检验法、花粉粒萌发法和叶圆片浸渍法 4 种。③细胞或细胞器水平测定主要有叶片叶绿素荧光测定法、离体叶绿素测定法、光合速率测定法、呼吸速率测定法、吸收和输导测定法、酶活与代谢测定法 6 种。④分子水平的检测方法主要有酶联免疫法、DNA 分析法和 RNA 分析法 3 种。

（撰稿：王开运；审稿：高希武）

《农业与食品化学》　Journal of Agricultural and Food Chemistry

综合性农业化学期刊。1953 年创刊。英文，现为周刊，美国化学会出版，现任主编为 Thomas F. Hofmann。刊号：ISSN 0021-8561，E-ISSN 1520-5118。以报道农业与食品科学领域化学或生物化学方面的高质量、前沿性研究成果为宗旨，与农药相关的内容涉及农药化学、毒理学、代谢与环境归趋、天然活性物质的结构

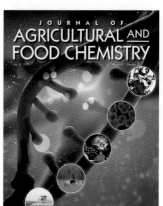

分析鉴定，以及农药化学结构与生物活性的关系等。

该期刊被 CAS, SCOPUS, Proquest, British Library, PubMed,

CABI, Ovid, Web of Science, 及 SwetsWise 数据库收录。

网址: http://pubs.acs.org/journals/jafcau。

（撰稿：杨新玲；审稿：王道全）

农用链霉素 streptomycin

一种水溶性抗生素。

其他名称 Agrimycin17、AS-50。

化学名称 *O*-2-脱氧-2甲基氨基-*α*-L-吡喃葡萄糖基-(1→2)-*O*-5-脱氧-3-C-甲酰基-*α*-L-来苏呋喃糖基-(1→4)-N^3,N^3-双（氨基亚氨基甲基）-D-链霉胺；*O*-2-deoxy-2-methyl-amino-*α*-L-glucopyranosyl-(1→2)-*O*-5-deoxy-3-C-formyl-*α*-L-lyxofuranosyl-(1→4)-N^1,N^3-diamidino-D-streptamine。

IUPAC 名称 *O*-2-deoxy-2-methylamino-*α*-L-glucopyra-nosyl-(1→2)-*O*-5-deoxy-3-C-formyl-*α*-L-lyxofuranosyl-(1→4)-N^1,N^3-diamidino-D-streptamine。

CAS 登记号 57-92-1。

EC 号 200-355-3；223-286-0。

分子式 $C_{21}H_{39}N_7O_{12}$。

相对分子质量 581.57。

结构式

开发单位 诺华制药公司。

理化性质 农用链霉素为放线菌所产生的代谢产物，粉末状，易溶于水。

毒性 小鼠急性经口 LD_{50} > 10 000mg/kg。急性经皮 LD_{50}（mg/kg）：雄小鼠 400，雌小鼠 325。可引起过敏性皮肤反应。

剂型 15%～20% 可湿性粉剂，0.1%～8.5% 粉剂。

防治对象 对许多革兰氏阴性或阳性细菌有效，可有效防治植物的细菌性病害。防治苹果、梨火疫病，烟草野火病，白菜软腐病，番茄细菌性斑腐病、晚疫病，马铃薯种薯腐烂病、黑胫病，黄瓜角斑病、霜霉病，菜豆霜霉病、细菌性疫病，芹菜细菌性疫病，芝麻细菌性叶斑病等。

使用方法 在病害发生初期，用 15% 可湿性粉剂 4000～5000 倍液均匀喷雾，间隔 7 天喷药 1 次，共喷 2～3 次，可有效防治黄瓜角斑病、菜豆细菌性疫病、白菜软腐病等。用 1000～5000 倍液，可防治马铃薯疫病；用 1000～1500 倍液，可防治柑橘溃疡病。

注意事项 生物农药杀虫杀菌效果比化学农药致死过程缓慢，应提倡早期防治，即在病虫害发生初期喷施。多数生物农药遇到强烈阳光照射会产生分解，降低药效，应选择在午后或阴天喷施，药后遇雨重喷 1 次。严格按照施用剂量用药，不可随意增加或降低施用浓度。不能与生物药剂，如杀虫杆菌、青虫菌、7210 等混合使用。使用浓度一般不超过 220μg/ml，以防产生药害。

与其他药剂的混用 可与抗生素农药混用，避免和碱性农药、污水混合，否则易失效。

参考文献

刘长令，2006. 世界农药大全：杀菌剂卷[M]. 北京：化学工业出版社.

（撰稿：周俞辛；审稿：胡健）

浓饵剂 bait concentrate, CB

一种经稀释后使用的固体或液体饵剂，因其浓度高，不可直接使用，称为浓饵剂。其剂型形态主要以粉状、粒状和液体为主。稀释饵剂的物质应为饵料或水，或者其他一些不会影响有效成分的性质，同时也不会产生不愉快气味的物质。

配方组分与制备工艺 浓饵剂由有效成分、引诱剂、黏结剂、防腐剂、增效剂、安全剂、饵料等组成。其中有效成分一般指农药原药，有时也可以是加工好的农药制剂或者其他能够使目标生物致死或干扰其行为或抑制其生长发育的物质。引诱剂是对动物产生引诱力的物质。黏结剂主要是为了保持有效成分在制剂中均匀分布而加入的黏结物。防腐剂主要是防止制剂发霉变质，进而改变制剂物化性能，影响药效而加入的物质。增效剂是能提高原药防效的化学物质。安全剂主要是为防止非防治对象误食而加入的吐药。饵料主要是根据毒杀害物的喜食性来选择。

浓饵剂的加工方式大体上可以归纳为两类：一类是通过规范的工艺流程，使用加工设备，按照产品的企业标准所规定的控制指标生产出来的商品化饵剂产品；另一类是根据需要现配现用，随意性较强，没有明确技术指标要求。

使用场景及优缺点 浓饵剂在稀释后使用的防治对象与饵剂的防治对象是一致的。在生产过程中，由于是浓缩型的制剂，因此减少了包装和人工成本，具有比饵剂更低的成本优势，因此，浓饵剂得到越来越广泛的使用。浓饵剂也有不可避免的缺点，在稀释过程中如何有效防止二次毒性和污染是使用中应注意的问题。

（撰稿：董广新；审稿：遇璐、丑靖宇）

欧洲和地中海植物保护组织　European and Mediterranean Plant Protection Organization, EPPO

负责欧洲和地中海地区植物保护合作与协调的国际组织。由 15 个欧洲国家于 1951 年创立，现有 52 名成员，包括几乎所有的欧洲和地中海地区的国家，以及以前属于苏联的亚洲国家，所有欧盟成员国均是该组织成员。此外，EPPO 还与欧盟委员会、欧洲食品安全局（EFSA）和欧亚经济委员会（EEC）建立了多种联系。根据《国际植物保护公约》（IPPC，第九条）的条款，EPPO 是一个区域植物保护组织，因此参与有关植物健康的全球讨论。

秘书处设立在巴黎总部，总干事为 Nico Horn 先生，助理署长为 Françoise Petter 女士。

EPPO 是一个标准制定组织，在植物保护产品和植物检疫领域制定了大量标准。最后，EPPO 通过维护有关植物有害生物的信息服务和数据库，以及组织许多会议和研讨会，促进其成员国之间的信息交流。

1951 年 4 月 18 日，《欧洲和地中海植物保护公约》在巴黎签署，此后植保委员会对该法案进行了数次修订。最后一次修订于 1999 年 9 月通过。

管理机构　执行委员会负责管理（7 个国家轮流选举，会议每年 2 次），受理事会控制（成员国委派代表，会议每年 1 次），从个人中选举主席和副主席各 1 名。该组织的技术工作在小组和专家工作组（一个关于植物卫生措施，另一个关于植物保护产品）的监督下进行。

宗旨　①保护农业、林业和未开垦环境中的植物健康。②制定国际战略，避免在农业和自然生态系统中引入和传播破坏栽培和野生植物的害虫（包括入侵的外来植物），并保护生物多样性。③鼓励协调植物卫生条例和官方植物保护行动的所有其他领域。④推广使用现代、安全、有效的虫害防治方法。⑤提供有关植物保护的文件和资料服务。

主要活动　①为植物卫生措施和植物保护产品制定区域标准。②召集植保地区的所有专家，组织技术会议（工作组、小组、专家工作组）。③参加由联合国粮食及农业组织内部植物检疫委员会秘书处协调的与植物检疫措施有关的全球活动。④为植物保护研究人员、植物保护组织的管理人员、植物卫生检验员组织国际会议和研讨会。⑤出版其官方刊物 OEPP 公报 /EPPO 公报，提供植保报告服务、数据库和网站。

（撰稿：毕超；审稿：李钟华）

欧洲农药数据库　EU Pesticides Database

该数据库包括 1359 种农药活性物质在欧盟的登记情况、法律状态，378 种农药产品的最大残留限量（MRLs），通过该库可以检索各类农药在水果、蔬菜及农作物上的残留信息。

网址：http://ec.europa.eu/food/plant/pesticides/eu-pesticides-database/。

（撰稿：杨新玲；审稿：韩书友）

欧洲食品安全局　European Food Safety Authority

欧盟的法规对植物保护产品（农业用农药）销售和使用及其在食品中的最大农药残留限量进行了管理。未经登记的植物保护产品，不得投放市场或使用。欧盟建立了双重管理体系，欧洲食品安全局（European Food Safety Authority，简称 EFSA）在该体系下评估植物保护产品中使用的有效成分，而欧盟成员国则在国家一级评估植物保护产品的制剂。植物保护产品的销售和使用主要受欧盟（EC）1107/2009 号法规管理。植物保护产品的分类、标签和包装主要受欧盟（EC）1272/2008 法规管理。植物源、动物源食品和饲料中最大农药残留限量主要受欧盟（EC）396/2005 号法规管理。杀生物剂产品（包括卫生杀虫剂、杀鼠剂、木材防腐剂等非农业用农药）主要受欧盟（EU）528/2012 法规管理。EFSA 是欧盟农药管理的关键机构，EFSA 根据风险评估为风险管理者提供独立的科学建议。欧盟委员会和成员国做出风险管理决策的相关法规，包括批准有效成分登记以及确定食品和饲料中农药最大残留限量等。

在德国，德国联邦食品与农业部（Ministry of Food and Agriculture，简称 BMEL）是德国农药（植物保护产品）监督管理机构，其下属的德国联邦消费者保护和食品安全办公室（Federal Office for Consumer Protection and Food Safety，简称 BVL）负责农药登记，并作为国家指定的主管部门代表德国参加欧盟的农药有效成分评审。BVL 下属的植物保护产品部门是农药风险管理部门，负责处理农药相关事务，具体包括法规建设、登记的组织协调、健康与环境风险评估、分析方法建立和生物学评价等。植物保护产品部门内设植保产品事务组、信息管理与登记后监管组、登记组、欧盟协调组、使用技术组、产品化学组、健康组、环境组等 8 个部门。德国农药管理相关的法律法规包括植物保护法、植物保护产品法令、植物保护使用条例等。根据相关法律法规的授权，德国联邦风险评估研究所（German Federal Institute for Risk Assessment，简称 BfR）负责与农药毒理、残留及残留分析方法相关的风险评估，联邦环保局（Federal Environmental Agency，简称 UBA）负责与农药环境影响相关的风险评估，朱利叶斯库恩研究所（Julius Kühn Institute，简称 JKI）负责与农药药效、农作物药害、对蜜蜂的影响等相关的风险评估，BVL 负责与农药理化性质和特性相关的风险评估。联邦各州的植保服务中心（Länder Plant Protection Services，简称 LPPS）和区市的农药管理部门对农药生产者、农民、批发商、零售商进行监督管理。

（撰稿：吴厚斌；审稿：高希武）

欧洲玉米螟性信息素 sex pheromone of *Ostrinia nubilalis*

适用于玉米田的昆虫性信息素。最初从欧洲玉米螟（*Ostrinia nubilalis*）雌虫中提取分离，主要成分为（*Z*）-11-十四碳烯 -1- 醇乙酸酯与（*E*）-11- 十四碳烯 -1- 醇乙酸酯，异构体的比例取决于种内个体差异。

其他名称 Checkmate OLR-F（可喷洒剂型）［混剂，（*Z*）- 异构体 +（*E*）- 异构体 ］（Suterra）、Isomate-C Special（美国、意大利）［混剂，（*Z*）- 异构体 + 十二碳二烯醇 ］（Shin-Etsu）、Z11-14Ac、E11-14Ac。

化学名称 （*Z*）-11- 十四碳烯 -1- 醇乙酸酯；(*Z*)-11-tetradecen-1-ol acetate；(*E*)-11- 十四碳烯 -1- 醇乙酸酯；(*E*)-11-tetradecen-1-ol acetate。

IUPAC 名称 (*Z*)-tetradeca-11-en-1-yl acetate；(*E*)-tetradeca-11-en-1-yl acetate。

CAS 登记号 20711-10-8［（*Z*）- 异构体 ］；33189-72-9［（*E*）- 异构体 ］。

EC 号 243-982-8［（*Z*）- 异构体 ］。

分子式 $C_{16}H_{30}O_2$。

相对分子质量 254.41。

结构式

(*Z*)-11-十四碳烯-1-醇乙酸酯

(*E*)-11-十四碳烯-1-醇乙酸酯

生产单位 1985 年开始应用，由 Suterra、Shin-Etsu 等公司生产。

理化性质 无色液体，有特殊气味。沸点 90～92℃（9.33Pa）［（*Z*）- 异构体 ］，80～82℃（1.33Pa）［（*E*）- 异构体 ］。相对密度 0.88（20℃）。$K_{ow}lgP > 4$［（*Z*）- 异构体 ］。难溶于水，溶于丙酮、氯仿、乙酸乙酯等有机溶剂。

毒性 急性经口 LD_{50}：大鼠 > 5000mg/kg，小鼠 > 5000mg/kg。大鼠急性吸入 LC_{50} > 5mg/L 空气。大鼠急性经皮 LD_{50} > 2000mg/kg。虹鳟 LC_{50}（96 小时）> 10mg/L。

剂型 微胶囊悬浮剂，盘式蚊香，缓释诱芯。

作用方式 主要用于干扰欧洲玉米螟的交配，诱捕欧洲玉米螟。

防治对象 适用于玉米田，防治欧洲玉米螟。

使用方法 将含有欧洲玉米螟性信息素的诱捕器放在玉米田四周。诱捕欧洲玉米螟雄蛾的数目可预测种群虫口密度，确定喷洒杀虫剂的最佳时期。

参考文献

马克比恩 C, 2015. 农药手册[M]. 胡笑形, 等译. 北京: 化学工业出版社.

吴文君, 高希武, 张帅, 2017. 生物农药科学使用指南[M]. 北京: 化学工业出版社.

（撰稿：钟江春；审稿：张钟宁）

偶氮苯 azobenzene

一种高效、低毒、残效期长的杀螨剂。

其他名称 敌螨丹、二苯基二氮烯、苯偶氮苯、二苯二亚胺、二苯二胺。

化学名称 (*E*)-1,2-diphenyldiazene；1,2-二苯基二氮烯。

IUPAC 名称 azobenzene。

CAS 登记号 103-33-3。

EC 号 203-102-5。

分子式 $C_{12}H_{10}N_2$。

相对分子质量 182.22。

结构式

理化性质　有顺（*Z*）-反（*E*）-异构体。反式为橙红色菱形晶体，蒸气为深红色，溶于乙醇、乙醚和乙酸，不溶于水。顺式为橙红色片状晶体，不稳定，在常温下慢慢变成反式。偶氮苯有毒，易燃；在碱性条件下还原成氢化偶氮苯，在锌和乙酸中还原成苯胺，在乙酸中用二氧化铬氧化生成氧化偶氮苯。熔点 66℃。沸点 293℃。密度 1.09g/ml（25℃）。蒸气压 133.32Pa（104℃）。折射率 1.62662（78.1℃）。闪点 100℃。储存条件 2～8℃。不溶于水，溶于醇、醚。易燃，与强氧化剂不相容，对空气和光线敏感。

毒性　低毒。大鼠急性经口 LD_{50} > 1000mg/kg，小鼠腹腔 LD_{50} > 500mg/kg。有致癌可能性。对鱼类有毒性。

防治对象　柑橘全爪螨等植食性害螨。

注意事项　切勿让产品进入水体。燃烧产生有毒氮氧化物气体。

参考文献

丁伟, 2010. 螨类控制剂[M]. 北京: 化学工业出版社: 163-164.

（撰稿：周红；审稿：丁伟）

偶氮磷　azothoate

一种具有熏蒸作用的杀螨剂。

化学名称　*O*-[4-[(4-氯苯基)偶氮]苯基] *O,O*-二甲基硫代磷酸酯；*O*-[4-[(4-chlorophenyl)azo] phenyl]*O,O*-dimethyl phosphorothioate。

IUPAC 名称　*O*-4-[(*EZ*)-(4-chlorophenyl)azo]phenyl *O,O*-dimethyl phosphorothioate。

CAS 登记号　5834-96-8。

分子式　$C_{14}H_{14}ClN_2O_3PS$。

相对分子质量　356.76。

结构式

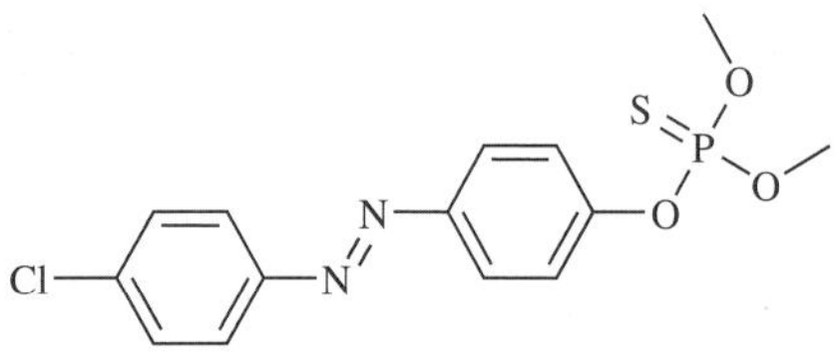

理化性质　密度 $1.31g/cm^3$。沸点 502.3℃（101.32kPa）。闪点 255.8℃。折射率 1.596。摩尔折射度 $91.2cm^3/mol$。摩尔体积 $273.6cm^3$。

毒性　大鼠急性经口 LD_{50} > 81 500mg/kg。

防治对象　是一种很古老的杀螨剂，早在 1945 年就开始使用于温室作熏蒸杀螨使用，但对许多观赏植物有一定药害。

注意事项　加热会分解放出有毒蒸气。

参考文献

朱永和, 王振荣, 李布青, 2006. 农药大典[M]. 北京: 中国三峡出版社.

（撰稿：罗金香；审稿：丁伟）

P

哌草丹　dimepiperate

一种硫代氨基甲酸酯类除草剂。

其他名称　Yukamate、MY-93、Muw-1193、优克稗、稗净。

化学名称　S-(α,α-二甲基苄基)哌啶-1-硫代甲酸酯或 S-1-甲基-1-苯基乙基哌啶-1-硫代甲酸酯；S-(1-methyl-1-phenylethyl)1-piperidinecarbothioate。

IUPAC 名称　S-1-methyl-1-phenylethyl piperidine-1-carbothioate。

CAS 登记号　61432-55-1。

EC 号　262-784-2。

分子式　$C_{15}H_{21}NOS$。

相对分子质量　263.40。

结构式

开发单位　1975 年由日本三菱油化公司（Mitsubishi Petrochemical Company Ltd.，现为日本三菱化学集团 Mitsubishi Chemical Group）研制，安万特公司开发。

理化性质　纯品为蜡状固体。熔点 38.8～39.3℃。沸点 164～168℃（99.99Pa）。蒸气压 0.53mPa（30℃）。相对密度 1.08（25℃）。水中溶解度（25℃）20mg/L；其他溶剂中溶解度（kg/L，25℃）：丙酮 6.2，氯仿 5.8，环己酮 4.9，乙醇 4.1，己烷 2。稳定性：30℃下稳定 1 年以上，当干燥时日光下稳定，其水溶液在 pH1 和 pH14 稳定。

毒性　大鼠急性经口 LD_{50}：雄 946mg/kg，雌 959mg/kg。小鼠急性经口 LD_{50}：雄 4677mg/kg，雌 4519mg/kg。大鼠急性经皮 LD_{50}＞5000mg/kg。对兔眼睛和皮肤无刺激性，对豚鼠无皮肤过敏性，大鼠和兔未测出致畸活性，大鼠 2 代繁殖试验未见异常。大鼠吸入 LC_{50}（4 小时）＞1.66mg/L。大鼠饲喂 2 年 NOEL 0.104mg/L，允许摄入剂量 0.001mg/kg。雄日本鹌鹑急性经皮 LD_{50}＞2000mg/kg，母鸡急性经皮 LD_{50}＞5000mg/kg。鱼类 LC_{50}（48 小时）：鲤鱼 5.8mg/L，虹鳟 5.7mg/L。

剂型　乳油，颗粒剂。

作用方式及机理　哌草丹为类脂（lipid）合成抑制剂（不是 ACC 酶抑制剂），属内吸传导型稻田选择性除草剂。哌草丹是植物内源生长素的拮抗剂，可打破内源生长素的平衡，进而使细胞内蛋白质合成受到阻碍，破坏细胞的分裂，致使生长发育停止。药剂由根部和茎叶吸收后传导至整个植株，打破内源生长素的平衡，进而使细胞内蛋白质合成受阻，破坏生长点细胞的分裂，抑制和延迟杂草茎叶的形成，生长发育停止，茎叶由浓绿变黄、变褐至枯死。茎叶由浓绿变黄、变褐、枯死，此过程需 1～2 周。

防治对象　防除稗草及牛毛草，对水田其他杂草无效。对防除 2 叶期以前的稗草效果突出，应注意不要错过施药适期。当稻田草相复杂时，应与其他除草剂如 2 甲 4 氯、灭草松、苄嘧磺隆等混合使用。

使用方法　使用剂量通常为 750～1000g/hm²（有效成分）。

防治水稻秧田杂草　旱育秧或湿育秧苗，施药时期可在播种前或播种覆土后，每亩用 50% 乳油 150～200ml，兑水 25～30L 进行床面喷雾。水育秧田可在播后 1～4 天，采用毒土法施药，用药量同上。薄膜育秧的用药量应适当降低。

防治插秧田杂草　施药时期为插秧后 3～6 天，稗草 1.5 叶期前，每亩用 50% 乳油 150～260ml，加水喷雾或拌成毒土撒施，施药后保持 3～5cm 的水层 5～7 天。

防治水直播田杂草　施药时期可在水稻播种后 1～4 天施药，施药剂量及方法同插秧田。哌草丹对只浸种不催芽或催芽种子都很安全，不会发生药害。

注意事项　①水稻秧田、插秧田、直播田、旱直播田适用。哌草丹在稗草和水稻体内的吸收与传递速度有差异，此外能在稻株内与葡萄糖结成无毒的糖苷化合物，在稻田中迅速分解（7 天内分解 50%），这是形成选择性的生理基础。哌草丹在稻田大部分分布在土壤表层 1cm 之内，这对移植水稻来说，也是安全性高的因素之一。土壤温度、环境条件对药效影响作用小。由于哌草丹蒸气压低、挥发性小，因此不会对周围的蔬菜作物造成飘移危害。此外，对水层要求不甚严格，土壤饱和态的水分就可得到较好的除草效果。②在土壤的持效期为 20 天，可渗入土壤 1～3cm 深。③是一种内吸传导型选择除草剂，对防除 2 叶的稗草效果突出，对水稻安全，能被杂草的根茎叶吸收，1～2 周死亡。此药对稗草特效，使用时可以考虑与其他药剂混用，扩大杀草谱。

与其他药剂的混用　如水稻旱种田在出苗后，稗草 1.5～2.5 叶期，每 100m² 用哌草丹 50% 乳油 30ml 加 20% 敌稗乳油 75～112.6ml，兑水 4.5～6kg，茎叶喷雾。旱育秧及湿润秧苗在播前或播后，每 100m² 用 50% 乳油 22.5～30ml，兑水 3.75～4.5kg 床面喷雾，水育秧苗可在播后 1～4 天用毒土法施药。插秧田在插秧后 3～7 天，用 50% 乳油 22.5～39ml 兑水喷雾。施药后保持 3～5cm 水层 5～7 天。当稻田杂草种类较多时，宜与其他除草剂混用。

允许残留量　GB 2763—2021《食品中农药最大残留限量标准》规定哌草丹在糙米中的最大残留限量为 0.05mg/kg（临时限量）。ADI 为 0.001mg/kg。谷物按照 NY/T 1379 规定的方法测定。

参考文献

刘长令, 2002. 世界农药大全: 除草剂卷[M]. 北京: 化学工业出版社: 290-292.

马克比恩 C, 2015. 农药手册[M]. 胡笑形, 等译. 北京: 化学工业出版社: 327-328.

（撰稿: 赵毓; 审稿: 耿贺利）

哌草磷　piperophos

一种二硫代磷酸酯类选择性内吸传导型除草剂。

商品名称

其他名称　Avirosan（与二甲丙乙净的混剂）、C 19490、Rilof。

化学名称　*O,O*-二丙基 *S*-[2-(2-甲基-1-哌啶基)-2-氧代乙基]二硫代磷酸酯; *S*-[2-(2-methyl-1-piperidinyl)-2-oxoethyl] *O,O*-dipropyl phosphorodithioate。

IUPAC 名称　*S*-2-methylpiperidinocarbonylmethyl *O,O*-dipropyl phosphorodithioate

CAS 登记号　24151-93-7。

EC 号　607-329-4。

分子式　$C_{14}H_{28}NO_3PS_2$。

相对分子质量　353.48。

结构式

开发单位　D. H. Green 和 L. Ebner 报道除草活性。由汽巴 - 嘉基公司（现为先正达公司）开发。

理化性质　物理形态淡黄色，稍黏稠的透明液体，有点甜的气味。沸点 190℃。蒸气压 0.032mPa（20℃）。$K_{ow}\lg P$ 4.3。Henry 常数 4.5×10^{-4}Pa·m³/mol（计算值）。相对密度 1.13（20～25℃）。水中溶解度 25mg/L（20～25℃）；可与有机溶剂丙酮、苯、二氯甲烷、己烷、辛醇互溶（20～25℃）。稳定性: 在正常储存条件下稳定，在 pH 9 时缓慢水解; DT_{50}（20℃，计算值）> 200 天（pH5～7），178 天（pH9）。

毒性　大鼠急性经口 LD_{50} 324mg/kg。大鼠急性经皮 LD_{50} > 2150mg/kg。对兔皮肤无刺激性，对眼睛稍微刺激。大鼠吸入 LC_{50}（1 小时）> 1.96mg/L。日本鹌鹑饲养 LC_{50}

（8 天）11 629mg/kg 饲料。鱼类 LC_{50}（96 小时，mg/L）: 虹鳟 6，鲫鱼 5。水蚤 LC_{50}（48 小时）0.0033mg/L。淡水藻 EC_{50}（5 天）0.059mg/L。蜜蜂 LD_{50}（μg/ 只）: 接触 30; 经口 > 22。蠕虫: 蚯蚓 LC_{50}（14 天）180mg/kg 土壤。

剂型　50% 乳油。

作用方式及机理　幼小杂草的根、胚芽鞘和叶子从土壤中吸收药剂，该药剂通过阻碍核酸和蛋白质的生物合成，抑制细胞分裂和生长而致使杂草死亡，是一种光合作用抑制剂。

防治对象　适用于水稻、玉米、棉花、大豆等作物田防治一年生禾本科杂草和莎草科杂草，如稗草、牛毛毡、眼子菜、日照飘拂草、萤蔺、莎草、鸭舌草、节节草、矮慈姑、水苋菜、水马齿等。对双子叶杂草防效差。

使用方法　可采用毒土法与化肥混施。在水稻田中应用时，等杂草发芽以后或在 1.5 叶期前，即插秧 6～12 天后。用 50% 乳油 2000～3000ml/hm² 拌混细土或湿沙土 300～450kg 均匀撒施; 或兑水 600～750kg，均匀喷雾于田间。施药时田间水层保持在 3cm 左右，药后 5～7 天只灌不排，以后按正常水分管理，除药后的几天内排水会影响除草效果，之后稻田内水深度变化对除草效果影响不大。相比于水田的用量，旱地用药量应加大。

注意事项　①漏水田、渗透性强的土壤，在水稻未扎好根时易产生药害。插秧时气温在 30℃ 以上时应谨慎使用，降低用量或在晚间换低温水后施药。②施药后应认真清洗喷雾器。清洗液不得排入河流、湖泊、池塘和小溪内。废弃物要妥善处理，不能随意丢弃，也不可做他用。③对眼睛、皮肤和上呼吸道有刺激作用。摄入量大时会出现有机磷中毒症状。急救治疗: 解毒剂为阿托品和解磷定或双复磷。

与其他药剂的混用　对双子叶杂草防效差，与异戊净混用可控制禾本科杂草和阔叶杂草。在热带地区，哌草磷可与 2,4-滴或氯嘧磺隆组合，以扩大防除阔叶杂草的广谱性。

允许残留量　大米最大残留量 0.01mg/kg。

参考文献

李加才, 王家银, 2009. 新农药哌草磷[J]. 云南农业科技 (3): 10.

唐韵, 2010. 除草剂使用技术[M]. 北京: 化学工业出版社: 238.

屠予钦, 1993. 农药科学使用指南[M]. 北京: 金盾出版社: 207.

张敏恒, 1999. 农药商品手册[M]. 沈阳: 沈阳出版社: 867.

庄无忌, 2010. 国际食品饲料中农药残留量法规: 第二卷[M]. 北京: 化学工业出版社: 354.

TURNER J A, 2015. The pesticide manual: a world compendium [M]. 17th ed. U.K.: BCPC : 892.

（撰稿: 贺红武; 审稿: 耿贺利）

哌壮素　piproctanyl

一种季铵型植物生长延缓剂，能抑制赤霉素的生物合成，适用于温室花卉，主要用于观赏植物的株型控制，防止徒长。

其他名称　Alden、Piproctanylium bromide、Stemtrol、菊壮素。

化学名称　1-烯丙基-1-(3,7-二甲基辛基)溴哌啶鎓盐；1-(3,7-dimethyloctyl)-1-(2-propen-1-yl)piperidinium。

IUPAC 名称　(RS)-1-allyl-1-(3,7-dimethyloctyl)piperidinium。

CAS 登记号　69309-47-3。

分子式　$C_{18}H_{36}N$；$C_{18}H_{36}NBr$（溴盐）。

相对分子质量　266.49；346.39（溴盐）。

结构式

开发单位　1976 年瑞士马戈公司开发。

理化性质　浅黄色蜡状固体，熔点约 75℃，可溶于水，不溶于正己烷和环己烷。在下列溶剂中的溶解度（mg/L）：甲醇＞2400、乙醇 2100、丙酮 1400。在水中的 pH 为 3～11。其 1% 水溶液在强紫外光的照射下稳定，在 100℃亦稳定。在一般条件下储存 3 年无变化，哌壮素的水溶液无腐蚀性。

毒性　急性经口 LD_{50}：大鼠 820～990mg/kg，小鼠 182mg/kg。大鼠急性经皮 LD_{50} 115～240mg/kg（制剂＞5ml/kg）。大鼠急性吸入 LC_{50} 1.5mg/L 空气（制剂＞1300mg/L 空气）。每升丙酮中含该品 30g 的溶液对豚鼠皮肤无刺激，每升水中含该品 3g 的溶液对兔眼无刺激，商品制剂对皮肤和眼均无刺激。每日对大鼠喂 150mg/kg 和每日对狗喂 25mg/kg 长达 90 天，均无明显影响。对鹌鹑和野鸡的 LC_{50}（8 天）值，均＞1000mg/kg 饲料。工业品对鱼类 LC_{50}（96 小时）：虹鳟 12.7mg/L，蓝鳃鱼 62mg/L。对蜜蜂无毒。

剂型　商品 Alden 和 Stemtrol 均为加有表面活性剂的水溶液，含有效成分 50g/L。

作用方式及机理　是一种植物生长阻滞剂，通过植物的绿色部分吸收，进入体内，能阻碍赤霉素的生物合成，其作用表现为缩短节间距，矮化植株，使茎秆强壮，叶色变深。施用该品后再施赤霉素或吲哚乙酸，可抵消其延缓生长的作用，但该品在枝梢中不易传导，用于叶部时需加表面活性剂。

使用对象　可用于菊花、秋海棠、杜鹃花、蒲包花、牵牛花等。

使用方法　在菊花上使用的有效浓度为 75～170mg/L，菊花施用后，花期要延迟 2～3 天，花朵较正常的小。该品能加速番茄成熟，处理三叶胶后能刺激乳胶的分泌。

注意事项　按一般防护事项处理，如储存处远离食物和饲料，勿让儿童接近等。无专用解毒药，发生中毒，按出现症状治疗。

参考文献

孙家隆，2015. 新编农药品种手册[M]. 北京：化学工业出版社:948.

朱永和，王振荣，李布青，2006. 农药大典[M]. 北京：中国三峡出版社.

（撰稿：徐佳慧；审稿：谭伟明）

蒎烯乙二醇醚　ethylene glycol ether of pinene

一种天然除虫菊素的增效剂。

其他名称　DHS actirator、DHS 活化剂。

化学名称　Ethylene glycol ether of pinene；蒎烯乙二醇醚。

结构式　系一种市售的松油化学品，化学结构不详。

理化性质　无色透明流动液体，略有松油气味。相对密度 0.985。沸点 257～273℃。性质比较稳定。当掺加在除虫菊素的蝇蚊喷射剂中，储存于密闭罐内长达 22 个月，没有丧失其杀虫毒力；但受日光照射后，可出现褪色，产生沉淀而致毒力减退。

毒性　松油类化合物对哺乳动物安全。

剂型　每 100ml 脱臭煤油（黏度约为 30mPa·s）中含除虫菊素 2g，DHS 活化剂的掺加量为 3%～5%。

作用方式及机理　1945 年美国 A. Hartzell 等人从组织学的研究上，发现除虫菊、蒎烯乙二醇醚和芝麻素、胡椒碱等增效剂对家蝇脑组织有明显影响。除虫菊素可使纤维素受到损伤，并致使组织分离；而含该品和丁氧硫氰醚（Lethane 384）的杀虫剂商品，可使纤维的细胞组成部分，几乎全部受到损伤。A. W. A. Brown 称，该品可使家蝇脑的非纤维性细胞组成部分进行胞溶作用。该品在除虫菊制剂中，对家蝇的击倒和杀死，均表现有增效活性。

防治对象　家蝇，成蚊。

使用方法　每 100ml 含 2g 除虫菊素的喷射剂对家蝇的毒力，加 5% DHS 活化剂的比加 3% 活化剂的更有效。除虫菊素毒力的提高，即由于被 DHS 活化剂活化所致。在对蚊成虫的喷射试验中，0.01% 除虫菊素制剂中加了 5% DHS 活化剂，并不能提高除虫菊素喷射剂对致乏库蚊的死亡率，但可加速其击倒作用。掺加 5% DHS 活化剂到含除虫菊素和丁氧硫氰醚的煤油喷射剂中，可以提高对家蝇的药效，而 DHS 活化剂对单用丁氧硫氰醚作家蝇喷射剂时，并不能提高药效。该品和鱼藤酮制剂合用时，将更为有效。

注意事项　该品与除虫菊素的混合剂勿储存于玻璃瓶中，免受日光或光的照射；勿受高温，勿近火源。制剂对人畜安全，使用时不需采用防护措施。

参考文献

张保民，王兰芝，潘同霞，等，1995. 农药剂型及助剂应用[M].郑州：中原农民出版社.

（撰稿：徐琪、侯晴晴；审稿：邵旭升）

抛射剂　propellent

能够为气雾剂提供喷射动力的物质。有些抛射剂还具有溶解或稀释有效成分的作用。

作用原理　抛射剂多为沸点低于室温的液化气体，蒸气压高于常规大气压，因此当储存气雾剂的容器打开时，容器内部压力突然降低使抛射剂急剧气化，在容器内外压力差的作用下将药剂以气雾的形式喷出。

分类与主要品种　抛射剂可以分为氟氯烷烃类、碳氢化合物类和压缩气体 3 类。常见的有 1,1-二氟乙烷、三氯一氟甲烷、三氯四氟乙烷、丙烷、异丁烷、正丁烷、二甲醚、压缩二氧化碳、氮、氧化亚氮等。

使用要求　抛射剂应满足以下要求：在常温下蒸汽压应大于大气压；无毒性及刺激性，不会引起过敏反应；不与药物或其他成分发生反应；不易燃易爆，安全性好；无味无臭，成本低等。

应用技术　在气雾剂生产过程中，抛射剂常见的填充方法有两种：压灌法和冷灌法。压灌法是在室温下现将药液灌入容器，装上阀门并轧紧，再用压装机在 68～106kPa 的压力下将液化抛射剂灌装进容器。冷灌法是将药液和抛射剂均冷却，抛射剂至少冷却至沸点以下 5℃，然后将药液和抛射剂灌入容器内，立即装上阀门并轧紧。压灌法设备简单，抛射剂损耗少，但生产速度慢；冷灌法生产速度快，成品压力稳定，但抛射剂损耗多，含水产品不宜用此法。

参考文献

刘广文, 2013. 现代农药剂型加工技术[M]. 北京: 化学工业出版社.

（撰稿：张鹏；审稿：张宗俭）

配方助剂　formulants

用于农药制剂配方中，除了农药有效成分以外在加工过程中添加的组分。配方助剂是赋予制剂整体性能的成分，不同的制剂中所使用的配方助剂不尽相同。

作用机理　配方助剂赋予所制备的制剂不同的应用性能。主要作用：

乳化　将本身是油状的农药活性成分或溶于油类溶剂中的农药活性成分形成水包油的液滴分散在水中。

润湿　提高制剂组分的润湿性。

分散　提高制剂组分的分散、悬浮稳定性，防止微粒聚集和发生奥氏熟化现象。

稀释　将有效成分稀释成低浓度。

渗透　提高有效成分对靶标的渗透性。

稳定　提高制剂和有效成分的化学稳定性和物理稳定性。

增稠　提高制剂和有效成分的物理稳定性和制剂黏度。

防冻　提高制剂的低温储存稳定性。

崩解　提高固体制剂入水崩解性能。

成膜　使农药能均匀包裹在种子上或在叶片上均匀成膜。

消泡　消除制剂加工或使用过程中产生的泡沫，便于使用。

溶解　将有效成分溶解到溶剂中。

漂浮　使制剂能够漂浮于水面，便于水面分散。

润滑　提高制剂制备过程中的成型率。

增效　提高有效成分的利用率。

警示　以鲜艳的颜色、图标等起到警示和标识作用。

催吐　一般在剧毒或无解药的农药中添加，食入能引起人呕吐，降低对人的危害。

引诱　通过气味等引诱有害生物。

兼容　提高不相容组分或有效成分的兼容性。

分类和主要品种　配方助剂按照功能分主要有以下几类：分散剂、乳化剂、润湿剂、渗透剂、消泡剂、增稠剂、防冻剂、pH 调节剂、稳定剂、崩解剂、润滑剂、增效剂、警戒色、成膜剂、催吐剂、引诱剂、抗飘移剂、相容剂、载体、溶剂、助溶剂、填料、调味剂等。

每类助剂的种类和性能，请见各自的词条解释。

使用要求　配方助剂的选择是根据制剂的性能和使用方式等决定的，而制剂的类型取决于以下因素：①活性成分的物理化学性质，比如熔点、溶解度、稳定性等。②活性成分的毒理性质。③如何更高效地防治靶标对象。④制剂对动植物和环境的影响。⑤适用于施药设备的需求。⑥提高农药的利用率。⑦较低的制剂制备成本。

配方助剂的使用都是围绕或者解决以上问题而进行选择的。

参考文献

刘广文, 2013. 现代农药剂型加工技术[M]. 北京: 化学工业出版社.

邵维忠, 2003. 农药助剂[M]. 3版. 北京: 化学工业出版社.

中国农业百科全书总编辑委员会农药卷编辑委员会, 中国农业百科全书编辑部, 1993. 中国农业百科全书: 农药卷[M]. 北京: 农业出版社.

（撰稿：卢忠利；审稿：张宗俭）

喷粉法　powder injection

利用鼓风机械所产生的气流把农药粉剂吹散后沉积到作物上的施药方法。

沿革　历史上最早的粉剂施用是把药粉装在布袋内或底部有孔的罐内，撒落到作物上；后来改用手持打气筒来喷出药粉；到 19 世纪末才发展成为用机械鼓风的办法喷粉。进入 20 世纪以后进一步发展出各种类型的机动喷粉法。20 世纪 60 年代中期，日本曾对喷粉法进行了详尽的开发研究，因为喷粉法轻便省力而且工效高，在植保工作中推行了以喷粉法为主体的农药使用省力化运动。随着环境质量问题日益引起社会重视，喷粉法的应用也相应地受到限制，飘移问题最突出的飞机喷粉法首先受限制。到 1960 年美国的飞机喷粉作业量降到 39%，1970 年则剧降至 3%。日本虽然由于水稻田用喷粉法较多，但粉剂的产量在农药总产量中所占的比重已由 50 年代的 70%～80% 降到 80 年代的 35% 以下。中国一直到 80 年代初期喷粉法（包括毒土法）仍是主要施药方法，六六六停产以后喷粉法才逐渐退居次要地位。

基本原理　喷粉法的基本原理就是用气流把粉剂吹散，让粉粒沉积到作物上去。实际包含两个步骤：第一步是借助机械搅动或气流鼓动使粉剂发生流化现象，成为容易分散的疏松粉体；第二步是借助有一定速度的气流，把已流化的粉体吹送到空中使之分散成为粉尘。粉尘在空中的运动有两种特性：①布朗运动。粉粒在空中的一种无规则运动，包含垂直方向的位移现象和水平方向的位移现象，并且可以有多种取向（图1）。②飘移效应。非球形粒子在阻尼介质中运动时偏离运动方向的现象。粉剂的粉粒都是不规则的非球形粒子，在垂直下落时由于粉粒表面不同部位受空气阻力的作用强度不一致，而使粉粒的运动方向发生偏离（图2），使下落的粉粒滑向一边，因此产生飘移现象。粉粒直径大于10μm时，以飘移效应为主，而小于10μm时则以布朗运动为主。这两种特性均有利于延长粉粒在空中的飘悬时间，在有气流扰动时更为明显。这是喷粉法在田间沉积分布比较均匀、工效较高的主要原因，也是药粉在大气中容易发生飘移现象的重要原因。

粉粒之间有一种絮结现象，即若干个粉粒絮结到一起形成团粒。团粒的直径远大于单个粉粒，因而使粉粒的运动性质发生变化，粗大的团粒容易垂直下落，从而丧失了布朗运动和飘移能力。这有利于防止飘移，但不利于粉粒沉积分布。克服絮结现象的方法，主要依靠机械的搅动或气流的鼓动使粉体流化，喷粉口也应有足够强的风力，例如手摇喷粉器喷口风速应在12m/s以上；在粉剂的制剂配方中加入适当的分散剂也是一种有效的办法。

使用方法 按照施药手段可分为3类：①手动喷粉法。用人力操作的简单器械进行喷粉的方法。如手摇喷粉器，以手柄摇转一组齿轮使最后输出的转速达到1600r/min以上，并以此转速驱动一风扇叶轮，即可产生很高的风速，足以把粉剂吹散。由于手摇喷粉器一次装载药粉不多，因此只适宜于小块农田、果园以及温室大棚采用。手动喷粉法的喷撒质量往往受手柄摇转速度的影响，达不到规定的转速时，风速不足，就会影响到粉剂的分散和分布。②机动喷粉法。用发动机驱动的风机产生强大的气流进行喷粉的方法。这种风机能产生所需的稳定风速和风量，喷粉的质量能得到保证；机引或车载式的机动喷粉设备，一次能装载大量粉剂，适于大面积农田中采用，特别适用于大型果园和森林。③飞机喷粉法。利用飞机螺旋桨产生的强大气流把粉剂吹散，进行空中喷粉的方法。机舱内的药粉通过节制闸排入机身外侧的空气冲压式分布器或电动转碟式分布器（用于直升机喷粉），即被螺旋桨所产生的高速气流吹散。使用直升机时，主螺旋桨产生的下行气流特别有助于把药粉吹入农田作物或森林、果园的株丛或树冠中，是一种高效的喷粉方法。对于大面积的水生植物如芦苇等，利用直升机喷粉也是一种有效方法。

适用范围 其主要特点是不需用水，工效高，在作物

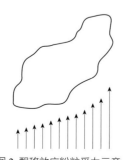

图1 布朗运动　图2 飘移效应粉粒受力示意

上的沉积分布性能好，着药比较均匀，使用方便。在干旱、缺水地区喷粉法更具有实际应用价值。虽然由于粉粒的飘移问题使喷粉法的使用范围缩小，但在特殊的农田环境中如温室、大棚、森林、果园以及水稻田，喷粉法仍然是很好的施药方法。但喷粉法的缺点：药粉易被风吹失和易被雨水冲刷，因此，药剂附着在作物表体的量减少，缩短药剂的持效期，降低了防治效果；单位耗药量多，在经济上不如喷雾合算；污染环境和施药人员本身。

使用目的 工效高，作业不受水源限制，在大面积防治时速度快，可将害虫种群迅速控制住。

影响 喷粉法曾是农药使用的主要方法，但由于喷粉时飘移的粉粒容易污染环境，在更加注重环境保护的今天，喷粉法的使用范围受到限制，飘移严重的飞机喷粉更是受到严格限制。

参考文献

何雄奎, 2012. 高效施药技术与机具[M]. 北京: 中国农业大学出版社.

何雄奎, 2013. 药械与施药技术[M]. 北京: 中国农业大学出版社.

全国农业技术推广服务中心, 2015. 植保机械与施药技术应用指南[M]. 北京: 中国农业出版社.

中国农业百科全书总编辑委员会农药卷编辑委员会, 中国农业百科全书编辑部, 1993. 中国农业百科全书: 农药卷[M]. 北京: 农业出版社.

（撰稿：何雄奎；审稿：李红军）

喷粉机具　dusting machine

能用于喷撒粉剂农药的施药机具。一般利用风机产生的气流将粉箱中的粉剂农药经喷粉管和喷粉头均匀撒布到防治对象上。

形成过程 19世纪末美国首先制成喷粉器，20世纪30年代随着粉剂农药的大量生产，喷粉机具开始大量使用。中国于20世纪50年代开始大量生产和推广使用手摇喷粉器，60年代发展了小型动力喷粉喷雾多用机及拖拉机配套的喷粉机，并开始生产飞机喷粉装置。喷粉机具在50～70年代是中国主要的施药机具品种。

基本内容 喷粉机具产品类型较多，按所用动力不同可分为手动、小型机动与拖拉机动力输出轴驱动等形式；按运载方式分为胸挂、背负、担架及拖拉机悬挂和牵引等形式。各种喷粉机具除动力部分外，一般主要由传动箱、风机、粉箱、喷粉管、喷粉头、搅拌器、输粉器及粉量调节装置等部分组成。①手摇喷粉器。亦称手动喷粉器。使用简便、价格低廉，有胸挂式与背负式。主要用于小面积农田作物病虫害防治作业。②背负式喷粉喷雾机。由动力驱动的喷粉、喷雾兼用的施药机具，作业机动性好，工效高，主要用于小麦、水稻、棉花、蔬菜及果树、橡胶树病虫害防治。拖拉机拖带、动力输出轴驱动的喷粉机具，其风机气流强大、射程远，主要用于大面积水稻、小麦、棉花、玉米等作物及草原牧场病虫害防治。③飞机喷粉。中国以Y-5型飞机为

主要机型，载粉量大、喷幅宽、工效高，一架飞机可负担治虫面积 20 万~30 万亩，化学除草面积 4 万~7 万亩。主要用于大面积单一作物农田及草原、森林病虫害防治，可在短时间内迅速控制病虫害的发生与蔓延，特别适合干旱缺水地区使用。由于作业时受自然风力影响大，喷出的药粉飘移，容易造成环境污染，因此常采取早晨有露水或微风、无风条件下进行作业。④静电喷粉技术。可改善粉剂农药的有效利用和减少飘移污染。

参考文献

何雄奎, 2012. 高效施药技术与机具[M]. 北京: 中国农业大学出版社.

何雄奎, 2013. 药械与施药技术[M]. 北京: 中国农业大学出版社.

全国农业技术推广服务中心, 2015. 植保机械与施药技术应用指南[M]. 北京: 中国农业出版社.

中国农业百科全书总编辑委员会农药卷编辑委员会, 中国农业百科全书编辑部, 1993. 中国农业百科全书: 农药卷[M]. 北京: 农业出版社.

（撰稿：何雄奎；审稿：李红军）

喷杆式喷雾机　boom sprayer

一种将喷头安装在横向喷杆或竖喷杆上的液力机动喷雾机。它作为大田作物高效、高质量的喷洒农药的机具，得到推广应用。该类机具的特点是生产率高，农药喷施均匀，是一种理想的大田作物用植保机具，可广泛用于大豆、小麦、玉米和棉花等农作物的播前、苗前土壤处理、作物生长前期灭草及病虫害防治。装有吊杆的喷杆喷雾机与高地隙拖拉机配套使用可进行诸如棉花、玉米等作物生长中后期病虫害防治。

形成过程　19 世纪 30 年代，在欧美就出现了由畜力牵引的喷杆喷雾机。20 世纪初拖拉机推广应用后，相继出现了拖拉机牵引和悬挂的水平横喷杆式喷雾机；40 年代末开始发展用于果树病虫害防治的悬挂竖喷杆式喷雾机。中国于 20 世纪 50 年代末开始研制用于棉花病虫害防治的悬挂吊挂喷杆式喷雾机，即在水平横喷杆上按照作物行距，每个作物行间设置一根吊挂喷杆，可对棉株的上、中、下各层及叶子的背面同时喷雾。70 年代以后，又相继研制成一些由大中型拖拉机牵引的喷杆喷雾机，用于大田作物化学除草，同时兼顾中耕作物的病虫害防治。在欧美及日本等国家，悬挂式和牵引式喷杆喷雾机已形成系列产品。悬挂式系列的药液箱容量大致为 300~1500L，喷幅大致为 6~12m；牵引式系列药液箱容量大致为 400~4000L，喷幅大致为 10~24m。个别大型牵引式喷杆喷雾机的喷幅达 27~36m。

分类　喷杆喷雾机的种类很多，可分为下列几种。

按喷杆的形式分 3 类：

①横喷杆式。喷杆水平配置，喷头直接装在喷杆下面，是常用机型。②吊杆式。是在横喷杆下面平行地垂吊着若干根竖喷杆，作业时，横喷杆和竖喷杆上的喷头对作物形成"门"字形喷洒，使作物的叶面、叶背等处能较均匀地

被雾滴覆盖。主要用在棉花等阔叶作物的生长中后期喷洒杀虫剂、杀菌剂等。③风幕式。在喷杆上方装有一条气囊，风机向气囊供气，气囊上正对每个喷头的位置都开有气孔。作业时，喷头喷出的雾滴与从气囊出气孔喷出的气流相撞击，形成二次雾化，并在气流的作用下，吹向作物。同时，气流对作物枝叶有翻动作用，有利于雾滴在叶丛中穿透及在叶背、叶面上均匀附着。主要用于对棉花等阔叶作物喷施杀虫剂。

按动力配套方式分 3 类：

①自走式喷雾机。自身带有动力行走系统。②悬挂式喷雾机。通常通过拖拉机三点液压悬挂装置与拖拉机相连接。③牵引式喷雾机。自身带有底盘和行走轮，通过牵引杆与拖拉机相连接。

结构　喷杆喷雾机的主要工作部件包括液泵、药液箱、过滤器、喷头、清水箱、回流搅拌器、喷杆、喷杆桁架和管路控制部件等（图 1）。

工作原理　通常由拖拉机的动力输出轴驱动液泵工作，将药液箱中的药液以一定的压力通过控制阀和输液管路输往喷杆，当喷头处的喷雾液体压力达到预定值时，防滴装置便自动开启，药液从喷头喷出，形成雾滴喷向目标物。喷雾压力的高低由调压阀进行调节。喷雾量的大小可通过调节喷雾压力或更换不同孔径的喷头进行调节。当喷雾机在地头或地中间停喷，喷头处的喷雾液体压力小于预定值时，防滴装置便自动关闭，从而起防滴作用。药液箱的加水一般由同一液泵进行，但在有些大型牵引式喷杆喷雾机上，增设一台流量较大的离心泵，专用于给药液箱加水。喷雾机作业时喷杆的离地高度通过机械式或液压式调节机构进行控制。喷杆在水平方向的平衡，靠自动平衡结构来实现。在两侧端喷杆与中段喷杆之间，设有弹性自动回位机构，在作业过程中，当两侧端喷杆越过田间障碍物之后，能够自动返回原来位置。在喷幅大于 12m 的喷杆上，通常还设有机械式或电子式自动仿形机构，以保证作业时喷杆相对于地面的距离基本不变。

特点　①药液箱容量大，喷药时间长，作业效率高。②喷药机的液泵采用多缸隔膜泵，排量大，工作可靠。③喷杆采用单点吊挂平衡机构，平衡效果好。④喷杆采用拉杆转

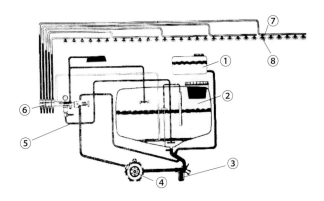

图 1　喷杆式喷雾机结构

①清水箱；②药液箱；③过滤器；④液泵；⑤回流搅拌器；⑥管路控制部件；⑦喷杆桁架；⑧喷杆

盘式折叠机构，喷杆的升降、展开及折叠，可在驾驶室内通过操作液压油缸进行控制，操作方便、省力。⑤可直接利用机具上的喷雾液泵给药液箱加水，加水管路与喷雾机采用快速接头连接，装拆方便、快捷。⑥喷药管路系统具有多级过滤，确保作业过程中不会堵塞喷嘴。⑦药液箱中的药液采用回水射流搅拌，可保证喷雾作业过程中药液浓度均匀、一致。⑧药液箱、防滴喷头采用优质工程塑料制造。

悬挂式喷杆喷雾机　是目前中国喷杆喷雾机中市场占有量最大的一种，其特点是结构紧凑，喷幅适中，较适合目前中国大田作物的种植规模。它既可以进行土壤处理，又可以进行苗带喷雾。由于该机是通过三点悬挂与拖拉机连接，所以停放时占地面积小（图2）。

自走式喷杆喷雾机　是一种将喷头装在横向喷杆或竖立喷杆上、自身可以提供驱动动力、行走动力，不需要其他动力提供就能完成自身工作的一种植保机械。该类喷雾机的作业效率高，喷洒质量好，喷液量分布均匀，适合大面积喷洒各种农药、肥料和植物生产调节剂等的液态制剂，广泛用于大田作物、草坪、苗圃、墙式葡萄园（图3）。

风幕式喷杆喷雾机　在喷杆喷雾机上采用风幕式气流辅助喷雾技术，即在喷杆喷雾机上加设风机与风囊，作业时风囊出口形成的风幕可防止细小雾滴飘失，胁迫雾滴向作物沉积，同时风幕使作物叶片发生翻动，改善作物叶片背面及作物中下部的雾滴沉积状况，而且在有风的天气（4级以下）也能正常工作。另外，风幕的风力可使雾滴进行二次雾化，进一步提高雾化效果（图4）。

影响　中国喷杆喷雾机的研究重点是加强喷头、液泵

图2　悬挂式喷杆喷雾机

图3　自走式喷杆喷雾机

图4　风幕式喷杆喷雾机

等基础工作部件的研制与开发，并加快喷杆喷雾机及其部件的系列化。开展提高农药利用率、减少农产品农药残留、减少环境污染的高效施药技术研究，重点开展减少雾滴飘移的研究。总之，农药最终的防治效果要通过植保机械和使用技术来实现，而喷杆喷雾机则正从提高作业效率、减轻劳动强度向高效、安全、精准施药方向发展。

参考文献

何雄奎, 2012. 高效施药技术与机具[M]. 北京: 中国农业大学出版社.

何雄奎, 2013. 药械与施药技术[M]. 北京: 中国农业大学出版社.

（撰稿：何雄奎；审稿：李红军）

喷雾法　spraying method

利用喷雾机具将农药药液喷洒成雾滴分散悬浮在空气中，再降落到农作物或其他处理对象上的施药方法。它是防治农林业有害生物的重要施药方法之一，也可用于防治卫生害虫和消毒等。化学农药有多种多样的喷施方法，由农药的结构——是固体还是液体来决定喷施方法，按喷施的对象——杀虫还是防病决定喷施量。

发展简史　初期使用的喷洒工具较简单，为扫把、刷子等泼洒器具。压力雾化的手动喷雾器的使用始于1850—1860年，在美国首先用手动喷雾器喷洒药液防治农作物病虫害。1895年美国首先制成带风扇的手动喷粉器。手动喷雾器和手动喷粉器的应用，标志着现代农药喷施技术的开始。1900年开始使用小型汽油机为动力的喷雾机。1925年后，随着中耕型拖拉机的问世，开始使用拖拉机牵引式喷雾机。1944年开始使用湿润喷粉和低压高浓度低容量喷雾技术。1950年日本研制成功背负式机动喷雾喷粉机，60年代初又发明了薄膜喷粉管；70年代以后，喷洒技术进入了一个非常活跃的发明时期。

中国开展农药喷洒技术的研究始于20世纪30年代，一些有志之士在杭州、南京（浙江省昆虫局和中央农业试验所）等地，开展了植保、农药、药械三位一体、三管齐下的研究推广工作。1936年研制成了国产自动喷雾器（即压缩喷雾器）和双管喷雾器，先后在重庆、上海建厂生产，并在

全国各地示范推广。这为后来的发展打下了初步基础。

中华人民共和国成立后，随着农业生产的不断发展和农业植保技术的不断提高，农药和药械的使用得到了迅速发展。1952 年全国农药（商品农药）和手动药械销售量分别为 1.5 万吨和 25 万架；1965 年农药销售量增长到 54 万吨，手动药械销售量增长到 160 万架，形成了中国的农药和药械工业体系。至 1982 年六六六和滴滴涕等农药停产前，农药的年销售量曾高达 158 万吨（当时以六六六和滴滴涕为主，药剂中有效成分低，且有效成分用量也高，所以销售量高），手动药械的销售量达 1000 万架。按耕地面积计算，1952 年全国平均每亩用药量不足 0.01kg，到 1982 年发展到超过 1kg，增加 100 倍以上。广泛使用农药促进了农业的进步与发展，提高了粮食产量，确保粮、棉高产稳产。

受世界施药技术发展的影响，20 世纪 70 年代中期，中国的植保、农药、药械科技工作者掀起了超低容量喷雾技术及器具的研究热潮，参照国外样机，先后研制成明光 -A、工农 -A 和 3WCD-5 型等多种型号的手持式电动离心喷雾器，喷洒油剂农药，每亩施药液（原液）300ml 左右，雾滴直径约 70μm。由于施液量少，省力省工，工效高，到 80 年代末，手持电动离心喷雾器累计生产达 100 余万架。然而，由于小型直流电机易损坏，寿命短，干电池耗量大，加之该机要求使用油剂农药，以防雾滴蒸发，而油剂农药供应不足，最终超低量喷雾未能大面积推广。但是，这种喷洒技术却给人们以新的观念及很多启发，推动了中国喷洒技术的改革。在总结超低容量喷雾技术的基础上，各地又先后开展了低容量喷雾技术的研究与推广。根据中国手动喷雾器量多、使用面广的特点，对手动喷雾器进行小的改进，使其施液量降至 15～25kg/ 亩，如小喷孔片喷雾技术、"三个一"喷雾技术、刚玉陶瓷喷片、高速旋水片等。由于这些低容量喷雾技术简单易行，不需更换农药剂型和器械，也可降低施液量，提高药液沉积率并提高工效，降低防治成本，因而受到农民的欢迎。

主要内容　喷雾方法多种多样，按喷施的药液量的大小来进行分类，见表所列。

大容量喷雾（high volume spraying）　大容量喷雾是指每公顷面积上喷施药液量（制剂与农药有效成分总和）在 200～600L 以上的喷雾方法。在中国，这种方法是长期以来

按施药液量区分的喷雾分类

喷雾分类	施药液量	
	欧美标准（L/hm²）	中国标准（L/亩）
大容量（HV）	200～600	10～30
中容量（MV）	50～200	5～10
低容量（LV）	5～50	3～5
超低容量（ULV）	0.5～5	1～3
超超低容量（UULV）	＜0.5	＜1

备注：欧美标准来自英国专家马修斯制定的阈值，中国标准是参照马修斯的方法结合中国实际确定的阈值。欧美推荐的常用施药液量为 10L/ 亩（合 150L/hm²），中国推荐的常用施药液量为 10～15L/ 亩（合 150～225L/hm²）。

使用最普遍的喷雾法，因此也称为"常量喷雾"或"传统喷雾"。国际上的发展趋势是用低容量和超低容量喷雾法逐步取代常规喷雾法。

常规喷雾法是采取液力式雾化原理，使用液力式雾化喷头。喷头是药液成雾的核心部件，为了获得不同的雾化效果以及雾头形状，以适应不同作物和病虫草害防治的特殊需要，国际标准委员会 ISO/TC/SC 工作组将现有喷头分为标准的系列及其零配件，并规定以颜色代表型号。

中容量和低容量喷雾（medium volume and low volume spraying）　施药液量在每公顷（大田作物）50～200L 的喷洒法属于中容量喷雾法（目前，发达国家称之为常量喷雾法），雾滴体积中值中径在 100～200μm。每公顷施药液量为 5～50L 的称为低容量喷雾法（LV）。这些方法的区分主要是为了适应不同农药、不同作物、作物的不同生长期及不同病虫草鼠害的防治需要。因为作物的冠层体积、植株形态、叶形等差别很大，而且随着植株不断长大而发生变化，所需药液量也必然发生很大变化，在制定使用技术标准时可作为参考。低容量和超低容量之间并不存在绝对的界限，其雾化细度也是相对于施药液量而提出的要求。

超低量喷雾（ultra-low volume spraying）　农药超低容量喷雾技术简称 ULV，国际协商的定义是指每公顷处理面积上所用喷雾液体积少于 0.5～5L。ULV 是近 20 年迅速发展起来的农药应用技术，适应现代化农业生产，不仅作业效率高，一次装药处理面积大，而且还基本不用水稀释，适合于缺水和取水不便地区。长期和大量试验资料证明，ULV 用于防治农业病虫杂草、果树森林病虫杂草以及卫生防疫等方面都取得良好效果。技术成熟，安全可靠，已在全世界范围内广泛应用。ULV 技术通常包括 ULV 喷雾系统（空中和地面 ULV 喷雾系统）、ULV 制剂和应用技术。

参考文献

何雄奎，2012. 高效施药技术与机具[M]. 北京：中国农业大学出版社.

何雄奎，2013. 药械与施药技术[M]. 北京：中国农业大学出版社.

全国农业技术推广服务中心，2015. 植保机械与施药技术应用指南[M]. 北京：中国农业出版社.

中国农业百科全书总编辑委员会农药卷编辑委员会，中国农业百科全书编辑部，1993. 中国农业百科全书：农药卷[M]. 北京：农业出版社.

MATHHEWS G A, 2000. Pesticide application methods[M]. 3rd ed. London: Blackwell science.

（撰稿：何雄奎；审稿：李红军）

喷雾干燥　spray drying

将待干燥的液体物料在干燥室中雾化，之后与热空气接触，通过热空气将雾化后的物料中的水分迅速汽化，得到干燥产品的一种干燥方法。

原理　通过机械作用，在干燥塔顶部导入热风，将需干燥的料液经泵送至干燥塔顶，经过雾化器喷雾，分散形成

很细的雾状的液滴微粒。通过雾化的方法，使水分蒸发面积增大，加速了干燥过程，提高了干燥的效率。雾化后的物料与高温热空气接触，在短时间内除去大部分水分，使物料中的固体物质干燥成粉末，在很短的时间内成为干燥产品，产品在干燥塔底部可以收集。热风与液滴接触后温度降低，湿度增大，作为废气排出。

特点 喷雾干燥工艺包括 4 个步骤：①溶液或悬浮液的配制及雾化。②雾化后的液滴与热空气的混合。③液滴的干燥。④产品的回收。

喷雾干燥工艺具有以下特点：①干燥比较迅速，液滴经雾化后，粒径可达到 10～200μm，较小的粒径决定了雾滴具有较大的表面积，从而增大了液滴与热空气的接触面积，在高温热气流中，瞬间即可蒸发 95% 以上的水分，同时也缩短了干燥时间，一般 10～40 秒可完成干燥。②物料在干燥的过程中温度不至于升得太高，得到的产品质量较好，所以特别适合应用于热敏性物料的干燥，可保证热敏性成分在干燥过程中不会大量分解，保证产品质量。③湿物料经喷雾干燥后所得到的产品为疏松颗粒或粉末，所以产品拥有良好的流动性、入水分散性和溶解性。④喷雾干燥生产设备投资较大，能耗较高，生产成本也随之提高。

设备 以雾化方式来分类，喷雾干燥设备主要有压力喷雾、离心喷雾及气流喷雾 3 种。①压力式喷雾。压力式喷雾干燥器（又名喷雾干燥塔）在生产中使用最为普遍。塔高 10～40m。压力式喷雾干燥器根据雾化压力不同分为高压、中压和低压喷雾干燥器。根据流场的不同分为并流、混流和逆流喷雾干燥器。②离心式喷雾。离心式喷雾干燥器也是在生产中使用非常普遍的喷雾干燥器之一。塔高 3～10m。离心式喷雾干燥器采用高速离心式雾化器，将料液雾化成细微雾滴，在极短的时间内干燥成为粉状产品。产品粒度较压力式喷雾干燥产品细，分散性好，可适用于较高黏度物料的干燥。目前离心式喷雾干燥器的处理量从每小时几千克到几吨已经形成了系列化机型，生产制造技术基本成熟。③气流式喷雾。采用压缩空气使液体物料雾化的方法，雾化后的物料再与热空气接触并进行干燥。

应用 喷雾干燥技术已有 100 多年的历史。目前该技术已经广泛应用于乳制品、洗涤剂、脱水食品及化肥、染料、水泥的生产。常见的速溶咖啡、奶粉等就是由喷雾干燥得到的产品。中国最早将喷雾干燥用于工业化规模生产的是乳制品行业，应用已经十分广泛，尤其在食品、化工和制药行业应用更为普遍。

参考文献

贺娜，于晓晨，于才渊，2009. 喷雾干燥技术的应用[J]. 干燥技术与设备，7(3): 116-119.

（撰稿：高亮；审稿：遇璐、丑靖宇）

喷雾干燥造粒 spray drying granulation

用喷雾干燥来制造颗粒的一种方法，是将药物溶液或悬浮液用雾化器喷雾于干燥室内与热空气接触，使水分迅速蒸发，从而制成球状干燥颗粒的方法。该方法在数秒钟之内即可完成湿物料的浓缩、干燥和制粒的过程。与喷雾干燥相似，当以干燥为目的时称为喷雾干燥，而以制粒为目的时则称为喷雾干燥造粒。

原理 喷雾干燥造粒原理与喷雾干燥相似，要经过喷雾干燥的过程。原料液由贮槽进入雾化器，喷成液滴后，与经加热后进入干燥室内的热空气充分接触，液滴中的水分迅速蒸发，经干燥后形成颗粒落在干燥室底部，收集后得到成品。干燥器内的热空气使雾滴中的水分蒸发，在外表形成一层薄壳。内部的水分继续受热而汽化并释放，使雾滴干燥后形成了空心的球状颗粒。

颗粒粒径的大小可由雾化器的喷嘴口径来调节。当选用较小口径的雾化器喷嘴时，料液经雾化后得到较细的雾滴，经热空气干燥后得到干燥固体粉末。当选用较大口径的雾化器喷嘴时，料液经雾化后得到较大的雾滴，经热空气干燥后便得到干燥固体颗粒。较大的雾滴中含水量相对较多，需要较长时间的干燥过程，之后可干燥成为颗粒。较细的雾滴中含水量相对较少，干燥过程相对较短，速度较快，干燥后可得到粉末。

特点 由液体直接得到粉状固体颗粒。热风温度高，雾滴比表面积大，干燥速度非常快，物料的受热时间非常短，干燥时的温度相对较低，尤其适合用于热敏性物料的干燥。经喷雾干燥制得的颗粒多呈中空球状，因此具有良好的溶解性、分散性和流动性。喷雾干燥造粒的设备投资费用高、能耗较大。

设备 喷雾干燥造粒设备与喷雾干燥设备类似，常用的有压力式、离心式和气流式喷雾干燥造粒机。由于物料在喷雾干燥过程中会产生一些细粉，所以目前有很多喷雾干燥造粒设备都配备了返粉造粒装置。喷雾返粉造粒是将旋风分离器和布袋除尘器捕集下来的粉料输送返回至干燥器内，再与喷入至干燥室内的新雾滴重新黏结造粒。

还有一种将喷雾干燥与流化床制粒结合在一起的喷雾干燥制粒机，是由机器顶部喷入的药液在干燥室内干燥后落到流化床制粒机上，由上升的气流流化，制得颗粒。

应用 喷雾干燥造粒在化工制药领域应用广泛。在制药工业中，微胶囊的制备、固体分散体的研究以及中药提取液的干燥都利用了喷雾干燥造粒技术。在农药领域，喷雾干燥造粒技术在干悬浮剂的生产中应用最多。干悬浮剂是将农药原药与助剂和水混合并湿润粉碎后，再经过喷雾干燥造粒制得的产品，有效成分的颗粒很细，具有悬浮剂的特点，同时又提升了储存稳定性，是一种性能优良的环保农药剂型。

黏度较大的物料在喷雾干燥过程中易发生黏壁现象，所以此造粒工艺适合用于较低黏度物料的干燥及造粒。

参考文献

刘广文，2015. 农药干悬浮剂[M]. 北京：化学工业出版社.

刘广文，常桂霞，2012. 干悬浮剂的工业化新技术[J]. 农药，51(7): 543-545.

（撰稿：高亮；审稿：遇璐、丑靖宇）

喷雾机具　sprayer

用于喷施液体农药的机械。其作用是将药液雾化成雾滴，再依靠雾化过程的剩余能量，或风机气流、静电力或自然力（风力、重力）将其喷送至靶标并沉降。与喷粉相比，雾滴有较好的黏附靶标的性能。喷雾机（器）是生产历史最长、使用最为广泛的施药机具。

简史　美国在1850—1860年间生产制造了第一代手动喷雾器，于1887年又出现了用行走轮驱动液泵的马拉喷雾器。当汽油机用于农业后，1890年动力喷雾机问世。1936年中国研制了压缩式喷雾器和双管式喷雾器，1949年以后中国的植保机械科研和生产发展较快。目前已生产有各种类型喷雾器近80种，手动喷雾器的年生产能力已达到1000万架，社会保有量5000万架，机动喷雾器的社会保有量也达45万台。

基本内容　按动力来源可分为人力和机力两大类：人力驱动者为喷雾器，机动者为喷雾机。按雾化原理分则有液力式、气力式、离心式、热烟雾式和高压静电场式等。若按喷送方式分，则除液力式外，还有风送式（如风送式液力喷雾机）。按喷施药液的容量分，适于喷施少量高浓度药液的喷雾机具称为低容量或超低容量喷雾机，喷施载体量大、药液稀释倍数大的称为常量喷雾机。按喷施对象分，还有大田和果园喷雾机等。

基本结构　主要由药液箱、过滤器和雾化部件等组成。因雾化原理、喷送方式各异，不同类型的喷雾机（器）还分别配备有液泵或气泵、风机、导向装置、连接和辅助部件等。①药液箱。储存药液用，应耐腐蚀和有一定强度。目前生产的药液箱大多使用塑料制作，只有少数园艺上使用的手动喷雾器是不锈钢的。药液箱底应无死角，形状应利于清洗，并有较大的药液灌注口。为防止悬浮液沉淀和乳液分离，动力喷雾机的药液箱内应有搅拌器。搅拌方法有机械搅拌、液力搅拌和气力搅拌3种形式，目前生产的喷雾机大多采用液力搅拌。根据国际标准，药液搅拌均匀度的变异系数不得大于15%。②过滤器。用滤网过滤药液中的杂物和大固体颗粒，以防液泵损坏和喷头喷孔堵塞。③雾化装置。用于分散和雾化药液。为适应各种喷雾方法，雾化装置有多种形式。液力式喷头主要适用于水剂常量喷雾；气力式喷头因可产生直径较小的雾滴，多用于低容量喷雾；使用超低容量喷雾方法喷施浓度高的原液或油剂农药时，因药液黏度较大，且要求有较小的雾滴直径和较窄的雾滴谱，故采用高转速离心式喷头或两相流气力式喷头。

使用　包括选择喷雾方法、掌握喷雾性能、评价喷施质量、作业、维护保养以及安全操作等步骤。

喷雾方法选择　可分为针对性喷雾和飘移性喷雾两大类。针对性喷雾方法是针对靶标喷雾，可以获得较好的喷施质量，在病、虫、草害防治上应用广泛。飘移性喷雾方法是依靠自然力将小雾滴输送和沉积到靶标上去，可以喷施较高浓度的农药，有较宽的工作幅，作业效率高。但自然风对它的影响也大，雾滴极易飘失。为减少雾滴在飘移过程中的蒸发，飘移性喷雾方法多使用不易挥发的油剂，一般只在防治虫害时使用。近年来又出现了静电喷雾、间歇喷雾、循环喷雾和控滴喷雾等方法，并研制成功相应的喷雾器械，对提高喷施质量和药剂回收率、节能、节药和减少环境污染起了积极作用。

掌握喷雾性能　包括确定评价指标和明确影响因素两方面。评价喷雾性能的指标有雾滴谱、喷量、喷幅、喷雾角（液力式喷头）和射程等。雾滴谱是衡量雾化质量的指标，内容包括雾滴直径的大小和雾滴尺寸的分布范围。在农业上一般用体积中值直径（VMD）表示喷雾雾流中雾滴的尺寸。各种雾滴尺寸在雾流中的分布范围用雾滴谱说明。雾滴大小的均匀程度用雾滴谱宽窄表示。雾滴谱宽表示雾流中雾滴大小均匀程度较低，雾滴谱窄表示雾流中各尺寸等级的雾滴的大小比较均匀。喷量是喷头单位时间内喷出的药液量，相同类型同一型号的喷头应有相近的喷量。根据国际标准，各扇形雾喷头喷量间的偏差不大于±5%。喷幅指喷头喷出药液的覆盖宽度。喷雾角的大小影响喷幅和射程，在同一喷量条件下还影响到雾滴尺寸。喷量和喷幅的数值是喷雾机具使用中计算作业速度的依据。喷雾射程表示喷施的水平距离或射高。

影响喷雾机具性能的因素　除喷雾机具雾化装置外，液力式喷雾机（器）主要受药液压力大小的影响，离心力喷雾机（器）受旋转雾化部件转速的影响，气力式喷雾机（器）受风机气流速度和风量的影响，热烟雾机受喷口气流温度的影响，静电喷雾机则受施加在药液上的静电电压的影响。它们同时又不同程度地受药液物理性质的影响，如药液的表面张力和黏度影响雾滴尺寸，药液的导电率和介电常数在静电喷雾中影响雾滴充电及雾化，药液的比热容影响热烟雾机的雾化等。

喷施质量评价　评价喷雾器喷施质量是根据能否把一定剂量的药剂均匀分布覆盖到靶标上，获得对病、虫、草害的最佳防除效果。评价的指标有生物学指标和物理学指标两类。生物学指标即指对病、虫、草害的防治效果，是最重要也是最终的指标，但它还包含有农药的有效性、施药的适时性等其他因素。物理学指标是用来分析喷施质量优劣的原因、比较不同喷雾机具（或喷施方法）的喷施质量。具体指标有药剂有效物质的沉积质量（$\mu g/cm^2$）、药液雾滴的覆盖密度（个 $/cm^2$）或覆盖百分率以及分布均匀性等。药剂种类不同、剂量差异、病虫害不同，指标值的要求可各异。

作业　使用针对性喷雾方法时，喷雾机具的有效喷幅可按喷头在喷杆上安装的水平间距乘以喷头数，也可按喷施所跨行距计算。使用飘移方法喷雾时，则须实际测定有效喷幅。喷量的测定应和实际作业时条件相同。如液力式喷雾机具在喷头型号选定后，应按作业时的喷施压力测量单位时间内的喷头流量（即喷量）。背负式机动喷雾喷粉机主要依靠风机气流在药液箱内形成的压力排出药液，测定喷量时，必须在药箱盖密封药液箱以及喷管的抬起高度与作业时相似的条件下进行。

为把要求的农药剂量按照需要的施药液量均匀喷施于田间，喷雾机具的喷量、有效喷幅、施药液量和喷雾机具在田间作业的行进速度（m/min）可用以下关系式表示：

$$行进速度 = \frac{喷量（L/min）\times 10\,000}{有效喷幅（m）\times 施药液量（L/hm^2）}$$

大田作业时，根据各已知参数值求未知数。除必须限定施药液量者外（如低容量、超低容量喷雾），无先后之分。在果园中使用风送液力喷雾机作业时，必须根据风机的气流量可完全置换果树树冠内的静止空气的时间（保证气流携带的雾滴进入树冠并沉积附着），来确定喷雾机的最高行进速度，才能按喷施药液量要求选择喷头并确定喷量，然后再按上述关系式求未知数。

维护保养　在作业前，应对喷雾机具进行检查，检查其喷施性能，更换已损坏或磨损的零部件，以保证作业质量和作业的正常进行（包括安全作业）。作业后，应对喷雾机具进行清洗和保养。在喷雾机具喷过除草剂后，一定要经过充分处理，以彻底清除喷雾系统内的药剂残余，避免下次作业时，残留的除草剂对其他敏感作物造成药害。长期存放时，除常规保养外，应将喷雾机具放置于干燥阴凉处，避免在阳光下暴晒；连接用的橡胶软管及其他橡胶制品不应折叠或挤压，不沾油污。如有条件，应卸下按其自然形状悬挂。金属部件应不受潮并避免与化学药品或化肥接触，以免锈蚀。液泵内金属部件应加注油脂防锈。寒冷地区若无保暖条件，冬季应将可能的存水处（药液箱、液泵、过滤器等）积水排尽，以免冻裂。

安全操作　农药对人畜有毒害，即使低毒农药也有可能造成累积性中毒。所以除对作物要求安全使用农药外，还须强调人畜安全。有毒物质可通过口、皮肤和呼吸道进入人体，根据农药中毒的统计资料分析，中毒原因主要是防护不良和违反操作规程。因此，喷施农药的操作人员必须懂得农药使用的安全知识和注意进行必要的防护。

影响　加快推进植保机械化，提高植物病虫草害防治能力，已成为保障粮食安全和促进农业可持续发展的必然选择。另外，植保机械和农药使用技术严重落后的现状与高速发展的农药水平极不相称，严重阻碍了农作物病虫草害的防治。因此，研究探讨植保机械化技术的发展重点和方向，对于科学推动植保机械化技术的更新发展，服务社会主义新农村建设，具有十分重要的意义。

参考文献

何雄奎, 2012. 高效施药技术与机具[M]. 北京: 中国农业大学出版社.

何雄奎, 2013. 药械与施药技术[M]. 北京: 中国农业大学出版社.

全国农业技术推广服务中心, 2015. 植保机械与施药技术应用指南[M]. 北京: 中国农业出版社.

中国农业百科全书总编辑委员会农药卷编辑委员会, 中国农业百科全书编辑部, 1993. 中国农业百科全书:农药卷[M]. 北京: 农业出版社.

（撰稿：何雄奎；审稿：李红军）

喷雾助剂　spray adjuvant

在农药喷洒前直接添加在喷药桶或药箱中，混合均匀后能改善药液理化性质的一种农药助剂。通常也被称为桶混助剂。喷雾助剂可以多方面改善农药的使用性能，如改善药液的表面张力，增加药剂的渗透能力，提高抗雨水冲刷的能力，促进药液吸收，防飘移，抗药害，抗光解等。

作用原理　喷雾助剂的功能不同，作用原理也不同，基本原理包括以下几点：①降低药液表面张力，增加铺展面积（如有机硅或其他展剂）。②增强渗透能力，提高农药有效成分透过叶片或昆虫体表蜡质层的灵活性（如渗透剂或油类助剂）。③调控雾滴粒径，减少小雾滴的飘移，增加有效成分沉积（如防飘移剂）。④减少水分蒸发，保持药液湿润，促进吸收（如油类助剂）。⑤促进药液吸收和传导（如活化剂）。⑥增强附着牢度，耐雨水冲刷（如油类助剂）。

产品分类与主要品种　喷雾助剂有多种不同的分类方法，其中按活性成分分类和按主要功能分类是两种常用的方法。

按照活性成分分为4类：①有机硅。如 Silwet 408、GY-S903、杰效利、菲蓝等，是中国推广应用最多的一类喷雾助剂。②油类助剂。如植物油类快得7、改性植物油类 GY-Tmax、矿物油类。③非离子表面活性剂类。如脂肪醇聚氧乙烯醚 JFC 等。④液体肥料类。如硫酸铵、硝酸铵、尿素等。

按照主要功能可分为4类：①增进药液的润湿、渗透和黏着性能助剂，如展着剂、润湿剂、渗透剂等。②具有活化或一定生物活性的助剂，如活化剂、某些表面活性剂和油类。③改进药液应用技术，有助安全和经济施药的助剂，如防飘移剂、发泡剂、抗泡剂、掺合剂等。④其他特种机能的喷雾助剂。

使用要求　喷雾助剂有单体化合物，也有复配型产品，使用时根据需要选择合适的喷雾助剂。降低表面张力可以选择有机硅或其他非离子表面活性剂；减少雾滴飘移可选择防飘移剂；既要降低表面张力，又要促进药液吸收，减少水分蒸发可选择植物油型喷雾助剂。

应用技术　喷雾助剂要现配现用，先将农药和水混匀，再加入喷雾助剂搅拌均匀，药液要尽快用完，一般在4小时以内用完。根据作物叶片临界表面张力，合理选择喷雾助剂的用量，做到既达到增效目的，又节省成本。另外喷液量低，也能达到节本增效的目的，如除草剂中加入植物油类喷雾助剂，喷液量每公顷人工100~150L、拖拉机100L比较适宜，可节省助剂用量。

喷雾时间以10：00以前、17：00以后为最佳时间，此时露水已干，害虫取食、交配等活动旺盛，有较高的杀灭率；早晚空气湿度较大利于除草剂的吸收。

喷雾助剂是为了改善药液的理化性质，提高施药功效或防除效果，对于具有最佳施药效果的配方产品，不需要加入喷雾助剂。

参考文献

刘广文, 2013. 现代农药剂型加工技术[M]. 北京: 化学工业出版社.

邵维忠, 2003. 农药助剂[M]. 3版. 北京: 化学工业出版社.

（撰稿：张春华；审稿：张宗俭）

盆栽法吸收传导性测定　evaluation test for absorption and translocation testing in greenhouse

以对药剂敏感的温室盆栽植物为测试靶标，通过测定根、茎、叶单独用药后植物的不同药害反应程度，来判定药剂在植物不同部位的吸收情况和传导趋势，评价药剂吸收、传导作用特性。

适用范围　适用于测定新除草剂或除草活性化合物的吸收、作用部位和传导趋势，明确药剂在植物根、茎、叶的吸收传导作用特性，为除草剂的开发应用提供科学依据。

主要内容

试材准备　试验靶标根据测试化合物的活性特点，选择敏感、易萌发培养的、叶宽茎长的植物为试材，如反枝苋、苘麻、萝卜、玉米、高粱等。试材温室盆栽法培养，待供试植物长至4~6片真叶期时即可用于试验处理。

药液配制　水溶性药剂直接用水稀释。其他药剂选用合适的溶剂（丙酮、二甲基甲酰胺或二甲基亚砜等）溶解，用0.1%的吐温80水溶液稀释。根据药剂活性，设2~3个浓度（mg/L）。

药剂处理　叶片处理：用药棉将配制好的不同浓度药液均匀涂抹在植株第三片真叶的叶面上，使叶表面形成一层药膜，并避免药液接触到植株其他部位。茎处理：用棉签将药液均匀涂抹到植株茎部（子叶以下，土表以上部分），并避免药液接触到叶柄及根部。根处理：将药液用移液枪沿茎基部外围3cm左右一圈灌入土壤，避免药液接触植株其他部位。处理后试材移至温室中培养、观察。

结果与分析　处理后定期观察药害反应症状，记录药害症状和发展速度，当药害症状明显时（处理后20~25天），测定幼苗地上部分和根部鲜重，按下列公式计算抑制率。比较抑制率大小，明确药剂的主要吸收部位和植物体内传导趋势。

$$鲜重抑制率 = \frac{对照的平均鲜重 - 处理的平均鲜重}{对照的平均鲜重} \times 100\%$$

参考文献

沈晓霞, 李艳波, 杨文英, 等, 2011. 茎叶涂抹灌根法测试生物除草剂70014吸收与传导试验初报[J]. 现代农药, 10(1): 21-23.

徐小燕, 陈杰, 台文俊, 等, 2009. 新型水稻田除草剂SIOC0172的作用特性[J]. 植物保护学报, 36(3): 268-272.

（撰稿：徐小燕；审稿：陈杰）

硼砂　sodium tetraborate decahydrate

一种既软又轻的无色结晶物质，是非常重要的含硼矿物及硼化合物，可作为非耕地及工业区灭生性除草。

其他名称　Borax、四硼酸钠（十水）、黄月砂、焦硼酸钠、Sodium borate decahydrate、Boric acid sodium decahydrate。

化学名称　十水合四硼酸钠。

IUPAC名称　sodium tetraborate decahydrate。

CAS登记号　1303-96-4。

分子式　$Na_2B_4O_7 \cdot 10H_2O$。

相对分子质量　381.37。

开发单位　硼砂用作防腐的杀菌剂和除草剂。Sodium tetraborate decahydrate 由 US Borax & Chemical Corp 作为除草剂开发。

理化性质　无色结晶。在干燥空气中可以风化。在100℃时要失去5个分子的结晶水，到160℃还将失去4个分子结晶水，到320℃时将完全失去结晶水。在快速加热的情况下，可在75℃时熔化，20℃时，100ml水中可溶解5.15g；溶于甘油、乙二醇，不溶于乙醇，其水溶液是碱性，并在碱性条件下水解。

毒性　急性经口LD_{50}：大鼠2660mg/kg，小鼠2000mg/kg。

作用方式及机理　灭生性除草剂。

防治对象　非耕地及工业区杂草。

使用方法　一般情况下用药量200kg/hm²左右，特殊情况下高达300kg/hm²。依降水量和土壤组成情况可保持两年左右的药效。曾作为防腐剂和杀菌剂使用，用于橘子防霉，因为硼砂具有很强的植物毒性，所以主要用于非耕作区灭生性除草。由于水溶液呈碱性，所以不能同某些除草剂混用。

与其他药剂的混用　作为除草剂，除单用外，也同氯酸钠混用，以减低氯酸钠的易燃性。同某些有机除草剂，如除草定（bromacil）混用可用于工业区除草。

参考文献

朱永和, 王振荣, 李布青, 2006. 农药大典[M]. 北京: 中国三峡出版社: 905.

（撰稿：刘玉秀；审稿：宋红健）

皮蝇磷　fenchlorphos

一种有机磷杀虫剂。

其他名称　Korlan、Ectoral、Viozene、Etrolene、Nanhor、Trolene、ENT-23284、OMS123。

化学名称　O,O-二甲基O-(2,4,5-三氯苯基)硫(酮)代磷酸酯。

IUPAC名称　O,O-dimethyl O-(2,4,5-trichlorophenyl)phosphorothioate。

CAS登记号　299-84-3。

分子式　$C_8H_8Cl_3O_3PS$。

相对分子质量　321.55。

结构式

开发单位　1954年陶氏公司将其商品化。

理化性质　纯品为白色晶体。熔点40~42℃。在大多数有机溶剂中溶解度较高，室温下在水中的溶解度为44mg/kg。在碱性介质中不稳定，在中性和酸性介质中稳定。25℃蒸气压0.1Pa。易溶于大多数有机溶剂。在60℃下稳定，在中性和酸性介质中稳定，遇碱分解。

毒性　大鼠急性经口 LD_{50} 1740mg/kg，大鼠每天每千克体重喂养 15mg，耐受可达 105 天。大鼠急性经皮 LD_{50} 2000mg/kg。

剂型　24%、48% 乳油，5% 颗粒剂。

作用方式及机理　乙酰胆碱抑制剂。

防治对象　可防治家畜和家禽身上的蝇、虱幼虫，也可用于防治家蝇、蟑螂等害虫。

使用方法　可喷到牛羊等家畜身上，防治体外寄生虫；点滴用药，可防治家畜身上的蜱虫，也可在饲料中加入少许皮蝇磷，可防治体外寄生虫。可采用给牲畜吞服、药液喷涂体表、药液洗浴等方式，防治牛体内牛皮蝇移行期幼虫，以及牛瘤蝇、纹皮蝇。体表用药可防治牛、羊、猪的蝇、虱、蜱、螨等体外寄生虫。厩舍用药液喷雾，可防治蝇类等家畜体外寄生虫。外用可防治牛虱、蜱类、猪、羊体上的虱子及对角蝇等。25% 可湿性粉剂加水 20 倍液，可喷洒在禽舍、厩舍的地面防治家蝇。

注意事项　对植物药害严重，切不可用于作物。

参考文献

孔繁瑶, 1999. 兽医大辞典[M]. 北京: 中国农业出版社: 297.

农业大词典编辑委员会, 1998. 农业大词典[M]. 北京: 中国农业出版社: 1241.

中国农业百科全书总编辑委员会农药卷编辑委员会, 中国农业百科全书编辑部, 1993.中国农业百科全书: 农药卷[M]. 北京: 农业出版社: 295-296.

（撰稿：薛伟；审稿：吴剑）

蜱虱威　promacyl

一种氨基甲酸酯类杀虫剂、杀螨剂。

其他名称　Promecide、Promecarb-A。

化学名称　3-异丙基-5-甲基-苯基甲基-丙基羰基氨基甲酸酯。

IUPAC 名称　5-methyl-*m*-cumenyl butyryl(methyl)carbamate。

CAS 名称　3-methyl-5-(1-methylethyl)phenyl *N*-methyl-*N*-(1-oxobutyl)carbamate。

CAS 登记号　34264-24-9。

分子式　$C_{16}H_{23}NO_3$。

相对分子质量　277.37。

结构式

理化性质　无色液体。沸点 158℃（0.67kPa）。略有甜味。密度 0.996g/ml（20℃）。可与有机溶剂混溶，不溶于水。室温下稳定。

毒性　原药急性经口 LD_{50}（mg/kg）：小鼠 2000～4000，大鼠 1220，豚鼠 250，兔 8000。

剂型　可湿性粉剂，缓释剂，混剂（与溴氰菊酯、乙基溴硫磷等混配）。

作用方式及机理　为杀虫剂和杀螨剂，强烈抑制微牛蜱的产卵。

防治对象　与有机磷杀虫剂或拟除虫菊酯杀虫剂制成的混剂，对牛壁虱特别有效。如 10g/kg 与 500mg/kg 乙基溴硫磷制成混剂，能使微牛蜱近 100% 死亡。

参考文献

朱永和, 王振荣, 李布青, 2006. 农药大典[M]. 北京: 中国三峡出版社.

（撰稿：李圣坤；审稿：吴剑）

片剂　tablet, DB

直接使用的固体片状剂型。在水稻田中能够自动崩解或与水发生酸碱中和反应产生二氧化碳气体而崩解的片剂称为崩解片剂及泡腾片剂（EB）；在常温下易挥发、气化（升华）或与空气中的水、二氧化碳反应，生成具有杀虫、杀菌、杀鼠或趋避、诱杀等生物活性的片剂称为熏蒸片剂。片剂由有效成分、填料、吸附剂、黏结剂、润滑剂、崩解剂（泡腾片剂的崩解成分为碳酸盐与有机酸）等组成。

制备片剂的物料需具备流动性、压缩成形性和润滑性。各种片剂均可通过干法造粒即直接压片法制备，各组分混合均匀、粉碎后直接通过高压压片机压片而成。崩解和泡腾片剂的加工工艺还可以采用湿法造粒，后压片的生产工艺，造粒工艺有挤压造粒、冷冻干燥造粒、喷雾造粒、流化床造粒等，最后经过压片而成。主要技术指标有单片质量误差不超过 0.1g，强度＞ 7kg，均匀度＞ 90%，粉末和碎片＜ 1.5%，热稳分解率＜ 5%。

崩解剂及泡腾片剂在水田中直接撒施用于防治稻田杂草、稻株基部的病虫害；熏蒸片剂主要用于防治储粮、卫生害虫、设施农业上病虫草害等，如磷化铝片剂在空气中吸收水分释放出具有杀虫、灭螨、杀鼠活性的磷化氢。

片剂是在丸剂使用基础上发展起来的，始于 19 世纪 40 年代，到 19 世纪末随着压片机械的出现和不断改进，生产和应用得到了迅速的发展。片剂具有以下特点：①将粉末加压而成的一种密度较高、体积较小的固体制剂，其运输、储存、携带和使用都较方便。②剂量准确，使用时无须称量，操作方便。③可以避免生产和使用中的粉尘污染，减少药剂对人体危害，减少有效成分与空气直接接触的面积，从而控制药物的释放速度，延长持效期。④熏蒸片剂中的有效成分对保护对象无腐蚀、变质、药害和残留毒性，使用后不留气味，不易燃、不易爆，药剂本身渗透性强。⑤泡腾片剂的原药含量不宜过高，一般在 20% 以下，使之配方中含有足够的崩解剂，能够在水中完全崩解使有效成分完全释放出来。⑥环境因素对片剂的使用及储存影响很大，如磷化铝片剂在低湿下导致磷化氢不能完全释放，应用效果不佳；水稻田撒施片剂必须有适宜的保水层。一般片剂对潮湿环境敏感，长期储存易变质。

参考文献

江龙文, 1998. 谈磷化铝片剂加湿重蒸技术[J]. 粮食知识 (2): 43-44.

刘广文, 2013. 现代农药剂型加工技术[M]. 北京: 化学工业出版社.

（撰稿：陈福良；审稿：黄啟良）

片完整性　tablet integrity

农药片状制剂（片剂、可溶片剂和水分散片剂）的质量指标之一，以粉末和碎片率表示。

片状制剂是指具有统一形状和尺寸的成形的固体，通常是圆形的，有两个平面或凸面，两个面的距离要小于圆的直径。它是由农药原药与填料和其他必要助剂组成的均匀混合物。该制剂应是干的，未破损的，可自由滑动的，无可见的外来杂质。片状制剂的大小和质量由制造商和（或）使用者的要求规定。因此，在确定片的完整性时，至少应检查一个完整包装的所有片剂，要求无破损的片剂。

测定方法有以下几种。

目测法　适用于直接使用的片剂（DT）、可溶片剂（ST）和水分散片剂（WT），其目的是保证片剂使用时的完整性，同时保证施用的是设定的剂量。

方法提要　取1个或1个以上含有多个片剂的包装，去除包装后，目测包装内是否有粉末和碎片，对片的完整性进行评价。FAO和WHO农药标准制定和使用手册中要求片完整性的指标：1个或1个以上含有多个片剂的包装内均无碎片，其中不超过片剂质量1/4者，视为碎片。

差量法　适用于直接使用的片剂（DT）、可溶片剂（ST）和水分散片剂（WT），其目的是保证片剂使用时的完整性，同时保证施用的是设定的剂量。为保证片状制剂的完整性，要求片状制剂的粉末和碎片率小于1.5%。

方法提要　称量一个完整的包装中片剂的质量以及粉末和碎片的质量，计算粉末和碎片的质量分数。

仪器　工业天平。

测定步骤　打开抽取试样的完整包装，收集全部粉末和碎片，称量（精确至0.01g），记录其质量。

计算　以质量分数表示的试样中粉末和碎片率 w（%）按下式计算：

$$w = \frac{m_1}{m_2} \times 100\%$$

式中，m_1 为每个完整包装内粉末和碎片的质量（g）；m_2 为每个完整包装内片剂的总质量（含粉末和碎片的质量）（g）。

国家标准GB/T 5452—2017《56%磷化铝片剂》有差量法测定片完整性的具体步骤，通常要求片状制剂的粉末和碎片率小于1.5%；FAO和WHO农药标准制定和使用手册中给出首选方法是目测法。

参考文献

联合国粮食及农业组织，世界卫生组织, 2016. 农药标准制定和使用手册[M]. 3版. 北京: 中国农业出版社.

GB/T 5452—2017　56%磷化铝片剂.

（撰稿：徐妍；审稿：刘峰）

飘移喷雾法　drift spraying

利用风力把雾滴分散、飘移、穿透、沉积在靶标上的喷雾方法称为飘移喷雾法。飘移喷雾法的雾滴按大小顺序沉降，距离喷头近处飘落的雾滴多而大，远处飘落的雾滴少而小。雾滴越小，飘移越远，据测定，直径10μm的雾滴飘移可达200~300m之远。而喷药时的工作幅不可能这么宽，每个工作幅内降落的雾滴是多个单程喷洒雾滴沉积累计的结果，所以飘移喷雾法又名飘移累积喷雾法。由于在一处有数次雾滴累积沉积，农药分布很均匀。

分类　飘移喷雾法主要为低容量和超低容量喷雾法。

低容量喷雾　每公顷施药液量为5~50L的称为低容量喷雾法（LV）。低容量喷雾是相对高容量喷雾而言的，主要区别在于喷雾时所采用的喷孔直径大小不同。一般所谓的高容量喷雾，系指喷雾器的喷孔直径为1.3mm，低容量喷雾则是单位喷液量低于常量的喷雾方法，即将喷雾器上喷片的孔径由0.9~1.6mm改为0.6~0.7mm，在压力恒定时，喷孔改小，雾滴变细，覆盖面积增加，单位面积喷液用量由常规喷雾每亩100~200L，降到每亩10~14L。这种低容量喷雾方法的主要优点：①效率高。使用手动喷雾器采用低容量喷雾，每人每天可喷15~30亩，比常规高容量喷雾提高工效8~10倍；如使用弥雾喷粉机进行低容量喷雾，可提高工效50倍以上。②用药少。一般常规高容量喷雾亩用药液量10~60kg，而低容量喷雾每亩仅用药液1~10kg，因此成本低。③防治效果好。低容量喷雾可使雾滴直径缩小一半，雾滴个数增加8倍，从而有效增加了覆盖面积。

超低容量喷雾　每公顷施药液量0.5~5L的称为超低容量喷雾法（ULV）。超低量喷雾是利用高速旋转的齿轮将药液甩出，形成15~75μm的雾滴，且可不加任何稀释或少量稀释水的一种喷雾法。施用由超低量喷雾器防治花木、草坪以及农作物病虫害，与常用的喷雾器相比，具有快速、高效、轻便、节省成本等优点。

超低容量喷雾法是农药使用技术的新发展，它对药剂不需要特殊加工处理，只要在原药（原油）中加入极少量的溶剂，以解决因药剂黏滞性过大而影响喷雾质量即可。应利用特殊设备（如东方红18型机动喷雾器加上超低容量喷头喷雾）喷洒，使药液的雾点直径达到80~120μm或更细。它不仅可以用来防治作物病虫害，也可以用来消灭杂草，尤其在使用灭生性除草剂的场合更适用。例如垦殖前荒地、公路铁道两侧和茶园、果园行间的除草等，非常适用。采用超低容量喷雾，主要有以下特点：①工效高。人行喷雾速度每秒钟可达0.5~1m，这对防治暴发性的病虫害十分有利。②用药量少。每亩一般用几十毫升至几百毫升药液，就能均匀喷到 1 亩作物上。③原药一般不需要经过加工，就能直接使用，这对节省溶剂、乳化剂、填充剂、包装材料和运输量等都是很有利的，因而可以大大节约使用成本。④浓度高，药效长。药剂有效成分可达 80% 以上，因此持效期相应延长，防治适期也可以适当延长。⑤作物附着的药液接近原药，其挥发性浓度高，熏杀作用大，药剂接触到害虫与病菌时，能很快地向害虫、病原体内侵入或渗透，可大大提高防治效果。⑥喷药时药剂因雾点很细，黏附在作物上的比例相应大些，因而流失量减少，对大气、河流等的污染也大大减轻。

超低容量喷雾法确有很多优点，但并不是所有的农药品种都可以作为超低容量喷洒使用。它既对药剂有一定的要求，又对自然气候条件有较高的要求，主要体现在以下几个方面：一是药剂的毒性要低，致死量一般要小于100mg/kg，如果毒性大在使用时容易发生中毒事故；二是药剂要具有较强的内吸作用。由于喷雾速度快，且用药量又少，作物体表上不可能每个部位都能沾到药剂，而病虫在作物体上的为害可能在每个部位都有，所以如果药剂没有较强的内吸作用，势必造成"漏网之鱼"，致使喷上药的效果好，未喷上药的效果差；三是对溶剂的要求很高，即溶剂溶解度要大，挥发性要强，沸点要低，对作物要安全无害；四是对鱼类和蜜蜂及天敌等的毒性要低；五是大风和无风天气不能喷，一般要求在有 2～3 级风的晴天或阴天喷洒。此外，高温天气也不宜施用，否则会增加药剂的挥发，缩短持效期，降低防治效果；六是应重视稀释药液的水质。水的硬度、酸碱度和浑浊度对药效有很大的影响，当水中含钙盐、镁盐过量时也可使离子型乳化剂所配成的乳液和悬液的稳定性受到破坏。

参考文献

何雄奎, 2013. 药械与施药技术[M]. 北京: 中国农业大学出版社.

李龙龙, 何雄奎, 宋坚利, 等, 2016. 基于高频电磁阀的脉宽调制变量喷头喷雾特性[J]. 农业工程学报, 32(1): 97-103.

李龙龙, 何雄奎, 宋坚利, 等, 2017. 基于变量喷雾的果园自动仿形喷雾机的设计与试验[J]. 农业工程学报, 33(1): 70-76.

刘志壮, 徐汉虹, 洪添胜, 等, 2009. 在线混药式变量喷雾系统设计与试验[J]. 农业机械学报, 40(12): 93-96.

邱白晶, 闫润, 马靖, 等, 2015. 变量喷雾技术研究进展分析[J]. 农业机械学报, 46(3): 59-72.

史岩, 祁力钧, 傅泽田, 等, 2004. 压力式变量喷雾系统建模与仿真[J]. 农业工程学报, 20(5): 118-121.

袁会珠, 2011. 农药使用技术指南[M]. 2版. 北京: 化学工业出版社.

（撰稿：何雄奎；审稿：李红军）

苹果潜叶蛾性信息素　sex pheromone of *Leucoptera scitella*

适用于苹果树的昆虫性信息素。最初从苹果潜叶蛾（又名旋纹潜叶蛾 *Leucoptera scitella*）虫体中提取分离，主要成分为（4*E*,10*Z*）-4,10- 十四碳二烯 -1- 醇乙酸酯。

其他名称　E4Z10-14Ac。

化学名称　Confuser A（混剂，苹果，日本）（Shin-Etsu）、(4*E*,10*Z*)-4,10- 十四碳二烯 -1- 醇乙酸酯；(4*E*,10*Z*)-4,10-tetradecadien-1-ol acetate。

IUPAC 名称　(4*E*,10*Z*)- tetradeca-4,10-dien-1-yl acetate。

CAS 登记号　105700-87-6。

分子式　$C_{16}H_{28}O_2$。

相对分子质量　252.39。

结构式

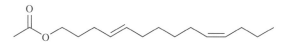

生产单位　由 Shin-Etsu 公司生产。

理化性质　浅黄色液体。沸点 298℃（101.32kPa，预测值）。相对密度 0.89（20℃）。在水中溶解度＜ 4mg/L。溶于乙醇、丙酮、乙酸乙酯等有机溶剂。

毒性　急性经口 LD_{50}：大鼠＞ 5000mg/kg。小鼠＞5000mg/kg。

作用方式　主要用于干扰苹果潜叶蛾的交配。

防治对象　与其他药剂的混剂 Confuser A，用于防治苹果潜叶蛾、梨小食心虫、桃小食心虫等。

参考文献

马克比恩 C, 2015. 农药手册[M]. 胡笑形, 等译. 北京: 化学工业出版社.

（撰稿：钟江春；审稿：张钟宁）

苹果小卷蛾性信息素　sex pheromone of *Adoxophyes orana*

适用于多种果树的昆虫性信息素。最初从苹果小卷蛾（*Adoxophyes orana*）虫体中提取分离，主要成分为（*Z*）-9- 十四碳烯 -1- 醇乙酸酯。

其他名称　Confuser Z（混剂，苹果）（Shin-Etsu）、Hamaki-con N（混剂）（Shin-Etsu）、Z9-14Ac。

化学名称　(*Z*)-9- 十四碳烯 -1- 醇乙酸酯；(*Z*)-9-tetradecen-1-ol acetate。

IUPAC 名称　(*Z*)- tetradeca-9-en-1-yl acetate。

CAS 登记号　16725-53-4。

分子式　$C_{16}H_{30}O_2$。

相对分子质量　254.41。

结构式

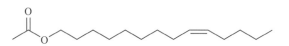

生产单位　由 Shin-Etsu 公司生产。

理化性质　无色或浅黄色液体，有水果香味。沸点 101℃（1.33Pa）。相对密度 0.87（25℃）。蒸气压 17.1mPa（20℃）。$K_{ow}\lg P ＞ 6.2$（20℃）。在水中溶解度＜ 0.1mg/L。溶于正己

烷、苯、乙醇、氯仿、丙酮等有机溶剂。

毒性　大鼠、小鼠急性经口 $LD_{50} > 5000mg/kg$。

作用方式　主要用于干扰苹果小卷蛾的交配，诱捕苹果小卷蛾。

防治对象　适用于苹果、桃、杏等多种果树，防治苹果小卷蛾。

参考文献

马克比恩 C, 2015. 农药手册[M]. 胡笑形, 等译. 北京: 化学工业出版社.

（撰稿：钟江春；审稿：张钟宁）

苹果小卷叶蛾性信息素　sex pheromone of *Cydia pomonella*

适用于仁果类果树的昆虫性信息素。最初从未交配苹果小卷叶蛾（*Cydia pomonella*）雌虫腹节末端提取分离，主要成分为（8*E*, 10*E*）-8,10- 十二碳二烯 -1- 醇。

其他名称　Checkmate CM-F（喷雾制剂）（Suterra）、Disrupt CM-Xtra（人工置放；美国、澳大利亚）（Hercon）、Disrupt Micro-Flake CM（喷雾制剂）（Hercon）、Ecodian CP（Isagro）、RAK3（BASF）、可得蒙、E8E10-12OH、EE8,10-12OH、codlemone。

化学名称　（8*E*,10*E*）-8,10- 十二碳二烯 -1- 醇；(8*E*,10*E*)-8,10-dodecadien-1-ol。

IUPAC 名称　(8*E*,10*E*)-dodeca-8,10-dien-1-ol。

CAS 登记号　33956-49-9。

EC 号　251-761-2。

分子式　$C_{12}H_{22}O$。

相对分子质量　182.30。

结构式

HO（结构图）

生产单位　1990 年开始使用，由 Sutera、Isagro、Hercon 等公司生产。

理化性质　浅黄色液体，有特殊气味。沸点 101~102℃（13.332Pa）。相对密度 0.86（20℃）。蒸气压 69mPa（20℃）（蒸发平衡状态）。$K_{ow}lgP$ 3.32 ± 0.02（20℃）。Henry 常数 0.494Pa·m³/mol（20℃，计算值）。在水中溶解度（mg/L，20℃）：25.48；溶于乙醇、氯仿、丙酮等有机溶剂。

毒性　急性经口 LD_{50}：大鼠 > 4000mg/kg，小鼠 > 4000mg/kg。大鼠急性吸入 LC_{50}（4 小时）5mg/L 空气。虹鳟 LC_{50}（96 小时）> 120mg/L。水蚤 EC_{50}（48 小时）0.3mg/L。藻类 E_bC_{50}（72 小时）0.074mg/L，E_rC_{50} 0.221mg/L。

剂型　气雾剂，水悬浮的微胶囊喷雾制剂，熏蒸剂（蚊香，人工控制释放的分布器），人工置放的塑料板剂，微片剂，管剂。

作用方式　主要用于干扰苹果小卷叶蛾的交配，诱捕与迷向苹果小卷叶蛾。

防治对象　适用于仁果类果树，如苹果、梨与核桃等果树，防治苹果小卷叶蛾与胡桃小卷蛾。

使用方法　在出芽到小果期间将缓释容器在果园间隔安放，使苹果小卷叶蛾性信息素扩散到空气中，并分布于整个果园。每公顷使用的诱芯数目与释放速度有关，诱芯应每 5 周更换 1 次。

与其他药剂的混用　可以与拟除虫菊酯一起使用。

参考文献

马克比恩 C, 2015. 农药手册[M]. 胡笑形, 等译. 北京: 化学工业出版社.

吴文君, 高希武, 张帅, 2017. 生物农药科学使用指南[M]. 北京: 化学工业出版社.

（撰稿：钟江春；审稿：张钟宁）

坡度角　slope angle

表示粉剂流动性的一项指标，指粉粒轻轻落在平面上堆积成圆锥体时，圆锥的斜边与水平面的夹角。又名堆积角、静止角（英文又名 angle of gradient，grade angle，angle of repose 等）。

对于农药粉剂产品，一般要求坡度角为 65°~75°。坡度角越大，流动性越差；反之，坡度角越小，证明流动性越好。

影响坡度角的主要因素是粉剂的细度、含水量和载体的吸附能力：粉粒细，则坡度角小，流动性好；载体粉粒含水量少，流动性强，坡度角小；反之则坡度角大。另外，如果载体吸附能力低，则流动性差，坡度角大。

坡度角的测定装置如图所示。将试样通过孔径约 0.5mm、直径 30mm 的小筛，经下口内径为 5mm 的漏斗，在半径 1cm 的小圆片上均匀堆成小圆锥体。当锥体高度不再继续增加时，测出锥体高度 H（cm）。取 5 次平均值，按公式 "$\tan \alpha = H/1.0$" 计算或查表，即可得坡度角 α。

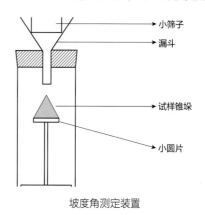

小筛子
漏斗
试样锥垛
小圆片

坡度角测定装置

参考文献

中国农业百科全书总编辑委员会农药卷编辑委员会, 中国农业百科全书编辑部, 1993. 中国农业百科全书: 农药卷[M]. 北京: 农业出版社: 296.

（撰稿：谢佩瑾、许来威；审稿：李红霞）

扑草净 prometryn

一种三嗪类内吸选择性除草剂。

其他名称 菌达灭、扑蔓尽、割草佳、割杀佳、捕草净、Geasgard、Merkazin、Caparol、G-34161、Selektin。

化学名称 4,6-双(异丙氨基)-2-甲硫基-1,3,5-三嗪；4,6-bis-(iso-propylamino)-2-methylthio-1,3,5-triazine。

IUPAC名称 N^2,N^4-diisopropyl-6-(methylthio)-1,3,5-tri-azine-2,4-diamine。

CAS登记号 7287-19-6。

EC号 230-711-3。

分子式 $C_{10}H_{19}N_5S$。

相对分子质量 241.35。

结构式

开发单位 诺华公司。

理化性质 纯品为白色晶体，熔点118~120℃。20℃时溶解度：水33mg/L、丙酮300g/L、乙醇140g/L、己烷6.3g/L、甲苯200g/L、辛醇100g/L。密度1.157g/cm³(20℃)。蒸气压1.33×10⁻⁴Pa(25℃)。pK_a4.1。易溶于有机溶剂，在中性、弱酸性或弱碱性介质中稳定，遇强酸或强碱则水解为无杂草活性的羟基衍生物。原药为灰白色或米黄色粉末，熔点113~115℃，有臭鸡蛋味。

毒性 原药急性LD₅₀(mg/kg)：大鼠经口>5233，大鼠经皮>3100，兔经皮>2020。对兔皮肤无刺激性，对兔眼睛有轻微刺激性，对豚鼠皮肤无致敏作用。吸入LC₅₀(4小时)：大鼠>5170mg/L。NOEL：大鼠(2年)750mg/kg，小鼠(21个月)10mg/kg，狗(2年)150mg/kg。鹌鹑LC₅₀(8天)>5000mg/kg饲料；野鸭LC₅₀(8天)>500mg/kg饲料。虹鳟LC₅₀(96小时)5.5mg/L；蓝鳃鱼LC₅₀(96小时)7.9mg/L；水蚤LC₅₀(48小时)12.66mg/L。对蜜蜂无毒。

剂型 主要有乳油，可湿性粉剂，悬乳剂，粉剂等，制剂有25%、50%可湿性粉剂，50%悬乳剂。

质量标准 质量分数≥35%；pH 6~10；水分≤3%。

作用方式及机理 具有选择性内吸传导作用，可从根部吸收，也可以从茎叶渗入植株，运输至绿色叶片内抑制光合作用，杂草失绿干枯死亡。

防治对象 持效期长达20~79天，该品适用于水稻、小麦、大豆、薯类、棉花、甘蔗、果树、花生、蔬菜等作物。防除一年生阔叶杂草、禾草、莎草及某些多年生杂草，如马唐、狗尾草、稗草、鸭舌草、蟋蟀草、看麦娘、马齿苋、藜、牛毛毡、四叶萍、野慈姑、节节草等多年生眼子菜、牛毛草等。对猪殃殃、伞形科和一些豆科杂草防效差。

使用方法

防治旱田杂草 棉花播种前或播种后出苗前，每亩用50%可湿性粉剂100~150g或每亩用48%氟乐灵乳油100ml与50%扑草净可湿性粉剂100g混用，兑水30kg均匀喷雾于地表，或混细土20kg均匀撒施，然后混土3cm深，可有效防除一年生单、双子叶杂草；花生、大豆、播种前或播种后出苗前，每亩用50%可湿性粉剂100~150g，兑水30kg，均匀喷雾土表；谷子播后出苗前，每亩用50%可湿性粉剂50g，兑水30kg，土表喷雾；麦田于麦苗2~3叶期，杂草1~2叶期，每亩用50%可湿性粉剂75~100g，兑水30~50kg，作茎叶喷雾处理，可防除繁缕、看麦娘等杂草；胡萝卜、芹菜、大蒜、洋葱、韭菜、茴香等在播种时或播种后出苗前，每亩用50%可湿性粉剂100g，兑水50kg土表均匀喷雾，或每亩用50%扑草净可湿性粉剂50g与25%除草醚乳油200ml混用，效果更好。

防治果树、茶园、桑园杂草 在一年生杂草大量萌发初期，土壤湿润条件下，每亩用50%可湿性粉剂250~300g，单用或减半量与甲草胺、丁草胺等混用，兑水均匀喷布土表层；对稻田使用水稻移栽后5~7天，每亩用50%可湿性粉剂20~40g，或50%扑草净可湿性粉剂加25%除草醚可湿性粉剂400g，拌湿润细沙土20kg左右，充分拌匀，在稻叶露水干后，均匀撒施全田；施药时田间保持3~5cm浅水层，施药后保水7~10天。水稻移栽后20~25天，眼子菜叶片由红变绿时，北方每亩用50%可湿性粉剂65~100g，南方用25~50g，拌湿润细土20~30kg撒施。水层保持同前。

注意事项 严格掌握施药量和施药时间，否则易产生药害；有机质含量低的砂质土壤，容易产生药害，不宜使用；施药后半个月不要任意松土或耘稻，以免破坏药层影响药效；喷雾器具使用后要清洗干净。

与其他药剂的混用 可与甲草胺、异丙甲草胺、氟草隆、利谷隆、二甲戊灵等除草剂混用。

允许残留量 GB 2763—2021《食品中农药最大残留限量标准》规定扑草净最大残留限量见表。ADI为0.04mg/kg。

部分食品中扑草净的最大残留限量(GB 2763—2021)

食品类别	名称	最大残留限量(mg/kg)
谷物	稻谷、糙米、粟	0.05
	玉米、鲜食玉米	0.02
油料和油脂	棉籽、大豆	0.05
	花生仁	0.10
蔬菜	菜用大豆	0.05
	南瓜	0.10
	大蒜	0.05
	莲子(鲜)、莲藕	0.05
调味料	欧芹	0.50

参考文献

林维宜，2002. 各国食品中农药兽药残留限量规定[M]. 大连：大连海事大学出版社.

(撰稿：杨光富；审稿：吴琼友)

扑打杀　potasan

一种具有选择性胃毒、触杀、熏蒸作用，对人畜毒害小的优良杀虫剂。

其他名称　扑打散。

化学名称　O,O-二乙基-O-(4-甲基香豆素基-7)硫代磷酸酯；O,O-diethyl O-(4-methylcoumarinyl-7) thiophosphate。

IUPAC名称　O,O-diethyl-O-(4-methylumbeliferone) phosphorothioate

CAS登记号　299-45-6。

分子式　$C_{14}H_{17}O_5PS$。

相对分子质量　328.34。

结构式

（结构式图略）

开发单位　1947年由德国拜耳公司开发。

理化性质　具有轻微芳香气味的无色晶体。熔点38℃。相对密度 $d_4^{20.5}$ 1.307。折射率 n_D^{37} 1.5685。室温下蒸气压极低。几乎不溶于水，中度溶于石油醚，易溶于大多数有机溶剂，可与丙酮、乙腈、氯仿、环己酮、二氯甲烷、甲醇、甲苯等相混。pH5～8时，对水解稳定。常温下储存至少2年，50℃可保存3个月。

毒性　高毒。大鼠急性经口 LD_{50} 15mg/kg。急性经皮 LD_{50}：大鼠100mg/kg，兔300mg/kg。轻度中毒者，出现头痛、头晕、恶心、呕吐、多汗、胸闷、视力模糊、无力等症状，瞳孔可能缩小。中度中毒者，还可出现肌束震颤、瞳孔缩小、轻度呼吸困难等。重度中毒者，可出现肺水肿、脑水肿、呼吸麻痹。另外，有的病例可出现迟发性神经病。

剂型　2%粉剂。

作用方式及机理　抑制胆碱酯酶活性。是有选择作用的非内吸性杀虫剂，具有较弱的触杀作用，但有强烈的胃毒作用，还有轻微的熏蒸作用。

防治对象　咀嚼式口器害虫，如马铃薯甲虫、虱子等。

使用方法　使用2%粉剂以10～20mg/hm² 剂量对咀嚼式口器害虫马铃薯甲虫有效。在兽医上，用0.001%浓度，对杀灭虱子效果良好。

注意事项　储存于阴凉、通风仓库内。远离火种、热源。保持容器密封。专人保管。操作现场不得吸烟、饮水、进食。不能与粮食、食物、种子、饲料、各种日用品混装、混运。应与氧化剂、食用化工原料分开存放。搬运时要轻装轻卸，防止包装及容器损坏。分装和搬运作业要注意个人防护。

参考文献

李毓桂, 1959. 南开大学化学系有机磷杀虫剂研究工作情况报导[J]. 农药技术报导 (2): 40.

朱永和, 王振荣, 李布青, 2006. 农药大典[M]. 北京: 中国三峡出版社: 27-28.

（撰稿：薛伟；审稿：吴剑）

扑灭津　propazine

一种三嗪类选择性除草剂。

其他名称　G-30028、Gesamil、Milo-Pro、Proziex。

化学名称　6-氯-N^2,N^4-二异丙基-1,3,5-三嗪-2,4-二胺；2-chloro-4,6-di(isopropylamino)-1,3,5-triazine。

IUPAC名称　6-chloro-N^2,N^4-diisopropyl-1,3,5-triazine-2,4-diamine。

CAS登记号　139-40-2。

EC号　205-359-9。

分子式　$C_9H_{16}ClN_5$。

相对分子质量　229.71。

结构式

（结构式图略）

开发单位　嘉基公司。

理化性质　纯品为无色晶体，熔点212～214℃。相对密度1.162（20℃）。蒸气压0.0039mPa（20℃）。20℃时溶解度：水5mg/L，苯、甲苯6.2g/kg，乙醚5g/kg，难溶于其他有机溶剂。在中性、弱酸或弱碱介质中稳定，但在较强的酸或碱中能水解成无除草性能的羟基衍生物。无腐蚀性。

毒性　扑灭津原药急性 LD_{50}（mg/kg）：大鼠经口＞7000，大鼠经皮＞3100，兔经皮＞10200。对兔皮肤和眼睛有轻微刺激作用。吸入 LC_{50}（4小时）：兔＞2.04mg/L空气。在130天饲喂试验中，以250mg/kg饲料对雌、雄大鼠无影响。NOEL：大鼠（90天）200mg/kg饲料，狗（90天）200mg/kg饲料，狗（2年）150mg/kg（体重）。鹌鹑和野鸭（8天）LC_{50}＞10000mg/kg饲料。鱼类 LC_{50}（96小时，mg/L）：虹鳟17.5，蓝鳃鱼＞100，金鱼＞32。对蜜蜂无毒。

剂型　主要有50%可湿性粉剂，40%悬浮剂。

质量标准　50%扑灭津可湿性粉剂由有效成分、助剂和水组成，外观为可自由流动的粉状物，无可见外来物质及硬块。悬浮率≥90%，分散性合格，常温储存两年，有效成分含量基本不变。

作用方式及机理　选择性内吸传导型土壤除草剂。

防治对象　适用于谷子、玉米、高粱、甘蔗、胡萝卜、芹菜、豌豆等田地防除一年生禾本科杂草和阔叶杂草，对双子叶杂草的杀伤力大于单子叶杂草。对一些多年生杂草也有一定的杀伤力。扑灭津对刚萌发的杂草防效显著。

使用方法　在玉米、谷子、高粱地使用，于播种后3～5天，用50%扑灭津3～6kg/hm²加水喷雾做土壤处理。苗圃杂草可作茎叶处理，用50%扑灭津1.5～7.6kg/hm²用于马尾松苗，0.75～1.5kg/hm²用于梧桐苗，加水喷雾。

允许残留量　美国规定在高粱上最大残留限量为0.25mg/kg。日本规定在草菇、毛豆、竹笋、菠菜、西瓜、南瓜、番茄、芹菜、胡萝卜、洋葱、花菜、豆类、粮谷最大残留量为 0.1mg/kg。

参考文献

林维宜, 2002. 各国食品中农药兽药残留限量规定[M]. 大连: 大连海事大学出版社.

（撰稿：杨光富；审稿：吴琼友）

扑灭通 prometon

一种三嗪类非选择性除草剂。

其他名称 扑草通、GA31435、Ontrack-WE-2。

化学名称 2-甲氧基-4,6-双异丙氨基-1,3,5-三嗪；2-methoxy-4,6-bis-(isopropylamino)-1,3,5-triazine。

IUPAC 名称 N^2,N^4-diisopropyl-6-methoxy-1,3,5-triazine-2,4-diamine。

CAS 登记号 1610-18-0。

EC 号 216-548-0。

分子式 $C_{10}H_{19}N_5O$。

相对分子质量 225.29。

结构式

开发单位 诺华公司。

理化性质 纯品为白色结晶。熔点 91~92℃。相对密度 1.088（20℃）。蒸气压 0.306mPa（20℃）。20℃时溶解度：水 0.75g/L，苯 > 250g/L，甲醇、丙酮 > 500g/L，二氯甲烷 350g/L，甲苯 250g/L。pK_a 4.3（21℃）。20℃下，在中性、碱性和弱酸性介质中对水稳定。在热酸、碱中水解。在紫外线下分解。弱碱性，不可燃，不爆炸。可蒸馏，无腐蚀性。

毒性 原药急性 LD_{50}（mg/kg）：大鼠经口 2980，小鼠经口 2160，兔经皮 > 2000。对兔皮肤有轻微刺激，对兔眼睛有刺激作用。吸入 LC_{50}（4 小时）：大鼠 > 3.26mg/L 空气。NOEL：大鼠（90 天）5.4mg/（kg·d）。鱼类 LC_{50}（96 小时, mg/L）：虹鳟 12，蓝鳃鱼 40，欧洲鲫鱼 70。对鸟微毒，对蜜蜂无毒。

剂型 中国目前未见相关制剂产品登记。制剂主要有 25%、50%、80% 可湿性粉剂；75%、25% 乳油。

作用方式及机理 扑灭通为内吸传导型除草剂，植物根、茎、叶均可吸收。扑灭通作用机理同西玛津，但对呼吸作用的影响中，对氧吸收的抑制作用大于西玛津。该药水溶度大，易于在土壤中移动。在土壤中稳定，持效期较长，每公顷用药量 2.25kg 时半衰期 6~7 个月。

防治对象 非选择性除草剂，主要用于非耕地、工厂、铁路、公路等处作灭生性除草用，降低用药量也可用于某些农田。防除大多数一年生和多年生单、双子叶杂草。

使用方法 工矿、公路和铁路的灭生性除草，可在杂草萌发前后 1~2 周喷雾处理，5~10kg/hm²（有效成分）；甘蔗田除草，可在栽植后用药 1~1.6kg/hm²（有效成分）。叶面喷雾时，药剂中加入矿物油有利叶面对药剂的吸收。

参考文献

PACAKOVA V, STULIK K, JISKRA J, 1996. High-performance separations in the dermination of triazine herbicides and their residues[J]. Journal of chromatography A. 754: 17-31.

（撰稿：杨光富；审稿：吴琼友）

葡萄浆果小卷蛾性信息素 sex pheromone of Lobesia botrana

适用于葡萄园的昆虫性信息素。最初从葡萄浆果小卷蛾（Lobesia botrana）雌虫腺体中提取分离，主要成分为（7E,9Z）-7,9-十二碳二烯 -1- 醇乙酸酯。

其他名称 RAK2（欧洲）（BASF）、Isonet L（欧洲）（混剂, +9- 十二碳烯 -1- 醇乙酸酯）（Shin-Etsu）、E7Z9-12Ac。

化学名称 （7E,9Z）-7,9- 十二碳二烯 -1- 醇乙酸酯；(7E,9Z)-7,9-dodecadien-1-ol acetate。

IUPAC 名称 (7E,9Z)-dodeca-7,9-dien-1-yl acetate。

CAS 登记号 54364-62-4。

EC 号 259-127-7。

分子式 $C_{14}H_{24}O_2$。

相对分子质量 224.34。

结构式

生产单位 1991 年开发，由巴斯夫、Shin-Etsu 等公司生产。

理化性质 无色油状液体，有特殊气味。沸点 116~118℃（399.96Pa）。相对密度 0.9（20℃）。蒸气压 160mPa（20℃）。Henry 常数 53.6Pa·m³/mol（20℃）。在水中溶解度（mg/L，20℃）：0.67；溶于乙醇、氯仿、乙酸乙酯等有机溶剂。

毒性 大鼠急性经口 LD_{50} > 5000mg/kg。虹鳟 LC_{50}（96 小时）10mg/L。水蚤 EC_{50}/LC_{50}（48 小时）1.1mg/L。藻类 EC_{50}/LC_{50}（72 小时）0.45mg/L。细菌 EC_{50}/LC_{50}（17 小时）> 1000mg/L。对皮肤与眼睛无刺激。

剂型 熏蒸剂。

作用方式 作为性引诱剂干扰葡萄浆果小卷蛾的交配。

防治对象 适用于葡萄园，防治葡萄浆果小卷蛾。

使用方法 将葡萄浆果小卷蛾性信息素散布器固定在葡萄植株上，按每公顷 500 个均匀分布于葡萄园。使性信息素扩散到空气中，并分布于整个葡萄园。

参考文献

马克比恩 C, 2015. 农药手册[M]. 胡笑形, 等译. 北京: 化学工业出版社.

吴文君, 高希武, 张帅, 2017. 生物农药科学使用指南[M]. 北京: 化学工业出版社.

（撰稿：钟江春；审稿：张钟宁）

葡萄卷叶蛾性信息素 sex pheromone of *Eupoecilia ambiguella*

适用于葡萄园的昆虫性信息素。最初从葡萄卷叶蛾（*Eupoecilia ambiguella*）雌虫激素腺体中提取分离，主要成分为（Z）-9-十二碳烯-1-醇乙酸酯。

其他名称 Isonet E（Shin-Etsu）、RAK 1 NEU（BASF）、Isonet LE（欧洲）[混剂，+(7E,9Z)-7,9-十二碳二烯-1-醇乙酸酯]（Shin-Etsu）、Z9-12Ac。

化学名称 (Z)-9-十二碳烯-1-醇乙酸酯；(Z)-9-dodecen-1-ol acetate。

IUPAC名称 (Z)-dodeca-9-en-1-yl acetate。

CAS登记号 16974-11-1。

EC号 241-054-7。

分子式 $C_{14}H_{26}O_2$。

相对分子质量 226.36。

结构式

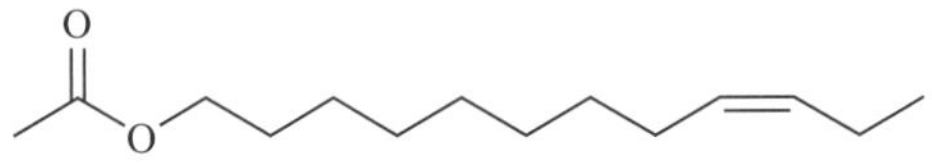

生产单位 1991年开发，由巴斯夫、Shin-Etsu等公司生产。

理化性质 无色液体，有特殊气味。沸点101～102℃（1.33Pa）。相对密度0.87～0.89（25℃）。蒸气压17.4mPa（22.5℃），762mPa（61℃）。难溶于水，溶于乙醇、氯仿、乙酸乙酯等有机溶剂。

毒性 大鼠急性经口 LD_{50} > 5000mg/kg。斑马鱼 LC_{50}（96小时）10～22mg/L。水蚤 EC_{50}/LC_{50}（48小时）2.6mg/L。藻类 EC_{50}/LC_{50}（72小时）0.3mg/L。细菌 EC_{50}/LC_{50}（17小时）> 1000mg/L。对蜜蜂无毒，对眼睛与皮肤无刺激。

剂型 聚乙烯胶囊缓释剂。

作用方式 主要用于干扰葡萄卷叶蛾的交配。

防治对象 适用于葡萄园，防治葡萄卷叶蛾。

使用方法 将葡萄卷叶蛾性信息素散布器固定在葡萄植株上，按每公顷500个均匀分布于葡萄园。使性信息素扩散到空气中，并分布于整个葡萄园。

参考文献

马克比恩 C, 2015. 农药手册[M]. 胡笑形, 等译. 北京: 化学工业出版社.

吴文君, 高希武, 张帅, 2017. 生物农药科学使用指南[M]. 北京: 化学工业出版社.

（撰稿：钟江春；审稿：张钟宁）

P

Q

七氟菊酯　tefluthrin

一种多氟取代的拟除虫菊酯类杀虫剂。

其他名称　Force、Forza、Komer、PP993、TF3754、TF3755。

化学名称　2,3,5,6-四氟-甲基苄基(Z)-(1RS,3RS)-3-(2-氯-3,3,3-三氯烯丙-1-基)-2,2-二甲基环丙烷羧酸酯。

IUPAC 名称　2,3,5,6-tetrafluoro-4-methylbenzyl(Z)-(1RS,3RS)-3-(2-chloro-3,3,3-trifluoroprop-1-enyl)-2,2-dimethylcyclopro-panecarboxylate。

CAS 登记号　79538-32-2。

分子式　$C_{17}H_{14}ClF_7O_2$。

相对分子质量　418.73。

结构式

(Z)-(1R)-cis

(Z)-(1S)-cis

开发单位　A. R. Jutsun 等报道该杀虫剂，英国卜内门公司（ICI Agro-chemicals，现捷利康农化公司）1986 年在比利时投产。获专利号 EP31199；US4405640。

理化性质　纯品为无色固体，原药为米色。熔点 44.6℃（工业品 39~43℃）。沸点 156℃（133.32Pa）。蒸气压 8mPa（20℃），50mPa（40℃）。密度 1.48g/ml（25℃）。溶解度：水（缓冲水 pH9，20℃）0.02mg/L；丙酮、己烷、甲苯、二氯甲烷、乙酸乙酯＞500g/L，甲醇 263g/L。稳定性：在 15~25℃时稳定 9 个月以上，在 50℃时稳定 84 天以上；其水溶液（pH7）暴露到日光下，31 天损失 27%~30%。在 pH5~7 时，水解＞30 天，在 pH9 时，30 天水解 28%。闪点 124℃。土壤中的 DT_{50} 150 天（5℃）；24 天（20℃）；17 天（30℃）。

毒性　急性经口和经皮 LD_{50} 差别很大，该值取决于载体、试验品系及其性别、年龄和生长阶段。典型的急性经口 LD_{50}：雄大鼠 22mg/kg（玉米油载体），雌大鼠 35mg/kg（玉米油载体），小鼠 45~46mg/kg。急性经皮 LD_{50}：雄大鼠 148~1480mg/kg，雌大鼠 262mg/kg。对兔皮肤和眼睛有轻微刺激，对豚鼠皮肤无致敏作用。大鼠急性吸入 LC_{50}（4 小时）0.0427mg/L。饲喂试验 NOEL：大鼠（2 年）25mg/kg 饲料，狗（1 年）0.5mg/（kg·d）。野鸭急性经口 LD_{50} 3960mg/kg，鹌鹑急性经口 LD_{50} 730mg/kg。野鸭饲喂 LC_{50} 2317mg/kg 饲料。鱼类 LC_{50}（96 小时）：虹鳟 60mg/L，蓝鳃鱼 130mg/L。对蜜蜂 LD_{50}：接触 280ng/只，经口 1880ng/只。在田间条件下，被河泥和悬浮物吸附，可避免危害。水蚤 EC_{50}（48 小时）70ng/L。

剂型　3%、1.5% 粒剂，乳油（100g/kg），胶悬剂（100g/kg）。

作用方式及机理　是第一个可用作土壤杀虫剂的拟除虫菊酯，对鞘翅目、鳞翅目和双翅目昆虫高效，可以颗粒剂、土壤喷洒或种子处理的方式施用。它的挥发性好，可在气相中充分移行以防治土壤害虫。据认为它在土壤中杀虫是通过蒸气而不是经触杀起作用的。该品及其在土壤中的降解产物不会被地下水渗滤；在大田中的半衰期约 1 个月，因而它既能对害虫保持较长持效，而又不致在土壤中造成长期残留。

防治对象　防治鞘翅目、鳞翅目和双翅目害虫效力很高。在剂量为 12~150g/hm²（有效成分）时，可广谱地防治土壤节肢动物，包括南瓜十二星甲、金针虫、跳甲、金龟子、甜菜隐食甲、地老虎、玉米螟、瑞典麦秆蝇等。

使用方法　施用方式灵活。可使用普通设备以料剂、土壤喷洒或种子处理的方式施用。它具有有效的蒸气压，有助于其在土壤中的移动和向靶标生物的渗透。随害虫所处的地方不同，它可以粒剂在田间施用（撒播、带施、条施或条施和带施并用），液体土壤喷洒或拌种处理。它还可防治有一部分土壤生活期的叶面害虫。

防治鞘翅目害虫　七氟菊酯粒剂，在播种时，把一部分混入沟中，可有效防治跳甲，施药量为 50~75g/hm²（有效成分）。其他甲虫，3% 的七氟菊酯粒剂，以 150g/hm²（有效成分）撒施于草地表面，对防治草地金龟子一龄和二龄幼虫有良好的效果。50~100g/hm²，可以显著减少危害花生的黑鳃角金龟幼虫。以 75~100g/hm²（有效成分），可防治草地蛴螬和新西兰草金龟，以及玉米和马铃薯的玉米黑独角仙。

防治鳞翅目害虫　七氟菊酯颗粒剂对玉米螟有良好的

防效。

　　防治双翅目害虫　种蝇、瑞典麦秆蝇和麦种蝇，以七氟菊酯 0.2g/kg 种子剂量处理种子，可显著减少麦秆蝇和麦种蝇对小麦的危害，以 0.4~0.6g/kg 种子剂量处理种子，可增加玉米出苗数和减少种蝇的危害。

　　防治其他节肢动物害虫　白松虫幼虫对玉米和糖用甜菜等各种农作物幼苗都有危害。播种时，按 50g/hm² 沟施七氟菊酯粒剂，可很好地防治上述幼虫对玉米的危害，可显著增加出苗数，并明显增加产量。

　　注意事项　产品储于低温通风房间，勿与食品、饲料等混置，勿让孩童接近。使用时戴护目镜和面罩，避免皮肤接触和吸入粉尘。接触后要用水冲洗眼睛和皮肤，如有刺激感，可敷药物治疗。发生误服，给患者饮 1~2 杯温开水，以手指探喉催吐，并送医院诊治。

　　允许残留量　①欧盟制定了 317 项食品上七氟菊酯的最大残留限量，部分见表 1。②日本制定了 105 项食品上七氟菊酯的最大残留限量，部分见表 2。③美国联邦政府制定的临时法规对玉米、爆花玉米和饲料（玉米叶和甜菜叶）中的七氟菊酯及其代谢物的允许残留限量为 0.06mg/kg。

表 1　欧盟规定部分食品中七氟菊酯最大残留限量（mg/kg）

食品名称	最大残留限量	食品名称	最大残留限量
杏	0.05	小扁豆	0.05
芦笋	0.05	亚麻籽	0.05
鳄梨	0.05	枇杷	0.05
竹笋	0.05	玉米	0.05
黑莓	0.05	杧果	0.05
芸薹属类蔬菜	0.05	燕麦	0.05
球芽甘蓝	0.05	木瓜	0.05
鳞茎类蔬菜	0.05	西番莲果	0.05
胡萝卜	0.05	花生	0.05
花椰菜	0.05	柿子	0.05
根芹菜	0.05	菠萝	0.010
芹菜	0.05	开心果	0.05
粮谷	0.05	石榴	0.05
香葱	0.05	罂粟籽	0.05
丁香	0.05	马铃薯	0.010
棉籽	0.05	大黄	0.05
黄瓜	0.05	稻谷	0.05
莳萝种	0.05	黑麦	0.05
榴莲果	0.05	红花	0.05
开花类芸薹植物	0.05	小葱	0.05
大蒜	0.05	高粱	0.05
小黄瓜	0.05	大豆	0.05
姜	0.05	星苹果	0.05
人参	0.05	草莓	0.05
朝鲜蓟	0.05	甘蔗	0.05
韭菜	0.05	向日葵籽	0.05
水芹	0.05	罗望子	0.05
西瓜	0.02	胡桃	0.05

表 2　日本规定部分食品七氟菊酯最大残留限量（mg/kg）

食品名称	最大残留限量	食品名称	最大残留限量
球芽甘蓝	0.100	玉米	0.100
胡萝卜	0.100	酸果蔓果	0.100
花椰菜	0.500	龙虾	0.001
芹菜	0.500	酸枣	0.100
姜	0.100	葡萄	0.100
欧芹	0.500	黑果木	0.100
草莓	0.100	日本李子（包括修剪）	0.100
菊芋	0.500	羽衣甘蓝	0.500
干豆子	0.100	魔芋	0.100
黑莓	0.100	水菜	0.100
蓝莓	0.100	莴苣	0.500
蚕豆	0.100	三叶	0.500
青花菜	0.500	梅、李子	0.100
牛蒡	0.100	薤	0.500
卷心菜	0.100	其他水生动物	0.001
牛食用内脏	0.001	其他浆果	0.100
牛肥肉	0.001	其他复合蔬菜	0.500
牛肾	0.001	其他十字花科蔬菜	0.500
牛肝	0.001	其他鱼类	0.001
牛瘦肉	0.001	其他水果	0.100
樱桃	0.100	其他草本植物	0.500
鸡食用内脏	0.001	其他豆科植物	0.100
马铃薯	0.100	欧洲防风草	0.100
覆盆子	0.100	干花生	0.100
婆罗门参	0.100	豌豆	0.100
有壳软体动物	0.001	鲈类（例如鲣、竹荚鱼、鲭鱼、鲈鱼、海鲷、金枪鱼）	0.001
春菊	0.500	猪食用内脏	0.001
菠菜	0.500	猪脂肪	0.001
甘蔗	0.100	猪肾	0.001
甘薯	0.100	猪肝	0.001
芋	0.100	猪肌肉	0.001
茶叶	0.200	山药	0.100
豆瓣菜	0.500		

参考文献

张一宾, 张怿, 1997. 农药[M]. 北京: 中国物资出版社: 254-255.

朱永和, 王振荣, 李布青, 2006. 农药大典[M]. 北京: 中国三峡出版社: 205-206.

（撰稿：吴剑；审稿：薛伟）

七氯化茚　heptachlor

一种具有胃毒作用和触杀作用的非内吸性有机氯杀虫剂。

其他名称　Hepta、Biarbinex、Lupincida、Fennotox、Drinox、Vegfru、Agronex-Hepta、Compound 104、E3314、Heptagran、Velsicol 104、Heptable、七氯。

化学名称　1,4,5,6,7,10,10-七氯-4,7,8,9-四氢-4,7-甲撑茚。

IUPAC名称　(4S,7S)-1,4,5,6,7,8,8-heptachloro-3a,4,7,7a-tetrahydro-1H-4,7-methanoindene。

CAS登记号　76-44-8。

EC号　200-962-3。

分子式　$C_{10}H_5Cl_7$。

相对分子质量　373.32。

结构式

开发单位　1948年由韦尔西化学公司开发推广。

理化性质　白色结晶。熔点95～96℃。相对密度1.58（工业品）。27℃时在下列100ml溶液中溶解该品的克数：丙酮75，苯106，四氯化碳113，乙醇4.5，环己酮119，二甲苯102，煤油18.9。25℃的蒸气压为$4×10^{-5}$kPa。不溶于水。对光、湿气、酸、碱、氧化剂均稳定。带樟脑气味。

毒性　急性经口LD_{50}：大鼠147～220mg/kg，豚鼠116mg/kg，小鼠68mg/kg。急性经皮LD_{50}：兔200～2000mg/kg，大鼠119～250mg/kg，对兔眼睛有刺激，对其皮肤无刺激。大鼠吸入LC_{50}（4小时）在烟雾中大于2mg/L但小于200mg/L空气。对内脏NOEL：大鼠≤5mg/kg饲料，狗0.5～1mg/kg饲料。大鼠3代饲喂试验表明NOEL为7mg/kg饲料；狗（2代繁殖研究）为1mg/kg饲料。以5mg/（kg·d）对兔无致畸作用。野鸭急性经口LD_{50}>2g/kg。LC_{50}（8天）：白喉鹌450～700mg/kg饲料，日本鹌鹑80～95mg/kg饲料，野鸡250～275mg/kg饲料。鱼类LC_{50}（96小时）：虹鳟7μg/L，蓝鳃鱼26μg/L，黑头软口鲦78～130μg/L。

剂型　乳剂，可湿性粉剂，粉剂，颗粒剂。

作用方式及机理　非内吸性有机氯农药，具有胃毒和触杀作用，兼有熏蒸作用。

防治对象　用于防治地下害虫及蚁类，杀虫力比氯丹强。对作物无药害，对人畜毒性较小。

使用方法　可与大多数农药和肥料混合使用。

注意事项　①对光、水分、空气和适当加热时稳定，但易于发生环氧作用生成环氧化七氯。②工作场所最高允许浓度不能超过0.5mg/m³。

与其他药剂的混用　可与大多数农药和肥料混合使用。

允许残留量　GB 2763—2021《食品中农药最大残留限量标准》规定七氯化茚在水果中的最大残留限量为0.01mg/kg，谷物、蔬菜中为0.02mg/kg。ADI为0.0001mg/kg。

参考文献

朱永和, 王振荣, 李布青, 2006. 农药大典[M]. 北京: 中国三峡出版社.

（撰稿：汪清民；审稿：吴剑）

脐橙螟性信息素　sex pheromone of *Amyelois transitella*

用于多种果树的昆虫性信息素。最初从脐橙螟（*Amyelois transitella*）雌虫中提取分离，主要成分为（11Z,13Z）-11,13-十六碳二烯醛。

其他名称　Puffer NOW（喷雾剂）（Suterra）。

化学名称　(11Z,13Z)-11,13-十六碳二烯醛; (11Z,13Z)-11,13-hexadecadien-1-al。

IUPAC名称　(11Z,13Z)-hexadeca-11,13-dien-1-al。

CAS登记号　71317-73-2。

分子式　$C_{16}H_{28}O$。

相对分子质量　236.39。

结构式

生产单位　由Suterra公司生产。

理化性质　浅黄色液体，有强烈蜡气味。沸点333℃（101.32kPa，预测值）。相对密度0.86～0.87（20℃，预测值）。折射率n_D^{26}1.4768。难溶于水，溶于乙醇、氯仿等有机溶剂。

毒性　大鼠急性经口LD_{50}2000～5000mg/kg。大鼠急性吸入LC_{50}（4小时）2～20mg/L空气。兔急性经皮LD_{50}>2000mg/kg。

剂型　气雾剂。

作用方式　主要用于干扰脐橙螟的交配。

防治对象　适用于多种果树，如苹果、桃、梨、巴旦杏等，防治脐橙螟。

参考文献

马克比恩 C, 2015. 农药手册[M]. 胡笑形, 等译. 北京: 化学工业出版社.

（撰稿：钟江春；审稿：张钟宁）

气力喷雾机　pneumatic sprayer

利用高速气流的动能将药液雾化并吹送至靶标的喷雾

机具。

简史　在气力喷雾机的发展史上，用于卫生防疫的手持式气力喷雾器问世最早，出现于20世纪40年代。德国和日本于40年代末50年代初研制成功小型汽油机配套的背负式气力喷雾机（又名弥雾机），主要用于大田农作物和果树的病虫害防治。20世纪70年代中后期，日本研制成功风送式气力喷雾机（又名常温烟雾机），主要用于蔬菜塑料大棚和温室作物的病虫害防治。中国于20世纪80年初研制成功背负式手动气力喷雾器（又名吹雾器），除用于农田作物的病虫害防治外，也可用于卫生防疫。并于80年代中后期又先后研制成功手提式和手推式气力喷雾机，主要用于棚栽作物的病虫害防治和粮库、鸡舍、猪舍的杀虫灭菌。

机具的分类和原理　按照动力来源不同，气力式喷雾器机具可以分为手动气力式喷雾器、小型机动气力式喷雾机和风送式气力喷雾机3种类型。

手动气力式喷雾器　由活塞杆、气筒、导管、排液管、开关、喷杆、喷头等部件组成（图1）。

小型机动气力式喷雾机　由机架、小型汽油机、小型高速离心风机、油箱、药液箱、输液管、输气管、喷管部件及药液喷头等部件组成（图2）。

风送式气力喷雾机（又名常温烟雾机）　由原动机（内

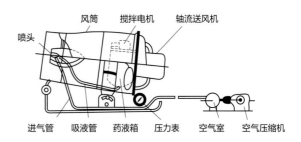

图3 风送式气力喷雾机结构示意图

燃机或电动机）、空气压缩机、药液箱、气力雾化喷头、轴流送风机、吸液管、进气管、机架等工作部件及自动定时电器控制系统组成（图3）。

气力式喷雾器机具的主要特点：①药液与高速气流混合的雾化部件——气力喷头没有运动摩擦，工作可靠，故障少。②流经气力喷头的流体为液体与气体相混合的二相流体，形成的雾形为实心圆柱雾或实心圆锥雾。③雾滴直径较小。雾滴体积中径一般都在$100\mu m$以下；雾滴大小比较均匀，雾滴谱较窄，雾滴在靶标丛中的穿透性较好。④可使用较高浓度的药液，每亩喷药液量较少，比常量喷雾省水、省药、作业工效高，防治效果好。

影响因素　影响气力喷雾机作业质量的外界因素主要是农药的剂型、自然风速和田间小气候。

①在农药剂型中，油剂农药形成的雾滴不易挥发，扩散距离较远，耐雨水冲刷能力强。水剂及乳剂农药形成的雾滴在环境温度较高时易于挥发，雾滴扩散距离较近。可湿性粉剂容易堵塞喷孔，影响机具正常作业。

②自然风速的大小主要影响雾滴的扩散速度、扩散距离及穿透性。在自然风速较大时，雾滴的扩散速度较快，有利于增加射程或喷幅，有利于增强雾滴对靶标丛的穿透能力。当自然风速过大时，雾滴的扩散方向无法控制，雾滴飘失严重，且易于对邻近地块的作物产生污染。

③田间小气候是指自然环境中的上升气流和密闭空间内空气自然对流的强弱程度。自然环境中出现的上升气流有利于增加气力喷雾机具的射高。密闭空间内空气自然对流较强时，有利于雾滴的扩散和充满空间，因而有利于提高杀虫灭菌效果。

应用对象　气力喷雾机应根据不同的防治对象和使用场合进行选择。对于大面积大田作物的病虫害防治，一般宜选用小型机动气力式喷雾机。对于小面积田间作物的病虫害防治及室内卫生消毒，一般宜选用手动气力式喷雾器。对于棚栽作物的病虫害防治及粮库、大中型密闭空间、鸡舍、猪舍的杀虫灭菌，一般宜选用风送式气力喷雾机。

参考文献

何雄奎, 2012. 高效施药技术与机具[M]. 北京: 中国农业大学出版社.

何雄奎, 2013. 药械与施药技术[M]. 北京: 中国农业大学出版社.

全国农业技术推广服务中心, 2015. 植保机械与施药技术应用指南[M]. 北京: 中国农业出版社.

中国农业百科全书总编辑委员会农药卷编辑委员会, 中国农业百科全书编辑部, 1993. 中国农业百科全书: 农药卷[M]. 北京: 农业出版社.

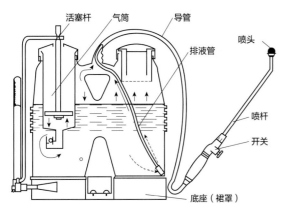

图1 手动气力式喷雾器

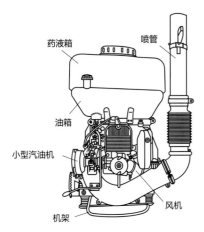

图2 小型机动气力式喷雾机

（撰稿：何雄奎；审稿：李红军）

气力雾化　pneumatic atomization

利用风机产生的高速气流对药液的拉伸作用而使药液分散雾化的方法。因为空气和药液都是流体，因此也称为气液两相流雾化法。这种雾化原理能产生细而均匀的雾滴，设施农业用的常温烟雾机大都是采用这种雾化原理。许多气液两相流喷头是特别为环境与工业应用设计的，如特定环境中的降温加湿、粉剂药品及奶粉和其他工业化产品的喷雾干燥、喷涂油漆等。气液两相流喷头雾化方式可分为内混式和外混式两种，内混式是气体和液体在喷头体内混合，外混式则在喷头体外两相流混合。

基本原理　如图是各种液体和气流两相流雾化装置的工作原理。白箭头表示气流，黑箭头表示液体。第一种顺流式；第二种为逆流式，它的雾化比第一种好；第三种是将液体吹到蘑菇形物体上使之向四周分散；第四种为涡流式，里面有可使液体旋转的盘，气流通过时带动液流旋转；第五种为反射型，液流碰撞到反射体上粉碎，再用气流进一步雾化吹走。小型背负式喷雾机采用第一至第三种雾化方式。有的公司生产的大型喷雾机（牵引式）使用反射式雾化装置。第六种雾化装置不但雾化液体，还用于雾化固体。气流在喷头处流速很高形成较低压力，有很大的抽吸力量。所以在药箱内不再需要充以压力，同时吹送的气流可把喷头喷出的药液粉碎雾化。

使用方法及运用范围

第一、二种是固体颗粒农药的喷施法，这种喷施法在欧美发达国家已很少采用，原因在于使用离心式撒播机具撒布固体颗粒时，由于其颗粒直径差别较大，重量不同，有的颗粒被喷得很远，有的很近，分布很不均匀，再者固体颗粒很难停留在植物上，会滑下来，因而局限应用于除莠。喷撒小的固体颗粒也有问题，颗粒本身很小，喷撒时造成很大飘移，危害人畜。这种喷施法的优点在于作业效率比较高；不用载体物质，不需要水，因而节省劳力，适用于干旱缺水的地区。

固体颗粒也有混同其他物质一道喷撒的，如以玉米芯磨成的粉作为载体物质或与化肥混在一起喷撒。考虑到喷撒固体颗粒农药所具有的缺点，已不单独使用这种喷施方法，只是与化肥结合在一起喷施用于消灭杂草。飘移性大的小颗粒固体可用在林业上，因为在那里飘移不是一个重要的问题。

第三种喷施方法在一些国家用在有地下管道的喷灌区。把农药混在水里，喷灌同时喷药。这种喷施法的优点是不需另用喷施的机具，缺点是有效物质仅停留在植物表面，很少进入枝叶内部。叶子的正面有药，反面几乎没有，所以这种方法几乎不再使用。

第四种方法是喷施直径为 $200\sim500\mu m$ 的雾滴，它是常用的方法，喷施的工作压力为 $500\sim600kPa$。药液中有效物质含量为 $0.01\%\sim0.03\%$，用于大田植保。这种喷施方法的优点为雾滴的附着能力强，植保机具的结构简单，由于雾滴直径较大，对操作人员的危害小。缺点是用水量大，相对来说工作效率低、成本高。但由于其优点多于缺点，使用较多。

第五种方法是喷施直径为 $50\sim150\mu m$ 的小雾滴。这种喷施方法的优点为雾滴的附着性能好，比上一种方法用水量少。由于使用这种喷施方法必然需要运载气流，所以喷幅大，相对来说用的劳力较少。缺点是由于要有运载气流，能量消耗大，又因用水量少，意味着药液浓度大，因而对植保人员危险性大。这种方法大多用于园林，这是由于树的接受面积比低矮的大田作物大得多，使用大雾滴喷施法要消耗大量的水，用这种方法则可减少用水。

小直径雾滴的另一个不足之处是表面积小、蒸发快，因此需加运载气流，使小雾滴能尽快到达目标物，减少蒸发。另外，小直径雾滴受风的影响大，运载气流可控制其喷施的方向，小直径雾滴喷口喷出时初速度很高，但减速很快，使用运载气流可维持其飞行速度，并可改善小雾滴的穿透能力。使用运载气流后，风机本身消耗的能量占植保机具总能量的70%，所以在进行果园植保作业的拖拉机都是大马力的。喷施小直径雾滴的喷雾机工作压力在3000kPa左右，气流量为 $300\sim120\,000m^3/h$。

第六种喷施法是形成气雾，因雾滴小于 $50\mu m$，飘移性大，在欧美国家用于温室和塑料大棚内。气雾形成分为冷、热两种方法。热雾是将小颗粒固体农药加热后喷出，颗粒吸收空气中的水分，使之在颗粒外包上一层水膜。冷雾则是直接喷施小直径雾滴，是液体而不是固体颗粒。

第七种方法是喷施气体，只能用在密闭的室内。方法是将气态有效物质压缩密闭在一个容器内，容器开关打开后即释放气体。

参考文献

何雄奎, 2012. 高效施药技术与机具[M]. 北京: 中国农业大学出版社.

何雄奎, 2013. 药械与施药技术[M]. 北京: 中国农业大学出版社.

全国农业技术推广服务中心, 2015. 植保机械与施药技术应用指南[M]. 北京: 中国农业出版社.

中国农业百科全书总编辑委员会农药卷编辑委员会, 中国农业百科全书编辑部, 1993. 中国农业百科全书: 农药卷[M]. 北京: 农业出版社.

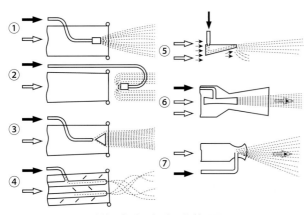

液体和气流两相流雾化装置图
①顺流式喷头；②逆流式喷头；③蘑菇状喷头；④涡流式喷头；
⑤反射式喷头；⑥、⑦喷射式喷头

（撰稿：何雄奎；审稿：李红军）

气流粉碎　jet pulverization

利用物料的自磨作用，用压缩空气产生的高速气流对物料进行冲击，使物料粒子间相互发生强烈的碰撞或与壁冲击、剪切、摩擦而将粒子粉碎。

原理　压缩空气通过喷嘴后，产生高速气流且在喷嘴附近形成很高的速度梯度，通过喷嘴产生的超音速高湍流作为颗粒载体。物料经负压的引射作用进入喷管，高压气流带着颗粒在粉碎室中做回转运动并形成强大旋转气流，物料颗粒之间不仅要发生撞击，而且气流对物料颗粒也要产生冲击剪切作用，同时物料还要与粉碎室发生冲击、摩擦、剪切作用。如果碰撞的能量超过颗粒内部需要的能量，颗粒就将被粉碎。粉碎合格的细小颗粒被气流推到旋风分离室中，较粗的颗粒则继续在粉碎室中进行粉碎，从而达到粉碎目的。

特点　由于压缩空气在喷嘴处绝热膨胀会使系统温度降低，颗粒的粉碎是在低温瞬间完成的，从而避免了某些物质在粉碎过程中产生热量而破坏其化学成分的现象发生，尤其适用于热敏性物质的粉碎；气流粉碎纯粹是物理行为，既没有其他物质掺入其中，也没有高温下的化学反应，因而保持物料的原有天然性质；因为气流粉碎技术是根据物料的自磨原理而实现对物料的粉碎，粉碎的动力是压缩空气，粉碎腔体对产品污染极少，且是在负压状态下进行的，颗粒在粉碎过程中不发生任何泄漏，只要空气经过净化，就不会造成新的污染源。

设备　工业上应用的气流粉碎机主要有以下几种类型：扁平式气流机、流化床对喷式气流机、循环管式气流机、对喷式气流机、靶式气流机。这几种类型气流粉碎机中又以扁平式气流机、流化床对喷式气流机、循环管式气流机应用较为广泛。流化床式气流机是压缩空气经拉瓦尔喷嘴加速成超音速气流后射入粉碎区使物料呈流态化（气流膨胀呈流态化床悬浮沸腾而互相碰撞），因此每一个颗粒具有相同的运动状态。在粉碎区，被加速的颗粒在各喷嘴交汇点相互对撞粉碎。粉碎后的物料被上升气流输送至分级区，由水平布置的分级轮筛选出达到粒度要求的细粉，未达到粒度要求的粗粉返回粉碎区继续粉碎。合格细粉随气流进入高效旋风分离器得到收集，含尘气体经收尘器过滤净化后排入大气。气流粉碎的发展从戈斯林开始，经历了安德鲁的扁平式气流粉碎机的成功，发展了约100年的时间，技术的发展已趋向成熟，形成了稳定的5种典型的机型。目前国外应用较多的是流化床式气流粉碎机，但整个技术领域发展的重点已经转向以下几个方面：第一，开展对粉体工程机理的研究，使之系统化、理论化；第二，深化混合、干燥、造粒、包覆等工艺与粉碎联合进行，解决高分子聚合物和弹性物料的粉碎，满足技术的要求；第三，规范不同方法粒度测定的不一致性，提高数据的重复性；第四，提高生产能力，降低能量消耗，使单位产量的能耗最少。由于中国气流粉碎的发展起步较晚，在加强国际交流和合作的基础上，研究开发的5种机型与国外基本一致。但由于机械的加工精度及材质等问题，中国的气流粉碎设备还落后于发达国家，对冲式气流粉碎机和流化床式气流粉碎机的应用还比较多。

应用　广泛应用于化工、矿物、冶金、磨料、陶瓷、耐火材料、医药、农药、食品、保健品、新材料等行业。农药行业上应用主要用于低熔点原药及热敏性原药的可湿粉、高浓度母粉、干法生产水分散性颗粒剂基粉的制备。

参考文献

蔡艳华, 马冬梅, 彭汝芳, 2008. 超音速气流粉碎技术应用研究新进展[J]. 化工进展, 27(5): 671-675.

刘智勇, 潘永亮, 曾文碧, 2007. 超细气流粉碎技术在轻工业中的应用[J]. 皮革科学与工程, 17(3): 35-38.

王莉, 1997. 气流粉碎技术及应用[J]. 粉末冶金材料科学与工程(3): 204-208.

（撰稿：姜斌；审稿：遇璐、丑靖宇）

气雾剂　aerosol dispenser, AE

凭借包装容器内推进剂的压力，产生高速气流，将内容药液分散雾化，靠阀门控制喷雾量的一种罐装制剂。使用时打开阀门，药剂可迅速喷出，低沸点溶剂迅速挥发气化，使药剂飘浮在空气中，可用于防治蚊蝇、蚂蚁、蟑螂等家庭卫生害虫。气雾剂按照分散系可分为油基气雾剂（用脱臭煤油作为分散系）、水基气雾剂（用乳化液作为分散系）和醇基气雾剂（用醇溶液作为分散系）。

完整的气雾剂产品是由有效成分、溶媒物质（包括溶剂、共溶剂、香料、乳化剂、腐蚀抑制剂、酸度调节剂等）、加压物质（推进剂）、容器、阀门和促动器所组成的喷射系统。由于气雾剂中含有可燃性的有机溶剂及易燃、易爆的液化气体推进剂，且使用带压容器包装，所以与普通农药剂型相比，除了要关注药效、毒性，还要注意其在储存、运输及使用过程中的安全性。气雾剂主要的质量指标包括有效成分含量、pH、雾化率、净重量、产品内压、包装罐的变形压力、包装罐的爆破压力。国家标准规定：气雾剂酸度方面，油基类产品（以HCl计）≤0.02%（质量分数），水基、醇基类产品pH4~8。雾化率应≥98%。55℃时测的产品内压在0.5~1MPa，产品内压过高存在爆罐隐患，内压过低罐内液体则无法喷出雾化。

油基剂及醇基剂配制时，先通过计量槽把溶剂等加到釜内，然后边搅拌，边按投料顺序加入各种母液，加完后继续搅拌半小时即可。水基剂药液配制时，将有效成分、乳化剂、助溶剂、辅料配成乳剂，充填时，乳剂装入容器，嵌上阀门，压入推进剂即得成品。农药气雾剂由于受到其自身及生产的制约，需要耐压容器、气雾阀等，特殊的生产设备和流水线，容器的一次性使用等因素，造成相对高的成本。

气雾剂使用时，开启阀门，药剂借助推进剂的气压喷射出来形成1~50μm的液体微粒，分散悬浮于空气中，用于卫生害虫生物的防治。气雾剂具有使用简单、不易分解变质的优点，使用时开启阀门，按需要量喷雾，定向性好，见效快，用量少。但家庭、食堂、餐厅等使用气雾剂时，应注意食品、饮料的隔离。由于气雾剂属于压力包装，要避免猛

Q

烈撞击及高温环境，部分产品使用易燃的有机物作溶剂，不要将其对着火源喷射，以免发生危险。一般来说，气雾剂的药效，油基＞醇基＞水基；从安全性来说，水基＞醇基＞油基。目前中国气雾剂市场上 85% 以上的产品是油基气雾剂，随着对环境污染、毒性、成本问题的日益关注，气雾剂将逐渐向醇基和水基方向发展。

参考文献

郭武棣, 2004. 液体制剂[M]. 北京: 化学工业出版社.

李丙庚, 王海燕, 2014. 油基型杀虫气雾剂溶媒概述[J]. 广州化工, 42(4): 22-23, 43.

张保华, 2004. 砂地柏精油增效气雾剂研制[D]. 杨凌: 西北农林科技大学.

GB/T 18419—2009 家用卫生杀虫用品 杀虫气雾剂.

（撰稿：米双；审稿：遏璐、丑靖宇）

气相色谱法　gas chromatography

色谱法作为一种高效的分离技术，其原理是利用欲分离的诸组分在两相间的分配有差异，当两相做相对运动时，这些组分在此两相中的分配反复进行，从几千次到百万次，即使组分的分配系数只有微小差异，随着流动相移动却可以有明显差距，最后使这些组分都得到分离。应用这种分离技术，并对组分进行测定的方法就是色谱分析法。色谱法的两相做相对运动，可移动的一相称为流动相，如果流动相是气体，就称为气相色谱法，用液体作固定相时，称为气-液色谱法；而用固体作为固定相时，称为气-固色谱法。

目前，气相色谱法已成为石油化工、环境保护、临床医学、药物与药剂、农药残留、香料分析和食品分析等领域重要的分析方法之一。与其他分析技术相比，具有以下特点：①分离效率高，分析速度快。②样品用量少，检测灵敏度高。③选择性好。④应用范围广。虽然气相色谱法能较好地分离样品，并能检测出来，但难以直接定性，必须用已知物或将数据与相对应的色谱峰进行对照，也可与质谱、光谱联用，才能得到比较可靠的结果；在定量时，常需要对检测器输出的信号进行校正。

气相色谱仪是用气相色谱法分析样品的工具。主要由气路系统、进样系统、色谱分离系统、检测系统和数据处理系统等组成（见图）。气路系统主要包括气源、气体净化、气体流速控制和测量装置，主要作用是提供纯净、稳定、能被计量的载气，常用载气包括氮气、氢气和氦气，中国多用氮气作载气；进样系统，包括样品引入装置（进样器）和汽化室，进样器又可分为手动进样和自动进样；色谱分离系统，又名柱系统，包括柱温箱、色谱柱以及与进样口和检测器的连接头，色谱柱是色谱分离的心脏，现在主要使用毛细管色谱柱；检测系统包括检测器和控温装置，检测器的类型主要有热导检测器、氢火焰离子化检测器、电子捕获检测器、火焰光度检测器、氮磷检测器以及质谱检测器等；数据处理系统包括放大器、记录仪或数据处理装置、工作站等，目前气相色谱仪都有微机工作站，除可以处理色谱数据外，还可用于控制载气流量、进样室、柱温箱和检测器的温度及自动进样器等部件。

气相色谱法是一种出色的分离手段，主要有以下几种定性方式：①利用保留值定性。②利用相对保留值和保留指数定性。③利用多柱定性。④利用检测器的选择性定性。⑤与其他方法结合定性，包括利用化学降解、官能团衍生的定性方法。色谱与质谱、红外光谱仪等联用进行定性是目前解决复杂未知物定性的最有效工具之一。气相色谱法定量方式包括：归一化法、内标法和外标法（见例1、例2）。

例1　农药含量检测（内标法检测化学农药 2,4-滴丁酯为例）

一、实验方法提要：试样用三氯甲烷溶解，以邻苯二甲酸异丁酯为内标物，气相色谱仪 FiD（火焰电离检测器）检测。

二、仪器条件：柱室 180℃，气化室 260℃，检测室 260℃。气体流速（ml/min）：载气（氮气）40，氢气 47，空气 400。

三、计算：将测得的两针试样溶液以及试验前后两针标样溶液中 2,4-滴丁酯与内标物峰面积之比分别进行平均。2,4-滴丁酯的质量分数 X（%）按下式计算：

$$X = \frac{r_2 \times m_1 \times \rho}{r_1 \times m_2}$$

式中，r_1 为标样溶液中 2,4-滴丁酯与内标物峰面积比的平均值；r_2 为试样溶液中 2,4-滴丁酯与内标物峰面积比的平均值；m_1 为标样的质量（g）；m_2 为试样的质量（g）；ρ 为标样中 2,4-滴丁酯的质量分数（%）。

例2　农药残留检测（外标法检测氯吡硫磷农药残留为例）

一、实验方法提要：样本用乙腈提取，提取溶液经过滤、浓缩后用丙酮定容，自动进样器注入气相色谱仪进样口，经毛细管柱分离，FPD（火焰光度检测器）检测，外标法定量。

二、仪器条件：FPD；进样口温度：240℃；检测器温度：300℃；色谱柱：DB-170 130m×0.25mm×0.25μm；线速度44cm/s。

三、计算：用农药标准品配制成已知浓度的标准溶液与待测样样本标准溶液在相同检测条件下，分别测得色谱峰面积（或峰高），按下式计算：

$$R = \frac{C_{标} \times V_{标} \times S_{样} \times V_{终}}{V_{样} \times S_{标} \times W}$$

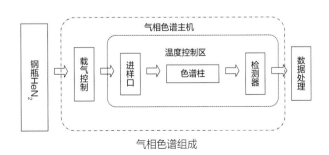

气相色谱组成

式中，R 为样本中农药残留量（mg/kg）；$C_{标}$ 为标准溶液浓度（mg/ml）；$V_{标}$ 为标准溶液进样体积（ml）；$V_{终}$ 为样本溶液最终共定容体积（ml）；$V_{样}$ 为样本溶液进样体积（ml）；$S_{标}$ 为注入标准溶液峰面积（ml）；$S_{样}$ 为注入样本溶液峰面积（ml）；W 为称样重量。

参考文献

农业部农药检定所, 1995. 农药残留量实用检测方法手册①[M]. 北京: 中国农业科技出版社.

吴烈钧, 2005. 气相色谱检测方法[M]. 北京: 化学工业出版社.

岳永德, 2004. 农药残留分析[M]. 北京: 中国农业出版社.

张百臻, 季颖, 叶纪明, 2005. 农药分析[M]. 北京: 化学工业出版社.

（撰稿：武丽芬；审稿：马永强）

气相色谱-质谱联用技术　gas chromatography-mass spectrometry

一种结合气相色谱高度分离能力和质谱准确鉴定能力的技术。能够对复杂的有机混合物同时进行组分分离和结构鉴定。

基本原理和结构　气相色谱法依据每个化合物在一定条件下有相对固定的保留时间作定性分析，但它有明显的两个缺点，一是相同保留时间可以有很多种化合物；二是必须有已知参比物作对照。质谱法具有准确的结构鉴定能力，但它只适宜于鉴定单一化合物，鉴定混合物比较困难。将气相色谱仪与质谱仪连接起来使用，用气相色谱仪将混合物分离成单一组分，再输入质谱仪进行结构鉴定，可以在较短时间内同时完成分离和结构鉴定。图 1 是气相色谱 - 质谱联用仪示意图，样品注入气相色谱仪，汽化后经色谱柱进行分离，被分离的组分流出物进入到离子源被离子化，再经过质量分析器将离子分离筛选，最后进入检测器将离子流转换成电信号放大输出，经计算机处理给出质谱分析结果。

离子源　离子源可以将有机化合物电离形成不同质荷比（m/z）离子组成的离子束。常用的气相色谱 - 质谱联用仪的离子源有电子轰击离子源（electron impaction source，EI）和化学电离源（chemical ionization，CI）。电子轰击离子源被称为"硬"电离技术，具有碎裂能量高，碎片离子多的特征；而化学电离源被称为"软"电离技术，碎片离子很少或者无碎片。

电子轰击离子源　电子轰击离子源（EI）是目前使用最

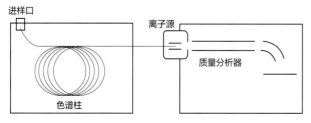

图 1 气相色谱 - 质谱联用仪示意图

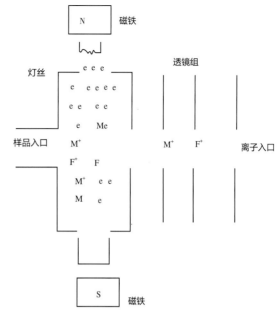

图 2 电子轰击离子源原理图（据钱传范）

广泛的电离源之一，图 2 是其原理图。EI 主要由电离室（离子盒）、灯丝、透镜组和一对磁极组成。EI 作用原理：经过气相色谱仪汽化并分离的有机化合物（M）进入离子盒，被灯丝发出的电子轰击，从而被电离成不同质荷比的离子，主要包括分子离子（$M^+ \cdot$）和碎片离子（F^+）；最后离子经过透镜组被加速聚焦后进入质量分析器。EI 的优点是离子化效率高、重复性好且有标准质谱图数据库可检索，可用于分子结构的鉴定。

化学电离源　化学电离源（CI）的结构同 EI 类似，同样主要由电离室（离子盒）、灯丝、透镜组和一对磁极组成。CI 在电离过程中需要一种反应气体的参与，目前最常用的反应气体是甲烷，根据分析化合物的性质也会选择氨气、异丁烷等作反应气体。CI 作用原理：灯丝发出的电子首先将反应气体电离，形成反应气离子再与有机化合物分子进行离子 - 分子反应，使样品分子电离，生成加合离子；加合离子经过透镜组被加速聚焦后进入质量分析器。CI 的优点在于可以获得化合物的相对分子质量。但其重复性不如 EI，且没有标准质谱图数据库可检索。

质量分析器　质量分析器可以将离子源产生的不同离子根据其质荷比（m/z）分离。质量分析器决定了质谱仪的灵敏度。目前常用的质量分析器有四极杆质量分析器、离子阱质量分析器和飞行时间质量分析器，其中飞行时间质量分析器被用于高分辨质谱分析。

四极杆质量分析器　由 4 根平行的圆柱形或双曲面柱状电极构成，同时四根电极同中心轴等间隔。图 3 是四极杆质量分析器的示意图，将相对的两根电极串联成一组，两组分别加上正负直流电压，电压相同（V_{dc}），极性相反；同时四极杆上都加上射频电压（V_{rf}），从而形成一个动态电场（四极场）。其工作原理为：离子进入四极场中，发生复杂的振荡运动，每一个特定的电压只允许一种质荷比的离子通过，而其余离子都会撞击到四极杆上。四极杆质量分析器可以

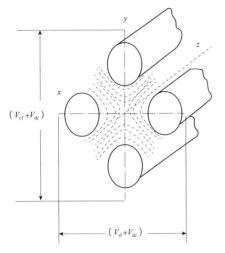

图 3 四极杆质量分析器示意图（据钱传范）

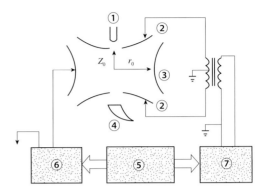

图 4 离子阱质量分析器示意图（据钱传范）
①灯丝；②端帽；③环形电极；④电子倍增器；⑤计算机；⑥放大器和射频发生器（基本射频电压）；⑦放大器和射频发生器（附加射频电压）

采用全扫描和选择离子检测两种模式，扫描速度快，灵敏度高。

离子阱质量分析器 由一个环形电极和上、下两个端盖电极构成的三维四极电场，直流电压（V_{dc}）和射频电压（V_{rf}）加到环形电极和端盖电极上，离子阱质量分析器示意图见图 4。离子阱质量分析器的工作原理为：当离子进入离子阱中，特定的 V_{dc} 和 V_{rf} 电压可以使一定质荷比的离子长时间保持在离子阱中，而其他离子可以被脱离离子阱，等其他离子在电极上消失后，目标离子可以通过改变 V_{dc} 和 V_{rf} 从离子阱中被引出，进入检测器检测。离子阱的优点在于它拥有多级质谱功能，可以获得多级子离子信息。但由于 EI 源电离即可提供丰富的离子信息，且有标准谱库，离子阱的多级质谱功能优势并不明显。

飞行时间质量分析器 是一种结构最为简单的质量分析器，其示意图见图 5。飞行时间质量分析器的主要部件是离子漂移管。其作用原理为：不同质荷比的离子以高压脉冲的方式进入到离子漂移区；由于离子的质量不同获得的加速度不同，离子的质量越大速度越慢，到达检测器的时间越长，从而可以实现不同离子的分离。飞行时间质量分析器的优点在于质量范围宽，可测定质荷比大于 10 000 的离子，同时现在的飞行时间质量分析器大都具备高分辨的能力。

应用 气相色谱 - 质谱联用技术在分离鉴定复杂农药混合物中显示出强大功能，它广泛地应用于农药分析和环境污染物检测。以电子轰击离子源和四极杆质量分析器的气相色谱 - 质谱联用仪为例，图 6 是 5 种拟除虫菊酯农药的总离子流色谱图，通过检索每一个组分的质谱图，可以确定该组分的分子结构。以图 6 中峰 1 的质谱图为例（图 7），m/z 422

为联苯菊酯的分子离子峰；m/z 181

为分子离子峰断裂的典型碎片子离子峰。通过标准谱库检索可以确认峰 1 为联苯菊酯。采用选择离子检测模式进行定量检测，在农药残留和痕量环境污染物的检测中可大大提高仪器的选择性和检测灵敏度。

图 5 飞行时间质量分析器示意图（据钱传范）

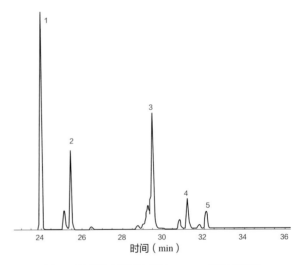

图 6 5 种拟除虫菊酯农药的 GC-MS 总离子流图

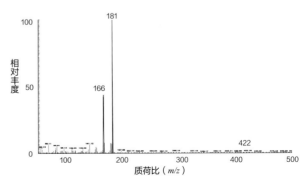

图 7 联苯菊酯（图 6 中峰 1）的 GC-MS 质谱图（EI 模式）

参考文献

钱传范, 2011. 农药残留分析原理与方法[M]. 北京: 化学工业出版社: 148-157.

叶宪曾, 张新祥, 等, 2007. 仪器分析教程[M]. 北京: 北京大学出版社: 403-411.

HITES R A, 2016. Development of gas chromatographic mass spectrometry[J]. Analytical chemistry, 88: 6955-6961.

RICHARDSON S D, 2012. Environmental mass spectrometry: emerging contaminants and current issues[J]. Analytical chemistry, 84: 747-778.

（撰稿：刘东晖；审稿：马晓东）

羟基乙肼　2-hydrazinoethanol

一种液态植物生长调节剂，由肼与环氧乙烷反应生成，能促进花芽分化，使菠萝提前开花。

其他名称　羟乙肼。

化学名称　2-肼基乙醇。

IUPAC 名称　2-hydrazinylethanol。

CAS 登记号　109-84-2。

EC 号　203-711-6。

分子式　$C_2H_8N_2O$。

相对分子质量　76.10。

结构式

理化性质　无色黏稠液体，熔点 –70 ℃。沸点 145～153 ℃（13.3kPa）。密度 1.123g/cm³，可溶于水及低级醇，难溶于醚。

毒性　大鼠腹腔注射 LD_{50} 100mg/kg。小鼠急性经口 LD_{50} 139mg/kg。豚鼠经皮最低致死剂量 5ml/kg。

作用方式及机理　促进花芽分化。

使用对象　菠萝。

使用方法　液剂 0.09ml/ 株的用量能促使菠萝提前开花。

参考文献

孙家隆, 金静, 张茹琴, 2014. 现代农药应用技术丛书: 植物生长调节剂与杀鼠剂卷[M]. 北京: 化学工业出版社.

张宗俭, 李斌, 2011. 世界农药大全: 植物生长调节剂卷[M]. 北京: 化学工业出版社.

（撰稿：黄官民；审稿：谭伟明）

羟戊禾灵　poppenate-methyl

一种苯氧羧酸类除草剂。

其他名称　SC-1084。

化学名称　3-羟基-4-甲基-4-[4′-(3-三氟甲基-6-吡啶氧基)苯氧基]丁酸甲酯；3-hydroxy-4-[4-[5-(trifluoromethyl)pyridin-2-yl]oxyphenoxy]pentanoic acid。

CAS 登记号　89468-96-2。

分子式　$C_{17}H_{16}F_3NO_5$。

相对分子质量　371.31。

结构式

开发单位　1983 年由斯道夫公司开发。

理化性质　密度 1.376g/cm³。熔点 530.4℃（101.32kPa）。闪点 274.6℃。

作用方式及机理　芽后除草剂。

防治对象　适用于大豆田除草。可防除大豆田中一年生杂草。

与其他药剂的混用　可与氟吡甲禾灵、稀禾定等混用。

参考文献

孙家隆, 2015. 新编农药品种手册[M]. 北京: 化学工业出版社: 809-810.

（撰稿：王大伟；审稿：席真）

羟烯腺嘌呤　oxyenadenine

一类植物生长调节剂，可以刺激细胞分裂，促进叶绿素形成，防止早衰及果实脱落。

其他名称　富滋、Boot、万帅、玉米素。

化学名称　6-反式-4-羟基-3-甲基-丁-2-烯基氨基嘌呤。

IUPAC 名称　*trans*-zeatin。

CAS 登记号　13114-27-7。

分子式　$C_{10}H_{13}N_5O$。

相对分子质量　219.24。

结构式

开发单位　1971 年 Letham 改进合成得到纯品玉米素。

理化性质　外观为灰白色至黄色粉末，密度 1.4g/cm³ ± 0.1g/cm³。沸点 395.0℃ ± 52.0℃（101.32kPa）。

毒性　属低毒植物生长调节剂，纯生物发酵而成。大鼠急性经口 LD_{50} > 10g/kg，对其他生物无害，甚至可作为鱼、鸟等生长的食物。

剂型　水剂，可湿性粉剂。

质量标准　0.01% 水剂，0.0001% 可湿性粉剂。

作用方式及机理　纯生物发酵而成，属于细胞分裂素类，能刺激细胞分裂，促进叶绿素形成，防止早衰及果实脱落，能促进光合作用和蛋白质合成，促进花芽分化和形成，对番茄、黄瓜、烟草病毒病有很好防效。

使用对象 粮、棉、油、蔬菜、瓜果、药材、烟草等。

使用方法

水稻 用 0.0001% 可湿性粉剂 100 倍液浸种 24 小时。在水稻分蘖期开始用 600 倍液喷雾，间隔 7 天，连喷 3 次。

小麦 用 0.0001% 可湿性粉剂 100 倍液浸种 24 小时。在分蘖期开始用 600 倍液喷雾，间隔 7 天，连喷 3 次。

玉米 每亩用 0.01% 水剂 50～75ml 加水 50L，6～8 及 9～10 片叶展开时各喷 1 次。可促进部分雄花向雌花转化，提高光合作用。

大豆 在大豆生长期，用 0.0001% 可湿性粉剂 600 倍液喷雾，间隔 7～10 天，连喷 3 次以上。

棉花 移栽时用 0.01% 可湿性粉剂 12 500 倍液蘸根，盛蕾、初花、结铃期每亩用 0.01% 水剂 67～100ml，加水 50L 叶面喷雾 3 次，可使结铃数增加并增产。

蔬菜 马铃薯用 0.0001% 可湿性粉剂 100 倍液浸薯块 12 小时后播种。生长期用 600 倍液喷雾，间隔 7～10 天，连喷 2～3 次。番茄从 4 叶期开始，用 400～500 倍液喷雾，至少喷 3 次。茄子在定植后 1 个月，用 600 倍液喷 2～3 次。白菜用 50 倍液浸种 8～12 小时后播种。定苗后用 400～600 倍液喷雾 2～3 次。

西瓜 用 50 倍液浸种 1～2 天，蔓长达 7～8 节时，用 600～800 倍液喷 2～3 次。

柑橘 在落花、幼果期和果实膨大期，用 0.0001% 可湿性粉剂 600～800 倍液各喷 1 次。

苹果、梨、葡萄 现蕾、谢花、幼果及果实生长后期，喷 0.01% 水剂 300～500 倍 2～3 次可提高坐果率，促进着色、早熟。

人参 当年参，用 0.0001% 可湿性粉剂 600～800 倍液，每隔 7～10 天连喷 3 次，能抗斑点病，增产 20% 以上。

烟草 移栽后 10 天开始，用 0.0001% 可湿性粉剂 400～600 倍液，间隔 7 天左右，连喷 3 次。能减轻花叶病 60% 左右，增产 25%。

注意事项 ①用药后 24 小时内下雨会降低效果，但一般经过 8 小时之后遇到降雨基本不用重喷。②用前要充分摇匀，不能过量，否则反而会减产。③该药剂可与杀菌剂、杀虫剂、有机肥、冲施肥、叶面肥、微生物菌剂等产品混配，其效果非常明显。

与其他药剂的混用 无相关报道。

允许残留量 中国尚未制定最大残留限量值。

参考文献

李玲，肖浪涛，谭伟明，2018. 现代植物生长调节剂技术手册[M]. 北京: 化学工业出版社:65.

孙家隆，2015. 新编农药品种手册[M]. 北京: 化学工业出版社:972.

杨建昌，彭少兵，顾世梁，等，2001. 水稻结实期籽粒和根系中玉米素与玉米素核苷含量的变化及其与籽粒充实的关系[J]. 作物学报，27(1): 35-42.

（撰稿：谭伟明；审稿：杜明伟）

嗪氨灵 triforine

一种哌嗪类内吸性杀菌剂，主要用于防治蔬菜、果树、谷物的白粉病和锈病。

其他名称 Funginex、Saprol、嗪胺灵、Triforin、W524。

化学名称 N,N'-[哌嗪 -1,4- 二基双 [(三氯甲基) 亚甲基]] 二甲酰胺。

IUPAC 名称 N,N'-[piperazine-1,4-diybis[(trichloromethyl)methylene]]diformamide；1,1'-peperazine-1,4-diyldi-[N-(2,2,2-trichloromethyl)formamide]。

CAS 登记号 26644-46-2。

分子式 $C_{10}H_{14}Cl_6N_4O_2$。

相对分子质量 434.96。

结构式

开发单位 由 P. Schicks 和 K. H. Veen 报道其杀菌活性。由 Cela GmbH（现为巴斯夫公司）引入市场。

理化性质 白色至浅褐色晶体。蒸气压 80mPa（25℃）。$K_{ow}\lg P$ 2.2（未注明 pH 值，20℃）。Henry 常数 2.8Pa·m³/mol。相对密度 1.59（20℃）。水中溶解度 12.5mg/L（20℃，pH7～9）；有机溶剂中溶解度（g/L）：二甲基甲酰胺 330、二甲基亚砜 476、N- 甲基吡咯烷酮 476、丙酮 33、二氯甲烷 24、甲醇 47；也溶于四氢呋喃，微溶于二噁烷和环己酮，不溶于苯、石油醚和环己烷。稳定性：148.6℃仍稳定，151℃下分解。水溶液暴露于紫外线或日光下分解。水解 DT_{50}（pH5～9）2.6～3.1 天。pK_a10.6，强碱。

毒性 急性经口 LD_{50}（mg/kg）：大鼠 > 16 000，小鼠 > 6000，狗 > 2000。大鼠和兔急性经皮 LD_{50} > 10 000mg/kg。大鼠吸入 LC_{50}（1 小时）> 4.5mg/L 空气。NOEL：大鼠 2200mg/kg（饲料），狗 100mg/kg（饲料）（2.5mg/kg）。ADI/RfD（JMPR）0.02mg/kg［1997］；（EPA）未鉴定出有喂食危害［2008］。大鼠急性腹腔注射 LD_{50} > 4000mg/kg 饲料。毒性等级：U（a.i.，WHO）；Ⅳ（制剂，EPA）。山齿鹑急性经口 LD_{50} > 5000mg/kg。野鸭饲喂 LC_{50} > 4640mg/kg 饲料。蓝鳃翻车鱼和虹鳟 LC_{50}（96 小时）> 1000mg/L。水蚤 LC_{50}（48 小时）117mg/L。近具刺链带藻 EC_{50} 380mg/L。对蜜蜂给药有效成分 600g/m³ 不构成危害。对蚯蚓低毒，LC_{50} > 1000mg/kg 土壤。对有益节肢动物无害。对膜翅目（赤眼蜂、丽蚜小蜂、桃赤蚜、蚜茧蜂、橘粉介壳虫寄生蜂、粗脚姬蜂、黑瘤姬蜂）、扑食螨（智利小植绥螨、钝绥螨和梨盲走螨）、鞘翅目（七星瓢虫和双线隐翅虫）、蜘蛛目、林地花蛛、普通草蛉和欧洲球螋无害。对瓢虫成虫有轻微危害。

剂型 可分散液剂，乳油。

作用方式及机理 麦角甾醇生物合成抑制剂，是具有预防、治疗和铲除特性的内吸性杀菌剂。迅速渗透进入叶片，可抑制各生长阶段的真菌。

防治对象 用于防治谷物、果树、葡萄、啤酒花、观赏植物、葫芦科和一些蔬菜的白粉病，谷类锈病，果树、观赏植物和豆类的锈病，核果念珠菌属病害，菊花的叶斑病，玫瑰黑斑病，苹果疮痂病，苹果仙环病。对叶螨的活动也有抑制作用。核果上使用剂量为 0.33kg/hm^2。对特定种类的梨有药害。不能与润湿剂、展着—黏附剂或其他助剂混用。

允许残留量 残留物：嗪氨灵和三氯乙醛之和，以嗪氨灵表示。GB 2763—2021《食品中农药最大残留限量标准》规定嗪氨灵最大残留限量见表。ADI 为 0.03mg/kg。谷物按照 SN/T 0695 规定的方法测定，蔬菜、水果、干制水果参照 SN/T 0695 规定的方法测定。

部分食品中嗪氨灵最大残留限量（GB 2763—2021）

食品类别	名称	最大残留限量（mg/kg）
谷物	稻谷、麦类、旱粮类	0.10*
蔬菜	抱子甘蓝	0.20*
	番茄	0.50*
	茄子	1.00*
	瓜类蔬菜	0.50*
	菜豆	1.00*
水果	苹果	2.00*
	桃	5.00*
	樱桃、李子	2.00*
	蓝莓	1.00*
	加仑子（黑、红、白）	1.00*
	悬钩子、草莓	1.00*
	瓜果类水果	0.50*
干制水果	李子干	2.00
动物源性食品	哺乳动物肉类（海洋哺乳动物除外）	0.01*
	哺乳动物内脏（海洋哺乳动物除外）	0.01*
	哺乳动物脂肪（乳脂肪除外）	0.01*
	生乳	0.01*

* 临时残留限量。

参考文献

马克比恩 C, 2015. 农药手册[M]. 胡笑形, 等译. 北京: 化学工业出版社.

（撰稿：闫晓静；审稿：刘鹏飞、刘西莉）

嗪草酸甲酯 fluthiacet-methyl

一种噻二唑类触杀性除草剂。

其他名称 氟噻甲草酯、氟噻乙草酯、阔草特、阔少、阔镰锄、Action、Cadet、Appeal、Blizzard、嗪草酸、KIH-9201、CGA-248757。

化学名称 [[2-氯-4-氟-5-[(四氢-3-氧代-1H-3H-(1,3,4)噻二唑[3,4a]亚哒嗪-1-基)]氨基]苯基]硫]乙酸甲酯。

IUPAC名称 methyl[[2-chloro-4-fluoro-5-[(tetrahydro-3-oxo-1H,3H-1,3,4]thiadiazolo[3,4-a]pyridazin-1-ylidene)amino]phenyl]thio]acetate。

CAS 登记号 117337-19-6。

EC 号 601-473-1。

分子式 C$_{15}$H$_{15}$ClFN$_3$O$_3$S$_2$。

相对分子质量 403.88。

结构式

开发单位 日本组合化学公司研制，与诺华公司共同开发。

理化性质 纯品为白色粉末固体。熔点 105.0～106.5℃。相对密度 0.43（20℃）。蒸气压 4.41×10^{-7}Pa（25℃）。K_{ow}lg$P$ 3.77（20℃）。Henry 常数 2.1×10^{-4}Pa·m^3/mol（计算值）。水中溶解度（mg/L，25℃）：0.78（pH5、7），0.22（pH9），0.85（蒸馏水）；有机溶剂中溶解度（g/L，20℃）：甲醇 4.41、丙酮 101、甲苯 84、正辛醇 1.86、乙腈 68.7、乙酸乙酯 73.5、二氯甲烷 9。水中 DT$_{50}$（25℃）：484.8 天（pH5）、17.7 天（pH7）、0.2 天（pH9）。光照 DT$_{50}$ 4.92 天。

毒性 低毒。大鼠急性经口 LD$_{50}$＞5000mg/kg，兔急性经皮 LD$_{50}$＞5000mg/kg。对兔眼睛有轻微刺激，对兔皮肤无刺激。大鼠急性吸入 LC$_{50}$（4 小时）＞5.048mg/L 空气。NOEL [mg/（kg·d）]：大鼠（2 年）2.1，小鼠（1.5 年）0.1，雄狗（1 年）58，雌狗（1 年）30.3。无致突变性，无致畸性。野鸭和山齿鹑急性经口 LD$_{50}$＞2250mg/kg，野鸭和山齿鹑饲喂 LC$_{50}$（5 天）＞5620mg/kg 饲料。鱼类 LC$_{50}$（96 小时，mg/L）：虹鳟 0.043，鲤鱼 0.60，大翻车鱼 0.14。水蚤 LC$_{50}$＞10mg/L。蜜蜂 LD$_{50}$＞100μg/只（接触）。蚯蚓 LC$_{50}$＞948mg/kg 土壤。EC$_{50}$（96 小时）：牡蛎 700，糠虾 280μg/L。EC$_{50}$ 浮萍 2.2μg/L。

在大鼠体内，48 小时内 80% 通过粪便排出，14% 通过尿液排出。代谢通过甲基酯的水解，噻二唑环异构化和四氢哒嗪的羟基化。土壤：DT$_{50}$（水解，pH7）18 天，21 天（土壤光解），（紫外线）2 小时。壤土：DT$_{50}$ 1.2 天（25℃，75% 的最大水容量）。

剂型 5% 嗪草酸甲酯乳油，6% 精喹禾·嗪酸乳油，20% 嗪·烟·辛酰胺油悬浮剂，14% 喹·嗪·氟磺胺乳油，18% 氟·嗪·烯草酮乳油，20% 嗪·烟·莠去津乳油，20% 嗪·烟·莠去津可分散油悬浮剂。

质量标准 原药含量≥95%。

作用方式及机理 原卟啉原氧化酶抑制剂，在敏感杂草叶面迅速作用，引起原卟啉积累，使细胞膜脂质过氧化作用增强，从而导致敏感杂草的细胞膜结构和细胞功能不可逆损害。阳光和氧是除草活性必不可少的，常在24～48小时出现叶面枯斑症状，3天后死亡。嗪草酸甲酯被认为是一个前除草剂。生物活性是异尿唑通过谷胱甘肽-S-转移酶的作用形成的尿唑。

防治对象 主要用于防除大豆、玉米田阔叶杂草，特别对一些难防除的阔叶杂草有特效，有效成分 2.5～10g/hm² 对苍耳、苘麻、反枝苋、藜、裂叶牵牛、圆叶牵牛、大马蓼、马齿苋、大果田菁等有极好的活性，有效成分 10g/hm² 对繁缕、曼陀罗、刺黄花稔、龙葵、鸭跖草等也有很好的活性。

使用方法 大豆、玉米田苗后除草，对大豆、玉米极安全。有效成分 5～10g/hm² 剂量下茎叶处理，对不同生长期（2～51cm 高）的苘麻、反枝苋和藜等难除阔叶草有优异的活性，其活性优于三氟羧草醚（有效成分 560g/hm²）、氯嘧磺隆（有效成分 13g/hm²）、咪唑乙烟酸（有效成分 70g/hm²）、灭草松（有效成分 1120g/hm²）、噻吩磺隆（DPX-M6316，有效成分 4.4g/hm²）。以 20g/hm²（有效成分）防除玉米田苘麻、藜、红蓼等阔叶杂草的效果可达到 90%，对鸭跖草等阔叶杂草的防效只有 50%，对禾本科杂草没有防除作用。

注意事项 在大豆 1～2 片复叶、玉米 2～4 叶期、大部分一年生阔叶杂草出齐 2～4 叶期，对部分难防杂草如鸭跖草宜在两叶前用药。施药后大豆会产生轻微灼伤斑，1 周可恢复正常生长，对大豆产量无不良影响。尽量在早晨或者傍晚施药，高温下（大于 28℃）用药量酌减。该药为茎叶处理除草剂，不可用作土壤处理。如需同时防治田间禾本科杂草，应与防除禾本科杂草除草剂配合使用。每季作物最多使用 1 次。该药降解速度较快，无后茬残留影响。间套或混种有敏感阔叶作物的田块，不能使用该药。

与其他药剂的混用 可与三氟羧草醚、氯嘧磺隆、咪唑乙烟酸、灭草松、噻吩磺隆、氟磺胺草醚、精喹禾灵、烟嘧磺隆、莠去津等混用，不仅可以扩大杀草谱，还可进一步提高对阔叶杂草如藜、苍耳等的防除效果。嗪草酸甲酯与烟嘧磺隆、莠去津三者的混剂 80% 嗪·玉·莠可湿性粉剂 560～800g/hm²（有效成分），在玉米 2～6 叶期，杂草 2～5 叶期施用，可有效防除田间杂草，对各种杂草的防效都在 90% 左右。

允许残留量 中国未规定嗪草酸甲酯最大残留限量。日本和美国 EPA 均定 ADI 为 0.001mg/kg。

参考文献

刘长令, 2002. 世界农药大全: 除草剂卷[M]. 北京: 化学工业出版社: 142-144.

TURNER J A, 2015. The pesticide manual: a world compendium[M]. 17th ed. UK: BCPC: 545-546.

（撰稿：赵卫光；审稿：耿贺利）

嗪虫脲　L-7063

一种吡嗪苯甲酰脲类杀虫剂。

其他名称 EL-127063、Ly-127063、Lilly-7063。

化学名称 N-[[[5-(4-溴苯基)-6-甲基-2-吡嗪基]氨基]羰基]-2-氯苯甲酰胺；N-[[[5-(4-bromophenyl)-6-methylpyrazinyl]amino]carbonyl]-2-chlorobenzamide。

CAS 登记号 69816-57-5。

分子式 $C_{19}H_{11}BrClN_4O_2$。

相对分子质量 445.70。

结构式

开发单位 美国礼来公司。

理化性质 对高温、高压、日光、紫外光稳定，对非目标生物、水生生物安全。

作用方式及机理 几丁质合成抑制剂。

防治对象 防治卫生害虫及农业害虫。

参考文献

康卓, 2017. 农药商品信息手册[M].北京: 化学工业出版社: 253.

（撰稿：杨吉春；审稿：李森）

青虫菌　*Bacillus thuringiensis* var. *galleriae*

一种流行性细菌杀虫剂，由苏云金杆菌蜡螟变种发酵、加工成的制剂。

其他名称 蜡螟杆菌2号。

理化性质 菌体两端钝圆，单个或 2～3 个串联成链。培养 12～16 小时，开始形成芽孢和伴孢晶体。芽孢端生，椭圆形，不被染红染色。培养 20～24 小时，菌体开始自溶，芽孢和伴孢晶体自菌体脱落。青虫菌属好氧性革兰氏阳性细菌，其杀虫作用与杀螟杆菌、苏云金杆菌较相似。但青虫菌的伴孢晶体比杀螟杆菌小，对不同害虫的毒性也稍有差异。产品为灰白色或黄色粉末。

毒性 青虫菌对人、畜、作物、蜜蜂无毒，对天敌无伤害，不污染环境。对家蚕毒性大。

剂型 粉剂（100 亿个活芽孢 /g 以上）。

作用方式及机理 昆虫食入后很快停止进食。芽孢在虫体内发芽，进入体腔，利用昆虫体液大量繁殖。伴孢晶体是一种毒素，能破坏害虫的肠道，引起瘫痪，使害虫得败血症而死。病虫粪便和死虫再传染其他害虫，引起流行病，从而控制害虫危害。青虫菌能感染许多鳞翅目害虫。青虫菌杀虫速度慢，菜青虫取食后，需隔 1 天才能死亡。施药后一般2～3天见效，有时要4～5天，残效期7～10天。因是活芽孢起杀虫作用，故药效受环境影响大。青虫菌在气温23～28℃、空气湿度大时，杀虫效果好。

防治对象　用于蔬菜、水稻、玉米、果树、烟、茶和林木防治几十种害虫，尤其对鳞翅目害虫效果显著，不宜用于防治刺吸式口器的害虫。

使用方法　每亩用100亿个活芽孢/g的菌粉50～100g，以喷雾、喷粉、泼浇等方式施用，或拌毒土及制成颗粒剂撒施，可防治菜青虫、大豆造桥虫、烟青虫、玉米螟、松毛虫、刺蛾、舟形毛虫、稻纵卷叶螟、稻苞虫、黏虫等农林害虫。防治菜青虫、小菜蛾，用100亿个活芽孢/g的青虫菌粉1000倍液喷雾。对蚜虫、斜纹夜蛾等也有很好的防效。防治棉铃虫、玉米螟、灯蛾、刺蛾、瓜绢螟等，每亩用100亿个活芽孢/g的青虫菌粉200～250g加水达500～1000倍液喷雾，或每亩用250g菌粉，加20～25kg细土，配成毒土均匀撒施。

注意事项　禁止在养蚕区使用。该品杀虫击倒速度比化学农药慢，在施药前应做好病虫测报，掌握在卵孵化盛期及二龄前期喷药。为提高杀虫速度，可与90%晶体敌百虫等一般性杀虫剂混合使用，但不能与化学杀菌剂混用。喷雾时可以加入0.5%～1%的洗衣粉或洗衣膏作黏着剂，以增加药液展着性。其药效易受气温和湿度条件的影响，在20～28℃、叶面有一定湿度时施用可以提高药效。因此，喷雾最好选择傍晚或阴天进行。喷粉在清晨叶面有露水时进行为好。中午强光条件下会杀死活孢子，影响药效。喷雾力求均匀、周到。

与其他药剂的混用　与低剂量六六六等杀虫剂混用增效。

参考文献

高立起, 孙阁, 等, 2009. 生物农药集锦[M]. 北京: 中国农业出版社.

王运兵, 姚献华, 崔朴周, 2005. 生物农药[M]. 北京: 中国农业科学技术出版社.

周学良, 朱良天, 2000. 精细化学品大全: 农药卷[M]. 杭州: 浙江科学技术出版社.

（撰稿: 宋佳; 审稿: 向文胜）

青蒿素　artemisinin

从菊科植物黄花蒿（*Artemisia annua* L.）成株叶子中提取的植物源杀虫剂，能杀灭疟原虫、血吸虫、弓形虫、利什曼原虫等多种寄生虫。是继氯喹、乙氨嘧啶、伯喹和磺胺后首推的抗疟特效药和广谱抗寄生虫药物，1972年由中国药学家屠呦呦及其研究协作组最先研发成功，并因此于2015年获得诺贝尔理学或医学奖（但目前未检索出青蒿素作为农药登记与应用的信息）。

其他名称　黄花蒿素、双氢青蒿素、黄花素、黄蒿素。

化学名称　(3*R*,5a*S*,6*R*,8a*S*,9*R*,12*S*,12a*R*)-八氢-3,6,9-三甲基-3,12-桥氧-12*H*-吡喃(4,3-j)-1,2-苯并二塞-1(3*H*)-酮; [3*R*-(3*R*,

5a*S*,6*S*,8a*S*,9*R*,10*R*,12*S*,12a*R*)]-decahydro-3,6,9-trimethyl-3,12-epoxy-12*H*-pyrano[4,3-j]-1,2-benzodioxepin-10-one。

IUPAC名称　3,12-epoxy-12*H*-pyrano[4,3-j]-1,2-benzodioxepin-10(3*H*)-one,octahydro-3,6,9-trimethyl-,(3*R*,5a*S*,6*R*,8a*S*,9*R*,12*S*,12a*R*)-。

CAS登记号　63968-64-9。

EC号　700-290-5。

分子式　$C_{15}H_{22}O_5$。

相对分子质量　282.34。

结构式

开发单位　中国中医科学院中药研究所。

理化性质　纯品为无色针状结晶。沸点389.9℃。熔点156～157℃。密度1.3g/cm³。易溶于氯仿、丙酮、乙酸乙酯和苯，可溶于甲醇、乙醇和乙醚，微溶于冷石油醚，不溶于水。因具有特殊的过氧基团，对热不稳定，易受湿、热和还原性物质的影响而分解。

毒性　低毒。小鼠急性经口 LD_{50} 4721.6mg/kg，无致突变作用，大鼠经口给青蒿素有明显的胚胎毒性。青蒿素对雄性大鼠的生殖功能没有影响，但在妊娠大鼠器官发生期给药有明显的胚胎毒性，主要反映在增加吸收胎产生，无致畸作用。

剂型　青蒿素片剂，青蒿素栓剂，水混悬注射液。

质量标准　按干燥品计算，含 $C_{15}H_{22}O_5$ 不得少于99%。

作用方式及机理　青蒿素及其衍生物结构中存在内过氧桥，催化断裂后产生的碳中心自由基和活性氧，是其发挥药理学和毒理学作用的结构基础。据报道，其主要作用机理: ①结构中的内过氧桥能被还原型血红素或亚铁启动，形成具有细胞毒性的碳中心自由基，通过其烷化作用破坏组织细胞的特定靶点，杀灭寄生虫（药效作用），或靶向线粒体、内质网和吞饮泡的细胞器、细胞内多种蛋白、钙离子依赖性ATP酶等，影响细胞功能（毒性作用）。②可能与活性氧导致的胞浆流动（cytokinesis）、提高氧化应激水平和内质网应激反应有关。③影响免疫系统功能，如抑制一氧化氮合成、抑制NF-kappaB生成、降低血清肿瘤坏死因数浓度等。④影响细胞生长周期，包括改变细胞周期依赖性激酶或细胞周期蛋白等，如干扰红细胞的生成。⑤直接或间接损伤DNA，导致DNA断裂（遗传毒性）。

防治对象　能杀灭疟原虫、血吸虫、弓形虫、利什曼原虫等多种寄生虫。青蒿素及其衍生物是目前广泛应用的一线抗疟药; 还具有免疫调节作用，可治疗红斑狼疮和类风湿性关节炎; 另外，体外细胞实验证实对多种人源性肿瘤细胞具有明显杀伤作用。

使用方法　①治疟疾症状（包括间日疟与耐氯喹恶性疟）。青蒿素片剂首次1g，6～8小时后0.5g，第2、3日各 0.5g。栓剂首次 600mg，4 小时后 600mg，第 2、3 日各 400mg。②恶性脑型疟。青蒿素水混悬剂，首剂 600mg，肌注，第 2、3 日各肌注 150mg。③系统性红斑狼疮或盘状红斑狼疮。第 1 个月每次口服 0.1g，1 日 2 次，第 2 个月每次 0.1g，每日 3 次，第 3 个月每次 0.1g，每日 4 次。直肠给药，1 次 0.4~0.6g，1 日 0.8~1.2g。深部肌注，首次 200mg，间隔 6~8 小时后再肌注 100mg，第 2、3 日各肌注 100mg，总量 500mg；肌注 300mg/ 日，连用 3 日，总量 900mg。小儿 15mg/kg，按上述方法 3 日内注完。口服，首次服 1g，间隔 6~8 小时后再服 0.5g，第 2、3 日各服 0.5g。3 日为 1 疗程。

注意事项 ①妊娠早期妇女慎用，不良反应会出现轻度恶心、呕吐及腹泻。②注射部位浅时，易引起局部疼痛和硬块，个别病人，可出现一过性转氨酶升高及轻度皮疹等副作用。

与其他药剂的混用 可与磷酸哌喹组成复方制剂，对疟原虫无性体有较强的杀灭作用。

参考文献

李斌，周红，2010. 青蒿素及其衍生物药理作用研究有关进展[J]. 中国临床药理学与治疗学，15 (5): 572-576.

屠呦呦，1997. 抗疟新药——青蒿素和双氢青蒿素[C]//世界中西医结合大会论文摘要集: 48.

屠呦呦，2009. 青蒿及青蒿素类药物[M]. 北京: 化学工业出版社: 34-36.

（撰稿：尹显慧；审稿：李明）

氢氰酸 hydrogen cyanide

标准状态下为液体，易在空气中均匀弥散，在空气中可燃烧。可作灭柑橘树害虫的特效农药。可用于制造氰化物，用于仓库和船舶等消毒；还用于合成丁腈橡胶、合成纤维、塑料、有机玻璃及钢铁表面渗氮。

其他名称 氰化氢、Cyclon、甲腈。

化学名称 hydrocyanic acid。

IUPAC 名称 hydrogen cyanide。

CAS 登记号 74-90-8。

EC 号 200-821-6。

分子式 CHN。

相对分子质量 27.03。

结构式

$$H—C≡N$$

开发单位 于 1780 年由 Scheele 首先发现，1877 年首次用于熏杀害虫，由于其强烈的毒性，近年来用得较少。美国氰胺公司 1970 年停产。

理化性质 商品纯度 96%~99% 的氢氰酸具苦杏仁味，基本为无警戒毒气。沸点 26℃，冰点 -14℃。相对密度：气体（空气 = 1）0.9，液体（在 4℃时，水 = 1）0.688（20℃）。空气中的燃烧极限：6%~41%（按体积计）。在各种湿度下无限溶解。属弱酸，易溶于水和其他液体，对金属无腐蚀性。当液态储存时，如无化学稳定剂存在，在容器内可分解爆炸。作为熏蒸剂挥发，氢氰酸可由 3 种形式产生：①在压缩空气的协助下从钢瓶中放出。②以氰化钙在空气中解潮产生。③氰化物与硫酸反应产生。不同温度下的自然蒸气压力：0℃时 35.23kPa，10℃时 53.32kPa，20℃时 81.31kPa，30℃时 121.3kPa。1kg 的体积为 1 454.3ml；1L 重 0.688kg。

毒性 氢氰酸及氰化物对人类及温血动物有剧毒。氢氰酸内服 70mg，静脉注射 30mg，氰化钠内服 150mg，氰化钙内服 200mg，均足以致人于死地。空气中含有氰酸气浓度在 16mg/kg 以下时尚不致发生危险，20~40mg/kg 时数小时内即感不适，引起头痛、恶心、呕吐、心跳加快等现象，120~150mg/kg 时十分危险。根据 A. PaHy（1949）报告，氰酸气的致死浓度见表 1。

剂型 氢氰酸熏蒸剂主要有两种：一种为压缩储存于钢瓶内的液态氢氰酸，一种为固态氰酸盐类。①液态氰酸气。氢氰酸被压缩装入钢瓶内。使用时打开阀门即可雾化，十分方便安全，其纯度为 96%~98%，30 和 75 磅两种包装，钢瓶包装的氢氰酸必须在 15℃以下储存。②氰酸盐类。氰化钾（KCN）白色固体物，含氰 39.9%；氰化钠（NaCN）白色固体物，有球状、粉状，纯度 98%；氰化钙〔Ca(CN)$_2$〕为粒状、粉状固体，含氰 30%~50%，不纯制品为灰色至黑色。

作用方式及机理 氢氰酸是一种强烈的、具有急性作用的毒气。抑制人和其他温血动物呼吸酶的功能，使组织不能正常地由血液中获得氧而窒息。但氢氰酸的毒性是可逆的。实践中，当人因氰化物中毒完全失去知觉，而心脏仍跳动时，如能及时采取救护措施和给以适当的解毒剂，则仍能恢复正常。该药还可以通过皮肤吸收而引起中毒。在常用的熏蒸剂中，氢氰酸对昆虫的毒性是最强的一种。

表 1 氰酸气的致死浓度

致死或不致死时间	浓度（mg/kg）	浓度（mg/L）
数小时后发生轻度症状	18~36	0.02~0.04
0.5~1 小时无影响	45~54	0.05~0.06
0.5~1 小时致死或极危险	110~138	0.12~0.15
0.5 小时后致死	135	0.15
10 分钟后致死	181	0.20
立即致死	270	0.30

表 2 氢氰酸对昆虫的毒性（FAO）

虫种	毒力系数（gh/m³）	时间温度
锯谷盗成虫	LD$_{95}$-7.2	6 小时 21℃
谷蠹成虫	LD$_{95}$-15.6	6 小时 21℃
谷象成虫	LD$_{99}$-80.0	5 小时 25℃
米象成虫	LD$_{99}$-60.0	5 小时 25℃
大谷盗成虫	LD$_{99}$-66.5	5 小时 25℃
杂拟谷盗成虫	LD$_{95}$-2.4	4 小时 27℃
谷斑皮蠹幼虫	LD$_{95}$-26	8 小时 21℃

经由气管、体壁侵入虫体后抑制酶的活性，阻碍氧的代谢作用，导致中毒死亡，毒气进入神经系统后能使大多数昆虫种类迅速麻醉。实践中应注意这种保护性昏迷可能造成的危害。所以熏蒸时应尽快达到最大推荐浓度和足够的密封时间，否则在散毒后 24 小时内，中毒轻的昆虫有苏醒复活现象。

防治对象　氢氰酸是最早广泛使用的熏蒸剂之一。近年来对氢氰酸的使用有所减少，但在某些范围内仍是重要的熏蒸剂。氢氰酸可以用于防治各种仓储害虫的各种虫态（除螨类休眠体）。该药对动物的毒性强于对活性植物的毒性，所以用于对苗木、种子在充分干燥的休眠体的熏蒸是较好的一种熏蒸剂。一般的种子经氢氰酸处理不会影响其发芽率，用氢氰酸处理已休眠的苗木来防除介壳虫具有良好的效果，但熏蒸后必须用清水冲洗，以防药害。该药易溶于水，在水中溶解成稀酸，不能安全地用于水果、蔬菜等含水量高的食物。许多物体对氢氰酸有强烈的吸附性，如果被熏物品干燥，这种作用是可逆的；由于强烈的吸附性，而使该药的穿透性受到限制，因而建议多采用减压熏蒸。由于氢氰酸对温血动物有剧毒，常作为远洋船舶灭鼠的药剂。

使用方法

液态氢氰酸直接施药　这种剂型施药比较方便、安全、节约人工。其操作方法和溴甲烷类似，在使用时应注意，若钢瓶包装的氢氰酸保存期超过 3 个月，必须送回原生产厂，以免在使用时发生爆炸。

用氰酸盐类反应而产生氰酸气　①氰化钙入水，生成氰酸气。使用氰化钙要求在 15～26℃、相对湿度 80%～90% 时为好，方法是将氰化钙均匀铺放在纸上，让其自行分解，平铺的厚度在 1～2mm，如遇干燥的气候要在药剂周围适当喷水；如含氰 50% 的氰化钙一般用药 25～35g/m³。②氰化钠。氰化钠曾是中国应用最广泛的熏蒸剂，熏蒸用氰化钠必须是 98% 以上的纯度，与其反应的浓硫酸密度 1.84g/cm³（波美度 66），不可用井水稀释，氰化钠与浓硫酸和水的配比为 1∶1.5∶3。理论上 1 份氰化钠配应 1 份浓硫酸，但过量的酸可加速氰酸气的生成，水和浓硫酸混合可放热，加速其反应，但发热时温度不可高于 60～70℃，否则硫酸会还原成 CO_2 和 SO_2，减弱氢氰酸的产生；加水过多，氰酸气发生少、水蒸气多，作用慢，影响熏蒸效果，如加水过少，则硫酸太浓，温度太高，所有产物几乎都是一氧化碳。因此制配比对熏蒸效果具有重要的意义；推荐氰化钠剂量为 30～40g/m³（10℃）。③氰化钾的价格昂贵，一般实验室做毒品使用。

防毒面具的选择　因为氰酸气的剧毒性，在选择和佩戴防毒面具时一定要谨慎，中国常用 GB 2890—1982 1L 型滤毒罐，在使用其他型号滤毒罐时应认真阅读说明书和生产日期，一般在 3g/m³ 氰酸气浓度中有效滤毒时间仅为 50 分钟左右；在使用前应用氯化苦测试一下滤毒罐的有效性和防毒面具的穿戴是否妥当。若进行大型氢氰酸熏蒸时，建议一个熏蒸队至少有一套自给式呼吸装置，以防不测。

投药　根据要熏蒸室间体积，计算出氰化钠的用量和所要使用的缸数（涂釉水缸），并将缸均匀分布于仓内。称

量氰化钠，每份不宜超过 15kg，分装后放在投药缸边，工作人员必须穿工作服、长筒胶鞋、戴风镜、口罩、橡胶手套。称量浓硫酸、分装浓硫酸时，用抽气缸吸法较为安全，分装完毕放在反应缸边。先将足量清水倒入反应缸内，然后慢慢倒入浓硫酸并搅拌。投药时由仓内向仓外投药，切忌混乱，缓缓投入，不可掷下。投药完毕立即封仓。

浓度和泄漏检测　最常用且较精确的是"联苯胺"法：配制好 0.1% 乙酸联苯胺和 0.3% 乙酸铜溶液，分别储存于棕色瓶内，使用前将两种溶液各 1 份混合（在 15 分钟内使用）。用滤纸剪成 6cm×12cm 小条吸透药液，带有药液的纸条遇到氰酸气后呈蓝色。

通风散毒和残渣处理　达到密封时间后，打开仓库气窗，让室内毒气散出，直到检测无毒时，人员方可进入熏蒸场所。散毒完毕将反应缸抬到远离仓库地点挖坑深埋（1.2～15m），埋藏点同时应远离河边、井边 50m 以上。

注意事项　严加密闭，提供充分的局部排风和全面通风。操作人员必须经过专门培训，严格遵守操作规程。建议操作人员佩戴隔离式呼吸器，穿连衣式胶布防毒衣，戴橡胶手套。远离火种、热源。工作场所严禁吸烟。使用防爆型的通风系统和设备。防止气体或蒸气泄漏到工作场所空气中。避免与氧化剂、酸类、碱类接触。搬运时轻装轻卸，防止钢瓶及附件破损。配备相应品种和数量的消防器材及泄漏应急处理设备。倒空的容器可能残留有害物。氢氰酸在空气中的含量达到 5.6%～12.8% 时，具有爆炸性。

参考文献

金留钦，2016.氟乙酰胺、氢氰酸混合杀鼠剂中毒检验的研究[J]. 石化技术 (12): 33.

朱永和，王振荣，李布青，2006.农药大典[M].北京: 中国三峡出版社.

（撰稿：陶黎明；审稿：徐文平）

Q

氢氧化铜　copper hydroxide

一种保护性为主、兼具治疗活性的无机铜杀菌剂。

其他名称　Cuproxyde、Rameazzurro、可杀得（Kocide）、冠菌铜。

化学名称　氢氧化铜；copper hydroxide。

IUPAC 名称　copper hydroxide。

CAS 登记号　20427-59-2。

EC 号　243-815-9。

分子式　$Cu(OH)_2$。

相对分子质量　97.56。

结构式

$$HO\text{—}\underset{Cu}{}\text{—}OH$$

开发单位　由肯艾阔特公司 1968 年在美国上市。

生产企业　Agri-Estrella；DuPont；Erachem Comilog；IQV；Isagro；Nufarm SAS；Spiess-Urania；Sulcosa；浙江禾本。

理化性质　结晶体呈天蓝色片状或针状，原药含量为 88%，外观为蓝色粉末。熔点 200℃。相对密度 3.717

（20℃）。溶解度：水 0.506mg/L（pH6.5，20℃）；正庚烷 7010、对二甲苯 15.7、二氯乙烷 61、异丙醇 1640、丙酮 5000、乙酸乙酯 2570μg/L。140℃分解。溶于酸。

毒性　低毒。原药大鼠急性经口 LD_{50} > 1000mg/kg，兔急性经皮 LD_{50} > 3160mg/kg，大鼠急性吸入 LC_{50} 2000mg/m³ 空气。对兔眼睛有较强刺激作用，对兔皮肤有轻微刺激作用。蓝鳃太阳鱼 LC_{50}（96 小时）180mg/L，蜜蜂 LD_{50} 68.29μg/ 只，野鸭 LD_{50} 115mg/kg，鹌鹑 LD_{50} 32mg/kg。毒性等级：Ⅲ（a.i.，WHO）；Ⅲ（制剂，EPA）。

剂型　77% 可湿性粉剂、53.8%、61.4% 干悬浮剂。

质量标准　77% 可湿性粉剂为蓝色粉状物，pH8～9，颗粒粒径 1.8μm，悬浮率≥ 80%，润湿时间 < 20 秒，水分含量 3.5%，室温下储存 5 年以上，冷、热储存稳定性合格。

作用方式及机理　保护性杀菌剂和消毒剂。在真菌和细菌孢子生长时被吸收，释放出的铜离子与真菌或细菌体内蛋白质中的—SH、—N₂H、—COOH、—OH 等基团起作用，导致病菌死亡。

防治对象　防治多种作物真菌和细菌病害，如柑橘溃疡病、黄瓜角斑病、番茄早疫病等。

使用方法　兑水喷雾。

防治柑橘溃疡病　在春梢和秋梢发病前或初发病时开始喷药，使用浓度为 1283.3～1925mg/L（400～600 倍），隔 10 天左右 1 次，连续喷药 3 次。

防治黄瓜角斑病　发病前或发病初期开始喷药，每隔 7～10 天喷 1 次，每次每公顷商品量 2175～3000g（有效成分 1674.75～2310g），加水 1125L 喷雾，小苗酌减。

防治番茄早疫病　发病前或发病初期开始喷药，每次每公顷商品量 1950～2850g（有效成分 1501.5～2194.5g），加水 1125L 喷雾，每隔 7～10 天 1 次，连续喷 3～4 次。

注意事项　应在发病前或发病初期施药。避免与强酸或强碱性物质混用。与石硫合剂不相容。用药时要穿防护服，避免药液接触身体，切勿吸烟或进食。如药液沾染皮肤或眼睛应立即用大量水清洗；如误服，应立即服用大量牛奶或清水，不要服用含酒精的饮料；如吸入药液，应立即到空气新鲜处，如呼吸困难，可进行人工呼吸。储存于干燥、远离食品和饲料，儿童接触不到的地方。李树、桃树等敏感植物慎用。低温高湿气候条件慎用。

与其他药剂的混用　氢氧化铜一般为保护性施用，很少与其他杀菌剂混用。56% 氢氧化铜·烯酰吗啉可湿性粉剂 280mg/L 处理可以有效控制辣椒疫病。含氢氧化铜的商品化混剂主要为 50% 氢氧化铜·多菌灵可湿性粉剂（制剂用量 750～937g/hm² 时对西瓜枯萎病有良好的控制效果）和 64% 氢氧化铜·福美锌可湿性粉剂（有效成分用量 980～1123g/hm² 可以防治番茄早疫病）。

允许残留量　中国尚未规定氢氧化铜的最大残留限量。

参考文献

刘长令, 2006. 世界农药大全: 杀菌剂卷[M]. 北京: 化学工业出版社: 307-308.

马克比恩 C, 2015. 农药手册[M]. 胡笑形, 等译. 北京: 化学工业出版社: 205-206.

（撰稿：刘峰；审稿：刘鹏飞）

倾倒性　pourability

描述农药流动性质的理化参数。其目的是保证制剂能充分从容器中倾倒出。

适用范围　悬浮剂（SC、FS、OD）、微囊悬浮剂（CS）、悬乳剂（SE）、水乳剂（EW）和相似的黏稠剂型，但也可以用于溶液状态的制剂，如可溶液剂（SL）和乳油（EC）。

测定原理　悬浮剂或其他类型制剂静置一定的时间，在标准倾倒操作后测定量筒中残余物的量和用水洗涤后量筒中残余物的量。

测定方法　根据国际农药分析协作委员会（CIPAC）MT148《悬浮剂的倾倒性》。

①测定倾倒后残余物。称量空的具塞量筒（含塞）质量（w_0，g），将悬浮剂样品摇匀后立即倒入量筒中，空余 20% 的体积即可，盖上瓶塞并称量总质量（w_1，g）；将量筒静置 24 小时后，呈 45° 倾倒悬浮剂 60 秒后将量筒倒置 60 秒。称量塞子和量筒总质量（w_2，g）。

②测定洗涤后残余物。加入量筒体积 80% 的 20℃的超纯水或蒸馏水并盖上瓶塞。将量筒 180° 翻转 10 次（每次 2 秒）后按照之前的操作倾倒干净后称量量筒和塞子的质量（w_3，g）。

按照下式计算样品残留含量 R（%）和清洗残留含量 R'（%）：

$$R = [(w_2 - w_0) / (w_1 - w_0)] \times 100\%$$
$$R' = [(w_3 - w_0) / (w_1 - w_0)] \times 100\%$$

式中，w_0 为空的具塞量筒（含塞）质量（g）；w_1 为悬浮剂样品和量筒（含塞）总质量（g）；w_2 为悬浮剂倾倒后，塞子和量筒总质量（g）；w_3 为洗涤后，塞子和量筒总质量（g）。

参考文献

GB/T 31737—2015 农药倾倒性测定方法.

（撰稿：李红霞；审稿：吴学民）

氰氨化钙　calcium cyanamide

一种广谱性土壤消毒剂，有特殊臭味，遇水易产生易燃易爆气体。

其他名称　石灰氮、氰氨基化钙、氰氮化钙、氰胺钙等。

IUPAC 名称　calcium cyanamide。

CAS 登记号　156-62-7。

分子式　$CCaN_2$。

相对分子质量　80.11。

结构式

$$N \!\!\!\equiv\!\!\! N \overset{Ca}{\underset{\|}{}}$$

理化性质　纯品为白色结晶。微溶于水，有特殊臭味。

工业产品石灰氮一般含氮 20%，含氰氨化钙 58%～60%，含氧化钙 20%～28%，含游离碳 9%～12%，含碳化钙（CaC₂）< 0.2%，含游离氰氨 < 1.2%（最高限量），含少量的硅、铝、铁等杂质。呈灰白色粉末，略带电石气味。

毒性 吸入氰氨化钙粉尘可引起急性中毒。中毒表现为面、颈及胸背上方皮肤发红，眼、软腭及咽喉黏膜发红、畏寒等。个别可发生多发性神经炎，暂时性局灶性脊髓炎及瘫痪等。眼及呼吸道刺激，进入眼内可引起眼损害，皮肤接触可引起皮炎、荨麻疹及溃疡。长期接触可引起神经衰弱综合征及消化道症状，长期大量吸入其粉尘可引起尘肺。

作用机理 氰氨化钙在土壤中与水反应，生成氢氧化钙和氰胺，氰胺水解生成尿素，最终分解成氨被植物吸收。在碱性土壤中，形成的氰胺可以进一步聚合形成双氰胺。氰胺和双氰胺都有杀虫、杀菌、消毒的作用，同时双氰胺还是一种硝化抑制剂，能够延缓铵态氮向硝态氮的转化，从而减少土壤中硝态氮的淋洗损失。在实际应用中，许多农户施用氰氨化钙时在耕作层翻入了大量的秸秆等有机物，氰氨化钙分解时产生的氰胺可以促进稻草的腐熟，同时在稻草腐熟的过程中产生了大量的热量，使土壤保持较高的温度，从而杀灭土壤中的线虫、病原菌以及其他虫卵，起到良好的防治土传病害的效果。

剂型 中国目前取得正式登记的产品是 50% 颗粒剂。

防治对象 其分解后的中间产物单氰胺和双氰胺有杀虫、杀菌、消毒的作用，可用于防治多种土传病害及地下害虫，对线虫具有良好的杀灭效果，可用于温室、大田、苗床等土壤和栽培基质的消毒处理，效果持久。同时，氰氨化钙也可作为缓释肥和土壤改良剂用于酸性土壤的改良。50% 氰氨化钙颗粒剂，用于防治番茄和黄瓜根结线虫时，厂商指导的制剂用量是 720～960kg/hm²。

使用方法 氰氨化钙属强碱性缓效氮肥，在土壤中最初形成氰氨态氮，对作物有害，一般作为基肥使用，不建议作为追肥和种肥，也不宜用于秧田。应当在播种或移植前 1～2 周施下。氰氨化钙在水田中分解较快，作水田基肥，先将肥料均匀施于地表，随即翻耕，再进行灌水耙田、整地，待其转化为尿素和碳酸铵后插秧。切忌采用先灌水、翻耕后施肥的办法，否则肥料浮于水面，既不利于和土壤充分接触及转化，又会灼伤秧苗。作旱地基肥时，应适当提早施用，一般在栽种前 10～20 天为宜。氰氨化钙如果需要作为追肥使用，应当先与 10 倍左右的有机肥或湿土堆积 10～20 天，直至无电石气味而微有氨味后使用。

注意事项 ①氰氨化钙属强碱性氮肥，不宜在碱性土壤上施用。在碱性土壤中，由于碳酸钙和氢氧化钙等碱性物质的积累，氰氨化钙不仅转化缓慢，而且转化中间产物游离氰氨还会进一步聚合成为不易分解且植物难以利用的双氰胺。另外，氰氨化钙施用量过高或施肥不均匀，局部浓度过高，也可产生聚合双氰胺。②氰氨化钙分解转化成分中的氰氨基对人畜均有害，可腐蚀皮肤，如落入眼睛和呼吸道，会引起黏膜发炎，甚至导致心脏障碍、抽筋等，对饮酒者危害加剧。因此，氰氨化钙需要专仓专储，不能与食品同存，也不能与碱性农药、酸类危险品及易燃等危险品同储。作业时要穿长衣长裤、戴橡胶手套、戴口罩，作业前后 24 小时禁

止饮酒，作业结束后要及时更衣、淋浴后方可进食。一旦误食，应尽量吐出，用大量水漱口，携带标签将病人及时送入医院接受治疗。

参考文献

刘思超，唐利忠，石泉，等，2017. 氰氨化钙在农业生产中的应用研究进展[J]. 中国土壤与肥料 (5)：1-6.

孙睿，2019. 50%改性氰氨化钙土壤熏蒸消毒技术在日光温室中的应用[J]. 江西农业 (6)：28.

王思萍，杨培利，2017. 石灰氮在设施蔬菜土壤质量提升中的应用[J]. 安徽农业科学，45 (27)：131-132.

（撰稿：张鹏；审稿：彭德良）

氰草津　cyanazine

一种三嗪类选择性除草剂。

其他名称 草净津、百得斯、Bladex、Fortrol、SD 15418、WL 19805、DW 3418、Radikill、Shell 19805、Payze、Gramex。

化学名称 2-氯-4-(1-氰基-1-甲基乙氨基)-6-乙氨基-1,3,5-三嗪；2-chloro-4-(1-cyano-1-methyl ethylamino)-6- ethylamino-1,3,5-triazine。

IUPAC名称 2-((4-chloro-6-(ethylamino)-1,3,5-triazin-2-yl)amino)-2-methylpropanenitrile。

CAS 登记号 21725-46-2。

EC 号 244-544-9。

分子式 $C_9H_{13}ClN_6$。

相对分子质量 240.69。

结构式

开发单位 壳牌公司。

理化性质 纯品氰草津为白色晶状固体，熔点 167～169℃。相对密度 1.29（20℃）。蒸气压 2×10^{-4} mPa（20℃）。25℃时溶解度：水 0.171g/L，乙醇 45g/L，甲基环己酮、氯仿 210g/L，丙醇 195g/L，苯、己烷 15g/L，四氯化碳 < 10g/L。对光和热稳定，在 pH5～9 稳定，强酸、强碱介质中水解。

毒性 原药急性 LD_{50}（mg/kg）：大鼠经口 182～288，大鼠经皮 > 1200。大鼠吸入 LC_{50} 2.46mg/L。对兔眼睛和皮肤有轻微刺激。NOEL：大鼠（2 年）12mg/kg 饲料，狗 25mg/kg 饲料。该药可被哺乳动物迅速代谢和排出，在大鼠和狗体内约 4 天。经口 LD_{50}：鹌鹑 400mg/kg、野鸭 > 2000mg/kg。斑马鱼 LC_{50}（48 小时）10mg/L。对人、畜毒性中等，对鸟类、鱼类毒性较低。

剂型 主要产品有 30%、40%、70% 悬浮剂。

质量标准 氰草津质量分数 ≥ 95%；pH6～8；水分

≤0.5%；丙酮不溶物质量分数≤1%。

作用方式及机理 高效、广谱、内吸传导型除草剂。

防治对象 用于防除玉米、豌豆、蚕豆、马铃薯和甘蔗田中的禾本科和阔叶杂草，以及小麦、大麦和燕麦田中"难除"的阔叶杂草；可防除的杂草有89种之多，其中对氰草津敏感的杂草有52种，如看麦娘、藜、荠、蒿属、曼陀罗、马唐、天蓝苜蓿、早熟禾、蓼、马齿苋、狗尾草、苦苣菜、繁缕等。

使用方法

防除高粱、豌豆、蚕豆田杂草 播后苗前用80%可湿性粉剂2.25～3kg/hm²（有效成分1.8～2.4kg），加水300L，进行喷雾处理，或50%3～4.5L/hm²（有效成分1.5～2.25kg）或43%悬浮剂2.8～5.4L/hm²（有效成分1.2～2.4kg），兑水300～450L喷雾处理。

防除玉米田杂草 在玉米4叶期前，杂草株高低于3.5cm时茎叶处理（第5片真叶出现时禁用），用氰草津1.8～2.25kg/hm²有效成分喷雾。

防除小麦、大麦田杂草 小麦、大麦在分蘖初期用药，用氰草津24～100g/hm²有效成分。可与2甲4氯、2,4-滴丙酸、2甲4氯丙酸、异丙隆、莠去津等混用。80%可湿性粉剂1.5～1.88kg/hm²（有效成分1.2～1.5kg），或每亩用43%液剂167～223ml（有效成分72～96g），加40%莠去津胶悬剂100～125ml（有效成分40～50g），可扩大杀草谱，提高防除效果。

注意事项 ①施药后遇雨或灌溉可提高防效。80%可湿性粉剂适用在雨露条件较好的夏玉米田除草。春玉米田宜作芽后施药处理，而芽前处理因干旱防效差，则必须浅混土使药剂与土壤充分混合以保证防效。43%液剂在干旱条件下作芽后处理除草效果优于80%可湿性粉剂，但用药量不可过高，否则玉米易发生药害。②温度低、空气湿度大时对玉米不安全。施药后即下中至大雨时玉米易发生药害，尤其积水的玉米田，药害更为严重，所以在雨前1～2天内施药对玉米不安全。③华北地区麦套玉米应在麦收前10～15天套种，麦收后玉米3～4叶期，为氰草津安全施药期。套种玉米过早，玉米植株过大，就不可能使用氰草津防除杂草。④茎叶处理时气温在15～30℃时效果较好，干旱时加入表面活性剂可提高药效。砂土和有机质含量低于1%的砂壤土不宜使用。⑤在使用过程中，如有药剂溅到眼中，应立即使用大量清水冲洗，如溅到皮肤上，立即用肥皂清洗。如发生人吸中毒，立即灌水1～2杯，使之呕吐，但对于失去知觉者不能催吐或者灌喂东西。⑥储存在远离食品、儿童及家禽的地方。空药罐应埋在地下或烧掉。

与其他药剂的混用 可与莠去津、乙草胺等复配。

允许残留量 日本规定在鸡肉、鸡蛋最大残留为0.05mg/kg；猪肉、牛肉、蔬菜、大麦、小麦、玉米、大米最大残留量为0.1mg/kg。

参考文献

DEAN J R, WADE G, BARNABAS I J, 1996. Determination of triazine herbicides in environmental samples[J]. Journal of chromatography A, 733: 295-335.

（撰稿：杨光富；审稿：吴琼友）

氰草净 cyanatryn

一种三嗪类选择性除草剂。

其他名称 WL 63611、Aqualin、Aquafix。

化学名称 2-甲硫基-4-(1-氰基-1-甲基乙氨基)-6-乙氨基-1,3,5-三嗪；4-(1-cyano-1-methyl-ethylamino)-6-ethylamino-2-methylthio-1,3,5-triazine。

IUPAC名称 2-((4-(ethylamino)-6-(methylthio)-1,3,5-triazin-2-yl)amino)-2-methylpropanenitrile。

CAS登记号 21689-84-9。

分子式 $C_{10}H_{16}N_6S$。

相对分子质量 252.33。

结构式

开发单位 壳牌国际研发公司。

理化性质 沸点466℃。相对密度1.22（20℃）。

剂型 主要有悬浮剂等。

作用方式及机理 内吸传导型除草剂。

防治对象 以0.025～0.5mg/L的浓度杀藻和各种水生杂草。

（撰稿：杨光富；审稿：吴琼友）

氰氟草酯 cyhalofop-butyl

一种芳氧苯氧丙酸酯类选择性内吸传导型除草剂。

其他名称 Clincher、Cleaner、千金。

化学名称 (R)-2-[4-(4-氰基-2-氟苯氧基)苯氧基]丙酸丁酯；butyl(R)-2-[4-(4-cyano-2-fluorophenoxy)phenoxy]propanoate。

IUPAC名称 butyl(R)-2-[4-(4-cyano-2-fluorophenoxy)phenoxy]propionate。

CAS登记号 122008-85-9；122008-78-0（酸）。

分子式 $C_{20}H_{20}FNO_4$。

相对分子质量 357.38。

结构式

开发单位 由美国道农科公司最先开发成功。P. G. Ray等报道。

理化性质　纯品为白色结晶固体。熔点 49.5℃。沸点＞270℃（分解）。相对密度 1.172（20℃）。蒸气压 5.3×10^{-2} mPa（25℃）。$K_{ow}\lg P$ 3.31（25℃）。Henry 常数 9.51×10^{-4} Pa·m³/mol。水中溶解度（mg/L，20℃）：0.44（非缓冲液），0.46（pH5），0.44（pH7）；有机溶剂中溶解度（mg/L，20℃）：乙腈＞250、二氯甲烷＞250、甲醇＞250、丙酮＞250、乙酸乙酯 250、正庚烷 6.06、正辛醇 16。pK_a 3.8。稳定性：pH4 稳定，pH7 缓慢水解，在 pH1.2 或 pH9，迅速分解。

毒性　低毒。雌大鼠、雄大鼠、雌小鼠急性经口 LD_{50}＞5000mg/kg。雌大鼠急性经皮 LD_{50}＞2000mg/kg。对兔皮肤和眼睛无刺激，对豚鼠皮肤不致敏。大鼠空气吸入 LC_{50}＞5.63mg/L。雄、雌大鼠最大无作用剂量分别为 0.8mg/（kg·d）和 2.5mg/（kg·d）。无致突变、致畸、致癌性，无繁殖毒性。对野生动物、无脊椎动物及昆虫低毒，野鸭和山齿鹑急性经口 LD_{50}＞5620mg/kg。野鸭和山齿鹑饲喂 LC_{50}（5 天）＞2250mg/kg 饲料。鱼类 LC_{50}（96 小时，mg/L）：虹鳟＞0.49，蓝鳃翻车鱼 0.76。蜜蜂经口 LD_{50}（经口和接触）＞100μg/只，蚯蚓 LC_{50}（14 天）＞1000mg/kg 土壤。由于氰氟草酯在水和土壤中降解迅速，且用量很低，在实际应用时一般不会对鱼类产生毒害。羊角月牙藻 EC_{50}（72 小时）＞1mg/L，舟形藻 EC_{50} 0.64～1.33mg/L。

剂型　10%、15%、20%、25%、35%、100g/L 乳油，15%、25%、30%、35% 微乳剂，10%、15%、20%、25%、30%、100g/L 水乳剂，10% 悬浮剂，15%、30%、40% 可分散油悬浮剂。

作用方式及机理　选择性内吸传导型除草剂。由植物体的叶片和叶鞘吸收，韧皮部传导，积累于植物体的分生组织区，抑制乙酰辅酶 A 羧化酶，使脂肪酸合成停止，细胞的生长分裂不能正常进行，膜系统等含脂结构破坏，最后导致植物死亡。从氰氟草酯被吸收到杂草死亡比较缓慢，一般需要 1～3 周。杂草在施药后的症状如下：4 叶期的嫩芽萎缩，最后枯干致死。3 叶期生长迅速的叶子则在数天后停止生长，叶边缘出现萎黄，导致死亡。2 叶期的老叶变化极小，保持绿色。

防治对象　水稻移栽田和直播田防除禾本科杂草。氰氟草酯不仅对各种稗草（包括大龄稗草）高效，还可防除千金子、马唐、双穗雀稗、狗尾草、牛筋草、看麦娘等。对莎草科杂草和阔叶杂草无效。氰氟草酯对水稻具有优良的选择性，选择性基于不同的代谢速度，在水稻体内，氰氟草酯可被迅速降解为对乙酰辅酶 A 羧化酶无活性的二酸态，因而对水稻具有高度的安全性。因其在土壤中和典型的稻田水中降解迅速，故对后茬作物安全。

使用方法　氰氟草酯不宜用作土壤处理（毒土或毒肥法）。苗后茎叶处理，使用剂量为 50～100g/hm²。

防治秧田杂草　稗草 1.5～2 叶期，用 10% 氰氟草酯乳油 450～750ml/hm²，加水 450～600kg，茎叶喷雾。

防治直播田、移栽田和抛秧田杂草　稗草 2～4 叶期，用 10% 氰氟草酯乳油 750～1005ml/hm²，加水 450～600kg，茎叶喷雾，防治大龄杂草时应适当加大用药量。

注意事项　①在土壤中和稻田中降解迅速，对后茬作物和水稻安全，但不宜用作土壤处理（毒土或毒肥法）。②施药时，土表水层＜1cm 或排干（土壤水分为饱和状态）可达最佳药效，杂草植株 50% 高于水面也可达到较理想效果。旱育秧田或旱直播田，施药时田间持水量饱和可保证杂草生长旺盛，从而保证最佳药效。施药后 24～48 小时灌水，防止新杂草萌发。干燥情况下应酌情增加用量。③对鱼类等水生生物有毒。施药时避开水产养殖区，禁止在水体中清洗施药器具。

与其他药剂的混用　与氰氟草酯混用无拮抗作用的除草剂有异噁草松、禾草丹、丙草胺、二甲戊乐灵、丁草胺、二氯喹啉酸、噁草灵、氟草烟。氰氟草酯与 2,4-滴、2 甲 4 氯、磺酰脲类以及灭草松等混用时可能会有拮抗现象发生，可通过调节氰氟草酯用量克服。如需防除阔叶草及莎草科杂草，最好施用氰氟草酯 7 天后再施用防阔叶杂草除草剂。

允许残留量　GB 2763—2021《食品中农药最大残留限量标准》规定氰氟草酯在糙米中的最大残留限量为 0.1mg/kg。ADI 为 0.01mg/kg。谷物按照 GB/T 23204 规定的方法测定。

参考文献

李香菊, 梁帝允, 袁会珠, 2014. 除草剂科学使用指南[M].北京: 中国农业科学技术出版社.

刘长令, 2002. 世界农药大全: 除草剂卷[M]. 北京: 化学工业出版社.

马克比恩 C, 2015. 农药手册[M]. 胡笑形, 等译. 北京: 化学工业出版社.

孙家隆, 周凤艳, 周振荣, 2014. 现代农药应用技术丛书: 除草剂卷[M]. 北京: 化学工业出版社.

（撰稿：马洪菊；审稿：李建洪）

氰化钙　calcium cyanide

其工业品呈灰黑色，味苦，有剧毒。暴露于潮湿空气中时，放出剧毒的氰化氢气体。在农业上它被用作杀鼠剂和谷仓熏蒸等杀虫剂。

其他名称　Cyanogas、Calcyan。

化学名称　cyanide calcium。

IUPAC 名称　calcium cyanide。

CAS 登记号　592-01-8。

EC 号　209-740-0。

分子式　C_2CaN_2。

相对分子质量　92.12。

结构式

理化性质　深灰色无定形薄片或粉末。工业品含氰化钙不低于 42%。相对湿度低于 25%，即可分解出氢氰酸。在 350℃分解为氰氨化钙和碳。不燃。受高热或与酸接触会产生剧毒的氰化物气体。与硝酸盐、亚硝酸盐、氯酸盐反应剧烈，有发生爆炸的危险。遇酸或露置空气中能吸收水分和二氧化碳分解出剧毒的氰化氢气体。

毒性　对人极毒。由于氰化氢极易挥发，多数氰化物易溶于水，因此排入自然环境中的氰化物易被水（或大气）淋溶稀释、扩散，迁移能力强。氰化氢和简单氰化物在地面水中很不稳定，氰化氢易逸入空气中；或当水的 pH > 7 和有氧存在的条件下，亦可被氧化而生成碳酸盐与氨。简单氰化物在水中很易水解而形成氰化氢。水中如含无机酸，即使是二氧化碳溶于水中生成的碳酸（弱酸），也可加速此分解过程。

剂型　42% 粉剂，颗粒剂，88.5% 的片剂等。

作用方式及机理　通过吸入、食入、经皮吸收侵入人体。抑制呼吸酶，造成细胞内窒息。吸入、口服或经皮吸收均可引起急性中毒。大剂量接触引起骤死。非骤死者临床分为 4 期：前驱期有黏膜刺激、呼吸加快加深、乏力、头痛，口服有舌尖、口腔发麻等；呼吸困难期有呼吸困难、血压升高、皮肤黏膜呈鲜红色等；惊厥期出现抽搐、昏迷、呼吸衰竭；麻痹期全身肌肉松弛，呼吸、心跳停止而死亡。慢性影响：神经衰弱综合征、眼及上呼吸道刺激、皮肤损害。

防治对象　用于熏杀粮仓、住宅及生产场所害虫，熏杀柑橘树上矢尖蚧、红蜡蚧时，每 10m³ 用量为 1～2 片。也可吹入鼠穴中熏杀草原害鼠，每穴约用 28g。

使用方法　用于电镀，制氰氨化物、熏蒸扑灭柑橘的杀虫剂、谷物的消毒剂、浮选选矿抑制剂以及提取金、银等。

注意事项　①皮肤接触。立即脱去被污染的衣着，用流动清水或 5% 硫代硫酸钠溶液彻底冲洗至少 20 分钟。就医。②眼睛接触。立即提起眼睑，用大量流动清水或生理盐水彻底冲洗至少 15 分钟。就医。③吸入。迅速脱离现场至空气新鲜处。保持呼吸道通畅。如呼吸困难，给输氧。呼吸心跳停止时，立即进行人工呼吸（勿用口对口）和胸外心脏按压术。给吸入亚硝酸异戊酯，就医。④食入。饮足量温水，催吐。用 1∶5000 高锰酸钾或 5% 硫代硫酸钠溶液洗胃。就医。⑤有害燃烧产物。氰化氢、氧化氮。⑥灭火方法。该品不燃。发生火灾时应尽量抢救商品，防止包装破损，引起环境污染。消防人员须佩戴防毒面具、穿全身消防服，在上风向灭火。⑦灭火剂。干粉、沙土。禁止用二氧化碳和酸碱灭火剂灭火。⑧操作注意事项。严加密闭，提供充分的局部排风和全面通风。操作尽可能机械化、自动化。操作人员必须经过专门培训，严格遵守操作规程。建议操作人员佩戴头罩型电动送风过滤式防尘呼吸器，穿连衣式胶布防毒衣，戴橡胶手套。避免产生粉尘。避免与氧化剂、酸类物质接触。搬运时要轻装轻卸，防止包装及容器损坏。配备泄漏应急处理设备。倒空的容器可能残留有害物。⑨储存注意事项。储存于阴凉、干燥、通风良好的库房。远离火种、热源。包装密封。应与氧化剂、酸类物质、食用化学品分开存放，切忌混储。储区应备有合适的材料收容泄漏物。应严格执行极毒物品 "五双" 管理制度。

与其他药剂的混用　与氯酸盐或亚硝酸盐混合能引起爆炸。粉末会刺激眼睛、鼻、喉，吸入、食入会引起头痛、恶心、呕吐、全身无力，高浓度会迅速使人致死。大鼠经口 LD_{50} 39mg/kg。

参考文献

马克比恩 C, 2015. 农药手册[M]. 胡笑形, 等译. 北京: 化学工业出版社.

中国农业百科全书总编辑委员会农药卷编辑委员会, 中国农业百科全书编辑部, 1993. 中国农业百科全书: 农药卷[M]. 北京: 农业出版社.

（撰稿：陶黎明；审稿：徐文平）

氰化钠　sodium cyanide

一种经口呼吸酶抑制剂类有害物质。

其他名称　山奈、山奈钠、山奈奶。

化学名称　氰化钠。

IUPAC 名称　sodium cyanide。

CAS 登记号　143-33-9。

分子式　CNNa。

相对分子质量　49.01。

理化性质　立方晶体，白色结晶颗粒或粉末。熔点 563.7℃。沸点 1496℃。能溶于水、氨、乙醇和甲醇中，水溶解度 63.7g/100ml，易潮解，有微弱的苦杏仁气味。主要作化学试剂，用于提炼黄金，作掩蔽剂、络合剂，进行化学合成，电镀等。

毒性　剧毒物质，吸入、口服或经皮吸收均可引起急性中毒，其作用主要是抑制呼吸酶，造成细胞内窒息。对大鼠、山羊的急性经口 LD_{50} 分别为 6.44mg/kg 和 4mg/kg。

作用方式及机理　抑制呼吸酶。

使用情况　已禁止使用。

使用方法　堆投，毒饵站投放。

注意事项　皮肤接触，用流动清水或 5% 硫代硫酸钠溶液彻底冲洗至少 20 分钟。误食后，用 1∶5000 高锰酸钾溶液洗胃。

参考文献

贾荣荣, 南向竹, 张海燕, 等, 2014. 氰化钠安全概览[J]. 精细与专用化学品, 22(12): 41-47.

吴波拉, 朱桐君, 陈醒言, 2006. N-乙酰-L-半胱氨酸对氰化钠急性中毒小鼠的解毒作用[J]. 中国临床药理学与治疗学(3): 351-353.

（撰稿：王登；审稿：施大钊）

氰霜唑　cyazofamid

一种新型低毒杀菌剂，对晚疫病和霜霉病有极高的防治效果。

其他名称　Docious、Mildicut、Ranman、氰唑磺菌胺、Cyamidazosulfamid。

化学名称　4-氯 -2-氰基 -*N,N*-二甲基 -5-对甲苯基咪唑 -1-磺酰胺。

IUPAC 名称　4-chloro-2-cyano-*N,N*-dimethyl-5-*p*-tolylimidazole-l-sulfonamide。

CAS 登记号　120116-88-3。

分子式　$C_{13}H_{13}ClN_4O_2S$。

相对分子质量　324.78。

结构式

开发单位　日本石原产业公司研制，与巴斯夫公司共同开发。

理化性质　纯品为浅黄色、无嗅粉状固体。熔点 152.7℃。蒸气压 1.33×10^{-2} mPa（25℃）。$K_{ow}lgP$ 3.2（25℃）。Henry常数 $> 4.03 \times 10^{-2}$ Pa·m³/mol（20℃）。水中溶解度（20℃，mg/L）：0.121（pH5）、0.107（pH7）、0.109（pH9）。水中稳定性 DT_{50}：24.6 天（pH4）、27.2 天（pH5）、24.8 天（pH7）。土壤中快速降解，DT_{50} 3～5 天。

毒性　大、小鼠急性经口 $LD_{50} > 5000$ mg/kg。大鼠急性经皮 $LD_{50} > 2000$ mg/kg。对兔眼睛和皮肤无刺激，大鼠急性吸入 LC_{50}（4 小时）> 3.2 mg/L。鹌鹑和鸭急性经口 $LD_{50} > 2000$ mg/kg。鹌鹑和鸭急性吸入 $LC_{50} > 5$ mg/L。鱼类 LC_{50}（96 小时，mg/L）：鲤鱼 > 0.14，虹鳟 > 0.51。蜜蜂 LD_{50}（48 小时）$> 151.7μg$/只（经口），$> 100μg$/只（接触）。蚯蚓 LC_{50}（14 天）> 1000 mg/kg 土壤。

剂型　10% 悬浮剂，40% 颗粒剂。

作用方式及机理　氰霜唑是线粒体呼吸抑制剂，是细胞色素 bc1 中 Qi 抑制剂，不同于 β- 甲氧基丙烯酸酯类抑制剂（是细胞色素 bc1 中 Qo 抑制剂）。对卵菌所有生长阶段均有作用，对甲霜灵产生抗性或敏感的病原菌有活性。

防治对象　主要用于防治卵菌类病害霜霉病、疫病，如黄瓜霜霉病、葡萄霜霉病、番茄晚疫病、马铃薯晚疫病等。可适用于马铃薯、番茄、辣椒、黄瓜、甜瓜、白菜、莴苣、洋葱、葡萄、荔枝等多种植物。

使用方法　主要通过喷雾防治病害，于发病前或初期开始用药，茎叶喷施，均匀覆盖作物全株。

番茄晚疫病有效成分用药量 80～105g/hm²，必须在发病前或发病初期使用。施药间隔期 7～10 天，每季作物使用 3 次。大风天或预计 1 小时内降雨，请勿施药。

喷雾施药，黄瓜霜霉病用 80～100g/hm² 有效成分，荔枝霜霉病用 40～50mg/kg 有效成分，马铃薯晚疫病用 48～60g/hm² 有效成分，葡萄霜霉病用 40～50mg/kg 有效成分，西瓜疫病用 80～100g/hm² 有效成分。

注意事项　不能与碱性药剂混用。注意与其他杀菌剂轮换使用，防止出现抗药性。

与其他药剂的混用　可与氟啶胺、霜脲氰、氟吡菌胺混配，用于马铃薯晚疫病防治。与嘧菌酯混配防治黄瓜霜霉病。与丙森锌、烯酰吗啉、唑菌胺酯、噁唑菌酮混用防治葡萄霜霉病。或者与百菌清混用，防治黄瓜霜霉病。

允许残留量　GB 2763—2021《食品中农药最大残留限量标准》规定氰霜唑最大残留限量见表，ADI 为 0.2mg/kg。蔬菜、水果参照 GB 23200.34 规定的方法测定。

部分食品中氰霜唑最大残留限量（GB 2763—2021）

食品类别	名称	最大残留限量（mg/kg）
	韭菜	30.00
	葱	5.00
	芸薹属类蔬菜（花椰菜、芥蓝、菜薹除外）	1.50
	花椰菜	3.00
	芥蓝	5.00
	菜薹	20.00
	叶菜类蔬菜（菠菜、普通白菜、叶芥菜、萝卜叶、茎用莴苣叶、大白菜除外）	10.00
	菠菜	25.00
	普通白菜、叶芥菜、萝卜叶	15.00
	茎用莴苣叶	30.00
	大白菜	0.20
蔬菜	番茄	2.00
	茄子	0.50
	辣椒	0.80
	甜椒	0.40
	瓜类蔬菜（黄瓜、苦瓜、丝瓜、冬瓜、南瓜除外）	0.09
	黄瓜	0.50
	苦瓜、丝瓜	2.00
	冬瓜	0.70
	南瓜	3.00
	荚可食类豆类蔬菜	0.40
	荚不可食类豆类蔬菜	0.07
	茎用莴苣	5.00
	芜菁	0.30
	马铃薯	0.02
	葡萄	1.00
	荔枝	0.02
水果	番木瓜	3.00
	西瓜	0.50
	甜瓜类水果	0.09
饮料类	啤酒花	15.00

参考文献

刘长令, 2006. 世界农药大全: 杀菌剂卷[M]. 北京: 化学工业出版社: 203-205.

TURNER J A, 2015. The pesticide manual: a world compendium[M]. 17th ed. UK: BCPC: 251-253.

（撰稿: 刘鹏飞; 审稿: 刘西莉）

庆丰霉素　qingfengmycin

一种由庆丰链霉菌（*Streptomyces qingfengmyceticus*）产生的碱性水溶性的胞嘧啶核苷类抗生素。

其他名称　hydrate。

IUPAC 名称　(2S,3S,4S,5R,6R)-6-(4-amino-2-oxopyrimidin-1-yl)-4,5-dihydroxy-3-[[(2R)-3-hydroxy-2-[[2-(methylamino)acetyl]amino]propanoyl]amino]oxane-2-carboxamide。

CAS 登记号　56832-53-2。

分子式　$C_{16}H_{25}N_7O_8 \cdot H_2O$。

相对分子质量　461.43。

结构式

开发单位　产生菌由杭州市农业科学院筛选，经中国科学院上海植物生理研究所鉴定。

理化性质　庆丰霉素的游离碱为白色针状结晶，易溶于水及乙酸，不溶于醇类、丙酮、氯仿、乙酸乙酯等一般有机溶剂。庆丰霉素熔点为 200～213℃。在 pH2～8 范围内很稳定，即使在 100℃保温 60 分钟，活力基本不失。而 pH 超过 8，则稳定性较差。庆丰霉素的苦味酸盐是黄色片状的结晶，其盐酸盐则为无定形的白色粉末。

毒性　对动物的各种实质性脏器既无病理性损害，也无致癌作用，是一种对人畜安全、用途较为广泛的新农用抗生素。

作用方式及机理　能抑制一些植物病原真菌的生长，如稻瘟病菌、梨黑斑病菌、水稻小球菌核病菌等。在试验所用的抗菌素浓度范围内，能够抑制水稻纹枯病菌菌丝体尖端的正常伸长。由于主要是抑制分生孢子芽管的伸长和杀伤菌丝，庆丰霉素的治疗效果优于保护效果。

防治对象　对革兰氏阴性细菌、革兰氏阳性细菌及一些酵母和植物病原真菌有抑制作用。对稻瘟病及麦类白粉病有良好的防治效果。

使用方法　对苗叶瘟的防治，一般在发病初期喷洒药液 90～1125kg/hm²，每毫升药液含庆丰霉素 40～60 单位。防治穗颈瘟，要以防为主，从破口期第一次喷药起，每隔 7 天喷 1 次，连喷 2～3 次，每次喷 1125kg/hm² 左右，每毫升药液含庆丰霉素 60～80 单位。

在白粉病流行季节，喷洒含庆丰霉素 40～60 单位 /ml 药液，于孕穗到扬花期施药 2～3 次，每次喷 150kg/hm²，防治效果可达 8% 以上，并可增产 20% 左右。

参考文献

上海植物生理研究所微生物室农抗组，1975. 庆丰霉素的研究 Ⅱ：分离、提纯及理化性质[J]. 微生物学报，15(2)：101-109.

赵人俊, 1987. 多用途的农用抗生素——庆丰霉素[J]. 上海农业科学 (5)：10-11.

（撰稿：周俞辛；审稿：胡健）

秋水仙碱　colchicine

从百合科秋水仙属植物秋水仙中提取得到的一种卓酚酮类生物碱，医疗上主要用于治疗痛风性关节炎的急性发作，预防复发性痛风性关节炎的急性发作，为高效抗痛风药。自 1937 年美国学者布莱克斯利（A. F. Blakeslee）等用秋水仙碱加倍曼陀罗等植物的染色体数获得成功以后，被广泛应用于细胞学、遗传学的研究和植物育种中。目前，尚未检索出秋水仙碱作为农药登记与应用的信息。

其他名称　秋水仙素。

化学名称　(S)-N-(5,6,7,9- 四氧 -1,2,3,10- 四甲氧基 -9- 氧苯并 [α]- 庚搭烯 -7- 基) 乙酰胺；N-[5,6,7,9-tetrahydro-1,2,3-10-tetramethoxy-9-oxobenzo-(α)-heptalen-7-yl]acetamide。

IUPAC 名称　acetamide,N-[(7S)-5,6,7,9-tetrahydro-1,2,3,10-tetramethoxy-9-oxobenzo[a]heptalen-7-yl]-。

CAS 登记号　64-86-8。

EC 号　200-598-5。

分子式　$C_{22}H_{25}NO_6$。

相对分子质量　399.44。

结构式

开发单位　昆明制药集团股份有限公司。

理化性质　纯秋水仙碱呈浅黄色结晶或结晶性粉末，味苦，有毒，见光变色。沸点 726℃。密度 1.25g/cm³。熔点 142～150℃。乙醚中极微溶解，易溶于水、乙醇和氯仿，溶于苯和乙醚，不溶于石油醚。

毒性　剧毒。致死量 0.8mg/kg，中毒后 2～5 小时出现症状，包括口渴和喉咙有烧灼感，发热，呕吐，腹泻，腹痛和肾衰竭，随后伴有呼吸衰竭而引起死亡。

剂型　0.5mg 片剂。

作用方式及机理　药理作用是通过降低炎性组织内白细胞的活动和吞噬作用，减轻尿酸结晶引起的炎症，从而发挥消炎、消肿和止痛作用，故对急性痛风性关节炎有选择性的抗炎作用。另外，该品还是一种有丝分裂毒素，具有很强的抑制细胞分裂的作用，使细胞停止于分裂期，导致肿瘤细胞死亡，故可用于癌症治疗。

防治对象 医疗上为抗痛风及抗肿瘤药，用于急性痛风及肿瘤的治疗；也用于植物遗传学和癌症研究。

使用方法 口服。急性期：成人常用量为每1～2小时服0.5～1mg（1～2片），直至关节症状缓解，或出现腹泻或呕吐，达到治疗量一般为3～5mg（6～10片），24小时内不宜超过6mg（12片），停服72小时后一日量为0.5～1.5mg（1～3片），分次服用，共7天。预防：一日0.5～1mg（1～2片），分次服用，但疗程酌定，如出现不良反应应随时停药。

注意事项 医疗上注意：①如发生呕吐、腹泻等反应，应减小用量，严重者应立即停药。②骨髓造血功能不全，严重心脏病、肾功能不全及胃肠道疾病患者慎用。③用药期间应定期检查血象及肝、肾功能。④女性患者在服药期间及停药以后数周内不得妊娠。农业及中药材育种领域注意：①诱变材料的选择。②处理部位的选择。③药剂浓度和处理时间的选择。④被处理植物的生长条件。

参考文献

刘露颖，赵喜亭，李明军，2014. 秋水仙碱诱导药用植物多倍体的研究进展[J]. 江苏农业科学, 42 (4): 178-181.

申利红，李雅，2009. 秋水仙碱的研究与应用进展[J]. 中国农学通报, 25 (21): 185-187.

王亚茹，邓高松，李云，等，2010. 秋水仙碱对微管蛋白的作用机制及其细胞效应研究进展[J]. 西北植物学报, 30 (12): 2570-2576.

（撰稿：李荣玉；审稿：李明）

球形芽孢杆菌 *Bacillus sphaericus*, Bs

形成亚末端膨大孢子囊和球形芽孢的好气芽孢杆菌，是一种细菌杀虫剂，由昆虫病原细菌的发酵产物加工成的制剂。1965年Kellen等从美国的蚊子幼虫上分离出来，并首次报道其杀蚊幼虫活性。

其他名称 VectoLex© WDG/WSP/CG、VectoLex©G、Spherimos©、Solvay AS、Spherifix©、Spicbiomoss、BiocidS、Sphericide WP©、Bs 1、Griselesf、保健©、Bs-10液剂。

形态特征 营养体杆状，两端钝圆，周生鞭毛，大小0.64～0.86μm×1.5～4.18μm，单个或两个相连，形态上最显著的特点是芽孢球形或近球形，端生，孢子囊显著膨大呈槌状。有的菌株在形成芽孢的同时，还形成具有折光性的伴孢晶体。不同菌株的芽孢或伴孢晶体，形状有所不同，大小也不一样。

毒性 对蚊幼虫以外的非靶标生物，包括浮游生物、底栖生物确定是安全的。

剂型 水剂，乳剂，悬浮剂，颗粒剂，粉剂。

作用方式及机理 球形芽孢杆菌对不同蚊幼虫的毒杀作用主要是由其产生的杀蚊毒素实现的。现已证明在其生长发育过程中能产生两类不同毒素：一类是存在于所有高毒力菌株和部分中毒力菌株中的二元毒素（binary toxin, Bin）；另一类是存在于低毒力和部分高毒力菌株中的杀蚊毒素（mosquitocidal toxin, Mtx）。二元毒素由BinA和BinB组成，在芽孢形成过程中产生并通过两蛋白的相互作用折叠成位于芽孢外膜内的伴胞晶体。Bin对敏感蚊幼虫的作用方式包括：芽孢晶体复合物被蚊幼虫取食，伴孢晶体在中肠碱性pH值下溶解，原毒素蛋白分别被胰蛋白酶和糜蛋白酶降解为蛋白质多肽，毒性多肽与胃盲囊和中肠上皮细胞结合，Bin毒素进入上皮细胞通过某种方式发挥其毒力作用，导致幼虫死亡。二元毒素对库蚊有高毒力，对按蚊有中等毒力，对伊蚊低度或无毒。Cry48Aa/Cry49Aa是2007年发现的新型复合双组分毒素，对库蚊有较高的毒杀作用，其毒力和二元毒素相当，并对二元毒素抗性蚊虫具有高毒杀作用，是一种比较有潜力的新型杀蚊毒素蛋白。单独的Cry48Aa或Cry49Aa对蚊幼虫不呈现任何毒性，只有当二者摩尔比达到1：1时才能呈现最大的杀蚊活性。Cry48Aa需要Cry49Aa的辅助存在才具有毒性，与其他蛋白如BinA或BinB联合不存在任何杀蚊活性。Mtx是球形芽孢杆菌在营养期产生的一类毒素，如Mtx1、Mtx2和Mtx3。Mtx1对蚊幼虫的毒杀作用可能与中肠细胞蛋白质ADP-核糖基化相关；Mtx2是一种新型杀蚊毒素，可从球形芽孢杆菌SSII-1中分离得到，对致倦库蚊幼虫具有毒力；Mtx3是一种分子量为35.8kDa的杀蚊毒素，由326个氨基酸组成。Mtx2和Mtx3的作用机理目前还未见相关报道。

防治对象 蚊幼虫（按蚊、库蚊、伊蚊等）。

使用方法 采用背负式喷雾器水面喷洒，野外应用剂量10～30L/hm²，48小时内可杀灭90%以上的库蚊幼虫，增加应用剂量可有效地杀灭按蚊和伊蚊，处理区的成蚊密度下降86%以上，根据应用剂量和滋生地类型的不同，野外应用的持效期为2～10周不等。

注意事项 ①制剂的悬浮性能。蚊幼虫取食有的在水表层，有的在底层。因此要求制剂必须具有良好的悬浮性能。②施药技术。如何在较大水体中使制剂均匀分布，并根据各种蚊幼虫种群的敏感性大小及制剂的残效期长短而适时施药十分重要。③温度。温度高低直接影响毒效大小（最适温度为24～28℃）。

与其他药剂的混用 球形芽孢杆菌和苏云金芽孢杆菌混合液杀蚊。

参考文献

吴云锋，2008. 植物病虫害生物防治学[M]. 北京: 中国农业出版社.

熊武辉，胡晓敏，袁志明，2010. 球形芽孢杆菌在病媒蚊虫控制中的应用[J]. 中国媒介生物学及控制, 21 (1): 1-4.

徐勇，赵桂荣，2006. 苏云金杆菌(BTH-14)和球形芽孢杆菌(BS-10)混合液对营口市区库蚊蚊幼的毒力测定[J]. 现代预防医学, 33 (3): 382-385.

杨丽丽，2014. 苏云金芽孢杆菌和球形芽孢杆菌主要杀蚊毒蛋白的克隆及表达[D]. 大庆: 黑龙江八一农垦大学.

杨叶，黄圣明，胡美姣，2016. 生物农药研究及品种介绍[M]. 哈尔滨: 黑龙江科学技术出版社.

张用梅，1983. 蚊幼虫病原菌——球形芽孢杆菌研究近况[J]. 昆虫天敌, 5 (3): 197-206.

（撰稿：宋佳；审稿：向文胜）

巯基苯并噻唑钠

在天然胶中作二硫代氨基甲酸盐的助促进剂，常与二甲基二硫代氨基甲酸盐混用。

化学名称 2-硫醇基苯并噻唑钠盐。

IUPAC 名称 sodium 2-mercaptobenzothiazole。

CAS 登记号 2492-26-4。

EC 号 219-660-8。

分子式 $C_7H_4NNaS_2$。

相对分子质量 189.23。

结构式

理化性质 琥珀色液体，具有橡胶气味。相对密度 1.25。熔点 –6℃。沸点 103℃。水溶性≥100mg/ml（20℃）。

毒性 虹鳟 LC_{50}（48 小时和 96 小时）1.8（1.3~2.4）mg/L；蓝鳃太阳鱼 LC_{50}：24 小时 5.7（4.6~7.1）mg/L，48 小时 4.5（3.9~5.2）mg/L，96 小时 3.8（3.2~4.4）mg/L；大型溞 LC_{50}：24 小时 44（32~60）mg/L，48 小时 19（15~24）mg/L；月牙藻 EC_{50}：24 小时 2（0.4~15）mg/L，48 小时 1（0.3~30）mg/L，72 小时 0.4（0.1~2）mg/L，96 小时 0.4（0.2~1）mg/L。

剂型 常与二甲基二硫代氨基甲酸盐（如福美铁）混用作为商品化制剂。

主要用途 在天然胶中作二硫代氨基甲酸盐的助促进剂。用水、醇类调成的溶液，可作钢铁、铜、铝制品的缓蚀剂。

注意事项 对眼睛、皮肤有强烈的刺激作用。

（撰稿：闫晓静；审稿：刘鹏飞、刘西莉）

驱避效力测定 evaluation of repelling effect

通过驱避剂对昆虫行为的干扰作用，来测定其驱避能力的杀虫剂生物测定。在多数驱避剂的测定中，由于驱避剂的作用是保护人畜和植物，因此测定既涉及化合物对昆虫的驱避性，也涉及人畜或植物对昆虫的引诱性。用不同的人畜或植物作为测试对象，结果的不同可能不是驱避作用的不同，而是引诱作用的不同所引起的。因此对驱避剂的毒力测定方法分两种情况：不涉及人畜或植物的驱避剂的测定方法；使用人畜或植物的驱避剂的测定方法。

适用范围 适用于能对昆虫产生驱避作用杀虫剂的毒力测定。

主要内容

不涉及人畜或植物的驱避剂的测定方法 主要针对蜚蠊、白蚁、家蝇以及危害植物的害虫等。不同的害虫采用不同的方法，最常用的是嗅觉计，而不用嗅觉计的方法都是比较粗放的，获得的结果也很难做定量分析。

嗅觉计的基本原理是让昆虫在两个可以选择的分叉口，观察昆虫进入哪一个支路。最基本的嗅觉计就是 Y 形管。就是让昆虫在两个可以选择的道路的分叉处，即有驱避剂的支路和没有驱避剂的支路，观察昆虫进入哪一个支路，判定驱避作用。

使用人畜或植物的驱避剂的测定方法 主要针对蚊子、吸血蝇、蜱等寄生昆虫。蚊子驱避剂的标准测定法：在人的手臂上涂上驱避剂，放入养蚊的笼中，观察蚊子飞到手臂上吸血与否及测定第一次落在手臂上吸血的时间（即确认保护有效期）。

参考文献

陈年春, 1991. 农药生物测定技术[M]. 北京: 北京农业大学出版社.

沈晋良, 2013. 农药生物测定[M]. 北京: 中国农业出版社.

（撰稿：黄晓慧；审稿：袁静）

驱避作用 repellent action

杀虫剂施用于保护对象表面后，通过其物理、化学作用（颜色、气味）而使昆虫避而远之（不愿接近或发生转移、潜逃现象）的作用方式。

昆虫对挥发性化学信号识别依赖触角上的嗅觉感受器。昆虫触角是相当灵敏的嗅觉传感器，能从周围环境中众多不相干的化合物中辨别出必要的化学信号（信息化学物质），驱避作用主要是干扰嗅觉受体神经元的触角感器，阻断昆虫嗅觉受体，无法感应，达到驱避效果。

具有驱避作用的杀虫剂称为驱避剂。驱避剂对昆虫产生抑制性刺激，影响其对栖息或产卵场所的选择。药剂本身无杀虫能力，但可驱散或使昆虫驱避远离施药区，达到保护寄主植物或特殊场所的目的。

常用驱避剂：避蚊胺（diethyltoluamide）、避蚊酮（butopyronoxyl）、樟脑（camphor）。

参考文献

刘长令, 2012. 世界农药大全: 杀虫剂卷[M]. 北京: 化学工业出版社.

徐汉虹, 2007. 植物化学保护学[M]. 4版. 北京: 中国农业出版社.

杨华铮, 邹小毛, 朱有全, 等, 2013. 现代农药化学[M]. 北京: 化学工业出版社.

ISHAAYA I, DEGHELLE D, 1998. Insecticides with novel modes of action, mechanism and application[M]. New York: Springer Verlag.

（撰稿：李玉新；审稿：杨青）

驱蚊灵 dimethylcarbate

由柠檬桉油下脚料分馏而得，可配为 30% 溶液或 50% 乳剂，用于涂抹皮肤，对皮肤刺激性小，无不良反应。

其他名称 驱蚊灵。

化学名称 5-降冰片烯-2,3-乙二酸甲酯。

IUPAC 名 称　dimethyl bicyclo[2.2.1]hept-5-ene-2,3-dicar-boxylate。

CAS 登记号　5826-73-3。

分子式　$C_{11}H_{14}O_4$。

相对分子质量　210.23。

结构式

理化性质　纯品为无色结晶或无色油状液体。熔点 76.5~77.5℃。工业品熔点 32℃。沸点 115℃（0.2kPa），129~130℃（1.2kPa）。

毒性　小鼠急性经口 LD_{50} 3220mg/kg，皮肤涂抹 LD_{50} 12 000mg/kg，毒性比避蚊胺 DEET 低。动物亚急性毒性试验，在用药比实际用量大 30~50 倍的情况下，连续涂皮肤 6 周，对皮肤有一定刺激性，但使用普通常用剂量时，则刺激性很小或无不良反应。

剂型　酊剂，膏剂等。

质量标准　纯品为无色结晶或无色油状液体。

作用方式及机理　药物直接作用于蚊子的触觉器官及化学感受器，从而驱赶蚊虫。

主要用途　驱赶蚊、蝇、蜂、蚁等昆虫对身体的骚扰，并有清凉止痒祛痱功效。

使用方法　用于涂抹皮肤，对皮肤刺激性小，无不良反应，30% 溶液驱蚊有效时间在中国南方为 6 小时（东北约为 2.5 小时），50% 乳剂的有效时间在东北地区为 3 小时。

参考文献

姜志宽, 韩招久, 王宗德, 等, 2009.昆虫驱避剂的发展概况[J]. 中华卫生杀虫药械, 15 (2): 85-90.

吴刚, 戈峰, 2004.蚊虫驱避剂的研究概况[J]. 寄生虫与医学昆虫学报, 11 (4): 253-256.

（撰稿：段红霞；审稿：杨新玲）

驱蚊酯　ethyl butylacetylaminopropionate

一种广谱、高效的昆虫驱避剂。又名 IR3535。它的化学性质稳定、驱避作用时间长，能在不同气候条件下使用。

其他名称　伊默宁、依默宁、BAAPE。

化学名称　3-(N-正丁基-N-乙酰基)-氨基丙酸乙酯；丁基乙酰氨基丙酸乙酯。

IUPAC 名称　ethyl 3-(N-butylacetamido)propanoate。

CAS 登记号　52304-36-6。

分子式　$C_{11}H_{21}NO_3$。

相对分子质量　215.29。

结构式

理化性质　弱酸性，无色至浅黄色透明液体，优良的蚊虫驱避剂。可溶于水。密度 $0.979g/cm^3$。沸点 329.45（101.32kPa）。闪点 153.046℃。

毒性　具有对皮肤和黏膜无毒副作用、无过敏性及无皮肤渗透性等优点。与标准蚊虫驱避剂（避蚊胺）比较，具有毒性更低、刺激性更小、驱避时间更长等显著特点。急性经口 LD_{50} 为 14 000mg/kg（大鼠）。关于驱蚊酯的安全性，美国环境保护局认为，该物质在摄入、皮肤使用和吸入时都没有明显的毒性，仅接触眼睛时可能产生刺激。它对环境也没有明显的危害。

剂型　花露水，乳液，喷雾剂，香皂，粉剂等。

质量标准　合格的驱蚊酯可以在 6~8 小时内阻止 99% 的蚊咬。

作用方式及机理　药物直接作用于蚊子的触觉器官及化学感受器，从而驱赶蚊虫。

防治对象　对苍蝇、虱子、蚂蚁、蚊子、蟑螂、蠓虫、牛虻、扁蚤、沙蚤、沙蠓、白蛉、蝉等，都有良好的驱避效果。它的驱避作用时间长，能在不同气候条件下使用。

使用方法　可直接涂抹在皮肤或衣物上以防止吸血昆虫叮咬和骚扰。

注意事项　若皮肤有伤口，切勿使用驱蚊花露水，因为它会直接通过创口刺激皮肤，不但不能减轻炎症，有时反而会加重皮肤损伤。

参考文献

姜志宽, 韩招久, 王宗德, 等, 2009.昆虫驱避剂的发展概况[J]. 中华卫生杀虫药械, 15 (2): 85-90.

吴刚, 戈峰, 2004.蚊虫驱避剂的研究概况[J]. 寄生虫与医学昆虫学报, 11(4): 253-256.

（撰稿：段红霞；审稿：杨新玲）

取代苯杀菌剂　phenyl substitute fungicide

苯环上的氢原子被其他原子或基团所取代，可用于防治植物病害的一类化合物。主要包括以氯原子为取代基的有机氯类和酰替苯胺类等杀菌剂。有机氯类大多数没有内吸性，只有保护作用，部分品种已停产或限制使用。具有广谱、高效、不易产生抗药性的优点，多数对丝核菌等担子菌引起的病害有较好防效。

（撰稿：张传清；审稿：刘西莉）

Q

去胚乳小麦幼苗法　endosperm removed wheat seedling culture test

测定光合作用抑制剂较为经典的方法。其原理是早期人工将小麦剥离胚乳，使幼苗直接生长在含有供试样品的培养液中，幼苗不再有胚乳供应养分，只能被迫从培养液中吸收药剂并独立进行光合作用以补充自身营养，而许多光合作用抑制剂只有在植物萌发后能独立进行光合作用时才可发挥作用。该方法去除了胚乳的影响，因此是测定光合作用抑制剂较敏感的方法。

适用范围　用于测定抑制光合作用除草剂的生物活性。

主要内容

试验材料　①小麦种子。②供试除草剂药液。③小麦营养液，用 Hoagland's（霍格兰氏）营养液作为培养液，其配方：硝酸钙 945mg/L、硝酸钾 607mg/L、磷酸铵 115mg/L、硫酸镁 493mg/L、铁盐溶液 2.5ml/L、微量元素 5ml/L（碘化钾 0.83mg/L、硼酸 6.2mg/L、硫酸锰 22.3mg/L、硫酸锌 8.6mg/L、钼酸钠 0.25mg/L、硫酸铜 0.025mg/L、氯化钴 0.025mg/L）、pH 6.0。

仪器设备　镊子、小烧杯（10ml）、1ml 移液管、10ml 移液管、试剂瓶、尺子。

试验方法及步骤

催芽：将小麦种子浸泡 2 小时后，选择饱满度一致的种子，种沟向下排列在铺有湿滤纸或湿纱布的搪瓷盘中，然后覆盖 0.5cm 厚度的湿沙，在室温 25℃左右进行催芽，3～4 天后苗高达 2～3cm。

剥除胚乳：精选高度一致、幼叶刚露出叶鞘、见绿的麦苗，轻轻取出，避免伤害根部，然后用镊子小心地摘除胚乳（不要损伤根、芽），再用水漂洗掉附在上面的胚乳成分，作为指示生物。

药剂处理：将供试除草剂稀释成一系列不同浓度，种植在内径 2.5cm、高 3cm 的玻璃杯内，每杯注入不同浓度供试药液 1ml 和稀释 10 倍的培养液 4ml，每杯插入 10 株上述去胚乳小麦。

培养：在室温 25℃、相对湿度 80%～90%、12 小时光照的培养箱中培养，其间每天早晚两次补足杯中蒸发掉的水分。

结果检查与处理：处理 5 天后，测量每株小麦苗的生长量，即从芽鞘到最长叶尖的距离，求生长抑制率，并以此评价样品的除草活性。

生长抑制率 =（对照组生长量 – 处理组生长量）/ 对照组生长量 ×100%

参考文献

关颖谦, 徐良栋, 冯己立, 等, 1964. 西玛津 (Simazine) 药效生物测定法——去胚乳小麦幼苗法[J]. 植物生理学通讯 (2): 47-52.

李农昌, 1985. 用去胚乳小麦幼苗法测定除草剂活性评价指标的选择[J]. 陕西农业科学 (4): 23.

（撰稿：唐伟；审稿：陈杰）

全球农药最大残留限量数据库　Global Pesticide MRLs Database

该库建于 2015 年 1 月，由总部位于美国西雅图的 Bryant Christie 公司创立，并得到美国农业部和环境保护局的支持。该数据库类别齐全，数据庞大，信息翔实，主要采集自全球各个国家果蔬农产品市场的农药及兽用药物的最大残留限量数据，并实时更新完善。该数据库为美国本土及国际用户免费提供标准数据。同时，针对不同用户推出了 3 种数据订阅方案。用户在订阅数据库后，可便捷有效地准确获得关于农药限量、残留物种类及涉及 100 多个市场中 700 多种品类产品与 800 多种活性成分的市场信息报告，以确保用户掌握精确的农药残留标准信息，降低果蔬出口在检测环节中所面临的风险及相应的损失。

网　址：https://www.bryantchristie.com/BCGlobal-Subscriptions/Pesticide-MRLs。

（撰稿：杨新玲；审稿：韩书友）

炔苯酰草胺　propyzamide

一种苯甲酰胺类选择性除草剂。

其他名称　拿草特、Pronamide、Kerb、RH315。

化学名称　N-(1,1-二甲基炔丙基)-3,5-二氯-苯甲酰胺；3,5-dichloro-N-(1,1-dimethyl-2-propynyl)benzamide。

IUPAC名称　3,5-dichloro-N-(1,1-dimethylpropynyl)benzamide。

CAS 登记号　23950-58-5。

EC 号　245-951-4。

分子式　$C_{12}H_{11}Cl_2NO$。

相对分子质量　256.13。

结构式

开发单位　河北中化滏恒股份有限公司。

理化性质　外观为无色结晶粉末。熔点 155～156℃。

蒸气压 0.058mPa（25℃）。溶解度（g/L，25℃）：甲醇、异丙醇150，环己烷200，丁酮300，二甲亚砜330，水15mg/L，微溶于石油醚。$K_{ow}lgP$ 3.1～3.2。遇光不稳定，在自然光下半衰期为13～57天；在 pH5～9、20℃水溶液中，28天后分解10%。炔苯酰草胺50% 可湿性粉剂外观为白色粉末，不应有结块，悬浮率≥70%，湿润时间≤60秒，常温储存2年稳定。

毒性 低毒。大鼠（雄、雌）急性经口 LD_{50} 5010mg/kg，急性经皮 LD_{50} > 2150mg/kg，急性吸入 LC_{50} > 2151.2mg/m³。对皮肤、眼睛无刺激性。大鼠10周亚慢性喂养试验 NOEL：雄性 17.53mg/（kg·d），雌性 19.67mg/（kg·d）。未见致突变作用。炔苯酰草胺50% 可湿性粉剂大鼠（雄、雌）急性经皮、经口 LD_{50} > 5000mg/kg。对兔眼睛、皮肤无刺激性。豚鼠皮肤变态反应（致敏）试验结果为弱致敏物。对斑马鱼 LC_{50}（96小时）30.08mg/L，鹌鹑急性经口 LD_{50} > 2000mg/L，蜜蜂接触 LD_{50}（48小时）> 100μg/只，家蚕 LC_{50} 228.5mg/kg桑叶。

剂型 50% 可湿性粉剂，50%、80%、90% 水分散粒剂。

作用方式及机理 内吸传导型选择性除草剂。通过根系吸收传导，干扰杂草细胞的有丝分裂。主要防治单子叶杂草，对阔叶作物安全。在土壤中的持效期可达60天左右。可有效控制杂草的出苗，即使出苗后，仍可通过芽鞘吸收药剂而死亡。一般播后芽前比苗后早期用药效果好。

防治对象 对一年生禾本科杂草及部分小粒种子阔叶杂草的防治效果较好，如马唐、牛筋草、狗尾草、稗、反枝苋、凹头苋、藜等。

使用方法 用于莴苣、姜等作物田除草。

防治莴苣杂草 移栽后杂草出苗前，每亩用50% 可湿性粉剂74.7～133.3g（有效成分37.3～66.7g），兑水40～50L土壤均匀喷雾。

防治姜田杂草 播种后杂草出苗前，每亩用90% 可湿性粉剂100～120g（有效成分90～108g），兑水40～50L土壤均匀喷雾。

注意事项 土壤墒情好有利于药效发挥，干旱时需适当增加施药量，但要保证作物安全。

参考文献

刘长令, 2002. 世界农药大全: 除草剂卷[M]. 北京: 化学工业出版社.

马克比恩 C, 2015. 农药手册[M]. 胡笑形, 等译. 北京: 化学工业出版社.

中国农业百科全书总编辑委员会农药卷编辑委员会, 中国农业百科全书编辑部, 1993. 中国农业百科全书: 农药卷[M]. 北京: 农业出版社.

SHANER D L, 2014. Herbicide handbook[M]. 10th ed. Lawrence, KS: Weed Science Society of America.

（撰稿：李香菊；审稿：耿贺利）

炔丙菊酯 prallethrin

一种具有击倒性的拟除虫菊酯类杀虫剂。

其他名称 ETOC、Pralle、益多客、丙炔菊酯、炔酮菊酯、右旋丙炔菊酯、S-4068F、OMS 3033。

化学名称 (S)-2-甲基-4-氧代-3-丙-2-炔基环戊-2-烯基-(1R)-顺-反-2,2-二甲基-3-(2-甲基丙-1-烯基)环丙烷羧酸酯。

IUPAC名称 (1RS)-2-methyl-4-oxo-3-(prop-2-ynyl)cyclopent-2-enyl (1RS,3RS;1RS,3SR)-2,2-dimethyl-3-(2-methylprop-1-enyl)cyclopropanecarboxylate。

CAS 登记号 23031-36-9。

EC 号 245-387-9。

分子式 $C_{19}H_{24}O_3$。

相对分子质量 300.39。

结构式

开发单位 由 T. Mutsunaga 等报道含有8个异构体的丙炔菊酯，1961年美国 Schechter M.S. 等公司合成。20世纪80年代初日本住友化学工业公司研究开发了右旋菊酸的酯（醇不拆分，即 S-4068F），至20世纪80年代中期，该公司成功掌握了丙炔醇酮的拆分技术，于1987年将该品开发并投入化工生产。

理化性质 纯品为油状物。沸点 > 313.5℃（101kPa）。蒸气压 < 0.013mPa（23℃）。相对密度 1.03（20℃）。$K_{ow}lgP$ 4.49（25℃）。在水中溶解度8mg/L（25℃），在己烷和甲醇中溶解度 > 500g/kg（20℃）。正常储存条件下可稳定2年以上。原药在60℃、经6个月，或在多种有机溶剂中于40℃、6个月，或在pH4～5的水基型气雾剂中经9个月储存仍稳定。光照下半衰期2～3天（类似d-丙烯菊酯），在甲醇或乙醇中不稳定。

毒性 急性经口 LD_{50}：雄大鼠 > 640mg/kg，雌大鼠 > 460mg/kg，大鼠急性经皮 LD_{50} > 5g/kg。对兔眼睛和皮肤无刺激，对豚鼠皮肤无致敏作用。大鼠急性吸入 LC_{50}（4小时）288～333mg/m³。对小鼠（300mg/kg，经口）、兔（500mg/kg，皮下注射）、狗（0.5mg/kg，静脉注射）和猫（0.5mg/kg，静脉注射）都有震颤或惊厥的中枢兴奋作用。当兔的 EEG 静脉注射剂量为 0.1～0.5mg/kg 时，观察不到对动物中枢兴奋作用的惊厥和发作状态；在皮下注射剂量为125～1000mg/kg 时，也没有影响兔的体温。对狗静脉注射剂量为0.5mg/kg 时，能导致低血压，但在3～5分钟后能完全恢复。对猫静脉注射剂量为0.1mg/kg 时，不影响动物的腹膜收缩。据报道，该品在较高浓度下虽能使中枢兴奋、低血压、在消化道中出现抗毒蝇蕈碱作用和阻滞神经肌传递，但对哺乳动物仍是低毒的。

剂型 蚊香，电热蚊香片，液体蚊香，气雾剂，喷射剂。

作用方式及机理 富右旋丙炔菊酯产品性状与炔丙菊酯相同，具有强烈触杀作用，击倒和杀死性能是富右旋反式丙烯菊酯的 4 倍，并对蟑螂有突出的驱赶作用。主要用于加工蚊香、电热蚊香、液体蚊香和喷雾剂防治家蝇、蚊虫、虱、蟑螂等家庭害虫。

防治对象 属拟除虫菊酯类杀虫剂，主要用来防治卫生害虫（如蜚蠊、蚊子、苍蝇等）。炔丙菊酯和 S-4068F（工业炔丙菊酯）对昆虫的毒力分别列于表 1 至表 5。

以含该品 0.1% 的蚊香对尖音库蚊和埃及伊蚊的击倒速度，与同浓度的 Es- 生物菊酯（EBF）比较，要高出 1.5～1.8

表 1 炔丙菊酯对家蝇、淡色库蚊的毒力和药效

供试药剂	家蝇（点滴法）		淡色库蚊（点滴法）		德国小蠊（点滴法）	
	LD$_{50}$（μg/只）	相对毒力	LD$_{50}$（μg/只）	相对毒力	LD$_{50}$（μg/只）	相对毒力
右旋丙炔菊酯	0.054	454	0.0032	1156	0.23	1161
右旋胺菊酯	0.224	109	0.0165	224	2.55	105
右旋丙烯菊酯	0.245	100	0.037	100	0.267	100
天然除虫菊素	0.0850	28.8	0.0220	168	0.58	460

表 2 S-4068F 对家蝇、淡色库蚊和德国小蠊的毒力

供试药剂	LD$_{50}$（μg/只，点滴法）				KT$_{50}$（油剂，喷雾，玻璃房法）			
	家蝇（雌）		库蚊（雌）		家蝇		库蚊	
	μg/只	相对毒力	μg/只	相对毒力	0.05%	0.1%	0.05%	0.1%
S-4068F	0.143	154	0.0143	255	1.3	0.9	1.5	1.1
d- 丙烯菊酯	0.220	100	0.0365	100	2.5	1.4	4.2	3.1
S- 生物丙烯菊酯	0.121	182	0.0183	200	1.5	1.1	2.6	1.6
除虫菊素	0.780	28.2	0.0229	159	4.2	2.0	5.3	2.9
d- 苯氰菊酯	0.141	1560	0.00493	740	5.8	4.5	7.8	6.2
氟菊酯	0.0133	1654	0.00801	456	＞10	10.2	9.2	7.4

表 3 S-4068F 对德国小蠊的毒力（剂量：4.2ml 油剂 /0.34m³，FT$_{50}$：将 50% 蟑螂从隐藏处驱赶出来所需时间）

供试药剂	LD$_{50}$，点滴法				FT$_{50}$（分钟）- 死亡率	
	雄		雌		0.25%	0.5%
	μg/只	相对毒力	μg/只	相对毒力		
S-4068F	0.32	438	0.87	253	3.8～45	2.3～90
d- 丙烯菊酯	1.40	100	2.20	100	8.7～22	5.0～52
S- 生物丙烯菊酯	0.76	184	1.50	147	4.9～46	3.1～77
除虫菊素	0.70	200	1.10	200	4.6～48	3.0～79
氯菊酯	0.48	292	0.80	275	4.6～76	3.5～100
d- 苯氰菊酯	0.19	737	0.40	550	2.9～98	2.4～100

表 4 炔丙菊酯电蚊香片的效力（0.34m³ 玻璃箱）

试验用电蚊香片	有效成分（mg/片）	通电后各经过时间的 KT$_{50}$（分钟）		
		0.5h	4h	8h
右旋丙炔菊酯	10	2.6	2.0	2.8
EBT	25	3.4	3.0	3.0
右旋丙烯菊酯	40	3.4	3.4	3.2

表 5 炔丙菊酯在液体蚊香中的效力（大屋法）

供试药剂	含量（%）	KT$_{50}$（分钟）	24 小时后的死亡率（%）
右旋丙炔菊酯	0.66	35	100
EBT	2.1	36	92
中西气雾菊酯	3.8	45	8.1

倍。试验得出含 0.05% 右旋丙炔菊酯蚊香的药效，可与 0.15%EBT 蚊香或 0.2% 右旋丙烯菊酯蚊香相当。气雾剂中的右旋丙炔菊酯含量为 0.25%，对家蝇、家蚊和德国小蠊的 KT_{50} 值，分别超过 OTA 标准气雾剂的 1.67、3.55 和 3.43 倍。

使用方法 推荐使用量如下（以有效成分计）：电热蚊香含该品 10mg/ 片，控制电加热器中心温度 125～135℃；液体蚊香含该品 0.66g，配加适量稳定剂、缓释剂；气雾剂含该品 0.05～0.2g，配加适量致死剂、增效剂、乳化剂。

注意事项 避免与食品、饲料混置。处理原油最好用口罩、手套防护，处理完毕后立即清洗，若药液溅上皮肤，用肥皂及清水清洗。用后空桶不可在水源、河流、湖泊中洗涤，应销毁掩埋或用强碱液浸泡数天后清洗回收使用。宜在避光、干燥、阴凉处保存。

参考文献

中国农业百科全书总编辑委员会农药卷编辑委员会、中国农业百科全书编辑部，1993. 中国农业百科全书：农药卷[M]. 北京：农业出版社.

（撰稿：吴剑；审稿：王鸣华）

作用方式及机理 触杀型除草剂，原卟啉原氧化酶抑制剂。当叶面喷施时，能很快吸收进入植物组织，在光和氧存在下，引起茎和叶迅速枯斑和脱水。

防治对象 小麦、玉米和大麦田防除荷麻、番薯、龙葵、芥、母菊、田野勿忘草、野生萝卜、繁缕、阿拉伯婆婆纳，对猪殃殃也有一定防效。

使用方法 在芽前施药，用药量为 10～20g/hm² 有效成分。

与其他药剂的混用 可与异丙隆、2 甲 4 氯丙酸或甲磺隆混配。

参考文献

马克比恩 C，2015. 农药手册[M]. 胡笑形，等译. 北京：化学工业出版社：1088.

石得中，2007. 中国农药大辞典[M]. 北京：化学工业出版社：391-392.

孙家隆，2015. 新编农药品种手册[M]. 北京：化学工业出版社：815-816.

（撰稿：许寒；审稿：耿贺利）

炔草胺　flumipropyn

一种选择性酰胺类除草剂。

其他名称 S-23121。

化学名称 (1RS)-(+)-N-[4- 氯 -2- 氟 -5-(1- 甲基丙炔 -2- 基氧) 苯基]-3,4,5,6- 四氢苯邻二甲酰亚胺。

IUPAC 名称 2-[4-chloro-2-fluoro-5-[(1-methyl-2-propynyl)oxy]phenyl]-4,5,6,7-tetrahydro-1H-isoindole-1,3(2H)-dione。

CAS 登记号 84478-52-4。

分子式 $C_{18}H_{15}ClFNO_3$。

相对分子质量 347.77。

结构式

开发单位 1987 年由日本住友化学公司开发。

理化性质 白色或浅棕色结晶状固体。熔点 115～116.5℃。密度 1.39g/cm³。蒸气压 0.28mPa（20℃）。在水中溶解度＜1mg/L；有机溶剂中溶解度（g/kg，23℃）：丙酮＞50、二甲苯 200～300、甲醇 50～100、正己烷＜10、乙酸乙酯 330～500。

剂型 10% 悬浮剂，10% 乳油。

毒性 大鼠急性经口 LD_{50}＞5000mg/kg。大鼠急性经皮 LD_{50}＞2000mg/kg。对兔皮肤无刺激作用，对兔眼睛有轻微刺激作用。鱼类 LC_{50}（48 小时，mg/L）：鲤鱼＞0.1，虹鳟＞0.1。

炔草隆　buturon

一种脲类除草剂。

其他名称 播土隆、布特隆。

化学名称 3-(4- 氯苯基)-1- 甲基 -1-(1- 甲基丙炔 -2- 基) 脲。

IUPAC 名称 1-(but-3-yn-2-yl)-3-(4-chlorophenyl)-1-methylurea。

CAS 登记号 3766-60-7。

EC 号 223-187-2。

分子式 $C_{12}H_{13}ClN_2O$。

相对分子质量 236.70。

结构式

开发单位 巴斯夫公司。

理化性质 纯品为无色固体。熔点 145～146℃。相对密度 1.233（20℃）。蒸气压 $1×10^{-5}$Pa（20℃）。20℃在水中的溶解度 30mg/L，丙酮 27.9%、苯 0.98%、甲醇 12.8%。稳定性：在正常状态下稳定，在沸水中缓慢分解，无腐蚀性。

毒性 大鼠急性经口 LD_{50} 3000mg/kg。

剂型 50% 可湿性粉剂。

质量标准 有效成分含量≥98%。

作用方式及机理 通过阻碍光合作用系统 II 中的电子传递，从而抑制光合作用。

防治对象 谷物及玉米田中杂草。

使用方法 芽前及芽后施药，用量为 0.5～1.5kg/hm²。

参考文献

孙家隆, 2015. 新编农药品种手册[M]. 北京: 化学工业出版社.

杨华铮, 邹小毛, 朱有全, 等, 2013. 现代农药化学[M]. 化学工业出版社: 790.

（撰稿：李玉新；审稿：耿贺利）

炔草酯　clodinafop-propargyl

一种芳氧苯氧基丙酸酯类选择性内吸传导型除草剂。

其他名称　顶尖、炔草酸、Topik、CGA-184927。

化学名称　(*R*)-2-[4-(5-氯-3-氟吡啶-2-氧基)苯氧基]丙酸炔丙酯；2-propynyl(2*R*)-2-[4-[(5-chloro-3-fluoro-2-pyridinyl)oxy]phenoxy]propanoate。

IUPAC名称　prop-2-ynyl (*R*)-2-[4-[(5-chloro-3-fluoro-2-pyridyl)oxy]phenoxy]propionate。

CAS登记号　105512-06-9。

EC号　600-662-6。

分子式　$C_{17}H_{13}ClFNO_4$。

相对分子质量　349.74。

结构式

开发单位　诺华（先正达）公司研发。

理化性质　纯品为浅褐色粉末。相对密度1.37（20℃）。熔点48.2～57.1℃。蒸气压3.19×10^{-6}Pa（25℃）。水中溶解度4mg/L（pH7, 25℃）；有机溶剂中溶解度（20℃, g/L）：丙酮＞500、甲醇180、甲苯＞500、正己烷7.5、辛醇21。

毒性　低毒。大、小鼠急性经口LD_{50}＞2000mg/kg。大、小鼠急性经皮LD_{50}＞2000mg/kg。大鼠急性吸入LC_{50}（4小时）2.225mg/L。对兔眼睛和皮肤无刺激性。喂养试验NOEL［mg/（kg·d）］：大鼠0.35、小鼠1.2、狗3.3。无致突变性、无致畸性、无致癌性、无繁殖毒性。对鱼类高毒，LC_{50}（96小时, mg/L）：鲤鱼0.43、虹鳟0.39。对野生动物、无脊椎动物及昆虫低毒，LC_{50}（8天, mg/kg饲料）：山齿鹑＞1455、野鸭＞2000。蚯蚓LC_{50}＞210mg/kg土壤。蜜蜂经口LD_{50}（48小时）＞100μg/只。

剂型　8%、24%乳油，15%、20%可湿性粉剂，8%、15%、24%、30%水乳剂，15%微乳剂。

质量标准　炔草酯原药（HG/T 5433—2018）。

作用方式及机理　选择性内吸传导型芽后茎叶处理剂。有效成分被植物叶片和叶鞘吸收，经韧皮部传导，积累于植物体的分生组织内，抑制乙酰辅酶A羧化酶（ACCase），使脂肪酸合成停止，细胞生长分裂不能正常进行，膜系统等含脂结构破坏，最后导致植物死亡。从炔草酯被吸收到杂草死亡比较缓慢，一般需要1～3周。该药剂加入了专用安全剂，因此对小麦安全。

防治对象　小麦田野燕麦、黑麦草、看麦娘、普通早熟禾、硬草、茵草、棒头草、小籽虉草、奇异虉草等。

使用方法　常为苗后茎叶喷雾。在小麦苗期，杂草2～3叶期，冬小麦田每亩用15%炔草酯可湿性粉剂20～30g（有效成分3～4.5g）；春小麦田每亩用15%炔草酯可湿性粉剂13.3～20g（有效成分2～3g）兑水30L茎叶喷雾。

注意事项　①该药对大麦有药害，避免误用。②不推荐该药与2甲4氯钠盐、麦草畏等激素类除草剂混用；禁止与乙羧氟草醚、唑草酮混用。③该药对鱼类和藻类有毒，应远离水产养殖区。药后及时彻底清洗药械，废弃物切勿污染水源或水体。④该药无专门解毒剂，误服后应立即携带标签，送医就诊。

与其他药剂的混用　可与唑啉草酯、精噁唑禾草灵、异丙隆、氟草定、苯磺隆、2甲4氯等混用。

允许残留量　GB 2763—2021《食品中农药最大残留限量标准》规定炔草酯在小麦中的最大残留限量为0.1mg/kg（临时限量）。ADI为0.0003mg/kg。

参考文献

刘长令, 2002. 世界农药大全: 除草剂卷[M]. 北京: 化学工业出版社.

马克比恩 C, 2015. 农药手册[M]. 胡笑形, 等译. 北京: 化学工业出版社.

中国农业百科全书总编辑委员会农药卷编辑委员会, 中国农业百科全书编辑部, 1993. 中国农业百科全书: 农药卷[M]. 北京: 农业出版社.

SHANER D L, 2014. Herbicide handbook[M]. 10th ed. Lawrence, KS: Weed Science Society of America.

（撰稿：李香菊；审稿：耿贺利）

炔呋菊酯　furamethrin

一种具有击倒活性的拟除虫菊酯类杀虫剂。

其他名称　Prothrin、Pynamin-D、呋喃菊酯、消虫菊、D-1201、DK-5。

化学名称　(1*R*,*S*)-顺, 反式-2,2-二甲基-3-(2-甲基-1-丙烯基)环丙烷羧酸-5-(2-丙炔基)-2-呋喃甲基酯。

IUPAC名称　[5-(prop-2-ynyl)furan-2-yl]methyl (1*RS*,3*RS*; 1*RS*,3*SR*)-2,2-dimethyl-3-(2-methylprop-1-enyl)cyclopropanecarboxylate。

CAS登记号　23031-38-1。

分子式　$C_{18}H_{22}O_3$。

相对分子质量　286.37。

结构式

开发单位 1969 年，日本除虫菊公司开发了炔呋菊酯（furamethrin）和烯呋菊酯（japothrin）。

理化性质 浅棕色油状物。沸点 120～122℃（26.7Pa）。20℃蒸气压 0.133Pa。易挥发。难溶于水，能溶于丙酮等有机溶剂。遇光、高温和碱性介质能分解，不耐久储。通常加入巯基苯并咪唑（1%）等化合物以增加其稳定性。

毒性 低毒。大鼠急性经口 LD_{50} > 10 000mg/kg；大鼠急性经皮 LD_{50} > 75 000mg/kg。对皮肤和眼睛无明显刺激性，无致癌、致畸、致突变活性。鱼类 TLm（48 小时）：青鱼 0.18mg/L，鲤鱼 0.41mg/L。

剂型 乳油，粉剂，蚊香，电热蚊香片，喷射剂，气雾剂等。

作用方式及机理 对家蝇的击倒和杀死活性，均高于烯丙菊酯，加工成蚊香等作为加热熏蒸使用，对蚊蝇效果均佳。用作气雾剂或喷雾剂喷射，对飞翔害虫有卓效；但因易挥发，对爬行害虫持效差，不宜作滞留喷洒使用。欲使药效持久，需加工成缓释剂使用，以控制杀虫成分过快逸出。

防治对象 适用于室内防治卫生害虫，对家蝇、淡色库蚊和德国小蠊的毒力高于烯丙菊酯、胺菊酯和除虫菊素。

注意事项 低毒，使用时参考除虫菊素采取一般防护。但储存时必须注意密闭包装和避光、避热。

参考文献

朱永和, 王振荣, 李布青, 2006. 农药大典[M]. 北京: 中国三峡出版社: 158-159.

（撰稿：陈洋；审稿：吴剑）

炔禾灵 chlorazifop-propargyl

一种苯氧类除草剂。

其他名称 Topik、CGA-82725、chloroazifop-propynyl。

化学名称 2-丙炔基 -2-[4-((3,5-二氯 - 吡啶基）氯基）苯氧基]丙酸酯；2-propynyl 2-[4-[(3,5-dichloro-2-pyridinyl)oxy]phenoxy]propanoate。

IUPAC 名称 prop-2-ynyl(*RS*)-2-[4-(3,5-dichloro-2-pyridyloxy)phenoxy]propionate。

CAS 登记号 72880-52-5。

分子式 $C_{17}H_{13}Cl_2NO_4$。

相对分子质量 366.03。

结构式

开发单位 1982 年由汽巴 - 嘉基公司推广。

防治对象 适用于甜菜、扁豆等作物田，用来防除狗尾草、鼠尾看麦娘和看麦娘等杂草。

使用方法 芽后使用，用量 4kg/hm²。以 0.25～0.5mg/kg 用量在双子叶作物栽培时可防除单子叶杂草。

与其他药剂的混用 与甜菜安 - 甜菜宁（各组分均占 8.25%）混用，或与苯嗪草酮混用，可有效防除藜和龙葵。

（撰稿：席真；审稿：耿贺利）

炔螨特 propargite

一种非内吸性杀螨剂。

其他名称 Akbar、Allmite、Dictator、Omite、SunGite、力克螨、克螨特、奥美特、螨除净、丙炔螨特、DO 14、ENT 27226。

化学名称 2-(4- 叔丁基苯氧基）环己基丙炔 -2- 基亚硫酸酯；2-[4-(1,1-dimethylethyl)phenoxy]cyclohexyl 2-propynyl sulfite。

IUPAC 名称 2-(4-*tert*-butylphenoxy)cyclohexyl prop-2-ynyl sulfite。

CAS 登记号 2312-35-8。

EC 号 219-006-1。

分子式 $C_{19}H_{26}O_4S$。

相对分子质量 350.47。

结构式

开发单位 美国尤尼鲁化学公司（现科聚亚公司）。于 1969 年开发。

理化性质 原药含量≥87%（w/w）。原药为浅棕黄色油状黏稠液体。沸点：210℃分解（常压）不会沸腾。蒸气压 0.04mPa（25℃）。K_{ow}lg$P$ 5.7。Henry 常数 $6.4×10^{-2}$Pa·m³/mol（计算值）。相对密度 1.12（20℃）。水中溶解度 0.215mg/L（25℃）；有机溶剂中溶解度：与己烷、甲苯、二氯甲烷、甲醇和丙酮互溶。稳定性：水解 DT_{50} 66.3 天（25℃），9.0 天（40℃）（pH7）；DT_{50} 1.1 天（25℃），0.2 天（40℃）（pH9），在 pH4 时稳定。光解 DT_{50} 6 天（pH5）。大气中 DT_{50} 2.155 小时（阿特金森计算）。pK_a > 12，闪点 71.4℃（宾斯基 - 马丁闭口杯法）。

毒性 大鼠急性经口 LD_{50} 2843mg/kg。兔急性经皮 LD_{50} > 4000mg/kg。对兔眼睛和皮肤有严重刺激作用，对豚鼠皮肤无致敏性。大鼠吸入 LC_{50}（4 小时）0.05mg/L。NOEL 狗（1 年）4mg/（kg·d），LOAEL SD 大鼠（2 年）3mg/（kg·d），发生空肠肿瘤。在 Wistar 大鼠和小鼠体内没有发现肿瘤。NOAEL SD 大鼠（28 天）2mg/kg，表明细胞增殖是致癌的原因并有一个阈剂量，因此，致癌性是由物种和特定菌株决定的。ADI/RfD（JMPR）0.01mg/kg

［1999，2006］；（EPA）aRfD 0.08，cRfD 0.04mg/kg［2001］。没有遗传毒性。急性腹腔注射 LD_{50}：雄大鼠 260mg/kg，雌大鼠 172mg/kg。野鸭急性经口 LD_{50} > 4640mg/kg。野鸭饲喂 LC_{50}（5 天，mg/kg 饲料）> 4640，山齿鹑 3401。虹鳟 LC_{50}（96 小时）0.043mg/L，大翻车鱼 0.081mg/L。水蚤 LC_{50}（48 小时）0.014mg/L。羊角月牙藻 LC_{50}（96 小时）> 1.08mg/L（最高测试浓度无影响）。其他水生生物：草虾 LC_{50}（96 小时）0.101mg/L，圆蛤胚胎（幼虫）0.11mg/L。蜜蜂 LD_{50}（48 小时）：接触 47.92μg/ 只，经口 > 100μg/ 只。赤子爱胜蚓 LC_{50}（14 天）378mg/kg 土壤。其他有益生物：暴露于田间残留 1 周、1 天和 1 天后，发现对安氏钝绥螨、小花蝽或赤眼蜂无不良影响（因此对自然种群预计没有长期影响）。普通草蛉接触到叶片上的新鲜残留物时无不良影响。

剂型　73%、57%、40% 乳油，20%、30%、50% 水乳剂，40% 微乳剂。

作用方式及机理　抑制线粒体 ATP 酶活性，导致螨正常代谢和呼吸作用中断。主要具有触杀作用的非内吸性杀螨剂，还有一定的吸入活性。

防治对象　用于各种农作物，包括葡萄、苹果、核果类和柑橘类果树、蛇麻草、番茄、蔬菜、观赏植物、棉花、玉米、花生和高粱，防治植食性螨类（特别是能动阶段）。

使用方法　对行播作物的使用剂量为 0.75～1.8kg/hm²，多年生果树叶面喷洒使用剂量为 0.85～3kg/hm²。

注意事项　在 25cm 以下的高度，对梨、草莓、玫瑰和棉花会产生药害，柑橘类果树和豆类也可能会出现一些损伤。不能与碱性药剂、油喷雾剂和含有大量石油溶剂的农药混用。

与其他药剂的混用　① 10% 炔螨特与 3% 唑螨酯混配，喷雾施用于柑橘树、苹果树防治红蜘蛛、二斑叶螨，有效成分用药量 65～130mg/kg。② 20% 炔螨特与 10% 甲氰菊酯混配喷雾施用于柑橘树、棉花用于防治红蜘蛛，有效成分用药量 150～300mg/kg。③ 40% 炔螨特与 0.6% 阿维菌素混配喷雾施用于柑橘树用于防治红蜘蛛，有效成分用药量 203～406mg/kg。④ 40% 炔螨特与 33% 矿物油混配喷雾施用于柑橘树用于防治红蜘蛛，有效成分用药量 243.3～365mg/kg。⑤ 30% 炔螨特与 8% 苯丁锡混配喷雾施用于柑橘树用于防治红蜘蛛，有效成分用药量 152～253mg/kg。⑥ 25% 炔螨特与 2% 联苯菊酯混配喷雾施用于柑橘树、棉花用于防治红蜘蛛，有效成分用药量 270～337.5mg/kg。⑦ 20% 炔螨特与 2% 噻螨酮混配喷雾施用于苹果树用于防治二斑叶螨，有效成分用药量 137.5～275mg/kg。还可与四螨嗪、噻螨酮、哒螨灵、氟虫脲、丙溴磷等混配。

允许残留量　GB 2763—2021《食品中农药最大残留限量标准》规定炔螨特最大残留限量见表。ADI 为 0.01mg/kg。油料和油脂中炔螨特残留量按照 GB 23200.9、NY/T 1652 规定的方法测定；蔬菜和水果按照 GB 23200.8、GB 23200.10、NY/T 1652 规定的方法测定。

部分食品中炔螨特最大残留限量（GB 2763—2021）

食品类别	名称	最大残留限量（mg/kg）
油脂和油料	棉籽	0.1
	棉籽油	0.1
蔬菜	菠菜	2.0
	普通白菜	2.0
	叶用莴苣	2.0
	大白菜	2.0
水果	柑、橘	5.0
	橙	5.0
	柠檬	5.0
	柚	5.0
	苹果	5.0
	梨	5.0

参考文献

刘长令，2012. 世界农药大全：杀虫剂卷[M]. 北京：化学工业出版社：745-751.

马克比恩 C，2015. 农药手册[M]. 胡笑形，等译. 北京：化学工业出版社：841-843.

（撰稿：李淼；审稿：杨吉春）

R

壤虫威　fondaren

一种具有触杀作用和胃毒作用的氨基甲酸酯类杀虫剂。

其他名称　Sapecron C、甲二噁威、C10015、ENT-27410。

化学名称　2-(4,5-二甲基-1,3-二氧戊环-2-基)-苯基氨基甲酸甲酯。

IUPAC名称　2-(4,5-dimethyl-1,3-dioxolan-2-yl)phenyl methylcarbamate。

CAS 登记号　7122-04-5。

分子式　$C_{13}H_{17}NO_4$。

相对分子质量　251.28。

结构式

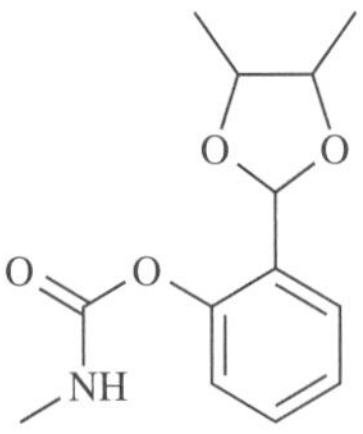

开发单位　该杀虫剂由 R. L. Metcalf 等报道，1966 年日本住友化学公司发现，1967 年研究开发。

理化性质　无色结晶，是立体异构体的混合物，主要成分是外消旋一反式异构体。熔点 81～83℃，顺式异构体熔点 123～125℃。工业混合物的蒸气压为 8.4μPa。在 25℃于水中的溶解度为 4g/L，溶于苯、丙酮、溶纤剂等，在中性条件下稳定，在强碱或强酸介质中稳定，与二氧威不一样，它在土壤中比较稳定。

毒性　大鼠急性经口 LD_{50} 110mg/kg。大鼠急性经皮 LD_{50} > 2g/kg；狗 300mg/kg。在对大鼠的 30 天喂养试验中，NOEL 为 500mg/kg。对蜜蜂有毒。

剂型　50% 可湿性粉剂，10% 颗粒剂。

作用方式及机理　为触杀性、胃毒性杀虫剂。进入动物体内后，有抑制胆碱酯酶的作用，其机制和其他的氨基甲酸酯杀虫剂类似。

防治对象　防治叶面害虫，包括蚜虫、鳞翅目和鞘翅目害虫。

使用方法　能穿透某些植物表面，可有效防治叶面害虫，包括蚜虫、鳞翅目和鞘翅目害虫，使用剂量为有效成分 500～1000g/hm²，有效期 5～7 天。以有效成分 2～6kg/hm² 剂量处理土壤，防治根蝇有特效，有效期约 6 周。

注意事项　使用时需穿戴防护服和面罩，避免吸入药雾，避免药液触及眼与皮肤。储存于低温和通风的房内，勿和食品或饲料混储，亦勿让儿童进入。中毒时使用硫酸阿托品。

参考文献

朱永和，王振荣，李布青，2006. 农药大典[M]. 北京：中国三峡出版社.

（撰稿：李圣坤；审稿：吴剑）

热储稳定性　stability at elevated temperature

为确保高温储存时对产品的性能无负面影响，预测产品在常温下长期储存时有效成分含量（相关杂质含量可能增加）及相关物理性质变化而设定的指标。适用于所有制剂标准。在 54℃±2℃储存 14 天后，除继续符合制剂的有效成分含量、相关杂质含量、颗粒性和分散性等项目外，还需要规定有效成分含量不得低于储存前测定值的 95%，相关的物理性质不得超出可能对使用和（或）安全有负面影响的范围。

测试方法如下。

液体制剂　用注射器将约 30ml 试样，注入洁净的安瓿瓶中（避免试样接触瓶颈），置此安瓿瓶于冰盐浴中制冷，用高温火焰封口（避免溶剂挥发），冷却至室温称重。将封好的安瓿瓶置于金属容器内，再将金属容器在 54℃±2℃的恒温箱（或恒温水浴）中放置 14 天。取出，将安瓿瓶外面拭净后称量，质量未发生变化的试样，于 24 小时内完成对有效成分含量等规定项目的检验。

粉体制剂　将 20g 试样放入烧杯，不加任何压力，使其铺成等厚度的平滑均匀层。将圆盘压在试样上面，置烧杯于烘箱中，在 54℃±2℃的恒温箱（或恒温水浴）中放置 14 天。取出烧杯，拿出圆盘，放入干燥器中，使试样冷至室温。于 24 小时内完成对有效成分含量等规定项目的检验。

其他制剂　将 20g 试样放入玻璃瓶中，使其铺成平滑均匀层，置玻璃瓶于 54℃±2℃的恒温箱（或恒温水浴）中放置 14 天。取出，放入干燥器中，使试样冷至室温。于 24 小时内完成对有效成分含量等规定项目的检验。

参考文献

GB/T 19136—2003 农药热贮稳定性测定方法.

刘丰茂, 2011. 农药质量与残留实用检测技术[M]. 北京: 化学工业出版社.

（撰稿：尤祥伟；审稿：张红艳）

图 1　热雾法喷施嘧菌酯防治西葫芦白粉病（周洋洋摄）

热力喷雾机　thermal sprayer

一种利用汽油在燃烧室内燃烧产生的高温气体的动能和热能，使药液在瞬间雾化成均匀、细小的烟雾颗粒，能在空间弥漫、扩散，呈悬浮状态，对密闭空间内的灭虫和消毒处理特别有效的施药机具。又名热烟雾机。

特点　有施药量少、防效好、不用水等优点。

适用范围　在林业上主要用于林木的病虫害防治。在农业上适用于果园及棚室内的病虫害防治。

常见机型　6HY18/20 烟雾机，隆瑞牌 TS-35A 型烟雾机，林达弯管式 HTM-30 烟雾机等。

结构组成　热力喷雾机由脉冲喷气发动机和供药系统组成。脉冲喷气发动机由燃烧室、喷管、冷却装置、供油系统、点火系统及启动系统等组成。供药系统由增压单向阀、开关、药管、药箱、喷雾嘴及接头组成。

参考文献

何雄奎, 2012. 高效施药技术与机具[M]. 北京: 中国农业大学出版社.

何雄奎, 2013. 药械与施药技术[M]. 北京: 中国农业大学出版社.

全国农业技术推广服务中心, 2015. 植保机械与施药技术应用指南[M]. 北京: 中国农业出版社.

中国农业百科全书总编辑委员会农药卷编辑委员会, 中国农业百科全书编辑部, 1993. 中国农业百科全书: 农药卷[M]. 北京: 农业出版社.

（撰稿：何雄奎；审稿：李红军）

热雾法　thermal aerosol

利用热雾机燃料燃烧所产生的高温气体的热能和高速气体的动能，使药液受热而快速裂解挥发，雾化成细小的雾滴，随自然气流飘移渗透到作物上，是一种新型、高效的农药使用方法。采用热雾法防治病虫害必须使用热雾发生器——热雾机。

作用原理　目前国内外使用较多的大都为便携式脉冲热雾机，其原理是利用脉冲发生器产生的高温气流的热能及动能将药液进行粉碎、裂化、蒸发成非常小的雾滴（粒径小于 20μm），从管口喷出进入空气中冷凝成可视的雾。热雾法施药对植物病虫害防治具有较高的防治效率、较小的雾滴粒径、较强的弥漫性和渗透性，因此雾滴可以扩散渗透到空间各个角落，并且附着在防治靶标部位，从而提高了对作物病虫害的防治效果。

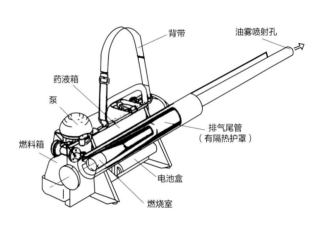

图 2　热雾机

适用范围　热雾法由于雾滴细微，在空气飘移、移动很远，故此施药方法仅适合于较为封闭场所使用。主要有：

①仅能用于喷洒杀虫剂和杀菌剂，不能用于喷洒除草剂，以免除草剂飘移伤害作物。

②大面积森林和较高大的经济林。细小的雾滴能在树冠丛中穿透、飘悬较长时间，以取得较好的病虫防治效果。海南和云南的橡胶树多种植在山丘地，面积大，树体高，白粉病危害严重，地面施药难，空中喷药防效也不高；松毛虫号称森林的"无烟火灾"，所有这些病虫，采用热雾法施药，效果很好。

③郁闭度比较高的大面积果园。郁闭度不高的、分散的果园不宜使用，以防油雾滴飘出果园而扩散到周边环境中。

④较为封闭的空间，如仓库、集装箱、火车车厢、轮船船舱等。但必须在无人时进行，也不能存有食品和生活用品、民用商品。

⑤大型建筑物和公共活动场所，如礼堂、大会堂、影剧院、体育馆等，主要是防治卫生害虫，但必须在无人时作业，并选用低毒安全的农药。

⑥城市下水道、暖气管道等蚊虫滋生场所，防治非常有效，且功效高。也可用于沼泽地、芦苇荡等地灭杀卫生害虫。

⑦温室、大棚中防治诸如白粉虱等暴发飞跳性强的害虫。

主要内容　热雾机是利用燃烧所产生的高温气体的热能和高速气体的动能，使药剂受热而迅速裂解挥发，雾化成细小雾滴，随自然气流飘移渗透到作物上。热烟雾机主要分为废气加热式、电加热式、脉冲喷气发动机加热式、燃气直接加热喷射式4种。

废气加热式热雾机利用发动机排出的废气的热量加热药液，使其形成烟雾排出。其结构是在汽油机排气管上加一个烟化器附件构成的热雾机，将烟剂通过绕排气管外周的螺旋管预加热后再送到排气管出口，利用排气高温使药剂气化，并被高速燃气带到大气中，冷凝形成烟雾。由于螺旋输药管易堵塞，排气管温度较低，烟化效果不好，烟量也不够大，加之重量大未能得到推广使用。

电加热式热雾机体积小、重量轻，但喷烟量小，适用于室内体积不大且有电源的地方。

脉冲热雾机利用脉冲喷气式发动机作动力，机器结构简单、重量轻、操作容易且方便，同时由于运动件少而使振动小、摩擦少，另外热效率高（可达90%），所以具有广阔的应用前景。卫生防疫系统使用烟雾机来防治蚊、蝇、蟑螂这三大卫生害虫，有显著效果。如在渔轮上灭蟑，平均防效达97.5%。对于下水道、高层居民楼的垃圾通道等人和常规喷雾机器不易进入的狭长通道内，通过烟雾机施放烟雾来消灭蚊、蝇、蟑螂等，具有独特优势。还有宾馆、仓库、畜棚等熏杀害虫，都可使用烟雾机快速、方便地完成。

燃气直接加热喷射式热雾机，由丁烷气罐、螺旋管道、防护网组成。体积小，原理与废气加热式烟雾机相似，但对螺旋管道是丁烷气燃烧火焰直接加热。该产品中国还没有，多为国外如韩国、西班牙等生产的产品。

影响因素　影响热雾机雾化性能的主要因素是排气温度、气液比、药剂的物理性能和热稳定性。

排气温度　排气温度较高时，有利于药液的蒸发和裂化，形成较细的雾滴。但排气温度过高时，容易引起药剂分解失效。

气液比　气液比（排气量与供药液量之比）越大，雾滴越细。反之，雾滴越粗。

药液的理化性质　主要是表面张力、黏度和比热对雾滴直径的影响。表面张力、黏度和比热大的药液，形成的雾滴直径较大；反之，则形成的雾滴直径较小。

药剂的热稳定性　药剂的热稳定性好，在高温气体作用下不易被分解；热稳定性差的药剂在高温气体作用下容易分解失效，因而使热雾失去防治病虫害的能力。

注意事项　热雾法的关键性部件是热雾机，热雾机是以燃烧装置作为动力源，采用热雾机载药技术进行病虫害防治，施放的雾滴粒径较小，且具有多向沉积特性，有利于雾滴在作物茎叶正反两面和昆虫体表各个方向上沉积，从而增加了药剂与病原菌和害虫接触的机会。但是热雾机在工作状态下，其动力系统会产生高达2000℃的高温气体，因此在使用时一定要注意对操作者以及作物的安全。

①操作人员必须穿戴好防护用具（防毒面具、手套、防护服等），避免吸入热雾机喷出的烟雾。

②作业前检查棚内是否有易燃易爆等物品，以免发生火灾。

③启动热雾机时，操作人员必须遵守安全启动程序，启动前检查药液阀是否关闭，热雾机管口不得朝向人群，以免造成人体烧伤事故。

④使用热雾机防治植物病虫害时，不得使用剧毒农药。

⑤在使用热雾机作业时，管口距作物不得小于1m，以免造成作物的烧伤。

⑥喷雾结束后，应按正确顺序关闭药液阀和油门，以免造成虹吸，导致剩余药液倒吸进入燃烧室，造成火花塞和高压电路板短路和损坏。

⑦特别注意。如果作业中途需要添加燃料，必须待机器冷却后再添加，否则容易发生危险事故。

参考文献

肖灵芝, 2009. 热雾机的使用、保养及注意事项[J]. 农机使用与维修 (5): 27-28.

徐映明, 2009. 农药施用技术问答[M]. 北京: 化学工业出版社.

袁会珠, 2011. 农药使用技术指南 [M]. 2版. 北京: 化学工业出版社.

周宏平, 郑加强, 许林云, 等, 2005. 我国卫生杀虫用热雾机研究进展[J]. 中华卫生杀虫药械, 11(2): 83-85.

中国农业百科全书总编辑委员会农药卷编辑委员会, 中国农业百科全书编辑部, 1993. 中国农业百科全书: 农药卷[M]. 北京: 农业出版社.

（撰稿：周洋洋；审稿：袁会珠）

热雾剂　hot fogging concentrate, HN

用热能使制剂分散成为细雾的油性制剂，可直接或稀释后，在热雾器械上使用的液体制剂。这里的雾包含液滴和颗粒。如果制剂中原药是液体，在有机溶剂挥发时会形成直径小于$50\mu m$的液滴，称之为雾；如果制剂中原药是固体，在有机溶剂挥发时会形成直径$0.5\sim5\mu m$的固体颗粒，称之为烟。使用时热雾器械（烟雾机）将热雾剂定量地送至烟花筒内。热雾剂与高温高速的气体混合后喷射到空气中，迅速挥发形成数微米到几十微米的雾分散悬浮于空气中。

热雾剂由农药原药、溶剂及助剂组成。所述助剂包括但不限于表面活性剂、稳定剂、增效剂、解毒剂和防飘移剂。联合国粮食及农业组织（FAO）和世界卫生组织（WHO）颁布的农药制剂标准中尚无农药热雾剂产品的技术标准。根据热雾剂的理化性质和实践经验，热雾剂的外观要求为均相液体，水分＜2%，酸度≤0.2%（以H_2SO_4计），黏度≥$6\times10^{-3}Pa\cdot s$，闪点≥80℃，热储、冷储稳定性参考FAO对大多数农药乳油的规定。

热雾剂加工工艺与乳油类似。根据配方组分特性，将溶剂、有效成分、表面活性剂、助溶剂和其他助剂按照规定配比投入到调制釜中，搅拌均匀得到单相产品，调制均匀后取样分析，合格后即可包装。

热雾剂的施用可以有效防治森林病虫害。林地施用时形成的热雾分散悬浮于空气中，具有见效快、效果优异、施用方便以及不受地形、水源限制等特点。热雾剂的施用，调用极少的人力、物力就可做到较大面积或突发性虫害的防治，因此具有很高的操作可行性和经济价值。雾滴极细是热雾剂的基本特点，大部分雾滴粒径小于 5μm。小粒径使得雾滴可以长时间在空气中飘浮，进而自行对靶标进行渗透，产生较好的沉积效果和渗透效果。同时，由于热雾剂含有有机溶剂和表面活性剂，因此其对靶标附着力强，耐雨水冲刷，有较长的持效期。故热雾剂的防治效率与工作效率高于常规喷雾。但由于雾滴极细且长时间飘浮在空气中，因此也存在雾滴易受气流影响的问题。在实际使用中，要注意避免气流带来的不利因素。热雾剂由于其特性，不适宜在敞露空间的大田使用。

参考文献

刘广文, 2013. 现代农药剂型加工技术[M]. 北京: 化学工业出版社.

GB/T 19378—2003 农药剂型名称及代码.

（撰稿：李天一；审稿：遇璐、丑靖宇）

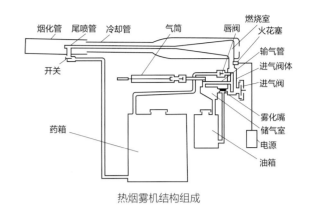

热烟雾机结构组成

热烟雾机　thermal fogger

利用内燃机排气管排出的废气热能使油剂农药形成烟雾微粒的烟雾发生机称为热烟雾机。

适用范围　在林业上主要用于林木的病虫害防治。在农业上适用于果园及温室大棚内的病虫害防治。还用于仓库、大型密闭空间、城市下水道的杀虫灭菌处理。

主要内容

类型　按移动方式，热烟雾机可以分为手提式、肩挂式、背负式、担架式、手推车式等多种形式。按工作原理可分为脉冲式、废气余热式、增压燃烧式等形式。主要机型有 6HY18/20 烟雾机，隆瑞牌 TS-35A 型烟雾机，林达弯管式 HTM-30 型烟雾机等。

性能规格　以 6HY 系列为例，烟雾机性能规格如下。

整机净重：4.5～11kg。

药箱容量：1.6～8L。

耗油量：1.25～2.2L/h。

喷烟量：12～40L。

供电：2×1.5V 电池。

结构组成　如图所示，热烟雾机由脉冲喷气发电机和供药系统组成。脉冲喷气发电机由燃烧室、喷管、冷却装置、供油系统、点火系统及启动系统等组成。供药系统有增压单向阀、开关、药箱、药管、喷雾嘴及接头等结构。

工作原理　热烟雾机工作时，由脉冲式喷气发动机产生的高温气体从尾管经烟化管高速喷出。与此同时，供药系统将药液按一定的剂量压送至烟化管内与高温高速气流混合，在汇合的瞬间，药液即被蒸发和裂化，形成烟雾从烟化管的末端喷出，并迅速扩散和弥漫，与靶标接触。

工作特点　①利用脉冲发动机排出的高温、高速气体使油剂农药雾化。②采用没有运动摩擦的喷气式发动机，工作可靠，故障少。③雾滴直径小，一般为 0.5～10μm，弥漫

扩散能力强，穿透性能好。④省水、省药、省工，作业工效高，防治效果好。⑤机具重量轻，操作及移动方便。

作业质量影响因素　影响热烟雾机雾化性能的主要因素是排气温度、气液比、药剂的物理性能和热稳定性。排气温度较高时，有利于药液的蒸发和裂化，形成较细的雾滴。但排气温度过高时，容易引起药剂分解失效。气液比（排气量与供药液量之比）越大，雾滴越细；反之，雾滴越粗。药液物理性质，主要是表面张力、黏度和比热对雾滴直径有影响。表面张力、黏度和比热大的药液，形成的雾滴直径较大；反之，则形成的雾滴直径较小。热稳性好的药剂，在高温气体作用下不易被分解；热稳性差的药剂在高温气体作用下容易分解失效，因而使热烟雾失去防治病虫害的能力。

使用技术

启动前准备　严格按使用说明书要求操作，检查、紧固管路、电路和喷嘴等连接部分。装入有效电池组，注意正负极。加入合格干净汽油，拧紧油箱盖。关闭药液开关，将搅拌均匀并经过滤的药液加入药箱。装药液不宜太满，应留出约 1L 的充压空间。

启动方法　将机器置于平整干燥的地方，附近不得有易燃易爆物品；用打气筒打气，使汽油充满喷油嘴进入油箱中；打开电源，接通电路，操作打气筒，使发动机发出连续爆炸的声音后，关闭电源，停止打气，同时细调油针手轮，至发动机发出清脆、频率稳定的声音，即可开始喷烟作业。

喷烟作业　将启动的机器背起，一手握住提柄，一手全部打开药液开关（不要半开），数秒钟后即可开始喷雾。在环境温度超过 30℃时作业，喷完一箱药液后要停止 5 分钟，让机器充分冷却后再继续工作。若中途发生熄火或其他异常情况，应该立即关闭药液开关，然后停机处理，以免出现喷火现象。

作业要求　操作技术人员、指挥人员等应提前到达防治场地，进行全面查看，提前做好必要的防护措施，并根据病虫害的防护面积、地形、树林分布、常年风向及最近的气象预报等因素，确定操作人员的行走方向、行走路线和操作规则，以及施药后的药效检查等。

适宜热烟雾机作业的条件：风力小于 3 级时阴天的白天、晚上，或者晴天的傍晚至次日日出前后。晴天的白天、风力为 3 级以上或下雨天均不宜喷烟作业，容易造成飘移危害和防治效果显著降低。

停机　喷烟雾作业结束、加药加油或中间停机时，必

须先关闭药液开关，后关闭油门开关，揿压油针按钮，发动机即可停机。

安全使用　作业过程中，手和衣服不可触及燃烧室和外部冷却管，以免烧伤和烧坏。工作时不能让喷口离目标太近，以免损伤目标，更不可让喷口、燃烧室、外部冷却管接近易燃易爆物，以免发生火灾和爆炸。在作业中用完汽油加油时，必须停机 5 分钟以上方可加油，否则会发生燃烧事故。在密闭空间喷热烟雾时，喷量不要过大（每立方米不得超过 3ml），不能有明火，不要开动室内电源开关，防止着火。

保养　使用一段时间或长时间不用时，用汽油清洗化油器内油垢，倒净油箱、药箱剩余物，用柴油清洗油箱和输药管道，并擦去机器表面油污和灰尘，然后取出电池，盖塑料薄膜罩或放入包装箱里，至清洁干燥处存放。

参考文献

何雄奎, 2012. 高效施药技术与机具[M]. 北京: 中国农业大学出版社.

何雄奎, 2013. 药械与施药技术[M]. 北京: 中国农业大学出版社.

（撰稿：何雄奎；审稿：李红军）

日本农林水产省　Ministry of Agriculture, Forestry and Fisheries of Japan

日本农药监督管理机构，简称日本 MAFF，其下属的消费安全局（Food Safety and Consumer Affairs Bureau）农药对策室（Agricultural Chemicals Office）负责农药监督管理工作，其下设独立行政法人农林水产消费安全技术中心（Food and Agricultural Materials Inspection Center，简称 FAMIC）农药检查部（Agricultural Chemicals Inspection Station，简称 ACIS）。

ACIS 负责农药登记、现场检查、GLP 调查，农产品安全监测、调查研究，参与国际协调、专家派遣、国际技术交流等相关工作。ACIS 内设业务调查课、审查调整课、试验设施审查课、农药使用时安全审查课、环境影响审查课、农药品质审查课、农药有效性审查课、农药使用基准审查课、农药实态调查课等 9 个部门，以及精度管理官和农药审查统括官 2 个职位。

日本农药管理相关的法律法规包括：农药取缔法、农药取缔法施行令、农药取缔法施行规则、食品卫生法、水污染控制法等。根据相关法律法规授权，日本厚生劳动省（Ministry of Health, Labour and Welfare of Japan，简称 MHLW）负责制定并发布食品中农药最大残留限量（MRL），日本环境省（Ministry of the Environment of Japan）负责制定并发布农药对环境影响的标准；另外，日本厚生劳动省、日本环境省也参与农药登记，分别负责农药对健康和环境影响的评审。根据相关法律法规授权，日本农林水产省或都道府县的农药管理部门，对农药生产、销售、使用者实施必要的入户现场检查，除检查相关记录账簿外，还要抽取农药样品进行品质和标签检查。

（撰稿：吴厚斌；审稿：高希武）

《日本农药学会志》　*Japanese Journal of Pesticide Science*

创刊于 1973 年，是由日本农药学会主办的学术性刊物。主要刊登与农药或与作物保护相关的（化学、生物学、环境安全评估、技术应用和科学管理等方面）未曾发表过的研究简报、研究论文和文献综述。该刊以农药的化学和生物化学研究为主，包括了农药的设计、合成、代谢、毒理学以及环境行为研究等。季刊，现任主编为京都大学农学部中川好秋。

该刊为科学引文索引（SCI）收录期刊（SCI 期刊大类，分区为农林科学 4 区），已被美国《化学文摘》《水科学与渔业文摘》《英联邦农业文摘》《健康与安全科学文摘》《生命科学文摘》《法国文献通报》《污染文摘》等国际主流数据库收录。

（撰稿：崔紫宁；审稿：杨新玲）

日光霉素　nikkomycin

由链霉菌产生的一类由肽基和核苷两部分组成的两性水溶性抗生素，兼有杀螨和杀真菌活性。其中 nikkomycin X、Z、I、J 为主要活性成分。中国生产的华光霉素主要以 nikkomycin Z 为主要活性成分。

其他名称　日光酶素、尼可霉素、华光霉素。

化学名称　2-[2-氨基-4-羟基-4-(5-羟基-2-吡啶)3-甲基乙酰]氨基-6-(3-甲酰-4-咪唑啉-5-酮)已糖醛酸。

IUPAC 名称　5-[[(2S,3S,4S)-2-amino-4-hydroxy-4-(5-hydroxy-2-pyridinyl)-3-methyl-1-oxobutyl]amino]-1,5-dideoxy-1-(3,4-dihydro-2,4-dioxo-1(2H)-pyrimidinyl)-β-D-allofuranuronic acid(nikkomycin Z)。

CAS 登记号　59456-70-1（nikkomycin Z）。

分子式　$C_{20}H_{25}N_5O_{10}$（nikkomycin Z）。

相对分子质量　495.44。

结构式

理化性质　纯品为无色粉末，可溶于水和吡啶，不溶于丙酮、乙醇等有机溶剂。在干燥状态下稳定，在酸性（pH2~4）溶液中较稳定，在碱性溶液中不稳定。

毒性　大鼠急性经口 LD_{50} > 5g/kg；大鼠急性经皮 LD_{50} > 10g/kg。无致突变、无致畸、无遗传效应，无蓄积毒性，无药害，无残留，对天敌无影响，对人、畜安全。

剂型　2.5% 可湿性粉剂。

质量标准　外观为棕褐色粉末，有效成分含量 ≥ 2.5%，悬浮率 ≥ 70%，水分含量 ≤ 4.5%，pH2~4，细度（通过54nm 孔径筛）≥ 90%，热储稳定性合格，湿润时间 ≤ 2分钟。

防治对象　适用于苹果、柑橘、茄子、菜豆、黄瓜等二点叶螨的防治，防效达 80% 以上。还可以防治西瓜枯萎病和炭疽病、韭菜灰霉病、苹果干枝腐烂病、水稻穗颈病、白菜黑斑病、大葱紫斑病、黄瓜炭疽病、棉苗立枯病等。

作用方式及机理　兼有杀螨和杀真菌活性，属高效、低毒、低残留农药，对植物无药害，对天敌安全。它是由唐德轮枝链霉菌 S-9 发酵产生的抗生素，能阻止葡萄糖胺的转化，干扰细胞壁几丁质的合成，抑制螨类和真菌的生长。

使用方法　在叶螨发生初期，用 2.5% 可湿性粉剂400~600 倍液喷雾，可用来防治山楂叶螨、苹果全爪螨或柑橘全爪螨。防治苹果树山楂红蜘蛛可以用 20~40mg/L 均匀喷雾；防治柑橘全爪螨可以用 40~60mg/L 均匀喷雾。

注意事项　该药剂杀螨作用较慢，应在叶螨发生初期施药效果才好，若螨的密度过高，效果不理想。无内吸性，喷药要均匀周到，药液要现配现用，一次用完，不能与碱性农药混用。避免中午喷药。

参考文献

孙家隆，2015. 新编农药品种手册[M]. 北京：化学工业出版社.

（撰稿：徐文平；审稿：陶黎明）

溶剂　solvent

能够溶解农药有效成分或其他农药组分成为溶液的液体助剂。农药溶剂与农药有效成分一般不发生化学反应，是惰性的。溶剂对于农药有效成分的溶解性与两者的结构相关，遵循"相似相溶"原理。溶剂除了溶解农药有效成分外，还可以用于溶解其他的农药助剂，比如某些乳化剂就含有溶剂油，某些喷雾助剂中含有水、醇类等。

作用机理　农药有效成分、其他农药组分等溶质和溶剂都是由不同元素的分子构成的，两者接触时，分子间会产生色散力、范德华力、氢键等分子间作用力，溶质分子逐渐均匀分散到溶剂中，形成溶液。此过程伴随着扩散和分子间重新键合过程，例如对于非电解质的莠去津溶解在二甲基甲酰胺中，存在扩散过程和打破莠去津分子之间作用力和二甲基甲酰胺分子间作用力，两者重新形成氢键等分子间作用力的过程。

溶剂在农药中的主要作用：①溶解并稀释农药有效成分或其他农药组分，提高制剂的稳定性和易加工性。②提高农药对植物的铺展和渗透等性能。③降低喷洒农药时的蒸发、飘失等。④降低毒性，提高安全性。⑤与农药有效成分协同作用，提高药效。

每种溶剂在制剂中的作用不相同，但起码都是起到溶解并稀释农药有效成分或其他农药组分的作用。

分类和主要品种　按来源分为合成溶剂和天然溶剂；按分子极性分为极性溶剂和非极性溶剂；按化学组成成分分为有机溶剂和无机溶剂。农药中使用的有机溶剂较多，无机溶剂一般为水。

有机溶剂包括以下种类。

①芳烃。苯、甲苯、二甲苯、萘、烷基萘等。此类对农药原药的溶解度很大，适用性好，原来广泛作为溶剂应用于农药制剂中，但由于此类溶剂对环境潜在危害较大，现在已经禁用或限制使用。

②脂肪烃。煤油、白油、矿物油、柴油、石蜡等。此类相对安全，但对农药原药的溶解度较低。其中矿物油还具有提高农药药效和物理杀虫的作用。

③醇类。甲醇、乙醇、高碳醇、乙二醇等二元醇，甘油等多元醇等。甲醇和乙醇原来由于价格便宜用量较大，但由于毒性和闪点因素，HG/T 4576—2013《农药乳油中有害溶剂限量》中规定甲醇用量为不大于 5%。

④酯类。乙酸仲丁酯、乙酸乙酯、脂肪酸甲酯、脂肪酸甘油酯等。此类物质安全性高，其中乙酸仲丁酯对农药的溶解度较好，作为一种环保溶剂在使用，脂肪酸甲酯作为能提高药效的成分在使用。

⑤酮类。吡咯烷酮、苯乙酮等。

⑥醚类。石油醚、烷基乙二醇醚等。

⑦植物油。大豆油、玉米油、菜籽油、花生油、棕榈油等。它们是多种酯类、脂肪酸、维生素等的混合物。植物油对原药的溶解度一般不大。

⑧萜类化合物。一般为植物提取物，如松节油、薄荷油等。

⑨其他。二甲基甲酰胺、乙腈、四氯化碳等。

使用要求　①对目标农药有效成分溶解度高。只有溶解度高，少量的溶剂才能溶解较多的农药有效成分，才能制备农药制剂特别是高含量的制剂；只有溶解度高，制备的制剂才能经得起高低温的考验，不发生有效成分析出或结晶等现象。制备制剂时，加入溶剂的量要多于根据所要求有效成分含量和溶解度换算成所需的溶剂的量。②闪点高，挥发度适中，不易燃易爆。以保障农药生产、运输、储存和使用过程中安全。③对农作物不发生药害。④对人畜、环境毒性低。⑤价格适中，质量稳定。

应用技术　一般用于存在溶解原药的制剂中，例如乳油、可溶性液剂、水乳剂、微乳剂、微胶囊、油剂、超低容量液剂等。

在使用溶剂时，要先通过溶剂手册、原药厂家、试验获得溶剂对原药的溶解度、挥发性等理化参数，再进行针对性的筛选试验。选择和使用溶剂按照 HG/T 4576—2013《农药乳油中有害溶剂限量》执行。

参考文献

邵维忠，2003. 农药助剂[M]. 3版. 北京：化学工业出版社.

中国农业百科全书总编辑委员会农药卷编辑委员会, 中国农业百科全书编辑部, 1993. 中国农业百科全书: 农药卷[M]. 北京: 农业出版社.

（撰稿：卢忠利；审稿：张宗俭）

溶解　dissolve

也称为溶剂化作用。从广义上说，溶解是两种或两种以上的物质在分子或离子水平混合成均相的过程。从狭义上说，溶解就是一种物质（溶质）均匀分散于另一种物质（溶剂）形成均相溶液的过程。一般来说，溶质可以是气体、液体和固体，溶剂一般指的是液体，最常用的溶剂是水。当两种液体互溶时，一般把质量大的叫做溶剂。

原理　从本质上来讲，溶解就是当溶质分子或离子之间的吸引力小于溶质分子或离子与溶剂分子之间的吸引力时，溶质均匀地分散在溶剂中的过程。从严格意义上说，溶解通常既有物理过程，也有化学过程。首先，溶质分子或离子在溶剂分子的作用下，溶质分子克服分子之间的相互作用力向溶剂中扩散，这是物理过程；然后溶剂分子与溶质分子或离子相互结合，这是化学过程。

特点　溶解过程常常伴随热效应，扩散过程吸热，结合过程放热，溶解整个过程是吸热还是放热取决于两个过程热效应的大小。例如，NH_4NO_3、NH_4Cl、KNO_3、NH_4HCO_3 等溶于水是吸热过程；NaOH、无水 $CuSO_4$、$Ca(OH)_2$、无水 Na_2CO_3 等溶于水是放热过程。人们通常根据溶剂的极性不同，把溶剂分为极性溶剂和非极性溶剂两大类。常见极性溶剂有水、乙醇等，非极性溶剂有苯、四氯化碳等。物质的溶解性与溶剂种类的关系可以概括为"相似相溶原理"。意思是说，极性分子组成的溶质易溶于极性分子组成的溶剂，难溶于非极性分子组成的溶剂；非极性分子组成的溶质易溶于非极性分子组成的溶剂，难溶于极性分子组成的溶剂。例如，极性溶质乙醇能够与极性溶剂水任意互溶，非极性溶质苯能够与非极性溶剂四氯化碳任意互溶。

衡量一种物质溶解性的大小通常用溶解度来表示。溶解度是指在一定温度和压力下，在 100g 溶剂中达到饱和时所溶解溶质的质量。溶解度常用符号 S 表示，单位用 g/100g 表示。一种物质在某种溶剂中溶解度大小不仅取决于溶质和溶剂的性质，还与温度有关，气体的溶解度还与压力有关。溶解度与温度的关系可以用溶解度曲线来表示，溶解度曲线的横坐标是温度，纵坐标是溶解度，曲线上的每个点表示某种物质在某种温度下的溶解度。大多数固体和液体物质的溶解度随温度的升高而增大，与压力的关系不大；气体物质的溶解度则与此相反，随温度的升高而降低，随压力的升高而增大。例如，硝酸钾在水中的溶解度随温度的升高而增大。但也有例外，比如氢氧化钙和硫酸锂，在水中的溶解度随温度的升高而降低。

设备　溶解所需设备根据具体溶解条件选择常用实验室设备即可，无特殊要求。

应用　生活过程中溶解现象无处不在，了解物质的溶解性对于物质的应用很有帮助。例如，可以根据气体在水中的溶解度判断气体的收集方法；根据物质在不同溶剂中溶解度不同选择萃取溶剂；根据不同物质在同一种溶剂中的溶解度不同选择分离方法，如重结晶。

（撰稿：陈静；审稿：遇璐、丑靖宇）

溶解程度和溶液稳定性　dissolution degree and solution stability

根据物质的溶解程度可判断该物质的溶解性。溶解程度一般用溶解度来评价和表示。溶解度是指达到（化学）平衡的溶液便不能容纳更多的溶质，是指物质在特定溶剂里溶解的最大限度。一种溶质在溶剂中的溶解度与它们的分子间作用力、温度、溶解过程中所伴随的熵的变化以及其他物质的存在及多少有关。溶液稳定性是指当外界条件不改变时，溶剂不蒸发，温度（或压强）不改变，溶液中不会有溶质析出，即不会发生变化。溶液稳定性试验，是方法学认证过程中极为重要的一个环节，是方法学各项认证的前提和基础。

作用原理　将水溶性制剂溶解于标准水中，在充分溶解并静置后，用特定直径的试验筛过滤试液，通过将试验筛上残留量与称样量之间的比值来确定水溶性制剂的溶解程度。滤液静置 18 小时后过筛，用相同方法来确定溶液稳定性。

测定方法　适用于农药所有水溶性制剂（如可溶粉剂 SP、可溶粒剂 SG、可溶片剂 ST、种子处理可溶粉剂 SS、可溶液剂 SL、种子处理液剂 LS）的溶解程度和溶液稳定性的测定。

试样溶液的制备　在 250ml 量筒中加入 2/3 的事先预热的 30℃标准硬水。加入一定量的样品（样品的量应与推荐的最高使用浓度一致，不少于 3g），加标准硬水至刻度，盖上塞子。静置 30 秒，用手颠倒量筒 15 次（180°），复位，颠倒，复位一次所用时间不超过 2 秒。

5 分钟后试验　在静置 5 分钟 ±30 秒后，将量筒中的样品溶液倒入已恒重的 75μm 的试验筛上，将滤液收集到 500ml 烧杯中，留作下一步试验。用 20ml 蒸馏水洗涤量筒 5 次，将所有不溶物定量转移到筛上，弃去洗涤液，检查试验筛上是否可见有残留物，若有，将试验筛于 60℃下干燥至恒重，称量（精确到 0.0001g）。

18 小时后试验　在静置 18 小时后，观察 500ml 烧杯中的溶液是否有沉淀。如果存在任何不溶性物质，将烧杯中的溶液用 75μm 试验筛过滤，用 100ml 蒸馏水洗涤试验筛，若试验筛上有残留物，将试验筛于 60℃下干燥至恒重，称量（精确到 0.0001g）。

计算：

5 分钟后残留物 w_1（%）按式（1）计算：

$$w_1 = \frac{m_2 - m_1}{m} \times 100 \qquad (1)$$

R

18 小时后残留物 w_2（%）按式（2）计算：

$$w_2 = \frac{m'_2 - m'_1}{m} \times 100 \qquad (2)$$

式中，m_1 为 5 分钟试验筛子恒重后的质量（g）；m_2 为 5 分钟试验筛子和残余物的质量（g）；m'_1 为 18 小时后试验筛子恒重后的质量（g）；m'_2 为 18 小时后试验筛子和残余物的质量（g）；m 为试样的质量（g）。

注意：若实验室没有 75μm 的试验筛，可以用更大孔径的试验筛来替代。在这种情况下，将试验筛上的残留物转移到事先恒重过的玻璃皿上。除另有规定外，标准水按照 CIPAC MT 18.1.3 配制；冲洗试验筛的水为蒸馏水或去离子水。

影响因素　影响溶解度的因素：物质本身的属性，物质的极性越大，越易溶于水。大部分物质温度越高，溶解度越大，温度越高，粒子运动速度越快，之间的空隙就越大，空隙越大能塞下的东西（溶质的粒子）越多，溶解度就越大；少数与此相反。

影响溶液稳定性的因素：物质本身的属性和温度。

参考文献

GB/T 32777—2016 农药溶解程度和溶液稳定性测定方法.

CIPAC Handbook H, MT 179, 1995, 307-309.

（撰稿：郑锦彪；审稿：徐妍、刘峰）

乳氟禾草灵　lactofen

一种二苯醚类选择性除草剂。

其他名称　克阔乐、眼镜蛇、Cobra、PPG-844。

化学名称　O-[5-(2-氯-α,α,α-三氟对甲苯氧基)-2-硝基苯甲酰]-DL-乳酸乙酯。

IUPAC 名称　ethyl O-[5-(2-chloro-α,α,α-triuoro-p-tolyloxy)-2-nitrobenzoyl]-DL-lactate。

CAS 登记号　77501-63-4。

EC 号　616-466-9。

分子式　$C_{19}H_{15}ClF_3NO_7$。

相对分子质量　461.77。

结构式

开发单位　美国 PPG 工业公司研制，美国 Valent（住友化学公司）开发。

理化性质　深红色液体。相对密度 1.222（20℃）。沸点 135～145℃。熔点 0℃ 以下。蒸气压 9.3×10^{-3} mPa（20℃）。几乎不溶于水，溶于二甲苯、煤油、丙酮。易燃。在土壤中易被微生物分解。

毒性　低毒。大鼠急性经口 $LD_{50} > 5000$mg/kg。兔急性经皮 $LD_{50} > 2000$mg/kg。大鼠急性吸入 $LC_{50} > 6.3$mg/L。对兔眼睛有中度刺激性，对皮肤刺激性小。饲喂试验 NOEL［2年，mg/（kg·d）］：大鼠 2～5，狗 5。试验剂量下无致畸、致突变作用。虹鳟和翻车鱼 LC_{50}（96 小时，mg/L）> 0.1。蜜蜂 $LD_{50} > 160$μg/只。鹌鹑急性经口 $LD_{50} > 2510$mg/kg，野鸭和鹌鹑饲喂 LC_{50}（5 天）> 5620mg/kg 饲料。

剂型　24% 乳油，240g/L 悬浮剂。

作用方式及机理　选择性触杀型除草剂。有效成分被植物茎叶吸收后，在体内进行有限的传导，抑制原卟啉原氧化酶活性，造成原卟啉原在叶绿体积累，导致细胞膜过氧化，破坏其完整性，使细胞内含物流失，杂草叶片干枯死亡。充足的阳光有助于药效的发挥，阳光充足时，施药后 2～3 天敏感杂草叶片出现灼烧斑，逐渐扩大到整个叶片变枯，造成杂草叶片脱落。该品施入土壤易被微生物分解。

防治对象　阔叶杂草。马齿苋、反枝苋、凹头苋、刺苋、苘麻、狼把草、鬼针草、辣子草、鳢肠、龙葵、酸浆等敏感性强；铁苋菜、苍耳、藋蓄、刺黄花稔、曼陀罗、田菁、香薷、豚草、鸭跖草、刺儿菜、田旋花等中度敏感。

使用方法　苗后茎叶喷雾，用于大豆、花生等作物田除草。

防治大豆田杂草　大豆 1～2 片复叶期、阔叶杂草 2～4 叶期茎叶处理。春大豆每亩施用 24% 乳氟禾草灵乳油 30～40g（有效成分 7.2～9.6g），夏大豆每亩施用 24% 乳氟禾草灵乳油 25～30g（有效成分 6～7.2g），加水 30L 茎叶喷雾。

防治花生田杂草　阔叶杂草 2～4 叶期茎叶处理。每亩施用 24% 乳氟禾草灵乳油 15～30g（有效成分 3.6～7.2g），加水 30L 茎叶喷雾。

注意事项　①不可与呈碱性的农药混合使用。②使用该品后，大豆茎叶可能出现枯斑或黄化现象，但不影响新叶生长，1～2 周后恢复正常，不影响产量。大豆生长不良，低洼积水，高温高湿、低温高湿，病虫危害时，易造成大豆药害。③为二苯醚类除草剂，建议与其他类型除草剂轮换用。④与防禾本科杂草除草剂混用时请在当地植保部门指导下使用。⑤对鱼类高毒，远离水产养殖区施药，禁止在河塘等水体中清洗施药器具，避免药液进入地表水体。

与其他药剂的混用　可与氟磺胺草醚、精喹禾灵等桶混使用。

允许残留量　GB 2763—2021《食品中农药最大残留限量标准》规定乳氟禾草灵最大残留限量见表。ADI 为 0.008mg/kg。油料和油脂参照 GB/T 20769 规定的方法测定。

部分食品中乳氟禾草灵最大残留限量（GB 2763—2021）

食品类别	名称	最大残留限量（mg/kg）
油料和油脂	大豆	0.05
	花生仁	0.05

参考文献

刘长令, 2002. 世界农药大全: 除草剂卷[M]. 北京: 化学工业出版社.

马克比恩 C, 2015. 农药手册[M]. 胡笑形, 等译. 北京: 化学工业出版社.

中国农业百科全书总编辑委员会农药卷编辑委员会, 中国农业百科全书编辑部, 1993. 中国农业百科全书: 农药卷[M]. 北京: 农业出版社.

SHANER D L, 2014. Herbicide handbook[M]. 10th ed. Lawrence, KS: Weed Science Society of America.

（撰稿：李香菊；审稿：耿贺利）

乳化　emulsification

一种液体以微小液滴的形式分散于另一种与之互不相溶的液体中的过程。乳化形成的分散体系叫做乳状液, 乳状液中以液滴形式存在的一相叫做分散相或内相, 另一相叫做连续相或外相。通常情况下, 乳状液的一相是水, 另一相是不溶于水的有机相, 被称为"油"。根据分散相和连续相的不同, 可以把乳状液分为 "W/O" 型和 "O/W" 型。W/O 型乳状液指的是水为分散相, 油为连续相; 反之, 则为 O/W 型乳状液。在乳状液形成过程中是形成 W/O 型乳状液还是形成 O/W 型乳状液与很多因素有关, 例如, 亲水性越强的乳化剂越容易形成 O/W 型乳状液, 亲油性越强的乳化剂越容易形成 W/O 型乳状液。

原理　在制备乳状液时, 将分散相以细小的液滴分散于连续相中, 这两个互不相溶的液相所形成的乳状液是不稳定的, 而通过加入少量的乳化剂则能得到稳定的乳状液。这些乳状液的稳定机理, 对研究、生产乳状液的农药制剂有着重要的理论指导意义。

特点　乳化过程中液体的界面增加, 体系的界面能升高, 所以这种体系在热力学上是不稳定的。要想形成稳定的乳状液, 则通常需要向体系中加入能够降低体系界面能的物质, 这种物质叫做乳化剂。

乳化剂是表面活性剂中的一种。乳化剂在乳状液中主要起两个方面作用, 一是降低两种液体之间的界面张力; 二是在液滴与液滴之间形成空间位阻或静电斥力。根据其极性基团的不同, 可以把乳化剂分为阴离子型、阳离子型、两性离子型和非离子型 4 种类型。根据其亲水性和亲油性的不同, 可以把乳化剂分为亲水性乳化剂和亲油性乳化剂。一般用 HLB 值表示乳化剂亲水亲油性, HLB 值越大, 乳化剂的亲水性越强, HLB 值越小, 乳化剂亲油性越强。

设备　乳化的方法有很多, 常用的乳化方法有管动、射流、搅拌、均质等。不同的乳化方法使用不同的乳化设备, 常用的乳化设备有搅拌器、胶体磨、高剪切均质机、高压均质机、超声均质器等。搅拌器是通过搅拌使物料均匀混合的装置, 主要由搅拌装置、搅拌罐和轴与轴封三大部分组成。胶体磨和高剪切均质机均属于定子和转子系统, 由可高速旋转的磨盘（转动件）与固定的磨面（固定件）所组成。

高压均质机主要由泵体和均质阀或安全阀、电动机、传动机与机架几个部分组成。超声波均质由振动叶片或磁致收缩而使物料变细, 达到均质的效果。

应用　乳状液广泛用于化妆品、食品、化工、农业、医药等领域, 乳状液的性能直接决定着产品的使用性能。

参考文献

刘程, 米裕民, 林涵, 等, 1997. 表面活性剂应用大全[M]. 北京: 北京工业大学出版社.

（撰稿：陈静；审稿：遇璐、丑靖宇）

乳化剂　emulsifier

能使互不相溶的两种液体形成稳定的分散体系的含有亲水基和亲油基的"两亲性"表面活性剂。如使油水两相以乳状液或微乳液的形式均匀地混合成稳定的体系。

作用机理　乳化剂因同时含有亲油亲水基团而具有"两亲性", 与油相和水相接触时, 乳化剂结构中的亲油基团会进入到油相中, 而亲水基团会进入到水相中, 可降低两相界面处的界面张力, 当两相界面上乳化剂的量大于其达到饱和吸附的量时, 就能在界面上形成紧密排列的具有一定强度的乳化剂膜, 从而将油相（或水相）以极细小的油珠（或水珠）的形式包裹起来, 这些被包裹起来的微小液珠又会因表面的静电斥力或空间位阻的作用而悬浮分散, 从而形成稳定的乳状液或微乳液。

分类与主要品种　农药乳化剂品种繁多, 从来源上可分为人工合成乳化剂、天然产物乳化剂、固体粉末乳化剂等, 应用最广泛的主要是人工合成类的乳化剂。从组成成分方面可分为乳化剂单体（单一乳化剂）和复配乳化剂。乳化剂单体是各种复配乳化剂的基础成分, 是最基本的乳化剂。乳化剂单体又可根据其自身所带电荷的不同而分为非离子型、阴离子型、阳离子型和两性离子型 4 类。复配乳化剂是根据具体应用需求将不同的乳化剂单体合理搭配而成, 可含有溶剂或稳定剂等辅助成分, 一般是为解决某些或某类具体问题而调配的, 不同厂家调制的复配乳化剂组分可能不同, 但在使用过程中也形成了一些特定的产品, 如针对有机磷类或菊酯类农药而开发的一些复配乳化剂, 针对加工可分散油悬浮剂而开发的一些复配乳化剂等。

非离子型乳化剂　在农药制剂加工中应用最早, 是一类非常重要的乳化剂, 其有较多优点, 如在水中不发生电离, 稳定性好, 受电解质、无机盐、酸、碱的影响小; 复配性能好; 临界胶束浓度低, 低浓度下即可表现出很好的活性; 亲水亲油基团数可控, 可制备不同 HLB 值的产品, 应用范围宽。非离子类乳化剂在水中的溶解性能受温度影响较大, 随温度的升高, 非离子型乳化剂的溶解度降低, 将由全溶变成部分溶解的状态, 这种状态转变时的温度即为浊点。浊点是非离子型乳化剂不同于其他类乳化剂的特性参数。

非离子型乳化剂又可分为醚型、酯型、端羟基封闭型及其他结构 4 类。常见的非离子型乳化剂单体有烷基酚聚氧乙烯（聚氧丙烯）醚（OP 系列、NP 系列）、苄基酚聚氧乙烯醚（农乳 BP、BC）、苯乙烯基酚聚氧乙烯醚（农乳 600 号系列、农乳 BS、农乳 1601 系列、宁乳系列）、蓖麻油聚氧乙烯醚（BY 系列、EL 系列）、脂肪醇聚氧乙烯醚（AEO 系列、JFC 系列、平平加系列等）、脂肪酸聚氧乙烯酯（SG 系列、LAE 系列等）、脂肪胺聚氧乙烯醚、多元醇脂肪酸酯及其环氧乙烷加成物（吐温系列、司盘系列）、烷基酚或芳基酚聚氧乙烯聚氧丙烯醚及其甲醛缩合物（农乳 700 号）、松香酸环氧乙烷加成物及类似物、甘油酸酯或甘油聚氧乙烯醚脂肪酸酯类、甲基葡萄糖苷脂肪酸酯及其环氧乙烷加成物、嵌段聚醚、烷基糖苷等。

阴离子型乳化剂　也是一类非常重要的乳化剂品种，在农药制剂加工过程中应用非常广泛，常与非离子型乳化剂搭配使用。阴离子型乳化剂不但具有乳化作用，通常还具有良好的分散作用，能够提高被乳化产品的乳化分散效果。农药加工中常用的阴离子型乳化剂多为磺酸盐型，也有硫酸盐型、磷酸酯和亚磷酸酯类。磺酸盐常见的有钙盐、钠盐、胺盐等，最常用的阴离子单体为十二烷基苯磺酸钙（农乳 500 号）。农乳 500 号有直链和支链之分，有效物含量一般为 50%~70%。其他阴离子型乳化剂品种还有烷基苯磺酸胺盐、烷基磺酸盐、丁二酸酯磺酸盐、烷基萘磺酸盐、琥珀酸酯磺酸盐、脂肪醇硫酸盐、脂肪醇聚氧乙烯醚硫酸盐（AES）、烷基酚聚氧乙烯醚硫酸盐及其衍生物、蓖麻油丁酯硫酸酯三乙醇铵盐、烷基磷酸酯及类似物、烷基酚聚氧乙烯（或聚氧丙烯）醚磷酸酯、脂肪酸聚氧乙烯醚磷酸酯、芳烷基酚聚氧乙烯醚磷酸酯、烷基酚聚氧乙烯醚亚磷酸酯等。

阳离子型乳化剂和两性离子型乳化剂　在农药制剂加工中应用较少。常见的阳离子型乳化剂有烷基铵盐型和季铵盐型，如十二烷基氯化铵，十六烷基三甲基溴化铵等。常见的两性离子型乳化剂有氨基酸类、甜菜碱类（包括烷基甜菜碱、羧酸基甜菜碱、磺基甜菜碱、磷酸酯甜菜碱等）、咪唑啉类等。

复配乳化剂有很多不同牌号的产品，常见的有适合加工有机磷类乳油的 0201B、0203B、0202、0204C 等，适合加工菊酯类农药的 2201，适合加工可分散油悬浮剂的 GY-ODE286、VO01、VO02、SP-OF3468、Atlas G-1096 等。

使用要求　乳化剂需要满足一定的性能要求才能使用，其自身质量控制指标一般包括外观、水分、pH 值、相对密度、闪点、滴点、溶解性能等。这些指标在生产过程中控制起来技术难度不大，指标波动也较小。乳化剂自身质量指标并不能完全反映其应用性能的好坏，农用乳化剂一般还有一些特殊要求，大致包括以下几个方面：第一，毒性低，对作物安全，对环境污染小；第二，黏度低，流动性好，闪点高；第三，乳化性能好，对原药或剂型适应性广；第四，与农药制剂常见组分如原药、溶剂、增黏剂、防冻剂等有良好的相容性，能够在体系中稳定存在；第五，对不同硬度及温度的水适应能力强，乳化性能符合相关标准的要求。

应用技术　乳化剂在农药制剂加工中应用特别广泛，在乳油、水乳剂、微乳剂、可溶性液剂、悬浮剂、微囊悬浮剂、可分散油悬浮剂、纳米微胶囊制剂等多种剂型中均有应用。此外，在一些油剂或超低容量液剂中也可能添加少量的乳化剂。乳化剂还可作为桶混助剂直接添加到喷雾药液中或

者用来制备其他桶混增效助剂产品。农药制剂加工中乳化剂的乳化效果受有效成分种类、溶剂类型、配方中其他组分等影响比较大，一般不同配方所需要的乳化剂种类和用量不同。目前筛选乳化剂的理论方法有以下几种：HLB 法（亲水亲油平衡法）、PIT 法（相转变温度法）、EIP 法（乳液转相点法）、内聚能比法、拟三元相图法等，同时可结合界面膜、Zeta 电位等相关理论进行综合判断选择。一般采用阴离子、非离子型乳化剂搭配的方式比较容易获得好的乳化效果，选择乳化剂结构与被乳化体系类似或者调节其 HLB 值与被乳化体系 HLB 值类似也比较容易获得良好的乳化效果。

乳化剂在制剂加工过程中应用比较简单，对于乳油、可溶性液剂直接加入即可。可分散油悬浮剂加工过程中一般先将乳化剂与油类分散介质混合均匀后再加入其他组分。微囊悬浮剂和纳米微胶囊一般在包覆成囊的过程中加入适当的乳化剂以提高成囊效果。水乳剂和微乳剂等较为复杂的体系，可根据具体情况选择将乳化剂加入水相或者油相，再进行剪切或搅拌将两相混合均匀。悬浮剂可选择将乳化剂和其他组分混合到一起进行砂磨或先制备水悬浮剂，再将含乳化剂的油相在高剪切的情况下加入磨好的水悬浮剂中的方式制备。

参考文献

刘广文, 2013. 现代农药剂型加工技术[M]. 北京: 化学工业出版社.
邵维忠, 2003. 农药助剂[M]. 3 版. 北京: 化学工业出版社.
中国农业百科全书总编辑委员会农药卷编辑委员会, 中国农业百科全书编辑部, 1993. 中国农业百科全书: 农药卷[M]. 北京: 农业出版社.

（撰稿：张鹏；审稿：张宗俭）

乳粒剂　emulsifiable granule, EG

由一种或几种农药有效成分被有机溶剂溶解、包裹在可溶或不溶的惰性成分中，在水中分散形成水包油乳液的粒状制剂。具有典型的粒状制剂外观，干燥、可自由流动、无可见杂质。使用中制剂兑水，分散形成乳状液药液，农药有效成分在药液中以水包油乳状液滴形式存在。是在乳油和水分散粒剂基础上发展起来的新剂型。

乳粒剂由农药有效成分、溶剂、助剂和载体等组成。理论上讲，可加工成乳油的农药有效成分皆可加工成乳粒剂；但由于其最终以固体颗粒形态存在，为了保障其自由流动性能，乳粒剂加工使用的有机溶剂应对农药原药有尽可能高的溶解度，使用的载体材料应该对农药原药有机溶液具有尽可能高的吸附性及稳定负载性能。为保障乳粒剂使用中的技术指标及分散稳定性，通常选择高效润湿、分散、乳化等表面活性剂。

和乳油及水分散粒剂一样，乳粒剂主要兑水对茎叶喷雾使用，故其质量控制指标主要包括有效成分含量、水分、润湿性、细度及分布、乳液稳定性、持久起泡性及储存稳定性等。载体材料决定了细度及分布，因此其加工中最好选择符合细度要求的材料，或者选用水溶性载体材料。

乳粒剂加工一般有两种方法：一是混合吸附工艺，即

将农药有效成分、溶剂、助剂等混合形成油相，然后将油相喷雾或混合吸附再加工到规定细度的载体材料上，经干燥而成；另一种是混合造粒工艺，即农药有效成分、溶剂、助剂等混合形成油相，然后与载体材料混合、粉碎，再经造粒、干燥而成。

乳粒剂兑水使用中和乳油一样形成乳状液，具有高的分散度和对靶沉积性能，但制剂中大幅减少了有机溶剂使用量，具有更好的安全性和环境相容性。乳粒剂外观上为固体颗粒制剂，粉尘污染少，包装、储运方便，是符合剂型发展的新剂型。

参考文献

李富根、王以燕、刘绍仁，等，2008. NY/T1667. 1—2008.农药登记管理术语[S].北京:中国农业出版社.

（撰稿：黄启良；审稿：张宗俭）

乳液稳定性 emulsion stability

用以衡量乳油、水乳剂、微乳剂等剂型加水稀释后形成的乳状液中农药液珠在水中分散状态的均匀性和稳定性的技术指标。一般以一定浓度的农药制剂加水形成的乳状液，在规定储存条件下乳液分离情况（如浮油、沉油或沉淀析出）进行判定（见表）。

农药产品中乳液稳定性的测定方法

CIPAC 方法	中国方法
MT 36.1《乳油的乳化性能，用手摇方式配制 5% 油相稀释液》	
MT 36.2《乳油的乳化性能》	GB/T 1603
MT 36.2《乳油的乳化性能，不大于体积分数为 1% 的稀释液》	《农药乳液稳定性测定方法》
MT 183《农药乳液测定仪测定稀释乳液稳定性》	

测定方法提要 试样用标准硬水稀释，1 小时后观察乳液的稳定性。

测定方法 在 250ml 烧杯中，加入 100ml 的 30℃ ±2℃ 的标准硬水（硬度以碳酸钙计为 0.342g/L），用移液管吸取适量制剂试样，在不断搅拌的情况下慢慢加入硬水中（按各产品规定的稀释浓度），使其配成 100ml 乳状液。样品全部加入后，继续用 2～3r/s 的速度搅拌 30 秒，立即将乳状液移至清洁干燥的 100ml 量筒中，并将量筒置于恒温水浴内，在 30℃ ±2℃ 静置 1 小时，取出，观察乳状液分离情况。如量筒中无浮油（膏）、沉油和沉淀析出，则判定乳液稳定性合格。

参考文献

刘丰茂，2011.农药质量与残留实用检测技术[M].北京:化学工业出版社.

GB/T 1603—2001 农药乳液稳定性测定方法.

（撰稿：尤祥伟；审稿：黄启良）

乳油 emulsifiable concentrate, EC

用水稀释后形成乳状液的均相油溶液剂型。它是由农药原药、有机溶剂及乳化剂混合均匀而形成的透明油状液体，乳油属于真溶液。在非极性有机溶剂中具有一定溶解度的农药有效成分均可配制乳油。乳油加工工艺简单，在反应釜中简单搅拌均匀即可获得产品。乳油应具备乳液稳定（30℃下，在标准硬水 5mg/L 中静置 1 小时），在水中乳化分散性好，闪点 27℃ 以上，pH 值符合原药稳定要求，水分含量应控制在 1% 以下，在 0℃ ±1℃ 下储存 7 天无结晶析出、无分层为冷储稳定性合格，热储分解率低于 5%，室温条件下储存 2 年其有效成分质量分数不低于标定含量。

乳油使用范围广泛：①加水在叶面喷雾使用防治大田农作物病虫害。②用水稀释灌根防治地下害虫及根结线虫。③高浓度稀释进行滞留喷雾防治卫生害虫。④加水稀释浸种防治种传病害及土传病害等。

乳油是最古老的农药传统剂型之一，是伴随着合成有机农药的出现开发出来的农药剂型。历经几十年长盛不衰，自有其特殊之处，且乳油的优缺点都相当突出。①乳油是最简单的农药剂型。②乳油对原药的适应性最广。③乳油是最稳定的农药剂型之一。④乳油生物活性最高，乳油喷施到靶标上，能够均匀分布到靶标的表面，润湿、展着性好，含有机溶剂的药液容易渗透到植物表皮内，昆虫、病菌体内，不易被雨水冲刷，大大增强了药剂的防效。⑤使用方便，乳油流动性非常好，易于计量，倒入水中，稍加搅拌，即可形成稳定的乳状液。⑥加工工艺简单，生产操作简易，加工成本低廉。⑦乳油是对环境最不友好的农药剂型之一，由于乳油中含有较多的有机溶剂，故人称农药乳油是一种"有毒的有机溶剂"。因此在生产、储运和使用过程中，对人畜、环境、作物等的安全性较差。特别是挥发性大的芳烃溶剂，对环境污染大，易产生药害，深受环境保护人士的诟病。进入 21 世纪随着绿色环保溶剂的开发应用和对于苯类等有毒有害溶剂的替代，新型乳油产品的安全性以及对环境的影响明显减少，对大气有机挥发性污染物防控的要求，也对乳油产品提出新的挑战。

（撰稿：陈福良；审稿：黄启良）

乳状芽孢杆菌 *Bacillus popillac*

由金龟甲幼虫的专性寄生病原细菌的活体培养、加工而成的长效细菌杀虫剂。美国首先将该菌生产为商品性杀虫剂，田间大面积使用取得了显著防效。

其他名称 Doom、Japidemic、Milky Spore、日本金龟子杆菌。

理化性质 乳状芽孢杆菌是从受感染的日本金龟子幼虫上分离的，为革兰氏阳性菌。菌体形成芽孢和伴孢晶体。只能在寄主体内生长发育，形成营养体和芽孢。芽孢抗干燥能力强，在土壤中可存活多年。芽孢有折光性，感病蛴螬乳

R

白色，故称乳状病，此菌也因而得名。在 28～30℃条件下培养 2 天，菌落乳白色，圆形，大小为 0.7cm×0.3cm，此时可见到双链短杆营养体，但仅有个别能发育成芽孢。过氧化氢酶反应阴性。

毒性　乳状芽孢杆菌对人、畜无毒，对作物无药害，对害虫的天敌安全。

剂型　可湿性粉剂。

作用方式及机理　乳状芽孢杆菌对蛴螬主要起胃毒作用。该菌经口进入蛴螬体内，在中肠萌发，生成营养体，穿过肠壁进入体腔，在血淋巴中大量繁殖。由于菌的迅速繁殖，破坏了虫体各种组织，虫体充满芽孢而死亡。芽孢抗干燥能力很强，在土壤中存活时间长，因而是一种长效细菌杀虫剂。

防治对象　专化性较强的昆虫病原菌，对 50 多种金龟子幼虫有不同程度的致病力。

使用方法　防治铜绿金龟甲，按每亩施乳状菌孢干粉 300g（300 亿孢子/g）的用量，混入炒香的麦麸和适量细沙拌均匀制成毒饵，在蛴螬集中的树盘挖 5～10cm 深穴施入毒饵。

注意事项　对温度的要求：土壤温度在 18℃ 以下未见得病，20～30℃ 是染病适温，28℃ 尤为合宜。菌剂防治效果的高低与当时的土壤温度关系极为密切，应把握好温度。乳状菌对蛴螬致病力因蛴螬种类不同而异。对铜绿金龟子的蛴螬有较强的致病力，但对暗黑金龟子的蛴螬和小黑棕金龟子的蛴螬致病力较差。毒饵诱杀注意发病率高低与饲喂饵料种类有关，凡蛴螬喜食毒饵种类致病率高，不喜食的致病率低，喜食饵料蛴螬食量大，进入体中菌量多，更易染病。

与其他药剂的混用　不可与杀菌剂混合使用。

参考文献

宋协松, 1982. 防治蛴螬的乳状芽孢杆菌——鲁乳1号的研究及应用[J]. 昆虫学报, 25 (4): 403-408.

王运兵, 姚献华, 崔朴周, 2005. 生物农药[M]. 北京: 中国农业科学技术出版社.

张洪昌, 李翼, 2011. 生物农药使用手册[M]. 北京: 中国农业出版社.

张民照, 杨宝东, 魏艳敏, 2016. 生物农药及其应用技术问答[M]. 2版. 北京: 中国农业大学出版社.

中国农业科学院生物防治研究所, 2000. 蔬菜害虫生物防治[M]. 北京: 金盾出版社.

（撰稿：宋佳；审稿：向文胜）

润滑剂　lubricant

在农药片剂中加入的用来降低和减少压片时颗粒或片剂与冲模之间的摩擦力、黏结性、静电等，使压片顺畅的助剂。润滑剂减少了片剂和设备间的摩擦力或黏结性，使片剂完整、光滑，组分分布均匀。

作用机理　润滑剂的作用机理尚不清楚，大概有以下作用：①润滑作用。润滑剂能够包裹在粗糙的颗粒表面，在颗粒表面形成一层包层，起到了润滑、助流作用，降低了颗粒间的摩擦，使组分均匀分布。②绝缘作用。对于某些原药，在压制摩擦过程中可能产生静电，而具有绝缘作用的润滑剂使包裹润滑剂的颗粒之间绝缘，降低了颗粒间静电吸引和粒子聚集，起到了助流作用。

分类和主要品种　根据水溶性，润滑剂可分为水溶性润滑剂和水不溶性润滑剂。在可溶性片剂中使用水溶性的润滑剂，比如硼酸等；常用的是水不溶性润滑剂，比如硬脂酸盐、滑石粉、硬脂酸等。

根据化学结构，润滑剂分类如下：①表面活性剂。十二烷基硫酸钠、十二烷基硫酸镁、高碳醇、缩合甘油脂肪酸酯、硬脂酸盐、蔗糖脂肪酸酯等。②油类。氢化植物油、桃仁油、蓖麻油、橄榄油等。③脂肪酸。硬脂酸、甘氨酸等。④其他。二甲硅油、甘油、硅酸、硅酸盐、液体石蜡、磷酸钙等。

根据添加方式不同，润滑剂可分为内润滑剂和外润滑剂两类。内润滑剂是将润滑剂加入到待压的物料中混合均匀然后进行压片；外润滑剂是将润滑剂涂抹在模具的内表面，起到减小磨损的作用。

使用要求　①使用比表面积较大的润滑剂。润滑剂主要是起到包裹作用，所以固体润滑剂粒径越小越好。②混合均匀。将润滑剂与其他物料要混合均匀，否则包裹作用不好，作用效果差。③用量。润滑剂的量会影响片剂的硬度、崩解等其他性能，在保证顺利压片的情况下，用量越少越好，一般在 1%～2%。

应用技术　润滑剂一般应用于需要压制的农药片剂中。

选用润滑剂原则：①用压片力参数筛选润滑剂。能在冲模壁上形成一层剪切强度低的模的润滑剂具有优良的抗黏和润滑作用。②考虑润滑剂对片剂性能的影响。润滑剂降低了颗粒间的摩擦力，硬度就降低；疏水的润滑剂降低了片剂的润湿性，使崩解性能降低。因此润滑剂的种类和使用量要考虑对片剂性能的影响，原则上越少越好。

润滑剂使用方法和注意事项：①固体润滑剂最好过 200 目筛，因为越细的润滑剂比表面积越大、效果越好。②润滑剂加入方式为直接加入，将润滑剂溶解或制备成悬浮液喷雾使用。③注意润滑剂和物料的混合时间和混合力，时间越长，混合力越大，效果越好，但影响片剂硬度、崩解等性能。

参考文献

刘广文, 2013. 现代农药剂型加工技术[M]. 北京: 化学工业出版社.

罗明生, 高天慧, 2003. 药剂辅料大全[M]. 2版. 成都: 四川科学技术出版社.

（撰稿：卢忠利；审稿：张宗俭）

润湿剂　wetting agent

能降低水表面张力使物质易被水润湿的表面活性剂。润湿剂是农药剂型加工中的重要组分，起到润湿液体或固体表面的作用；润湿剂在农药喷洒时能增加含药液体对处理对象表面（植物、害虫及其他）的接触，使其能润湿或者能加速润湿过程。

作用机理　润湿剂是具有两亲结构的物质，一端具有亲水基团，另一端具有疏水基团，当与固体表面接触时，疏水基团附着于固体表面，亲水基团向外伸向液体中，使液体在固体表面形成连续相，并能展开在固体物料表面上，或透入其表面，而把固体物料润湿。

分类与主要品种　润湿剂根据来源可分为天然润湿剂和合成润湿剂。天然润湿剂主要有皂素、亚硫酸纸浆废液、动物废料的水解物和藻朊酸钠，是农药中应用的早期助剂品种，且至今在可湿性粉剂、乳粉、固体乳剂、粒剂、乳油产品中仍有使用。合成润湿剂种类多，用量大，农药中使用的合成润湿剂主要有阴离子型和非离子型两大类。

阴离子型润湿剂　①脂肪醇硫酸盐。常用钠盐，因脂肪醇碳数不同，有多种规格的产品，典型代表品种有十二烷基硫酸钠（简称 K12）。② α-烯基磺酸盐。以 C_{10}～C_{18} 钠盐为主。③烷基苯磺酸碱金属盐和胺盐。其中 C_9～C_{12} 烷基苯磺酸钠润湿性较好，常用代表品种有十二烷基苯磺酸钠（简称 SDBS、LAS）。④二烷基丁二酸酯磺酸钠盐。是应用最广泛的渗透剂，也可作为润湿剂使用，代表品种有二辛基丁二酸酯磺酸钠（简称渗透剂 T）。⑤脂肪醇、烷基酚聚氧乙烯醚丁二酸半酯磺酸盐（钠盐）、烷基酚聚氧乙烯醚甲醛缩合物丁二酸半酯磺酸盐（钠盐）。⑥脂肪酰胺 N-甲基牛磺酸钠盐。⑦脂肪醇聚氧乙烯醚硫酸钠（简称 AES），其中以月桂醇醚硫酸钠应用最为普遍。⑧烷基酚聚氧乙烯醚硫酸盐，包括苯乙基酚聚氧乙烯醚硫酸盐。⑨单和双烷基苯磺酸钠。⑩脂肪酸或脂肪酸酯硫酸盐。除上述 10 类阴离子以外，还有木质素磺酸钠、丁基萘磺酸钠盐（BX）、石油磺酸钠、聚合羧酸钠、烷基联苯醚磺酸钠、丁基联苯醚磺酸钠、萘酚磺酸甲醛缩合物钠盐和脂肪酸聚氧乙烯酯磺酸钠盐和铵盐等。

非离子型润湿剂　①烷基酚聚氧乙烯醚。EO 加成数为 5～10 时润湿性较好，常用的是壬基酚聚氧乙烯醚（简称 NPEO）和辛基酚聚氧乙烯醚（简称 OPEO），代表品种 OP-10，由于 NPEO 在环境中会分解毒性更高的壬基酚（NP），NP 是全世界公认的环境雌激素，可导致内分泌系统失调，阻碍生殖、发育等机能，甚至引发恶性肿瘤。欧盟已在工业清洗、家庭护理、造纸、个人护理用品等产品进行限用，从 2021 年起 NPEO 含量超过 0.01% 的纺织品将禁止投放市场。中国在农药中对该类产品虽未限制，但使用时也要慎重选择。②脂肪醇聚氧乙烯醚。是各国使用最广泛的一类非离子型润湿剂，脂肪醇碳数和结构变化多样，产品种类较多。除上述两类非离子型润湿剂外，还有聚氧乙烯聚氧丙烯嵌段共聚物，脂肪酸聚氧乙烯单酯、二甲基辛二醇及其 EO 加成物，四甲基癸二醇及其 EO 加成物。

使用要求　润湿能力是评价润湿剂性能的重要指标，可用接触角、表面张力和 Draves 试验测定润湿时间来表示。另外润湿剂作为一种表面活性剂，可通过 HLB 值初步判断是否具有润湿性，一般 HLB 值在 7～15 适合做润湿剂。

接触角是指过气、液、固三相交界点，作液面切线，此切线与固体表面的夹角。利用接触角评价润湿剂的润湿性能是最为简单、普及而直观的评价方法，一般认为：接触角 $\theta < 90°$ 为润湿，$\theta > 90°$ 为不润湿。

表面张力是作用于液体表面、使液体表面积缩小的力。表面张力的存在形成了液体与固体之间的浸润与非浸润现象。在农药加工时，可通过测定表面张力选择用量少、表面张力低的润湿剂进行应用；在农药喷洒时可通过测定药液的表面张力来初步判断是否将叶片润湿，当药液的表面张力低于目标作物叶片的表面张力值（见表）才能润湿。

常见农作物的临界表面张力值

作物名称	临界表面张力（mN/m^2）
水稻	36.7
小麦	36.9
玉米	47.40～58.70
棉花	63.30～71.81
黄瓜	58.70～63.30
丝瓜	45.27～58.70
豇豆	39.00～43.38
茄子	43.38～45.27
甘蓝	36.4

应用技术　农药剂型加工过程中常需要加入润湿剂，尤其是农药可湿性粉剂、水分散粒剂等固体制剂，使用时需要加水稀释，为了让粉末或颗粒状农药迅速润湿到水中需要加入足够的润湿剂，而在该类制剂中，润湿剂的选择一般以阴离子型固体粉末类的润湿剂为主，如 K12、LAS，还有木质素磺酸钠、萘酚磺酸甲醛缩合物钠盐等，用量为 2%～10%。悬浮剂、水剂、乳油等液体制剂，虽然加水稀释时不存在润湿问题，但如果产品中不加润湿剂，药效一般发挥不好，在配方中可选择水溶性好的固态或液态类润湿剂，如十二烷基苯磺酸钠、烷基酚聚氧乙烯醚、脂肪醇聚氧乙烯醚等，用量 1%～5%。

许多植物、杂草和害虫表面常覆盖一层疏水蜡质层，因此不易被水和药液润湿，不易黏附和持留，在药液喷洒前，以桶混的方式加入润湿剂能降低表面张力，改变药液在表面上的接触角来实现润湿。通常选择液态类的润湿剂，如脂肪醇聚氧乙烯醚（C10～C18），加入量为每 15kg 水加入 20ml 润湿剂。

参考文献

邵维忠, 2003. 农药助剂[M]. 3版. 北京: 化学工业出版社.

中国农业百科全书总编辑委员会农药卷编辑委员会, 中国农业百科全书编辑部, 1993. 中国农业百科全书: 农药卷[M]. 北京: 农业出版社.

（撰稿：张春华；审稿：张宗俭）

润湿性　wettability

固体（可湿性粉剂、片剂等）表面被液体（水等）铺展和覆盖的能力或倾向性。是水分散粒剂、可湿性粉剂、可溶粒剂等加水使用的农药剂型质量控制技术指标之一。以一定量被测试样从规定的高度倒入水面至完全润湿的时间来表示。FAO 规定一般不大于 1 分钟，个别剂型不大于 2 分钟，中国等效采用了 FAO 农药产品规格。限制润湿时间的目的是确保制剂施用前加水稀释时，能迅速被水润湿，分散为均匀的悬浮液体。

润湿性测定标准方法主要有两个：CIPAC MT 53.3 Wetting of wettable powders（可湿性粉剂润湿性）；GB/T 5451—2001《农药可湿性粉剂润湿性测定方法》。

国际农药分析协作委员会（CIPAC）的测定方法又分为"不旋摇"和"旋摇"两种。

不旋摇法（CIPAC MT 53.3.1）　称取 5g 样品从与烧杯口齐平的位置一次性均匀地倾倒入盛有 100ml 标准硬水（340mg/L，pH 6~7，钙离子∶镁离子＝4∶1）的 250ml 烧杯中，不要过度地搅动液面，用秒表记录从倒入样品直至全部润湿的时间。

旋摇法（CIPAC MT 53.3.2）　倒入样品后以每分钟 120 转的速度旋摇烧杯，其他操作同不旋摇法。

中国制定的农药可湿性粉剂润湿性测定方法（GB/T 5451—2001）等效采用了国际农药分析协作委员会（CIPAC）方法 MT 53.3.1（不旋摇法），此外还规定了标准硬水的温度为 25℃±1℃，重复测定 5 次，取平均值作为测定结果。

参考文献

GB/T 5451—2001 农药可湿性粉剂润湿性测定方法.

CIPAC Handbook F, MT 53. 3, 1995, 164-166.

（撰稿：郑锦彪；审稿：黄啟良）

R

撒施法　granule method

抛施或撒施颗粒状农药的一种方法。又名泼浇法（pouring method）。主要用于土壤处理、水田施药或作物心叶施药。除颗粒剂外，其他农药需配成毒土或毒肥。撒施法具体内容详见施粒法，此处重点介绍泼浇法。

泼浇法是将一定浓度的药液均匀泼浇到作物上，药液多沉积到作物下部，这是南方防治水稻病虫害常用的一种施药方法。泼浇法是一种费工、费时的方法，来自于民间，农药利用率低，是一种落后的农药使用技术。

作用原理　泼浇法施药液量很大，液滴粗大，巨大的水滴能够将水稻植株上危害的稻螟虫等击落水中进行毒杀，而且泼浇到水中的药液可借助水层进行扩散，下沉后附于土表，形成封闭层。水中的药液通过植物的内吸传导起到对病虫害的毒杀作用。

适用范围　泼浇法出现于20世纪七八十年代的中国南方地区，主要用于防治水稻病虫害，这种方法施药液量很大，一般为6000～7500kg/hm^2。亦有使用泼浇法防治麦田看麦娘的报道。

主要内容　撒施法是水田较为普遍的施药方法。这种施药方法不需要任何机械，仅需携带装有农药的容器便可作业。撒施法较人工喷雾省工、方便、工效高。特别是在山区、丘陵地区和喷雾作业有困难的水田，更能显示其优越性。为了撒施均匀，常将除草剂制成药土、药砂施用。除草剂经拌土、拌砂稀释，还能避免一些触杀型除草剂可能对作物造成的药害。例如扑草净等在稻田移栽后施用，用喷雾法施药会使水稻受到药害；配制成药土撒施，除可有效地防除杂草外，药剂不会沾着稻叶，从而保证水稻安全。但撒施法不如喷雾法的药剂分布均匀，应用撒施法时配制药土、药砂要充分拌匀，撒施时务必求均匀，并要有一定的水层来保证除草剂扩散。

毒土法就是将药剂与细湿土均匀地混合在一起，制成含有农药的毒土，以沟施、穴施或撒施的方法使用。毒土法产生于中国，最早是20世纪60年代初期在水稻田首先采用，为了省药（六六六）和解决施药机具不足的问题，把六六六粉剂或可湿性粉剂与细土拌和，称之为"毒土"，用手抓毒土直接施放稻丛基部，随后又将甲六粉或乙六粉制成毒土防治水稻螟虫。由于此法简便易行，不胫而走，迅速在各地农村广为流传，使用范围也不限于水稻和以六六六为主的一种农药，现今在除草剂使用中更为广泛。在水稻蜡熟期或黄熟期，稻飞虱大发生，为保障农产品质量安全，不宜采取喷雾处理，可每亩用80%敌敌畏乳油0.25kg、水1.5kg均匀喷洒在25kg细土上，用塑料膜密封30分钟后均匀撒施于稻田。

在杀虫双大粒剂开发成功的基础上，1992年开发成功新的撒施方法——撒滴法。这是根据杀虫双和杀虫单的理化性质和作用方式而开发的更为简便而价格低廉的农药使用技术。通过特制的撒滴孔即可把装在药液包装瓶中的药液撒施到稻田水中。虽然药剂本身是水溶液，但撒出的药滴的大小近似于大颗粒剂，其使用方式类似于施粒法。在稻田行走过程中左右甩动撒滴瓶，药液即可从瓶盖的小孔射出，成为直径约1mm的液柱。由于药液表面张力的作用，液柱很快就会自动断裂成为无数大小均匀的液滴，直径为1.5～2mm，随着撒滴瓶的左右摆动分散沉落到田水中。

图1　撒滴法

图2　水唧筒法

影响因素　撒施或泼浇法受操作者的人为因素影响较大，施药时若不能均匀泼洒，可能会引起局部药害或药量不足防效较差。因此操作时应走直线，匀速前进，不宜任意走动，以免剧烈搅动田水。

注意事项　撒施法应注意混拌质量，农药和化肥混拌不可堆放太久。撒施时间要掌握好，水田施药要求稻田露水散净，以免毒土沾于稻叶造成药害。撒杀虫剂要求有露水。

泼浇法应注意的是药剂的安全性和扩散性，药剂安全性不好时，不宜使用泼浇法施药。水层深浅也是影响杀虫效果的重要因素。泼浇法是适用于稻田施药，将药剂加入大量水，以盛器（盆、桶、勺等）泼洒于田间的一种施药方法。泼浇法施药加水量要适当加大（6000～7500L/hm²），以防分布不均匀而产生药害。还可在水田耙地时泼洒，对水田除草更有利。

参考文献

陈占荣，岳凌云，王正春，等，2003. 浅谈水稻病虫的泼浇技术[J]. 上海农业科技 (6): 97.

花心诚，朱如杰，钱兆才，1985. 用泼浇法施药防除麦田看麦娘效果好[J]. 江苏杂草科学 (2): 36.

刘为林，胡平华，康宏波，2016. 农药的科学施用方法[J]. 现代农业科技 (7): 134-135.

吴永忠，2016. "毒土"防治稻飞虱[J]. 农村新技术 (10): 23.

（撰稿：孔肖；审稿：袁会珠）

噻苯隆　thidiazuron

一种取代脲类具有细胞分裂素作用的植物生长调节剂，低浓度下能诱导一些植物的愈伤组织分化出芽，也可以用于坐瓜坐果和蔬菜保鲜。较高浓度下可刺激乙烯生成，促进棉花脱叶和棉铃成熟。

其他名称　Dropp、Defolit、脱叶灵、脲脱素、脱叶脲。

化学名称　N-苯基-N'-1,2,3-噻二唑-5基脲；苯基噻二唑脲。

IUPAC 名称　1-phenyl-3-(1,2,3-thiadiazol-5-yl)urea。

CAS 登记号　51707-55-2。

分子式　$C_9H_8N_4OS$。

相对分子质量　220.25。

结构式

开发单位　1979 年由德国先灵公司首先开发。

理化性质　原药为无色无味晶体。熔点 213℃。蒸气压 3×10^{-3}mPa（25℃）。溶解度（g/100ml，20℃）：水 0.002、苯 0.0035、丙酮 0.8、环乙酮 21、二甲基甲酰胺 50。在 pH5～9 范围内分子稳定。在 60℃、90℃及 120℃下储存稳定期超过 30 天。

毒性　低毒。原药对大鼠急性经口 $LD_{50} > 4000$mg/kg，急性经皮 $LD_{50} > 1000$mg/kg，急性吸入 $LC_{50} > 2.3$mg/L。对兔眼有轻度刺激，对皮肤无刺激作用。大鼠亚急性经口 NOEL 为 25mg/（kg·d），狗亚急性经口 NOEL 为 25mg/（kg·d）。大鼠 2 年慢性经口试验在 500mg/L 剂量下未见异常。无致畸、致癌、致突变作用。在土壤中的半衰期为 26 天。

剂型　0.1% 可溶性液剂，50% 可湿性粉剂。

作用方式及机理　是一种取代脲类具有细胞分裂素作用的植物生长调节剂，可经由植株的茎叶吸收，然后传导到叶柄与茎之间，较高浓度下可刺激乙烯生成，促进果胶和纤维素酶的活性，从而促进成熟叶片的脱叶，加快棉桃吐絮。在低浓度下它具有细胞分裂素的作用，能诱导一些植物的愈伤组织分化出芽来。

使用对象　棉花、黄瓜、芹菜等。

使用方法

棉花　当 70% 棉桃开裂（气温在 14～22℃）时，每亩取 50g 有效成分加水 50kg，进行叶面喷洒，可促进棉花脱叶、早吐絮。

黄瓜　在即将开的雌花，使用 2mg/L 的药液喷雌花花托，能促进坐果，增加单果重。

芹菜　在采收后，使用 1～10mg/L 的药液喷洒绿叶，能使叶片较长时间保持绿色。

愈伤组织或离体芽　分化初期使用 1～50mg/L 加入培养基，能促进芽的增殖和分化。

注意事项　作脱叶剂时一定按指定的使用时期、用量、处理方式操作。处理后 24 小时内勿遇雨水。

参考文献

李玲，肖浪涛，谭伟明，2018. 现代植物生长调节剂技术手册[M]. 北京: 化学工业出版社:57.

毛景英，闫振领，2005. 植物生长调节剂调控原理与实用技术[M]. 北京: 中国农业出版社.

孙家隆，2015. 新编农药品种手册[M]. 北京: 化学工业出版社:949.

（撰稿：白雨蒙；审稿：谭伟明）

噻草胺　CMPT

一种酰胺类选择性除草剂。

其他名称　TO-2、Select、麦草净、西力特。

化学名称　5-氯-4-甲基-2-丙酰胺基噻唑。

IUPAC 名称　5-chloro-4-methyl-2-propionamido-1,3-thiazole。

CAS 名称　N-(5-chloro-4-methyl-2-thiazolyl)propanamide。

CAS 登记号　13915-79-2。

分子式　$C_7H_9ClN_2OS$。

相对分子质量　204.68。

结构式

开发单位 1971年日本三井东亚化学公司开发。

理化性质 白色粉末。熔点158～160℃。在水中溶解度18mg/L（21℃）。可溶于丙酮、乙醇。

毒性 大鼠急性经口LD_{50} 2080mg/kg。鱼类LC_{50}（48小时，mg/L）：鲤鱼15。

剂型 可湿性粉剂。

作用方式 触杀型选择性芽后除草剂。

防治对象 麦田防除一年生禾本科杂草和某些阔叶杂草，对野燕麦和深根杂草无效。

使用方法 2～4kg/hm^{2}于芽后小麦3～4叶期，禾本科杂草2叶期作茎叶喷雾处理，气温高时用药量低。

注意事项 勿与有机磷或氨基甲酸酯类农药混用，否则会对小麦产生药害。

参考文献

石得中，2007. 中国农药大辞典[M]. 北京: 化学工业出版社: 397-398.

朱永和，王振荣，李布青，2006. 农药大典[M]. 北京: 中国三峡出版社: 694-695.

（撰稿：许寒；审稿：耿贺利）

噻草酮 cycloxydim

一种环己酮肟类除草剂。

其他名称 Focus (BASF)、Laser (BASF)、Stratos (BASF)、BAS 517H (BASF)。

化学名称 (RS)-2-[1-(乙氧亚氨基)丁基]-3-烃基-5-氢化噻喃-3-基-环己-2-烯酮；2-[1-(ethoxyimino)butyl]-3-hydroxy-5-(tetrahydro-2H-thiopyran-3-yl)-2-cyclohexene-1-one；在早期出版物中命名为互变异构体2-[1-(ethoxyimino)butylidene]-5-(tetrahydro-2H-thiopyran-3-yl)-1,3-cyclohexanedione。

IUPAC名称 (RS)-2-[1-(ethoxyimino)butyl]-3-hydroxy-5-thian-3-ylcyclohex-2-enone。

CAS登记号 101205-02-1（噻草酮）；99434-58-9（互变异构体）。

EC号 405-230-9。

分子式 $C_{17}H_{27}NO_3S$。

相对分子质量 325.47。

结构式

开发单位 由W. Zwick等（Proc. Br. Crop Prot. Conf.-Weeds, 1985, 1: 85）和N. Meyer等报道（ibid., p.93）。BASF AG（现为BASF SE）引进，1989年首次在法国上市。

理化性质 无色无味晶状固体。熔点37.1～41.2℃（熔点以上为黄米色膏状的、具有微弱芳香气味的深褐色油）。闪点89.5℃（原药）。蒸气压0.01mPa（20℃）。K_{ow}lg$P$约为1.36（25℃，pH7）。Henry常数6.1×10^{-5}Pa·m^3/mol（计算值）。相对密度1.165（20℃）。在水中溶解度（mg/L，20℃）: 53（pH4.3）；在有机溶剂中溶解度（g/L，20℃）: 丙酮、甲醇、二氯甲烷、乙酸乙酯、甲苯＞250，正己烷29。稳定性: 室温下稳定1年以上。30℃以上不稳定，大约在200℃分解。pK_a约4.17。

毒性 大鼠急性经口LD_{50}约3940mg/kg。大鼠急性经皮LD_{50}＞2000mg/kg。对兔眼睛和皮肤无刺激作用。大鼠急性吸入LC_{50}（4小时）＞5.28mg/L。NOEL: 大鼠（18个月）7mg/（kg·d）；小鼠（2年）32mg/（kg·d）。无致突变、致癌、致畸性。毒性等级: U（a.i.，WHO）；IV（制剂，EPA）。鹌鹑急性经口LD_{50}＞2000mg/kg，虹鳟LC_{50}（96小时）215mg/L，蓝鳃翻车鱼＞100mg/L。水蚤LC_{50}（48小时）＞71mg/L。近头状伪蹄形藻EC_{50} 44.9mg/L。浮萍EC_{50} 81.7mg/L。对蜜蜂无毒害，LD_{50}＞100μg/只。赤子爱胜蚓LC_{50}＞1000mg/kg土壤。

剂型 乳油。

作用方式及机理 脂肪酸合成抑制剂，抑制乙酰辅酶A羧化酶（ACC合成酶）。为有丝分裂抑制剂。选择性除草剂，通过叶面快速吸收，向顶及向基传导。

防治对象及使用方法 苗后防除阔叶农作物（如油菜、豆类、马铃薯、芸薹属植物、棉花、芹菜、茴香、甜菜、饲料甜菜、向日葵、亚麻、苜蓿、十字花科植物及葱属植物）田的一年生及多年生杂草（紫羊茅和早熟禾属除外）。针对一年生杂草和冰白三叶，其使用量为100～500g/hm^2。

注意事项 按计量使用时，对所有的阔叶农作物无害。对禾本科作物有害。不能与阔叶除草剂混合使用。

允许残留量 欧洲食品安全局（EFSA）评估后，噻草酮的最大残留限量具体信息见表。

欧洲食品安全局规定噻草酮在部分食品中的残留限量

食品类别	名称	最大残留限量（mg/kg）
蔬菜	甜菜根	0.9
	块根芹	5.0
	辣根	0.9
	婆罗门参	1.5
	蕉青甘蓝	0.9
	茄子	1.5
	秋芽甘蓝	6.0
	结球甘蓝	5.0
	大白菜	3.0
	羽衣甘蓝	3.0

参考文献

马克比恩 C, 2015. 农药手册[M]. 胡笑形，等译. 北京: 化学工业出版社: 228-229.

中国农业百科全书总编辑委员会农药卷编辑委员会, 中国农业

S

百科全书编辑部, 1993. 中国农业百科全书: 农药卷[M]. 北京: 农业出版社.

（撰稿: 寇俊杰; 审稿: 耿贺利）

噻虫胺　clothianidin

一种具有广谱、内吸性等特性的新烟碱类杀虫剂。

其他名称　Clutch、Dantotsu、可尼丁、guanidine。

化学名称　(E)-1-(2-氯-1,3-噻唑-5-基甲基)-3-甲基-2-硝基胍; 1-(2-氯-5-噻唑基甲基)-3-甲基-2-硝基胍; (E)-1-[(2-chloro-1,3-thiazol-5-yl)methyl]-3-methyl-2-nitroguanidine。

IUPAC 名称　1-(2-chloro-5-thiazolylmethyl)-3-methyl-2-nitroguanidine。

CAS 登记号　210880-92-5。

分子式　$C_6H_8ClN_5O_2S$。

相对分子质量　249.68。

结构式

开发单位　拜耳公司。

理化性质　纯品为白色结晶粉末。熔点 176.8℃。溶解度: 水 0.327g/L（20℃）; 乙酸乙酯 2.03g/L、正庚烷＜0.00104g/L、二甲苯 0.0128g/L、二氯甲烷 1.32g/L、辛醇 0.938g/L、丙酮 15.2g/L、甲醇 6.26g/L。

毒性　急性经口 LD_{50}: 雌性大鼠＞5000mg/kg，小鼠 425mg/kg。雌、雄大鼠急性经皮 LD_{50}＞2000mg/kg。对兔皮肤无刺激，对眼睛轻微刺激，对豚鼠皮肤无致敏性。雌、雄大鼠吸入 LC_{50}（4 小时）＞6141mg/m^3。NOEL: 雄性大鼠（2 年）27.4mg/（kg·d），雌性大鼠（2 年）9.7mg/（kg·d），雄狗（1 年）15mg/（kg·d）。对大鼠和小鼠无致突变和致癌作用，对大鼠和兔无致畸性。急性经口 LD_{50}: 山齿鹑＞2000，日本鹌鹑 430mg/kg。山齿鹑和野鸭饲喂 LC_{50}（5 天）＞5200mg/kg 饲料。鱼类 LC_{50}（96 小时，mg/L）: 虹鳟＞100，鲤鱼＞100，蓝鳃翻车鱼＞120。水蚤 EC_{50}（48 小时）120mg/L。羊角月牙藻 E_4C_{50}（96 小时）55mg/L。虾 LC_{50}（9 小时）0.053mg/L。东方牡蛎 EC_{50}（96 小时）129.1mg/L。摇蚊幼虫 EC_{50}（48 小时）0.029mg/L。对蜜蜂有毒，经口 LD_{50} 0.00379μg/ 只，接触 LD_{50} 0.0439μg/ 只。蚯蚓 LC_{50}（14 天）13.2mg/kg 土壤。

剂型　可湿性粉剂，颗粒剂，可溶性粉剂，悬浮剂，可分散粒剂等。

作用方式及机理　是新烟碱类中的一种杀虫剂，是一类高效安全、高选择性的新型杀虫剂，其作用与烟碱乙酰胆碱受体类似，具有触杀、胃毒和内吸活性。

防治对象　广谱、内吸性杀虫剂。主要用于水稻、蔬菜、果树以及其他作物上防治半翅目、鞘翅目、双翅目和某些鳞翅目害虫。

使用方法　适用于叶面喷雾、土壤处理。经室内对白粉虱的毒力测定和对番茄烟粉虱的田间药效试验表明，具有较高活性和较好防治效果。表现出较好的速效性，持效期在 7 天左右。

防治稻飞虱　可用 20% 的悬浮剂，有效成分用量 270～360ml/hm^2 进行茎叶喷雾，水稻稻飞虱低龄若虫盛期施药，注意喷雾均匀周到，每季最多用药 1 次。

防治小麦蚜虫　可用 20% 的悬浮剂，有效成分用量 120～240ml/hm^2 进行茎叶喷雾，于小麦蚜虫发生初盛期施药，注意喷雾均匀周到，每季最多用药 1 次。

防治蔗螟　用 0.5% 颗粒剂沟施，药剂用量 150～187.5g/hm^2。

注意事项　①在小麦、水稻作物上使用的安全间隔期为 21 天，每个作物周期的最多使用次数小麦为 2 次、水稻 1 次。②为新烟碱类杀虫剂，建议与其他作用机制不同的杀虫剂轮换使用。不能与石硫合剂和波尔多液等强碱性农药混用。③对蜜蜂、鱼类等水生生物、家蚕、鸟类有毒，施药时应避免对周围蜂群的影响，周围作物花期、蚕室和桑园、鸟类保护区附近慎用。水产养殖区、水塘等水体附近禁用。应避免药液流入河塘等水体中，清洗喷药器械时切忌污染水源。赤眼蜂等天敌放飞区禁用。鱼或虾蟹套养稻田禁用，施药后的田水不得直接排入水体。丢弃的包装物等废弃物应避免污染水体，建议用控制焚烧法或安全掩埋法处置包装物或废弃物。④使用该品时应穿戴防护服和手套，避免吸入药液。施药期间不可吃东西和饮水。施药后应及时冲洗手、脸及裸露部位。⑤孕妇及哺乳期妇女禁止接触该品。

与其他药剂的混用　可与噻苯咪唑、氯虫苯甲酰胺、甲霜灵、肟菌酯、易赛菌胺等多种农药混用。如 10% 噻虫胺与 10% 联苯菊酯混用在 135～195g/hm^2 时喷雾，可防治甘蓝黄条跳甲。40% 吡蚜酮 +10% 噻虫胺在有效成分药量 60～75g/hm^2 时喷雾，可以防治水稻稻飞虱。1.5% 噻虫胺 +0.5% 氟氯氰菊酯，有效成分用药量 300～375g/hm^2 时撒施，可防治甘蔗蔗龟。10% 氯虫苯甲酰胺 +30% 噻虫胺有效成分用药量为 90～120g/hm^2 时沟施，可以防治马铃薯蛴螬。

允许残留量　GB 2763—2021《食品中农药最大残留限量标准》规定噻虫胺最大残留限量见表。ADI 为 0.1mg/kg。谷物按照 GB/T 20770 中规定的方法测定; 蔬菜按照 GB/T 20769 规定的方法测定。

噻虫胺在部分食品中的最大残留限量（GB 2763—2021）

食品类别	名称	最大残留限量（mg/kg）
谷物	稻谷	0.5
	糙米	0.2
蔬菜	结球甘蓝	0.5
	番茄	1.0

参考文献

马克比恩 C, 2015. 农药手册[M]. 胡笑形, 等译. 北京: 化学工业出版社: 201-202.

（撰稿: 吴剑; 审稿: 薛伟）

噻虫啉　thiacloprid

一种广谱、内吸性新烟碱类杀虫剂，对刺吸式口器害虫有良好的杀灭效果。

其他名称　Calypso、Cyanamide、Bariard、Biscaya、Calypso 70WG、Calypso Ultra。

化学名称　3-(6-氯-3-吡啶甲基)-1,3-噻唑啉-2-亚基氰胺。

IUPAC 名称　3-(6-chloro-3-pyridinylmethyl)-1,3-thiazolidin-2-ylidenecyanamide。

CAS 登记号　111988-49-9。

分子式　$C_{10}H_9ClN_4S$。

相对分子质量　252.72。

结构式

开发单位　拜耳公司和日本拜耳农化公司。

理化性质　浅黄色粉末。熔点 128～129℃。蒸气压 3×10^{-10}Pa（20℃）。20℃时在水中的溶解度为 185mg/L。土壤中半衰期为 1～3 周。

毒性　急性经口 LD_{50}：雄大鼠 836mg/kg，雌大鼠 444mg/kg。急性吸入 LC_{50}：雄大鼠 2535mg/m³，雌大鼠 1223mg/m³；对兔眼睛和皮肤无刺激作用，对豚鼠皮肤无致敏性。对大鼠试验无致癌和致突变作用。鹌鹑急性经口 LD_{50} 2716mg/kg。虹鳟 LC_{50}（96 小时）30.5mg/L，水蚤 EC_{50}（48 小时，20℃）> 85.1mg/L。藻类 EC_{50} 97mg/L。蜜蜂经口及接触 LD_{50} 分别为 17.32μg/ 只和 38.38μg/ 只。

剂型　颗粒剂，油悬浮剂，悬浮剂，悬乳剂，水分散粒剂。

作用方式及机理　作用于昆虫神经接合后膜，通过与烟碱乙酰胆碱受体结合，干扰昆虫神经系统正常传导，引起神经通道的阻塞，造成乙酰胆碱的大量积累，从而使昆虫异常兴奋，全身痉挛、麻痹而死。

防治对象　广谱、内吸性新烟碱类杀虫剂，对刺吸式口器害虫有良好的杀灭效果。作用于烟碱乙酰胆碱受体，与有机磷、氨基甲酸酯、拟除虫菊酯类常规杀虫剂无交互抗性，可用于抗性治理。药剂对棉花、蔬菜、马铃薯和梨果类水果上的重要害虫有优异的防效。除了对蚜虫和粉虱有效外，还对各种甲虫（如马铃薯甲虫、苹果象甲、稻象甲）和鳞翅目害虫（如苹果树上潜叶蛾和苹果蠹蛾）也有效，对相应的作物都适用。

使用方法　根据作物、害虫、使用方式的不同，推荐用量为有效成分 48～180g/hm² 做叶面喷施，也有推荐 20～60g/hm² 有效成分。如于稻飞虱低龄若虫高峰期施药，兑水均匀喷雾（40% 的悬浮液，150～210ml/hm²）。于灰飞虱低龄若虫盛期进行常规喷雾，应注意喷雾均匀，用药量

85.05～100.8g/hm²（21% 的可分散油悬浮剂）。

注意事项　不能与碱性药剂混用。不要在低于–10℃和高于 35℃的环境中储存。对蜜蜂有毒，用药时要特别注意。该药杀虫活性很高，用药时不要盲目加大用药量。勿让儿童接触该品。加锁保存。不能与食品、饲料存放在一起。尽管该品低毒，但在施药时应遵照安全使用农药守则。在水稻上防治稻飞虱，一季作物最多施用 2 次。推荐安全间隔期为 14 天。

与其他药剂的混用　可与多种杀虫剂混用，如吡蚜酮（20%）和噻虫啉（5%）复配制剂用 75～90g/hm² 喷雾，能防治水稻飞虱。高效氟氯氰菊酯（1%）与噻虫啉（9%）悬乳剂，用 50～66.7mg/kg 喷雾，可防治枣树上的盲蝽。噻虫啉（8%）丁醚脲（32%）的 40% 悬浮剂用 360～480g/hm² 喷雾，可防治茶树上的茶小绿叶蝉。40% 的"联苯·噻虫啉"悬浮剂（联苯菊酯，15%；噻虫啉，25%）用 90～120g/hm² 喷雾，可防治茶小绿叶蝉、粉虱。噻虫啉（13%）与溴氰菊酯（2%）混用（15% 可分散油悬浮剂），用 7.5～15g/hm² 喷雾，可防治茶树上的茶小绿叶蝉。

允许残留量　① GB 2763—2021《食品中农药最大残留限量标准》规定噻虫啉最大残留限量见表 1。ADI 为 0.01mg/kg。谷物按照 GB/T 20770 规定的方法测定；油料和油脂、坚果参照 GB/T 20770 规定的方法测定；蔬菜、水果按照 GB/T 20769 规定的方法测定。②《国际食品法典》规定噻虫啉最大残留限量见表 2。③美国规定噻虫啉最大残留限量见表 3。④澳大利亚规定噻虫啉最大残留限量见表 4。

表 1　中国规定部分食品中噻虫啉最大残留限量（GB 2763—2021）

食品类别	名称	最大残留限量（mg/kg）
谷物	稻谷	10.00
	糙米	0.20
	小麦	0.10
油料和油脂	油菜籽、芥菜籽	0.50
	棉籽	0.02
蔬菜	结球甘蓝、番茄	0.50
	茄子	0.70
	甜椒、黄瓜	1.00
	马铃薯	0.02
水果	仁果类水果	0.70
	核果类水果	0.50
	浆果及其他小型水果（猕猴桃除外）	1.00
	猕猴桃、甜瓜类水果	0.20
坚果		0.20

表 2　《国际食品法典》规定部分食品中噻虫啉最大残留限量（mg/kg）

食品名称	最大残留限量	食品名称	最大残留限量
黄瓜	0.3	甜椒	1.00
杏壳	10	仁果类水果	0.70
浆果和其他小型水果	1	马铃薯	0.02
棉籽	0.02	家禽肉	0.02

S

（续表）

食品名称	最大残留限量	食品名称	最大残留限量
可食用内脏（哺乳动物）	0.5	可食用家禽内脏	0.02
蛋	0.02	油菜籽	0.50
茄子	0.7	稻谷	0.02
奇异果	0.2	核果类水果	0.50
哺乳动物肉（海洋哺乳动物肉除外）	0.1	番茄	0.50
瓜	0.2	树坚果	0.02
牛奶	0.05	小麦	0.10
芥菜种	0.5	小麦秆及饲料（干）	5.00

表 3 美国规定部分食品中噻虫啉最大残留限量（mg/kg）

食品名称	最大残留限量	食品名称	最大残留限量
马肉副产品	0.05	牛肥肉	0.02
马肉	0.03	牛肾	0.05
乳	0.03	牛肝	0.15
绵羊肥肉	0.02	绵羊肾	0.05
绵羊肝	0.15	牛肉副产品	0.05
绵羊肉	0.03	轧棉副产品	11.00
绵羊肉副产品	0.05	未去纤维棉籽	0.02
山羊肝	0.15	梨果	0.30
山羊肉	0.03	山羊肥肉	0.02
山羊肉副产品	0.05	山羊肾	0.05
牛肉	0.03	马肝	0.15

表 4 澳大利亚规定部分食品中　噻虫啉最大残留限量（mg/kg）

食品名称	最大残留限量	食品名称	最大残留限量
棉籽	0.10	仁果类水果	1.00
可食用内脏（哺乳动物）	0.02	家禽肉	0.02
蛋	0.02	可食用家禽内脏	0.02
奶	0.01	核果类水果	2.00

参考文献

马克比恩 C, 2015. 农药手册[M]. 胡笑形, 等译. 北京: 化学工业出版社: 990-991.

（撰稿：吴剑；审稿：薛伟）

噻虫嗪　thiamethoxam

为全新结构的第二代烟碱类高效低毒杀虫剂，对害虫具有胃毒、触杀及内吸活性。

其他名称　Actara（阿克泰）、Adage、Cruiser（快胜）。

化学名称　3-(2-氯-1,3-噻唑-5-基甲基)-5-甲基-1,3,5-噁二嗪-4-基叉(硝基)胺。

IUPAC名称　3-(2-chloro-1,3-1,3-thiazol-5-ylmethyl)-5-methyl-1,3,5-oxadiazinan-4-ylidene(nitro)amine。

CAS 登记号　153719-23-4。

EC 号　428-650-4。

分子式　$C_8H_{10}ClN_5O_3S$。

相对分子质量　291.72。

结构式

开发单位　1991 年汽巴公司（现先正达公司）发现，由 R. Senn 报道，1997 年在新西兰引入。

理化性质　纯品为白色结晶粉末。熔点 139.1℃。蒸气压 6.6×10^{-9} Pa（25℃）。$K_{ow}lgP$ –0.13（25℃）。

毒性　大鼠急性经口 LD_{50} 1563mg/kg。大鼠急性经皮 $LD_{50} > 2000$mg/kg。大鼠急性吸入 LC_{50}（4 小时）3720mg/m³。对兔眼睛和皮肤无刺激。鹌鹑 LD_{50} 1552mg/kg，野鸭 LD_{50} 576mg/kg；鹌鹑 $LC_{50} > 5200$mg/kg 饲料，野鸭 $LC_{50} > 5200$mg/kg 饲料。虹鳟 LC_{50}（96 小时）> 100mg/L。蚯蚓 EC_{50}（1 天）> 1000mg/kg 土壤。水蚤 EC_{50}（96 小时）> 100mg/L。蜜蜂 LC_{50} 0.024μg/ 只（有效成分）。

剂型　25% 水分散粒剂，24% 悬浮剂，1% 颗粒剂，70% 可湿性粉剂，35% 悬浮种衣剂。

作用方式及机理　是第二代新烟碱类杀虫剂，作用机理虽与吡虫啉等第一代新烟碱类杀虫剂相似，但具有更高的活性、更高的安全性、更广的活性谱，是取代那些对哺乳动物高毒、有残留和环境问题的有机磷、氨基甲酸酯类、拟除虫菊酯类、有机氯类杀虫剂的最佳品种。研究表明噻虫嗪与第一代新烟碱类杀虫剂如吡虫啉、啶虫咪、烯啶虫（nitenpyrem）等无交互抗性。

防治对象　可有效防治鳞翅目、鞘翅目、缨翅目害虫，对半翅目害虫高效。如各种蚜虫、叶蝉、粉虱、飞虱、粉蚧、金龟子幼虫、马铃薯甲虫、跳甲、线虫、地面甲虫、潜叶蛾。

使用方法　不仅具有触杀、胃毒、内吸活性，而且具有杀虫谱广、活性高、作用速度快、持效期长等特点。既能防治地下害虫，又能防治地上害虫。既可用于茎叶处理和土壤处理，使用剂量为 2~200g/hm² 有效成分；又可用于种子处理，使用剂量为 4~400g/100kg 有效成分。如用 2.5g/100L 有效成分喷雾即可防治食叶和食果的蔬菜中各种蚜虫，用 25g/100L 有效成分喷雾即可防治落叶水果中多种蚜虫，防治棉花害虫使用剂量为 30~100g/hm² 有效成分。6~12g/hm² 有效成分茎叶处理即可防治稻飞虱。用 40~315g/100kg 有效成分处理玉米种子，可有效防治线虫、蚜属、杆蝇、黑异蔗金龟等害虫。

注意事项　不能与碱性药剂混用。不要在低于 –10℃或高于35℃的环境储存。对蜜蜂有毒，用药时要特别注意。该药杀虫活性很高，用药时不要盲目加大用药量。勿让儿童接触该品。加锁保存。不能与食品、饲料存放一起。尽管该品低毒，但在施药时应遵照安全使用农药守则。

与其他药剂的混用 可以与杀菌剂、杀虫剂进行混用。20%的噻虫嗪与咪鲜胺铜盐（4%）和嘧菌酯（6%）复配成为30%的种子处理剂，在用量为145～180g/100kg种子时进行包衣，用以防治花生根腐病、花生蚜虫、小麦根腐病、黑穗病以及小麦蚜虫。12.6%的噻虫嗪与高效氯氟氰菊酯（9.4%）成微囊悬浮 - 悬浮剂。用量14.82～22.23g/hm² 喷雾，可防治茶树上茶尺蠖和茶小绿叶蝉，大豆蚜虫和造桥虫。用18.53～37.05g/hm² 喷雾，可防治甘蓝菜青虫和甘蓝蚜虫。用18.53～37.05g/hm² 喷雾，可防治棉铃虫和棉蚜。用16.5～49.5g/hm² 喷雾，可防治马铃薯蚜虫。用18.53～37.05g/hm² 喷雾，可防治辣椒白粉虱。用18.53～37.05g/hm² 喷雾，可防治烟蚜和烟青虫。噻虫嗪（20%）与咯菌腈（2%）复配成22%的悬浮种衣剂，用66～99g/100kg种子进行种子包衣，可防治水稻稻蓟马以及水稻恶苗病。噻虫嗪（5%）与氯吡硫磷（25%）复配，用225～675g/hm² 喷雾，可有效防治草坪蛴螬。

允许残留量 ①GB 2763—2021《食品中农药最大残留限量标准》规定噻虫嗪最大残留限量见表1。ADI为0.08mg/kg。谷物按照GB 23200.9规定的方法测定；蔬菜、水果、糖料按照GB 23200.8、GB 23200.9、GB/T 20769规定的方法测定。②美国规定噻虫嗪最大残留限量见表2。③日本规定噻虫嗪最大残留限量见表3。

表1 中国规定噻虫嗪在部分食品中的最大残留限量

（GB 2763—2021）

食品类别	名称	最大残留限量（mg/kg）
谷物	糙米、小麦	0.1
蔬菜	结球甘蓝	0.2
	茄子	0.5
水果	西瓜	0.2
糖料	甘蔗	0.1

表2 美国规定噻虫嗪在部分食品中的最大残留限量（mg/kg）

食品名称	最大残留限量	食品名称	最大残留限量
紫花苜蓿草料	0.05	黑麦草料	0.50
紫花苜蓿干草	0.12	黑麦秆	0.02
杏壳	1.20	红花籽	0.02
朝鲜蓟	0.45	人心果	0.40
鳄梨	0.40	黑柿	0.40
大麦粒	0.40	曼密果	0.40
大麦干草	0.40	绵羊肉	0.02
大麦秆	0.40	绵羊肉副产品	0.04
嫩豆	0.02	高粱草料	0.02

表3 日本规定噻虫嗪在部分食品中的最大残留限量（mg/kg）

食品名称	最大残留限量	食品名称	最大残留限量
茶叶	15.00	牛蒡	0.02
蔓越莓	0.02	其他十字花科植物蔬菜	5.00
杞果	0.20	其他葫芦科蔬菜	0.50
乳	0.01	其他水果	2.00
马铃薯	0.30	其他草药	5.00
苹果	0.30	其他豆类	0.02

（续表）

食品名称	最大残留限量	食品名称	最大残留限量
蛋黄果	0.40	高粱谷干草	0.02
卡诺拉种	0.02	大豆壳	0.08
牛肉	0.02	荷兰薄荷头	1.50
牛肉副产品	0.04	星苹果	0.40
橘脯	0.60	向日葵	0.02
绿咖啡豆	0.05	番茄酱	0.80
田生玉米草料	0.10	葫芦类植物	0.20
田生玉米秫草	0.05	蔬菜、水果	0.25
爆米花，玉米干草	0.05	除芸薹类外的叶类植物	4.00
甜玉米草料	0.10	豆叶类植物	0.02
去皮甜玉米碎谷粒	0.02	小麦草料	0.50
甜玉米秫草	0.05	小麦干草	0.02
轧棉副产品	1.50	小麦秆	0.02
未去纤维棉籽	0.10	梨果	0.20
海甘蓝种	0.02	核果	0.50
蔓越莓	0.02	山羊肉	0.02
亚麻籽	0.02	山羊肉副产品	0.04
柑橘果	0.40	风筛碎谷粒	2.00
小米、黍、秸秆	0.02	葡萄干	0.30
黍秆	0.02	猪肉	0.02
芥末籽	0.02	猪肉副产品	0.02
坚果树	0.02	蛇麻草干球果	0.10
燕麦草料	0.50	马肉副产品	0.04
燕麦干草	0.02	马肉	0.02
燕麦秆	0.02	杞果	0.40
球茎干洋葱	0.03	乳	0.02
木瓜	0.40	珍珠稷草料	0.02
花生仁	0.05	小米、黍、秸秆	0.02
花生干草	0.25	稷草料	0.02
花生粉状	0.15	马铃薯	0.25
胡椒薄荷头	1.50	萝卜头	0.80
开心果	0.02	油菜籽	0.02

S

（续表）

食品名称	最大残留限量	食品名称	最大残留限量
杏	3.00	其他茄科蔬菜	2.00
朝鲜蓟	0.45	其他香料	5.00
芦笋	0.02	其他陆生哺乳动物，可食用肝	0.01
香蕉	0.70	其他陆生哺乳动物，肌肉	0.01
大麦	0.30	其他陆生哺乳动物，内脏、脂肪	0.01
干豆	0.05	其他陆生哺乳动物，肾脏	0.01
黑莓	0.35	其他陆生哺乳动物，肝脏	0.01
蓝莓	0.20	其他伞形科蔬菜	3.00
蚕豆	0.02	其他蔬菜	3.00
青花菜	2.00	香菜	3.00
球芽甘蓝	2.00	欧洲防风草	0.02
牛蒡	0.02	桃	0.50
胡萝卜	0.02	梨	1.00
黄牛食用内脏	0.01	豌豆	0.02
牛肥肉	0.01	未成熟的豌豆（有豆荚）	0.02
牛肾	0.01	胡桃	0.02
牛肝	0.01	猪食用内脏	0.01
牛瘦肉	0.01	猪肥肉	0.01
花椰菜	2.00	猪肾	0.01
芹菜	0.70	猪肝	0.01
樱桃	5.00	猪瘦肉	0.01
菊苣根	3.00	青椒	1.00
白菜	2.00	南瓜	0.20
玉米	0.02	青梗菜	5.00
棉花籽	0.10	温柏	0.20
黄瓜（包括小黄瓜）	0.50	油菜籽	0.02
茄子	0.50	覆盆子	0.35
苣荬菜	3.00	大米（糙米）	0.30
葡萄	2.00	婆罗门参	0.02
葡萄柚	1.00	茼蒿	3.00
绿色大豆	0.30	大豆，干燥	0.02
番石榴	0.20	菠菜	10.00
蛇麻草	0.10	草莓	2.00
辣根	0.02	粮用甜菜	0.02
黑果木	0.20	甘薯	0.03
日本梨	1.00	芋	0.30
日本柿子	1.00	番茄	2.00
日本李子	0.50	萝卜（包括大头菜）	0.02

（续表）

食品名称	最大残留限量	食品名称	最大残留限量
日本萝卜叶	3.00	橙汁、果肉	0.30
日本萝卜根	0.20	西瓜	0.20
羽衣甘蓝	3.00	豆瓣菜	3.00
小松菜（日本芥末菠菜）	5.00	小麦	0.02
魔芋	0.10	黄秋葵	0.70
京菜	3.00	橙子（包括脐橙）	1.00
柠檬	1.00	东方酸洗甜瓜	0.20
莴苣	3.00	其他浆果	0.35
青柠	1.00	其他谷物	0.02
枇杷	0.20	其他柑橘类水果	1.00
甜瓜	0.20	咖啡豆	0.05
瓜	0.30	油桃	0.50
梅、李子	3.00		

参考文献

马克比恩 C, 2015. 农药手册[M]. 胡笑形, 等译. 北京: 化学工业出版社: 992-993.

（撰稿：吴剑；审稿：薛伟）

噻二嗪类　thiadiazines

含有噻二嗪结构的类几丁质合成抑制剂。这类杀虫剂开发最为成功的是噻嗪酮。

（撰稿：杨吉春；审稿：李淼）

噻二唑草胺　thidiazimin

一种用于麦田苗后防除阔叶杂草的除草剂。

其他名称　SN-124085。

化学名称　6-[(3Z)-6,7-二氢-6,6-二甲基-3H,5H-吡咯并[2,1-c][1,2,4]-噻二唑-3-基亚胺基]7-氟-4-(2-丙炔基)-2H-1,4-苯并噁嗪-3(4H)-酮。

IUPAC 名称　6-[(3Z)-6,7-dihydro-6,6-dimethyl-3H,5H-pyrrolo[2,1-c][1,2,4]-thiadiazol-3ylideneamino]-7-fluoro-4-(2-propynyl)-2H-1,4-benzoxazin-3(4H)-one。

CAS 登记号　123249-43-4。

分子式　$C_{18}H_{17}FN_4O_2S$。

相对分子质量　372.42。

S

结构式

开发单位　安万特公司，德国先灵公司。

理化性质　纯品为无色结晶体。熔点158℃。蒸气压 5×10^{-11} Pa（25℃）。$K_{ow}lgP$ 3（pH7）。水中溶解度（25℃，pH7）6.6mg/L±0.5mg/L。

毒性　大鼠急性经口 $LD_{50}>4000$ mg/kg，急性经皮 $LD_{50}>5000$ mg/kg。对兔皮肤和眼睛无刺激。大鼠急性吸入 LC_{50}（4小时）>4.89 mg/L。

作用方式及机理　原卟啉原氧化酶抑制剂。

防治对象　主要用于麦田防除阔叶杂草，如对常春藤叶婆婆纳、田堇菜、小野芝麻等主要阔叶杂草具有优异的防效，对猪殃殃、荠菜、繁缕、母菊、田野勿忘我等杂草亦具有很好的防效。

使用方法　主要用于冬小麦田苗后防除阔叶杂草，使用剂量为 $20 \sim 40$ g/hm²。该药与取代脲类、取代苯腈类、磺酰脲类和激素型除草剂混用，于秋季使用，可彻底防除所有阔叶杂草。

与其他药剂的混用　可与取代脲类、取代苯腈类、磺酰脲类和激素型除草剂混用。

参考文献

朱永和，王振荣，李布青，2006. 农药大典[M]. 北京：中国三峡出版社：911.

（撰稿：刘玉秀；审稿：宋红健）

噻吩磺隆　thifensulfuron-methyl

一种磺酰脲类选择内吸性除草剂。

其他名称　阔叶散、宝收、噻黄隆、噻磺隆。

化学名称　3-(4-甲氧基-6-甲基-1,3,5-三嗪-2-基)-1-(2-甲氧基甲酰基苯基)磺酰脲；methyl 3-[[[[(4-methoxy-6-methyl-1,3,5-triazin-2-yl)amino]carbonyl]amino]sulfonyl]-2-thiophenecarboxlate。

IUPAC名称　methyl 3-[4-methoxy-6-methyl-1,3,5-triazin-2-ylcarbamoylsulfamoyl)thiophene-2-carboxylate。

CA名称　methyl 3-[[[[(4-methoxy-6-methyl-1,3,5-triazin-2-yl)amino]carbonyl]amino] sulfonyl]-2-thiophenecarboxylate。

CAS登记号　79277-27-3。

EC号　616-673-4。

分子式　$C_{12}H_{13}N_5O_6S_2$。

相对分子质量　387.39。

结构式

开发单位　杜邦公司。

理化性质　无色无味晶体。相对密度1.49。熔点176℃。蒸气压 1.7×10^{-8} Pa（25℃）。水中溶解度（25℃，mg/L）：230（pH5）、6270（pH7）；有机溶剂中溶解度（25℃，g/L）：己烷<0.1，二甲苯0.2，乙醇0.9，甲醇、乙酸乙酯2.6，乙腈7.3，丙酮11.9，二氯甲烷27.5。55℃下稳定，中性介质中稳定。

毒性　低毒。大、小鼠急性经口 $LD_{50}>5000$ mg/kg。大鼠急性吸入 LC_{50}（4小时）>7.9 mg/L。兔急性经皮 $LD_{50}>2000$ mg/kg，对兔眼睛中度刺激。饲喂试验NOEL［90天，mg/（kg·d）］：大鼠0.1，小鼠7.5，狗1.5。对鱼、蜜蜂、鸟等低毒。蓝鳃翻车鱼和虹鳟 LC_{50}（96小时）>100 mg/L，水蚤 LC_{50}（48小时）1000mg/L。鹌鹑 LC_{50}（8天）>5620 mg/kg饲料。蜜蜂 $LD_{50}>12.5$ μg/只。

剂型　15%、20%、25%、70%可湿性粉剂，75%水分散粒剂。

质量标准　噻吩磺隆原药（GB 24758—2009）。

作用方式及机理　内吸性传导型除草剂，ALS抑制剂，作用机理与苯磺隆等类似。杂草吸收药剂后1～3周死亡。玉米对噻吩磺隆有抵抗能力，正常剂量下安全。噻吩磺隆在土壤中被好气微生物分解，30天后对下茬作物无害。

防治对象　小麦田阔叶杂草，如荠菜、播娘蒿、猪殃殃、救荒野豌豆、婆婆纳、繁缕、宝盖草、麦瓶草、小花糖芥等。玉米田大部分阔叶杂草，如反枝苋、马齿苋、猪毛菜、地肤、藜、野西瓜苗、鼬瓣花、蓼、萹蓄等有理想防效。对禾本科杂草无效。

使用方法　可用于玉米、大豆、花生、小麦田除草。

防治玉米田杂草　玉米3～4叶期，杂草2～5叶期，春玉米每亩用25%噻吩磺隆可湿性粉剂8～10g（有效成分2～2.5g），夏玉米每亩用25%噻吩磺隆可湿性粉剂6.8～8g（有效成分1.5～2g），兑水30L茎叶喷雾。也可采用上述剂量加水40～50L做土壤处理。

防治冬小麦田杂草　冬前阔叶杂草基本出齐后，或春季小麦返青后拔节前，阔叶杂草3～5叶期，每亩用75%噻吩磺隆水分散粒剂2～3g（有效成分1.5～2.25g），加水30L茎叶喷雾。

防治大豆田杂草　大豆2～3片三出复叶期，杂草2～5叶期，春大豆每亩用75%噻吩磺隆水分散粒剂2.3～3g（有效成分1.7～2.3g），夏大豆每亩用75%噻吩磺隆水分散粒剂2.0～2.3g（有效成分1.5～1.7g），兑水30L茎叶喷雾。

注意事项　①该药作用速度较慢，不可在未见药效时急于人工除草。②该品活性高，用药量少，称量要准确。③避免在干旱、低温（10℃以下）、病虫害严重等不利于小麦生长的条件施药。④不能与碱性物质混合，以免分解失效。土壤pH>7、质地黏重及积水的田块禁用。⑤施药时防止药液飘移到邻近敏感的阔叶作物上，也勿在间作敏感作物的麦田使用。⑥该药尽量采用播后苗前土壤处理方法施药，如播种时较干旱，采用苗后用药时，应在玉米 4～5 叶期前施药，玉米超过 4～5 叶期用药易发生药害，气温高、干旱条件下更易发生药害。⑦甜玉米、爆裂玉米、黏玉米及玉米制种田不宜使用该药。

与其他药剂的混用 与乙草胺、扑草净、异丙隆、唑草酮、精噁唑禾草灵等混用，提高药效、延缓抗药性。

允许残留量 GB 2763—2021《食品中农药最大残留限量标准》规定噻吩磺隆最大残留限量见表。ADI 为 0.07mg/kg。谷物按照 GB/T 20770 规定的方法测定；油料和油脂参照 GB/T 20770 规定的方法测定。

部分食品中噻吩磺隆最大残留限量（GB 2763—2021）

食品类别	名称	最大残留限量（mg/kg）
谷物	小麦、玉米	0.05
油料和油脂	大豆	0.05

参考文献

刘长令, 2002. 世界农药大全: 除草剂卷[M]. 北京: 化学工业出版社.

马克比恩 C, 2015. 农药手册[M]. 胡笑形, 等译. 北京: 化学工业出版社.

中国农业百科全书总编辑委员会农药卷编辑委员会, 中国农业百科全书编辑部, 1993. 中国农业百科全书: 农药卷[M]. 北京: 农业出版社.

SHANER D L, 2014. Herbicide handbook[M]. 10th ed. Lawrence, KS: Weed Science Society of America.

（撰稿: 李香菊；审稿: 耿贺利）

噻呋酰胺　thifluzamide

一种噻唑酰胺类内吸传导型杀菌剂。

其他名称 Pulsor、Greatam、Granual、噻氟酰胺、满穗。

化学名称 2',6'- 二溴 -2- 甲基 -4'- 三氟甲氧基 -4- 三氟甲基 -1,3- 噻唑 -5- 甲酰胺；2',6'-dibromo-2-methyl-4'-trifluoromethoxy-4-trifluoromethyl-1,3-thiazole-5-carboxamide。

IUPAC 名称 N-(2,6-dibromo-4-(trifluoromethoxy)phenyl)-2-methyl-4-(trifluoromethyl)thiazole-5-carboxamide。

CAS 登记号 130000-40-7。

分子式 $C_{13}H_6Br_2F_6N_2O_2S$。

相对分子质量 528.06。

结构式

开发单位 美国孟山都公司研制，1993 年在中国申请了该化合物及其组合物的发明专利，1994 年美国罗姆 - 哈斯公司购买了这项专利，并使之商品化。

理化性质 纯品为白色至浅棕色固体。熔点 177.9～178.6℃。水中溶解度（mg/L，20～25℃）：1.6（pH5，7），7.6（pH9）。蒸气压 $1.01×10^{-6}$mPa（20℃）。K_{ow}lg$P$ 4.16（pH7）。pK_a 9.13（20～25℃）。Henry 常数 $3.3×10^{-7}$Pa·m³/mol（计算值，pH5.7）。稳定性：在 pH5～9 条件下稳定。水解光解半衰期 DT_{50} 3.6～3.8 天。

毒性 大鼠急性经口 LD_{50} > 6500mg/kg。兔急性经皮 LD_{50} > 5000mg/kg，对兔眼睛有轻微刺激，对兔皮肤有轻微刺激。大鼠吸入 LC_{50}（4 小时）> 5mg/L。NOEL［mg/(kg·d)］：狗 10，大鼠 1.4。野鸭急性经口 LD_{50} > 2250mg/kg，野鸭和山齿鹑饲喂 LC_{50}（5 天）> 5620mg/kg 饲料。鱼类 LC_{50}（96 小时，mg/L）：虹鳟 1.3，蓝鳃太阳鱼 1.2，鲤鱼 2.9。水蚤 LC_{50}（48 小时）1.4mg/L。绿藻 EC_{50}（72 小时）1.3mg/L。蜜蜂：急性经口 LD_{50} > 1000mg/kg、接触 > 100μg/ 只。蚯蚓 LC_{50} > 1250mg/kg 土壤。

剂型 24%、20%、50% 悬浮剂，25% 可湿性粉剂，50% 种子处理剂，85% 粉剂，15% 悬浮种衣剂。

作用方式及机理 琥珀酸酯脱氢酶抑制剂，即在真菌三羧酸循环中抑制琥珀酸酯脱氢酶的合成。可防治多种植物病害，特别是担子菌、丝核菌属真菌所引起的病害，同时具有很强的内吸传导性。

防治对象 对丝核菌属、柄锈菌属、黑粉菌属、腥黑粉菌属、伏革菌属和核腔菌属等担子菌纲致病菌有活性，如对担子菌纲真菌引起的立枯病等病害有特效。

使用方法 可用于水稻等禾谷类作物和草坪等的茎叶处理，使用剂量为 125～250g/hm² 有效成分；又可用于禾谷类作物和非禾谷类作物的拌种处理，使用剂量为有效成分 7～30g/100kg 种子；具有广谱性，且防效优异。对稻纹枯病有优异的防效，茎叶喷雾处理或施颗粒剂（抽穗前 50～20 天），用量分别为 130g/hm²、140g/hm²。对禾谷类锈病有很好的防效，使用剂量为 125～250g/hm²。以 7～30g/100kg 种子进行种子处理，对黑粉菌属和小麦网腥黑粉菌引起的病害亦有很好的防效。对花生枝腐病和锈病有防效（280～560g/100kg 种子）。对马铃薯茎溃疡病有很好的效果（50g/100kg 种子）。以上均为有效成分剂量。

防治水稻纹枯病 施药时期为水稻分蘖末期至孕穗初期，每亩用 23% 噻氟菌胺 14～25ml，加水 40～60L 喷雾。既可用于叶面喷药，也可用于种子处理和土壤处理等多种施药方法。

防治花生白绢病和冠腐病 在处理已被白绢病和冠腐病严重感染的花生时，噻氟菌胺表现出较好的治疗效果，可达 50%～60%，并有明显的增产效果。一般施用量为每亩有效成分 4.6g 时产生防治效果，施用量达到每亩有效成分 18.6g 时，有较一致和稳定的防治效果和增产作用。早期施药 1 次可以抑制整个生育期的白绢病，晚期施药会因病害已经发生造成一定的产量损失，需要多次施药才可奏效。在防治由立枯丝核菌引起的花生冠腐病时，要求比防治白绢病更高的剂量。一般播种后 45 天施用，每亩有效成分 3.7～4g，并在 60 天时同剂量再施用 1 次方才奏效。

防治草坪褐斑病　对于由立枯丝核菌引起的草坪褐斑病有很好的效果，且防效持久。

防治水稻纹枯病　对大田和直播田水稻纹枯病的防治可以采用两种方式施药。一是水面撒施颗粒剂，另一个是秧苗实行叶面处理。直播田在穗分化后 7～14 天叶面喷施每亩有效成分 14～18g，1 次用药就可取得良好效果。

防治棉花立枯病　由立枯丝核菌与溃疡病菌共同引起的立枯病是棉花苗期的重要病害。噻氟菌胺的长持效期和内吸性在这一病害上表现卓越。与五氯硝基苯（PCNB）相比，不仅效果好，而且用量仅为 1/3～1/5。

与其他药剂的混用　可与三唑酮、咯喹酮、百菌清、三唑醇、丁基吗啉、多菌灵、氟硅唑和甲霜灵等杀菌剂混用。

允许残留量　GB 2763—2021《食品中农药最大残留限量标准》规定噻呋酰胺最大残留限量见表。ADI 为 0.014mg/kg。谷物和蔬菜按照 GB 23200.9、GB 23200.113 规定的方法测定。

部分食品中噻呋酰胺最大残留限量（GB 2763—2021）

食品类别	名称	最大残留限量（mg/kg）
谷物	稻谷	7.00
	小麦	0.50
	高粱	0.05
	糙米	3.00
油料和油脂	花生仁	0.30
蔬菜	马铃薯	2.00
药用植物	石斛（鲜）	2.00
	石斛（干）	10.00

参考文献

刘长令, 2006. 世界农药大全: 杀菌剂卷[M]. 北京: 化学工业出版社.

TURNER J A, 2015. The pesticide manual: a world compendium[M]. 17th ed. UK: BCPC.

（撰稿：庞智黎；审稿：刘西莉、薛昭霖）

噻氟隆　thiazafluron

一种脲类除草剂。

其他名称　噻唑隆、GS29696、A-4003、Erbotan。

化学名称　1,3- 二甲基 -1-(5- 三氟甲基 -1,3,4- 噻二唑 - 2- 基）脲；N,N'-dimethyl-N-[5-(trifluoromethyl)-1,3,4-thia-diazol-2-yl]urea。

IUPAC 名称　1,3-dimethyl-1-(5-(trifluoromethyl)-1,3,4-thia-diazol-2-yl)urea。

CAS 登记号　25366-23-8。

EC 号　246-901-4。

分子式　$C_6H_7F_3N_4OS$。

相对分子质量　240.21。

结构式

开发单位　汽巴 - 嘉基公司（现先正达公司）。

理化性质　纯品呈无色结晶。熔点 136～137℃。蒸气压 2.7×10^{-4}Pa（20℃）。相对密度 1.6（20℃）。20℃时溶解度（g/L）：水 2.1、乙醇 300、甲醇 257、正辛醇 60、二甲苯＜50、苯 12、N,N- 二甲基甲酰胺 600、己烷 0.1、二氯甲烷 146。稳定性：pH 为 1、5、7 时 28 天内水解稳定。

毒性　原药急性 LD_{50}（g/kg）：大鼠经口 0.278，小鼠经口 0.63，大鼠经皮＞2.15。鱼类 LC_{50}（mg/L，96 小时）：虹鳟 82，大鳍鳞鳃太阳鱼＞100。

剂型　80% 可湿性粉剂，5% 颗粒剂。

作用方式及机理　通过阻碍光合作用系统 II 中的电子传递，从而抑制植物的光合作用。

防治对象　防除大多数一年生和多年生单子叶和双子叶杂草。

使用方法　芽前及芽后早期施用，用量为 2～12kg/hm²。

参考文献

石得中, 2008. 中国农药大辞典[M]. 北京: 化学工业出版社.

孙家隆, 2015. 新编农药品种手册[M]. 北京: 化学工业出版社: 821.

杨华铮, 邹小毛, 朱有全, 等, 2013. 现代农药化学[M]. 北京: 化学工业出版社: 792.

（撰稿：李玉新；审稿：耿贺利）

噻节因　dimethipin

一种杂环化合物，可干扰植物蛋白质合成，作为脱叶剂和干燥剂使用，生产上可促进棉花、橡胶树和葡萄树脱叶和早熟，也可降低油菜、水稻等作物种子的含水量，便于机械收获。

其他名称　哈威、Harvade、Oxydimethin。

化学名称　2,3- 二氢 -5,6- 二甲基 -1,4- 二噻因 -1,1,4,4- 四氧化物。

IUPAC 名称　5,6-dimethyl-2,3-dihydro-1,4-dithiine 1,1,4,4-tetraoxide。

CAS 登记号　55290-64-7。

EC 号　259-572-7。

分子式　$C_6H_{10}O_4S_2$。

相对分子质量　210.27。

结构式

S

开发单位 尤尼鲁化学公司。

理化性质 纯品为白色结晶固体，熔点 167～169℃，蒸气压 0.051mPa（25℃）。$K_{ow}\lg P$ −0.17（24℃）。Henry 常数 2.33×10^{-6}Pa·m³/mol。相对密度 1.59（23℃）。溶解度（25℃，g/L）：水 4.6、乙腈 180、二甲苯 9、甲醇 10.7。稳定性：在 pH3、6 和 9 条件下稳定；在 20℃稳定 1 年，14 天（55℃），光照（25℃）≥7 天。pK_a10.88。

毒性 大鼠急性经口 LD_{50} 500mg/kg。兔急性经皮 LD_{50} 5000mg/kg。对兔眼睛刺激性严重，对豚鼠刺激性较弱。大鼠吸入 LC_{50}（4 小时）1.2mg/L。NOEL 数据（2 年）：大鼠 2mg/（kg·d），狗 25mg/（kg·d），对这些动物无致癌作用。ADI 值 0.02mg/kg。野鸭和小齿鹑饲喂 LC_{50}（8 天）>5000mg/kg 饲料。鱼类 LC_{50}（96 小时，mg/L）：虹鳟 52.8、翻车鱼 20.9、羊鲷 17.8。蜜蜂 LD_{50}>100μg/只（25% 制剂）。蚯蚓 LC_{50}（14 天）>39.4mg/kg 土壤（25% 制剂）。

剂型 22.4% 悬浮剂，50% 可湿性粉剂。

作用方式及机理 干扰植物蛋白质合成，作为脱叶剂和干燥剂使用。

使用对象 可使棉花、苗木、橡胶树和葡萄树脱叶，还能促进早熟，并能降低收获时亚麻、油菜、水稻和向日葵种子的含水量。

使用方法 作为脱叶和干燥时的用量一般为 0.84～1.34kg/hm²。若用于棉花脱叶，施药时间为收获前 7～14 天，棉铃 80% 开裂时进行，用量为 0.28～0.56kg/hm²。若用于苹果树脱叶，在收获前 7 天进行。若用于水稻和向日葵种子的干燥，宜在收获前 14～21 天进行。

参考文献

李玲，肖浪涛，谭伟明，2018. 现代植物生长调节剂技术手册[M]. 北京：化学工业出版社:27.

马克比恩 C，2015. 农药手册[M]. 胡笑形，等译.北京：化学工业出版社：77-79.

孙家隆，2015. 新编农药品种手册[M]. 北京：化学工业出版社:950.

（撰稿：谭伟明；审稿：杜明伟）

噻菌灵 thiabendazole

一种苯并咪唑类内吸性杀菌剂。

其他名称 Mertect、Stporite、Tecto、Decco、LSP、噻苯哒唑、特克多、涕必灵、噻苯咪唑、硫苯唑。

化学名称 2-(噻唑-4-基)苯并咪唑；2-(1,3-噻唑-4-基)苯并咪唑；2-(4-thiazolyl)-1H-benzimidazole。

IUPAC 名称 2-(thiazol-4-yl)benzimidazole；2-(1,3-thiazol-4-yl)benzimidazole。

CAS 登记号 148-79-8。

EC 号 205-725-8。

分子式 $C_{10}H_7N_3S$。

相对分子质量 201.25。

结构式

开发单位 先正达公司开发。H. J. Robinson 等报道噻苯咪唑的杀菌活性。

理化性质 纯品为白色无嗅粉末。熔点 297～298℃。蒸气压 5.3×10^{-4}mPa（25℃）。$K_{ow}\lg P$ 2.39（pH7）。Henry 常数 3.7×10^{-6}Pa·m³/mol。相对密度 1.3989（20～25℃）。溶解度（g/L，20～25℃）：水 0.16（pH4）、0.03（pH7）、0.03（pH10），丙酮 2.43，二氯乙烷 0.81，正己烷<0.01，甲醇 8.28，二甲苯 0.13，乙酸乙酯 1.49，正辛醇 3.91。稳定性：在酸、碱、水溶液中稳定。DT_{50} 29 小时（pH5）。pK_{a1}4.73；pK_{a2}12（20～25℃）。

毒性 急性经口 LD_{50}（mg/kg）：小鼠 3600，大鼠 3100，兔>3800。兔急性经皮 LD_{50}>2000mg/kg。对兔眼睛和皮肤无刺激，对豚鼠皮肤无刺激。大鼠急性吸入 LC_{50}（4 小时）>0.5mg/L。大鼠 2 年饲喂试验 NOEL 为 40mg/（kg·d）。山齿鹑急性经口 LD_{50}>2250mg/kg，山齿鹑和野鸭饲喂 LC_{50}（5 天）>5620mg/kg 饲料。鱼类 LC_{50}（96 小时）：大翻车鱼 19mg/L，虹鳟 0.55mg/L。水蚤 LC_{50}（48 小时）0.81mg/L。月牙藻 EC_{50}（96 小时）9mg/L。对蜜蜂无害。蚯蚓 LC_{50}>1000mg/kg 土壤。

剂型 40%、60% 可湿性粉剂，15%、42%、450g/L、500g/L 悬浮剂，60% 水分散粒剂。

质量标准 40% 噻菌灵可湿性粉剂外观为白色粉末，20℃条件下，pH5.8，悬浮率 87.1%。

作用方式及机理 噻苯咪唑与菌体微管蛋白结合而抑制真菌有丝分裂，影响真菌的生长和发育。与苯菌灵等苯并咪唑药剂有正交互抗药性。具有内吸传导作用，根施时能向顶传导，但不能向基传导。

防治对象 柑橘青霉病、绿霉病、蒂腐病、花腐病、草莓白粉病、灰霉病、甘蓝灰霉病、芹菜斑枯病、菌核病、杞果炭疽病、苹果青霉病、炭疽病、灰霉病、黑星病、白粉病等。

使用方法 可茎叶处理，也可作种子处理和茎部注射。

防治柑橘青霉病、绿霉病 柑橘采收后，450g/L 悬浮剂 300～450 倍药液浸果 1 分钟后，取出晾干储存，安全间隔期为 10 天。

防治香蕉储藏病害 香蕉采收后 24 小时内，开梳清洗后，用 40% 噻菌灵可湿性粉剂 500～1000 倍液浸渍果把 1 分钟，晾干后再包装储存。安全间隔期 14 天。

防治苹果轮纹病 苹果谢花后或幼果形成期开始喷药，用 40% 噻菌灵可湿性粉剂 1000～1500 倍液整株喷雾，每隔 2 周喷 1 次。幼果形成后在遇雨后，需加强施药 1 次。每季最多施用 3 次，安全间隔期 7 天。

防治葡萄黑痘病 发病前或发病初期开始施药，用 40% 噻菌灵可湿性粉剂 1000～1500 倍整株喷雾，以后每隔 10～14 天施药 1 次，每季作物最多施用 3 次，安全间隔期 7 天。

防治蘑菇褐腐病 首次用药期为出菇水时，每平方米用

40% 可湿性粉剂 0.75g。随后在第二潮菇转批后，当发病时随时施药，剂量为 0.75g/m²。兑水量视表土干湿程度 0.25～1L/m²。每季作物最多施用 3 次，安全间隔期 8 天。

注意事项 使用时应遵守农药安全使用操作规程，穿戴防护用品，若药液溅入眼睛及皮肤，应用清水和肥皂冲洗干净，工作结束后再用肥皂和清水洗脸、手和裸露部分。对鱼类有毒，注意不能污染池塘和水源。不应在烟草收获后的叶子上施用。孕妇及哺乳期妇女应避免接触。施药后要彻底清洗器械，清洗液及用剩的药剂不可倒入污染水源。包装物应远离水源深埋，不得随意丢弃，不可做他用。产品在每个作物周期最多用药 1 次，安全间隔期为 10 天。

与其他药剂的混用 避免与其他药剂混用，更不能与含铜药剂混用。

允许残留量 GB 2763—2021《食品中农药最大残留限量标准》规定噻苯咪唑最大残留限量见表。ADI 为 0.1mg/kg。蔬菜、水果按照 GB/T 20769、NY/T 1453、NY/T 1680 规定的方法测定；食用菌按照 GB/T 20769、NY/T 1453、NY/T 1680 规定的方法测定。

部分食品中噻苯咪唑最大残留限量（GB 2763—2021）

食品类别	名称	最大残留限量（mg/kg）
蔬菜	菊苣	0.05
	马铃薯	15.00
水果	柑、橘、橙、柠檬、柚	10.00
	仁果类水果	3.00
	葡萄、杧果	5.00
	鳄梨	15.00
	番木瓜	10.00
	香蕉	5.00
食用菌	蘑菇	5.00

参考文献

刘长令, 2006. 世界农药大全: 杀菌剂卷[M]. 北京: 化学工业出版社: 194-195.

农业部种植业管理司, 农业部农药检定所, 2015. 新编农药手册[M]. 2版. 北京: 中国农业出版社: 240-241.

TURNER J A, 2015. The pesticide manual: a world compendium[M].17th ed. UK: BCPC: 1088-1090.

（撰稿：祁之秋；审稿：刘西莉）

噻菌铜 thiodiazole-copper

一种内吸性有机铜杀菌剂。

其他名称 龙克菌。

化学名称 2-氨基-5-巯基-1,3,4-噻二唑铜。

IUPAC 名称 cupric 5-amino-1,3,4-thiadiazole-2-thiolate。

CAS 登记号 3234-61-5。

分子式 $C_4H_4CuN_6S_4$。

相对分子质量 327.92。

结构式

开发单位 浙江龙湾化工有限公司。

理化性质 原药为黄绿色粉末结晶。相对密度 1.94。熔点 300℃。微溶于二甲基甲酰胺，不溶于水和各种有机溶剂。制剂产品为黄绿色黏稠液体，相对密度 1.16～1.20，细度为 4～8μm，pH5.5～8.5。悬浮率 90% 以上。热储 54℃ ±2℃ 及 0℃ 以下储存稳定，遇强碱分解，在酸性条件下稳定。

毒性 低毒。原药雄性大鼠急性经口 $LD_{50} > 2150mg/kg$。原药雌、雄大鼠急性经皮 $LD_{50} > 2000mg/kg$。原药在各试验剂量下，无致生殖细胞突变作用；Ames 试验，原药的致突变作用为阴性；原药在试验所使用剂量下，无致微核作用。亚慢性经口毒性的 NOEL 为 20.16mg/（kg·d）。原药对皮肤无刺激性，对眼睛有轻度刺激。对人、畜、鱼、鸟、蜜蜂、青蛙、有益生物、天敌和农作物安全，对环境无污染。

剂型 悬浮剂。

作用方式及机理 噻唑类有机铜杀菌剂，对防治作物细菌性病害具有特效。灭菌机理是既有噻唑基团对细菌的独特防效，又有铜离子对真菌、细菌的优良防治作用。

防治对象 20% 悬浮剂主要防治植物细菌性病害，包括水稻白叶枯病、细菌性条斑病、柑橘溃疡病、柑橘疮痂病、白菜软腐病、黄瓜细菌性角斑病、西瓜枯萎病、香蕉叶斑病、茄子青枯病。

使用方法 喷雾或喷淋，拌种。

注意事项 应掌握在初发病期使用，采用喷雾或弥雾。使用时，先用少量水将悬浮剂搅拌成浓液，然后加水稀释。不能与碱性药物混用。经口中毒时，立即催吐、洗胃。

参考文献

袁会珠, 李卫国, 2013. 现代农药应用技术图解[M]. 北京: 中国农业科学技术出版社.

（撰稿：闫晓静；审稿：刘鹏飞、刘西莉）

S

噻枯唑 bismerthiazol

一种用于水稻和柑橘上细菌性病害防治的内吸性杀菌剂。

其他名称 叶青双、川化-018、叶枯宁、叶枯唑、敌枯宁。

化学名称 N,N′-亚甲基-双(2-氨基-5-巯基-1,3,4-噻二唑)；N,N′-methylene bis(2-amino-5-mercapto-1,3,4-thiadiazole)。

IUPAC 名称 5,5′-(methylenebis(azanediyl))bis(1,3,4-thiadiazole-2-thioe)。

CAS 登记号 79319-85-0。

分子式 $C_5H_6N_6S_4$。

相对分子质量 278.40。

结构式

开发单位 浙江东风化工有限公司。

理化性质 纯品为白色长方柱状结晶或浅黄色疏松细粉。熔点190℃±1℃。溶于二甲基甲酰胺、二甲基亚砜、吡啶、乙醇、甲醇等有机溶剂，难溶于水。

毒性 低毒。原粉急性经口 LD_{50}：大鼠3160~8250mg/kg，小鼠3480~6200mg/kg。用噻枯唑拌入饲料喂养大鼠1年 NOEL 为0.25mg/kg。蓄积毒性、亚慢性毒性、慢性毒性、致畸试验、致突变试验、致癌试验均属于安全范围。鲤鱼 LC_{50}（96小时）500mg/L。对人、畜未发现过敏、皮炎等现象。

剂型 15%、20%、25%可湿性粉剂。

作用方式及机理 内吸性杀菌剂，主要用于防治植物细菌性病害。内吸性强，具有预防和治疗作用，持效期长，药效稳定，对作物无药害。

防治对象 水稻白叶枯病、水稻细菌性条斑病、柑橘溃疡病。

使用方法

防治水稻白叶枯病、细菌性条斑病 秧田在水稻4~5叶期施药1次，水田在发病初期及齐穗期各施药1次，每次每亩用20%可湿性粉剂100~125g（有效成分20~25g）加水喷雾，病情严重时，可适当增加用药次数。

防治大白菜软腐病 发病前或发病初期开始施药，每次每亩用20%可湿性粉剂100~150g（有效成分20~30g）加水喷雾，间隔7~10天施药1次，连续施药2~3次。

防治番茄青枯病 发病前或发病初期，用20%可湿性粉剂300~500倍液（有效成分400~667mg/L 灌根）。

注意事项 该药剂不适宜作毒土使用。不可与碱性农药混用。

参考文献

刘长令, 2006. 世界农药大全: 杀菌剂卷[M]. 北京: 化学工业出版社.

TURNER J A, 2015. The pesticide manual: a world compendium[M]. 17th ed . UK: BCPC.

（撰稿：庞智黎；审稿：刘西莉、薛昭霖）

噻螨酮 hexythiazox

一种非内吸性杀螨剂。

其他名称 Ferthiazox、Matacar、Nissorun、Onager、Ordoval、Savey、Vittoria、Zeldox、Maiden、塞螨酮、除螨威、合赛多、己噻唑、尼索朗、NA-73。

化学名称 (4RS,5RS)-5-(4-氯苯基)-N-环己基-4-甲基-2-氧代-1,3-噻唑烷-3-甲酰胺；trans-5-(4-chlorophenyl)-N-cyclo-hexyl-4-methyl-2-oxo-3-thiazolidinecarboxamide。

IUPAC名称 (4RS,5RS)-5-(4-chlorophenyl)-N-cyclohex-yl-4-methyl-2-oxo-1,3-thiazolidine-3-carboxamide。

CAS登记号 78587-05-0。

分子式 $C_{17}H_{21}ClN_2O_2S$。

相对分子质量 352.88。

结构式

开发单位 由 T. Yamada 作为杀螨剂报道，后由日本曹达化学公司开发。1985年在日本取得首次登记。

理化性质 无色晶体。熔点105.4℃。蒸气压 1.33×10^{-3} mPa（20℃）。$K_{ow}lgP$ 2.75。Henry 常数 1.19×10^{-2} Pa·m³/mol（计算值）。相对密度1.2829（20℃）。水中溶解度0.41mg/L（20℃）；其他溶剂中溶解度（g/L，20℃）：氯仿1379、二甲苯230、甲醇17.6、丙酮159、乙腈34.5、正己烷4.64。对光、热、空气稳定，稳定温度达到150℃。光照下水溶液 DT_{50} 51天。水溶液中 pH5、7、9时稳定。

毒性 大鼠急性经口 $LD_{50} > 2000$mg/kg。大鼠急性经皮 $LD_{50} > 2000$mg/kg。对兔皮肤和眼睛无刺激性，对豚鼠皮肤无致敏性。大鼠吸入 LC_{50}（4小时）> 3.829mg/L 空气。NOEL：大鼠（2年）23.1mg/kg；狗（1年）2.87mg/kg；大鼠（90天）70mg/kg 饲料。ADI/RfD（JMPR）0.03mg/kg［1991］；（EPA）cRfD 0.025mg/kg［1988］。Ames 试验，无致畸、致突变作用。鸟类急性经口 LD_{50}：野鸭 > 2510mg/kg，日本鹌鹑 > 5000mg/kg。野鸭和山齿鹑饲喂 LC_{50}（8天）> 5620mg/kg 饲料。鱼类 LC_{50}（96小时，mg/L）：虹鳟 > 300，大翻车鱼3.2，鲤鱼14.1。水蚤 LC_{50}（48小时）0.36mg/L，近头状伪蹄形藻 E_rC_{50}（72小时）> 72mg/L。对蜜蜂无毒，局部施药 $LD_{50} > 200$μg/只。

剂型 5%乳油，5%水乳剂，5%可湿性粉剂。

作用方式及机理 非内吸性杀螨剂，具有触杀和胃毒作用。有很好的穿透活性，具有杀卵、杀幼虫和杀蛹活性，对成螨无活性，但对接触到药液的雌成虫所产的卵具有抑制孵化的作用。

防治对象 对苹果、柑橘、山楂、蔬菜、葡萄和棉花等上的多种植食性螨的幼虫和卵有效，尤其是柑橘全爪螨、朱砂叶螨和始叶螨。

使用方法

防治柑橘红蜘蛛 在春季螨害始盛期，平均每叶有螨2~3头时，用5%乳油或5%可湿性粉剂1500~2500倍液（有效成分20~33mg/L），均匀喷雾。

防治苹果红蜘蛛 在苹果开花前后，平均每叶有螨3~4头时，用5%乳油或5%可湿性粉剂1500~2000倍液（有效成分25~33mg/L），均匀喷雾。

防治山楂红蜘蛛 在越冬成虫出蛰后或害螨发生初期防治，用药量及使用方法同防治苹果红蜘蛛。

防治棉花红蜘蛛 6月底以前，在叶螨点片发生及扩散初期用药，每亩用 5% 乳油 60～100ml 或 5% 可湿性粉剂 60～100g（有效成分 3～5g），加水 75～100L，在发生中心防治或全面均匀喷雾。

注意事项　施药应选早晚气温低、风小时进行，晴天 9：00～16：00、气温超过 28℃、风速超过 4m/s、空气相对湿度低于 65% 时均应停止施药。

与其他药剂的混用　①防治柑橘红蜘蛛。5% 噻螨酮乳油 25～33.3mg/kg，5% 噻螨酮可湿性粉剂 20～33.3mg/kg，7.5% 甲氰·噻螨酮乳油 75～100mg/kg，22.5% 螨醇·噻螨酮乳油 150～225mg/kg，12.5% 甲氰·噻螨酮乳油 50～62.5mg/kg，6.8% 阿维·噻螨酮乳油 22.67～34mg/kg，10% 阿维·噻螨酮乳油 20～33.3mg/kg，36% 噻酮·炔螨特乳油 180～240mg/kg。②防治苹果树上红蜘蛛。22.5% 螨醇·噻螨酮乳油 150～225mg/kg，3% 噻螨酮水乳剂 20～30mg/kg。③防治苹果树上二斑叶螨。22% 噻酮·炔螨特乳油 137.5～275mg/kg。以上施药方式均为喷雾。

允许残留量　GB 2763—2021《食品中农药最大残留限量标准》规定噻螨酮最大残留限量见表。ADI 为 0.03mg/kg。油料和油脂参照 GB/T 20770 规定的方法测定；蔬菜、水果、干制水果按照 GB 23200.8、GB/T 20769 规定的方法测定；坚果、饮料类参照 GB 23200.8、GB/T 20769 规定的方法测定。

部分食品中噻螨酮最大残留限量（GB 2763—2021）

食品类别	名称	最大残留限量（mg/kg）
油料和油脂	棉籽	0.05
蔬菜	番茄	0.10
	茄子	0.10
	瓜类蔬菜	0.05
水果	柑、橘	0.50
	橙	0.50
	柠檬	0.50
	柚	0.50
	仁果类水果（苹果、梨除外）	0.40
	苹果	0.50
	梨	0.50
	核果类水果（枣除外）	0.30
	枣（鲜）	2.00
	葡萄	1.00
	草莓	0.50
	瓜果类水果	0.05
	菜豆	0.10
	萝卜	0.01
干制水果	李子干	1.00
	葡萄干	1.00
坚果		0.05
饮料类	啤酒花	3.00
	茶叶	15.00

参考文献

刘长令，2012. 世界农药大全：杀虫剂卷[M]. 北京：化学工业出版社：730-734.

马克比恩 C，2015. 农药手册[M]. 胡笑形，等译. 北京：化学工业出版社：551-552.

（撰稿：李淼；审稿：杨吉春）

噻螨威　tazimcarb

一种活性很高的含杂环杀螨卵药剂。

其他名称　噻肟威、PP505。

化学名称　2-(甲基氨基甲酰基氧亚氨基)-3,5,5-三甲基-1,3-噻唑-4-酮；3,5,5-trimethyl-2-[[[(methylamino)carbonyl]oxy]imino]thiazolidin-4-one。

IUPAC 名称　(EZ)-N-methyl-1-3,5,5-trimethyl-4-oxo-1,3-thiazolidin-2-ylideneaminooxy)。

CAS 登记号　40085-57-2。

分子式　$C_8H_{13}N_3O_3S$。

相对分子质量　231.27。

结构式

开发单位　ICI 公司开发。现少用或趋于淘汰。

理化性质　密度 1.41g/cm^3。折射率 1.59。摩尔折射性 58.1cm^3。表面张力 54.1mN/m。摩尔体积 177.6cm^3。

毒性　大鼠急性经口 LD_{50} > 87mg/kg。

作用方式　是一种活性很高的杀螨卵药剂，对幼、若螨也有效，对成螨无效。具触杀作用，无内吸性。它可穿入到螨的卵巢内使其产的卵不能孵化，是胚胎发育抑制剂。但无明显的不育作用。它具有亲脂性，故有较强的渗透力。在低温下对卵有很好的效果，但对幼若螨作用慢、效果差。

防治对象　是一种高效专一杀螨剂。可有效防治全爪螨、叶螨和瘿螨等。对跗线螨也有一定效果。可防治柑橘红蜘蛛、四斑黄蜘蛛、柑橘锈壁虱、苹果红蜘蛛、山楂红蜘蛛、棉红蜘蛛和朱砂叶螨等。对植食性螨特效或高效。对天敌安全。

参考文献

朱永和，王振荣，李布青，2006. 农药大典[M]. 北京：中国三峡出版社.

（撰稿：周红；审稿：丁伟）

噻嗪酮　buprofezin

一种噻二嗪酮类杀虫剂。

其他名称 Applaud、Maestro、Podium、Profezon、Sunprofezin、Viappla、优乐得、布洛飞、布芬净、稻虱净、扑虱灵、噻唑酮、稻虱灵、灭幼酮、NNI750、PP618。

化学名称 (Z)-2-叔-丁亚胺基-3-异丙基-5-苯基-1,3,5-噻二嗪-4-酮;(Z)-2-tert-butylimino-3-isopropyl-5-phenyl-1,3,5-thiadiazinan-4-one。

IUPAC名称 (2E)-3-isopropyl-2-[(2-methyl-2-propanyl)imino]-5-phenyl-1,3,5-thiadiazinan-4-one。

CAS登记号 69327-76-0(混合异构体);953030-84-7。

分子式 $C_{16}H_{23}N_3OS$。

相对分子质量 305.44。

结构式

开发单位 由 H. Kanno 报道,并由日本农药公司于1984年开发。

理化性质 白色结晶固体。熔点 104.6~105.6℃。相对密度 1.18(20℃)。蒸气压 $4.2×10^{-2}$mPa(20℃)。K_{ow}lg$P$ 4.93(pH7)。Henry 常数 $2.8×10^{-2}$Pa·m³/mol。水中溶解度(mg/L):0.387(20℃),0.46(pH7,25℃);有机溶剂中溶解度(g/L):丙酮253.4、二氯甲烷586.9、甲苯336.2、甲醇86.6、正庚烷17.9、乙酸乙酯240.8、正辛醇25.1。对酸、碱、光、热稳定。

毒性 急性经口 LD_{50}(mg/kg):雄大鼠2198,雌大鼠2355,雌、雄小鼠 >10 000。大鼠急性经皮 LD_{50} >5000mg/kg。对兔皮肤和眼睛无刺激,对豚鼠皮肤中度刺激,无皮肤致敏性。大鼠吸入 LC_{50} >4.57mg/L 空气。NOEL[mg/(kg·d)]:雄大鼠0.9,雌大鼠1.12,无致癌和致突变性。雄山齿鹑急性经口 LD_{50} >2000mg/kg。鱼类 LC_{50}(96小时,mg/L):鲤鱼0.527,虹鳟 >0.33。水蚤 EC_{50}(48小时)>0.42mg/L,羊角月牙藻 E_bC_{50}(72小时)>2.1mg/L。蜜蜂 LD_{50}(μg/只):经口(48小时)>163.5,接触(72小时)>200。对其他食肉动物无直接影响。DT_{50}(25℃)104天(淹没条件下,粉砂质黏壤土,有机质含量3.8%,pH >6.4),80天(旱地条件下,砂壤土,有机质含量2.4%,pH7)。

剂型 37%、40%、50%悬浮剂,5%、25%、50%、65%、75%、80%可湿性粉剂,40%、70%水分散粒剂,8%展膜油剂,25%乳油。

作用方式及机理 是一种抑制昆虫生长发育的新型选择性杀虫剂,触杀作用强,也有胃毒作用。作用机制为抑制昆虫几丁质合成和干扰新陈代谢,致使若虫蜕皮畸形或翅畸形而缓慢死亡。一般施药3~7天才能看出效果,对成虫没有直接杀伤力,但可缩短其寿命,减少产卵量,并且产出的多是不育卵,幼虫即使孵化也很快死亡。

防治对象 对半翅目的飞虱、叶蝉、粉虱、棉粉虱、稻褐飞虱、橘粉蚧、红圆蚧、油橄榄黑盔蚧等有良好的防治效果。对某些鞘翅目害虫和害螨具有持久的杀幼虫活性。可有

效防治水稻上的飞虱、叶蝉,马铃薯上的叶蝉等。对天敌较安全,综合效应好。

使用方法 叶面喷雾,500~600g/hm²;叶面喷粉,450~600g/hm²;浸水处理,600~800g/hm²。25%可湿性粉剂375~750g/hm² 剂量能防治水稻和蔬菜上的飞虱、叶蝉、温室粉虱等,800~1000g/hm² 能防治果树及茶树上的介壳虫。

防治水稻害虫 ①稻飞虱、叶蝉类在主害代低龄若虫始盛期喷药1次,每亩用25%噻嗪酮可湿性粉剂20~30g(有效成分5~7.5g),加水5~10L,低容量喷雾或加水40~50L常量喷雾,重点喷植株中下部。②褐飞虱在大发生前一代的若虫高峰期喷药1次,可有效控制大发生世代的危害。药后10天褐飞虱防效为97%~99%。在褐飞虱主害代若虫高峰始期施药还可兼治白背飞虱、叶蝉。

防治果树害虫 防治柑橘矢尖蚧,于若虫盛孵期喷药1~2次,两次喷药间隔15天左右,喷雾浓度以25%噻嗪酮可湿性粉剂1500~2000倍液或每100L水加25%噻嗪酮50~67g(有效成分125~166mg/L)为宜。

防治茶树害虫 防治茶小绿叶蝉,于6~7月若虫高峰前期或春茶采摘后,用噻嗪酮25%可湿性粉剂750~1500倍液或每100L水加25%噻嗪酮67~133g(有效成分166~333mg/L)喷雾,间隔10~15天喷第二次。亦可将25%噻嗪酮可湿性粉剂1500~2000倍液或每100L水加25%噻嗪酮50~67g(有效成分125~166mg/L)液与高效氯戊菊酯(5EC)8000倍液(有效成分6.2mg/L)混用。喷雾时应先喷茶园四周,然后喷中间。

注意事项 ①该药持效期为35~40天,对天敌安全,当虫口密度高时,应与速效杀虫剂混用。②该药使用时应先加水稀释后均匀喷雾,不可用毒土法。③药液不宜直接接触白菜、萝卜,否则将出现褐斑及绿叶白化等药害。

与其他药剂的混用 ①15%噻嗪酮和15%噻虫胺混配,稀释1500~2000倍液喷雾用于防治柑橘介壳虫。②56%噻嗪酮和7%呋虫胺混配,以225~300g/hm²喷雾用于防治水稻稻飞虱。③22%噻嗪酮和11%螺虫乙酯混配、26%噻嗪酮和13%螺虫乙酯混配,稀释2500~3500倍或2500~4500倍液喷雾用于防治柑橘介壳虫。④20%噻嗪酮和4%噻虫嗪混配,以225~300g/hm²喷雾用于防治水稻稻飞虱。⑤16%噻嗪酮和2%吡虫啉混配,稀释1000~1500倍液喷雾用于防治柑橘介壳虫。⑥17%噻嗪酮和8%吡蚜酮混配,以525~600ml/hm²喷雾用于防治水稻稻飞虱。⑦2%吡丙醚和23%噻嗪酮混配,稀释1500~2500倍液喷雾用于防治柑橘木虱和蔷薇科观赏花卉介壳虫。⑧10%噻嗪酮和20%氯吡硫磷混配,稀释600~1000倍液喷雾用于防治柑橘介壳虫。⑨6%噻嗪酮和24%异丙威混配,以1500~1875g/hm²喷雾用于防治水稻稻飞虱。⑩5%噻嗪酮和40%稻丰散混配,以1500~1800ml/hm²喷雾用于防治水稻稻飞虱。⑪10%噻嗪酮和5%烯啶虫胺混配,以360~540g/hm²喷雾用于防治水稻稻飞虱。⑫14.5%噻嗪酮和0.5%阿维菌素混配,稀释1000~1500倍液喷雾用于防治柑橘白粉虱。

允许残留量 GB 2763—2021《食品中农药最大残留限量标准》规定噻嗪酮最大残留限量见表。ADI为0.009mg/kg。

谷物按照 GB 23200.34、GB/T 5009.184 规定的方法测定；蔬菜、水果按照 GB 23200.8、GB/T 20769 规定的方法测定；茶叶按照 GB/T 23376 规定的方法测定。

部分食品中噻嗪酮最大残留限量（GB 2763—2021）

食品类别	名称	最大残留限量（mg/kg）
谷物	稻谷	0.3
	糙米	0.3
蔬菜	番茄	2.0
水果	柑、橘	0.5
	橙	0.5
	柠檬	0.5
	柚	0.5
饮料类	茶叶	10.0

参考文献

刘长令，2017.现代农药手册[M].北京：化学工业出版社：852-853.

（撰稿：杨吉春；审稿：李淼）

噻沙芬　tioxazafen

一种新型、广谱、内吸性种子处理非熏蒸性杀线虫剂。

其他名称　MON 102133 SC、NemaStrike、Acceleron N-364、Acceleron NemaStrike ST、Acceleron NemaStrike ST Soybean 等。

化学名称　3-苯基-5-(噻吩-2-基)-1,2,4-噁二唑；3-phenyl-5-(thiophene-2-yl)-1,2,4-oxadiazoles。

IUPAC 名称　3-phenyl-5-(2-thienyl)-1,2,4-oxadiazole。

CAS 登记号　330459-31-9。

分子式　$C_{12}H_8N_2OS$。

相对分子质量　228.27。

结构式

开发单位　2013 年由孟山都公司最先开发成功。

理化性质　纯品为浅灰色固体，有芳香气味。熔点 109℃。沸点 390.8℃ ±34℃。蒸气压 7.76×10^{-5} Pa（25℃）。溶解度：水 1.24mg/L、正己烷 6.64g/L、甲醇 11.1g/L、正辛醇 13.3g/L、丙酮 100g/L、乙酸乙酯 106g/L、甲苯 121g/L、二氯甲烷 284g/L（20℃）。

毒性　低毒。大鼠急性经口、经皮 LD_{50} 均＞5000mg/kg，繁殖 NOEL 60mg/kg，急性吸入 LC_{50} ≥5.06mg/ml。山齿鹑急性经口 LD_{50} 4500mg/kg，金丝雀急性经口 LD_{50} 315mg/kg。蜜蜂：急性经口 LD_{50}（48 小时）＞0.41μg/只，急性接触 LD_{50}（48 小时）＞100μg/只。鱼类：虹鳟急性 LC_{50}（96 小时）0.0911mg/L；羊头鲷急性 LC_{50}（96 小时）＞0.084mg/L。水生无脊椎动物：大型溞 EC_{50}（48 小时，急性）＞1.2mg/L；NOEC（21 天，慢性）0.0059mg/L。月牙藻 E_bC_{50} 0.7114mg/L。其他水生生物：膨胀浮萍 IC_{50}（7 天）＞0.954mg/L。赤子爱胜蚓慢性 NOEC 1000mg/kg 土壤。

剂型　82.5% 原药，45.9% 悬浮剂。

质量标准　45.9% 噻沙芬悬浮剂，表面活性剂≤3%，有机烃溶剂（CAS 登记号 64742-47-8）≤3%，其他助剂≤3%，水及小分子加工成分≤46%。

作用方式及机理　一种新型、广谱、内吸性种子处理非熏蒸性杀线虫剂，拥有全新的作用机理，通过干扰线虫核糖体的活性，引起靶标线虫体内基因突变，进而发挥药效。不仅能够有效防治线虫侵害，而且能够增强作物根系活力，显著增加作物产量。噻沙芬只影响危害性寄生线虫，对非靶标线虫无影响。

防治对象　噻沙芬具有高效、广谱的杀线虫活性，对大豆上的大豆孢囊线虫、根结线虫和肾形线虫等，玉米根腐线虫、根结线虫和针线虫等，棉花肾形线虫和根结线虫等都具有卓越的防效。

使用方法　①噻沙芬作为种子处理剂在大豆、玉米、棉花种子上的有效成分用量分别为 0.25～0.5mg、0.5～1mg 和 0.5～1mg，登记的最大年有效浓度使用量分别为 0.998kg/hm²、0.314kg/hm² 和 0.213kg/hm²。②噻沙芬悬浮剂水溶性较低，滞留在植物根部的时间长，其持效期长达 75 天，可以防治两代线虫。悬浮剂防治线虫每颗种子最佳有效成分用量分别为大豆爪哇根结线虫和最短尾短体线虫 0.25mg、大豆孢囊线虫和玉米南方根结线虫 0.5mg，棉花南方根结线虫 0.75mg，玉米根结线虫 1mg。主要作用对象为大豆、玉米和棉花田中的线虫，且没有药害风险。③噻沙芬处理的作物产量显著增加，其中，玉米、大豆、棉花分别增产 38kg/hm²、205.5kg/hm²、90kg/hm²。在被肾形线虫侵染的大豆田间试验中，作物产量增加 468.76～535.72kg/hm²，增产效果显著优于商品化产品。

注意事项　①噻沙芬悬浮剂可长时间滞留在植物根部，能够提供长达 75 天的持效作用，有效控制 2 代线虫。因噻沙芬对地下水存在污染问题，禁止在地下水位高的地区使用。②噻沙芬处理过的种子可能对野生动物有害，因此播种时不能直接将处理过的种子撒到土壤表面，且处理后的玉米和大豆种子应播种到 2.5cm 深的土壤中。③噻沙芬仅登记用于拥有全自动种子处理装备的工厂，使用密封的传送和应用装置，禁止用于现场种子处理。种子处理和播种等相关工作人员需要适当的防护设备。④噻沙芬挥发性较低，在土壤中通过径流作用流入地下水中，还可以通过径流淋溶、吸附方式残留在地表水中。噻沙芬主要降解物有亚氨基酰胺、苯甲脒和噻吩酸等，其中部分降解产物对水生植物毒性大于噻沙芬。

参考文献

柏亚罗，2017. 最新杀线虫剂、全新化学结构——孟山都 tioxazafen全球首发[DB/OL]. [2017-12-18]. http://www. agroinfo. com. cn/other_detail_4529. html.

SLOMCZYNSKA U, SOUTH M S, BUNKERS G, et al. , 2015.

Tioxazafen: a new broad-spectrum seed treatment nematicide[C]// Bunkers G J. Development of tioxazafen as a next-generation seed treatment nematicide. Washington: Phytopathology: 129-147.

（撰稿：黄文坤；审稿：陈书龙）

噻鼠灵　difethialone

一种经口羟基香豆素类抗凝血杀鼠剂。

其他名称　噻鼠酮。

化学名称　3-[(1*RS*,3*RS*,1*RS*,3*SR*)-3-(4′-溴联苯-4-基)-1,2,3,4-四氢-1-萘基]-4-羟基-1-苯并硫杂环己烯-2-酮。

IUPAC名称　mixture comprised of 85%-100% 3-[(1*RS*,3*SR*)-3-(4'-bromobiphenyl-4-yl)-1,2,3,4-tetrahydro-1-naphthyl]-4-hydroxy-2*H*-1-benzothiin-2-one and 0-15% of the (1*RS*,3*RS*)-isomers。

CAS登记号　104653-34-1。

分子式　$C_{31}H_{23}BrO_2S$。

相对分子质量　539.48。

结构式

理化性质　密度 $1.442g/cm^3$。熔点 233～236℃。沸点 659.6℃（101.32kPa）。闪点352.7℃。折射率1.707。蒸气压在25℃时为0。

毒性　对褐家鼠和小家鼠的急性经口 LD_{50} 分别为0.42～0.56mg/kg 和0.43～0.52mg/kg。

作用方式及机理　经口毒物。竞争性抑制维生素K环氧化物还原酶，导致活性维生素K缺乏，进而破坏凝血机制，产生抗凝血效果。

使用情况　于1986年作为第二代抗凝血灭鼠剂引入，用于控制家栖鼠，包括对第一代抗凝剂产生抗性的家栖鼠。

使用方法　堆投，毒饵站投放0.0025%毒饵。

注意事项　毒饵应远离儿童可接触到的地方，避免误食。误食中毒后，可肌肉注射维生素K解毒，同时输入新鲜血液或肾上腺皮质激素降低毛细血管通透性。

参考文献

王天桃，钱万红，姜志宽，2006. 新型杀鼠剂噻鼠酮的合成及药效研究[J]. 中华卫生杀虫药械(6): 459-460.

LECHEVIN J C, POCHÉ R M, 1988. Activity of LM2219 (difethialone), a new anticoagulant rodenticide, in commensal rodents[C]//Crabb A C, Marsh R E, Salmon T P. et al. Proceedings of the 13th Vertebrate Pest Conference: 59-63.

NAHAS K, LORGUE G, MAZALLON M, 1989. Difethialone (LM2219): a new anticoagulant rodenticide for use against warfarin-resistant and susceptible strains of *Rattus norvegicus* and *Mus musculus*[J]. Annales de recherches veterinaires, 20(2): 159-164.

（撰稿：王登；审稿：施大钊）

噻酰菌胺　tiadinil

小分子诱抗性农药，属于含1,2,3-噻二唑环基团的酰胺类杀菌剂。

其他名称　APPLY、V-Get、R-4601（试验代号）、NNF 9850（试验代号）。

化学名称　3′-氯-4,4′-二甲基-1,2,3-噻二唑-5-甲酰苯胺；*N*-(3-chloro-4-methylphenyl)-4-methyl-1,2,3-thiadazole-5-carboxanilide。

IUPAC名称　3′-chloro-4,4′-dimethyl-1,2,3-thiadiazole-5-carboxanilide。

CAS登记号　223580-51-6。

分子式　$C_{11}H_{10}ClN_3OS$。

相对分子质量　267.73。

结构式

开发单位　日本农药公司。

理化性质　原药为棕色固体。熔点114～116℃。纯品为白色结晶固体，熔点116℃。

毒性　大鼠急性经口 LD_{50} 6147mg/kg，大鼠急性经皮 LD_{50} 2000mg/kg。对兔皮肤无刺激性，对豚鼠皮肤无致敏性，对兔眼睛无刺激性。大鼠吸入 LC_{50}（4小时）2.48mg/L。NOEL：（2年）雄大鼠19mg/kg，雌大鼠23.2mg/kg；（78周）雄小鼠196mg/kg，雌小鼠267mg/kg；（1年）雌、雄狗4mg/kg。ADI/RfD 0.04mg/kg。雄性美洲鹑急性经口 LD_{50} 为7.4mg/kg，雌性美洲鹑急性经口 LD_{50} 为10.1mg/kg，野鸭急性经口 LD_{50} 25mg/kg，美洲鹑饲喂 LC_{50}（8天）212.4mg/kg 饲料。鲤鱼 LC_{50}（96小时）7.1mg/L，虹鳟 LC_{50} 3.4mg/L。水蚤 LC_{50}（48小时）1.6mg/L。绿藻 E_bC_{50}（72小时）1.18mg/L。蚯蚓 LC_{50}（14天）＞1000mg/kg 土壤。

剂型　6%颗粒剂，13%氟虫腈＋噻酰菌胺颗粒剂，14%吡虫啉＋噻酰菌胺颗粒剂。

作用方式及机理　对病菌的抑制活性差，作用机理主要是阻止病菌菌丝侵入邻近的健康细胞，并能诱导产生抗病性。有很好的内吸性，可以通过根部吸收，并迅速传导到其他部位，且持效期长，适于水面使用。

防治对象　主要用于稻田防治稻瘟病。对其他病害如褐斑病、白叶枯病及纹枯病等也有较好的防治效果。对白粉病、锈病、晚疫病、霜霉病等也有一定的防治作用。

使用方法 育苗箱施药防治稻瘟病、白叶枯病，使用剂量为有效成分 3～6g/ 箱；大田施药防治稻瘟病使用剂量为 1800g/hm² 有效成分，防治小麦白粉病使用剂量为 400g/hm² 有效成分。

注意事项 防治稻瘟病时应注意在发病前使用，发病前 7～20 天均可，使用时间越早效果越明显。

与其他药剂的混用 该产品在中国尚无登记。国际上，该药剂可以与氟虫腈或吡虫啉混用，以达到病虫同防的目的。

允许残留量 日本大米（糙米）中噻酰菌胺的残留限量为 1mg/kg（暂定）。

参考文献

刘长令, 2006. 世界农药大全: 杀菌剂卷[M]. 北京: 化学工业出版社: 92-93.

TURNER J A, 2015. The pesticide manual: a world compendium[M]. 17th ed. UK: BCPC: 1112-1113.

（撰稿：梁爽；审稿：司乃国）

噻唑禾草灵 fenthiaprop-ethyl

一种杂环氧基苯氧基脂肪酸类除草剂。

其他名称 HOE35609、Joker、Taifun、Tornado(Hoechst)。

化学名称 (±)ethyl 2-[4-(6-chloro-2-benzothiazolyloxy)phenoxy]propionate。

IUPAC 名称 ethyl 2-[4-[(6-chloro-1,3-benzothiazol-2-yl)oxy]phenoxy]propanoate。

CAS 登记号 66441-11-0。

分子式 $C_{18}H_{16}ClNO_4S$。

相对分子质量 377.84。

结构式

开发单位 德国赫斯特公司。

理化性质 白色结晶固体。熔点 56.5～57.5 ℃。密度 1.336g/ml。蒸气压 510Pa（20 ℃）。溶解度（25 ℃）：水 0.8mg/L；乙醇、正辛醇＞50g/L，丙酮、乙酸乙酯＞500g/kg，环己烷＞40g/kg。

毒性 急性经口 LD_{50}：雄大鼠 77mg/kg，雌大鼠 917mg/kg，雄小鼠 1070mg/kg，雌小鼠 1170mg/kg。急性经皮 LD_{50}：雌大鼠 2000mg/kg，兔 628mg/kg。对兔眼睛和皮肤有轻微刺激作用。大鼠和狗 90 天饲喂试验 NOEL 为 50mg/kg、125mg/kg 饲料；250mg/kg 饲料时引起狗呕吐。Ames 试验呈阴性。硬头鳟在含 0.16mg/L 水中 96 小时未发现死亡。日本鹌鹑急性经口 LD_{50} 5000mg/kg。金鱼在上述水中未发现死亡。

剂型 乳油。

作用方式及机理 属杂环氧基苯氧基脂肪酸类除草剂，其作用靶标是乙酰辅酶 A 羧化酶（Acety-CoA carboxylase, ACC 酶）。该品以 ACC 酶为靶标，抑制禾本科植物体内的脂肪酸和许多次生代谢产物的合成，选择性高，在植物体内传导，能够苗后防除一年生或多年生禾本科杂草。

防治对象 为芽后除草剂，具有触杀和内吸作用。在一年生和多年生禾本科杂草生长旺期施药防效特高，从作物 2 叶期至分叶后期均可使用。对野燕麦、稗草、千金子、牛筋草、黑麦草、鼠尾看麦娘防效好，施药量为有效成分 180～240g/hm²；防除马铃薯地匍匐冰草，施药量为有效成分 480～720g/hm²。对马唐、狗尾草等防效较差，对双子叶杂草和莎草属杂草无效。

使用方法 用于阔叶作物田中防除一年生及多年生禾本科杂草，用量为 0.18～0.24kg/hm²。

（撰稿：胡方中；审稿：耿贺利）

噻唑菌胺 ethaboxam

一种对卵菌病害具有良好活性的噻唑酰胺类杀菌剂。

其他名称 Guardian、LGC-3043。

化学名称 (RS)-N-(α-氰基-2-噻吩甲基)-4-乙基-2-(乙胺基)噻唑-5-甲酰胺；(RS)-N-(α-cyano-2-thenyl)-4-ethyl-2-(ethylamino)thiazole-5-carboxamide。

IUPAC 名称 N-(cyano(thiophen-2-yl)methyl)-4-ethyl-2-(ethylamino)thiazole-5-carboxamide。

CAS 登记号 162650-77-3。

分子式 $C_{14}H_{16}N_4OS_2$。

相对分子质量 320.43。

结构式

开发单位 LG 生命科学公司开发，1994 年 Lucky Ltd.（KR）申请了专利，专利号 EP 0639574。

理化性质 纯品为白色晶体粉末。无固定熔点，在 185℃ 熔化过程已分解。蒸气压 $8.1×10^{-5}$Pa（25 ℃）。$K_{ow}lgP$ 2.89（pH7）。水中溶解度 4.8mg/L（20 ℃）。在室温、pH7 条件下的水溶液中稳定，在 pH4 和 pH9 时半衰期分别为 89 天和 46 天。

毒性 大、小鼠（雄、雌）急性经口 LD_{50}＞5000mg/kg。大鼠（雄、雌）急性经皮 LD_{50}＞5000mg/kg。大鼠（雄、雌）急性吸入 LC_{50}（4 小时）＞4.89mg/L。对兔眼睛无刺激性，对兔皮肤无刺激性，对豚鼠皮肤无致敏性。无潜在诱变性，对兔、大鼠无潜在致畸性。山齿鹑急性经口 LD_{50}＞5000mg/kg。蓝鳃太阳鱼 LC_{50}（96 小时）＞2.9mg/L，黑头带鱼 LC_{50}（96 小时）＞4.6mg/L，虹鳟 LC_{50}（96 小时）2.0mg/L。水蚤 LC_{50}（48 小时）0.33mg/L。藻类 EC_{50}（120 小时）＞3.6mg/L。

蜜蜂 $LD_{50}>100\mu g/$ 只。蚯蚓 $LC_{50}>1000mg/kg$ 干土。

剂型 25%可湿性粉剂。

作用方式及机理 可能通过抑制微管蛋白聚合和氧化呼吸，影响菌丝生长和产孢。

防治对象 主要用于防治卵菌纲病原菌引起的病害，如葡萄霜霉病和马铃薯晚疫病等。

使用方法 噻唑菌胺对卵菌纲类病害如葡萄霜霉病、马铃薯晚疫病、瓜类霜霉病等具有良好的预防、治疗和内吸活性。25%噻唑菌胺可湿性粉剂在大田应用时，施药时间间隔通常为7～10天，防治葡萄霜霉病、马铃薯晚疫病时推荐使用的剂量分别为200g/hm²、250g/hm²。以上均为有效成分剂量。根据使用作物、病害发病程度，其使用剂量通常为100～250g/hm²，在此剂量下的活性优于霜脲氰（120g/hm²）与代森锰锌（1395g/hm²）以及烯酰吗啉（150g/hm²）与代森锰锌（1334g/hm²）组成的混剂。

与其他药剂的混用 与其他杀菌剂如代森锰锌等复配的剂型正在研究开发阶段。

参考文献

刘长令, 2006. 世界农药大全: 杀菌剂卷[M]. 北京: 化学工业出版社.

TURNER J A, 2015. The pesticide manual: a world compendium[M]. 17th ed. UK: BCPC.

（撰稿：庞智黎；审稿：刘西莉、薛昭霖）

噻唑膦 fosthiazate

一种含噻唑磷酮结构的有机磷类杀线虫剂及杀虫剂。

其他名称 福气多、Nemathorin。

化学名称 *O*-乙基-*S*-仲丁基-2-氧代-1,3-噻唑烷-3-基硫代膦酸酯；*O*-ethyl-*S*-(1-methylpropyl)2-oxo-3-thiazolidinyl phosphonothioate。

IUPAC 名称 *O*-ethyl *S*-[(1*RS*)-1-methylpropyl] (*RS*)-(2-oxothiazolidin-3-yl)phosphonothioate。

CAS 登记号 98886-44-3。

EC 号 619-377-3

分子式 $C_9H_{18}NO_3PS_2$。

相对分子质量 283.35。

结构式

开发单位 日本石原产业公司。

理化性质 纯品外观为浅黄色液体。沸点 198℃(66.66Pa)。蒸气压 5.6×10^{-4}Pa（25℃）。在水中溶解度 9.85g/L（0.87%）。K_{ow}lg$P$ 1.75。

毒性 微毒。大鼠急性经口 LD_{50}：雄 73mg/kg，雌 57mg/kg。大鼠急性经皮 LD_{50}：雄 2396mg/kg，雌 861mg/kg。对兔眼睛有刺激，对皮肤无刺激。

剂型 10%颗粒剂，900g/L 乳油，10%乳油。

作用方式及机理 具有触杀与内吸作用。主要作用方式是抑制靶标害虫的乙酰胆碱酯酶，影响第二幼虫期的生态。噻唑膦施用后以立即混于土中最为有效，可在作物种植前直接施于土表，也可在作物播种时使用。推荐用量为1～4kg/hm² 有效成分。

防治对象 主要针对黄瓜、番茄、西瓜、花生、马铃薯、香蕉、药材等，用于防治地面缨翅目、鳞翅目、鞘翅目、双翅目许多害虫，对地下根部害虫也十分有效；对许多螨类也有效，对各种线虫具良好杀灭活性，对常用杀虫剂产生抗性的害虫（如蚜虫）有良好内吸杀灭活性。

使用方法 撒施与沟施，建议用法：每亩需 15kg 过筛细土或细砂与该品均匀混拌，撒施进行土壤处理。有效成分使用量为 2.25kg/hm² 时，10%噻唑膦微囊悬浮剂药后 60 天对番茄根结线虫的防效为 75.43%，而相同剂量的对照药剂防效为 61.11%，且对作物安全。

注意事项 在土壤中的吸附存在，对环境造成了一定的破坏，如地下水污染。另外，其易降解性使得它对害虫防治的持效期大大缩短，使用不当会对作物产生药害，目前主要剂型局限在颗粒剂和乳油。

与其他药剂的混用 乙酰胆碱酯酶变构可以对几乎所有的二甲基有机磷和 *N*-甲基氨基甲酸酯杀虫剂发生交互抗性。

允许残留量 GB 2763—2021《食品中农药最大残留限量标准》规定噻唑膦最大残留限量见表。ADI 为 0.004mg/kg。蔬菜、水果、糖料按照 GB 23200.113、GB/T 20769 规定的方法测定。

部分食品中噻唑膦最大残留限量（GB 2763—2021）

食品类别	名 称	最大残留限量（mg/kg）
蔬菜	番茄	0.05
	黄瓜	0.20
水果	西瓜	0.10
糖料	甘蔗	0.05

参考文献

李慧冬, 张海松, 吕潇, 2010. 气相色谱法测定牛蒡中的噻唑磷残留[J]. 农药, 49 (3): 197-198.

马涛, 袁会珠, 闫晓静, 等, 2016. 10%噻唑磷微囊的研制及其对番茄根结线虫的防治效果[J]. 农药, 55 (4): 256-260.

（撰稿：薛伟；审稿：吴剑）

噻唑烟酸 thiazopyr

一种有机杂环类除草剂。

其他名称 噻草定、Mandate、Visor（道农科公司）。

化学名称 2-二氟甲基-5-(4,5-二氢-1,3-噻唑-2-基)-4-

异丁基-6-三氟甲基烟酸甲酯。

IUPAC 名称 methyl 2-(difluoromethyl)-5-(4,5-dihydro-1,3-thiazol-2-yl)-4-(2-methylpropyl)-6-(trifluoromethyl)pyridine-3-carboxylate。

CAS 登记号 117718-60-2。

分子式 $C_{16}H_{17}F_5N_2O_2S$。

相对分子质量 396.38。

结构式

开发单位 孟山都公司。

理化性质 纯品为浅棕色晶状固体。熔点77.3~79.1℃。相对密度1.373。20℃时的溶解度：水2.5mg/L（pH5）；甲醇287g/L、正己烷30.6g/L。蒸气压0.27mPa。$K_{ow}lgP$ 3.89（21℃）。在水中的光解半衰期DT_{50}为15天。

毒性 原药急性毒性LD_{50}（mg/kg）：大鼠经口＞5000，兔经皮＞5000。对兔皮肤无刺激，对兔眼睛有轻微的刺激性，对豚鼠皮肤无致敏作用。大鼠吸入LC_{50}（4小时）＞1.2mg/L。NOEL：大鼠0.36mg/（kg·d），狗0.5mg/（kg·d）。无致突变作用，无遗传毒性，无致畸作用。

剂型 乳油，颗粒剂，可湿性粉剂等。

作用方式及机理 噻唑烟酸通过干扰纺锤体微管的形成来抑制细胞分裂。主要症状为根部生长受抑，分生组织膨大，很可能表现为子叶下轴或者节间膨大，但对种子发芽没有影响。

防治对象 用于果树、林木、棉花、花生等苗前除草。

参考文献

孙家隆, 2015. 新编农药品种手册[M]. 北京: 化学工业出版社: 823.

（撰稿：杨光富；审稿：吴琼友）

赛果 amidithion

一种内吸性杀螨、杀虫剂和种子处理剂。

其他名称 赛硫磷、Thiocron、CIBA thiocron、ENT 27,160、Medithionate。

化学名称 O,O-二甲基-S-(N-甲氧乙基)-氨基甲酰甲基二硫代磷酸酯；O,O-dimethyl S-(2-methoxyethylcarbamoylmethyl)dithiophosphate。

IUPAC 名称 S-(2-((2-methoxyethyl)amino)-2-oxoethyl) O,O-dimethyl phosphorodithioate。

CAS 登记号 919-76-6。

分子式 $C_7H_{16}NO_4PS_2$。

相对分子质量 273.31。

结构式

开发单位 1960年由瑞士汽巴-嘉基公司开发。

理化性质 外观为黄色黏稠油状物，有臭味，不能蒸馏。沸点25~26℃。相对密度d_D^{25} 1.136。在水中的溶解度约为2%，易溶于有机溶剂。

毒性 对蜜蜂有毒。大鼠急性经口LD_{50} 600~660mg/kg。大鼠急性经皮LD_{50} 1600mg/kg。

剂型 30%乳剂，50%可湿性粉剂、颗粒剂。

作用方式及机理 为内吸性杀螨剂、杀虫剂和种子处理剂。

防治对象 主要用于棉花、玉米、花生、甜菜、果树，防治棉蚜、蓟马、螨、果蝇、叶跳甲。在植株中的半衰期为2~3天。

使用方法 先用100倍水搅拌成为乳液，然后按照需要的浓度补加水量；高温时稀释倍数可大些，低温时可小些。对啤酒花、菊科植物、部分高粱品种以及烟草、枣树、桃、杏、梅、柑橘等植物，稀释倍数在1500倍以下乳剂敏感。使用时要先做药害试验，再确定浓度。

注意事项 ①对牛、羊、家禽等毒性高，喷过药的牧草1个月内不可饲喂，施过药的田地在7~10天不可放牧。②不可与碱性农药混用，其遇水易分解，应随配随用。③该品易燃，远离火种。④中毒后的解毒剂为阿托品。中毒症状：头疼、头晕、无力、多汗、恶心、呕吐、胸闷，并造成猝死。口服中毒可用生理食盐水反复洗胃。接触中毒请迅速离开现场，换掉被污染的衣物，用温水冲洗手、脸等接触部位，同时加强心脏监护，防止猝死。⑤储存于阴凉、通风仓库内。远离火种、热源。管理应按"五双"管理制度执行。包装密封。防潮、防晒。应与氧化剂、酸类、食用化工原料分开存放。不能与粮食、食物、种子、饲料、各种日用品混装、混运。操作现场不得吸烟、饮水。

与其他药剂的混用 可以与有机磷农药如敌敌畏、乙酰甲胺磷等混用，也可与菊酯类农药混用。

参考文献

王振荣, 李布青, 1996. 农药商品大全[M]. 北京: 中国商业出版社: 58.

朱永和, 王振荣, 李布青, 2006. 农药大典[M]. 北京: 中国三峡出版社.

（撰稿：汪清民；审稿：吴剑）

赛克津 metribuzin

一种三氮苯类除草剂。

其他名称 赛克、赛克嗪、嗪草酮、草除净、立克除、

S

特丁嗪、甲草嗪、Sencor、Sencorex（Bayer）、Lexone（Du Pont）。

化学名称 4-氨基-6-叔丁基-4,5-二氢-3-甲硫基-1,2,4-三嗪-5(4H)-酮；4-amino-6-(1,1-dimethylethyl)-3-(methylthio)-1,2,4-triazin-5(4H)-one。

IUPAC名称 4-amino-6-*tert*-butyl-3-methylthio-1,2,4-triazin-5(4H)-one。

CAS登记号 21087-64-9。

EC号 244-209-7。

分子式 $C_8H_{14}N_4OS$。

相对分子质量 214.29。

结构式

开发单位 拜耳公司。

理化性质 纯品为无色结晶。熔点125.5～126.5℃。相对密度1.28（20℃）。蒸气压0.058mPa（20℃）。$K_{ow}\lg P$ 1.6（20℃，pH5.6）。Henry常数 $1\times10^{-5}Pa\cdot m^3/mol$。水中溶解度（mg/L，20℃）：1165；有机溶剂中溶解度（g/L，20℃）：二氯甲烷340、丙酮820、正己烷1、正丁醇150、甲醇450、乙醇190、甲苯87、二甲苯90、苯220、异丙醇77、N,N-二甲基甲酰胺1780、三氯甲烷850、环己酮1000。稳定性：在水溶液中稳定 DT_{50}（37℃，pH1.2）：6.7小时，DT_{50}（70℃，pH4）：569小时。

毒性 对人畜低毒。急性经口 LD_{50}：雄大鼠510mg/kg，雌大鼠322mg/kg。大鼠急性经皮 $LD_{50}>20$g/kg，大鼠急性吸入 LC_{50}（4小时）>0.65mg/L空气（粉尘）。雄性小鼠急性经口 LD_{50} 698mg/kg，雌性小鼠急性经口 LD_{50} 711mg/kg。北美鹌鹑急性经口 LD_{50} 164mg/kg，淡水无脊椎动物急性毒性4.18mg/L。鲤鱼TLm（48小时）>40mg/L。虹鳟 LC_{50}（96小时）96mg/L。

剂型 35%、50%、70%可湿性粉剂，70%可湿性颗粒剂，75%干悬剂。

质量标准 70%可湿性粉剂的技术要求：外观浅黄色粉末，水分含量0.5%，有效成分含量≥70%，pH6～8。

作用方式及机理 内吸选择性除草剂。药剂被杂草根系吸收随蒸腾流向上部传导。主要通过抑制敏感植物的光合作用发挥杀草活性，施药后各敏感杂草萌发出苗不受影响，出苗后叶片褪绿，最后营养枯竭而死。对一年生阔叶杂草和部分禾本科杂草有良好除草效果，对多年生杂草无效。药效受土壤类型、有机质含量多少、湿度、温度影响较大，使用条件要求较严，使用不当，或无效，或产生药害。

防治对象 大豆、马铃薯、番茄、苜蓿、芦笋、甘蔗等作物田防除蓼、苋、藜、芥菜、苦荬菜、繁缕、荞麦蔓、香薷、黄花蒿、鬼针草、狗尾草、鸭跖草、苍耳、龙葵、马唐、野燕麦等一年生阔叶杂草和部分一年生禾本科杂草。对多年生杂草药效较差。

使用方法

防治北方大豆田杂草 春大豆播种后出苗前，每亩用70%可湿性粉剂53～76g，兑水30kg左右，均匀喷布土表。夏大豆播后出苗前，每亩用70%可湿性粉剂33～57g，处理同春大豆。南方大豆田因土壤轻质，气候温湿，用量可减少。

防治马铃薯田杂草 播种后出苗前使用，每亩用70%可湿性粉剂66～76g，加水30kg，均匀喷布土表，出苗后使用，一般在马铃薯株高10cm以上时，耐药性下降，易产生药害。

注意事项 大豆田只能苗前使用，苗期使用有药害。有机质含量低于2%的砂质土壤不宜使用。气温高、有机质含量低的地区，施药量用低限，相反用高限。对下茬或隔后茬白菜、豌豆之类有药害影响，注意使用时期的把握。

与其他药剂的混用 在干旱条件下，该制剂与其他除草剂混用，防效好，如氟乐灵、甲草胺、2,4-滴等。

允许残留量 GB 2763—2021《食品中农药最大残留限量标准》规定赛克津最大残留限量见表。ADI为0.013mg/kg。谷物按照GB 23200.9、GB 23200.113规定的方法测定；油料和油脂参照GB 23200.113规定的方法测定。EPA推荐赛克津ADI为0.025mg/kg。

部分食品中赛克津最大残留限量（GB 2763—2021）

食品类别	名称	最大残留限量（mg/kg）
谷物	玉米	0.05
油料和油脂	大豆	0.05

参考文献

彭志源，2005. 中国农药大全[M]. 北京: 中国科技文化出版社: 798.

（撰稿：杨光富；审稿：吴琼友）

赛拉菌素 selamectin

一种微生物代谢物类抗寄生虫药、杀虫药。

其他名称 大宠爱、Revolution、司拉克丁。

化学名称 25-环己烷基-25-去(1-甲丙基)-5-脱氧-22,23-二氢-5-(肟基)-阿维菌素B1单糖；(5Z,25S)-25-cyclohexyl-4′-O-de(2,6-dideoxy-3-O-methyl-α-L-arabino-hexopyranosyl)-5-demethoxy-25-de(1-methylpropyl)-22,23-dihydro-5-(hydroxyimino)avermectin A_{1a}。

IUPAC名称 (10E,14E,16E,21Z)-(1R,4S,5′S,6R,6′S,8R,12S,13S,20R,21R,24S)-6′-cyclohexyl-24-hydroxy-21-hydroxyimino-5′,11,13,22-tetramethyl-2-oxo-(3,7,19-trioxatetracyclo[15.6.1.1^{4,8}.0^{20,24}]pentacosa-10,14,16,22-tetraene)-6-spiro-2′-(tetrahydropyran)-12-yl2,6-dideoxy-3-O-methyl-α-L-arabino-hexopyranoside；

CAS登记号 220119-17-5。

分子式 $C_{43}H_{63}NO_{11}$。

相对分子质量　769.96。

结构式

开发单位　美国辉瑞动物保健品公司在 20 世纪 90 年代后期推出的一种能够同时杀灭宠物身体内外寄生虫的新药。

理化性质　白色或淡黄色结晶粉末。与其他阿维菌素类抗生素的最大区别是在 C5 位置上的取代基为肟基，其分子结构中具有较强的亲脂基团，脂溶性较高，水溶性较差。密度 1.35g/cm³。沸点 917℃（101.32kPa）。闪点 508.4℃。

毒性　对哺乳动物的毒性较小，安全性较好，在推荐剂量 6~12mg/kg 下不会引起哺乳动物中毒。目前对犬和猫来说是一种安全性较好的药物。

剂型　透皮剂，口服剂，注射剂。

作用方式及机理　通过干扰虫体谷氨酸控制的氯离子通道使虫体发生快速致死性和非痉挛性的神经肌肉麻痹。

防治对象　动物体内、体外抗寄生虫药，其对很多寄生虫都有广泛的抑制和杀灭作用。

使用方法　皮肤外用，一次量，每 1kg 体重犬、猫 6mg。

注意事项　仅限用于宠物，适用于 6 周龄和 6 周龄以上的犬、猫。为了获得最好的用药效果，请勿在宠物毛发尚湿的时候使用，但在用药 2 小时后给宠物洗澡不会降低药效。禁止用于人，勿让儿童触及。可能对皮肤和眼睛有刺激性，用后洗手。皮肤接触到药物后应立即用肥皂和清水冲洗；如溅入眼内，用大量水冲洗；如不慎食入，应立即求助医生。该品易燃，要远离热源、火花、明火或其他火源。用后的空瓶丢到普通家庭垃圾桶内即可。

参考文献

丁伟, 2011. 螨类控制剂[M]. 北京: 化学工业出版社: 240-241.

（撰稿：罗金香；审稿：丁伟）

赛松　disul

一种有机氯类除草剂。

其他名称　Seson、Sesone、CragHerbicidel、CragSesone、Herbon、SES、Disul-sodium。

化学名称　2-(2,4-二氯苯氧基) 乙基硫酸氢钠；2-(2,4-di-chlorophenoxy) ethyl hydrogen sulfate；sodium 2,4-dichlorophe-noxyethyl sulphate。

IUPAC 名称　2-(2,4-dichlorophenoxy)ethyl hydrogen sulfate。

CAS 登记号　136-78-7。

分子式　$C_8H_8Cl_2O_5S \cdot Na$。

相对分子质量　309.12。

结构式

开发公司　由联碳公司（后为罗纳 - 普朗克公司）引入市场。

理化性质　钠盐为无色结晶固体，熔点 245℃（分解）。密度 1.7g/cm³（20℃）。蒸气压可略（室温下）。水中溶解度为 250g/kg（室温），除甲醇外不溶于常用有机溶剂。能溶于水。钙盐可充分地溶于硬水，钠盐易被碱水解形成 2-（2,4- 二氯苯氧基）乙醇和硫酸钠。

毒性　大鼠急性经口 LD_{50} 1410mg/kg，2 年的饲喂试验表明，2000mg/kg 饲料无不良影响。对鱼有毒。

作用方式及机理　植物生长调节剂型除草剂，主要抑制植物体内的植物天然激素或植物内源激素的合成。

剂型　可湿性粉剂。

应用　对植物无毒，在潮湿的土壤中被微生物分解为 2,4- 二氯苯氧乙醇和 2,4-滴，然后发挥作用。可用于玉米、马铃薯、花生、水稻、桑、苗圃中防除阔叶杂草。

（撰稿：胡方中；审稿：耿贺利）

三苯基氯化锡　fentin chloride

一种内吸性有机锡杀菌剂。

其他名称　Tinmate、GC 8993、HOE 2872。

化学名称　三苯基氯化锡。

IUPAC 名称　triphenyltin chloride。

CAS 登记号　639-58-7。

EC 号　211-358-4。

分子式　$C_{18}H_{15}ClSn$。

相对分子质量　385.48。

结构式

S

开发单位　日本农药公司。

理化性质　产品为固体。熔点 107～109℃。

毒性　施于甜菜上，原药经紫外光照射分解成二苯基锡、苯基锡至元素锡，用三苯基锡氯化物喂大鼠，1 周内有 90% 的药物经尿道和粪便中排出。对蝌蚪剧毒。

剂型　10% 可湿性粉剂。

防治对象　三苯基氯化锡是一个内吸性杀菌剂，将它施于稻田中经 24 小时后可由苗根传导至叶鞘和叶部。它能防治甜菜褐斑病、马铃薯晚疫病、稻胡麻斑病。还能用作昆虫不育剂，抑制家蝇的繁殖。

参考文献

王振荣，李布青，1996. 农药商品大全[M]. 北京：中国商业出版社：536.

（撰稿：刘长令、杨吉春；审稿：刘西莉、张灿）

三苯基乙酸锡　fentin acetate

一种具有保护作用和一定治疗活性的取代苯类非内吸性杀菌剂，也可用作杀藻剂和灭螺剂。

其他名称　Suzu、Batasan、Bedilan、Brestan、VP 1940、Hoe2824、GC 6936、OMS1020、ENT25208、HOE002782、薯瘟锡。

化学名称　（乙酰氧基）三苯基锡烷；(acetyloxy)triphenylstannane。

IUPAC名称　triphenyltin(IV)acetate; triphenyltin acetate。

CAS登记号　900-95-8。

EC号　212-984-0。

分子式　$C_{20}H_{18}O_2Sn$。

相对分子质量　409.07。

结构式

开发单位　1959—1960 年由赫斯特公司（现拜耳）开发。

理化性质　原药含量 ≥ 94%。纯品为无色晶体。熔点 121～123℃（原药 118～125℃）。$K_{ow}\lg P$ 3.54。Henry 常数 $2.96 \times 10^{-4} Pa \cdot m^3/mol$（20℃）（BBA）。相对密度 1.5（20℃）。溶解度：水 9mg/L（pH5，20℃）；有机溶剂中溶解度（g/L，20℃）：乙醇 22、乙酸乙酯 82、正己烷 5、二氯甲烷 460、甲苯 89。稳定性：干燥时稳定，有水存在时转化成三苯基氢氧化锡。闪点 185℃±5℃（Clevelard，开杯法）。酸性和碱性条件下不稳定，在 22℃，$DT_{50} < 3$ 小时（pH5、7 或 9）。光照条件下和在大气氧中分解。

毒性　大鼠急性经口 LD_{50} 140～298mg/kg。兔急性经皮 LD_{50} 127mg/kg。重复使用对皮肤和眼睛有刺激性。吸入 LC_{50}（4小时）：雄大鼠 0.044mg/L（空气），雌大鼠 0.069mg/L（空气）。NOEL：（2年）狗 4mg/kg（饲料）。ADI/RfD（ECCO）0.0004mg/kg［2001］；（EPA）aRfD 0.003，cRfD 0.0003mg/kg［1999］。毒性等级：Ⅱ（a.i.，WHO）；Ⅱ（制剂，EPA）。EC分级：R40|R63|T+；R26|T；R24/25，R48/23|Xi；R37/38，R41|N；R50、R53；取决于浓度。鹌鹑 LC_{50} 77.4mg/kg 饲料。黑头呆鱼 LD_{50}（48小时）0.071mg/L。水蚤 LC_{50}（48小时）10μg/L。藻类 LC_{50}（72小时）32μg/L。制剂对蜜蜂无毒，蚯蚓 LD_{50}（14天）128mg/kg 土壤。

剂型　45% 可湿性粉剂。

质量标准　45% 可湿性粉剂外观为灰白色疏松粉剂，细度（通过 45μm 孔筛）≥ 95%，湿润性 ≤ 120 秒，pH5～8。

作用方式及机理　抑制氧化磷酸化（ATP 合酶）。非内吸性杀菌剂，主要为保护作用，也有一定的治疗活性。还可作为杀藻剂和灭螺剂。

防治对象　马铃薯早疫病和晚疫病，甜菜叶斑病，豆类作物炭疽病。

使用方法　防治甜菜褐斑病，发病初期开始喷药每次每亩用 45% 可湿性粉剂 60～67g（有效成分 27～30.15g）加水喷雾，间隔 7～10 天再使用一次，安全间隔期为 50 天。每季最多使用 2 次。

注意事项　对葡萄、观赏植物、一些果树和温室作物可能有药害。该药剂对鱼、虾、蟹等水生生物有毒，不适合在水田中使用。蚕室、桑园附近及鸟类保护区禁用，赤眼蜂等天敌放飞区禁用。不能和碱性物质混合使用，建议与其他作用机制不同的杀菌剂轮换使用。与乳油和水剂不相容。该药剂属于强烈神经毒物，中毒症状为头痛、头晕、多汗、恶心、呕吐、抽搐、昏迷、呼吸困难。该药无特殊解药，如误服，不要引吐，立即就医。根据不同有机锡化合物中毒症状应用肾上腺糖皮质激素和利尿剂。严禁与碱性、氧化剂、食品及食品添加剂同储同运。运输途中应防暴晒、雨淋，防高温。

允许残留量　GB 2763—2021《食品中农药最大残留限量标准》规定三苯基乙酸锡最大残留限量见表。ADI 为 0.0005mg/kg。

部分食品中三苯基乙酸锡最大残留限量（GB 2763—2021）

食品类别	名称	最大残留限量（mg/kg）
谷物	稻谷	5.00*
	糙米	0.05*
糖料	甜菜	0.10*

* 临时残留限量。

参考文献

马克比恩 C, 2015. 农药手册[M]. 胡笑形，等译. 北京：化学工业出版社：434-435.

（撰稿：张传清；审稿：刘西莉）

S

三苯锡　fentin

一种取代苯类非内吸性杀菌剂。主要以三苯基乙酸锡或三苯基氢氧化锡形式使用。

其他名称　锡。

化学名称　三苯基锡；triphenylstannylium。

IUPAC名称　triphenyltin。

CAS登记号　668-34-8。

分子式　$C_{18}H_{15}Sn$。

相对分子质量　350.02。

结构式

毒性　ADI/RfD（JMPR）0.0005mg/kg［1991］。具有内分泌干扰作用，在较低浓度时能导致生物体内分泌紊乱。

作用方式及机理　抑制氧化磷酸化（ATP合酶）。非内吸性杀菌剂，主要有保护作用，也有一定的治疗活性。

防治对象　用200～300g/hm²（有效成分）防治马铃薯早疫病、晚疫病、大豆黑点病、炭疽病，水稻稻瘟病、稻曲病等。

注意事项　对环境污染严重，特别是水环境。对葡萄、观赏植物、一些果树和温室作物可能有药害，与乳油和水剂不相容。

允许残留量　GB 2763—2012《食品中农药最大残留限量标准》规定三苯基氢氧化锡在马铃薯中的最大残留限量为0.1mg/kg（临时限量）。ADI为0.0005mg/kg。日本"肯定列表制度"中明确规定所有食品中均不得检出，部分蔬菜、水果中三苯锡的残留限量为0.02mg/kg。

参考文献

马克比恩 C, 2015. 农药手册[M]. 胡笑形, 等译. 北京: 化学工业出版社: 434-435.

（撰稿：张传清；审稿：刘西莉）

三碘苯甲酸　triiodobenzoic acid, TIBA

一种苯甲酸类植物生长调节剂。

其他名称　2,3,5三碘安息香酸。

化学名称　2,3,5-三碘苯甲酸；2,3,5-triiodobenzoic acid。

IUPAC名称　2,3,5-triiodobenzoic acid。

CAS登记号　88-82-4。

EC号　201-859-6。

分子式　$C_7H_3I_3O_2$。

相对分子质量　499.81。

结构式

开发单位　1942年，由 P. W. Zimmermann 和 A. E. Hitchcock 在番茄幼苗中发现。

理化性质　纯品为白色粉末，或接近紫色的非晶形粉末。商品为黄色或浅褐色溶液或含98%三碘甲苯酸的粉剂。不溶于水，可溶于乙醇、丙酮、乙醚等。较稳定，耐储存。熔点224～226℃。

毒性　中等毒性。急性经口 LD_{50}：大鼠813mg/kg；小鼠700mg/kg。

剂型　可湿性粉剂。

质量标准　纯度＞90%，较稳定，耐储存。

作用方式及机理　被称为抗生长素，能阻碍植物体内生长素自上而下的极性运输，易被植物吸收，能在茎中运输，影响植物的生长发育。抑制植物顶端生长，使植株矮化，促进侧芽和分蘖生长。高浓度时抑制生长，可用于防止大豆倒伏；低浓度促进生根；在适当浓度下，具有促进开花和诱导花芽形成的作用。是具有微弱生长素作用的抗生长素中的一种。此物质对番茄的生长和花芽的形成有着特殊的影响，特别对花芽的形成具有显著促进作用。通过抑制生长素的极性移动，使生长素作用效力降低，常用于生长素极性移动的抑制研究。

使用方法

大豆　在大豆初花期或盛花期，每公顷用45～75g，使用浓度100～200mg/kg。每公顷用药液量为525～1500kg，进行叶面喷洒，可使茎秆粗壮，防止倒伏，促进开花，增加产量，提高品质。在土壤肥沃、大豆生长旺盛时施用，效果较好；如土壤贫瘠、大豆生育不良，则不宜施用。也可在大豆开花前2片复叶与5～6片复叶时，用低浓度（15mg/kg）三碘苯甲酸溶液叶面喷洒，先后处理2次。可增加开花数和种子产量，减轻植株徒长。

毛豆　开花期用100mg/kg溶液喷洒，可防止徒长，增加分枝，提高结荚数。

花生　盛花下针期用200mg/kg溶液喷洒，可提高花生质量。

马铃薯　现蕾期用100mg/kg溶液叶面喷洒，可增加马铃薯块茎产量。

甘薯　现蕾期用150mg/kg溶液叶面喷洒，可抑制地上部分徒长，促进块根生长。

桑树　生长旺盛期用300mg/kg溶液叶面喷洒1～2次，可促进侧枝生长，增加叶片数。

木本观赏植物　可抑制旺长，促进侧枝生长，改善株形。

苹果　国光和红玉苹果在采收前30天，用300～450mg/kg溶液喷洒全株或果枝附近的叶片，能促使脱叶，并促进苹果果实着色。在苹果盛花期使用，有疏花疏果作用。尚未结果的一二年生的苹果树，在早春叶面开始生长时，用25mg/kg

S

溶液喷洒，可诱导花芽形成；用 50mg/kg 溶液喷洒，可改善侧枝的角度。

参考文献

李玲，肖浪涛，谭伟明，2018. 现代植物生长调节剂技术手册[M]. 北京：化学工业出版社:59.

邵莉楣，孟小雄，2009. 植物生长调节剂应用手册[M]. 北京：金盾出版社.

孙家隆，2015. 新编农药品种手册[M]. 北京：化学工业出版社: 951.

（撰稿：尹佳茗；审稿：谭伟明）

三丁氯苄膦　chlorphonium chloride

一种株高抑制剂，可抑制植物细胞生长，使植株矮化。除应用于花卉外，还可用于抑制冬季油菜种子的发芽和葡萄藤的生长，抑制苹果树梢生长及花的形成。

其他名称　氯化膦、福斯方、矮形膦、phosphan。

化学名称　三丁基(2,4-二氯苄基)膦；tributyl(2,4-dichlorobenzyl)phosphonium chloride；2,4-dichlorobenzyltributylphosphoniumchloride。

IUPAC 名称　tributyl-[(2,4-dichlorophenyl)methyl]phosphanium chloride。

CAS 登记号　115-78-6。

分子式　$C_{19}H_{32}Cl_3P$。

相对分子质量　397.79。

结构式

开发单位　美国 BOC Sciences 公司合成。

理化性质　无色结晶固体，有芳香气味。熔点 114～120℃。可溶于水、丙酮、乙醇，不溶于乙醚和乙烷。

毒性　大鼠急性经口 LD_{50} 210mg/kg。兔急性经皮 LD_{50} 750mg/kg。对眼睛和皮肤均有刺激作用。虹鳟 LC_{50}（96 小时）115mg/L。

剂型　10% 液剂，10% 粉剂。

使用方法　是温室盆栽菊花和室外栽培的耐寒菊花的株高抑制剂。它还能抑制牵牛花、鼠尾草、薄荷、杜鹃花、石楠属、冬青属的乔木或灌木和一些其他观赏植物的株高。抑制冬季油菜种子的发芽和葡萄藤的生长，抑制苹果树梢生长及花的形成。盆栽植物土壤施用效果最好。另外，用该品处理母株可提高扦插的均匀性。

参考文献

孙家隆，2015. 新编农药品种手册[M]. 北京：化学工业出版社:951.

（撰稿：谭伟明；审稿：杜明伟）

三氟啶磺隆　trifloxysulfuron

一种磺酰脲类除草剂。

其他名称　Envoke、Krismat、Monument、Suprend、Enfield、英飞特。

化学名称　1-(4,6-二甲氧基嘧啶-2-基)-3-[3-(2,2,2-三氟乙氧基)-2-吡啶磺酰基]脲；N-[[(4,6-dimethoxy-2-pyrimidinyl)amino]carbonyl]-3-(2,2,2-trifluoroethoxy)-2-pyridine sulfonamide。

IUPAC 名称　N-((4,6-dimethoxypyrimidin-2-yl)carbamoyl)-3-(2,2,2-trifluoroethoxy)pyridine-2-sulfonamide。

CAS 登记号　145099-21-4。

EC 号　604-461-4。

分子式　$C_{14}H_{14}F_3N_5O_6S$。

相对分子质量　437.35。

结构式

开发单位　汽巴 - 嘉基公司（现先正达公司）开发。

理化性质　纯品为白色结晶。熔点170～177℃。相对密度1.63（21℃）。蒸气压＜1.3×10^{-6}Pa（25℃）。$K_{ow}lgP$（20℃）：1.4（pH5）、-0.43（pH7）。Henry 常数 2.6×10^{-5}Pa·m³/mol（计算值）。水中溶解度（25℃，mg/L）：25 500（pH7.6）；有机溶剂中溶解度（25℃，g/L）：二氯甲烷0.79、甲醇40、丙酮17、乙酸乙酯3.8、正己烷＜0.001、甲苯＞500。pK_a4.76（20℃）。稳定性：在水中半衰期（25℃）：6 天（pH5）、20 天（pH7）、21 天（pH9）；在水中光解半衰期DT_{50} 14～16 天（pH7,25℃）。

毒性　大鼠急性经口 LD_{50}＞5000mg/kg。大鼠急性经皮 LD_{50}＞2000mg/kg。大鼠急性吸入 LC_{50}（4 小时）＞5.03mg/L。对兔皮肤和眼睛有轻微刺激性，对天竺鼠皮肤无刺激作用。鸟：鹌鹑和野鸭 NOEC 5620mg/kg。鱼类 LC_{50}（96 小时）：虹鳟和大翻车鱼＞103mg/L。水蚤 EC_{50}（48 小时）＞108mg/L。藻类 EC_{50}（120 小时，mg/L）：舟形藻＞150、中肋骨条藻80、蓝藻0.28、月牙藻0.0065。其他水生生物：牡蛎 LC_{50}（96 小时）＞103mg/L。糠虾类 LC_{50}（96 小时）60mg/L。蜜蜂（经口和接触）LD_{50}（48 小时）＞25μg/只。蚯蚓 LC_{50}（14 天）＞1000mg/kg 土壤，对盲走螨、燕麦蚜茧蜂等有益生物无害。

剂型　10% 可湿性粉剂，75% 水分散粒剂。

作用方式及机理　属于磺酰脲类除草剂，通过抑制支链氨基酸（如亮氨酸、异亮氨酸、缬氨酸等）合成所必需的乙酰乳酸合成酶（ALS）的活性，使整个植株表现为生长停止、叶脉失绿、顶端分生组织死亡，最后导致整个植株在1～3周后死亡。杂草的根部和茎叶部分都可以吸收三氟啶磺隆，并且经过木质部和韧皮部快速转移到嫩枝、根部和顶端分生组织。

三氟啶磺隆对杂草和作物的选择性主要是由于降解代谢的差异。其在棉花和甘蔗体内可以被迅速代谢为无活性物质，从而使作物植株免受伤害。

防治对象 主要用于防除阔叶杂草和莎草科杂草。对苣荬菜（苦苣菜）、藜（灰菜）、小藜、灰绿藜、马齿苋、反枝苋、凹头苋、绿穗苋、刺儿菜、刺苞果、豚草、鬼针草、大龙爪、水花生、野油菜、田旋花、打碗花、苍耳、醴肠（旱莲草）、田菁、胜红蓟、羽芒菊、臂形草、大戟、酢浆草（酸咪咪）等阔叶杂草具有很好的防除效果；对香附子（三棱草）有特效；对马唐、旱稗、牛筋草、狗尾草、假高粱等禾本科杂草防效较差。

使用方法 棉花5叶以后或株高20cm以上时，一般用量为75%三氟啶磺隆水分散粒剂1.5～2.5g/亩，或10%三氟啶磺隆可湿性粉剂15～20g/亩，兑水20～30kg，均匀喷雾杂草茎叶，喷药时尽量避开棉花心叶（主茎生长点）。甘蔗生长期，杂草3～6叶期，用量同对棉花的用量，甘蔗对该品具有较强的耐药性，以推荐剂量的2倍施用于甘蔗田，仍未出现药害。

注意事项 ①每季作物只能使用1次。②主要用于甘蔗和棉花除草，如果用于其他作物，请先进行安全性试验。③在棉花田喷药时，应尽量避开棉花心叶。对个别品种的棉花叶片有轻微灼伤，1周后可以迅速恢复，不影响产量。

与其他药剂的混用 73.1%莠灭净和1.8%三氟啶磺隆钠的水分散粒剂。

参考文献

刘长令, 2002. 世界农药大全: 除草剂卷[M]. 北京: 化学工业出版社: 72-73.

刘长令, 关爱莹, 2014. 世界重要农药品种与专利分析[M]. 北京: 化学工业出版社: 236-240.

（撰稿：李玉新；审稿：耿贺利）

三氟啶磺隆钠盐 trifloxysulfuron sodium

一种磺酰脲类除草剂。

其他名称 英飞特、CGA 362622、Envoke、Monument、NOJ 120。

化学名称 N-[(4,6-二甲氧基-2-嘧啶基)氨基甲酰]-3-(2,2,2-三氟乙氧基)-2-吡啶磺酰胺钠。

IUPAC名称 sodium N'-(4,6-dimethoxypyrimidin-2-yl)-N-[3-(2,2,2-trifluoroethoxy)-2-pyridylsulfonyl]imidocarbamate。

CAS登记号 199119-58-9。

EC号 688-332-8。

分子式 $C_{14}H_{13}F_3N_5NaO_6S$。

相对分子质量 459.33。

结构式

开发单位 2001年汽巴-嘉基公司（现先正达公司）开发。

理化性质 纯品为白色无味粉末。熔点170.2～177.7℃，纯品在熔化后立即开始热分解。相对密度1.63（20℃，纯品）。蒸气压1.3×10^{-6}Pa（25℃）。$K_{ow}\lg P$ -0.43（pH7）、1.4（pH5）。pK_a（20～25℃）：4.76。Henry常数2.6×10^{-5}Pa·m³/mol（计算值）。水中溶解度（25℃）：25.5g/L（pH7.5）、102.5mg/L（pH5.4）；有机溶剂中溶解度：丙酮17g/L、二氯甲烷0.79g/L、乙酸乙酯3.8g/L、甲醇50g/L、甲苯<0.001g/L、己烷<0.001g/L、正己烷<1mg/L、辛醇4.4g/L。K_{oc}29～584ml/cm³，取决于土壤类型和pH值。水解DT_{50}（25℃）：6天（pH5）、20天（pH7）、21天（pH9）。水中光解DT_{50}：14～17天（pH7，25℃）。土壤DT_{50}：55天（有氧），24天（厌氧）。

毒性 低毒。大鼠急性经口LD_{50}＞5000mg/kg，急性经皮LD_{50}＞2000mg/kg，急性吸入LC_{50}（4小时）＞5.03mg/L空气。对兔眼睛无刺激性，兔皮肤有轻度刺激性。豚鼠皮肤变态反应（致敏）试验结果为无致敏性。NOEL［mg/（kg·d）］：大鼠（2年）24、小鼠（1.5年）112、狗（1年）15。Ames试验、小鼠骨髓细胞微核试验等4项致突变试验结果均为阴性，未见致突变作用。绿头鸭急性经口LD_{50}＞2250mg/kg。家蚕LC_{50}（96小时）＞3750mg/kg桑叶。虹鳟和大翻车鱼LC_{50}（96小时）＞103mg/L。水蚤EC_{50}（48小时）＞108mg/kg。其他水生物：EC_{50}（120小时，mg/L）＞150（舟形藻）、80（骨条藻）、0.28（鱼腥藻）、0.0065（月牙藻）。EC_{50}（96小时，mg/L）＞103（牡蛎）、＞60（糠虾）。蜜蜂LD_{50}＞1000μg/只（经口和接触）。在1000mg/kg土壤下对蚯蚓无毒。对土壤微生物（呼吸、硝化）或活性污泥无害。迅速吸收和代谢，在生物体或环境中没有累积的趋势。动物吸收和排泄（70%尿液，6%粪便）迅速，7天后残留小于剂量的0.3%；动物代谢通过O-脱甲基化、桥键断裂、葡萄糖结合等反应进行。植物代谢经过Smile's重排、桥键断裂、水解、氧化、交联反应等，在植物可食用部分（甘蔗茎、棉籽）含量非常低。

剂型 75%水分散粒剂，11%可分散油悬剂。

质量标准 75%三氟啶磺隆钠盐水分散粒剂应是干的、能自由流动的颗粒，基本无粉尘，无可见外来杂质和硬块。pH4～7，悬浮率＞80%，储存稳定性良好。

作用方式及机理 三氟啶磺隆属于磺酰脲类除草剂，施药后可被杂草的根、茎、叶吸收，可在植物体内向下和向上传导，通过抑制乙酰乳酸合成酶（ALS）的活性，从而影响支链氨基酸（如亮氨酸、异亮氨酸、缬氨酸等）的生物合成。植物受害后表现为生长点坏死、叶脉失绿，植物生长受到严重抑制、矮化，最终全株枯死。三氟啶磺隆对杂草和作物的选择性主要是由于降解代谢的差异。其在棉花和甘蔗

S

体内可以被迅速代谢为无活性物质，从而使作物植株免受伤害。

防治对象　主要用于防除阔叶杂草和莎草科杂草。对苣荬菜（苦苣菜）、藜（灰菜）、小藜、灰绿藜、马齿苋、反枝苋、凹头苋、绿穗苋、刺儿菜、刺苞果、豚草、鬼针草、大龙爪、水花生、野油菜、田旋花、打碗花、苍耳、醴肠（旱莲草）、田菁、胜红蓟、羽芒菊、臂形草、大戟、酢浆草（酸咪咪）等阔叶杂草具有很好的防除效果。对香附子（三棱草）有特效。对马唐、旱稗、牛筋草、狗尾草、假高粱等禾本科杂草防效较差。

使用方法　棉花 5 叶以后或株高 20cm 以上时，一般用量为 75% 三氟啶磺隆水分散粒剂 1.5～2.5g/ 亩，或 10% 三氟啶磺隆可湿性粉剂 15～20g/ 亩，兑水 20～30kg，均匀喷雾杂草茎叶。喷药时尽量避开棉花心叶（主茎生长点）。

甘蔗生长期、杂草 3～6 叶期时，一般用量为 75% 三氟啶磺隆水分散粒剂 1.5～2.5g/ 亩，或 10% 三氟啶磺隆可湿性粉剂 15～20g/ 亩，兑水 20～30kg，均匀喷雾杂草茎叶，甘蔗对该品具有较强的耐药性，以推荐剂量的 2 倍施用于甘蔗田，仍未出现药害。

注意事项　每季作物只能使用该品 1 次。主要用于甘蔗和棉花除草，如果用于其他作物，请先进行安全性试验。在棉花田喷药时，应尽量避开棉花心叶。对个别品种的棉花叶片有轻微灼伤，1 周后可以迅速恢复，不影响产量。

与其他药剂的混用　可与氟草烟、炔草酯、氟草隆、灭草喹、咪唑乙烟酸、异噁酰草胺、乙氧氟草醚、利谷隆、黄草消、二甲戊乐灵等混用。

允许残留量　中国未规定三氟啶磺隆钠盐最大残留限量。ADI 为 0.15mg/kg。

参考文献

刘长令, 2002. 世界农药大全: 除草剂卷[M]. 北京: 化学工业出版社: 72-73.

TURNER J A, 2015. The pesticide manual: a world compendium[M]. UK: BCPC: 1151-1152.

（撰稿：赵卫光；审稿：耿贺利）

三氟甲磺隆　tritosulfuron

一种磺酰脲类除草剂。

其他名称　Corto、Biathlon、Biathion。

化学名称　1-(4- 甲氧基 -6- 三氟甲基 -1,3,5- 三嗪 -2- 基)-3-(2- 三氟甲基苯基磺酰基) 脲；N-[[(4-methoxy-6-(trifluoromethyl)-1,3,5-triazin-2-yl]amino]carbonyl]-2-(trifluoromethyl)benzene esulfonamide。

IUPAC 名称　N-((4-methoxy-6-(trifluoromethyl)-1,3,5-triazin-2-yl)carbamoyl)-2-(trifluoromethyl)benzenesulfonamide。

CAS 登记号　142469-14-5。

EC 号　604-291-0。

分子式　$C_{13}H_9F_6N_5O_4S$。

相对分子质量　445.30。

结构式

开发单位　巴斯夫公司。

理化性质　相对密度 1.64（25℃）。蒸气压 < 9.9×10^{-6} Pa（20℃）。$K_{ow}\lg P$ 1.49（25℃）。pK_a 3.98 ± 0.1（25℃）。

剂型　水分散粒剂。

作用方式及机理　ALS 抑制剂。三氟甲磺隆通过抑制植株中必需氨基酸——缬氨酸和异亮氨酸的生物合成来阻止细胞分裂和植物生长。

防治对象　三氟甲磺隆具有广泛的杂草防治谱，并对猪殃殃具有一定的防治效果。

与其他药剂的混用　25% 三氟甲磺隆和 50% 麦草畏的水分散粒剂，50% 三氟甲磺隆和 25% 麦草畏的水分散粒剂。

参考文献

刘长令, 2002. 世界农药大全: 除草剂卷[M]. 北京: 化学工业出版社: 74-75.

刘长令, 关爱莹, 2014. 世界重要农药品种与专利分析[M]. 北京: 化学工业出版社: 243-247.

（撰稿：李玉新；审稿：耿贺利）

三氟咪啶酰胺　fluazaindolizine

一种吡啶并咪唑酰胺类（磺酰胺类）非熏蒸性杀线虫剂。此杀线虫剂作用方式独特，没有杀虫或杀菌活性，对非靶标生物的毒性很低，对有益的节肢动物、传粉媒介和土壤中生物无害。

其他名称　Reklemel、imidazo [1,2-a] pyridine-2-carboxamide。

化学名称　8- 氯 -N-[（2- 氯 -5- 甲氧基苯基）磺酰基]-6-（三氟甲基）- 咪唑 [1,2a] 吡啶 -2- 甲酰胺。

IUPAC 名称　8-chloro-N-[(2-chloro-5-methoxyphenyl)sulfonyl]-6-(trifluoromethyl)imidazo[1,2-a]pyridine-2-carboxamide。

CAS 登记号　1254304-22-7。

分子式　$C_{16}H_{10}Cl_2F_3N_3O_4S$。

相对分子质量　468.24。

结构式

开发单位　科迪华公司研发。2020 年 11 月 13~15 日，在重庆举办的第 36 届中国植保信息交流暨农药机械交易会上，科迪华公司在中国推出首个杀线虫产品，深力保®以锐根美®（三氟咪啶酰胺）为活性成分，高效且具有高度选择性，可为作物根系提供持久保护。

理化性质　原药为白色固体，无特殊气味。相对密度 1.6818 ± 0.1079（20℃）。熔点 218.5℃。常用有机溶剂中的溶解度（20℃）：甲醇 3.47g/L、丙酮 99.76g/L、乙酸乙酯 27.62g/L、邻二甲苯 1.247g/L、正辛烷 2.0g/L。

毒性　低毒。对眼睛刺激性小，对皮肤无刺激性，一般不会引起过敏反应。雌、雄大鼠急性经皮 LD_{50} > 5000mg/kg，雌大鼠经口 LD_{50} 3129mg/kg，雌、雄大鼠急性吸入 LC_{50} > 5.8mg/L。

三氟咪啶酰胺挥发性差，在土壤中通过径流作用流入地下水或以吸附方式残留在地表水中，对环境有一定的污染。主要降解物有苯磺酰胺类化合物、三氟咪啶甲酸等，其中部分降解产物对水生植物毒性大于三氟咪啶酰胺。

剂型　以悬浮剂为主，颗粒剂为辅。

防治对象　用于蔬菜、柑橘、番茄、葡萄、马铃薯、葫芦、草坪、烟草以及大田作物等，有效防治烟草根结线虫、马铃薯茎线虫、大豆孢囊线虫、草莓滑刃线虫、松材线虫、粒线虫及短体（根腐）线虫等。

使用方法　三氟咪啶酰胺在土壤中具有较好的水平迁移性，可通过滴灌、微喷、穴施、沟施等方式给药。根据作物种类和施药方式不同，施药量是 0.25~2kg/hm² （有效成分）。

参考文献

林宏芳，2019. 新农药三氟咪啶酰胺在环境中的转化机理及其转化产物的生物毒性研究[D]. 北京：北京科技大学.

GEORGE P L, JOHAN D, BENK S, et al, 2017. The discovery of fluazaindolizine: a new product for the control of plant parasitic nematodes[J]. Bioorganic & medicinal chemistry letters, 27 (7)：1572-1575.

（撰稿：张鹏；审稿：彭德良）

三氟羧草醚　acifluorfen

一种二苯醚类选择性除草剂。

其他名称　杂草焚、达克果、达克尔、豆阔净、氟羧草醚、木星、杂草净、Tackle、Blazer。

化学名称　5-[2- 氯 -4-（三氟甲基）- 苯氧基]-2- 硝基苯甲酸（钠）；5-[2-chloro-4-(trifluoromethyl)phenoxy]-2-nitrobenzoic acid。

IUPAC 名称　5-(2-chloro-$\alpha\alpha\alpha$-trifluoro-*p*-tolyloxy)-2-nitrobenzoic acid。

CAS 登记号　50594-66-6。

EC 号　256-634-5。

分子式　$C_{14}H_7ClF_3NO_5$。

相对分子质量　361.66。

结构式

开发单位　英国捷利康公司。

理化性质　白色结晶体。相对密度 1.61（20℃）。熔点 219℃。蒸气压 < 0.01mPa（25℃）。溶解度（25℃，g/L）：水 0.05（纯水）、水 < 0.01（pH1~2）、水 10（pH9）；丙酮 300，己烷 0.5，二甲苯 1.9。能生成水溶性盐。

毒性　低毒。急性经口 LD_{50}（mg/kg）：雄大鼠 2025、雌大鼠 1370、雄小鼠 2050、雌小鼠 1370，兔急性经皮 LD_{50} 3680mg/kg，大鼠急性吸入 LC_{50}（4 小时）> 6.9mg/L。对兔皮肤有中度刺激性，对兔眼睛有强刺激性。大鼠（2 年）饲喂试验 NOEL 为 180mg/（kg·d）。虹鳟 LC_{50}（96 小时）17mg/L，蓝鳃鱼 LC_{50} 62mg/L。对鸟类和蜜蜂的毒性较低。鹌鹑经口 LD_{50} 325mg/kg，野鸭经口 LD_{50} 2821mg/kg。

三氟羧草醚钠盐：大鼠急性经口 LD_{50} 1300。兔急性经皮 LD_{50} > 780mg/kg。

剂型　14.8%、21%、21.4% 水剂，28% 微乳剂。

作用方式及机理　选择性触杀型除草剂。抑制原卟啉原氧化酶活性，使植物光合作用膜的脂类结构发生过氧化，膜丧失完整性，导致细胞死亡。该药借助于光发挥除草活性，能使气孔关闭，增高植物体温度引起坏死，并可抑制细胞线粒体电子的传递，引起呼吸系统和能量生产系统的停滞，抑制细胞分裂。药剂在大豆体内被迅速代谢，对大豆安全。

防治对象　阔叶杂草，如马齿苋、反枝苋、凹头苋、刺苋、苘麻、狼把草、鬼针草、辣子草、鳢肠、龙葵、曼陀罗、苍耳、刺黄花稔、蒿蓄、田菁、香薷、豚草、鸭跖草、刺儿菜、田旋花等。对马齿苋、反枝苋、凹头苋、刺苋、酸浆、龙葵等效果理想，对藜、苍耳、苘麻、鸭跖草、苣荬菜、刺儿菜等防效中等。

使用方法　苗后茎叶喷雾，用于大豆田除草。大豆苗后 3 片三出复叶前，阔叶杂草 2~3 叶期，春大豆田每亩使用 21.4% 三氟羧草醚水剂 120~150g（有效成分 25.7~32.1g），夏大豆田每亩使用 21.4% 三氟羧草醚水剂 100~150g（有效成分 21~32.1g），加水 30L 茎叶喷雾。

注意事项　①该药为触杀型除草剂，杂草叶龄增大后药效降低，应在杂草出齐苗、大豆 3 片复叶前后施药。晚用药不但影响药效，大豆也易产生药害。②药后大豆叶片可能出现褐色锈斑，10 天后恢复。③干旱、淹水、肥料过多、土壤含盐碱过多、寒流、高温、病虫害或大豆已受其他除草剂伤害后抵抗力下降，使用该药易产生药害。④与喹禾灵混用，可能会加重该药对大豆的药害。⑤喷药时避免雾滴飘移到敏感作物。

与其他药剂的混用　可与高效氟吡甲禾灵、精喹禾灵、烯禾啶、烯草酮、灭草松、异噁草松等桶混使用。

允许残留量　GB 2763—2021《食品中农药最大残留限量标准》规定三氟羧草醚最大残留量见表。ADI 为 0.013mg/kg。油料和油脂参照 GB 23200.70、SN/T 2228 规定的方法测定。

S

部分食品中三氟羧草醚最大残留限量（GB 2763—2021）

食品类别	名称	最大残留限量（mg/kg）
油料和油脂	大豆	0.1
	花生仁	0.1

参考文献

刘长令, 2002. 世界农药大全: 除草剂卷[M]. 北京: 化学工业出版社.

马克比恩 C, 2015. 农药手册[M]. 胡笑形, 等译. 北京: 化学工业出版社.

中国农业百科全书总编辑委员会农药卷编辑委员会, 中国农业百科全书编辑部, 1993. 中国农业百科全书: 农药卷[M]. 北京: 农业出版社.

SHANER D L, 2014. Herbicide handbook[M]. 10th ed. Lawrence, KS: Weed Science Society of America.

（撰稿：李香菊；审稿：耿贺利）

三氟硝草醚　fluorodifen

一种二苯醚类除草剂。

其他名称　Preforan、Soyex、消草醚、氟草酚、三氟醚、C6989、Fluorodiphen。

化学名称　2-硝基-1-(4-硝基苯氧基)-4-(三氟甲基)苯；2-nitro-1-(4-nitrophenoxy)-4-(trifluoromethyl)benzene。

IUPAC名称　4-nitrophenyl α,α,α-trifluoro-2-nitro-*p*-tolyl ether。

CAS 登记号　15457-05-3。

EC 号　239-474-0。

分子式　$C_{13}H_7F_3N_2O_5$。

相对分子质量　328.20。

结构式

开发单位　匈牙利布达佩斯化学公司，1968 年由汽巴公司推广。

理化性质　黄棕色结晶。熔点 94℃。20℃时蒸气压为 9.33μPa。在 20℃时，其在水中的溶解度为 2mg/L；丙酮 75%、苯 52%、己烷 1.4%、异丙醇 12%、二氯甲烷 68%。

毒性　急性经口 LD_{50}：大鼠 9000mg/kg，小鼠 15 000mg/kg。大鼠急性经皮 LD_{50} 3000mg/kg。对狗的平均呕吐剂量约为 2500mg/kg。该药可引起轻度的皮肤刺激。以含高剂量该药的饲料喂大鼠、狗和鸟类没有引起组织病理学和其他的中毒反应。对鱼有毒。

剂型　30% 乳剂，含有 2 甲 4 氯的 7.5% 颗粒。

作用方式及机理　属于原卟啉原氧化酶抑制类，触杀型芽前或芽后除草剂。但传导性很差，需要光照才能产生除草活性。敏感植物吸收药剂数量多，在体内传导快，较多的药剂积累于体内而中毒。抗性植物在体内传导作用差，同时可迅速降解为无害物质。

防治对象　一年生阔叶杂草和禾本科杂草，如马唐、蟋蟀草等。

使用方法　大豆、花生、水稻田中芽前或芽后触杀型除草剂。用量为 2～5kg/hm² （有效成分）。棉花田苗前用药，水稻田，芽前或芽后以及移植后杂草的 3 叶期前使用，有无水均可。不能在芽前施于土表播种的直播稻，但对移栽稻是安全的。在用于其他作物时，其除草作用可持续 8～12 周，尤其在干燥的土壤内。暴雨或灌溉以及机械对土壤的搅动都可降低残效期。

注意事项　该药于 1973 年在日本被撤销登记。

与其他药剂的混用　可与 2 甲 4 氯混合使用以扩大杀草谱。

允许残留量　GB 2763—2021《食品中农药最大残留限量标准》规定三氟硝草醚最大残留限量（mg/kg，临时限量）：谷物、油料和油脂 0.02，蔬菜、水果 0.01。ADI 暂无。

参考文献

朱永和, 王振荣, 李布青, 2006. 农药大典[M]. 北京: 中国三峡出版社: 802-803.

SANDMANN G, BÖGER P, 1999. Peroxidizing herbicides[M]. Berlin Heidelberg: Springer: 2.

（撰稿：王大伟；审稿：席真）

三氟吲哚丁酸　tfiba

一种植物生长调节剂，为吲哚丁酸衍生物，具有更强活性。

化学名称　4,4,4-三氟-3-(吲哚-3-基)丁酸。

IUPAC名称　4,4,4-trifluoro-3-(1*H*-indole-3-yl)butanoic acid。

CAS 登记号　153233-36-4。

分子式　$C_{12}H_{10}F_3NO_2$。

相对分子质量　257.21。

结构式

作用方式及机理　抑制根原基的分化，促进种子根的伸长。

使用对象　水稻、大麦、樱桃萝卜、玉米等。

使用方法　0.001～10μmol/L 浸种促进水稻种子根的伸长。100μmol/L 浸种处理，通过基质培养可以促进樱桃萝卜的地上部生长，可以增加肉质根的鲜重和干重，可以提前 5 天左右收获。100μmol/L 浸种处理显著促进大麦根的伸长生长。

注意事项　适宜浓度使用。

允许残留量　中国未规定最大允许残留量，WHO 无残留规定。

参考文献

董庆文, 王爱玲, 滕春红, 等, 2013. 三氟吲哚丁酸同系物对玉米种子萌发及幼苗生长发育的影响[J]. 玉米科学, 21(2): 93-97.

李秀平, 程艳波, 陈淑珍, 等, 2011. 4, 4, 4-三氟-3-(吲哚-3-)丁酸对大麦生长及根毛形成效果研究[J]. 现代农业科技(11): 166-167.

（撰稿：谭伟明；审稿：杜明伟）

三氟吲哚丁酸酯

一种玉米发芽促进剂，浸种处理后可以促进玉米种子萌发及幼苗生长，提高 α- 淀粉酶活性、叶绿素含量及根系活力。

其他名称　三氟吲哚丁酸乙酯、X5697。

化学名称　1*H*-吲哚-3-丙酸-β-三氟甲基-1-甲基乙酯；isopropyl 4,4,4-trifluoro-3-(1*H*-indol-3-yl) butanoate。

IUPAC 名称　propan-2-yl 4,4,4-trifluoro-3-(1*H*-indol-3-yl)butanoate。

CAS 登记号　164353-12-2。

分子式　$C_{15}H_{16}F_3NO_2$。

相对分子质量　299.29。

结构式

作用方式及机理　促进玉米种子萌发及幼苗生长，提高 α- 淀粉酶活性、叶绿素含量及根系活力。

使用对象　玉米。

使用方法　1mg/L 浸种处理。

注意事项　浓度过高时会抑制种子的发芽。

允许残留量　中国和 WHO 均未制定残留限量。

参考文献

董庆文, 王爱玲, 滕春红, 等, 2013. 三氟吲哚丁酸同系物对玉米种子萌发及幼苗生长发育的影响[J]. 玉米科学, 21(2): 93-97.

孙家隆, 2015. 新编农药品种手册[M]. 北京: 化学工业出版社: 952.

（撰稿：谭伟明；审稿：杜明伟）

三环噻草胺　cyprazole

一种酰胺类除草剂。

其他名称　S-19073、环茂胺。

化学名称　*N*-[5-(2-氯 -1,1-二甲基乙基)-1,3,4-噻二唑 -2-

基]环丙烷羧酰胺。

IUPAC 名称　*N*-[5-(2-chloro-1,1-dimethylethyl)-1,3,4-thiadiazol-2-yl]-cyclopropanecarboxamide。

CAS 登记号　42089-03-2。

分子式　$C_{10}H_{14}ClN_3OS$。

相对分子质量　259.76。

结构式

开发单位　1975 年由海湾石油化学公司开发。

理化性质　密度 1.397g/cm^3，折射率 1.621。

剂型　中国未见相关制剂产品登记。

防治对象　用于防除稗、马唐、反枝苋、马齿苋、藜等杂草。

使用方法　用 250g/hm^2 喷雾。

参考文献

马克比恩 C, 2015. 农药手册[M]. 胡笑形, 等译. 北京: 化学工业出版社: 1079.

石得中, 2007. 中国农药大辞典[M]. 北京: 化学工业出版社: 410.

孙家隆, 2015. 新编农药品种手册[M]. 北京: 化学工业出版社: 827.

朱永和, 王振荣, 李布青, 2006. 农药大典[M]. 北京: 中国三峡出版社: 699.

（撰稿：许寒；审稿：耿贺利）

三环锡　cyhexatin

一种非内吸性有机锡杀螨剂。

其他名称　Acarstin、Guaraní、Mitacid、Oxotin、Sipcatin、Sunxatin、Triran Fa、Acarmate、杀螨锡、普特丹、Dowco 213、ENT 27395-X、OMS 3029。

化学名称　三环己基氢氧化锡；tricyclohexylhydroxystannane。

IUPAC 名称　tricyclohexyltin hydroxide。

CAS 登记号　13121-70-5。

EC 号　236-049-1。

分子式　$C_{18}H_{34}OSn$。

相对分子质量　385.17。

结构式

S

开发单位　由 W. E. Allison 等报道。由陶氏化学公司与美蒂化学公司研制，并由陶氏益农公司开发（已不再生产或销售）。

理化性质　无色结晶状固体。蒸气压可以忽略（25℃）。$K_{ow}lgP$ 4.86。水中溶解度 < 1mg/L（25℃）；有机溶剂中溶解度（g/L，25℃）：三氯甲烷216、甲醇37、二氯甲烷34、四氯化碳28、苯16、甲苯10、二甲苯3.6、丙酮1.3。稳定性：100℃，在微酸性（pH6）至碱性的水悬浮液条件下稳定。紫外光照条件下降解。

毒性　急性经口 LD_{50}（mg/kg）：大鼠540、兔500～1000、豚鼠780。兔急性经皮 LD_{50} > 2000mg/kg。对兔眼睛有刺激作用。NOEL［2年，mg/（kg·d）］：狗0.75、小鼠3、大鼠1。ADI/RfD（JMPR）0.003mg/kg［2005］（与三唑锡）；（EPA）aRfD 0.005，cRfD 0.0025mg/kg［2005］。小鸡急性经口 LD_{50} 650mg/kg。野鸭饲喂 LC_{50}（8天）3189mg/kg饲料，山齿鹑520mg/kg饲料。加州鲈鱼 LC_{50}（24小时）0.06mg/L，金鱼0.55mg/L。实际推荐用量对蜜蜂无害（经皮 LD_{50} 0.032mg/只）。实际推荐用量对大多数捕食螨虫和昆虫无害。

剂型　20%、50% 可湿性粉剂。

作用方式及机理　氧化磷酸化抑制剂。ATP 形成干扰物。具有触杀功能的非内吸性杀螨剂。

防治对象　防治仁果、核果、葡萄、啤酒花、坚果、草莓、番茄、葫芦及观赏植物的多种活动阶段的植食性螨虫（成虫与幼虫）。

使用方法　一般使用剂量为有效成分20～30g/100L，对有机磷抗性螨有效。

注意事项　对落叶果树、葡萄、蔬菜和室外观赏植物无药害。对柑橘类果树（尤其是正在生长的果树和未成熟植物）及温室观赏植物和蔬菜（籽苗及未成熟植物）有轻微毒害（通常以局部斑点的形式）。不能与润湿剂混合使用。

允许残留量　GB 2763—2021《食品中农药最大残留限量标准》规定三环锡最大残留限量见表。ADI 为0.003mg/kg。水果和调味料中三环锡残留量按照 SN/T 4558 规定的方法测定。

部分水果和调味料中三环锡最大残留限量（GB 2763—2021）

食品类别	名称	最大残留限量（mg/kg）
水果	橙	0.2
	加仑子	0.1
	葡萄	0.3
调味料	干辣椒	5.0

参考文献

刘长令, 2012. 世界农药大全: 杀虫剂卷[M]. 北京: 化学工业出版社: 737-738.

马克比恩 C, 2015. 农药手册[M]. 胡笑形, 等译. 北京: 化学工业出版社: 242-243.

（撰稿：李淼；审稿：杨吉春）

三环唑　tricyclazole

一种稻田用内吸传导型三唑类杀菌剂。

其他名称　比艳、克瘟灵、克瘟唑、Beam、Sazole、三赛唑、灭瘟唑、三唑苯噻。

化学名称　5-甲-1,2,4-三唑并[3,4-b][1,3]苯并噻唑；5-methyl-1,2,4-triazolo[3,4-b]benzothiazole。

IUPAC名称　5-methyl-1,2,4-triazolo-1[3,4-b][1,3]benzo-thiazole。

CAS登记号　41814-78-2。

EC号　255-559-5。

分子式　$C_9H_7N_3S$。

相对分子质量　189.23。

结构式

开发单位　美国陶氏益农公司开发。

理化性质　纯品为结晶固体。熔点187～188℃。沸点275℃。蒸气压0.027mPa（25℃）。$K_{ow}lgP$ 1.4，Henry 常数 3.19×10^{-6} Pa·m³/mol。水中溶解度1.6g/L（25℃）；有机溶剂中溶解度（g/L，25℃）：丙酮10.4、甲醇25、二甲苯2.1。52℃（试验最高储存温度）稳定存在。对紫外线照射相对稳定。

毒性　急性经口 LD_{50}（mg/kg）：大鼠314，小鼠245，狗 > 50。对兔急性经皮 LD_{50} > 2000mg/kg。对兔眼睛有轻度刺激，对兔皮肤无刺激现象。大鼠急性吸入 LC_{50}（1小时）0.146mg/L。NOEL：大鼠2年喂养为9.6mg/kg，小鼠6.7mg/kg，狗1年喂养为5mg/kg。野鸭和山齿鹑急性经口 LD_{50} > 100mg/kg。鱼类 LC_{50}（96小时，mg/L）：蓝鳃太阳鱼16，虹鳟7.3。水蚤 LC_{50}（48小时）> 20mg/L。

剂型　20%、40%、75% 可湿性粉剂，38% 悬浮剂，1%、4% 粉剂，20% 溶胶剂。

质量标准　性质稳定，不易被水和光分解，对热稳定。

作用方式及机理　黑色素生物合成抑制剂，通过抑制从 scytalone 到1,3,8-三羟基萘和从 vermelone 到1,8-二羟基萘的脱氢反应，从而抑制黑色素的形成。抑制孢子萌发和附着胞形成，从而有效阻止病菌侵入和减少稻瘟病菌孢子的产生。具有较强内吸性、保护性，能迅速被水稻根、茎、叶吸收，并输送到植株各部位。持效期长，药效稳定。抗雨水冲刷力强，喷药1小时后遇雨不需补喷药。

防治对象　水稻稻瘟病。

使用方法　叶瘟应力求在稻瘟病初发阶段普遍蔓延之前施药，一般地块如发病点较多，有急性型病斑出现，或进入田间检查时比较容易见到病斑，则应全田施药。对生育过旺、土地过肥、排水不良以及品种为高度易感病型的地块，在症状初发时（有病斑出现）应立即全田施药。每亩用75% 可湿性粉剂22g，兑水20～50L，全田喷施。

穗瘟防治应着重保护抽穗期。在水稻拔节末期至抽穗初期（抽穗率 5% 以下）时，凡叶瘟有一定程度发生，在地里容易看到叶瘟病斑的田块，不论品种和天气情况如何都应施药。叶瘟发生重的地块可分别在孕穗末期和齐穗期各施可湿性粉剂 1 次。每亩用 75% 可湿性粉剂 26g，兑水 20 ~ 50L 进行全田施药；采用人工机动喷雾器，每亩用 75% 可湿性粉剂 26g，兑水 1L，全田施药。航空施药，于水稻抽穗初期至水稻孕穗末期，结合追肥（磷酸二氢钾等），每亩用 75% 可湿性粉剂 26g，兑水 1L 进行喷雾。施药应选早晚风小、气温低时进行。晴天 8∶00 ~ 17∶00、空气相对湿度 < 65%、气温 > 28℃、风速 > 4m/s 时应停止施药。采用田间叶面喷药应在采收前 25 天停止用药。

注意事项　浸种或拌种对芽苗稍有抑制但不影响后期生长。防治穗茎瘟时，第一次用药必须在抽穗前。勿与种子、饲料、食物等混放，发生中毒用清水冲洗或催吐，目前尚无特效解毒药。有一定的鱼毒性，远离水产养殖区域施药，也不可在河塘等水体中清洗施药器具，避免影响鱼类和污染水源。对鸟、蜂、蚕低毒，使用时注意对蜜源作物影响。在水稻上安全间隔期 35 天，每季最多用 2 次。对眼睛有轻刺激作用，施药时应严格遵守农药操作规程，避免药物与眼睛直接接触，佩戴口罩、手套等防护用品，严禁在施药现场吸烟和饮食。使用后应及时清洗皮肤及所穿衣物。建议与其他作用机制不同的杀菌剂轮换使用，以延缓抗性。使用过的空包装应妥善处理，不可做他用，也不可随意丢弃。孕妇、哺乳期妇女及过敏者禁用。使用中有任何不良反应请及时就医。

与其他药剂的混用　三环唑可与丙环唑、氟环唑、己唑醇、肟菌酯、井冈霉素等药剂复配，用于水稻稻瘟病防治。

允许残留量　GB 2763—2021《食品中农药最大残留限量标准》规定三环唑最大残留限量见表 1。ADI 为 0.04mg/kg。谷物按照 GB/T 20770、GB/T 5009.115 规定的方法测定；蔬菜按照 NY/T 1379 规定的方法测定。日本对三环唑在食品中的残留限量规定见表 2。

表 1　中国规定部分食品中三环唑最大残留限量（GB 2763—2021）

食品类别	名称	最大残留限量（mg/kg）
谷物	稻谷	5.0
	糙米	0.5
蔬菜	菜薹	2.0

表 2　日本规定部分食品中三环唑最大残留限量

食品类别	名称	最大残留限量（mg/kg）
蔬菜	茼蒿	0.02
	苦苣	0.02
	菊苣	0.02
	绿花菜	0.02
	花椰菜	0.02
	卷心菜	0.02

参考文献

刘长令, 2006. 世界农药大全: 杀菌剂卷[M]. 北京: 化学工业出版社: 322-324.

吴新平, 朱春雨, 张佳, 等, 2015. 新编农药手册[M]. 2版. 北京: 中国农业出版社: 335-337.

TURNER J A, 2015. The pesticide manual: a world compendium[M]. 17th ed. UK: BCPC: 1146-1147.

（撰稿：刘鹏飞；审稿：刘西莉）

三甲环草胺　trimexachlor

一种酰胺类选择性除草剂。

其他名称　RST20024。

化学名称　N-(3,5,5-三甲基环己烯-1-基)-N-异丙基-2-氯代乙酰胺。

IUPAC 名称　2-chloro-N-(1-methylethyl)-N-(3,5,5-trimethyl-1-cyclohexen-1-yl)acetamide。

CAS 登记号　75942-79-9。

分子式　$C_{14}H_{24}ClNO$。

相对分子质量　257.80。

结构式

开发单位　1979 年由赫斯特化学和鲁尔氮素公司开发，1980 年在德国上市。

理化性质　常温下为淡黄色固体。熔点 37℃。溶于多数有机溶剂。常温干燥条件下储存稳定。

毒性　对人、畜、鱼较低毒。大鼠急性经口 LD_{50} 990mg/kg。

剂型　主要有 33% 三甲环草胺与 12.5% 莠去津桶混制剂。

作用方式及机理　内吸传导型选择性除草剂，对玉米的选择性最为明显，用作土壤处理时，被土壤表层吸附形成药土层，杂草幼苗根系吸收药剂后向上传导。药剂在杂草体内主要是抑制光合作用中的希尔反应，使叶片失绿变黄，最后"饥饿"死亡。

防治对象　玉米田选择性除草剂。对稗草、马唐、止血马唐、狗尾草等禾本科杂草具有高的活性。对野芝麻、母菊属和反枝苋等阔叶杂草也有相当活性，但对多数阔叶杂草效果不佳。

使用方法　于玉米播后芽前作土壤处理最好，但也可以芽后施用，一般用量为三甲环草胺 33% 乳油 4.5 ~ 6L/hm²（相当于 1.5 ~ 2kg 有效成分），兑水 600 ~ 900kg 均匀喷雾于土表。为提高对阔叶杂草的防效，可与莠去津混用，采用 33% 三甲环草胺和 12.5% 莠去津混剂，用 4.5L/hm² 剂量即可。

注意事项　该药在土壤中残留的时间较长，易对后茬

S

作物造成药害，故须控制用药量。用药地块不能套种敏感作物，如麦类、大豆、花生、棉花、瓜类、油菜、向日葵、马铃薯及十字花科蔬菜等。连作玉米、高粱、甘蔗等作物最适宜使用。

参考文献

石得中，2007. 中国农药大辞典[M]. 北京: 化学工业出版社: 411.

朱永和、王振荣、李布青，2006. 农药大典[M]. 北京: 中国三峡出版社: 682.

（撰稿：许寒；审稿：耿贺利）

三甲异脲　trimeturon

一种无选择性除草剂。

其他名称　异草隆、三甲隆。

化学名称　N'-(4-氯苯基)O,N-三甲基异脲；N'-(4-chlorophenyl)O,N-trimethylisourea。

IUPAC名称　(E/Z)-3-(4-chlorophenyl)-1,1,2-trimethylisourea。

CAS 登记号　3050-27-9。

分子式　$C_{10}H_{13}ClN_2O$。

相对分子质量　212.67。

结构式

理化性质　结晶固体，熔点 147～149℃。20℃下溶于水 760mg/L，可溶于丙酮、苯和二甲基甲酰胺。

毒性　大鼠急性经口 LD_{50} 1500mg/kg。

（撰稿：王忠文；审稿：耿贺利）

三磷锡　phostin

一种从大量含锡化合物中筛选出来的触杀型非内吸性杀螨剂。

化学名称　三环己基锡基-O,O-二乙基二硫代磷酸酯；1,1,1-tricyclohexyl-3-ethoxy-4-oxa-2-thia-3-phospha-1-stannahexane 3-sulfide。

IUPAC名称　tricyclohexyl(diethoxyphosphinothioylthio)stannane；O,O-diethyl S-tricyclohexylstannyl phosphorodithioate。

CAS 登记号　49538-99-0。

分子式　$C_{22}H_{43}O_2PS_2Sn$。

相对分子质量　553.39。

结构式

开发单位　南开大学元素有机化学研究所。

理化性质　纯品为无色黏稠液体，原药为棕黄色黏稠液体。溶于一般有机溶剂，不溶于水。

毒性　大鼠急性经口 LD_{50} 2285mg/kg，急性经皮 LD_{50} 2000.5mg/kg。

剂型　20%、25% 乳油。

防治对象及注意事项　触杀型高效低毒的有机锡杀螨剂，对有机磷或其他药剂产生抗性的成螨、若螨、幼螨及卵都有很好的杀灭效果。该药持效期长，与其他同类药剂交互抗性小。使用该产品前 1 周或后 1 周，不可与波尔多液等碱性农药混用。收获前安全间隔期 21 天。

参考文献

康卓，2017. 农药商品信息手册[M]. 北京: 化学工业出版社: 279-280.

（撰稿：李森；审稿：杨吉春）

三硫磷　carbophenothion

一种高效、高毒的广谱性有机磷杀虫剂、杀螨剂。

其他名称　三赛昂、卡波硫磷、Endyl、R-1303、Lethox、R-1313、Dagadip、OMS 244、Trithion、ent23,708、Hexathion。

化学名称　S-[[(4-氯苯基) 硫代] 甲基]-O,O-二乙基二硫代磷酸酯；S-[[(4-chlorophenyl)thio]methyl]-O,O-diethyl phosphorodithioate。

IUPAC名称　S-[[(4-chlorophenyl)thio]methyl] O,O-diethyl phosphorodithioate。

CAS 登记号　786-19-6。

EC 号　212-324-1。

分子式　$C_{11}H_{16}ClO_2PS_3$。

相对分子质量　342.87。

结构式

开发单位　斯道夫化学公司。

理化性质　灰白色、琥珀色的微有硫醇气味液体，工业品纯度为95% 左右。相对密度 1.265～1.285（20℃）。折射率 1.59～1.597（1.6998）。沸点 1300℃（1.33Pa）。不溶于水（10.34mg/L），可溶于苯、二甲苯、醇、酮等一般有机溶剂，蒸气压低，挥发性小，三硫磷比较稳定，但遇碱分解失效。对水解作用相对稳定，在叶子表面被氧化，变成硫代磷酸酯。可与大多数农药混用。残效期长。对软钢无腐蚀性。

毒性 高浓度时，对某些作物有药害。大鼠急性经口 LD_{50}：雄性 74.9mg/kg；雌性 20mg/kg。兔急性经皮 LD_{50} 1850mg/kg。大鼠体表涂抹 LD_{50}：雄性 54mg/kg；雌性 27mg/kg。对人、畜毒性高。对蜜蜂的毒性低于敌敌畏，对捕食性和寄生性昆虫的毒性低于对硫磷。在土壤中的半衰期＞ 100 天。

剂型 50%、30%、2% 粉剂，25% 可湿性粉剂等。

质量标准 原油含量 50% 以上，酸度 1.5% 以下。

作用方式及机理 具有强烈的触杀作用，并有较好的内吸性，为触杀性杀虫剂、杀螨剂。在高浓度下有很好的杀卵作用，但对作物叶子有杀伤作用，使用浓度达 0.2% 对作物有药害。

防治对象 主要用于防治棉花、果树等作物上的蚜、蚧；果树锈壁虱、卷叶虫等。在高浓度下能杀螨卵。对鳞翅目害虫防效差，对天敌的毒害小。

使用方法 用 50% 乳油 2000～4000 倍液喷雾，或用 2% 粉剂 22.5～30kg/hm² 喷粉。用 30% 乳油 1500～2000 倍液喷雾，可有效防治各种螨类和蚜虫。

注意事项 收获前 21 天禁止使用三硫磷，不能与碱性药剂混用，使用时应按《剧毒农药安全使用操作规程》进行。

与其他药剂的混用 200g 三硫磷 + 200g 甲基对硫磷；150g 三硫磷 + 100g 速灭磷；12g 三硫磷 + 12g 甲基对硫磷 + 700g 硫黄。

允许残留量 韩国规定三硫磷最大残留限量见表。

韩国规定部分食品中三硫磷最大残留限量（mg/kg）

食品名称	最大残留限量	食品名称	最大残留限量
杏	0.02	油籽	0.02
豆类	0.02	其他农业产品	0.02
粮谷	0.02	花生或坚果	0.02
水果	0.02	马铃薯	0.02
蔬菜	0.02		

参考文献

《环境科学大辞典》编辑委员会, 1991.环境科学大辞典[M]. 北京: 中国环境科学出版社: 545.

王振荣, 李布青, 1996.农药商品大全[M]. 北京: 中国商业出版社: 51-52.

吴世敏, 印德麟, 1999.简明精细化工大辞典[M]. 沈阳: 辽宁科学技术出版社: 112.

朱永和, 王振荣, 李布青, 2006.农药大典[M]. 北京: 中国三峡出版社: 1115.

（撰稿：吴剑；审稿：薛伟）

三氯杀虫酯 plifenate

原系德国拜耳公司产品，是国家目前许可生产的唯一有机氯类杀虫剂。

其他名称 7504、蚊蝇灵、蚊蝇净、半滴乙酯、BAY MEB 6046、baygan MEB。

化学名称 1,1,1-三氯-2-(3,4-二氯苯基) 乙酸乙酯；3,4-dichloro-a-(trichloromethyl)benzenemethyl acetate。

IUPAC名称 (1RS)-2,2,2-trichloro-1-(3,4-dichlorophenyl) ethyl acetate。

CAS 登记号 21757-82-4。

EC 号 244-573-7。

分子式 $C_{10}H_7Cl_5O_2$。

相对分子质量 336.43。

结构式

开发单位 德国拜耳公司。

理化性质 纯品为无色结晶，原药含量 ≥ 95%。熔点 84.5℃。沸点 409.1℃。蒸气压 $1.5×10^{-9}$Pa（20℃）。$K_{ow}\lg P$ 4.92（20℃，pH7）。水中溶解度 50mg/L（20℃）；有机溶剂中溶解度（20℃）：甲苯＞ 60%，二氯甲烷＞ 60%，环己酮＞ 60%，异丙醇＜ 1%，还能溶于丙酮、苯、甲苯、二甲苯，热的甲醇、乙醇等有机溶剂。在中性和弱酸性介质中较稳定，遇碱分解。

毒性 急性经口 LD_{50}：雄、雌大鼠＞ 10 000mg/kg，雄、雌小鼠＞ 2500mg/kg，雄狗＞ 1000mg/kg，雄兔＞ 2500mg/kg。雄大鼠急性经皮 LD_{50}＞ 1000mg/kg。急性吸入 LC_{50}（4 小时）：雄大鼠＞ 516mg/m³，雄小鼠＞ 567mg/m³。大鼠 3 个月喂养 NOEL 为 1000mg/kg。动物试验无致畸、致突变作用。鱼类 LC_{50} 1.52mg/L。

剂型 20% 乳油，30%、70% 可湿性粉剂，3% 粉剂，200g/L 超低容量喷雾剂。

质量标准 原药技术标准：有效成分含量 ≥ 95%，酸度 ≤ 0.2%，丙酮不溶物 ≤ 0.2%。

作用方式及机理 兼有触杀和熏蒸作用，防治卫生害虫的杀虫剂。主要作用于害虫神经系统的突触部位，使突触前膜过多释放乙酰胆碱，从而引起害虫典型的兴奋、痉挛、麻痹等特征。

防治对象 主要用于防治蚊蝇等卫生害虫，对双翅目蝇类、蚊及虱目昆虫效果良好。

使用方法 使用方法多样，可以喷雾，也可以制成片剂。如室内灭蚊蝇用 20% 乳油 10ml 加水 190ml，按 0.4ml/m³ 喷雾，按有效成分 2g/m² 做室内墙壁滞留喷洒，对成蚊持效达 25 天以上。还可用 20% 乳油浸泡线绳挂于室内，家蝇在绳上停留后即会死亡，从而达到灭蝇目的。用 3% 粉剂防治头虱，1 周后头虱全部死亡。防治宿舍、旅馆的臭虫，25%

S

胶悬剂加水 25kg，可喷 50～100 张床位。此外母粉可用于制作蚊香，可湿性粉剂可用于猪圈、牛舍处理。

注意事项　①不应与碱性物质混合使用。②生产过程密闭化。防止粉尘释放到车间空气中。操作人员必须经过专门培训，严格遵守操作规程。建议操作人员佩戴自吸过滤式防尘口罩，戴化学安全防护眼镜，穿透气型防毒服，戴乳胶手套。远离火种、热源，工作场所严禁吸烟。使用防爆型的通风系统和设备。避免产生粉尘。避免与氧化剂、碱类接触。配备相应品种和数量的消防器材及泄漏应急处理设备。倒空的容器可能残留有害物。③储存于阴凉、通风的库房。远离火种、热源。防止阳光直射。包装密封。应与氧化剂、碱类分开存放，切忌混储。配备相应品种和数量的消防器材。储区应备有合适的材料收容泄漏物。④运输前应先检查包装容器是否完整、密封，运输过程中要确保容器不泄漏、不倒塌、不坠落、不损坏。严禁与酸类、氧化剂、食品及食品添加剂混运。运输时运输车辆应配备相应品种和数量的消防器材及泄漏应急处理设备。运输途中应防暴晒、雨淋，防高温。公路运输时要按规定路线行驶，勿在居民区和人口稠密区停留。

与其他药剂的混用　0.5% 的三氯杀虫酯、0.5% 仲丁威和 0.1% 胺菊酯可以混合制成杀虫气雾剂，喷雾，用于防治蚊、蝇和蜚蠊等卫生害虫。

参考文献

厉墨宝，1989. 农药新品种[M]. 南京: 江苏科学技术出版社.

彭志源，2005. 中国农药大典[M]. 北京: 中国科技文化出版社.

易先苹，李义柱，郑亚华，等，1984. 直接法合成三氯杀虫酯[J]. 农药 (6): 19.

（撰稿：张建军；审稿：吴剑）

三氯杀螨醇　dicofol

一种非内吸性杀螨剂。

其他名称　Acarin、AK 20、Cekudifol、Dimite、Hilfol、Kelthane、Lairaña、Might、Mitigan、开乐散、FW-293、ENT 23648。

化学名称　2,2,2- 三氯 -1,1- 双 (4- 氯苯基) 乙醇；4-chloro-α-(4-chlorophenyl)-α-(trichloromethyl)benzenemethanol。

IUPAC名称　2,2,2-trichloro-1,1-bis(4-chlorophenyl)ethanol。

CAS 登记号　115-32-2。

EC 号　204-082-0。

分子式　$C_{14}H_9Cl_5O$。

相对分子质量　370.49。

结构式

开发单位　由 J. S. Barker 和 F. B. Maugham 报道，1957 年由罗姆 - 哈斯公司（现为陶氏益农公司）引入美国市场。2009 年 5 月 17 日在中国全面禁用。

理化性质　原药纯度为 95%，由 80% 三氯杀螨醇及 20% 1-（2- 氯苯基）-1-（4- 氯苯基）- 异构体（o,p′- 三氯杀螨醇）组成。纯品为无色固体（原药为棕色黏稠油状物）。熔点 78.5～79.5℃。沸点 193℃（48kPa，原药）。蒸气压 0.053mPa（25℃，原药）。K_{ow}lg$P$ 4.3。Henry 常数 2.45×10^{-2} Pa·m³/mol（计算值）。相对密度 1.45（25℃，原药）。水中溶解度 0.8mg/L（25℃）；有机溶剂中溶解度（g/L，25℃）：丙酮、乙酸乙酯、甲苯 400，甲醇 36，己烷、异丙醇 30。稳定性：对酸稳定，但在碱性介质中不稳定。水解为 4,4′- 二氯二苯酮和氯仿，DT_{50} 85 天（pH5）、64～99 小时（pH7）、26 分钟（pH9），其 2,4′- 异构体水解得更快。光照下降解为 4,4′- 二氯二苯酮。在温度 ≤ 80℃时稳定。可湿性粉剂对溶剂和表面活性剂敏感，这些也许会影响其杀螨活性，并产生药害。闪点 193℃（闭口杯）。

毒性　原药急性经口 LD_{50}：雄大鼠 595mg/kg、雌大鼠 578mg/kg、兔 1810mg/kg。急性经皮 LD_{50}：大鼠 > 5000mg/kg，兔 > 2500mg/kg。大鼠吸入 LC_{50}（4 小时）> 5mg/L 空气。2 年联合致癌和饲喂试验表明：大鼠 NOEL 为 5mg/kg 饲料［雄性 0.22mg/(kg·d)，雌性 0.27mg/(kg·d)］。2 代繁殖研究表明：大鼠 NOEL 5mg/kg 饲料［0.5mg/(kg·d)］。狗 1 年饲喂试验的 NOEL 为 30mg/kg 饲料［0.82mg/(kg·d)］。小鼠 13 周试验 NOEL 10mg/L［2.1mg/(kg·d)］。ADI/RfD 值：（JMPR）0.002mg/kg［1992］；（EPA）aRfD 0.05，cRfD 0.0004mg/kg［1998］。毒性等级：Ⅲ（有效成分，WHO）；Ⅱ 或 Ⅲ（制剂，EPA）。鸟类 LC_{50}（5 天，mg/kg 饲料）：山齿鹑 3010，日本鹌鹑 1418，环颈雉 2126，野鸭 1651。蛋壳质量和繁殖研究 NOAEL 值（mg/kg 饲料）：美国茶隼 2、野鸭 2.5、山齿鹑 110。斑点叉尾鮰 LC_{50}（96 小时）0.3mg/L、蓝鳃太阳鱼 0.51mg/L、加州鲈鱼 0.45mg/L、黑头呆鱼 0.183mg/L、羊头原鲷 0.37mg/L。虹鳟 LC_{50}（24 小时）0.12mg/L。黑头呆鱼生命周期 NOEC 0.0045mg/L，虹鳟生命前期 NOEC 0.0044mg/L。水蚤 LC_{50}（48 小时）0.14mg/L。栅藻 EC_{50}（96 小时）0.075mg/L。其他水生物种：糠虾 LC_{50}（96 小时）0.06mg/L，牡蛎 EC_{50} 0.15mg/L，招潮蟹 EC_{50} 64mg/L，无脊椎动物生命前期（Hyalella）EC_{50} 0.19mg/L。对蜜蜂无毒：LD_{50}：原药接触 > 50μg/ 只；原药经口 > 10μg/ 只。蚯蚓 LC_{50}（mg/kg 土壤）：7 天 43.1，14 天 24.6。

剂型　20% 乳油，20% 水乳剂，50% 可湿性粉剂，20% 悬浮剂。

作用方式及机理　非内吸性杀螨剂，具有触杀作用。

防治对象　具有一些杀虫活性，在推荐剂量下（0.5～2kg/hm²）能够防治多种植食性螨虫（包括红蜘蛛、锈壁虱、叶螨和短须螨等）。能够在果树、葡萄、观赏植物、蔬菜和大田作物上广泛应用。

使用方法

防治棉花红蜘蛛　6 月底以前，在害螨扩散初期或成若螨盛发期，每亩 20% 乳油 37.5～75ml（有效成分 7.5～15g），加水 75kg 喷雾。对已产生抗性的红蜘蛛，每亩用 20% 乳油

75～100ml（有效成分 15～20g），加水 75kg 喷雾。

防治苹果红蜘蛛、山楂红蜘蛛　在苹果开花前后，幼若螨盛发期，平均每叶有螨 3～4 头，7 月以后平均每叶有螨 6～7 头时防治，用 20% 乳油 600～1000 倍液（有效成分 200～333mg/L）喷雾。

防治柑橘红蜘蛛　在春梢大量抽发期及幼若螨盛发期施药，用 20% 乳油 800～1000 倍液（有效成分 200～250mg/L）喷雾。

防治柑橘锈壁虱　于始盛发期，害螨尚未转移危害果实前，用 20% 乳油 1000～1500 倍液（有效成分 133～200mg/L）均匀喷雾。

防治花卉红蜘蛛　可根据害螨发生情况进行防治，用 20% 乳油 1000～3000 倍液（有效成分 67～200mg/L）喷雾。

注意事项　不能与碱性药物混用。不宜用于茶树、食用菌、蔬菜、瓜类、草莓等作物。在柑橘、苹果等采收前 45 天，应停止用药。苹果的红玉等品种对该药容易产生药害，使用时要注意安全。

允许残留量　GB 2763—2021《食品中农药最大残留限量标准》规定三氯杀螨醇最大残留限量见表。ADI 为 0.002mg/kg。油料和油脂按照 GB 23200.113、GB/T 5009.176 规定的方法测定；水果按照 GB 23200.113、NY/T 61 规定的方法测定；饮料类按照 GB 23200.113、GB/T 5009.176 规定的方法测定。

部分食品中三氯杀螨醇最大残留限量（GB 2763—2021）

食品类别	名称	最大残留限量（mg/kg）
油料和油脂	棉籽油	0.02
水果	柑橘类水果	0.01
	仁果类水果	0.01
	核果类水果	0.01
	瓜果类水果	0.01
	热带和亚热带类水果	0.01
	浆果和其他小型类水果	0.01
饮料类		0.01

参考文献

刘长令, 2012. 世界农药大全: 杀虫剂卷[M]. 北京: 化学工业出版社: 710-713.

马克比恩 C, 2015. 农药手册[M]. 胡笑形, 等译. 北京: 化学工业出版社: 306-307.

（撰稿：李森；审稿：杨吉春）

三氯杀螨砜　tetradifon

一种能够防治多种害螨的广谱性杀螨剂。

其他名称　天地红、涕滴恩、2,4,5,4′- 四氯二苯基砜、四氯杀螨砜、太地安、退得完、TDN、FMC5488、Nia5488、ENT23737。

化学名称　1,2,4- 三氯 -5-[(4- 氯苯基)磺酰基]苯；1,2,4-trichloro-5-[(4-chlorophenyl)sulfonyl] benzene。

IUPAC 名称　4-chlorophenyl-2,4,5-trichlorophenyl sulfone。

CAS 登记号　116-29-0。

EC 号　204-134-2。

分子式　$C_{12}H_6Cl_4O_2S$。

相对分子质量　356.05。

结构式

理化性质　原药为无色晶体，无味。熔点 148～149℃（纯品），144℃（原药）。相对密度 1.515（20℃）。蒸气压 $3.2×10^{-8}$Pa（20℃）。$K_{ow}lgP$ 4.61。水中溶解度：0.05mg/L（10℃），0.08mg/L（20℃）；有机溶剂中溶解度（g/L，10℃）：丙酮 82、苯 148、氯仿 255、环己酮 200、甲苯 135、二甲苯 115、二噁烷 223、甲醇 10。非常稳定，甚至在强酸、碱环境中。对光、热稳定，抗强氧化剂。工业品纯度≥94%，熔点＞144℃。

毒性　急性经口 LD_{50}：大鼠＞14.7g/kg，小鼠＞5g/kg，狗 LD_{50}＞10g/kg。制剂对大鼠雌、雄经口 LD_{50} 分别为 501mg/kg 和 584mg/kg、经皮 LD_{50}＞2150mg/kg。大鼠急性吸入 LC_{50}（4 小时）＞3mg/L（空气）。以 300mg/kg 饲料喂大鼠 2 年，无有害影响。兔急性经皮 LD_{50}＞10 000mg/kg。对北美鹑、日本鹌鹑、野鸭 LC_{50}（8 天）均＞5000mg/kg 饲料。鱼类 LC_{50}：虹鳟＞1200mg/kg，斑鲷＞2100mg/kg，蓝鳃鱼＞880mg/L。蜜蜂 LC_{50}＞1250μg/L。家蚕 LC_{50}（96 小时）＞2000mg/kg 桑叶。蚯蚓 LC_{50}＞5000mg/kg 土壤。水蚤 LC_{50}（48 小时）＞2mg/kg。

剂型　8%、10% 乳油，10%、20%、25% 可湿性粉剂，5% 粉剂。

作用方式及机理　对害螨夏卵、幼螨、若螨有较强的触杀作用，不杀冬卵。对成螨虽不能直接杀死，但可使其不育，接触过该药的雌成螨产下的卵都不能孵化。速效性差，持效性好，与速效性杀螨剂混用，效果更好。

防治对象　适用于防治果树、蔬菜、棉花、花卉上的多种害螨。对卵和植食性螨类，除成螨外，所有发育阶段均有效。

使用方法

防治苹果全爪螨　以落花后、第一代卵盛期喷 800～1000 倍 20% 三氯杀螨砜可湿性粉剂，与 40% 氧化乐果 1000 倍液混用，可兼杀成螨和卵。

防治山楂叶螨　在苹果开花前后喷 20% 可湿性粉剂 800～1000 倍液，与 0.3～0.5 波美度石硫合剂或 50% 硫悬浮剂 300～400 倍液混用效果好。

防治柑橘全爪螨、始叶螨和裂爪螨　可在柑橘春梢芽长 5～10cm 时（3 月中下旬），树上喷 20% 三氯杀螨砜可湿性粉剂 600～800 倍液，有效期长达 30 天以上。以柑橘始叶蝻为主而成螨数量又多时，可在谢花后用 20% 三氯杀螨砜 600～800 倍液与 40% 乐果乳油 3000 倍液混合喷雾。若以柑橘全爪螨为主的橘园，应与 46% 晶体石硫合剂 250 倍液混合喷雾，既杀卵又杀成螨。

防治棉花上的害螨　可用 20% 可湿性粉剂 500～750g/hm² 兑水喷雾。

与马拉硫磷复配剂（13.5% + 10.5%，为烟雾），可熏杀室内花卉上的红蜘蛛、蚜虫。

质量标准　原药（ZB G25 015-90）为浅黄色细颗粒状固体，优级品：三氯杀螨砜含量 ≥ 94%，水分含量 ≤ 0.4%，酸度（以 H_2SO_4 计）≤ 0.1%；一级品：三氯杀螨砜含量 ≥ 90%，水分含量 ≤ 0.5%，酸度（以 H_2SO_4 计）≤ 0.1%。

注意事项　不可与呈碱性的农药等物质混合使用；不能用该品杀冬卵。当红蜘蛛危害重、成螨数量多时，必须与其他对成螨效果较好的杀螨剂配合使用效果才好。该药对柑橘锈螨无效。使用该品时应穿戴防护用具，避免吸入药液。施药期间不可饮食，施药后及时洗手和洗脸。孕期和哺乳期应避免接触。该药对鱼、蜜蜂有毒，使用时应远离蜂房，避开蜜源作物的盛花期，应注意不要污染水源。用过的容器应妥善处理，不可做他用，也不可随意丢弃。每季最多施用 1 次，安全间隔期 7 天。

允许残留量　GB 2763—2021《食品中农药最大残留限量标准》规定三氯杀螨砜在苹果中的最大残留限量为 2mg/kg，ADI 为 0.02mg/kg。

参考文献

刘永泉, 2012. 农药新品种实用手册[M]. 北京: 中国农业出版社: 86-88.

石明旺, 2014. 新编常用农药安全使用指南[M]. 2版. 北京: 化学工业出版社: 198-199.

朱永和, 王振荣, 李布青, 2006. 农药大典[M]. 北京: 中国三峡出版社: 284-285.

（撰稿：郭涛；审稿：丁伟）

三氯乙腈　trichloroacetonitrile

一种化学物质，用作有机合成试剂，制备杀虫剂。

其他名称　Tritox。

化学名称　三氯乙腈。

IUPAC 名称　trichloroacetonitrile。

CAS 登记号　545-06-2。

EC 号　208-885-7。

分子式　C_2Cl_3N。

相对分子质量　144.39。

结构式

理化性质　无色至黄色液体。熔点约 -42℃，沸点约 85℃，相对密度 d_4^{25} 1.44。不稳定，遇碱水解，湿度高时对铁有腐蚀性。

毒性　大鼠急性经口 LD_{50} 250mg/kg；兔急性经皮 LD_{50} 900mg/kg。兔经眼 20mg（24 小时），中度刺激。兔经皮 500mg（24 小时），重度刺激。亚急性和慢性毒性：大鼠、豚鼠和兔吸入 190～915mg/m³，7 小时 / 天，5 天 / 周，25 天后大鼠和兔均死亡，豚鼠存活。长期染毒的动物体重减轻，血红蛋白和红细胞减少。尸检见支气管炎，支气管肺炎、心、肝、肾变性。致突变性：微粒体诱变：鼠伤寒沙门氏菌 3333μg/ 皿（100mm×15mm 培养皿）。DNA 损伤：人淋巴细胞 1μmol/L。生殖毒性：大鼠（孕 6～18 天）经口最低中毒剂量（TDLo）：97 500μg/kg，致心血管（循环）系统发育异常，泌尿生殖系统发育异常。致癌性：IARC 致癌性评论：动物不明确，人类无可靠数据。

剂型　原药加 2% Na_2CO_3 并通 SO_2 使其饱和，予以稳定化。

作用方式及机理　该品对呼吸道有明显刺激作用。动物吸入蒸气时见抽搐、乱跑、角弓反张，随后不动、流泪、咳嗽和气急。

防治对象　用来制备杀虫剂。

使用方法　用作增效剂、杀虫剂；用于糖化学中糖苷键的缩合；中间体；用作杀虫剂。

注意事项

①皮肤接触。立即脱去被污染的衣着，用流动清水或 5% 硫代硫酸钠溶液彻底冲洗至少 20 分钟。就医。

②眼睛接触。提起眼睑，用流动清水或生理盐水冲洗。就医。

③吸入。迅速脱离现场至空气新鲜处。保持呼吸道通畅。如呼吸困难，给输氧。如呼吸停止，立即进行人工呼吸。就医。

④食入。饮足量温水，催吐。用 1∶5000 高锰酸钾或 5% 硫代硫酸钠溶液洗胃。就医。

⑤危险特性。易燃，受热分解放出剧毒的氰化物气体。遇水或水蒸气、酸或酸气产生有毒的可燃性气体。与强氧化剂接触可发生化学反应。

⑥有害燃烧产物。一氧化碳、二氧化碳、氧化氮、氯化氢。

⑦灭火方法。消防人员须佩戴防毒面具、穿全身消防服，在上风向灭火。

⑧灭火剂。干粉、二氧化碳、沙土。禁止用水、泡沫和酸碱灭火剂灭火。

⑨应急处理。迅速撤离泄漏污染区人员至安全区，并进行隔离，严格限制出入。切断火源。建议应急处理人员戴自给正压式呼吸器，穿防毒服。尽可能切断泄漏源。防止流入下水道、排洪沟等限制性空间。

⑩小量泄漏。用砂土、蛭石或其他惰性材料吸收。也可以用不燃性分散剂制成的乳液刷洗，洗液稀释后放入废水系统。

⑪大量泄漏。构筑围堤或挖坑收容。用泵转移至槽车或专用收集器内，回收或运至废物处理场所处置。

⑫操作注意事项。密闭操作，提供充分的局部排风。

操作尽可能机械化、自动化。操作人员必须经过专门培训，严格遵守操作规程。建议操作人员佩戴自吸过滤式防毒面具（半面罩），戴化学安全防护眼镜，穿聚乙烯防毒服，戴橡胶手套。远离火种、热源，工作场所严禁吸烟。使用防爆型的通风系统和设备。防止蒸气泄漏到工作场所空气中。避免与氧化剂、还原剂、酸类、碱类接触。尤其要注意避免与水接触。搬运时要轻装轻卸，防止包装及容器损坏。配备相应品种和数量的消防器材及泄漏应急处理设备。倒空的容器可能残留有害物。

参考文献

农业大词典编辑委员会, 1998.农业大词典[M].北京: 中国农业出版社.

朱永和, 王振荣, 李布青, 2006.农药大典[M].北京: 中国三峡出版社.

（撰稿：陶黎明；审稿：徐文平）

三嗪（嘧啶）胺类　triazine (pyrimidine) amines

含有三嗪胺或者嘧啶胺结构的类几丁质合成抑制剂。这类杀虫剂商品化品种为瑞士汽巴 - 嘉基公司开发的灭蝇胺和环虫腈。

（撰稿：杨吉春；审稿：李森）

三嗪氟草胺　triaziflam

一种三嗪类选择性除草剂。

其他名称　IDH-1105。

化学名称　N-[2-(3,5-dimethylphenoxy)-1-methylethyl]-6-(1-fluoro-1-methylethyl)-1,3,5-triazine-2,4-diamine。

IUPAC 名称　(RS)-N-[2-(3,5-dimethylphenoxy)-1-methylethyl]-6-(1-fluoro-1-methylethyl)-1,3,5-triazine-2,4-diamine。

CAS 登记号　131475-57-5。

EC 号　603-487-3。

分子式　$C_{17}H_{24}FN_5O$。

相对分子质量　333.40。

结构式

开发单位　出光兴产公司。

理化性质　白色结晶。密度 1.187g/cm³。沸点 540 ℃

（101.32kPa），闪点 280.4 ℃。

作用方式及机理　作用于多个位点，抑制光合作用、微管形成及纤维素形成。

防治对象　用于稻田苗前和苗后防除禾本科杂草和阔叶杂草。

参考文献

柏亚罗, 石凌波, 2018. 三嗪类除草剂的全球市场及发展前景[J].现代农药, 17: 1-8.

（撰稿：杨光富；审稿：吴琼友）

三十烷醇　triacontanol

一种广谱高效的植物生长促进剂，对水稻、棉花、麦类、果树等均有较好的增产效果，在很低的浓度下对植物生长有显著的促进效果。

其他名称　1- 三十烷醇、正三十烷醇、蜂花醇。

IUPAC 名称　triacontan-1-ol。

CAS 登记号　593-50-0。

分子式　$C_{30}H_{62}O$。

相对分子质量　438.82。

结构式　见下图。

理化性质　外观为白色鳞片状结晶体。熔点 85.5～86.5℃。沸点 443.3 ℃（101.32kPa）。蒸气压（25 ℃）1.01（101.32kPa）。不溶于水，难溶于冷甲醇、乙醇、丙酮，易溶于乙醚、氯仿、四氯化碳。性能稳定，在常温可以长期安全保存。

毒性　多以酯的形式存在于多种植物和昆虫的蜡质中。对人畜和有益生物未发现有毒害作用。

剂型　0.1% 微乳剂，90%、95% 原药。

作用方式及机理　可经由植物的茎、叶吸收，然后促进植物的生长，增加干物质的积累，改善细胞膜的透性，增加叶绿素的含量，提高光合强度，增强淀粉酶、多氧化酶、过氧化物酶活性。能促进发芽、生根、茎叶生长及开花，使农作物早熟，提高结实率，增强抗寒、抗旱能力，增加产量，改善产品品质。

使用对象　对水稻、棉花、麦类、大豆、玉米、高粱、烟草、甜菜、花生、蔬菜、花卉、果树、甘蔗等均有较好的增产效果。

使用方法　叶面喷洒，一般使用浓度为 0.5mg/L。

水稻　用 0.5～1mg/kg 药液浸种 2 天后催芽播种。可提高发芽率，增加发芽势。

大豆、玉米、小麦、谷子　用 1mg/kg 药液浸种 0.5～1天后播种，亦可提高发芽率，增强发芽势，也可在小麦孕穗期、扬花期各均匀喷雾 1 次。

叶菜类、薯类、苗木、牧草、甘蔗等　用 0.5～1mg/kg药液喷洒茎叶。

果树、茄果类蔬菜、禾谷类作物、大豆、棉花　用 0.5mg/kg 药液在花期和盛花期各喷 1 次，有增产作用。

插条苗木　用 4～5mg/kg 药液浸泡，可促进生根。

海带　用 0.5～1mg/kg 药液浸泡长约 14cm 海带苗 6 小时，可增产 20% 以上，并使海带叶片长、宽、厚生长加快，内含干物质提高 7%，褐藻胶和甘露醇也有明显提高。

注意事项　生理活性很强，使用浓度很低，配制药液要准确。喷药后 4～6 小时，遇雨需补喷。有效成分含量和加工制剂的质量对药效影响极大，注意择优选购。

参考文献

李玲，肖浪涛，谭伟明，2018. 现代植物生长调节剂技术手册[M]. 北京：化学工业出版社:58.

孙家隆，2015. 新编农药品种手册[M]. 北京：化学工业出版社:952.

（撰稿：黄官民；审稿：谭伟明）

三乙膦酸铝　fosetyl-aluminium

一种膦酸盐类内吸性杀菌剂。

其他名称　Aliette、Chipco、疫霉灵、疫霜灵、乙膦铝、藻菌磷、Efosite-Al、Epal、LS74783、32545RP。

化学名称　三-(乙基膦酸)铝；aluminum tris(O-ethylphosphonate)。

IUPAC 名称　aluminium tris-O-ethylphosphonate。

CAS 登记号　39148-24-8。

EC 号　254-320-2。

分子式　$C_6H_{18}AlO_9P_3$。

相对分子质量　354.10。

结构式

$$\left(CH_3CH_2O - \overset{\overset{O}{\|}}{\underset{H}{P}} - O \right)_3 Al$$

开发单位　1978 年法国由罗纳 - 普朗克公司推广，获有专利 FP2254276。

理化性质　纯品为白色无味结晶。工业品为白色粉末，熔点大于 300℃。高于 200℃分解。20℃时在水中溶解度为 120g/L，在乙腈或丙二醇中溶解度均小于 80mg/L。挥发性小，遇强酸、强碱易分解。

毒性　低毒杀菌剂。急性经口 LD_{50}：大鼠 5800mg/kg，小鼠 3700～4000mg/kg。急性经皮 LD_{50}：大鼠＞3200mg/kg，小鼠 4000mg/kg。对皮肤、眼睛无刺激作用。大鼠和狗 90 天饲喂 NOEL 均为 5000mg/kg。虹鳟 LC_{50}（48 小时）428mg/L。对蜜蜂及野生生物较安全。在试验剂量内，未见致畸、致突变作用。

80% 三乙膦酸铝可湿性粉剂大鼠急性经口 LD_{50} 7500mg/kg。90% 三乙膦酸铝可溶性粉剂大鼠急性经口 LD_{50}＞5000mg/kg。

剂型　40%、80% 可湿性粉剂，90% 可溶性粉剂。

作用方式及机理　内吸性杀菌剂，在植物体内能上下传导，具有保护和治疗作用。

防治对象　对霜霉属、疫病属等藻菌引起的病害有良好防效，对黄瓜、白菜、葡萄等的霜霉病、烟草黑胫病、橡胶割面条溃疡病也有效。

使用方法

防治黄瓜霜霉病　黄瓜霜霉病初发时，每亩用 40% 可湿性粉剂 187.5g（有效成分 75g），兑水 50kg 喷雾。间隔期为 7 天，共喷 4 次。

防治啤酒花霜霉病　每亩用 40% 可湿性粉剂 250g（有效成分 100g）兑水 75kg 喷雾。间隔期为 15 天，共喷 4 次。

防治白菜霜霉病　病害初发生时，每次每亩用 40% 可湿性粉剂 550～750g（有效成分 220～300g），兑水 75～100kg 喷雾。间隔期为 10 天，共喷 2～3 次。

防治烟草黑胫病　每次每亩用 40% 可湿性粉剂 750g（有效成分 300g），兑水 50kg 喷雾。间隔期 7～10 天，共喷 2～3 次。或每株以有效成分 0.8g，加水灌根。

防治橡胶割面条溃疡病　用 40% 可湿性粉剂 4000×10^{-6} 浓度的药液，涂布切口。

防治棉花疫病　用 40% 可湿性粉剂 187.5～375g（有效成分 75～150g），兑水 75kg 喷雾。间隔期为 7～10 天，共喷 2～3 次。

注意事项

①勿与酸性、碱性农药混用，以免分解失效。

②易吸潮结块，储运中应注意密封，干燥保存。如遇结块，不影响使用效果。

③使用浓度一般不应超过 2000μg/ml，高达 4000μg/ml 时，对黄瓜、白菜有轻微药害。连续使用容易引起病菌抗药性。开始使用时应与其他杀菌剂轮用，或与灭菌丹、克菌丹、代森锰锌等药剂混用。对疫霉菌引起的根颈部病害用土壤处理方法效果好，对由其引起的叶部病害用喷雾方法效果差。施药时要注意防护，施药后要用肥皂洗手、洗脸。急性中毒多在 12 小时内发病，口服立即发病。轻度：头痛、头昏、恶心、呕吐、多汗、无力、胸闷、视力模糊、胃口不佳等，全血胆碱酯酶活力一般降至正常值的 70%～50%。中度：除上述症状外还出现轻度呼吸困难、肌肉震颤、瞳孔缩小、精神恍惚、行走不稳、大汗、流涎、腹疼、腹泻等。重度会出现昏迷、抽搐、呼吸困难、口吐白沫、大小便失禁、惊厥、呼吸麻痹。

④急救方法。用阿托品 1～5mg 作皮下或静脉注射（按中毒轻重而定）。用解磷定 0.4～1.2g 静脉注射（按中毒轻重而定）。禁用吗啡、茶碱、吩噻嗪、利血平。误服时立即引吐、洗胃、导泻（清醒时才能引吐）。

与其他药剂的混用　30% 代森锰锌与 20% 三乙膦酸铝混配，喷雾用于防治黄瓜霜霉病，有效成分用药量 1400～2800g/hm²；5% 氟吗啉与 45% 三乙膦酸铝混配，喷雾用于防治荔枝霜疫霉病，有效成分用药量 600～800mg/kg；60% 丙森锌与 12% 三乙膦酸铝混配，喷雾用于防治黄瓜霜霉病，有效成分用药量 1804～2160g/hm²；37% 百菌清与 38% 三乙膦酸铝混配，喷雾用于防治黄瓜霜霉病，有效成分用药量 1406～2109g/hm²。还可与福美双、甲霜灵、烯酰吗啉、琥胶肥酸铜等混配。

允许残留量　GB 2763—2021《食品中农药最大残留

限量标准》规定三乙膦酸铝最大残留限量见表。ADI 为 1mg/kg。残留物：乙基磷酸和亚磷酸及其盐之和，以乙基磷酸表示。

部分食品中三乙膦酸铝最大残留限量（GB 2763—2021）

食品类别	名称	最大残留限量（mg/kg）
蔬菜	黄瓜	30[*]
水果	苹果	30[*]
	葡萄	10[*]
	荔枝	1[*]

[*] 临时残留限量。

参考文献

王振荣，李布青，1996. 农药商品大全[M]. 北京：中国商业出版社.

（撰稿：刘长令、杨吉春；审稿：刘西莉、张灿）

三唑醇　triadimenol

一种三唑类杀菌剂，主要用于防治白粉病、锈病、黑穗病及各种叶斑病。

其他名称　百坦、羟锈宁、三泰隆、种处醇。

化学名称　1-(4-氯苯氧基)-1-(1H-1,2,4-三唑-1-基)-3,3-二甲基-丁-2-醇；β-(4-chlorophenoxy)-α-(1,1-dimethylethyl)-1H-1,2,4-triazole-1-ethanol。

IUPAC名称　(1RS,2RS;1RS,2SR)-1-(4-chlorophenoxy)-3,3-dimethyl-1-(1H-1,2,4-triazole-1-yl)butan-2-ol。

CAS 登记号　55219-65-3（未注明立体化学）；89482-17-7（非对映异构体 A，指 1RS，2SR）；82200-72-4（非对映异构体 B，指 1RS，2SR）。

EC 号　259-537-6。

分子式　$C_{14}H_{18}ClN_3O_2$。

相对分子质量　295.77。

结构式

开发单位　由 P. E. Frohberger 报道，拜耳引进开发，1978 年首次上市。

理化性质　无色无味晶体。原药纯度＞97.0%，A：B 非对映异构体约为 8：2。熔点，A：138.2℃；B：133.5℃；低共熔体 A+B：110℃；原药为 103～120℃。相对密度，A：1.237（20℃）；B：1.299（20℃）。蒸气压，A：6×10⁻⁴；B：4×10⁻⁴mPa（20℃）。K_{ow}lgP，A：3.08；B：3.28（25℃）。Henry 常数，A：3×10⁻⁶；B：4×10⁻⁴Pa·m³/mol（20℃）。水中溶解度，A：56；B：27mg/L（20℃）；有机溶剂中溶解度（g/L，20℃）：异丙醇 140、甲苯 20～50、二甲苯 18、己烷 0.45。稳定性：在水溶液中稳定，DT_{50}（25℃）：＞1 年（pH4、7 和 9）。

毒性　急性经口 LD_{50}：大鼠约 700mg/kg；小鼠约 1.3g/kg。大鼠急性经皮 LD_{50}＞5g/kg。对兔眼睛和皮肤无刺激。对皮肤无致敏性。大鼠急性吸入 LC_{50}（4 小时）＞0.95mg/L 气溶胶。NOEL［mg/（kg·d）］：狗 15，大鼠（2年）5，雄小鼠 15。山齿鹑急性经口 LD_{50}＞2g/kg。鱼类 LC_{50}（96 小时，mg/L）：金圆腹雅罗鱼 17.4，虹鳟 21.3。水蚤 LC_{50}（48 小时）51mg/L。羊角月牙藻 EC_{50} 3.738mg/L。赤子爱胜蚓 LC_{50} 781mg/kg 干土。对蜜蜂无毒。

剂型　15%、25% 干拌种剂，15% 可湿性粉剂，11.7%、25% 湿拌种剂，1.5% 悬浮种衣剂，25% 乳油。

质量标准　15% 和 25% 干拌种剂外观均为红色粉末，具微臭味，不溶于水，在原包装及正常条件下储存 2 年以上不变质。25% 乳油外观为透明浅黄色液体。pH6～9，相对密度 1.02（20℃），黏度为 25mPa·s（20℃），闪点＞20℃。

作用方式及机理　具有保护、治疗和铲除作用的内吸性杀菌剂，经植物根和叶吸收，可在新生组织中迅速传导。该杀菌剂通过杂环上的氮原子与病原菌细胞内羊毛甾醇 14α 脱甲基酶的血红素-铁活性中心结合，抑制 14α 脱甲基酶的活性，从而阻碍麦角甾醇的合成，最终起到杀菌的作用。

防治对象　主要用于防治白粉病、锈病和各种叶斑病；也可作为种子处理剂防治谷类黑穗病、黑粉病、苗枯病等。

使用方法　主要是拌种，也可用于喷雾。种子处理：谷物上用量为 20～60g/100kg 种子；棉花上用量为 30～60g/100kg 种子。叶面喷雾：香蕉和谷物上为 100～250g/hm²。

注意事项　不可与碱性以及铜制剂等物质混用。高剂量对玉米出苗有影响，玉米拌种时需加入适量的水或其他黏着剂。对鱼、蚕中等毒，避免对水产养殖区、蚕室、桑园造成污染；施药后的水不得直接排入水体，禁止在江河、湖泊中清洗施药器械。目前无解毒剂，一旦中毒，需立即就医治疗。应放到儿童接触不到的地方，不可与食物和饲料一起存放或运输。拌过药的种子不可用作饲料或食用。

与其他药剂的混用　可与井冈霉素混用防治水稻纹枯病；与甲拌磷混合使用防治小麦地下害虫和纹枯病；与甲基异柳磷杀虫剂混合使用防治小麦或玉米地下害虫及黑穗病；与福美双、克百威混合使用防治玉米金针虫、小地老虎、蛴螬、蝼蛄及丝黑穗病。

允许残留量　GB 2763—2021《食品中农药最大残留限量标准》规定三唑醇最大残留限量见表。ADI 为 0.03mg/kg。检测残留物为三唑酮和三唑醇之和。谷物按照 GB 23200.9、GB 23200.113 规定的方法测定；糖料、蔬菜、水果、干制水果按照 GB 23200.8、GB 23200.113 规定的方法测定；饮料类、调味料参照 GB 23200.113 规定的方法测定。WHO 推荐三唑醇 ADI 为 0.03mg/kg。最大残留量（mg/kg）：苹果 0.3，香蕉 1，谷物 0.2，鸡蛋 0.01。

部分食品中三唑醇最大残留限量（GB 2763—2021）

食品类别	名称	最大残留限量（mg/kg）
谷物	稻谷	0.50
	糙米	0.05
	大麦	0.20
	燕麦	0.20
	黑麦	0.20
	小黑麦	0.20
	小麦	0.20
	旱粮类（玉米、高粱除外）	0.20
	玉米	0.50
	高粱	0.10
油料和油脂	油菜籽	0.50
蔬菜	茄果类蔬菜	1.00
	瓜类蔬菜	0.20
	朝鲜蓟	0.70
水果	加仑子（黑、红、白）	0.70
	草莓	0.70
	香蕉	1.00
	菠萝	5.00
	瓜果类水果	0.20
	葡萄	0.30
干制水果	葡萄干	10.00
糖料	甜菜	0.10
饮料类	咖啡豆	0.50
调味料	干辣椒	5.00
动物源性食品	哺乳动物肉类（海洋哺乳动物除外），以脂肪内的残留量计	0.02*
	哺乳动物内脏（海洋哺乳动物除外）	0.01*
	禽肉类	0.01*
	禽类内脏	0.01*
	蛋类	0.01*
	生乳	0.01*

*临时残留限量。

参考文献

刘长令, 2006. 世界农药大全: 杀菌剂卷[M]. 北京: 化学工业出版社.

农业部种植业管理司, 农业部农药检定所, 2015. 新编农药手册[M]. 2版. 北京: 中国农业出版社.

TURNER J A, 2015. The pesticide manual: a world compendium[M]. 17th ed. UK: BCPC.

（撰稿: 陈凤平; 审稿: 刘西莉）

三唑类杀菌剂　triazoles fungicides

20世纪60年代末，德国拜耳公司和比利时詹森公司首先报道了1-取代唑类衍生物的杀菌活性；1976年，第一个三唑类杀菌剂三唑酮由拜耳公司开发进入市场；随后，更多杀菌剂如三唑醇、戊唑醇、己唑醇、环丙唑醇等三唑类杀菌剂被开发，该类农用化学品的开发和应用得到迅速发展，其高效杀菌性引起国际农药界的高度重视。目前，三唑类杀菌剂的品种包含丙硫菌唑已达到26种（FRAC, 2017）。三唑类化合物是重要的内吸性杀菌剂，属于14α脱甲基酶抑制剂（DMI），通过杂环上的氮原子与病原菌羊毛甾醇14α脱甲基酶的血红素-铁活性中心结合，抑制14α脱甲基酶的活性，从而阻碍麦角甾醇的合成，最终起到杀菌的作用。

参考文献

SIEGEL M R, 1981, Sterol-inhibiting fungicides: effects on sterol biosynthesis and sites of action[J]. Plant disease, 65: 986-989.

（撰稿: 陈凤平; 审稿: 刘西莉）

三唑磷　triazophos

一种三唑类非内吸性有机磷杀虫剂、杀螨剂。

其他名称　三唑硫磷、特力克、Phentriazophos、Hostathion、Hoe 2960、Trelke。

化学名称　O,O-二乙基-O-(1-苯基-1,2,4-三唑-3-基)硫代磷酸酯。

IUPAC名称　O,O-diethyl-O-(1-phenyl-1H-1,2,4-triazol-3-yl)phosphorothioate。

CAS登记号　24017-47-8。

EC号　245-986-5。

分子式　$C_{12}H_{16}N_3O_3PS$。

相对分子质量　313.31。

结构式

开发单位　德国赫斯特公司。

理化性质　纯品为浅棕色液体，具有磷酸酯类特殊气味。熔点2~5℃。相对密度1.247（20℃）。蒸气压3.87×10^{-4}Pa（30℃）、1.3×10^{-2}Pa（55℃）。在23℃时，可溶于大多数有机溶剂，水中溶解度为39mg/L。

毒性　大鼠急性经口LD_{50} 82mg/kg，急性经皮LD_{50} 1100mg/kg。狗急性经口LD_{50} 320mg/kg。用含三唑磷100mg/kg剂量的饲料喂狗90天，仅对狗的胆碱酯酶活性有些抑制作用，对大鼠做2年饲养试验，NOEL为1mg/kg。鱼类LC_{50}（48小时）：鲫鱼8.4mg/L，鲤鱼1mg/L。对蜜蜂有毒。

剂型　40%乳油，2%、5%颗粒剂，也可加工成可湿性粉剂或超低容量喷雾剂。

质量标准　三唑磷含量≥85%（一等品），≥75%（合格品）；水分≤0.2%（一等品），≤0.3%（合格品）；酸度（以 H_2SO_4 计）≤0.5%（一等品），≤0.5%（合格品）。

作用方式及机理　触杀、胃毒，可内渗入植物组织，但不是内吸附。抑制昆虫胆碱酯酶的活性。

防治对象　高效、广谱杀虫剂、杀螨剂，对危害棉花、粮食、果树等农作物害虫剂（蟆虫、棉铃虫、红蜘蛛、蚜虫）都有良好的防治效果，对地下害虫、植物线虫、森林松毛虫也有显著作用，持效期达 2 周以上。

使用方法

水稻害虫的防治　水稻二化螟、三化螟、蓟马用 40% 乳油 1.5L/hm²，加水 100kg 喷雾，药效可维持 7 天以上。

棉花害虫的防治　棉蚜、棉铃虫、棉红蜘蛛、红铃虫，用配成 0.1% 的浓度药液喷雾。

在蔬菜作物地作土壤处理　防治金针虫用量为 5kg/hm²（有效成分），防治双翅目幼虫用量为每株 32mg（有效成分）。

防治果树和谷物害虫　0.75～1.25g/L（有效成分）可防治果树上的蚜类；40% 乳油 320～600g/hm²（有效成分）可防治谷物上的蚜类。

种植前使用　在种植前以 40% 乳油 1～2kg/hm²（有效成分）混入土壤中，可防治地老虎和其他叶蛾。

注意事项　稻田施用三唑磷后，其残留主要分布在植株上，其次为土壤、水田。农药在植株、水田中的降解较在土壤中的快。降解半衰期：稻株为 4.1～4.2 天，土壤为 6.1～9.1 天，水田用药后 7 天已检不出残留。不易在土壤中向下渗漏，除 0～10cm 表土施药后 5～15 天有残留检出外，其余均未检出。在不同土壤中的降解快慢顺序为：壤黏土＞砂壤土＞黏壤土，其降解快慢也与土壤有机质含量密切相关。土壤有机质含量高，农药降解快。

与其他药剂的混用　与有机磷农药如乙酰甲胺磷混用，用于防治稻纵卷叶螟；与菊酯类农药混用，用于防治棉铃虫、棉红铃虫，兼治红蜘蛛；与阿维菌素、杀虫单混用，用于防治稻二化螟。

允许残留量　GB 2763—2021《食品中农药最大残留限量标准》规定三唑醇最大残留限量见表。ADI 为 0.001mg/kg。谷物按照 GB 23200.9、GB/T 20770 规定的方法测定；油料和油脂参照 GB 23200.9 规定的方法测定；蔬菜、水果按照 NY/T 761 规定的方法测定。

部分食品中三唑磷的最大残留限量（GB 2763—2021）

食品类别	名称	最大残留限量（mg/kg）
谷物	稻谷、麦类、旱粮类	0.05
油料和油脂	棉籽	0.10
蔬菜	结球甘蓝、节瓜	0.10
水果	柑橘、苹果、荔枝	0.20

参考文献

施先义, 2001. 三唑磷的制备[J]. 农药, 40 (7): 19.

汪传木, 1994.水相催化法制备1-苯基-3-羟基-1, 2, 4-三唑磷[J]. 农药, 33 (4): 21.

肖文精, 丁明武, 王今红, 等, 1994. 三唑磷合成工艺研究[J]. 农药, 33 (1): 14.

朱永和, 王振荣, 李布青, 2006. 农药大典[M]. 北京: 中国三峡出版社: 67-69.

（撰稿：薛伟；审稿：吴剑）

三唑酮　triadimefon

一种三唑类杀菌剂，也是第一个商品化的三唑类药剂。

其他名称　百菌酮、百理通、粉锈宁、粉锈灵、麦翠、万坦。

化学名称　1-(4-氯苯氧基)-3,3-二甲基-1-(1H-1,2,4-三唑-1-基)-α-丁酮; 1-(4-chlorophenoxy)-3,3-dimethyl-1-(1H-1,2,4-triazol-1-yl)-2-butanone。

IUPAC 名称　1-(4-chlorophenoxy)-3,3-dimethyl-1-(1H-1,2,4-triazol-1-yl)butan-2-one。

CAS 登记号　43121-43-3。

EC 号　256-103-8。

分子式　$C_{14}H_{16}ClN_3O_2$。

相对分子质量　293.75。

结构式

开发单位　由 P. E. Frohberger, F. Grewe 和 K. H. Buchel 报道。拜耳引进开发，1976 年首次上市。

理化性质　纯品为无色晶体，带有微弱特征气味，原药纯度＞96%。熔点 82.3℃。沸点 365℃。燃点 221℃。相对密度 1.283（21.5℃）。蒸气压 0.02mPa（20℃）、0.06mPa（25℃）。$K_{ow}lgP$ 3.11（25℃）。Henry 常数 $9×10^{-5}$ Pa·m³/mol（20℃）。水中溶解度 64mg/L（20℃）；适度溶于除脂肪烃外的大多数有机溶剂；有机溶剂中溶解度（g/L，20℃）：二氯甲烷、甲苯＞200，异丙醇 99，己烷 6.3。稳定性：在水溶液中稳定，DT_{50}（25℃）：＞30 天（pH5、7 和 9）。

毒性　大鼠急性经口 LD_{50} 约 1g/kg。大鼠急性经皮 LD_{50}＞5g/kg。对兔眼睛和皮肤有轻度刺激。大鼠急性吸入 LC_{50}（4 小时）＞3.27mg/L 空气（粉尘），＞0.46mg/L 空气（液体气溶胶）。NOEL［mg/(kg·d)］：狗 11.4，雄性大鼠（2 年）16.4，小鼠 13.5。山齿鹑急性经口 LD_{50}＞2g/kg。野鸭饲喂 LC_{50}（5 天）＞10g/kg 饲料；山齿鹑饲喂 LC_{50}（5 天）＞54.64g/kg 饲料。鱼类 LC_{50}（96 小时，mg/L）：蓝鳃翻车鱼 10、虹鳟 4.08。水蚤 LC_{50}（48 小时）7.61mg/L。近具刺链带藻 EC_{50} 2.01mg/L。

剂型　5%、15%、25% 可湿性粉剂，25%、20%、10%

乳油，25% 胶悬剂，0.5%、1%、10% 粉剂，15% 烟雾剂。

质量标准　20% 乳油外观为黄棕色油状液体，无可见悬浮物或沉淀。相对密度 0.955（20℃），沸点 100～110℃。水分含量 <1%，pH5～7。在 50℃储存 28 天稳定；常温储存稳定性 2 年以上。15% 烟雾剂外观为棕红色透明油状液体，相对密度 1～1.005，闪点 >80℃，燃点 89℃。50℃储存 30 天，分解率 <5%；常温储存 2 年稳定。

作用方式及机理　具有保护、治疗和铲除作用的内吸性杀菌剂，经植物根和叶吸收，可在新生组织中迅速传导。通过杂环上的氮原子与病原菌细胞内羊毛甾醇 14α 脱甲基酶的血红素-铁活性中心结合，抑制 14α 脱甲基酶的活性，从而阻碍麦角甾醇的合成，最终起到杀菌的作用。

防治对象　可用于防治多种作物的真菌病害，如谷物白粉病和锈病、核果类褐腐病、葡萄黑腐病、谷物叶斑病等，但对于卵菌病害无效。

使用方法　以茎叶喷雾、处理种子、处理土壤等多种方式施用。过量使用三唑酮可能产生药害。

处理种子　麦类黑穗病、锈病、白粉病、云纹病等，100kg 种子拌有效成分 30g（如 15% 可湿性粉剂 200g）的药剂。

茎叶喷雾　对锈病、白粉病、云纹病可在病害初发时，每亩用有效成分 8.75g（如 25% 乳油 35g），严重时可用 15g 有效成分兑水 75～100kg 喷雾。

注意事项　不可与碱性以及铜制剂等物质混用。拌种可能使种子延迟 1～2 天出苗，但不影响出苗率及后期生长。对鱼等水生生物有毒，施药后的水不得直接排入水体，禁止在江河、湖泊中清洗施药器械。无特效解毒药对症治疗。

与其他药剂的混用　可与多菌灵混用防治小麦白粉病和赤霉病；与萎锈灵混用防治小麦锈病；与硫黄混用防治小麦黄瓜白粉病；与代森锰锌混用防治梨黑星病；与杀虫单、噻嗪酮混用防治水稻稻飞虱、稻种卷叶螟、二化螟及叶尖枯病；可与甲基异柳磷、噻嗪酮、辛硫磷等杀虫剂混合使用；与氰戊菊酯混用防治小麦蚜虫和白粉病。

允许残留量　GB 2763—2021《食品中农药最大残留限量标准》规定三唑酮最大残留限量见表。ADI 为 0.03mg/kg。检测残留物为三唑酮和三唑醇之和。谷物按照 GB 23200.9、GB 23200.113、GB/T 5009.126、GB/T 20770 规定的方法测定；油料和油脂、糖料参照 GB 23200.113 规定的方法测定；蔬菜、水果、干制水果按照 GB 23200.8、GB 23200.113、GB/T 20769 规定的方法测定；饮料类、调味料参照 GB 23200.113 规定的方法测定。

部分食品中三唑酮最大残留限量（GB 2763—2021）

食品类别	名称	最大残留限量（mg/kg）
谷物	稻谷	0.50
	麦类	0.20
	旱粮类（玉米除外）	0.20
	玉米	0.50
油料和油脂	油菜籽	0.20
	棉籽	0.05

（续表）

食品类别	名称	最大残留限量（mg/kg）
蔬菜	结球甘蓝	0.05
	茄果类蔬菜	1.00
	瓜类蔬菜（黄瓜除外）	0.20
	黄瓜	0.10
	豌豆	0.05
	朝鲜蓟	0.70
水果	柑、橘、苹果	1.00
	梨	0.50
	加仑子（黑、红、白）	0.70
	草莓	0.70
	荔枝	0.05
	香蕉	1.00
	菠萝	5.00
	瓜果类水果	0.20
干制水果	葡萄干	10.00
糖料	甜菜	0.10
饮料类	咖啡豆	0.50
调味料	干辣椒	5.00

参考文献

刘长令，2006. 世界农药大全：杀菌剂卷[M]. 北京：化学工业出版社.

农业部种植业管理司和农业部农药检定所，2015. 新编农药手册[M]. 2版. 北京：中国农业出版社.

TURNER J A, 2015. The pesticide manual: a world compendium[M]. 17th ed. UK: BCPC.

（撰稿：陈凤平；审稿：刘西莉）

三唑锡　azocyclotin

一种非内吸性有机锡杀螨剂。

其他名称　倍乐霸、Peropal、Clermait、Clairmait、Mulino、Caligur、BAY BUE 1452、三唑环锡。

化学名称　1-三环己基锡基-1H-[1,2,4] 三唑；1-(tricyclo-hexylstannyl)-1H-1,2,4-triazole。

IUPAC 名称　tri(cyclohexyl)-1H-1,2,4-triazol-1-yltin；1-tricyclohexylstannanyl-1H-[1,2,4]triazole。

CAS 登记号　41083-11-8。

EC 号　255-209-1。

分子式　$C_{20}H_{35}N_3Sn$。

相对分子质量　436.22。

结构式

开发单位 W. Kolbe 报道的杀螨剂。拜耳公司开发后将该业务转让给了爱利思达生命科学公司。

理化性质 无色晶体。熔点 210℃（分解）。蒸气压：$2×10^{-8}$mPa（20℃），$6×10^{-8}$mPa（25℃）。$K_{ow}\lg P$ 5.3（20℃）。Henry 常数 $3×10^{-7}$Pa·m³/mol（20℃，计算值）。相对密度 1.335（21℃）。溶解度：水 0.12mg/L（20℃）；有机溶剂中溶解度（g/L，20℃）：二氯甲烷 20～50、异丙醇 10～50、正己烷 0.1～1、甲苯 2～5。DT_{90}（20℃）＜ 10 分钟（pH4、7、9）。pK_a5.36，弱碱。

毒性 急性经口 LD_{50}（mg/kg）：雄大鼠 209、雌大鼠 363、豚鼠 261、小鼠 870～980。大鼠急性经皮 LD_{50}＞5000mg/kg。强烈刺激兔皮肤，强烈刺激并腐蚀兔眼睛。大鼠吸入 LC_{50}（4 小时）约 0.02mg/L 空气（气雾剂）。NOEL（2 年，mg/kg 饲料）：大鼠 5、小鼠 15、狗 10。ADI/RfD（JMPR）0.003mg/kg［2005］（与三环锡）。鸟急性经口 LD_{50}（mg/kg）：雄日本鹌鹑 144、雌日本鹌鹑 195。鱼类 LC_{50}（96 小时，mg/L）：虹鳟 0.004，金圆腹雅罗鱼 0.0093。水蚤 LC_{50}（48 小时）0.04mg/L。栅藻 EC_{50}（96 小时）0.16mg/L。对蜜蜂无毒，LD_{50}＞100μg/只（500g/L 悬浮剂）。蚯蚓 LC_{50}（28 小时）806mg/kg 土壤（25g/L 可湿性粉剂）。

剂型 500g/L 悬浮剂，25g/L 可湿性粉剂。

作用方式及机理 抑制氧化磷酸化作用，干扰 ATP 形成。长效触杀型杀螨剂。

防治对象 在果树和蔬菜上防治所有生态阶段的螨虫，如苹果全爪螨、山楂红蜘蛛、柑橘全爪螨、柑橘锈壁虱、二点叶螨、棉花红蜘蛛。为触杀作用较强的广谱性杀螨剂，对植食性螨类的所有活动时期，幼虫和成虫均有防效，可杀灭若螨、成螨和夏卵，对冬卵无效。对光和雨水有较好的稳定性，持效期较长。在常用浓度下对作物安全。

使用方法 通常剂量 0.02%～0.03%；观赏植物 0.038%～0.075%；棉花 0.375～0.5kg/hm²。防治苹果红蜘蛛，该害螨危害新红星、富士、国光等苹果品种，在 7 月中旬以前，平均每叶有 4～5 头活动螨；或 7 月中旬以后，平均每叶有 7～8 头活动螨时即应防治。山楂红蜘蛛防治重点时期是越冬雌成螨上芽危害和在树冠内膛集中的时期。防治指标为平均每叶有 4～5 头活动螨。防治柑橘全爪螨当气温在 20℃时，平均每叶有螨 5～7 头时即应防治，喷雾处理。防治柑橘锈壁虱在春末夏初害螨尚未转移危害果实前。防治葡萄叶螨在叶螨始盛发期喷雾。防治茄子红蜘蛛根据害螨发生情况而定。

防治苹果红蜘蛛 用 25% 三唑锡可湿性粉剂 1000～1330 倍液或每 100L 水加 25% 三唑锡 75～100g（有效成分 188～250mg/L）喷雾。

防治山楂红蜘蛛 用 25% 三唑锡可湿性粉剂 1000～1330 倍液或每 100L 水加 25% 三唑锡 75～100g（有效成分 188～250mg/L）喷雾。

防治柑橘全爪螨 用 25% 三唑锡可湿性粉剂 1500～2000 倍液或每 100L 水加 25% 三唑锡 50～66.7g（有效成分 125～167mg/L）。

防治柑橘锈壁虱 使用 25% 三唑锡可湿性粉剂 1000～2000 倍液或每 100L 水加 25% 三唑锡 50～100g（有效成分 125～250mg/L）喷雾。

防治葡萄叶螨 用 25% 三唑锡可湿性粉剂 1000～1500 倍液或 100L 水加 25% 三唑锡 66.7～100g（有效成分 166.7～250mg/L）喷雾。

防治茄子红蜘蛛 每亩用 25% 三唑锡可湿性粉剂 40～80g（有效成分 10～20g）。

注意事项 使用悬浮剂前，一定要先摇晃药瓶，然后再用。该药可与有机磷类杀虫剂和代森锌、克菌丹等杀菌剂混用，但不能与波尔多液、石硫合剂等碱性农药混用。亦不宜与氟氯氰菊酯混用。与波尔多液应有一定间隔期，夏季先用三唑锡，7～10 天后可喷波尔多液；若先喷波尔多液需隔 20 天才能喷三唑锡，否则会降低药效。与其他农药混合使用应先进行药效试验。三唑锡每季作物最多使用次数：苹果为 3 次，柑橘为 2 次。安全间隔期：苹果为 14 天，柑橘为 30 天。最高残留限量均为 2mg/kg。该药要避免沾染人的皮肤和眼睛。如有中毒现象，应立即将患者置于空气流通、温暖的环境中，同时服用大量医用活性炭温水，并送医院治疗。

与其他药剂的混用 可与阿维菌素、螺螨酯、乙螨唑、四螨嗪、哒螨灵、丁醚脲、吡虫啉、唑螨酯等复配。

允许残留量 GB 2763—2021《食品中农药最大残留限量标准》规定三唑锡最大残留限量（mg/kg）：柑橘 2，橙、柠檬、柚 0.2，苹果 0.5，梨 0.2，加仑子（红、黑、白）0.1，葡萄 0.3。ADI 为 0.003mg/kg。

参考文献

刘长令, 2012. 世界农药大全：杀虫剂卷[M]. 北京：化学工业出版社：734-736.

马克比恩 C, 2015. 农药手册[M]. 胡笑形, 等译. 北京：化学工业出版社：54-55.

（撰稿：李新；审稿：李森）

杀草胺 ethaprochlor

一种酰胺类选择性芽前除草剂。

其他名称 shacaoan。

化学名称 异丙基邻乙基苯胺；acetamide,2-chloro-N-(2-ethylphenyl)-N-(1-methylethyl)。

IUPAC 名称 N-α-chloroacetyl-N-isopropyl-o-ethylaniline。

CAS 登记号 13508-73-1。

分子式 $C_{13}H_{18}ClNO$。

相对分子质量 239.74。

结构式

开发单位　孟山都公司发现，1966 年由孟山都公司最先开发成功。

理化性质　工业品为红棕色油状液体，纯品为白色晶体，原药含量 97.5%。熔点 38～40℃。沸点 159～161℃（799.8Pa）。难溶于水，易溶于乙醇、丙酮、氯仿、二氯乙烷、苯、甲苯等有机溶剂。对稀酸稳定，碱性条件下水解。

毒性　低毒。小鼠急性经口 $LD_{50} > 432mg/kg$。对皮肤有刺激性，接触高浓度药液时有灼痛感觉。对鱼有毒。

剂型　50% 乳油。

质量标准　乳油为 50% 红棕色油状物，水分 ≤ 0.5%，pH5～8，储存稳定性合格。

作用方式及机理　为选择性芽前土壤处理剂。可杀死萌芽前期的杂草。药剂主要由杂草的幼芽吸收，其次是根吸收。作用原理是抑制蛋白质合成，使根部受到强烈的抑制而产生瘤状畸形，心叶卷曲萎缩，最后枯死。杀草胺不易挥发，不易光解，在土壤中主要被微生物降解，持效期 2 天左右。

防治对象　主要用于水稻插秧田除草，也可用于大豆、花生、棉花、玉米、油菜和多种蔬菜等旱田作物，可防除一年生单子叶和部分双子叶杂草，如水稻田的稗草、鸭舌草、水马齿苋、球三棱、牛毛草及旱田的狗尾草、马唐、灰菜、马齿苋等。杀草胺的除草效果与土壤含水量有关，因此该药如果在旱田使用，适于在地膜覆盖栽培田、有灌溉条件的田块以及夏季作物及南方的旱田应用。

使用方法　稻田施药时间在水稻插秧后 3～5 天杂草刚萌芽时为宜，用量北方每亩 125～200g，南方每亩 75～175g，喷雾器喷洒，水田保持 3～4cm 水深。药液稀释 500 倍，施药后 5～7 天不能排水与串灌（必要时可以补水），否则会降低药效，然后进行正常管理，在持效期不要进行中耕。旱田在大豆等作物种子萌发时（杂草已萌动），将适量药剂加 1000 倍水，用喷雾器均匀喷洒，用药量北方每亩 500～900g，南方每亩 250～450g。该药剂只杀死萌芽期杂草，对已生长出的杂草无效。与除草醚混用，对稗防效更佳。

注意事项　杀草胺的除草效果，土壤潮湿才能充分发挥，因此该药适于地膜覆盖田，有灌溉条件的田块以及夏季作物及南方的旱田应用。水稻幼芽对杀草胺比较敏感，故不宜在水稻秧田使用。杀草胺只能杀死萌芽的杂草，故应掌握在杂草出土前施药。杀草胺对鱼类毒性高，应防止污染河水及鱼塘。杀草胺对皮肤有刺激作用。施药时要穿长裤、长袖衣服，戴手套和口罩，操作时严禁抽烟、喝水、吃东西。中毒症状为头晕、头痛、恶心、呕吐、胸闷抽搐、昏迷。若中毒应及时寻医对症治疗。

与其他药剂的混用　可与除草醚混配。

参考文献

石得中, 2008. 中国农药大辞典[M]. 北京: 化学工业出版社: 418.

孙家隆, 周凤艳, 周振荣, 2014. 现代农药应用技术丛书: 除草剂卷[M]. 北京: 化学工业出版社: 215-216.

（撰稿：王红学；审稿：耿贺利）

杀草隆　daimuron

一种脲类除草剂。

其他名称　Dymrone、Dymron、莎草隆、香草隆、莎捕隆、莎扑隆、Shouron。

化学名称　N-(4-甲基苯基)-N'-(1-甲基-1-苯基乙基)脲。

IUPAC 名称　1-(2-phenylpropan-2-yl)-3-(p-tolyl)urea。

CAS 登记号　42609-52-9。

EC 号　610-042-7。

分子式　$C_{17}H_{20}N_2O$。

相对分子质量　268.35。

结构式

开发单位　日本昭和电工公司（现为 SDS 生物技术公司）开发。

理化性质　纯品为无色针状结晶。熔点 203℃。蒸气压 $4.53 \times 10^{-9}Pa$（25℃）。相对密度 1.108（20℃）。溶解度（20℃，g/L）：水 0.0012、甲醇 10、丙酮 16、己烷 0.03、苯 0.5。稳定性：在 pH4～9 的范围内以及在加热和紫外线照射下稳定。

毒性　大鼠、小鼠急性经口 $LD_{50} > 5000mg/kg$。大鼠急性经皮 $LD_{50} > 2000mg/kg$。大鼠吸入 LC_{50}（4 小时）$3250mg/m^3$。饲喂试验中，雄狗 1 年 NOEL 为 30.6mg/kg；90 天 NOEL：雄大鼠 3118mg/kg、雌大鼠 3430mg/kg、雄小鼠 1513mg/kg、雌小鼠 1336mg/kg。ADI 为 0.3mg/kg。山齿鹑急性经口 $LD_{50} > 2000mg/kg$。鲤鱼 LC_{50}（48 小时）$> 40mg/L$。对动物无致畸、致突变、致癌作用。

剂型　50%、75%、80% 可湿性粉剂，7% 颗粒剂。

作用方式及机理　细胞分裂抑制剂，抑制根和地下茎的伸长，从而抑制地上部的生长。

防治对象　主要用于防除扁秆藨草、异型莎草、牛毛草、萤蔺、日照飘拂草、香附子等莎草科杂草，对稻田稗草也有一定效果，对其他禾本科杂草和阔叶杂草无效。

使用方法　水稻苗前和苗后早期除草，仅适宜与土壤混合处理。土壤表层处理或杂草茎叶处理均无效。使用剂量中的有效成分为 450～2000g/hm²。旱地除草用药量比水田用量应高一倍。防除水田牛毛草每亩需用量 50～100g。在犁、耙前将每亩药量拌细土 15kg，撒到田里，再耙地，还可以在稻田耘稻前撒施，持效期 40～60 天。水稻秧田使用防除异型莎草、牛毛草等浅根性莎草。先做好粗秧板，用 50% 可湿性粉剂 1.5～3kg/hm²，拌细潮土 300kg 左右，制成毒土均匀撒施在粗秧板上，然后结合做平秧板，把毒土均匀混入土层，混土深度为 2~5cm，混土后即可播种。若防除扁秆蔗草等深根性杂草或在移栽水稻田使用，必须加大剂量，用 50% 可湿性粉剂 5~6kg/hm²，制成毒土撒施于翻耕后基本耕平的土表，并增施过磷酸钙或饼肥，再混土 5~7cm，随后平整稻田，即可做成秧板播种或移栽。

注意事项　杀草隆只能防除莎草科杂草，如需兼除其他杂草，需要与其他除草剂如除草醚、草枯醚混用。杀草隆使用量与混土深度应根据杂草种子与地下茎、鳞茎在土壤中的深浅而定，一般浅根性的用量低、混土浅；反之用量则高、混土也深。但每公顷用量不得超过 6kg。表土施药无效。

与其他药剂的混用　杀草隆与除草醚或草枯醚的混合颗粒剂，如 7% 杀草隆加 9% 草枯醚颗粒剂，5% 杀草隆加 7% 除草醚颗粒剂。

参考文献

孙家隆, 周凤艳, 周振荣, 2014. 现代农药应用技术丛书: 除草剂卷[M]. 北京: 化学工业出版社: 144-146.

（撰稿: 李玉新; 审稿: 耿贺利）

杀草谱评价　evaluation of weed spectrum

选择尽可能多的杂草为试验靶标，除草剂施药处理后，根据测试靶标的受害程度将供试杂草从敏感到不敏感进行分类，从而评价出除草剂的杂草防治谱的试验。杀草谱试验对除草剂应用前景评价尤为关键，尤其是创新除草剂和以扩大杀草谱为主要目的的复配剂。

各种除草剂的化学成分、结构及理化性质都是有区别的，因此它们的杀草能力及范围也不一样。每一种除草剂都有一定的杀草谱。杀草谱试验是根据不同杂草对除草剂反应的强弱，按杂草防效将供试杂草从敏感到不敏感（即耐药杂草）进行分类，并按杂草敏感度确定除草剂可以防治和控制的杂草种类。

适用范围　适用于新除草活性化合物或提取物、新型除草剂、商品化除草剂及其混配的杂草防治谱评价，尤其适合混配制剂扩大杀草谱效果验证。

主要内容　杀草谱试验可以采用温室盆栽法，也可以直接在田间开展，如田间单个点草相不能满足试验要求时，可选择不同草相的多个田块同期开展试验。供试药剂施药处理后，于药效完全发挥时测定供试杂草防治效果，结果调查可以按试验要求测定杂草株数、鲜重等具体的定量指标，计算杂草防效；也可以对杂草受害程度进行综合目测法评价杂草防效。试验结束后，将试验结果按如下标准评价供试杂草对药剂的敏感性：很敏感（杂草防效 > 90%）、敏感（杂草防效 80%~90%）、中度敏感（杂草防效 60%~80%）、一般耐药（杂草防效 30%~60%）和耐药杂草（杂草防效 < 30%）。按杂草敏感度确定除草剂可以防治和控制的杂草种类，评价供试药剂杀草谱范围。

随着除草剂的大量频繁使用，抗性杂草发生迅速，抗性生物型已在田间广泛分布，开展杀草谱试验时需了解供试杂草用药背景和抗性状态，才能得出更客观的试验结论。

参考文献

唐庆红, 陈杰, 沈国辉, 等, 2006. 油菜田新型除草剂丙酯草醚的应用技术[J]. 植物保护学报, 33(3): 328-332.

徐小燕, 彭伟立, 陈杰, 等, 2007. 新型除草剂ZJ0862的研究与开发[J]. 农药学学报, 9(2): 117-121.

（撰稿: 徐小燕; 审稿: 陈杰）

杀草强　amitrole

一种三唑类除草剂，对环境具有极强的破坏性。

其他名称　Amerol、Amizol、Amitrex、Azcolan、Channelkill、Cytrol、Herbizole、Killatriole、Weedazol、Weedone、甲磺比林钠、磺甲比林。

化学名称　3-氨基-1,2,4-三氮唑；1H-1,2,4-triazol-3-amine。

IUPAC名称　1H-1,2,4-triazol-3-amine。

CAS登记号　61-82-5。

EC号　200-521-5。

分子式　$C_2H_4N_4$。

相对分子质量　84.08。

结构式

开发单位　阿姆化学产品公司（现拜耳公司）。

理化性质　白色结晶粉末。溶于水、甲醇、乙醇及氯仿，不溶于乙醚及丙酮。在水中的溶解度 280g/kg（25℃），乙醇 260g/kg（75℃）。

毒性　大鼠急性经口 LD_{50} > 10 000mg/kg。大鼠吸入 LC_{50} > 439mg/m³。

剂型　可溶液剂，可溶粉剂，可湿性粉剂。

作用方式及机理　通过植物根和叶的吸收，转移至植物体内的木质部和韧皮部。通过阻碍核黄素和核酸的正常代谢过程，从而抑制类胡萝卜素和组氨酸的生物合成。

防治对象　主要应用于果园，防除一年生或多年生的禾本科杂草和阔叶杂草。

使用方法　杂草苗后施药，用量 2~10kg/hm²。防除一年生杂草用低剂量，多年生杂草用高剂量。硫氰酸铵可促进其在植物体内的传导，有增效作用，对防除多年生杂草更有效。

注意事项　在中国无登记产品，对健康有潜在的危害。

与其他药剂的混用　可与敌草隆、苯草醚、异噁酰草胺、麦草畏、氯丙酸等除草剂混用。

允许残留量　GB 2763—2021《食品中农药最大残留限量标准》规定杀草强在核果类水果、仁果类水果、葡萄上的最大残留量为 0.05mg/kg。ADI 为 0.002mg/kg。

（撰稿: 杨光富; 审稿: 吴琼友）

杀草全　bromofenoxim

一种具有强触杀活性的肟醚类除草剂。

其他名称　bromophenoxim、溴酚肟。

化学名称　2,6-二溴-4-[[(2,4-二硝基苯基)氨基]亚甲基]环己-2,5-二烯-1-酮；2,6-dibromo-4-[[(2,4-dinitrophenoxy)amino]methylene]cyclohexa-2,5-dien-1-one。

IUPAC名称　3,5-dibromo-4-hydroxybenzaldehyde (2,4-dinitrophenyl)oxime。

CAS登记号　13181-17-4。

EC号　236-129-6。

分子式　$C_{13}H_7Br_2N_3O_6$。

相对分子质量　461.02。

结构式

开发单位　诺华作物保护公司。

理化性质　乳白色无臭结晶粉末。熔点196～197℃。20℃下蒸气压＜$1×10^{-5}$mPa。密度2.15g/cm³（20℃）。水中溶解度：0.6mg/L（pH3.8）、9mg/L（pH10），异丙醇400mg/L、丙酮9900mg/L、己烷200mg/L。70℃时水解DT_{50} 41.4小时（pH1），9.6小时（pH5），0.76小时（pH9）。

毒性　急性经口LD_{50}（工业品）：大鼠1217mg/kg、狗＞1g/kg、小鼠940mg/kg；大鼠急性经皮LD_{50}≥3g/kg。兔以0.5g或0.5ml 1%水悬乳剂处理皮肤，对皮肤无刺激作用。大鼠急性吸入LC_{50}（6小时）≥0.242mg/L空气，当以1g/kg剂量对兔皮肤处理21次时，无中毒症状发生。对大鼠和狗的90天饲喂试验NOEL为300mg/kg，较高的剂量会使体重增加或减低，食量减小。对鸟类的5天饲喂试验中LC_{50}（g/kg饲料）：北美鹑4、日本鹌鹑5.6、水鸭2.8，对鱼有毒。鱼类LC_{50}（96小时）：虹鳟0.18mg/L、鲤鱼0.088mg/L。可湿性粉剂对蜜蜂无毒；悬浮剂对蜜蜂有毒。蚯蚓LC_{50}（14天）约1.3g/kg土壤。水蚤LC_{50}（48小时）1.2mg/L。

剂型　50%可湿性粉剂。

作用方式及机理　作用于叶面，对一年生双子叶杂草有强烈的触杀活性。

防治对象　可用于小麦、大麦、燕麦、谷物田，对一年生杂草，包括对苯氧类除草剂产生抗性的杂草有较好防效。

使用方法　1～2kg/hm²（有效成分），苗后茎叶喷雾。对阔叶杂草十分有效。

注意事项　避免接触眼睛。药物残余物和容器必须作为危险废物处理。

与其他药剂的混用　为扩大除草谱和延长防治周期可以与特丁津混合使用。

参考文献
张中信, 吴甘霖, 王志高, 等, 2011. 安庆市杀虫植物资源调查[J]. 安庆师范学院学报(自然科学版), 17 (1)：74-78.

（撰稿：杨光富；审稿：吴琼友）

杀虫单　thiosultap-monosodium

属沙蚕毒素类杀虫剂，具有强烈胃毒、触杀、内吸作用，有一定的熏蒸和杀卵作用。

其他名称　锦克、叼虫、杀螟克、monosultap。

化学名称　S,S′-[2-(二甲氨基)三亚甲基]双硫代硫酸单钠盐。

IUPAC名称　monosodium S,S′-[2-(dimethylamino)trimethylene]di(thiosulfate)。

CAS登记号　29547-00-0。

分子式　$C_5H_{12}NNaO_6S_4$。

相对分子质量　333.38。

结构式

开发单位　中国贵州化工研究院等开发的沙蚕毒素类杀虫剂，但专利早已存在。

理化性质　白色针状结晶。熔点142～143℃。工业品为无定形颗粒状固体，或白色、淡黄色粉末，有吸湿性。溶解度：水1335mg/L（20℃），易溶于乙醇，微溶于甲醇、甲基甲酰胺、二甲基亚砜等有机溶剂，不溶于苯、丙酮、乙醚、氯仿、乙酸乙酯等溶剂。常温下稳定，在pH5～9时能稳定存在，遇铁降解；在强酸、强碱下容易分解，分解为沙蚕毒素。

毒性　按中国农药毒性分级标准，杀虫单属中等毒杀虫剂。原药大鼠、小鼠急性经口LD_{50} 68mg/kg，大鼠急性经皮LD_{50}＞1000mg/kg。对兔眼睛和皮肤无明显刺激作用。在试验条件下，未见致突变作用，无致癌、致畸作用。杀虫单对鱼低毒，白鲢鱼LC_{50}（48小时）21.38mg/L。对鸟类、蜜蜂无毒。

剂型　主要为3.6%颗粒剂。

作用方式及机理　是人工合成的沙蚕毒素的类似物，进入昆虫体内迅速转化为沙蚕毒素或二氢沙蚕毒素。该药为乙酰胆碱竞争性抑制剂，具有较强的触杀、胃毒和内吸传导作用，对鳞翅目害虫的幼虫有较好的防治效果。该药主要用于防治甘蔗、水稻等作物上的害虫。

防治对象　甘蔗螟虫、水稻二化螟、三化螟、稻纵卷叶螟、稻蓟马、飞虱、叶蝉、菜青虫、小菜蛾等。

使用方法

防治水稻害虫　防治水稻二化螟、三化螟、稻纵卷叶螟，每公顷用3.6%颗粒剂45～60kg（有效成分1620～2160g）撒施；或每公顷用90%原粉600～830g（有效成分540～747g），加水1500L喷雾。防治枯心，可在卵孵化高峰后 6~9 天时用药。防治稻纵卷叶螟可在螟卵孵化高峰期用药。

防治甘蔗害虫　防治甘蔗条螟、二点螟可在甘蔗苗期、螟卵孵化盛期施药。每公顷用 3.6% 颗粒剂 60~75kg（有效成分 2160~2700g）根区施药。

防治蔬菜害虫　菜青虫、小菜蛾等，每亩用 90% 杀虫单原粉 35~50g，兑水均匀喷雾。

注意事项　①对蚕有毒，在蚕区使用应谨慎。②对棉花、烟草易产生药害，大豆、四季豆、马铃薯也较敏感，使用时应注意。③易吸湿受潮，应在干燥处密封储存。④食用作物收获前 14 天应停止使用。

与其他药剂的混用　该药不能与波尔多液、石硫合剂等碱性物质混用。

允许残留量　GB 2763—2021《食品中农药最大残留限量标准》规定杀虫单最大残留限量见表。ADI 为 0.01mg/kg。谷物按照 GB/T 5009.114 规定的方法测定。

部分食品中杀虫单最大残留限量（GB 2763—2021）

食品类别	名称	最大残留限量（mg/kg）
谷物	糙米	1.0*
蔬菜	结球甘蓝	0.5*
	普通白菜	1.0
	黄瓜	2.0*
	番茄	1.0*
	菜豆	2.0*
水果	苹果	1.0*
糖料	甘蔗	0.1*

* 临时残留限量。

参考文献

农业部农药检定所, 1998. 新编农药手册: 续集[M]. 北京: 中国农业出版社.

王振荣, 李布青, 1996. 农药商品大全[M]. 北京: 中国商业出版社.

朱永和, 王振荣, 李布青, 2006. 农药大典[M]. 北京: 中国三峡出版社.

（撰稿：万虎；审稿：李建洪）

杀虫环　thiocyclam

属沙蚕毒素类杀虫剂，具有胃毒、触杀、内吸和熏蒸作用。

其他名称　易卫杀、硫环杀、虫噻烷、甲硫环、类巴丹。

化学名称　杀虫环：N,N-二甲基-1,2,3-三硫杂环己-5-胺；杀虫环草酸盐：N,N-二甲基-1,2,3-三硫杂环己-5-氨基草酸盐 (1:1)。

IUPAC名称　N,N-dimethyl-1,2,3-trithian-5-ylamine。

CAS登记号　31895-21-3（杀虫环）；31895-22-4（杀虫环草酸盐）。

EC号　608-676-4；250-859-2（杀虫环草酸盐）。

分子式　$C_5H_{11}NS_3$；$C_7H_{13}NO_4S_3$（杀虫环草酸盐）。

相对分子质量　181.35（杀虫环）；271.38（杀虫环草酸盐）。

结构式

杀虫环　　　杀虫环草酸盐

开发单位　瑞士山德士公司（现属先正达公司）开发。

理化性质　杀虫环草酸盐：无色无味固体，熔点 125~128℃；蒸气压 0.545mPa（20℃）。相对密度 0.6。$K_{ow}\lg P$ -0.07（pH 不明确）。Henry 常数 1.8×10^{-6} Pa·m³/mol。溶解度：水中 (g/L)：84（pH < 3.3, 23℃），44.1（pH3.6, 20℃），16.3（pH6.8, 20℃）；有机溶剂中溶解度（23℃, g/L）：二甲基亚砜 92，甲醇 17，乙醇 1.9，乙腈 1.2，丙酮 0.5，乙酸乙酯、氯仿 < 1，甲苯、正己烷 < 0.01。稳定性：储存期间稳定，20℃保质期 > 2 年，见光分解；地表水 DT$_{50}$ 2~3 天；水解 DT$_{50}$（25℃）：0.5 年（pH5），5~7 天（pH7~9）。pK_{a1} 3.95，pK_{a2} 7。

毒性　杀虫环草酸盐急性经口 LD$_{50}$（mg/kg）：雄大鼠 399，雌大鼠 370，雄小鼠 273。大鼠急性经皮 LD$_{50}$（mg/kg）：雄 1000，雌 880。对皮肤和眼睛无刺激。大鼠吸入 LC$_{50}$（1 小时）> 4.5mg/L。NOEL［2 年，mg/(kg·d)］：老鼠 1000，狗 75。

剂型　50%、90% 可溶性粉剂，50% 可湿性粉剂，50% 乳油，2% 粉剂，5% 颗粒剂，10% 微粒剂等。

质量标准　50% 杀虫环可溶性粉剂应为白色或微黄色粉末，杀虫环 ≥ 50%；pH1.5~3.5；水分 ≤ 5%。

作用方式及机理　杀虫环草酸盐是沙蚕毒素类衍生物，属神经毒剂，其主要中毒机理与其他沙蚕毒素类农药相似，也是由于在体内代谢成沙蚕毒素而发挥毒力作用，其作用机制是占领乙酰胆碱受体，阻断神经突触传导，害虫中毒后表现麻痹直至死亡。但毒效表现较为迟缓，中毒轻的个体还有复活的可能，与速效农药混用可以提高击倒力。

防治对象　杀虫环草酸盐对鳞翅目和鞘翅目害虫有特效，常用于防治二化螟、三化螟、大螟、稻纵卷叶螟、玉米螟、菜青虫、小菜蛾、菜蚜、马铃薯甲虫、柑橘潜叶蛾、苹果潜叶蛾、梨星毛虫等水稻、蔬菜、果树、茶树等作物的害虫。也可用于防治寄生线虫，如水稻白尖线虫；对一些作物的锈病等也有一定的防治效果。

使用方法

防治水稻害虫　①三化螟。防治枯心苗在孵化高峰前 1~2 天施药，防治白穗应掌控在 5%~10% 破口期用药，50% 杀虫环草酸盐湿性粉剂 750g/hm²（有效成分 375g/hm²），兑水 900kg 喷雾；或用 50% 杀虫环草酸盐乳油 0.9~1.5L/hm²（有效成分 450~750g/hm²），兑水 900kg 喷雾。同时施药注意保持 3~5cm 深田水 3~5 天，以有利药效的充分发挥。

②稻纵卷叶蛾（又名稻纵卷叶虫，俗称刮青虫、马叶虫、白叶虫）。防治重点在水稻穗期，在幼虫一至二龄高峰期施药。一般年份用药 1 次，大发生年份用药 1～2 次，并提早第一次施药时间，用 50% 杀虫环草酸盐可湿性粉剂 450g/hm²（有效成分 225g/hm²），兑水 900kg 喷雾，或用 50% 杀虫环草酸盐乳油 0.9～1.5L/hm²（有效成分 450～750g/hm²），兑水 900kg 喷雾。③二化螟。防治枯梢和枯心病，一般年份在孵化高峰期前后 3 天内，大发生年份在孵化高峰期 2～3 天用药，防治虫伤株、枯孕穗和白穗，一般年份在蚁螟孵化始盛期至孵化高峰期用药，在大发生年份以两次用药为宜。用可湿性粉剂 900g/hm²（有效成分 450g/hm²），兑水 900kg 喷雾。④稻蓟马。用 50% 杀虫环草酸盐可湿性粉剂 750g/hm²，兑水 450～600kg 喷雾。

防治玉米螟、玉米蚜等　用 50% 杀虫环草酸盐可湿性粉剂 375g/hm²，兑水 600～750kg，于心叶期喷雾，也可采用 25% 药粉兑适量水成母液，再与细砂 4～5g 拌匀制成毒砂，以每株 1g 左右撒施于心叶内，或以 50 倍稀释液用毛笔涂于玉米果穗下一节的茎秆。

防治蔬菜害虫　防治菜青虫、小菜蛾、甘蓝夜蛾、菜蚜、红蜘蛛等，用 50% 杀虫环草酸盐可湿性粉剂 750g/hm²，兑水 600～750kg 喷雾。

防治马铃薯甲虫　用 50% 杀虫环草酸盐可湿性粉剂 750g/hm²，兑水 600～750kg 喷雾。

防治果树害虫　防治柑橘潜叶蛾，在柑橘新梢萌芽后，用 50% 杀虫环草酸盐可湿性粉剂 1500 倍稀释液喷雾。防治梨星毛虫、桃蚜、苹果蚜、苹果红蜘蛛等，用 2000 倍稀释液喷雾。

注意事项　杀虫环对家蚕毒性大，蚕桑地区使用应谨慎。棉花、苹果、豆类的某些品种对杀虫环敏感，不宜使用。水田施药后应注意避免让田水流入鱼塘，以防鱼类中毒。据《农药合理使用准则》规定：水稻使用 50% 杀虫环可湿性粉剂，其每次的最高用药量为 1500g/hm² 兑水喷雾，全生育期内最多只能使用 3 次，其安全间隔期为 15 天。药液接触皮肤后应立即用清水洗净。个别人皮肤有过敏反应，容易引起皮肤丘疹，但一般过几小时后会自行消失。

与其他药剂的混用　不宜与铜制剂、碱性物质混用。

允许残留量　GB 2763—2021《食品中农药最大残留限量标准》规定杀虫环最大残留限量（mg/kg）：大米 0.2，结球甘蓝 0.2，葱 2，节瓜 0.2。ADI 为 0.05mg/kg。

参考文献

马克比恩 C, 2015.农药手册[M]. 胡笑形，等译. 北京: 化学工业出版社.

朱永和, 王振荣, 李布青, 2006.农药大典[M]. 北京: 中国三峡出版社.

（撰稿：何顺；审稿：李建洪）

杀虫磺　bensultap

属沙蚕毒素类杀虫剂，主要是触杀和胃毒作用，具有根部内吸活性。

其他名称　Bancol、Victenon、Ruban、苯硫丹、苯硫杀虫酯。

化学名称　S,S'-[2-(二甲氨基)] 双硫代苯磺酸酯；S,S'-2-dimethylaminotrimethylene di(benzenethiosulfonate)。

IUPAC 名称　S,S'-[2-(dimethylamino)-1,3-propanediyl] di(benzenesulfothioate)。

CAS 登记号　17606-31-4。

分子式　$C_{17}H_{21}NO_4S_4$。

相对分子质量　431.61。

结构式

开发单位　由日本武田化学工业公司（现属住友化学公司）1979 年开发的沙蚕毒素类杀虫剂，是有机氯农药杀虫剂六六六、滴滴涕停产后很有发展前途的替代杀虫剂。世界主要生产商为日本住友化学公司。

理化性质　淡黄色结晶性粉末，略有特殊气味。熔点 81.5～82.9℃。蒸气压＜$1×10^{-2}$mPa（20℃）。Henry 常数＜$9.6×10^{-3}$Pa·m³/mol（20℃）。相对密度 0.791（20℃）。$K_{ow}lgP$ 2.28（25℃）。溶解度：水 0.448mg/L（20℃）；其他溶剂中溶解度（g/L, 20℃）：正己烷 0.0319、甲苯 83.3、二氯甲烷＞1000、甲醇 10.48、乙酸乙酯 149。稳定性：pH＜5、150℃下，是稳定的；但在中性或碱性溶液中水解（DT_{50}≤15 分钟，pH5～9）。

毒性　大鼠急性经口 LD_{50}（mg/kg）：雄 1105，雌 1120。小鼠急性经口 LD_{50}（mg/kg）：雄 516，雌 484。兔急性经皮 LD_{50}＞2000mg/kg，对兔眼睛有轻微刺激性，对兔皮肤无刺激。大鼠吸入 LC_{50}（4 小时）＞0.47mg/L。NOEL（90 天，mg/kg）：大鼠 250，雄小鼠 40，雌小鼠 300；NOEL[2 年，mg/(kg·d)]：大鼠 10，小鼠 3.4～3.6。腹腔注射 LD_{50}（mg/kg）：雄大鼠 503，雌大鼠 438，雄小鼠 442，雌小鼠 343。无致畸、致癌和致突变性。毒性等级 WHO（a.i.）Ⅲ，EPA（制剂）Ⅲ。山齿鹑急性经口 LD_{50} 311mg/kg；鸟类吸入 LC_{50}（mg/kg 饲料）：山齿鹑 1784，野鸭 3112。鱼类 LC_{50}（48 小时，mg/L）：鲤鱼 15，孔雀鱼 17，金鱼 11，虹鳟 0.76；鱼类 LC_{50}（72 小时，mg/L）：鲤鱼 8.2，孔雀鱼 16，金鱼 7.4，虹鳟 0.76。蚤类 LC_{50}（6 小时）40mg/L（制剂）（有效成分）。对蜜蜂低毒，LD_{50}（48 小时）25.9μg/只。不同土壤 DT_{50} 3～35 天，取决于土壤类型。DT_{50} 7 天（实验室旱地条件）。

剂型　可湿性粉剂（500g/kg），可分散粒剂，粉剂和颗粒剂。残留可用 GC/LC 进行分析。

作用方式及机理　为触杀和胃毒型。模拟天然沙蚕毒素，抑制昆虫神经系统突触，通过占据产生乙酰胆碱的突触膜的位置来阻止突触发射信息，能从根部吸收。可在马铃薯、玉米、水稻上防治多种害虫，对水稻螟虫、马铃薯甲虫、小菜蛾等鳞翅目和鞘翅目害虫有很强的杀灭作用。

防治对象　鳞翅目、鞘翅目害虫，如茶卷叶蛾、马铃薯甲虫、茶黄茶蓟马、水稻螟虫、稻纵卷叶螟、水稻叶甲虫、东方玉米螟、根象鼻虫、龟甲虫、藤蔓飞蛾、棉铃象甲、苹果蠹蛾、小菜蛾、白蝴蝶幼虫、菜蛾、芸薹属甲虫等。

使用方法　通常使用剂量为 0.25～1.5kg/hm²。防治水稻二化螟、三化螟，用 50% 可湿性粉剂 500～1000g/hm²，采用兑水泼浇或喷雾，撒毒土亦可，于卵孵盛期施药，必要时可施药两次，施药时宜保持 3cm 左右的水层。用于防治菜蚜、菜青虫、小菜蛾等蔬菜害虫，用可湿性粉剂 500～1000g/hm² 兑水 50～100kg 喷雾。

允许残留量　①韩国规定杀虫磺最大残留限量见表 1，法规来源：*Food Code Maximum Residue Limits for Pesticides in Agricultural Products*。②中国台湾规定杀虫磺最大残留限量见表 2，法规来源：农药残留容许量标准（2016 年 12 月 12 日部授食字第 1051304129 号令修正）。

表 1　韩国规定部分食品中杀虫磺最大残留限量

食品名称	最大残留限量（mg/kg）
柿子	1.00
紫苏叶	3.00
花椒叶	2.00
梨	1.00
其他农产品	0.05
中国橘	1.00
韩国白菜，头	2.00
奇异果	3.00
啤酒花	5.00
青辣椒和红辣椒（新鲜）	0.50
葡萄	1.00
姜	0.10
山药	0.05
大葱	2.00
西瓜	0.10
黄瓜	0.20
玉米	0.10
板栗	0.10
卷心菜	0.20
苹果	0.70
番茄	1.00
甜椒	0.50
大米	0.10
萝卜（根）	1.00
马铃薯	0.10

表 2　中国台湾规定部分食品中杀虫磺最大残留限量

食品名称	最大残留限量（mg/kg）
包叶菜类	1.0
小叶菜类	1.0

参考文献

刘长令, 2012. 世界农药大全: 杀虫剂卷[M]. 北京: 化学工业出版社.

骆炎平, 曾志刚, 2016. 新编简明农药使用手册[M]. 北京: 化学工业出版社.

（撰稿：游红；审稿：李建洪）

杀虫剂穿透性　penetration of insecticide

杀虫剂通过昆虫体壁、消化道或呼吸道的接触或吸收等途径，穿透各种组织或细胞的生物膜，进入循环系统，以溶液或与蛋白质结合或溶于脂肪颗粒中的形式到达靶标部位，并积累到一定浓度而产生毒效的过程。

杀虫剂穿透性　杀虫剂能够穿透昆虫体壁、消化道、呼吸道等生物膜进入体内血淋巴，作用于靶标从而发挥杀虫作用的性质。杀虫剂用于昆虫体壁后，首先必须溶解于上表皮的蜡质层，然后一部分留于上表皮，一部分穿透表皮进入体内血淋巴。经口进入的杀虫剂需要穿透肠壁进入血淋巴。

杀虫药剂的穿透性与脂溶性成正比：脂溶性越大，穿透性越强，主要指穿透蜡质的情况。但穿透性不完全取决于脂溶性，在透过上表皮后，还需要一定的水溶性才能透过内表皮。这涉及药剂的区分系数（partition coefficient），即药剂在正辛醇与水中的分配系数。

表皮穿透动力学　杀虫剂穿透表皮的机制目前有两种意见：①药剂从表皮穿透，经过皮细胞而进入血腔，随血液循环而到达作用部位神经系统。②某些化合物从表皮施药进入到昆虫体内，是从侧面沿表皮的蜡质层进入气管系统，最后由微气管而到达作用部位神经系统。

若将昆虫的表皮视为膜，则杀虫剂表皮穿透的速率与表皮的性质和杀虫剂两个因素有关，特别是杀虫剂的极性。假定昆虫的表皮是均一的薄膜，杀虫剂通过此膜扩散，则杀虫剂在一定温度和压力的扩散速率可以用下面的公式表示：

$$dt/dc = a^2 \cdot \partial^2 c/\partial x^2 \qquad (1)$$

式中，dt/dc 为借助浓度改变而起到的扩散的速度；$\partial^2 c/\partial x^2$ 表示浓度梯度对膜厚度 x 的变化速率。假定原始浓度非常高，而且是恒定的，则浓度梯度仅由扩散细胞中的物质来决定，于是公式（1）可写成：

$$dc/dt = K(C_o - C_i) \qquad (2)$$

公式（2）中，C_o 为最初所用的浓度或扩散细胞中的最初浓度；C_i 为扩散细胞（即膜内）的最终浓度；K 为一个常数（Darvison 和 Danielli，1952）。因为扩散常数可确定为扩散细胞大小和区域的函数，故公式（2）又可以改写成：

$$dc/dt = (PA/V)(C_o - C_i) \qquad (3)$$

公式（3）中，P 为渗透性常数，V 为扩散细胞的体积，A 为物质和膜之间的接触范围。通过对公式（3）重排，并加以积分，即可获得下式：

S

$$\int_o^{C_i} = \frac{dc}{C_o - C_i} = \int_o^t \frac{PA}{V} dt \qquad (4)$$

或

$$\ln \frac{C_o}{C_o - C_i} = \frac{PA}{V} t \qquad (5)$$

$$\frac{C_o}{C_o - C_i} = e^{PAt/V} \qquad (6)$$

从公式（6）可以看出，残留在膜外物质的百分比与时间成负对数。而实际穿透作用是物质进入膜内的浓度与扩散细胞体积的比值，因此，实际穿透的量可用以下公式表示：

$$S = \frac{C_i}{V} = \frac{C_o}{V}(1 - e^{-PAt/V}) \qquad (7)$$

公式（7）中，S 为穿透速度。从公式（7）可以看出，穿透速度与所用浓度成正比，并和穿透时间成指数关系。Treherne（1957）和 Matsumura（1963）利用公式（6），Olson 和 O'Brien（1963）利用公式（7）分别测定了杀虫剂对昆虫表皮的穿透速率。他们测得的结果与理论速率有相当好的一致性，并且重复性也很好。

Matsumura（1963）应用［^{32}P］马拉硫酸点滴于美洲大蠊（Periplaneta americana）的前胸背板测定其表皮穿透效率，发现低浓度时的穿透速率往往超过理论值，而高浓度时低于理论值。这种双相关系被解释为由于杀虫剂首先很快被表皮吸收，然后才开始第一阶段的缓慢扩散。

影响穿透作用的因子

杀虫剂的脂溶性　由于表皮外是无极性的，杀虫剂的穿透率直接与其脂溶性相关，脂溶性越大，穿透作用越强。比如，各种脂肪酸对蚊虫幼虫的毒性与它们的脂溶性成正比。脂溶性的大小取决于杀虫剂的分子结构，当分子结构中含有的非极性基团越大，其脂溶性也就越大。

杀虫剂的解离作用　一般来讲，药的穿透作用与解离程度成反比，即离子化程度越大，穿透性越小。杀虫剂的解离程度取决于其 pK_a 值，即化合物解离 50% 的 pH 值以及它所处介质的 pH。烟碱在酸性时被解离（极性），在碱性时不解离（非极性），故烟碱在碱性溶液中的毒力更大。在将分子烟碱和离子化的烟碱以同样的浓度用注射法注入体内时，均能杀死美洲大蠊，这表明它们的毒性差异是由表皮穿透作用来决定的。另外，用新烟碱（anabasine）的碱性溶液和酸性溶液对蚜虫作接触喷洒，结果发现碱性溶液的毒力是酸性溶液的 2 倍。

杀虫剂的分配系数　分配系数（partition coefficient）是化合物在有机相和水相中的分配比例，表示该化合物的脂溶性强弱。Olson 和 O'Brien（1963）应用同位素技术测定了 2 种电解液和 4 种杀虫剂（2 种有机磷和 2 种有机氯杀虫剂）对美洲大蠊前胸背板的穿透率，结果显示渗透性直接与极性有关。极性化合物的穿透比低极性的化合物要快很多。而一般来说，分配系数大，脂溶性强，穿透速率也大。如何来解释呢？①若杀虫剂的脂溶性过大，虽然它能够溶解昆虫表皮的蜡质层，比较容易穿透上表皮，但难以穿透外、内表皮，要继续穿透外表皮和内表皮需要有一定的水溶性。因而要提

高杀虫剂的穿透性就要选择一个最佳的分配系数。②结果与应用的点滴法有关，因为溶质一般是直接将药剂导入表皮的脂质部分，并不一定穿透脂质，而是与脂类混合。然后，溶质必须穿透极性物质，如原表皮，而非极性化合物留于上表皮蜡质层。因此，穿透的方式不仅取决于化合物的性质，而且还取决于用药的方法。

杀虫剂与昆虫表皮及组分的亲和性　穿透性强的杀虫剂，极易透过昆虫外表皮，然后逐渐扩散到内表皮水溶性组织中去。这种扩散平衡的过程受化合物的性质、虫体不同部位的组分和杀虫剂的最初浓度控制。亲水性的杀虫剂不能靠扩散作用，但可靠膜上嵌入的蛋白质作为导体，形成暂时性的结合，使蛋白质分子的构型产生变化，把结合物转移进入膜内。大多数杀虫剂透过膜内靠被动的扩散作用，即受膜内外浓度梯度影响，由高浓度向低浓度扩散。

载体和溶剂的影响　油加入杀虫剂制剂中常可增加毒性。用作杀虫剂载体的油溶剂为非极性，不溶于水，不解离，无反应基团，亲脂性杀虫剂易溶于这种化合物。油作为载体有三方面的作用：①给予杀虫剂附着于昆虫的机会。②破坏上表皮的蜡质。③破坏表皮内部的蛋白质组织。

去垢剂（detergents）即润湿剂，是亲脂物质和水溶物质之间的"桥梁"。它可以使杀虫剂更好地黏着在昆虫表皮上，增加穿透的面积机会，从而增加杀虫剂的穿透作用。去垢剂最有效的特点：①具有足够的脂溶性，以致穿透和乳化上表皮的蜡质层。②具有足够的水溶性。药剂处理后在昆虫表皮上有两次分配：一次是药剂由溶剂中进入蜡质层；另一次是从蜡质层进入表皮下面的极性物质层。这两次分配要求杀虫剂既要具有一定的脂溶性，否则不能进入蜡质层，又要具有极性，否则不能进入表皮下层。

杀虫剂穿透生物学　是关于杀虫剂在田间状态下的穿透途径及其速率与药剂的物理状态、昆虫行为学习性及环境条件之间关系的科学。杀虫剂穿透生物学对于昆虫抗药性研究的实践具有重要的指导意义。

参考文献

唐振华，毕强，2003. 杀虫剂作用的分子行为[M]. 上海：上海远东出版社.

姚安庆，杨健，2010. 论杀虫剂穿透生物学与昆虫抗药性测定[J]. 山东农业科学，10: 85-88, 95.

DARVISON H, DANIELLI J F, 1952. The permeability of natural membranes[M]. Cambridge: Cambridge University Press.

EBELING, W, 1974. Permeability of insect cuticle[M]//The Physiology of insecta, 2nd ed., Vol. VI, New York: Academic Press.

MASTUMURA F, 1985. Toxicology of insecticides[M]. 2nd ed. New York: Plenum Press.

（撰稿：刘泽文、于娜；审稿：杨青）

杀虫剂分子靶标　molecular targets of insecticide

昆虫体内与杀虫剂分子结合的受体蛋白及其结合位点。大多为控制昆虫生理活动的重要蛋白质，主要包括神经系统

代谢酶、受体、离子通道，生长发育关键酶和能量合成酶。根据杀虫剂抗药性工作委员会（Insecticide Resistance Action Committee，IRAC）对杀虫剂作用机制的分类，杀虫剂分子靶标包括神经系统、呼吸系统和生长发育调节过程中的多种离子通道、受体和酶，以及 Bt 毒蛋白受体。

神经系统　昆虫神经 - 肌肉系统中的离子通道、受体和酶是主要的杀虫剂分子靶标。药剂分子与之结合造成电信号的持续释放，导致昆虫麻痹死亡。主要靶标有乙酰胆碱酯酶、乙酰胆碱受体、γ- 氨基丁酸受体、章鱼胺受体、鱼尼丁受体、谷氨酸受体、电压门控钠离子通道等。

呼吸系统　主要存在于线粒体中，药剂分子与之结合可阻断 ATP 的合成或储存，造成昆虫死亡。主要靶标有还原型烟酰胺腺嘌呤二核苷酸脱氢酶、琥珀酸脱氢酶、ATP 合成酶、海藻糖酶、乙酰辅酶 A 羧化酶等。

生长发育调节　药剂分子可与该类蛋白竞争结合，阻断内源激素传递，造成昆虫发育畸形或死亡。主要靶标有蜕皮激素受体、几丁质酶、几丁质合成酶、β-N- 乙酰己糖氨酶等。

参考文献

邱星辉, 2005. 杀虫剂抗性: 遗传学、基因组学及应用启示[J]. 昆虫学报(6): 960-967.

HEMINGWAY J, HAWKES N J, MCCARROLL L, et al, 2004. The molecular basis of insecticide resistance in mosquitoes[J]. Insect biochemistry and molecular biology, 34: 653-665.

（撰稿：张耀熙、何林、刘泽文；审稿：杨青）

杀虫剂生物活性测定　bioassay of insecticide

杀虫剂生物测定是以昆虫（包括螨类）为测试对象，评价各种杀虫剂对昆虫的毒力。广义地说，杀虫剂生物测定技术就是利用生物（昆虫、螨类）对杀虫剂的反应，来鉴别某一种农药或某一类化合物的生物活性，是对昆虫、螨类的毒力或药效的一种基本方法。

杀虫剂生测技术的基本原理是研究杀虫剂与生物（主要是昆虫）的相关性，因此对杀虫剂及生物的要求比较严，使用的杀虫剂应当是纯品（或母药），至少有效成分含量要准确；供试昆虫应该龄期一致、个体差异小、生理状态较一致。

适用范围　适用于测定农药对昆虫、螨类靶标生物的毒力或药效，创制新化合物杀虫、杀螨活性筛选，不同杀虫剂、杀螨剂混用的效力及杀虫剂的抗性监测等生物活性测定研究。

主要内容

杀虫剂生物测定基本原则　在杀虫剂毒力测定中要标准目标昆虫，并在相对控制的条件下进行，尽可能消除或减少处理之间的相互干扰，才能提高试验结果的精确度，获得比较稳定可靠的结果。

①试虫群体的质量均匀性。试虫群体质量的均匀一致性是获得正确可靠生物测定结果的最基本条件之一。理想的试虫群体是生长健壮程度、生命力、抗药力、虫龄、体重、个体大小及群体的雌雄比等应接近一致，并以室内大规模饲养的具有一定代表性的试虫为主。田间采集的，应在相似生态环境下同种作物上采集试虫，并进行虫态和龄期的严格挑选。每次处理试虫头数一般为 20～50 头，重复 3～5 次。

发育阶段：如测定幼虫或若虫，应该用同一龄期，体重大小一致；如测试成虫，也要用同一日龄的，以羽化后 3～5 日龄为好。性别：所用成虫应雌雄一致，一般以雌成虫较好。营养：在室内标准条件下饲养的试虫，才能达到营养一致；从野外采集的试虫，应在室内饲养一段时间后，选取健康整齐的试虫进行试验。世代：因世代不同，敏感性也不同，所以要选用同一世代试虫进行测定或比较。

②供试杀虫剂。杀虫剂的理化性质应稳定，施药量接近相等，在试虫体表的药液分布要均匀，各处理间单位面积的药量要准确。

杀虫剂有效含量可直接影响到结果是否准确，所以一般要求纯度为 95% 以上，至少是含量较高的原药，应符合质量要求。

如果试验药剂为原药，试验时首先应用溶剂将药剂溶解，不同溶剂对昆虫表皮的穿透率不同，单位时间内渗入虫体内的药量、在体内的代谢速率、最后到达靶标部位的药量都不同，测得结果就有明显差异，因此配制药液的溶剂要一致，一般以丙酮为宜。

药剂处理部位不同，得到的毒力结果不同。如点滴法点滴部位离作用部位远，则毒力低。一般以点滴胸背面或腹背部为宜。

③环境条件。温度对杀虫剂生物测定技术的影响很大，湿度也有一定影响，所以要求在恒定的温湿度条件下进行，才能获得正确可靠的结果。一般要求温度在 25～27℃，相对湿度 60%～80% 为宜，并在通气良好的条件下进行测定。

此外，光照、虫口密度等对杀虫剂的毒力也有影响，应控制恒定。田间药效试验的环境条件如温度、湿度、光照、风雨等虽不易控制，但对小区试验地的选择，要力求土壤肥力、害虫分布、作物长势及管理水平等条件尽可能均匀一致，以减少试验误差对试验结果的影响。

试验方法　杀虫剂生物测定方法，可根据不同的目的、不同药剂性质和不同的试虫采用不同的方法，常用的方法有浸液法、喷雾法、喷粉法等。

参考文献

陈年春, 1991. 农药生物测定技术[M]. 北京: 北京农业大学出版社.

（撰稿：袁静；审稿：陈杰）

杀虫剂选择性机制　mechanism of insecticide selectivity

造成生物对杀虫剂敏感性和杀虫剂对生物药效差异的各种因素和过程。造成杀虫剂选择性的机制可分为生态机制和生理生化机制两大类。

S

里珀（W. E. Ripper，1951）等根据杀虫剂选择性的性质，将其分为生态选择性和生理选择性。1960 年，奥布莱恩（R. D. O'Brien）建立了分析生理选择性的常用方法。1976 年，霍林豪斯（R. H. Hollingworth）进一步论述了杀虫剂选择性的生理生化基础，丰富和完善了杀虫剂选择性的理论。

生态选择性机制　生态选择是在有毒环境中，一种生物中毒致死，另一种则可能以某种方式避免暴露而活着的现象，又名外在选择。造成生态选择性的原因是各种生物行为习性的差异。利用这些差异，采取适当的技术方法，便能使非靶标生物减少或避免暴露，形成生态选择性。目前许多方法已在普遍应用，例如：①弄清害虫的活动范围，控制防治面积。②了解觅食规律，掌握喷洒时间。③使用有特异性的害虫引诱剂和毒饵。④掌握害虫的种群动态及经济危害知识，以减少施药剂量或施药次数，如应用微胶丸和其他控制释放的剂型。⑤利用植物内吸性杀虫剂，只对植食性害虫有毒，而对寄生或捕食的天敌无毒。⑥应用能生物降解的杀虫剂，减少环境污染和在食物链的积累，避免对非靶标生物（尤其是高等动物）造成威胁。因此，在害虫的综合防治中应重视生态选择性，如控制施药剂量、施药时间、施药面积、施药方式等。

生理生化选择性机制　生理选择是两种生物都暴露在杀虫剂中，但其中一种由于某些生理生化上的机制，能有更高的耐受力而生存下来的现象，又名内在选择性。杀虫剂进入生物体需要经过渗透、吸附、传导、分布、代谢、积累或排泄等过程后，才能到达作用靶标。不同的生物在上述任一过程的速率和程度的显著差异为生理选择性提供了基础。这些差异可以概括为穿透、非靶标蛋白结合、排泄效能、代谢和作用部位等 5 个主要方面。

穿透差异　杀虫剂对昆虫的穿透包括外阻隔层（体壁、肠和气管）和内阻隔层（血脑屏障和脂蛋白膜）两种穿透。

外阻隔层穿透的选择性：表皮穿透是造成选择毒性的因素之一。一般情况下，穿透速率快的杀虫剂，毒性也相对比较高。影响穿透速率的因素：①昆虫种类、性别、虫态和龄期的差别。②穿透途径，但究竟哪条途径作用更大尚无定论。③在表皮内的代谢和保存，中肠渗透性与选择毒性的关系不明显。但胃毒剂的杀虫效果取决于昆虫中肠消化液的 pH。不同昆虫消化液的 pH 不同，毒性也存在差异，从而造成选择毒性。除表皮穿透外，杀虫剂还可以通过肠道和气管穿透。通过气管的穿透比对一般表皮的穿透更容易。对水生动物的穿透率与选择毒性有明显的相关性。因为水生动物整体处于一个稀释的杀虫剂溶液中，不断吸入杀虫剂，而且它们对脂溶性的杀虫剂特别敏感。

内阻隔层穿透的选择性：最主要的是血脑屏障（blood-brain barriers）及脂蛋白膜（lipoprotein membranes）。血脑屏障使得高度极化的、带电荷的化合物穿透延缓，保护中枢神经系统。甲壳纲及环节动物（如蚂蟥）等没有血脑屏障，因而对某些杀虫剂更敏感。哺乳动物的血脑屏障并不能保护其胆碱激性的周围神经系统。昆虫的周围神经系统不是胆碱激性的，所以，高度极化的、带电荷的一些胆碱激性毒物（如八甲磷、烟碱、丙胺氟磷等）可以破坏哺乳动物的周围神经系统，而对昆虫没有影响。这一选择毒性对人畜不利。螨类、蚜虫以及一些植食性蜱的周围神经系统虽然有一个阻隔层但不具有保护性，因此，八甲磷、丙胺氟磷对它们是有效的杀虫剂。这个阻隔层之所以能让这些化合物通过，显然与这阻隔层的脂肪组成有关。脂蛋白膜的穿透是一个普遍的问题，任何一种杀虫剂进入靶标细胞都必须通过细胞膜。为了通过这层脂蛋白膜，一个化合物必须在亲脂性与亲水性之间维持一个平衡，这样才能在脂与水的界面上通过。

与非靶标蛋白结合的选择性　约 90% 的杀虫剂主要与组织上的蛋白质结合，其毒性取决于与体内蛋白质的结合及解离的程度。在昆虫及脊椎动物中，血液及血淋巴中各种蛋白质的组分有很大差异，每种杀虫剂的结合情况存在较大差异。因此，杀虫剂与非靶标蛋白的结合差异也是造成选择毒性的因素之一。杀虫剂与蛋白质的结合分为不可逆性和可逆性两种，前者是永久性结合，减少了起作用的杀虫剂的剂量，因为它不能再与靶标部位起作用、相当于解毒。后者是暂时性结合，可以暂时减少杀虫剂的剂量，使其缓慢地释放出来，结果达到靶标作用的量不是致死作用的量。被结合的杀虫剂一般不被解毒酶所代谢。假如代谢很快，那么由结合蛋白质释放出来的杀虫剂可以立即被代谢消失，因而毒性可以大大降低。保幼激素及其类似物的特殊蛋白质的结合，以及鱼鳃的脂蛋白对狄氏剂的结合，可能都属于这一情况。

排泄作用的选择性　排泄对于杀虫剂的毒性影响很少。因为多数杀虫剂不是水溶性的，不能直接排出，必须经解毒代谢后排出。只有那些在生理 pH 的情况下成为离子型的化合物，如胺类、甲脒类、氟乙酸酯及苯酚等，可以不经代谢而直接排出。水生生物有通过直接透析到周围水中而除去杀虫剂的可能性。

代谢的选择性　这是造成选择毒性最主要的因素。不同的代谢反应、不同的代谢速率，均会造成不同的代谢毒性。可分为解毒代谢差异与活化代谢差异两种情况。

解毒代谢：主要取决于解毒酶的代谢速率，涉及的解毒酶主要包括 P450 单加氧酶（又名多功能氧化酶）、酯酶（EST）和谷胱甘肽 -S- 转移酶（GST）三大酶系。若一个杀虫剂进入某生物体内，参与该杀虫剂代谢的解毒酶活性高，则代谢迅速，毒性低。此外，解毒代谢也可随同一生物体的不同性别、发育期、摄入物、品系等而不同。

活化代谢：是指杀虫剂经生物体内的解毒酶作用后，其产物的毒性（或毒力）比原来的杀虫剂高。由于生物体内的活化代谢不同而造成选择毒性不同。活化代谢中的活化产物才是真正作用于靶标的活性化合物，原来的杀虫剂实际上仅仅是活性化合物的前体（precursor）。

作用靶标部位的选择性　该类选择性包括两种情况：①杀虫剂对昆虫和脊椎动物的作用靶标相同，但靶标的敏感性不同。②作用靶标不同，即昆虫具有某些作用靶标而脊椎动物无此靶标。后者是开发高效、低毒（或无毒）杀虫剂所追求的目标。

靶标敏感性不同的选择性：某些杀虫剂虽然在昆虫和脊椎动物中具有共同的作用靶标，如电压门控钠离子通道、配基门控离子通道 GABA 受体和乙酰胆碱受体，以及呼吸链等，但靶标的敏感性是不同的。例如，虽然昆虫和脊椎动物都有有机磷和氨基甲酸酯类杀虫剂的靶标乙酰胆碱酯酶（AChE），但它们对杀虫剂的敏感性存在较大差异。

独特的作用靶标：有些杀虫剂，例如昆虫生长调节剂，只对昆虫有作用靶标，它们具有突出的选择毒性，主要有保幼激素类似物（JHA）、几丁质合成抑制剂。此外，昆虫特异的靶标还有昆虫神经肌肉连接处的神经递质谷氨酸受体，以及昆虫中枢神经系统中的章鱼胺受体。寻找新的昆虫生长调节剂，以及其他作用于昆虫特有靶标的杀虫剂，将是探索新型选择性杀虫剂的一条极有前途的途径。

以上任何一个因素的差异单独造成的选择性是有限的，多数显著的选择性是由多种因素共同作用造成的。

参考文献

唐振华，毕强，2003. 杀虫剂作用的分子行为[M]. 上海：上海远东出版社.

（撰稿：刘泽文、张懿熙；审稿：杨青）

杀虫剂作物安全性温室测定法　greenhouse evaluation on insecticide safety towards crops

在温室条件下测定杀虫剂对供试作物的安全性，观察杀虫剂使用后对作物产生的可视性伤害的生物测定方法。其结果是评价杀虫剂产品登记、推广应用的重要指标。杀虫剂作物安全性，指杀虫剂在推荐使用剂量范围内及高于推荐剂量一定范围内使用，对处理作物不会造成严重不可逆伤害，不影响作物产量和品质。一般安全性越高，药害风险越低。

适用范围　用于测定和评价杀虫剂使用后可能对作物产生的直接药害风险，为杀虫剂的登记和合理使用提供科学依据。

主要内容

目测法　将供试作物进行盆栽，从盆底部浇灌，使土壤全湿润至饱和状态，用 Potter 喷雾塔进行茎叶喷雾处理，处理后定期用目测法观察记载作物生长情况，同时描述药害症状，主要症状有颜色变化（黄化和白化等）、形态变化（新叶畸形、扭曲等）、生长变化（脱水、枯萎、矮化、簇生）等。药害程度目测评价（%）：0～10，表示无明显药害；11～30，表示轻微药害；31～50，表示中度药害；大于 50，表示严重药害。安全性分级：采用 0～100% 分级标准，0 为对作物无任何损伤，100% 为将作物完全杀死或严重抑制。

株高鲜重法　将供试作物进行盆栽，经药剂喷雾处理后，至规定的时间，测量各处理作物的株高，计算株高抑制率；称量各处理作物地上部分鲜重，计算鲜重抑制率。

叶绿素含量测定法　作物经杀虫药剂喷雾处理后，每株选择上、中、下 3 个部位的完全展开叶片，测定其叶绿素含量。各处理植株叶片中叶绿素含量大于或等于对照植株叶片中的叶绿素含量，表明杀虫剂对作物安全。

（撰稿：黄青春；审稿：陈杰）

杀虫剂作用方式　insecticide mode of action

杀虫剂进入昆虫体内的方式及到达作用部位毒杀昆虫的途径和方法。

传统上一般将杀虫剂按有效成分进行分类，分为无机和有机杀虫剂，后者按照来源又分为植物源杀虫剂和化学合成杀虫剂。随着科技的发展，杀虫剂产品逐渐增多，分类方法也多种多样，比如按照防治对象、来源、作用方式、作用机制及化学结构进行划分等。为了实用简便，更科学地使用杀虫剂，按照对防治对象起作用的方式进行分类显得十分重要。

杀虫剂的作用方式是以杀虫剂进入昆虫体内的途径划分。昆虫在分类学上的地位属于节肢动物门昆虫纲，其主要特征是，成虫整个体躯分头、胸、腹 3 个部分，胸部有多对分节的足，通常还有 2 对翅。昆虫在生长发育过程中经过一系列内部结构及外部形态上的变化——变态。昆虫头部一般呈圆形或者椭圆形，具有感觉器官触角（嗅觉和触觉的功能）及取食器官——口器。因此，头部是昆虫的感觉和取食中心。昆虫的胸部承受强大的动力，体壁高度骨化，具有复杂的沟和内脊，肌肉特别发达。昆虫的腹部节与节之间有膜相连，内部有消化系统、生殖系统和呼吸器官，是新陈代谢与生殖的中心。昆虫的体壁是包在整个昆虫体躯最外层的组织，具有皮肤和骨骼两种功能，支撑身体、保护内脏、防止体内水分蒸发及防止外界微生物和有害物质的侵入。昆虫体壁的蜡质层虽然很薄，但对药剂与昆虫的接触与穿透起决定性的作用。

因此，根据昆虫的结构，按照药剂进入虫体的方式来分类的杀虫剂作用方式有胃毒作用、触杀作用、熏蒸作用、内吸作用、拒食作用、驱避作用、引诱作用、杀卵作用等。

胃毒作用　由口腔进入昆虫体内达到毒杀目的的作用方式称为胃毒作用。药剂从昆虫口腔进入，经口腔、前肠、中肠、血液，最后经后肠排泄出体外进入环境。该种作用方式主要适用于防治咀嚼式口器的昆虫，也适用于防治虹吸式及舐吸式等口器的昆虫。昆虫的消化道分为前肠、中肠及后肠。前、后肠都是发生于外胚层，肠壁的构造和性质与表皮很相似，所以对杀虫剂穿透的反应也与体壁相近。而昆虫的中肠则与前肠和后肠不同，肠壁结构也有其特异性，是昆虫消化食物、吸收营养成分的主要场所。

触杀作用　由体壁进入昆虫体内毒杀昆虫的作用方式称为触杀作用。现在使用的杀虫剂大多数是具有触杀作用的触杀剂。由于昆虫体积小，相对表面积大，体壁接触药剂的机会多。因此，与从口腔及气门相比较，药剂从体壁侵入虫体是重要的途径。昆虫表皮的附属物，刺、毛多，可减少药剂与表皮的接触机会，但昆虫体躯的节间膜很容易受伤，粉剂的粉粒进入节间膜会擦伤膜的表面，使药剂更易侵入虫体。此外，膜体受伤还会引起昆虫体内水分丧失。一种药剂要获得优良的毒性应该是能迅速穿透体壁，容易从表皮区扩散到淋巴区，然后从淋巴到神经组织，最好不分布到脂肪、肠、马氏管等组织或器官，因为这些部位经常具有解毒作用。

熏蒸作用　由气门经气管进入昆虫体内毒杀昆虫的作

S

用方式称为熏蒸作用。杀虫剂通过呼吸系统进入昆虫体内是一条最短、最快的捷径。气体分子在空间有很强的运动能力，可自行扩散到空间的任何一个角落，同昆虫的接触效率高。气门是体壁内陷时气管的开口，也是昆虫进行呼吸时空气及二氧化碳的进出口。气体药剂如氯化苦、磷化氢及溴甲烷等可以在昆虫呼吸时随空气进入气门，沿着昆虫的气管系统最后到达微气管而产生毒效。

昆虫的循环系统为开放系统，所有的内部器官都浸浴在血淋巴中。通常认为，杀虫剂能与血浆蛋白质相结合，并被蛋白质转运到其他内部器官。昆虫的血液循环从头部离开背血管以后在血腔内由头部向后流动。在头部，血液已经到达中枢神经的四周。一般认为，药剂由肠壁细胞、体壁或气门进入体内，经过皮细胞而进入血腔，随血液循环而到达作用部位——神经系统。Philip Gerolt 认为从表皮施药进入昆虫体内，完全是从侧面沿表皮的蜡层进入气管系统，最后由微气管而到达作用部位神经系统，这也被证实。

内吸作用 杀虫剂可以被植物体（包括根、茎、叶及种、苗等）吸收，并被传导运输到其他部位组织或转化成为毒性更大的物质，使昆虫取食带毒的茎叶进入虫体或接触而达到毒杀作用称为内吸作用。内吸作用很强的杀虫剂称为内吸杀虫剂，如乐果、克百威、吡虫啉等。内吸杀虫剂主要用于防治刺吸式口器的昆虫，如蚜虫、螨类、介壳虫、飞虱等，不宜用于防治非刺吸式口器的昆虫。

拒食作用 药剂使用后，活性成分抑制了昆虫的味觉感受器功能，其正常的生理机能即对嗜好食物的识别被影响，找不到食物或憎恶食物，消除食欲，定向离开的作用方式称为拒食作用。尽管昆虫还能运动，但产生了不可逆转的拒食，最后因饥饿、失水而逐渐死亡或因摄取营养不够而不能正常发育。

驱避作用 药剂施用于保护对象表面后，依靠其物理、化学作用（颜色、气味）而使昆虫避而远之（不愿接近或发生转移、潜逃现象），从而达到保护寄主植物目的的作用方式称为驱避作用。

引诱作用 药剂使用后依靠其物理、化学作用（如光、颜色、气味、微波信号等）或其他生物学特性，将昆虫诱聚而利于歼灭的作用方式称为引诱作用。

杀卵作用 药剂与虫卵接触后，进入卵内部阻止卵（胚胎）的正常发育，降低卵的孵化率或直接作用于卵壳使幼虫或虫胚中毒死亡的作用方式称为杀卵作用。

很多杀虫剂并不局限于一种作用方式，比如敌敌畏具有触杀、胃毒及熏蒸作用，而像有机磷及除虫菊酯等，常常是几种作用方式都起作用。对于取食植物叶片为主的昆虫，例如，粉纹夜蛾，胃毒作用为主；但对于棉铃虫这种取食棉花幼蕾为主的昆虫，昆虫在植物叶片上爬行过程中，也能通过摩擦捕获药剂，此时触杀作用在昆虫防治中也起重要作用。

杀虫剂药效的发挥取决于一系列的因素，包括化合物物理化学性质、剂型、助剂的选择及气候、土壤等环境因子等，但这些因素协调作用的关键是在于其作用方式。

参考文献
刘长令, 2012. 世界农药大全: 杀虫剂卷[M]. 北京: 化学工业出版社.
徐汉虹, 2007. 植物化学保护学[M]. 4版. 北京: 中国农业出版社.
杨华铮, 邹小毛, 朱有全, 等, 2013. 现代农药化学[M]. 北京: 化学工业出版社.
ISHAAYA I, DEGHELLE D, 1998. Insecticides with novel modes of action, mechanism and application[M]. New York: Springer Verlag.

（撰稿：李玉新；审稿：杨青）

杀虫剂作用机理 insecticidal mechanisms

杀虫剂引起昆虫中毒或死亡作用的原理称为作用机理。包括杀虫剂发挥作用的原因、方式及部位问题。杀虫剂通过对昆虫的酶系、受体及其他物质的影响引起生理的变化，最终造成昆虫的死亡。

杀虫剂按照作用机理分类如下。

神经毒剂 此类杀虫剂作用于害虫的神经系统，均是干扰神经传导过程，而不是直接杀死神经细胞。如除虫菊酯类杀虫剂、氨基甲酸酯类杀虫剂等。

呼吸毒剂 此类杀虫剂可分为两类，一类是起物理作用的，堵塞或覆盖了昆虫气门，阻断了昆虫气管内的气体与外界空气的交换，引起昆虫窒息，属于外呼吸抑制剂。另一类主要是对呼吸酶系的抑制，抑制了氧化代谢过程，属于内呼吸抑制剂，多数呼吸抑制剂属于后一类。如鱼藤酮、氟乙酸等。

昆虫生长调节剂 此类杀虫剂通过对昆虫造成生长发育中生理过程破坏而影响昆虫正常的生长发育，并逐渐死亡。如保幼激素类似物、几丁质合成抑制剂、蜕皮激素类等。

微生物杀虫剂 此类杀虫剂可分为细菌杀虫剂、真菌杀虫剂、病毒杀虫剂 3 种。细菌杀虫剂可利用自身代谢产物毒杀害虫或者通过营养体、芽孢在虫体内寄生从而杀死害虫；真菌杀虫剂通过分生孢子萌发侵入昆虫体内，菌丝体不断生长繁殖，引起昆虫的病理变化和物理损害，最后导致昆虫死亡；病毒杀虫剂通过在宿主细胞内进行复制，产生大量的病毒粒子，促使宿主细胞破裂，导致昆虫死亡。

参考文献
徐汉虹, 2007. 植物化学保护学[M]. 4版. 北京: 中国农业出版社.
中国农业百科全书总编辑委员会农药卷编辑委员会, 中国农业百科全书编辑部, 1993. 中国农业百科全书: 农药卷[M]. 北京: 农业出版社.

（撰稿：张永强；审稿：丁伟）

杀虫剂作用机制 mechanisms of action of insecticide

不同杀虫剂的作用方式。

如何合理使用农药来避免或延缓抗性发生，是研究的重点之一。充分了解杀虫剂的作用机制，不仅能对合理施用减少抗性起到帮助，同时也在新型杀虫剂的创制中起着关键的作用。

杀虫剂可作用于神经系统、呼吸系统、生长调节系统等。

作用于神经系统的杀虫剂 有机磷、氨基甲酸酯类杀虫剂作用于乙酰胆碱酯酶，通过抑制其活性来阻断神经信号传递；新烟碱类杀虫剂作为烟碱型乙酰胆碱受体的激动剂，如吡虫啉等，而沙蚕毒素类杀虫剂（杀虫双）则是烟碱型乙酰胆碱受体的拮抗剂，此外，多杀菌素同样作用于烟碱型乙酰胆碱受体；以 γ-氨基丁酸受体为作用位点的杀虫剂同样分为激动剂和拮抗剂，其中激动剂主要为阿维菌素类，拮抗剂则以苯并吡唑类杀虫剂如氟虫腈等；脒类杀虫剂主要作用于对羟苯基-β-羟乙胺受体；拟除虫菊酯类杀虫剂主要作用于钠离子通道，并使其维持开启状态。

作用于呼吸系统的杀虫剂 作用于电子传递链复合体 I 的杀虫剂包括吡螨胺、唑虫酰胺等；作用于电子传递链复合体 II 的杀虫剂主要是丁氟螨酯；作用于电子传递链复合体 III 的杀虫剂主要是 fluacrprim；有机锡如苯丁锡作用于 ATP 合成酶。

作用于生长调节系统的杀虫剂 调节几丁质合成的杀虫剂主要包括了苯甲酰脲类杀虫剂和噻嗪酮；吡丙醚则调节保幼激素的合成；苯甲酰肼类（虫酰肼）和三嗪类（灭蝇胺）则以调节蜕皮激素的合成为主。

此外双酰胺类杀虫剂如氟虫酰胺主要作用于鱼尼丁受体、Bt 作用于消化器官；含有环状酮—烯醇结构的杀虫剂如螺螨酯则主要抑制脂质的合成。

参考文献

陈茹玉、杨华铮、徐立本, 2008. 农药化学[M]. 北京: 清华大学出版社.

石卫东, 张同庆, 王瑾, 等, 2014. 杀虫剂种类及作用机理[J]. 河南农业, 14(7): 28-29.

王佳, 诸葛洪祥, 周洪福, 2005. 昆虫神经元离子通道及杀虫剂作用机理的研究进展[J]. 热带医学杂志, 5(1): 121-124.

吴文君, 2000. 农药学原理[M]. 北京: 中国农业出版社.

尤子平, 1964. 杀虫剂作用的生理学基础[J]. 植物保护, 2(1): 30-35.

张一宾, 2010. 世界各类杀虫剂和主要品种市场、新品种及作用机理[J]. 世界农药, 32(增刊): 13-18.

（撰稿：徐晖、马靖淳；审稿：杨青）

杀虫脒 chlordimeform

一种内吸性杀螨剂。

其他名称 Fundal、Spanone、Galecron、Chlorophenamidine、Chlorodimeform、杀螨脒、C8514、Schering36268。

化学名称 N'-(4-氯-2-甲基苯基)-N,N-二甲基甲脒；N'-(4-chloro-2-methylphenyl)-N,N-dimethylmethanimidamide。

IUPAC 名称 N^2-(4-chloro-o-tolyl)-N^1,N^1-dimethylform-amidine。

CAS 登记号 6164-98-3；19750-95-9（盐酸盐）。

EC 号 228-200-5。

分子式 $C_{10}H_{13}ClN_2$；$C_{10}H_{14}Cl_2N_2$（盐酸盐）。

相对分子质量 196.68；233.14（盐酸盐）。

结构式

开发单位 由 V. Dittrich 于 1966 年报道，汽巴公司（现汽巴-嘉基公司）和先灵公司推出。已于 2002 年 5 月 4 日在中国禁止使用。

理化性质 无色结晶。熔点 32℃。沸点 163～165℃（1.87kPa）。蒸气压 46.66mPa（20℃）。相对密度 1.1（30℃）。Henry 常数 3.78×10^{-2}Pa·m³/mol（20℃，计算值）。20℃水中溶解度为 250mg/L，在丙酮、苯、氯仿、乙酸乙酯、乙烷、甲醇中的溶解度 ＞ 20%。工业品纯度在 96% 以上。在中性和酸性介质中，首先水解成 4-N-甲酰-邻-甲苯胺，然后水解成 4-氯-邻-甲苯胺，在酸性介质中水解很慢，但形成盐，例如盐酸盐，熔点为 225～227℃（分解），在水中的溶解度 ＞ 5%，在甲醇中的溶解度 ＞ 30%，在氯仿中为 1%～2%，在苯或己烷中为 0.1%。盐酸盐（pH3～4）的 0.5% 溶液在 20℃能稳定几天。

毒性 急性经口 LD_{50}（mg/kg）：原药对大鼠为 340，兔为 625；盐酸盐对大鼠为 355。盐酸盐对兔的急性经皮 LD_{50} ＞ 4000mg/kg，对兔的刺激轻微。对蜜蜂无毒。

剂型 25%、50% 水剂，50% 乳剂，3% 颗粒剂。

作用方式及机理 内吸性杀螨剂和杀虫剂，具有触杀、胃毒和内吸毒性。

防治对象 可防治卵和幼龄期的螨。

使用方法 对卵和幼龄期的螨最有效，通常用作杀卵剂，在棉花上的用量为 150～225g/hm²。防治鳞翅目（胡桃小蠹蛾、二化螟、海滨夜蛾、甘蓝银纹夜蛾、棉铃虫）的卵和早龄幼虫，用量为 0.2～1kg/hm²。对一些观赏植物有药害。

注意事项 可用于防治棉花害虫，但在食用棉籽油的地方要严格控制用量和次数。根据中国现状，在水稻整个生长期内只能使用 1 次，每亩用量为 25g（有效成分），用药时间距离收获期不得少于 40 天，若每亩用量为 50g（有效成分），用药时间距离收获期不得少于 70 天。禁止在其他粮食及油料、果树、蔬菜、药材、茶叶、烟草、甘蔗、甜菜等作物上使用。如有足够的残留试验资料证明对人确实无害而又必须使用时，应向农业农村部申请，经审查批准后才能使用。杀虫脒的毒性级别属剧毒农药，使用时一定要遵守《剧毒农药安全使用注意事项》的有关要求，严格防护，不要与人接触。目前对杀虫脒中毒尚无特效解毒剂，遇有中毒时，应根据症状治疗，严防误诊。

允许残留量 GB 2763—2021《食品中农药最大残留限

S

量标准》规定，在谷物（稻谷、糙米、麦类、旱粮类、杂粮类）、油料和油脂（棉籽）、蔬菜（鳞茎类蔬菜、芸薹属类蔬菜、叶菜类蔬菜、茄果类蔬菜、瓜类蔬菜、豆类蔬菜、茎类蔬菜、根茎类和薯芋类蔬菜、水生类蔬菜、芽菜类蔬菜、其他类蔬菜）、水果（柑橘类水果、仁果类水果、核果类水果、浆果和其他小型水果、热带和亚热带水果、瓜果类水果）中杀虫脒最大残留限量均为 0.01mg/kg。ADI 为 0.001mg/kg。

参考文献

康卓, 2017. 农药商品信息手册[M]. 北京: 化学工业出版社: 289-290.

（撰稿：李新；审稿：李森）

杀虫神经毒剂作用机理　mechanism of insecticidal neurotoxin

杀虫神经毒剂（insecticidal neurotoxin）是指破坏昆虫神经系统正常传导功能的杀虫剂。神经毒剂的作用机理可分为以下 4 类。

影响轴突传导　药剂对轴突传导的抑制主要是通过改变膜的离子通透性，从而影响正常膜的电位差，使电信号的发生与传导失常。

引起乙酰胆碱过度释放　药剂刺激突触前膜大量释放乙酰胆碱，造成乙酰胆碱在前后两个神经元的间隙中大量积累，从而阻碍了神经元之间的神经传导。

抑制乙酰胆碱酯酶　药剂对乙酰胆碱酯酶产生抑制作用，导致突触部位大量乙酰胆碱积累，突触后膜的乙酰胆碱受体不断地被激活，突触后神经纤维长时期处于兴奋状态，突触部位正常的神经冲动传导受阻塞，中毒昆虫最初表现为高度兴奋、痉挛，最后瘫痪、死亡。

神经受体毒剂　昆虫体内作为杀虫靶标的有乙酰胆碱受体、GABA 受体、章鱼胺受体这 3 类主要的神经受体，神经受体毒剂能对受体产生刺激作用或者占领受体产生抑制作用，从而扰乱正常的神经传递。

参考文献

徐汉虹, 2007. 植物化学保护学[M]. 4版. 北京: 中国农业出版社.

张宗炳, 1986. 昆虫神经生理与神经毒剂[M]. 北京: 科学出版社.

（撰稿：周红；审稿：丁伟）

杀虫双　thiosultap-disodium

属沙蚕毒素类杀虫剂，主要是胃毒作用、触杀作用，也有一定的内吸作用。

其他名称　稻螟—施净、稻喜宝、撒哈哈、螟诱、喜相逢、稻抛净、秋刀、螟净杀、dimehypo、bisultap。

化学名称　*S*,*S*′-[2-(二甲氨基)三亚甲基]双硫代硫酸双钠盐。

IUPAC 名称　disodium *S*,*S*′-[2-(dimethylamino)trimethylene]di(thiosulfate)。

CAS 登记号　52207-48-4。

分子式　$C_5H_{11}O_6Na_2S_4$。

相对分子质量　355.39。

结构式

开发单位　1974 年由贵州省化工研究院在试制杀螟丹基础上与有关单位协作研究的、具有链状结构的人工合成沙蚕毒类杀虫剂，但化合物专利中早已存在。

理化性质　纯品为白色结晶（含两分子结晶水）。易吸湿，易溶于水，能溶于 95% 和无水热乙醇中，溶于甲醇、二甲基甲酰胺、二甲基亚砜等有机溶剂，微溶于丙酮，不溶于乙酸乙酯、乙醚。相对密度 1.3～1.35。熔点 142～143℃（分解）。有奇异臭味。在强碱性条件下易分解，常温下稳定。原油为棕褐色水溶液，呈微酸性或中性。

毒性　按中国农药毒性分级标准，杀虫双属中等毒性杀虫剂。急性经口 LD_{50}（mg/kg）：雄大鼠 680，雌大鼠 520，雄小鼠 200，雌小鼠 235；雌小鼠急性经皮 LD_{50} 2062mg/kg。对黏膜和皮肤无明显刺激作用。其水剂（pH6.5～7）急性经口 LD_{50}（mg/kg）：小鼠 200～235，大鼠 520～680。红鲤鱼 TLm（mg/L）：24、48、96 小时分别为 41.11、27.86、27.35。在试验条件下，未见致突变、致癌、致畸作用。

剂型　18% 水剂，3% 颗粒剂，3.6% 大粒剂。

质量标准　18%、29% 杀虫双水剂应符合下列标准（GB 8200—2019）：常温下呈黄色或棕色单相液体。质量指标：杀虫双≥18%、29%；pH5.5～7.5，氯化钠≤12%、9%；硫代硫酸钠≤3%；氯化物盐酸盐≤0.5%。

作用方式及机理　①属神经毒剂，具有胃毒、触杀、内吸传导和一定的杀卵作用。杀虫双是一种有机杀虫剂。它是参照环形动物沙蚕所含有的"沙蚕毒素"的化学结构而合成的沙蚕毒素的类似物，所以也是一种仿生杀虫剂。杀虫双对害虫具有较强的触杀和胃毒作用，并兼有一定的熏蒸作用。是一种神经毒剂，能使昆虫的神经对于外界的刺激不产生反应。因而昆虫中毒后不产生兴奋现象，只表现瘫痪麻痹状态。据观察，昆虫接触和取食药剂后，最初并无任何反应，但表现出迟钝、行动缓慢、失去侵害作物的能力，终止发育、虫体软化、瘫痪，直至死亡。②杀虫双有很强的内吸作用，能被作物的叶、根等吸收和传导。通过根部吸收的能力，比叶片吸收要大得多。据有关单位用放射性元素测定，杀虫双被作物的根部吸收，1 天即可以分布到植株的各个部位，而叶片吸收要经过 4 天才能传送到整个地上部分。但不论是根部吸收还是叶片吸收，植株各部分的分布是比较均匀的。

防治对象　对水稻大螟、二化螟、三化螟、稻纵卷叶螟、稻苞虫、叶蝉、稻蓟马、负泥虫、菜螟、菜青虫、黄条跳甲、桃蚜、梨星毛虫、柑橘潜叶蛾等鳞翅目、鞘翅目、半翅目、缨翅目等多种咀嚼式口器害虫、刺吸式口器害虫、叶面害虫和钻蛀性害虫有效。

使用方法

防治玉米螟、大螟　先将水剂配成含量 0.5% 的颗粒剂，每株玉米的喇叭口中投入一小撮即可，每亩施 12～15kg（60～75g 有效成分）。

防治黏虫　每亩用 18% 水剂 250ml（45g 有效成分），兑水 40～50kg 喷雾；防治大豆蚜虫则用 29% 水剂 150ml。

防治水稻害虫　施药方法采用喷雾、毒土、泼浇和喷粗雾都可以，5%、3% 杀虫双颗粒剂每亩用 1～1.5kg 直接撒施，防治二化螟、三化螟、大螟和稻纵卷叶螟的药效，与 18% 水剂 250ml 的药效无明显差异。使用颗粒剂的优点是功效高且方便，风雨天气也可以施药，还可以减少药剂对桑叶的污染和家蚕的毒害。颗粒剂的持效期可达 30～40 天。①稻蓟马。每亩用 18% 的杀虫双水剂 200～250ml（有效成分 36～45g），用药后 1 天的防效可达 90%，用药量的多少主要影响持效期，用量多，持效期长。秧田期防治稻蓟马，每亩用 18% 杀虫双水剂 200ml（有效成分 36g），加水 50kg 喷雾，用药 1 次就可控制其危害。大田期防治稻蓟马每亩用 18% 杀虫双水剂 250ml（有效成分 45g），加水 50～60kg 喷雾，用药 1 次也可基本控制其危害。②稻纵卷叶螟、稻苞虫。每亩用 18% 杀虫双 250ml（有效成分 45g），兑水 50～60kg 喷雾，防治这两种害虫的效果都可以达到 95% 以上，一般用药 1 次即可控制危害。杀虫双对稻纵卷叶螟的三、四龄幼虫有很强的杀伤作用，若把用药期推迟到三龄高峰期，在田间出现零星白叶时用药，对四龄幼虫的杀虫率在 90% 以上，同时可以更好地保护寄生天敌。另外，杀虫双防治稻纵卷叶螟还可采用泼浇、毒土或喷粗雾等方法，都有很好效果，可根据当地习惯选用。连续使用杀虫双时，稻纵卷叶螟会产生抗性，应加以注意。③二化螟、三化螟、大螟。每亩用 18% 杀虫双水剂 250ml（有效成分 45g），防效一般达到 90% 以上，药效期可维持在 10 天以上，第 12 天后仍有 60% 的效果。对四、五龄幼虫，如果每亩用 18% 杀虫双水剂 350ml（有效成分 63g），防效可达 80%。防治枯心，在螟卵孵化高峰后 6～9 天时用药。

柑橘害虫的防治　①柑橘潜叶蛾。25% 杀虫双对潜叶蛾有较好的防治效果，但柑橘对杀虫双比较敏感。一般以加水稀释 600～800 倍（416～312mg/L）喷雾为宜。隔 7 天左右喷施第二次，可收到良好的保梢效果。柑橘放夏梢时，仅施药一次即比常用有机磷农药效果好。②柑橘达摩凤蝶。用 25% 杀虫双 500 倍（500mg/L）稀释液喷雾，防效达 100%，但不能兼治害螨，对天敌钝绥螨安全。

防治蔬菜害虫　在广东，用 18% 杀虫双水剂 250ml（有效成分 45g），加水 40～50kg 稀释，在小菜蛾和白粉蝶（菜青虫）幼虫三龄前喷施，防效均达 90% 以上。

防治甘蔗害虫　在广东当甘蔗苗期条螟卵盛孵期施药，每亩用 18% 杀虫双水剂 250ml（有效成分 45g），用水稀释 300kg 淋甘蔗苗，或稀释 50kg 喷洒，间隔 1 周再施 1 次，对甘蔗螟和大螟枯心苗有 80% 以上的防治效果，同时也可以兼治甘蔗蓟马。

允许残留量　GB 2763—2021《食品中农药最大残留限量标准》规定杀虫双最大残留限量见表。ADI 为 0.01mg/kg。谷物按照 GB/T 5009.114 规定的方法测定。

部分食品中杀虫双最大残留限量（GB 2763—2021）

食品类别	名称	最大残留限量（mg/kg）
谷物	大米	0.2
	小麦	0.2
	玉米	0.5
	鲜食玉米	0.5
蔬菜	结球甘蓝	0.5
水果	苹果	1.0
糖料	甘蔗	0.1*

* 临时残留限量。

参考文献

马克比恩 C, 2015. 农药手册[M]. 胡笑形, 等译. 北京: 化学工业出版社.

农业部农药检定所, 1990. 新编农药手册[M]. 北京: 农业出版社.

（撰稿：万虎；审稿：李建洪）

杀虫双安　thiosultap-diammonium

属有机氮类仿生性沙蚕毒系新型杀虫剂，具有较强的触杀、胃毒和内吸作用。

其他名称　虫杀手、杀虫安。

化学名称　2-二甲氨基-1,3-双硫代磺酸铵基丙烷。

IUPAC 名称　diammonium S,S'-[2-(dimethylamino)trimethylene] di(thiosulfate)。

CAS 登记号　355831-86-6。

分子式　$C_5H_{19}N_3O_6S_4$。

相对分子质量　345.48。

结构式

理化性质　原药外观为白色粉末。熔点 123～124℃（分解）。具吸湿性。在 25℃水中溶解度为 0.89g/ml；易溶于水和热甲醇；在常温储存稳定，在碱性条件下易分解。

毒性　中等毒性。制剂大鼠急性经口 LD_{50} 408mg/kg（雄）和 233mg/kg（雌）。急性经皮 $LD_{50} > 1000$mg/kg。小鼠微核试验及 Ames 试验为阴性。

剂型　87% 原药，50%、78% 可溶性粉剂，18% 水剂。

作用方式及机理　属有机氮类仿生性沙蚕毒杀虫剂，对害虫有胃毒、触杀、内吸传导作用。其主要作用机制为药剂进入昆虫体内后转化为沙蚕毒，阻断中枢神经系统的突触传导作用，使昆虫麻痹、瘫痪、拒食死亡。防治水稻害虫药效显著，持效期长，对水稻安全。

防治对象　可防治水稻、蔬菜、柑橘、甘蔗等多种作物害虫。

使用方法

防治二化螟、稻纵卷叶螟　每亩用78%可溶性粉剂40～60g，兑水40～50kg喷雾。

防治菜青虫、小菜蛾、蚜虫　每亩用18%水剂100～150ml，兑水50kg喷雾。

防治玉米螟、甘蔗螟　用18%水剂500～600倍液喷雾。

注意事项　①对蜜蜂、家蚕有毒，施药期间应避免对周围蜂群的影响，蜜源作物花期、蚕室和桑园附近禁用。防止药液污染水源地。②对马铃薯、豆类、高粱、棉花会产生药害；对白菜、甘蓝等十字花科蔬菜幼苗在夏季高温下较敏感，使用时应注意。柑橘上使用应严格掌握浓度，并在傍晚时喷雾，以防药害。③使用该品时应穿戴防护服和手套，避免吸入药液。施药期间不可吃东西和饮水。施药后应及时洗手和洗脸。使用时，田间应保持浅水层，有利提高防治效果。雨天不宜施药，喷雾要求均匀周到。可溶性粉剂易吸湿，结块不影响药效，应密封保存在干燥阴凉处。食用作物收获前14天停止使用。在水稻上使用的安全间隔期为30天，每季作物施药最多2次。④废弃。建议用控制焚烧法或安全掩埋法处置。塑料容器要彻底冲洗，不能重复使用。把倒空的容器归还厂商或在规定场所掩埋。⑤灭火方法。消防人员须佩戴防毒面具，穿全身消防服，在上风向灭火。切勿将水流直接射至熔融物，以免引起严重的流淌火灾或引起剧烈的沸溅。灭火剂有雾状水、泡沫、干粉、二氧化碳、沙土。⑥泄露应急处理。隔离泄露污染区，周围设警告标志，建议应急人员戴自给式呼吸器，穿化学防护服。避免扬尘，小心扫起，收集运至废物处理场所。也可以用大量水冲洗，经稀释的洗水放入废水系统。对污染地带进行通风。如大量泄漏，收集回收或无害处理后废弃。

与其他药剂的混用　不可与呈碱性的农药等物质混合使用。建议与其他作用机制不同的杀虫剂轮换使用，以延缓抗性产生。

参考文献

刘永泉, 2012. 农药新品种实用手册[M]. 北京: 中国农业出版社.
虞轶俊, 施德, 2008. 农药应用大全[M]. 北京: 中国农业出版社.

（撰稿：游红；审稿：李建洪）

杀虫畏　tetrachlorvinphos

一种低毒的触杀型有机磷类杀虫剂、杀螨剂。

其他名称　Stirofos、D-301、Gardona、Rabon、Appex、Gardlide、Ravap、杀虫威、SD8447、VNP、ENT-25841。

化学名称　(Z)-2-氯-1-(2,4,5-三氯苯基)乙烯基二甲基磷酸酯; (Z)-2-chloro-1-(2,4,5-trichlorophenyl) ethenylphosphoric acid dimethyl ester。

IUPAC名称　(Z)-2-chloro-1-(2,4,5-trichlorophenyl)vinyl dimethyl phosphate。

CAS登记号　22248-79-9；961-11-5；22350-76-1。

分子式　$C_{10}H_9Cl_4O_4P$。

相对分子质量　365.96。

结构式

开发单位　1966年美国壳牌公司开发推广。

理化性质　原药（纯度98%）为灰白色结晶固体。熔点94～97℃。纯品20℃蒸气压$5.6×10^{-3}$mPa。溶解性（20℃）：水11mg/L、丙酮<200g/kg、氯仿400g/kg、二氯甲烷400g/kg、二甲苯<150g/kg。在100℃稳定，在水中缓慢水解。50℃的水解半衰期：pH3为54天，pH7为44天，pH10.5为80小时。

毒性　为毒性最低的有机磷杀虫剂，其毒性低于除虫菊酯类农药。小鼠急性经口LD_{50} 2.5～5g/kg。兔急性经皮LD_{50}>2.5g/kg。慢性毒性对大鼠喂养2年NOEL为125mg/kg，狗为200mg/kg。大鼠繁殖研究达到1000mg/kg饲料，未见不良影响。鸟类急性经口LD_{50}：野鸭和鹌鹑>2g/kg，其他各类为1.5～2.62g/kg。对各种鱼的LC_{50}（24小时）在0.3～6mg/L。对蜜蜂有毒。

剂型　50%、75%可湿性粉剂，5%颗粒剂，15%乳剂，240g/L乳剂。

作用方式及机理　触杀为主，乙酰胆碱酯酶抑制剂。

防治对象　广泛用于粮食、棉花、果蔬和林业上的害虫。以触杀为主，对鳞翅目、双翅目和多种鞘翅目害虫具有良好防效。

使用方法　防治水稻二化螟用1.5kg/hm²（有效成分）施药两次，杀虫效果89%。以5%浓度防治蓟马，效果达97%以上。防治水稻田鳞翅目害虫，用240～500g/hm²有效成分。棉花和玉米上用0.75～2kg/hm²（有效成分）。棉蚜用0.04%浓度，防效98%；对棉红蜘蛛用0.025%浓度，防效94%。果树上用0.025%～0.075%浓度防治鳞翅目和双翅目害虫。蔬菜上以240～960g/hm²（有效成分）防治鳞翅目和鞘翅目害虫。对麦黏虫用0.02%浓度，效果100%。烟草上用量为0.5～1.5kg/hm²（有效成分），除个别情况外，可防治鳞翅目和其他刺吸式口器害虫。因其能迅速分解，所以对土壤害虫无效。

注意事项　①如有泄漏，需隔离泄漏污染区，周围设警告标志，建议应急处理人员戴好防毒面具，穿化学防护服。不要直接接触泄漏物，小心扫起，避免扬尘，运至废物处理场所。用水刷洗泄漏污染区，对污染地带进行通风。如大量泄漏，收集回收或无害处理后废弃。②呼吸系统防护。生产操作或农业使用时，佩戴防尘口罩。空气中浓度超标时，建议佩戴防毒面具。戴安全防护眼镜，穿工作服，戴防护手套。工作现场禁止吸烟、进食和饮水。工作后，淋浴更衣。

注意个人清洁卫生。③皮肤接触时，用肥皂水及清水彻底冲洗，就医。眼睛接触时，拉开眼睑，用流动清水冲洗 15 分钟，就医。吸入时，脱离现场至空气新鲜处，呼吸困难时给输氧，呼吸停止时，立即进行人工呼吸，就医。合并使用阿托品复能剂（氯磷定、解磷定）。误服者，饮适量温水，催吐，洗胃，就医。合并使用阿托品及复能剂（氯磷定、解磷定）。

允许残留量　GB 2763—2021《食品中农药最大残留限量标准》规定杀虫畏在食品中的最大残留限量为 0.01mg/kg。ADI 为 0.0028mg/kg。

参考文献

马世昌，1999.化学物质辞典[M]. 西安: 陕西科学技术出版社: 330.

农业大词典编辑委员会，1998. 农业大词典[M]. 北京: 中国农业出版社: 1405.

王翔朴，王营通，李珏声，2000.卫生学大辞典[M]. 青岛: 青岛出版社: 616.

朱永和，王振荣，李布青，2006.农药大典[M]. 北京: 中国三峡出版社: 17-18.

（撰稿：薛伟；审稿：吴剑）

《杀虫药剂学》　*Insecticide Science*

中国第一部杀虫药剂专著，是黄瑞纶在原北京大学农学院农业化学系首先开设的课程"杀虫药剂学"的讲义基础上编写而成，也是中国最早的农药科学专著，财政经济出版社于 1956 年出版发行。

主编黄瑞纶（1903—1975），著名的农业化学家，中国化学农药事业和农药教育事业的奠基人之一，植物性杀虫药剂化学研究的奠基人，在中国首创农药残留问题的研究。1928 年毕业于金陵大学化学系，1933 年获美国康奈尔大学博士学位，1949 年清华大学农学院、华北大学农学院与北京大学农学院合并组建成立北京农业大学之际，受聘为教授，兼任农业化学系主任，1956 年被评为一级教授。1952 年由他倡导在北京农业大学建立中国第一个农药专业。

全书内容包括无机杀虫药剂，有机合成杀虫药剂，植物性杀虫药剂，熏蒸药剂，诱致剂及忌避剂，辅助剂和水、乳剂、动植物油皂及松脂合剂，药剂的粉粒细度和惰性粉剂共 8 章。针对当时已使用的或有可能被广泛应用于防治农业、卫生和家畜害虫的药剂，分别对它们的理化性质、生产和加工过程、使用方法及毒理等作了详尽的论述，其中植物性杀虫药剂、农药辅助剂和加工理论等方面是中国最早、最系统的论述，对中国杀虫药剂的资源和中国在杀虫药剂方面的研究成就也有扼要介绍，至今仍有参考价值。该书既有理论知识又有实践经验总结，因此也成为当时农药专业学生选用的教材。

（撰稿：杨新玲；审稿：陈馥衡）

杀虫增效剂　insecticidal synergist

对昆虫没有杀虫活性或有很少杀虫活性，但在与杀虫剂混用时能大幅度增强药剂毒力或药效的一类化学品。能显著提高农药的有效利用率，提高药效，增强药液在植物体表或害虫体表的湿润、黏附及展着能力，抗雨水冲刷，从而提高药效；减少杀虫剂的用量，延缓害虫的抗性产生；安全环保，能降低施药成本。

20 世纪 40 年代初，人们发现将芝麻油加入到菊酯中可以大大提高菊酯类天然杀虫剂的药效之后，人们又发现了芝麻林素、黄樟素等物质也具有增效作用，因它们都具有甲基二氧苯基的化学结构，简称 MDP 类化合物。此后，增效剂的发展一直都很活跃。增效剂的应用已在害虫防治领域及抗药性治理中发挥了重要作用。增效剂多为害虫体内多功能氧化酶、羧酸酯酶等生物酶剂的抑制剂，主要是通过抑制或弱化靶标（害虫、杂草、病菌等）对农药活性的解毒作用，延缓药剂在防治对象内的代谢速度，从而增加杀虫剂的生物防效功能。增效剂包括化学增效剂和生物增效剂。

化学杀虫增效剂主要包括亚甲基二氧苯衍生物、增效酯、增效砜、增效醚（PBO 或 Pb）、增效胺（MGK-264）、增效磷、全能增效剂（ASR）、八氯二丙醚（S2）。其中 N-（2-乙基）己基-1-异丙基-4-甲基二环［2,2,2］-5-辛烯-2,3-二甲酰亚胺（A1）是由天然产物松节油合成的杀虫增效剂，它对拟除虫菊酯、氨基甲酸酯和有机磷类杀虫剂均有明显的增效作用，而且毒性小，是一种理想的卫生和农田用杀虫增效剂。应用对象包括拟除虫菊酯、有机氯、有机磷、氨基甲酸酯以及植物性杀虫剂鱼藤酮等。匈牙利布达佩斯的喜农农药化学公司开发的 MB-599，不仅比增效醚、增效胺等增效剂具有更强的增效作用，且对延缓和抑制害虫种群抗性很有效，主要用于甲萘威、胺菊酯、氯菊酯、克百威、锐劲特和咪蚜胺等主要杀虫剂和喹螨醚等杀螨剂。日本三共工业公司生产的八氯二丙醚，主要用于胺菊酯、甲醚菊酯、氯氰菊酯和 ES-生物菊酯在防蚊上的增效。化学增效剂与相应的农药混用时，能明显改善其润湿、展布、分散、滞留和渗透性能，减少喷雾药液随风（气流）飘移，防止或减轻对邻近敏感作物等的损害，利于药液在叶面的铺展及黏附，减少紫外线对农药制剂中有效成分的分解，达到延长药效有效期、减少用量、降低成本、保护生态环境的目的。

化学增效剂不仅可以增加化学农药的杀虫性能，还可以增加生物农药的杀虫性能。苏云金杆菌（*Bacillus thuringiensis*），简称 Bt，作为微生物杀虫剂已商品化生产。Bt 杀虫

S

剂能克服长期以来使用化学农药所导致害虫产生的抗药性以及农药的残毒量。Bt 对鳞翅目、双翅目等 150 种以上昆虫有较强的致病力和毒杀效果。但目前使用的 Bt 杀虫剂仍存在不完善之处，易受日光紫外线的影响，致使杀虫效果不稳定，另外 Bt 杀虫剂的主要成分是活菌体，杀虫效果比较缓慢，一旦虫害暴发难以及时控制。1996 年，王碧琴等的研究发现，将 Bt 菌液添加苋菜红染料后抗紫外线能力最强，蚕蛹粉、苏丹黑染料次之。苋菜红染料的作用极显著地强于蚕蛹粉以及苏丹黑。$\omega = 0.025\%$ 的敌百虫对 Bt 菌液有明显的增效作用，两者混合后的杀虫率比单剂提高 30%。2007 年，段彦丽等采用饲料法，将苏云金芽孢杆菌分别与糖精、碳酸钠、硫酸镁、氯化镁、硫酸锌等增效物质混合后，添加到人工饲料中，在 3 个温度梯度下分别测试了各增效剂不同稀释度对杀虫效果影响。结果表明，多数增效剂的使用温度和浓度对杀虫效果影响显著。在 15℃ 条件下，添加增效剂糖精（0.02g/L）、碳酸钠（0.2g/L）、硫酸镁（0.1g/L）后，杀虫活性比单用 Bt 显著提高，并且提高了速效性。2000 年，王素英等研究了增效剂 H_3BO_3 对球孢白僵菌防治光肩星天牛的增效作用，发现合适的增效剂浓度可以提高防治效果。福建农林大学关雄等申请了一种苏云金芽孢杆菌制剂杀虫增效剂的专利，由乙酸钙、硫酸铜、乙酸钠、氯化锂、乙酸钾和柠檬酸混合组配而成。由于所采用的原料溶解性强，无须特殊加工，产品中具有一定量的铜离子，该产品使用后可以显著提高苏云金芽孢杆菌制剂的杀虫效果，并且可以大大加快害虫的死亡速率。产品质量稳定，安全无毒且成本低、效益高、易于储存、运输方便、使用方便。荧光增白剂（optical or fluorescent brighter）是一类普遍用于纺织、造纸、塑料等行业的化学物质，它能吸收日光中的紫外线在发射波长为 415～466nm 的荧光。2008 年，梁卿等以荧光增白剂 OB 作为斜纹夜蛾核型多角体病毒（*Spoeoptera litura nucleo polyhedro virus*，SplNPV）的增效剂，对斜纹幼蛾进行生物测定，试验结果表明，在 0.25%～1% 的浓度时，随 OB 增效剂浓度的增加，其对斜纹幼蛾核型多角病毒的增效作用也随之提高，最高增效倍数达 85.1 倍。在二至四龄幼虫范围内，随着虫龄的增大，OB 增效剂对斜纹幼蛾核型多角病毒的增效作用也增加。而随着温度的增高，增效剂的增效作用无显著提高。

生物源杀虫增效剂还包括昆虫激素、植物精油、矿物油等。昆虫激素类物质通过调节昆虫的生长、发育、变态、生殖、滞育、生理代谢及其行为，与杀虫剂合理混配后会有明显的增效效果。植物外源蜕皮激素与除虫脲类杀虫剂混用后可加速害虫蜕皮而增加杀虫效果。植物精油作为植物次生代谢物对昆虫具有多种活性，如毒杀作用、拒食和生长发育抑制作用、趋避作用、引诱作用等。矿物油对害虫也具有拒食、引诱、忌避、熏蒸及物理杀伤作用等。

增效剂主要作用机制是通过抑制昆虫体内某些酶的活性，降低昆虫的解毒能力，从而起到增效作用。庞会忠等（2008）测定 PB 和 SV1 两种增效剂对马尾松毛虫 MFO 细胞色素 P450 活性的抑制作用，结果表明耐药性强的贵溪马尾松毛虫群体内 MFO 细胞色素 P450 含量较耐药性弱的金溪种群高。PB 和 SV1 对马尾松毛虫体内 MFO 细胞色素

P450 的抑制作用随浓度的增加而有所增强，且 PB 对马尾松毛虫体内不同组织 MFO 细胞色素 P450 的抑制作用较 SV1 强。PB 和 SV1 对拟除虫菊酯杀虫剂的增效作用机制之一是抑制了马尾松毛虫 MFO 细胞色素 P450 的活性，降低了其对拟除虫菊酯杀虫剂的解毒作用。

生物杀虫增效剂有别于化学农药增效剂，不但低毒、可生物降解，而且增效效果还优于化学农药增效剂，将在农药加工中扮演重要的角色，其应用将比化学农药增效剂更加广泛。生物农药增效剂中包括植物黄酮、植物多酚、植物醌类化合物，植物的这些天然产物富含共轭系统，能够吸收阳光中的紫外线，因而具有保护病毒粒子、真菌孢子、细菌芽孢及其毒蛋白免受紫外线破坏的功能，能增强病毒粒子和毒蛋白的致病活性，保护作物和蔬菜免受紫外线伤害进而促进生长，抑制病原菌蔓延，且对害虫有一定的拒食作用。

杀虫增效剂的机制

影响杀虫剂的物理性状　有些物质可以明显改变杀虫剂的物理性状使之充分发挥药效。如将 0.5% 矿物油与灭幼脲 1 号混用，由于沉淀于接触物上的油状雾滴比水状雾滴挥发得慢，延长了药剂在叶面的滞留时间，可提高杀虫效果两倍且延长其残效作用。林丹、DDT 与蒿油、芝麻油混合能提高对水稻飞虱类害虫的防效。除了其生化增效作用外，这类油性物质还可以作为良好的溶剂，有助于溶解原药，从而提高药效。胡美英等研究发现，加入表面活性剂 APSA-80 时，敌百虫和氯氰菊酯的表面张力降低，溶液在作物上的接触角度下降，同时沉积量增加。室内生物测定试验也表明 APSA-80 使敌百虫对荔枝椿象（*Tessaratoma papillosa*）的 LC_{50} 值下降了 13.69%～23.73%，使氯氰菊酯防治荔枝细蛾（*Conopomorpha sinensis*）的效果增加了 45.61%～51.68%。王小艺等研究认为，茶皂素改变了农药药液表面张力、药液在靶标生物体表的接触角以及药剂在植物体表的有效沉积量。

对代谢解毒酶的影响　不少增效剂是通过影响害虫的生理代谢作用，如抑制解毒酶系使杀虫剂不被迅速降解为无毒物而起到增效的目的。如芝麻油与敌杀死混用是由于芝麻油的主要增效成分是芝麻素、芝麻明、芝麻啉对昆虫体内微粒体多功能氧化酶起抑制作用，使昆虫降解药剂毒力的能力受到抑制，敌杀死不易被分解而增效。唐振华等测定了某些解毒酶的特异性抑制剂对某些杀虫剂的作用表明，不论是在高剂量还是在低剂量的作用下，使溴氰菊酯、氯菊酯和马拉硫磷对抗性小菜蛾都有增效作用，这从另一角度说明了增效作用和解毒酶系之间的关系。增效醚（PBO）是多功能氧化酶（MFO）的专一性抑制剂，增效磷（SV1）、NIA16388、SKF525-A 等也具有抑制 MFO 的活性。何运转等研究结果表明，增效剂 NIA16388 对 MFO 有抑制作用，从而使降解药剂毒力的能力受到抑制，使得溴氰菊酯不被分解而增效。DEF（*S,S,S* - 三丁基三硫酐磷酸酯，脱叶磷）是非特异性酯酶（Est）的专一性抑制剂。Horowite 等在烟粉虱对氯氰菊酯和氯菊酯抗性研究中发现，DEF 对这 2 种药剂具有较高的增效作用，尤其在抗性品系中 DEF 的这种增效作用使 2 种拟除虫菊酯的抗性几乎完全消失。TPP（磷酸三苯酯）是

羧酸酯酶（CarE）的专一性抑制剂。高希武等研究发现，有机磷和氨基甲酸酯类对桃蚜或瓜蚜 CarE 的活性有明显抑制作用，其抑制能力与对氰戊菊酯和溴氰菊酯的增效程度呈显著正相关。DEM（顺丁烯二酸二乙酯）是 GST 的专一性抑制剂。Welling 等研究发现，DEM 及其类似物苯丁烯酮对几种有机磷杀虫剂和氨基甲酸酯残杀威有明显的增效作用，这 2 种化合物不仅能代谢谷胱甘肽，且对涉及杀虫剂降解的谷胱甘肽转移酶也有直接抑制作用。

改变杀虫剂对表皮的穿透速率　有些物质可影响药剂对害虫表皮的穿透能力，有利于药剂充分发挥作用而达到增效目的。改变药剂对害虫的穿透性有加速穿透和阻滞穿透两种可能，增效剂对虫体内的某一解毒酶系有抑制作用，此时对杀虫剂穿透速率的影响可能为阻滞作用，谭建国等研究了 3 种增效剂对杀虫穿透速率的阻滞作用，认为增效剂干扰或延迟杀虫剂对昆虫体壁的穿透，使增效剂本身有充足的时间先行穿透进入昆虫体内与有关酶类起反应，阻止了解毒酶系将杀虫剂解为无毒物过程。但是也不排除对穿透无影响或加速药剂穿透等其他方面的影响。Riskallah 等在测定 8 种增效剂对氰戊菊酯和溴氰菊酯对埃及棉夜蛾幼虫的增效作用时发现，将杀虫剂与增效剂点滴在不同部位明显大于点滴在同一部位的增效作用。朱国念等从表皮穿透、生物转化、作用靶标 3 个方面研究了毒死蜱与阿维菌素复配对棉铃虫的增效机理，结果表明毒死蜱与阿维菌素混用时的表皮穿透速率均高于使用单剂时的表皮穿透速率。由此可以说明，毒死蜱与阿维菌素能互相促进、相互作用，使药剂在棉铃虫幼虫表皮中的穿透能力加强。

在增效剂或某种杀虫剂对虫体内解毒酶系无抑制作用的情况下，增效剂的增效作用则可能是加速杀虫剂的穿透速率。尤其是以触杀形式为主的神经性毒剂，加速杀虫剂的穿透可使其很快在虫体内达到有效剂量并尽快达到作用靶标，从而引起害虫中毒身亡。对很多穿透能力较差的杀虫剂可采用加入油类物质作为溶剂来增加其接触毒性，这类物质本身可以增加药物的脂溶性及穿透性，增强溶解或破坏上表皮的能力，使脂溶性较弱或不具脂溶性的物质也能渗透进入虫子体内。对于抗性害虫，穿透速率对药效的影响更为显著，因为在抗性的生理因素中，其中之一就是杀虫剂的穿透作用降低。

对乙酰胆碱酯酶（AChE）的影响　汤锋等采用浸渍法和点滴法研究表明，35% 双扑 EC（由 1 种拟除虫菊酯与 2 种有机磷复配组成的三元杀虫混剂）对棉蚜和菜青虫的共毒系数分别高达 206.9 和 733，增效作用非常显著；同时双扑对 AChE 比各单剂具有更强的抑制作用，稀释 1000 倍液的抑制率高达 88.46%，说明对 AChE 活性的抑制是双扑增效机理之一。

高永闯等的研究也显示，甲基对硫磷与氰戊菊酯或辛硫磷与氰戊菊酯复配对黏虫、豆蚜和稻黑尾叶蝉表现出明显的增效作用，并且混剂对 AChE 活性的活体抑制率高于单剂，说明有机磷与拟除虫菊酯复配增效的原因之一就是提高了对靶标酶 Ach 的抑制。李国清等根据敌百虫与苏云金杆菌（Bt）复配具有增效作用的结果，分别用 Bt、敌百虫和两者的混剂处理棉铃虫五龄幼虫，结果发现 Bt 单用并不能

影响 AChE，但与敌百虫复配时能明显增加敌百虫对 AChE 的抑制作用。对神经膜钠通道的影响，刘贤进等运用美洲蜚蠊中枢神经第Ⅵ腹神经节突触后电位（EPSP）胞外记录技术，测定甲胺磷和溴氰菊酯联合浸浴处理神经标本，结果表明甲胺磷和溴氰菊酯单剂毒理作用在昆虫中枢神经突触处产生相加、甚至增强作用。高永闯等应用膜片钳技术，以美洲大蠊 MN9D 神经细胞为材料，研究了辛硫磷与溴氰菊酯混剂对神经细胞钠通道的抑制作用，结果表明混剂增强了对钠离子通道电流的抑制作用。

其他生理机理　徐永惠等研究证实，在抗性棉铃虫中几丁质合成抑制剂苏脲 1 号与氨基甲酸酯类农药甲萘威复配具有增效作用，同时混剂降低了棉铃虫的消耗指数和食物转化率，抑制了幼虫体壁几丁质的合成，减缓了幼虫的生长速率。

影响增效作用的因素

药剂本身的性质　增效作用与所选用的杀虫剂、增效剂品种本身的特点有关，并不是杀虫剂间的随意混配或加增效剂后均能增效。诸如产生乳油的破乳、各种制剂的分散性不良、可湿性粉剂悬浮率降低，甚至于絮结或产生大量沉淀，发生水解、脱氯化氢及其他不良的物理、化学变化，以及毒性增加、药效降低或可导致药害的混配组合均不宜采用。如二嗪磷可湿性粉剂与乳油制剂混用时，容易产生悬浮粒子的凝聚作用而使悬浮率显著降低；有机磷、氨基甲酸酯类药剂遇碱易水解；滴滴涕、敌百虫、敌敌畏、三氯杀螨醇等容易在碱的作用下脱去氯化氢等均会因混用不当而降低药效或引起植物药害。因此在混用之前，必须弄清它们的理化性质，并从毒力、毒理及制剂性能等方面加以考虑。一般情况下，将作用方式、作用机理不同的药剂混配，或根据杀虫剂作用机理上的特点，选择相应的增效剂易产生增效作用。

增效剂与杀虫剂的混合比例　增效作用与药剂间的混合比例有关，不同的混合比例所表现出的增效作用往往有很大差异。薛银根等在研究氯氟氰菊酯与双甲脒混用时发现，增效作用的强弱存在一个最佳混比问题。吴斌等也报道了 HP（N- 烷基氮杂环烷 -2- 酮类有机化合物）对杀虫剂的增效作用并非因加入量越大，增效作用越强。而且不同的农药品种加入的最适比例也有较大差异。因此混用前应通过精细的试验来确定适当的混合比例。

用药水平　增效作用与害虫的防治历史长短、用药次数、用药品种及抗药性水平有关。慕立义等在研究复配杀虫剂对抗性害虫的增效作用中发现，供试的复配剂对抗性菜青虫的增效潜力明显高于抗性棉蚜，这可能是因为防治菜青虫的药剂品种较单调，而防治棉蚜的品种很多，致使棉蚜产生多重抗性和交互抗性，一般杀虫剂混配或加增效剂难以获得明显的增效作用。此外，当某些害虫对某种或某些杀虫剂产生严重抗药性后，采用复配剂可产生明显的增效作用。但当害虫还处于敏感阶段时，混配剂的增效作用则一般不明显。

杀虫剂增效作用的应用现状有两大特点：一是拟除虫菊酯类杀虫剂的增效作用研究较多。拟除虫菊酯类正发展成为一类全方位适用的杀虫剂。它具有高效、广谱、安全、对

环境无害等优点，但也存在内吸性差、杀螨活性低、对鱼毒性大、成本较高等不足之处。利用它与其他类型杀虫剂及增效剂复配使用可取长补短，提高经济效益，还可避免害虫对其过早产生抗药性。二是对已产生抗药性的害虫的防治常通过增效作用来解决。害虫对某杀虫剂产生严重抗药性后，虽经增效复配使用后防效显著，但通常其增效幅度难以抵消已产生的抗性增长幅度。杀虫剂的增效作用是有限度的，在实践中存在着合理使用的问题。若在害虫对药剂尚处在敏感阶段就注意使用增效剂或混用，此时虽增效不明显，但能起到延缓抗药性的作用。

参考文献

高德霖, 1994. 21世纪的化学杀虫剂[J]. 农药译丛, 16 (4):1-4, 9.

高希武, 郑炳宗, 1991. 几种农药对蚜虫羧酸酯酶的抑制和拟除虫菊酯的增效[J]. 北京农业大学学报, 17 (4): 89-94.

高永闯, 王淑敏, 郭联群, 等, 2002. 辛硫磷溴氰菊酯混配对神经细胞钠通道的抑制[J]. 河北农业大学学报, 25 (3): 65-69.

何运转, 李梅, 何凤琴, 等, 2000. 增效剂NIA16388对溴氰菊酯增效机理的研究[J]. 农药学学报 (1): 19-24.

胡美英, 黄炳球, 肖整玉, 等, 1998. 表面活性剂对杀虫剂的增效机制及药剂研究[J].华南农业大学学报, 19 (3): 41-46.

李国清, 陈长锟, 严焯浑, 2001. 苏云金杆菌与敌百虫混用对棉铃虫乙酰胆碱酯酶的影响[J]. 南京农业大学学报, 24 (1): 51-54.

刘贤进, 陈永明, 孙以文, 等, 1997. 甲胺磷和溴氰菊酯的联合生物活性及其作用机制初探[J]. 南京农业大学学报, 20 (4): 36-39.

谭建国, 沈晋良, 谭福杰, 等, 1992. 几种增效剂对氰戊菊酯穿透速率的影响[J]. 南京农业大学学报, 15 (2): 29-33.

汤锋, 岳永德, 花日茂, 等, 1995. 35%双朴乳油对菜青虫和棉蚜的毒力及作用机理研究[J]. 安徽农业大学学报, 22 (4): 365-368.

王恒尧, 王建平, 1983. 提高化学治虫效果的初选—筛选溶剂改善杀虫剂的穿透性[J]. 山西化工 (2): 20-21.

王小艺, 黄炳球, 1998. 茶皂素对农药的增效机理[J]. 茶业科学, 18 (2): 125-128.

吴斌, 尹洵, 谢金蓉, 等, 1994. HP对农药的增效作用研究[J]. 农药, 33 (4) ; 28-30.

徐永惠, 沈国清, 周福才, 等, 1998. 苏脲1号对胺甲萘与对硫磷的增效作用[J]. 江苏农学院学报, 19 (3): 68-71.

薛银根, 1998. 三氟氯氰菊酯与双甲脒混用对山楂叶螨和朱砂叶螨的增效作用研究[J]. 农药, 33 (4) : 51-53.

朱国念, 魏方林, 2002. 毒死蜱-阿维菌素复配剂对棉铃虫的增效机理[J]. 浙江大学学报(农药与生命科学版), 28 (3): 319-324.

HOROWITZ A R, TOSCANO N C, 1988. Synergism of insecticides with DEF in sweet potato white fly[J]. Journal of economic entomology, 81 (1): 110-114.

RISKALLAH M R, 1984. Effects of different synergists on the toxicities of fenvalerate and decamethrin to susceptible and pyrethroid resistance larvae of spodoptera litteralis (Boisd)[J]. International pest control (1): 38-40.

WELLING W, 1985. Synergism of organophosphorus insecticides by diethyl maleate and related compounds in house flies[J]. Pesticide biochemistry and physiology, 23 (3): 99-102.

（撰稿：徐琪、侯晴晴；审稿：邵旭升）

杀菌剂　fungicide

用于防治由各种病原引起的植物病害的一类药剂。杀菌剂一词由拉丁文 fungus 和 caedo 组成，原意为杀死真菌剂，初期杀菌剂的含义即为杀死真菌或抑制其生长的化学物质。随着杀菌剂的发展，科学的定义包括能够直接杀死或抑制植物病原菌生长发育的化合物，或一些对病原菌无直接生物活性，而是通过影响病原菌的致病过程或通过诱导植物产生抗病性，从而达到防治植物病害目的的药剂。

实际上大部分杀菌剂并没有直接将病原菌杀死而表现为杀菌作用，而是通过抑制病原菌的生长或发育表现出抑菌活性。其中，杀菌作用主要是由于药剂影响了病原菌的能量合成，使孢子不能萌发，从而阻止病原菌侵入寄主植物体内；抑菌作用大多则是由于药剂影响了病原菌的生物合成，抑制了生命代谢中的某个过程，从而表现为病原菌丝生长受阻，或其吸器产生被抑制、染色体有丝分裂和细胞壁形成受到影响等，致使病原菌不能正常发育，在受抑制期间失去致病能力，但脱离药剂后即可恢复生长。杀菌剂的杀菌和抑菌两种作用有所不同，但又不能截然区分。一种杀菌剂表现为杀菌作用还是抑菌作用，一方面与药剂本身的性质有关，还与其使用浓度和作用时间有关。一般来说，杀菌剂在低浓度时表现为抑菌作用，而在高浓度时则表现为杀菌作用；药剂短时间作用，大多数表现为抑菌作用，若延长作用时间则表现为杀菌作用。随着杀菌剂的研究和发展，一些新型杀菌剂对病原菌并没有直接的杀菌作用和抑菌作用，但是可以通过影响寄主植物的代谢，使植物产生抗病性相关物质从而抑制或杀死病原菌，或通过干扰病原菌与寄主的相互识别，影响病原菌的侵染致病过程，间接地对病原菌产生毒力，达到防治植物病害的目标。这类仅在寄主上才表现抗菌活性的杀菌剂又名间接作用杀菌剂。

作用方式　主要包括保护作用（protective action）、治疗作用（curative action）和诱导抗病性作用（systematic acquired resistance，SAR）。保护作用是指利用杀菌剂抑制孢子萌发、芽管形成或干扰病原菌侵入的生物学性质，在植物未罹病之前使用药剂，消灭病原菌或在病原菌与植物体之间建立起一道化学药物的屏障，防止病原菌侵入，以使植物得到保护。该类杀菌剂对病原菌的杀死或抑制作用仅局限于植物体表，对已经侵入寄主的病原菌无效。治疗作用是指在植物感病或发病以后，对植物施用杀菌剂解除病原菌与寄主的寄生关系或阻止病害发展，使植物恢复健康，包括系统治疗和局部治疗。系统治疗作用（systemic curative action）也称内吸作用，即利用现代选择性杀菌剂的内吸性和再分布的特性，在植物体的不同部位施药后，药剂能够通过植物根部吸收或茎叶渗透等茎叶渗透等方式进入植物体内，并通过质外体系或共质体系输导，使药剂在植物体内达到系统分布，可防止在植株上远离施药点部位的病害的发展。该类杀菌剂一般选择性强且持效期较长，既可以在病原菌侵入以前使用，起到化学保护作用，也可在病原菌侵入之后甚至发病以后使用，发挥其化学治疗作用。局部治疗作用（local curative action）也称铲除作用（eradicantive action），是指施药于寄主表面，通过药剂的渗透和杀菌作用，杀死入侵植物体或种子部位附近的病原菌，铲除在施药处已形成侵染的病原菌或阻止其继续扩展蔓延，其大多数内吸性差，不能在植物体内输导，但杀菌作用强，渗透性能好，一般仅在植物罹病的初期使用才能表现出较好的防病作用。这类杀菌剂可具体分为表面化学铲除和局部化学铲除，通常可通过喷施非内吸性杀菌剂，如石硫合剂、硫黄粉等直接杀死寄生在植物表面的病原菌，如白粉病菌等，达到表面化学铲除的目的；或喷施具有较强渗透性能的杀菌剂，借助药剂的渗透作用将寄生在寄主表面或已侵入寄主表层的病原菌杀死，表现出局部化学铲除作用。诱导抗病性作用也称免疫作用，即通过化学物质的施用而使植物系统获得抗性，增强对病原菌入侵的抵抗能力，其防治谱较广。由于这类杀菌剂大多数对靶标生物没有直接毒力作用，因此必须在植物未罹病之前使用，对已经侵入寄主的病原菌无效。

分类 根据杀菌剂防治植物病害的作用方式，将其划分为保护性杀菌剂、内吸性杀菌剂、铲除性杀菌剂和植物诱导抗病激活剂。其中，保护性杀菌剂通常只能通过化学保护方式防治病害，仅在病原菌侵入之前发挥作用，已知大部分是非内吸性杀菌剂；内吸性杀菌剂一般能够被植物吸收，并在植物体内系统分布，可以通过化学保护和化学治疗方式防治植物病害；铲除性杀菌剂通常可杀死侵入点附近的病原菌，以终止病原菌与寄主形成的寄生关系，多为非内吸性，但具有一定渗透作用的保护性杀菌剂，如二甲酰亚胺类杀菌剂异菌脲、腐霉利和吡咯类杀菌剂适乐时等；植物诱导抗病激活剂一般施用后可使植物系统获得抗病性，提高植物对病原菌入侵的抵抗能力，如苯并噻二唑、氨基寡糖等。

除按照以上作用方式分类之外，也可以按照杀菌剂使用方式、作用机制和化学组成与分子结构等对其进行分类。按照使用方法通常可以将杀菌剂分为土壤消毒剂、根部浇灌剂、种子处理剂、叶面喷洒剂、烟雾熏蒸剂和果实保护剂等；按照作用机制可将杀菌剂分为能量生成抑制剂（巯基抑制剂、电子传递抑制剂、氧化磷酸化抑制剂、糖酵解抑制剂、脂肪酸 β- 氧化抑制剂等）、生物合成抑制剂（细胞壁合成及其功能抑制剂、细胞膜合成及其功能抑制剂、蛋白质合成抑制剂、核酸合成抑制剂、甾醇生物合成抑制剂）等。也可以按照化学组成及来源的不同，将杀菌剂分为无机杀菌剂、有机合成杀菌剂和抗生素杀菌剂等。其中，无机杀菌剂包括以硫黄或无机硫化合物为有效成分的硫素杀菌剂、以铜离子为有效成分的无机铜杀菌剂等；有机杀菌剂包括有机铜、锡、磷、砷等金属元素有机化合物类杀菌剂，二硫代氨基甲酸类、卤化物类、取代醌类、取代苯类、苯并咪唑类、苯基酰胺及脲类、二甲亚胺类，氨基甲酸酯类、硫氰酸类、喹啉类、吡咯类、三唑类、咪唑类、嘧啶和吗啉类、苯胺嘧啶和吡啶类、唑类、甲氧基丙烯酸酯类、羧酰胺类、羧酰替苯胺类、氰基丙烯酸酯类、噻唑类、哌啶噻唑异恶啉类等有机、杂环类杀菌剂；抗生素类杀菌剂主要指从微生物的次生代谢产物中分离或人工模拟合成的一类具有抗菌活性的物质，大多具有内吸性和较复杂的分子结构。

发展简史 杀菌剂是人类历史上最古老的一类药剂。人类在与自然灾害长期抗争中逐渐总结经验并研发出一系列杀菌剂应用于植物病害的防治，其发展史大致可分为 4 个时期。第一时期为上古时期至 19 世纪 70 年代：主要以元素硫为主的古代天然药物时代。公元前 1000 年古希腊诗人荷马（Homer）在其著作中就描述了硫黄的防病作用，1802 年 William Forsyth 首次研制出石灰 - 硫黄合剂，并应用于防治果树白粉病，此后各种元素硫和石硫合剂在欧洲和美国进一步得到应用。第二时期为 19 世纪 80 年代至 20 世纪 30 年代中期：主要以波尔多液为代表的无机合成杀菌剂时代。1882 年法国波尔多大学 Millardet 教授发现波尔多液（石灰硫酸铜混合液）可以防治葡萄霜霉病，从此开创了人类积极主动合成无机杀菌剂防治植物病害的历史，1885 年以后波尔多液被大规模地用于植物病害的化学保护。第三时期为 20 世纪 30 年代中期至 60 年代：主要是以福美类和代森类为代表的有机合成保护性杀菌剂时代。1934 年 Tisdale 和 Williams 与 Martin 同时发现并各自报道了对植物相对比较安全、而对植物病害具有显著控制作用的一类有机硫保护性杀菌剂，即二硫代氨基甲酸衍生物（福美类），标志着人类进入人工合成有机杀菌剂防治植物病害的新纪元。但这个时期合成的保护性杀菌剂大多在植物罹病之后使用，防治效果差。第四时期为 20 世纪 60 年代至今：主要以萎锈灵、苯菌灵、甲霜灵、三唑酮和嘧菌酯为代表的内吸性有机杀菌剂的涌现和广泛应用时代。60 年代中期，以萎锈灵为代表的羧酰胺类和以苯菌灵为代表的苯并咪唑类杀菌剂的研究成功，才标志着人类采用化学药剂控制植物病害取得重大突破。这一时期涌现出许多有价值的内吸性杀菌剂的新品种，人类几乎对所有重要的植物真菌病害、卵菌病害和部分细菌病害均可采用化学手段进行防治。

参考文献

唐除痴, 李煜昶, 陈彬, 1998. 农药化学[M]. 天津: 南开大学出版社.

吴文君, 罗万春, 2019. 农药学[M]. 北京: 中国农业出版社.

HORSFALL J G, RICH S, SISLER H D, 2014. Fungistat and Fungicide[M]. McGraw-Hill.

KRAMER W, SCHIRMER U, JESCHKE P, et al, 2012. Mordern crop protection compounds[M]. Wiley-VCH Verlag GmbH & Co. KGaA.

（撰稿：刘西莉；审稿：苗建强、王治文）

S

杀菌剂毒力 fungitoxicity

Anon（1943）最早定义了杀菌剂毒力。是指一种化合物通过生物化学方式对某种病原菌生命功能反向干扰的能力。该定义是指杀菌剂对病原菌的直接作用。随着仅在寄主作物上才表现抗病活性的间接作用化合物的发现，杀菌剂毒力的含义还包括化合物通过与寄主—病原物—环境互作防治植物病害的效力。

杀菌剂的毒力实际上是其小分子化合物与病原菌生化靶标相互作用的效应，属于一种化合物对某种病原菌抗生活性的固有性质。所以，杀菌剂毒力是评价其活性的重要参数。大多数情况下，杀菌剂分子结构上必须同时具有毒力基团和辅助基团或成型基团。毒力基团是指杀菌剂分子结构上与作用的分子靶标（受体）发生亲和互作的部分。毒力基团与靶标互作的亲和性具有结构特异性，是杀菌剂毒力的决定性因素，往往具有质量性状的生物学性质。一般情况下，具有相同毒力基团的杀菌剂具有相同的作用机理，常常归属一类，如多菌灵、苯菌灵和甲基硫菌灵等分子含有或经过生物转化形成苯并咪唑基团，都称为苯并咪唑类杀菌剂；氯苯嘧啶醇、咪鲜胺、三唑酮等含有氮杂环结构，并作用于细胞色素 P450 加单氧酶（C14α- 脱甲基酶），都称为麦角甾醇生物合成抑制剂。辅助基团决定药剂到达作用位点的途径、速度和数量或影响毒力基团与靶标受体的互作，具有数量性状的生物学性质。有些分子结构比较简单的杀菌剂，毒力基团也同时具有辅助基团的生物学性质。

杀菌剂分子要到达作用靶标的部位，须通过菌体或植物的细胞壁和双分子层的生物膜或植物亲脂性强的凯氏带等障碍，这就需要杀菌剂分子具有较强的非极性和适当的极性。药剂的非极性和极性分配以脂 / 水（油 / 水）系数表示。改变辅助基团可以改善杀菌剂分子的脂 / 水（油 / 水）系数，在一定范围内增加药剂分子的脂溶性有利于提高毒力活性。一般情况下，对卵菌表现高活性的杀菌剂脂 / 水（油 / 水）系数小于对子囊菌、半知菌和担子菌表现高活性的杀菌剂，因为卵菌的细胞壁主要成分是非极性相对较低的纤维素，而高等真菌的细胞壁主要组分是非极性很强的几丁质。

不同病原物的杀菌剂分子靶标及其他生物因子存在着遗传分化，以致对杀菌剂的亲和力及对药剂的吸收、转运、积累、代谢等存在差异，所以一种杀菌剂对不同的病原菌可能表现差异较大的毒力活性。

杀菌剂毒力是对病原物生命活动干扰的总体效应。通常表现为抑制孢子萌发、菌丝生长、附着胞和各种子实体的形成，导致细胞膨胀、原生质体液泡化、线粒体瓦解以及细胞壁、细胞膜的损伤和致病性丧失等等。因此，可以通过杀菌剂对病原物生长、发育或形态和生化指标的抑制效应进行毒力测定，比较和评价不同化合物的毒力大小。

杀菌剂毒力的表示参数　杀菌剂毒力效应与药剂处理浓度或剂量有关，药剂处理剂量的对数与其毒力效应概率呈正相关。因此，杀菌剂毒力常用"剂量—效应"反应曲线表示。为了便于杀菌剂毒力比较，一般采用 3 种参数表示杀菌剂的毒力，一是某一剂量下的效应值；二是达到某一效应值的药剂剂量如 EC_{50} 或 EC_{95} 值；三是获得 100% 效应的最低抑制浓度如 MIC 值，单位常用 μg/ml 或 mg/L。

杀菌作用和抑菌作用　杀菌剂对病原菌的毒力作用可以分为杀菌作用和抑（静）菌作用。杀菌作用是指病原菌不仅在杀菌剂处理的条件下停止生命活动，而且在脱离药剂后也不能恢复生命活动，即杀菌剂对病原菌的毒力是一种永久性作用。抑菌作用或静菌作用是指病原菌在杀菌剂处理下虽然停止了生命活动，但脱离药剂后能够恢复生命活动，即杀菌剂对病原菌的毒力是一种暂时性作用。虽然杀菌剂毒力是化合物本身的性质，但是杀菌剂的杀菌作用和抑菌作用是相对的，与使用浓度及作用时间的长短密切相关。例如二硫代氨基甲酸酯 / 盐类福美双、代森锰锌和邻苯二甲酰亚胺类克菌丹等传统保护性杀菌剂对真菌的毒力主要表现为杀菌作用，

但减低药剂处理浓度或缩短处理时间也可能会表现为抑菌作用。相反，大多数现代选择性杀菌剂如苯并咪唑类和三唑类等杀菌剂一般认为是抑菌作用，但如果提高处理浓度和延长处理时间，也会表现杀菌作用。当然，也有一些现代选择性杀菌剂的处理浓度提高 100 倍以上也不表现杀菌作用，如氰烯菌酯对小麦赤霉病菌和腐霉利对番茄早疫病菌的毒力作用。

随着新概念抗菌化合物的发展，一些新型杀菌剂对病原菌没有直接的杀菌作用和抑菌作用或直接作用的毒力较低，但是它们可以通过影响寄主植物的代谢，使植物产生抗病性物质从而抑制或杀死病原菌，或通过干扰病原菌与寄主的相互识别，间接地对病原菌产生毒力，达到防治植物病害的目标。这类仅在寄主上才表现抗菌活性的杀菌剂又名间接作用杀菌剂。

参考文献

HORSFALL J G, RICH S, SISLER H D, 2014. Fungistat and fungicide, https: //doi. org/10. 1036/1097-8542. 276000.

（撰稿：周明国；审稿：刘西莉、刘鹏飞）

杀菌剂分子靶标　molecular target of fungicide

选择性杀菌剂的化合物分子通过与病原菌生长发育或侵染致病密切相关的重要受体蛋白相互作用，从而干扰病原菌正常的生命活动或病害循环，表现为杀菌或抑制病原菌的生长、繁殖，阻止病原菌的侵染和致病，最终发挥防治植物病害的作用。为避免杀菌剂对植物和非靶标生物的影响，作为杀菌剂分子靶标的受体蛋白应该具有高度的专化性。

（撰稿：刘西莉；审稿：张灿）

杀菌剂抗性测定法　fungicide resistance determination

测定靶标病原菌对杀菌剂的抗性是否发生或发生严重程度的试验方法。主要包括敏感基线的建立、药剂特性及交互抗性、靶标病原菌产生抗药性的潜能及抗药性菌株的适合度等方面。其结果是评价杀菌剂产品登记、推广应用的重要指标。

适用范围　适用于测定靶标病原菌对杀菌剂的敏感性、抗性水平和病原菌产生抗药性的风险。

主要内容

敏感基线的建立　在未使用过待评估药剂及与其具有相同作用机理药剂的多个代表性地区采集供试菌株（60～100 株）。按照农药室内生物测定试验准则中的方法（NY/T 1156.1～1156.19）测定其对该药剂的敏感性（有效抑制中浓度 EC_{50} 值或最小抑制浓度 MIC 值）。如果菌株的敏感性频率分布呈单峰分布，则这些菌株可视为野生敏感菌株，其对药剂的敏感性（EC_{50} 值或 MIC 值）的平均值可作为靶标菌对该药剂敏感基线的 EC_{50} 或 MIC 值。

S

药剂特性及交互抗性　明确待评估药剂所属类型、作用方式、作用机制及其活性和持效期；调查该药剂（或同类药剂）在当地使用的历史、使用频率；同类药剂是否有抗药性的现象；当地是否采取了抗药性治理措施。参考以上调查结果，并依据对敏感菌株和抗药性菌株毒力测定结果，分析该药剂是否与生产上常用药剂之间具有交互抗药性。

靶标病原菌产生抗药性的潜能　采用紫外诱变或药剂驯化的方法在室内进行抗药性菌株的诱导。紫外诱变时以紫外光照射后菌丝或孢子致死率为90%～95%的照射剂量处理，最小抑菌浓度MIC进行抗药性突变体筛选；药剂驯化时须将靶标菌接种于带药浓度接近最小抑菌浓度MIC的培养基平板上，培养数天后挑取孢子能够萌发并正常扩展的菌落或出现角突变的菌落边缘菌丝。在药剂浓度逐步提高的含药平板上连续培养多代之后，将在含最小抑菌浓度MIC之上还能生长的菌落，确定为疑似突变体。在无药培养基平板上转接培养3代后测定其对杀菌剂的敏感性，获得抗药性状能够稳定遗传的菌株。靶标病原菌产生抗药性的潜能以抗药性突变频率表示。

计算公式如下：

抗药性突变频率X＝筛选获得的抗药性菌体数量（孢子数或菌饼数，单位个）／用于抗药性筛选的供试靶标病原菌群体数量总和（孢子数或菌饼数，单位个）×100%

抗性指数RF＝抗药性菌株对该药剂的敏感性（EC_{50}，单位μg/ml）／亲本菌株对该药剂的敏感性（EC_{50}，单位μg/ml）

抗药性菌株的适合度　测定靶标病原菌的菌丝生长速率、温度敏感性、孢子产生能力、孢子萌发能力、致病力、竞争力等适合度相关的生物学性状指标，比较抗药性菌株和敏感菌株（包括亲本菌株）有无差异。如果抗性群体的适合度明显低于敏感群体（包括亲本菌株），则待评估药剂田间使用后靶标菌对其产生抗药性的风险较低。如果抗性群体的适合度接近或高于敏感群体（包括亲本菌株），则待评估药剂具有一定的抗性风险。如果抗性群体的适合度明显高于敏感群体（包括亲本菌株），待评估药剂产生抗性风险较高。

抗性风险级别分析　依据抗药性菌株的突变频率、抗性指数和适合度测定结果，并结合交互抗药性、抗性遗传、药剂的活性及其作用机制和病害特征等研究结果，综合分析药剂在田间推广使用后产生抗药性的风险。如果药剂持效期长、作用位点单一、田间有同类药剂使用的历史、靶标病原菌易于产生抗药性突变、抗性指数很高、抗药性菌株适合度接近或高于敏感群体（包括亲本菌株），则该药剂的田间使用风险级别为高风险。如果药剂作用位点单一、田间有同类药剂使用的历史、靶标病原菌易于产生抗药性突变、抗性指数低到中等、抗药性菌株适合度低于敏感群体（包括亲本菌株），则该药剂的田间使用风险级别为中等风险。如果药剂为多作用位点、田间没有同类药剂使用的历史、抗药性菌株突变频率较低、抗性指数低、抗药性菌株的适合度显著低于敏感群体亲本菌株，则该药剂的田间使用风险级别为低等风险。

参考文献

沈晋良, 2013. 农药生物测定[M]. 北京: 中国农业出版社.

NY/T 1859. 1—2010 农药抗性风险评估 第1部分: 总则.

NY/T 1859. 2—2012 农药抗性风险评估 第2部分: 卵菌对杀菌剂抗药性风险评估.

NYT 1859. 6—2014 农药抗性风险评估 第6部分: 灰霉病菌抗药性风险评估.

NY/T 1156. 1—19 农药室内生物测定试验准则 杀菌剂 第1-19部分.

（撰稿：刘西莉；审稿：陈杰）

杀菌剂生物活性测定　bioassay of fungicide

将一种杀菌活性化合物作用于靶标生物（如真菌、卵菌、细菌或其他病原微生物）、或施药于植物后对非靶标生物产生各种效应的测定技术。它包括了该化合物对靶标生物不同作用的活性，或施药于植物后对控制植物病害发生程度的防治效果，以及对非靶标生物的影响等。

杀菌剂生物活性测定在新型杀菌活性化合物的创制（几乎涉及创新研发的全过程）、药剂的毒理学（如作用机理等）、剂型加工、毒性（如对哺乳动物、蜂、鸟、鱼、微生物等非靶标生物的毒性）、应用技术、病原生物的抗药性监测及治理等重要研究领域均有广泛的应用，并发挥着极其重要的作用。

适用范围　用于测定对靶标生物（如真菌、卵菌、细菌或其他病原微生物）或施药于植物后对非靶标生物产生各种效应的具有杀菌活性的化合物及其相关制剂产品。

主要内容

生物活性测定类型　杀菌剂的生物活性测定有多种方法，但根据基本原理可以分为两个基本类型：①以杀菌剂抑菌活性本质为中心内容的离体（in vitro）测定。仅包括药剂、病原菌和基质（如培养基），不包括寄主或者寄主植物，根据病原菌与接触药剂后的反应（如孢子萌发率降低、菌丝生长受到抑制等）评价药剂毒力大小。②包含药剂、病原菌和寄主的活体（in vivo）测定。根据寄主植物发病的程度来衡量药剂的防治效果，如寄主组织或器官离体测定、温室盆栽测定和大田测定等。该方法不仅可测定药剂防治某种植物病害的效果，还可用于研究药剂的防治原理、使用技术、渗透和内吸性能、持效期及其对非靶标生物的影响等。

离体测定操作简单、快速，测定结果重复性好，不受季节影响，但有时会出现测定结果与田间实际防治效果不一致的问题（即离体测定毒力相对容易，但实用价值小）；活体测定操作烦琐，周期长，受季节影响大，测定结果重复性差，但测定结果实用价值大。

抑菌活性测定原则　选用何种抑菌活性测定方法，首先应考虑药剂的类型、理化性质以及毒理学等特性、病原菌的生物学特性以及测试条件（培养条件、培养基组成成分、寄主种类及生理特性、环境条件、酸碱度等）可能对药剂生物活性的影响。因此，标准化的抑菌活性测定应选择受各种因子影响最小、能正确反映药剂抑菌活性的测定方法和相应的测试条件。

测试条件选择　①病原菌。一般选择在培养基上能够培养，遗传特性或对药剂反应相对一致的标准菌种。要了解某种新药剂对哪些类别的病原菌有活性，应该选用不同分类地位和生物学特性的病原菌作为供试菌种。②供试病原菌生长、发育阶段。许多植物病原菌以无性繁殖阶段危害作物。因此，人们长期以孢子萌发率的高低作为衡量药剂抑菌作用或抑菌活性的指标，这种方法称为孢子萌发法。近年来，抑制病原菌菌体组成成分的生物合成抑制剂得到迅速发展，它们具有较强的选择性，大多数不抑制孢子萌发，而是抑制菌体生长、发育的某个（些）过程。所以，需要测定药剂对孢子萌发后的芽管或菌丝生长的抑制活性，这个阶段在药剂筛选中十分重要。此外，从药剂与植物、病原菌的相互关系来看，有的药剂直接对病原菌有抑菌作用，有的通过寄主作用，有的两者兼备，测定药剂抑菌活性时也应考虑。③培养基。培养基是人工培养病原菌的基本营养来源，培养基的选择因所测病原菌的不同而不同，有时培养基的选择也因所测药剂毒理学的不同而不同，如测定病原真菌对甲氧基丙烯酸酯类杀菌剂（如嘧菌酯）的敏感性需用 AEA 培养基，并且需要在培养基中添加一定量的水杨肟酸（SHAM）以阻断菌体呼吸链的旁路氧化途径，而测定灰霉病原菌和油菜菌核病原菌对嘧霉胺的敏感性则需用门冬酰胺酶（L-asp）培养基等。④药剂处理方法。室内离体测定需将药剂纯品溶解并均匀分散在培养基中进行测定，但大部分杀菌剂不溶于水，而易溶于有机溶剂，所以通常把药剂先溶于与水相溶的有机溶剂中，配成母液，测定时再用水稀释或直接与培养基混合到目的浓度。由于大部分有机溶剂对病原菌也是有毒性的，所以测定时应补充只加溶剂的处理作溶剂对照，且应尽量降低含药培养基中有机溶剂的含量，一般应控制在 2% 以内。

常用试验方法　杀菌剂生物活性测定需要综合考虑杀菌剂的理化性质和作用方式，靶标生物的生理特点和危害方式以及试验环境条件对试验的干扰，选用能充分体现药剂效力的方法。常用的试验方法主要有孢子萌发试验法、最低抑制浓度测定法、抑菌圈测定法、菌体生长速率测定法、附着法、微孔板 - 浑浊度法等。

参考文献

沈晋良, 2013. 农药生物测定[M]. 北京: 中国农业出版社.

（撰稿：刘西莉；审稿：陈杰）

杀菌剂作物安全性测定　labortory test for crop safety evaluation of fungicide

测定杀菌剂使用后可能对作物产生药害风险的试验。其结果是评价杀菌剂产品登记、推广应用的重要指标。

适用范围　适用于温室条件下评价杀菌剂使用后对作物产生药害的可能风险。

主要内容

试验药剂　采用与拟申请登记药剂组分或配方一致的样品，即配方及加工工艺相同的制剂。注明通用名、含量和剂型。

剂量设定　一般试验药剂的剂量以生产企业推荐的田间药效试验最高剂量为最低试验剂量，按 1 倍、2 倍、4 倍剂量的梯度设计试验处理剂量，并设不含药处理的对照。对于种子处理剂产品，试验剂量按照推荐最大剂量的 1 倍、1.5 倍、2 倍和 2.5 倍剂量进行。

供试作物品种　由于不同品种或生物类型的作物对杀菌剂的敏感性存在很大差异，该试验须选用拟申请登记作物的 3 个以上不同常规品种（如水稻的粳稻、籼稻、糯稻，白皮小麦和红皮小麦等）作为供试作物。

供试作物的栽培　用于评价杀菌剂安全性的每个作物品种，种质或生长势需要一致。选用干净饱满的种子，采用营养一致的土壤在气候条件可控的培养箱或温室内培养，保持良好的水肥管理。

试验方法　根据生产企业推荐的田间药效试验施药时期和施药方法选择。一般分为苗前处理和生长期处理两种。苗前处理包括对种子进行拌种、包衣、浸种处理后播种，或播种前对土壤进行消毒处理，经过处理的种子需通过室内发芽试验测定其发芽势和发芽率，并通过温室盆栽试验测定药剂处理对种子出苗的影响。生长期处理包括在作物拟用药的生长时期内进行土壤处理（颗粒剂撒施、毒土撒施、浇灌、土壤注射等），地上部药剂喷施、熏蒸、茎干涂抹、注射等。

安全性评价　种子处理的药剂安全性需要调查对种子发芽和出苗的影响，土壤处理的药剂只需调查对出苗的影响。主要评价药剂对种子发芽率、发芽势、出苗率、出苗势、苗高（长）、根系数量和主根长度、根 / 茎鲜重比及植株形态和叶色的伤害等。生长期处理评价药剂对作物株高（茎长）生长速率、植株形态、叶 / 果色、结实率的伤害等。根据测试靶标作物的经济价值和药害症状及伤害程度，评价药剂对作物的安全性。

计算公式

发芽率或出苗率 = 发芽或出苗数 / 测试种子数或苗数 × 100%

发芽率和出苗率的抑制率 = [空白对照发芽率或出苗率（%）− 药剂处理的发芽率或出苗率（%）] / 空白对照发芽率或出苗率（%）× 100%

生长速率（mm/d）= 植株或枝条或根系新生高度或长度（mm）/ 时间（d）

生长速率抑制率 = （空白对照生长速率 − 药剂处理的生长速率）/ 空白对照生长速率 × 100%

落花（果、叶）率或空秕粒率 = 药剂处理后落花（果、叶）数 / 处理前花（果、叶）总数 × 100%

落花（果、叶）率或空秕粒率增加率 = [药剂处理的落花（果、叶）率或空秕粒率（%）− 空白对照落花（果、叶）率或空秕粒率（%）] / 药剂处理的落花（果、叶）率或空秕粒率（%）× 100%

参考文献

NY/T 1965. 1—2010 农药对作物安全性评价准则 第1部分: 杀菌剂和杀虫剂对作物安全性评价室内试验方法.

NY/T 1965. 3—2013 农药对作物安全性评价准则 第3部分: 种子处理剂对作物安全性评价室内试验方法.

（撰稿：刘西莉；审稿：陈杰）